高等学校电子信息类精品教材

移动通信原理
（第3版·上册）

牛 凯 吴伟陵 编著

電子工業出版社
Publishing House of Electronics Industry
北京·BEIJING

内 容 简 介

本书以2G、3G、4G与5G移动通信系统为背景，总结移动通信中共同的客观规律、基本理论和核心技术。从移动通信技术的3项主要技术指标——有效性(数量)、可靠性(质量)和安全性出发，从物理层和网络层两个层次，全面系统介绍移动通信原理。本书分为上、下两册，上册重点介绍传输技术，包括两个方面：基本物理层技术(第2～7章)，介绍较成熟的物理层技术，包括无线传播与移动信道、双工与多址技术、信源编码与数据压缩、信道编码、调制理论、分集与均衡；高级物理层技术(第8～12章)，阐述高速宽带移动通信中的物理层关键技术，包括多用户检测技术、多载波传输技术、MIMO空时处理技术、链路自适应技术及移动通信中的智能信号处理技术。下册重点介绍移动通信系统与网络，也分为两个方面：移动通信系统(第13～15章)，包括移动通信系统与网络概述、3G与TDD移动通信系统、4G与5G移动通信系统；移动通信网络(第16～20章)，包括移动网络结构与组成、新型无线通信网络、移动网络运行、移动信息安全、移动网络规划、设计与优化。本书每章后面都附有习题，供读者练习和自我检查。

本书可作为高等学校信息、通信及相关领域硕士研究生的教材，也可作为本科生的教材(书中定性分析内容)，还可以作为博士研究生的参考教材(书中定量分析内容和新技术内容)，同时可供从事移动通信研究、开发和维护的专业技术人员参考。

图书在版编目(CIP)数据

移动通信原理．上册/牛凯，吴伟陵编著．— 3版．— 北京：电子工业出版社，2021.10
ISBN 978-7-121-42228-7

Ⅰ.①移… Ⅱ.①牛… ②吴… Ⅲ.①移动通信－通信理论－高等学校－教材 Ⅳ.①TN929.5

中国版本图书馆CIP数据核字(2021)第210143号

责任编辑：凌　毅
印　　刷：三河市鑫金马印装有限公司
装　　订：三河市鑫金马印装有限公司
出版发行：电子工业出版社
北京市海淀区万寿路173信箱　邮编100036
开　　本：787×1 092　1/16　印张：30.25　字数：813千字
版　　次：2005年1月第1版
2021年10月第3版
印　　次：2021年10月第1次印刷
定　　价：89.00元

凡所购买电子工业出版社图书有缺损问题，请向购买书店调换。若书店售缺，请与本社发行部联系。联系及邮购电话：(010)88254888，88258888。

质量投诉请发邮件至zlts@phei.com.cn，盗版侵权举报请发邮件至dbqq@phei.com.cn。

本书咨询联系方式：(010)88254528，lingyi@phei.com.cn。

第 3 版前言

自 20 世纪 60 年代末蜂窝式移动通信问世以来，特别是近 20 年移动通信技术的发展，移动通信给人类社会带来了深刻的信息化变革，已成为最受青睐的通信手段。社会的需求、现代化的需求是大学人才培养的导向，而教材又是人才培养的主要基础，其重要性不言自明。

随着移动通信技术的飞速发展，国内外介绍这方面的书籍也层出不穷，但纵观这些书籍，绝大多数是属于跟踪技术发展，重点介绍某种移动通信系统、某代产品等工程技术背景很强的专著和技术著作，它们不大适合作为大学教材。

作者以信息论为指导，从近 20 年移动通信的发展中总结客观规律，提炼具有共性的基本理论与核心技术。依据这一想法，作者于 2005 年出版了《移动通信原理》(第 1 版)，2009 年出版了《移动通信原理》(第 2 版)。截至 2020 年年底，本书两个版本先后印刷 15 次。多年的实践表明，学界与社会对该书的反映良好。

自第 2 版出版以来，移动通信技术又经历了日新月异的发展。以 OFDMA 为核心技术的 4G 网络已在我国普遍商用，5G 网络正在大规模建设。以华为、中国移动为代表的中国移动通信设备商与运营商在 5G 标准方面获得了整体突破。目前，科技部、工业和信息化部已经启动了 6G 的研究。面对移动通信迅猛的发展形势，作者力图对移动通信技术的最新进展进行重新梳理，在本次修订中系统反映移动通信发展的脉络与前沿。

本书按照信息论对通信系统的 3 个主要技术指标要求——有效性(数量)、可靠性(质量)和安全性，从两个不同方面(物理层和网络层)全面介绍移动通信发展的客观规律、基本理论和核心技术。传统的移动通信书籍仅侧重介绍物理层的可靠性，即抗干扰、抗衰落技术，而较少关注有效性(数量)和安全性问题，并且对网络层技术涉及不多。随着移动通信的发展和普及，以及数据业务的迅速增长和移动业务多媒体化、高速率与宽带化的发展，移动通信中的有效性(数量)和安全性问题日益突出。另外，保证不同业务的 QoS 问题、无线资源管理、移动性管理、蜂窝网络与无线自组织网络的融合问题及网络跨层优化问题也日益重要。人工智能近些年的异军突起，机器学习和深度学习技术越来越广泛而深刻地改变着移动通信的研究面貌。因此，本书增加了一些与上述内容有关的章节。同时考虑到未来移动通信的发展，本书还更新与补充了高级物理层技术、移动通信系统两部分，并增加了有关章节，重点介绍以 LTE 和 5G 为代表的宽带移动通信系统。

本书分为上、下两册。上册重点介绍传输技术，包括一般物理层技术和高级物理层技术。其中，基本物理层技术(第 2～7 章)主要介绍移动通信中比较成熟的物理层技术，包括对无线传播和移动信道的分析；各代移动通信的双工与多址技术；提高系统有效性的信源编码与数据压缩技术；提高系统可靠性的以抗白噪声为主的信道编码与调制、抗空间选择性衰落的分集技术、抗频率选择性衰落和多径干扰的 Rake 接收与均衡技术等。高级物理层技术(第 8～12 章)主要介绍高速率、宽带多媒体移动业务所需求的有效性、并行传输(时域、空域)，抗衰落、抗多用户干扰等关键性技术，包括多用户检测技术、多载波传输技术(OFDM 与各种滤波器组技术)、MIMO 空时处理技术(包括大规模 MIMO 技术)、链路自适应技术，以及基于机器学习的智能信号处理技术等。

下册重点介绍移动通信系统与网络。移动通信系统(第 13～15 章)主要面向宽带高速无线数据传输，介绍移动通信系统与网络的基本概念，WCDMA、CDMA2000、HSPA、CDMA2000-1X EV-DO、LTE、WiMAX 及 5G NR 等宽带移动通信系统，TDD 移动通信系统等。移动通信网络（第 16～20 章）主要介绍蜂窝移动通信网络的结构与组成，各种新型无线通信网络（包括物联网、车联网、无人机网络）的结构与特点，移动网络运行，移动信息安全，以及移动网络的规划、设计与优化技术等。

本书的内容和素材除来自引用的参考文献外，还要归功于下列几个方面的研究工作：首先是 25 年来，作者所在教研中心和学术梯队承担的几十个移动通信方面的国家级科研项目及成果；其次是作者 25 年来指导的百余名移动通信领域的博士研究生及其博士学位论文，以及近些年作者评阅的近千篇本校及外校的移动通信研究方向的博士学位论文。这些就不一一列举到参考文献中，谨在此对他们为本书所做的贡献表示真诚的感谢！另外，本书的部分素材还取自作者对校内外本科生、硕士研究生、博士研究生所做的前沿技术讲座的资料，以及为中国移动、中国联通和中国电信等公司所做讲座的培训教材。

本书共 20 章，由牛凯和吴伟陵共同编著，修订工作主要由牛凯执笔。本书内容由浅入深、定性分析与定量分析并举，以适应不同层次的教学需求。本书内容及读者对象主要定位于硕士研究生，但是仍可向下兼容大学本科生（书中定性分析内容），向上兼容博士研究生（书中定量分析内容和新技术内容），同时还可供从事移动通信研究、开发和维护的专业技术人员参考。

以本书作为教材的“移动通信原理”线上课程已在“学堂在线”网站发布，手机版用户可以搜索 Bilibili 网站或者微信小程序“学堂在线”。线上课程配备了**教学视频、习题解答与在线考试**，欢迎广大读者加入学习。

本次修订得到国家自然科学基金重点项目（编号：92067202）与面上项目（编号：61171099、61671080、62071058）、国家重点研发项目（编号：2018YFE0205501）的大力支持。由于作者才疏学浅，书中不当和错误之处在所难免，热切希望读者多提出宝贵意见。

牛凯、吴伟陵于北京邮电大学

2021 年 9 月

目　录

第1章 绪　　论

1.1 移动通信的主要特点

移动通信是通信领域中最有活力，最有发展前途的一种通信方式，是当今信息社会中最具个性化特征的通信手段。它的发展与普及改变了社会，也改变了人们的生活方式。

移动通信，顾名思义，其最本质的特色是“移动”二字，就是说这类通信不是传统静态的固定式通信，而是动态的移动式通信。

传统的固定式通信又称为有线通信。它的终端（如电话机）是固定在某一地点（如房间）不动的，采用基本固定不动的全封闭式传输线路，如双绞线、电缆、光缆等。它的网络也是适应固定终端、固定传输线路的有线交换网络。也就是说，有线通信不能随人的移动而改变，它的最大特点是静态的，信道是封闭的且是人造的，从而是优质的。随着工业制造水平的发展，从双绞线到电缆，再到光缆，通信容量、质量飞速提高，并基本满足了人们不断增长的通信需求。因此有线通信的瓶颈不在于传输，而主要在于交换方式与网络结构。它的最大缺点是缺乏动态性，不适应现代人快节奏的生活需求，特别是快速移动的需求。

无线通信针对有线通信的缺点，以开放式传播来传递信息，打破了一定要有全封闭式传输线路的限制，并将通信方式从静态推广至可移动式的准动态，它的代价是牺牲了全封闭式的优质人造信道，换取了无须采用固体介质专用线路的开放式传输的灵活性，但是信道的开放性必然引起了信道的时变性和随机性，从而大大降低了通信容量和质量。

移动通信则是在无线通信的基础上又进一步引入了用户的移动性，从而使终端从可移动的准动态进一步发展到真正的全动态，也就是说，移动通信在无线通信的一重信道动态的基础上又加入了第二重用户的动态性，这实质是两重动态性，因此实现起来更加复杂。

可见，在移动通信中，终端是移动的，传输线路是随终端移动而分配的动态无线链路，网络则是适应动态用户终端、动态线路的动态型交换网络。它的特色是具有从移动特色演变过来的信道和用户二重动态性，用二重动态性实现人类对“移动”通信的梦想。正是这种二重动态性，成为指导移动通信技术发展的原动力。可以说，移动通信技术的发展就是围绕着如何适应信道、用户二重动态性来进行的。在此基础上，第三代（3G）移动通信系统中进一步引入第三重动态性——业务类型动态性，并在第四代（4G）移动通信系统中得到了全面增强。为了适应这三重动态性，4G移动通信系统引入了第四重动态性——网络（网络拓扑与网络运行）动态性。为了扩展应用范围，第五代（5G）移动通信系统将机器与物品作为新的服务主体，引入了第五重动态性——通信对象的动态性。可以说，这五重动态性已成为本书写作的主干线，并贯穿到本书的每一章节。至于更细致、更深入的问题将在后面章节中进一步讨论。

1.2 1G～3G移动通信的发展

自20世纪80年代我国引入模拟式移动通信网以来，经过30多年的发展，目前中国已经建成全世界规模最大、技术最先进的移动通信网络，实现了“2G跟随、3G突破、4G同步、5G引领”

的通信产业发展目标。

移动通信，确切地说蜂窝式移动通信，就正式商业运营而言，至今也不过只有30多年的历史，就其发展历程看，大约每十年更新一代。目前正处于4G与5G交接期，而6G也正在进行技术预研。

1G以模拟式蜂窝网为主要特征，于20世纪70年代末80年代初开始商用化。其中，最具代表性的是北美的AMPS(Advanced Mobile Phone System)、欧洲的TACS(Total Access Communication System)两大系统，另外还有北欧的NMT系统及日本的HCMTS系统等。

从技术上讲，1G以解决两重动态性中最基本的用户这一重动态性为核心，并适当考虑到第二重信道动态性。主要措施是采用频分多址(FDMA)方式实现对用户的动态寻址功能，并以蜂窝式网络结构和频率规划实现载频再用方式，达到扩大覆盖服务范围和满足用户数量增长的需求。在信道动态性匹配上，适当采用了性能优良的模拟调频方式，并利用基站二重空间分集方式抗空间选择性衰落。

2G以数字化为主要特征，构成数字式蜂窝移动通信系统，于20世纪90年代初正式走向商用。其中，最具代表性的有欧洲的时分多址(TDMA)GSM(GSM原意为Group Special Mobile，1989年以后改为Global System for Mobile Communications)、北美的码分多址(CDMA)的IS-95两大系统，另外还有日本的PDC系统等。

从技术上讲，2G以数字化为基础，较全面考虑了信道与用户的二重动态性及相应的匹配措施。主要实现措施有：采用TDMA(GSM)、CDMA(IS-95)方式实现对用户的动态寻址功能，并以数字式蜂窝网络结构和频率(相位)规划实现载频(相位)再用方式，从而达到扩大覆盖服务范围和满足用户数量增长的需求。在对信道动态性的匹配上采用了一系列措施：

● 采用抗干扰性能优良的数字式调制：GMSK(GSM)、QPSK(IS-95)及抗干扰纠错编码：卷积码(GSM、IS-95)、级联码(GSM)；

● 采用功率控制技术抗慢衰落与远近效应，这对CDMA(IS-95)尤为重要；

● 采用自适应均衡(GSM)和Rake接收(IS-95)抗频率选择性衰落与多径干扰；

● 采用信道交织编码，如采用帧间交织方式(GSM)和块交织方式(IS-95)抗时间选择性衰落；

● 基站采用空间或极化分集方式抗空间选择性衰落。

3G以多媒体业务为主要特征，于20世纪初投入商业化运营。其中，最具有代表性的有北美的CDMA2000和WiMAX TDD、欧洲与日本的WCDMA，以及我国提出的TD-SCDMA四大系统，另外还有欧洲的DECT及北美的UMC-136系统。

从技术上看，3G在2G匹配信道与用户二重动态性的基础上又引入了业务类型动态性，即在3G中，用户业务既可以是单一的话音、数据、图像，也可以是多媒体业务，且用户选择业务是随机的，第三重动态性的引入使系统大大复杂化。所以3G是在2G数字化基础上以业务多媒体化为主要目标，全面考虑并完善对信道、用户二重动态性匹配特性，并适当考虑到业务的动态性能，尽力采取相应措施予以实现的。其主要实现措施有：

● 继续采用2G中行之有效的所有措施。

● 对CDMA扩频方式一分为二，一方面扩频提高了抗干扰性，提高了通信容量；另一方面由于扩频码的互相关性能不理想，使多址干扰、远近效应影响增大，并且对功率控制提出了更高要求等。

● 为了克服CDMA中的多址干扰，3G中上行链路采用多用户检测与智能天线技术；下行链路采用发送端分集、空时编码技术。

● 为了实现与业务类型动态性的匹配，3G 中采用了针对不同速率业务（不同扩频比）间仍保持正交性的 OVSF（可变扩频比正交码）多址码。

● 针对数据业务要求误码率低且实时性要求不高的特点，3G 中对数据业务采用了性能更优良的 Turbo 码。

在前三代移动通信中，除上述物理层关键技术的不断发展外，网络层功能也在逐步完善，主要体现在以下方面：

① 网络协议逐步走向规范化，到了 3G 已全面形成了横向三层（物理层、链路层、网络层）和纵向两个平面（用户业务平面与控制平面）的规范结构。

② 逐步增强并完善网络层辅助物理层实现对三重动态性的匹配功能，尤其突出跨层优化技术，完善对无线资源管理、移动性管理、移动信息安全及接入分配、调度算法的实现。

③ 2G 开始逐步引入智能网，实现交换与控制的分离，演进到 3G 中的 IP 多媒体子系统（IMS），并通过开放业务架构（OSA）快速生成与部署新业务。

另外，从 1G 发展到 3G，服务的业务类型、完成的功能也在不断地发展。就业务而言：

① 1G 是在单一模拟电路交换平台上完成单一模拟话音业务。

② 2G 是在单一数字电路交换平台上完成数字式话音或相同速率电路交换的数据业务。

③ 第二代半（2.5G）建立在两个平行的电路（CS）与分组（PS）交换平台上，完成数字式话音和小于 64kbps 的电路交换、小于 171.2kbps 的分组交换的各类数据业务。

④ 3G 首先在 2.5G 基础上进行增强与改善，并在其基础上逐步改造成单一分组交换的 IP 平台，提供小于 2Mbps 的各类多媒体业务。

就功能而言（主要指业务服务功能）：

① 1G 与 2G 的通话功能。

② 2.5G 增加了互联网业务和定位业务。

③ 3G 具有会话型、数据流型、互动型与后台类型的综合服务多媒体业务。

从 1G 到 3G，移动通信的飞速发展已使它成为现代通信领域的一大支柱，与以光缆为主体的骨干核心网并驾齐驱。移动通信在接入方面的灵活性与光缆在骨干线路和核心网容量、质量上的优越性能的完美结合，构筑了 3G 后移动通信发展的基本框架。回顾 1G 到 3G 移动通信的演进，可以归纳为如下的技术发展趋势：

① 从用户需求看，移动通信从 1G、2G 以话音为主逐步转移到以数据为主，特别是以分组交换 IP 数据为主的综合业务和多媒体业务。在这个转移过程中，以 IPv6 为基础的移动互联网业务成为主流业务。

② 由于移动互联网业务上、下行严重不对称，一般下载业务量远远大于上传业务量，因此在基本通信体制方面，打破了传统的上、下行遵循同一通信体制的桎梏。在 3GPP2 的 HDR 标准中，下行采用了时隙码分多址方式，以适应高速数据传送，这与上行的码分多址方式是不完全对称的。3GPP 采用的 HSDPA（高速下行数据传送）也与 HDR 基本类似。

1.3　4G～5G 移动通信的发展

4G 以宽带高速数据传输为主要特征。其中，3GPP 提出的 LTE/LTE-Advanced、IEEE 提出的 WiMAX 802.16m 是代表性的标准方案。

从技术上看，4G 在 3G 支持信道和用户动态性的基础上，全面增强了对业务类型动态性的支持，并引入了网络动态性，网络扁平化与全 IP 化、多个无线接入网的互操作和网络跨层优化得到强调与重视，并打破了蜂窝网结构，引入了分布式网络作为补充。所以 4G 是在 3G 业务多媒体化的基础上，以无缝、灵活支持高速无线互联网业务为主要目标，全面考虑并完善对信道、用户和业务类型的三重动态性匹配，并适当考虑网络动态性，尽力采取相应措施实现多个无线接入网融合、固网与移动网融合。其主要实现措施有：

- 继续采用 3G 中所有行之有效的措施；
- 为了支持高速数据传输，采用了 OFDMA/SC-FDMA 高效多址接入技术，可以灵活动态地支持从低速 VoIP 业务到超高速的视频业务；
- 全面引入 MIMO 技术，通过与 OFDMA 技术结合，进一步提高了系统的频谱效率；
- 广泛采用了自适应编码调制（AMC）与混合自动重传（HARQ）技术，更好地动态适配信道变化；
- 采用小区间干扰协调技术，有效克服同频干扰。

在 4G 获得巨大商业应用成功的同时，5G 大幅度扩展了移动通信的应用场景，渗透到工业应用、智能交通等行业。图 1.1 给出了 5G 移动通信的三大应用场景，包括增强型移动宽带（eMBB，enhanced Mobile Broad Band）、大规模机器通信（mMTC，massive Machine Type of Communication）和超可靠低时延通信（uRLLC，ultra Reliable and Low Latency Communication）。5G 提出了“万物互联”的愿景，引入了第五重动态性——通信对象动态性，第一次将人—机—物纳入统一的服务体系中。

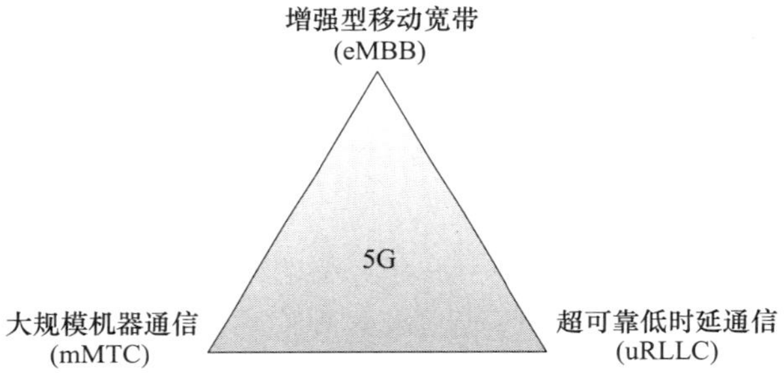

图 1.1　5G 移动通信的三大应用场景

5G 需要实现系统峰值速率、用户体验数据速率、频谱效率、移动性管理、时延、连接密度、网络能效及区域业务容量性能的全方位提升，主要实现措施有：

- 继续采用 4G 中所有行之有效的措施；
- 为了支持 eMBB 场景中高速的数据传输，采用了大规模 MIMO（Massive-MIMO，M-MIMO）技术，与滤波 OFDM（Filtered-OFDM，F-OFDM）技术结合，进一步提高了系统的频谱效率；
- 为了支持 mMTC 场景中海量用户的接入，提出了非正交多址接入（NOMA）概念，包括功率域 NOMA、稀疏编码多址接入（SCMA）、图样分割多址接入（PDMA）、多用户共享接入（MUSA）等多种代表性的 NOMA 技术，大幅度提升了系统容量；
- 为了满足 uRLLC 场景的超高可靠性超低时延特性，以及提高 eMBB 场景的信令可靠性，采用了逼近信道容量的新一代信道编码——极化码（Polar Code）；
- 为了满足 eMBB 场景中高速的数据传输，采用高性能的信道编码——低密度校验码（LDPC Code）替代了 3G/4G 的 Turbo 码。
- 为了满足 eMBB 场景的近距离超高速传输，采用了毫米波（mm Wave）传输，信号带宽扩展到 400MHz～1GHz。

目前，4G 已经完全普及，5G 正在大规模商用化。分析 4G、5G 移动通信的发展，可以发现其客观上应遵循的规律，这个规律主要取决于两个因素：第一是用户的需求，第二是实现时所受的环境和条件的限制。通信工作者的任务就是尽可能地改善环境，设法消除和简化条件的制约，以满足用户在数量、质量和安全上的需求。具体而言，包括物理层与网络层两个方面的技术演进趋势。

（1）物理层

4G/5G 移动通信中，主要物理层关键技术要在五重动态环境与条件的限制下满足用户在数量上不断增长、在质量上不断提高的要求，同时要保证用户通信的安全保密性能。

① 对现有物理层关键技术进一步改进、完善与实用化。比如，在信道编码方面，由串行级联码→Turbo 码→LDPC 码/极化码不断完善；在多址技术方面，从一般场景的 OFDMA 演进到大连接场景的 NOMA，新的多址划分技术要实现性能与复杂性合理折中；充分挖掘空间维度以满足超高速数据传输需求。

② 重点突出适应高速数据业务的多载波传输技术。作为 4G 移动通信的物理层关键技术，正交频分复用（OFDM）已经普遍应用，采取有效措施逐步克服 OFDM 系统存在的主要缺点。比如，峰值功率与平均功率的比值过大，频率扩散下正交性能的恶化，同步性能要求高且抗频率扩散性能差等。另外，还有多种 OFDM 的替代技术值得关注。例如，单载波频域均衡（SC-FDE）技术具有低峰平比、抗干扰能力强的技术优势。又如非正交的多载波调制技术，包括 FBMC、UFMC 及 GFDM 等，可以放松对时频同步精度的要求，降低接收机复杂度，取消循环前缀（CP），降低带外泄露，提高频谱效率。再如，超 Nyquist 信号（FTN）传输，能够突破 Nyquist 频带利用率，也具有良好前景。

③ 突出对物理层的自适应传输技术的研究，内容涉及：

- 根据接收信号的信噪比，自适应地调整接收机的阈值电平；
- 根据无线信道时变的动态性与用户移动的动态性，测量与反馈信道质量指标（CQI）、空间信号流数（RI）、预编码码本序号（PMI）等信道参数，自适应地分配业务、速率、功率、MIMO 模式、码本及相应的调制与编码方式；
- 根据不同业务的 QoS 需求，分配带宽、信道及相应的调制与编码方式；
- 综合并统一协调上述各类自适应要求及其实现方式。

④ 加强对信道、用户、业务类型与网络动态性的监测与估计，为匹配五重动态性提供基础。其中：

- 对信道动态性的监测、估值已有一定的基础，今后主要是寻求快速、准确的估值算法；
- 对用户、业务类型动态性的监测，实现对用户实时定位技术的研究与实用化。

⑤ 加强空域与传统的时域、频域相结合的研究，开发空域在移动通信中的巨大潜力。具体实现的技术路线有两条。

- 从目前的扇区天线出发→智能式扇区天线→切换式智能天线→自适应式波束成形→协作多点传输（CoMP）/无定形小区（Cell Free），以抑制滤除干扰、集中信号能量，跟踪用户来改善性能，提高抗干扰性并增大容量。这一思路是受雷达技术中自适应阵列理论和技术的启发与引导，但是应注意两个领域中的相同点与不同点，不能生搬硬套。
- 从目前的接收端空间分集技术出发→发送端分集技术→空时码与发送分集的结合→MIMO与 OFDMA 的结合→多用户 MIMO→网络 MIMO→大规模 MIMO，基于无线通信中传统的分集机制，提高发送与接收的综合效应来改善性能、提高抗干扰性，并起到增大容量、改善质量的目的。

⑥ 在 4G/5G 优化中，一个值得注意的方向是，在传统的单一部件（如信道编码、调制技术、

多用户检测技术等)逐个优化的基础上,逐步扩大并实现联合(组合)优化的范围。比如,可以将Turbo码重复迭代思想推广至解调、解码的联合迭代中,进一步还可以将其推广至整个接收端乃至整个发、收系统。又如,将极化码的设计思想推广到整个通信的广义极化设计与优化中,逼近信道容量极限。

⑦ 将采用逐步向软件无线电方向过渡的方式。

● 实现硬件设备基带全数字化,以达到数字无线电的目标。

● 逐步实现软件定义的无线电(SDR),即将数字化逐步拓宽至中频,乃至部分射频,尽可能以软件技术实现原来硬件所完成的功能。

● 在上述基础上,逐步推出软基站设备和软移动终端设备,实现单一软件平台下综合多媒体软终端的基本功能,再进一步向多体制、多波段发展。

● 为了提高无线频谱的利用率,解决无线频率资源紧张的问题,认知无线电技术将成为下一代移动通信的物理层关键技术之一。

(2) 网络层

4G/5G 移动通信的业务拓宽和重点业务的转移,在原有移动通信传统的用户和信道二重动态性的基础上又叠加上业务类型与网络动态性,由于应用场景的扩展,又叠加了通信对象动态性。这 3 个动态性的引入不仅在上述物理层上引起很大的变化,而且在网络层上也提出了很多新要求和新问题。

① 首先选定全 IP 方向,因为它更适合于今后的主流业务——移动互联网及数据和多媒体业务。

● 这里的全 IP 是指信息结构 IP 化,协议 IP 化,传输、处理、网络全过程均 IP 化。

● 移动全 IP 化实现是从核心网 IP 化开始,逐步延伸至无线(移动)接入网和空中接口 IP 化,直至移动终端 IP 化。

② 基于软件定义网络(SDN)架构,实现适用于不同场景的网络切片。

● 针对三大场景需求,设计基于软件定义网络(SDN)与网络功能虚拟(NFV)的网络架构。

● 基于 SDN/NFV 网络架构,在相同的基础设施上"切"出多个虚拟网络,组织从无线接入、承载到核心网逻辑隔离的网络切片,实现端到端按需定制,适配不同业务的 QoS 要求。

● 深度融合通信与计算,在端—云移动网络架构下,实现高性能的边缘计算。

③ 4G/5G 的核心技术是网络智能化,它应满足:

● 首先配合物理层主要关键技术,特别在网络层配合物理层的自适应传输技术及其他核心、关键技术的实现。

● 逐步实现动态智能化无线资源管理,包含对无线资源的估计、呼叫接纳控制、队列调度及动态无线资源分配全过程的动态智能化管理。

● 逐步实现动态智能化移动性管理,包含对用户安全性能鉴权、加密,用户登记、显示,信息调用,以及用户越区切换与漫游功能管理的全过程智能化管理。

● 统一协调上述 3 个方面的智能化管理。

④ 4G/5G 对网络结构也提出了新要求,希望建立分布式天线与多层次小区混合的蜂窝网系统。

● 在宏蜂窝/微蜂窝/微微蜂窝/家用基站等多层次蜂窝网的基础上,在一些特殊地区,如业务密集地区(eMBB 场景)、高速公路沿线,可利用分布式天线构成不同形状的小区群,小区群内资源相同,不切换;小区群间可实现群切换和滑动式群切换。

● 引入 Relay 节点、分布式天线,以分布式光纤接入网为基础,构建自组织网络。目前大城市中光纤到大楼已初步实现，使得在大楼里处处建立分布式天线已成为可能。在此基础上，建立云无线接入网(C-RAN)、无定形小区(Cell Free)与雾接入网(Fog RAN)，实现泛在移动边缘计算。

⑤ 就移动网络技术的长远发展而言，有如下发展倾向：

● 逐步实现三网融合并最终走向三网合一；

● 就电信网而言，将逐步从目前的有线(固网)、无线(移动网)两个平行发展网络，走向无线侧重于接入网，有线侧重于核心骨干网的分工、协作的统一网络发展方向，以IP技术为基础的固网与移动网络融合(FMC)是大势所趋。

1.4 6G移动通信展望

在未来第六代(6G)移动通信系统中，网络与用户将被看作一个统一整体。用户的智能需求将被进一步挖掘和实现，并以此为基准进行技术规划与演进布局。6G的早期阶段将是对5G进行扩展和深入，以AI、边缘计算和物联网为基础，实现智能应用与网络的深度融合，实现虚拟现实、虚拟用户、智能网络等功能。进一步，在人工智能(AI)、新兴材料和集成天线相关技术的驱动下，6G的长期演进将产生新突破，甚至构建新世界。

放眼智能、通信与人类未来的相互关系，才能揭示6G移动通信的技术趋势。以色列历史学家尤瓦尔·赫拉利在《未来简史》[1.7]中预测了AI与人类之间关系的3个递进阶段：①AI是人类的超级助手(oracle)，能够了解与掌握人类的一切心理与生理特征，为人类提出及时准确的生活与工作建议，但是接受建议的决定权在人类手中；②AI演变为人类的超级代理(agent)，并从人类手中接过了部分决定权，它全权代表人类处理事务；③AI进一步演进为人类的君王(sovereign)，成为人类的主人，而人类的一切行动则听从AI的安排。

基于上述预测，6G应遵循AI与人类关系的发展趋势，达到关系演进的第一阶段，即oracle阶段。作为oracle阶段的重要实现基础，6G承载的业务将进一步演化为真实世界和虚拟世界这两个体系。真实世界体系的业务后向兼容5G中的eMBB、mMTC、uRLLC等场景，实现真实世界万物互联的基本需求。虚拟世界体系的业务是对真实世界业务的延伸，与虚拟世界的各种需求相对应。

6G不仅包含5G涉及的人、机、物这3个服务对象，还引入第四类服务对象——灵(Genie)[1.6]。作为人类用户的智能代理，灵存在于如图1.2所示的虚拟世界体系，基于实时采集的大量数据和高效机器学习技术，存储和交互用户的所说、所见和所思，完成用户意图的获取及决策的制定。

虚拟世界体系使人类用户的各种差异化需求得到了数字化抽象与表达，并建立每个用户的全方位立体化模拟。具体而言，虚拟世界体系包括3个空间：虚拟物理空间(VPS，Virtual Physical Space)、虚拟行为空间(VBS，Virtual Behavior Space)、虚拟精神空间(VSS，Virtual Spiritual Space)。

VPS基于6G典型场景的实时巨量数据传输，构建真实物理世界(如地理环境、建筑物、道路、车辆、室内结构等)在虚拟世界的镜像，并为海量用户的智能代理(灵)提供信息交互的虚拟数字空间。VBS扩展了5G的mMTC场景。依靠6G的人机接口与生物传感器网络，VBS能够实时采集与监控用户的身体行为和生理机能，并向灵及时传输诊疗数据。灵基于对VBS提供数据的分析结果，预测用户的健康状况，并给出及时有效的治疗解决方案。VBS的典型应用支撑是精准医疗的普遍实现。

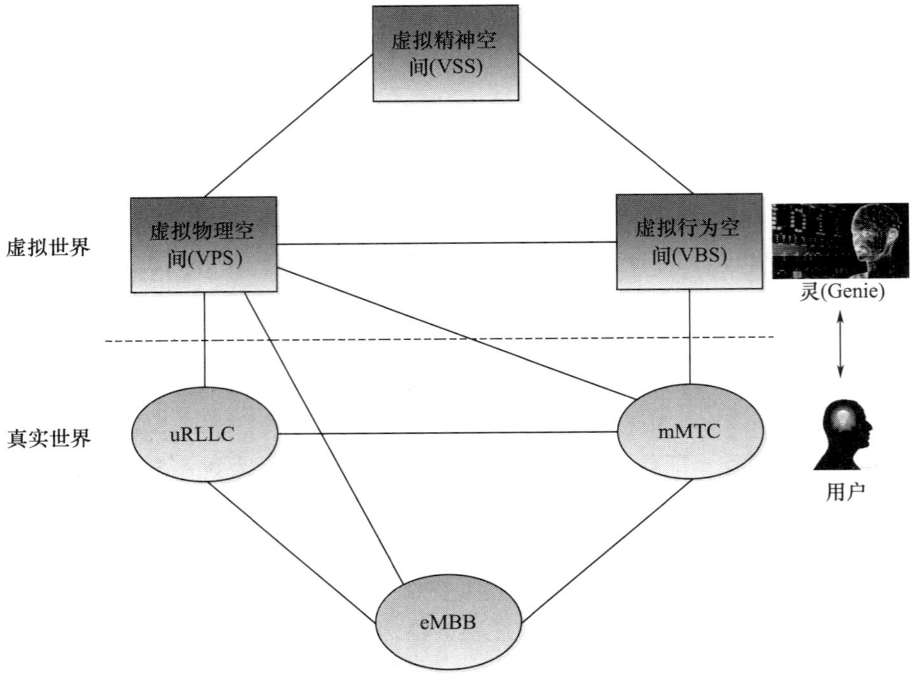

图 1.2　第六代移动通信(6G)服务体系

基于 VPS、VBS 和业务场景的海量信息交互与解析，可以构建 VSS。由于语义信息理论的发展及差异需求感知能力的提升，灵能够获取用户的各种心理状态和精神需求。这些感知获取的需求不仅包括求职、社交等真实需求，还包括游戏、爱好等虚拟需求。基于 VSS 捕获的感知需求，灵为用户的健康生活与娱乐提供完备的建议和服务。例如，在 6G 支撑下，不同用户的灵通过信息交互与协作，可以为用户的择偶与婚恋提供深度咨询，可以对用户的求职与升迁进行精准分析，可以帮助用户构建、维护和发展更好的社交关系。

为了实现人—机—物—灵协作应用场景，满足人类用户精神与物质的全方位需求，应当追求主观感受和客观技术性能两个方面的优化，构建 6G 移动通信的关键技术体系。

① 为了支持灵的语义感知与分析功能，6G 不仅要采集与传输数字信息，也要处理语义信息，这就要求必须突破经典信息论的局限，发展广义信息论，构建语义信息与语法信息的全面处理方案，这也是实现人机智能交互的理论基础。

② 生物多样性是自然界的普遍规律，需求差异性也是人类社会的普适定律。1G～5G 并没有充分满足人类用户的个性化需求，6G 移动通信则需要对人的主观体验进行定量建模与分析，满足差异性需求的信息处理与传输。其中，极化编码传输、大规模 MIMO、巨址接入（Massive Access）及基于 AI 的智能信号处理等技术都是有竞争力的前沿技术。

③ 针对 6G 移动通信的技术发展趋势，需要开展支持人—机—物—灵融合的全新 6G 网络架构、分布式边缘网络智能、认知增强与决策推演的智能定义网络等理论和核心技术的前瞻性研究。

1.5　关于本书的内容与安排

目前移动通信方面的书籍很多，但是绝大部分属于跟踪技术发展，重点介绍某种移动通信系统、某代产品等工程技术背景很强的专著和技术著作，它们不太适合作为大学教材。本书定位于硕士研究生，兼顾大学本科生和博士研究生，同时适合对从事移动通信领域科研、开发、运营、维护的工程技术人员进行基本素质训练。

本书写作的基本原则有：

① 以移动通信的基本原理为核心，但也适当介绍一些移动通信系统的主流体制。

② 综合各种移动通信体制中采用的"共性"技术，并适当介绍一些"个性"技术。

③ 在写作方法上，以概念与基本原理为主，并适当引入定量分析与讨论。

④ 力求内容深入浅出，满足不同层次的需求。一般地，各章前面几节以概念与定性分析为主，比较适合于大学本科生，而最后一至两节则以定量分析为主，内容较深，适合于研究生或研发人员阅读。

本章小结

本章首先介绍了移动通信的主要特点是具有五重动态性：信道动态性、用户动态性、业务类型动态性、网络动态性、通信对象动态性；总结了移动通信5个发展阶段的主要特色：第一代（1G）蜂窝式网络结构、第二代（2G）数字化技术、第三代（3G）业务的多样性和多媒体化、第四代（4G）宽带高速数据传输与第五代（5G）多场景泛在服务。其次，从物理层和网络层两个层次分别对移动通信的发展趋势进行总结，并展望了第六代（6G）移动通信的发展趋势。最后对本书的主要内容作了简要介绍。

参考文献

[1.1] 吴伟陵．下一代移动通信探讨．中兴通讯技术，2002.12.

[1.2] 吴伟陵．移动通信中的关键技术．北京：北京邮电大学出版社，2000.

[1.3] Qi Bi, et. al. Wireless Mobile Communication at the start of the 21st century. IEEE Communications Magazine, Vol. 39, No. 1, Jan. 2001.

[1.4] W. Webb. Wireless Communications: the Future. John Wiley & Sons, 2007.

[1.5] L. Matti, L. Kari. Key drivers and research challenges for 6G ubiquitous wireless intelligence, Oulun yliopisto, Sept. 2019.

[1.6] 张平，牛凯等．6G移动通信技术展望．通信学报，第40卷第1期，2019.1：141-148.

[1.7] （以）尤瓦尔·赫拉利．Homo Deus: A Brief History of Tomorrow. 北京：中信出版社，2017.

[1.8] K. David, H. Berndt. 6G Vision and Requirements-Is There Any Need for Beyond 5G? IEEE Vehicular Technology Magazine, Vol. 13, No. 3, pp. 2-9, Sept. 2018.

[1.9] W. Saad, M. Bennis and M. Z. Chen. A Vision of 6G Wireless Systems: Applications, Trends, Technologies and Open Research Problem. IEEE Network, Early Access, 2019.

[1.10] Qi Bi. Ten Trends in the Cellular Industry and an Outlook on 6G. IEEE Communications Magazine, Vol. 57, No. 12, Dec. 2019.

[1.11] Z. Q. Zhang, Y. Xiao, et. al. 6G Wireless Networks: Vision, Requirements, Architecture and Key Technologies. IEEE Vehicular Technology Magazine, Vol. 14, No. 3, pp. 2-15, July 2019.

[1.12] IMT Vision—Framework and Overall Objectives of the Future Development of IMT for 2020 and Beyond, ITU-R M. 2083-0, Sept. 2015.

第 2 章　无线传播与移动信道

移动信道属于无线信道，它既不同于传统的固定式有线信道，也与一般具有可移动功能的无线接入的无线信道有所区别。它是移动的动态信道。

移动信道是一个非常复杂的动态信道，是取决于用户所在地点环境条件的客观存在的信道，其信道参数是时变的。利用这类复杂的移动信道进行通信，首先必须分析和掌握信道的基本特点及实质，然后才能针对存在的问题一一给出相应的技术解决方案。

任何一种通信系统都围绕着如何完成通信的三项基本指标（有效性、可靠性和安全性）进行不断的优化。所谓有效性，是指用尽可能少的信道资源（如频段、时隙和功率等）尽可能多地传送信源的信息，它是通信数量上的指标。所谓可靠性，主要是指在传输过程中抵抗各类客观自然干扰的能力，但在特殊的军事通信中还包含抵抗人为设置干扰的能力。所谓安全性，主要是指在传输中的安全保密性能，即接收端防窃听、发送端防伪造和篡改等的能力。

移动通信中的各类新技术，都是针对移动信道的动态时变特性，为解决移动通信中的有效性、可靠性和安全性的基本指标而设计的。因此，分析移动信道的特点是解决移动通信关键技术的前提，是产生移动通信中各类新技术的源泉。

2.1　移动信道的特点

2.1.1　移动信道的 3 个主要特点

1. 传播的开放性

一切无线信道都是基于电磁波在空间的传播来实现开放式信息传输的。它不同于固定的有线通信，后者基于全封闭式的传输线路来实现信息传输。

2. 传播环境的复杂性

传播环境的复杂性是指电磁波传播所经历的地理环境的复杂性与多样性。一般可将传播环境划分为 3 类典型区域：高楼林立的城市繁华区，以一般性建筑物为主体的近郊区，以山丘、湖泊、平原为主的农村及远郊区。

3. 通信用户的随机移动性

移动通信用户的位置是随机变化的，其运动模式主要有 3 种：室内准静态、慢速步行、高速车载运动。

总之，传播的开放性、传播环境的复杂性和通信用户的随机移动性这 3 个主要特点共同构成了移动信道的主要特色。

2.1.2　移动通信中电磁波传播行为

移动信道中电磁波传播行为可以划分为：

① 直射波，是指在视距覆盖区内无遮挡的传播信号。它是超短波、微波的主要传输方式，经直射波传播的信号最强。

② 反射波，是指从不同建筑物或其他反射体反射后到达接收点的传播信号。其信号强度较

直射波弱。

③ 绕射波，是指从较大的建筑物与山丘绕射后到达接收点的传播信号。但它需要满足电磁波产生绕射的条件，其信号强度较直射波弱。

另外，还有穿透建筑物的传播及空气中离子受激后二次发射的漫反射产生的散射波等，但是它们相对于直射波、反射波、绕射波而言都比较弱，所以从电磁波传播行为看：直射波、反射波、绕射波是主要的，但有时穿透的直射波与散射波的影响也需要进一步考虑。

2.1.3　移动信道的衰落特征

在上述移动信道的 3 个主要特点及传播的 3 种主要类型作用下，移动信道的衰落特征可以划分为点到点传输与多小区组网的信道特征，如图 2.1 所示。对于前者，主要包括路径传播损耗、阴影衰落及小尺度衰落。对于后者，接收信号除经历前述的 3 类不同层次的信道衰落外，还会含有上行多用户干扰或下行多小区干扰。这些信道衰落会导致移动信道的 4 种典型效应。

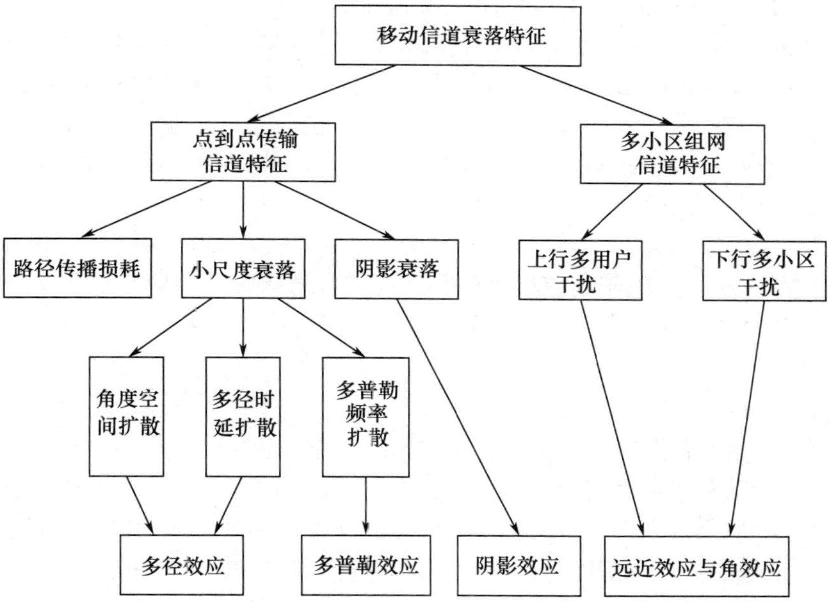

图 2.1　移动信道的衰落特征

1. 3 类不同层次的信道衰落

(1) 路径传播损耗

路径传播损耗一般简称为路径损耗，也称为大尺度衰落，是指电磁波在空间传播所产生的损耗。它反映了在宏观大范围（千米量级）的空间距离上接收信号电平平均值的起伏变化趋势。路径传播损耗在有线通信中也存在，不过它计算的是在导线介质中传输的损耗，一般比移动通信的路径传播损耗小 1～2 个量级。

(2) 阴影衰落

阴影衰落主要是指电磁波在传播路径上受到建筑物等的阻挡而产生的损耗，它反映了在中等范围内（数百波长量级）的接收信号电平平均值的起伏变化趋势。这类损耗一般为无线传播所特有，且从统计规律上看遵从对数正态分布，其变化率比传送信息率慢，故又称为慢衰落损耗。

(3) 小尺度衰落

小尺度衰落反映的是微观小范围内(数十波长以下量级)接收电平平均值的起伏变化趋势。其电平幅度分布一般遵从瑞利(Rayleigh)分布、莱斯(Rice)分布或纳卡伽米(Nakagami)分布,其变化率比慢衰落损耗的快,故又称为快衰落损耗。考虑信号的物理属性,小尺度衰落又可分为角度空间扩散、多径时延扩散与多普勒(Doppler)频率扩散。空间、时延、频率扩散会导致接收信号在不同信号域的选择性衰落,这里的选择性是指在不同的角度、不同的频率或不同的时间其衰落特性是不一样的,详细内容后面将进一步讨论。

2. 4 种典型效应

(1) 阴影效应

由大型建筑物和其他物体的阻挡,在电磁波传播的接收区域中产生传播半盲区,类似于太阳光受阻挡后产生的阴影。光波的波长较短,因此阴影可见;电磁波的波长较长,阴影不可见,但是接收终端(如手机)与专用仪表可以测试出来。

(2) 多径效应

由于用户所处地理环境的复杂性,使得接收到的信号不仅有直射波的主径信号,还有从不同建筑物反射过来及绕射过来的多条不同路径信号,而且它们到达时的信号强度、到达时间、到达时的载波相位及接收天线的入射角度都不一样。一般地,空间角度扩散与多径时延扩散都会导致多径效应,所接收到的信号是上述各路空间与时间多径信号的矢量和,也就是说,各路径之间可能产生自干扰,称这类自干扰为多径干扰或多径效应。这类多径干扰是非常复杂的,有时根本收不到主径直射波,收到的是一些连续反射波等。

(3) 多普勒效应

多普勒效应是由于用户处于高速移动(如车载通信)通信时传播频率的扩散而引起的,其扩散程度与用户的运动速度成正比。这一现象只产生在高速(≥70km/h)车载通信时,而对于通常慢速移动的步行和准静态的室内通信则不予考虑。

(4) 远近效应与角效应

在多小区环境中,不仅要考虑点到点传输的信道衰落,还要考虑多小区之间的干扰。

对于上行接收信号而言,由于用户的随机移动性,移动用户与基站之间的距离也在随机变化,接收信号是有用信号与多个上行干扰用户信号的叠加。如果各移动用户发射信号功率一样,那么到达基站时信号的强弱将不同,离基站近者信号强,离基站远者信号弱。通信系统中的非线性将进一步加重信号强弱的不平衡性,甚至出现以强压弱的现象,并使弱者即离基站较远的用户产生掉话(通信中断)现象,通常称这一现象为远近效应。

同样,对于下行接收信号而言,当用户运动到小区边缘,此时接收信号是有用信号与多个下行干扰基站信号的叠加。由于距离基站很远,因此有用信号的功率较低,而邻近小区的干扰信号反而功率较强,这样也会出现信号强弱不平衡的现象,导致用户产生通信中断。由于通信中断常发生于 3 个六边形小区的交界处,即正六边形的顶角区域,因此这一现象称为角效应。

2. 2 路径损耗与阴影衰落

前面从概念与定性的观点探讨了移动通信中的电磁波传播与移动信道的主要特性。从本节开始,按照信道衰落的尺度变化介绍移动信道的典型特征。

2.2.1 无线衰落初步定量分析

由前面定性分析可知，无线传播的总损耗由大范围（大尺度、千米量级）的路径损耗、中范围（中尺度、数百波长量级）的阴影衰落和小范围（小尺度、数十波长以下）的小尺度衰落共同决定。假定 t 时刻，发射机与接收机之间的距离为 $d(t)$，则总损耗可表示为

$$\mathrm{PL}[d(t)]=[d(t)]^{-n}\cdot S[d(t)]\cdot K[d(t)] \tag{2.2.1}$$

式中，$[d(t)]^{-n}$ 表示大范围的路径损耗，$n\approx 2\sim 5.5$；$S[d(t)]$ 表示中范围的阴影衰落；$K[d(t)]$ 表示小范围内的小尺度衰落。

2.2.2 典型路径损耗模型

如前所述，移动信道是一个完全开放式信道，其传播损耗从宏观大范围看，主要决定于传播的环境与条件。路径损耗不仅取决于传播距离，而且还与传播中的地形、地貌、传播的载波频率，以及接收、发射天线高度等密切相关。因此从理论上给出一个确切、完整的公式很困难，一般在工程上多采用一些经验公式与模型，对于工程技术人员而言已能基本满足实际估算的要求。

下面将给出几类在不同环境与条件下经常使用的著名经验公式与模型。

1. 自由空间传播模型

自由空间是指一种均匀的、各向同性的理想介质空间，当电磁波在这种空间中传播时，不会发生反射、绕射和吸收现象，只存在能量扩散引起的传播损耗。深空宇航通信、卫星通信与微波视距通信都属于典型的自由空间传播。

假设发射机以球面波辐射，给定 P_t 为发射信号功率，G_t 与 G_r 分别为发射与接收天线增益，λ 为电磁波波长，d 为收、发天线间的距离，则接收信号功率 P_r 为

$$P_r=\frac{P_tG_tG_r\lambda^2}{(4\pi)^2d^2S} \tag{2.2.2}$$

式中，S 是与传播无关的系统损耗因子。

电磁波的波长表达式为

$$\lambda=\frac{c}{f_c} \tag{2.2.3}$$

式中，$c=3\times10^8\,\mathrm{m/s}$ 为光速；f_c 为载波频率，单位为 Hz。

由式(2.2.2)可知，接收功率与发射/接收天线增益成正比，与收、发天线间的距离的平方成反比。定义自由空间传播损耗 PL 为发射功率与接收功率的比值或差值（对数域），即

$$\mathrm{PL}=\frac{P_t}{P_r} \tag{2.2.4}$$

或

$$\mathrm{PL(dB)}=-10\lg\frac{P_r}{P_t}=-10\lg\left[\frac{G_tG_r\lambda^2}{(4\pi)^2d^2}\right]\mathrm{(dB)} \tag{2.2.5}$$

将式(2.2.3)代入上式，可得

$$\mathrm{PL}(d)\mathrm{(dB)}=20\lg d+10\gamma\lg f_c+C \tag{2.2.6}$$

式中，$\gamma=2$ 是距离衰落系数。由此可知，自由空间传播损耗随着收、发天线间的距离与载波频率的增加而增大。

另外，由式(2.2.2)可知，收、发天线间的距离不能为0，因此工程中通常引入参考距离 d_0，典型取值为1m。这样，自由空间模型可以修正为

$$PL(d)(dB)=20\lg(d/d_0)+10\gamma\lg f_c+PL(d_0) \tag{2.2.7}$$

实际无线通信系统中，由于地理环境的复杂性，自由空间传播模型往往不被采用，但它可以作为其他更实用化传播模型的修正参考。

2. 奥村-哈塔(Okumura-Hata)模型

这是一种在移动通信中使用最频繁，也是最有效的模型。它最初是由奥村在广泛测量城镇与郊区的无线电传播损耗以后，制成了很多可用于规划蜂窝系统的有用经验曲线与图表得到的[2.3]。该模型使用的主要环境与条件为：适用于小城镇与郊区的准平坦地区；应用频率为 $150\text{MHz}\leqslant f_c\leqslant 1500\text{MHz}$；有效距离为 $1\text{km}\leqslant d\leqslant 20\text{km}$；发射(基站)天线的有效高度为30～200m；接收(移动台)天线的有效高度为1～10m。

哈塔后来将奥村这些经验曲线与图表提炼成更加便于工程使用的经验公式，从而使这一经验模型广为应用。哈塔给出的路径损耗基本公式为

$$PL(d)(dB)=69.55+26.16\lg f_c-13.82\lg h_b-\alpha(h_m)+(44.9-6.55\lg h_b)\lg d-K \tag{2.2.8}$$

式中，f_c 为载波频率(MHz)；h_b 为基站天线的有效高度(m)；h_m 为移动台天线的有效高度(m)；$\alpha(h_m)$ 为移动台天线的校正因子(dB)；d 为移动台与基站之间的距离(km)；K 为地理环境修正系数(dB)。

关于移动台天线的校正因子 $\alpha(h_m)$ 的讨论如下。

对于中小城市环境，校正因子为

$$\alpha(h_m)=(1.1\lg f_c-0.7)h_m-(1.56\lg f_c-0.8) \tag{2.2.9}$$

对于大城市，相应的校正因子为

$$\alpha(h_m)=\begin{cases}8.29\,(\lg 1.54h_m)^2-1.1 & \text{当 } f_c<300\text{MHz 时}\\ 3.2\,(\lg 11.75h_m)^2-4.97 & \text{当 } f_c\geqslant 300\text{MHz 时}\end{cases} \tag{2.2.10}$$

关于地理环境修正系数 K 说明如下：

$$K=\begin{cases}0 & \text{对于市区}\\ 2\,(\lg f_c/28)^2-5.4 & \text{对于郊区}\\ 4.78\,(\lg f_c)^2-18.33\lg f_c-40.98 & \text{对于农村地区}\end{cases} \tag{2.2.11}$$

3. Hata 模型向个人通信系统(PCS)的扩展

欧洲科学技术研究协会(EURO-COST)组成COST-231工作组[2.3]开发Hata模型对PCS的扩展，提出将Hata模型扩展至2GHz频段，其公式为

$$PL(d)(dB)=46.3+33.9\lg f_c-13.82\lg h_b-\alpha(h_m)+(44.9-6.55\lg h_b)\lg d+C_M \tag{2.2.12}$$

式中，$\alpha(h_m)$ 取值参见式(2.2.9)、式(2.2.10)；而

$$C_M=\begin{cases}0\text{dB} & \text{对于中等城市和郊区}\\ 3\text{dB} & \text{对于市中心繁华区}\end{cases} \tag{2.2.13}$$

COST-231扩展的Hata模型适用于下列参数范围：f_c 为1500～2000MHz；h_b 为30～

200m；h_m 为 1～10m；d 为 1～20km。

4. Walfisch-Ikegami 模型

Walfisch-Ikegami 模型的示意图如图 2.2 所示。该模型主要用于欧洲 GSM 系统，而且也应用于美国的一些传播模型中。该模型包含 3 部分：自由空间损耗、屋脊到街道的绕射与散射损耗及多次屏蔽损耗。其表达式为

$$\mathrm{PL}(d)(\mathrm{dB})=\begin{cases}L_f+L_{rts}+L_{ms}+L_t & \text{当 } L_{rts}+L_{ms}>0 \text{ 时}\\ L_f & \text{当 } L_{rts}+L_{ms}\leqslant 0 \text{ 时}\end{cases} \tag{2.2.14}$$

式中，L_f 为自由空间损耗；L_{rts}为屋脊到街道的绕射与散射损耗；L_{ms}为多次屏蔽损耗；L_t 为树木、树叶引入的附加损耗。

（1）自由空间损耗的计算

$$L_f=32.4+20\lg d+20\lg f_c \tag{2.2.15}$$

（2）屋脊到街道的绕射与散射损耗的计算

$$L_{rts}=-16.9-10\lg w+10\lg f_c+20\lg\Delta h_m+L_0 \tag{2.2.16}$$

式中，w 为街道宽度（m）；$\Delta h_m=h_r-h_m$（m），h_r 为建筑物的高度；h_m 为移动台天线的高度；

$$L_0=\begin{cases}9.646 & \text{当 } 0^\circ\leqslant\varphi\leqslant 35^\circ \text{时}\\ 2.5+0.075(\varphi-35^\circ) & \text{当 } 35^\circ\leqslant\varphi\leqslant 55^\circ \text{时}\\ 4-0.114(\varphi-35^\circ) & \text{当 } 55^\circ\leqslant\varphi\leqslant 90^\circ \text{时}\end{cases}$$

式中，φ 为相对于街道的入射角。

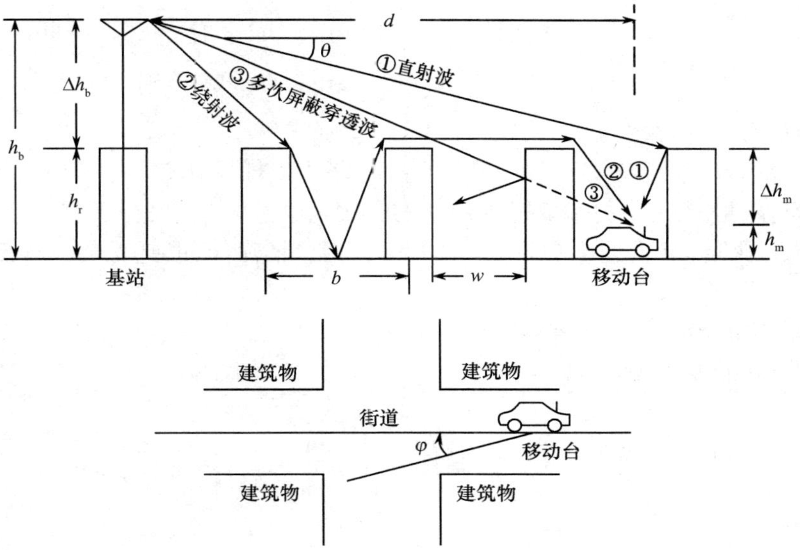

图 2.2 Walfisch-Ikegami 模型

（3）多次屏蔽损耗的计算

$$L_{ms}=L_{bsh}+K_a+K_d\lg d+K_f\lg f_c-9\lg b \tag{2.2.17}$$

式中，b 为在无线路径上建筑物之间的距离，并且

$$L_{bsh}=\begin{cases}-18\lg 11+\Delta h_b & \text{当 } h_b>h_r \text{ 时}\\ 0 & \text{当 } h_b<h_r \text{ 时}\end{cases} \tag{2.2.18}$$

$$K_a=\begin{cases}54 & \text{当 } h_b>h_r \text{ 时}\\ 54-0.8h_b & \text{当 } d\geqslant 500\text{m}, h_b\leqslant h_r \text{ 时}\\ 54-1.6\Delta h_r d & \text{当 } d<500\text{m}, h_b\leqslant h_r \text{ 时}\end{cases} \tag{2.2.19}$$

$$K_d=\begin{cases}18 & \text{当 } h_b<h_r \text{ 时}\\ 18-\dfrac{15\Delta h_b}{\Delta h_m} & \text{当 } h_b\geqslant h_r \text{ 时}\end{cases} \tag{2.2.20}$$

$$K_f=\begin{cases}4+0.7\left(\dfrac{f_c}{925}-1\right) & \text{在中等城市和具有中等树木密度地区}\\ 4+1.5\left(\dfrac{f_c}{925}-1\right) & \text{在大都市市中心}\end{cases} \tag{2.2.21}$$

Walfisch-Ikegami 模型的有效参数范围为：$800\text{MHz}\leqslant f_c\leqslant 2000\text{MHz}$；$4\text{m}\leqslant h_b\leqslant 50\text{m}$，$1\text{m}\leqslant h_m\leqslant 3\text{m}$，$0.02\text{km}\leqslant d\leqslant 5\text{km}$，$b\approx 20\sim 50\text{m}$，$w=\dfrac{b}{2}$，$\varphi\leqslant 90°$。

(4) 树木造成的衰落校正因子

Weissberger 给出一种修正指数延迟模型。它可用于温和气候下具有浓密、干燥树叶的树木所造成的附加损耗，即

$$L_t=\begin{cases}0.45f_c^{0.284}d_f & \text{当 } 0\leqslant d_f\leqslant 14\text{m 时}\\ 1.33f_c^{0.284}d_f^{0.588} & \text{当 } 14\text{m}\leqslant d_f\leqslant 400\text{m 时}\end{cases} \tag{2.2.22}$$

式中，L_t 为树木损耗(dB)；f_c 为载波频率(GHz)；d_f 为树木高度(m)。

对于 900MHz 频段，上述公式可简化为

$$L_t=\begin{cases}0.437d_f & \text{当 } 0\leqslant d_f\leqslant 14\text{m 时}\\ 1.291d_f^{0.588} & \text{当 } 14\text{m}\leqslant d_f\leqslant 400\text{m 时}\end{cases} \tag{2.2.23}$$

L_t 在有树叶与没有树叶时相差 3～5dB。

Walfisch-Ikegami 模型与 Okumura-Hata 模型路径损耗的比较：由于 Okumura-Hata 模型未考虑来自街道宽度、街道绕射和散射等带来的影响，因此两者损耗一般要相差 13～16dB。也就是说，Walfisch-Ikegami 模型比 Okumura-Hata 模型更精确，但也更复杂。两者具体差值可见表 2.1 或图 2.3。

表 2.1　Walfisch-Ikegami 模型和 Okumura-Hata 模型比较

距离(km)	路径损耗(dB)	
	Okumura-Hata 模型	Walfisch-Ikegami 模型
1	126.16	139.45
2	136.77	150.89
3	142.97	157.58
4	147.37	162.33
5	150.79	166.01

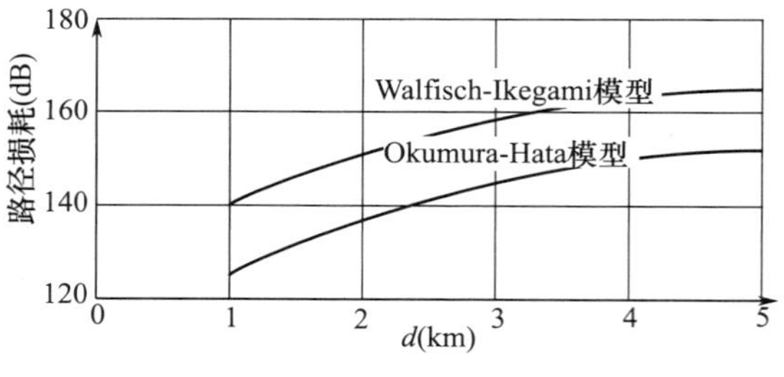

图 2.3　Walfisch-Ikegami 模型和 Okumura-Hata 模型路径损耗与距离 d 的关系

(注：表 2.1 与图 2.3 摘自文献[2.13]，p187-188)

5. 室内传播模型

室内传播不同于室外传播，室内传播的覆盖范围小，环境变化大，且受建筑物材料、建筑物类型和建筑物布局有关。但是从电磁波传播的机理上看，室内传播与室外传播基本上是一样的，主

要决定于电磁波的直射、反射、绕射、散射和穿透。不过具体的条件可能存在较大的差异，比如，室内是否开门，天线安装在什么位置、高度等。

室内无线传播是一个较新的研究领域，国外是从 20 世纪 80 年代才开始较系统的研究，美国 Bell 实验室和英国电信等率先对大量家用和办公室建筑物周围及内部的路径损耗进行了仔细的研究。一般说来，室内信道也分为视距(LOS)和阻挡(OBS)两种，并且随着环境杂乱程度而不断变化。

室内环境的传播模型可以表示为

$$\mathrm{PL}(d)=\mathrm{PL}(d_0)+10\gamma\lg(d/d_0)+\sum_{q=1}^{Q}\mathrm{FAF}(q)+\sum_{p=1}^{P}\mathrm{WAF}(p) \tag{2.2.24}$$

式中，衰减因子 γ 与室内环境有关。当发射机与接收机位于同一个走廊且为视距，则衰减因子 $\gamma=1.5\sim1.8$；如果在阻挡环境下，即发射机位于走廊、接收机位于室内，则衰减因子 $\gamma=3\sim4$，并且衰减因子与载波频率、建筑物材料有关。FAF(q)和 WAF(p)分别为楼层与墙体的衰减函数，与楼层间、楼层内建筑物材料类型、结构等密切相关，各国与各地区均有所不同，本书不再深入探讨，具体计算可参见文献[2.3]等。

2.2.3 阴影衰落

阴影衰落反映了传播环境中范围内多个反射与衍射信号叠加的强度变化，表现为场强中值随时间的缓慢变化，一般其信号强度服从对数正态分布，即

$$f(s)=\frac{1}{\sqrt{2\pi\sigma_s^2}}\exp\left\{-\frac{(\ln s-\mu)^2}{2\sigma_s^2}\right\} \tag{2.2.25}$$

式中，s 为信号功率；$\ln s$ 表示信号功率的对数值；$\mu=E[\ln s]$为均值；$\sigma_s^2=D[\ln s]$表示方差。

阴影衰落的均值主要由基站和移动台之间的路径损耗决定，而方差通常则为 4～8dB。

2.3 小尺度衰落

在移动通信中最难克服的是小尺度衰落引起的信道畸变，下面对它的信道特征、统计特性、衰落类型加以剖析。

2.3.1 小尺度衰落信道特征

1. 多径时延扩散与频率选择性

由于传播路径中存在多个散射体，各条路径的传播时延存在差异，因此信号传播时延发生扩散，相应地，进行傅里叶变换后得到的频谱特性产生了所谓的频率选择性，即在不同频率分量上信号强度特性不一样。其现象、成因与机理如图 2.4 所示。

(1) 信道输入

频域：白色等幅频谱。

时域：在 t_0 时刻输入一个 δ 脉冲。

(2) 信道输出

频域：衰落起伏的有色谱。

时域：在 $t_0+\Delta t$ 瞬间，δ 脉冲在时域产生了扩散，其扩散宽度为 $L/2$，其中 Δt 为绝对时延。

(3) 结论

由于信道在时域的时延扩散，引起了在频域的频率选择性变化，且其变化周期为 $T_1=1/L$，即与时域中的时延扩散程度成正比。

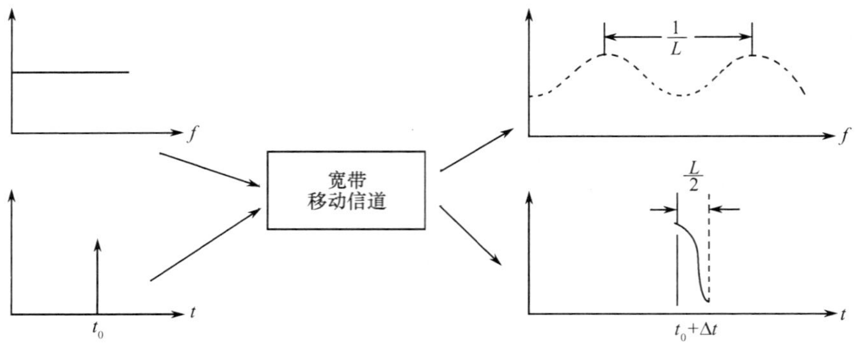

图 2.4　频率选择性的现象、成因与机理

2. 多普勒频率扩散与时间选择性

当用户随机运动时，接收信号频谱发生弥散，时域波形产生时变抖动，这就是所谓的时间选择性，即在不同的采样时刻，信号波形取值是不一样的。其现象、成因与机理如图 2.5 所示。

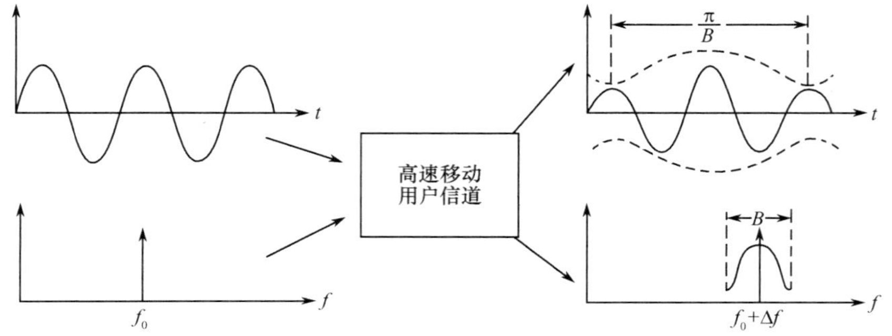

图 2.5　时间选择性的现象、成因与机理

(1) 信道输入

时域：单频等幅载波。

频域：在单一频率 f_0 上输入单根谱线（δ 脉冲）。

(2) 信道输出

时域：包络起伏不平。

频域：以 $f_0+\Delta f$ 为中心产生频率扩散，其宽度为 B，其中 Δf 为绝对多普勒频移，B 为相对值。

(3) 结论

由于用户的高速移动在频域引起多普勒频移，在相应的时域其波形产生时间选择性变化，其变化周期为 $T_2=\pi/B$。

3. 角度扩散与空间选择性

当收、发两端都配置天线阵列，由于散射体分布在传播环境的不同位置，因此各个传播路径具有不同的离去角（AoD）与到达角（AoA），这样，发射/接收波束信号产生了角度扩散，由此导致的所谓空间选择性变化是指在不同地点与空间位置的接收天线单元所收到的信号特性不一样。其现象、成因与机理如图 2.6 所示。

(1) 信道输入

射频：单频等幅载波。

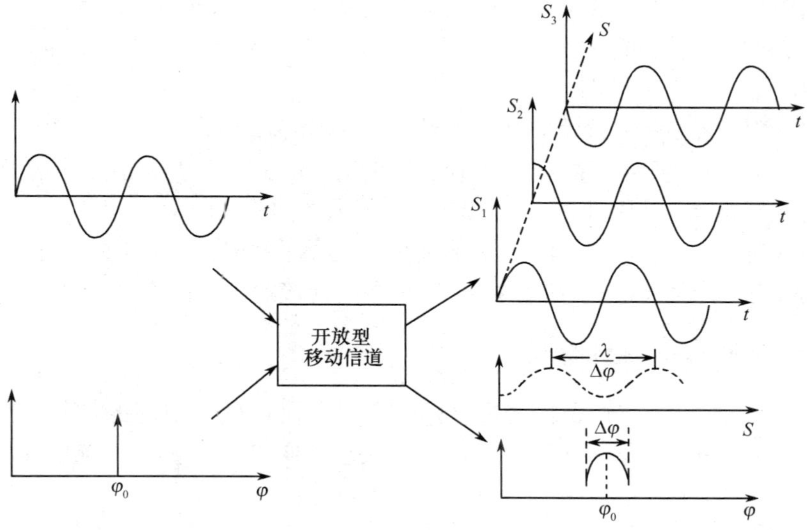

图 2.6　空间选择性的现象、成因与机理

角度域：在 φ_0 角输入一个 δ 脉冲式的点波束。

(2) 信道输出

时空域：在不同的接收点 S_1、S_2、S_3，时域上衰落特性是不一样的，即同一时间、不同地点（空间）衰落起伏是不一样的，这样，从空域上看，其信号包络的起伏周期为 T_3。

角度域：在原来 φ_0 角的 δ 点波束产生了扩散，扩散宽度为 $\Delta\varphi$。

(3) 结论

由于开放型移动信道使天线的点波束产生了扩散而引起空间选择性衰落，其衰落周期 $T_3 \approx \lambda/\Delta\varphi$，其中 λ 为波长。

4. 移动信道 3 类选择性产生的条件

在实际移动通信中，空间、时延、频率扩散所导致的 3 类选择性现象都存在。根据其产生的条件大致可以划分为 3 类散射干扰，如图 2.7 所示。

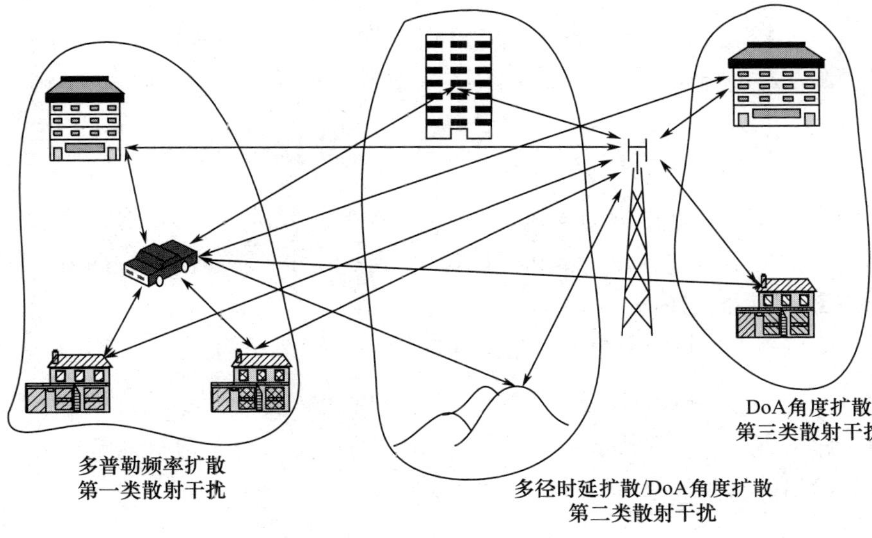

图 2.7　3 类散射干扰示意图

① 第一类散射干扰：由于移动用户附近的散射体反射而形成的干扰信号，其特点是由于用户快速移动，在信号频谱上产生了多普勒频率扩散，相应地引起信号时域波形的时间选择性变化。

② 第二类散射干扰：由于远处的高大建筑物与山丘的反射而形成的干扰信号，其特点是传送的信号在空间与时间上产生了扩散。空域上波束角度的扩散将引起接收点信号产生空间选择性变化，时域上的扩散将引起接收点信号产生频率选择性变化。

③ 第三类散射干扰：由于接收信号受基站附近建筑物和其他物体的反射而形成的干扰信号，其持点是严重影响接收信号的到达角分布，从而引起接收信号的空间选择性变化。

2.3.2 小尺度衰落统计分析

前面初步定性分析已指出中范围的慢衰落主要是由阴影效应引起的，而小范围的快衰落则主要是由3类扩散导致的选择性引起的。下面将进一步定量分析3类选择性的成因与统计规律。

1. 点散射模型

如图2.8所示，室外环境中，发射天线到接收天线的信号传播路径既可能包括直射路径(LOS)，也包括多个散射体的反射/折射路径。

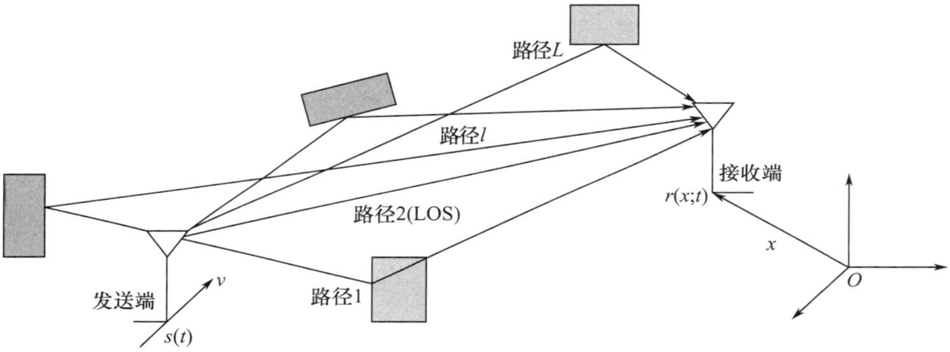

图2.8 室外无线传播的典型场景示意

假设传播环境中有L个散射路径，以任意给定的原点O为参考，接收天线在三维空间中的坐标为$\boldsymbol{x}=(x_1,x_2,x_3)$，给定发射信号$s(t)$，则在$\boldsymbol{x}$处得到的接收信号可以表示为

$$r(\boldsymbol{x};t)=\sum_{l=1}^{L}\alpha_l(t)\exp\left\{\mathrm{j}2\pi\frac{\boldsymbol{x}\cdot\boldsymbol{\Omega}_l}{\lambda_0}\right\}\exp\{\mathrm{j}2\pi\nu_l t\}s(t-\tau_l) \tag{2.3.1}$$

式中，$\lambda_0=c/f_c$表示载波的波长；c为光速；f_c为载波频率。针对第l条路径，相应的信道参数包括：$\alpha_l(t)$表示对应的复信道响应，τ_l表示时延，$\boldsymbol{\Omega}_l$表示入射方向对应的单位向量，ν_l表示多普勒频移。式中$\boldsymbol{x}\cdot\boldsymbol{\Omega}_l$表示向量内积运算。

基于如图2.9所示的球坐标系统，入射方向向量$\boldsymbol{\Omega}$可以表示为

$$\boldsymbol{\Omega}=e(\theta,\phi)\triangleq[\cos\phi\sin\theta \quad \sin\phi\sin\theta \quad \cos\theta]^{\mathrm{T}} \tag{2.3.2}$$

式中，$\phi\in[-\pi,\pi)$表示水平方位角，$\theta\in[0,\pi]$表示垂直方位角，$[\cdot]^{\mathrm{T}}$表示向量转置。

式(2.3.1)给出的接收信号可以进一步表示为

$$r(\boldsymbol{x};t)=\iiint\exp\left\{\mathrm{j}2\pi\frac{\boldsymbol{x}\cdot\boldsymbol{\Omega}}{\lambda_0}\right\}\exp\{\mathrm{j}2\pi\nu t\}s(t-\tau)h(\Omega,\tau,\nu)\mathrm{d}\boldsymbol{\Omega}\mathrm{d}\tau\mathrm{d}\nu \tag{2.3.3}$$

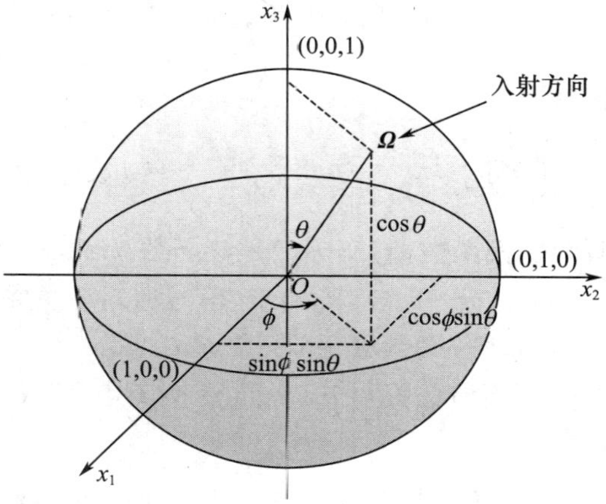

图 2.9　入射方向向量的球坐标示例

式中，核函数 $h(\boldsymbol{\Omega},\tau,\nu)$表示为

$$h(\boldsymbol{\Omega},\tau,\nu) = \sum_{l=1}^{L}\alpha_l(\tau)\delta(\boldsymbol{\Omega}-\boldsymbol{\Omega}_l)\delta(\tau-\tau_l)\delta(\nu-\nu_l) \tag{2.3.4}$$

3G 之后的移动通信系统中，普遍引入了多天线 MIMO/智能天线技术。这样，在移动信道中，不仅需要考虑时域、频域特征，还要考虑空域特征，这样才能充分利用三维信道信息。

一般地，称核函数 $h(\boldsymbol{\Omega},\tau,\nu)$为角度—时延—多普勒频率扩散函数，它表征了移动信道在时域、频域和空域 3 个维度的动态随机扩散，具有重要的物理意义。依据线性时变分析和广义平稳随机过程理论，可以假设移动信道遵从点散射（扩散）模型，即移动信道从物理上可看作，在接收端所接收的信号是具有不同时延、不同频移、不同入射角的足够多（无限条）传播路径反射、散射信号的总和。这些路径可能是相关的，也可能是不相关的，通常可认为是不相关的。

利用点散射模型，可以证明移动信道遵从广义平稳特性和复高斯模型[2.2]，也就是高斯广义平稳非相干散射模型（GWSSUS）。因此基于中心极限定理，当没有 LOS 分量时，核函数 $h(\boldsymbol{\Omega},\tau,\nu)$的数学期望为 $E[h(\boldsymbol{\Omega},\tau,\nu)]=0$。

给定移动用户的运动向量 $\boldsymbol{v}$，则可得多普勒频率的计算公式为

$$\nu=\frac{\boldsymbol{v}\cdot\boldsymbol{\Omega}}{\lambda_0}=f_c\frac{|\boldsymbol{v}|}{c}\cos\varphi_{\boldsymbol{v},\boldsymbol{\Omega}} \tag{2.3.5}$$

式中，$\varphi_{\boldsymbol{v},\boldsymbol{\Omega}}$是运动向量 $\boldsymbol{v}$ 与入射方向向量 $\boldsymbol{\Omega}$ 的夹角。当两个向量方向相同或相反时，即 $\varphi_{\boldsymbol{v},\boldsymbol{\Omega}}=0$ 或 π 时，多普勒频移最大，记为 $f_{\max}$。

进一步考虑核函数 $h(\boldsymbol{\Omega},\tau,\nu)$的二阶统计特性，其相关函数为

$$E[h(\boldsymbol{\Omega},\tau,\nu)h(\boldsymbol{\Omega}',\tau',\nu')]=P(\boldsymbol{\Omega},\tau,\nu)\delta(\boldsymbol{\Omega}'-\boldsymbol{\Omega})\delta(\tau'-\tau)\delta(\nu'-\nu) \tag{2.3.6}$$

式中，$P(\boldsymbol{\Omega},\tau,\nu)$为角度—时延—多普勒功率谱（PS），定义为

$$P(\boldsymbol{\Omega},\tau,\nu)=E[|h(\boldsymbol{\Omega},\tau,\nu)|^2] \tag{2.3.7}$$

根据时频对偶性，还可以从变换域观点分析式（2.3.1）给出的信号模型，则接收信号可表示为

$$r(\boldsymbol{x};t) = \int S(f)\exp\{\mathrm{j}2\pi ft\}H(\boldsymbol{x},f,t)\mathrm{d}f \tag{2.3.8}$$

式中，信号频谱 $S(f)$ 是发送信号 $s(t)$ 的傅里叶变换，即满足 $S(f)=\int s(t)\exp\{-j2\pi ft\}dt$ 。而变换核函数 $H(\boldsymbol{x},f,t)$ 定义为

$$H(\boldsymbol{x},f,t)=\iiint \exp\left\{j2\pi\left[-f\tau+\frac{\boldsymbol{x}\cdot\boldsymbol{\Omega}}{\lambda_0}+\nu t\right]\right\}h(\boldsymbol{\Omega},\tau,\nu)\,d\boldsymbol{\Omega}d\tau d\nu \tag{2.3.9}$$

称该函数为空间—频率—时间变换函数，它实际上是核函数 $h(\boldsymbol{\Omega},\tau,\nu)$ 的三维傅里叶变换。由此可知，在三维傅里叶变换对 $h(\boldsymbol{\Omega},\tau,\nu)\leftrightarrow H(\boldsymbol{x},f,t)$ 中，信号域对应关系为：空域 $\boldsymbol{x}$ 对应角度域 $\boldsymbol{\Omega}$，频域 f 对应时延域 τ，时域 t 对应多普勒频域 ν。

由点散射模型的广义平稳（WSS）假设可知，三维变换函数 $H(\boldsymbol{x},f,t)$ 的自相关函数满足广义平稳特性，即

$$E[H(\boldsymbol{x},f,t)^*H(\boldsymbol{x}+\Delta\boldsymbol{x},f+\Delta f,t+\Delta t)]=R(\Delta\boldsymbol{x},\Delta f,\Delta t) \tag{2.3.10}$$

称这个自相关函数为空间—频率—时间相关函数，它反映了移动信道在空域、频域及时域选择性的二阶统计特性。

同样，可得三维相关函数 $R(\Delta\boldsymbol{x},\Delta f,\Delta t)$ 与三维功率谱 $P(\boldsymbol{\Omega},\tau,\nu)$ 也是一对傅里叶变换对，即

$$R(\Delta\boldsymbol{x},\Delta f,\Delta t)=\iiint \exp\left\{j2\pi\left[-\Delta f\tau+\frac{\Delta\boldsymbol{x}\cdot\boldsymbol{\Omega}}{\lambda_0}+\nu\Delta t\right]\right\}P(\boldsymbol{\Omega},\tau,\nu)\,d\boldsymbol{\Omega}d\tau d\nu \tag{2.3.11}$$

由点散射模型可得三维信道统计参量的 8 对傅里叶变换对[2.2]，但其中最重要的是 $h(\boldsymbol{\Omega},\tau,\nu)\leftrightarrow H(\boldsymbol{x},f,t)$ 及 $P(\boldsymbol{\Omega},\tau,\nu)\leftrightarrow R(\Delta\boldsymbol{x},\Delta f,\Delta t)$。

对于 $h(\boldsymbol{\Omega},\tau,\nu)\leftrightarrow H(\boldsymbol{x},f,t)$，按照不相关散射（US）的假设，固定 3 组信号域中的任意一对，可得 3 对一维扩散函数与变换函数的傅里叶变换对：$h(\boldsymbol{\Omega})\leftrightarrow H(\boldsymbol{x})$，$h(\tau)\leftrightarrow H(f)$，$h(\nu)\leftrightarrow H(t)$。相应地，固定信号域中的任意两对，也可得相应的 3 对二维扩散函数与变换函数的傅里叶变换对：$h(\boldsymbol{\Omega},\tau)\leftrightarrow H(\boldsymbol{x},f)$，$h(\boldsymbol{\Omega},\nu)\leftrightarrow H(\boldsymbol{x},t)$，$h(\tau,\nu)\leftrightarrow H(f,t)$。

对于 $P(\boldsymbol{\Omega},\tau,\nu)\leftrightarrow R(\Delta\boldsymbol{x},\Delta f,\Delta t)$，按照广义平稳（WSS）假设，固定 3 组信号域中的任意一对，可得 3 对一维相关函数与功率谱的傅里叶变换对：$P(\boldsymbol{\Omega})\leftrightarrow R(\Delta\boldsymbol{x})$，$P(\tau)\leftrightarrow R(\Delta f)$，$P(\nu)\leftrightarrow R(\Delta t)$，这 3 对傅里叶变换对表征了一维参量扩散与选择性之间的关系。图 2.10 给出了移动衰落信道的一维参量扩散与选择性的对偶关系。

同样，固定信号域中的任意两对，也可得相应的 3 对二维相关函数与功率谱的傅里叶变换对：$P(\boldsymbol{\Omega},\tau)\leftrightarrow R(\Delta\boldsymbol{x},\Delta f)$，$P(\boldsymbol{\Omega},\nu)\leftrightarrow R(\Delta\boldsymbol{x},\Delta t)$，$P(\tau,\nu)\leftrightarrow R(\Delta f,\Delta t)$。这 3 对傅里叶变换对表征了二维参量扩散与选择性之间的关系。

一般地，给定 0 均值广义平稳连续随机过程 $G(u)$，其平均功率受限，即 $E[|G(u)|^2]=P_g<\infty$，其自相关函数定义为 $R(\Delta u)=E[G(u)^*G(u+\Delta u)]$，相应的功率谱为 $U(y)$。下面引入相干区间的概念。在给定相关度 $c\in(0,1]$ 的条件下，相干区间表示当两个随机变量 $G(u)$ 与 $G(u+\Delta u)$ 的相关系数低于相关度 c 时，相应的采样间隔 Δu 的最小值，即

$$D_c[R]\triangleq\inf\{\Delta u\geqslant 0 \,\|R(\Delta u)|/P_g<c\} \tag{2.3.12}$$

另外，对于功率谱 $U(y)$，可以分别定义其均值 $\mu[U]\triangleq 1/P_g\int yU(y)dy<\infty$ 与均方根 $\sigma[U]\triangleq\left[1/P_g\int(y-\mu[U])^2U(y)dy\right]^{1/2}<\infty$。这样，可得相干区间与均方根之间的基本定理。

定理 2.1　令 $G(u)$ 表示平均功率受限的 0 均值广义平稳连续随机过程，给定相关度 c，则相

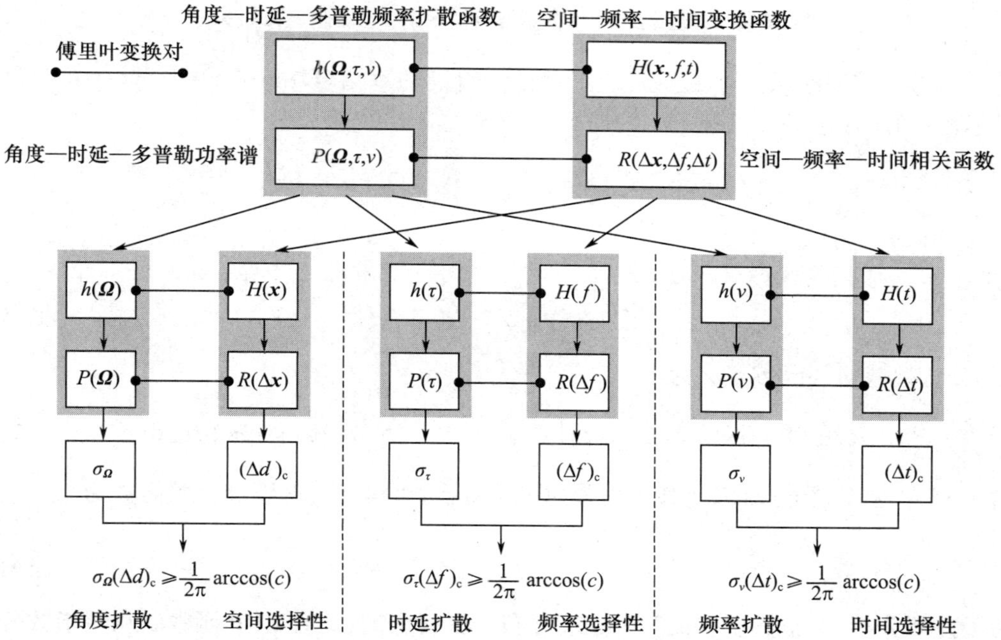

图 2.10　移动衰落信道的一维参量扩散与选择性的对偶关系

干区间与功率谱均方根满足基本不等式

$$D_c[R]\sigma[U] \geqslant \frac{\arccos(c)}{2\pi} \tag{2.3.13}$$

式中，等号成立的充分必要条件为给定两个变换域样点 y_1 与 y_2，功率谱满足 $U(y)=\frac{P_g}{2}[\delta(y-y_1)+\delta(y-y_2)]$，此时 $\sigma[U]=\frac{|y_2-y_1|}{2}$。

该定理的证明参见文献[2.14]，它是现代物理学中著名的不确定性原理在信号处理领域的应用，具有深刻的物理含义。

为了分析方便，假定三维扩散过程 $h(\boldsymbol{\Omega},\tau,f)$ 均值为 0，下面根据不同的信号域，分别介绍一维傅里叶变换对及相应的统计参量。

2. 频域相关与时延功率谱

如果只考虑时延扩散，则相应的扩散函数可简化为

$$h(\tau)=\iint h(\boldsymbol{\Omega},\tau,f)\mathrm{d}\boldsymbol{\Omega}\mathrm{d}f=\sum_{l=1}^{L}\alpha_l(\tau)\delta(\tau-\tau_l) \tag{2.3.14}$$

该函数就是通信中常见的时域冲激响应，其中 $\alpha_l(\tau)$ 是第 l 条路径的信道响应，满足广义平稳特性，定义其平均功率为 $E(|\alpha_l(\tau)|^2)=\sigma_l^2$。进一步，令 $\alpha_l(\tau)=\alpha_{Il}(\tau)+\mathrm{j}\alpha_{Ql}(\tau)=A_l(\tau)\exp\{\mathrm{j}\eta_l(\tau)\}$，时域冲激响应可表示为

$$h(\tau)=\sum_{l=1}^{L}[\alpha_{Il}(\tau)+\mathrm{j}\alpha_{Ql}(\tau)]\delta(\tau-\tau_l)=\sum_{l=1}^{L}A_l(\tau)\exp\{\mathrm{j}\eta_l(\tau)\}\delta(\tau-\tau_l) \tag{2.3.15}$$

式中，$\alpha_{Il}(\tau)$、$\alpha_{Ql}(\tau)$ 分别为实部与虚部信道响应；$A_l(\tau)$、$\eta_l(\tau)$ 分别为包络与相位响应，这些随机过程都满足广义平稳特性。

同样，基于一维傅里叶变换，可得频域变换函数，也就是信道频域响应为

$$H(f)=H(\boldsymbol{x},f,t)|_{\boldsymbol{x}=\boldsymbol{0},t=0}=\int\exp\{-\mathrm{j}2\pi f\tau\}h(\tau)\mathrm{d}\tau \tag{2.3.16}$$

进一步考虑信道时域扩散的二阶统计特性。时延功率谱(Delay Power Spectrum)(也称为功率延迟谱(PDP,Power Delay Profile))$P(\tau)$定义为

$$P(\tau)=E[|h(\tau)|^2]=\iint P(\boldsymbol{\Omega},\tau,\nu)\mathrm{d}\boldsymbol{\Omega}\mathrm{d}\nu \tag{2.3.17}$$

将式(2.3.14)代入可得

$$P(\tau)=\sum_{l=1}^{L}\sigma_l^2\delta(\tau-\tau_l) \tag{2.3.18}$$

相应地,频域相关函数定义为

$$R(\Delta f)=R(\Delta\boldsymbol{x},\Delta f,\Delta t)|_{\Delta\boldsymbol{x}=\boldsymbol{0},\Delta t=0}=\int P(\tau)\exp\{-\mathrm{j}2\pi\Delta f\tau\}\mathrm{d}\tau \tag{2.3.19}$$

由于 PDP 为离散谱线,因此基于离散傅里叶变换,可得相应的频域相关函数为

$$R(\Delta f)=\sum_{l=1}^{L}\sigma_l^2\exp\{-\mathrm{j}2\pi\Delta f\tau_l\} \tag{2.3.20}$$

为了方便分析,经常假设多径时延连续分布。根据实测,此时 PDP 函数服从负指数分布,即

$$P(\tau)=\frac{1}{\mu_\tau}\exp\left\{-\frac{\tau}{\mu_\tau}\right\}\qquad \tau\in(0,+\infty) \tag{2.3.21}$$

式中,均值 $\mu_\tau=E[\tau]=\int_0^\infty \tau P(\tau)\mathrm{d}\tau$ 表示平均时延。同样,可以定义时延扩展的均方根 $\sigma_\tau=D[\tau]=\sqrt{\int_0^\infty(\tau-\mu_\tau)^2P(\tau)\mathrm{d}\tau}$ 。

这样基于傅里叶变换,频率相关函数推导如下

$$R(\Delta f)=\frac{1}{1+(2\pi\Delta f)^2\sigma_\tau^2} \tag{2.3.22}$$

通常令相关度 $c=0.5$,将相干带宽 W_c 代入上式,由 $R(W_\mathrm{c})=c=0.5$,可得相干带宽的表达式为

$$W_\mathrm{c}=\frac{1}{2\pi\sigma_\tau} \tag{2.3.23}$$

显然,上述表达式满足定理 2.1 的不确定性条件。实际工程中,常取最大多径时延 $\tau_{\max}\approx 6\sigma_\tau$,此时,相干带宽与最大多径时延满足

$$W_\mathrm{c}\approx\frac{1}{\tau_{\max}} \tag{2.3.24}$$

3. 时域相关与多普勒功率谱

如果只考虑频率扩散,则相应的多普勒频率扩散函数可以简化为

$$h(f)=\iint h(\boldsymbol{\Omega},\tau,f)\mathrm{d}\boldsymbol{\Omega}\mathrm{d}\tau \tag{2.3.25}$$

同样,基于一维傅里叶反变换,可得时域变换函数

$$H(t)=H(\boldsymbol{x},f,t)|_{\boldsymbol{x}=\boldsymbol{0},f=0}=\int\exp\{\mathrm{j}2\pi\nu t\}h(\nu)\mathrm{d}\nu \tag{2.3.26}$$

进一步考虑信道频域扩散的二阶统计特性,多普勒功率谱(Doppler Power Spectrum)$P(f)$

定义为

$$P(\nu)=E[|h(f)|^2]=\iint P(\boldsymbol{\Omega},\tau,\nu)\mathrm{d}\boldsymbol{\Omega}\mathrm{d}\nu \tag{2.3.27}$$

由此，多普勒频移均值可定义为

$$\mu_\nu=E[\nu]=\frac{\int_{-\infty}^{\infty}\tau P(\nu)\mathrm{d}\nu}{\int_{-\infty}^{\infty}P(\nu)\mathrm{d}\nu} \tag{2.3.28}$$

表示多普勒频移的平均值。一般地，如果多普勒功率谱满足偶对称，则 $\mu_\nu=0$。

同样，可以定义多普勒频移扩展为多普勒频移均方根，即

$$\sigma_\nu=D[\nu]=\sqrt{\frac{\int_{-\infty}^{\infty}(\nu-\mu_\nu)^2P(\nu)\mathrm{d}\nu}{\int_{-\infty}^{\infty}P(\nu)\mathrm{d}\nu}} \tag{2.3.29}$$

实际系统中，另一个常用的频移扩展度量指标为最大多普勒频移 $f_{\max}$，它是指入射方向与运动方向同向或反向时对应的多普勒频移，即

$$f_{\max}=f_c\frac{|v|}{c} \tag{2.3.30}$$

不同形式的多普勒功率谱，会对应不同的多普勒频移扩展。一般地，最大多普勒频移与多普勒频移扩展满足

$$\sigma_\nu=\frac{f_{\max}}{\sqrt{2}} \tag{2.3.31}$$

基于傅里叶反变换，也可得时域相关函数为

$$R(\Delta t)=R(\Delta\boldsymbol{x},\Delta f,\Delta t)|_{\Delta\boldsymbol{x}=\boldsymbol{0},\Delta f=0}=\int P(\nu)\exp\{\mathrm{j}2\pi\Delta t\nu\}\mathrm{d}\nu \tag{2.3.32}$$

下面讨论两种典型的多普勒功率谱。

(1) Jakes 典型谱

最常见的功率谱是 Jakes 典型谱，一般应用于二维信道模型。假设散射体密集均匀分布在接收机的周围环境中，这样 Jakes 典型谱表示为

$$P(\nu)=\frac{1}{\pi f_{\max}\sqrt{1-\left(\dfrac{\nu}{f_{\max}}\right)^2}}\qquad |\nu|\leqslant f_{\max} \tag{2.3.33}$$

由于典型谱以 $\nu=\pm f_{\max}$ 为渐近线，形状类似 U 形，因此也称为 U 形谱。经过傅里叶反变换，可得相应的时域相关函数为

$$R(\Delta t)=\mathrm{J}_0(2\pi f_{\max}\Delta t) \tag{2.3.34}$$

式中，$\mathrm{J}_0(\cdot)$表示第一类零阶贝塞尔(Bessel)函数。

(2) 平坦谱

另一类常见的多普勒功率谱为平坦谱，一般应用于三维信道模型。假设散射体在接收机周围的三维空间中均匀分布，这样平坦谱表示为

$$P(\nu)=\frac{1}{2f_{\max}}\qquad |\nu|\leqslant f_{\max} \tag{2.3.35}$$

相应的时域相关函数为 $R(\Delta t)=\text{sinc}(2f_{\max}\Delta t)$。

对于典型谱，令相关度 $c=0.5$，将相干时间 T_c 代入式(2.3.34)，由 $R(T_c)=c=0.5$，可得相干时间的表达式为

$$T_c \approx \frac{9}{16\pi f_{\max}} \tag{2.3.36}$$

可以验证，上述表达式也满足定理 2.1 的不确定性条件。

4. 空域相关与角度功率谱

如果只考虑角度扩散，则相应的扩散函数可以简化为

$$h(\boldsymbol{\Omega}) = \iint h(\boldsymbol{\Omega},\tau,f)\,\mathrm{d}\tau\,\mathrm{d}f \tag{2.3.37}$$

同样，可得空域变换函数

$$H(x) = H(x,f,t)\,|_{f=0,t=0} = \int \exp\left\{\mathrm{j}2\pi\frac{\boldsymbol{x}\cdot\boldsymbol{\Omega}}{\lambda_0}\right\} h(\boldsymbol{\Omega})\,\mathrm{d}\boldsymbol{\Omega} \tag{2.3.38}$$

进一步考虑角度扩散的二阶统计特性，角度功率谱（PAS，Power Azimuth Spectrum）$P(\boldsymbol{\Omega})$ 定义为

$$P(\boldsymbol{\Omega}) = E[\,|h(\boldsymbol{\Omega})|^2\,] = \iint P(\boldsymbol{\Omega},\tau,\nu)\,\mathrm{d}\boldsymbol{\Omega}\,\mathrm{d}\nu \tag{2.3.39}$$

由此，角度扩散均值可以定义为

$$\mu_{\boldsymbol{\Omega}} = E[\boldsymbol{\Omega}] = \frac{\int \boldsymbol{\Omega} P(\boldsymbol{\Omega})\,\mathrm{d}\boldsymbol{\Omega}}{\int P(\boldsymbol{\Omega})\,\mathrm{d}\boldsymbol{\Omega}} \tag{2.3.40}$$

需要注意的是，由于 $\boldsymbol{\Omega}$ 为入射方向向量，上述公式中的积分实际上是(θ,ϕ)的二重积分。

同样，可以定义角度扩展均方根，即

$$\sigma_{\boldsymbol{\Omega}} = D[\boldsymbol{\Omega}] = \sqrt{\frac{\int (\boldsymbol{\Omega}-\mu_{\boldsymbol{\Omega}})^2 P(\boldsymbol{\Omega})\,\mathrm{d}\boldsymbol{\Omega}}{\int P(\boldsymbol{\Omega})\,\mathrm{d}\boldsymbol{\Omega}}} \tag{2.3.41}$$

在二维情况下，只考虑方位角 ϕ 扩展的均方根，此时定义为

$$\sigma_{\phi} = D[\phi] = \sqrt{\frac{\int (\phi-\mu_{\phi})^2 P(\phi)\,\mathrm{d}\phi}{\int P(\phi)\,\mathrm{d}\phi}} \tag{2.3.42}$$

基于傅里叶反变换，也可得空域相关函数为

$$R(\Delta\boldsymbol{x}) = R(\Delta\boldsymbol{x},\Delta f,\Delta t)\,|_{\Delta f=0,\Delta t=0} = \int P(\boldsymbol{\Omega})\exp\left\{\mathrm{j}2\pi\frac{\Delta\boldsymbol{x}\cdot\boldsymbol{\Omega}}{\lambda_0}\right\}\mathrm{d}\boldsymbol{\Omega} \tag{2.3.43}$$

下面讨论二维场景中的 4 种典型角度功率谱。

(1) 平坦角度谱

在室外宏蜂窝场景中，由于到达基站的信号都分布在很小角度范围内，因此基站的 PAS 主要由移动台附近的散射体分布决定。当散射体均匀分布在移动台周围时，基站侧的 PAS 为平坦谱。另一种情况是微小区或微微小区，此时基站与移动台周围都均匀分布着较多散射体，因此它们的 PAS 也为平坦谱。

平坦角度谱表示为

$$P(\phi)=\frac{1}{2\pi} \tag{2.3.44}$$

相应的空域相关函数为 $R(\Delta x)=J_0\left(2\pi\frac{\Delta x}{\lambda_0}\right)=\mathrm{sinc}\left(2\pi\frac{\Delta x}{\lambda_0}\right)$。

(2) Laplacian 角度谱

在室外宏蜂窝场景中，如果散射体不服从均匀分布，实测表明，截断的 Laplacian 分布是更准确的角度谱分布，即

$$P(\phi)=\frac{1}{2\varepsilon(1-\mathrm{e}^{-\pi/\varepsilon})}\mathrm{e}^{-|\phi|/\varepsilon} \qquad \varepsilon>0 \tag{2.3.45}$$

相应地，空间相关函数为

$$R(\Delta x) = \mathrm{J}_0\left(2\pi\frac{\Delta x}{\lambda_0}\right)+\frac{2}{\varepsilon^2}\left[1-\exp\left(-\frac{\sqrt{2}\pi}{\varepsilon}\right)\right]\cdot\sum_{n=1}^{\infty}\frac{1}{\varepsilon^{-2}+2n^2}\mathrm{J}_{2n}\left(2\pi\frac{\Delta x}{\lambda_0}\right) \tag{2.3.46}$$

式中，$\mathrm{J}_{2n}(\cdot)$表示第一类第 $2n$ 阶贝塞尔函数。

(3) 截断高斯角度谱

在室外宏蜂窝场景中，当散射体集中在某个角度范围内分布时，基站/移动台侧的 PAS 可以用截断高斯分布表示为

$$P(\phi)=\frac{1}{\sqrt{2\pi}\eta}\mathrm{erf}\left(\frac{\pi}{\sqrt{2}\eta}\right)\exp\left\{-\frac{1}{2\eta^2}\phi^2\right\} \tag{2.3.47}$$

(4) von Mises 角度谱

同样在室外宏蜂窝场景中，当散射体高度集中于某个角度分布时，移动台侧的 PAS 可以用 von Mises 分布拟合，它比截断高斯分布更准确。

$$P(\phi)=\frac{1}{2\pi\mathrm{I}_0(\kappa)}\exp\{\kappa\cos\phi\} \qquad \kappa\geqslant0 \tag{2.3.48}$$

相应的空域相关函数为

$$R(\Delta x) = J_0\left(2\pi\frac{\Delta x}{\lambda_0}\right)+\frac{2}{\mathrm{I}_0(\kappa)}\sum_{n=1}^{\infty}\mathrm{I}_{2n}(\kappa)\mathrm{J}_{2n}\left(2\pi\frac{\Delta x}{\lambda_0}\right) \tag{2.3.49}$$

式中，$\mathrm{I}_{2n}(\cdot)$表示第一类第 $2n$ 阶修正贝塞尔函数。

令相关度 $c=0.5$，由 $R(d_c)=c=0.5$，可得相干距离的表达式为

$$d_c\approx\frac{0.187}{\sigma_\phi\cos\phi}\lambda_0 \tag{2.3.50}$$

可以验证，上述表达式也满足定理 2.1 的不确定性条件。

表 2.2 列出了不同传播环境与蜂窝结构中角度功率谱的典型分布。

表 2.2 不同传播环境与蜂窝结构中角度功率谱的典型分布

传播场景		散射体分布	基站 PAS	移动台 PAS
室外	宏蜂窝	非均匀分布	Laplacian 角度谱	平坦角度谱
	微蜂窝	集中于某个角度范围	截断高斯角度谱	von Mises 角度谱
	微微蜂窝	均匀分布	平坦角度谱	平坦角度谱
室内		均匀分布	平坦角度谱	平坦角度谱

表 2.3 给出了典型地理环境下电磁波传播在角度、时延与多普勒频移所产生的扩散值。

表 2.3　典型地理环境下的扩散值

地理环境	角度扩散	时延扩散	多普勒频率扩散
室内(微微小区)	360°	0.1μs	5Hz
农村(宏小区)	1°	0.1μs	190Hz
都市(宏小区)	20°	5μs	120Hz
丘陵(宏小区)	30°	20μs	190Hz
商场(微小区)	120°	0.2μs	10Hz

2.3.3　小尺度衰落的概率分布

下面分析小尺度衰落的包络与相位的概率分布特征。对于遵从点散射模型的信道，可以将式(2.3.1)给出的接收信号改写为

$$\begin{aligned} r(x;t) &= \sum_{l=1}^{L} s(t-\tau_l)\sum_k \beta_{lk}(\Omega,\tau,\nu)\exp\{\mathrm{j}\varphi_{lk}(\Omega,\tau,\nu)\} \\ &= \sum_{l=1}^{L} s(t-\tau_l)h_l(\Omega,\tau,\nu) \end{aligned} \tag{2.3.51}$$

式中，第 l 径的衰落系数 $h_l(\Omega,\tau,\nu)$ 由多个不可分辨径叠加得到。整个信道的冲激响应可表示为

$$\hbar(\Omega,\tau,\nu) = \sum_{l=1}^{L} h_l(\Omega,\tau,\nu)\delta(\tau-\tau_l) \tag{2.3.52}$$

对于每一径的信道响应 $h(\Omega,\tau,\nu)$，都可看作窄带随机过程(为表示方便，去掉下标 l)，其解析信号表达式为

$$\begin{aligned} \widetilde{h}(\Omega,\tau,\nu) &= h(\Omega,\tau,\nu)+\mathrm{j}\hat{h}(\Omega,\tau,\nu) \\ &= \sqrt{h^2(\Omega,\tau,\nu)+\hat{h}^2(\Omega,\tau,\nu)}\,\mathrm{e}^{\mathrm{j}\arctan\frac{\hat{h}(\Omega,\tau,\nu)}{h(\Omega,\tau,\nu)}} \\ &= |\widetilde{h}(\Omega,\tau,\nu)|\,\mathrm{e}^{\mathrm{j}\theta(\Omega,\tau,\nu)} \end{aligned} \tag{2.3.53}$$

式中，$\hat{h}(\Omega,\tau,\nu)$ 是 $h(\Omega,\tau,\nu)$ 的希尔伯特变换。

在实际信道中，由于每一个可分辨径都是由大量不可分辨径叠加得到的，因此可将解析信号 $\widetilde{h}(\Omega,\tau,\nu)$ 表示为

$$\begin{aligned} \widetilde{h}(\Omega,\tau,\nu) &= \sum_k \widetilde{h}_k(\Omega,\tau,\nu)\mathrm{e}^{\mathrm{j}\varphi_k(\Omega,\tau,\nu)} = K\mathrm{e}^{\mathrm{j}\alpha}+\sum_k \mu_k \mathrm{e}^{\mathrm{j}\varepsilon_k} \\ &= \left(K\cos\alpha+\sum_k \mu_{kc}\cos\varepsilon_k t\right)+\mathrm{j}\left(K\sin\alpha+\sum_k \mu_{ks}\sin\varepsilon_k t\right) \end{aligned} \tag{2.3.54}$$

式中，均值 $E[\widetilde{h}(\Omega,\tau,\nu)]=K\mathrm{e}^{\mathrm{j}\alpha}$ 表征 LOS 分量，当 $K=0$ 时，则有

$$\widetilde{h}(\Omega,\tau,\nu) = \sum_k \mu_{kc}\cos\varepsilon_k t+\mathrm{j}\sum_k \mu_{ks}\sin\varepsilon_k t \tag{2.3.55}$$

由于 μ_k 是复随机变量，同相分量 μ_{kc} 与正交分量 μ_{ks} 相互独立，当 k 足够大时，由中心极限定理可知，$\sum\limits_k \mu_{kc}$ 与 $\sum\limits_k \mu_{ks}$ 渐近服从高斯分布，即 $N(0,\sigma_h^2)$，所以 $\widetilde{h}(\Omega,\tau,\nu)$ 服从复高斯分布。

下面进一步研究 $\widetilde{h}(\Omega,\tau,\nu)$ 的包络 $|\widetilde{h}(\Omega,\tau,\nu)|$ 的概率分布。因为

$$
\begin{aligned}
p[\tilde{h}(\Omega,\tau,\nu)] &= p[h(\Omega,\tau,\nu),\hat{h}(\Omega,\tau,\nu)] \\
&= p[h(\Omega,\tau,\nu)]\cdot p[\hat{h}(\Omega,\tau,\nu)] \\
&= \frac{1}{\sqrt{2\pi\sigma_h^2}}\mathrm{e}^{\frac{-[h(\Omega,\tau,\nu)-K\cos\alpha]^2}{2\sigma_h^2}}\cdot\frac{1}{\sqrt{2\pi\sigma_h^2}}\mathrm{e}^{\frac{-[\hat{h}(\Omega,\tau,\nu)-K\sin\alpha]^2}{2\sigma_h^2}} \\
&= \frac{1}{2\pi\sigma_h^2}\exp\left\{-\frac{|\tilde{h}(\Omega,\tau,\nu)|^2+K^2-2K|\tilde{h}(\Omega,\tau,\nu)|\cos(\theta(\Omega,\tau,\nu)-\alpha)}{2\sigma_h^2}\right\}
\end{aligned}
\tag{2.3.56}
$$

再由式(2.3.53)，将联合概率密度函数由直角坐标系转换成极坐标系

$$
\begin{aligned}
p[\tilde{h}(\Omega,\tau,\nu)] &= p[|\tilde{h}(\Omega,\tau,\nu)|,\theta(\Omega,\tau,\nu)] \\
&= |J|\,p[h(\Omega,\tau,\nu),\hat{h}(\Omega,\tau,\nu)] \\
&= \frac{|\tilde{h}(\Omega,\tau,\nu)|}{2\pi\sigma_h^2}\mathrm{e}^{-\left[\frac{|\tilde{h}(\Omega,\tau,\nu)|^2+K^2-2K|\tilde{h}(\Omega,\tau,\nu)|\cos(\theta(\Omega,\tau,\nu)-\alpha)}{2\sigma_h^2}\right]}
\end{aligned}
\tag{2.3.57}
$$

式中，$|J|$是Jacobian(雅可比)行列式。令$|\tilde{h}(\Omega,\tau,\nu)|=V$，$\theta(\Omega,\tau,\nu)-\alpha=\psi$，则联合概率密度为

$$
p(V,\psi)=\frac{V}{2\pi\sigma_h^2}\exp\left[-\frac{V^2+K^2-2VK\cos\psi}{2\sigma_h^2}\right]
\tag{2.3.58}
$$

对相位ψ在$[0,2\pi]$区间积分，可得幅度概率密度为

$$
p(V)=\frac{V}{\sigma_h^2}\exp\left[-\frac{V^2+K^2}{2\sigma_h^2}\right]\cdot \mathrm{I}_0\left(\frac{VK}{\sigma_h^2}\right)\qquad V\geqslant 0
\tag{2.3.59}
$$

式中，$\mathrm{I}_0(\cdot)$表示第一类零阶修正贝塞尔函数，参数K是LOS分量的信号幅度。我们称式(2.3.59)的幅度概率密度$p(V)$服从Rice分布。

当$K=0$时，代入式(2.3.59)，可得

$$
p(V)=\frac{V}{\sigma_h^2}\exp\left[-\frac{V^2}{2\sigma_h^2}\right]\qquad V\geqslant 0
\tag{2.3.60}
$$

称为Rayleigh分布。

可见，Rice分布与Rayleigh分布的主要差别在于传播中是否存在LOS主导分量，即K分量是否存在。当$K\neq 0$时，存在LOS主导分量，则随机包络服从Rice分布；而当$K=0$，不存在LOS主导分量时，则随机包络服从Rayleigh分布。

另一种在实际与理论分析中应用较多的是Nakagami分布，它是从实际测量中总结出来的，形式为

$$
p(V;m,\omega)=\frac{2}{\Gamma(m)}\left(\frac{m}{\omega}\right)^m V^{2m-1}\exp\left[-\frac{m}{\omega}V^2\right]\qquad V\geqslant 0,m\geqslant\frac{1}{2}
\tag{2.3.61}
$$

式中，$\Gamma(m)$为Gamma函数；m称为形状因子，表示衰落的严重程度；ω为平均功率。

可见，Nakagami分布与Rice分布非常相似，当$m\geqslant 1$时，它们之间可以近似转换，这时有

$$
m=\frac{(K_r+1)^2}{(2K_r+1)}=\frac{\left[\left(\frac{K}{\sqrt{2}\sigma_h}\right)^2+1\right]^2}{\left[2\left(\frac{K}{\sqrt{2}\sigma_h}\right)^2+1\right]}
\tag{2.3.62}
$$

或

$$K_r=\frac{K}{\sqrt{2}\sigma_h}=\frac{\sqrt{m^2-m}}{m-\sqrt{m^2-m}} \tag{2.3.63}$$

当 $m=1, K_r=0, K=0$ 时，Nakagami 分布和 Rice 分布均退化成 Rayleigh 分布。

2.3.4 移动信道典型小尺度衰落

前面分析了小范围(小尺度)的衰落特性，它大致描述 10 个波长范围内信道的随机变化。移动信道可以看作一个空、时、频三维动态信道，其基站或移动台所接收的信号可以看作具有不同时延、不同频移和不同入射角的无限条传播路径的叠加，符合点散射模型。一般在建筑物密集的繁华市区无直射波的传播环境，基本都符合这一模型。

若传播路径互不相关，移动信道的不相关扩(色)散特性与广义平稳特性是完全等效的。正是由于信道的时延域、多普勒频域与角度域的扩(色)散，才导致了移动信道在频率、时间和空间的选择性特征。

如 2.3.3 节所述，对于三维空间—频率—时间相关函数 $R(\Delta x,\Delta f,\Delta t)$，最重要的参量就是 3 个维度的相关区间，即分别取相关函数 $R(\Delta x,\Delta f,\Delta t)$ 在频域、时域、空域 3 个维度相关系数下降 3dB 点(相关度 $c=0.5$)对应的区间，定义为相干带宽 W_c、相干时间 T_c 和相干距离 d_c。此时，可以定义一个等效的三维信道相关体积

$$V_R=W_c\cdot T_c\cdot d_c \tag{2.3.64}$$

给定 3 组扩散参数：最大多径时延 τ_{max}、最大多普勒频移 f_{max} 及角度扩散 σ_ϕ，则这 3 个相干区间的精度较高的近似表达式总结如下

$$\begin{cases} W_c\approx\dfrac{1}{\tau_{max}} \\ T_c\approx\dfrac{9}{16\pi f_{max}} \\ d_c\approx\dfrac{0.187}{\sigma_\phi\cos\phi}\lambda_0 \end{cases} \tag{2.3.65}$$

由上式可知，在三维动态特性中，相干带宽取决于最大多径时延，相干时间由最大多普勒频移决定，而相干距离则与角度扩散因子、接收点位置(入射角)、载波频率(波长)性质有关。

作为一阶近似，三维扩散因子(角度—时延—多普勒频移)与对应的三维相关区间(空间—频率—时间)还可以进一步简化为如下定量关系，用于参数初步估计。

$$\begin{cases} W_c\approx\dfrac{1}{\tau_{max}} \\ T_c\approx\dfrac{1}{f_{max}} \\ d_c\approx\dfrac{\lambda_0}{\sigma_\phi} \end{cases} \tag{2.3.66}$$

【例 3.1】在某一市区，由表 2.3 查得 3 类扩散分别为：最大多普勒频移 $f_{max}=120\text{Hz}$，最大多径时延 $\tau_{max}=5\mu\text{s}$，角度扩散 $\sigma_\phi=20°$，给定入射角 $\phi=60°$，载波频率 $f_c=2\text{GHz}$。

则由式(2.3.65)可以分别计算相关区间参数如下：

相干时间 $\quad T_c\approx\dfrac{9}{16\pi f_{max}}=\dfrac{9}{16\pi\times120\text{Hz}}=1.5\text{ms}$

相干带宽 $W_c \approx \frac{1}{\tau_{\max}} = \frac{1}{5\mu s} = 200\text{kHz}$

相干距离 $d_c \approx \frac{0.187}{\sigma_\phi \cos\phi}\lambda_0 = \frac{c}{f_c} \times \frac{360°}{1/2 \times 20°} \times \frac{1}{2\pi} \approx 86\text{cm}$

也可以采用式(2.3.66)得到相关区间参数的估计值：

相干时间 $T_c \approx \frac{1}{f_{\max}} = \frac{1}{120\text{Hz}} = 8.3\text{ms}$

相干带宽 $W_c \approx \frac{1}{\tau_{\max}} = \frac{1}{5\mu s} = 200\text{kHz}$

相干距离 $d_c = \frac{\lambda_0}{\sigma_\phi} = \lambda_0 \times \frac{360°}{20°} \times \frac{1}{2\pi} \approx 3\lambda_0 \approx 45\text{cm}$

由这个例子可知，采用式(2.3.66)与式(2.3.65)得到的相关区间参数在同一个量级。实际工程中，相干时间也可以取上述两种估计的几何平均，即 $T_c \approx \sqrt{\frac{9}{16\pi f_{\max}^2}} \approx \frac{0.423}{f_{\max}}$。

相关区间参数在移动通信系统设计中具有重要的工程意义。一般地，可以把移动通信系统的运行看作是发射信号通过线性系统（移动信道）得到输出响应，即接收信号。因此，判断移动通信系统所经历的小尺度衰落是哪种类型，需要进行系统参量与信道相关参量的比较。

给定发送信号 $s(t)$ 及相应的信号频谱 $S(f)$，对于单天线移动通信系统，常用的系统参量为符号周期 T_{sym}、信号带宽 B，而对于多天线 MIMO 系统，还需要进一步考虑入射角 ϕ、天线阵列间距或最大长度 d_a。

1. 频率选择性衰落与平坦衰落

多径时延扩散对应的时域信道冲激响应 $h(t)$ 与发送信号经过卷积，得到接收信号，即 $r(t) = s(t) * h(t)$。相应地，基于时域卷积定理，可知接收信号频谱为发送信号频谱与信道频域响应的乘积，即 $r(f) = S(f)H(f)$。图 2.11 给出了时延扩散导致的移动通信系统衰落过程。

由图 2.11 可知，如果信号带宽大于相干带宽，即 $B > W_c$，则接收到的信号频率分量将落入

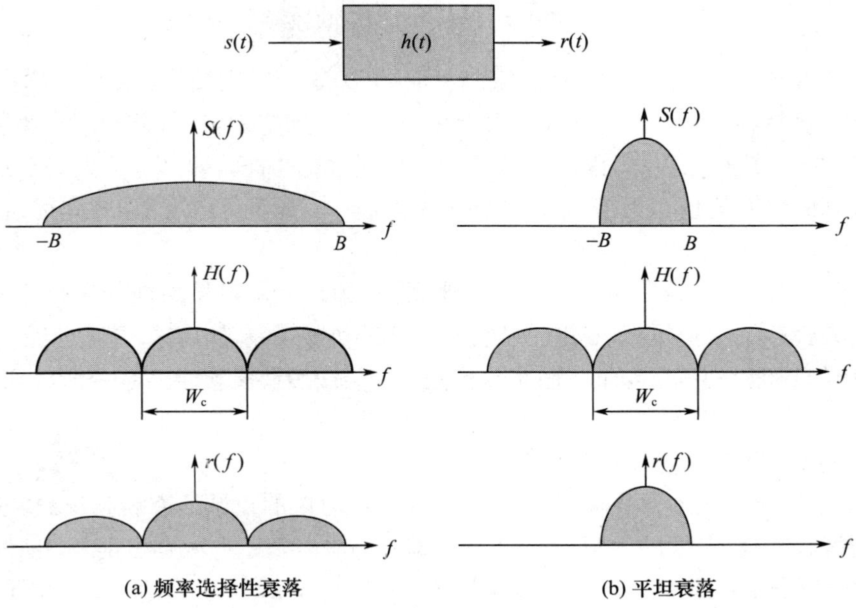

图 2.11 时延扩散导致的移动通信系统衰落过程

不同的相干带宽中，显然会产生频率选择性，此时移动通信系统所经历的衰落称为频率选择性衰落。另一方面，如果信号带宽小于相干带宽，即 $B<W_c$，则接收到的信号频率分量将大概率落入同一个相干带宽中，所有的频率分量都具有类似的统计行为，此时移动通信系统所经历的衰落称为平坦衰落。

一般地，相干带宽 W_c 是由传播环境的地理特征决定的，是自然属性且固定不变，而信号带宽 B 随移动通信系统的不同而变化。显然，3G 以后的移动通信系统是典型的宽带系统，因此经历的衰落为频率选择性衰落，而 1G 是典型的窄带系统，所经历的衰落是平坦衰落。

2. 快衰落与慢衰落

多普勒频率扩散对应的频域信道变换 $H(f)$ 与发送信号频谱经过卷积，得到接收信号频谱，即 $r(f)=S(f)*H(f)$。同样，基于频率卷积定理，接收信号波形为发送信号波形与信道冲激响应的乘积，即 $r(t)=s(t)h(t)$。图 2.12 给出了多普勒频率扩散导致的移动通信系统衰落过程。

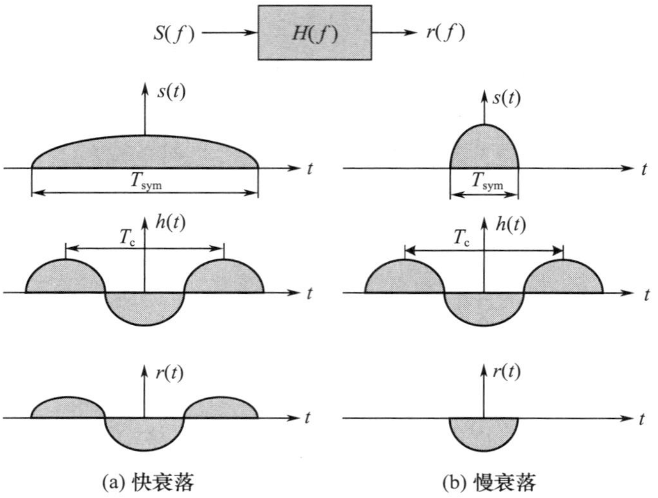

图 2.12　多普勒频率扩散导致的移动通信系统衰落过程

由图 2.12 可知，如果符号周期大于相干时间，即 $T_{sym}>T_c$，则接收到的信号样值将落入不同的相干时间中，显然会产生时间选择性。由于在一个符号周期中，信号波形就产生抖动时变，因此称这种衰落为快衰落。另一方面，如果符号周期小于相干时间，即 $T_{sym}<T_c$，则在同一个相干时间中，接收到的信号样值都具有类似的统计行为，基本波形变化缓慢，因此称这种衰落为慢衰落。

一般地，相干时间 T_c 是由移动台的运动速度决定的，也是自然属性且保持不变，而符号周期 T_{sym} 随移动通信系统的不同而变化。显然在高速运动场景中，如高铁、高速公路、飞机等，移动通信系统经历的衰落为快衰落，而在静止或慢速运动场景中，移动通信系统所经历的衰落为慢衰落。

3. 空间选择性衰落与空间平坦衰落

当移动通信系统采用多天线阵列配置时，角度扩散对应的空域信道响应 $h(\boldsymbol{\Omega})$ 与发送信号经过卷积，得到接收阵列信号，即 $r(\boldsymbol{\Omega})=s(\boldsymbol{\Omega})*h(\boldsymbol{\Omega})$。同样，基于空域卷积定理，接收信号的空间谱为发送信号空间谱与信道空域变换的乘积，即 $r(\boldsymbol{x})=s(\boldsymbol{x})H(\boldsymbol{x})$。图 2.13 给出了角度扩散导致的移动通信系统衰落过程。

由图 2.13 可知，如果天线阵列间距大于相干距离，即 $d_a>d_c$，则接收到的不同入射角信号

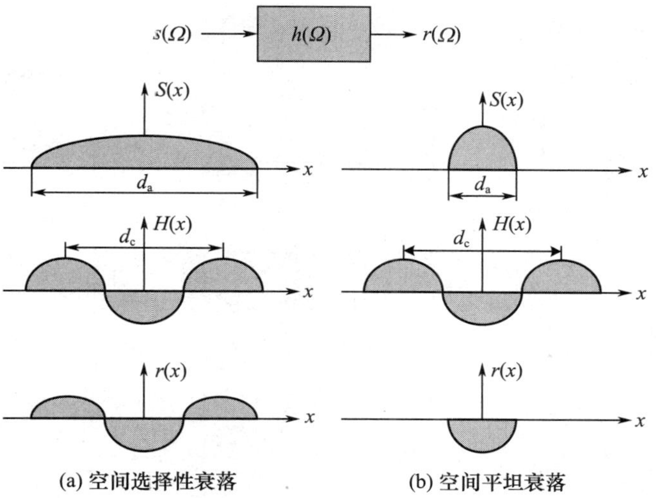

图 2.13　角度扩散导致的移动通信系统衰落过程

分量将落入不同的相干距离中，显然会产生空间选择性，接收信号的矢量响应会产生起伏变化，因此称这种衰落为空间选择性衰落。另一方面，如果天线阵列间距小于相干距离，即 $d_a<d_c$，则在同一个相干距离中，接收到的多个入射角信号分量都具有类似的统计行为，天线阵列响应为平坦形状，因此称这种衰落为空间平坦衰落。

一般地，相干距离 d_c 是由传播环境决定且保持不变的，而天线阵列间距 d_a 随不同系统配置而变化。显然在单天线接收系统中，所经历的衰落为空间平坦衰落，而在多天线接收系统中，如果天线间距较大，或者天线数目较多，则会经历空间选择性衰落。

移动通信系统为了克服 3 类选择性衰落，可以分别采用不同的手段。为了克服空间选择性衰落，可采用空间分集，但是分集接收天线间距要远大于 3 倍波长的基本条件。为了克服频率选择性衰落，可采用自适应均衡和 Rake 接收，但是自适应均衡和 Rake 接收设计时必须要满足相干带宽大于 200kHz(对于 900MHz 载波)，才有频率分集效果。为了克服快衰落，通常采用信道交织技术，但是在设计交织器时，其交织区间一定要大于 8.3ms，才有时间分集的效果。

如前所述，以相干带宽 W_c、相干时间 T_c 和相干距离 d_c 作为边长，可以定义移动信道的等效相关立方体：$V_R=W_c \cdot T_c \cdot d_c$。同样，以信号带宽 B、符号周期 T_{sym} 及天线阵列间距 d_a 作为边长，也可以定义等效的移动通信系统立方体 $V_s=B \cdot T_{sym} \cdot d_a$。通过比较这两个立方体在各个维度的大小，就能够确定各种移动通信系统所经历的信道衰落。图 2.14 给出了完整的小尺度衰落的分类。

如图 2.14 所示，以原点 O 为顶点的内层立方体对应信道相关立方体。在时间、带宽、距离 3 个坐标轴上，通过单个系统参量与相关区间参量的比较，都可以分为两类衰落信道。任意两个坐标轴构成的坐标平面上，通过两个系统参量与相关区间参量的比较，可以分为 4 类衰落信道。进一步，在整个三维空间中，考虑 3 个系统参量与相关区间参量的比较，则可以得到 8 类衰落信道。所有移动通信系统所经历的衰落信道类型都包含在这个三维结构中。

下面结合 1G～5G 的实际环境条件，分别给出一些典型的信道衰落模型。

宽带、高速车载、MIMO 信道：它是最一般的空间—频率—时间选择性衰落信道，即角度—时延—多普勒频率扩散信道，我们称这种信道为三重选择性衰落信道。它适合于 3G/4G/5G 的宽带、高速移动(车载)用户业务。

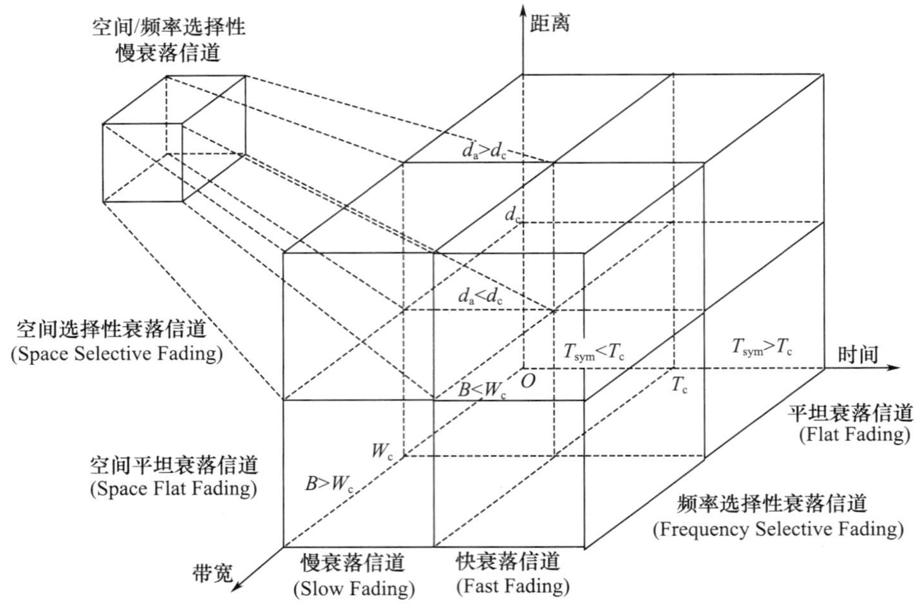

图 2.14　小尺度衰落的分类

宽带、慢速(步行)移动信道:就是空间—频率选择性慢衰落信道,即角度—时延扩散信道,如图 2.14 左上角的立方体区域。它适合于 3G/4G/5G 中慢速步行或室内环境中的宽带多媒体业务。由于室内业务占据了移动通信网络 80%以上的流量,因此这种衰落模型是现代移动通信系统最重要的信道模型。

宽带、高速车载单天线信道:就是频率选择性快衰落信道,即时延—频率扩散信道,也称为时频双选择衰落信道。它适合于 3G/4G 中单天线终端用户的宽带、高速移动业务。

宽带 MIMO 信道:就是空间—频率选择性衰落信道,即角度—时延扩散信道,也称为空频双选择衰落信道,或 MIMO-ISI 信道。它适合于具有多天线的宽带多媒体业务。

窄带、高速移动(车载)MIMO 信道:就是空间—时间选择性衰落的信道,即角度—频率扩散信道,也称为空时双选择衰落信道。它适合于高速移动的窄带业务用户,如 2G/3G 车载话音与低速数据业务。

窄带、低速移动(步行)信道:就是最简化的空间选择性衰落信道,即角度扩散信道。它适合于步行的窄带业务用户,如 2G/3G 中步行的话音与低速数据业务用户。

2.3.5　移动通信中的主要噪声与干扰

前面分析了在移动通信的电磁波传播中的慢衰落和 3 类快衰落的影响,下面从另一角度分析影响移动通信性能的噪声与干扰。

严重影响移动通信性能的主要噪声与干扰大致可分为 3 类:加性正态白噪声、多径干扰与多址干扰。下面分别给予简要分析。

1. 加性正态白噪声

加性是指噪声与信号之间的关系遵从叠加原理的线性关系,正态则是指噪声分布遵从正态(高斯)分布,而白则是指其频谱是平坦的。仅含有这类噪声的信道一般文献上称为 AWGN 信道。这类噪声是最基本的噪声,并非移动信道所特有,一般简称这类噪声为白噪声。产生这类噪声的来源主要有两个。

① 无源约翰逊噪声。它主要来自一切无源器件,如电阻、电容、电路板的分子布朗运动所引起的噪声,其特点之一是任何环境当温度超过热力学零度(0K,即-273.15℃)就存在分子的布朗运动;其特点之二是这类布朗运动是大量的,统计上遵从中心极限定理,因此其统计分布是正态的;特点之三是这类布朗运动在频域范围足够宽,其谱特性是平坦的。

② 有源霰弹噪声。它主要来自通信设备中的有源器件,如电子管、晶体管及各类大规模集成电路中的电子发射所形成的噪声。其特点与无源约翰逊噪声的3个特点完全类似,所以也可看成是典型的白噪声。它与无源约翰逊噪声的唯一差异是有源霰弹噪声是有源器件在一定激发条件下才产生大量电子发射而形成的。

2. 多径干扰

它是由于电磁波传播的开放性与地理环境的复杂性而引起的多条传播路径之间相互干扰而引起的噪声干扰。它实质上是一类自干扰。在数字与数据通信情况下主要表现为码间干扰,以及高速数据的符号间干扰。关于这类干扰需要进一步说明的有以下两点。

① 多径干扰的强度取决于多径时延宽度与码元宽度的比值,即取决于受干扰的相对值,而不是受干扰的绝对值。这一结论对符号间干扰也是一样的。

② 多径干扰对于CDMA尤为严重。这是由于CDMA采用了直接扩频技术,大大提高了待传送的码元速率,降低了码元周期长度,增大了多径时延引起的相对比例。

3. 多址干扰

由于在移动通信网中同时进行通信的是多个用户,多个用户的信号之间一定要采用一类正交隔离手段,否则就会互相干扰,从而在通话时串话。在移动通信中,1G采用频段隔离,一个用户使用一个频段。只要滤波器的隔离度做得好,基本上能防止串话之类的多用户干扰。在2G GSM中采用时隙隔离,即每个用户分配一个正交的时隙,只要时间选通隔离度做得好,也基本上能防止串话之类的多用户干扰。然而在2G IS-95,以及3G的WCDMA和CDMA2000中采用的是码分体制,其用户之间采用的是同一时隙、同一频段,而相互之间的隔离是利用码的自相关、互相关特性。假如能采用理想归一化自相关、互相关函数特性,也能完全防止串话之类的多用户干扰,可惜的是,实际工程中找不到比较理想的码,因此在码分多址体制中,多址干扰就成了“心头之病”。甚至这类多址干扰在码分多址体制中要比多径干扰、白噪声干扰更为严重,当用户数目增多时,它上升为第一干扰。

在整个移动蜂窝网中,在小区内和小区间干扰强度随距离的2～5.5次幂迅速下降,其分配大致如下:本小区的多用户干扰占总多用户干扰的60%;本小区第一相邻层的6个蜂窝,每个蜂窝的多用户干扰约占总多用户干扰的6%,6个蜂窝共占$6\times6\%=36\%$;本小区第二相邻层以外,由于距离较远,影响力较弱,只占总多用户干扰余下的4%。

2.4 无线信道模型

移动信道建模对于无线传输技术的研究与性能评估非常重要,下面按照由简单到复杂的顺序,依次介绍几种典型移动信道的建模方法。

2.4.1 均匀分布随机数

均匀分布随机数是产生其他信道模型的基础。为了生成均匀分布随机数,首先需要产生整数随机序列。一般地,计算机生成的整数随机序列都是伪随机序列,往往具有短周期性和相关性。获得长周期的不相关随机序列是设计均匀分布随机数发生器的主要目标,下面介绍3种算法。

1. 乘同余算法

乘同余算法采用递推公式生成整数随机序列，即

$$W(k)=[aW(k-1)+b]\bmod N \tag{2.4.1}$$

式中，N 是随机序列周期，一般取为大素数；$0<a<N$ 是乘因子；b 是加因子，通常取值 0 或 1；$0<W(0)<N$ 是递推公式的初始值，也称随机种子。上式产生的整数随机序列取值范围为 $0\leqslant W(k)\leqslant N-1$，与随机序列周期相除，就可得[0,1]区间的均匀分布随机数为

$$U(k)=W(k)/N \tag{2.4.2}$$

为了获得长周期和不相关序列，可以采用下列两种参数取值

$$\begin{cases} a=16807, b=0, N=2^{32}-1 \\ a=69069, b=1, N=2^{32} \end{cases} \tag{2.4.3}$$

上述两种配置可以获得周期约为 $N=2^{32}\approx 4.29\times 10^9$ 的随机序列，并且具有较好的不相关性。

2. Wichman-Hill 算法

这种算法的思想是将多个随机数发生器进行组合，可以极大提高输出序列的周期[2.6]，其生成公式为

$$\begin{cases} W_1(k)=171W_1(k-1)\bmod 30269 \\ W_2(k)=172W_2(k-1)\bmod 30307 \\ W_3(k)=170W_3(k-1)\bmod 30323 \end{cases} \tag{2.4.4}$$

考虑到计算复杂度，一般选用 3 个随机数发生器。利用这 3 个随机序列，可得[0,1]均匀分布随机数为

$$U(k)=\left\{\frac{W_1(k)}{30269}+\frac{W_2(k)}{30307}+\frac{W_3(k)}{30323}\right\}\bmod 1 \tag{2.4.5}$$

上式产生的随机序列周期为 $N=30268\times 30306\times 30322\approx 7\times 10^{12}$，相对于乘同余算法，Wichman-Hill 算法具有更大的随机序列周期，并且也具有较好的不相关性。

3. Marsaglia-Zaman 算法

该算法也是递推算法，生成公式为[2.7]

$$V(k)=W(k-r)-W(k-s)-C(k-1) \tag{2.4.6}$$

$$W(k)=\begin{cases} V(k) & V(k)\geqslant 0 \\ V(k)+b & V(k)<0 \end{cases} \tag{2.4.7}$$

$$C(k)=\begin{cases} 0 & V(k)\geqslant 0 \\ 1 & V(k)<0 \end{cases} \tag{2.4.8}$$

上述公式中所有项都是正整数，$k>r$，$C(0)=0$，且 $\boldsymbol{W}(0)$ 是 r 维的初始化向量。常数 b、r 和 s 的选择需要满足 $M=b^r-b^s+1$ 是素数，且 b 是模 M 的本原元。例如，可以选取 $b=2^{32}-5$，$r=43$，且 $s=22$，则整数随机序列的周期为 $N=M-1\approx 1.65\times 10^{414}$。

基于[0,1]区间的均匀分布随机数 U，可以按照下述变换公式，生成$[a,b]$区间的均匀分布随机数 X，即

$$X=a+(b-a)U \tag{2.4.9}$$

2.4.2 AWGN 信道

一般地，AWGN 信道是复高斯随机过程

$$n(t)=n_{\mathrm{I}}(t)+\mathrm{j}n_{\mathrm{Q}}(t) \tag{2.4.10}$$

式中，实部 $n_{\mathrm{I}}(t)$ 与虚部 $n_{\mathrm{Q}}(t)$ 是独立高斯随机过程。AWGN 信道的功率谱密度函数为

$$S_{\mathrm{n}}(f)=\frac{N_0}{2} \qquad -\infty<f<\infty \tag{2.4.11}$$

假设接收滤波器等效带宽为 $B(\mathrm{Hz})$，则接收噪声功率为

$$P_{\mathrm{n}}=\sigma^2=2B\cdot S_{\mathrm{n}}(f)=N_0B \tag{2.4.12}$$

为了产生白噪声，首先需要产生均值为 0、方差为 1 的独立高斯随机变量。一般有两种生成算法，简述如下。

1. 中心极限定理法

根据中心极限定理，可以将多个独立同分布的随机变量求和，得到高斯随机变量，即

$$Y=\sum_{k=1}^{12}U(k)-6 \tag{2.4.13}$$

式中，$U(k)(k=1,2,\cdots,12)$是在$[0,1]$区间独立同分布的均匀随机变量，可以采用 2.4.1 节方法产生。由于其均值 $E(U(k))=0.5$，方差 $D(U(k))=1/12$，因此上述方法可以产生 $N(0,1)$标准正态分布随机变量。求和项数可以多于 12，但上述方法计算较简单。

2. Box-Muller 算法

另一种常用算法是 Box-Muller 算法，设 U_1、U_2 是独立均匀分布随机变量，令 X、Y 是独立高斯随机变量，其生成公式为

$$\begin{cases}X=\sqrt{-2\ln(U_1)}\cos(2\pi U_2)\\ Y=\sqrt{-2\ln(U_1)}\sin(2\pi U_2)\end{cases} \tag{2.4.14}$$

一般地，Box-Muller 算法产生的高斯随机变量数值范围大于中心极限定理算法，但后者计算速度要快于前者。

利用这两种方法得到的标准正态分布随机变量 $X,Y\sim N(0,1)$，可得均值为 0、方差为 σ^2 的 AWGN 信道噪声。

$$\begin{cases}n=n_{\mathrm{I}}+\mathrm{j}n_{\mathrm{Q}}\\ n_{\mathrm{I}}=\dfrac{\sigma}{2}X\\ n_{\mathrm{Q}}=\dfrac{\sigma}{2}Y\end{cases} \tag{2.4.15}$$

2.4.3 单径衰落信道

平坦衰落是窄带复高斯随机过程，可以建模为单径衰落信道。常用的功率谱密度有 3 种，分别表示如下。

(1) 平坦功率谱

$$P_{\mathrm{F}}(f)=A \qquad |f|\leqslant B \tag{2.4.16}$$

(2) 高斯功率谱

$$P_G(f)=Ae^{-kf^2} \tag{2.4.17}$$

(3) 典型(Jakes)功率谱

$$P_J(f)=\frac{A}{\sqrt{1-(f/f_d)^2}} \qquad |f|<f_d \tag{2.4.18}$$

上述公式中,A 为功率归一化因子;f_d 为最大多普勒频率。单径衰落信道建模为窄带随机过程,采样值满足高斯分布,同时功率谱密度满足特定要求。通常有 3 种建模方法,分别叙述如下。

1. 时域滤波法

这种方法首先生成均值为 0、方差为 1 的复白高斯噪声 $w(t)=w_I(t)+jw_Q(t)$,然后送入谱成形滤波器,就可以得到具有特定功率谱的窄带随机过程,如图 2.15 所示。

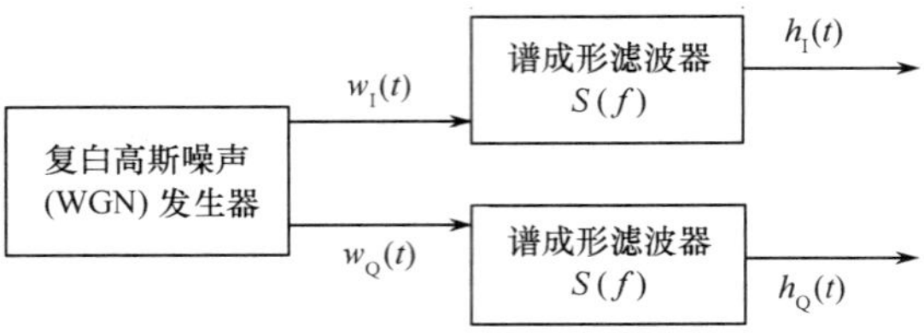

图 2.15　时域滤波算法结构

谱成形滤波器 $S(f)$ 与功率谱 $P(f)$ 满足

$$S(f)=\sqrt{P(f)} \tag{2.4.19}$$

因此,可以利用傅里叶反变换得到滤波器的时域冲激响应 $s(t)$,采用时域滤波的方法得到随机过程。

对于平坦功率谱,谱成形滤波器的频域响应为 $S_F(f)=\sqrt{A}(|f|\leqslant B)$,因此是理想低通滤波器,可以采用有限冲激响应(FIR)滤波器近似。

对于高斯功率谱,谱成形滤波器的频域响应为 $S_G(f)=\sqrt{A}\,e^{-\frac{1}{2}kf^2}$,其时域冲激响应为

$$s_G(t)=\sqrt{2\pi A/k}\exp[-(2\pi^2/k)t^2] \tag{2.4.20}$$

也可以采用 FIR 滤波器近似其冲激响应。

对于典型功率谱,谱成形滤波器的频域响应为

$$S_J(f)=\frac{A^{1/2}}{[1-(f/f_d)^2]^{1/4}} \qquad |f|<f_d \tag{2.4.21}$$

通过傅里叶反变换,可得时域冲激响应为

$$\begin{aligned} s_J(t)&=F^{-1}[S_J(f)]=A^{\frac{1}{2}}2^{\frac{1}{4}}\pi^{\frac{1}{2}}\Gamma\left(\frac{3}{4}\right)f_d\,(2\pi f_d|t|)^{-\frac{1}{4}}J_{\frac{1}{4}}(2\pi f_d|t|) \\ &=A^{\frac{1}{2}}\cdot 2.583f_d\,(2\pi f_d|t|)^{-\frac{1}{4}}J_{\frac{1}{4}}(2\pi f_d|t|) \end{aligned} \tag{2.4.22}$$

式中,$J_{\frac{1}{4}}(x)$是分数阶贝塞尔函数。上式既可以用 FIR 滤波器近似,也可以采用有限冲激响应(IIR)滤波器近似。

时域滤波法非常适合于多普勒频率较低、滤波器带宽较窄的衰落信道建模,为了降低计算复杂度,可以采用多速率变换的方法与发送信号相乘。

2. 频域变换法

若滤波器带宽较宽，则时域滤波法由于需要进行卷积，计算复杂度较高，因此可以采用频域变换法产生。如图 2.16 所示，WGN 发生器输出的随机噪声先经过 FFT 变换，得到频域响应，再与谱成形滤波器 $S(f)$相乘，然后经过 IFFT 变换，得到窄带随机过程。

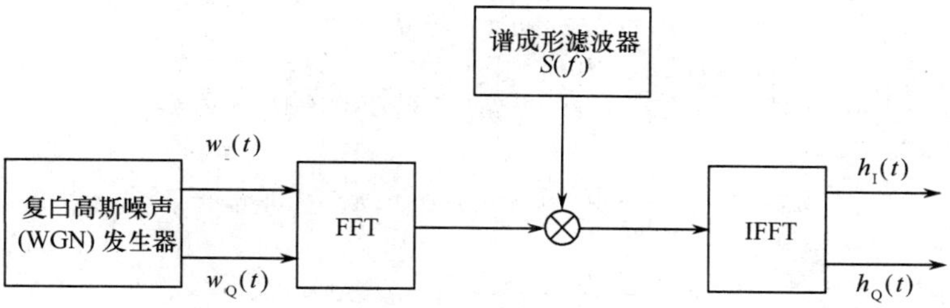

图 2.16　频域变换算法结构

3. Jakes 算法

Clarke 指出，在富散射环境下，平坦衰落信道由 N 个多径信号构成，信道冲激响应可以表示为

$$h(t)=E_0\sum_{n=1}^{N}C_n\exp[\mathrm{j}(2\pi f_{\mathrm{d}}t\cos\alpha_n+\phi_n)] \tag{2.4.23}$$

式中，E_0 是常量；C_n 是路径增益；α_n 表示到达角；ϕ_n 是初始相位。上式可以展开为

$$h(t)=h_{\mathrm{I}}(t)+\mathrm{j}h_{\mathrm{Q}}(t) \tag{2.4.24}$$

$$h_{\mathrm{I}}(t)=E_0\sum_{n=1}^{N}C_n\cos(2\pi f_{\mathrm{d}}t\cos\alpha_n+\phi_n) \tag{2.4.25}$$

$$h_{\mathrm{Q}}(t)=E_0\sum_{n=1}^{N}C_n\sin(2\pi f_{\mathrm{d}}t\cos\alpha_n+\phi_n) \tag{2.4.26}$$

根据中心极限定理，当路径数 N 充分大时，$h_{\mathrm{I}}(t)$和 $h_{\mathrm{Q}}(t)$都可以近似为高斯随机过程，其功率谱为典型功率谱。

基于上述信道模型，Jakes 提出了如下的 Rayleigh 衰落信道仿真模型[2.8]。

$$h(t)=h_{\mathrm{I}}(t)+\mathrm{j}h_{\mathrm{Q}}(t) \tag{2.4.27}$$

$$h_{\mathrm{I}}(t)=\frac{2}{\sqrt{N}}\sum_{n=0}^{M}a_n\cos(2\pi f_n t) \tag{2.4.28}$$

$$h_{\mathrm{Q}}(t)=\frac{2}{\sqrt{N}}\sum_{n=0}^{M}b_n\sin(2\pi f_n t) \tag{2.4.29}$$

式中，$N=4M+2$，并且

$$a_n=\begin{cases}\sqrt{2}\cos\beta_0 & n=0\\ 2\cos\beta_n & n=1,2,\cdots,M\end{cases} \tag{2.4.30}$$

$$b_n=\begin{cases}\sqrt{2}\sin\beta_0 & n=0\\ 2\sin\beta_n & n=1,2,\cdots,M\end{cases} \tag{2.4.31}$$

$$\beta_n=\begin{cases}\dfrac{\pi}{4} & n=0\\ \dfrac{n\pi}{M} & n=1,2,\cdots,M\end{cases} \tag{2.4.32}$$

$$f_n=\begin{cases} f_d & n=0 \\ f_d\cos\dfrac{2\pi n}{N} & n=1,2,\cdots,M \end{cases} \tag{2.4.33}$$

Jakes 模型是确定性模型，实现简单，但不符合广义平稳要求，并且高阶统计量有偏差。因此可以采用如下的改进模型[2.9]

$$h(t)=h_I(t)+jh_Q(t) \tag{2.4.34}$$

$$h_I(t)=\frac{2}{\sqrt{M}}\sum_{n=1}^{M}\cos(\psi_n)\cos(2\pi f_d t\cos\alpha_n+\phi) \tag{2.4.35}$$

$$h_Q(t)=\frac{2}{\sqrt{M}}\sum_{n=1}^{M}\sin(\psi_n)\cos(2\pi f_d t\cos\alpha_n+\phi) \tag{2.4.36}$$

$$\alpha_n=\frac{2\pi n-\pi+\theta}{4M},n=1,2,\cdots,M \tag{2.4.37}$$

式中，θ、φ 和 ψ_n 是$[-\pi,\pi)$上独立同分布的均匀随机变量，一般地，$M=8$ 已能获得充分近似。

2.4.4 多径衰落信道

多径衰落信道可以采用 WSSUS（广义平稳非相干散射）模型表示为

$$h(t)=\sum_{l=0}^{L-1}h_l(t)\delta(t-\tau_l)=\sum_{l=0}^{L-1}A_l(t)e^{j\varphi_l(t)}\delta(t-\tau_l) \tag{2.4.38}$$

式中，L 是可分辨的多径数目；$h_l(t)$是第 l 径的冲激响应；$A_l(t)$是第 l 径的幅度响应；$\varphi_l(t)$是第 l 径的相位响应；τ_l 是第 l 径的相位时延。各径信号相互独立，令 σ_l^2 是第 l 径的功率，则各径功率满足归一化要求 $\sum_{l=0}^{L-1}\sigma_l^2=1$ 。

通常多径衰落信道可以采用图 2.17 所示的时延抽头模型，每一径信道可以采用 2.4.3 节方法建模为单径衰落信道，然后经过相对时延求和，得到总的多径衰落信道响应。令发送信号为 $s(t)$，则信道输出信号可以表示为发送信号与多径衰落信道冲激响应的卷积，即

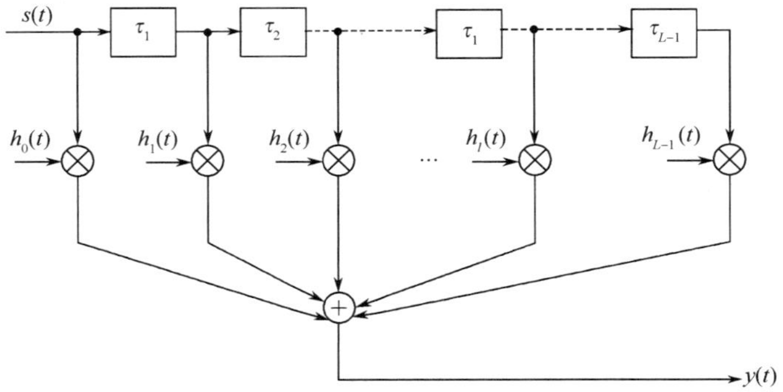

图 2.17　时延抽头模型

$$y(t)=s(t)*h(t)=\sum_{l=0}^{L-1}A_l(t)e^{j\varphi_l(t)}s(t-\tau_l) \tag{2.4.39}$$

2.4.5 MIMO 信道

在 HSPA、WiMAX、LTE 和 802.11n 等宽带无线通信系统中，为了提高数据传输速率，往往采用收、发多天线配置。因此，MIMO 信道建模非常重要，可用于评估各种空时信号处理技术的性能。

常用的 MIMO 信道模型分为两类：分析模型与物理模型。分析模型主要根据 MIMO 信道的空时特征进行建模，物理模型主要根据 MIMO 信道的传播特征进行建模。一般而言，分析模型算法较简单，适合于链路级技术评估；物理模型算法较复杂，适合于系统级性能评估。

1. 分析模型

假设基站(BS)由 M 个天线构成阵列，移动台(MS)由 N 个天线构成阵列，如图 2.18 所示。基站信号为 $\boldsymbol{y}(t)=(y_1(t),y_2(t),\cdots,y_M(t))^{\mathrm{T}}$，移动台信号为 $\boldsymbol{s}(t)=(s_1(t),s_2(t),\cdots,s_N(t))^{\mathrm{T}}$。

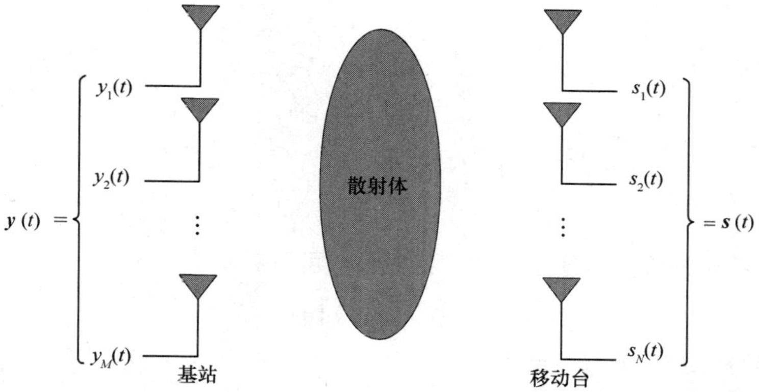

图 2.18　多天线配置

MIMO 信道响应可以表示为

$$\boldsymbol{H}(t)=\sum_{l=0}^{L-1}\boldsymbol{A}_l\delta(t-\tau_l) \tag{2.4.40}$$

式中，$\boldsymbol{H}(t)\in\mathbf{C}^{M\times N}$，每一径信道的空时响应矩阵$\boldsymbol{A}_l$ 为

$$\boldsymbol{A}_l=\begin{bmatrix}\alpha_{11}^{(l)} & \alpha_{12}^{(l)} & \cdots & \alpha_{1N}^{(l)}\\ \alpha_{21}^{(l)} & \alpha_{22}^{(l)} & \cdots & \alpha_{2N}^{(l)}\\ \vdots & \vdots & \ddots & \vdots\\ \alpha_{M1}^{(l)} & \alpha_{M2}^{(l)} & \cdots & \alpha_{MN}^{(l)}\end{bmatrix}_{M\times N} \tag{2.4.41}$$

因此，移动台和基站信号可以分别表示为

$$\boldsymbol{y}(t)=\int\boldsymbol{H}(\tau)\boldsymbol{s}(t-\tau)\mathrm{d}\tau \tag{2.4.42}$$

或

$$\boldsymbol{s}(t)=\int\boldsymbol{H}(\tau)\boldsymbol{y}(t-\tau)\mathrm{d}\tau \tag{2.4.43}$$

多径分量 $\alpha_{MN}^{(l)}$ 服从 0 均值复高斯随机分布，其功率为 $P_l=E\{|\alpha_{MN}^{(l)}|^2\}$，不同时延的多径分量不相关，即满足

$$\rho_{MN}^{l_1l_2}=\langle|\alpha_{MN}^{(l_1)}|^2,|\alpha_{MN}^{(l_2)}|^2\rangle=0 \qquad l_1\neq l_2 \tag{2.4.44}$$

式中，$\langle x,y\rangle$表示随机变量 x 与 y 的相关系数。

MIMO 信道建模的关键是对空时响应矩阵$\boldsymbol{A}_l$ 的各个分量相关性建模。定义基站和移动台天线间相关系数分别为

$$\rho_{M_1M_2}^{\mathrm{BS}}=\langle|\alpha_{M_1N}^{(l)}|^2,|\alpha_{M_2N}^{(l)}|^2\rangle \tag{2.4.45}$$

$$\rho_{N_1 N_2}^{\mathrm{MS}}=\langle |\alpha_{MN_1}^{(l)}|^2, |\alpha_{MN_2}^{(l)}|^2 \rangle \tag{2.4.46}$$

由此可以定义基站与移动台天线相关矩阵分别为

$$\boldsymbol{R}_{\mathrm{BS}}=\begin{bmatrix} \rho_{11}^{\mathrm{BS}} & \rho_{12}^{\mathrm{BS}} & \cdots & \rho_{1M}^{\mathrm{BS}} \\ \rho_{21}^{\mathrm{BS}} & \rho_{22}^{\mathrm{BS}} & \cdots & \rho_{2M}^{\mathrm{BS}} \\ \vdots & \vdots & \ddots & \vdots \\ \rho_{M1}^{\mathrm{BS}} & \rho_{M2}^{\mathrm{BS}} & \cdots & \rho_{MM}^{\mathrm{BS}} \end{bmatrix}_{M\times M} \tag{2.4.47}$$

$$\boldsymbol{R}_{\mathrm{MS}}=\begin{bmatrix} \rho_{11}^{\mathrm{MS}} & \rho_{12}^{\mathrm{MS}} & \cdots & \rho_{1N}^{\mathrm{MS}} \\ \rho_{21}^{\mathrm{MS}} & \rho_{22}^{\mathrm{MS}} & \cdots & \rho_{2N}^{\mathrm{MS}} \\ \vdots & \vdots & \ddots & \vdots \\ \rho_{N1}^{\mathrm{MS}} & \rho_{N2}^{\mathrm{MS}} & \cdots & \rho_{NN}^{\mathrm{MS}} \end{bmatrix}_{N\times N} \tag{2.4.48}$$

另外，两组天线对构成的多径分量间的相关系数可以表示为

$$\rho_{N_2 M_2}^{N_1 M_1}=\langle |\alpha_{M_1 N_1}^{(l)}|^2, |\alpha_{M_2 N_2}^{(l)}|^2 \rangle \tag{2.4.49}$$

一般地，多径分量相关系数满足

$$\rho_{N_2 M_2}^{N_1 M_1}=\rho_{N_1 N_2}^{\mathrm{MS}}\rho_{M_1 M_2}^{\mathrm{BS}} \tag{2.4.50}$$

因此可以得到 MIMO 信道相关矩阵 $\boldsymbol{R}$ 为

$$\boldsymbol{R}=\boldsymbol{R}_{\mathrm{MS}}\otimes\boldsymbol{R}_{\mathrm{BS}}=(\rho_{N_2 M_2}^{N_1 M_1})_{MN\times MN} \tag{2.4.51}$$

式中，$\otimes$表示 Kronecker 乘积。

MIMO 信道建模首先需要生成 LMN 个非相关复高斯分量，然后通过滤波获得满足空间相关特性的空时响应向量，可以表示为

$$\widetilde{\boldsymbol{A}}_l=\sqrt{P_l}\boldsymbol{G}\boldsymbol{a}_l \tag{2.4.52}$$

式中

$$\widetilde{\boldsymbol{A}}_l=(\alpha_{11}^{(l)},\alpha_{21}^{(l)},\cdots,\alpha_{M1}^{(l)},\alpha_{12}^{(l)},\alpha_{22}^{(l)},\cdots,\alpha_{M2}^{(l)},\cdots,\alpha_{1N}^{(l)},\alpha_{2N}^{(l)},\cdots,\alpha_{MN}^{(l)})^{\mathrm{T}} \tag{2.4.53}$$

$$\boldsymbol{a}_l=(a_1^{(l)},a_2^{(l)},\cdots,a_{MN}^{(l)})^{\mathrm{T}} \tag{2.4.54}$$

式中，$a_j^{(l)}(j=1,2,\cdots,MN)$是均值为 0、方差为 1 的独立复高斯分量。矩阵 $\boldsymbol{G}$ 是空时相关矩阵的平方根，即满足 $\boldsymbol{R}=\boldsymbol{G}\boldsymbol{G}^{\mathrm{T}}$，一般地，可以采用乔里斯基分解得到。

如果天线阵列间距很小，则需要考虑天线阵列的到达角（AoA）相位偏移。如图 2.19 所示，假设平均 AoA 为 ϕ，则接收信号模型可以扩展为

$$\boldsymbol{y}(t)=\boldsymbol{W}(\phi)\int\boldsymbol{H}(\tau)\boldsymbol{s}(t-\tau)\mathrm{d}\tau \tag{2.4.55}$$

式中，相位偏移矩阵可以表示为

$$\boldsymbol{W}(\phi)=\begin{bmatrix} w_1(\phi) & 0 & \cdots & 0 \\ 0 & w_2(\phi) & \cdots & 0 \\ \vdots & \vdots & \ddots & \vdots \\ 0 & 0 & \cdots & w_M(\phi) \end{bmatrix}_{M\times M} \tag{2.4.56}$$

式中，ϕ 表示平均 AoA；$w_m(\phi)$表示相对于 AoA 的相位偏移。

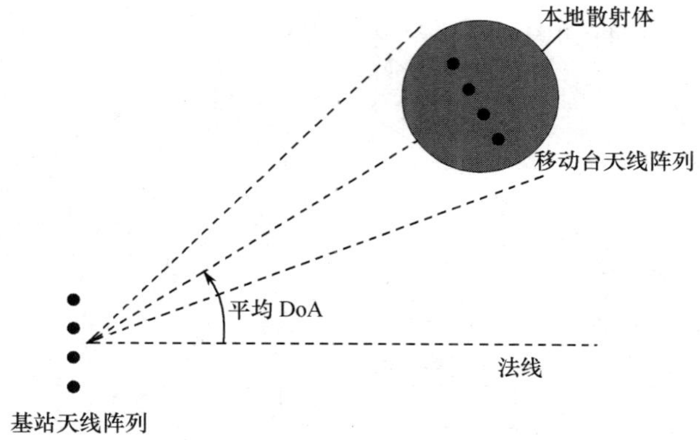

图 2.19　强相关天线阵列配置示意图

由此得到时延抽头结构的 MIMO 信道模型[2.10]，如图 2.20 所示。每一径的矩阵信道响应可以用式(2.4.52)生成，相位偏移矩阵可以用式(2.4.56)生成。

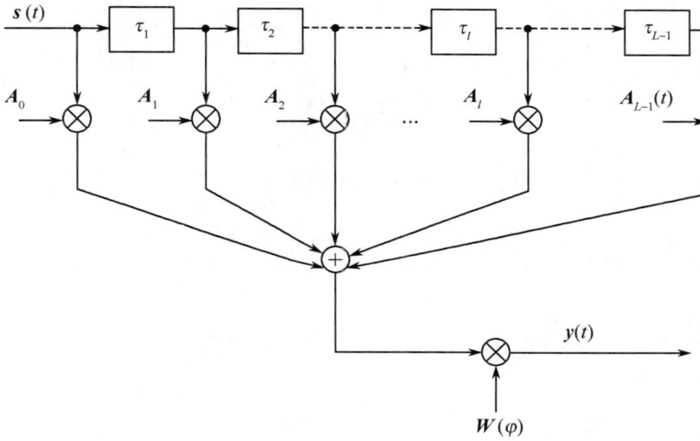

图 2.20　时延抽头 MIMO 信道模型

2. 物理模型

分析模型实现简单，但往往准确性较低。与之相反，物理模型根据 MIMO 无线传播场景特征进行参数化建模，因此准确性较高，但计算复杂度也较大。

3GPP 基于子径的空间信道模型(SCM)[2.11]，首先根据仿真的具体环境不同，选择市区宏小区、市区微小区和郊区宏小区等，然后根据不同的小区环境设置信道模型参数。一般而言，到达接收端天线阵列包括 N 个时延可分辨的多径，每一径有各自的时延和功率；同时每一径由 M 个子径(Subpath)组成。SCM 模型假设上、下行链路的 AoD/AoA 是一致的，而在 FDD 系统中，一般认为上、下行链路的随机子径的相位不同。不同移动台之间的距离如果足够大，则认为其阴影衰落是不相关的。如图 2.21 所示。

图 2.21 中的符号含义如下：Ω_{BS} 和 Ω_{MS} 分别指基站和移动台天线阵列的方位，定义为天线阵列法线(Broadside)与方位北(North)之间的夹角；θ_{BS} 和 θ_{MS} 分别为基站和移动台 LOS 路径与天线阵列法线的夹角；$\delta_{n,\mathrm{AoD}}$ 和 $\delta_{n,\mathrm{AoA}}$ 分别指第 n 条多径与 LOS 路径所成的离去角(AoD)或到达角(AoA)；$\Delta_{n,m,\mathrm{AoD}}$ 和 $\Delta_{n,m,\mathrm{AoA}}$ 分别指第 n 条多径中的第 m 条子径与第 n 条多径的 AoD 或者 AoA 之间的偏置角度；$\theta_{n,m,\mathrm{AoD}}$ 和 $\theta_{n,m,\mathrm{AoA}}$ 分别指第 m 条子径的绝对 AoD 或 AoA；v 表示移动台的移动速

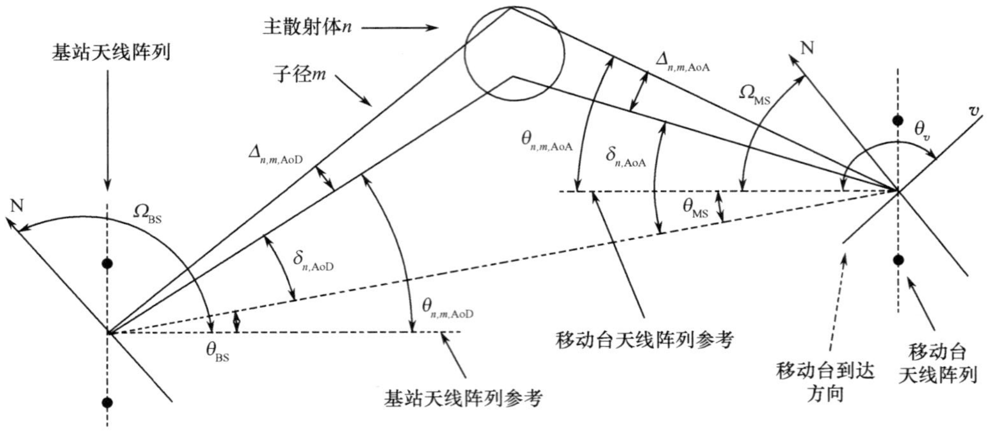

图 2.21　SCM 空间信道模型示意图

度；θ_v 指移动台移动方向与天线阵列法线间的夹角。

假设基站应用 U 元天线阵列，移动台应用 S 元天线阵列，MIMO 信道由 N 条可分辨路径组成。令每一径对应的 $U\times S$ 信道响应矩阵为$\boldsymbol{H}_n(t)$，$n=1,2,\cdots,N$，则矩阵对应的信道响应系数 $h_{u,s,n}(t)$，$u=1,2,\cdots,U$，$s=1,2,\cdots,S$ 可以按照如下公式生成

$$
\begin{aligned}
h_{u,s,n}(t) &= \sqrt{\frac{P_n\sigma_{\mathrm{SF}}}{M}}\sum_{m=1}^{M}(G_1\times G_2\times G_3(t))\\
G_1 &= \sqrt{G_{\mathrm{BS}}(\theta_{n,m,\mathrm{AoD}})}\exp\left\{\mathrm{j}\left[\frac{2\pi}{\lambda}d_s\sin(\theta_{n,m,\mathrm{AoD}})+\Phi_{n,m}\right]\right\}\\
G_2 &= \sqrt{G_{\mathrm{MS}}(\theta_{n,m,\mathrm{AoA}})}\exp\left[\mathrm{j}\,\frac{2\pi}{\lambda}d_u\sin(\theta_{n,m,\mathrm{AoA}})\right]\\
G_3(t) &= \exp\left[\mathrm{j}\,\frac{2\pi}{\lambda}\,\|\boldsymbol{v}\|\cos(\theta_{n,m,\mathrm{AoA}}-\theta_v)t\right]
\end{aligned}
\tag{2.4.57}
$$

式中，P_n 为第 n 径的功率；σ_{SF} 为阴影衰落因子；M 为子径数目；$G_{\mathrm{BS}}(\theta_{n,m,\mathrm{AoD}})$ 和 $G_{\mathrm{MS}}(\theta_{n,m,\mathrm{AoA}})$ 分别为基站与移动台每阵元天线增益；d_s 和 d_u 分别指基站 s、移动台 u 阵元到参考阵元的距离(单位为 m)，参考阵元基站 $s=1$(移动台 $u=1$)，$d_1=0$；$\Phi_{n,m}$ 指第 n 径第 m 子径的相位；$\|\boldsymbol{v}\|$ 为移动台速度向量的模值。

由此可知，每条可分辨多径都由一个散射体簇组成，每条径由 M 条子径组成，这些子径具有近似的时延，但其 AoD 角度、分配的功率等参数不同。一般地，$N=6$，$M=20$，即 SCM 信道采用 6 径、每一径 20 个子径的模型。

SCM 空间信道模型的参数设置对于每一个可分辨径定义了角度扩散(AS)、到达角(AoA)、角度功率谱(PAS)等参数，并假设所有的多径独立，其典型空间参数设置如下。

(1) 基站和移动台天线阵列结构

空间信道模型应支持各种天线结构。在移动台侧，天线间距的参考值为 0.5λ；在基站侧，天线间距的参考值为 0.5λ、4λ 和 10λ(λ 为载波波长)。

(2) 每一径的角度扩展和到达角

基站处每一径的角度扩展定义为基站接收径的角度的均方根。对应于不同的到达角(AoA)，定义了两个角度扩展的取值：

$$\begin{cases} AS=2^\circ & \text{当 AoA 为 }50^\circ\text{时} \\ AS=5^\circ & \text{当 AoA 为 }20^\circ\text{时} \end{cases}$$

在移动台侧，定义了 3 个不同角度的到达角：

$$\begin{cases} AoA=-67.5^\circ & \text{当 AS 为 }35^\circ\text{时} \\ AoA=+67.5^\circ & \text{当 AS 为 }35^\circ\text{时} \\ AoA=+22.5^\circ & \text{当 AS 为 }35^\circ\text{且存在 LOS 路径} \end{cases}$$

移动台侧的角度扩展：

$$\begin{cases} AS=104^\circ & \text{PAS 在 }0\sim360^\circ\text{均匀分布} \\ AS=35^\circ & \text{PAS 在某一到达角里服从拉普拉斯分布} \end{cases}$$

基站侧的每一径角度功率谱定义为服从拉普拉斯分布。

(3) 每一径的多普勒功率谱

每一径的多普勒功率谱由发送角度和移动台处每一径的 PAS 及 AoA 所确定，它决定了信道的时域衰落特性。

文献[2.5]对通信信道建模进行了深入分析，感兴趣的读者可以进一步阅读。文献[2.12]对 MIMO 信道建模的两种方法的准确性、计算复杂度进行了详细分析和论述，可以供读者参考。

本章小结

本章首先介绍了移动通信的主要特点——传播的开放性、接收环境的复杂性和用户的随机移动性，介绍了接收信号的 3 类损耗——路径传播损耗、阴影衰落和小尺度衰落，4 类效应——阴影效应、远近效应、多径效应与多普勒效应。其次对大范围、大尺度传播损耗进行了定量的分析和计算。然后，依据线性时变信道分析的观点对小范围、小尺度传播特性的各类快衰落做了进一步的定量分析，给出了高斯广义非相干散射模型(GWSSUS)，在该模型下进一步给出线性时变信道中三维扩散函数与三维相关函数及它们之间的傅里叶变换关系、重要的扩散参数与相关区间参数，并深入讨论了移动衰落信道的具体类型。最后，详细介绍了实际衰落信道建模的具体方法，包括 AWGN、单径衰落信道、多径衰落信道和 MIMO 信道等。

参考文献

[2.1] 吴伟陵．移动通信中的关键技术．北京：北京邮电大学出版社，2000.

[2.2] 吴伟陵．线性时变信道分析．北京邮电大学学报，1979.1.

[2.3] T. S. Rappaport. Wireless Communications Principle and Practice. 2nd. Prentice Hall，1999.

[2.4] H. L. Bertoni. Radio Propagation for Modern Wireless System. Prentice Hall，2000.

[2.5] M. C. Jeruchim，P. Balaban and K. S. Shanmugan. Simulation of Communication Systems Modeling，Methodology and Techniques. 2nd. Kluwer Academic Publishers，2002.

[2.6] B. A. Wichman and I. D. Hill. An efficient and portable pseudo random number generator. Appl. Stat. AS-183，pp. 188-190，1982.

[2.7] G. Marsaglia and A. Zaman. A new class of random number generators. Ann. Appl. Prob. 1(3)，pp. 462-480，1991.

[2.8] W. C. Jakes，Ed. Microwave Mobile Communications. IEEE Press，Piscataway，NJ，USA，1994.

[2.9] Y. R. Zheng and C. Xiao. Simulation models with correct statistical properties for Rayleigh fading channels. IEEE Trans. On Communications，Vol. 51，No. 6，pp. 920-928，June 2003.

[2.10] K. I. Pedersen, P. E. Mogensen and B. H. Fleury. A stochastic model of the temporal and azimuthal dispersion seen at the base station in outdoor propagation environments. IEEE Transactions on Vehicular Technology, Vol. 49, No. 2, pp. 437-447, 2000.

[2.11] J. Salo, G. Del Galdo, J. Salmi, et al. MATLAB implementation of the 3GPP Spatial Channel Model (3GPP TR 25.996), 2005.

[2.12] C. Wang, X. Hong, et al. Spatial-Temporal Correlation Properties of the 3GPP Spatial Channel Model and the Kronecker MIMO Channel Model. Journal on Wireless Communications and Networking, Vol. 2007, Article ID 39871.

[2.13] V. K. Garg. 第三代移动通信系统原理与工程设计．北京：电子工业出版社，2001.

[2.14] B. H. Fleury. An uncertainty relation for WSS processes and its application to WSSUS systems. IEEE Trans. on Comm., Vol. 44, No. 12, pp. 1632-1634, Dec. 1996.

[2.15] B. H. Fleury. First- and second-order characterization of direction dispersion and space selectivity in the radio channel. IEEE Trans. on Information Theory, Vol. 46, No. 6, pp. 2027-2044, Sept. 2000.

习　题

2.1　移动信道具有哪些主要特点？

2.2　在移动通信中电磁波传播的主要传播方式有哪几种？

2.3　移动通信的信道中存在着大、中、小尺度（范围）的损耗与衰落，它们各自具有什么性质的特征？

2.4　移动通信中存在哪 3 种类型的快衰落？在什么情况下会出现？克服各种快衰落的主要措施是什么？

2.5　移动通信中主要噪声干扰有哪几种？对于 CDMA，哪一类干扰是最主要的？

2.6　Okumura-Hata 模型的主要运用环境与条件是什么？

2.7　什么是平坦 Rayleigh 衰落？平坦的含义是什么？是针对什么而言的？试给出这类信道的统计分析模型。

2.8　Rice 分布、Rayleigh 分布与 Nakagami 分布是移动通信中最常用的 3 类分布，何时采用 Rice 分布、Rayleigh 分布、Nakagami 分布？这 3 类分布之间有什么关系？

2.9　在线性时变信道的时、频二维分析中，主要参量 $R_H(\boldsymbol{\Omega},\tau)$ 的物理含义是什么？$P(v,\xi)$ 的物理含义是什么？它们之间有什么关系？

2.10　在线性时变信道的时、频、空三维分析中，$R_H\left(\boldsymbol{\Omega},\tau,\frac{\Delta r}{\lambda}\right)$ 的物理含义是什么？$P(v,\xi,\varphi)$ 的物理含义是什么？它们之间有什么关系？

2.11　采用中心极限定理法和 Box-Muller 法，编程产生 AWGN 信道，并比较这两种算法的准确性。

2.12　分别采用时域滤波和改进 Jakes 模型，编程产生单径衰落信道，并比较这两种算法的准确性。

第 3 章　双工与多址技术

前面已指出，在移动通信中两个最核心的问题是如何克服信道与用户带来的两重动态特性。第 2 章着重分析了信道的动态性，本章将讨论用户动态性及其带来的一系列问题。

移动通信与固定式有线通信的最大差异在于固定式有线通信是静态的，而移动通信是动态的。为了满足每个移动用户的双向链路同时通信，以及多个移动用户的同时通信，必须解决两个问题：首先是同一个用户的上下行链路的动态划分与识别，这就是所谓的双工（Duplex）技术；其次是多个用户地址的动态划分与识别，这就是所谓的多址（Multiple Access）技术。目前在 3G、4G 中，主流的双工方式包括频分双工（FDD）和时分双工（TDD），主流的多址技术包括码分多址（CDMA）和正交频分多址（OFDMA）。在 5G 中，全双工（FD）技术与非正交多址（NOMA）技术成为研究热点。

3.1　双工与多址技术的基本概念

移动用户要建立通信，首先要实现上下行链路的动态连接，即在服务范围内建立基站与移动台之间的双向通信链路；其次要实现动态寻址，即利用开放式的射频电磁波寻找用户地址。1G～4G为了满足上下行链路同时通信、实现多个移动用户同时寻址，采用了正交化的双工与多址技术，即上下行链路信号之间、多个用户地址信号之间必须满足相互正交特性，以避免产生链路间与地址间的相互干扰。5G 突破了正交性的约束条件，引入了全双工与非正交多址的新型技术，进一步提高了系统容量与频谱效率。

3.1.1　工作方式

按照信号传输方向与处理时间的不同，点到点通信系统一般有 3 种工作方式：单工（Simplex）、半双工（Half Duplex）、双工（Duplex），如图 3.1 所示。

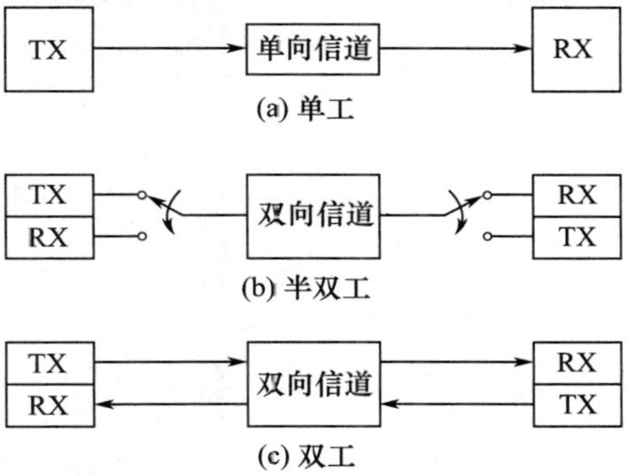

图 3.1　点到点通信系统的工作方式

如图 3.1(a)所示，对于单工通信而言，一侧的通信设备只具有发射功能，而另一侧的通信设备只具有接收功能，通信信道是单向传输的。单工通信主要应用于公共通信系统中，如广播、电视、寻呼、遥感、遥测、卫星导航等。

如图 3.1(b)所示，对于半双工通信而言，两侧的通信设备都具有信息收发功能，但双向通信是通过切换控制开关来实现的，即“按—讲”(Push to Talk，PTT)通信方式。例如，某一时段，左侧的开关连接到发射机，右侧的开关连接到接收机，则可以实现从左到右的信息传输；反之亦然。这种方式虽然具有双向通信的功能，但同一时段只能支持一个方向的通信，因此通信效率较低。半双工通信一般应用于专用通信系统，如集群通信、步话系统、对讲系统、无线电台等。

如图 3.1(c)所示，对于双工通信而言，两侧的通信设备都具有信息收发功能，可以实现信息的同时双向传输。与半双工通信相比，双工通信不必采用外部开关进行切换，通信效率较高，一般应用于各种商用通信系统中，如卫星通信、移动通信、数据通信等。

在移动通信中，为了支持多个用户的双工通信，基站不仅要分辨单个用户的双向通信链路，而且要区分各个用户的通信地址。双工与多址技术具有共性特点，广义来看，都是对链路或用户信息的辨识。

3.1.2 基本原理

1G～4G 中的双工与多址技术，从原理上看与固定式有线通信中的信号多路复用是类似的，实质上都属于信号的正交划分与设计技术。不同点是，多路复用的目的是区别多个通路，通常在基带和中频上实现；而移动通信中的双工与多址是区分不同的链路或用户地址，通常需要利用射频频段辐射的电磁波来寻找动态的链路或用户地址，同时为了实现链路信号之间互不干扰，信号之间必须满足正交特性。

信号的正交特性具体是通过信号的正交参量 $\lambda_i(i=1,2,\cdots,n)$映射来实现的。

1. 发送端

双工与多址都可以用如下的信号模型表示为

$$x(t)=\sum_{i=1}^{n}\lambda_i x_i(t) \tag{3.1.1}$$

$$=\sum_{i=1}^{n}\lambda_{G_i}+\sum_{i=1}^{n}\lambda_i x_i(t) \tag{3.1.2}$$

对于双工，$n=2$ 表示链路数目；对于多址，$n\geqslant 1$ 表示用户数目。$x_i(t)$为第 i 个链路或用户的信号，λ_i 为第 i 个链路或用户的正交参量，λ_{G_i} 为第 i 个链路或用户的保护区间。式(3.1.1)是纯理论的表达式，而式(3.1.2)为实际表达式。而且对于 1G～4G 系统，正交参量应满足

$$\langle\lambda_i\cdot\lambda_j\rangle=\delta_{ij}=\begin{cases}1 & \text{当 } i=j \text{ 时}\\ 0 & \text{当 } i\neq j \text{ 时}\end{cases} \tag{3.1.3}$$

式中，$\langle\cdot\rangle$表示内积操作，δ_{ij} 为 Dirac 算子。

2. 接收端

在接收端，可以设计一个正交信号识别器进行检测，此时接收信号表示为

$$\langle\lambda_j,x_i(t)\rangle=\left\langle\lambda_j,\sum_{i=1}^{n}\lambda_i x_i(t)\right\rangle=\sum_{i=1}^{n}\langle\lambda_i,\lambda_j\rangle x_i(t)=x_j(t) \tag{3.1.4}$$

其中应用了信号参量的正交特性。正交信号识别器原理图如图 3.2 所示。

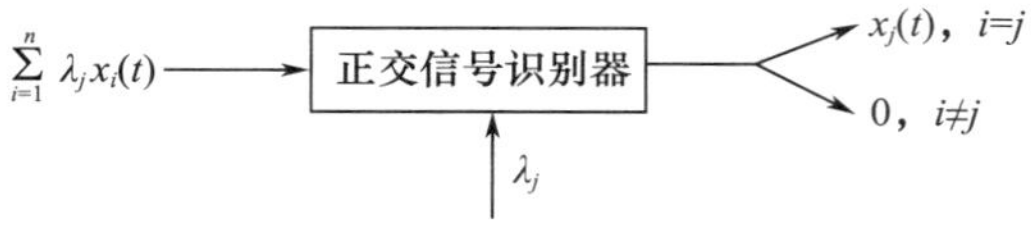

图 3.2 正交信号识别器原理图

对于双工方式，应用正交特性，只有特定方向的链路信号可以被正确检测，而相反方向的链路信号就被消除了。同样，对于多址接入，应用正交特性，只有特定地址的用户信号可以被正确检测，其他用户的信号则被消除了。由此可见，正交信号识别器可以方便地实现特定通信链路和用户信号的识别与检测。

3.1.3 双工方式示例

在移动通信中，通常称基站到移动台之间的通信链路为下行链路(DL)或前向链路(FL)，称移动台到基站之间的通信链路为上行链路(UL)或反向链路(RL)。为了隔离上下行链路之间的相互干扰，通常所用的双工方式包括频分双工(FDD)和时分双工(TDD)。

1. 频分双工(FDD)

对于第 i 个用户的通信链路，当 $\lambda_i = F_{U_i}$ 或 F_{D_i} 时，此时上下行链路分别占用不同的频段，称为频分双工(FDD)，如图 3.3 所示，它们之间的保护间隔为 $\lambda_{G_i} = F_O$。例如，为了降低链路干扰，在第一代移动通信 TACS 系统中，上下行频段间隔 45MHz；又如，在 3G WCDMA 系统中，上下行频段间隔 190MHz。

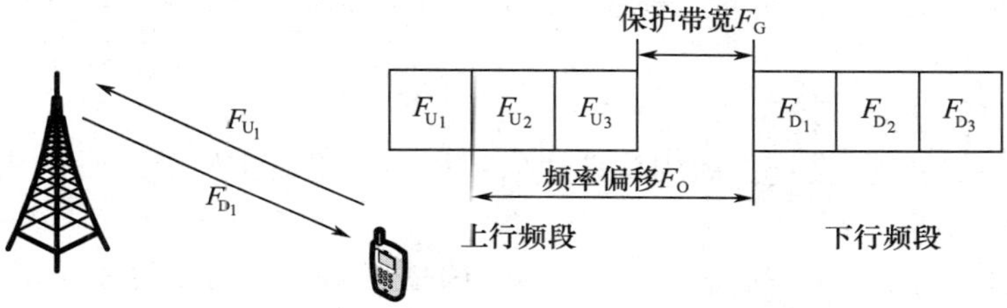

图 3.3　频分双工场景

2. 时分双工(TDD)

对于第 i 个用户的通信链路，当 $\lambda_i = T_{U_i}$ 或 T_{D_i} 时，此时上下行链路分别占用不同的时段，称为时分双工(TDD)，如图 3.4 所示，它们之间的保护间隔为 $\lambda_{G_i} = T_O$。例如，为了降低链路干扰，在 3G TD-SCDMA 系统中，上下行时间间隔至少 2ms。

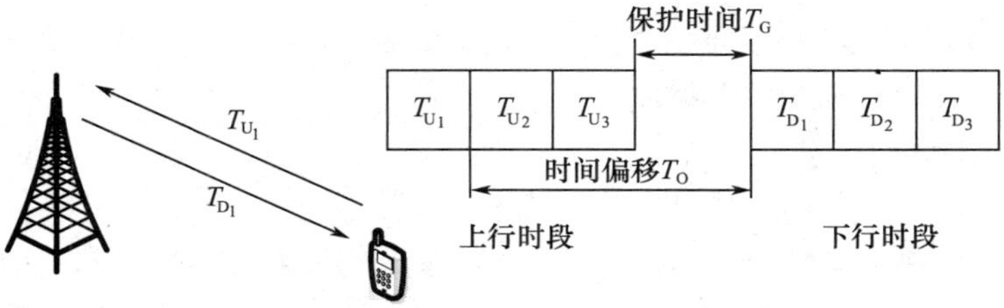

图 3.4　时分双工场景

通常称 FDD 与 TDD 为带外双工(Out-Band FD，OBFD)，即双向链路的频率或时间间隔超过了信号工作带宽或周期。由于这种带外双工仍然只利用了一半的时间或频率资源，因此，本质上还是半双工方式。真正的全双工方式，应是带内双工(In-Band FD，IBFD)，此时上下行链路占用相同的时间或频率资源。理论上，频谱效率可以提高一倍，在 5G 中有广泛的应用前景。

3.1.4 多址接入示例

1. 频分多址(FDMA)

当 $\lambda_i = F_i$ 时，称为频分多址，其原理如图 3.5 所示。

移动通信中最典型的频分多址方式有：北美，800MHz 的 AMPS 体制；欧洲与我国，900MHz 的 TACS 体制。

2. 时分多址（TDMA）

当 $\lambda_i = T_i$ 时，称为时分多址，其原理如图 3.6 所示。

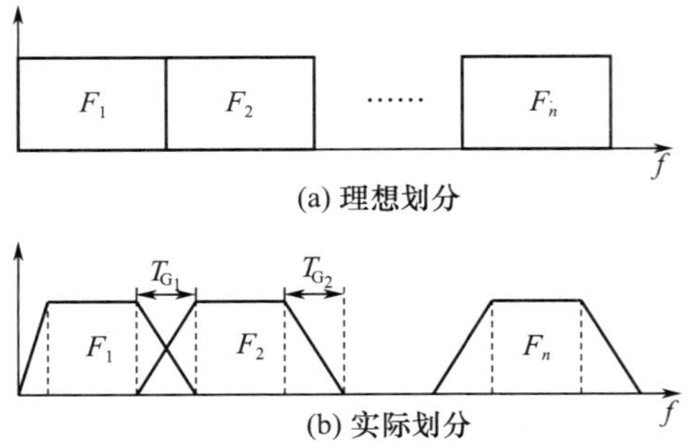

图 3.5　频分多址原理图

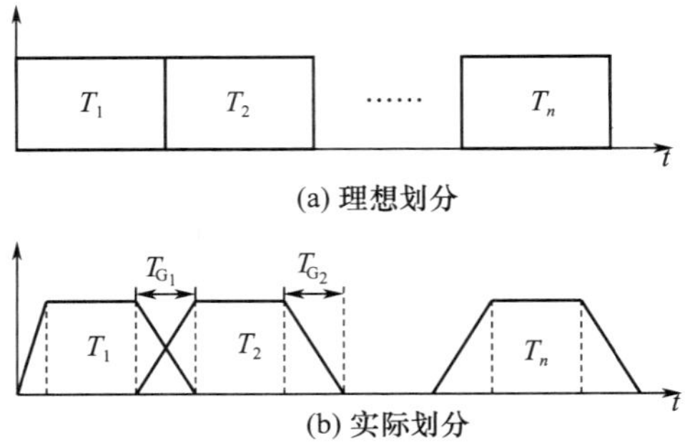

图 3.6　时分多址原理图

移动通信中最典型的时分多址方式有：北美，D-AMPS；欧洲与我国，GSM-900、DCS-1800；日本，PDC。

3. 码分多址（CDMA）

当 $\lambda_i = C_i$ 时，称为时分多址。商用移动通信系统中常用直扩码分多址接入（DS-CDMA），其原理如图 3.7 所示。

CDMA 与 FDMA、TDMA 划分形式不一样，FDMA 与 TDMA 属于一维（频域或时域）划分，CDMA 则属于二维（时频域）划分。CDMA 中所有用户占有同一时隙、同一频段，区分用户特征的是用户地址码的相关特性。

FDMA、TDMA 的地址划分基于简单的非此即彼、非共享型，即两个以上用户不可能同时占有同一频段（或时隙）；CDMA 的地址划分基于信息特征，是相容的，即两个以上用户可以同时占有同一频段、同一时隙，是共享型的，其条件是只要它们具有可分离的各自特征（码的相关特性）即可。

移动通信中最典型的码分多址方式有：2G 的窄带 CDMA 系统及 IS-95 体制；3G 的 CDMA2000、WCDMA 及 TD-SCDMA 体制。

4. 空分多址（SDMA）

当 $\lambda_i = S_i$ 时，称为空分多址，其原理如图 3.8 所示。

SDMA 的实现是利用天线的方向性波束，将服务区（小区内）划分为不同的子空间 S_i 进行空间正交隔离的。移动通信中的扇区天线可以看作 SDMA 的一种基本实现方式。在 4G、5G 中普遍采用的多用户 MIMO，利用波束成形的方式区分用户，是典型的空分多址方式。

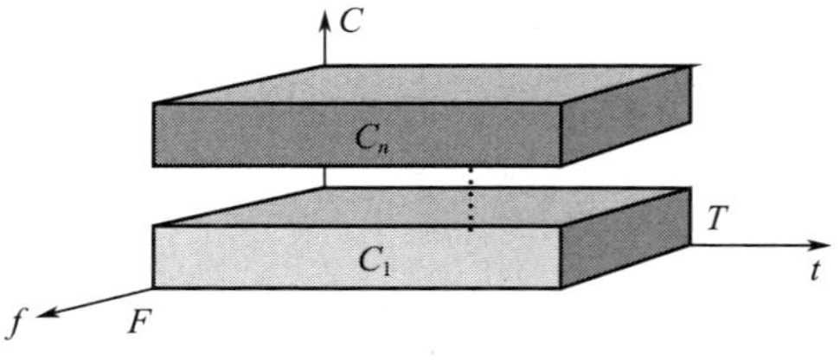

图 3.7　直扩码分多址接入原理图

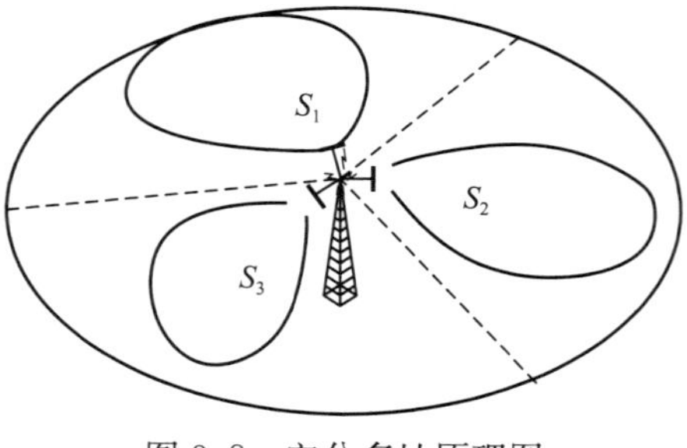

图 3.8　空分多址原理图

5. 正交频分多址(OFDMA)

当 $\lambda_i = F_i$，并且相邻载波之间有一半带宽相互重叠时，称为正交频分多址，其原理图如图 3.9所示。

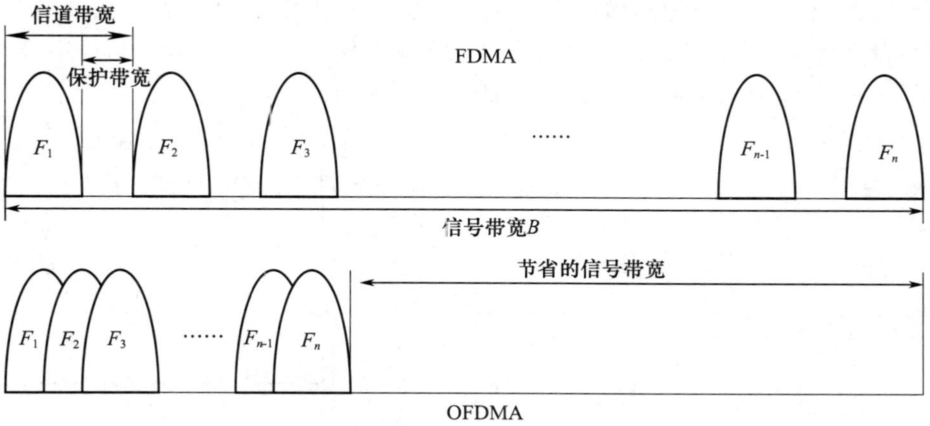

图 3.9　正交频分多址原理图

FDMA 通过引入保护带宽，保证各个信道之间相互正交，这种方式导致频谱效率降低。而 OFDMA 的各个信道之间相互重叠，依赖正弦信号的数学特征保证正交性，因此不必引入保护带宽。因此与 FDMA 相比，OFDMA 能够有效提高频谱效率。

在移动通信中，最典型的 OFDMA 方式有 4G 中的 LTE 与 WiMAX 体制。

3.1.5　理论极限

从实用化观点来看，正交化的双工方式与多址接入具有发射机结构简单，接收机复杂度低、易于实现等诸多优势，但从信息理论观点来看，这些方式都是次优方案，并不能达到理论极限。下面从简单的双向信道、多址/广播信道模型入手，分析这两类技术的理论极限。

1. 双向信道的容量分析

理论上，双工通信可以建模为双向(Two-way)信道，香农(Shannon)最早研究了双向信道的容量域[3.1]。在香农的原始论文中，只得到了容量域的内界与外界，一般双向信道的容量域问题是信息论中的一个困难问题，至今尚未解决。

下面考虑无记忆高斯双向信道，其结构如图 3.10 所示，其中 X_1 与 X_2 是两条链路编码之后的发送信号，Y_1 与 Y_2 分别对应接收信号，Z_1 与 Z_2 分别是高斯噪声，即 $Z_1 \sim N(0,\sigma_1^2)$，$Z_2 \sim N(0,\sigma_2^2)$。b、c 是干扰链路增益，a、d 是发送对接收链路的干扰，一般地，$c \ll a$，$b \ll d$。这样，无记忆高斯双向信道的信号模型为

$$\begin{cases} Y_1 = aX_1 + bX_2 + Z_1 \\ Y_2 = cX_1 + dX_2 + Z_2 \end{cases} \tag{3.1.5}$$

发送信号满足平均功率约束，即 $E(X_1^2) \leqslant P_1$，$E(X_2^2) \leqslant P_2$。

令 R_1 与 R_2 分别表示两条链路的通信速率，定义函数 $C(x) = \frac{1}{2}\log_2(1+x)$，表示高斯信道的容量。显然，对于链路 1 而言，其通信速率为 $R_1 = C\left(\frac{c^2 P_1}{d^2 P_2 + \sigma_2^2}\right)$，而链路 2 的通信速率为 $R_2 =$

$C\left(\dfrac{b^2P_2}{a^2P_1+\sigma_1^2}\right)$。Han 在文献[3.2]中证明了，无记忆高斯双向信道的容量域为

$$C=\{(R_1,R_2)\mid R_1\leqslant C(c^2P_1/\sigma_2^2),R_2\leqslant C(b^2P_2/\sigma_1^2)\} \tag{3.1.6}$$

容易看出，容量域与干扰链路增益 a、d 无关。从理论上来说，这是因为如果接收机能够完全消除链路自干扰，即 aX_1 或 dX_2，则整个信道被分解为两个独立的并行高斯信道，显然容量域为一个矩形。图 3.11 给出了无记忆高斯双向信道的容量域。

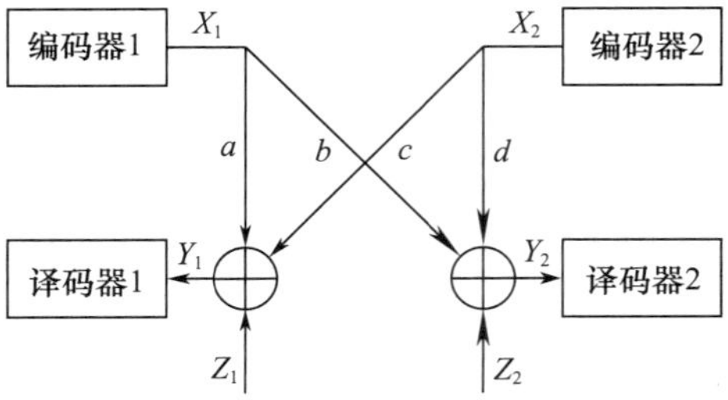

图 3.10　无记忆高斯双向信道示例

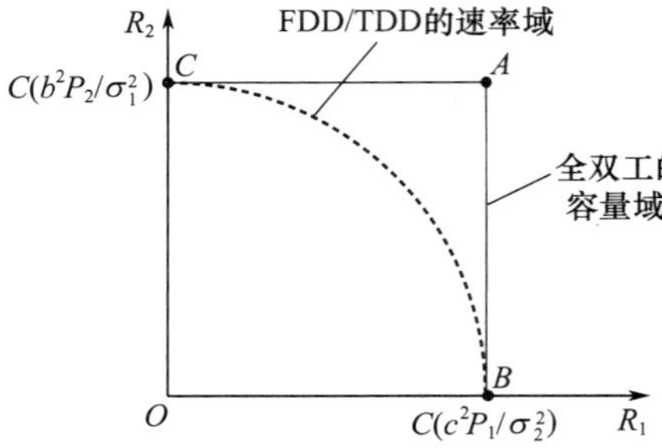

图 3.11　无记忆高斯双向信道的容量域

下面分析 FDD 与 TDD 的速率域。假定系统总带宽为 $W=W_1+W_2=1$，采用 FDD 方式，则将 W_1 分配给链路 1，W_2 分配给链路 2。此时，由于频率分隔，假定链路自干扰为 0，即 $a=d=0$。两条链路的通信速率为

$$\begin{cases} R_1=\dfrac{W_1}{2}\log_2\left(1+\dfrac{c^2P_1}{W_1\sigma_2^2}\right) \\ R_2=\dfrac{W_2}{2}\log_2\left(1+\dfrac{b^2P_2}{W_2\sigma_1^2}\right) \end{cases} \tag{3.1.7}$$

FDD 的速率域对应的是图 3.11 的弧线部分，采用类似的方法，可以证明，TDD 具有相同的速率域。

由图 3.11 可知，全双工的容量域要显著大于 FDD/TDD 的速率域，顶点 A 对应的是带内全双工的容量极限，如果 $b=c$，$\sigma_1^2=\sigma_2^2$，采用 IBFD，相对于 FDD 或 TDD，系统容量可以倍增。因此，5G 采用全双工技术，具有倍增容量的技术优势，当然由于自干扰极其严重，也面临巨大的技术挑战，我们将在 3.3 节中详细论述全双工技术。

2. 上行信道的容量分析

移动通信的多址接入，对于上行信道而言，可以建模为多址信道(MAC)。它是典型的多用户通信模型，其容量域问题是研究得比较透彻的一类信息论问题[3.3]。

下面分析两用户无记忆高斯 MAC 信道(GMAC)，其结构如图 3.12 所示，其中 X_1、X_2 分别是用户 1 与用户 2 的发送信号，Y 对应接收信号，Z 是高斯噪声，满足 $Z\sim N(0,\sigma^2)$。这样信号模型可以表示为

$$Y=X_1+X_2+Z \tag{3.1.8}$$

满足发送功率约束：$E(X_1^2)\leqslant P_1$ 与 $E(X_2^2)\leqslant P_2$。

可以证明[3.3]，两用户无记忆高斯 MAC 信道的容量域为

$$C=\left\{(R_1,R_2)\ \middle|\ \begin{matrix} R_1\leqslant C(P_1/\sigma^2),R_2\leqslant C(P_2/\sigma^2), \\ R_1+R_2\leqslant C(P_1+P_2/\sigma^2) \end{matrix}\right\} \tag{3.1.9}$$

达到容量域边界的最佳输入信号分布为高斯分布，即 $X_i \sim N(0, P_i), i=1,2$。上式给出的容量域是一个五边形，如图 3.13 所示。其中，顶点 C 与 B 可以通过串行干扰抵消(SIC)检测达到。例如，对于顶点 C，可以先对用户 1 进行检测，将用户 2 的信号看作噪声处理，然后从接收到的信号中消除用户 1 的信号，再对用户 2 进行检测。线段$\overline{BC}$之间的任意一点，可以采用时分的方法达到，也可以采用速率分裂(RSMA)方法达到[3.5]。

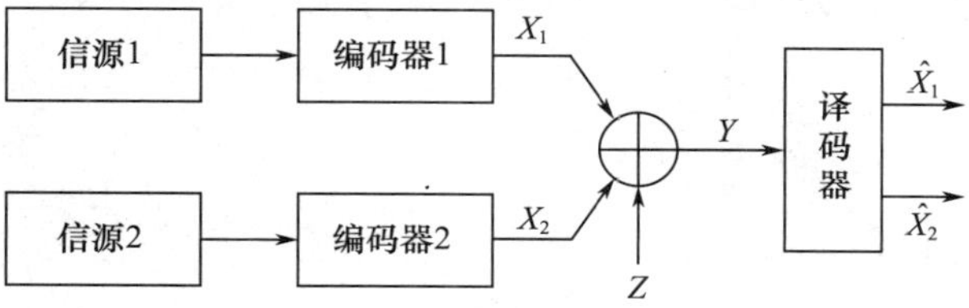

图 3.12　两用户无记忆高斯 MAC 信道

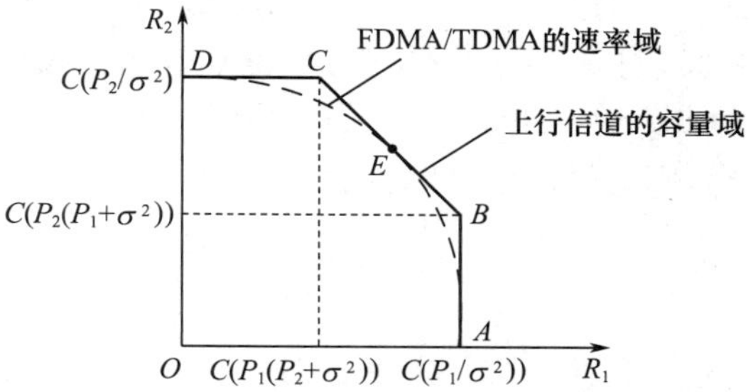

图 3.13　两用户无记忆高斯 MAC 信道的容量域

下面分析正交化的多址技术(OMA)，如 FDMA 或 TDMA 的速率域。对于 TDMA，假定系统总时间为 $T=T_1+T_2=1$，这时两用户的通信速率分别为

$$\begin{cases} R_1 = \dfrac{T_1}{2}\log_2\left(1+\dfrac{P_1}{T_1\sigma^2}\right) \\ R_2 = \dfrac{T_2}{2}\log_2\left(1+\dfrac{P_2}{T_2\sigma^2}\right) \end{cases} \tag{3.1.10}$$

调整时间分配比例，可得图 3.13 中弧线$\widehat{DEA}$对应的速率域。显然，弧线对应的边界在 GMAC 容量域内部，TDMA 是一种次优的多址方案。当 $T_1=P_1/(P_1+P_2)$，$T_2=P_2/(P_1+P_2)$ 时，TDMA 速率域与 GMAC 容量域的斜线$\overline{BC}$相切，切点为 E，这一点对应的两用户和速率可以达到最大。对于 FDMA，可以进行类似推导，不再赘述。

上述分析表明，正交多址技术如 FDMA、TDMA，由于对时频资源并不能进行充分利用，因此无法达到 GMAC 的容量域。为了进一步提高系统容量，需要采用时频资源的多址方案。理论上，CDMA 技术能够对时频资源充分利用，具有更好的频谱效率。但 3G CDMA 系统所应用的扩频码，由于相关特性不理想，导致容量提升有限，更好的非正交多址(NOMA)技术将在 3.8 节中进行介绍。

另外，从接收端的检测算法来看，只有将所有用户信号进行串行干扰抵消(SIC)检测，才能够达到 GMAC 的容量域。如果只是进行逐个用户的信号检测，即将其他所有用户的干扰作为噪声处理，则速率域会进一步减小，如图 3.13 的斜线$\overline{DA}$所示。因此，采用多用户检测(MUD)对提高系统容量也非常关键，我们将在第 8 章进行详细分析。

上述两用户无记忆高斯 MAC 信道容量域的分析可以进一步推广到多用户场景。

定理 3.1　平均功率约束为$(P_1, P_2, \cdots, P_m)$，噪声满足 $N(0,\sigma^2)$的 m 用户高斯 MAC 信道的容量域为

$$\mathcal{C}_{\text{MAC}} = \left\{(R_1, R_2, \cdots, R_m) \middle| R(\mathcal{S}) \leqslant C\left(\sum\nolimits_{i\in\mathcal{S}} P_i/\sigma^2\right), \forall\, \mathcal{S} \subseteq \{1,2,\cdots,m\}\right\} \tag{3.1.11}$$

式中，$R(\mathcal{S}) \triangleq \sum\nolimits_{i\in\mathcal{S}} R_i$。

m 用户高斯 MAC 信道的容量域构成一个 m 维空间的拟阵(Matroid)多面体。可以证

明[3.3]，采用串行干扰抵消(SIC)检测，能够达到容量域边界。

3. 下行信道容量分析

对于下行信道而言，多用户通信可以建模为广播信道(BC)，其容量域问题是一类典型的信息论问题[3.3]。

下面分析两用户无记忆高斯广播信道，其结构如图3.14所示，其中X_1、X_2分别是用户1与用户2的发送信号，经过多用户编码器后，得到发送信号X。Y_1、Y_2分别为对应用户1与用户2的接收信号。Z_1、Z_2是相应的加性高斯噪声，满足$Z_1 \sim N(0,\sigma_1^2)$及$Z_2 \sim N(0,\sigma_2^2)$。假设总发射功率为$P=P_1+P_2$，P_1、P_2分别是用户1与用户2的发射功率，采用叠加编码方式，即$X=X_1+X_2$，则信号模型可以表示为

$$\begin{cases} Y=X_1+X_2+Z_1 \\ Y=X_1+X_2+Z_2 \end{cases} \tag{3.1.12}$$

假设用户2的噪声功率小于用户1，即$\sigma_2^2<\sigma_1^2$，则对于用户1，可以将用户2的信号看作噪声进行译码，得到估计信号$\hat{X}_1$。而对于用户2，由于信道条件较好，可以采用串行干扰抵消(SIC)检测，先检测用户1的信号$\hat{X}_1$，然后进行干扰抵消，再检测用户2的信号$\hat{X}_2$。

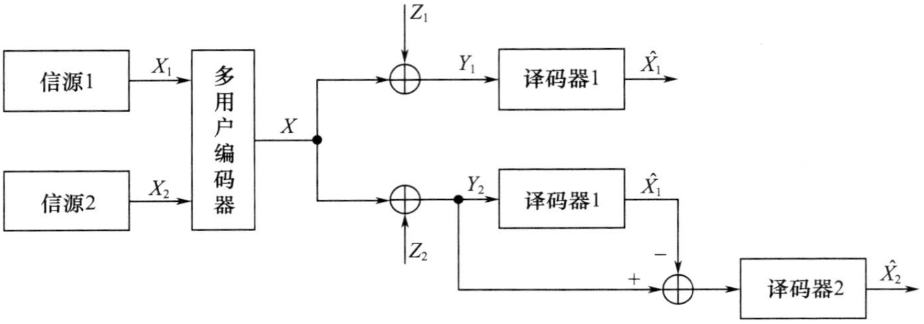

图3.14 两用户无记忆高斯广播信道

可以证明[3.4]，两用户无记忆高斯广播信道的容量域为

$$\mathcal{C}=\left\{(R_1,R_2)\left| R_1 \leqslant C\left(\frac{P_1}{P_2+\sigma_1^2}\right), R_2 \leqslant C(P_2/\sigma_1^2)\right.\right\} \tag{3.1.13}$$

由于两个信道条件不同，上式给出的容量域是一个凸包，如图3.15所示。

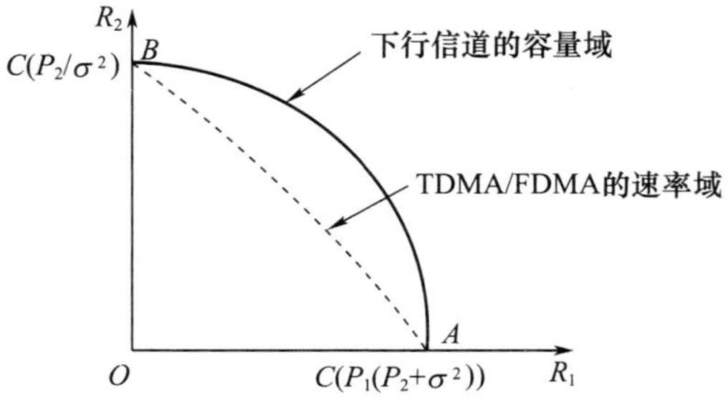

图3.15 两用户无记忆高斯广播信道的容量域

作为对比，正交多址技术如TDMA，假定系统总时间为$T=T_1+T_2=1$，这时两用户的通信速率分别为

$$\begin{cases} R_1=\dfrac{T_1}{2}\log_2\left(1+\dfrac{P_1}{T_1\sigma_1^2}\right) \\ R_2=\dfrac{T_2}{2}\log_2\left(1+\dfrac{P_2}{T_2\sigma_2^2}\right) \end{cases} \tag{3.1.14}$$

此时对应的速率域如图3.15中的虚线所示，在下行信道容量域的内部。由此可见，TDMA是一种次优的多址方案。对于FDMA，也可得到类似的结论。

上述两用户无记忆高斯广播信道容量域的分析可以进一步推广到多用户场景。

定理 3.2 对于总功率约束 $\sum_{k=1}^{m} P_k = P$，每一路噪声满足$N(0,\sigma_i^2)$，假设噪声功率排序为$\sigma_1^2 \leqslant \sigma_2^2 \leqslant \cdots \leqslant \sigma_m^2$，则$m$用户高斯广播信道的容量域为

$$\mathcal{C}_{\mathrm{BC}} = \left\{ (R_1, R_2, \cdots, R_m) \middle| R_k \leqslant C\left(P_k \Big/ \left(\sum_{j=k+1}^{m} P_j + \sigma_k^2 \right) \right) \right\} \tag{3.1.15}$$

文献[3.4]证明，上述容量域采用叠加编码就可得到，5G 中的非正交多址（NOMA）采用多用户叠加编码，就是这一思想的具体应用。

3.2 FDD 原理

3.2.1 技术特点

频分双工方式称为频率双向、双工方式，即 FDD（Frequency Division Duplex），是移动通信系统中最普遍采用的工作方式。2G 的 GSM、IS-95 系统，3G 的 WCDMA、CDMA2000 系统，4G 的 FDD LTE 均采用 FDD 方案。

对于 FDD，发、收（上下行）两个方向采用两个不同的频段，并采用频段间距来隔离两个方向的干扰。比如，在 2G 的 800～900MHz 频段，发、收（上下行）频段相差 45MHz；在 3G 的 2GHz 频段，发、收（上下行）频段相差 90MHz。在 FDD 中，一般发、收（上下行）频段带宽相等，比较适合于对称的话音信道。

FDD 系统结构如图 3.16 所示，发送与接收链路依靠双工器在频率上进行区分。在发射链路中包括数模转换器（DAC）、正交调制器、带通滤波器、功率放大器（PA）等功能单元，在接收链路中包括低噪声放大器（LNA）、带通滤波器、混频器、模数转换器（ADC）等功能单元。

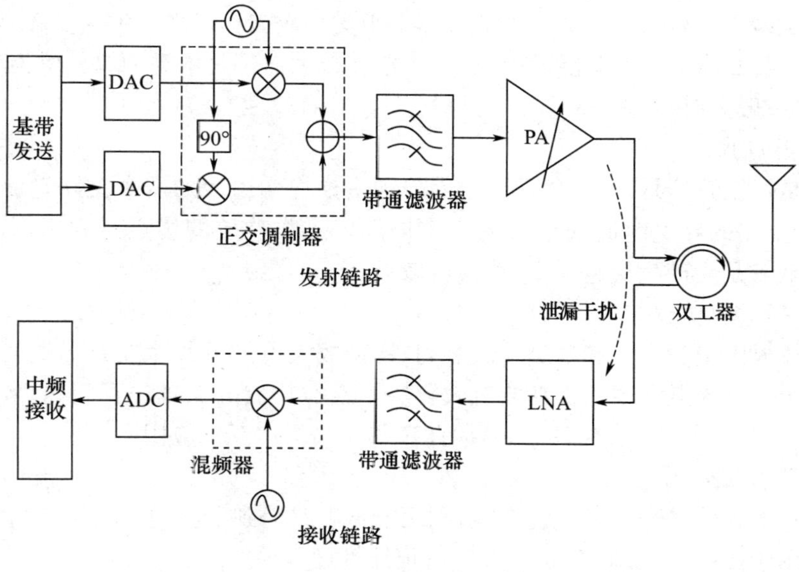

图 3.16 FDD 系统结构

3.2.2 功能单元

1. 双工器

双工器，又称天线公用器，是 FDD 射频（RF）系统中的重要器件。原理上，双工器可以看作

一个双向三端滤波器，其结构如图 3.17 所示。双工器既要将微弱的接收信号从天线耦合进来，又要将大功率的发射信号馈送到天线上去，且要求两者完成各自功能而互不影响。

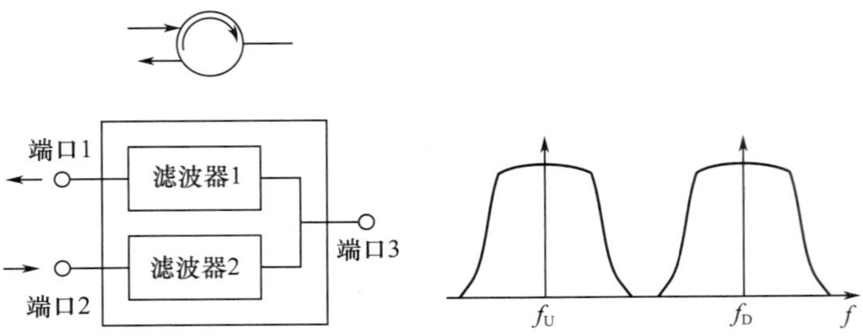

图 3.17　双工器结构

双工器的主要技术指标包括工作频率及带宽、隔离度、插入损耗、频率稳定度、特性阻抗、最大输入功率、驻波比等。一般而言，双工器的工作带宽不小于移动通信系统的带宽，隔离度应经过仔细设计满足收、发链路的隔离要求。如果隔离度不足，则发射链路信号会泄漏到接收机中，成为强干扰，如图 3.16 的虚线所示。

2. 功率放大器

功率放大器（简称功放）是 FDD 射频系统中的重要单元，主要完成小信号的线性放大。例如，典型的 3G 宏蜂窝基站的辐射功率为 43dBm（20W）。衡量功放性能的主要技术指标包括线性度与效率。

按照导电方式的不同，功放可以分为以下 5 类。

- 甲类（A 类）功放

甲类功放是指在信号的整个周期内（正弦波的正、负两个半周），放大器的任何功率输出元件都不会出现电流截止（停止输出）的一类放大器。甲类功放工作时产生的热量高，效率很低，但固有的优点是不存在交越失真，因此线性度最好。单端放大器都是甲类功放。甲类功放的效率 $\eta \leqslant 50\%$，实际电路一般只有 20%～30%。

- 乙类（B 类）功放

乙类功放是指正弦信号的正、负两个半周分别由推挽输出级的两个支路轮流放大输出的一类放大器，每个支路的导电时间为信号的半个周期。乙类功放的优点是效率高，最高可达 $\eta \leqslant \pi/4 = 78.5\%$；缺点是会产生交越失真，线性度较差。

- 甲乙类（AB 类）功放

甲乙类功放界于甲类功放和乙类功放之间，推挽放大电路的每个支路导通时间大于信号的半个周期而小于一个周期。甲乙类功放有效解决了乙类功放的交越失真问题，效率介于甲类功放与乙类功放之间，即 $50\% \leqslant \eta \leqslant 78.5\%$，因此获得了极为广泛的应用。

- 丙类（C 类）功放

丙类功放对输入信号进行非线性变换，利用谐振电路得到谐波输出信号，因此也称为谐振功放。它主要应用于高频场景，效率 $\eta \geqslant 78.5\%$，但线性度很差。

- 丁类（D 类）功放

丁类功放与上述甲类、乙类或甲乙类功放不同，其工作原理基于开关晶体管，可在极短时间内完全导通或完全截止。两个晶体管不会在同一时刻导通，因此产生的热量很少。丁类功放的效率极高（90%左右），在理想情况下可达 100%。不过，开关工作模式造成了输出信号的严重失真。

3G 以后的移动通信系统往往采用高阶调制，信号峰平比(PAPR)很大，为了减少高动态信号放大的畸变与失真，要求功放具有高线性度。为了减小功率损耗，往往又要求功放具有高效率。而线性度与效率这两个指标是相互矛盾的。

为了同时达到高线性度与高效率，现代移动通信系统普遍采用了功放线性化技术。目前业界主流方案是削峰抑制(CFR)、数字预畸变(DPD)及 Doherty 功放的组合技术。

(1) 削峰抑制(CFR)

CFR 是根据给定的幅度阈值，将发送信号幅度进行加权削峰，以降低峰平比的技术。信号削峰会带来畸变失真，影响信号质量，因此设计时需要综合考虑系统性能并进行折中优化。

(2) 数字预畸变(DPD)

DPD 是将反馈的信号经过下变频、采样和 A/D 变换，使之变为基带数字信号(或中频数字信号)后，经过训练，送给基带信号进行非线性滤波，补偿功放的非线性效应。

图 3.18 给出了 DPD 的原理框图。由图可知，DPD 包括预畸变训练和预畸变器两个子模块，它们的结构是完全相同的。在功放输入端送入信号 $z(n)$，利用功放的输出信号 $y(n)$ 作为参考，合成功放的输入估计信号 $\hat{z}(n)$，从而得到误差信号 $e(n)$，采用最小二乘算法，调整训练预畸变的抽头系数，直至收敛。预畸变器的训练过程称为间接学习过程，由于功放的非线性是慢时变的，因此可以在收敛后将得到的系数复制到预畸变器中，就完成了对非线性功放的补偿。

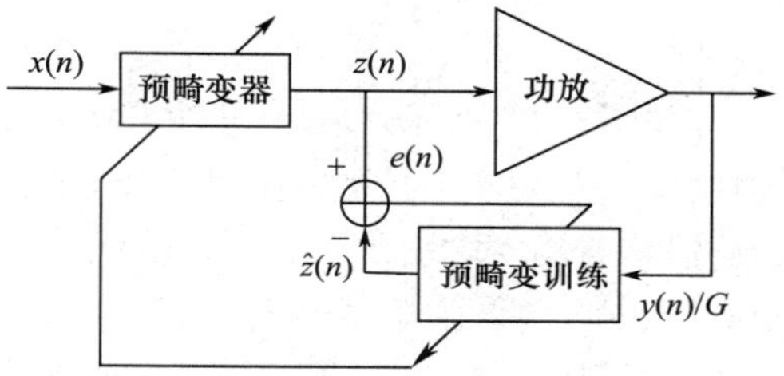

图 3.18　DPD 的原理框图

对于窄带信号，功放表现为无记忆非线性，而对于宽带信号，功放往往表现为有记忆非线性。图 3.19 给出了 DPD 对于三载波 WCDMA 信号功率谱(PSD)的改善情况[3.7]。1 表示未经过预畸变的信号，2 表示采用无记忆预畸变的信号，3 表示采用有记忆预畸变的信号，4 表示原始的输入信号。由图可知，对于宽带 WCDMA 信号，采用无记忆预畸变没有大的改善，而采用有记忆预畸变技术有非常显著的性能改善，即 3、4 几乎是一致的。

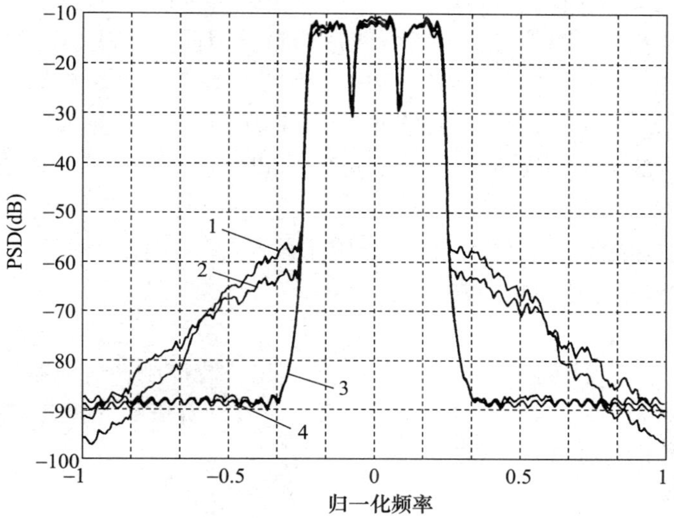

图 3.19　DPD 对于三载波 WCDMA 信号 PSD 的改善

理论上，DPD 可以最大限度地利用功放的能力，因此是目前主流的高效功放线性化技术。

(3) Doherty 功放

Doherty 功放最早由贝尔实验室的研究人员 W. H. Doherty 于 1937 年提出。这种功放采用动态信号负载技术，通过区分大小信号所使用的不同功放负载，来达到提高功放效率的目的。图 3.20给出了 Doherty 功放的工作原理。

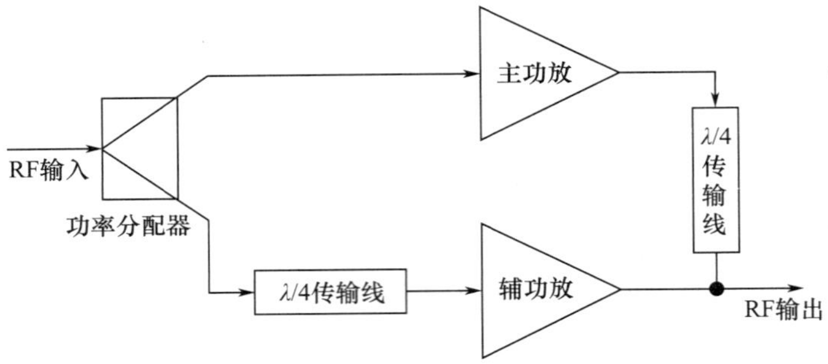

图 3.20　Doherty 功放原理

如图 3.20 所示，Doherty 功放由两个功放构成：主功放与辅功放，主功放一般为甲类功放，辅功放一般为乙类功放。射频(RF)输入信号首先经过功率分配器分为两路，为了保证时延一致，辅功放输入端引入了 $\lambda/4$ 传输线，两个支路的输出通过 $\lambda/4$ 传输线分离。

当 RF 输入为小信号时，信号强度不足以使辅功放工作，因此该功放处于截止状态，而主功放处于正常工作状态，此时可以保证主功放的效率较高。当 RF 输入为大信号时，辅功放处于正常工作状态，而主功放处于饱和状态，合成线性信号输出时，两个功放都处于较高效率的工作状态，等效为甲乙类功放。

对于辅功放，还可以进一步分为多级结构。理论上，两级 Doherty 功放在功放回退 6dB 时，达到最高效率 78.5%，因此适用于峰平比为 6dB 的传输系统。同样，三级 Doherty 功放回退 12dB 时可以达到最高效率，四级 Doherty 功放回退 18dB 时达到最高效率。

3. 低噪声放大器(LNA)

LNA 主要用于接收机前端，对接收到的接近于低噪声的弱信号进行放大。由于工作在小信号状态下，LNA 自身的噪声对信号的干扰可能很严重。因此希望减小这种噪声，以提高输出信噪比。LNA 的性能通常用噪声系数 $NF=10\lg(SNR_{in}/SNR_{out})$(dB)来表示，是输入信噪比与输出信噪比的比值。理想放大器的噪声系数 NF=0dB，其物理意义是输出信噪比等于输入信噪比。现代基站设备中的 LNA，噪声系数可以达到 0.5dB。

4. 带通滤波器

常见的带通滤波器主要有腔体滤波器、介质滤波器、声表面波(SAW)滤波器。这些滤波器都是无源器件，在发射链路中有广泛的应用。

(1) 腔体滤波器

腔体滤波器一般用于射频前端，靠内部谐振腔实现滤波抑制。这种器件可承受的功率较大，插入损耗可以做到 0.5dB，过渡带衰减斜率为 1dB/MHz。所谓插入损耗，是指在原通信电路中插入其他单元产生的信号损耗或衰减。

(2) 介质滤波器

介质滤波器一般采用陶瓷介质，尺寸较小，有一定的插入损耗，其带外衰减斜率为 0.5dB/MHz。

(3) 声表面波(SAW)滤波器

SAW 滤波器是在一块具有压电效应的材料基片上蒸镀一层金属膜,然后经光刻,在两端各形成一对叉指形电极。当在发射换能器上加上信号电压后,就在输入叉指形电极间形成一个电场,使压电材料发生机械振动,以超声波形式向左右两边传播。在接收端,由接收换能器将机械振动再转化为电信号,并由叉指形电极输出。

SAW 滤波器具有较高的带外抑制比,过渡带衰减斜率为 5dB/MHz,但插入损耗较大(3~4dB)。随着工艺水平的提高,SAW 滤波器已经提高到 2GHz 频段,在 3G、4G 中有广泛应用。

5. 混频器

混频器(Mixer)是一个非线性频率变换器件,其输出信号频率等于两输入信号频率之和、差或为两者其他组合。混频器通常由非线性元件和选频回路构成。隔离度是混频器的关键技术指标,尤其是信号到本振端口的隔离度。

6. 调制解调器

调制器主要实现将基带 I、Q 数据转换为频带数据,解调器进行相反操作,将频带数据搬移到基带。目前数字中频和零中频调制解调是工业界普遍采用的调制器与解调器结构。

(1) 数字中频调制解调

数字中频来自软件无线电技术,由于数字正交调制与解调过程是单一频谱位置变化过程,因此常常被称为数字上变频器(Digital Up Converter,DUC)和数字下变频器(Digital Down Converter,DDC)。

数字中频的载波频率选择主要受到 ADC 与 DAC 的采样速率及性能的制约。一般要求选择在第 N_s 个 Nyquist 采样区间的中心,即

$$f_c=\frac{2N_s-1}{4}f_s \tag{3.2.1}$$

综合考虑射频滤波器的带外抑制要求,工程中,往往取 $N_s=3$,即第三个 Nyquist 采样区间。例如,LTE 系统的 2 倍过采样频率为 $f_s=61.44$MHz,$N_s=3$,可得中频载波频率为 $f_c=76.8$MHz。

图 3.16 的接收链路是典型的数字中频超外差接收机结构。利用数字正交变频技术,可以获得正交通道的一致性,因此具有比其他接收机更好的性能。目前,数字中频接收技术已被广泛应用于 3G 移动通信基站和数字化雷达中。但是数字中频接收机所需的 A/D 转换的采样速率较高,数字正交分解的处理量大,需要采用高速数字技术来完成。

(2) 零中频调制解调

所谓零中频技术,对于发射机而言,是将基带数据直接变频到射频发送;而对于接收机而言,是将射频信号直接下变频到基带进行处理,这样就省去了中频环节。在现代移动通信系统中,零中频发射机得到了广泛应用,图 3.16 的发射链路是典型的零中频结构。零中频发射机由于省去了大体积的中频滤波器,因此能够减少器件数量与体积、降低设备成本,特别适合于多模移动通信系统。

相对于超外差收发信机,零中频收发信机具有如下一些特点。

优势:零中频收发信机结构简单,器件较少,成本较低。由于取消了中频处理,可以降低功耗。由于主要采用数字信号处理算法,易于进行芯片集成。零中频收发信机具有与超外差收发信机相同的高性能,较适合于多模通信系统,并且没有镜像干扰问题。但也存在如下劣势。

① 零中频发射机本振泄漏问题

所谓本振泄漏,是指混频器的本振与 RF 端隔离不理想,导致一部分本振信号泄漏到混频器

的输出端。这部分泄漏信号处于有用信号的频谱中心，因此无法被 RF 滤波器抑制。本振泄漏会导致发送信号畸变与失真，恶化信号质量，这是零中频发射机首先需要克服的问题。

② 零中频接收机直流漂移问题

直流漂移的来源有 3 个方面。一是随着工作环境的变化与器件老化，器件本身的直流偏置漂移，一般而言，这种漂移变化缓慢，容易消除。二是本振信号与射频信号混频后产生的直流漂移。如果射频信号在中心频率附近有一定的信号分量，则与本振信号混频后会变为直流，并且会随着频率的变化而变化。三是干扰泄漏中的与本振信号频率相同的分量，被混频后也会变为直流，并且随泄漏信号快速变化。直流漂移是零中频接收机需要解决的首要难题，虽然不影响接收机的灵敏度，但很容易使基带放大器进入饱和状态，导致接收信号的非线性畸变与失真。

③ I、Q 支路不匹配问题

零中频收发信机由于采用正交调制解调结构，包括两路本振信号和两条基带信号处理链路。一般地，两路本振信号中有一个信号经过移相，得到 90°相差的正交参考本振信号。由于移相器的非理想特性，会引入一定的相位和幅度误差。两条基带信号处理链路包含低通滤波器、放大器、混频器等，这些器件的非理想因素也会引入相位和幅度误差。我们称上述现象为 I、Q 支路不匹配，这会导致信号星座图的信号点发生幅度伸缩和相位旋转，以及时域波形的显著畸变，由此增加误比特率。因此，零中频技术对于基带 I、Q 信号的一致性要求非常严格。

7. ADC 和 DAC

ADC 和 DAC 是用于将模拟信号与数字信号相互转换的器件，是数字通信系统的通用功能单元。ADC 的主要技术指标为量化信噪比，DAC 的主要技术指标为输出功率和线性度。

当 ADC 以满量程输入正弦波时，其信噪比 SNR 的理论计算式[3.8]为

$$\mathrm{SNR}=6.02N+1.763+10\lg\left(\frac{f_s}{2B}\right)(\mathrm{dB}) \tag{3.2.2}$$

式中，f_s 为 ADC 的采样频率；B 为输入信号的最大带宽；N 为 ADC 的有效位宽。

3.2.3 系统技术指标

对于 FDD 系统，发射机的主要干扰包括邻道泄漏、杂散辐射等，而接收机的主要干扰包括邻道干扰、阻塞干扰、互调干扰、杂散辐射等。为了衡量发射机与接收机的整体性能，下面介绍两个重要的系统技术指标。

1. EVM

误差向量幅度（EVM，Error Vector Magnitude）是 3GPP 协议规定的衡量发射信号质量的重要技术指标[3.9]。所谓信号误差向量，是给定时刻理想无误差基准信号与实际发射信号的向量差。

给定参考信号 $s(t)$ 与实际信号 $x(t)$，则 EVM 定义为

$$\mathrm{EVM}=\sqrt{\frac{\int_0^{T_m}|x(t)-s(t)|^2\mathrm{d}t}{\int_0^{T_m}|s(t)|^2\mathrm{d}t}}\times 100\% \tag{3.2.3}$$

式中，T_m 为测量周期。同样，如果给定参考信号的功率谱 $S(f)$ 与实际信号功率谱 $X(f)$，则 EVM 也可以定义为

$$\text{EVM}=\sqrt{\frac{\int_{-B/2}^{B/2}|P_X(f)-S(f)|\,\mathrm{d}t}{\int_{-B/2}^{B/2}S(f)\,\mathrm{d}t}}\times 100\% \tag{3.2.4}$$

式中，B 为信号带宽。

对于发射机而言，I、Q 两路的幅度不平衡、相位失真、非线性失真及本振相位噪声等都会成为影响 EVM 的主要因素。在发射机的链路设计中，需要分析各个功能单元对 EVM 的贡献，从而进行合理分配与优化。3GPP 规范要求调制信号的 EVM 最大不超过 17.5%[3.9]，在实际设计中，一般要求发射机的 EVM 小于 6%。

2. 接收机灵敏度

接收机灵敏度是指接收机在规定差错性能（如 BER<10^{-3}）要求下的最小接收功率（$P_{\min}$）。接收机灵敏度可表示为

$$\begin{aligned}P_{\min}&=10\lg(kT_0B)+\text{NF}-\text{PG}+E_b/N_0\\&=-174\text{dBm/Hz}+10\lg B+\text{NF}-\text{PG}+E_b/N_0\end{aligned}\tag{3.2.5}$$

式中，NF 为接收链路的噪声系数；PG=10lgB/R 为处理增益；B 为信号带宽；R 为通信速率；E_b/N_0 为基带 I、Q 信号的解调信噪比；$k=1.38\times10^{-23}$ J/K 为玻耳兹曼常数；T_0 为热力学温度，取室温 20°，则相应的 $T_0=290$K。

【例 3.1】 3G WCDMA 系统，设定 QPSK 的解调信噪比为 $E_b/N_0=5$dB，通信速率为 $R_b=12.2$kbps，扩频后信号带宽为 $B=3.84$MHz，3GPP 规范要求的基站接收机灵敏度为 −121dBm，则基站噪声系数可以表示为

$$\text{NF}<-121+174-40-5=8\text{dB} \tag{3.2.6}$$

这说明只要链路噪声系数小于 8dB，就可以满足系统要求。现在的 3G 基站产品都可以满足这一指标要求。

3.2.4 FDD 技术优缺点

前面已经详细介绍了 FDD 系统的基本结构与功能单元，下面对 FDD 系统的技术优点与缺点进行总结。

1. FDD 的优点

(1) 支持上下行连续传输

FDD 系统由于上下行链路工作于不同的频段，因此一般可以支持两条链路的同时连续传输。因此，当接收机进行信号检测与信道估计后，可以将信道信息即时反馈到发射机，有助于降低介质接入控制(MAC)层、自动反馈重传(HARQ)及信道质量参数(CQI)反馈的时延。尤其是在信道时变或移动台快速运动时，即时反馈对于发射机非常关键，这样做能够更好地优化功率、用户选择与调度机制，从而增强链路吞吐率。

(2) 对系统干扰更高的隔离度

FDD 系统的上下行链路一般都会引入很大的频率间隔，抑制链路之间的干扰。由于采用了频率隔离，因此，FDD 系统构成的蜂窝移动通信网络中，基站与基站之间、移动台与移动台之间的干扰一般可以忽略。

2. FDD 的缺点

(1) 反馈链路必不可少，增大开销

由于 FDD 系统上下行链路的频率间隔很大，因此上下行信道响应互不相关。这样，为了发

射机获得信道状态信息，必须要进行信道响应的量化与反馈重传。量化误差和反馈时延都会影响发射机的优化与系统整体性能。

(2) 业务分配不够灵活

FDD 系统的上下行频段往往是对称分配的，比较适合于对称话音业务。而在移动数据业务中，典型的情况是上下行业务通信速率非对称。因此，FDD 系统对于数据业务的支持不够灵活。

(3) 频带利用率不高

FDD 系统中，为了支持信道测量和反馈，需要额外的反馈链路与带宽开销，并且上下行链路隔离也需要较大的保护间隔。这些因素都导致了 FDD 系统的频带利用率较低。

(4) 设备成本较高

为了隔离上下行链路，减小干扰，FDD 系统的每条链路都需要配置不同中心频率的独立本振，并且在基站和移动台都需要配置成本较高的双工器与 RF 滤波器。这些技术要求都增加了 FDD 系统的成本。

尽管 FDD 系统有一些技术缺陷，但由于其技术实现比较成熟，还是在现代移动通信系统中得到了普遍应用。

3.3 TDD 原理

3.3.1 技术特点

时分双工方式称为时隙双向、双工，即 TDD(Time Division Duplex)，是 3G 开始正式采用的新型双工方式。TDD 的应用可以追溯到无线个人通信系统 CT-2、CT-3、DECT、PHS 等 2G 系统，3G 标准中我国提出的 TD-SCDMA、欧洲提出的 UTRA TDD，4G 标准的 TD-LTE 系统均采用了 TDD 技术。

TDD 系统的结构如图 3.21 所示，发送与接收依靠天线开关在时间上进行区分。

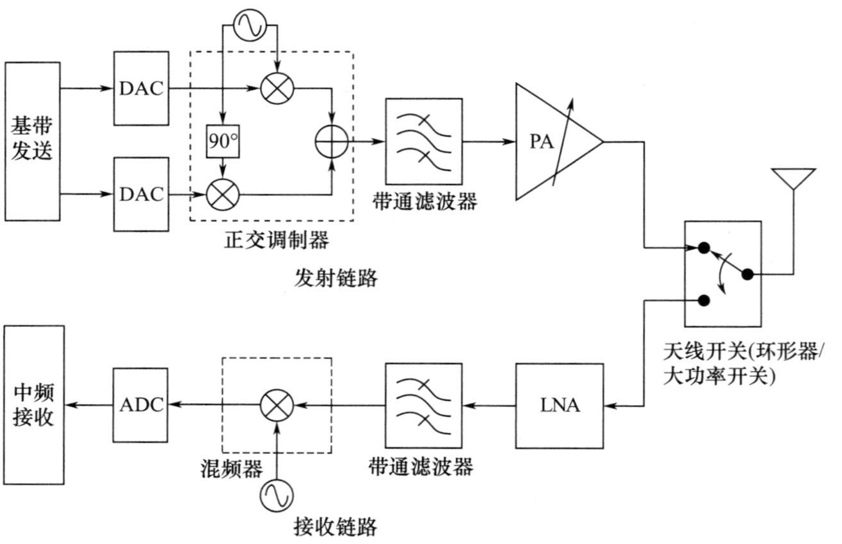

图 3.21　TDD 系统的结构

选择 TDD 的主要因素有两个：一是 TDD 具有更高的频率利用率；二是 TDD 具有信道互易特性。FDD 系统设计需要考虑信号带宽与带宽滤波器成本的折中问题，低成本低阶滤波器必然导致高保护带宽，反之亦然，因此导致频谱效率降低。而 TDD 系统中不需要双工器，而代之以天线开关，发射和接收链路以时分方式工作，上下行信道工作于同一频段，降低了对滤波器设计的要求，从而节省了成本，提高了频谱效率。因此与 FDD 相比，TDD 不需要占用两个对称频段，更能有效利用无线频率资源。

TDD 方式在 2G 中已得到应用，包括 PHS、DECT 等 TDD-TDMA 系统。在 3G 中，TDD 系统得到了进一步的应用。例如，3GPP R99 协议中引入了 UTRA FDD 与 TDD(3.84Mcps)两种模式；而在 R4 协议中，引入了低码片速率(1.28Mcps)的 TDD 模式；在 R7 协议中，又引入了扩展的 TDD 模式，信号带宽 10MHz，码片速率可达 7.68Mcps。在 4G 标准中，TD-LTE 已成为业界的主流技术。

与 FDD 系统相比，TDD 系统具有信道互易、灵活支持非对称业务的特点，下面简要介绍其基本原理。

3.3.2 信道互易

TDD 的一个典型特点是具有信道互易特性，如图 3.22 所示。由于上下行工作在相同频率，因此基站和移动台之间的电磁传播环境类似。各个障碍物对应的多径信道响应的幅度、相位与时延变化在一定的时间间隔中对于上行和下行基本相同，多普勒频率也是类似的。

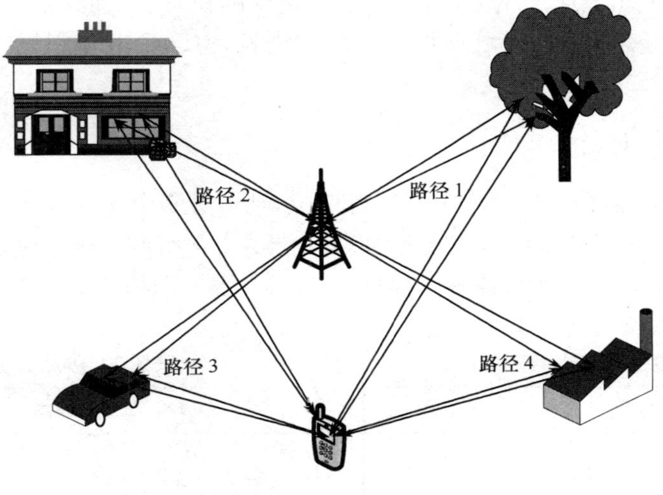

图 3.22 TDD 信道互易示例

通常多径信道响应可以表示为

$$h(t) = \sum_{l=1}^{L} A_l(t) e^{j\varphi_l(t)} \delta(t - \tau_l) \tag{3.3.1}$$

式中，$A_l(t)$是第 l 径的幅度响应；$\varphi_l(t)$是相位响应；τ_l 是多径时延。设下行发送信号为 $x_{DL}(t)$，下行接收信号为 $y_{DL}(t)$。而 τ 时刻以后，转换为上行发送信号为 $x_{UL}(t)$，上行接收信号为 $y_{UL}(t)$，信道互易模型如图 3.23 所示。对应的信道响应 $h(t+\tau)$可以表示为

$$h(t+\tau) = \sum_{l=1}^{L} A_l(t+\tau) e^{j\varphi_l(t+\tau)} \delta(t - \tau_l) \tag{3.3.2}$$

则下行接收信号可以表示为

$$y_{DL}(t) = x_{DL}(t) * h(t) + n(t) = \sum_{l=1}^{L} A_l(t) e^{j\varphi_l(t)} x_{DL}(t - \tau_l) + n(t) \tag{3.3.3}$$

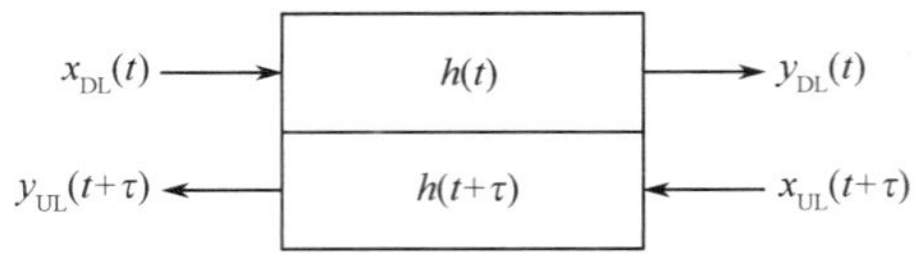

图 3.23　TDD 信道互易模型

上行接收信号可以表示为

$$y_{UL}(t+\tau)=x_{UL}(t+\tau)*h(t+\tau)+n(t)=\sum_{l=1}^{L}A_l(t+\tau)e^{j\varphi_l(t+\tau)}x_{UL}(t-\tau_l)+n(t) \tag{3.3.4}$$

由上述公式可知，上下行接收信号除白噪声 $n(t)$ 外，主要差别在于信道响应。如果上下行相对时延 τ 小于相干时间，则基于信道互易性可以方便地利用上行（下行）接收信号估计/预测下行（上行）信道响应。

信道互易性是 TDD 系统的特性，基于这一特点可以极大地方便信道估计与预测。但需要指出的是，信道互易成立是有条件的：①要求信道是线性系统，只有信道响应是线性时变（时不变）响应，信道互易才能成立；②要求信道估计与预测时间远小于相干时间，如果接近或超过相干时间，则信道估计误差增大或产生错误，通常运动速度越快，多普勒频移越大，从而相干时间越短，导致信道估计误差增大，造成系统性能下降，这也就是 TDD 只适用于中低速移动通信的主要原因。

3.3.3　信道非对称

传统上，无线接入主要针对话音业务进行优化，话音业务具有上下行对称特性，因此采用 FDD 可以满足要求。但随着无线数据业务的不断增长，上下行数据速率呈现出非对称特性。典型情况下，下行数据速率与上行数据速率比值为 4∶1。表 3.1 和表 3.2 给出了 Internet 上数据协议与数据业务的比例分布统计。

表 3.1　数据协议比例分布

数据协议	字节	数据包
TCP	88.78%	89.8%
UDP	1.38%	5.93%
ICMP	0.11%	0.576%
其他(FTP)	9.73%	13.9%

表 3.2　数据业务比例分布

业务类型	链接	字节
Web 接入	91.71%	72.91%
SMTP(E-mail)	4.76%	0.24%
ProxyWeb	0.68%	0.84%
FTP	0.55%	12.73%

由表 3.1 和表 3.2 可知，Internet 上主要数据业务是 Web 接入，这是一种典型的非对称业务，下载数据量大，上传数据量小。尽管 FDD 可以方便地支持对称接入业务，而对于支持非对称业务却不够灵活。而 TDD 由于采用分时方式支持上下行发送，因此能够根据业务属性，动态调整上下行切换点，灵活分配数据速率，从而更方便地支持对称业务和非对称业务，甚至混合类型业务。

3.3.4　同步发送

TDD 系统中，同一小区基站向用户发送的信号保持同步，而由于用户与基站的距离远近不同，因此上行信号是异步关系，存在相对时延。图 3.24 给出了 TDD 上下行时序关系示意图。

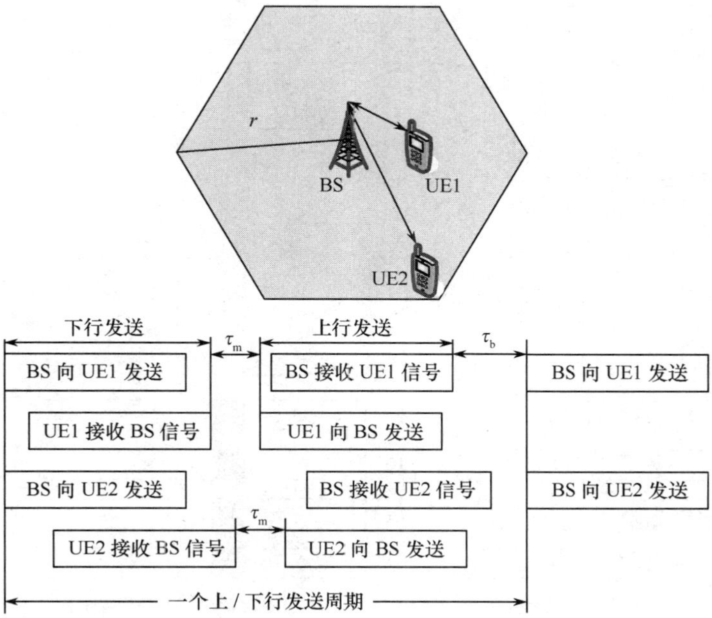

图 3.24　TDD 上下行时序关系示意图

如图 3.24 所示，UE1 距离基站近，UE2 距离基站远，BS 向 UE1 和 UE2 同步发送下行数据，由于传播时延的影响，BS 首先接收到 UE1 的信号，然后才接收到 UE2 的信号。为了防止上行链路与下行链路相互干扰，必须引入保护时间 τ_b。

保护时间包括基站到移动台之间的双向传输时延及上下行切换时间，可以表示为

$$\tau_b = \frac{2r}{c} + t_{switch} \tag{3.3.5}$$

式中，r 为小区半径；c 为光速；t_{switch} 为上下行切换时间。

例如，$t_{switch}=1\mu s$，小区半径 $r=10km$，则保护时间为 $\tau_b \approx 67\mu s$。由此可见，覆盖小区半径越大，则保护时间越长，从而导致信噪比损失，频谱效率降低。因此，TDD 更适用于小区半径较小的密集蜂窝场景。

3.3.5　系统干扰

与 FDD 相比，TDD 有可能引入更多的干扰。如图 3.25 所示，在同频组网条件下，当基站之间异步或基站同步但切换点不一致时，在基站和终端都会受到干扰。通常基站间的干扰更严重，终端间的干扰次之。为了减小邻小区干扰，可以采用异频组网方式，但这样做又降低了频谱效率。而在同频组网条件下，则要求基站间保持严格同步，可以采用 GPS 实现全网同步，或者采用主从时钟方式。同时，为了降低小区间干扰，要求相邻小区切换点一致。但这些方法限制了 TDD 对于非对称业务的灵活支持。更好的方法是采用动态信道分配(DCA)技术，从而既保证对非对称业务的灵活支持，又有效降低小区间干扰。因此，DCA 技术是 TDD 系统的一项基本技术，是区别于 FDD 系统的重要特色。

以上详细分析了 TDD 系统的特色技术，TDD 系统的技术优势可以总结如下。

(1) 系统结构简化，有利于新技术应用

TDD 方式的发、收(上下行)两个方向采用同一频段，利用时隙的不同来隔离两个方向的干

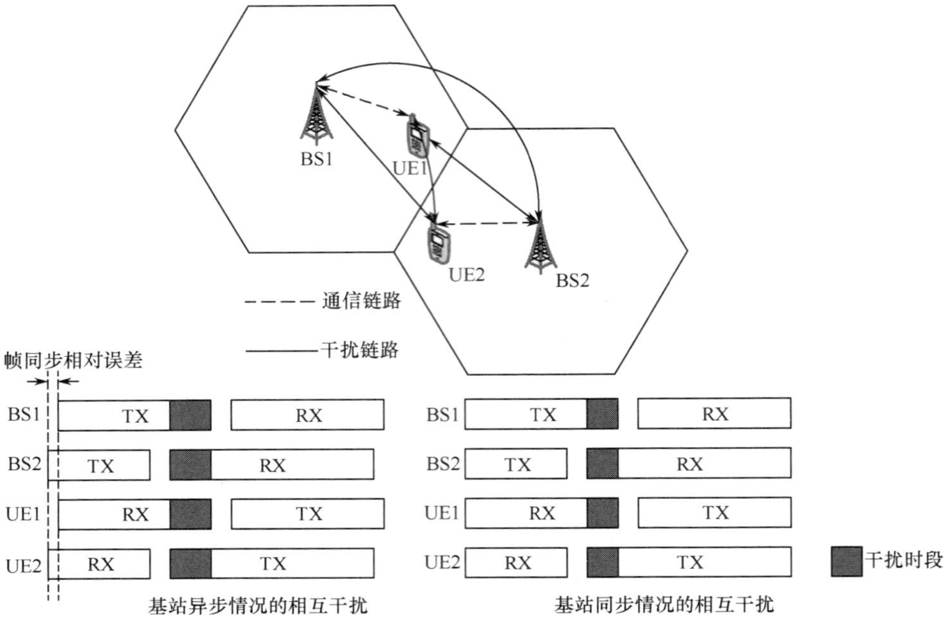

图 3.25　TDD 系统中的干扰

扰。由于 TDD 在实现时不仅比 FDD 少一个射频频率的双工器而简化，而且发、收(上下行)双向采用同一频段，因此信道互易更利于智能天线、功率控制、发分集等新技术的实现。

(2) 灵活支持非对称业务

TDD 方式的最大特色是更灵活地支持非对称业务，如移动因特网等数据业务，并且同时也能够支持对称业务，从而更适合于 3G 的多业务、多速率传输需求。

(3) 频段分配灵活，频谱效率提高

由于 TDD 不需要成对的频率资源，使频段分配与划分更加简单灵活，并且可以采用动态信道分配(DCA)技术，有利于提高频谱效率。

当然，TDD 技术也存在一些主要缺点，列举如下。

(1) 移动速率与覆盖距离受限

由于信道互易约束和避免上下行干扰，TDD 在移动速率与覆盖距离方面不及 FDD。ITU-R 要求 FDD 的移动速率为 500km/h，覆盖达到几十千米，而仅要求 TDD 移动速率为 120km/h 和 10km 的较小覆盖范围。

(2) 脉冲发射，干扰较大

在发射功率方面，由于 TDD-CDMA 是间隙式发射，FDD-CDMA 为全部时隙连续发射，导致 TDD-CDMA 脉冲功率大，对其他用户的干扰也大。

(3) 同步精度高，网络侧处理复杂

由于 CDMA 为自干扰系统，在不同步或同步不良时，TDD-CDMA 可能存在多种(小区内、小区不同制式间)干扰。为了降低干扰，TDD-CDMA 对同步要求比较高，比如，基站间要采用高精度的 GPS 实现定时同步，或采用网络自同步机制等，增加了网络侧处理的复杂度。

3.4　面向 5G 的全双工方式

前面已经介绍了 FDD 与 TDD 的基本原理，本质上，这两种双工方式也属于半双工，或者称为带外全双工(OBFD),因为它们只能在不同时间或不同频段发送或接收信号。随着5G研究的进展,人们对于提高频谱效率、提高链路吞吐率的需求越发迫切。因此,能够使收发信机工作在相同频段的带内全双工(IBFD)技术得到了越来越多的关注。

3.4.1 带内全双工(IBFD)基本原理

全双工技术最早应用于雷达信号处理,可以追溯到20世纪50年代的连续波发射天线与接收天线的隔离。在5G中,全双工技术主要应用于短距离或局域通信场景。这些场景是典型的室内通信场景,首要的目标是提高链路的频谱效率。为了达到这一目标,现有通信技术的潜力已经渐趋饱和,如编码调制、OFDM、MIMO等技术都已经基本趋于信道容量极限。作为一种非常规的信号处理技术,在局部范围全双工技术可以倍增频谱效率,是5G极具潜力的一项关键技术。

1. 带内全双工与传统双工方式的对比

与传统的FDD/TDD双工方式相比,带内全双工具有倍增容量的优势。图3.26给出了两类双工方式的比较示例。

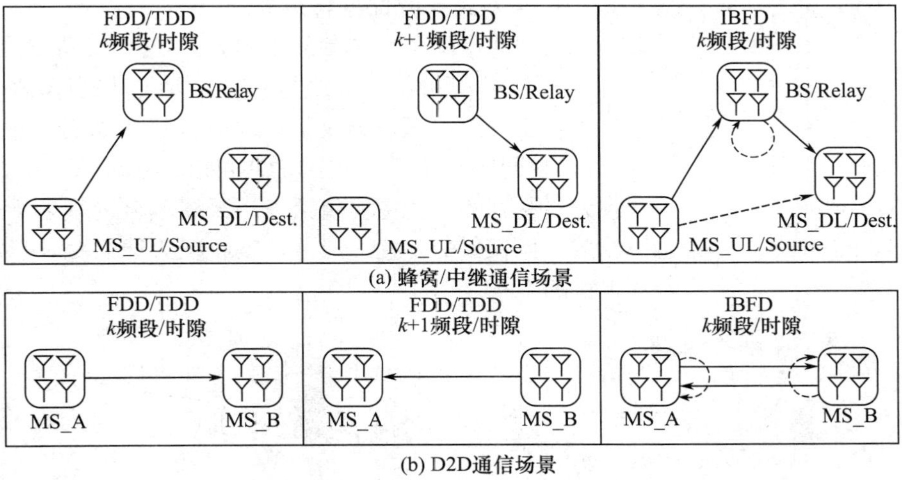

图3.26 带内全双工与传统双工方式的场景对比示例

如图3.26(a)所示,在蜂窝通信场景中,若基站采用FDD或TDD方式,则相应的上下行链路需要占用k与$k+1$两个不同的频段或时隙。同样,在中继通信场景中,中继节点的接收与转发链路也需要占用两个不同的频段或时隙。而作为对比,采用全双工方式的基站或中继,只需要占用一个频段或时隙,就能够实现上下行或接收/转发链路的通信。当然,由于没有频率或时间的隔离,此时会存在基站/中继的发送链路对接收链路的干扰,以及移动台对移动台之间的干扰,如图3.26(a)中虚线所示。

相应地,如图3.26(b)所示,在移动台直通(D2D)场景中,若采用FDD或TDD方式,也需要占用k与$k+1$两个不同的频段或时隙来实现双向通信。而如果采用全双工方式,则只需要一个频段或时隙,链路频谱效率提升一倍。当然,移动台都会经历发送链路对接收链路的泄漏干扰,如图3.26(b)中虚线所示。

2. 自干扰分析

在全双工通信系统中,由于发射机与接收机同时同频工作,发射机信号泄漏到接收链路中将会产生严重的强干扰,这种泄漏干扰也称为自干扰。与微弱的接收信号相比,这类自干扰极其巨大，因此如何抵消系统自干扰，是全双工系统正常运行的前提，也是极具挑战性的工作。

【例 3.2】4G LTE 的家用基站（Home Station）的发射功率为 21dBm，接收机灵敏度为 −100dBm，假设发射链路与接收链路的空间隔离度为 15dB，则发射链路的泄漏干扰为 21−15−(−100)=106dB。

目前主流 ADC 的标称位宽为 14 比特，考虑器件的噪声与谐波失真，其有效位宽为 ENOB=11 比特。这样，ADC 能够容纳的信号动态范围为：6.02ENOB≈66dB。理论上，如果将自干扰完全转化为数字信号，可以在数字域进行理想的干扰抵消，则能够全部消除干扰。但实际的 ADC 需要考虑信号饱和问题（对应 1 比特），并需要留出量化噪声余量（1 比特），这样全部能够抵消的自干扰为 6.02(ENOB−2)≈54dB。

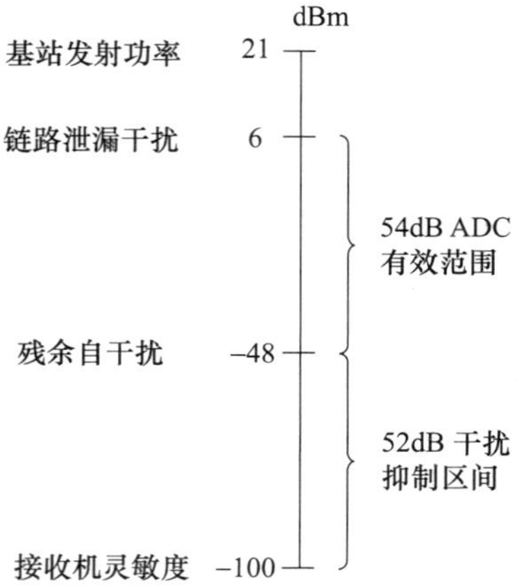

图 3.27　家用基站的自干扰示例

图 3.27 给出了家用基站的自干扰预算示例，显然，即使抵消 54dB 的自干扰后，残留干扰功率仍为 −48dBm，比接收机底噪高 −48−(−100)=52dB。这一示例说明，由于 ADC 有效位宽的限制，单纯依靠数字域干扰抵消不足以完全消除自干扰，需要综合设计整个系统，才能获得较为理想的抵消效果。

3. 全双工系统配置与结构

根据对空间干扰抑制的不同方式，全双工系统的天线配置可分为两种，即分离式天线与共享式天线，如图 3.28 所示。

对于分离式天线配置，发射机与接收机分别连接一副天线，在空间距离上有一定的隔离，如图 3.28(a)所示。此时，接收天线受到的干扰主要包括发送天线耦合的耦合干扰，以及近端散射体反射的干扰。通过调整收发天线间距，可以减小发射天线的干扰。

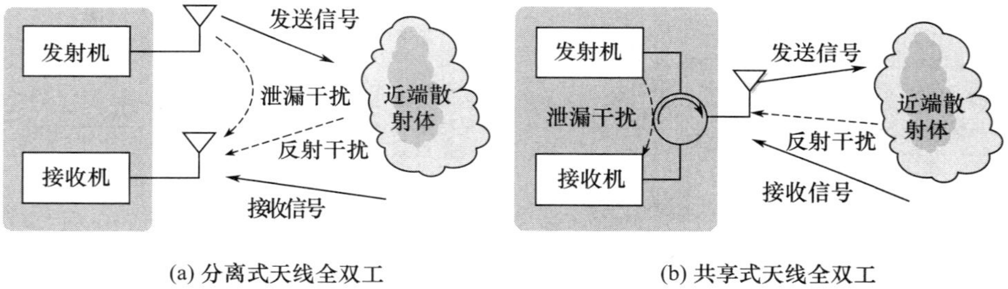

图 3.28　全双工系统的天线配置

而对于共享式天线配置，发射机与接收机通过双工器耦合到同一副天线，因此发射链路对接收链路的干扰无法通过空间隔离，而由于收发同频同时，因此链路干扰极其巨大，同时天线端还会收到近端散射体反射的干扰。

分离式天线配置的全双工设备，由于装备两副天线，因此体积较大，成本较高，但链路干扰的抑制性较好，目前是全双工系统的主流方式。而共享式天线配置的全双工设备，体积较小，成本较低，但链路干扰抑制较差，是未来全双工系统的发展方向。

采用分离式天线配置的带内全双工系统如图 3.29 所示，包含空域、模拟域与数字域三类干扰抑制或干扰消除技术。概念上，带内全双工系统接收到的信号包含 3 部分：有用信号、发射链路对接收链路的直接链路干扰及接收机附近传播环境的反射式干扰。尽管直接链路干扰可以在系统设计阶段进行准确建模，但反射式干扰由于依赖于传播环境的不确定性，因此无法进行精确估计与建模。因此，对于带内全双工系统，需要同时考虑对这两类干扰都进行抵消，才能获得高精度的有用信号。下面详细分析各类干扰抵消的关键技术。

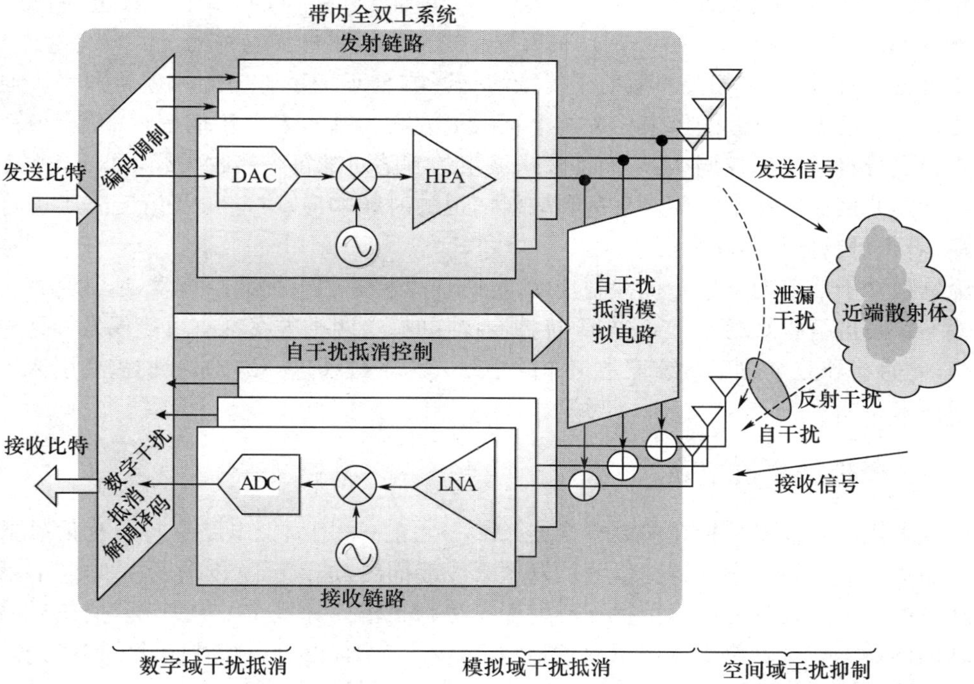

图 3.29　带内全双工系统

3.4.2　空域干扰抑制

所谓空域干扰抑制，主要是利用信号的空间属性进行干扰抑制。一般可以分为两类：①独立于信道的抵消方案；②信道相关的抵消方案。

第一类方案主要针对直接链路干扰进行空间抑制。由于发射链路对接收链路的干扰极其巨大，可以达到 100dB 以上，因此需要采用空间衰减的方法，降低干扰信号功率，以便后续处理。通常可以采用 3 种空间衰减技术：空间隔离、交叉极化和定向天线隔离。

在分离式天线配置的全双工系统中，空间隔离技术最常用。利用电磁波的传播损耗特性，发送天线与接收天线间隔一定距离，就可以降低干扰信号的功率。进一步，还可以在收发天线之间放置电磁波吸收与屏蔽装置，进一步增加干扰信号的衰减。基于传播损耗的空间隔离技术实现非常简单，但其应用受到通信设备的体积限制，如果空间有限，则难以应用。

交叉极化技术提供了收发天线间额外的电磁隔离机制。例如，发射电磁波信号采用水平极化方式，而接收天线只接收垂直极化的电磁波信号。由于收发两端极化方式相互正交，因此可以显著减小天线间的干扰。

另外，采用定向发送与接收天线也可以有效降低收发链路之间的强干扰。通过将发送天线的零陷对准接收天线的主瓣，可以有效减小直接链路干扰。进一步，如果采用多天线阵列，仔细优化天线间距，可以形成高度方向性的天线波束，获得几乎完美的干扰抵消。

对于分离式天线配置的全双工系统，上述 3 种空间衰减技术可以单独使用，也可以组合使用，在实验室环境下，能够获得理想的干扰抵消效果。但这些技术依赖于收发天线的精心设计与布设，并且对于传播环境的散射干扰很敏感。曾经有研究报道指出，在屏蔽外界电磁波和噪声的微波暗室中，收发链路的干扰抵消可以达到 74dB，但在存在丰富散射信号的办公室环境中，干扰抵消只能达到 46dB[3.11]。另一方面，对于共享式天线配置的全双工系统，虽然可以用高精度的双工器保证发射信号几乎不会泄漏到接收链路中，但整个接收链路仍然会受到散射干扰的影响。

由此可见，与传播环境相关的散射干扰抵消是影响全双工系统性能的重要因素。通常发送天线的波束成形技术是有效的信道相关的干扰抵消方案。基于多径传播信道的空时特征，发送端天线阵列进行自适应加权调整，从而使发送波束的零陷对准每个接收天线，可以有效消除散射干扰。但这类波束成形技术需要对直达和散射信道的时频响应、方向角及信道时延进行实时估计与跟踪，需要付出导频与功率开销。

无论是独立于信道的空域干扰抑制技术，还是信道相关的干扰抑制技术，通常都存在系统性的潜在缺陷。当进行收/发天线调整与干扰抑制操作时，这两类方案都有可能偶发性地将有用信号抑制掉，此时会导致全双工系统正常工作的中断。为了减缓这一缺陷，我们需要引入下面两类干扰抑制技术。

3.4.3 模拟域干扰消除

模拟域干扰消除技术是指在模数转换器(ADC)之前，采用模拟电路进行干扰信号抵消的处理技术。如图 3.29 所示，发射链路信号从发送天线端抽出，送入干扰抵消的模拟电路，然后输出信号正好与接收天线收到的泄漏干扰和反射干扰进行抵消。原则上，接收端模拟信号的抵消点可以任意选择，例如，可以位于低噪声放大器(LNA)的前端，也可以位于下变频器的前端，而发送端模拟信号的抽头位置可以放置于发射链路 DAC 之后的任意位置。

但是，为了减小数字域信号的动态变化范围，通常模拟干扰抵消电路的发送抽头与接收抵消位置都应尽量靠近天线端。这样，对于发送端而言，由于抽头位置靠近发送天线，因此模拟电路的馈入信号保留了高功率功放(HPA)的非线性特征及发送载波的相位噪声特征，便于干扰信号重建。而对于接收端，由于抵消位置靠近接收天线，可以更好地抵消接收天线的自干扰信号，缩减后端数字域处理的信号动态范围。

对于窄带信号，可以采用单抽头时延与增益调整电路进行直接链路干扰抵消，进一步可以推广到多天线配置。而对于宽带信号，模拟域抵消往往不能够完全消除干扰，还需要采用数字域干扰消除。尽管如此，在全双工系统中，模拟域干扰消除是非常重要的关键技术。只有经过模拟域干扰消除，才能够有效缩减信号的动态范围，方便数字域进行进一步的干扰抵消。

3.4.4 数字域干扰消除

数字域干扰消除采用复杂的数字信号处理算法，对经过空域、模拟域干扰消除后残余的自干扰信号进行抵消。从原理上来看，必须首先进行空域、模拟域干扰消除，将信号动态范围限制在 ADC 工作范围内，才能够保证数字域干扰消除正常工作。相应地，数字域处理也是自干扰消除的最后一道屏障，前两级残留的自干扰只能依赖数字信号处理，才能得到较为干净彻底的抵消。

单收单发天线配置的全双工系统，数字域处理一般都会应用自适应干扰抵消技术。该技术的应用历史非常悠久，最早可以追溯到维纳(Wiener)时代。自适应干扰抵消数字单元一般有两个输入信号(一个称为主输入信号，由有用信号和干扰信号构成；另一个称为参考信号，由干扰信号构成)，经过自适应滤波，得到输出信号，同时也将输出信号作为误差信号，调整自适应滤波器的抽头权重。

自适应干扰抵消的功能结构如图 3.30 所示。注意所有的输入信号都是复信号。

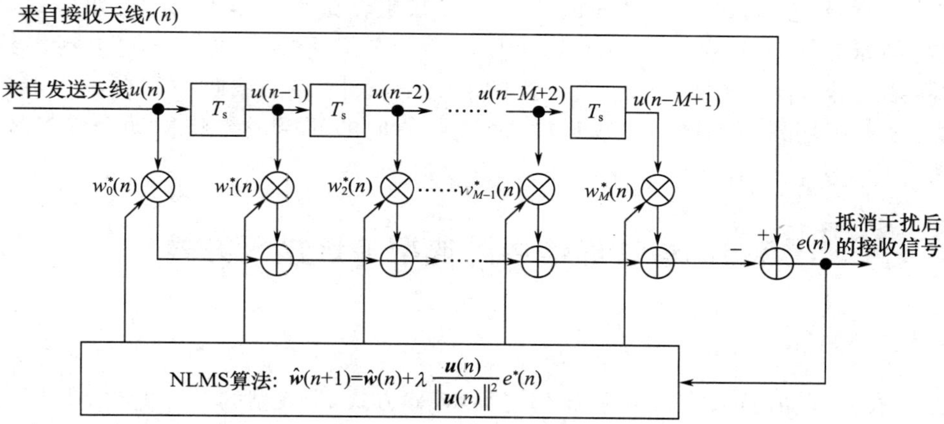

图 3.30　自适应干扰抵消的功能结构

如图 3.30 所示，假设自适应滤波器的抽头数目为 M，来自接收天线的信号为 $r(n)=s(n)+u'(n)$，它由发送信号 $s(n)$ 和干扰信号 $u'(n)$ 构成，其中，干扰信号包括收发链路的泄漏干扰，也包含环境散射干扰。而来自发送天线的信号为 $u(n)$，它与发送信号 $s(n)$ 相互独立，而与干扰信号 $u'(n)$ 存在相关性。

令接收信号向量为 $\boldsymbol{u}(n)=(u(n),u(n-1),\cdots,u(n-M+1))^{\mathrm{T}}$，权重向量为 $\boldsymbol{w}(n)=(w(n),w(n-1),\cdots,w(n-M+1))^{\mathrm{T}}$，则误差信号为 $e(n)=r(n)-\boldsymbol{w}^{\mathrm{H}}(n)\boldsymbol{u}(n)$。通常采用最小均方误差(MMSE)准则，自适应滤波的目的就是最小化代价函数

$$J=E(\|e(n)\|^2)=E(|r(n)|^2)+E(\boldsymbol{w}^{\mathrm{H}}(n)\boldsymbol{u}(n)\boldsymbol{u}^{\mathrm{H}}(n)\boldsymbol{w}(n))-E(\boldsymbol{w}^{\mathrm{H}}(n)\boldsymbol{u}(n)r^*(n))-E(\boldsymbol{u}^{\mathrm{H}}(n)\boldsymbol{w}(n)r(n)) \tag{3.4.1}$$

令 $\boldsymbol{p}=E(\boldsymbol{u}(n)r^*(n))$ 表示参考信号与接收信号的相关向量，$\boldsymbol{R}=E(\boldsymbol{u}(n)\boldsymbol{u}^{\mathrm{H}}(n))$ 表示参考信号的相关矩阵，这是一个二次型代价函数，具有全局最优解，它的梯度为

$$\nabla J=-2\boldsymbol{p}+2\boldsymbol{R}\boldsymbol{w} \tag{3.4.2}$$

令梯度为零，可得最佳权重向量为

$$\boldsymbol{w}_{\mathrm{opt}}=\boldsymbol{R}^{-1}\boldsymbol{p} \tag{3.4.3}$$

但实际系统中，无法确知相关向量和相关矩阵，因此采用瞬时梯度

$$\hat{\nabla}(\|e(n)\|^2)=2e^*(n)\hat{\nabla}(e(n))=-2\boldsymbol{u}(n)e^*(n) \tag{3.4.4}$$

这样可得权重递推公式为

$$\hat{\boldsymbol{w}}(n+1)=\hat{\boldsymbol{w}}(n)+\lambda\frac{\boldsymbol{u}(n)}{\|\boldsymbol{u}(n)\|^2}e^*(n) \tag{3.4.5}$$

式中，λ 为收敛因子。为了保证算法的稳定性，可以采用归一化最小均方算法，即 NLMS 算法。

上述自适应干扰抵消方案可以进一步推广到多天线场景，此时既需要考虑发送天线的波束成形，也需要考虑接收天线的波束成形。如何设计高性能低复杂度的干扰抵消算法，是目前 5G 全双工技术的重要研究方向之一。

3.4.5　技术优势与挑战

全双工技术是 5G 的关键技术之一，通过组合运用空域、模拟域、数字域干扰抵消技术，可以倍增系统容量，有效解决 5G 频谱紧缺的难题。

但全双工技术还远未成熟，目前的研究大多数限于近距离通信场景，如微蜂窝或物联网场景，在宏蜂窝场景中的应用还极具挑战[3.10]。未来重要的研究方向包括高线性度射频/功放器件设计、非线性效应建模与干扰抵消电路设计、多天线收发联合波束成形与干扰抵消算法、全双工场景下的网络协议设计等，这些方向的研究成果将推动全双工技术在5G中的应用。

3.5 移动通信中的典型多址接入方式

3.5.1 FDMA

1G是模拟式移动通信，都采用频分多址(FDMA)方式，最典型的有北美的AMPS和欧洲及我国的TACS体制。下面以TACS为例讨论FDMA方式。

TACS的总可用频段：(与GSM频段相同)上行为890～915MHz，占用25MHz；下行为935～960MHz，占用25MHz。TACS采用频率双向双工FDD方式。收/发频段间距为45MHz，以防止发送的强信号对接收的弱信号的影响。每个话音信道占用25kHz频带，采用窄带调频方式。TACS系统可以支持的信道数N为

$$N=\frac{B_S-2\times B_{保护}}{B_C}=\frac{25\times 10^6-2\times 10\times 10^3}{25\times 10^3}\approx 1000 \tag{3.5.1}$$

式中，B_S为TACS的可用频段带宽；B_C为信道(话音)带宽。

TACS信道频率配置表如表3.3所示，表中信道号递推到023～043，共计21个信道为控制信道，其余全部为话音信道。TACS系统的多址划分如图3.31所示。

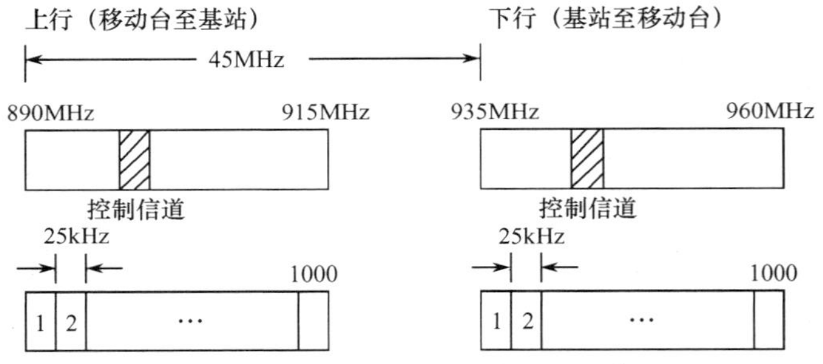

图3.31 TACS系统的多址划分

表3.3 TACS信道频率配置表

信道号	移动台发射频率	基站发射频率
001	890.025MHz	935.025MHz
002	890.050MHz	935.050MHz
003	890.075MHz	935.075MHz
…	…	…

FDMA的主要技术特点为：每个信道传送一路电话，带宽较窄。TACS为25kHz，AMPS为30kHz。只要给移动台分配了信道，移动台与基站之间会连续不断地收发信号。由于发射机与接收机(基站与移动台都一样)同时工作，为了发收隔离，必须采用双工器。公用设备成本高，FDMA采用每载波(信道)单路方式，若一个基站有30个信道，则每个基站需要30套收/发信机设备，不能公用。与TDMA相比，连续传输开销小、效率高，同时无须复杂组帧与同步，无须信道均衡。

3.5.2 TDMA

2G是数字式移动通信，主要采用两类多址方式：一类是欧洲大多数国家采用的时分多址(TDMA)方式，另一类是北美等采用的码分多址(CDMA)方式，我国这两类方式都有。下面先介绍最典型的TDMA方式——GSM体制。

在 GSM 中最多可以 8 个用户共享一个载波,而用户之间则采用不同时隙来传送自己的信号。GSM 一个 TDMA 帧的结构图如图 3.32 所示。

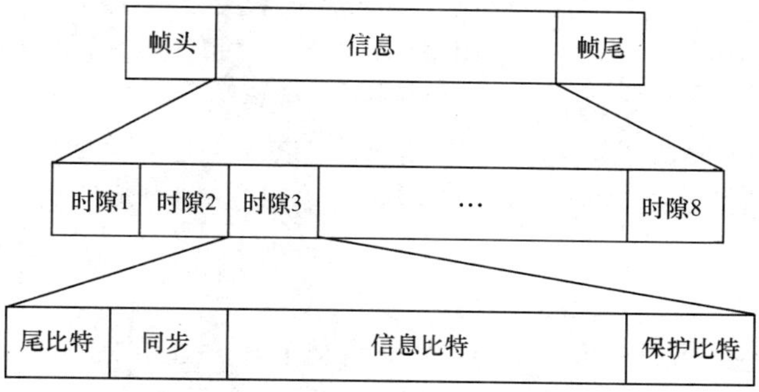

图 3.32　GSM 一个 TDMA 帧的结构

GSM 的时隙结构可划分为 4 种类型:常规突发序列、频率校正突发序列、同步突发序列、接入突发序列。GSM 采用频率双向双工 FDD 方式,与 TACS 相同,不再赘述。上下行频段间隔为 45MHz,每个话音信道占用 200kHz,采用 GMSK 调制。GSM 系统共可提供频点数为:$N_1=25\text{MHz}/200\text{kHz}=125$,而每个频点提供 8 个时隙,因此 GSM 总共可提供的时分信道数为

$$N_2=\frac{25\text{MHz}}{(200\text{kHz})/8}=1000 \tag{3.5.2}$$

TDMA 的主要技术特点:①每个载波 8 个时隙信道,每个信道可提供一个数字话音用户,因此每个载波最多可提供 8 个用户。②突发脉冲序列传输。每个移动台的发射是不连续的,只是在规定的时隙内才发送脉冲序列。③传输开销大,GSM 的 TDMA 帧层次结构如图 3.33 所示,共分为 5 个层次:时隙、TDMA 帧、复帧、超帧、超高帧,每个层次都需占用一些非信息位的开销,这样总的开销就比较大,以致影响整体传输效率。

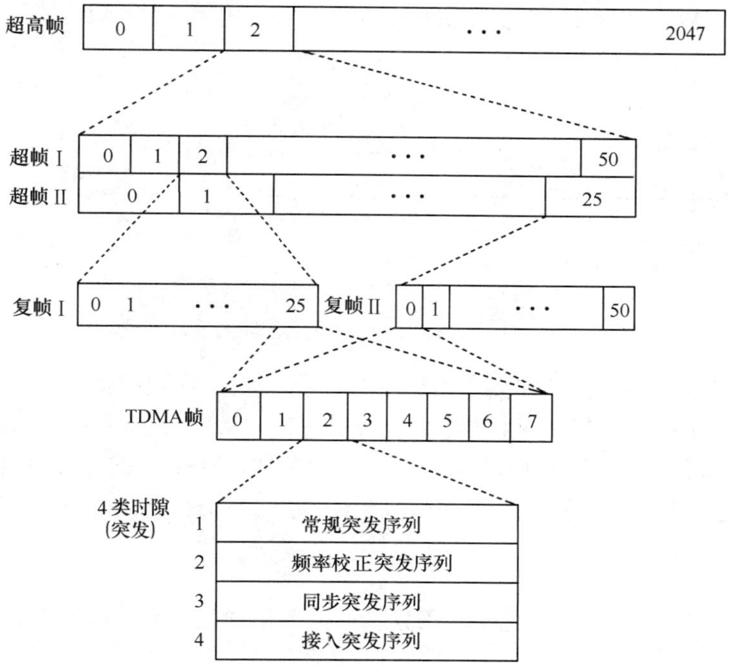

图 3.33　GSM 五层次帧结构

GSM 的每个信道比 TACS 宽 8 倍，传输速率达 270.8kbps，在这个速率上就不能不考虑多径传输时延扩展的影响。因为 GSM 的码元周期为 3.7μs，而繁华城区的多径时延扩展可达 3μs 左右，已完全可以比拟。为了克服多径时延扩展，GSM 采用了自适应均衡技术，增加了设备的复杂性。GSM 中由于每个载波可提供 8 个用户，这 8 个用户由于时分特性可以公用一套收/发设备，因此与 FDMA 比较，用户设备减少了 7/8，降低了成本。

GSM 的时隙结构灵活，不仅可以适应不同数据速率(一般指单个信道速率以低于 8 的整数倍降低)的数据传送，还可以利用时隙的空闲省去双工器(利用时隙间切换)。

3.5.3 CDMA

CDMA 最典型的应用是 IS-95。在 3G 中，5 种体制中最主要的 3 种也是采用 CDMA，它们是 FDD 的 CDMA2000、FDD 的 WCDMA 与 TDD 的 TD-SCDMA。

下面以 IS-95 体制中的码分多址方式来说明。在 IS-95 中，一个基站共有 64 个信道，采用正交的 Walsh 函数来划分信道，在完全同步的情况下，64 个 Walsh 函数是完全正交的。下行信道配置如图 3.34 所示。

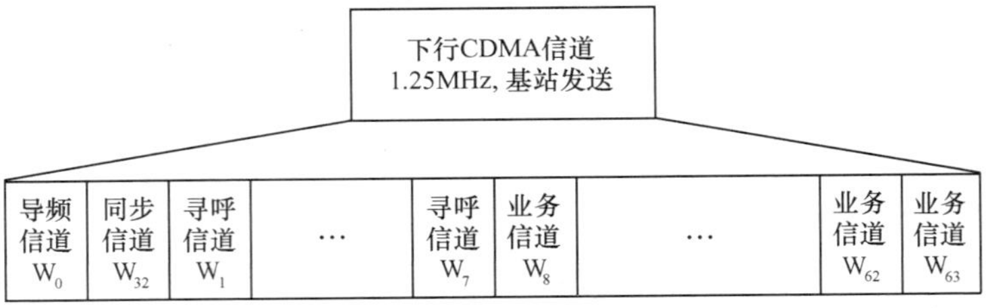

图 3.34 IS-95 下行信道配置

图 3.34 中，W_i① 代表第 i 路 Walsh 函数。64 个信道中，一个导频信道 W_0，一个同步信道 W_{32}，7 个寻呼信道 $W_1 \sim W_7$，其余 55 个为业务信道。上行信道配置如图 3.35 所示。

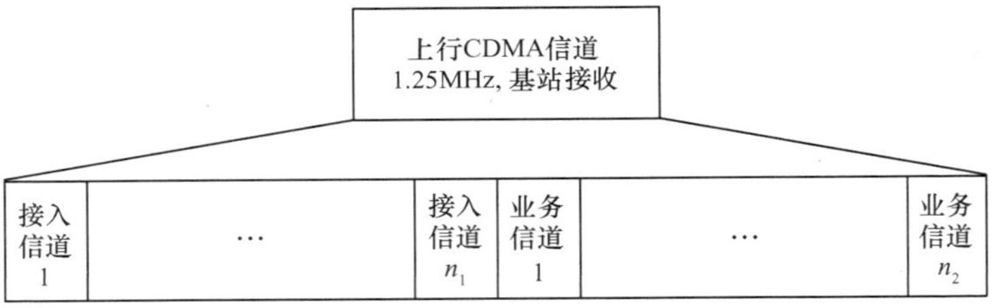

图 3.35 IS-95 上行信道配置

图 3.35 中，$n_1 \leqslant 32$，$n_2 \leqslant 64$，即接入信道最多为 32 个，业务信道最多为 64 个。IS-95 采用频率双向双工 FDD 方式(与 AMPS 相同)。上行为 824～849MHz，占用 25MHz；下行为 869～894MHz，占用 25MHz。上下行频段间隔(FDD 间隔)为 45MHz。IS-95 能提供的最大码分信道数：一个频点可提供 $N_1'=55$ 个业务信道，IS-95 共占用 25MHz，所能提供最多的频点数为 N_2'，$N_2'=\dfrac{25\text{MHz}}{1.25\text{MHz}}=20$。

因此，一个 IS-95 基站最多能提供的码分多址业务用户数(不含导频相位规划)为

① 在 IS-95 中的 Walsh 序号 W_i，并非是真正的 Walsh 序号，而是 Hadamard 序号。

$$N_3 = N_1' \times N_2' = 55 \times 20 = 1100 \tag{3.5.3}$$

IS-95 中 CDMA 的主要技术特点：系统中所有用户共享同一时隙、同一频隙。CDMA 采用扩频通信，其信道占用 1.25MHz，属于宽带通信系统，具有扩频通信的一系列优点，如抗干扰性强、低功率谱密度等。宽带信号有利于采用 Rake 接收机抗频率选择性衰落。

CDMA 是一个干扰受限或者认为是信干比受限系统，其容量不同于 FDMA、TDMA 中的硬容量，它是软容量。CDMA 中的多个地址间的干扰由于选码不理想，将是系统中的最主要干扰，且随用户数增多而增大。

3.5.4 OFDMA

OFDMA 是 4G 的核心技术，典型代表是 LTE、WiMAX 等。学术界与工业界主流观点认为，只有 OFDMA 才能够满足 4G 标准 IMT-Advanced 的技术要求。

OFDMA 系统中，整个信道带宽被划分为多个正交的子载波，每个用户分配不同的子载波组用于承载业务数据。OFDMA 的子载波映射方式通常有 3 种，如图 3.36 所示。其中，分布式映射将子载波划分为多组，每组子载波分别映射为不同用户，因此每个用户的子载波均匀分布在整个信号带宽中；集中映射则将一组连续子载波分配给同一个用户，因此每个用户的信号在整个带宽中集中分布；随机映射按照某种随机规则，在系统可用子载波集合中对用户的子载波进行随机分配，因此用户信号随机分布在整个带宽中。

这 3 种映射方式中，随机映射和分布式映射由于用户信号分布于整个系统带宽，因此能够获得频率分集增益，性能要优于集中映射。但集中映射实现简单，并且通过上层调度，可以弥补分集增益的损失，因此实际的 LTE、WiMAX 系统中，主要采用集中映射方式。

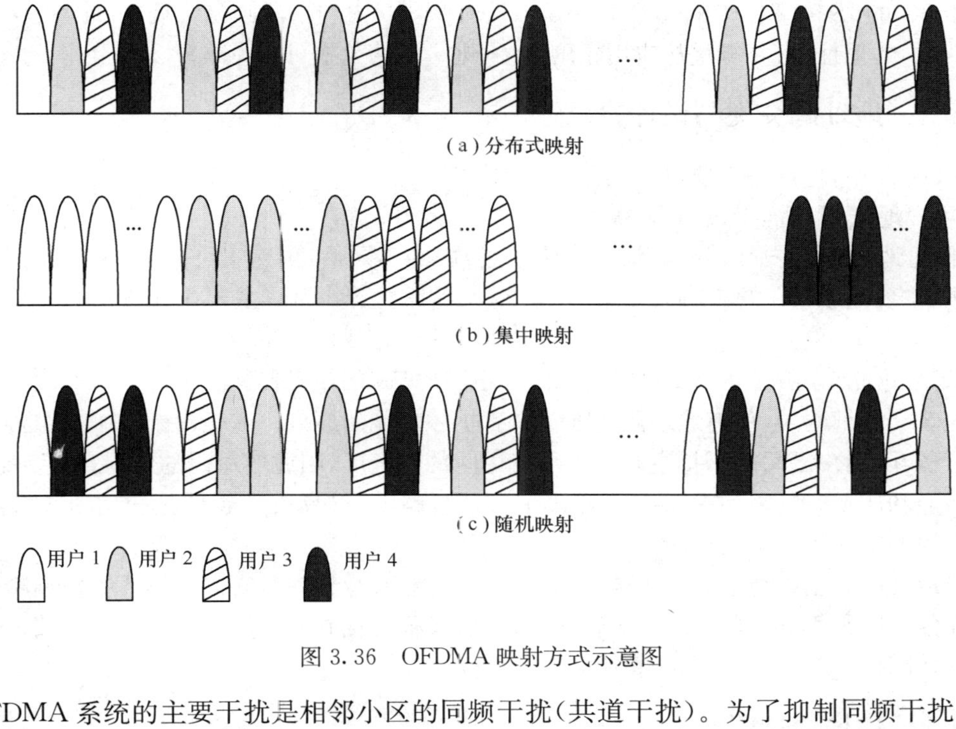

图 3.36　OFDMA 映射方式示意图

OFDMA 系统的主要干扰是相邻小区的同频干扰（共道干扰）。为了抑制同频干扰，小区间干扰协调是 OFDMA 系统的关键技术之一。另外，同步技术、峰平比抑制技术、分组调度及信道估计等，也都是 OFDMA 的核心技术，尤其是 MIMO 技术与 OFDMA 技术的组合，已经成为 4G

的基石。

OFDMA 系统的容量既不同于 CDMA 的软容量，也不同于传统的 FDMA、TDMA 的硬容量，可以称之为动态容量。由于现代信号处理与跨层优化技术的应用，物理层的链路自适应与 MAC 子层的分组调度技术相结合，能够根据信道状态为 OFDMA 用户动态分配无线资源，自适应调整数据速率，从而有效提高了系统容量。

除上述基于物理层的时分、频分、码分与空分多址接入方式外，还有一种基于网络层的网络协议的分组无线电(PR)ALOHA 随机多址接入协议方式。ALOHA 多址接入不同于前面介绍的时分、频分与码分的多址接入方式，它实际上是一种自由竞争式的随机接入方式，是以网络协议的形式来实现的。ALOHA 原本是美国夏威夷地区的俚语，是用于对人到达或离开时致意的问候语。1968 年，夏威夷大学将解决夏威夷群岛之间数据通信的一项研究计划命名为 ALOHA。

ALOHA 属于 ISO 七层协议中的“数据链路层”的“介质访问控制 MAC 子层”协议，用于共享信道的无线网络中。从原理上看，共享信道的动态分配管理协议有两类：受控方式和随机方式。受控方式通常使用轮询和令牌两种方式，而随机方式的特点是自由竞争、冲突重发。也就是说，若两个以上用户同时发送，产生互相干扰使发送不成功，这就是产生了冲突，发生冲突以后，各个用户将随机等待一段时间以后再重新发送。

ALOHA 协议又可分为纯 ALOHA、时隙 ALOHA 和载波侦听多路访问 CSMA 这 3 种方式。

3.6 CDMA 中的地址码

由于 2G 的 IS-95 和 3G 的 WCDMA 与 CDMA2000 中均采用码分多址，因此本节将重点讨论 CDMA 中的地址码，并侧重从应用角度介绍，进一步的分析可参见本章 3.7 节。

3.6.1 地址码分类与设计要求

在 CDMA 中，地址码主要可以划分为 3 类。

① 用户地址码，用于区分不同移动用户。

② 信道地址码，用于区分每个小区(或扇区)内的不同信道，它又可分为：单业务、单速率信道地址码，主要用于 2G 的 IS-95；多业务、多速率的信道地址码，主要用于 3G 的 WCDMA 与 CDMA2000。

③ 基站地址码，在移动蜂窝网中用于区分不同的基站小区(或扇区)。

在这 3 类地址码中，信道地址码是唯一具有扩频功能的序列。这是由于 CDMA 是信噪比受限系统，且实际用户之间的干扰主要取决于信道间的隔离度，因此信道码的选取直接决定用户的数量(容量)和质量。它采用 Walsh 函数码来实现扩频，不仅具有理想的正交信道隔离特性，还由于扩频增益提高了抗干扰性能。

用户地址码和基站地址码的主要目的是为了区别用户与基站，它们均不具备扩频功能，但是能起到在传输中平衡 0/1 数目的扰码作用，故一般又称为扰码。这两类码一般采用数量较多、准正交性的伪随机(PN)序列(如 m 序列或 Gold 序列)来实现。

3.6.2 信道地址码

工程中往往需要寻找一类有限元素的正交函数系，数学上符合条件的有很多函数，如离散傅里叶级数、离散余弦函数、Hadamard 函数、Walsh 函数等。CDMA 的信道地址码选用 Walsh 函数系构成正交信道地址码。

1. IS-95 的地址码

在 IS-95 中选用码长 $n=2^6=64$ 的正交 Walsh 函数系作为信道地址码，即采用 64 种长度为 64 位的等长 Walsh 码作为信道地址码。

Walsh 函数有多种等价的构造方法，而最常用的是采用 Hadamard 编号法，IS-95 所采用的就是这一方法。在 IS-95 标准中给出的“64 阶 Walsh 函数”表实际上是按 Hadamard 函数序列编号列出的表。二进制 0/1 码序列与±1 实数值序列具有下列转换关系：0→1，1→−1。若将IS-95 中的 Hadamard 函数转换成相应的 Walsh 函数，两者间的排序对应表见表 3.4。

表 3.4　IS-95 中排序的 Walsh 函数与对应的 Hadamard 函数排序

W_{0}	H_{0}	0000000000000000	0000000000000000	0000000000000000	0000000000000000
W_{63}	H_{1}	0101010101010101	0101010101010101	0101010101010101	0101010101010101
W_{31}	H_{2}	0011001100110011	0011001100110011	0011001100110011	0011001100110011
W_{32}	H_{3}	0110011001100110	0110011001100110	0110011001100110	0110011001100110
W_{15}	H_{4}	0000111100001111	0000111100001111	0000111100001111	0000111100001111
W_{48}	H_{5}	0101101001011010	0101101001011010	0101101001011010	0101101001011010
W_{16}	H_{6}	0011110000111100	0011110000111100	0011110000111100	0011110000111100
W_{47}	H_{7}	0110100101101001	0110100101101001	0110100101101001	0110100101101001
W_{7}	H_{8}	0000000011111111	0000000011111111	0000000011111111	0000000011111111
W_{56}	H_{9}	0101010110101010	0101010110101010	0101010110101010	0101010110101010
W_{24}	H_{10}	0011001111001100	0011001111001100	0011001111001100	0011001111001100
W_{39}	H_{11}	0110011010011001	0110011010011001	0110011010011001	0110011010011001
W_{8}	H_{12}	0000111111110000	0000111111110000	0000111111110000	0000111111110000
W_{55}	H_{13}	0101101010100101	0101101010100101	0101101010100101	0101101010100101
W_{23}	H_{14}	0011110011000011	0011110011000011	0011110011000011	0011110011000011
W_{40}	H_{15}	0110100110010110	0110100110010110	0110100110010110	0110100110010110
W_{3}	H_{16}	0000000000000000	1111111111111111	0000000000000000	1111111111111111
W_{60}	H_{17}	0101010101010101	1010101010101010	0101010101010101	1010101010101010
W_{28}	H_{18}	0011001100110011	1100110011001100	0011001100110011	1100110011001100
W_{35}	H_{19}	0110011001100110	1001100110011001	0110011001100110	1001100110011001
W_{12}	H_{20}	0000111100001111	1111000011110000	0000111100001111	1111000011110000
W_{51}	H_{21}	0101101001011010	1010010110100101	0101101001011010	1010010110100101
W_{19}	H_{22}	0011110000111100	1100001111000011	0011110000111100	1100001111000011
W_{44}	H_{23}	0110100101101001	1001011010010110	0110100101101001	1001011010010110
W_{4}	H_{24}	0000000011111111	1111111100000000	0000000011111111	1111111100000000
W_{59}	H_{25}	0101010110101010	1010101001010101	0101010110101010	1010101001010101
W_{27}	H_{26}	0011001111001100	1100110000110011	0011001111001100	1100110000110011
W_{36}	H_{27}	0110011010011001	1001100101100110	0110011010011001	1001100101100110
W_{11}	H_{28}	0000111111110000	1111000000001111	0000111111110000	1111000000001111
W_{52}	H_{29}	0101101010100101	1010010101011010	0101101010100101	1010010101011010

续表

W_{20}	H_{30}	0011110011000011	1100001100111100	0011110011000011	1100001100111100
W_{43}	H_{31}	0110100110010110	1001011001101001	0110100110010110	1001011001101001
W_{1}	H_{32}	0000000000000000	0000000000000000	1111111111111111	1111111111111111
W_{62}	H_{33}	0101010101010101	0101010101010101	1010101010101010	1010101010101010
W_{30}	H_{34}	0011001100110011	0011001100110011	1100110011001100	1100110011001100
W_{33}	H_{35}	0110011001100110	0110011001100110	1001100110011001	1001100110011001
W_{14}	H_{36}	0000111100001111	0000111100001111	1111000011110000	1111000011110000
W_{49}	H_{37}	0101101001011010	0101101001011010	1010010110100101	1010010110100101
W_{17}	H_{38}	0011110000111100	0011110000111100	1100001111000011	1100001111000011
W_{46}	H_{39}	0110100101101001	0110100101101001	1001011010010110	1001011010010110
W_{6}	H_{40}	0000000011111111	0000000011111111	1111111100000000	1111111100000000
W_{57}	H_{41}	0101010110101010	0101010110101010	1010101001010101	1010101001010101
W_{25}	H_{42}	0011001111001100	0011001111001100	1100110000110011	1100110000110011
W_{38}	H_{43}	0110011010011001	0110011010011001	1001100101100110	1001100101100110
W_{9}	H_{44}	0000111111110000	0000111111110000	1111000000001111	1111000000001111
W_{54}	H_{45}	0101101010100101	0101101010100101	1010010101011010	1010010101011010
W_{22}	H_{46}	0011110011000011	0011110011000011	1100001100111100	1100001100111100
W_{41}	H_{47}	0110100110010110	0110100110010110	1001011001101001	1001011001101001
W_{2}	H_{48}	0000000000000000	1111111111111111	1111111111111111	0000000000000000
W_{61}	H_{49}	0101010101010101	1010101010101010	1010101010101010	0101010101010101
W_{29}	H_{50}	0011001100110011	1100110011001100	1100110011001100	0011001100110011
W_{34}	H_{51}	0110011001100110	1001100110011001	1001100110011001	0110011001100110
W_{13}	H_{52}	0000111100001111	1111000011110000	1111000011110000	0000111100001111
W_{50}	H_{53}	0101101001011010	1010010110100101	1010010110100101	0101101001011010
W_{18}	H_{54}	0011110000111100	1100001111000011	1100001111000011	0011110000111100
W_{45}	H_{55}	0110100101101001	1001011010010110	1001011010010110	0110100101101001
W_{5}	H_{56}	0000000011111111	1111111100000000	1111111100000000	0000000011111111
W_{58}	H_{57}	0101010110101010	1010101001010101	1010101001010101	0101010110101010
W_{26}	H_{58}	0011001111001100	1100110000110011	1100110000110011	0011001111001100
W_{37}	H_{59}	0110011010011001	1001100101100110	1001100101100110	0110011010011001
W_{10}	H_{60}	0000111111110000	1111000000001111	1111000000001111	0000111111110000
W_{53}	H_{61}	0101101010100101	1010010101011010	1010010101011010	0101101010100101
W_{21}	H_{62}	0011110011000011	1100001100111100	1100001100111100	0011110011000011
W_{12}	H_{63}	0110100110010110	1001011001101001	1001011001101001	0110100110010110

2. WCDMA 的地址码

WCDMA 为了支持多速率业务，只有通过可变扩频比才能达到同一要求的信道速率。在同一小区中，多个移动用户可以在相同频段同时发送不同的多媒体业务（速率不一样），为了防止多用户业务信道之间的干扰，必须设计一类适合于多速率业务和不同扩频比的正交信道地址码，即OVSF 码。

显然，OVSF 码是一组长短不一样的码，低速率的扩频比大，码组长，而高速率的扩频比小，码组短。在 WCDMA 中，最短的码组为 4 位，最长的码组为 256 位。但不管码组长短是否一致，各长、短码组间仍然要保持正交性，以免不同速率业务信道之间产生相互干扰。

OVSF 码构造具有哈夫曼(Huffman)码类似的树形结构与生成规律，其树形图如图 3.37 所示。

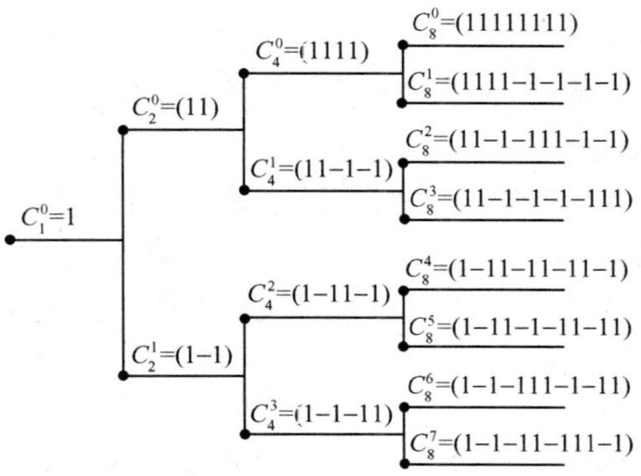

图 3.37　OVSF 码的树形图

在树形图中，当选定某一组码为扩频码后，则以其为根点的码就不能再被选作为扩频码。这一点与 Huffman 码的非延长特性是完全一样的。

OVSF 码的编码规则如下：树形图中的根节点是按 2^r 规律增长的，其中 $r=0,1,2,\cdots$，即按 $2^0=1,2^1=2,2^2=4\cdots$增长。上述树形图为二叉树，即从每个根节点一分为二，下一节点编码规律根据如下方式确定。规定起始的第一个根节点为

$$2^0=1\text{，即码长为 1 位，且规定 } C_1^0=1 \tag{3.6.1}$$

第二个根节点为 $2^1=2$，码长为 2 位，其构造规律为

$$\begin{bmatrix} C_2^0 \\ C_2^1 \end{bmatrix} = \begin{bmatrix} C_1^0 & C_1^0 \\ C_1^0 & \overline{C_1^0} \end{bmatrix} = \begin{pmatrix} 1 & 1 \\ 1 & -1 \end{pmatrix} \tag{3.6.2}$$

第三个根节点为 $2^2=4$，码长为 4 位，其构造规律为

$$\begin{bmatrix} C_4^0 \\ C_4^1 \\ C_4^2 \\ C_4^3 \end{bmatrix} = \begin{bmatrix} C_2^0 & C_2^0 \\ C_2^0 & \overline{C_2^0} \\ C_2^1 & C_2^1 \\ C_2^1 & \overline{C_2^1} \end{bmatrix} = \begin{pmatrix} 1 & 1 & 1 & 1 \\ 1 & 1 & -1 & -1 \\ 1 & -1 & 1 & -1 \\ 1 & -1 & -1 & 1 \end{pmatrix} \tag{3.6.3}$$

第四个根节点为 $2^3=8$，码长为 8 位，其构造规律为

$$\begin{bmatrix} C_8^0 \\ C_8^1 \\ C_8^2 \\ C_8^3 \\ C_8^4 \\ C_8^5 \\ C_8^6 \\ C_8^7 \end{bmatrix} = \begin{bmatrix} C_4^0 & C_4^0 \\ C_4^0 & \overline{C_4^0} \\ C_4^1 & C_4^1 \\ C_4^1 & \overline{C_4^1} \\ C_4^2 & C_4^2 \\ C_4^2 & \overline{C_4^2} \\ C_4^3 & C_4^3 \\ C_4^3 & \overline{C_4^3} \end{bmatrix} = \begin{pmatrix} 1 & 1 & 1 & 1 & 1 & 1 & 1 & 1 \\ 1 & 1 & 1 & 1 & -1 & -1 & -1 & -1 \\ 1 & 1 & -1 & -1 & 1 & 1 & -1 & -1 \\ 1 & 1 & -1 & -1 & -1 & -1 & 1 & 1 \\ 1 & -1 & 1 & -1 & 1 & -1 & 1 & -1 \\ 1 & -1 & 1 & -1 & -1 & 1 & -1 & 1 \\ 1 & -1 & -1 & 1 & 1 & -1 & -1 & 1 \\ 1 & -1 & -1 & 1 & -1 & 1 & 1 & -1 \end{pmatrix} \tag{3.6.4}$$

其余依次类推，可以验证按上述规则编码的 OVSF 码可以保证实现不同长、短码组（不同扩频比）之间的正交性。由图可知，若选中 C_2^0 为短扩频码，则以 C_2^0 为根节点的所有较长的扩频码 C_4^0、C_4^1 及 $C_8^0 \sim C_8^3$ 均不能再选作为扩频码；进一步再选 C_4^3 为扩频码，则其后的分支 C_8^6、C_8^7 亦不能再用；最后若选 C_8^5 为长扩频码，则 C_8^5 以后分支也不能再用。且可以验证 C_2^0、C_4^3 与 C_8^5 之间是满足两两正交特性的。

3.6.3 用户地址码

1. 用户地址码选取原则

用户地址码主要用于上行信道，由移动台产生，便于区分不同的用户，下行信道中由基站产生的扰码主要用于数据加扰。

在 CDMA 中为了容纳足够多的用户，地址码数量是主要矛盾，但是现有扩频 PN 序列无论是 m 序列还是 Gold 序列，都不能直接满足其数量上的要求。

为了保证足够的地址码数量，目前在 CDMA 中采用的方法是利用局部相关特性代替伪码的周期性自相关、互相关特性。即利用一个超长的 m 序列或超长的 Gold 序列，选取有限的一段序列作为区分大量用户的地址码。

采用局部相关特性代替伪码的周期性自相关、互相关特性的方法，使用户地址码数量大大增加，完全可以满足用户对数量上的要求。但是在接收信号质量上，著名的 Welch 界从理论上指出：部分相关函数值下限是周期相关函数值下限的 $1/\sqrt{2}$。也就是说，采用牺牲质量换取足够的数量，这在工程上是可行的。

2. IS-95 中用户地址码设计

IS-95 是全球第一个民用 CDMA 系统，其用户地址码设计是 CDMA 中最典型的方式。在 IS-95 中，采用一个超长的 m 序列伪码，它由 42 节移位寄存器产生，然后每个用户按照一定规律选取其中局部的有限位作为用户地址。

在伪码序列中，利用码的生成多项式 $f(x)$ 产生 m 序列的基本方法有两种：一是简单型移位寄存器（SSRG），又称 Fabonacci 型移位寄存器；另一种是模块（组件）型移位寄存器（MSRG），又称为 Galois 型移位寄存器。这两种结构是等效的，它们能得到相同的序列，所不同的只是相对相移。

SSRG 的编码器结构如图 3.38 所示。

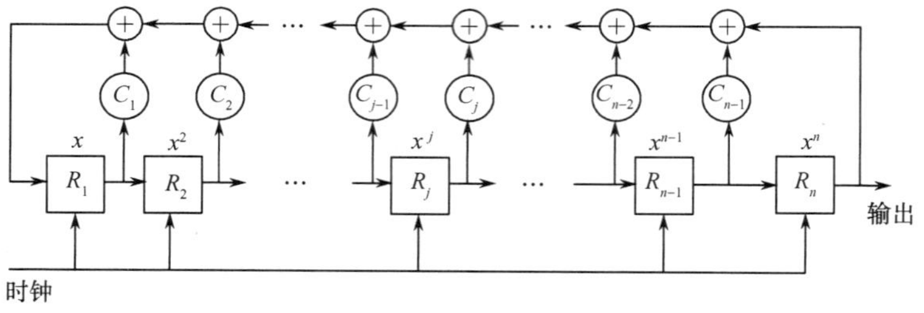

图 3.38　SSRG 的编码器结构

MSRG 的编码器结构如图 3.39 所示。

若 $f(x)$ 由 SSRG 直接产生所需的 PN 序列，而由 MSRG 产生时所对应的生成多项式应为 $f^*(x)=x^n f(x^{-1})$，称多项式 $f^*(x)$ 为 $f(x)$ 的对偶（逆）多项式。

对于 SSRG，特定输出起始相位给定的 PN 序列与并行模 2 加的相移模块之间的规律是不

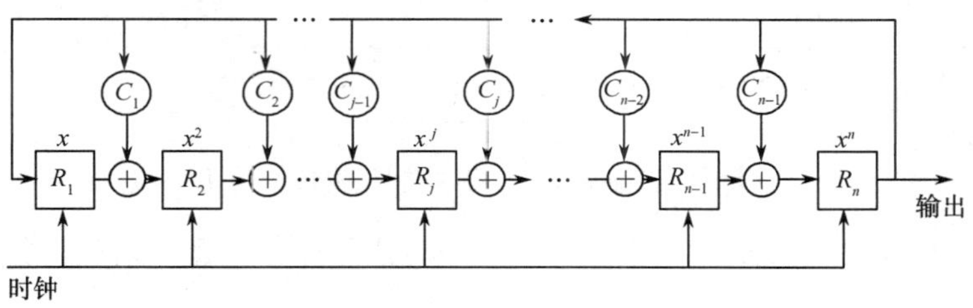

图 3.39　MSRG 的编码器结构

确定的随机规律；对于 MSRG，特定输出起始相位给定的 PN 序列与并行模 2 加的相移模块之间的规律是确定的，即可通过不同的相移模块产生所要求的特定输出 PN 序列。这一特性在 CDMA 多址技术产生中得到了充分应用。

IS-95 中采用 MSRG 产生 PN 序列的原因是，由于 MSRG 易于实现利用辅助相移控制器模板对所需输出序列的相位的控制，而 SSRG 很难实现这类控制。可见，IS-95 中用户地址码是由一个伪码产生器和一个具有地址特征的相移控制器模板的移位寄存器逐位模 2 加以后产生的。

在 IS-95 中，所有用户的伪码产生器的结构完全一样，都由 42 节移位寄存器构成，其生成多项式为(用 SSRG 实现)

$$f(x)=1+x^7+x^9+x^{11}+x^{15}+x^{16}+x^{17}+x^{20}+x^{21}+x^{23}+x^{24}+x^{25}+x^{26}+x^{32}+x^{35}+x^{36}+x^{37}+x^{39}+x^{40}+x^{41}+x^{42} \tag{3.6.5}$$

它的逆多项式为(用 MSRG 实现)

$$f^*(x)=x^{42}f(x^{-1})=1+x+x^2+x^3+x^5+x^6+x^7+x^{10}+x^{16}+x^{17}+x^{18}+x^{19}+x^{21}+x^{22}+x^{25}+x^{26}+x^{27}+x^{31}+x^{33}+x^{35}+x^{42} \tag{3.6.6}$$

$m=2^{42}-1$ 伪码产生器结构如图 3.40 所示。

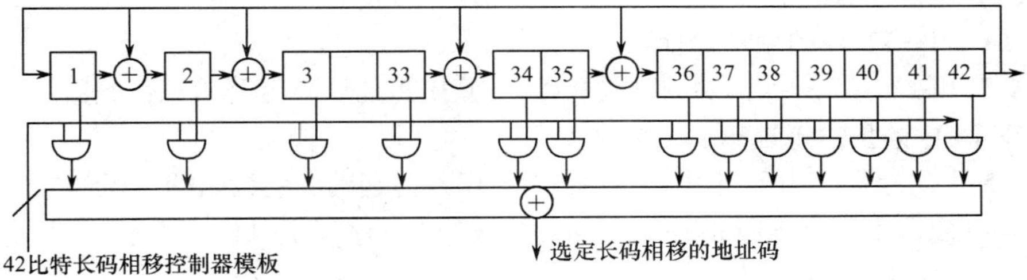

图 3.40　$m=2^{42}-1$ 伪码产生器结构

IS-95 中系统时间是通过 GPS 保持一致的，其长码周期长达 41 天($2^{42}-1=4.4\times10^{12}$ chip)，长码起始参数相位和系统时钟的一个特殊参数时间点保持同步，即

$$\cdots\overbrace{000\cdots000}^{41\text{个}0}\ \ 1\cdots(\text{MSRG 输出序列})$$

↑ 参数相位的起始点

对于具有地址特征的相移控制器模板，在 IS-95 中规定了下列 3 种形式。

① 业务信道公共长码相移控制器模板，其结构如图 3.41 所示。

业务信道相移控制器模板由两部分组成：一是确定形式的同步头 1100011000；二是具有不同用户地址特征的置换后的用户电子序列号 ESN，这一部分每个用户都不一样。

每个用户的 ESN 由 32 位组成，即置换前 ESN=($E_{31}E_{30}E_{29}\cdots E_2E_1E_0$)，置换后变成 ESN′=

41 位　32	31　0 位
1100011000	置换后的用户电子序列号 ES

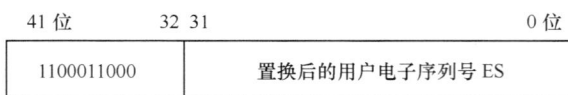

图 3.41　业务信道相移控制器模板结构图

$(E_0E_{31}E_{22}E_{13}E_4\cdots E_{18}E_9)$。置换目的主要在于将原有规则序号打乱，以防止原 ESN 间存在大的相关性。

② 接入信道长码相移控制器模板，其结构如图 3.42 所示。

41位　33	32　28	27　25	24　9	8　0位
110001111	ACN	PCN	BASE-ID	Pilot-PN

图 3.42　接入信道相移控制器模板结构图

接入信道相移控制器模板由 5 部分组成，共计 42 位：同步头 9 位，110001111；接入信道号 ACN，5 位；移动台目前所属寻呼信道号 PCN，3 位；目前的基站识别码 BASE-ID，16 位；下行 CDMA 信道的导频偏移 Pilot-PN，9 位。

③ 寻呼信道相移控制器模板，其结构如图 3.43 所示。

41 位　24	23　21	20　9	8　0 位
110001100110100000	PCN	000000000000	Pilot-PN

图 3.43　寻呼信道相移控制器模板结构图

寻呼信道相移控制器模板由固定 18 位同步头 110001100110100000、3 位寻呼信道号 PCN、12 位固定 0 序列及 9 位下行 CDMA 信道的导频偏移 Pilot-PN 共同组成。

3. CDMA 2000-1X 中的用户地址码

CDMA 2000-1X 是 IS-95 体制的延续和发展，其用户地址码与 IS-95 完全相同。

4. WCDMA 中的用户地址码

WCDMA 中的地址码为了绕过 IS-95 中以 m 序列为基础产生扰码的知识产权争论，采用了 Gold 码。Gold 码是由两个本原 m 序列相加而构成的 PN 序列，它与 m 序列一样具有产生简单、自相关性能优良且数量较多的优点。

WCDMA 中用户地址码分为两类：长码和短码。

① 长码，是由一个 25 阶移位寄存器产生的 Gold 码，然后截短为一个帧长 10ms、共计 38400 个码片，它主要用于 3G 中当基站使用 Rake 接收时采用。

② 短码，则是从扩展的 S(2)码族中选取，其长度仅为 256 个码片，它主要用于 3G 中当接收端选用多用户检测器时采用(暂不讨论)。

25 阶 Gold 码产生器结构如图 3.44 所示。

WCDMA 中的用户地址扰码 C 是一个复值扰码，由两个实值码 C_1 和 C_2(按抽取因子 2)产生，即

$$C=C_1[W_0+\mathrm{j}C_2(2k)W_1] \qquad (3.6.7)$$

式中，$k=0,1,2,\cdots,W_0=\{1,1\},W_1=\{1,-1\}$。

采用这种方法产生的扰码会减少星座图中的零交叉，并会进一步减少调制过程的幅度变

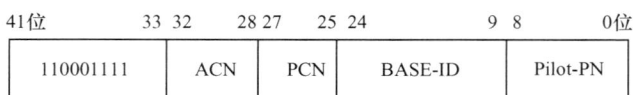

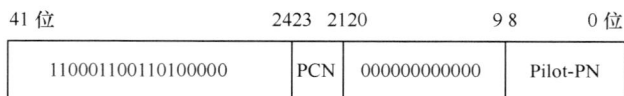

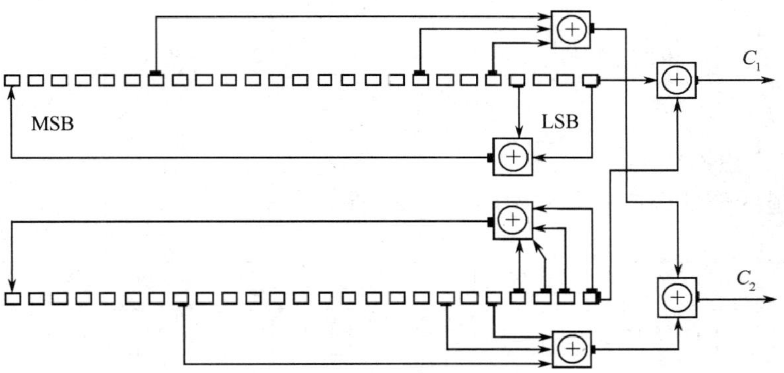

图 3.44　25 阶 Gold 码发生器结构

化。实值码 C_1 和 C_2 均为 Gold 码，其中，C_1 由下列两个 m 序列生成逆多项式 $f_1^*(x)$、$f_2^*(x)$ 产生。

$$f_1(x)=1+x^3+x^{25} \tag{3.6.8}$$

其逆多项式为

$$f_1^*(x)=x^{25}f_1(x^{-1})=x^{25}(1+x^3+x^{25})=1+x^{22}+x^{25} \tag{3.6.9}$$

$$f_2(x)=1+x+x^2+x^3+x^{25} \tag{3.6.10}$$

其逆多项式为

$$f_2^*(x)=x^{25}f_2(x^{-1})=x^{25}(1+x+x^2+x^3+x^{25})=1+x^{22}+x^{23}+x^{24}+x^{25} \tag{3.6.11}$$

C_2 是由 C_1 码移位 16777232 个码片以后产生的。C_1 与 C_2 Gold 码生成结构如图 3.44 所示。在 WCDMA 中，一共可以提供 $2^{24}-1=16777215$ 种用户地址扰码。

用户地址扰码的两个 m 序列的初始状态决定用户的地址特征，这一点与 IS-95 利用辅助相移控制器模板决定用户地址完全不同，它由下述方式产生：

Gold 码 C_1 的扰码序号 n（十进制数）对应的二进制数表示为 $n_0n_1\cdots n_{23}$，并设第一个 m 序列为 x 序列，第二个 m 序列为 y 序列，由于 x 序列与 n 密切相关，故记为 x_n，而 y 序列与 n 无关。

两个序列的起始状态分别为

$$x_n(0)=n_0, x_n(1)=n_1, x_n(2)=n_2, \cdots, x_n(23)=n_{23}, x_n(24)=1 \tag{3.6.12}$$

$$y(0)=y(1)=y(2)=\cdots=y(24)=1 \tag{3.6.13}$$

3.6.4　基站地址码

1. 基站地址码选址原则

为了尽可能减少基站间的多用户干扰，基站地址码应满足正交性能，同时满足序列数量足够多。基站地址码主要用于上、下行信道，以区分不同的基站。在 IS-95 中采用两个较短的 PN 序列，码长 $m=2^{15}-1$，分别对下行同相(I)与正交(Q)调制分量进行扩频。

2. IS-95 中基站地址码的产生

在 IS-95 中，同相(I)信道使用的短 PN 序列生成多项式 $f_I(x)$ 与逆多项式 $f_I^*(x)$ 为

$$f_I(x)=1+x^2+x^6+x^7+x^8+x^{10}+x^{15} \tag{3.6.14}$$

$$f_I^*(x)=x^{15}f_I(x^{-1})=1+x^5+x^7+x^8+x^9+x^{13}+x^{15} \tag{3.6.15}$$

在 IS-95 中，正交(Q)信道使用的短 PN 序列生成多项式 $f_Q(x)$与逆多项式 $f_Q^*(x)$为

$$f_Q(x)=1+x^3+x^4+x^5+x^9+x^{10}+x^{11}+x^{12}+x^{15} \tag{3.6.16}$$

$$f_Q^*(x)=x^{15}f_Q(x^{-1})=1+x^3+x^4+x^5+x^6+x^{10}+x^{11}+x^{12}+x^{15} \tag{3.6.17}$$

基站地址码产生器如下：

同相(I)信道的地址码产生器结构如图 3.45 所示。

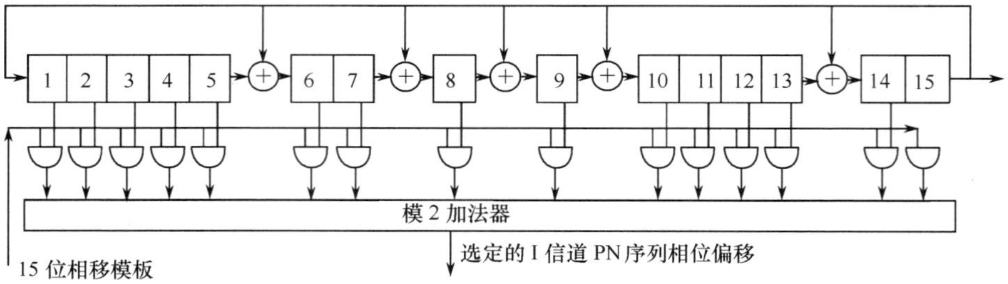

图 3.45 同相(I)信道的地址码产生器结构

正交(Q)信道的地址码产生器结构如图 3.46 所示。

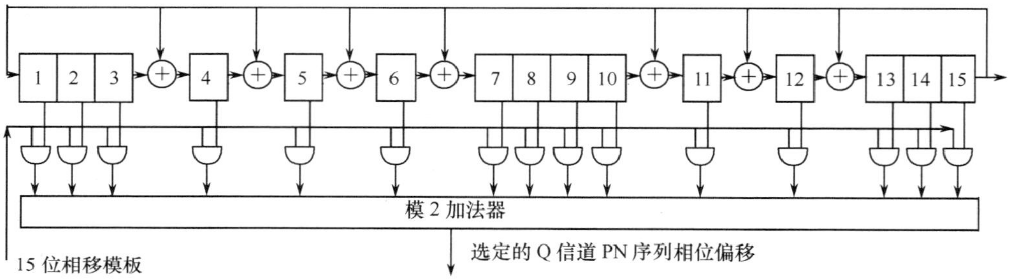

图 3.46 正交(Q)信道的地址码产生器结构

同相(I)和正交(Q)信道地址码产生方法与用户地址码产生方法是一样的，I 或 Q 信道的主伪码产生器都是由模块型移位寄存器 MSRG 组成的，原因是这类寄存器产生的相移是规则的。I 或 Q 信道的起始状态零偏移分别规定如下：

I 信道 PN 序列零偏移

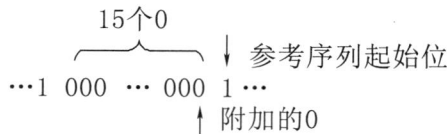

$$\cdots 1\ \overbrace{000\ \cdots\ 000}^{15\text{个}0}\ \underset{\uparrow\ \text{附加的}0}{\overset{\downarrow\ \text{参考序列起始位}}{1}}\cdots$$

Q 信道 PN 序列零偏移

$$\cdots 1\ \overbrace{000\ \cdots\ 000}^{15\text{个}0}\ \underset{\uparrow\ \text{附加的}0}{\overset{\downarrow\ \text{参考序列起始位}}{1}}\cdots$$

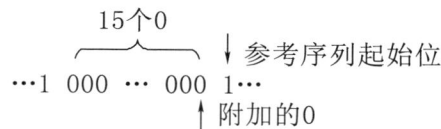

I 或 Q 信道的 15 位 m 序列的周期为 $m=2^{15}-1=32767$，是奇数、不可约。为了使周期变成 $2^{15}=32768$(为偶数、可约)，需要增加一位 0，其规则如上，即在出现 14 个 0 以后再加上一个 0。

在 IS-95 中所有不同的基站的短 PN 序列都是一样的，即其生成多项式 $f_I(x)$、$f_Q(x)$是同一

个，而各个基站间的差异在于起始相位不一样。IS-95 规定各基站地址码的相位差是 64 码片的整数倍。因此，在 IS-95 中最多可提供的基站（或扇区）的地址数应为 $N=2^{15}/64=512$。

决定基站地址起始状态的是具有基站地址码特征的 15 位相移控制器模板，在 IS-95 中 I 或 Q 两路短 PN 序列各有 512 种，则共有 2×512＝1024 种基站地址码的 15 位相移控制器模板，它可以预先计算并存储在 ROM 中，约 30KB，以供随时调用。

各个信道分配不同的 I、Q 信道 PN 序列起始偏移量，它是由图 3.45 和图 3.46 中两个主伪码产生器与相应的 15 位相移控制器模板逐位模 2 加以后产生的输出序列。

3. CDMA2000 系统的基站地址码

CDMA 2000-1X 的基站地址扰码与 IS-95 完全相同。CDMA 2000-3X 基站地址扰码不同于 IS-95，它由 $m=2^{20}-1$（仍附加一个 0）的 m 序列产生，其速率为 3.6864Mchip/s。其生成多项式为

$$f_{\mathrm{I}}(x)=f_{\mathrm{Q}}(x)=1+x^3+x^5+x^9+x^{20} \tag{3.6.18}$$

I 信道序列起始码片是位于连续 19 个“0”之后的“1”位置，Q 信道序列起始码片位置要比 I 信道序列延迟 2^{19} 个码片。

4. WCDMA 系统的基站地址码

WCDMA 的基站地址码主要用于区分小区（基站或扇区），为了绕过 IS-95 的知识产权，也采用了 Gold 码。

WCDMA 的基站地址码采用两个 18 阶移位寄存器产生的 Gold 码，共计可产生 $2^{18}-1=262143$ 个扰码，但是实际上仅采用前面 8192 个扰码。扰码长度取一帧 10ms 的 38400 个码片。

将上述产生的 8192 个扰码分为 512 个集合，每个集合中有 16 个扰码，即 512×16＝8192。这 16 个扰码中有一个是基本扰码，其序号为

$$n=16\times i \qquad (i=0,1,2,\cdots,511) \tag{3.6.19}$$

剩下其他的 15 个扰码为辅助扰码，其中第 i 个集合中扰码的序号为

$$16\times i+k \qquad (i=0,1,2,\cdots,511;k=0,1,2,\cdots,15) \tag{3.6.20}$$

Gold 码产生器的结构如图 3.47 所示。

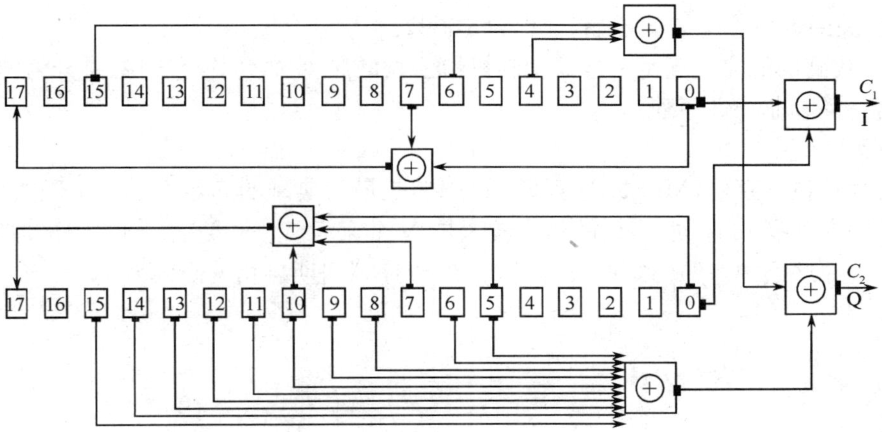

图 3.47　Gold 码产生器的结构

在 WCDMA 中，图 3.47 产生的基站地址码可用下列复数形式表示为

$$C(i)=C_1(i)+\mathrm{j}C_2(i),\bmod 2^{18}-1 \tag{3.6.21}$$

式中，$i=0,1,\cdots,38399$；C_1 与 C_2 为实值 Gold 码，可以分别采用 $x_n(i)$ 和 $y(i)$ 序列表示，其中，x_n 序列的生成多项式为

$$f_1(x)=1+x^7+x^{18} \tag{3.6.22}$$

其逆多项式为

$$f_1^*(x)=x^{18}f_1(x^{-1})=x^{18}(1+x^{-7}+x^{-18})=1+x^{11}+x^{18} \tag{3.6.23}$$

y 序列的生成多项式为

$$f_2(x)=1+x^5+x^7+x^{10}+x^{18} \tag{3.6.24}$$

其逆多项式为

$$f_2^*(x)=x^{18}f_2(x^{-1})=x^{18}(1+x^5+x^7+x^{10}+x^{18})=1+x^8+x^{11}+x^{13}+x^{18} \tag{3.6.25}$$

因此，C_1、C_2 可以分别采用 x_n 和 y 表示为

$$C_1=x_n\oplus y, C_2=D^{131072}\cdot C_1 \quad (\text{其中 } D \text{ 为延迟算子}) \tag{3.6.26}$$

上述两个 m 序列的初始状态分别为

$$\begin{cases} x_n(0)=x_n(1)=\cdots=x_n(16)=0, x_n(17)=1 \\ y(0)=y(1)=\cdots=y(17)=1 \end{cases} \tag{3.6.27}$$

3.7 伪随机序列地址码设计的理论基础

3.7.1 伪随机序列的主要性质

1967 年，Golomb 提出了伪随机(PN)序列应满足的 3 个随机性公设。

① 平衡性：在序列的一个周期内，0 与 1 的个数至多相差 1 个。

② 游程平衡性：在序列的一个周期内，长为 1 的游程占总游程的 1/2；长为 2 的游程占总游程的 $1/2^2$，……，长为 i 的游程占总游程的 $1/2^i$，……，且在等长游程中，0 游程与 1 游程各占一半。

③ 自相关函数是一个二值函数，理想为 δ 函数。

目前，已找到的能完全满足上述 3 个随机性公设的序列并不多，它们主要分为两大类：线性移位寄存器序列和非线性序列。

1. m 序列

最长线性移位寄存器(MLSR)序列即 m 序列，是最为典型的满足上述 3 个随机性公设的序列。如果扩频序列是 m 序列，序列的信号波形是 N 个宽为 T_c、幅度为“+1”(对应原序列中“0”)与“−1”(对应原序列中“1”)的矩形波信号，那么 m 序列周期自相关函数为

$$R_a(\tau)=\begin{cases} 1-\dfrac{N+1}{NT_c}|\tau| & |\tau|\leqslant T_c \\ -\dfrac{1}{N} & T_c<|\tau|<(N-1)T_c \end{cases} \tag{3.7.1}$$

自相关函数的波形如图 3.48 所示。

m 序列的功率谱密度为

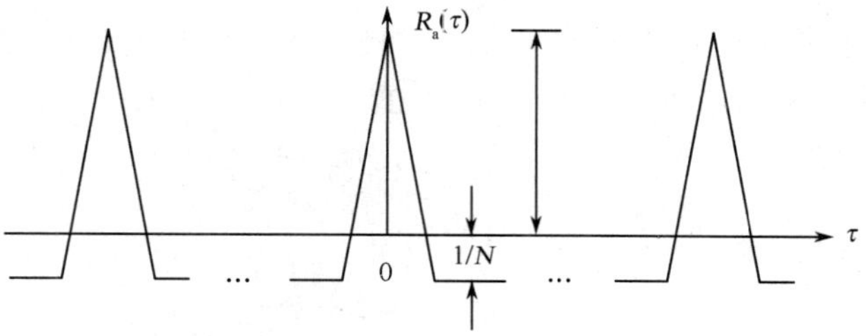

图 3.48　m 序列周期自相关函数的波形

$$S(f)=\frac{1}{N^2}\delta(f)+\frac{N+1}{N^2}\left[\frac{\sin(\pi f/f_c)}{\pi f/f_c}\right]^2\sum_{\substack{j=-\infty\\ j\neq 0}}^{\infty}\delta(f-jf_d) \tag{3.7.2}$$

式中，$f_c=\frac{1}{T_c}$，$f_d=\frac{f_c}{N}$。其对应的波形如图 3.49 所示。

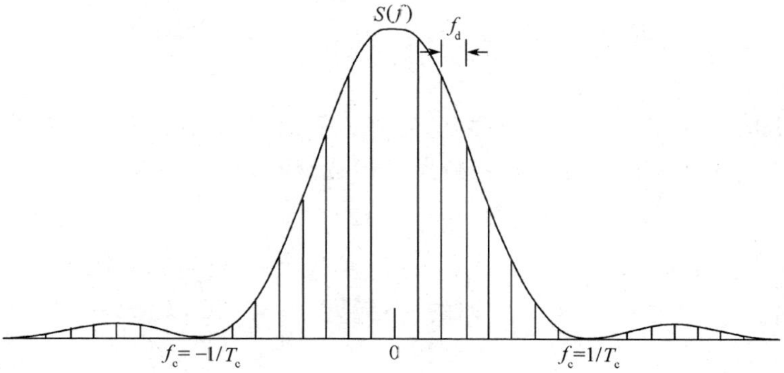

图 3.49　m 序列的功率谱密度的波形

由式(3.7.2)与图 3.49 可见：N 越大，自相关旁瓣 $-1/N$ 就越小，功率谱的谱线间隔 f_d 越小，且谱线幅度越低。

m 序列的互相关(绝对)均值等于 1，即

$$\sum_{j=0}^{N-1}R_c(j)=\sum_{j=0}^{N-1}R_{xy}(j)=\sum_{i=0}^{N-1}\sum_{j=0}^{N-1}x_iy_{i+j}=\sum_{i=0}^{N-1}x_i\cdot\sum_{j=0}^{N-1}y_{i+j}=(-1)\times(-1)=1 \tag{3.7.3}$$

m 序列的均方根与 N 的(相对)比值近似为 2^n，即

$$\begin{aligned}\frac{1}{N}E[R_{xy}^2(j)]&=\frac{1}{N}\Big[\sum_{j=0}^{N-1}R_{xy}^2(j)\Big]=\frac{1}{N}\Big[R_x(0)R_y(0)+\sum_{j=1}^{N-1}R_x(j)R_y(j)\Big]\\&=\frac{1}{2^n-1}\Big[N\cdot N+\sum_{j=1}^{N-1}(-1)\times(-1)\Big]=\frac{N^2+N-1}{2^n-1}\\&=\frac{1}{2^n-1}[(2^n-1)^2+(2^n-1)-1]\\&=\frac{2^{2n}+2^n-1}{2^n-1}\approx 2^n\end{aligned} \tag{3.7.4}$$

1971 年，V. M. Sidelnikov 证明 m 序列互相关最大值的下限为

$$|R_{xy}(j)|>2^{\frac{n+1}{2}}-1 \tag{3.7.5}$$

要进一步给出任意两个 m 序列 x 和 y 的具体互相关值 $R_{xy}(j)$，$(j=0,1,\cdots,N-1)$仍是相

当困难的，它们一般是三电平值或四电平值。

1972 年，Nino 证明：若 x 和 y 是两个 m 序列，且 $y=x[q]$，$q=2^k+1$ 或 $q=2^{2k}-2^k+1$，$e=\gcd(n,k)$，n/e 为奇数，则 $R_{xy}(j)$ 是三值的(三电平值)

$$R_{xy}(j)=\begin{cases} t(n)(=1+2^{\lfloor n+2/2 \rfloor})-2 \\ -1 \\ -t(n)(=1+2^{\lfloor n+2/2 \rfloor}) \end{cases} \tag{3.7.6}$$

称满足上述特性的一对 m 序列为优选对。后来又有人给出了 $R_{xy}(j)$ 是四值(四电平值)的类似优选对，并得到了 m 序列具有上述优选对特性序列的数目 M_n，见表 3.5。

表 3.5 m 序列优选对的序列数

n	3	4	5	6	7	8	9	10	11	12	13	14	15	16
M_n	2	0	3	2	6	0	2	3	4	0	4	3	2	0

Dowling 和 McEliece 证明：m 序列优选对的互相关值满足

$$|R_{xy}(j)|\leqslant 2^{(n+2)/2} \qquad j=0,1,2,\cdots,N-1 \tag{3.7.7}$$

2. Gold 序列

1967 年，R. Gold 提出了一类伪随机序列，后来人们命名为 Gold 序列，其周期为 $N=2^n-1$，序列数为 $N+2$，且彼此最大自相关旁瓣和最大互相关旁瓣为

$$R_a=R_c=t(n)=2^{\lfloor n+2/2 \rfloor}+1 \tag{3.7.8}$$

若有两个 m 序列 $x=\{x_0,x_1,\cdots,x_{N-1}\}$，$y=\{y_0,y_1,\cdots,y_{N-1}\}$，$x$ 的本原多项式为 $f_1(x)$，y 的本原多项式为 $f_2(x)$，另外可知 m 序列的循环移位序列 $Dx,D^2x,\cdots,D^{N-1}x$ 也是 m 序列。则新序列

$$z=y+D^kx \qquad k=0,1,2,\cdots,N-1 \tag{3.7.9}$$

其生成多项式为

$$g(z)=f_1(x)\cdot f_2(y) \tag{3.7.10}$$

该序列的周期仍为 $N=2^n-1$，新序列集合为

$$G(x,y)=(x+y,x+Dy,x+D^2y,\cdots,x+D^{N-1}y,x,y) \tag{3.7.11}$$

$G(x,y)$生成结构图如下所示。

$G(x,y)$由 x 与 y 两个 m 序列生成，结构如图 3.50 所示。

$G(x,y)$由 $g(z)$直接生成，结构如图 3.51 所示。

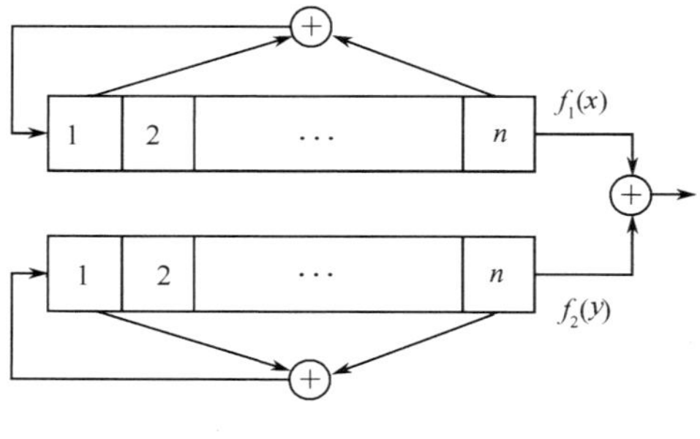

图 3.50 由 x 与 y 两个 m 序列生成

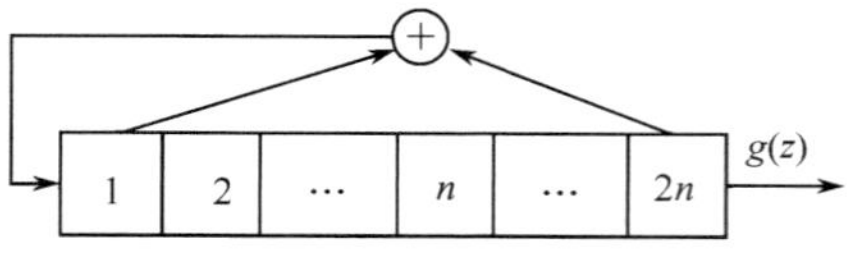

图 3.51 由 $g(z)$直接生成

若 x 和 y 是周期为 $N=2^n-1$ 的 m 序列优选对，则由它们构成的 Gold 序列 $z=y+D^k x$，$k=0,1,2,\cdots,N-1$，其自相关值、互相关值均为三电平值。

自相关值为

$$R_z(j,j\neq 0)=\begin{cases}t(n)-2\\-1\\-t(n)\end{cases} \tag{3.7.12}$$

互相关值为

$$R_{zz'}(j)=\begin{cases}t(n)-2\\-1\\-t(n)\end{cases} \tag{3.7.13}$$

自相关值与互相关值和 m 序列优选对互相关值是一样的，都是同一个三电平值。由 m 序列优选对构成的 Gold 序列数目见表 3.6。

表 3.6　由 m 序列优选对产生的 Gold 序列数目

n	5	6	7	9	10	11
N	31	63	127	511	1023	2047
任意	12	6	90	240	180	1584
平衡	12	6	54	144	120	880

Gold 序列数目远远多于 m 序列，其相关值也很低，但是平衡性不很一致。Gold 序列大致可分为 3 类。平衡序列："1"码元仅比"0"码元多一个。非平衡序列，有两类："1"码元过多的序列；"1"码元过少的序列。当 n 为奇数时，约 50% 为平衡序列；当 n 为偶数(但不为 4 的倍数)时，平衡序列约占 75%。

在实际系统中，还常常应用截短序列(具有较短周期)。它由上述较长的 m 序列、Gold 序列中截取某一段作为扩频序列，显然其性能要比周期性序列差，但是数量上可以大大增加，且复杂度也增大。另外，还有一些用其他代数方法生成的伪随机序列，如平方剩余序列、Hall 序列、双质数序列等，由于产生困难而很少应用。

20 世纪 80 年代以后又相继提出了一些新型非线性扩频序列，包含：代数型非线性扩频序列，如 Bent 序列、GMW 序列和 No 序列等；结构型非线性扩频序列，如 M 序列、正交 Gold(OG)序列、正交 Bent(OB)序列等；功能型非线性扩频序列，如择多(MD)序列和 Geff 序列等。

3.7.2　扩频序列的相关特性

在蜂窝移动通信系统中，由于在同一个小区/扇区内同时通信的用户不是一个而是多个，因此相互之间可能存在干扰。特别是对于码分多址方式，由于多个用户均占用相同时隙、相同频段，不同的仅是所选取的地址码不一样。这就是说，各用户之间的干扰仅靠所选用的地址码的互相关特性较好来消除，然而实际上理想的互相关系数处处为 0 的地址码是不存在的，因此在码分多址系统中多址干扰总是客观存在的。当小区/扇区中同时通信的用户数较多时，多址干扰是最主要的干扰，其次是多径干扰，而加性高斯白噪声干扰的影响最小。

扩频码的码型设计是克服多址干扰最本质也是最理想的措施，这样可以从理论上设计一大类完全正交的互相关为 0 的理想扩频地址码，利用码组间互相关为 0 来完全消除多用户之间的多址干扰。

设复数序列集 $X=\{u|u_i\in\mathbf{C},|u_i|=1,u_i=u_{i+N},i\in\mathbf{Z}\}$，$N$ 表示序列长度。X 中序列的个数为 K，对于 $\forall u,v\in X$，定义序列之间的周期自/互相关函数为

$$\theta(u,v)(l)=\sum_{i=0}^{N-1}u_i\,(v_{i+l})^*\qquad l\in\mathbf{Z}\tag{3.7.14}$$

式中，假设 $\theta(u)(0)=N$，根据定义可知 $\theta(u,v)(-l)=[\theta(v,u)(l)]^*$，同理有 $\theta(u)(-l)=[\theta(u)(l)]^*$。规定

$$\theta_{\rm a}=\max\{|\theta(u)(l)|u\in X,u\neq v,0\leqslant l\leqslant N-1\}\tag{3.7.15}$$

表示序列集合中周期自相关函数的最大值。

$$\theta_{\rm c}=\max\{|\theta(u,v)(l)|u,v\in X,u\neq v,0\leqslant l\leqslant N-1\}\tag{3.7.16}$$

表示序列集合中周期互相关函数的最大值。

进一步，定义序列集合中的非周期相关函数

$$C(u,v)(l)=\begin{cases}\sum\limits_{i=0}^{N-1-l}u_i\,(v_{i+l})^* & 0\leqslant l\leqslant N-1\\ \sum\limits_{i=0}^{N-1+l}u_{i-l}v_i{}^* & 1-N\leqslant l<0\\ 0 & |l|>N\end{cases}\tag{3.7.17}$$

假设 $C(u)(0)=N$，类似可以规定

$$C_{\rm a}=\max\{|C(u)(l)|u\in X,u\neq v,1\leqslant l\leqslant N-1\}\tag{3.7.18}$$

表示序列集合中非周期自相关函数的最大值。

$$C_{\rm c}=\max\{|C(u,v)(l)|u,v\in X,u\neq v,1-N\leqslant l\leqslant N-1\}\tag{3.7.19}$$

表示序列集合中非周期互相关函数的最大值。实际系统中，还常常用到奇相关函数，奇相关函数可以表示为

$$\phi(u,v)(mN+l)=C(u,v)(l)-C(u,v)(l-N)\qquad m\in\mathbf{Z},0\leqslant l<N\tag{3.7.20}$$

同样，也可以引入

$$\phi_{\rm c}=\max\{|\rho(u,v)(l)|u,v\in X,u\neq v,0\leqslant l\leqslant N-1\}\tag{3.7.21}$$

表示序列集合中奇互相关函数的最大值。

$$\phi_{\rm a}=\max\{|\rho(u)(l)|u\in X,u\neq v,1\leqslant l\leqslant N-1\}\tag{3.7.22}$$

表示序列集合中奇自相关函数的最大值。

由非周期相关函数的定义容易知道，周期相关函数与非周期相关函数之间有如下关系

$$\theta(u,v)(mN+l)=C(u,v)(l)+C(u,v)(l-N)\qquad m\in\mathbf{Z},0\leqslant l<N\tag{3.7.23}$$

因此，周期相关函数也称为偶相关函数，并且由式(3.7.20)和式(3.7.23)可知，在各种相关函数的定义中，非周期相关函数才是最基本的。

对于周期相关函数、奇相关函数及非周期相关函数有如下的引理[3.12]。

引理 3.1

$$\sum_{l=0}^{N-1}|\theta(u,v)(l)|^2=\sum_{l=0}^{N-1}\theta(u)(l)\,[\theta(v)(l)]^*\tag{3.7.24}$$

证明 $$\sum_{l=0}^{N-1}|\theta(u,v)(l)|^2=\sum_{l=0}^{N-1}\left|\sum_{i=0}^{N-1}u_i v_{i+l}^*\right|^2$$
$$=\sum_{l=0}^{N-1}\sum_{j=0}^{N-1}\sum_{i=0}^{N-1}u_i v_{i+l}^* u_j^* v_{j+l}$$
$$=\sum_{j=0}^{N-1}\sum_{i=0}^{N-1}u_i u_j^*\sum_{l=0}^{N-1}v_{j+l}v_{i+l}^*$$
$$=\sum_{j=0}^{N-1}\sum_{i=0}^{N-1}u_i u_j^*\,[\theta(v)(j-i)]^*$$
$$=\sum_{j=0}^{N-1}\sum_{i=0}^{N-1}u_i u_{i+j}^*\,[\theta(v)(j)]^*$$
$$=\sum_{j=0}^{N-1}[\theta(v)(j)]^*\sum_{i=0}^{N-1}u_i u_{i+j}^*=\sum_{l=0}^{N-1}\theta(u)(l)\,[\theta(v)(l)]^* \quad (3.7.25)$$

上面的证明中利用了关系式 $\theta(v)(-l)=[\theta(v)(l)]^*$。同样,可以证明下列引理。

引理 3.2

$$\sum_{l=0}^{N-1}|\phi(u,v)(l)|^2=\sum_{l=0}^{N-1}\phi(u)(l)\,[\phi(v)(l)]^* \quad (3.7.26)$$

引理 3.3

$$\sum_{l=1-N}^{N-1}|\theta(u,v)(l)|^2=\sum_{l=1-N}^{N-1}\theta(u)(l)\,[\theta(v)(l)]^* \quad (3.7.27)$$

根据上述相关函数的定义和规定,Welch、Sarwate 等人经过系统研究,得到如下的基本定理[3.12~3.13]。

定理 3.3 扩频序列集合的周期自相关和互相关函数的最大值满足

$$\left(\frac{\theta_c^2}{N}\right)+\frac{N-1}{N(K-1)}\left(\frac{\theta_a^2}{N}\right)\geqslant 1 \quad (3.7.28)$$

证明 对于集合中所有的序列 u,v,应用引理 3.1 得

$$\sum_{u\in X}\sum_{v\in X}\sum_{l=0}^{N-1}|\theta(u,v)(l)|^2=\sum_{\substack{u\in X\\u\neq v}}\sum_{v\in X}\sum_{l=0}^{N-1}|\theta(u,v)(l)|^2+\sum_{u\in X}\sum_{l=0}^{N-1}|\theta(u)(l)|^2$$
$$=\sum_{u\in X}\sum_{v\in X}\sum_{l=0}^{N-1}\theta(u)(l)\,[\theta(v)(l)]^*$$
$$=\sum_{l=0}^{N-1}\left|\sum_{u\in X}\theta(u)(l)\right|^2=K^2N^2+\sum_{l=1}^{N-1}\left|\sum_{u\in X}\theta(u)(l)\right|^2 \quad (3.7.29)$$

按照定义,上述等式的左边不大于 $K(K-1)N\theta_c^2+KN^2+K(N-1)\theta_a^2$,而上式的右边必然不小于 K^2N^2,因此可得

$$K(K-1)N\theta_c^2+KN^2+K(N-1)\theta_a^2\geqslant K^2N^2 \quad (3.7.30)$$

整理可得式(3.7.28)。

令 $\frac{\theta_{\max}^2}{N}=\max\left\{\frac{\theta_c^2}{N},\frac{\theta_a^2}{N}\right\}$,代入上式,可得 $\frac{\theta_{\max}^2}{N}\geqslant\frac{N(K-1)}{NK-1}$。若以 $\frac{\theta_c^2}{N}$ 为 x 轴,$\frac{\theta_a^2}{N}$ 为 y 轴,可得定理 3.3 的几何解释,如图 3.52 所示。

由图 3.52 可知,对于集合 X 中的任何序列,坐标点 $\left(\frac{\theta_c^2}{N},\frac{\theta_a^2}{N}\right)$ 都不可能位于边长为 N 的矩形区域之外。而根据定理 3.3 可知,坐标点 $\left(\frac{\theta_c^2}{N},\frac{\theta_a^2}{N}\right)$ 只能位于直线方程 $x+\frac{N-1}{N(K-1)}y=1$ 之上,即

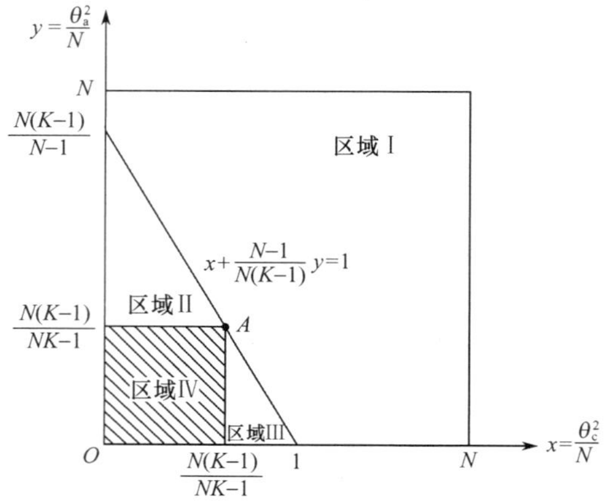

图 3.52 周期相关函数的下界

区域 I 部分。直线与 x 轴的交点坐标恒为(1,0),而与 y 轴的交点坐标为$\left(0,\frac{N(K-1)}{N-1}\right)$。区域 I 中的点只有在 A 点才能达到自相关旁瓣与互相关旁瓣同时最小,此时 A 点坐标为$\left(\frac{N(K-1)}{NK-1},\frac{N(K-1)}{NK-1}\right)$。除了这一点,其他点都会造成减小(增大)$\theta_c$ 则增大(减小)θ_a 的现象,因此可知 θ_c 和 θ_a 是相互制约的。由上面的论述可知,区域 IV 是不可能达到的。当 K 和 N 都充分大时,周期相关函数的旁瓣最大值必须大于$\sqrt{N}$。

定理 3.4 扩频序列集合的奇自相关函数和奇互相关函数的最大值满足

$$\left(\frac{\phi_c^2}{N}\right)+\frac{N-1}{N(K-1)}\left(\frac{\phi_a^2}{N}\right)\geqslant 1 \tag{3.7.31}$$

利用引理 3.2,该定理证明与定理 3.3 类似,不再赘述。

定理 3.5 扩频序列集合的非周期自相关函数和互相关函数的最大值满足

$$\frac{2N-1}{N}\left(\frac{C_c^2}{N}\right)+\frac{2(N-1)}{N(K-1)}\left(\frac{C_a^2}{N}\right)\geqslant 1 \tag{3.7.32}$$

证明 对于集合中所有的序列 u、v,应用引理 3.3 得

$$\begin{aligned}\sum_{u\in X}\sum_{v\in X}\sum_{l=1-N}^{N-1}|C(u,v)(l)|^2 &= \sum_{\substack{u\in X\\u\neq v}}\sum_{v\in X}\sum_{l=1-N}^{N-1}|C(u,v)(l)|^2+\sum_{u\in X}\sum_{l=1-N}^{N-1}|C(u)(l)|^2\\ &=\sum_{l=1-N}^{N-1}\left|\sum_{u\in X}C(u)(l)\right|^2=K^2N^2+2\sum_{l=1}^{N-1}\left|\sum_{u\in X}C(u)(l)\right|^2\end{aligned} \tag{3.7.33}$$

按照定义,上述等式的左边不大于 $K(K-1)(2N-1)C_c^2+KN^2+2K(N-1)C_a^2$,而上式的右边必然不小于 K^2N^2,因此可得

$$K(K-1)(2N-1)C_c^2+KN^2+2K(N-1)C_a^2\geqslant K^2N^2 \tag{3.7.34}$$

整理可得式(3.7.32)。令$\frac{C_{\max}^2}{N}=\max\left\{\frac{C_c^2}{N},\frac{C_a^2}{N}\right\}$,代入上式,可得$\frac{C_{\max}^2}{N}\geqslant\frac{N(K-1)}{2NK-K-1}$。若以$\frac{C_c^2}{N}$为 x 轴,$\frac{C_a^2}{N}$为 y 轴,可得定理 3.5 的几何解释,如图 3.53 所示。

由图 3.53 可知,对于集合 X 中的任何序列,坐标点$\left(\frac{C_c^2}{N},\frac{C_a^2}{N}\right)$都不可能位于边长为 N 的矩形

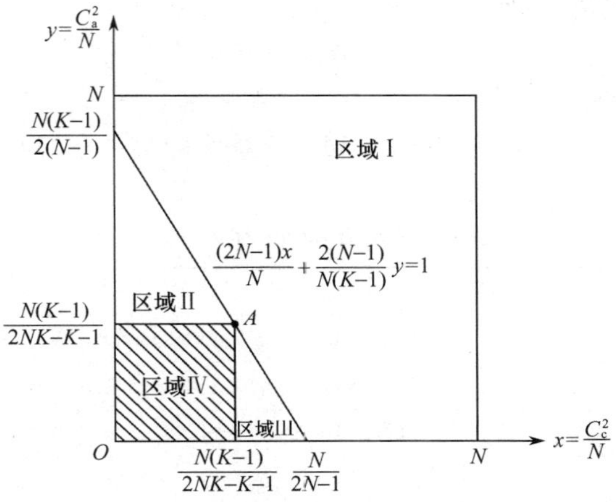

图 3.53　非周期相关函数的下界

区域之外。而根据定理 3.5 可知，坐标点$\left(\frac{C_c^2}{N},\frac{C_a^2}{N}\right)$只能位于直线方程$\frac{2N-1}{N}x+\frac{2(N-1)}{N(K-1)}y=1$之上，即区域 I 部分。直线与 x 轴的交点坐标为$\left(\frac{N}{2N-1},0\right)$，而与 y 轴的交点坐标为$\left(0,\frac{N(K-1)}{2(N-1)}\right)$。区域 I 中的点只有在 A 点才能达到自相关旁瓣与互相关旁瓣同时最小，此时 A 点坐标为$\left(\frac{N(K-1)}{2NK-K-1},\frac{N(K-1)}{2NK-K-1}\right)$。除了这一点，其他点都会造成减小（增大）$C_c$ 则增大（减小）C_a 的现象。由上面的论述可知，区域 IV 也是不可能达到的。当 K 和 N 都充分大时，$\frac{C_{max}^2}{N}\approx\frac{1}{2}$，说明非周期相关函数的旁瓣最大值必须大于$\sqrt{N/2}$。

上述分析表明，扩频码的最优自相关、互相关特性是无法兼顾的。在实际应用时，可以将具有最优性能的自相关、互相关特性码分开，利用具有较理想自相关函数的伪随机码（PN 码）作为地址码，同时又利用具有理想互相关函数的 Walsh 码作为信道正交码，在保持信道同步状态下，这是一个实际可取的实现方案。这一思想目前被所有的 CDMA 系统广泛采用。但可惜的是，已知互相关为零的 Walsh 码对同步误差太敏感，而实际上恶劣移动信道又不可能保证严格的同步性能，因此多址干扰总是实际存在的。

3.7.3　ZCZ 序列与 LCZ 序列

前一节的理论分析表明，理想的扩频地址码序列是不存在的。若放松一些先决条件，比如不要求互相关函数每个时刻的值都为 0，而只要求在一定的窗口内为 0，以及采用复合序列构造方法等，也可能找到一些比较理想的地址码序列，这是一个好的技术方向。

近年来，学术界提出了零相关窗序列（ZCZ）与低相关窗序列（LCZ）的概念，就是典型的广义正交扩频地址码序列。令 $X(N,K,Z)=\{u_k\}$表示序列长度为 N，个数为 K，零相关窗长为 Z 的 ZCZ 序列集合。对于集合中的任意两个序列 $u^{(k)}$、$u^{(l)}$，其周期自/互相关函数满足

$$\theta(u^{(k)},u^{(l)})(m)=\sum_{j=0}^{N-1}u_j^{(k)}\left(u_{j+m}^{(l)}\right)^*=\begin{cases}N & m=0,\ k=l\\0 & m=0,\ k\neq l\\0 & 0<|m|\leqslant Z\end{cases}\tag{3.7.35}$$

上式表明，对于 ZCZ 序列，自相关主瓣两侧存在长度为 Z 的零相关区间，而两个序列之间的互相

关，不仅在 $m=0$ 时相互正交，而且在$[-Z,Z]$的区间内，互相关也处处为 0。同样，也可以定义低相关窗序列(LCZ)，即在相关窗内，自相关旁瓣或互相关不超过一个给定阈值。

在多径传播环境中，如果最大多径时延不超过零相关窗长，即 $\tau_{\max}\leqslant Z$，则各个用户或业务的地址码不会相互干扰，因此可以有效降低 CDMA 系统中的多址干扰。表 3.5 给出了一类典型的码长为 64 的 ZCZ 序列[3.15,3.16]。

表 3.5　码长为 64 的 ZCZ 序列示例

序列集合	序号	码序列
$X(64,2,16)$	$u^{(1)}$	0010111011011110110100011101111011010001001000011101000111011110
	$u^{(2)}$	0111101110001011100001001000101110000100011101001000010010001011
$X(64,4,8)$	$u^{(1)}$	0010111000101110110111101101111011010001001011100010000111011110
	$u^{(2)}$	1101000100101110001000011101111000101110001011101101111011011110
	$u^{(3)}$	0111101101111011100010111000101110000100011110110111010010001011
	$u^{(4)}$	1000010001111011011101001000101101111011011110111000101110001011
$X(64,8,4)$	$u^{(1)}$	0000000010101010110011000110011011110000010110100011110010010110
	$u^{(2)}$	1111000001011010001111001001011000000000101010101100110001100110
	$u^{(3)}$	1100110001100110000000001010101000111100100101101111000001011010
	$u^{(4)}$	0011110010010110111100000101101011001100011001100000000010101010
	$u^{(5)}$	0101010111111111001100100110011101001010000111101101001110000011
	$u^{(6)}$	1010010100001111011010011100001101010101111111111001100100110011
	$u^{(7)}$	1001100100110011010101011111111101101001110000111010010100001111
	$u^{(8)}$	0110100111000011101001010000111111001100100110011010101011111111

下面选 ZCZ 序列集合 $X(64,2,16)$的两个序列 $u^{(1)}$ 与 $u^{(2)}$，计算其归一化自/互相关函数 $(\theta(u^{(1)},u^{(2)})(m)/N)$，如图 3.54 所示。

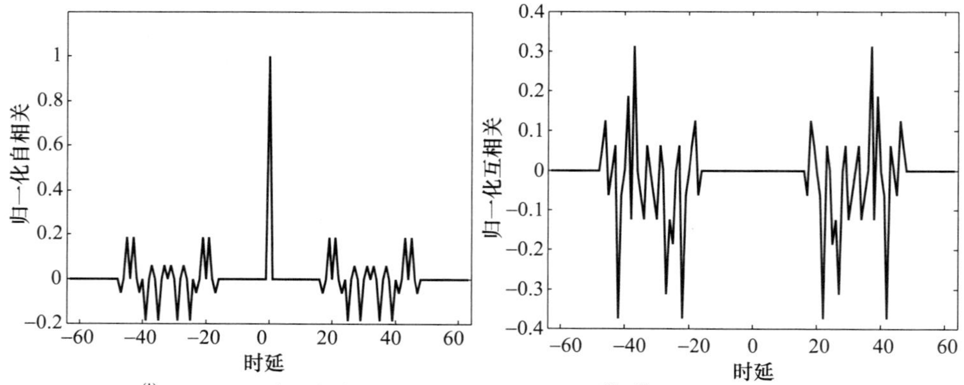

(a) $u^{(1)}\in X(64,2,16)$归一化自相关函数　(b) $u^{(1)},u^{(2)}\in X(64,2,16)$归一化互相关函数

图 3.54　ZCZ 序列 $X(64,2,16)$的相关特性

由图 3.54 可知，在 0 时刻左右两侧，明显出现了零相关窗，且窗长为 16。由表 3.5 可以看出，ZCZ 序列的个数与窗长成反比，随着窗长的增加，ZCZ 序列的个数会减少。文献[3.17]讨论了 ZCZ 与 LCZ 序列的相关函数界与序列数目之间的定量关系。

因此，在实际移动通信系统中，如果应用 ZCZ/LCZ 序列，则扩频地址码数量能否满足要求，同时经过恶劣的时变信道以后，理想性能是否能保持及如何进行大范围组网仍然需要进一步的研究。

3.8 面向 5G 的非正交多址接入(NOMA)技术

移动互联网的数据业务流量快速增长,物联网(IoT)广泛普及,同时移动通信对大规模连接的需求也日益增长,为了应对这些挑战,5G 需要采用新型的多址接入技术,极大地提升频谱效率,满足海量连接的需求。根据 3.1 节的理论分析可知,1G～4G 的正交多址(OMA)技术,都是对多用户信号进行正交划分,虽然信号处理复杂度较低,但并不能达到上下行信道容量域。目前,非正交多址(NOMA)技术成为 5G 的关键技术,得到了学术界与工业界的普遍关注。本节主要介绍一些代表性的 NOMA 技术的基本概念和技术特征。

3.8.1 NOMA 技术的分类

按照用户信号的结构特征,可以将 NOMA 技术划分为 3 类:功率域 NOMA、编码域 NOMA 及信号域 NOMA,如图 3.55 所示。

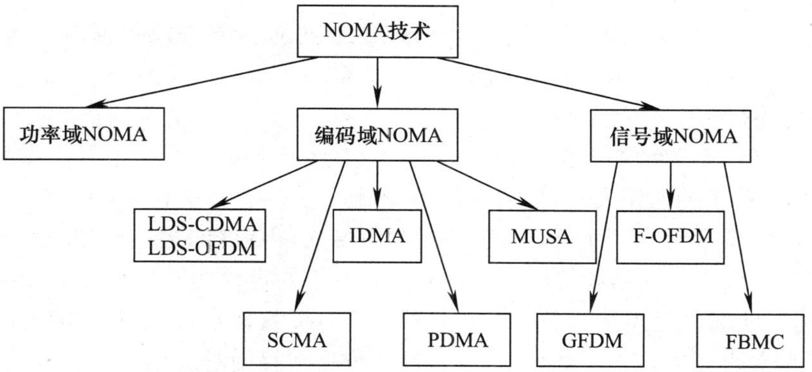

图 3.55 NOMA 技术分类

在这 3 类技术中,功率域 NOMA 是在一个符号周期内直接对多用户信号叠加,利用各个信号幅度/功率的差异区分用户。编码域 NOMA 是将处理范围扩大到多个符号构成的序列,设计特定结构的编码序列区分用户。一般情况下,编码序列采用离散的二进制或复数序列,不必严格正交。目前有多种编码方案,如稀疏编码多址(SCMA)、交织分割多址(IDMA)、图样分割多址(PDMA)、多用户共享多址(MUSA)等。信号域 NOMA 是利用特定结构的连续波形区分用户,这些波形大多数是三角函数形式,但不必严格正交。由于这类技术大多是基于 OFDM 的正交载波信号进行扩展与优化设计的,因此将在第 9 章中进行详细介绍。

上行链路 NOMA 的系统结构如图 3.56 所示。其中,K 个用户的数据首先分别进行信道编码,然后采用功率域/编码域/信号域非正交映射方式,产生上行发送信号。经过多址接入信道后,在基站端采用串行干扰抵消(SIC)或迭代消息传递(MPA)算法,进行多用户检测。检测器输出的数据流再分别送入各个用户的信道译码器进行译码,最终得到每个用户的译码结果。

NOMA 也可以应用于下行链路,其系统结构正好是上行链路 NOMA 的对偶。此时,多用户信号由基站端产生并联合发送,而在移动台端,每个用户单独对接收信号检测与译码。

相对于 1G～4G 的正交多址(OMA)技术,非正交多址(NOMA)技术具有 3 个方面的优势[3.18],能够满足 5G 的业务需求。

(1) 提高频谱效率,逼近容量域极限

回顾 3.1.5 节的理论分析可知,对于上行链路,NOMA 能够达到容量域的所有边界点,而

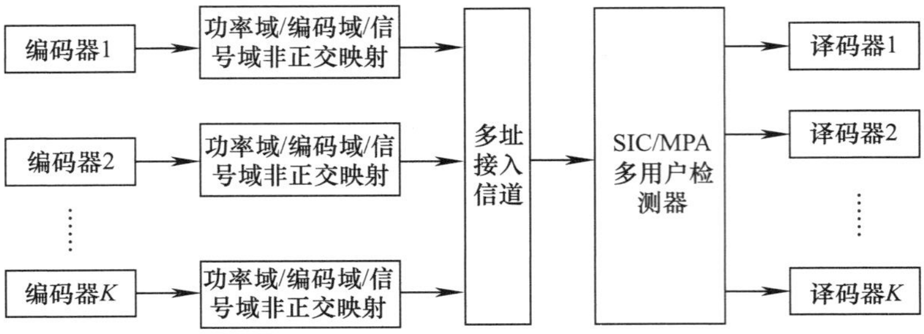

图 3.56 上行链路 NOMA 的系统结构

OMA 只能够达到某个边界点。并且，如果用户接收功率差异较大，即具有明显的远近效应，则不同用户的数据速率分布会极不平衡，往往弱信号用户的数据速率远低于强信号用户的数据速率，难以保证公平性。而 NOMA 可以在用户公平性与数据速率之间进行灵活调配，达到较好的系统平衡。另一方面，对于下行链路，通常 NOMA 可达容量域在 OMA 可靠容量域的外部，NOMA 具有更好的系统容量增益。

5G 的增强型移动宽带(eMBB)场景，需要达到 20Gbps 的系统峰值速率。为了满足这一极具挑战性的技术指标，相比于传统的 OMA 技术，NOMA 技术具有更大的频谱效率提升潜力、更好的系统灵活性与显著的技术优势。

(2) 灵活支持大规模通信连接

由于 NOMA 系统的非正交特性，各个用户分配的时频单元并不要求严格正交。因此，系统允许接入的用户数并不受限于可分配的时频资源数目或可调度的最小时频单元粒度。换言之，与 TDMA/FDMA 系统的硬容量特征相比，NOMA 系统的容量类似于 CDMA 系统，也具有软容量特征，由系统自干扰决定。如果采用高级信号检测与接收技术(如 SIC/MPA)，有效消除用户间干扰，则 NOMA 可以支持大量的用户连接，并且维持可接受的通信质量。

为了支持移动物联网的新型应用，5G 引入了 mMTC 场景，达到 $1km^2$ 同时接入 100 万个通信节点的目标。NOMA 技术在实现这一目标方面，具有极大的灵活性与适应性。

(3) 有效降低传输时延与信令开销

在 1G～4G 中，某个用户如果有通信业务需求，首先需要向基站发送调度或接入请求，而基站根据业务请求，对该用户进行上行调度，并且在下行信道发送业务授权信令。这个过程需要在基站与移动台之间进行多次交互，处理时延长，信令开销大，难以满足 5G 的特定场景需求。

针对 mMTC 场景，如果进行动态调度，则信令开销巨大，系统传输效率会急剧降低。而针对自动驾驶、车联网等新型的低时延应用，5G 定义了 uRLLC 场景，要满足端到端小于 1ms 的传输时延。

传统的 OMA 技术由于采用动态调度方式，因此难以满足这一低时延要求。而 NOMA 技术由于上行链路可以不进行调度，只采用免调度(Grant-Free)的上行传输，从而能够降低传输时延，节省信令开销，具有更大的系统灵活性。

3.8.2 功率域非正交多址技术

所谓功率域非正交多址技术(P-NOMA)，是指在发送端将多用户信号进行功率加权与线性叠加，而在接收端，一般采用串行干扰抵消(SIC)检测的多址技术。它既可以应用于上行链路，也可应用于下行链路。

1. 应用场景与基本原理

下面以两用户上行接入系统为例进行具体分析，如图 3.57 所示，用户 1 和用户 2 为发送端，基站为接收端，假定发送端和接收端均为单天线。

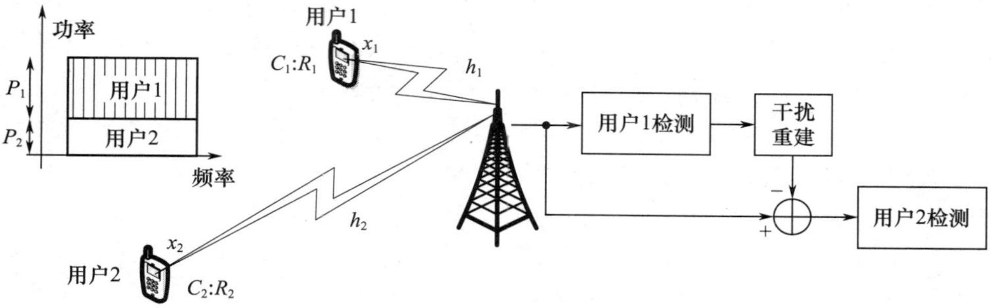

图 3.57　上行链路 P-NOMA 场景示例

令用户 1 发送信号为 x_1，用户 2 发送信号为 x_2，相应信道衰落系数分别为 h_1 与 h_2，则基站接收到的信号为

$$y=\sqrt{P_1}h_1x_1+\sqrt{P_2}h_2x_2+n \tag{3.8.1}$$

式中，P_1 为用户 1 分配的发送功率；P_2 为用户 2 分配的发送功率；n 为加性白高斯噪声，其噪声功率为 σ^2。

假设用户 1 和用户 2 的信号能量均为 1，即 $E[|x_i|^2]=1,\ i=1,2$，其中，$E[\cdot]$代表数学期望。此时，在基站侧，两用户的接收信干噪比（Signal-to-Interference and Noise Ratio，SINR）可以分别表示为

$$\mathrm{SINR}_1=\frac{P_1|h_1|^2}{P_2|h_2|^2+\sigma^2} \tag{3.8.2}$$

$$\mathrm{SINR}_2=\frac{P_2|h_2|^2}{P_1|h_1|^2+\sigma^2} \tag{3.8.3}$$

在图 3.57 所示的通信系统中，假定用户 1 的发射功率大于用户 2，即 $P_1>P_2$，且由于用户 1 距离基站较近，信道条件较好，因此基站侧的接收信干噪比也更高，此时有 $\mathrm{SINR}_1>\mathrm{SINR}_2$。在基站侧，按照 SINR 排序，采用串行干扰消除（SIC）技术对信号从大到小依次进行接收检测。因此，用户 1 的信号 x_1 首先被检测，然后将其重构并从接收信号中相减抵消，再对信号 x_2 进行检测。若成功译码且没有差错传播，则用户 1 和用户 2 的可达速率分别为

$$R_1\leqslant C_1=\log_2\left(1+\frac{P_1|h_1|^2}{P_2|h_2|^2+\sigma^2}\right) \tag{3.8.4}$$

$$R_2\leqslant C_2=\log_2\left(1+\frac{P_2|h_2|^2}{\sigma^2}\right) \tag{3.8.5}$$

通常 P-NOMA 主要利用远近效应来进行干扰抵消。由于远近效应的存在，各用户的接收功率各不相同，因此便于采用 SIC 技术进行干扰重建与抵消，削弱错误传播效应。而这种远近效应，可以是传播环境中实际存在的效应（由于距离远近不同），也可以通过发射功率的调整人为制造。

同样，P-NOMA 也可以应用于下行链路，此时，基站发送不同功率叠加的多用户信号，而在移动台侧，每个用户分别利用 SIC 技术，首先检测 SINR 较高的信号，然后重建干扰并抵消，最后检测得到有用信号。

在 P-NOMA 系统中，目前有 3 个方面的研究热点：①用户选择与配对算法；②功率分配与用户调度算法；③与其他技术的组合优化。

对于第①点，重点研究如何利用自然存在的远近效应，选择合适的用户进行功率域叠加。由于实际传播环境的动态变化，这一类算法都需要采用自适应策略。

对于第②点，理论上，采用 SIC 技术可以达到多用户和容量最大化，但难以保证各用户速率分配的公平性。因此，目前的研究重点是在和速率与单用户速率之间保证较好的折中平衡。

对于第③点，P-NOMA 可以与 MIMO 技术组合[3.18]，在下行链路中，利用波束成形隔离空间干扰，在同一个波束内部，再利用功率域叠加，提高频谱效率。在多小区场景中，P-NOMA 还可以与小区协作传输组合，称为网络 NOMA[3.19]，进一步提高小区边缘的频谱效率。

2. 速率分裂的非正交多址方案(RS-NOMA)

理论上，P-NOMA 采用 SIC 技术能够达到 MAC 信道容量域的顶点，但如果各用户的信道传输条件与速率需求不匹配，则单纯的 SIC 技术并不能够调和二者之间的矛盾。为了解决这一矛盾，文献[3.21]提出了速率分裂的非正交多址方案(RS-NOMA)。

在图 3.58 所示的通信系统中，假设用户 1 的信道条件较好，用户 2 的信道条件较差。由于用户的信道条件不同，其可达速率也不相同。用户 1 的可达速率高于用户 2 的可达速率，即 $C_1>C_2$。此时，若用户 1 的实际业务传输需求较低，$R_1<C_1$，而用户 2 的实际业务传输需求超过可达速率，即 $R_2>C_2$。

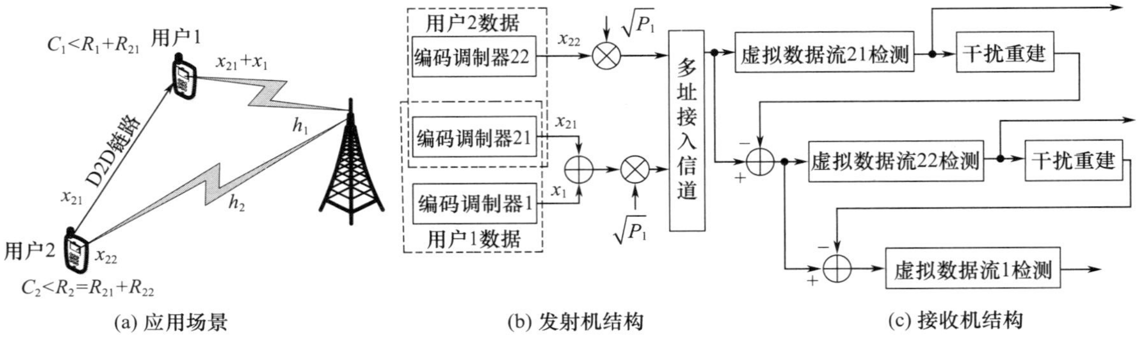

图 3.58　应用 RS-NOMA 方案的两用户上行链路示意图

此时，通信系统中出现了信道条件与实际传输需求不匹配的情况，若直接采用 P-NOMA 多址接入方案，用户 2 的传输需求将难以满足。RS-NOMA 方案能有效利用用户 1 富余的传输速率，帮助用户 2 传输部分信息。

考虑面向 5G 的实际场景设计，假设移动台之间采用终端直通 D2D 技术。D2D 技术是指蜂窝网络中相距较近的用户可不经过网络中转，直接在终端之间进行传输的通信技术，这是 5G 的关键候选技术之一。

这样，RS-NOMA 方案的通信过程分为两个阶段：在第一阶段，用户 2 的传输信号 x_2 被分割为 x_{21} 和 x_{22} 两部分，虚拟数据流 x_{21} 通过用户 1 与用户 2 之间的 D2D 直通链路传输。在第二阶段，用户 1 和用户 2 同时与基站进行通信，用户 1 传送虚拟数据流 x_{21} 及其自身数据 x_1，用户 2 传送虚拟数据流 x_{22}。

定义 δ 为用户 1 的功率分割因子。这样，用户 1 为自身数据传输分配功率 $P_1-\delta$，为用户 2 的虚拟数据传输分配功率 δ，而用户 2 的传输功率为 P_2，原来的二址接入系统等效为三路虚拟数据流接入，此时基站接收信号可表示为

$$y=\sqrt{P_1-\delta}h_1x_1+\sqrt{\delta}h_1x_{21}+\sqrt{P_2}h_2x_{22}+n \tag{3.8.6}$$

与式(3.8.1)进行对比，可看出系统转换为三路等效数据流叠加，其中用户 1 的原始数据分割出的一路协助用户 2 进行信号传输。

在基站侧，将三路虚拟数据流视作单用户，采用 SIC 技术进行接收检测。三路虚拟数据流

的接收信干噪比 SINR 可分别表示为

$$\mathrm{SINR}_1=\frac{(P_1-\delta)\,|h_1|^2}{P_2\,|h_2|^2+\delta\,|h_1|^2+\sigma^2} \tag{3.8.7}$$

$$\mathrm{SINR}_{21}=\frac{\delta\,|h_1|^2}{P_2\,|h_2|^2+(P_1-\delta)\,|h_1|^2+\sigma^2} \tag{3.8.8}$$

$$\mathrm{SINR}_{22}=\frac{P_2\,|h_2|^2}{(P_1-\delta)\,|h_1|^2+\delta\,|h_1|^2+\sigma^2} \tag{3.8.9}$$

当分割因子 δ 取值不同时，三路虚拟数据流的 SINR 会相应变化，因此检测顺序也随之变化。根据 RSMA 理论分析[3.5]，未分割数据流的检测顺序必须排在被分割数据流之间，也即需满足

$$\mathrm{SINR}_1<\mathrm{SINR}_{22}<\mathrm{SINR}_{21} \tag{3.8.10}$$

或

$$\mathrm{SINR}_{21}<\mathrm{SINR}_{22}<\mathrm{SINR}_1 \tag{3.8.11}$$

假设顺序为式(3.8.10)，如图 3.58(c)所示，此时虚拟数据流 x_{21} 最先检测，其次是数据流 x_{22}，最后是数据流 x_1，三路虚拟数据流的可达速率为

$$R_{21}=\log\left(1+\frac{\delta\,|h_1|^2}{\sigma^2}\right) \tag{3.8.12}$$

$$R_{22}=\log\left(1+\frac{P_2\,|h_2|^2}{\delta\,|h_1|^2+\sigma^2}\right) \tag{3.8.13}$$

$$R_1=\log\left(1+\frac{(P_1-\delta)\,|h_1|^2}{\delta\,|h_1|^2+P_2\,|h_2|^2+\sigma^2}\right) \tag{3.8.14}$$

同样，若顺序为式(3.8.11)，此时虚拟数据流 x_1 最先检测，其次是数据流 x_{22}，最后是数据流 x_{21}，也可以推导其相应的可达速率，此处不再赘述。

下面对两种方案(P-NOMA 与 RS-NOMA)的可达速率进行对比分析。假设发送端和接收端均为单天线。两个用户的功率为 $P_1=P_2=1$，用户 1 的信道响应系数为 $|h_1|=\sqrt{2}$，用户 2 的信道响应系数为 $|h_2|=\sqrt{0.4}$。

图 3.59 给出了上述条件下，总接收信噪比 $\rho=10\mathrm{dB}$ 时二址信道的容量域与两种方案的可达速率。纵坐标表示用户 2 的实际速率，横坐标表示用户 1 的实际速率。其中 $\delta=0$ 表示分割因子

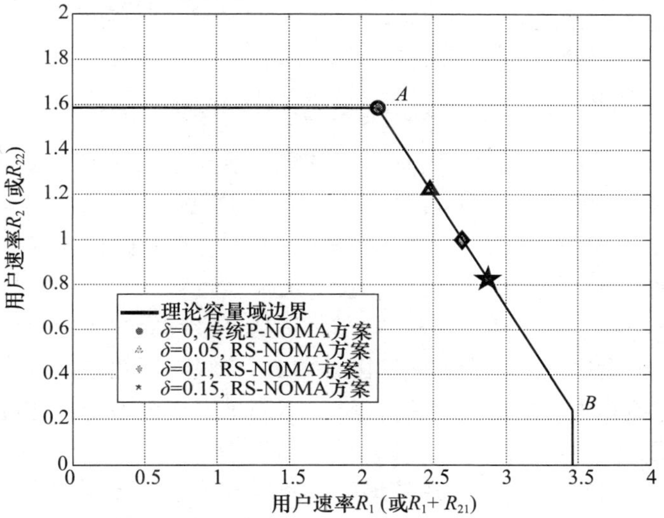

图 3.59　RS-NOMA 与 P-NOMA 两种方案的可达速率域对比

取值为零，即不进行速率分割的传统 P-NOMA 方案，对应到容量域边界的顶点 A。当 δ 选取不同数值时，RS-NOMA 方案的可达速率可以取到容量域边界的斜边 AB 的各个中间点。

上述分析结果表明，RS-NOMA 方案相较于传统的 P-NOMA 方案，通过调整分割因子，系统灵活地达到理论容量域边界的任意点，在保证用户和速率不变的情况下灵活调整各用户的传输速率。

采用 RS-NOMA 方案后，系统由实际用户的两路原始数据流被分割为三路虚拟数据流，其中用户 1 的原始数据流分割出的一路虚拟数据流用于协助用户 2 传输部分信息，从而改善了用户实际业务需求与信道条件不匹配的情况，提升了系统的整体性能。

RS-NOMA 方案可以推广到一般的多用户场景，同时，所有虚拟数据流都需要采用自适应编码调制技术，依据各用户信道状态进行自适应调整。详细调整方案可参见文献[3.20～3.21]。

3.8.3 编码域非正交多址技术

编码域 NOMA 技术的主要思想是设计合理的多用户码本，采用叠加编码的方式发送信号，基于 SIC/MPA 的方式进行多用户检测。这一思想最早由 Tse 与 Guo 等人提出[3.22,3.23]。与功率域 NOMA 不同，编码域 NOMA 将用户信号的分割从一维的幅度空间扩展到多维的码本空间，从而扩展了信号自由度，能够更好地趋近多用户容量域。由于码本结构不同，编码域 NOMA 有多种形式，如交织分割多址（IDMA）、稀疏编码多址（SCMA）、低密度扩频码分多址（LDS-CDMA）、图样分割多址（PDMA）、多用户共享多址（MUSA）等，下面分别介绍。

1. 交织分割多址（IDMA）技术

IDMA 技术是利用不同的交织图样来区分用户[3.24]的，图 3.60 给出了上行链路的 IDMA 系统结构。

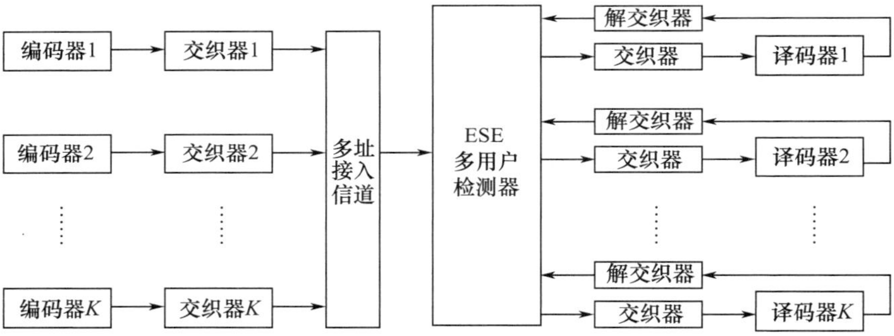

图 3.60　上行链路的 IDMA 系统结构

如图 3.60 所示，每个用户的数据通过信道编码后，分别经过不同的交织器，产生发送信号。在接收端，则采用低复杂度的 ESE（Elementary Signal Estimator）多用户检测器。需要注意的是，为了提高系统性能，IDMA 要求采用迭代检测结构，即各用户的信道译码器与 ESE 多用户检测器之间进行软入软出（SISO）消息传递。在软信息传递过程中，基于交织/解交织操作尽量保证每次迭代传输信息的独立性。经过多次迭代后，得到最终判决的用户数据。

IDMA 技术给每个用户分配特定的交织图样，利用交织图样的差异区分用户，并且采用叠加编码方法发送信号。随着用户数目的增多，能够近似满足中心极限定理，叠加信号分布近似于高斯分布，从而可以逼近高斯多址接入信道的容量域。

IDMA 的接收机结构非常简单，采用检测器与译码器的迭代接收，能够获得逼近于单用户的系统性能。但由于必须引入迭代结构，IDMA 接收机的处理时延较大，因此限制了它在实际系统中的应用。

2. 低密度扩频码分多址(LDS-CDMA)技术

文献[3.22～3.23]首先论证了稀疏扩频 CDMA 系统的渐近性能,指出将密集扩频码替代为稀疏扩频码能够显著提高系统性能。这一思想被文献[3.25]借鉴,设计了低密度扩频码分多址(LDS-CDMA)技术。

图 3.61 给出了 LDS-CDMA 的发射机结构,假设有 6 个用户的发射信号,首先经过信道编码,然后分别采用稀疏地址码进行扩频操作,最后叠加映射到 4 个物理单元(PRE)。图中所示 6 个用户的发射信号 $x_1 \sim x_6$ 构成了因子图的变量节点,而 PRE 单元对应的 4 路叠加信号 $s_1 \sim s_4$ 构成了校验节点。需要注意的是,与传统 CDMA 系统中所采用的 Walsh-Hadamard 码相比,稀疏地址码的码片中存在很多 0。这样,每个 PRE 单元对应的信号并不是所有用户信号的叠加,而只是部分用户信号的叠加。例如,s_1 节点只是 x_1、x_2、x_4 三个用户信号的叠加。直观理解,采用稀疏扩频以后,能够减小多用户之间的相互干扰,从而提高系统容量。

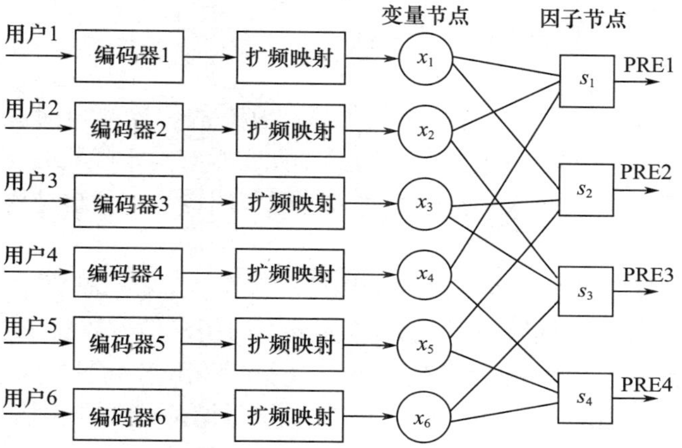

图 3.61　LDS-CDMA 的发射机结构

由于扩频码的稀疏特征,LDS-CDMA 对应的因子图也是稀疏结构,这样接收端可以采用 MPA 迭代检测算法,通过软输入软输出(SISO)的多用户检测,以较低的复杂度提高系统性能。LDS-CDMA 技术还可以进一步推广到多载波传输,即 LDS-OFDM。

3. 稀疏编码多址(SCMA)技术

SCMA 技术最早由华为公司提出[3.26,3.27],是 5G 中一种代表性的多址方案。

本质上,SCMA 是 LDS-CDMA 的增强系统。与 LDS-CDMA 的扩频映射操作不同,SCMA 直接将多个用户的比特流映射到预定义的稀疏码本。如图 3.62 所示,6 个用户的比特序列叠加映射到 4 个 PRE 单元。每个用户对应一组由 4 个码本向量构成的码本集合,承载两个比特(b_1,b_2)。基于这两个比特,每个用户从码本集合中选择特定的码向量用于发送与叠加映射。

举例而言,6 个用户的信息比特从左到右分别为$(b_1,b_2)=(1,1),(1,0),(1,0),(0,0),(0,1),(1,1)$,从每个用户的码本集合中选择相应的码向量进行叠加,得到了最终的叠加信号。需要注意的是,每个用户的 4 个码向量取值为 0 的位置(稀疏位置)都相同,图中用空白表示。且每个 PRE 单元都对应 3 个用户的叠加信号。这样,因子图对应的邻接矩阵可以表示为

$$\boldsymbol{F}=\begin{bmatrix}0 & 1 & 1 & 0 & 1 & 0\\1 & 0 & 1 & 0 & 0 & 1\\0 & 1 & 0 & 1 & 0 & 1\\1 & 0 & 0 & 1 & 1 & 0\end{bmatrix} \tag{3.8.15}$$

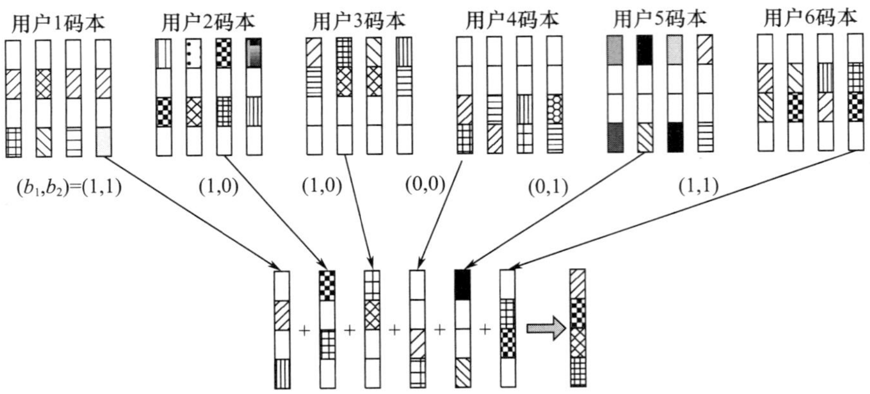

图 3.62　SCMA 多址方案示例

SCMA 的码本结构可以总结为以下 4 个特点。

(1) 码本稀疏性

同一个码本集合中,所有码向量的稀疏位置即含有 0 的位置都相同,且稀疏度(0 元素的比例)大于 1/2。不同码本集合的稀疏位置不完全相同,这样有助于随机化多址干扰,避免两个用户的信号完全重合。码本的稀疏性保证了所对应的因子图也具有稀疏结构。

(2) 因子图平衡性

为了保证每个用户具有相同的可靠性,维持用户公平性,SCMA 码本设计要求每个变量节点连接的 PRE 单元数目一样,同时每个 PRE 单元叠加的用户信号数目相同。这样,SCMA 的因子图上,每个变量节点所连边数(称为变量节点度分布)都相同。同样,每个校验节点所连边数(称为校验节点度分布)也相同。平衡性特征使得因子图具有一定的规则结构,便于工程实现,但也损失了一些性能。

(3) 高维星座成形

SCMA 与 LDS-CDMA 的一个显著差异是前者的码本设计应用了高维星座成形技术,SCMA 的码本元素不再局限于{0,±1}信号,可以是二维空间的复信号。由于两种方案最终都要进行码向量叠加,基于中心极限定理,叠加信号近似服从高斯分布。由于 SCMA 采用高维星座成形,可以更好地逼近于最优的高斯星座。理论上,当码本维度充分大时,最多可以获得 1.53dB 的成形增益(Shaping Gain)。

(4) 联合优化构造

SCMA 的码本构造是一个复杂的星座图与因子图联合优化问题,也是目前学术界研究的热点。文献[3.26~3.27]给出了两步构造的基本方案。首先对高维星座图进行优化设计,获得成形增益,然后再通过特定的向量变换,得到各个用户的码本集合。常用的变换包括相位旋转、复共轭运算及星座图维度重排,感兴趣的读者可以查阅相关文献进一步了解细节。

与 LDS-CDMA 类似,SCMA 的接收机主要采用 MPA 迭代检测算法,同样能以较低的复杂度获得较好的多用户检测性能,并且也可以推广到多载波传输,与 4G LTE 的 OFDM 体制具有较好的兼容性。

4. 图样分割多址(PDMA)技术

PDMA 是我国电信科学技术研究院(CATT)提出的一种非正交多址方案[3.28],每个用户分配特定的特征图样,用于区分各自的信号。本质上,PDMA 也是一类 LDS-CDMA 技术。它的特色主要体现在因子图上,变量节点度分布与校验节点度分布可以不均匀,这样,由于多用户干扰分布是不规则的，各个用户的可靠性存在差异，文献[3.28]称为不等分集度。这一点是 PDMA 区别于 SCMA 的关键特征。

例如，对于 6 用户 4 个 PRE 单元的系统配置，PDMA 的因子图矩阵可以表示为

$$\boldsymbol{F}=\begin{bmatrix}1 & 0 & 1 & 1 & 1 & 0\\1 & 1 & 0 & 1 & 0 & 1\\1 & 1 & 1 & 0 & 1 & 0\\0 & 1 & 1 & 0 & 0 & 1\end{bmatrix} \tag{3.8.16}$$

可见，用户 1～3 占用了 3 个 PRE 单元，频率分集增益相对较高，而用户 4～6 只占用了 2 个 PRE 单元，可靠性相对较差。进一步可以观察到，第 1 个与第 3 个 PRE 单元有 4 个用户信号叠加，而第 2 个与第 4 个 PRE 单元只有 3 个用户信号叠加。

由于引入不等分集度，各个用户的可靠性能够灵活变化。在 5G 移动通信场景中，当多个用户的业务 QoS 需求存在不同时，采用 PDMA 方式是一种较好的选择。PDMA 码本的优化构造仍然是一个开放问题，如何将不等分集度指标与系统整体性能进行最佳折中，还有待进一步研究。PDMA 也可以与 OFDM 或 MIMO 进行组合，具有较高的扩展性与兼容性。

5. 多用户共享多址(MUSA)技术

MUSA 技术是中兴公司提出的 5G 非正交多址方案[3.29]，它是一种广义的同步 CDMA 系统。图 3.63给出了 MUSA 的系统结构。与传统的 CDMA 系统相比，MUSA 所用的扩频码不再限定在二进制序列，可以是多进制或复数序列，但通常不要求扩频码必须是稀疏结构。与 LDS-CDMA、SCMA、PDMA 相比，MUSA 并不是通过稀疏码本结构来限制用户间的相互干扰，而是通过广义扩频序列的类随机特性，将多用户干扰进行平均与白化的。

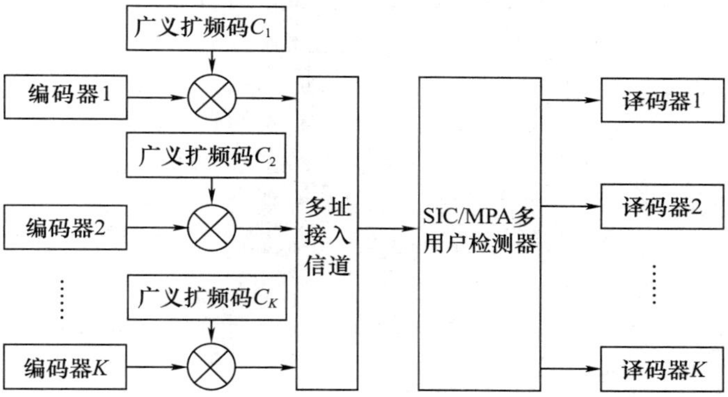

图 3.63　MUSA 的系统结构

MUSA 的接收机主要采用串行干扰抵消(SIC)检测算法，也可以采用 MPA 算法。MUSA 系统优化的关键是广义扩频序列的设计，目前只有经验性结果，还有待进一步深入研究。

本 章 小 结

本章讨论了移动通信中双工与多址这两个基本问题。在双工技术方面，首先介绍了时分、频分双工的基本概念及双向通信信道的容量域问题。其次，重点介绍了移动通信中的两种典型双工方式：频分双工(FDD)与时分双工(TDD)。最后，面向 5G 移动通信需求，详细介绍了带内全双工(IBFD)的基本原理与实现方案，并分析了技术优劣。

在多址技术方面，首先介绍了频分、时分、码分和空分的基本概念及多址接入信道的容量域问题。其次重点介绍了移动通信中几种典型的多址接入方式：1G 的 FDMA，2G GSM 的 TDMA、IS-95 的 CDMA，3G 的三个主

流制式的 CDMA 及 4G 的 OFDMA。结合不同的码分系统 IS-95、CDMA2000 和 WCDMA，重点分析和介绍了 CDMA 的 3 种不同形式地址码（用户、信道、基站）的结构与组成。对地址码设计的理论基础进行了深入分析与讨论。最后，针对 5G 移动通信的高频谱效率、海量连接的系统需求，详细介绍了功率域和编码域非正交多址（NOMA）的基本概念与代表性技术方案。

参考文献

[3.1] C. E. Shannon. Two-way Communication Channels. Proc. 4th Berkeley Symp. Math. Stat. Prob. Berkeley：University of California Press，pp. 611-644，1961.

[3.2] T. S. Han. A General Coding Scheme for the Two-way Channel. IEEE Trans. Inform. Theory，Vol. 30，No. 1，pp. 35-44，1984.

[3.3] T. M. Cover and J. A. Thomas. The Elements of Information Theory. New York，Wiley，1991.

[3.4] D. Tse and P. Viswanath. Fundamentals of Wireless Communication. Cambridge Univ. Press，2005.

[3.5] B. Rimoldi and R. Urbanke. A Rate-Splitting Approach to the Gaussian Multiple-Access Channel. IEEE Trans. Inform. Theory，Vol. 42，No. 2，pp. 364-375，1996.

[3.6] F. Boccardi et al. Five Disruptive Technology Directions for 5G. IEEE Commun. Mag.，Vol. 52，No. 2，pp. 74-80，Feb. 2014.

[3.7] S. Boumaiza and F. M. Ghannouchi. Realistic Power-Amplifiers Characterization with Application to Baseband Digital Predistortion for 3G Base Stations. IEEE Trans. Microwave Theory and Techniques，Vol. 50，No. 12，pp. 3016-3021，Dec. 2002.

[3.8] 王忠勇．TD-SCDMA 射频电路设计．北京：人民邮电出版社，2009.

[3.9] 3GPP TS 25.141. Base Station (BS) conformance testing (FDD).

[3.10] A. Sabharwal，P. Schniter，et. al. In-Band Full-Duplex Wireless：Challenges and Opportunities. IEEE Journal on Select. Areas in Commun.，Vol. 32，No. 9，Sept. 2014.

[3.11] E. Everett，A. Sahai and A. Sabharwal. Passive self-interference suppression for full-duplex infrastructure nodes. IEEE Trans. Wireless Commun.，Vol. 13，No. 2，pp. 680-694，Feb. 2014.

[3.12] M. B. Pursley and V. Sarwate. Evaluation of Correlation Parameters for Periodic Sequences. IEEE Trans. Inform. Theory，Vol. IT-23，pp. 508-513，July 1977.

[3.13] D. V. Sarwate. Bounds on Crosscorrelation and Autocorrelation of Sequences. IEEE Trans. Inform. Theory，Vol. IT-25，No. 6，pp. 720-724，Nov. 1979.

[3.14] L. R. Welch. Lower bounds on the maximum corss correlation of signals. IEEE Trans. Inform. Theory，Vol. IT-20，pp. 397-399，May 1974.

[3.15] P. Z. Fan，N. Kuroyanagi and X. M. Deng. A class of binary sequences with zero correlation zone. Electron. Lett.，Vol. 35，No. 10，pp. 777-779，1999.

[3.16] P. Z. Fan and Li Hao. Generalized orthogonal sequences and their applications in synchronous CDMA systems. IEICE Trans. Fundamentals，Vol. E83-A，pp. 2054-2069，Nov. 2000.

[3.17] X. H. Tang and P. Z. Fan. Bounds on aperiodic and odd correllations of spreading sequences with low and zero correlation zone. Electron. Lett.，Vol. 37，No. 19，pp. 1201-1203，1999.

[3.18] L. Dai，B. Wang，et. al. Non-Orthogonal Multiple Access for 5G：Solutions，Challenges，Opportunities，and Future Research Trends. IEEE Commun. Mag.，Vol. 53，No. 9，pp. 74-81，Sept. 2015.

[3.19] S. Han，et al. Energy Efficiency and Spectrum Efficiency Co-Design：From NOMA to Network NOMA. IEEE mMTC E-Letter，Vol. 9，No. 5，pp. 21-24，Sept. 2014.

[3.20] X. Huang，K. Niu，Z. He，et. al. Rate-Splitting Non-Orthogonal Multiple Access：Practical Design and Performance Optimization. 11th EAI International Conference on Communications and Networking in China，2016.

[3.21] 牛凯，黄欣睿．基于速率分割非正交多址接入技术的数据传输方法及装置．专利号：201610627117.1.
[3.22] A. Montanari and D. Tse. Analysis of belief propagation for non-linear problems: The example of CDMA (or: How to prove Tanaka's formula). IEEE Information Theory Workshop, Punta del Este, 2006.
[3.23] D. Guo and C. C. Wang. Multiuser Detection of Sparsely Spread CDMA. in IEEE Journal on Selected Areas in Communications, Vol. 26, No. 3, pp. 21-24, Sept. 2014.
[3.24] P. Li, L. Liu, et. al. Interleave-Division Multiple-Access. IEEE Transactions on Wireless Communications, Vol. 5, No. 4, pp. 938-947, Apr. 2006.
[3.25] R. Hoshyar, F. P. Wathan and R. Tafazolli. Novel Low-Density Signature for Synchronous CDMA Systems over AWGN Channel. IEEE Trans. Signal Proc., Vol. 56, No. 4, pp. 1616-1626, Apr. 2008.
[3.26] H. Nikopour and H. Baligh. Sparse Code Multiple Access. Proc. IEEE PIMRC 2013, pp. 332-336, Sept. 2013.
[3.27] Y. Wu, S. Zhang and Y. Chen. Iterative multiuser receiver in sparse code multiple access systems. in Proc. IEEE International Conference on Communications (ICC), pp. 2918-2923, Jun. 2015.
[3.28] S. Chen, B. Ren, Q. Gao, S. Kang, S. Sun and K. Niu. Pattern Division Multiple Access (PDMA)—A Novel Non-orthogonal Multiple Access for 5G Radio Networks. IEEE Trans. on Veh. Tech., Vol. 66, No. 4, pp. 3185-3196, 2017.
[3.29] Z. Yuan, G. Yu, and W. Li. Multi-User Shared Access for 5G. Telecommun. Network Technology, Vol. 5, No. 5, pp. 28-30, May 2015.
[3.30] 吴伟陵．移动通信中的关键技术．北京：北京邮电大学出版社，2000.
[3.31] J. S. Lee, L. E. Miller. CDMA Systems Engineering Handbook. Artech House, 1998.
[3.32] 3GPP Technical Specification (3G TS) 25.213, V4.0.0, Spreading and Modulation(FDD).
[3.33] T. Ojanpera, R. Prasad. WCDMA: Towards IP Mobility and Mobile Internet. Artech House, 2001.
[3.34] 孙立新，尤肖虎，张平等．第三代移动通信技术．北京：人民邮电出版社，2000.

习　　题

3.1　移动通信中的多址技术与固定网络中的信号复用技术之间有哪些共同点？有哪些不同点？

3.2　什么叫窄带通信系统？什么叫宽带通信系统？扩频的基本原理是什么？

3.3　比较 OFDMA 与 CDMA 技术的差别。

3.4　简述 OFDMA 的子载波映射方式及其优缺点。

3.5　在 CDMA 中，地址码有多少种类型？各用在什么场合？其中用作扩散的是哪种类型的地址码？

3.6　若用每比特 4 个码片来生成 Walsh 函数，试写出 4 组 Walsh 函数的取值，画出它们的波形，并证明它们之间的正交性。

3.7　在信噪比受限的 CDMA 系统中，若已知 $E_b/N_0=6\text{dB}$，相邻小区干扰 $\beta=60\%$，话音激活因子 $v=50\%$，功率控制精度 $\alpha=0.8$，射频带宽为 1.25MHz，传输速率为 9.6kbps，而一个全向小区的用户数量 M 可采用下列公式：$M=\dfrac{G}{E_b/N_0}\times\dfrac{1}{1+\beta}\times\alpha\times\dfrac{1}{v}$，其中 G 为扩频增益。试问 $M=$？

3.8　在地址码的移位寄存器实现结构中有两种不同的类型：SSRG 与 MSRG，它们各有什么特点？两类结构之间有什么关系？

3.9　已知 IS-95 基站地址码的 I 路与 Q 路 PN 码生成多项式分别为

$$f_I(x)=1+x^2+x^6+x^7+x^8+x^{10}+x^{15}$$

$$f_Q(x)=1+x^3+x^4+x^5+x^9+x^{10}+x^{11}+x^{12}+x^{15}$$

试画出相应的 MSRG 结构与 15 阶 PN 序列 I、Q 信道地址码结构图。

3.10　已知 WCDMA 的一个 25 阶 Gold 序列生成多项式为

$$f_1(x)=1+x^3+x^{25},\ f_2(x)=1+x+x^2+x^3+x^{25}$$

试画出相应的 MSRG 结构与 25 阶 Gold 序列产生结构图。

第4章　信源编码与数据压缩

第1章已指出通信系统中的核心问题是有效性、可靠性与安全性,移动通信也不例外,只是实现这3类指标的环境与条件更加恶劣,因而达到目标也就更加困难。特别是由于移动通信的频率资源是有限的,因此提高效率的问题也就更加突出。

有效性是一个很复杂的问题,与移动通信系统的物理层、网络层和蜂窝网的拓扑结构密切相关。但在本章中,由于还没有涉及蜂窝网结构,因此仅从物理层来探讨。即使局限于物理层,有效性也涉及信源编码与数据压缩、调制与信道编码技术、多址方式、信号分集接收、天线方向性等诸多方面。本章仅讨论在物理层决定有效性的最主要因素:信源编码和数据压缩技术。

信源编码主要利用信源的统计特性,解除信源相关性,去掉信源冗余信息,从而达到压缩信源输出的信息率,提高系统有效性的目的。

在移动通信系统中,从2G开始就应用了信源编码技术。但是2G主要是语音业务,所以信源编码主要指语音压缩编码。3G之后,通信业务逐步扩展成包含语音、数据和图像等在内的多媒体业务。信源编码不仅包含语音压缩编码,还包含各类图像压缩编码和多媒体数据压缩编码等。信源编码涉及压缩算法及具体的软硬件和系统实现技术,本章仅讨论以压缩算法为核心的原理与技术。

无论是语音压缩编码还是图像压缩编码,大致都经历了两个发展阶段:第一阶段是以信源统计特性为依据的统计压缩编码,第二阶段是在统计特性的基础上考虑了瞬时特性和主观特性的自适应压缩编码。

4.1　语音压缩编码

本节将讨论语音压缩编码的基本原理、方法及语音压缩编码算法的评价指标。

4.1.1　引言

1. 分类

通信系统中引入语音压缩编码的目的是解除语音信源的统计关联,压缩语音编码的码率,提高通信系统的有效性。语音压缩编码大致可以分为以下3类。

(1) 波形编码

波形编码是以精确再现语音波形为目的,并以保真度即自然度为度量标准的编码方法。这类编码是保留语音个性特征为主要目标的方法,其码率较高。

(2) 参量编码

参量编码是利用人类发声机制,仅传送反映语音波形变化主要参量的编码方法。在接收端,可根据发声模型,由传送过来的变化参量激励产生人工合成的语音。参量编码的主要度量标准是可懂度。显然,这类编码是以提取并传送语音的共性特征参量为主要目标的编码方法,其码率较低。

(3) 混合编码

混合编码是吸取上述两类编码的优点,以参量编码为基础并附加一定的波形编码特征,以实现在可懂度基础上适当改善自然度目的的编码方法。其码率介于上述两类编码之间。

参量编码一般又称为声码器，而有人将混合编码称为软声码器。以上 3 类编码中，波形编码的质量最高，其质量几乎与压缩处理之前相同，可适用于公用骨干(固定)通信网。参量编码的质量最差，不能用于公用骨干通信网，而仅适合于特殊通信系统，如军事与保密通信系统。混合编码的质量介于两者之间，目前主要用于移动通信网。

2. 性能估计

我们可以应用信息论对上述 3 类编码的理论性能做初步估计。

(1) 波形编码的性能估计

利用信息论中连续(模拟)有记忆信源的信息率失真函数 $R(D)$ 理论可以分析波形编码的性能。为了简化，粗略假设语音采样值遵从广义平稳正态马氏链性质，则信息率失真 $R(D)$ 函数为

$$R(D)=\frac{1}{2}\log_2\frac{\sigma^2(1-\rho^2)}{D} \tag{4.1.1}$$

式中，ρ 为相关系数，根据实测数据对于语音 $\rho=0.96$ 左右；D 为允许失真；σ^2 为方差，即噪声功率；σ^2/D 为信噪比。上式的计算结果见表 4.1。

表 4.1 波形编码理论压缩比 K① 的初估

信噪比(dB)	35	32	28	25	23	20	17
$R(D)$(bit/采样点)	4	3.5	2.5	2.34	2	1.5	1
压缩比 K	2	2.28	3.2	3.42	4	5.3	8

由上述分析结果可得如下结论：当语音质量达到进入公用骨干通信网要求标准，即 $\sigma^2/D\approx 26$dB 时，$K\approx 3.4$。若进一步考虑实际语音分布与主观因素的影响(因为正态分布 $R(D)$ 值最大)，其压缩比可以进一步增大。取 $K=4$(保守值)时，语音速率可以从未压缩的 PCM 64kbps 降至 1/4 速率的 16kbps。目前已实用化的 DPCM 为 32kbps。

(2) 参量编码的性能估计

语音可以采用各种不同形式的参量来表达。为了分析方便，采用最基本的参量“音素”。下面以英语音素为例进行分析。英语中共有音素 $2^7=128\sim 2^8=256$ 个。按照通常讲话速率，每秒大约平均发送 10 个音素。由信息量计算公式，对于等概率事件有：$I=\log_2 N$，N 为总组合数，则

$$I_1(\text{上限})=\log_2 N=\log_2(256)^{10}=80\text{bps} \tag{4.1.2}$$

$$I_2(\text{下限})=\log_2 N=\log_2(128)^{10}=70\text{bps} \tag{4.1.3}$$

最后可计算出压缩比 K 为

$$K=\frac{64\text{kbps}}{70\sim 80\text{bps}}\approx 914\sim 800\text{ 倍} \tag{4.1.4}$$

(3) 混合编码的性能估计

显然，混合编码的理论压缩比介于上述两类编码之间，且与语音质量需求有关。若要求混合编码偏重于个性特征，则其压缩比靠近波形编码的压缩比；若要求混合编码偏重于共性特征，则其压缩比靠近参量编码的压缩比。

4.1.2 数字通信中的语音压缩编码

移动通信中由于频率资源有限，因此要求语音压缩编码采用低码率，而另一方面由于移动通信信号可能要进入公用骨干通信网，因此必须基本满足公用骨干通信网的最低要求，再者移动通

① 压缩比 K 是以 PCM 8bit/样点(8 位码)为参考点，与相应的 $R(D)$ 值比较并计算的。

信属于民用通信，还必须满足个性化指标要求。鉴于以上理由，高质量的混合编码是移动通信中的优选方案。

在低数据比特率、高压缩比的混合编码中，数据比特率、语音质量、算法复杂度与处理时延是4个主要参量。混合编码的任务就是力图使上述参量及其关系达到综合最优化。下面分别讨论这4个参量。

1. 数据比特率

数据比特率是度量语音信源压缩率和通信系统有效性的主要指标。数据比特率越低，压缩比就越大，可通信的话路数也就越多，移动通信系统也就越有效。数据比特率低，语音质量也随之相应降低，为了补偿质量的下降，往往可采用提高设备硬件复杂度和算法软件复杂度的办法。但是，这又带来了成本与处理时延的增大。降低数据比特率的另一种有效方法是采用可变速率的自适应传输，可以大大降低语音的平均传送率。

另外，还可以进一步采用语音激活技术，充分利用至少3/8的有效空隙，可获得约2.67dB的有效增益。语音激活技术建立在通话双方句子间、单词间存在可利用空闲的原理上，对于TDMA系统，首先要检测可利用的空隙，然后再采用插空技术加以利用。但对于CDMA系统，由于各路语音同频、同时隙，则可以很方便地利用所有空隙，即各路语音的空隙是随机产生的，可以达到互补的效果。

2. 语音质量

度量语音质量是一个非常困难的问题。其度量方法不外乎客观与主观两个角度，客观度量可以采用信噪比、误码率、误帧率，相对来说比较简单、可行。但主观度量就没那么简单，是因为接收语音的是人耳，所以语音质量主要是由人耳的主观特性来判断的。

目前国际上常采用的主观评判方法称为MOS方法，它是原CCITT(ITU-T前身)建议采用的平均评估得分法(MOS)。一般将主观质量评分分为5级：5分(第5级)，Excellent表示质量完美；4分(第4级)，Good表示高质量；3分(第3级)，Fair表示质量尚可(及格)；2分(第2级)，Poor表示质量差(不及格)；1分(第1级)，Bad表示质量完全不能接受。在5级主观评测标准中，达到4级以上就可以进入公用骨干通信网，达到3.5级以上可以基本进入移动通信网。

3. 复杂度与处理时延

由于语音压缩编码通常可以采用数字信号处理器(DSP)来实现，其硬件复杂度取决于DSP的处理能力，而软件复杂度则主要体现在算法复杂度上，是指完成语音编、译码所需要的加法、乘法的运算次数，一般采用MIPS即每秒完成的百万条指令数来表示。通常，在取得近似相同语音质量的前提下，语音码率每下降1/2，MIPS大约需增大一个数量级。算法复杂度增大，也会带来更长的运算时间和更大的处理时延。在双向语音通信中，处理时延、传输时延再加上未消除的回声，是影响语音质量的重要指标。

表4.2给出了几种已知低数据比特率语音压缩编码的上述4个参数与性能比较。

表4.2 几种已知低数据比特率语音压缩编码的4个参数与性能比较

参数 / 指标 / 编码器类型	数据比特率(kbps)	复杂度(MIPS)	处理时延(ms)	语音质量(MOS)
脉码调制 PCM	64	0.01	0	4.3
自适应差分脉码调制 ADPCM	32	0.1	0	4.1
自适应自带编码	16	1	25	4
多脉冲线性预测编码	8	10	35	3.5

续表

参数 指标 编码器类型	数据比特率(kbps)	复杂度(MIPS)	处理时延(ms)	语音质量(MOS)
随机激励线性预测编码	4	100	35	3.5
线性预测声码器	2	1	35	3.1

4.2 移动通信中的语音压缩编码

本节将结合 2G GSM 与 IS-95 及 3G 的 WCDMA 和 CDMA2000 等不同系统所采用的语音压缩编码具体方案，着重从原理上来阐述移动通信中的语音压缩编码。

4.2.1 GSM 系统的 RPE-LTP 声码器

规则脉冲激励长期预测编码，即 RPE-LTP 是通过 3 个阶段从 6 种候选方案中仔细挑选出来的，它代表了当时语音混合编码的国际先进水平，其基本原理基于线性预测编码。RPE-LTP 声码器采用等间隔、相位与幅度优化的规则脉冲作为激励源，以便使合成后的波形更接近原始信号。该方案结合长期预测以消除信号的冗余度，降低编码速率，同时算法较简单，计算量适中且易于硬件实现。

GSM 对语音的信号处理从总体上主要包括：①发送端首先要进行语音检测，将每个时段分为有声段和无声段，并分别进行处理；②对于有声段，要进行语音压缩编码以产生语音帧信号；③对于无声段，要进行背景噪声估计，产生 SID(静寂描述帧)；④发射机采用不连续发声方式，仅在有声段内发送语音帧，而 SID 则在语音帧结束后才发送，接收端根据收到的 SID 帧中信息在无声段插入舒适噪声。

RPE-LTP 声码器的输入信号速率为 8000 个采样点/秒，编码处理是按帧进行的，每帧 20ms，含有 160 个采样点，编码后为 260 比特的编码块。REP-LTP 声码器的原理图如图 4.1 所示。

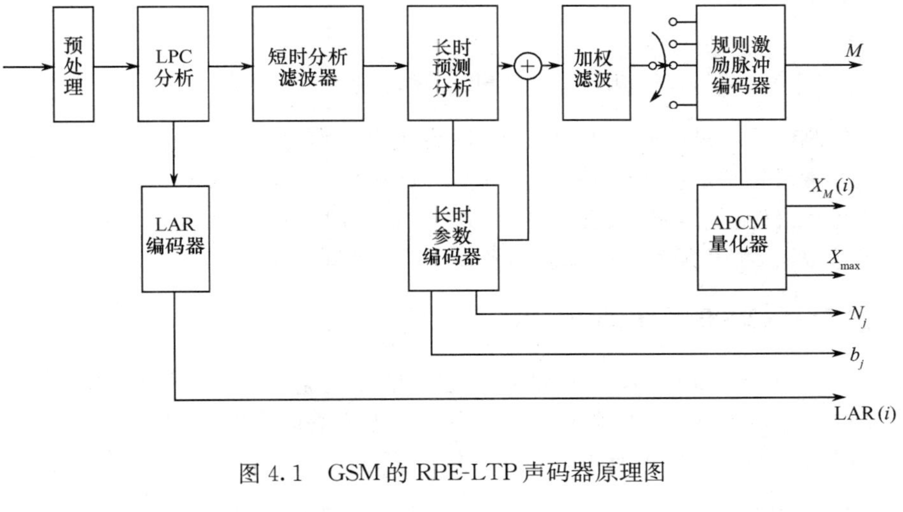

图 4.1 GSM 的 RPE-LTP 声码器原理图

图 4.1 中各主要部分功能描述如下。

① 预处理。语音信号编码以前先经过预处理，以消除信号中的直流分量并进行高频分量的预加重，包括偏移补偿与预加重两个子模块。

② LPC 分析。主要进行线性预测分析，它包含 5 个子模块：分帧、自相关、Schur 递归算法、

反射系数映射至对数面积比(LAR)转换及对数面积比的量化与编码。

③ 短时分析滤波器。其目的是提取一个语音帧中160个样点的短时余量信号。

④ 长时预测分析。它将短时分析滤波器输出的余量信号进行长期预测处理。

⑤ 规则脉冲激励编码器。它将由长时预测分析产生的长时余量信号通过加权滤波器进行规则脉冲激励序列的提取和编码。

4.2.2 IS-96系统的QCELP声码器

下面介绍Qualcomm公司提出的用于IS-96系统的语音压缩编码标准——TIA/EIA IS-96，即QCELP声码器。它是可变速率的混合编码器，基于线性预测编码的改进型——码激励线性预测，即采用码激励的矢量码表替代简单的浊音的准周期脉冲产生器。QCELP采用可变速率编码，利用语音激活检测(VAD)技术，在语音激活期内，可根据不同的信噪比分别选择4种速率：8kbps、4kbps、2kbps和1kbps，并称它们为全速率(1)、半速率(1/2)、四分之一速率(1/4)、八分之一速率(1/8)，QCELP中的参量分为3类：矢量码表参量、音调参量与线性预测系数参量，需要每帧更新。

QCELP声码器的原理图如图4.2所示。图中，L表示最佳音调滞后，b为音调滞后。

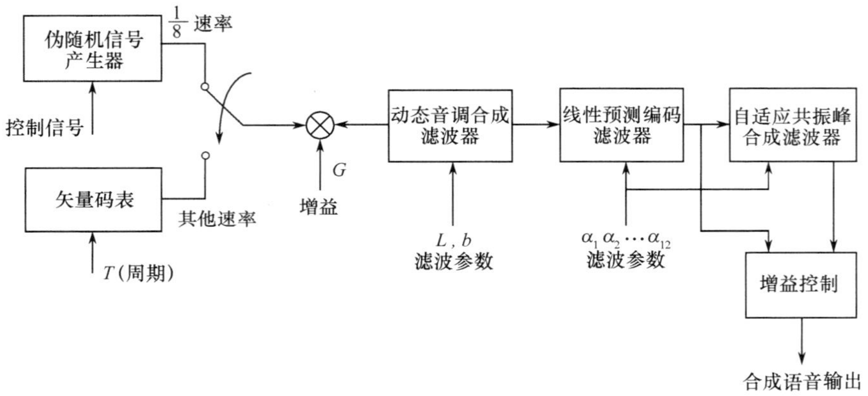

图4.2　QCELP声码器的原理图

典型线性预测(LPC)采用简单的二元清/浊音模型，而QCELP则采用矢量码表代替浊音，即采用码激励矢量量化差值信号代替浊音。QCELP采用3类滤波器代替典型LPC中人工语音合成的IIR滤波器，目的是改善合成语音的质量，特别是改善语音自然度。这3类滤波器包括：动态音调合成滤波器、线性预测编码滤波器及自适应共振峰合成滤波器。

4.2.3 CDMA2000系统的EVRC声码器

EVRC(Enhanced Variable Rate Codec)即增强型可变速率语音编码器，是由美国电信工业协会TIA/EIA于1996年提出的CDMA2000系统的语音编码方案。EVRC语音编码的采样率为8kHz，语音帧长为20ms，每帧有160个采样点。EVRC语音速率分为3种：全速率，9.6kbps，其对应每帧参数为171bit；半速率，4.8kbps，其对应每帧参数为80bit；1/8速率，1.2kbps，其对应每帧参数为16bit，平均速率为8kbps。EVRC声码器采用基音内插方法减小基音参数传送速率，使其在每个语音帧仅传送两次，而将节省下的信息位(比特数)用于提高激励信号质量。EVRC声码器基于码激励线性预测，与传统CELP算法的主要区别为：它能基于语音能量、背景噪声和其他语音特性动态调整编码速率。

4.2.4 WCDMA 系统的 AMR 声码器

AMR 是 3G 通信中 WCDMA 优选的语音编码方案，其基本思路是联合自适应调整信源和信道编码模式来适应当前信道条件与业务量大小。AMR 编码自适应有两个方面：信源和信道。信道存在两类选择：全速率(FR)，22.8kbps 和半速率(HR)，11.4kbps，而对于 FR 和 HR 不同信道模式，分别有 8 种和 6 种信源编码速率，如表 4.3 所示。

表 4.3　AMR 信道与信源编码模式

信道模式	编码模式(信源编码速率)
全速率(FR)22.8kbps	12.2kbps，10.2kbps 7.95kbps，7.4kbps 6.7kbps，5.9kbps 5.15kbps，4.75kbps
半速率(HR) 11.4kbps	7.95kbps，7.4kbps 6.7kbps，5.9kbps 5.15kbps，4.75kbps

AMR 语音编码的采样率为 8kHz，语音帧长 20ms，每帧 160 个采样点。AMR 声码器的原理图如图 4.3 所示。

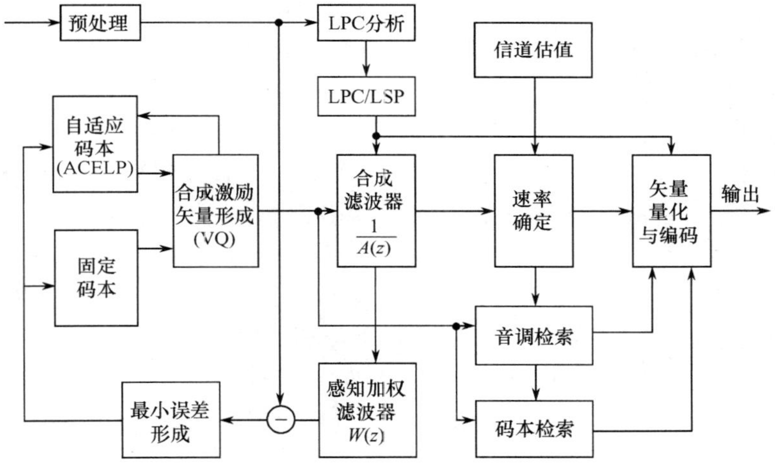

图 4.3　AMR 声码器的原理图

AMR 声码器中的 CELP 单元是自适应的，即 ACELP，它有 14 种信源编码速率可供选择，其中全速率(FR)8 种，半速率 6 种，如表 4.3 所示。AMR 的自适应特点主要体现在由信道检测与估值确定当时的信道状态，再由信道状态选择最合适的传输速率。

4.3　图像压缩编码

4.3.1　图像压缩编码标准简介

图像的信息量远大于语音、文字、传真和一般数据，它所占用频带也比其他类型业务宽。传输、处理、存储图像信息要比语音、文字、传真及一般数据技术更复杂，实现更困难。图像是比较复杂的信息类型，一般可划分为 3 大类型。

① 静止图片:如照片、医用图片、遥感图片等,这类图像是完全静止的。

② 准活动图像:可视电话、话剧、各类型会议电视等,这类图像是准活动或准静止的,其特点是背景基本上静止,活动人物是有限度的。

③ 活动图像:广播电视、高清晰电视 HDTV 等,这类图像中的人物与背景均为全活动的。

经过多年的努力,图像压缩编码已形成了下列系列化标准,见表 4.4。

表 4.4 各类图像压缩编码标准

标准	压缩比与数据比特率	应用范围
JPEG	2～30 倍	有灰度级的多值静止图片
JPEG-2000	2～50 倍	移动通信中的静止图片、数字照相与打印、电子商务
H. 261	$p\times$64kbps,其中 $p=1,2,\cdots30$	ISDN 视频会议
H. 263	8kbps～1. 5Mbps	POTS 视频电话、桌面视频电话、移动视频电话
MPEG-1	不超过 1. 5Mbps	VCD、光盘存储、视频监控、消费视频
MPEG-2	1. 5Mbps～35Mbps	数字电视、有线电视、卫星电视、视频存储、HDTV
MPEG-4	8kbps～35Mbps	交互式视频、因特网、移动视频、2D/3D 计算机图形

目前制定视频压缩编码国际标准的有两大国际组织:一是 ITU-T 它制定的标准通常称为建议标准,一般用 H. 26X 表示,如 H. 261、H. 262、H. 263 和 H. 264。这类标准主要面向通信,即针对实时通信,如可视电话与会议电话等。另一个是 ISO/IEC 它制定的标准一般就称为标准,通常采用 JPEG 和 MPEGX 表示,如 JPEG、JPEG-2000、MPEG-1、MPEG-2、MPEG-4 等。这类标准主要用于视频广播、有线电视、卫星电视、视频存储和视频流媒体等。

目前,视频压缩编码大致可以分为两代:第一代视频压缩编码基于像素的方法,去掉的是图像信源的客观统计数据的冗余,称为统计压缩编码,包括 JPEG、MPEG-1、MPEG-2、H. 261、H. 263 等;第二代视频压缩编码基于内容的方法,去掉的是内容的冗余,既包含客观统计数据的冗余,又包含基于对象、基于语义方面的主观冗余。其中,基于对象方法是基于内容的初级形式,而基于语义方法则是基于内容的高级形式。包括 JPEG-2000、MPEG-4、MPEG-7、H. 264 等。两者的主要差异在于:①第一代视频压缩编码是以图像信源的客观统计特性为主要依据的;第二代视频压缩编码是在图像信源客观统计特性的基础上,重点考虑了用户的主观特性和图像的瞬时特性;②第一代视频压缩编码以图像的像素、像素块、像素帧为信息处理的基本单元;第二代视频压缩编码则以主观要求的音频/视频(Audio-Video,AV)的分解对象为信息处理的基本单元,如背景、人脸及声/乐/文字组合等。

第二代视频压缩编码的另一个突出特点是可根据用户的需求实现不同的功能和提供不同性能的质量,具有交互性、可选择性和可编辑性等面向用户的操作特性。

4.3.2 静止图像压缩标准 JPEG

JPEG 标准分为两类:一是基于 DPCM 的无失真编码;二是基于离散余弦变换 DCT 的限失真编码。

1. 基于 DPCM 的无失真编码

无失真编码又称为无损信源编码,是一种不产生信息损失的编码,一般其压缩比比较小,为 4 左右。JPEG 无失真编码的发送端与接收端实现原理如图 4.4 和图 4.5 所示。

JPEG 无失真编码从原理上看,主要是以 DPCM 为基础,再加上哈夫曼编码或算术编码的熵编码方式。

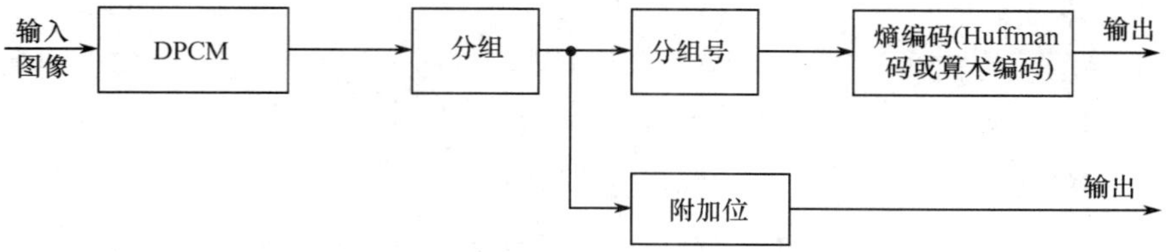

图 4.4　JPEG 无失真编码的发送端实现原理

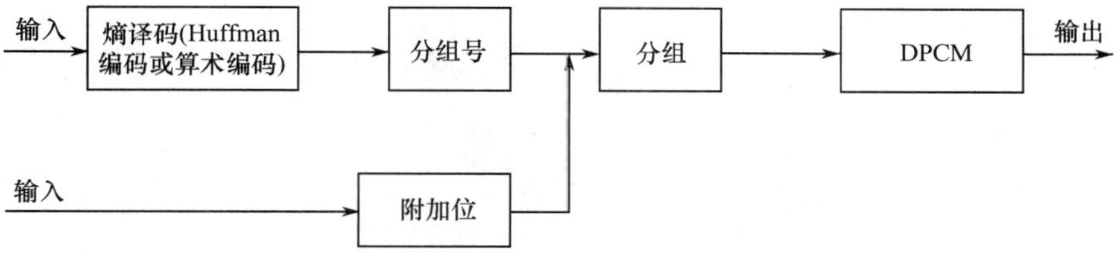

图 4.5　JPEG 无失真编码的接收端实现原理

2. 基于离散余弦变换 DCT 的限失真编码

限失真编码属于有损信源编码，以离散余弦变换 DCT 为基础，再加上限失真量化编码和熵编码，它能够以较少的比特数获得较好的图像质量。JPEG 限失真编码的发送端实现原理如图 4.6所示。

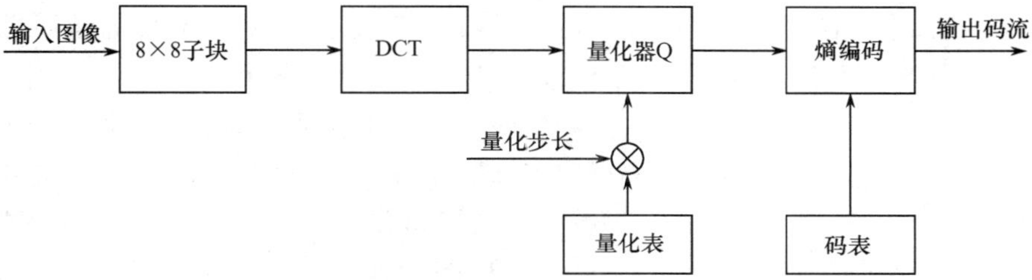

图 4.6　JPEG 限失真编码的发送端实现原理

JPEG 限失真编码的接收端实现原理如图 4.7 所示。

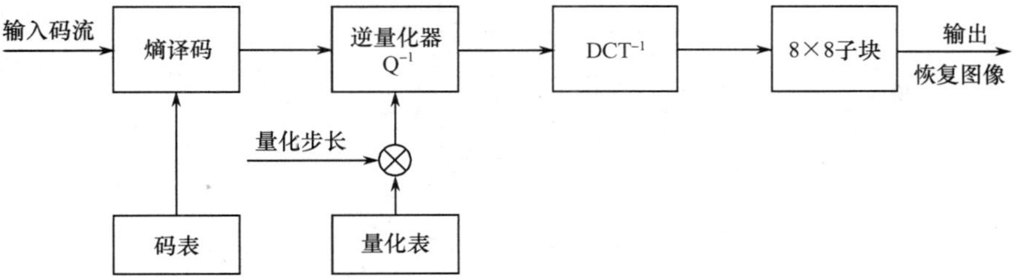

图 4.7　JPEG 限失真编码的接收端实现原理

4.3.3　准活动图像视频压缩标准 H.26X

H.26X 是由 ITU-T 制定的建议标准，自 20 世纪 80 年代中期开始已制定了 H.261、H262、H.263 和 H.264。其中，H.262 和 MPEG-2 是同一个标准，这是两大国际组织的共同成果。而 H.264 也是两大国际组织联手制定的，被称为“MPEG-4 Visual Part 10”，也就是“MPEG-4 AVC (Advanced Video Coding)”。这里仅介绍 H.261 与 H.263。

1. H. 261 标准简介

H. 261 主要用于传输会议电话及可视电话信号，根据不同的需求，H. 261 将码率确定为：$p\times64$kbps（$p=1,2,\cdots,30$），其对应的数据比特率为 64kbps～1. 92Mbps。

H. 261 编码器原理如图 4. 8 所示。

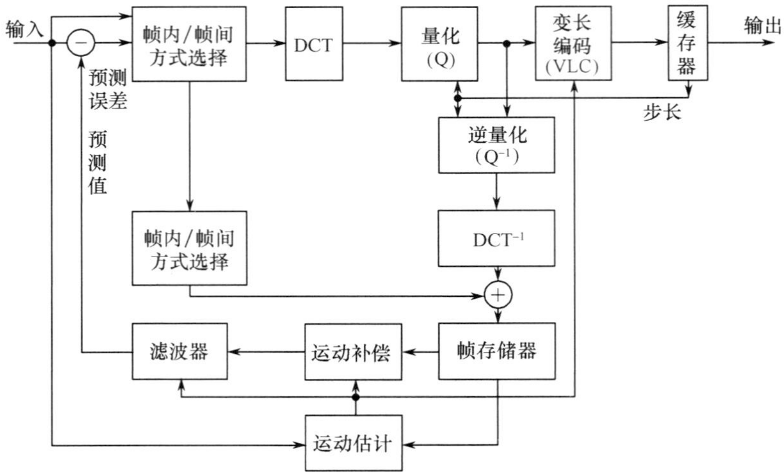

图 4. 8　H. 261 编码器原理

由图 4. 8 可见，输入图像序列的第一帧采用帧内方式，对 8×8 像素块作离散余弦变换（DCT）、量化（Q）后分成两路，一路送入变长编码（VLC）并缓存输出；另一路经逆量化（Q^{-1}）和逆离散余弦变换（DCT^{-1}）进入帧存储器，构成反向回路。此后对当前帧的每个 8×8 像素块与前一帧做运动估计，经运动补偿后再返回进行帧间预测，从而进入帧间方式，将预测误差值再经过 DCT、Q 和 VLC 编码后输出。至于是采用帧内还是帧间方式，主要决定于图像的相关性。

H. 261 译码器原理如图 4. 9 所示。译码是编码的逆过程，这里不再赘述。H. 261 编译码中采用的关键技术有：通过帧间预测消除图像在时域内的相关性；通过 DCT 消除图像在空域内的相关性；利用人眼视觉特性进行可变步长及自适应量化；利用变长编码实现与信源统计特性匹配；利用输出（入）的缓存实现平滑数据流传输。

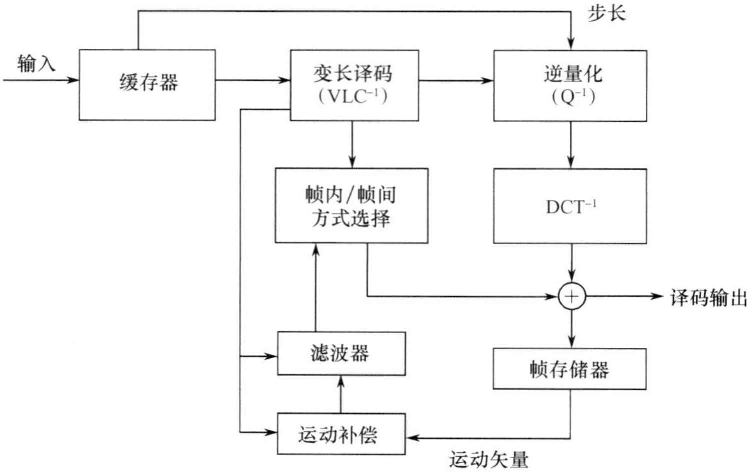

图 4. 9　H. 261 译码器原理

H. 261 输入图像格式统一采用中间格式 CIF 和 QCIF(1/4CIF),其目的是为了适应不同的电视制式,并且 CIF(或 QCIF)的数据结构可以划分为 4 个层次:图像层(P,Picture)、块组层(GoB,Group of Blocks)、宏块层(MB,MacroBlock)、块层(B,Block)。

2. H. 263 标准简介

H. 263 信源编码算法的核心仍然是 H. 261 标准中所采用的编码算法,其原理框图也与 H. 261 基本一样,因此这里仅介绍两者的区别。

① H. 261 只能工作于 CIF 与 QCIF 两类格式,而 H. 263 则可工作于 5 种格式:CIF、QCIF、SubQCIF、4CIF、16CIF。

② H. 263 吸收了 MPEG 等标准中有效、合理的部分,如采用半像素精度运动估值,提高了预测精度,进一步降低了编码速率。

③ H. 263 在 H. 261 基本编码算法基础上又提供了以下 4 种可选模式,以进一步提高编码效率。

● 非限制运动矢量模式。它允许运动矢量指向图像以外区域,其参数像素用最近边缘像素代替,这样可改善边缘宏块预测效果,特别是对较小图像格式。

● 基于语法的算术编码模式。它采用算术编码代替常用的变长码——哈夫曼码,在保持相同图像质量下,其编码数据比特率下降约 5%,从而提高了压缩比。

● 高级预测模式。该模式可进一步将运动矢量搜索精度提高到半个像素,译码采用重叠式加权补偿技术求得预测像素值,可进一步改善图像质量并减小方块效应。

● PB 帧模式。采用这种模式在数据比特率提高不大的情况下,可以使图像的帧频有较大的提高。

4. 3. 4 活动图像视频压缩标准 MPEG

这类标准是由 ISO 和 IEC 于 1998 年成立的一个研究活动图像的专家组 MPEG(Moving Picture Experts Group)负责制定的。现已制定了 MPEG-1、MPEG-2、MPEG-4 及补充标准 MPEG-7 与 MPEG-21 等,其中 MPEG-2 与 MPEG-4 是与 ITU-T 联合制定的。在 MPEG 系列标准中,MPEG-1、MPEG-2 属于第一代视频压缩标准,而 MPEG-4 则属于第二代视频压缩标准。

1. MPEG-1 标准简介

MPEG-1 于 1993 年颁布主要是针对 1. 5Mbps 速率的数字存储媒体运动图像及其伴音制定的国际标准,用于 CD-ROM 的数字视频及 MP3 等。1. 5Mbps 中有 1. 1Mbps 用于视频,128kbps 用于音频,其余用于 MPEG 系统本身。MPEG-1 编码器原理如图 4. 10 所示。

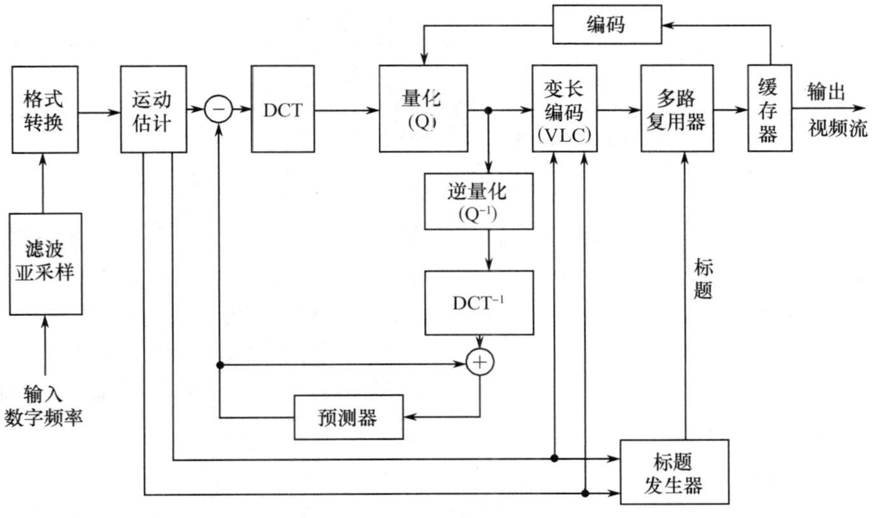

图 4. 10 MPEG-1 编码器原理

由图 4.10 可见，MPEG-1 编码采用帧间 DPCM 和帧内 DCT 相结合的方法。对于一个给定的宏块，其编码过程可以大致归纳为：选择编码模式；产生宏块的运动补偿预测值，将当前宏块的实际数据减去预测值得到预测误差信号；将该宏块预测误差信号进一步划分为 8×8 像素块，再作 DCT 变换；将经 DCT 变换后的数据进行量化与变长编码；重构 I 图像和 P 图像。可见，MPEG-1 在视频压缩编码方面与 H.261 差不多，都采用了帧间 DPCM、帧内 DCT、自适应量化 Q、变长编码及运动补偿等技术。

MPEG-1 视频流采用分层式数据结构，其分层方法及其功能如表 4.5 所示。

表 4.5　MPEG-1 视频流的分层方法及其功能

分层名称	功能
块层	进行离散余弦变换 DCT 的基本单元
宏块层	预测单元
分片层	同步恢复单元
帧(图片)层	基本编码单元
帧组(图片组)层	视频随机存取单元
视频序列层	节目内容随机存取单元

MPEG-1 视频流分层结构图如图 4.11 所示。

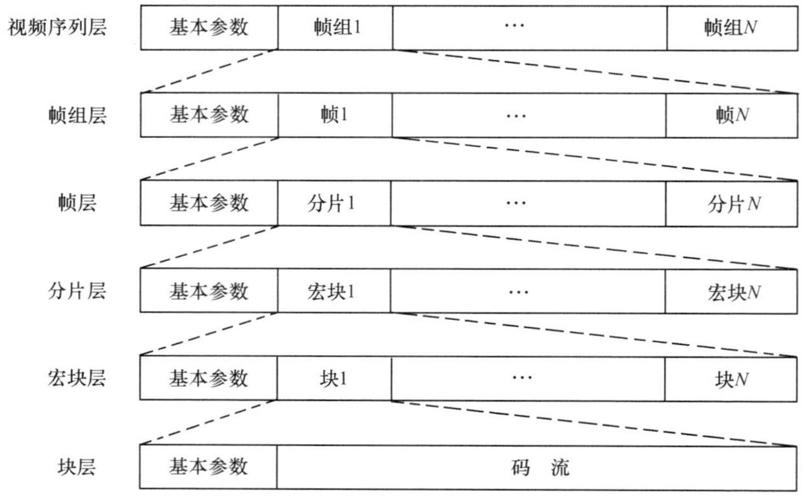

图 4.11　MPEG-1 视频流分层结构图

为了实现高压缩率，去除图像序列的时间冗余度，同时满足多媒体等应用所必需的随机存取要求，MPEG-1 中视频图像分成 4 种帧类型：I、P、B 与 D 帧。I 帧为帧内编码帧(Intracoded frame)，编码时采用类似 H.261 的 DCT 编码；P 帧为预测编码帧(Predictively coded frame)，采用前向运动补偿预测和误差的 DCT 编码，由其前面的 I 帧或 P 帧进行预测；B 帧，为双向预测编码帧(Bidirectionally predictively coded frame)，采用双向运动补偿预测和误差 DCT 编码。双向是指前向和后向的 I 帧或 P 帧进行预测，B 帧的压缩率最高。D 帧为直流编码帧(DC coded frame)，它只包含每个块的直流分量。

2. MPEG-2 标准简介

MPEG-2 标准于 1995 年推出，它是在 MPEG-1 标准的基础上的改进与扩展。MPEG-2 主要是针对数字视频广播、高清晰度电视 HDTV 和数字视盘等制定的 4～9Mbps 运动图像及其伴音的编码标准，是数字电视机顶盒与 DVD 等产品的基础。MPEG-2 与 MPEG-1 一样，其视频压缩编码的核心技术是类似的，采用的是第一代压缩编码方法，即以图像信源统计特性为依据、像素分块为基础的信息处理技术。本节仅主要讨论 MPEG-2 与 MPEG-1 的差异。

① 考虑到视频信号隔行扫描的特点，MPEG-2 专门设置了“按帧编码”和“按场编码”两类模式，并相应地对运动补偿和 DCT 方法进行了扩展，提高了压缩编码的效率。

② MPEG-2 压缩编码还在以下进行了扩展：输入/输出图像彩色分量之比可以是 4∶2∶0、4∶2∶2和 4∶4∶4；输入/输出图像格式不限定，可以直接对隔行扫描视频信号进行处理。

③ 空间分辨率、时间分辨率、信噪比可分为不同等级，以适合不同等级用途需求，并可给予不同等级优先级。

④ 视频流结构具有可分级性，如头部、运动矢量的优先级高，而 DCT 系数、高频分量的优先级低。

⑤ 输出码率可以是恒定的，也可以是变化的，以适应同步与异步传输。

4.3.5 第二代视频压缩编码标准

前面已简单介绍了第二代视频压缩编码标准的一些特点，本节介绍已应用于移动通信的 JPEG-2000 标准、MPEG-4 标准和 H.264 标准。

1. JPEG-2000 标准简介

JPEG-2000 可以看作是 JPEG 的升级版本，其平均压缩比较 JPEG 增大约 30%。JPEG-2000 的主要特点如下：①用以小波变换为主的多分辨率编码方式代替 JPEG 中的传统 DCT 变换，从而可以去掉最棘手的方块效应。②采用了渐进传输技术（Progressive Transmission），可以先传送图像的轮廓或缩影，然后再由用户决定是否需要及需要图像细节与数据的 QoS 等级，即由用户决定所需带宽、传输速率及数据量的大小。③用户在处理图像时可以指定感兴趣区域（ROI，Region Of Interest），对这些区域可以选取特定的压缩质量和解压缩质量，即接受用户主观要求，实现交互式压缩。④利用预测法可以实现无损压缩（Lossless Compression），这对卫星遥感图片、医学图片、文物图片很有意义。⑤具有误码鲁棒性，抗干扰性好。⑥它充分考虑了人眼的主观视觉特性，增加了视觉权重和掩膜，在不损害视觉效果的情况下，大幅提高压缩效率。

2. MPEG-4 标准简介

随着多媒体技术的普及，人们对低速率视频在 PSTN、无线移动网、互联网上传输的要求日益突出，1992 年 11 月，ISO/IEC 的 MPEG 专家组决定开发适应极低码率的音频/视频（AV）的编码国际标准 MPEG-4。

MPEG 是基于对象方法的视频压缩编码。图 4.12 给出对于一个任意形状的视频对象进行压缩编码的通用原理框架。

图 4.12 中主要包含纹理、形状和运动 3 个编码模块。基于对象的视频压缩编码过程可以分为：①从输入视频流中采用自动、半自动、人工方式分割出视频对象；②对视频对象进行编码，不同对象的运动、形状和纹理可分配不同的码字；③对各个视频对象的码流进行复接。

MPEG-4 标准中定义的中心概念是 AV 对象，它是基于对象方法的基础，非常适合于交互式操作，MPEG-4 的编码机制是基于 16×16 像素宏块来设计的。MPEG-4 视频码流提供了对视频场景的分层描述，如图 4.13 所示。

视频对象序列（VS）是完整的 MPEG-4 场景，可以是二维或三维（2D/3D）的自然或合成对象。视频对象（VO）是场景中的一个特定对象，可以是任意形状对象，也可以是一个矩形帧。一个 VO 可以分级，也可以不分级（对空间、时间分辨率的等级），一个视频对象层（VOL）包含一个

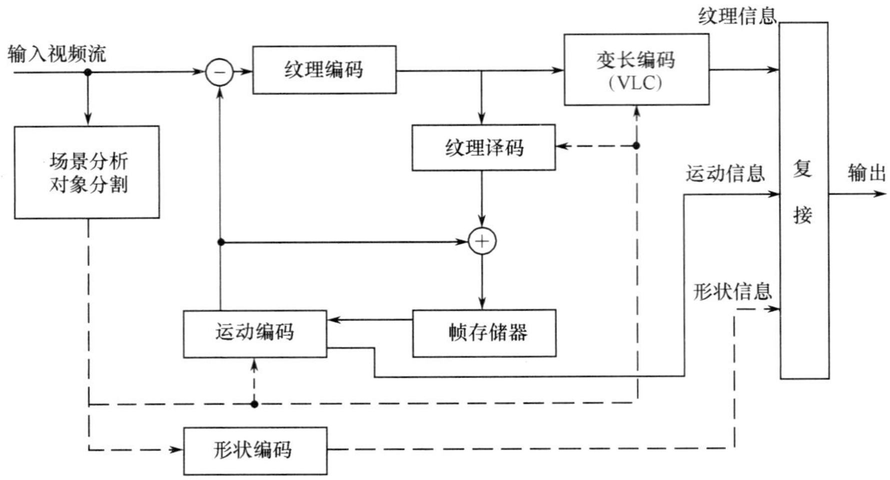

图 4.12　基于对象的视频压缩编码的通用原理框架

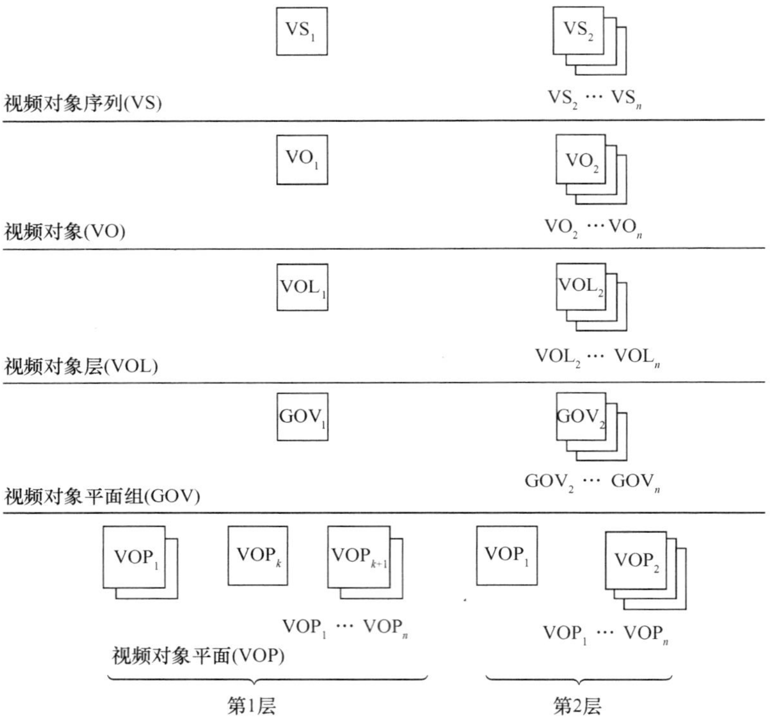

图 4.13　MPEG-4 视频码流逻辑结构图

基本层和若干增强层(依据不同分辨率)。视频对象平面组(GOV)可以提供对码流的随机访问点,GOV 是任选的。一个视频对象平面(VOP)是对一个视频对象的时间采样,包括对视频对象的纹理、形状和运动数据采样。对 VOP 的编码就是对某一时刻该幅画面视频对象的纹理、形状和运动数据信息进行编码,一个普通的视频帧可以采用矩形的 VOP 来表征。

图 4.14 给出 VOP 在 MPEG-4 视频验证模型(VM)中的编译码原理图。

MPEG-4 视频编译码的主要特点如下。

① 图像信息处理的基本单元,由第一代视频压缩编码的像素块、像素帧转变到以纹理、形状

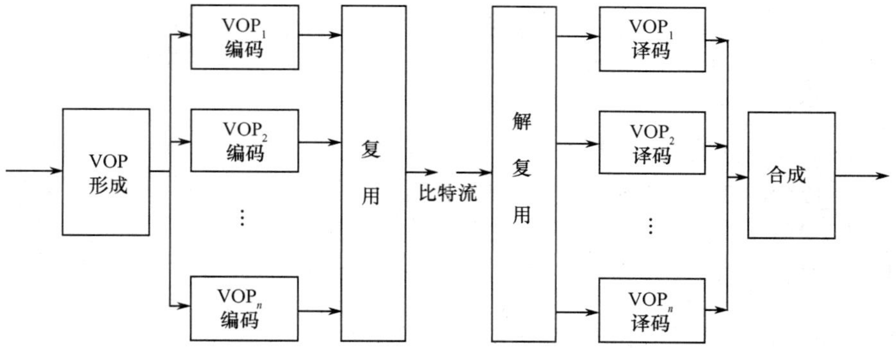

图 4.14　VOP 在 MPEG-4 视频验证模型(VM)中的编译码原理图

和运动 3 类主要数据的采样值构成的视频对象平面 VOP_i($i=1,2,\cdots,n$)，而这些 VOP_i 分别表示不同分辨率的视频对象，如人脸、背景及声/乐/文字组合等。

② 视频编码基础由第一代视频压缩编码的仅决定于图像信源的客观统计特性，转变成既取决于原有的客观统计特性，而更重要的则是取决于视频对象、内容的各种主、客观及图像瞬时特性。

③ 基于对象、基于内容，用户可以根据视频对象和内容，基于交互式、可编辑性和可选择性等一系列面向用户、面向对象的操作特性，选择不同等级(空间、时间)、不同分辨率、不同需求的视频业务，这样可以大力提高信源编码效率。

④ 对于不同的信源与信道，以及各个 VO 及 VOP_i 在总体图像中的重要性和地位，可以分别采用不同等级的保护与容错措施，以提高图像的总体容错能力。

⑤ 图像处理中具有时间、空间可伸缩性(尺度变换)，同时允许译码器以不同空间、时间精度与分辨率重建图像。

3. H.264 标准简介

H.264 标准又被称为"MPEG-4 Visual Part 10"。H.264 采用与 H.263、MPEG-4 中类似的关键技术，如将每个视频图像分解为 16×16 像素宏块作为信息处理的基本单元，利用时空域相关性、变换、量化、熵编码等。

H.264 与以往编码主要有以下方面的差异。

① 运动估值和运动补偿。H.264 采用不同大小和形状的宏块分割及分割方法，可实现 1/4 像素的运动精度且可以采用多个前向帧、后向帧作为参数来进行运动预测。

② 采用内部预测。H.264 利用相邻像素的相关性采用新的内部预测模式，以用较少的比特数来表示内部编码的像素块信息。

③ 采用系数变换技术。H.264 把运动估值和内部预测的误差结果从时域变换到频域，这样可减小方块效应。H.264 中采用了 3 种系数变换技术。

④ 采用变换系数量化。H.264 采用 52 个梯状量化系数。

⑤ 熵编码。H.264 采用两种基于上、下文的自适应变长码、自适应二进制算术编码。

另外，在扫描顺序、去块滤波器、新的图片类型、熵编码模式和网络适应层等方面，都有与以往编码不一样的特色。

H.264 的应用领域很广，既适用于非实时的视频压缩编码，也适应于实时的视频压缩编码，包括广播电视、有线电视、卫星电视、VCD、DVD 等娱乐视频及实时会话、可视电话、会议电话等，还包括 3GPP 与 3GPP2 图片、图像等多媒体业务。

4.4 我国音视频标准

在数字音视频技术中,最核心的是音视频编解码算法和标准。目前,我国主要采用国外制定的标准,如杜比 AC-3、MPEG-4 和 H.264 等,使用这些标准需要缴纳大量的专利使用费,直接制约着我国数字音视频产业的发展,也会影响移动通信业务的开展。考虑到知识产权的重要性,制定自主数字音视频标准成为了国内业界的共识。下面简要介绍近年来我国颁布的 DRA 数字音频与 AVS 数字视频国家标准。

4.4.1 DRA 数字音频标准

DRA 数字音频标准全称为《多声道数字音频编解码技术规范》(GB/T 22726—2008)。DRA 是支持立体声和多声道环绕声的数字音频编解码,最多可以支持 64 个正常声道和 3 个低频声道,拥有压缩效率高、音质好、解码复杂度低和容错能力强的优点。表 4.6 为 DRA 数字音频标准的主要性能指标。

表 4.6 DRA 数字音频标准的主要性能指标

采样速率范围	8～192kHz
量化精度	24 比特
编码比特率	32～2304kbps
可支持声道数	正常声道 64 个,低频声道(LFE)3 个
支持编码模式	VBR、CBR、ABR
音频帧长	1024 采样点
算法复杂度	对于 5.1 声道、384kbps 数据,编解码复杂度为 48MIPS
压缩效果	128kbps 立体声,MOS 评分 4.7 5.1 声道、384kbps 环绕声,MOS 评分 4.9 达到 EBU(欧洲广播联盟)定义的"不能识别损伤"的音频质量

DRA 算法实现了量化与熵编码的独立优化,提高了量化与熵编码的性能。DRA 算法采用基于人耳听觉特性的自适应分块标量量化,并对量化系数进行了 Huffman 编码,主要技术特色在于可变分辨率滤波和熵编码,下面简要进行介绍。

(1) 可变分辨率滤波

音频压缩算法通常需要动态调整时/频域分辨率的滤波器组,对稳态信号具有高频域分辨率,而对瞬态信号具有高时域分辨率。传统算法往往采取折中的方法,但这对于稳态信号和瞬态信号都不是最优的。

DRA 算法采取了改进方法,对音频帧的瞬态信号范围进行分析,将稳态和瞬态信号分别处理。DRA 算法对于稳态信号采用了高频域分辨率的滤波器组,使变换后的子带样本能量更加集中,有利于量化和熵编码;而对于瞬态信号,则引入新的"瞬态窗函数",提供了精细的时域分辨率,从而保留了足够听觉有效信息。

(2) 量化比特分配及熵编码

与同类音频编码器类似,DRA 算法采用心理声学模型输出的量化掩蔽阈值分配量化噪声,使其尽可能被遮蔽而不被感知。在对量化系数的熵编码中,根据每个量化系数的特性分配最优的码本系数,然后合并形成较大的段,共享一个码本系数,这样做可以尽量少的比特数传递码本信息。

DRA 已被 CMMB(China Mobile Multimedia Broadcasting)行业标准确立为必选音频标准，CMMB 行业标准主要面向手机、PDA 等便携手持终端及车载电视等提供广播电视服务。

4.4.2 AVS 数字视频标准

2006 年 2 月，AVS 数字视频标准由信息产业部与国家标准化管理委员会正式颁布。AVS 标准是基于自主创新和部分公开技术的视频标准，技术方案简洁，实现复杂度低，是一套包含系统、视频、音频、媒体版权管理等在内的完整标准体系。AVS 标准通过简洁的一站式许可政策，解决了专利许可问题，为数字音视频产业提供了更全面的解决方案。

AVS 与 MPEG-4、H.264 标准具有相同的编码框架，但技术取舍的衡量指标各不相同，因而编码效率和复杂性也各有异同。从编码效率来看，MPEG-4 是 MPEG-2 的 1.4 倍，AVS 和 H.264 相当，都是 MPEG-2 的 2 倍以上。从复杂度来看，H.264 约为 MPEG-2 的 9 倍，AVS 大致为 MPEG-2 的 6 倍。

AVS 标准的技术特点总结如下[4.7]。

(1) 自适应运动补偿

采用自适应宏块划分进行运动补偿是提高预测精度的重要手段之一。AVS 标准将宏块划分最小限制为 8×8 像素，这一限制大大降低了编解码器的复杂度(30%～40%)，而整体性能只降低 2%～4%，达到了较好折中。

(2) 帧内预测

与 H.264 标准类似，AVS 标准也采用帧内预测技术，但基于 8×8 像素宏块进行，并且亮度只有 5 种预测模式，大大降低了预测模式选择的复杂度，且性能与 H.264 标准十分接近。

(3) 多参考帧预测

多参考帧预测使当前宏块能从前几帧图像中寻找更好匹配。AVS 标准限定最多采用 2 个参考帧，在不增大缓冲区的条件下提高了编码效率，实现方法比 H.264 标准更简洁。

(4) 像素插值

运动矢量的精度是提高预测准确度的重要手段，其核心是插值滤波器的选择，AVS 标准对 1/2 像素位置插值采用 4 阶滤波器，可达到与 H.264 标准的 6 阶滤波器一致的性能。

(5) 整数变换

AVS 标准和 H.264 标准类似，都采用整数变换代替 DCT 变换，前者具有复杂度低、完全匹配等优点。AVS 标准采用 8×8、4×4 两种变换，由于 8×8 变换比 4×4 变换的解相关能力更强，因此编码效率比只有 4×4 变换的 H.264 提高 2%(约 0.1dB)。

(6) 量化技术

AVS 标准和 H.264 标准都采用量化与变换归一化结合的简化技术，由于变换归一化在编码端完成，因此译码器的反量化表与变换系数位置无关。

(7) B 帧宏块模式

AVS 标准的 B 帧宏块采用空时域结合的直接模式(Direct Mode)及运动矢量舍入控制技术，并且基于对称模式(Symmetric Mode)在只编码一个运动矢量的条件下实现双向预测，比 H.264 中的 B 帧编码性能有所提高。

(8) 熵编码

AVS 标准中的熵编码是 H.264 与 MPEG-2 标准中熵编码的综合，既采用了 MPEG-2 的二维编码机制，又吸收了 H.264 利用上下文信息进行自适应编码的策略，从而将编码效率提高到与 H.264 相当，但降低了复杂度。

(9) 环路滤波

由于 AVS 的滤波点数、滤波强度分类数都比 H.264 少，因此大大减少了判断、计算的次数，从而降低了环路滤波的复杂度。

H.264 标准尽管具有良好的压缩效率，但实现复杂度较高，很多技术都是各方利益妥协的产物，存在优化空间。AVS 标准对视频编码的每项关键技术都进行了复杂性与效率的权衡，努力降低复杂度，并保证相近的编码效率，为 3G/4G 移动视频应用提供了很好的解决方案。

4.5 压缩感知

很多信号处理的对象是稀疏信号，即信号向量本身或信号向量在某个变换域仅有少数元素非零。根据 Nyquist 采样定理，为了在接收端无失真地恢复原始信号，传统信号处理方法要求对原始信号的采样率至少两倍于信号带宽，这样会增加处理复杂度和时延。

2006 年，Candes、Romberg、陶哲轩[4.8]等人及 Donoho[4.9]提出了一项新的稀疏信号重建理论——压缩感知(Compressvie Sensing)。他们证明，对稀疏信号进行压缩采样，可以利用较少的测量值重建信号，显著降低信号处理的复杂度与时延。由于压缩感知的上述优点，目前已广泛应用于图像与视频处理领域。本节简要介绍压缩感知的基本原理与算法。

4.5.1 稀疏信号表示

所谓压缩感知，是指利用信号的稀疏性，从低维空间的观测向量重建高维空间的原始信号。图 4.15 给出了一个示例。

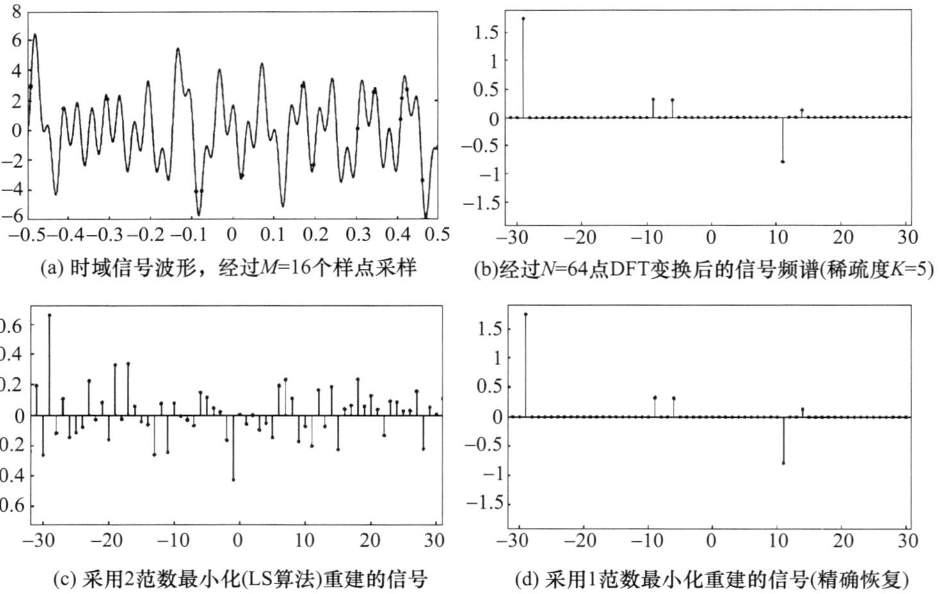

图 4.15 压缩感知示例

图 4.15(a)是时域信号的波形，采集了 $M=16$ 个样点。经过 $N=64$ 点 DFT 变换得到频谱向量，如图 4.15(b)所示，只有 5 个非零系数，这是一个稀疏度 $K=5$ 的稀疏信号。图 4.15(c)是采用 2 范数最小化(LS 算法)重建的信号，可见很多频点出现了非零值，并不符合真实情况。图 4.15(d)是采用 1 范数最小化重建的信号，可以精确恢复原始频域系数。可见，压缩感知利用

稀疏性进行信号重建，性能要显著优于普通的信号处理方法。

1. 压缩感知模型

考虑一个长度为 N 的一维离散信号 $\boldsymbol{x}=(x_1,x_2,\cdots,x_N)^{\mathrm{T}}$，采用 $N\times N$ 的基矩阵 $\boldsymbol{\Psi}=(\boldsymbol{\Psi}_1^{\mathrm{T}},\boldsymbol{\Psi}_2^{\mathrm{T}},\cdots,\boldsymbol{\Psi}_N^{\mathrm{T}})^{\mathrm{T}}$，信号 $\boldsymbol{x}$ 可以展开为

$$\boldsymbol{x}=\sum_{i=1}^{N}s_i\boldsymbol{\Psi}_i=\boldsymbol{\Psi s} \tag{4.5.1}$$

式中，$\boldsymbol{s}=(s_1,s_2,\cdots,s_N)^{\mathrm{T}}$，且 $s_i=\langle\boldsymbol{x},\boldsymbol{\Psi}_i\rangle=\boldsymbol{\Psi}_i^{\mathrm{T}}\boldsymbol{x}$ 表示向量 $\boldsymbol{x}$ 在基向量 $\boldsymbol{\Psi}_i$ 上的投影。当且仅当 $\boldsymbol{s}$ 中只有 K 个元素不等于零时，信号 $\boldsymbol{x}$ 称为 K－稀疏信号，此时矩阵 $\boldsymbol{\Psi}$ 称为信号 $\boldsymbol{x}$ 的稀疏基。

在实际应用中，很多信号并不是严格稀疏的，但是可以用稀疏信号近似表示，通常把这类信号称为可压缩信号。Donoho 在文献[4.9]中证明，对于可压缩信号 $\boldsymbol{x}$，如果只估计其中最大的 N 个系数，那么估计误差满足不等式

$$\|\boldsymbol{x}-\boldsymbol{x}_N\|_2\leqslant\zeta_{2,p}\cdot\|\boldsymbol{x}\|_p\cdot(N+1)^{1/2-1/p} \tag{4.5.2}$$

式中，$\boldsymbol{x}_N$ 为只包含最大 N 个系数的 $\boldsymbol{x}$ 的近似表示；p 为常数，满足 $0<p<2$；$\zeta_{2,p}$为与 p 有关的常数；$\|\boldsymbol{x}\|_p=\left(\sum\limits_{i=1}^{n}|x_i|^p\right)^{1/p}$ 称为向量 $\boldsymbol{x}$ 的 p 范数，$\|\boldsymbol{x}\|_\infty=\max\limits_i\{|x_i|\}$称为无穷范数。

对于可压缩信号，通常采用变换编码方法（如 DCT 变换）进行处理，包括两步操作：首先以 Nyquist 速率采样所有信号样值；然后进行变换，保留最大的 K 个元素，丢弃剩余元素。这样的两步处理存在如下问题：

① 原始样值数量随着 N 的增加而不断增大；

② 即使大部分系数最终被丢弃而只保留 K 个系数，也需要执行完整的信号变换，因此存在计算与存储冗余；

③ 保留系数的序号需要编码，进一步提高了处理复杂度。

相比于传统的变换编码，压缩感知直接压缩信号而不需要采样操作。给定 $M\times N(M\ll N)$ 维的观测矩阵 $\boldsymbol{\Phi}$，得到 M 维的观测向量 $\boldsymbol{y}$ 为

$$\boldsymbol{y}=\boldsymbol{\Phi x}+\boldsymbol{v}=\boldsymbol{\Phi\Psi s}+\boldsymbol{v}=\boldsymbol{\Theta s}+\boldsymbol{v} \tag{4.5.3}$$

式中，矩阵 $\boldsymbol{\Theta}=\boldsymbol{\Phi\Psi}$ 的维度为 $M\times N$；$\boldsymbol{v}\in\mathbf{R}^{M\times 1}$表示噪声向量。

上述公式给出了压缩感知信号模型，问题转化为：①设计合适的观测矩阵 $\boldsymbol{\Phi}$，确保从 M 维的观测向量恢复 N 维原始信号；②设计信号重建算法，恢复信号 $\boldsymbol{x}$。

2. 观测矩阵和观测维度约束

由于 $M\ll N$，压缩感知模型获得的稀疏解是一个欠定(Ill Conditioned)问题，即存在无穷多组解。为了解决这一问题，有如下定理。

定理 4.1(RIP 特性)　如果信号 $\boldsymbol{x}$ 是 K－稀疏信号，对于任意一个 K 稀疏的向量 $\boldsymbol{v}$ 和任意的 ε，当且仅当观测矩阵 $\boldsymbol{\Theta}$ 满足

$$1-\varepsilon\leqslant\frac{\|\boldsymbol{\Theta v}\|_2}{\|\boldsymbol{v}\|_2}\leqslant 1+\varepsilon \tag{4.5.4}$$

则 $M>K$ 时压缩感知问题可以得到唯一解。

这个条件通常被称作约束等距(Restricted Isometry Property，RIP)特性，它是决定信号重建成功与否的充要条件。与 RIP 特性等价的判定条件是观测矩阵的非相关性，即要求观测矩阵 $\boldsymbol{\Phi}$ 的任意一行不是稀疏基矩阵 $\boldsymbol{\Psi}$ 行向量的线性组合。

一般来说，构造满足 RIP 特性的观测矩阵 $\boldsymbol{\Phi}$，需要验证任意一个 N 维的 K－稀疏信号是否

满足 RIP 特性。但研究发现，随机矩阵如独立同分布的高斯矩阵，或根据一定规则产生的矩阵，如 DFT 矩阵，可以同时满足 RIP 特性与非相关特性。在这种条件下，观测向量 $\boldsymbol{y}$ 的元素为信号 $\boldsymbol{x}$ 元素的随机线性组合。

对于观测维度的下限，文献[4.8]给出了如下定理。

定理 4.2 假设观测矩阵 $\boldsymbol{\Phi}$ 满足 RIP 特性，则观测向量 $\boldsymbol{y}$ 的维数 M 只需要满足 $M>C\cdot K\cdot\log(N/K)$，其中 $C\approx0.28$，即可实现对原始信号的无失真恢复。

3. 优化模型

传统信号处理通常基于 MMSE 准则，对压缩感知问题求解，即

$$\mathcal{OP}1:\begin{cases}\hat{\boldsymbol{s}}=\operatorname{argmin}\ \|\boldsymbol{s}\|_2\\ \text{约束条件}:\boldsymbol{y}=\boldsymbol{\Phi\Psi s}\end{cases}\tag{4.5.5}$$

得到的最小二乘(LS)估计为 $\hat{\boldsymbol{s}}=(\boldsymbol{\Theta}^{\mathrm{T}}\boldsymbol{\Theta})^{-1}\boldsymbol{\Theta}^{\mathrm{T}}\boldsymbol{y}$。LS 估计并不是稀疏解，无法对原始信号进行准确恢复。

理论上，压缩感知问题应当建模为 0 范数最优化问题，即

$$\mathcal{OP}2:\begin{cases}\hat{\boldsymbol{s}}=\operatorname{argmin}\ \|\boldsymbol{s}\|_0\\ \text{约束条件}:\boldsymbol{y}=\boldsymbol{\Phi\Psi s}\end{cases}\tag{4.5.6}$$

但上述问题是整数规划问题，属于 NP 问题，具有指数复杂度，无法实用化。

目前压缩感知领域主要研究基于 1 范数的最优化问题，即

$$\mathcal{OP}3:\begin{cases}\hat{\boldsymbol{s}}=\operatorname{argmin}\ \|\boldsymbol{s}\|_1\\ \text{约束条件}:\boldsymbol{y}=\boldsymbol{\Phi\Psi s}\end{cases}\tag{4.5.7}$$

理论分析表明，一定条件下，求解 $\mathcal{OP}3$ 不仅具有较低的复杂度，结果等价于 $\mathcal{OP}2$ 的求解。

4.5.2 信号重建算法

压缩感知的重建算法一般包括 3 类：贪婪算法、基追踪算法及稀疏贝叶斯学习算法，下面分别介绍。

1. 贪婪算法

这类算法的基本思想是通过迭代搜索重建信号。MP(Matching Pursuit)算法是最早的一类贪婪算法，由于选定的观测矩阵列向量投影非正交，每次迭代的结果可能次优，因此迭代次数较多。正交匹配追踪(Orthogonal Matching Pursuit，OMP)算法[4.12]是在 MP 算法上改进而成的，保证每次选择的列向量投影与之前选择的相互正交，从而减少了迭代次数。

给定长度为 N 的 K—稀疏信号向量 $\boldsymbol{x}$，其稀疏基矩阵为 $\boldsymbol{\Psi}$。根据稀疏度 K 选取观测维度 M，产生 $M\times N$ 的观测矩阵 $\boldsymbol{\Phi}$，其元素服从均值为零、方差为 $1/M$ 的正态分布，即 $\varphi_{ij}\sim N(0,1/M)$，相应的 M 维观测向量 $\boldsymbol{y}$ 满足 $\boldsymbol{y}=\boldsymbol{\Phi x}$。

OMP 算法的具体流程描述如下：

(1) 设定迭代次数 $t=1$，计算观测值 $\boldsymbol{y}=\boldsymbol{\Phi x}$，初始化残差向量 $\boldsymbol{r}_0=\boldsymbol{y}$、位置集合 $\Lambda_t=\phi$、近似向量 $\boldsymbol{a}_t=\boldsymbol{0}$，矩阵 $\boldsymbol{\Theta}_0=[\phi]$ 为空矩阵；

(2) $1<t<K$，开始循环。寻找 $\boldsymbol{\Phi}$ 中与 $\boldsymbol{r}_{t-1}$ 内积最大的一列，记录位置索引 $\lambda_t=\underset{j=1,\cdots,N}{\operatorname{argmax}}|\langle\boldsymbol{r}_{t-1},\boldsymbol{\varphi}_j\rangle|$；

(3) 更新位置集合 $\Lambda_t=\Lambda_{t-1}\cup\{\lambda_t\}$，更新矩阵 $\boldsymbol{\Theta}_t=[\boldsymbol{\Theta}_{t-1},\boldsymbol{\varphi}_{\lambda_t}]$；

(4) 利用最小二乘法求解如下问题

$$z_t = \underset{z}{\operatorname{argmin}} \| r_{t-1} - \Theta_t z \|_2 \tag{4.5.8}$$

(5) 更新近似向量$\boldsymbol{a}_t = \boldsymbol{\Theta}_t \boldsymbol{z}_t$ 与残差向量$\boldsymbol{r}_t = \boldsymbol{y} - \boldsymbol{a}_t$，结束循环；

(6) 利用位置集合 Λ_K 恢复原始信号 $\hat{\boldsymbol{s}} = \boldsymbol{\Psi}^{\mathrm{T}} \boldsymbol{a}_K$。

OMP 算法的优点在于收敛速度较快，与 MP 算法有同样的恢复性能。由于每次迭代，位置集合仅更新一个元素，增加了运行的时间，并且迭代次数与稀疏度相关。因此，其缺点是需要较多的观测量以保证重构精确性，如果稀疏度较大，则运行时间也会随之增加。

2. 基追踪(Basis Pursuit,BP)算法

这类算法的基本思想是根据 l_1 范数寻找信号稀疏解，代表性算法包括 LASSO（Least Absolute Shrinkage and Selection Operator)算法[4.13]、自适应 LASSO 算法[4.14]及 Dantzig Selector (DS)算法[4.13]。

所谓 LASSO 算法，是指引入 l_1 约束，求解 MMSE 问题，其优化问题为

$$\mathcal{OP}4: \begin{cases} \min \ \| \boldsymbol{\Phi x} - \boldsymbol{y} \|_2^2 \\ \text{约束条件}: \| \boldsymbol{x} \|_1 \leqslant \tau \end{cases} \tag{4.5.9}$$

式中，$\| \boldsymbol{x} \|_1$ 是 l_1 范数，l_1 范数是约束条件。也可以将其作为正则项引入代价函数，优化问题等价表示为

$$\hat{\boldsymbol{x}} = \underset{\boldsymbol{x}}{\operatorname{argmin}} \ \| \boldsymbol{y} - \sum_{j=1}^{N} \boldsymbol{\varphi}_j x_j \|^2 + \lambda \sum_{j=1}^{N} | x_j | \tag{4.5.10}$$

LASSO 估计得到上述问题的最小解，但文献[4.14]指出，LASSO 算法在迭代过程中，进行变量选择会出现不一致的情况。为了克服这个问题，可以引入权重，设计自适应 LASSO 算法，优化问题表示为

$$\hat{\boldsymbol{x}} = \underset{\boldsymbol{x}}{\operatorname{argmin}} \ \| \boldsymbol{y} - \sum_{j=1}^{N} \boldsymbol{\varphi}_j x_j \|^2 + \lambda \sum_{j=1}^{N} w_j | x_j | \tag{4.5.11}$$

式中，w_j 是权重系数，其选择依赖数据驱动，具体设定参见文献[4.14]。

LASSO 算法的另一种变种是 Dantzig Selector(DS)算法，此时优化问题修改为

$$\mathcal{OP}5: \begin{cases} \min \ \| \boldsymbol{x} \|_1 \\ \text{约束条件}: \| \boldsymbol{\Phi}^{\mathrm{T}} (\boldsymbol{y} - \boldsymbol{\Phi x}) \|_\infty \leqslant \lambda \sigma \end{cases} \tag{4.5.12}$$

其中，参数 $\lambda > 0$ 在算法循环中更新，令残差向量 $\boldsymbol{r} = \boldsymbol{y} - \boldsymbol{\Phi x}$。上述优化问题等价为如下的线性规划(Linear Programming,LP)问题：

$$\mathcal{OP}6: \begin{cases} \min \sum_{i=1}^{N} u_i \\ \text{约束条件}: \begin{matrix} -\boldsymbol{u} \leqslant \boldsymbol{x} \leqslant \boldsymbol{u} \\ -\lambda\sigma \mathbf{1} \leqslant \boldsymbol{\Phi}^{\mathrm{T}} \boldsymbol{y} - \boldsymbol{\Phi x} \leqslant \lambda \sigma \mathbf{1} \end{matrix} \end{cases} \tag{4.5.13}$$

通常上述问题都可以归结为如下的 l_1 正则化优化问题

$$\min \lambda \ \| \boldsymbol{x} \|_1 + \| \boldsymbol{y} - \boldsymbol{\Phi x} \|_2^2 \tag{4.5.14}$$

该问题属于凸优化问题，可以采用 LP 规划或内点法求解，它们与机器学习中的数据降维技术有紧密联系。

3. 稀疏贝叶斯学习算法

稀疏贝叶斯学习(Sparse Bayesian Learning,SBL)算法最初作为一种机器学习算法由 Tipping 于 2011 年提出[4.16]，随后被 Wipf 和 Rao 等人引入稀疏信号恢复及压缩感知领域[4.17]，并进

行了深入细致的理论研究。

稀疏贝叶斯学习算法较之其他压缩感知/稀疏信号算法主要有如下 4 个优点。

① 当感知矩阵的列相关度很大时，广泛使用的基于贪婪算法的正交匹配追踪（OMP）算法和基于 l_1 范数的基追踪（BP）算法的性能会大幅下降，影响正常的稀疏信号重构。而稀疏贝叶斯学习算法在此情况下仍然具有优良的性能[4.18]。

② 迭代加权的 l_1 范数最小化算法被证明能够获得更稀疏的解[4.19]，而稀疏贝叶斯学习算法恰好是一种等价的迭代加权的 l_1 范数最小化算法[4.20]，因而具有更优良的稀疏信号重构/恢复性能。

③ 稀疏贝叶斯学习算法所基于的贝叶斯框架允许将其他针对该场景设定的先验条件或约束条件以简单且可解释的方式合并到推理过程中。

④ 稀疏贝叶斯学习算法可以自动学习噪声方差（稀疏性）参数，与类似算法相比，减少了手动调整噪声参数的过程。

下面主要介绍基本的稀疏贝叶斯学习算法模型和算法流程。

稀疏贝叶斯学习算法模型的核心是一个双层的分层概率模型，如图 4.16 所示。

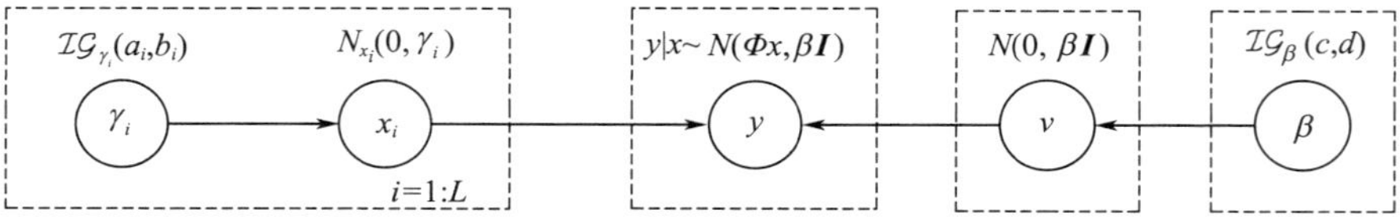

图 4.16　稀疏贝叶斯学习算法的双层概率模型

假设噪声为服从 $N(0,\beta\boldsymbol{I})$ 的独立同分布高斯噪声，似然函数可以记为

$$p(\boldsymbol{y}\mid\boldsymbol{x},\sigma^2)=N(\boldsymbol{\Phi x},\beta\boldsymbol{I})\tag{4.5.15}$$

则稀疏贝叶斯学习算法的流程如图 4.17 所示。

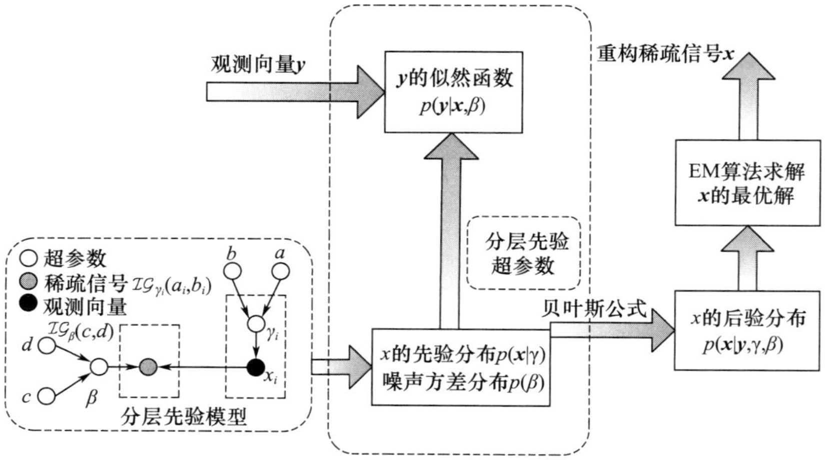

图 4.17　稀疏贝叶斯学习算法流程图

由稀疏贝叶斯学习算法中的分层先验思想，将向量 $\boldsymbol{x}$ 的每个元素都设定为均值为 0、方差为 γ_i 的高斯先验分布，即

$$p(x_i\mid\gamma_i)=N_{x_i}(0,\gamma_i)\tag{4.5.16}$$

对于先验分布，该算法选取在贝叶斯框架中与高斯分布同族的逆伽马（Inverse Gamma）分

布。在此先验分布的基础上，与似然函数相乘可以使得后验分布服从 Student-t 分布（该分布为重尾（Heavy-Tailed）分布），进而得到更稀疏的解。同时，在噪声方差未知且随机的情况下，该算法假设噪声方差服从逆伽马分布。

$$p(\gamma_i)=\mathcal{IG}_{\gamma_i}(a_i,b_i)=\frac{b_i^{a_i}}{\Gamma(a_i)}\beta_i^{-a_i-1}\mathrm{e}^{-b_i\beta_i^{-1}} \tag{4.5.17}$$

$$p(\beta)=\mathcal{IG}_{\beta}(c,d)=\frac{d^c}{\Gamma(c)}\beta^{-c-1}\mathrm{e}^{-d\beta^{-1}} \tag{4.5.18}$$

式中，$\mathcal{IG}()$ 表示逆伽马分布，a，b，c，d 均为逆伽马分布的参数，且 $\Gamma(z)=\int_0^{\infty}x^{z-1}\mathrm{e}^{-x}\mathrm{d}x$ 。

通过稀疏贝叶斯概率模型重构稀疏向量 $\boldsymbol{x}$ 的估计值 $\hat{\boldsymbol{x}}_{\mathrm{SBL}}$ 需要已知后验分布概率 $p(\boldsymbol{x},\boldsymbol{\gamma},\beta|\boldsymbol{y})$。但是由于很难获得该后验分布的数值解，考虑将该后验分布分解为

$$p(\boldsymbol{x},\boldsymbol{\gamma},\beta|\boldsymbol{y})=p(\boldsymbol{x}|\boldsymbol{y},\boldsymbol{\gamma},\beta)p(\boldsymbol{\gamma},\beta|\boldsymbol{y}) \tag{4.5.19}$$

式中

$$p(\boldsymbol{x}|\boldsymbol{y},\boldsymbol{\gamma},\beta)=\frac{p(\boldsymbol{y}|\boldsymbol{x},\beta)p(\boldsymbol{x}|\boldsymbol{\gamma})}{\int p(\boldsymbol{y}|\boldsymbol{x},\beta)p(\boldsymbol{x}|\boldsymbol{\gamma})} \tag{4.5.20}$$

式(4.5.20)的分子是两个高斯概率密度函数的乘积，分母是这两个概率密度函数的卷积。进而可得 $p(\boldsymbol{x}|\boldsymbol{y},\boldsymbol{\gamma},\beta)$ 是一个服从 $N(\boldsymbol{\mu},\boldsymbol{\Sigma})$ 的复高斯概率密度函数，其中

$$\boldsymbol{\mu}=\beta^{-1}\boldsymbol{\Sigma}\boldsymbol{\Phi}^{\mathrm{T}}y,\boldsymbol{\Sigma}=(\mathrm{diag}(\boldsymbol{\gamma})+\beta^{-1}\boldsymbol{\Phi}^{\mathrm{T}}\boldsymbol{\Phi})^{-1} \tag{4.5.21}$$

由此，当参数 $\boldsymbol{\gamma}$ 和 β 确定时，即可得 $\hat{\boldsymbol{x}}_{\mathrm{SBL}}=E[p(\boldsymbol{x}|\boldsymbol{y},\boldsymbol{\gamma},\beta)]=\boldsymbol{\mu}$。

关于参数 $\boldsymbol{\gamma}$ 和 β 的求解有多种算法，此处主要介绍基于最大期望（EM）算法的求解过程。$\boldsymbol{\gamma}$ 和 β 的最优解可以通过求解式(4.5.19)中 $p(\boldsymbol{\gamma},\beta|\boldsymbol{y})$ 部分得到。但是 $p(\boldsymbol{\gamma},\beta|\boldsymbol{y})$ 并不能以解析形式表示。为了解决这个问题，采用了如下所示的 EM 算法。由式(4.5.15)至式(4.5.18)，可得对数似然函数为

$$\mathcal{L}=\ln(p(\boldsymbol{y}|\boldsymbol{x},\beta)p(\boldsymbol{x}|\boldsymbol{\alpha})p(\boldsymbol{\alpha})p(\beta)) \tag{4.5.22}$$

忽略式(4.5.22)中与 $\boldsymbol{\gamma}$ 无关的项，通过最大化如下的期望可得 $\boldsymbol{\gamma}$ 的最优解

$$E_{p(\boldsymbol{x}|\boldsymbol{y},\boldsymbol{\gamma},\beta)}[\ln(p(x|\boldsymbol{\gamma})p(\boldsymbol{\gamma}))] \tag{4.5.23}$$

计算式(4.5.23)关于 $\boldsymbol{\gamma}$ 的偏导数，并令偏导数为 0，可得

$$\gamma_i=\frac{(\boldsymbol{\Sigma})_{ii}+\boldsymbol{\mu}_i^2+2b_i}{1+2a_i} \tag{4.5.24}$$

同样，参数 β 的最优解可以通过求期望 $E_{p(\boldsymbol{x}|\boldsymbol{y},\boldsymbol{\gamma},\beta)}[\ln(p(\boldsymbol{y}|\boldsymbol{x},\beta)p(\beta))]$ 的最大值而得

$$\beta=\frac{\|\boldsymbol{y}-\boldsymbol{\Phi\mu}\|_2^2+\mathrm{Tr}[\boldsymbol{\Phi}^{\mathrm{T}}\boldsymbol{\Phi\Sigma}]}{N} \tag{4.5.25}$$

针对长度 $N=300$ 与稀疏度 $K=16$ 的信号向量，采用均值为 0、方差为 1 的高斯随机矩阵作为观测矩阵，图 4.18 给出了 LASSO、OMP 和 SBL 三种算法进行信号重建的成功概率。可以看出，OMP 算法性能较差，需要更大的观测维度才能提高重建成功率，而 LASSO 与 SBL 算法需要的观察维度较小。SBL 算法的性能最好，可以在测量值最少的情况下恢复出稀疏信号。

压缩感知理论突破了 Nyquist 采样定理，是 21 世纪信号处理领域最耀眼的成果，已经在磁共振（MRI）成像、图像处理等领域取得了有效应用，在无线信号处理领域也有广泛应用，如信道估计、大规模 MIMO 检测、多用户检测、频谱感知等。

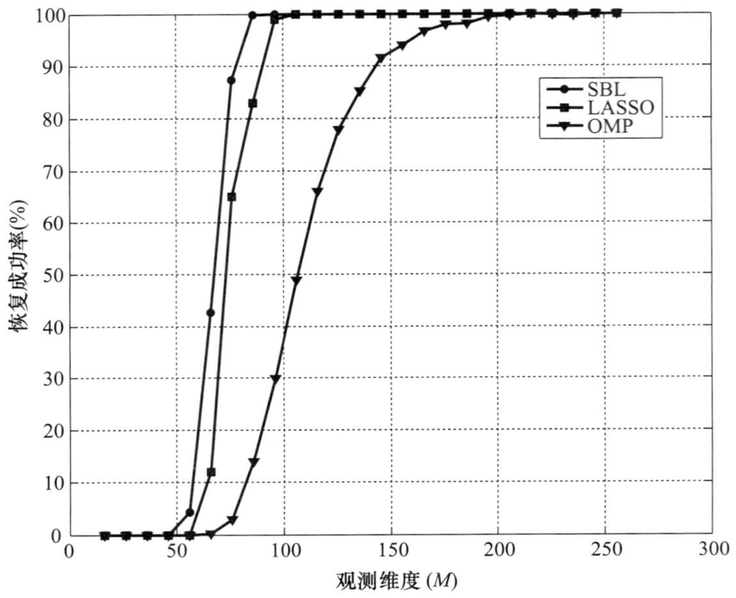

图 4.18　不同观测值数目下三种算法恢复成功百分比(稀疏度 $K=16$)

本章小结

本章主要讨论了移动通信物理层中系统有效性(数量)即信源编码问题。首先,从理论和实际两个方面介绍了移动通信中语音压缩编码,即语音压缩编码的基本原理、标准和性能指标,移动通信中目前采用的各类语音压缩编码方案。其次,介绍主要用于多媒体的图像压缩编码,介绍了图像压缩编码的原理、标准与主要技术指标,并重点介绍了静态图片的 JPEG、活动图像的 MPEG 和面向通信的 H.263 等标准的原理性框图,对第二代视频编解码技术 JPEG2000、MPEG-4/H.264 和我国自主音视频标准 DRA、AVS 进行了简要介绍。最后概述了信号处理领域的新突破——压缩感知的基本理论与算法。

参考文献

[4.1] 周炯槃．信源编码原理．北京:人民邮电大学出版社,1996.

[4.2] 吴伟陵．信息处理与编码(修订本)．北京:人民邮电出版社,2003.

[4.3] 吴伟陵．移动通信中的关键技术．北京:北京邮电大学出版社,2000.

[4.4] R. J. McEliece. The Theory of Information and Coding. 2nd. Addison-Wesley Publishing Company,2002.

[4.5] 3GPP Mandatory Speech Codec Speech Processing Functions. AMR Speech Codec:General Description (3G TS 26.071 Version 3.0.1),1999.

[4.6] 3GPP 3G TS 26.101 Version 1.4.0 1999.

[4.7] 马思伟．AVS 视频编码技术回顾与应用展望．信息技术快报(中国计算机学会刊物),第 3 卷第 10 期,2005.

[4.8] E. Candès,J. Romberg and T. Tao. Robust uncertainty principles:Exact signal reconstruction from highly incomplete frequency information. IEEE Trans. Inform. Theory,Vol. 52,No. 2,pp. 489-509,Feb. 2006.

[4.9] D. Donoho. Compressed sensing. IEEE Trans. Inform. Theory,Vol. 52,No. 4,pp. 1289-1306,Apr. 2006.

[4.10] Richard G. B. Compressive sensing. IEEE Signal Processing Magazine,24(4),pp. 118-121,July 2007.

[4.11] R. G. Baraniuk,M. Davenport,R. DeVore and M. B. Wakin. A simple proof of the restricted isometry principle for random matrices (aka the Johnson-Lindenstrauss lemma meets compressed sensing). Constructive Approximation,2007.

[4.12] J. Tropp and A. C. Gilbert. Signal recovery from random measurements via orthogonal matching pursuit. IEEE Trans. on Information Theory, Vol. 53, No. 12, pp. 4655-4666, Dec. 2007.

[4.13] R. Tibshirani. Regression Shrinkage and Selection via the Lasso. Journal of the Royal Statictical Society, Ser. B, pp. 267-288, 1996.

[4.14] H. Zou. The Adaptive Lasso and Its Oracle Properties. Journal of the American Staticstical Association, Vol. 101, No. 476, pp. 1418-1429, Dec. 2006.

[4.15] E. J. Candès and T. Tao. The Dantzig selector: statistical estimation when p is much larger than n. The Annals of Statistics, Vol. 35, No. 6, pp. 2313-2351, June 2005.

[4.16] Michael E. Tipping. Sparse Bayesian Learning and the Relevance Vector Machine. Journal of Machine Learning Research, Vol. 1, pp. 211-244, Jun. 2001.

[4.17] D. P. Wipf, B. D. Rao. Sparse Bayesian learning for basis selection. IEEE Trans. on Signal Processing, 52 (8), pp. 2153-2164, 2004.

[4.18] D. P. Wipf. Sparse estimation with structured dictionaries. Advances in Neural Information Processing Systems, pp. 2016-2024, 2011.

[4.19] E. J. Candes, M. B. Wakin, S. P. Boyd. Enhancing sparsity by reweighted L1 minimization. Journal of Fourier Analysis and Applications, No. 14, pp. 877-905, 2008.

[4.20] D. Wipf, S. Nagarajan. Iterative reweighted L1 and L2 methods for finding sparse solutions. IEEE Journal of Selected Topics in Signal Processing, 4(2), pp. 317-329, 2010.

习　　题

4.1　语音压缩编码有哪三种主要类型？移动通信中主要采用哪种类型的语音压缩编码？

4.2　试说明 GSM 语音压缩编码方案的主要特点，其中全速率与半速率各为多少？

4.3　试说明 IS-95 空中接口标准中的语音压缩编码标准 IS-96 的主要技术特点，其可变速率分为几种类型？

4.4　试说明 CDMA2000 语音压缩编码 EVRC 方案的主要技术特点，其语音速率分为几种类型？速率分别为多少？

4.5　试说明 WCDMA 语音压缩编码 AMR 方案的主要技术特点，其语音分为几种类型？每种类型又分为几种速率？

4.6　用于移动通信中的图片压缩编码采用什么类型的国际标准？它具有什么主要特色？

4.7　用于移动通信中的活动图像压缩编码采用什么类型的国际标准？它又具有什么主要特色？

4.8　哈夫曼(Huffman)编码与算术编码属于什么类型的信源编码？在移动通信中，它们用在什么地方？

4.9　为什么在 CDMA 中能有效利用语音激活技术？然而在 GSM 中应用这一技术却存在一定的困难，为什么？

4.10　什么叫矢量量化编码？它有什么主要技术特点？PCM 编码中的量化编码是矢量量化编码吗？为什么？在移动通信中矢量量化编码用在什么地方？

第 5 章　信 道 编 码

本章讨论提高通信系统可靠性的主要手段——信道编码，将着重介绍信道编码的基本原理、实现方法及分类，包括在移动通信中采用的各类信道编码。内容由浅入深，以分析举例为主，部分内容可作为选读，有关的理论证明和深入探讨可参考其他著作。

5.1　信道编码的基本概念

5.1.1　信道编码的定义

信道编码是为了保证通信系统的传输可靠性，克服信道中的噪声和干扰而专门设计的一类抗干扰技术和方法。它根据一定的(监督)规律在待发送的信息码元中(人为地)加入一些必要的(监督)码元，在接收端利用这些监督码元与信息码元之间的(监督)规律，发现和纠正差错，以提高信息码元传输的可靠性。称待发送的码元为信息码元，人为加入多余的码元为监督(或校验)码元。信道编码的目的是试图以最少的监督码元为代价，换取最大程度的可靠性的提高。

5.1.2　信道编码的分类

人们可以从不同的角度来分类，其中最常用的是从信道编码的功能和结构规律加以分类。

1. 从功能上分类

① 仅具有发现差错功能的检错码，如循环冗余校验(CRC)码、自动请求重传(ARQ)等。

② 具有自动纠正差错功能的纠错码，如循环码中的 BCH 码、RS 码及卷积码、级联码、Turbo码等。

③ 既能检错又能纠错的信道编码，最典型的是混合 ARQ，又称为 HARQ。

2. 从结构规律上分类

① 线性码：监督关系方程是线性方程的信道编码称为线性码，目前大部分实用化的信道编码均属于线性码，如线性分组码、线性卷积码。

② 非线性码：一切监督关系方程不满足线性规律的信道编码均称为非线性码。

5.1.3　几种典型的信道编码

1. 线性分组码

线性分组码一般是按照代数规律构造的，故又称为代数编码。线性分组码中的分组是指编码方法是按信息分组来进行的，而线性则是指编码规律即监督位(校验位)与信息位之间关系遵从线性规律。线性分组码一般可记为(n,k)码，即 k 位信息码元为一个分组，编成 n 位码元长度的码组，而 $n-k$ 位为监督码元长度，码率为 $R=k/n$。

在线性分组码中，最具有理论和实际价值的一个子类称为循环码。循环码因为具有循环移位性而得名，产生简单，且具有很多可利用的代数结构和特性。目前一些主要的有应用价值的线性分组码均属于循环码。例如，在每个信息码元分组中，仅能纠正一个独立差错的汉明(Hamming)码[5.4]；可以纠正多个独立差错的 BCH 码[5.5,5.6]；可以纠正单个突发差错的 Fire 码；可纠正多个独立或突发差错的 RS 码[5.7,5.8]。

2. 卷积码

卷积码是一类非分组的有记忆编码，以编码规则遵从卷积运算而得名，一般可记为(n,k,m)码，其中 k 表示每次输入编码器的位数，n 则为每次编码器输出的位数，而 m 则表示编码器中寄存器的节（个）数，它的约束长度为 $m+1$ 位。正是因为每个时刻编码器输出 n 位码元不仅与该时刻输入的 k 位码元有关，而且还与编码器中 m 级寄存器记忆的以前若干时刻输入的码元有关，所以称它为非分组的有记忆编码。

卷积码的译码既可以采用与分组码类似的代数译码方法，也可以采用概率译码方法，其中概率译码方法更常用。而且在概率译码方法中，最常用是具有最大似然译码特性的 Viterbi 算法。

3. 级联码

级联码是一种复合结构的编码，不同于上述单一结构的线性分组码和卷积码，是由两个以上单一结构的短码复合级联成的长码。

级联码分为串行级联码和并行级联码两种类型。传统意义上的级联码是指串行级联码，它可以由两个或两个以上同一类型、同一结构的短码级联构成，也可以由不同类型、不同结构的短码级联构成一个长码。典型的串行级联码是由内码为卷积码、外码为 RS 码串接级联构成一组长码，其性能优于单一结构长码，而复杂度又比单一结构长码简单得多，它已广泛用于航天与卫星通信中。最典型的并行级联码是 Turbo 码，是由直接输出和有、无交织的同一类型的递归型简单卷积码三者并行的复合结构共同构成的，具体结构可参见本书 5.6 节。

4. ARQ 与 HARQ

自动请求重发（ARQ）和 HARQ 是传送数据信息时经常采用的差错控制技术。

ARQ 与 HARQ 由于采用了反馈重传技术，因此时延较大，一般不适合于实时话音业务，而比较适合于对时延不敏感，但对可靠性要求很高的数据业务。

HARQ 是一种既能检错重发又能纠错的复合技术，它将反馈重传的 ARQ 与自动前向纠错的 FEC 相结合，其中自适应递增冗余式 HARQ 尤为值得注意。

5.1.4 汉明距离与纠检错基本不等式

对于(n,k)线性码集合 $\mathcal{C}$，通常用 n 维二进制线性空间表征其代数结构，称为汉明（Hamming）空间。显然，集合 $\mathcal{C}$ 中含有 2^k 个码字，构成一个封闭的 k 维线性子空间。

定义 5.1 对于任意的两个码字向量 $\boldsymbol{C}_1,\boldsymbol{C}_2\in\mathcal{C}$，它们取值不同的位置总数定义为汉明空间两个向量间的距离，简称汉明距离，即

$$d(\boldsymbol{C}_1,\boldsymbol{C}_2)=\sum_{i=1}^{n}(c_{1i}\oplus c_{2i}) \tag{5.1.1}$$

定义 5.2 对于任意的码字向量 $\boldsymbol{C}\in\mathcal{C}$，它的非零元素集合为 $\mathcal{L}_C=\{l\,|\,c_l=1\}$，定义集合 $\mathcal{L}_C$ 的势 $|\mathcal{L}_C|$ 为汉明空间向量的模值，简称汉明重量，即

$$w(\boldsymbol{C})=\sum_{i=1}^{n}c_i=|\mathcal{L}_C| \tag{5.1.2}$$

由于线性码对线性运算满足封闭性，因此全零向量 $\boldsymbol{0}$ 必然是任意集合 $\mathcal{C}$ 的码字。由此，可得汉明重量与汉明距离之间的关系为

$$d(\boldsymbol{C}_1,\boldsymbol{C}_2)=w(\boldsymbol{C}_1\oplus\boldsymbol{C}_2) \tag{5.1.3}$$

一般情况下，可以用最小汉明距离 $d_{\min}(\mathcal{C})$ 来衡量线性码的纠错或检错能力。显然，最小汉

明距离等价于最小汉明重量，即 $d_{\min}(\mathcal{C})=w_{\min}(\mathcal{C})$。求任意线性码的最小汉明距离是 NP 问题，对于充分大的信息位长 k 与编码码长 n，搜索算法的复杂度为指数复杂度，但对于特定编码，有可能通过分析其代数结构得到 $d_{\min}(\mathcal{C})$。

定理 5.1 纠检错基本不等式

给定编码集合 $\mathcal{C}$，如果要纠正 t 比特错误，或者要检测 e 比特错误，或者既纠正 t 比特错误又检测 e 比特错误，则其最小汉明距离分别满足下列不等式

$$\begin{cases} d_{\min}(\mathcal{C})\geqslant 2t+1\text{（纠错不等式）} \\ d_{\min}(\mathcal{C})\geqslant e+1\text{（检错不等式）} \\ d_{\min}(\mathcal{C})\geqslant t+e+1\text{（既检错又纠错不等式）} \end{cases} \tag{5.1.4}$$

这 3 个不等式给出了衡量线性码纠检错能力的必要条件，是设计线性编码时的重要参考。

5.2 线　性　码

5.2.1 线性分组码

下面以最简单的线性分组码(7,3)码为例说明。这种码的信息码元以每 3 位一组进行编码，即输入编码器的信息位长度 $k=3$，完成编码后编码器输出的码组长度 $n=7$，显然监督位长度为 $n-k=7-3=4$ 位，编码效率 $\eta=k/n=3/7$。

1. (7,3)码的编码方程

输入信息码组为

$$\boldsymbol{U}=(U_0,U_1,U_2) \tag{5.2.1}$$

输出的码组为

$$\boldsymbol{C}=(C_0,C_1,C_2,C_3,C_4,C_5,C_6) \tag{5.2.2}$$

编码的线性方程组为

$$\begin{cases} \text{信息位}\begin{cases} C_0=U_0 \\ C_1=U_1 \\ C_2=U_2 \end{cases} \\ \text{监督位}\begin{cases} C_3=U_0\oplus U_2 \\ C_4=U_0\oplus U_1\oplus U_2 \\ C_5=U_0\oplus U_1 \\ C_6=U_1\oplus U_2 \end{cases} \end{cases} \tag{5.2.3}$$

可见，在输出的码组中，前 3 位即为信息位，后 4 位是监督位，它是前 3 个信息位的线性组合。

将式(5.2.3)写成相应的矩阵形式为

$$\boldsymbol{C}=(C_0,C_1,C_2,C_3,C_4,C_5,C_6)=(U_0,U_1,U_2)\begin{bmatrix} 1 & 0 & 0 & 1 & 1 & 1 & 0 \\ 0 & 1 & 0 & 0 & 1 & 1 & 1 \\ 0 & 0 & 1 & 1 & 1 & 0 & 1 \end{bmatrix}=\boldsymbol{U}\cdot\boldsymbol{G} \tag{5.2.4}$$

若 $\boldsymbol{G}=(\boldsymbol{I} \vdots \boldsymbol{Q})$，其中 $\boldsymbol{I}$ 为单位矩阵，则称 $\boldsymbol{C}$ 为系统(组织)码。$\boldsymbol{G}$ 为生成矩阵，可见已知信息码组 $\boldsymbol{U}$ 与生成矩阵 $\boldsymbol{G}$，即可生成码组(字)。生成矩阵主要用于编码器产生码组(字)。

2. 监督方程组

若将式(5.2.3)中后 4 位监督方程组改为

$$\begin{cases} C_3=U_0 \oplus U_2=C_0 \oplus C_2 \\ C_4=U_0 \oplus U_1 \oplus U_2=C_0 \oplus C_1 \oplus C_2 \\ C_5=U_0 \oplus U_1=C_0 \oplus C_1 \\ C_6=U_1 \oplus U_2=C_1 \oplus C_2 \end{cases} \tag{5.2.5}$$

并将它进一步改写为

$$\begin{cases} C_0 \oplus C_2 \oplus C_3=0 \\ C_0 \oplus C_1 \oplus C_2 \oplus C_4=0 \\ C_0 \oplus C_1 \oplus C_5=0 \\ C_1 \oplus C_2 \oplus C_6=0 \end{cases} \tag{5.2.6}$$

将上述线性方程改写为下列矩阵形式为

$$\begin{bmatrix} 1 & 0 & 1 & 1 & 0 & 0 & 0 \\ 1 & 1 & 1 & 0 & 1 & 0 & 0 \\ 1 & 1 & 0 & 0 & 0 & 1 & 0 \\ 1 & 1 & 1 & 0 & 0 & 0 & 1 \end{bmatrix} \begin{pmatrix} C_0 \\ C_1 \\ C_2 \\ C_3 \\ C_4 \\ C_5 \\ C_6 \end{pmatrix} = \begin{pmatrix} 0 \\ 0 \\ 0 \\ 0 \end{pmatrix} \tag{5.2.7}$$

它可以表示为

$$\boldsymbol{H} \cdot \boldsymbol{C}^{\mathrm{T}}=\boldsymbol{0}^{\mathrm{T}} \tag{5.2.8}$$

称 $\boldsymbol{H}$ 为监督矩阵，若 $\boldsymbol{H}=(\boldsymbol{P} : \boldsymbol{I})$，其中 $\boldsymbol{I}$ 为单位矩阵，则称 $\boldsymbol{C}$ 为系统(组织)码。监督矩阵多用于译码。

3. 校正(伴随)子方程

在接收端，若接收信号为

$$\boldsymbol{Y}=(y_0, y_1, \cdots, y_{n-1}) \tag{5.2.9}$$

且

$$\boldsymbol{Y}=\boldsymbol{X}+\boldsymbol{n}=\boldsymbol{C} \oplus \boldsymbol{e} \tag{5.2.10}$$

式中，$\boldsymbol{C}=(C_0, C_1, \cdots, C_{n-1})$ 为发送的码组(字)；$\boldsymbol{e}=(e_0, e_1, \cdots, e_{n-1})$ 为传输中的误码。

由 $\boldsymbol{H} \cdot \boldsymbol{C}^{\mathrm{T}}=\boldsymbol{0}^{\mathrm{T}}$ 可知，若传输中无差错，即 $\boldsymbol{e}=\boldsymbol{0}$，则接收端必然要满足监督方程 $\boldsymbol{H} \cdot \boldsymbol{C}^{\mathrm{T}}=\boldsymbol{0}^{\mathrm{T}}$；若传输中由差错，即 $\boldsymbol{e} \neq 0$，则接收端的监督方程应改为

$$\boldsymbol{H}\boldsymbol{Y}^{\mathrm{T}}=\boldsymbol{H}(\boldsymbol{C} \oplus \boldsymbol{e})^{\mathrm{T}}=\boldsymbol{H}\boldsymbol{C}^{\mathrm{T}} \oplus \boldsymbol{H}\boldsymbol{e}^{\mathrm{T}}=\boldsymbol{H}\boldsymbol{e}^{\mathrm{T}}=\boldsymbol{S}^{\mathrm{T}} \tag{5.2.11}$$

由上式还可求得

$$\boldsymbol{S}=(\boldsymbol{S}^{\mathrm{T}})^{\mathrm{T}}=(\boldsymbol{H}\boldsymbol{Y}^{\mathrm{T}})^{\mathrm{T}}=\boldsymbol{Y}\boldsymbol{H}^{\mathrm{T}}=\boldsymbol{C}\boldsymbol{H}^{\mathrm{T}}+\boldsymbol{e}\boldsymbol{H}^{\mathrm{T}}=\boldsymbol{e}\boldsymbol{H}^{\mathrm{T}} \tag{5.2.12}$$

称式(5.2.11)和式(5.2.12)为伴随或校正子方程,接收端用它来译码。

理论上,求解伴随方程,可以对任意线性分组码进行译码。但如果 n,k 充分大,进行多比特纠错时,采用伴随方程进行译码的复杂度极高,难以实用化。因此,需要设计代数结构更好的编码,以进一步降低译码算法的复杂度。

5.2.2 循环码

循环码是线性码中最重要的一个子类,其最大特点是理论上有成熟的代数结构,可采用码多项式描述,能够用移位寄存器来实现。

1. 循环码的多项式表示

循环码具有循环推移不变性:若 $\boldsymbol{C}$ 为循环码,$\boldsymbol{C}=(C_0,C_1,\cdots,C_{n-1})$,将 $\boldsymbol{C}$ 左移、右移若干位,其性质不变,且具有循环周期 n。对任意一个周期为 n 即 n 维的循环码,一定可以找到唯一的一个 n 阶码多项式表示,即在两者之间可以建立下列一一对应的关系。

n 元码组		n 阶码多项式
$\boldsymbol{C}=(C_0,C_1,\cdots,C_{n-1})$	$\leftrightarrow$	$C(x)=C_0+C_1x+\cdots+C_{n-1}x^{n-1}$
码组(字)之间的模 2 运算	$\leftrightarrow$	码多项式间的乘积运算
有限域 $\mathrm{GF}(2^k)$	$\leftrightarrow$	码多项式域 $F_2(x),\mathrm{mod}f(x)$

上述对应关系可以应用下面例子说明。

$\boldsymbol{C}=(1\ 1\ 0\ 1\ 0)$	$\leftrightarrow$	$C(x)=1+x+x^3$
右移一位为 0 1 1 0 1	$\leftrightarrow$	$xC(x)=x+x^2+x^4$
两者模 2 加		两个码多项式相乘

$$\begin{array}{r} 11010 \\ \oplus\quad 01101 \\ \hline 10111 \end{array} \quad\leftrightarrow\quad \begin{array}{r} 1+x+x^3 \\ \times\quad 1+x \\ \hline 1+x+x^3 \\ x+x^2+x^4 \\ \hline 1+x^2+x^3+x^4 \end{array}$$

由上述两者之间的一一对应关系,可以将在通常的有限域 $\mathrm{GF}(2^k)$ 中的"同余"(模)运算进一步推广至多项式域,并进行多项式域中的"同余"(模)运算,即

$$\frac{C(x)}{p(x)}=\boldsymbol{Q}(x)+\frac{r(x)}{p(x)} \tag{5.2.13}$$

或写成

$$C(x)=r(x),\mathrm{mod}\,p(x) \tag{5.2.14}$$

式中,$C(x)$为码多项式;$p(x)$为素(不可约)多项式;$\boldsymbol{Q}(x)$为商;$r(x)$为余多项式。

2. 生成多项式和监督多项式

在循环码中,可将前面线性分组码的生成矩阵 $\boldsymbol{G}$ 与监督矩阵 $\boldsymbol{H}$ 进一步简化为对应生成多项式 $g(x)$和监督多项式 $h(x)$。

仍以(7,3)码为例,其生成矩阵可以表示为

$$\boldsymbol{G}=\begin{bmatrix} 1 & 0 & 0 & 1 & 1 & 1 & 0 \\ 0 & 1 & 0 & 0 & 1 & 1 & 1 \\ 0 & 0 & 1 & 1 & 1 & 0 & 1 \end{bmatrix} \tag{5.2.15}$$

将 $\boldsymbol{G}$ 进行初等变换后可得

$$\boldsymbol{G}=\begin{bmatrix}0&0&1&0&1&1&1\\0&1&0&1&1&1&0\\1&0&1&1&1&0&0\end{bmatrix}=\begin{bmatrix}x^2+x^4+x^5+x^6\\x+x^3+x^4+x^5\\1+x^2+x^3+x^4\end{bmatrix}$$

$$=\begin{bmatrix}x^2(1+x^2+x^3+x^4)\\x(1+x^2+x^3+x^4)\\1(1+x^2+x^3+x^4)\end{bmatrix}=\begin{bmatrix}x^2\cdot g(x)\\x\cdot g(x)\\1\cdot g(x)\end{bmatrix} \tag{5.1.15}$$

可见，利用循环特性，生成矩阵 $\boldsymbol{G}$ 可以进一步简化为生成多项式 $g(x)$。同理，监督矩阵 $\boldsymbol{H}$ 也可以进一步简化为监督多项式 $h(x)$，不再赘述。

BCH 码是一类最重要的循环码，它能在一个信息码元分组中纠正多个独立的随机差错。BCH 码是 1959—1960 年由 3 位学者 Hocguenghem、Bose 和 Chaudhuri 各自独立发现的二元线性循环码，故取 3 位学者名字的首字母命名为 BCH 码[5.5,5.6]。BCH 码具有纠错能力强，构造方便，编译码较易实现一系列优点。

BCH 码的生成多项式 $g(x)$ 为

$$g(x)=\mathrm{LCM}[m_1(x),m_3(x),\cdots,m_{2t-1}(x)] \tag{5.2.17}$$

式中，t 为纠错的个数；$m_i(t)$ 为素（不可约）多项式；LCM 为最小公倍数操作。BCH 码的最小距离为 $d\geqslant d_0=2t+1$，其中 d_0 为设计距离，t 为能纠正的独立随机差错的个数。BCH 码分为两类：码长 $n=2^m-1$，称为本原 BCH 码或狭义 BCH 码；码长为 $n=2^m-1$ 的因子，称为非本原 BCH 码或广义 BCH 码。

RS(Reed-Soloman)码[5.7]是一种特殊的非二进制 BCH 码。$q=2^m\ (m>1)$，码元符号取自 GF(2^m)的多进制 RS 码，可用来纠正突发差错。将输入信息分 km 比特为一组，每组 k 个符号，而每个符号由 m 比特组成，而不是 BCH 码的单比特。其码长 $n=2^m-1$ 符号或 $m(2^m-1)$ 比特，信息段为 k 个符号或 km 比特，监督段为 $n-k=2t$ 个符号或 $m(n-k)=2mt$ 比特，最小距离为 $d_{\min}=2t+1$。

5.2.3 检错码

循环码特别适合于检错，这是由于它既有很强的检错能力，同时实现比较简单。循环冗余监督(Cyclic Redundancy Check，CRC)码就是常用的检错码。CRC 码能发现突发长度小于或等于 $n-k+1$ 的突发错误，其中不可检测错误为 $2^{-(n-k-1)}$；大部分突发长度大于 $n-k+1$ 的突发错误，其中不可检测错误为 $2^{-(n-k)}$；所有与许用码组码距不大于最小距离 $d_{\min}-1$ 的错误及所有奇数个错误。

已成为国际标准的常用 CRC 码有以下 4 种。

CRC-12：其生成多项式为

$$g(x)=1+x+x^2+x^3+x^{11}+x^{12} \tag{5.2.18}$$

CRC-16：其生成多项式为

$$g(x)=1+x^2+x^{15}+x^{16} \tag{5.2.19}$$

CRC-CCITT：其生成多项式为

$$g(x)=1+x^5+x^{12}+x^{16} \tag{5.2.20}$$

CRC-32:其生成多项式为

$$g(x)=1+x+x^2+x^4+x^5+x^7+x^8+x^{10}+x^{11}+x^{12}+x^{16}+x^{22}+x^{23}+x^{26}+x^{32} \tag{5.2.21}$$

其中,CRC-12 用于字符长度为 6 位的情况,其余 3 种均用于 8 位字符。

5.3 卷　积　码

5.3.1 基本概念

卷积码不同于上述的线性分组码和循环码,它是一类有记忆的非分组码。卷积码一般可记为(n,k,m)码。其中,k 表示编码器输入端的数据位,n 表示编码器输出端的码元数,而 m 表示编码器中寄存器的节数。从编码器输入端看,卷积码仍然是每 k 位数据一组,分组输入。从编码器输出端看,卷积码是非分组的,它的输出 n 位码元不仅与当时输入的 k 位数据有关,还进一步与编码器中寄存器的以前分组的 m 位输入数据有关。所以它是一个有记忆的非分组码。

由于卷积码的编码规则遵从卷积运算规律,卷积码因此而得名。卷积码为有记忆编码,其记忆或称约束长度 $l=m+1$。

卷积码的典型编码器可看作一个有 k 个输入端,n 个输出端,且具有 m 节寄存器的有记忆系统,也可看作是一个有记忆的时序网络。其结构如图 5.1 所示。

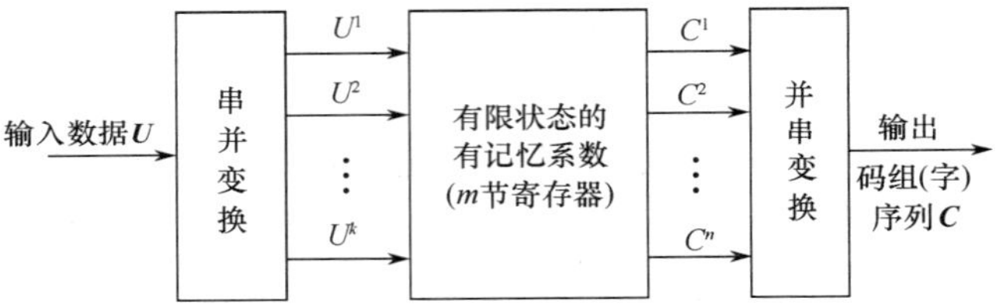

图 5.1 卷积码的典型编码器结构

5.3.2 卷积码的描述方法

卷积码的描述方法分为两大类型:解析法,它可以用数学公式直接表达,包括离散卷积法、生成矩阵法、码多项式法;图形表示法,包括状态图(最基本的图形表达形式)、树图及格图(或称为篱笆图)。

下面以一个最简单的(2,1,2)卷积码为例介绍描述方法,(2,1,2)卷积码的编码器结构如图 5.2所示。

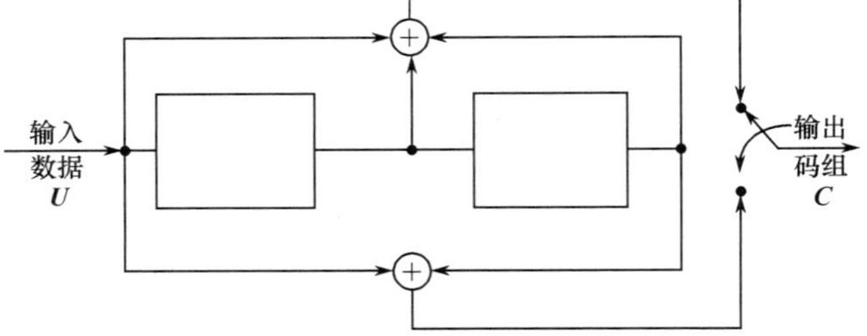

图 5.2 (2,1,2)卷积码的编码器结构

1. 离散卷积法

若输入数据序列为

$$\boldsymbol{U}=(U_0,U_1,\cdots,U_{k-1},U_k\cdots) \tag{5.3.1}$$

经串并变换、编码后，输出为两路码组，分别为

$$\boldsymbol{C}^1=(C_0^1,C_1^1,\cdots,C_{n-1}^1,C_n^1,\cdots) \tag{5.3.2}$$

$$\boldsymbol{C}^2=(C_0^2,C_1^2,\cdots,C_{n-1}^2,C_n^2,\cdots) \tag{5.3.3}$$

卷积码的离散卷积表达式为

$$\begin{aligned}\boldsymbol{C}^1&=\boldsymbol{U}*\boldsymbol{g}^1\\ \boldsymbol{C}^2&=\boldsymbol{U}*\boldsymbol{g}^2\\ \boldsymbol{C}&=(\boldsymbol{C}^1,\boldsymbol{C}^2)\end{aligned} \tag{5.3.4}$$

式中，$\boldsymbol{g}^1$ 与 $\boldsymbol{g}^2$ 为两路输出中编码器的脉冲冲激响应，即当输入为 $\boldsymbol{U}=(1\ 0\ 0\ 0\ \cdots)$ 的单位脉冲时，图 5.2 中上、下两个模 2 加观察到的输出值。这时有

$$\begin{aligned}\boldsymbol{g}^1&=(1\ 1\ 1)\\ \boldsymbol{g}^2&=(1\ 0\ 1)\end{aligned} \tag{5.3.5}$$

若输入数据序列为

$$\boldsymbol{U}=(1\ 0\ 1\ 1\ 1) \tag{5.3.6}$$

则有

$$\begin{aligned}\boldsymbol{C}^1&=\boldsymbol{U}*\boldsymbol{g}^1=(1\ 0\ 1\ 1\ 1)\times(1\ 1\ 1)=(1\ 1\ 0\ 0\ 1\ 0\ 1)\\ \boldsymbol{C}^2&=\boldsymbol{U}*\boldsymbol{g}^2=(1\ 0\ 1\ 1\ 1)\times(1\ 0\ 1)=(1\ 0\ 0\ 1\ 0\ 1\ 1)\end{aligned} \tag{5.3.7}$$

$$\boldsymbol{C}=(\boldsymbol{C}^1,\boldsymbol{C}^2)=(11\ 10\ 00\ 01\ 10\ 01\ 11) \tag{5.3.8}$$

2. 生成矩阵法

离散卷积法是卷积码中首先给出的解析法，并因此而命名为卷积码。后来人们经过进一步的分析发现，卷积码也可以采用类似于线性分组码和循环码分析中常采用的生成矩阵法和码多项式法，前者多用于理论分析，后者多用于工程实现。

仍以上述(2,1,2)卷积码为例，由生成矩阵表达式形式得

$$\begin{aligned}\boldsymbol{C}&=\boldsymbol{U}\cdot\boldsymbol{G}\\ &=(U_0U_1U_2U_3U_4)\begin{pmatrix}g_0^1g_0^2 & g_1^1g_1^2 & g_2^1g_2^2 & & & 0\\ & g_0^1g_0^2 & g_1^1g_1^2 & g_2^1g_2^2 & & \\ 0 & & g_0^1g_0^2 & g_1^1g_1^2 & g_2^1g_2^2 & \\ & & \cdots & \cdots & \cdots & \end{pmatrix}\\ &=(1\ 0\ 1\ 1\ 1)\begin{pmatrix}11 & 10 & 11 & & & & \\ & 11 & 10 & 11 & & 0 & \\ & & 11 & 10 & 11 & & \\ & 0 & & 11 & 10 & 11 & \\ & & & & 11 & 10 & 11\end{pmatrix}=(11\ 10\ 00\ 01\ 10\ 01\ 11)\end{aligned} \tag{5.3.9}$$

由上式可见，若 $\boldsymbol{U}$ 为无限长数据序列，则生成矩阵为一个有头无尾的半无限矩阵。由生成

矩阵解析式，可以更清楚地看出卷积码的非分组性质。

3. 码多项式法

为了简化，仍以上述(2,1,2)卷积码为例。输入数据序列及其对应的多项式为

$$\boldsymbol{U}=(1\ 0\ 1\ 1\ 1) \quad \leftrightarrow \quad U(x)=1+x^2+x^3+x^4$$

$$\boldsymbol{g}^1=(1\ 1\ 1) \quad \leftrightarrow \quad g_1(x)=1+x+x^2$$

$$\boldsymbol{g}^2=(1\ 0\ 1) \quad \leftrightarrow \quad g_2(x)=1+x^2$$

输出的码组多项式为

$$\begin{aligned} C_1(x)&=U(x)g_1(x)=(1+x^2+x^3+x^4)(1+x+x^2) \\ &=1+x^2+x^3+x^4+x+x^3+x^4+x^5+x^2+x^4+x^5+x^6 \\ &=1+x+x^4+x^6 \end{aligned} \tag{5.3.10}$$

$$C_2(x)=U(x)g_2(x)=(1+x^2+x^3+x^4)(1+x^2)=1+x^3+x^5+x^6 \tag{5.3.11}$$

对应的码组

$$C_1(x)=1+x+x^4+x^6 \leftrightarrow \boldsymbol{C}^1=(1\ 1\ 0\ 0\ 1\ 0\ 1)$$

$$C_2(x)=1+x^3+x^5+x^6 \leftrightarrow \boldsymbol{C}^2=(1\ 0\ 0\ 1\ 0\ 1\ 1)$$

$$\boldsymbol{C}=(\boldsymbol{C}^1,\boldsymbol{C}^2)=(11\ 10\ 00\ 01\ 10\ 01,11) \tag{5.3.12}$$

对比 3 种不同的描述方式，同一个(2,1,2)卷积码，可获得的结果分别为式(5.3.8)、式(5.3.9)及式(5.3.12)，显然它们是完全一样的。

下面再给出一个例子，(3,2,1)卷积码，其编码器结构如图 5.3 所示。

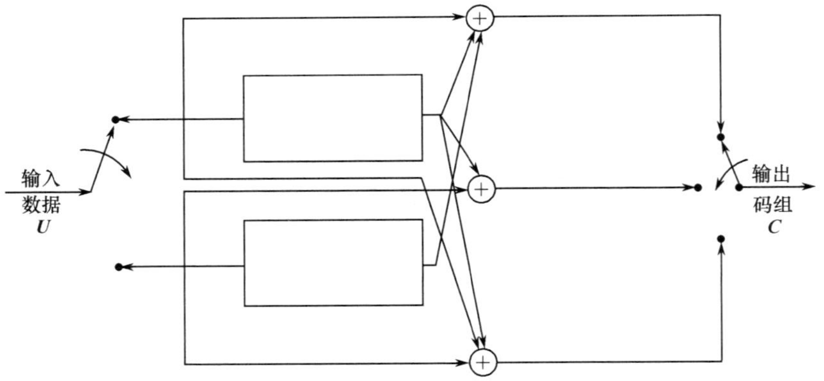

图 5.3 (3,2,1)卷积码的编码器结构

其中，$k=2,n=3,m=1$。若输入数据序列 $\boldsymbol{u}=(1\ 1\ 0\ 1\ 1\ 0)$，由图 5.3 可知，将它分为并行两路，其中，$\boldsymbol{u}^1=(1\ 0\ 1)$，$\boldsymbol{u}^2=(1\ 1\ 0)$。编码器的生成序列也可由图分别写出

$$\begin{aligned} &\boldsymbol{g}_1^1=(1\ 1),\boldsymbol{g}_1^2=(0\ 1),\boldsymbol{g}_1^3=(1\ 1) \\ &\boldsymbol{g}_2^1=(0\ 1),\boldsymbol{g}_2^2=(1\ 0),\boldsymbol{g}_2^3=(1\ 0) \end{aligned} \tag{5.3.13}$$

式中，$\boldsymbol{g}_i^j$ 的上标 j 表示输出并行路数，下标 i 则表示输入并行路数。

若采用生成矩阵法，则有

$$\boldsymbol{C}=\boldsymbol{U}\cdot\boldsymbol{G}$$

$$=(1\ 1\ 0\ 1\ 1\ 0)\begin{pmatrix}101 & 111 & & \\ 011 & 100 & & \\ & 101 & 111 & \\ & 011 & 100 & \\ & & 101 & 111\\ & & 011 & 100\end{pmatrix}=(1\ 1\ 0\ 0\ 0\ 0\ 0\ 0\ 1\ 1\ 1\ 1) \tag{5.3.14}$$

4. 状态图

除上述3种解析法外，还可以采用比较形象的图形表示法。一般情况下，解析法比较适合于描述编码过程，而图形法则比较适合于描述译码。状态图法则是图形表示法的基础。

这里仍然以最简单的(2,1,2)卷积码为例。由于 $k=1,n=2,m=2$，所以总的可能状态数为 $2^{km}=2^2=4$ 种，分别表示为 $a=00,b=10,c=01,d=11$，而每一时刻可能输入有两个，即 $2^k=2^1=2$。若输入的数据序列为：$\boldsymbol{U}=(U_0,U_1,\cdots,U_i,\cdots)=(1\ 0\ 1\ 1\ 1\ 0\ 0\ 0\ \cdots)$，由图5.2按输入数据序列分别完成如下步骤：

① 对图5.2中寄存器进行清0，这时，寄存器起始状态为00；

② 输入 $U_0=1$，寄存器状态为10，输出分两路，$C_0^1=1\oplus0\oplus0=1$，$C_0^2=1\oplus0=1$，故 $\boldsymbol{C}=(C_0^1,C_0^2)=(1,1)$；

③ 输入 $U_1=0$，寄存器状态为01，可算出 $\boldsymbol{C}=(1,0)$；

④ 输入 $U_2=1$，寄存器状态为10，可算出 $\boldsymbol{C}=(0,0)$；

⑤ 输入 $U_3=1$，寄存器状态为11，可算出 $\boldsymbol{C}=(0,1)$；

⑥ 输入 $U_4=1$，寄存器状态为11，可算出 $\boldsymbol{C}=(1,0)$；

⑦ 输入 $U_5=0$，寄存器状态为01，可算出 $\boldsymbol{C}=(0,1)$；

⑧ 输入 $U_6=0$，寄存器状态为00，可算出 $\boldsymbol{C}=(1,1)$；

⑨ 输入 $U_7=0$，寄存器状态为00，可算出 $\boldsymbol{C}=(0,0)$。

按以上步骤，可画出一个完整的状态图，如图5.4所示。图中共有4个状态：$a=00,b=10,c=01,d=11$，两状态转移的箭头表示状态转移的方向，括号内的数字表示输入数据信息，括号外的数字则表示对应输出的码组(字)。

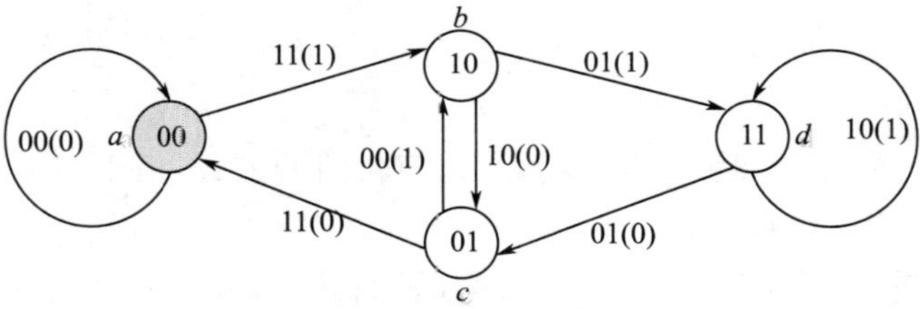

图5.4 (2,1,2)卷积码的状态图

状态图结构简洁，但是其时序关系不够清晰，且输入数据位很多时将产生重复。然而在译码时，时序关系很重要。为了解决时序关系，人们在状态图的基础上以时间为横轴将状态图展开，就形成了时序不重复的树形结构图(树图)。

5. 树图

树图以时序关系为横轴，将状态图进行展开，并展示出编码器的所有输入和输出的可能性。

下面仍以(2,1,2)卷积码为例给出它的树图表示，如图5.5所示。

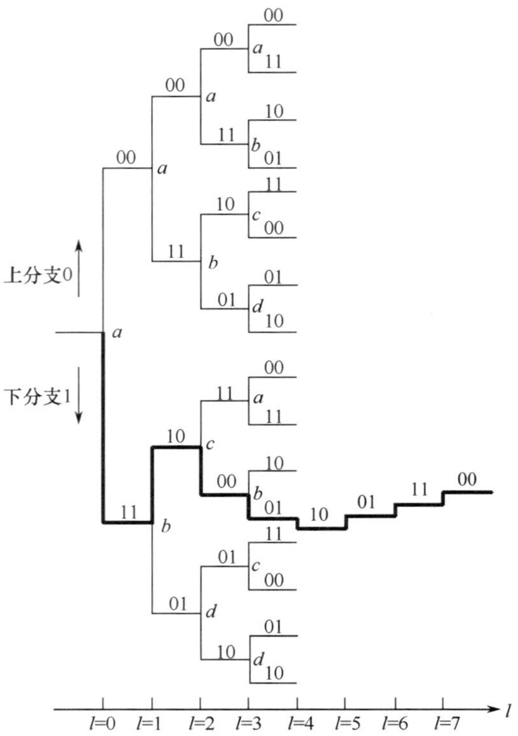

图 5.5 (2,1,2)卷积码的树图表示

由图 5.5 可见,树图具有下列特点:树图展示了编码器的所有输入、输出的可能情况;每一个输入数据序列 $\boldsymbol{U}$ 都可以在树图上找到一条唯一的且不重复的路径;图中横坐标表示时序关系的节点级数 l,而纵坐标则表示不同节点 l 值时的所有可能的状态,可见图形展示了一目了然的时序关系。仔细分析树图不难发现,(2,1,2)卷积码仅有 4 个状态:a,b,c,d,而树图随着输入数据的增长将不断地像核裂变一样一分为二向后展开,这必然会产生大量的重复状态。从图中 $l=3$ 开始就不断产生重复,因此树图结构复杂,且不断重复。

是否存在一种既有明显时序关系特性又不产生重复图形的结构呢?这就是下面要进一步介绍的格图。

6. 格图

格图(Trellis)是 3 种图形表示法中最有用、最有价值的形式,由于它特别适合于卷积码中的维特比(Viterbi)译码,所以倍受重视。

格图又称为篱笆图,因像农村庄园中的篱笆墙而得名。格图是由状态图和树图演变而来的,它既保留了状态图的简洁的状态关系,又保留了树图的时序展开的直观特性。具体地说,它将树图中如 $l\geqslant 3$ 以后的所有重复状态合并折叠起来,因而它在横轴上仅保留 4 个基本状态:$a=00$,$b=10$,$c=01$,$d=11$,而将 $l\geqslant 3$ 后的所有重复状态合并并折叠到这 4 个基本状态上。

为了便于比较,下面仍以最简单的(2,1,2)卷积码为例,画出其格图。总状态数为 $2^{km}=2^2=4$ 种,它们分别是 $a=00,b=10,c=01,d=11$。每个时刻 l 可能的输入有 $2^k=2^1=2$ 种,同理可能的输出为 $2^k=2^1=2$ 种。

若仍设输入数据序列为 $\boldsymbol{U}=(U_0,U_1,\cdots,U_i,\cdots)=(1\ 0\ 1\ 1\ 1\ 0\ 0\ 0\ \cdots)$,则输出码组(字)由图 5.2 可求出

$$C = (C^1, C^2) = (11\ 10\ 00\ 01\ 10\ 01\ 11) \tag{5.3.15}$$

则(2,1,2)卷积码的格图表示如图 5.6 所示。

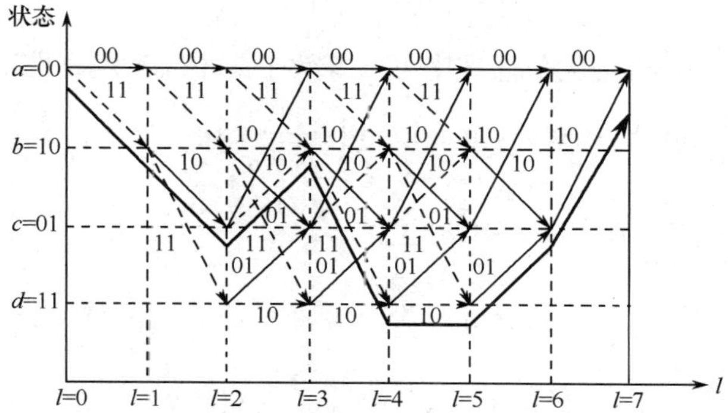

图 5.6　(2,1,2)卷积码的格图表示

由图 5.6 可见：$l=0$ 和 $l=1$ 的前两段及 $l=5$，$l=6$ 的后两级为状态的建立期和恢复期，其状态数少于 4 种；中间状态 $2 \leqslant l \leqslant 4$，格图占满状态；$U_l=0$，为上分支，用实线代表，$U_l=1$，为下分支，用虚线代表，当输入 $\boldsymbol{U}=(1\ 0\ 1\ 1\ 1\ 0\ 0)$ 时，输出码组(字)为 $\boldsymbol{C}=(11\ 10\ 00\ 01\ 10\ 01\ 11)$，在图中用粗黑线表示，其对应的状态转移为 $a\ b\ c\ b\ d\ d\ c\ a$，与图中的粗黑线所表示的输出码组(字)及相应状态转移完全是一致的。

5.3.3　Viterbi 译码

卷积码的译码分为两类：代数译码(门限译码)和概率译码(序列译码及 Viterbi 译码)。Viterbi 译码是目前最常采用的译码方法，本节仅介绍 Viterbi 译码。该算法是 1967 年由 Viterbi 提出的概率译码方法[5.9]，后来 Omura 指出，它实质上就是最大似然译码。

1. 译码准则

在数字通信中，通信的可靠性度量一般采用平均误码率 P_e，由概率论可知，最小平均误码率准则等效于最大后验概率(MAP)准则，即

$$\begin{aligned}\min P_e &= \min \sum_{\boldsymbol{Y}} P(\boldsymbol{Y}) P(\boldsymbol{e}|\boldsymbol{Y}) = \min \sum_{\boldsymbol{Y}} P(\boldsymbol{Y}) P(\hat{\boldsymbol{C}} \neq \boldsymbol{C}|\boldsymbol{Y}) \\ &= \min \sum_{\boldsymbol{Y}} P(\boldsymbol{Y}) [1 - P(\hat{\boldsymbol{C}} = \boldsymbol{C}|\boldsymbol{Y})] \propto \max_{\boldsymbol{C}} P(\hat{\boldsymbol{C}} = \boldsymbol{C}|\boldsymbol{Y})\end{aligned} \tag{5.3.16}$$

式中，$P(\boldsymbol{Y})$ 为接收信号序列的概率，它与具体译码方式无关；$\boldsymbol{e}$ 为差错事件；$\hat{\boldsymbol{C}}$ 为接收端恢复的码组(字)，$\boldsymbol{C}$ 为发送的码组(字)，$P(\hat{\boldsymbol{C}}=\boldsymbol{C}|\boldsymbol{Y})$ 表示给定接收序列 $\boldsymbol{Y}$ 对应发送码组(字)为 $\boldsymbol{C}$ 的后验概率。由贝叶斯公式，后验概率可以表示为

$$P(\hat{\boldsymbol{C}}=\boldsymbol{C}|\boldsymbol{Y}) = \frac{P(\boldsymbol{C}) P(\boldsymbol{Y}|\boldsymbol{C})}{P(\boldsymbol{Y})} \tag{5.3.17}$$

通常称条件概率 $P(\boldsymbol{Y}|\boldsymbol{C})$ 为似然概率，在信源序列先验等概率的条件下，最大后验概率(MAP)准则与最大似然(ML)准则是等效的，即

$$\max_{\boldsymbol{C}} P(\boldsymbol{C}|\boldsymbol{Y}) \Leftrightarrow \max_{\boldsymbol{C}} P(\boldsymbol{Y}|\boldsymbol{C}) \tag{5.3.18}$$

为了防止数值不稳定，实际系统中常用对数似然概率，即 $\log P(\boldsymbol{Y}|\boldsymbol{C})$。

对于 AWGN 信道，假设将编码比特 $c_i=0,1$ 映射为二进制信号 $x_i=1-2c_i=\pm 1$，则接收信

号模型可以表示为 $y_i = x_i + n_i$，其中，噪声样值服从高斯分布，即满足 $n_i \sim N(0,\sigma^2)$。因此，接收信号的概率密度函数为

$$P(y_i \mid x_i) = \frac{1}{\sqrt{2\pi}\sigma}\exp\left\{-\frac{(y_i - x_i)^2}{2\sigma^2}\right\} \tag{5.3.19}$$

这样，在 AWGN 信道下，最大似然准则可以等效于最小欧氏距离准则，即

$$\begin{aligned}
\max_{\boldsymbol{C}}\log P(\boldsymbol{Y}\mid\boldsymbol{C}) &\propto \max\log\prod_{i=1}^{n}\frac{1}{\sqrt{2\pi}\sigma}\exp\left\{-\frac{(y_i - x_i)^2}{2\sigma^2}\right\} \\
&\propto \max\sum_{i=1}^{n} -\frac{(y_i - x_i)^2}{2\sigma^2} \\
&\propto \min\sum_{i=1}^{n}(y_i - x_i)^2 \overset{①}{=} \min_{\boldsymbol{X}}(\boldsymbol{Y}-\boldsymbol{X})^2 \\
&\propto \max\sum_{i=1}^{n} y_i x_i \overset{②}{=} \max_{\boldsymbol{X}}\boldsymbol{Y}\boldsymbol{X}^{\mathrm{T}} = \max_{\boldsymbol{X}}\langle\boldsymbol{Y},\boldsymbol{X}\rangle \\
&\propto \max\sum_{i=1}^{n} y_i(1-2c_i) \\
&\propto \min\sum_{i=1}^{n} y_i c_i \overset{③}{=} \min_{\boldsymbol{C}}\boldsymbol{Y}\boldsymbol{C}^{\mathrm{T}} = \min_{i\in\mathcal{L}}\sum_{i=1}^{n} y_i
\end{aligned} \tag{5.3.20}$$

在上式推导中，$\langle\cdot\rangle$表示两个向量的内积运算。式①表示 ML 译码准则可以等价为最小欧氏距离译码准则，考虑到发送信号能量归一化，即 $E\|x_i\|^2=1$，可以进一步简化为式②，即接收序列 $\boldsymbol{Y}$ 与发送信号序列 $\boldsymbol{X}$ 之间的相关，称为相关度量最大化准则。考虑到映射关系 $x_i = 1-2c_i = \pm 1$，还能够等价变换为式③，即接收序列 $\boldsymbol{Y}$ 与编码码字 $\boldsymbol{C}$ 之间的汉明相关，称为汉明相关度量最小化准则，其中 $\mathcal{L}=\{l \mid c_l = 1\}$ 表示编码比特取值为 1 的集合。

而对于无记忆的二进制对称信道 BSC，其接收信号模型为 $y_i = c_i + e_i$，其中 $e_i \in \{0,1\}$ 表示错误比特。假定 BSC 信道的转移概率为 $P(0\mid 1) = P(1\mid 0) = p$，$P(1\mid 1) = P(0\mid 0) = 1-p$，则在 BSC 信道中，最大似然准则可等效于最小汉明距离准则，即

$$\begin{aligned}
\max_{\boldsymbol{C}}\log P(\boldsymbol{Y}\mid\boldsymbol{C}) &= \max_{\boldsymbol{C}}\log\prod_{i=1}^{n}P(y_i\mid c_i) \\
&= \max_{\boldsymbol{C}}\log\left[p^{d(\boldsymbol{Y},\boldsymbol{C})}(1-p)^{n-d(\boldsymbol{Y},\boldsymbol{C})}\right] \\
&= \max_{\boldsymbol{C}}\{d(\boldsymbol{Y},\boldsymbol{C})\log p + [n-d(\boldsymbol{Y},\boldsymbol{C})]\log(1-p)\} \\
&\propto \max_{\boldsymbol{C}} d(\boldsymbol{Y},\boldsymbol{C})\log\frac{p}{1-p} \\
&\propto \min\sum_{i=1}^{n} d(y_i, c_i)
\end{aligned} \tag{5.3.21}$$

上述公式最后一步推导中，由于 BSC 信道的转移概率 $p \leqslant \frac{1}{2}$，因此 $\log\frac{p}{1-p} < 0$。

2. Viterbi 算法设计思想

Viterbi 算法的核心思想是在卷积码的格图上，每个状态分段选择最大似然或最小距离路径，从而得到全局最优的译码路径。

定义 5.3 所谓最大似然路径是格图上似然概率最大的路径，即满足

$$P(\boldsymbol{Y}\mid\boldsymbol{C}) \geqslant \forall P(\boldsymbol{Y}\mid\boldsymbol{B}), \boldsymbol{B} \neq \boldsymbol{C} \tag{5.3.22}$$

为简化描述，假定卷积码码率为 $R=1/2$。图 5.7 给出了格图上第 k 节的一个状态转移蝶形。

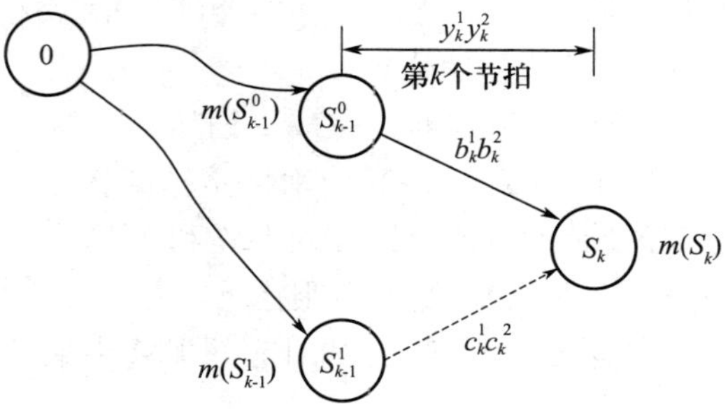

图 5.7 格图上第 k 节的一个状态转移蝶形

如图 5.7 所示,假设译码器 0 时刻从全零状态开始译码,在第 $k-1$ 时刻,进入状态 S_{k-1}^0 的最大似然路径为 b_1^{2k-2},则该状态对应的状态度量可以用部分路径的对数似然概率表示,即 $m(S_{k-1}^0)=\log P(y_1^{2k-2} \mid b_1^{2k-2})$。同样,对于状态 S_{k-1}^1,假设其最大似然路径为 c_1^{2k-2},则也可以定义状态度量为 $m(S_{k-1}^0)=\log P(y_1^{2k-2} \mid c_1^{2k-2})$。现在时钟节拍前进到第 k 时刻,此时对应的状态转移关系为 S_{k-1}^0、S_{k-1}^1 分别转移到状态 S_k,对于前者,对应的信息比特为 0(图中用实线表示),编码比特为 $b_k^1 b_k^2$,而对于后者,相应的信息比特为 1(图中用虚线表示),编码比特为 $c_k^1 c_k^2$。这样,状态 S_k 度量更新公式为

$$m(S_k)=\max\{m(S_{k-1}^0)+\gamma(y_k^1 y_k^2, b_k^1 b_k^2), m(S_{k-1}^1)+\gamma(y_k^1 y_k^2, c_k^1 c_k^2)\} \qquad (5.3.23)$$

式中,$\gamma(y_k^1 y_k^2, b_k^1 b_k^2)=\log P(y_k^1 y_k^2 \mid b_k^1 b_k^2)$ 与 $\gamma(y_k^1 y_k^2, c_k^1 c_k^2)=\log P(y_k^1 y_k^2 \mid b_k^1 b_k^2)$ 称为分支度量,表示接收信号 $y_k^1 y_k^2$ 分别与转移分支对应的编码比特组合 $b_k^1 b_k^2$ 或 $c_k^1 c_k^2$ 计算得到的对数似然概率。

上述公式就是 Viterbi 算法中著名的累加—比较—选择(ACS)迭代运算公式。首先进行状态度量与分支度量求和,然后进行两条路径度量的比较,最后选择似然概率最大的路径作为幸存路径,这样就完成了状态 S_k 的度量更新与路径更新。

定理 5.2 Viterbi 算法得到的幸存路径是最大似然路径。

证明 Viterbi 算法的核心步骤实际上利用了对数似然概率的可加性,即满足

$$\log P(y_1^{2k} \mid b_1^{2k})=\log P(y_1^{2k-2} \mid b_1^{2k-2})+\log P(y_k^1 y_k^2 \mid b_k^1 b_k^2)$$
$$=m(S_{k-1}^0)-\gamma(y_k^1 y_k^2, b_k^1 b_k^2) \qquad (5.3.24)$$

假定在译码过程的某个时刻,最大似然路径作为竞争失败路径被删掉,则意味着在这一时刻,幸存路径的度量超过了最大似然路径度量。如果将最大似然路径的其余部分添加到当前时刻的幸存路径上,则该路径的总度量将超过最大似然路径的总度量。但这和最大似然路径的定义显然存在矛盾。因此,最大似然路径不可能被 Viterbi 算法删除,即必定是最终的幸存路径。

在 Viterbi 译码中,如接收信号首先进行硬判决,则常采用最小汉明距离准则,分支度量可以用汉明距离计算,而如果采用软判决,则常采用最小欧氏距离译码或最大相关度量译码准则,分支度量可以采用欧氏距离或相关度量得到。

3. 硬判决译码算法

下面仍以最简单的 $(2,1,2)$ 卷积码为例。$(2,1,2)$ 卷积码的 Viterbi 译码是以图 5.6 为基础的。由图可知,横轴共有 $L+m+1$ 个时间段(节点级数),其中 L 为数据信息长度,m 为寄存器级(节)数。由于系统是有记忆的,其影响可扩展至 $l=L+m+1$ 位。图中是按 $U=(1\ 0\ 1\ 1\ 1)$ 即 $L=5, m=2$ 考虑的,这时 $l=5+2+1=8$,所以横轴以 $l=0,1,\cdots,7$ 表示,且前 $l=m=2$ 为建立状态,后 $l \geqslant L$ 即 $l=5,6$ 为恢复状态。

Viterbi 译码的主要步骤如下:

① 从 $l=m=2$ 开始，网格充满状态，并将路径存储器(PM)和路径度量存储器(MM)从 $l=0$ 至 $l=m=2$ 的初始状态记录下来，完成初始化。

② $l=l+1(l=2+1=3)$ 接收新一组数据并完成下列运算：进行 $l=l(=2)$ 至 $l=l+1(=3)$ 分支路径度量计算，从 MM 中取出 $l=l(=2)$ 时刻幸存路径度量值；进行 ACS 迭代运算并产生新的幸存路径；将新的幸存路径及其度量值分别存入 PM 和 MM。

③ 如果 $l<L+M=5+2=7$，回到步骤②，否则往下进行。

④ 求 MM 中最大似然值(或最小汉明距离)和对应的 PM 中最佳路径值，即为 Viterbi 译码的最后输出值。

根据上述算法步骤，下列示例给出了 Viterbi 译码的运算过程和最后结果。

若输入数据为 $\boldsymbol{U}=(1\ 0\ 1\ 1\ 1\ 0\ 0)$，其中后两位 00 为尾比特，其目的是为了将状态恢复至初始状态，所以真正输入的数据为 1 0 1 1 1，即 $L=5$。在发送端，经图 5.2 编码后，输出为 $\boldsymbol{C}=(11\ 10\ 00\ 01\ 10\ 01\ 11)$；在接收端，经过信道传输后，假设接收到的信号序列为 $\boldsymbol{Y}=(10\ 10\ 01\ 01\ 10\ 01\ 11)$。对照发送和接收信号，可求得汉明距离为 $d(\boldsymbol{Y},\boldsymbol{C})=1+0+1+0+0+0+0=2$。

当 Viterbi 译码采用最常用的硬判决译码算法时，信道可假设为较理想的二进制对称 BSC 信道，这时，最大似然译码可进一步简化为最小汉明距离译码，其度量值可用式(5.3.21)直接计算求得，其结果如下列图形所示。

首先，将所有分支度量值全部计算出来并对应列在图中，结果如图 5.8 所示。

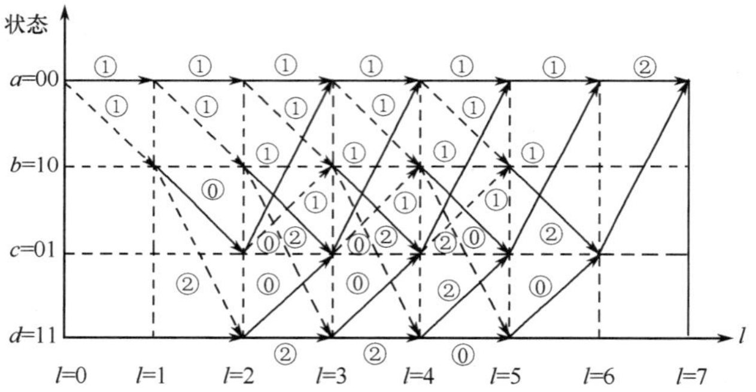

图 5.8 $L=5$，(2,1,2)卷积码的汉明距离图

其次，求出幸存路径，如图 5.9 所示。

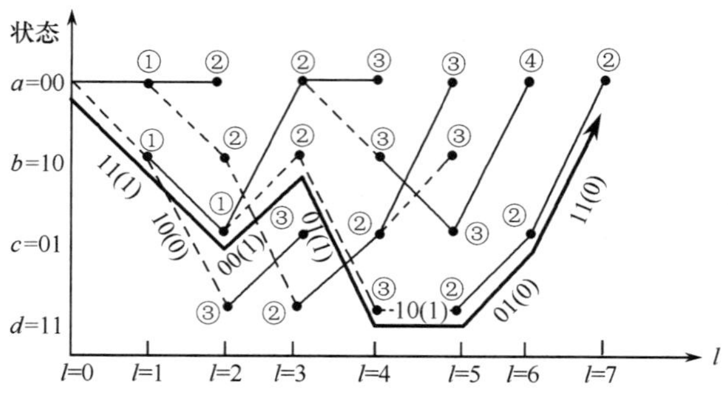

图 5.9 $L=5$，(2,1,2)卷积码的 Viterbi 译码图

由上述两图可见，在(2,1,2)卷积码的 Viterbi 译码中，进入每个节点有两条路径，仅能保留汉明距离最小的那一条路径，另一条则需删除，这样可以大大节省往后继续运算的运算量；在整

个译码过程中，不断删除淘汰那些汉明距离大的路径，最后仅保留唯一的一条走到底的全通路径，其累计汉明距离最小，即为我们所需的译码序列。在图 5.9 中，求得的最后译码序列用粗黑线表示。

译出的码组(字)为 $\hat{\boldsymbol{C}}$=(11 10 00 01 10 01 11)，译出的对应数据为 $\hat{\boldsymbol{U}}$=(1 0 1 1 1 0 0)，其中后两位 0 0 为尾比特。它对应的状态转移路线为：(后两步状态转移为了回归原状态)$a_0=00\to b_1=10\to c_2=01\to b_3=10\to d_4=11\to d_5=11\to c_6=01\to a_7=00$，即从 a 状态回归至 a 状态。将译出的数据 $\hat{\boldsymbol{U}}$ 与发送的数据 $\boldsymbol{U}$ 对比，两者完全一致，即没有差错。

4. 软判决译码

两电平判决是非此即彼即非 0 即 1 的判决，所以称为硬判决，而多电平判决不属于非 0 即 1 的简单硬判决，所以称为软判决。软、硬判决所允许的归一化噪声、干扰水平是不一样的。电平级数越多，允许噪声、干扰越大，判决性能越好，但是电平级数越多，实现越复杂，一般取 4 或 8 电平即可。软判决与硬判决译码过程完全类似，两者之间的主要差异有：

① 信道模型不一样。硬判决采用二进制对称 BSC 信道模型；软判决由于是多电平判决，就不能再采用二进制信道模型，因此采用离散无记忆信道模型，即 DMC 模型。

② 度量值与度量标准不一样。硬判决的度量值是汉明距离，度量准则是最小汉明距离准则；软判决的度量值是似然值，度量标准是最大似然准则，在 AWGN 信道中，等价为最小欧氏距离或最大相关度量准则。

软判决与硬判决相比，稍增加了一些复杂度，而在性能上却比硬判决好 1.5～2dB，所以在实际译码中常采用软判决。

5. Viterbi 算法复杂度

对于(n,k,m)卷积码，其状态图共有 2^{km} 个状态，每个状态有 2^k 个转移分支，假设数据帧长为 N，则格图上每一节有 2^{km} 个蝶形，需要执行 2^{km} 次 ACS 运算，每次 ACS 运算包含 2^k 次加法、2^k-1 次比较。因此，译码整个数据帧的计算复杂度为 $O(N2^{k(m+1)})=O(N2^{kl})$，单个比特的计算复杂度为 $O(2^{kl})$，其中 $l=m+1$ 为卷积码的约束长度。

Viterbi 算法的复杂度正比于数据帧长，随着约束长度 l 呈指数增长。与之相比，采用穷举搜索的 ML 算法译码，复杂度为 $O(2^{nN})$，显然，Viterbi 算法的复杂度远低于 ML 算法。因此，对于约束长度 $l\leqslant 10$ 的卷积码，都可以采用 Viterbi 算法，以中等复杂度获得最大似然的译码性能。

5.3.4 卷积码的速率适配

为了保证 Viterbi 算法能够从全零状态开始译码，卷积码的编码器需要进行截尾操作，即在每一帧的信息比特送入编码器后，还需要连续送入多个 0 比特，从而将移位寄存器的状态推回全零状态。图 5.9 描述了这一过程。通常$(n,1,m)$卷积码，信息帧长为 N，则编码码长为 Nn，原始码率为 $R=1/n$。但由于引入了截尾操作，新增比特数目为 mn，因此，其实际码率为 $R_r=\dfrac{N}{Nn+mn}=\dfrac{1}{n(1+m/N)}$，略低于原始码率，当帧长 N 充分大时，码率的损失可以忽略。

在实际通信系统中，往往要求卷积码支持高码率，或者短码长，此时需要对原始的卷积码进行速率适配。

对于高码率情况，即 $R=k/n\to 1$，通常需要对低码率的卷积码进行凿孔或打孔(Puncturing)操作，从而以一种基本编码器支持多种码率的变换，称为速率适配凿孔卷积码(RCPC)。

例如，原始码率为 $R=1/2$ 的(2,1,2)卷积码，通过凿孔操作，可得码率为 $R=2/3$ 的卷积码。其凿孔表为

$$\boldsymbol{P}=\begin{bmatrix}1 & 0\\ 1 & 1\end{bmatrix} \tag{5.3.25}$$

假设编码器连续输入的两个信息比特为 u_k, u_{k+1}，则原始编码器输出的比特为 $c_k^1, c_k^2, c_{k+1}^1, c_{k+1}^2$，按照凿孔表，需要删去比特 c_k^2，这样最终输出的编码比特序列为 $c_k^1, c_{k+1}^1, c_{k+1}^2$。在接收端执行 Viterbi 算法时，凿孔比特没有传输，因此相应的分支度量为 0。

为了保证纠错性能，通常需要对凿孔表进行优化搜索，文献[5.11]给出了多种典型码率的 RCPC 最优凿孔方案。

对于短码长情况，截尾操作所引起的码率损失不可忽略。因此，人们常用另一种改进形式的卷积码，称为咬尾(Tail-biting)卷积码[5.10]。由于没有截尾操作，咬尾卷积码的实际码率与原始码率严格相等。咬尾卷积码一个有趣的结构性质是格图表示的循环对称性，即在格图上，每个终止状态都能够循环对应到相应的初始状态，从而形成循环对称结构。

尽管咬尾卷积码的编码器初始状态不确定，但利用咬尾卷积码的循环对称性，接收端进行译码时，通过迭代运行 Viterbi 算法（一般为两次迭代），仍然能够获得最大似然译码结果。其中，第一次迭代，Viterbi 算法运行结束后，选择状态度量最大的终止状态作为初始状态，而第二次迭代，从选定的初始状态开始再次进行 Viterbi 译码，得到最大似然译码路径。详细的迭代译码过程参见文献[5.10]。

咬尾卷积码常用于移动通信系统的控制信道编码标准，既不损失码率，又能够保证传输的高可靠性。

5.3.5 卷积码差错性能

卷积码的纠错能力取决于所采用的译码算法与码的距离特性。对于 Viterbi 算法，最重要的距离度量为最小自由距离(Free Distance) d_{free}。

定义 5.4 卷积码的最小自由距离定义为

$$d_{\text{free}} \triangleq \min_{\boldsymbol{U}_1,\boldsymbol{U}_2}\{d(\boldsymbol{C}_1, C_2) \mid \boldsymbol{U}_1 \neq \boldsymbol{U}_2\} \tag{5.3.26}$$

式中，$\boldsymbol{C}_1$、$\boldsymbol{C}_2$ 是输入数据序列 $\boldsymbol{U}_1$、$\boldsymbol{U}_2$ 所对应的码字。

最小自由距离是卷积码中任意两个有限长度码字之间的最小汉明距离，这两个码字的长度可以相同，也可以不同。由于卷积码是线性码，满足封闭性，因此，最小自由距离也可以看作是由任意有限长度的非零信息序列产生的最小重量码字。它也是状态图从全零状态分叉又合并于全零状态的所有有限长度路径中的最小重量。

对于卷积码的最大似然译码性能，常用一致界(Union Bound)来衡量其误码率[5.95]，即

$$P(E) < \sum_{d=d_{\text{free}}}^{\infty} A_d P_d \tag{5.3.27}$$

式中，$P(E)$ 表示码字的差错概率，假设全零码字是正确码字。A_d 表示重量为 d 的码字数目，称为重量谱或距离谱。显然，最小重量即为 d_{free}。P_d 表示相对于全零序列，重量为 d 的错误码字对应的差错事件概率。

给定卷积码码率为 R，编码比特采用二进制调制，送入 AWGN 信道，接收比特信噪比为 E_{b}/N_0，则卷积码的 ML 译码性能界可以表示为

$$P(E) < \sum_{d=d_{\text{free}}}^{\infty} A_d \boldsymbol{Q}\left(\sqrt{d\,\frac{2RE_{\text{b}}}{N_0}}\right) \tag{5.3.28}$$

式中，$Q(x)=\frac{1}{\sqrt{2\pi}}\int_{x}^{\infty}e^{-y^2/2}dy$ 是高斯互补误差函数，简称 Q 函数。

5.4 级 联 码

5.4.1 基本概念

在很多实际的通信信道中，出现的差错既不是单纯的随机独立差错，也不是明显的突发差错，而是混合性差错，由此需要寻找强有力的、能纠正混合差错性能的纠错码。由信道编码定理可知，纠错能力与纠错码本身的长度是成正比的，但是采用单一结构、单一形式的码来构造长码一般是非常复杂的，也是不合算的。因此需要另找新思路来构造性能优良的长码。

乘积码、级联码等就是在上述思路启发下产生的不同形式的复合码。所谓复合码，就是采用若干个相同或不同结构的单元(成员)码按照某种复合结构合成一个高性能、高效率复合码。确切地说，级联码从原理上分为两类，一类为串行级联码，一般就称它为级联码，也即本节将要介绍的内容；另一类是并行级联码，这就是后面将要介绍的 Turbo 码。当然从结构上看，还有串、并联相结合的混合级联码。由于其结构较复杂，很少有人深究，我们仅讨论串行级联码。

级联码是一种由短码串行级联构造长码的一类特殊、有效的方法，它首先由 Forney 提出[5.13]。用这种方法构造出的长码不需要像单一结构构造长码时那样复杂的编、译码设备，而性能一般优于同一长度的长码，因此得到广泛的重视和应用。

Forney 当初提出的是一个由两级串行的级联码，其结构为

$$(n,k)=[n_1\times n_2,k_1\times k_2]=[(n_1,k_1),(n_2,k_2)] \tag{5.4.1}$$

它是由两个短码(n_1,k_1)、(n_2,k_2)串接构成一个长码(n,k)，称(n_1,k_1)为内码，(n_2,k_2)为外码；若总数据输入位 k 由若干个字节组成，则 $k=k_1\times k_2$，即由 k_2 个字节，每个字节含有 $k_1=8$ 位；这时(n_1,k_1)主要负责纠正字节内(8 位内)的随机独立差错，(n_2,k_2)则负责纠正字节之间和字节内未纠正的剩余差错。这样，级联码可以纠正随机独立差错，但是更主要的是纠正突发性差错，它的纠错能力比较强。

从原理上看，内码(n_1,k_1)、外码(n_2,k_2)采用何种类型纠错码是可以任意选取的，两者既可以是同一类型，也可以是不同类型。目前最典型的、采用最多的组合是(n_1,k_1)选择纠正随机独立差错性能强的卷积码，而(n_2,k_2)则选择性能更强的纠正突发差错为主的 RS 码。

下面以典型的两级串接的级联码为例，其结构如图 5.10 所示。

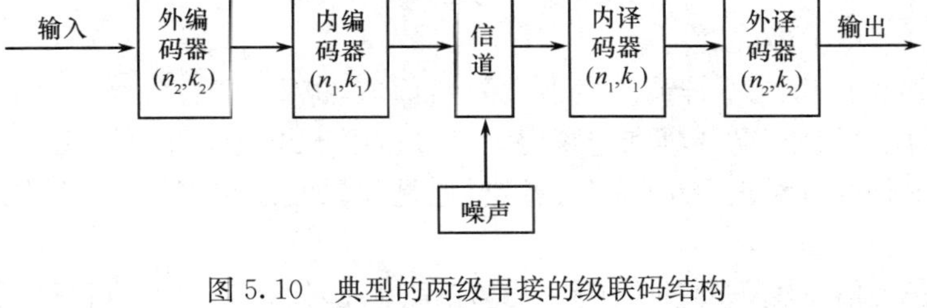

图 5.10 典型的两级串接的级联码结构

若内编码器的最小距离为 d_1，外编码器的最小距离为 d_2，则级联码的最小距离为 $d=d_1\times d_2$。级联码结构是由其内、外码串接构成的，其设备量是两者的直接组合，显然它比直接采用一种长码结构所需设备要简单得多。

5.4.2 级联码的标准与性能

最早采用级联码的是美国国家宇航局(NASA),20世纪80年代,NASA将它用于深空遥测数据的纠错中。1984年,NASA采用(2,1,7)卷积码作为内码,(255,223)RS码作为外码构成级联码,并在内、外码之间加上一个交织器,其交织深度为2~8个外码块。级联码的性能达到:当$E_b/N_0=2.53\text{dB}$,误比率率$P_b\leqslant 10^{-6}$。后来NASA以该码为参数标准于1987年制定了CCSDS遥测系列编码标准。

由(2,1,7)卷积码与(255,223)RS码构成的CCSDS标准典型级联码结构如图5.11所示。

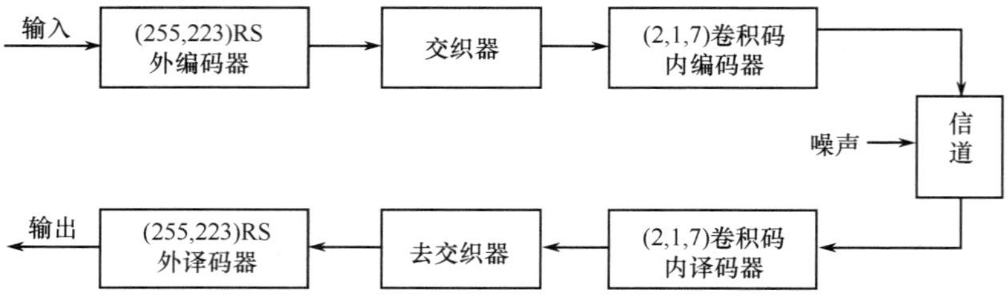

图5.11　CCSDS标准典型级联码结构

图5.12给出一些典型级联码的性能曲线。

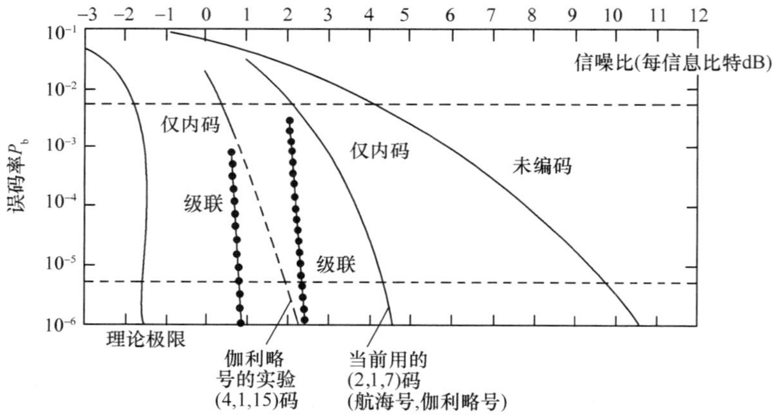

图5.12　典型级联码的性能曲线

5.5　交织编码

由于实际的移动信道既不是纯随机独立差错信道,也不是纯突发差错信道,而是混合性信道;前面介绍的线性分组码、循环码和卷积码大部分是用于纠正随机独立差错的。仅有其中少部分如Fire码和RS码可以纠正少量的突发差错,但是如果突发长度太长,实现会太复杂,从而失去其应用价值。

前面介绍的各类信道编码的基本思路是适应信道,即什么类型信道就采用相应的适合于该类信道,并与该类信道特性相匹配的编码类型。针对AWGN信道,可以采用汉明码、BCH码和卷积码等适合于纠正随机独立差错的编码方法。针对纯衰落信道,可以采用Fire码、RS码,以及可纠正多个突发差错的分组和卷积码及ARQ等。针对实际的移动信道,一般可采用既可纠正随机独立差错又能纠正突发差错的级联码及 HARQ 等。

本节要介绍和讨论的是基于另一思路，它不是按照适应信道的思路来处理的，而是按照改造信道的思路来分析、处理问题的。它利用发送端和接收端的交织器和去交织器的信息处理手段，将一个有记忆的突发信道改造成为一个随机独立差错信道。交织编码，严格地说，它并不是一类信道编码，而只是一种改造信道的信息处理手段。它本身并不具备信道编码最基本的检错和纠错功能，只是将信道改造成随机独立差错的信道，以便更适合于纠正随机独立差错的信道编码的充分应用。

5.5.1 交织编码的基本原理

交织编码的作用是改造信道，其实现方式有很多，如分组（块）交织、帧交织、随机交织、混合交织等。这里仅以最简单、最直观的分组（块）交织为例介绍其实现的基本原理。交织器的实现原理图如图 5.13 所示。

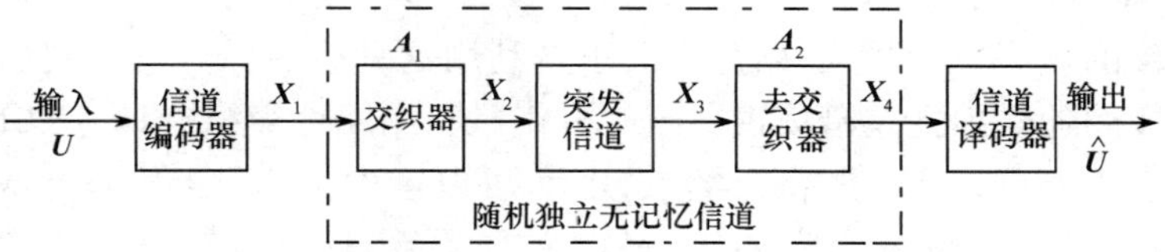

图 5.13　交织器的实现原理图

由图 5.13 可见，交织、去交织由如下步骤构成。

① 若输入数据（块）$\boldsymbol{U}$ 经信道编码后为 $\boldsymbol{X}_1=(x_1x_2x_3\cdots x_{25})$。

② 在发送端，交织器为一个行列交织矩阵存储器 $\mathbf{A}_1$，它按列写入、按行读出，即

$$\mathbf{A}_1=\text{写入顺序}\downarrow\begin{bmatrix} x_1 & x_6 & x_{11} & x_{16} & x_{21} \\ x_2 & x_7 & x_{12} & x_{17} & x_{22} \\ x_3 & x_8 & x_{13} & x_{18} & x_{23} \\ x_4 & x_9 & x_{14} & x_{19} & x_{24} \\ x_5 & x_{10} & x_{15} & x_{20} & x_{25} \end{bmatrix}\underset{\text{读出顺序}}{\rightarrow} \tag{5.5.1}$$

③ 交织存储器输出后并送入突发信道的信号为

$$\mathbf{X}_2=(x_1x_6x_{11}x_{16}x_{21},x_2\cdots x_{22},\cdots x_5\cdots x_{25}) \tag{5.5.2}$$

④ 假设在突发信道中受到两个突发干扰：第一个突发干扰影响 5 位，即产生于 x_1 至 x_{21}；第二个突发干扰影响 4 位，即产生于 x_{13} 至 x_4。则突发信道的输出端的输出信号 $\mathbf{X}_3$ 可表示为

$$\mathbf{X}_3=(\dot{x}_1\dot{x}_6\dot{x}_{11}\dot{x}_{16}\dot{x}_{21},x_2x_7\cdots x_{22},x_3x_8\dot{x}_{13}\dot{x}_{18}\dot{x}_{23},\dot{x}_4x_9\cdots x_{25}) \tag{5.5.3}$$

⑤ 在接收端，将受突发干扰的信号送入去交织器。去交织器也是一个行列交织矩阵存储器 $\mathbf{A}_2$，它按行写入、按列读出（正好与交织矩阵存储器的规律相反），即

$$\mathbf{A}_2=\begin{pmatrix} \dot{x}_1 & \dot{x}_6 & \dot{x}_{11} & \dot{x}_{16} & \dot{x}_{21} \\ x_2 & x_7 & x_{12} & x_{17} & x_{22} \\ x_3 & x_8 & \dot{x}_{13} & \dot{x}_{18} & \dot{x}_{23} \\ \dot{x}_4 & x_9 & x_{14} & x_{19} & x_{24} \\ x_5 & x_{10} & x_{15} & x_{20} & x_{25} \end{pmatrix} \tag{5.5.4}$$

⑥ 经去交织器去交织以后的输出信号为$\boldsymbol{X}_4$，则$\boldsymbol{X}_4$ 为

$$\boldsymbol{X}_4=(\dot{x}_1x_2x_3\dot{x}_4x_5\dot{x}_6x_7x_8x_9x_{10}\dot{x}_{11}x_{12}\dot{x}_{13}x_{14}x_{15}\dot{x}_{16}x_{17}\dot{x}_{18}x_{19}x_{20}\dot{x}_{21}x_{22}\dot{x}_{23}x_{24}x_{25}) \qquad (5.5.5)$$

由上述分析，经过交织矩阵和去交织矩阵变换后，原来信道中的突发性连错，即两个突发一个连错 5 位；另一个连错 4 位却变成了$\boldsymbol{X}_4$ 输出中的随机独立差错。

从交织器的实现原理图上看，一个实际的突发信道，经过发送端交织器和接收端去交织器的信息处理后，就完全等效成一个随机独立差错信道，正如图中虚线方框所示。所以从原理上看，信道交织编码实际上是一类信道改造技术，它将一个突发信道改造成一个随机独立差错信道。它本身并不具备信道编码检、纠错功能，仅起到信号预处理的作用。

5.5.2 分组(块)交织器的基本性质

我们可以将上述一个简单的 5×5 矩阵存储器的例子推广至一般情况。若分组(块)长度为$L=M\times N$，即由 M 列 N 行的矩阵构成。其中，交织矩阵存储器按列写入、行读出，而去交织矩阵存储器则以相反的顺序按行写入、列读出。正是利用这种行、列顺序的倒换，可以将实际的突发信道变换成等效的随机独立差错信道。这类分组(块)周期性交织器具有如下性质：

任何一个长度为 $l\leqslant M$ 的突发错误，经交织后，可以至少被 $N-1$ 位隔开成为单个随机独立差错。任何一个长度为 $l>M$ 的突发差错，经过去交织后，可以将较长的突发差错变换成较短的，即其长度为 $l_1=\left[\dfrac{l}{M}\right]$的短突发差错。完成上述交织和去交织变换，在不计信道时延的条件下，将会产生 2 倍交织矩阵存储器容量 MN 即 $2MN$ 个符号的时延。其中发送端和接收端各占一半，即 MN 个符号的时延。

在很特殊的情况下，周期为 M 的 k 个随机独立单个差错经过上述的交织器、去交织器后，也有可能产生一定长度的突发差错。从以上分组(块)交织器的性质可见，它是克服深衰落大突发差错的最为简单而有效的方法，并已在移动通信中广泛应用。

交织编码的主要缺点是在交织和去交织过程中会产生 $2MN$ 个符号的附加处理时延，这对实时业务特别是话音业务，将带来很不利的影响。所以对于话音等实时业务应用交织编码时，交织器的容量即尺寸不能取得太大。

交织器的改进主要针对处理附加时延大及由于采用某种固定形式的交织方式就有可能产生很特殊的相反效果，即存在能将一些随机独立差错交织为突发差错的可能性。为了克服以上两个主要缺点，人们研究了不少有效措施，如采用卷积交织器和伪随机交织器等。

5.6 Turbo 码

半个世纪以来，人们一直在寻求构造逼近信道容量的好码，尽管 5.4 节所介绍的串行级联码具有优越的性能，但距离 Shannon 限还有约 2.5dB 的差距。1993 年，在 ICC 国际会议上，由两位法国学者 C. Berrou 与 A. Glavieux 共同发明的 Turbo 码[5.14,5.15]，在信道编码领域掀起了一场革命。Turbo 在英文中用作前缀，具有涡轮驱动即反复迭代的含义。Berrou 提出，当分量码采用简单递归卷积码、交织器大小为 256×256 时，其计算机仿真结果表明：当 $E_b/N_0=0.7\text{dB}$，$\text{BER}(P_e)\leqslant10^{-5}$，性能极其优良，这一结果比以往所有的纠错码都要好得多，与 Shannon 限仅差 1～2dB。

在信道编码定理的证明中，香农应用了 3 个理论假设：①码长无限长；②随机化编码；③基于渐近等分割(JAEP)特性，采用典型序列译码。后来，Galleger 证明，采用最大似然(ML)译码或最大后验概率(MAP)译码也是容量可达的。Turbo 码的构造模拟了理论证明的思路。Turbo

码的编码器中引入了交织器，使得编码序列具有了类随机特性，近似满足第②个假设。Turbo 码的译码采用了在两个分量码之间传递外信息的迭代译码算法，随着码长的增加，多次迭代的译码性能趋近于理论最优的最大后验概率译码算法，近似满足了第①和③个假设。

5.6.1 Turbo 码的编码原理

Turbo 码编码器如图 5.14 所示，有 3 个基本组成部分：信息位$\{u_k\}$直接输出，称为系统比特；第一路校验比特$\{c_k^1\}$，经过 RSC 编码器 1 送入开关单元；输入信息位数据经过交织器后再通过 RSC 编码器 2，产生第二路校验比特$\{c_k^2\}$，送入开关单元。以上三者可以看作并行级联，因此 Turbo 码从原理上可看作并行级联码。

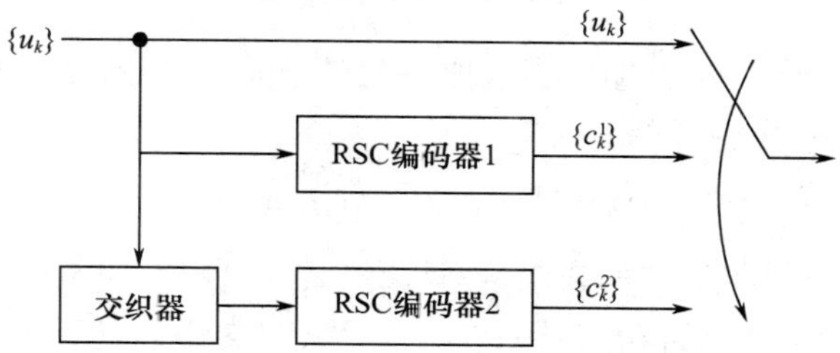

图 5.14 Turbo 码编码器

两个递归系统卷积码(RSC)编码器分别称为 Turbo 码的二维分量(单元组成)码。从原理上看，可以很自然地推广到多维分量码。各个分量码既可以是卷积码，也可以是分组码，还可以是串行级联码，两个或多个分量码既可以相同，也可以不同。分量码既可以是系统码，也可以是非系统码，但是为了进行有效的迭代，已证明它必须选用递归系统码。

5.6.2 Turbo 码的译码器结构

假设 $R=1/3$ 的 Turbo 码，其编码比特经过 BPSK 调制、AWGN 信道，k 时刻对应的系统比特与校验比特接收信号模型为

$$\begin{cases} x_k=(1-2d_k)+n_k \\ y_k^1=(1-2c_k^1)+p_k \\ y_k^2=(1-2c_k^2)+q_k \end{cases} \tag{5.6.1}$$

式中，n_k、p_k 和 q_k 是独立正态分布随机变量，均值为 0，方差为 $\sigma^2=\dfrac{N_0}{2}$。因此接收信号服从高斯分布，即 $x_k, y_k^1, y_k^2 \sim N(\pm 1, N_0/2)$。这样，可以计算 3 路比特对应的接收对数似然比(LLR)，LLR 由于来自信道，通常称为信道信息。

$$\begin{cases} \Lambda(d_k)=\log\dfrac{P(x_k\mid d_k=0)}{P(x_k\mid d_k=1)}=\dfrac{2}{\sigma^2}d_k \\ \Lambda(c_k^i)=\log\dfrac{P(y_k^i\mid c_k^i=0)}{P(y_k^i\mid c_k^i=1)}=\dfrac{2}{\sigma^2}c_k^i, i=1,2 \end{cases} \tag{5.6.2}$$

Turbo 码译码器如图 5.15 所示，由两个分量码译码器组成，每个译码器采用软输入软输出(SISO)译码算法。第一个分量码译码器有 3 路信号输入：系统比特的信道信息$\Lambda(d_k)$、第一路校验比特的信道信息 $\Lambda(c_k^1)$及分量码译码器 2 输入的先验信息 $L_a^{(2)}(d_k)$。同样，第二个分量码译码器也有 3 路信号输入：经过交织的系统比特的信道信息$\Lambda(d_k')$、第二路校验比特的信道信息$\Lambda(c_k^1)$及分量码译码器 1 输入的经过交织的先验信息 $L_a^{(1)}(d_k')$。

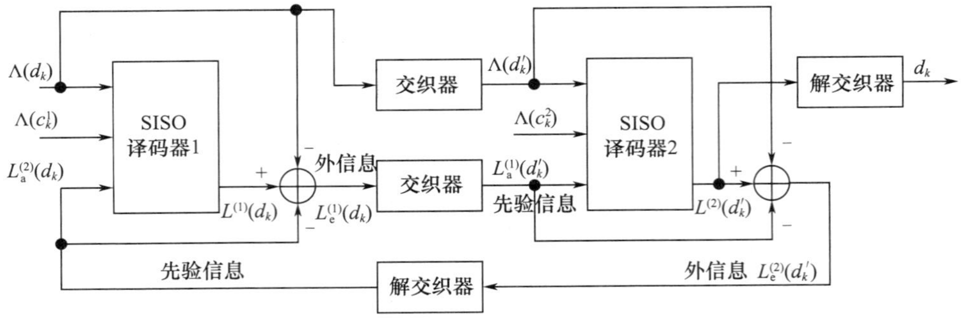

图 5.15　Turbo 码译码器

在一次迭代中，SISO 译码器 1 首先产生比特似然比信息 $L^{(1)}(d_k)$，然后减去系统比特的信道信息与先验信息，得到输出的外信息，即

$$L_e^{(1)}(d_k)=L^{(1)}(d_k)-\Lambda(d_k)-L_a^{(2)}(d_k) \tag{5.6.3}$$

经过交织，成为 SISO 译码器 2 的先验信息 $L_a^{(1)}(d'_k)$。同样，SISO 译码器 2 利用输入的先验信息、信道信息，产生比特似然比信息 $L^{(2)}(d_k)$，然后抵消交织后的系统比特的信道信息与先验信息，得到输出的外信息，即

$$L_e^{(2)}(d'_k)=L^{(2)}(d'_k)-\Lambda(d'_k)-L_a^{(1)}(d'_k) \tag{5.6.4}$$

经过解交织，成为 SISO 译码器 1 的先验信息 $L_a^{(2)}(d_k)$。

上述迭代过程经过多次，最后对 SISO 译码器 2 产生的比特似然比信息解交织并进行判决，得到最终的译码结果。

由图 5.15 可以看出，这类并行级联卷积码的译码具有反馈式迭代结构，它类似于涡轮机原理，故命名为 Turbo 码。

Turbo 码常用的译码算法有 Bahl 等人提出的计算每个码元最大后验概率(MAP)的迭代算法[5.16](一般称为 BCJR 算法)和 Hagenauer 等人提出的软输出 Viterbi(SOVA)算法[5.17]。BCJR 算法的最大特色是采用递推、迭代方法来实现最大后验概率，且对每个符号的运算量不随总码长而变化，运算速度快，因而受到重视。将这一算法引入反馈迭代、软输入软输出及交织、去交织，实现了级联长码的伪随机化迭代译码，性能非常优异，并逐步逼近了理想 Shannon 限。

BCJR 标准算法虽然已比最优的最大后验概率算法做了很大的简化，但仍然比较复杂，工程实现有很大难度，为了进一步简化，目前提出的主要简化算法有：

① 对数域算法，即 Log-MAP，它实际上就是把标准算法中的似然函数全部采用对数似然函数表示，这样乘法运算都变成了简单的加法运算，从而大为简化运算量。

② 最大值算法，即 Max-Log-MAP，它可将 Log-MAP 算法中，似然值加法表示式中的对数分量忽略掉，使似然值加法完全变成求最大值运算。这样除了可省去大部分加法运算，更大的好处是省去了对信噪比的估计，从而使算法更为稳健。

③ 软输出 Viterbi 译码(SOVA)算法，其运算量仅为标准 Viterbi 算法的 2 倍左右，最为简单但是性能损失 1dB 左右。

5.6.3　最大后验概率(MAP)译码算法

1. 译码原理

BCJR 算法本质上是 Markov 模型上的概率推断算法，考虑 $R=1/2$ 系统反馈卷积码，记忆

长度为 υ,假设 k 时刻编码器输出的信息比特为 d_k,校验比特为 c_k,编码比特映射为 BPSK 或 QPSK 符号,数据帧长为 N,通过 AWGN 信道传输。在接收端定义接收序列

$$R_1^N=(R_1,\cdots,R_k,\cdots,R_N) \tag{5.6.5}$$

式中,$R_k=(x_k,y_k)$是 k 时刻的接收信号,x_k 与 y_k 定义为

$$\begin{cases} x_k=(1-2d_k)+n_k \\ y_k=(1-2c_k)+p_k \end{cases} \tag{5.6.6}$$

式中,n_k 和 p_k 是独立正态分布随机变量,方差为 σ^2。定义每个译码比特的似然比为

$$\lambda_k=\frac{P(d_k=0|R_1^N)}{P(d_k=1|R_1^N)} \tag{5.6.7}$$

式中,$P(d_k=i|R_1^N)(i=0,1)$表示信息比特 d_k 的后验概率,它可以通过下述联合概率推导得到

$$\lambda_k^{i,m}=P(d_k=i,S_k=m|R_1^N) \tag{5.6.8}$$

即后验概率可以表示为

$$P(d_k=i\mid R_1^N)=\sum_m \lambda_k^{i,m} \tag{5.6.9}$$

式中,$i=0,1$,求和是对所有 2^υ 个状态进行的。因此比特似然比可以表示为

$$\lambda_k=\frac{\sum\limits_m \lambda_k^{0,m}}{\sum\limits_m \lambda_k^{1,m}} \tag{5.6.10}$$

采用贝叶斯公式,式(5.6.8)的联合概率可以表示为

$$\begin{aligned}\lambda_k^{i,m}&=P(d_k=i,S_k=m,R_1^N)/P(R_1^N)\\&=P(d_k=i,S_k=m,R_1^{k-1},R_k,R_{k+1}^N)/P(R_1^N)\\&=P(d_k=i,S_k=m,R_k,R_{k+1}^N)P(R_1^{k-1}|d_k=i,S_k=m,R_k,R_{k+1}^N)/P(R_1^N)\\&=P(d_k=i,S_k=m,R_k)P(R_{k+1}^N|d_k=i,S_k=m,R_k)P(R_1^{k-1}|d_k=i,S_k=m,R_k^N)/P(R_1^N)\end{aligned} \tag{5.6.11}$$

应用 Markov 性,可以定义 k 时刻、$S_k=m$ 状态的前向度量 α_k^m 为

$$P(R_1^{k-1}|d_k=i,S_k=m,R_k^N)=P(R_1^{k-1}|S_k=m)=\alpha_k^m \tag{5.6.12}$$

同样,有

$$P(R_{k+1}^N|d_k=i,S_k=m,R_k)=P(R_{k+1}^N|S_{k+1}=f(i,m))=\beta_{k+1}^{f(i,m)} \tag{5.6.13}$$

式中,$f(i,m)$是给定输入比特 i 和状态 m 对应的下一状态。相应地,可以定义 k 时刻、$S_k=m$ 状态的反向状态度量 β_k^m。进一步,定义分支度量为

$$P(d_k=i,S_k=m,R_k)=\gamma_k^{i,m} \tag{5.6.14}$$

将式(5.6.12)至式(5.6.14)代入式(5.6.11),可得

$$\lambda_k^{i,m}=\alpha_k^m\beta_{k+1}^{f(i,m)}\gamma_k^{i,m}/P(R_1^N) \tag{5.6.15}$$

则式(5.6.10)的比特似然比可以表示为

$$\lambda_k=\frac{\sum\limits_m \alpha_k^m\beta_{k+1}^{f(0,m)}\gamma_k^{0,m}}{\sum\limits_m \alpha_k^m\beta_{k+1}^{f(1,m)}\gamma_k^{1,m}} \tag{5.6.16}$$

式(5.6.12)表示的前向度量可以迭代计算,推导如下:

$$
\begin{aligned}
\alpha_k^m &= P(R_1^{k-1} \mid S_k = m) \\
&= \sum_n \sum_{j=0}^{1} P(d_{k-1} = j, S_{k-1} = n, R_1^{k-1} \mid S_k = m) \\
&= \sum_n \sum_{j=0}^{1} P(R_1^{k-2} \mid S_k = m, d_{k-1} = j, S_{k-1} = n, R_{k-1}) \times P(d_{k-1} = j, S_{k-1} = n, R_{k-1} \mid S_k = m) \\
&= \sum_{j=0}^{1} P(R_1^{k-2} \mid S_{k-1} = b(j,n)) \times P(d_{k-1} = j, S_{k-1} = b(j,n), R_{k-1}) \\
&= \sum_{j=0}^{1} \alpha_{k-1}^{b(j,m)} \gamma_{k-1}^{b(j,m)}
\end{aligned} \tag{5.6.17}
$$

式中,$b(j,m)$表示给定输入比特 j 和当前状态 m 反推对应的前一状态。采用类似的推导过程,可得反向度量的迭代计算过程如下:

$$
\begin{aligned}
\beta_k^m &= P(R_k^N \mid S_k = m) \\
&= \sum_l \sum_{i=0}^{1} P(d_k = i, S_{k+1} = l, R_k^N \mid S_k = m) \\
&= \sum_l \sum_{i=0}^{1} P(R_{k+1}^N \mid S_k = m, d_k = i, S_{k+1} = l, R_k) \times P(d_k = i, S_{k+1} = l, R_k \mid S_k = m) \\
&= \sum_{i=0}^{1} P(R_{k+1}^N \mid S_{k+1} = f(i,m)) \times P(d_k = i, S_k = m, R_k) \\
&= \sum_{j=0}^{1} \beta_{k+1}^{f(i,m)} \gamma_k^{i,m}
\end{aligned} \tag{5.6.18}
$$

分支度量 $\gamma_k^{i,m}$ 的推导如下:

$$
\begin{aligned}
\gamma_k^{i,m} &= P(d_k = i, S_k = m, R_k) \\
&= P(d_k = i) P(S_k = m \mid d_k = i) P(R_k \mid d_k = i, S_k = m) \\
&= P(x_k \mid d_k = i, S_k = m) P(y_k \mid d_k = i, S_k = m) \xi_k^i / 2^v
\end{aligned} \tag{5.6.19}
$$

式中,$\xi_k^i = P(d_k = i)$是先验概率。对于均值为 0、方差为 σ^2 的 AWGN 信道,上式可以变形为

$$
\begin{aligned}
\gamma_k^{i,m} &= \frac{\xi_k^i}{2^v \sqrt{2\pi}\sigma} \exp\left\{-\frac{1}{2\sigma^2}[x_k - (1-2i)]^2\right\} \times \frac{1}{2^v \sqrt{2\pi}\sigma} \exp\left\{-\frac{1}{2\sigma^2}[y_k - (1-2c^{i,m})]^2\right\} \\
&= \kappa_k \xi_k^i \exp[L_c(x_k i + y_k c^{i,m})]
\end{aligned} \tag{5.6.20}
$$

式中,$L_c = \dfrac{2}{\sigma^2}$称为信道可靠性因子。由此,得到比特似然比为

$$
\begin{aligned}
\lambda_k &= \frac{\xi_k^0}{\xi_k^1} \exp(-L_c x_k) \times \frac{\sum\limits_m \alpha_k^m \exp(L_c y_k c^{0,m}) \beta_{k+1}^{f(0,m)}}{\sum\limits_m \alpha_k^m \exp(L_c y_k c^{1,m}) \beta_{k+1}^{f(1,m)}} \\
&= \xi_k \exp(-L_c x_k) \xi_k'
\end{aligned} \tag{5.6.21}
$$

式中,ξ_k 是先验概率比;ξ_k' 就是 Turbo 码文献中所指的外信息。由此可知,比特似然比包括 3 部分,分别为:先验概率、信源比特提供的信道信息及校验比特提供的信道信息。这样,式(5.6.17)、式(5.6.18)、式(5.6.20)、式(5.6.21)给出了 BCJR 算法或 MAP 算法的基本计算公式。

通常称这种算法为双向递推算法。因为在格图上,前向度量 α_k^m 从起始时刻 0 递推到终止时

刻 N，而反向度量 β_k^m 从终止时刻反向递推到起始时刻 0。并且每一时刻的前向、后向递推计算都需要用到分支度量 $\gamma_k^{i,m}$，最终还需要计算每个信息比特的似然比。这样，BCJR 算法的复杂度是 $\chi_{\text{MAP}}=4\times N\times 2^{v+1}=O(N2^{v+1})$，是同等规模格图上 Viterbi 算法复杂度的 4 倍。

当卷积码采用截尾比特时，BCJR 算法的前向与反向度量采用如下的初始化条件：

$$\begin{cases}\alpha_0^0=1,\alpha_0^{m\neq 0}=0\\ \beta_N^0=1,\beta_N^{m\neq 0}=0\end{cases}\tag{5.6.22}$$

上述 MAP 算法是在实数域上运算的，容易产生数值溢出。通常采用对数域运算，从而保证数值稳定，也就是 Log-MAP 算法。此时，令对数分支度量为

$$D_k^{i,m}=\log\gamma_k^{i,m}=\log P(d_k=i,S_k=m,R_k)\tag{5.6.23}$$

并且定义对数前向、反向度量分别为 A_k^m、B_k^m，可得 Log-MAP 算法为

$$A_k^m=\mathrm{E}(A_{k-1}^{b(0,m)}+D_{k-1}^{0,b(0,m)},A_{k-1}^{b(1,m)}+D_{k-1}^{1,b(1,m)})\tag{5.6.24}$$

$$B_k^m=\mathrm{E}(B_{k+1}^{f(0,m)}+D_k^{0,m},B_{k+1}^{f(1,m)}+D_k^{1,m})\tag{5.6.25}$$

$$\Lambda_k=\underset{m}{\mathrm{E}}(A_k^m+D_k^{0,m}+B_{k+1}^{f(0,m)})-\underset{m}{\mathrm{E}}(A_k^m+D_k^{1,m}+B_{k+1}^{f(1,m)})\tag{5.6.26}$$

式中，$E(\mathrm{e}^a,\mathrm{e}^b)=\log(\mathrm{e}^a+\mathrm{e}^b)=\max(a,b)+\log(1+\mathrm{e}^{-|a-b|})$ 是雅可比（Jacobi）算子，包括 max 操作与修正项计算。注意，式(5.6.26)对应的对数似然比（LLR）可以应用雅可比算子迭代计算。

进一步，如果利用近似公式 $\log(\mathrm{e}^a+\mathrm{e}^b)\approx\max(a,b)$，可以得到 Max-Log-MAP 算法，其迭代公式不再赘述。由于近似计算，相对于 Log-MAP 算法，前者有约 0.5dB 的性能损失。为了弥补损失，通常会采用 Scale-Max-Log-MAP 算法，即在外信息计算中引入比例因子（Scale Factor），通常取 $\beta=0.7$，与 Log-MAP 算法相比，性能几乎没有损失。

2. 外信息传递机制

Turbo 码分量码译码器的外信息传递机制是影响译码延时与吞吐率的关键因素，一般有 3 种外信息传递机制，分别简述如下。

(1) 串行机制

标准的 Turbo 码译码算法是一种串行译码过程，一次迭代需要接收到所有的信道信息，然后分别启动两个分量码译码器，计算外信息并完成一次传递。这个过程如图 5.16(a)所示。如果码长很长，则这种串行译码时延很大，导致吞吐率较低。

(2) 并行机制

为了提高吞吐率，Divsalar 等人提出了并行译码结构[5.20]，如图 5.16(b)所示。在并行译码中，两个分量码译码器同时启动，分别计算外信息，传递到下一次迭代的对应译码器中。对比图 5.16(a)、(b)，可以明显看出，并行译码的时延只有串行译码的一半，相比后者，这种方法可以提升一倍的吞吐率。并且并行译码不仅可以在整个数据帧上并行，还可以将数据帧划分为多个码块，实现码块译码的并行。不过这种情况下，需要仔细设计交织器，满足并行译码时无冲突访问的要求。

(3) 洗牌(Shuffle)机制

所谓洗牌(Shuffle)译码[5.24]是在并行译码的基础上，提高外信息更新的可靠性。在同一次迭代的前向、反向度量计算中，假设当前译码器 k 时刻的前向、反向度量进行一步递推，如果 $k<\Pi^{-1}(k)$，则表明另一个分量码译码器的外信息还未更新，因此只用当前存储的分支度量进行度量递推运算；反之，如果 $k>\Pi^{-1}(k)$，则说明外信息已经更新，因此可以用最新的外信息重新计算分支度量并进行度量递推运算。这种洗牌译码的方法，可以有效提高并行译码的可靠性，加快译码收敛速度。

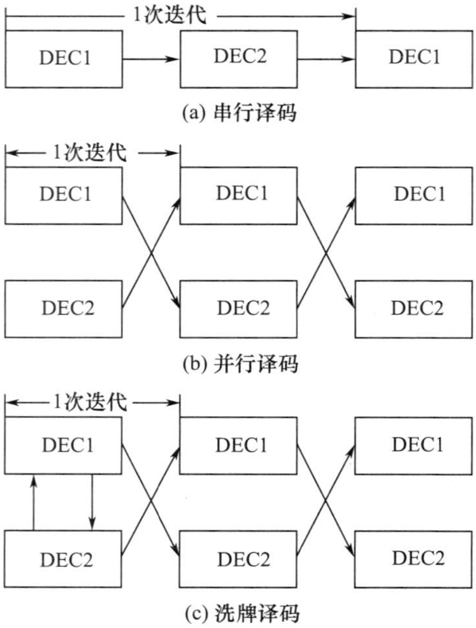

图 5.16　Turbo 译码器的外信息传递机制与译码结构

5.6.4　软输出 Viterbi (SOVA)译码算法

传统的 Viterbi 算法只能输出最大似然判决结果，如果进行修正，增加输出路径的可靠性度量估计，则称为软输出 Viterbi（SOVA）算法。SOVA 算法最早由 J. Hagenauer 等人在文献[5.17]中提出。

对于 1/2 码率卷积码，当 k 时刻对应状态 S_k，假设 Viterbi 算法已经计算了两条路径，δ 为判决延时或滑动窗长，则相应的路径度量表示为

$$M_m = \frac{E_s}{N_0}\sum_{j=k-\delta}^{k}\sum_{n=1}^{2} \| R_{jn} - x_{jn}^{(m)} \|^2 \qquad (m=1,2) \tag{5.6.27}$$

由此，两条路径的似然概率可以近似表示为

$$P\{\text{路径 } m\} \approx \mathrm{e}^{-M_m} \qquad (m=1,2) \tag{5.6.28}$$

不失一般性，假设幸存路径为 $m=1$，则有 $M_1 \leqslant M_2$。这样，选择竞争路径的概率为

$$p_{sk} = \frac{\mathrm{e}^{-M_2}}{\mathrm{e}^{-M_1}+\mathrm{e}^{-M_2}} = \frac{1}{1+\mathrm{e}^{M_2-M_1}} = \frac{1}{1+\mathrm{e}^{\Delta}} \tag{5.6.29}$$

式中，$\Delta = M_2 - M_1$ 是路径度量差。显然，路径度量差越大，则选择竞争路径的概率越小，反之亦然。由此可见，路径度量差 Δ 反映了竞争路径与幸存路径可靠性的差异，可以作为判决可靠性的估计。

第 j 个比特的似然概率可以用如下公式更新：

$$\hat{p}_j \leftarrow \hat{p}_j(1-p_{sk}) + (1-\hat{p}_j)p_{sk} \tag{5.6.30}$$

相应地，可得比特似然比估计如下：

$$\hat{L}_j = \log\frac{1-\hat{p}_j}{\hat{p}_j} \leftarrow \frac{1}{\alpha}\log\frac{1+\mathrm{e}^{(\alpha\hat{L}_j+\Delta)}}{\mathrm{e}^{\Delta}+\mathrm{e}^{\alpha\hat{L}_j}} \approx \min(\hat{L}_j, \Delta/\alpha) \tag{5.6.31}$$

式中，α 是与信噪比有关的常数，通常取值为 1。

定义状态 S_k 对应的可靠度量向量为 $\boldsymbol{\Gamma}(S_{k+1})=(L_1,\cdots,L_j,\cdots,L_\delta)$，分支度量为 $D(S_{k+1},d_k=i)$。SOVA 算法的结构如下：

① 计算 $\Gamma(S_{k+1},d_k=i)=A(S_k^i)+D(S_{k+1},d_k=i)$；

② 计算状态度量 $A(S_{k+1})=\min(\Gamma(S_{k+1},d_k=0),\Gamma(S_{k+1},d_k=1))$。

对于每个状态 S_{k+1}，存储路径度量差 $\Delta=\max\Gamma(S_{k+1},d_k=i)-\min\Gamma(S_{k+1},d_k=i)$，对于 $j=1,\cdots,k$，比较在状态 S_{k+1} 重合的两条路径，如果 $\hat{d}_j^{(1)}(S_{k+1})\neq\hat{d}_j^{(2)}(S_{k+1})$，则更新比特似然比 $L_j=\min(L_j,\Delta)$。

由于路径的可靠性度量是近似估计得到的，因此，原始的 SOVA 算法性能比 Max_LogMAP 算法有 0.5dB 左右的损失。SOVA 算法的复杂度与 Viterbi 算法相当，低于 Log_MAP 或 Max_LogMAP 算法。

5.6.5 外信息变换(EXIT)分析工具

如前所述，Turbo 码的译码采用软输入软输出（SISO）迭代译码算法，两个分量码译码器之间通过多次迭代，交互外信息/先验信息，最终提高判决的可靠性。Turbo 码的性能一般分为 3 个信噪比区间：①当信噪比较低时，即使经过多次迭代，BER 性能也较差，为 $10^{-1}\sim10^{-2}$；②当信噪比超过某个门限，则 BER 出现急速下降，从 10^{-2} 急剧降低到 $10^{-2}\sim10^{-6}$，一般称这个区域为瀑布（Waterfall）区；③当信噪比再进一步提升，则 BER 性能下降变得较为缓慢，一般称为错误平台（Error Floor）区。

为了分析 Turbo 在瀑布区的性能，特别是门限信噪比，ten Brink 提出了外信息变换（EXIT）方法[5.18]。这一方法完美解释了 Turbo 码的迭代译码行为，能够准确预测门限信噪比，因而得到了普遍应用，成为 Turbo 性能分析的标准工具。

令 Z_1、A_1、D_1、E_1 与 Z_2、A_2、D_2、E_2 分别表示两个分量码译码器的输入信道信息、输入先验信息、输出软信息与输出外信息。假设这些信息都采用对数似然比形式，参考式(5.6.3)与式(5.6.4)，可得输出外信息与相应信息之间的关系为

$$\begin{cases}E_1=D_1-A_1-Z_1\\E_2=D_2-A_2-Z_2\end{cases}\tag{5.6.32}$$

观察上式可以发现，两个 SISO 译码器的行为是类似的。如果交织器长度足够大（一般至少要求 10^4 比特），则可以近似认为先验信息 A 与信道信息相互独立 Z。

对于 BPSK 调制、AWGN 信道，可以将接收信号模型统一表示为

$$z=s+n\tag{5.6.33}$$

式中，$s=\{\pm1\}$ 是 BPSK 信号，相应的似然概率密度函数为

$$P(z\,|\,S=s)=\frac{1}{\sqrt{2\pi\sigma^2}}\mathrm{e}^{-\frac{(z-s)^2}{2\sigma^2}}\tag{5.6.34}$$

则对应的信道信息可以表示为

$$Z=\ln\frac{P(z\,|\,s=+1)}{P(z\,|\,s=-1)}=\frac{2}{\sigma^2}z=\mu_Z s+n_Z\tag{5.6.35}$$

上述公式实际上是 LLR 形式的信道模型，因此，可以得到 Z 是高斯随机变量，其均值为 $\mu_Z=\frac{2}{\sigma^2}=L_c$，方差为 $\sigma_Z^2=\frac{4}{\sigma^2}=2L_c$。由此可见，$\mu_Z=\frac{\sigma_Z^2}{2}$。

另一方面，通过仿真观察可知：①对于充分大的交织器，即使经过多次迭代，先验信息 A 与信道信息 Z 仍然满足不相关的条件；②随着迭代次数的增加，SISO 译码器输出外信息 E（也就是另一个 SISO 译码器输入的先验信息 A）的概率密度函数接近于高斯分布。这样，先验信息 A 也可以建模为高斯随机变量，即

$$A=\mu_A s+n_A \tag{5.6.36}$$

类似于信道信息的分析，可知先验信息 A 的均值与方差也满足 $\mu_A=\sigma_A^2/2$。相应的概率密度函数为

$$P_A(\xi|S=s)=\frac{1}{\sqrt{2\pi\sigma_A^2}}\mathrm{e}^{-\frac{(\xi-s)^2}{2\sigma_A^2}} \tag{5.6.37}$$

上述信道可以看作是二进制输入的加性噪声信道（BI-AWGN），因此，可以定义发送信号与先验信息之间的互信息 $I_A=I(S;A)$，其计算公式为

$$\begin{aligned}I_A(\sigma_A)&=\frac{1}{2}\sum_{s=-1,+1}\int_{-\infty}^{+\infty}P_A(\xi|S=s)\ln\frac{2P_A(\xi|S=s)}{P_A(\xi|S=-1)+P_A(\xi|S=+1)}\mathrm{d}\xi\\&=1-\frac{1}{\sqrt{2\pi\sigma_A^2}}\int_{-\infty}^{+\infty}\mathrm{e}^{-\frac{(\xi-s)^2}{2\sigma_A^2}}\ln(1+\mathrm{e}^{-\xi})\mathrm{d}\xi\end{aligned} \tag{5.6.38}$$

令 $J(\sigma)=I_A(\sigma_A=\sigma)$ 表示 BI-AWGN 信道的容量，该函数满足

$$\lim_{\sigma\to 0}J(\sigma)=0,\lim_{\sigma\to 1}J(\sigma)=1,\sigma>0 \tag{5.6.39}$$

尽管无法解析表达，但可以证明函数 $J(\sigma)$ 是 σ 的单调递增函数，因此，可得其反函数 $\sigma_A=J^{-1}(I_A)$。

同样，发送信息序列与外信息之间的互信息 $I_E(S;E)$ 可以计算为

$$I_E=\frac{1}{2}\sum_{s=-1,+1}\int_{-\infty}^{+\infty}P_E(\xi|S=s)\ln\frac{2P_E(\xi|S=s)}{P_E(\xi|S=-1)+P_E(\xi|S=+1)}\mathrm{d}\xi \tag{5.6.40}$$

注意：上式中外信息的似然概率密度函数 $P_E(\xi|S=s)$ 是在给定信道信息 Z 与先验信息 A 条件下得到的，不能直接看作是高斯分布，只能通过 BCJR 算法及 Mento-Carlo 仿真得到。

由此，我们可以把 I_E 看作是 I_A 与信噪比 E_b/N_0 的函数，定义外信息变换特征函数为

$$I_E=G(I_A,E_b/N_0) \tag{5.6.41}$$

如果固定信噪比，则 I_E 只是 I_A 的函数，即 $I_E=G(I_A)$。

考虑信道对称性条件 $P(\xi|S=s)=P(-\xi|S=s)\mathrm{e}^{\xi s}$，可以假设发送序列为全零序列，这样 EXIT 算法简述如下：

① 给定信道条件，即信噪比 E_b/N_0，产生含有噪声的接收序列，计算信道信息序列 Z；

② 基于高斯分布假设，对每一个 σ_A，产生均值为 $\mu_A=\sigma_A^2/2$、方差是 σ_A^2 的先验信息序列 A，计算发送序列与先验信息的互信息 $I_A=I(S;A)$；

③ 以序列 Z 与 A 作为输入，运行 BCJR 算法，得到外信息的经验似然概率分布 $P_E(\xi|S=s)$，利用式(5.6.40)，计算发送序列与后验信息的互信息 $I_E(S;E)$；

④ 绘制 $I_E\sim I_A$ EXIT 曲线。

下面试举一例说明。假设 $R=1/2$ 的 Turbo 码（需要凿孔），交织器长度为 10^6，其 RSC 分量码的生成多项式为 $g(D)=\left(1,\frac{D^6+D^5+D^4+D^2+D+1}{D^5+D^4+D^2+1}\right)$。图 5.17 给出了不同 $E_b/N_0=0\sim3$dB 相应的 EXIT 曲线，并且给出了 0.7dB 与 1.5dB 的迭代译码轨迹。由于两个分量码完全相同，因此只需要计算一个分量码的 EXIT 曲线，再进行镜像映射，就可得到另一个分量码的特征曲线。

由图可知，给定信噪比 E_b/N_0，当初始迭代 $n=0$ 时，先验信息为 0，相应互信息也为 0，即 $I_{A_1,0}=0$。第 n 次迭代，第一个译码器输出外信息相应的特征函数为 $I_{E_1,n}=G_1(I_{A_1,n})$。对于第二个译码器，外信息的互信息变成了先验信息的互信息，即 $I_{A_2,n}=I_{E_1,n}$。然后计算得到第二个译码器输出的外信息特征函数 $I_{E_2,n}=G_2(I_{A_2,n})$。反馈到第一个译码器，成为下一次迭代的先验信息 $I_{A_1,n+1}=I_{E_2,n}$。

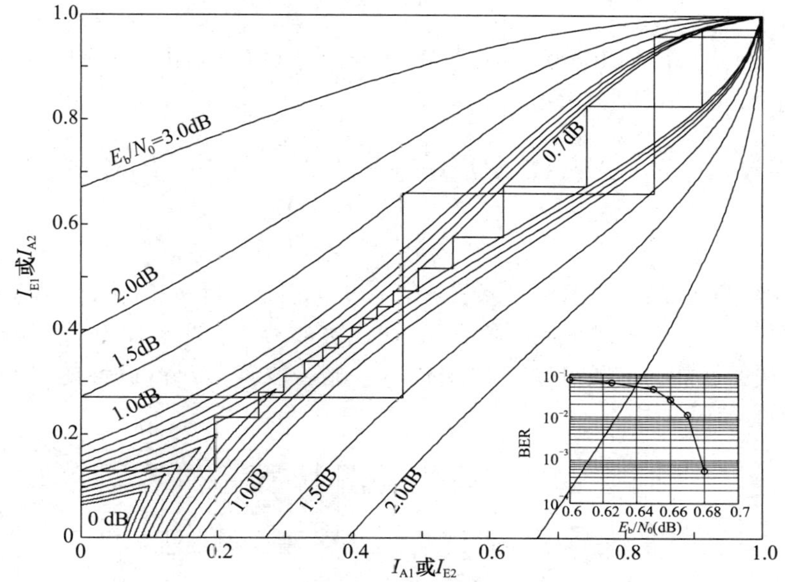

图 5.17　Turbo 码 EXIT 曲线示例

只要 $I_{E_1,n+1}>I_{E_2,n}$，上述迭代过程会持续进行。当 $I_{E_1,n+1}=I_{E_2,n}$ 或等价的 $G_1(I_{E_2,n})=G_2^{-1}(I_{E_2,n})$，即两个特征曲线会交叉，迭代就会终止。从图中可以看到，当信噪比较低，例如 0～0.6dB 时，两条曲线会有交叉，迭代会提前终止，而当 $E_b/N_0=0.7$dB 时，两条曲线形成了非常窄的瓶颈，允许迭代译码轨迹穿过，最终达到收敛状态，这样 0.7dB 就是瀑布区的门限信噪比。并且可以看到，在 0.7dB 附近，BER 性能有显著改善。

EXIT 变换是分析 Turbo 码性能的非常好的半解析分析工具，只要对单个分量码进行迭代仿真，获得互信息特征曲线，就能够预测整个译码性能，特别是译码门限信噪比。由于 EXIT 变换具有良好的分析能力，普遍应用于迭代译码解调、迭代检测系统的性能分析中。

5.6.6　Turbo 码差错性能

在发送端，交织器起到随机化码组（字）重量分布的作用，使 Turbo 码的最小重量分布均匀化并达到最大。它等效于将一个确知的 Turbo 编码规则编码后进行随机化，达到等效随机编码的作用。

在接收端，交织器、去交织器与多次反馈迭代译码，同样起到了随机译码的作用。另外，交织器还能将具有突发差错的衰落信道改造成随机独立差错信道。级联编、译码能起到利用短码构造长码的作用，再加上交织的随机化作用，使级联码也具有随机性，从而克服了确定性的固定式级联码的渐进性能差的缺点。并行级联码采用最优的多次迭代软输入软输出的最大后验概率 BCJR 算法，从而大大改善了译码的性能。

假设交织器采用随机均匀交织器，此时 Turbo 码的误比特率上界[5.19]表示为

$$P_b \leqslant \sum_{w=1}^{k}\sum_{w+j=h}\frac{w}{k}A_{w,j}Q\left(\sqrt{\frac{2hRE_b}{N_0}}\right) \tag{5.6.42}$$

式中，$A_{w,j}$ 表示输入冗余重量枚举因子，即输入信息重量为 w，编码后校验重量为 j 的码字数量。

定义 5.5 线性码的输入冗余重量枚举函数(IRWEF)表示为

$$A(W,Z)=\sum_{w}\sum_{j}A_{w,j}W^{w}Z^{j} \tag{5.6.43}$$

假设两个分量码的 IRWEF 分别为 $A_{im}^{C_1}(W,Z)$ 与 $A_{jl}^{C_2}(W,Z)$，由于采用了随机均匀交织器，则整个码的平均 IRWEF 可以表示为

$$A_{ij,ml}^{C_P}(W,Z)=\frac{A_{im}^{C_1}(W,Z)A_{jl}^{C_2}(W,Z)}{\binom{N}{w}} \tag{5.6.44}$$

给定 1/3 码率 Turbo 码，其 RSC 编码器 $R=1/2$，记忆长度为 3，生成矩阵为$[1,(1+D+D^3)/(1+D^2+D^3)]$。交织方式采用随机交织，迭代次数为 8。图 5.18 仿真了帧长为 $N=1000$ 时 Log-MAP 算法的性能。由图可知，8 次迭代可以显著改善 Turbo 码性能，相对于 1 次迭代，会获得 2dB 以上的编码增益。

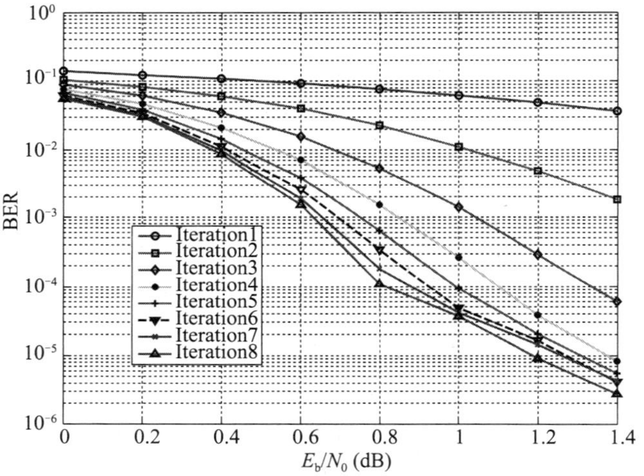

图 5.18 帧长为 $N=1000$ 时 Log-MAP 算法的性能

图 5.19 给出了同样配置，8 次迭代，3 种不同译码算法：Log-MAP、Max-Log-MAP 及 SOVA 算法的译码性能。由图可知，Log-MAP 算法相对于 SOVA 算法有 1dB 左右的编码增益，相对于 Max-Log-MAP 算法有 0.5dB 左右的编码增益。

Turbo 码的设计包括分量码译码器的设计与交织器的优化。根据理论分析可知[5.19]，分量码必须采用 RSC 结构。由于反馈结构的引入，能够显著减小 Turbo 码低码重的距离谱，导致所谓的“距离谱细化”现象，从而大幅度降低门限信噪比，逼近容量极限。反之，如果采用 NSC 结构，则没有这种效果，无法改善纠错性能。另一方面，交织器与 RSC 结构配合，能够获得交织增益，这对于 Turbo 码性能提升非常关键。实用化的交织器包括 S 交织器、QPP 交织器等。

综上所述，Turbo 码所采用的手段与香农证明信道编码定理时提出的 3 个先决条件不谋而合，这也正是 Turbo 码取得接近最优性能的主要原因。

但 Turbo 码也存在一些缺陷，列举如下。

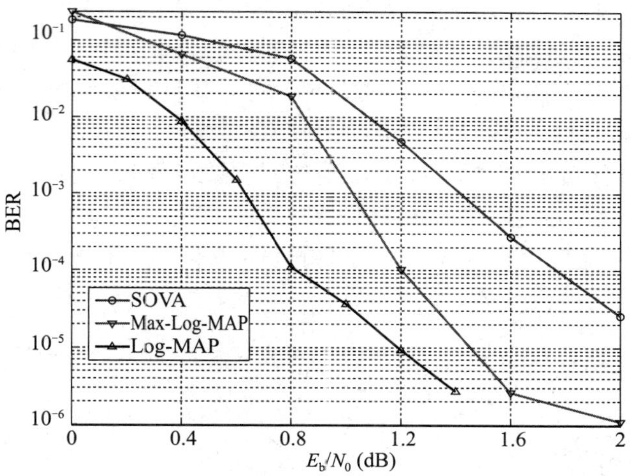

图 5.19　Log-MAP、Max-Log-MAP 与 SOVA 算法的译码性能

（1）存在错误平台

由于距离谱细化，Turbo 码的最小自由距很小，在高信噪比条件下，误码率下降缓慢，即存在错误平台（Error Floor）现象。这个问题影响了 Turbo 码在超高可靠通信场景中的应用，为了降低错误平台，往往需要与其他编码进行级联。

（2）译码时延大、吞吐率低

Turbo 码采用 SISO 译码算法，需要存储与译码一定的接收信号序列，才能输出似然比或外信息，并且多次迭代也增大了译码延迟，降低吞吐率。为了提高译码并行度，LTE 标准中采用了 QPP 交织器，通过并行译码结构，可以改善吞吐率。但这个问题始终是 Turbo 码译码的固有问题，因此在 5G NR 数据信道中，Turbo 码最终被弃用。

5.7　LDPC 码

低密度校验（LDPC）码是一种特定的线性分组码，1962 年由 Gallager 在其博士论文中首次提出[5.21]。LDPC 码与 Turbo 码具有类似的纠错能力，它是一种可以逼近信道容量极限的好码。遗憾的是，由于当时计算能力的限制，LDPC 码被人们忽略了。值得一提的是，Tanner 最早提出采用二分图（称为 Tanner 图）模型表示 LDPC 码[5.23]，今天成为 LDPC 码的标准表示工具。直到 1996，英国卡文迪许实验室的 Mackay 重新发现 LDPC 码具有优越的纠错性能[5.22]，从而掀起了 LDPC 码研究的新热潮。

5.7.1　基本概念

LDPC 码的特征是校验矩阵是稀疏矩阵，即 1 的个数很少，0 的个数很多。Gallager 最早设计的 LDPC 码是一种规则编码。给定码率 $R=1/2$，码长 $N=10$ 的(3,6)规则 LDPC 码，其校验矩阵为

$$\begin{array}{c} \quad\; v_1\;\; v_2\;\; v_3\;\; v_4\;\; v_5\;\; v_6\;\; v_7\;\; v_8\;\; v_9\;\; v_{10} \\ \boldsymbol{H}=\begin{bmatrix} 1 & 1 & 1 & 1 & 0 & 1 & 1 & 0 & 0 & 0 \\ 0 & 0 & 1 & 1 & 1 & 1 & 1 & 1 & 0 & 0 \\ 0 & 1 & 0 & 1 & 0 & 1 & 0 & 1 & 1 & 1 \\ 1 & 0 & 1 & 0 & 1 & 0 & 0 & 1 & 1 & 1 \\ 1 & 1 & 0 & 0 & 1 & 0 & 1 & 0 & 1 & 1 \end{bmatrix} \begin{matrix} c_1 \\ c_2 \\ c_3 \\ c_4 \\ c_5 \end{matrix} \end{array} \tag{5.7.1}$$

这里，校验矩阵 $\boldsymbol{H}$ 包含 5 行 10 列，每一行对应一个校验关系，称为校验节点，每一列对应一个编码比特，称为变量节点。所谓(3,6)是指，每一列含有 3 个 1，每一行含有 6 个 1，即列重为 3、行重为 6，行重与列重的分布相同，只是 1 的位置不同。并且只要码长充分长，行重与列重显著小于码长 N 与信息比特长度 K，因此具有稀疏性。需要指出的是，LDPC 码的构造具有随机性，只要在校验矩阵中随机分布 1 的位置，满足行重与列重要求即可，这样得到的是一组码字集合，而并非单个编码约束关系。并且，校验矩阵不严格要求满秩。

上述(3,6)码的校验矩阵可以看作是二分图的邻接矩阵，也就是 Tanner 图，如图 5.20 所示。

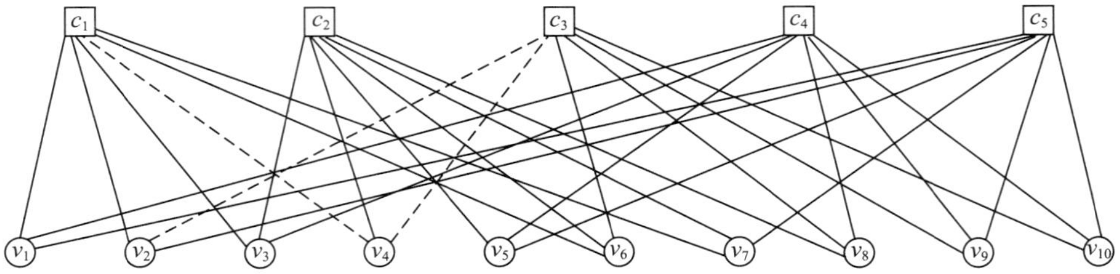

图 5.20 (3,6)规则 LDPC 码的 Tanner 图($N=10$)

图中含有 10 个变量节点，对应校验矩阵的每一列；含有 5 个校验节点，对应校验矩阵的每一行。我们用集合 A_i 表示第 i 个变量节点连接的校验节点集合，用集合 B_j 表示第 j 个校验节点连接的变量节点集合。例如 $A_1=\{1,4,5\}$，对应式(5.7.1)的第 1 列；$B_2=\{3,4,5,6,7,8\}$，对应式(5.7.1)的第 2 行。

校验矩阵的行重对应变量节点的连边数目，称为变量节点度分布，列重对应校验节点度分布。对比式(5.7.1)与图 5.20 的 Tanner 图结构，可以发现二者是一一对应的，Tanner 图中的闭环路径与式中的 1 构成的连接关系完全对应。例如，图 5.20 中虚线构成了长度为 4 的环($v_2 \to c_3 \to v_4 \to c_1 \to v_2$)对应了式(5.7.1)中含有 4 个 1 的虚线环。

定义 5.6 Tanner 图上一条闭环路径的长度定义为环长，在所有闭环路径中，长度最小的环长称为 Tanner 图的围长(Girth)。

一般地，对于(N,K)规则 LDPC 码，行重、列重分别为 d_c 与 d_v，通常称这样的 LDPC 码为(d_v,d_c)码，它的行重、列重满足如下关系式：

$$Nd_v=(N-K)d_c \tag{5.7.2}$$

这样，对应的 Tanner 图表示为 $\mathcal{G}(V,C,E)$，其中 V 是变量节点集合，节点数目满足 $|V|=N$；C 是校验节点集合，节点数目满足 $|C|=N-K$；E 是边集合，数目满足 $|E|=Nd_v=(N-K)d_c$。进一步，(d_v,d_c)码的码率表示为

$$R=\frac{K}{N}=1-\frac{d_v}{d_c} \tag{5.7.3}$$

上述概念可以进一步推广到不规则 LDPC 码，假设最大行重为 d_c，最大列重为 d_v。

定义 5.7 Tanner 图的变量节点与校验节点的度分布生成函数分别为

$$\begin{cases} \lambda(x) = \displaystyle\sum_{i=2}^{d_v} \lambda_i x^{i-1} \\ \rho(x) = \displaystyle\sum_{i=2}^{d_c} \rho_i x^{i-1} \end{cases} \tag{5.7.4}$$

式中，λ_i 与 ρ_i 表示度为 i 的节点连边数占总边数的比例。进一步，可以定义

$$\begin{cases}\displaystyle\int_0^1 \lambda(x)\mathrm{d}x = \sum_{i=2}^{d_v} \frac{\lambda_i}{i} \\ \displaystyle\int_0^1 \rho(x)\mathrm{d}x = \sum_{i=2}^{d_v} \frac{\rho_i}{i}\end{cases}$$

分别表示变量与校验节点度分布倒数的均值。

由于总边数相等，因此也有如下等式

$$\frac{N}{\sum_{i=2}^{d_v}\lambda_i/i} = \frac{(N-K)}{\sum_{i=2}^{d_c}\rho_i/i} \tag{5.7.5}$$

由此，给定度分布(λ,ρ)，非规则 LDPC 码的码率为

$$R(\lambda,\rho) = 1 - \frac{\int_0^1 \rho(x)\mathrm{d}x}{\int_0^1 \lambda(x)\mathrm{d}x} \tag{5.7.6}$$

本质上，LDPC 码的设计也符合信道编码定理中随机编码的思想。Tanner 图上变量节点与校验节点之间的连接关系具有随机性，我们可以把度分布系数 λ_i 与 ρ_j 看作是变量节点与校验节点连边的概率。因此，Tanner 图实际上是符合度分布要求的随机图，变量节点与校验节点之间的连边关系也可以看作是一种边交织器。只要码长充分长，Tanner 图的规模充分大，这种随机连接就反映了随机编码特征，符合信道编码定理证明的假设——码长无限长与随机化编码。因此，LDPC 码与 Turbo 码在结构设计上具有类似的伪随机编码特征。

5.7.2 置信传播(BP)译码算法

1. 算法原理

LDPC 码的译码一般也采用迭代结构，图 5.21 给出了通用 LDPC 码译码器结构。

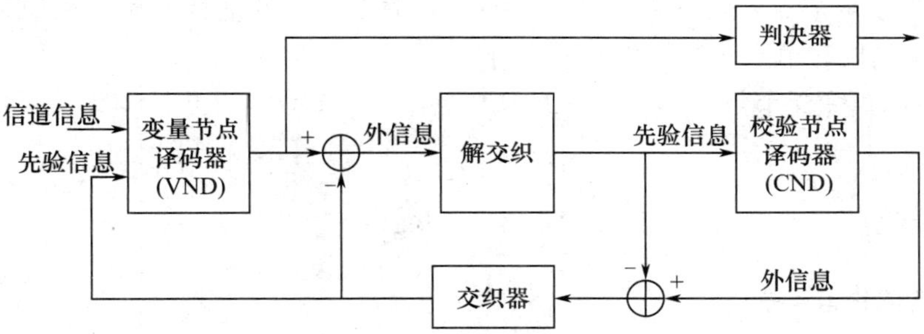

图 5.21 通用 LDPC 码译码器结构

如图 5.21 所示，LDPC 码译码器包括变量节点译码器和校验节点译码器，通过边交织与解交织操作，在两个译码器之间传递外信息，经过多次迭代后，变量节点译码器的输出进行判决，得到最终译码结果。

LDPC 码典型的译码算法是置信传播(Belief Propagation，BP)算法。BP 算法是在变量节点与校验节点之间传递外信息，经过多次迭代后，达到算法收敛。它是一种典型的后验概率(APP)译码算法，经过充分迭代逼近于 MAP 译码性能，符合信道编码定理证明的第③假设。

给定二元离散无记忆对称信道(B-DMC)$W: X\rightarrow Y, X=\{0,1\}\rightarrow\{\pm 1\}$，假设似然概率为 $p=P(y|x=0)$，则信道软信息定义为

$$L(p)=\log\frac{1-p}{p} \tag{5.7.7}$$

反解得到两个似然概率

$$\begin{cases} p=\dfrac{1}{1+e^{L(p)}} \\ 1-p=\dfrac{e^{L(p)}}{1+e^{L(p)}} \end{cases} \tag{5.7.8}$$

定理 5.3 比特软估计值为 $E(x)=\tanh\frac{1}{2}\log\frac{1-p}{p}$，其中 $\tanh(x)=\frac{e^x-e^{-x}}{e^x+e^{-x}}$ 是双曲正切函数。

证明：由于采用 BPSK 调制，因此信号的软估计值可以表示为

$$E(x)=-1\times p+1\times(1-p)=1-2p \tag{5.7.9}$$

将式(5.7.8)代入上式，可得

$$E(x)=1-2p=\frac{1-e^{-L(p)}}{1+e^{-L(p)}}=\frac{e^{L(p)/2}-e^{-L(p)/2}}{e^{L(p)/2}+e^{-L(p)/2}}=\tanh\frac{L(p)}{2}=\tanh\frac{1}{2}\log\frac{1-p}{p} \tag{5.7.10}$$

另外，利用反双曲正切函数，可得

$$\operatorname{artanh}\frac{L(p)}{2}=\frac{1}{2}\log\frac{1+L(p)/2}{1-L(p)/2} \tag{5.7.11}$$

下面首先分析校验节点向变量节点传递的外信息。

令 $P_{j,i}^{ext}$ 表示变量节点 i 为 1 时第 j 个校验方程满足约束的概率。显然，这个校验方程约束要满足，则剩余的变量节点对应有奇数个比特取值为 1。因此，这个概率表示为

$$P_{j,i}^{ext}=\frac{1}{2}-\frac{1}{2}\prod_{i'\in B_j,i'\neq i}(1-2P_{j,i'}) \tag{5.7.12}$$

式中，$P_{j,i'}$ 表示当变量节点 i' 取值为 1 时($v_{i'}=1$)，校验节点 j 的估计概率。相应地，当变量节点取值为 $v_i=0$，满足校验节点 j 的约束的概率为 $1-P_{j,i}^{ext}$。

假设 $E_{j,i}$ 表示当变量节点取值为 $v_i=1$，从校验节点 j 到所连接的变量节点 i 传递的外信息，计算如下：

$$E_{j,i}=L(P_{j,i}^{ext})=\log\frac{1-P_{j,i}^{ext}}{P_{j,i}^{ext}} \tag{5.7.13}$$

将式(5.7.12)代入上式，得

$$\begin{aligned} E_{j,i}&=\log\frac{\dfrac{1}{2}+\dfrac{1}{2}\prod\limits_{i'\in B_j,i'\neq i}(1-2P_{j,i'})}{\dfrac{1}{2}-\dfrac{1}{2}\prod\limits_{i'\in B_j,i'\neq i}(1-2P_{j,i'})}=\log\frac{1+\prod\limits_{i'\in B_j,i'\neq i}\left(1-2\dfrac{e^{-M_{j,i'}}}{1+e^{-M_{j,i'}}}\right)}{1-\prod\limits_{i'\in B_j,i'\neq i}\left(1-2\dfrac{e^{-M_{j,i'}}}{1+e^{-M_{j,i'}}}\right)} \\ &=\log\frac{1+\prod\limits_{i'\in B_j,i'\neq i}\dfrac{1-e^{-M_{j,i'}}}{1+e^{-M_{j,i'}}}}{1-\prod\limits_{i'\in B_j,i'\neq i}\dfrac{1-e^{-M_{j,i'}}}{1+e^{-M_{j,i'}}}} \end{aligned} \tag{5.7.14}$$

式中，$M_{j,i'}$ 是变量节点 i' 向校验节点 j 传递的外信息，其定义为

$$M_{j,i'}=L(P_{j,i'})=\log\frac{1-P_{j,i'}}{P_{j,i'}} \tag{5.7.15}$$

注意：式(5.7.14)中，连乘中要去掉从变量节点 i 传来的外信息，这样可以避免自环。

利用定理5.3，可得

$$E_{j,i}=\log\frac{1+\prod\limits_{i'\in B_j,i'\neq i}\tanh\frac{M_{j,i'}}{2}}{1-\prod\limits_{i'\in B_j,i'\neq i}\tanh\frac{M_{j,i'}}{2}} \tag{5.7.16}$$

再利用式(5.7.11)，外信息可以进一步变换为

$$E_{j,i}=2\operatorname{artanh}\prod_{i'\in B_j,i'\neq i}\tanh\frac{M_{j,i'}}{2} \tag{5.7.17}$$

或者得到等价变换形式

$$\tanh\frac{E_{j,i}}{2}=\prod_{i'\in B_j,i'\neq i}\tanh\frac{M_{j,i'}}{2} \tag{5.7.18}$$

然后分析变量节点向校验节点传递的外信息。假设各边信息相互独立，则从变量节点 i 向校验节点 j 发送的外信息可以表示为

$$M_{j,i}=\sum_{j'\in A_i,j'\neq j}E_{j',i}+L_i \tag{5.7.19}$$

式中，L_i 是信道接收的LLR信息。需要注意的是，上述外信息计算中，需要去掉从校验节点 j 传来的外信息，这样不产生自环，避免信息之间相关。

变量节点对应的比特似然比计算如下：

$$\Lambda_i=L_i+\sum_{j\in A_i}E_{j,i} \tag{5.7.20}$$

相应的判决准则为

$$c_i=\begin{cases}0,\Lambda_i\geqslant 0\\1,\Lambda_i<0\end{cases} \tag{5.7.21}$$

注意：比特似然比 Λ_i 需要将信道软信息与所有校验节点的外信息叠加，这一点与式(5.7.19)不同。

根据上述描述，我们可以将BP算法总结如下：

① 根据式(5.7.7)计算信道软信息 L_i 序列，初始化变量到校验节点外信息 $M_{j,i}=L_i$，并传递到校验节点；

② 在校验节点处，根据式(5.7.17)计算校验到变量节点的外信息 $E_{j,i}$，并传递到变量节点；

③ 在变量节点处，根据式(5.7.19)计算变量到校验节点的外信息 $M_{j,i}$，并传递到校验节点；

④ 根据式(5.7.20)计算比特似然比，并利用式(5.7.21)判决准则得到码字估计向量 $\hat{\boldsymbol{c}}$；

⑤ 当迭代次数达到最大值 $I_{\max}$ 或满足校验关系 $\boldsymbol{H}\hat{\boldsymbol{c}}^{\mathrm{T}}=\boldsymbol{0}^{\mathrm{T}}$ 时，则终止迭代，否则，返回第②步。

BP算法在变量节点的计算是累加所有的软信息与外信息，而在校验节点处是将所有基于外信息得到的软估计相乘，再求解反双曲正切函数。因此BP算法也称为和积(Sum-Product)算法。

BP算法在校验节点处的计算式(5.7.17)可以简化。首先将 $M_{j,i'}$ 分解为两项

$$M_{j,i'}=\alpha_{j,i'}\beta_{j,i'}=\operatorname{sgn}(M_{j,i'})|M_{j,i'}| \tag{5.7.22}$$

式中，sgn(x)是符号函数。利用这一分解，可得

$$\prod_{i'\in B_j,i'\neq i}\tanh\frac{M_{j,i'}}{2}=\prod_{i'\in B_j,i'\neq i}\alpha_{j,i'}\prod_{i'\in B_j,i'\neq i}\tanh\frac{\beta_{j,i'}}{2} \tag{5.7.23}$$

这样，式(5.7.17)可以改写为

$$E_{j,i}=\Big(\prod_{i'\in B_j,i'\neq i}\alpha_{j,i'}\Big)2\operatorname{artanh}\prod_{i'\in B_j,i'\neq i}\tanh\frac{\beta_{j,i'}}{2} \tag{5.7.24}$$

上式可以将连乘改写为求和，推导如下：

$$\begin{aligned}E_{j,i}&=\Big(\prod_{i'\in B_j,i'\neq i}\alpha_{j,i'}\Big)2\operatorname{artanh}\log^{-1}\log\prod_{i'\in B_j,i'\neq i}\tanh\frac{\beta_{j,i'}}{2}\\&=\Big(\prod_{i'\in B_j,i'\neq i}\alpha_{j,i'}\Big)2\operatorname{artanh}\log^{-1}\sum_{i'\in B_j,i'\neq i}\log\tanh\frac{\beta_{j,i'}}{2}\end{aligned} \tag{5.7.25}$$

定义函数

$$\theta(x)=-\log\tanh\frac{x}{2}=\log\frac{e^x+1}{e^x-1} \tag{5.7.26}$$

由于该函数满足 $\theta(\theta(x))=\log\dfrac{e^{\theta(x)}+1}{e^{\theta(x)}-1}=x$，因此可知 $\theta(x)=\theta^{-1}(x)$。代入式(5.7.25)，可得

$$E_{j,i}=\Big(\prod_{i'\in B_j,i'\neq i}\alpha_{j,i'}\Big)\theta\Big(\sum_{i'\in B_j,i'\neq i}\theta(\beta_{j,i'})\Big) \tag{5.7.27}$$

这样，符号连乘可以用每个变量到校验节点的外信息 $M_{j,i'}$ 的硬判决模 2 加得到，而函数 $\theta(x)$可以造表得到。

上述校验节点外信息计算公式还可以进一步简化。考虑到最小项决定了乘积结果，因此得到如下近似

$$E_{j,i}\approx\prod_{i'\in B_j,i'\neq i}\operatorname{sgn}(M_{j,i'})\min_{i'}|M_{j,i'}| \tag{5.7.28}$$

这种算法在变量节点涉及求和运算，在校验节点只涉及最小化运算，因此称为最小和(Min-Sum,MS)算法。与标准 BP 算法相比，最小和算法的性能稍有损失，但外信息计算得到了大幅简化。

对于 BP 或 MS 算法，由于外信息都是沿变量节点与校验节点的连边传递的，因此，单次迭代的计算量为

$$\chi_{\text{BP/MS}}\approx\frac{N}{\left[\int_0^1\lambda(x)\mathrm{d}x\right]^2}+\frac{(N-K)}{\left[\int_0^1\rho(x)\mathrm{d}x\right]^2} \tag{5.7.29}$$

通常 LDPC 码的平均度分布约为 $\bar{d}_c\sim\bar{d}_v\sim\log N$，则 BP 算法的计算复杂度为 $O(I_{\max}N\log N)$。

BP/MS 算法是软信息译码算法，如果只考虑硬判决信息，可以进一步简化为比特翻转(Bit Flipping)算法。这时算法复杂度更低，但性能有较大损失。

2. 消息传递机制

从实用化角度来看，BP 算法的消息传递机制非常重要。一般而言，可以划分为 4 种。

(1) 全串行译码

这种调度机制就是标准的 BP 译码过程，在一次迭代过程中，变量节点按顺序启动，等所有

外信息都计算完成后，再按照连边顺序送入校验节点，按顺序计算相应的外信息。基于这种方法的硬件译码器，只需要一个计算单元就能够完成译码，但所有外信息都需要存储，空间资源消耗大。

(2) 全并行译码

这种机制也称为洪泛调度(Flooding Scheduling)，需要采用硬件电路实现全部的计算单元，这样每个变量/校验节点都可以单独启动，快速计算与传递外信息。这种译码器结构能够获得最高的吞吐率，但硬件资源开销大，并且码长很长时，Tanner 图的连边非常多，芯片内部单元间的布局布线非常复杂。

(3) 部分并行译码

这种结构是前两种译码的折中，采用硬件电路实现了一组译码单元，每次迭代时，同时读取一组变量与校验节点信息，并行运算并相互传递外信息。这种方法能够达到较好的译码性能与吞吐率、硬件资源开销的折中，是 LDPC 码译码器常用的设计方法。

(4) 洗牌译码

LDPC 码的洗牌译码方案[5.24]与 Turbo 码类似，它的基本思想是校验节点尽早利用变量节点更新后的外信息，计算输出信息。令 $M_{j,i'}^{(l)}$、$M_{j,i'}^{(l-1)}$ 分别表示第 l 次与第 $l-1$ 次迭代变量节点向校验节点传递的外信息，$E_{j,i}^{(l)}$ 表示第 l 次校验节点向变量节点传递的外信息，则校验节点外信息计算公式修正为

$$E_{j,i}^{(l)}=2\operatorname{artanh}\left[\prod_{i'\in B_j,i'<i}\tanh\frac{M_{j,i'}^{(l)}}{2}\cdot\prod_{i'\in B_j,i'>i}\tanh\frac{M_{j,i'}^{(l-1)}}{2}\right]\tag{5.7.30}$$

显然，上述公式中，变量节点向校验节点传递的外信息按序号分成了两组：$i'<i$ 与 $i'>i$。前者外信息已经更新，因此采用第 l 次迭代结果，而后者由于外信息还未更新，因此采用前一次，即第 $l-1$ 次的结果。由于用到了最新的外信息计算结果，这种洗牌机制可以与前三种译码算法组合，加速译码收敛。

进一步，如果有两个译码器，分别采用正序($1\sim N$)与逆序($N\sim 1$)译码，并且采用洗牌机制及时更新外信息，这样的传递机制称为重复洗牌(Shuffle-Replicas)[5.25]。这样的译码方法，相比于单纯洗牌机制，收敛速度、吞吐率会加倍，但复杂度也加倍。

5.7.3 密度进化与高斯近似算法

密度进化(DE)算法的基本思想是由 Gallager 提出的[5.21]，Richardson 最早利用密度进化分析 LDPC 码采用 BP 算法的渐近行为[5.26,5.27]。他们的研究表明，对于许多重要的信道，例如 AWGN 信道，当码长无限长时，针对随机构造的 LDPC 码集合，可以用 DE 算法计算出无差错译码的门限值。因此，DE 算法能够比较与分析 LDPC 码的渐近性能，是一种重要的理论分析工具。

1. 密度进化

所谓密度进化，就是在 Tanner 图上计算与跟踪 LLR 的概率密度函数。假设信道 LLR 的概率密度函数为 $p(L)$，经过第 l 次迭代，变量节点到校验节点外信息的概率密度函数为 $p(M_l)$，校验节点到变量节点外信息的概率密度函数为 $p(E_l)$。随着迭代次数的增加，外信息的概率密度函数会演化。

首先我们给出 DE 算法成立的两个独立性假设：

① 信道无记忆，这个假设是指各个接收信号相互独立，因此互不相关；

② Tanner 图不存在 $2l$ 长或更短的环，这样保证各节点传递的外信息相互独立。

首先观察(3,6)规则 LDPC 码的 BP 译码过程，图 5.22 给出了以某个检验节点为根节点构成的消息传递树。

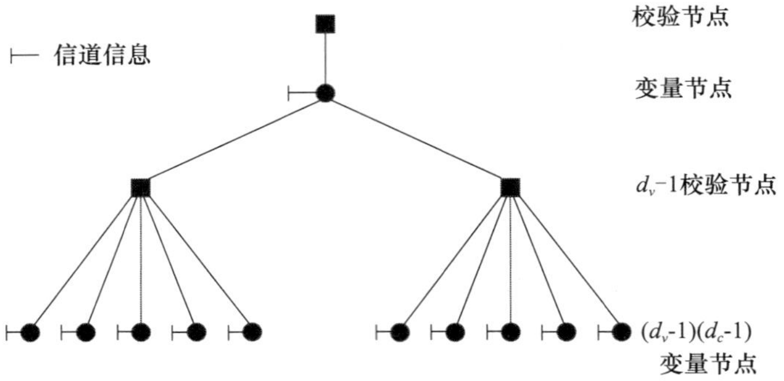

图 5.22 (3,6)规则 LDPC 码的 BP 译码消息传递树

如图 5.22 所示，在一次迭代中，作为根节点的校验节点向连接到它的某个变量节点传递信息，这个变量节点接收到两路校验节点信息及信道信息后，就生成外信息，传递到与之相连的下一层 $d_v-1=2$ 个校验节点。而这两个校验节点又可以进一步扩展 $d_c-1=5$ 个变量节点。这样经过两次迭代，根节点的信息传递到了 $(d_v-1)(d_c-1)=2\times5=10$ 个变量节点。注意，在变量节点处的计算，还需要考虑信道信息。

一般地，对于(d_v,d_c)规则 LDPC 码，BP 算法的迭代计算公式为

$$\begin{cases} M_{j,i}=\sum\limits_{j'=1}^{d_v-1}E_{j',i}+L_i \\ E_{j,i}=(\prod\limits_{i'=1}^{d_c-1}\alpha_{j,i'})\theta(\sum\limits_{i'=1}^{d_c-1}\theta(\beta_{j,i'})) \end{cases} \tag{5.7.31}$$

对于变量节点向校验节点传递的消息，由于各消息相互独立，因此外信息的概率密度函数是各个消息的概率密度函数的卷积，表示为

$$p(M_l)=p(L)\otimes p\,(E_l)^{\otimes(d_v-1)} \tag{5.7.32}$$

式中，$\otimes$表示卷积运算。由于上式涉及 d_v-1 个卷积运算，复杂度较高，通常用快速傅里叶变换(FFT)代替，从而降低计算复杂度。

同样，由式(5.7.31)，对于校验节点向变量节点传递的消息，可以分解为两部分，表示为

$$\widetilde{E}_{j,i}=\left(\text{sgn}(E_{j,i}),\log\left|\tanh\frac{E_{j,i}}{2}\right|\right)=\sum_{i'=1}^{d_c-1}\left(\alpha_{j,i'},\log\left|\tanh\frac{M_{j,i'}}{2}\right|\right)=\widetilde{M}_{j,i'} \tag{5.7.33}$$

式中，$\text{sgn}(E_{j,i})=\sum\limits_{i'=1}^{d_c-1}\alpha_{j,i'}$ 是模 2 加运算，而 $\log\left|\tanh\frac{E_{j,i}}{2}\right|=\sum\limits_{i'=1}^{d_c-1}\log\left|\tanh\frac{M_{j,i'}}{2}\right|$ 是普通的代数求和。由于各个变量节点输入的外信息相互独立，因此 $\widetilde{E}_{j,i}$的概率密度函数表示为

$$p(\widetilde{E}_l)=p\,(\widetilde{M}_l)^{\otimes(d_c-1)} \tag{5.7.34}$$

上述计算涉及 d_c-1 个卷积运算，也可用快速傅里叶变换(FFT)代替。

最终，译码比特 LLR 的概率密度函数可以表示为

$$p(\Lambda_l)=p(L)\otimes p\,(E_l)^{\otimes d_v} \tag{5.7.35}$$

上述规则 LDPC 码的概率密度计算可以进一步推广到非规则码。此时变量节点与校验节点信息的概率密度函数计算公式为

$$\begin{cases} p(M_l) = p(L) \otimes \sum_{i=2}^{d_v-1} \lambda_i p\,(E_l)^{\otimes(i-1)} \\ p(\widetilde{E}_l) = \sum_{i=2}^{d_c-1} \rho_i p\,(\widetilde{M}_l)^{\otimes(i-1)} \\ p(\Lambda_l) = p(L) \otimes \sum_{i=2}^{d_v} \lambda_i p\,(E_l)^{\otimes i} \end{cases} \tag{5.7.36}$$

由此，DE 算法过程可以简述为：给定一组度分布（$\lambda(x)$，$\rho(x)$），针对二元对称无记忆信道（B-DMC），利用信道对称性条件 $p(L|x=-1)=p(-L|x=1)$，假设发送全零码字，给定信道条件，例如 BI-AWGN 信道的噪声均方根 σ，反复进行式(5.7.36)的概率密度函数迭代运算。当迭代次数充分大时，比特似然比 $\Lambda<0$ 对应的概率就是译码的差错概率，即 $P_e=\lim_{l\to\infty}P(\Lambda_l<0)$。

图 5.23 与图 5.24 分别给出了信噪比 $E_b/N_0=1.12\text{dB}$，BI-AWGN 信道下，变量节点到校验节点外信息概率密度函数 $p(M_l)$ 与校验节点到变量节点概率密度函数 $p(E_l)$ 的演化结果。

由图 5.23 可知，初始迭代 $p(L)$ 为高斯分布，随着迭代次数的增加，$p(M_l)$ 仍然也为高斯分布，并且 LLR 的均值逐渐增长，其小于 0 的拖尾逐步减少，直至趋于零。

在迭代早期，例如第二次迭代，由图 5.24 可知，$p(E_l)$ 的形状并不像高斯分布，但随着迭代次数的增加，函数形状越来越像高斯分布，并且 LLR 均值逐步增大，小于零的拖尾趋于消失。

利用密度进化方法，我们可以针对特定度分布，计算其译码无差错的噪声门限。

定义 5.8 对于 BI-AWGN，噪声门限定义为

$$\sigma^* = \sup\{\sigma \mid \lim_{l\to\infty} P_e(\sigma)=0\} \tag{5.7.37}$$

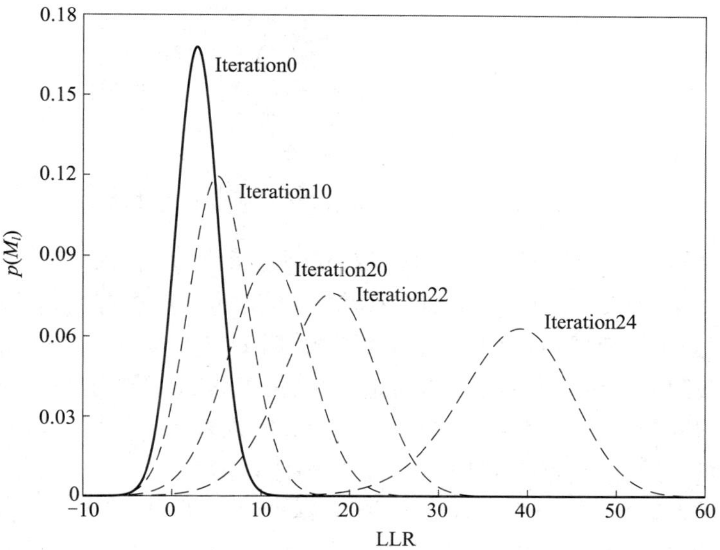

图 5.23 (3,6)LDPC 码变量节点到校验节点外信息概率密度函数 $p(M_l)$ 的演化结果

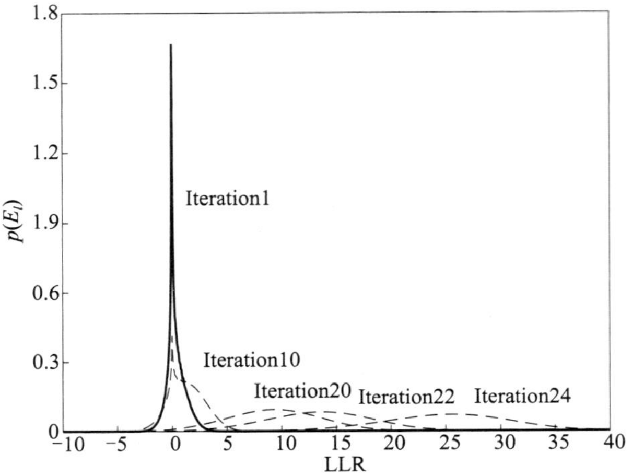

图 5.24 (3,6)LDPC 码校验节点到变量节点外信息概率密度函数 $p(E_l)$的演化结果

仍然以(3,6)LDPC 码为例,在 BI-AWGN 信道下,取不同信噪比的 BER 性能曲线如图 5.25所示。当 $E_b/N_0=1.1\text{dB}(\sigma=0.881)$时,随着迭代次数的增加,BER 不收敛,而当 $E_b/N_0=1.12\text{dB}(\sigma=0.879)$时,当迭代次数超过 100 时,BER 已经趋于零。由此可见,噪声门限必然满足 $0.879<\sigma^*<0.881$。我们可以通过 DE 算法,确定其精确值为 $\sigma^*=0.88(E_b/N_0=1.11\text{dB})$。

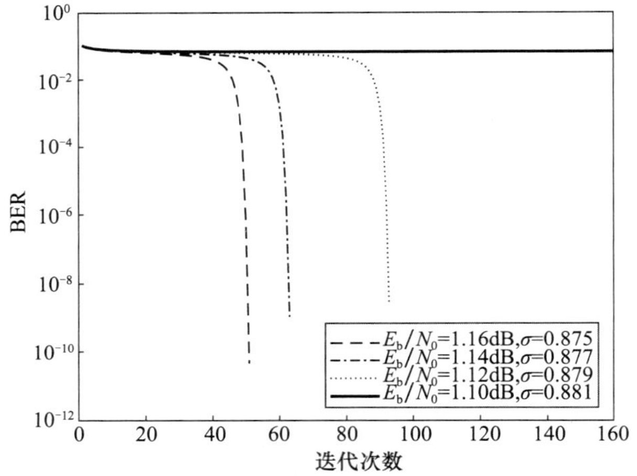

图 5.25 (3,6)LDPC 码不同信噪比的 BER 性能曲线

$R=1/2$,反解 BI-AWGN 信道容量,可以得到极限信噪比为 $E_b/N_0=0.1871\text{dB}$,相应的噪声门限为 $\sigma^*=0.97869$。比较(3,6)规则 LDPC 码可知,与容量极限还有很大差距。这种码性能受限的关键原因是度分布过于规则,为了逼近容量极限,需要对变量节点/校验节点的度分布进行优化,设计高度不规则的 LDPC 码。前人借助密度进化工具,采用差分演化或迭代线性规划算法,得到了高性能的度分布。其中,最著名的是 Chung 等人基于 DE 算法得到的优化分布[5.28],其变量节点度分布从 2 变化到 8000,具有高度不规则性。

$$\begin{aligned}\lambda(x)=&0.096294x+0.095393x^2+0.033599x^5+0.091918x^6+\\&0.031642x^{14}+0.086563x^{19}+0.093896x^{49}+0.006035x^{69}+\\&0.018375x^{99}+0.086919x^{149}+0.089018x^{399}+0.057176x^{899}+\\&0.085816x^{1999}+0.006163x^{2999}+0.003028x^{59999}+0.118165x^{7999}\end{aligned}\tag{5.7.38}$$

这个分布对应的信噪比为 $E_b/N_0=0.1916\text{dB}$，门限值为 $\sigma^*=0.9781869$。与容量极限相比，差距为 0.0045dB。

需要注意的是，上述设计是指码长与迭代次数趋于无穷大的极限信噪比门限，即 $N\to\infty, l\to\infty$。从渐近性能来看，即使码长无限长、迭代次数无限大，这种不规则 LDPC 码还与容量极限有 0.0045dB 差距，因此这种不规则 LDPC 码只能逼近 BI-AWGN 信道的容量极限，但严格意义上讲是容量不可达的。从有限码长性能来看，Chung 等人构造了最大度为 100 与 200 的不规则 LDPC 码，码长 $N=10^7$，迭代 2000 次，误比特率为 10^{-6}，距离香农限约 0.04dB，远未达到容量极限。

尽管如此，基于 DE 算法构造渐近性能优越的度分布，为设计逼近信道容量极限的 LDPC 码提供了完整的理论框架。沿着这一思路，人们构造了众多的高性能 LDPC 码。

2. 高斯近似

密度进化是一个良好的理论工具，能够精确分析给定度分布的渐近性能，但其计算结果的准确性依赖于 LLR 分布的量化精度。一般而言，只有高精度量化才能获得准确的门限值估计，但这样即使采用 FFT 变换，计算复杂度仍然巨大。

作为一种替代分析工具，高斯近似（GA）[5.29] 虽然牺牲了一些准确性，但显著降低了计算复杂度。高斯近似假设变量节点与校验节点的外信息近似服从高斯分布，因此这些信息的方差是均值的一半，它们的概率密度函数完全由均值决定。这样只要在迭代过程中，跟踪外信息的均值，就能够预测渐近性能。

对于 (d_v,d_c) LDPC 码，假设变量节点 v、校验节点 u 消息的均值分别为 m_v 与 m_u，则第 l 次迭代变量节点消息的均值递推公式为

$$m_v^{(l)}=m_{u_0}+(d_v-1)m_u^{(l-1)} \tag{5.7.39}$$

其中，0 次迭代对应的校验节点消息均值为 0，即 $m_u^{(0)}=0$。

而校验节点消息的均值递推公式为

$$m_u^{(l)}=\phi^{-1}\{1-[1-\phi(m_{u_0}+(d_v-1)m_u^{(l-1)})]^{d_c-1}\} \tag{5.7.40}$$

其中，函数 $\phi(x)$ 定义为

$$\phi(x)=\begin{cases}1-\dfrac{1}{\sqrt{4\pi x}}\displaystyle\int_{-\infty}^{\infty}\tanh\frac{u}{2}\mathrm{e}^{-\frac{(u-x)^2}{4x}}\mathrm{d}u, & x>0\\ 1, & x=0\end{cases} \tag{5.7.41}$$

在实际应用中，函数 $\phi(x)$ 涉及复杂的数值积分，一般采用两段近似公式

$$\phi(x)=\begin{cases}\mathrm{e}^{-0.4527x^{0.86}+0.0218}, 0<x<10\\ \sqrt{\dfrac{\pi}{x}}\mathrm{e}^{-\frac{x}{4}}\left(1-\dfrac{10}{7x}\right), x\geqslant 10\end{cases} \tag{5.7.42}$$

对于度分布为 $(\lambda(x),\rho(x))$ 的非规则 LDPC 码，其变量节点消息的递推公式为

$$m_v^{(l)}=\sum_{i=2}^{d_v-1}\lambda_i[m_{u_0}+(i-1)m_{u,i}^{(l-1)}] \tag{5.7.43}$$

而校验节点消息的递推公式为

$$m_u^{(l)}=\sum_{j=2}^{d_c-1}\rho_j\phi^{-1}\left\{1-\left[1-\sum_{i=2}^{d_v-1}\lambda_i\phi(m_{u_0}+(i-1)m_u^{(l-1)})\right]^{j-1}\right\} \tag{5.7.44}$$

综上所述，密度进化与高斯近似是两种分析迭代译码渐近性能的理论工具，不仅可用于 LDPC 码的性能分析与优化设计，也可应用于 Turbo 码的性能分析与设计。

5.7.4 LDPC 码差错性能

影响 LDPC 码性能的两个重要参数是最小汉明距离 $d_{\min}$ 与最小停止集/陷阱集。理论上，LDPC 码的最佳译码算法是 ML 算法，此时性能主要由 $d_{\min}$ 与相应的距离谱决定。对于没有环长为 4 的 LDPC 码校验矩阵，假设最小列重为 $w_{\min}$，则这个码的最小汉明距离满足

$$d_{\min} \geqslant w_{\min} + 1 \tag{5.7.45}$$

由于 ML 似然译码复杂度太高，LDPC 码更常用的译码算法是和积算法。在 BEC 信道下，退化为硬判决消息通过(MPA)算法，在一般的 B-DMC 信道中，就是 BP 算法。对于前者，决定迭代终止的是停止集(Stopping Set)，对于后者，影响性能的主要是陷阱集(Trap Set)。

所谓停止集是变量节点的子集，在该集合中的变量节点的相邻校验节点连接到该集合至少两次。停止集的大小称为停止集规模。BEC 信道下采用迭代译码算法，最小停止集限制了 LDPC 码的性能。

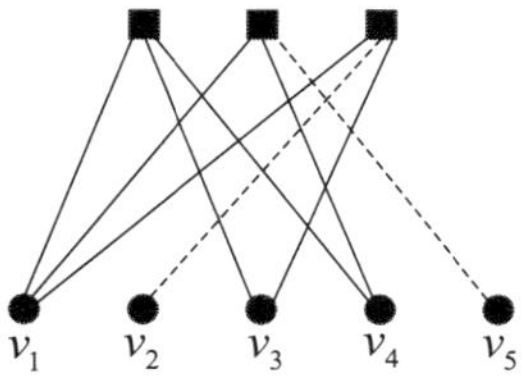

图 5.26　停止集示例

图 5.26 给出了一个停止集示例，其中，$\{v_1, v_3, v_4\}$构成了一个停止集。如果这 3 个节点对应比特都被删除，则迭代译码将终止，无法判决其中的任意一个比特。这就是停止集得名的由来。

图 5.27 与图 5.28 分别给出了 AWGN 信道下，采用(3,6)规则 LDPC 码与 5G NR 标准中的 LDPC 码，码长分别为 $N=1008$ 与 $N=4000$，码率分别为 $R=1/3$、1/2、2/3 的仿真结果，最大迭代次数为 50 次。

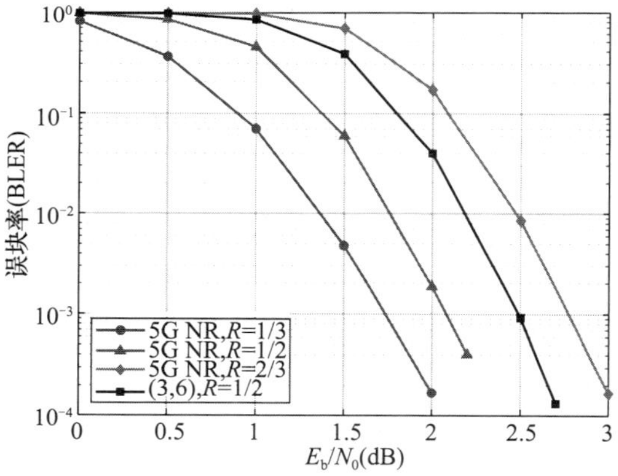

图 5.27　$N=1008$、不同码率 LDPC 码的差错性能

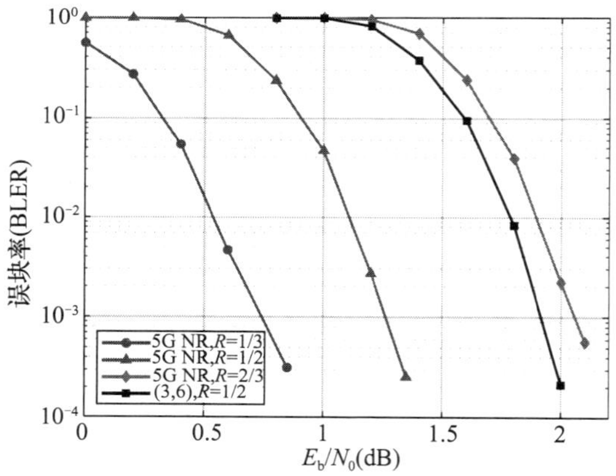

图 5.28　$N=4000$、不同码率 LDPC 码的差错性能

由图 5.27 可以看出，当 BLER 为 10^{-3}时，码长为 1008，同等条件下，5G NR LDPC 码与(3,6)规则 LDPC 码相比约有 0.4dB 的编码增益。同样，由图 5.28 可知，当 BLER 为 10^{-3}时，码长为 4000，同等条件下，5G NR LDPC 码与(3,6)规则 LDPC 码相比约有 0.64dB 的编码增益。

5.7.5 LDPC 码构造

如前所述，LDPC 码的性能由其 Tanner 图的结构决定。理论上，只要码长充分长(如 10^7 比特)，随机构造的 LDPC 码都是好码。但考虑到实用化，一般编码码长小于 10^4 比特，此时需要考虑 Tanner 图与编码结构对于性能的影响。

通常，较小的环长将导致变量/校验节点交互的消息很快出现相关性，从而限制了纠错性能。一般而言，LDPC 码的构造要求消除长度为 2 与 4 的环，也就是说，Tanner 图的围长至少为 6。但从另一方面来看，Tanner 图上的环长/围长也并非是越大越好。理论上，只有无环图才是严格的 MAP 译码，如果图上存在环，则和积算法只是 APP 译码算法，只能是 MAP 译码的近似。但由于受到最小汉明距离的限制，严格无环图的性能很差。因此，增大环长或围长并非是 LDPC 码设计的唯一优化目标，需要综合考虑 Tanner 图结构与码字结构参数进行优选。

1. LDPC 码主流的构造与编码方法

我们总结了 LDPC 码主流的构造与编码方法，如图 5.29 所示。LDPC 码的编码方法按照结构特点，分为 5 类，简述如下。

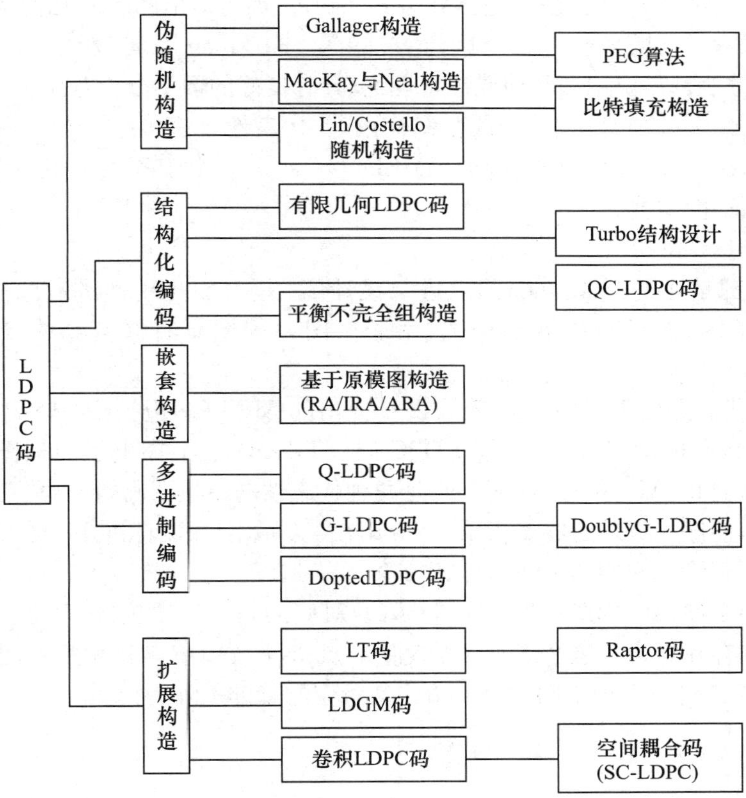

图 5.29　LDPC 码主流的构造与编码方法

(1) 伪随机构造

从实际应用来看，这一类大多数的 LDPC 码构造都是考虑去除某些限制条件的伪随机编码，例如去掉长度为 4 的环。在 Gallager 的原始论文中[5.21]，(3,6)规则 LDPC 码的构造就是一种伪随机构造。他将校验矩阵的行等分为多段，通过在不同段中随机排列 1 的位置，实现伪随机构造。MacKay 与 Neal 构造[5.22]的基本思路是按列重随机选择列进行叠加，观察行重是否满足度分布要求，通过反复迭代操作，最终实现构造，这种构造能够消除长度为 4 的环。

所谓比特填充构造[5.30]，是指在 Tanner 图中每次添加变量节点时，要检查新增连边是否构成特定长度(例如 4)的环，通过避免短环出现，得到增大围长的 Tanner 图结构。

PEG(Progressive Edge Growth，渐近边增长)构造[5.31]是比特填充构造的对偶方法。其基本思想是每次在 Tanner 图上添加新边时，都选择最大化本地围长的变量节点，这样能够保证围长充分大。

上述这些方法都是从不同角度随机构造 Tanner 图，或者相应的校验矩阵 $\boldsymbol{H}$，但是 LDPC 码编码需要用到生成矩阵 $\boldsymbol{G}$。我们可以采用高斯消元法，得到生成矩阵 $\boldsymbol{G}$，但由于这种结构的生成矩阵往往不稀疏，因此 LDPC 码的编码复杂度是 $O(N^2)$。为了降低编码复杂度，Richardson 与 Urbanke[5.32] 证明了，如果校验矩阵为近似下三角形式，则编码复杂度为 $O(N+g^2)$，其中 g 是校验矩阵与下三角矩阵之间的归一化距离，对于很多编码，$g \ll 1$。

(2) 结构化编码

伪随机构造编码能达到较好的纠错性能，但一般而言，其复杂度较高。与之相反，结构化编码（也称确定性编码）的复杂度更具优势。结构化编码的一类主要思路是采用几何设计或组合设计。其中，几何设计的代表性方法就是林舒与 Fossorier 等人提出的有限几何构造[5.33]。组合设计方面，有很多方法，包括平衡不完全区组方法[5.37]、Kirkman 系统设计[5.36]及正交拉丁方设计[5.35]等。这些方法都需要用到几何或组合理论，具有良好的数学分析基础。

结构化编码的另一类思路是采用线性结构设计，代表性方法包括 Lu 等人提出的 Turbo 结构设计[5.38]与 Fossorier 提出的 QC（准循环）-LDPC 码[5.39]。由于利用了线性编码特征，这两种方法的编码比较简单、规整。

(3) 嵌套构造

伪随机构造都是在整个 Tanner 图上进行设计的，另一个设计思路是将 Tanner 图上的边分类，首先优化子图，然后再扩展到全图，由于全图与子图具有嵌套结构，我们命名为嵌套构造。

这种构造的代表是由 Richardson 等人最早提出的 MET（多边类型）-LDPC 码[5.41]，其中重要的一个子类就是原模图（Protograph）LDPC 码。Thorpe 最早提出了原模图的概念[5.42]，Divsalar 等人[5.43]设计的 AR3A 与 AR4JA 码是两种代表性的原模图码，它们具有线性编码复杂度与快速译码算法，能够逼近信道容量极限，被应用在美国深空探测标准中。在 5G NR 移动通信标准中，也采用了基于原模图的 LDPC 编码方案。

图 5.30 给出了原模图构造示例。图 5.30(a) 对应的是一个原模图，与普通的 Tanner 图不同，原模图中允许存在重边。这个图有 4 个变量节点、8 个校验节点和 9 条边，由于有重边，因此图 5.30(a) 的原模图对应 8 种不同类型的边。其对应的基础矩阵为

$$\boldsymbol{B}=\begin{bmatrix}1 & 1 & 1 & 2\\ 1 & 1 & 0 & 0\\ 1 & 0 & 1 & 0\end{bmatrix} \tag{5.7.46}$$

图 5.30(b) 给出了两次复制示意，经过在同类型边之间的重排，可以得到图 5.30(c) 对应的导出图。

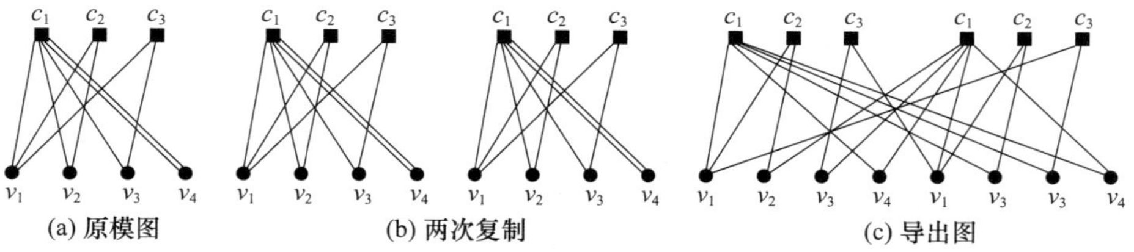

图 5.30　原模图与导出图示例

通常假设原模图有 M_P 个校验节点、N_P 个变量节点，经过 z 次复制与边重排操作，得到的全图称为导出图，其规模为 $M\times N=zM_P\times zN_P$。这种“复制重排”操作称为自举（Lifting），操作次

数 z 称为自举因子(Lifting Factor)。原模图的性能不能直接应用 EXIT 图分析,需要采用修正的 PEXIT 图分析[5.44]。导出图中的边连接优化,可以用 PEG 算法得到。

(4) 多进制编码

上述讨论的 LDPC 码都是二进制编码,Davey 与 MacKay 最早提出了基于有限域的多进制 LDPC 码构造[5.45]。由于引入了有限域的额外编码约束,相对于二进制编码而言,Q-LDPC 码能够获得更好的纠错能力。但这种编码最大的问题是译码复杂度较高,限制了其工程应用。

另外一类多进制编码是广义构造,称为 G-LDPC 码,最早由 Lentmaier 与 Zigangirov 提出[5.46]。这种广义 LDPC 码将传统 LDPC 码中简单校验的校验节点替换为经典的线性分组码校验,例如采用 Hamming 码、BCH 码或 RS 码作为校验节点。进一步,Liva 等人考虑了不规则 G-LDPC码[5.47],由于 Tanner 图上存在强纠错节点,被称为 Dopted(掺杂)LDPC 码。

(5) 扩展构造

近年来,人们扩展 LDPC 码的设计思想,针对具体应用,构造新型编码。其中代表性的示例是低密度生成矩阵(LDGM)码、无速率(Rateless)码与空间耦合(Spatial Coupling)码,下面分别介绍其基本思想与性质。

① LDGM 码

Cheng 与 McEliece 最早提出了 LDGM 码的设计思想[5.48]。一般而言,LDPC 码的校验矩阵是低密度的,而生成矩阵是高密度的,而 LDGM 码的设计利用了对偶性,它是一种系统码,生成矩阵是稀疏的,校验矩阵是稠密的。因此,LDGM 码主要应用于高码率场景,它具有线性的编译码复杂度。

早期研究表明,由于最小汉明距离较小,LDGM 码是渐近坏码,有显著的错误平台现象。但如果将两个 LDGM 码进行串行级联,或者将 LDGM 码与其他 LDPC 码级联,可以显著改善错误平台。

由于 LDGM 码编码简单,可以应用于信源压缩与编码,也可以与星座调制联合设计,或者应用于 MIMO 传输,逼近高频谱效率下的容量极限。

② Rateless 码

无速率码(Rateless)最早来源于纠删应用。在固定/无线互联网中,由于某种原因(拥塞或差错),MAC 层会产生丢包,但丢包数量并不固定。以固定编码码率进行纠删,如果码率高于删余率,则纠删能力较差,反之如果码率低于删余率,则冗余较大。总之,由于实际系统中,删余率无法先验确知或者存在动态变化,固定的码率无法匹配。

Luby 提出的 Luby 变换(LT)码是一种实用化的无速率码[5.50]。它是一种数据包编码,主要应用于 MAC 层或应用层的数据传输。也有人称其为喷泉(Fountain)码,这种说法是将每个编码数据包比喻为一滴水,根据传输条件的动态变化,接收机收到不同的水量(数据包),就可以开始纠删译码,因此码率不固定。

理论上可以证明,当码长趋于无限长,LT 码能够达到二元删余信道(BEC)容量,它是一种容量可达的构造性编码。但码长有限时,已有研究表明,LT 码具有显著的错误平台现象。为了降低错误平台,Shokrollahi 提出了 Raptor 码[5.51],这种编码使用一个高码率的 LDPC 码作为外码,级联 LT 码,获得了显著的性能提升。Raptor 码已经应用于 3G 移动通信的应用层编码标准中。

③ 空间耦合码

借鉴卷积编码结构,Felström 与 Zigangirov 最早提出了卷积 LDPC 码[5.49]。它的基本思想是将基本校验矩阵作为移位寄存器的抽头系数,设计卷积型的编码结构,从而获得周期性时变的编码序列。

Kudekar 等人认识到卷积在各个码段之间引入了编码约束关系，产生了“空间耦合”效应[5.52]。他们证明，即使采用规则的(3,6)码约束，只要引入适当的空间耦合关系，当编码长度趋于无穷时，密度进化的译码门限值将趋于 BEC 信道容量的门限值。这意味着，空间耦合码也是一种能够达到 BEC 信道容量的构造性编码。后人发现，空间耦合码对于一般的 B-DMC 信道，都是渐近容量可达的，这是 LDPC 编码理论的一个重大突破，经过近 50 年的研究，人们终于发现了可以达到容量极限的 LDPC 码。空间耦合码掀起了 LDPC 码新的研究热潮，尤其是有限码长下的高性能编译码算法是学术界关注的重点。

2. LDPC 码设计准则

50 年来，LDPC 码的设计理论层出不穷，众多学者提出了各种设计理论与方法。我们可以依据码长不同，分两种情况探讨。

如果码长超长，例如 $N=10^6\sim10^7$，则伪随机构造的 LDPC 码(如 MacKay 与 Neal 构造)具有优越的性能，能够逼近容量极限。但这种方法得到的校验矩阵没有结构，难以存储与实现。

如果是短码到中等码长，例如 $N=10^2\sim10^4$，则结构化编码、嵌套构造比伪随机构造更优越，并且使用前两者的编译码算法复杂度较低，有利于工程实现。

总之，LDPC 码的设计需要考虑多种参数与因素，其设计准则归纳如下。

(1) 环长与围长

Tanner 图上的环会影响迭代译码的收敛性，围长越小，影响越大。但是消除所有的环，既无工程必要，也无法提高性能。因此在 LDPC 码的 Tanner 图设计中，最好的方法是尽量避免短环，尤其是长度为 2 与 4 的环。

(2) 最小汉明距离

最小汉明距离决定了高信噪比条件下 LDPC 码的差错性能。因此，为了降低错误平台，要尽可能增大最小汉明距离。

(3) 停止集分布

小规模的停止集会影响 BEC 信道下迭代译码的有效性。因此，从工程应用看，需要优化停止集分布，增加最小停止集规模。

(4) 校验矩阵稀疏性

校验矩阵的系数结构对应 Tanner 图上的低复杂度译码。但校验矩阵的设计，需要综合考虑最小汉明距离、最小停止集与稀疏性之间的折中。

(5) 编码复杂度

对于伪随机构造的 LDPC 码，主要的问题是编码复杂度较高。由于采用高斯消元法得到下三角形式的生成矩阵不再是稀疏矩阵，即使采用反向代换进行编码，其编码复杂度为 $O(N^2)$。因此，从实用化角度来看，LDGM 码与原模图编码是具有吸引力的两种编码方案。在实际通信系统中，这两种编码也得到了普遍应用。

(6) 译码器实现的便利性

从译码器的硬件设计来看，由于大规模 Tanner 图没有规则结构，伪随机构造的 LDPC 码面临着高存储量、布局布线复杂的问题。因此，嵌套构造、结构化编码更有利于硬件译码器的实现，在工程应用中更具优势。

5.8 极 化 码

1948 年，信息论创始人 C. E. Shannon 在经典论文[5.1~5.3]中提出了著名的信道编码定理。

多年来，构造逼近信道容量的编码是信道编码理论的中心目标。近 20 年来，如前所述，虽然以 Turbo 码与 LDPC 码为代表的信道编码具有优越的纠错性能，但对于一般的二元对称信道，难以从理论上证明这些码渐近可达信道容量。2009 年，土耳其学者 Arıkan 在文献[5.53]中提出了极化码(Polar Code)的设计思想，首次以构造性方法证明信道容量渐近可达。由于在编码理论方面的杰出贡献，该论文获得了 2010 年 IEEE 信息论分会最佳论文奖，引起了信息论与编码学术界的极大关注。

近年来，极化码成为信道编码领域的热门研究方向，其理论基础已经初步建立，人们对极化码的渐近性能有了深入理解。特别是 2016 年底，极化码入选 5G 移动通信的控制信道编码候选方案，并最终写入 5G 标准[5.89]，极大推动了极化码的应用研究。

本节旨在介绍极化码的基本原理，包括信道极化、极化编码、极化码构造及极化码的基本译码算法与增强型译码算法等。

5.8.1 信道极化

极化码的构造依赖于信道极化(Channel Polarization)现象。所谓信道极化，最早由 Arıkan 引入[5.53]，是指将一组可靠性相同的二进制对称输入离散无记忆信道(B-DMC)采用递推编码的方法，变换为一组有相关性的、可靠性各不相同的极化子信道的过程，随着码长(信道数目)的增加，这些子信道呈现两极分化现象。图 5.31 给出了二元删余信道(BEC)的信道极化示例。

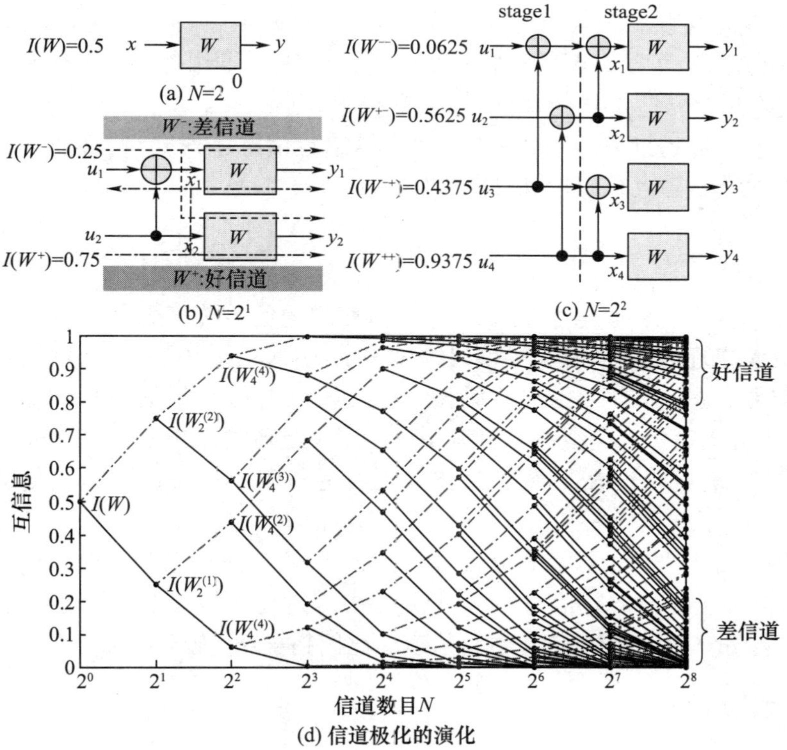

图 5.31 二元删余信道(BEC)的信道极化示例

令 B-DMC 信道的转移概率为 $W(y|x)$，则信道互信息与可靠性度量(Bhattacharyya 参数，简称巴氏参数)定义如下

$$I(W)=\sum_{y\in Y}\sum_{x\in X}\frac{1}{2}W(y|x)\log\frac{W(y|x)}{\frac{1}{2}W(y|0)+\frac{1}{2}W(y|1)} \tag{5.8.1}$$

$$Z(W)=\sum_{y\in Y}\sqrt{W(y|0)W(y|1)} \tag{5.8.2}$$

图 5.31(a)给出了删余率为 0.5 的 BEC 信道的映射关系 $W:X\in\{0,1\}\to Y$，其信道互信息为 $I(W)=0.5$，巴氏参数 $Z(W)=0.5$。

图 5.31(b)是 2 信道极化过程，$u_1,u_2\in\{0,1\}$是输入信道的两比特，$x_1,x_2\in\{0,1\}$是经过模 2 加编码后的两比特，分别送入信道后，得到 $y_1,y_2\in Y$ 两个输出信号。则对应的编码过程可以表示为

$$(x_1,x_2)=(u_1,u_2)\begin{pmatrix}1 & 0\\ 1 & 1\end{pmatrix}=(u_1,u_2)\boldsymbol{F} \tag{5.8.3}$$

通过矩阵 $\boldsymbol{F}$ 的极化操作，将一对独立信道(W,W)变换为两个相关子信道(W^-,W^+)，其中，$W^-:X\to Y^2$，$W^+:X\to Y^2\times X$，其信道输入、输出关系分别如虚线和点画线所示。这两个子信道的信道互信息与可靠性度量满足下列关系

$$\begin{cases}I(W^-)\leqslant I(W)\leqslant I(W^+)\\ Z(W^-)\geqslant Z(W)\geqslant Z(W^+)\end{cases} \tag{5.8.4}$$

由于 $I(W^-)=0.25<I(W^+)=0.75$，这两个子信道产生了分化，W^+是好信道，W^-是差信道。

上述编码过程可以推广到 4 信道极化，如图 5.31(c)所示，此时，每两个 W^- 信道极化为 W^{--} 与 W^{-+} 两个信道，每两个 W^+ 信道极化为 W^{+-} 与 W^{++} 两个信道。这样原来可靠性相同的 4 个独立信道变换为可靠性差异更大的 4 个极化信道。

信道极化变换可以递推应用到 $N=2^n$ 个信道，给定信源序列 u_1^N 与接收序列 y_1^N，序列互信息可以分解为多个子信道互信息之和，即满足

$$I(u_1^N;y_1^N)=\sum_{i=1}^{N}I(u_i;y_1^N|u_1^{i-1})=\sum_{i=1}^{N}I(u_i;y_1^N u_1^{i-1}) \tag{5.8.5}$$

式中，$I(u_i;y_1^N u_1^{i-1})$是第 i 个极化子信道的互信息，相应的信道转移概率为 $W_N^{(i)}(y_1^N u_1^{i-1}|u_i)$。这就是信道极化分解原理，其本质是通过编码约束关系，引入信道相关性，从而导致各个子信道的可靠性或容量差异。图 5.31(d)给出了码长 $N=2^0\sim2^8$ 时极化子信道互信息的演进趋势。其中，每个节点的上分支表示极化变换后相对好的信道(点画线标注)，下分支表示相对差的信道(实线标注)。显然，随着码长增长，好信道集聚到右上角(互信息趋于 1)，差信道集聚到右下角(互信息趋于 0)。

Arıkan 证明了[5.53]当信道数目充分大时，极化信道的互信息完全两极分化为无噪的好信道(互信息趋于 1)与完全噪声的差信道(互信息趋于 0)，并且好信道占总信道的比例趋于原始 B-DMC 信道 W 的容量 $I(W)$，而差信道占总信道的比例趋于 $1-I(W)$。

5.8.2 极化编码

1. 基本编码

极化码有两种基本编码结构，即非系统码与系统码，下面简述各自的结构特点。

首先，根据信道极化的递推过程，可以得到非系统极化码的编码结构。令 $u_1^N=(u_1,u_2,\cdots,u_N)$表示信息比特序列，$x_1^N=(x_1,x_2,\cdots,x_N)$表示编码比特序列，Arıkan 证明[5.53]编码满足

$$x_1^N=u_1^N\boldsymbol{G}_N \tag{5.8.6}$$

式中，编码生成矩阵$\boldsymbol{G}_N=\boldsymbol{B}_N\boldsymbol{F}_N$，$\boldsymbol{B}_N$ 是排序矩阵，完成比特反序操作，$\boldsymbol{F}_N=\boldsymbol{F}^{\otimes n}$表示矩阵 $\boldsymbol{F}=\begin{bmatrix}1 & 0\\1 & 1\end{bmatrix}$进行 n 次 Kronecker 积操作的结果，实质上是 n 阶 Hadamard 矩阵。

图 5.32 给出了码长 $N=8$、码率 $R=0.5$ 的极化码编码器示例。由图可知，对于非系统极化码，根据巴氏参数选择可靠性高的$\{u_4,u_6,u_7,u_8\}$作为信息比特，信息位长度为 4，而可靠性较差的$\{u_1,u_2,u_3,u_5\}$则作为固定比特(Frozen bit)，取值为 0。经过 3 级蝶形运算，可得编码比特序列 x_1^8。而对于系统极化码，则需要将信息位承载在$\{x_4,x_6,x_7,x_8\}$，对应的编码器左侧输入(信源侧)比特则通过代数运算[5.54]确定取值。由于采用蝶形结构编码，因此极化码的编码复杂度为 $O(N\log N)$[5.53]。

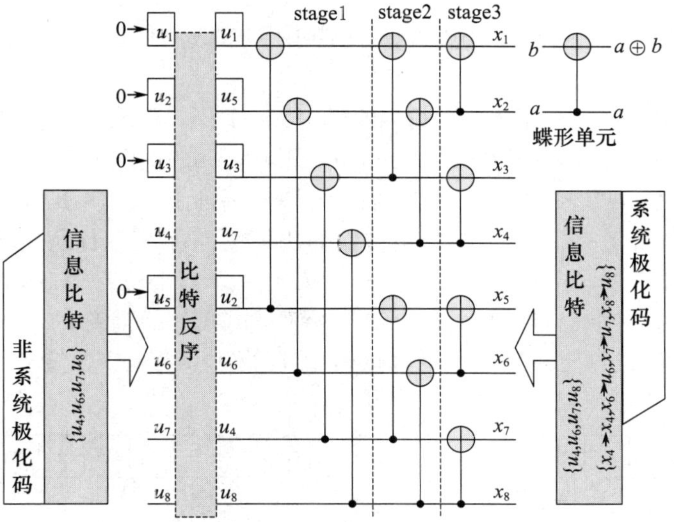

图 5.32　码长 $N=8$、码率 $R=0.5$ 的极化码编码器示例

定理 5.4　极化码存在两种编码方式 $x_1'^N=u_1^N\boldsymbol{F}_N$ 与 $x_1^N=u_1^N\boldsymbol{G}_N$，其中，$x_1'^N=x_1^N\boldsymbol{B}_N$，这两种编码方式等价。

证明：由于 Hadamard 矩阵$\boldsymbol{F}_N$ 的逆矩阵是其本身，即 $\boldsymbol{F}_N=\boldsymbol{F}_N^{-1}$，而比特反序矩阵的逆矩阵也是其自身，即 $\boldsymbol{B}_N=\boldsymbol{B}_N^{-1}$。因此，原序编码方式可以改写为 $u_1^N=x_1^N\boldsymbol{G}_N^{-1}=x_1^N\boldsymbol{B}_N^{-1}\boldsymbol{F}_N^{-1}=x_1^N\boldsymbol{B}_N\boldsymbol{F}_N=x_1'^N\boldsymbol{F}_N$。

由此可见，这两种编码方式等价，只不过一种是先对信源序列进行比特反序操作，然后再进行 Hadamard 变换，而另一种是直接进行 Hadamard 变换，然后再比特反序。并且编码端可以原序发送，在译码端对似然比进行反序操作。

2. CRC-Polar 级联编码

笔者在文献[5.71]中提出了 CRC-Polar 级联方案，如图 5.33 所示。由 k 个信息比特组成的序列首先送入循环冗余校验(CRC)编码器，级联 m 个 CRC 校验比特后送入极化码编码器，产生 N 比特码字。这种级联编码方案以 CRC 编码作为外码，极化码作为内码，具有显著的性能增益，目前已经成为极化码的主流编码方案。

3. 速率适配编码

由于极化码原始码长限定为 2 的幂次，即 $N=2^n$，而实际通信系统往往要求任意码长编码。为了满足这一要求，需要设计极化码的速率适配方案，主要包括凿孔(Puncturing)与缩短(Shortening)两种操作。假定速率适配后的码长为 $M<N$，则编码器需要删减 $N-M$ 个编码比特。对于凿孔操作，这些删减的比特可以任意取值，而译码器并不确定它们的取值，因此相应的对数似

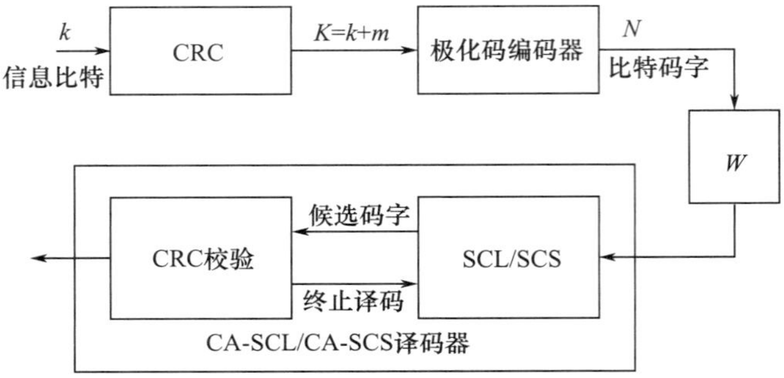

图 5.33　CRC-Polar 级联编译码系统结构

然比(LLR)为 0。而对于缩短操作,这些删减比特为固定取值(假设为 0),译码器也知道其取值,因此相应的 LLR 取值为∞。

笔者在文献[5.64]中提出了 QUP(Quasi-Uniform Puncturing)适配方案,并进一步在文献[5.65]中提出了 RQUS(Reversal Quasi-Uniform Shortening)适配方案。

图 5.34 给出了 QUP 与 RQUS 速率适配示例,其中原始码长 $N=8$,实际码长 $M=5$。图中,从左到右对应比特位置 1～8,0 表示删掉不传输的比特位置,1 表示保留传输的比特位置。如图 5.34(a)所示,自然顺序下,QUP 方案要凿掉开头第 1、2、3 三个位置的比特,而经过比特反序变换,则应凿掉第 1、3、5 三个位置的比特。RQUS 操作与 QUP 是对称的,在自然顺序下,缩短结尾第 6、7、8 三个位置,经过比特反序变换,则对应缩短第 4、6、8 三个位置。

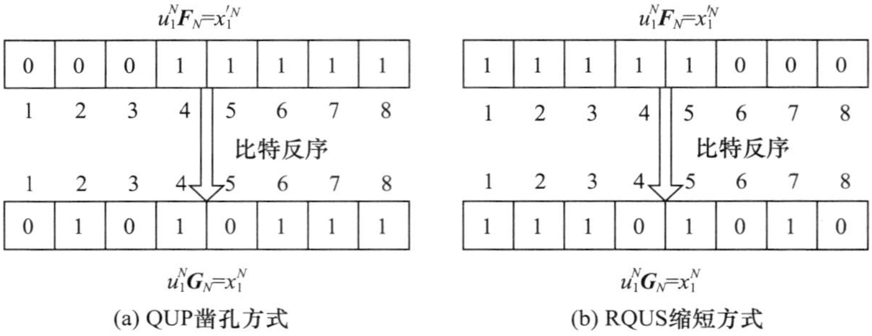

图 5.34　$N=8,M=5$ 的 QUP 与 RQUS 速率适配示例

需要注意的是,在自然顺序下,极化码的编码方式为

$$x_1'^N = u_1^N \boldsymbol{F}_N \tag{5.8.7}$$

而在比特反序下,极化码编码方式为

$$x_1^N = u_1^N \boldsymbol{G}_N = u_1^N \boldsymbol{B}_N \boldsymbol{F}_N \tag{5.8.8}$$

对于前者,生成矩阵是$\boldsymbol{F}_N$,即 Hadamard 矩阵;对于后者,生成矩阵为$\boldsymbol{G}_N$,还需要进行比特反序变换。根据定理 5.4 可知这两种方式是等价的。从工程应用来看,自然顺序的编码更方便,因此 5G NR 标准中采用了式(5.8.7)的编码方式,相应的 QUP 与 RQUS 速率适配方式,只要在开头与结尾进行凿孔和缩短即可。

理论分析与仿真表明,QUP 凿孔方案适用于低码率($R\leqslant 1/2$)的情况,RQUS 缩短方案适用于高码率($R>1/2$)的情况。可以证明,QUP 与 RQUS 方案是理论最优的速率适配方案[5.65],并且 RQUS 与文献[5.66]的缩短方案等价。

5.8.3 极化码构造

极化码构造算法的目的是精确计算各个子信道的互信息或可靠性，然后从大到小排序，选择其中好的子信道集合承载信息比特。因此，构造算法是极化码编码的关键。

Arıkan 最早提出基于巴氏参数的构造算法[5.53]。假定初始信道的巴氏参数为 $Z(W)$，则从 N 扩展到 $2N$ 个极化信道的迭代计算过程如下

$$\begin{cases} Z(W_{2N}^{(2i-1)}) = 2Z(W_N^{(i)}) - Z(W_N^{(i)})^2 \\ Z(W_{2N}^{(2i)}) = Z(W_N^{(i)})^2 \end{cases} \tag{5.8.9}$$

这种构造算法复杂度较低，只适用于 BEC 信道，对于其他信道，例如 BSC、AWGN 信道等，该方法并非最优。

Mori 基于密度进化(DE)方法得到了 BSC、AWGN 信道下最优的子信道选择准则[5.58]，但由于涉及变量节点与校验节点对数似然比(LLR)概率分布计算，计算复杂度很高，限制了其应用。更好的方法是 Tal 与 Vardy 提出的迭代算法[5.59]，通过引入极化子信道的上下界近似，该方法能以中等复杂度保证较高的计算精度，但码长很长时，其计算复杂度也会变大。

Trifonov 所提出的高斯近似(GA)算法[5.60]是目前较流行的构造方法。给定 AWGN 信道的接收信号模型为 $y_i = s_i + n_i, i = 1, 2, \cdots, N$，噪声功率为 σ^2，则接收比特的 $L(y_i) \sim N\left(\frac{2}{\sigma^2}, \frac{4}{\sigma^2}\right)$ 服从高斯分布。信道极化的 LLR 均值迭代公式为

$$\begin{cases} E(L_{2N}^{(2i-1)}) = \phi^{-1}\{1 - [1 - \phi(E(L_N^{(i)}))]^2\} \\ E(L_{2N}^{(2i)}) = 2E(L_N^{(i)}) \end{cases} \tag{5.8.10}$$

式中，$E(\cdot)$表示数学期望，$E(L_1^{(1)}) = \frac{2}{\sigma^2}$；函数 $\phi(x)$ 的定义参见式(5.7.41)，也可以采用两段近似，参见式(5.7.42)。

上述 GA 算法的计算复杂度为 $O(N\log N)$，在中、短码长下可以获得较高的计算精度。但这种近似在码长较长时存在计算误差，笔者在文献[5.63]提出了改进的 GA 算法，满足长码条件下高精度构造的要求。

前述极化码的构造算法有一个共同的局限，即编码构造依赖于信道条件。最近，不依赖于信道条件的通用构造成为极化码的研究热点。其中，文献[5.61]提出的部分序构造及文献[5.62]提出的极化度量(PW)构造算法具有代表性。假设第 i 个子信道序号对应的二进制展开向量为：$(i-1) \rightarrow (b_n, b_{n-1}, \cdots, b_1)$，则 PW 度量计算公式为

$$\mathrm{PW}_N^{(i)} = \sum_{j=1}^{n} b_j 2^{j/4} \tag{5.8.11}$$

PW 度量越大，说明子信道可靠性越高。因此，将 PW 度量从大到小排序，选取大度量对应的子信道承载信息比特。基于 PW 度量构造的极化码，性能与 GA 算法构造的极化码接近，且度量计算不依赖于信道条件，这种构造方法具有重要的实用价值。

5.8.4 基本译码算法

对于极化码，Arıkan 的另一个重要贡献是提出了串行抵消(SC)译码算法[5.53]。SC 译码算法的基本思想是在 Trellis 上进行软信息与硬判决信息的迭代计算。

给定码长 $N = 2^n$ 与极化阶数 n，则 Trellis 由 n 级蝶形节点构成。其变量节点的硬判决信息

定义为 $s_{i,j}$，其中 $1 \leqslant i \leqslant n+1$、$1 \leqslant j \leqslant N$ 分别表示节点在 Trellis 上的行、列序号，而软判决信息定位为相应的 LLR，即 $L_{i,j}=L(s_{i,j})$。图 5.35 给出了 $N=4$ 的极化码 Trellis 示例。如图 5.35 所示，Trellis 右侧对应来自信道的 LLR 信息 $L_{n+1,j}=\log\dfrac{P(y_j|1)}{P(y_j|0)}$，而左侧对应信息比特的 LLR 信息 $L_{1,j}=L(\hat{u}_j)$ 及判决比特信息 $s_{1,j}=\hat{u}_j$。这样，基于蝶形结构中的变量/校验节点约束关系，软信息从右向左计算与传递，而硬信息从左向右计算与传递，具体的计算公式如下。

软消息迭代计算公式为

$$L_{i,j}=\begin{cases}2\operatorname{artanh}\left[\tanh\left(\dfrac{L_{i+1,j}}{2}\right)\cdot\tanh\left(\dfrac{L_{i+1,j+2^{i-1}}}{2}\right)\right], & \left\lfloor\dfrac{j-1}{2^{i-1}}\right\rfloor \bmod 2=0\\(1-2s_{i,j-2^{i-1}})(L_{i+1,j-2^{i-1}})+L_{i+1,j}, & \text{其他}\end{cases} \tag{5.8.12}$$

式中，$i=1,2,\cdots,n$，$j=1,2,\cdots,N$，$\tanh(\cdot)$是双曲正切函数，$\lfloor\cdot\rfloor$是下取整函数。

上述计算与 LDPC 码的 BP 迭代译码基本公式类似，都是在校验节点、变量节点分别进行软信息计算与更新。

硬消息迭代计算公式为

$$s_{i+1,j}=\begin{cases}s_{i,j}\oplus s_{i,j+2^{i-1}}, & \left\lfloor\dfrac{j-1}{2^{i-1}}\right\rfloor \bmod 2=0\\s_{i,j}, & \text{其他}\end{cases} \tag{5.8.13}$$

式中，$\oplus$是模 2 加操作。

当软信息递推到 Trellis 的左侧时，比特判决准则如下

$$\hat{u}_i=\begin{cases}1, & L_{1,i}\geqslant 0\\0, & L_{1,i}<0 \text{ 或 } u_i \text{ 为固定比特}\end{cases} \tag{5.8.14}$$

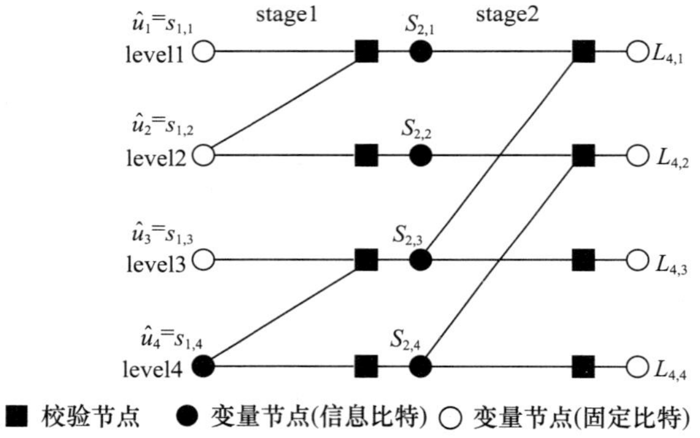

图 5.35 $N=4$ 的极化码 Trellis 示例

SC 算法也可以看作是在码树上进行逐级判决搜索路径的过程。也就是说，从树根开始，对发送比特进行逐级判决译码，先判决的比特作为可靠信息辅助后级比特的判决，最终得到一条译码路径。文献[5.53]证明极化码的 SC 译码算法复杂度非常低，为 $O(N\log N)$。

5.8.5 增强译码算法

在有限码长下，基于 SC 译码的极化码性能较差，远不如 LDPC 码或 Turbo 码。为了提高极化码有限码长的性能，人们提出了多项高性能的 SC 改进算法。笔者[5.69]与 Tal&Vardy 同时提出了列表 SC 算法（SCL）[5.68]，将广度优先搜索策略引入码树搜索机制，每次译码判决保留一个很小的幸存路径列表，最终从表中选择似然率最大的路径作为判决路径。给定列表长度 L，SCL

算法的复杂度为 $O(LN\log N)$，其性能可以逼近最大似然(ML)译码性能。

图 5.36 给出了 $L=2$ 的 SCL 算法示例。由图可知，SCL 算法保留了两条幸存路径，译码器最终从两条路径中选择译码结果。

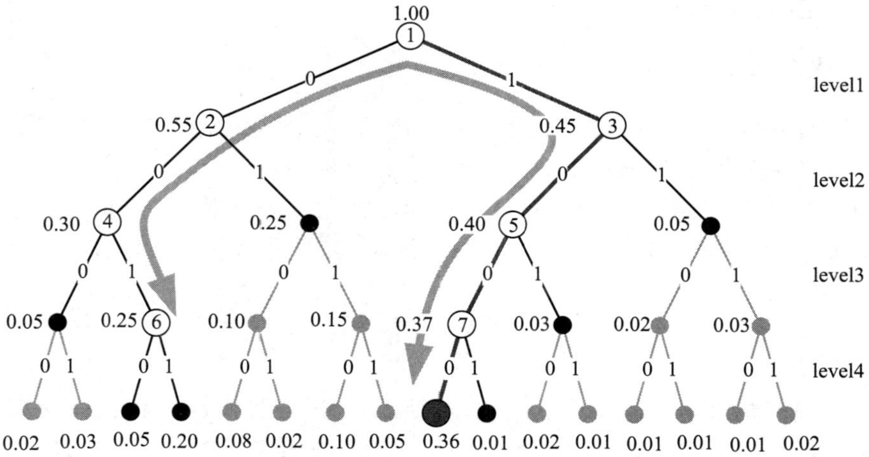

图 5.36 $L=2$ 的 SCL 算法示例

另外，笔者在文献[5.70]中提出堆栈 SC 算法(SCS)，将深度优先搜索策略引入码树搜索中。由于引入堆栈存储机制，可以有效减少译码路径的重复搜索，极大降低了译码算法复杂度。在高信噪比条件下，SCS 算法的复杂度趋近于 SC 算法，远低于 SCL 算法，且其性能也能够逼近 ML 译码性能。

图 5.37 给出了 SCS 算法示例。由图可知，译码器在码树上通过深度优先的方式搜索候选路径，按照从大到小的顺序将候选路径压入堆栈，每次从栈顶扩展幸存路径直至叶节点，最终得到译码结果。

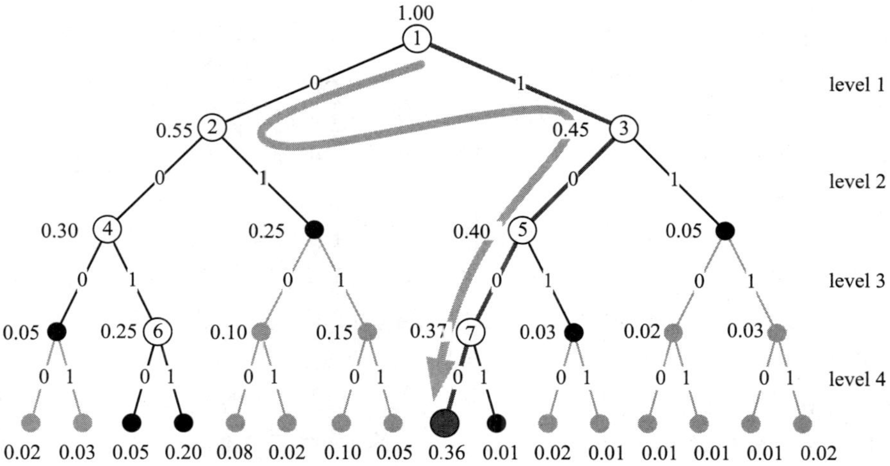

图 5.37 SCS 算法示例

进一步，笔者在文献[5.71]中提出 CRC 辅助的 SCL/SCS 算法(CA-SCL/SCS)。SCL/SCS 算法输出的候选码字，送入 CRC 校验模块，只有通过 CRC 校验的码字才作为最终译码结果。由于有 CRC 校验模块提供的先验信息，极大增强了译码性能。文献[5.73]等还提出了自适应 CA-SCL 算法，可以在算法复杂度与性能之间达到较好折中。目前 SCL 算法已经成为极化码高性能译码的主流算法，文献[5.75，5.76]深入讨论了 SCL 译码器的硬件架构设计。

极化码也可以采用置信传播(BP)算法，文献[5.67]最早研究了 BP 算法调度机制的优化。另外，对于短码极化码，笔者在文献[5.74]中提出了低复杂度的球译码算法，能够达到 ML 译码性能，也具有一定的实用价值。

5.8.6　极化码差错性能

极化码的理论性能主要关注信道极化行为的理解与分析，包括误块率(BLER)与子信道收敛速度。Arıkan 基于 SC 算法给出了 BLER 简洁的上界[5.53]。

给定 B-DMC 信道 W，假设其巴氏参数为 $Z(W)$，经过极化变换，N 个极化信道的巴氏参数为 $Z(W_N^{(i)})$。对于码长为 N、码率为 $R=K/N$ 的极化码，假设信息信道集合为 A，则极化码 SC 译码的误块率上界为

$$P_e(N,K,A) \leqslant \sum_{i\in A} Z(W_N^{(i)}) \tag{5.8.15}$$

其中子信道的差错概率也可以用密度进化、高斯近似估计，能够获得比巴氏参数更紧的估计结果。上述误块率上界与仿真结果贴合得非常紧，是一个很好的极化码理论性能分析与预测工具。

Arıkan 在文献[5.53]中利用鞅与半鞅理论，严格证明了子信道的收敛行为，奠定了信道极化码的基本理论。他证明了采用 2×2 核矩阵 $\boldsymbol{F}$，极化码渐近($N\rightarrow\infty$)差错性能 $P_B(N)<2^{-N^{\beta}}$，其中误差指数 $\beta<1/2$，换言之，极化码的差错概率随着码长的平方根指数下降。Korada 等人进一步证明，如果推广到 $l\times l$ 核矩阵，则渐近性能 $P_B(N)<2^{-N^{E_c(\boldsymbol{G})}}$，其中 $E_c(\boldsymbol{G})$是生成矩阵 $\boldsymbol{G}$ 对应的差错指数[5.56]，极限为 1。

回顾香农在证明信道编码定理时，采用了 3 条假设：

① 码长充分长，即 $N\rightarrow\infty$；

② 采用随机编码方法；

③ 基于信源信道联合渐近等分割(JAEP)特性，采用联合典型序列译码方法。

这 3 条假设对于设计逼近信道容量的信道编码具有重要的启发性。长期以来，人们主要关注第②个假设，通过构造方法模拟随机编码。如前所述，Turbo 码或 LDPC 码都具有一定的随机性，能够在码长充分长时逼近信道容量。但第③个假设更重要，应用 JAEP 特性，采用联合典型序列译码是信道编码定理证明的关键步骤。

对于信道极化的理论理解，笔者在文献[5.57]中指出，极化变换实际上是联合渐近等分割(JAEP)特性的构造性示例。Turbo 码与 LDPC 码虽然模拟了随机编码的行为，但难以模拟 JAEP 特性，而在极化编码中，极化变换所得到的好信道可以看作是联合典型映射，这种方法更加符合香农原始证明的基本思路。极化码渐近差错率随码长指数下降，这样极化码与随机编码具有一致的渐近差错性能，相当于给出了信道编码定理 5.3 的构造性证明！

图 5.38 给出了 AWGN 信道下，码长 $N=1024$，码率 $R=1/2$ 的极化码采用不同译码算法的 BLER 性能，作为比较，图中也列出了相同配置的 WCDMA Turbo 码[5.86]采用 Log-MAP 译码算法性能。由图可知，SC 算法性能较差，采用列表大小 32 的 SCL 算法或堆栈深度 1000 的 SCS 算法，译码性能会提高 0.5dB，但与 Turbo 码相比仍有差距。而如果采用 16 比特 CRC-Polar 码级联编码与 CA-SCL/SCS 算法，在 $\text{BLER}=10^{-4}$，比 SCL/SCS 额外获得 1dB 以上的编码增益，相比 Turbo 码有 0.5dB 以上的性能增益。这一结果表明，CRC 级联极化码方案是一种高性能的编译码技术。

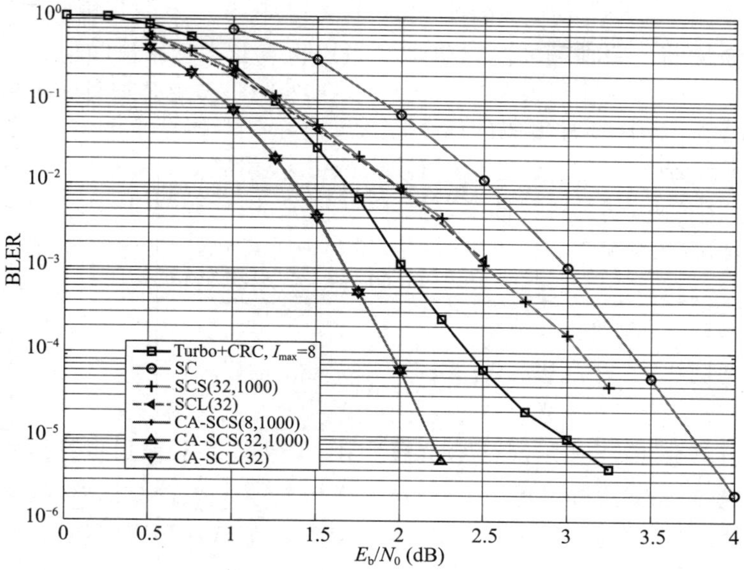

图 5.38　$N=1024$，$R=1/2$ 极化码译码算法性能比较

图 5.39 给出了 AWGN 信道，$N=1024$，$R=1/2$ 条件下，极化码、3G WCDMA Turbo 码、4G LTE Turbo 码及 WiMAX LDPC 码的 BLER 性能比较。其中，极化码分别采用了 SC、SCL、CA-SCL、BP 算法。Turbo 码采用了 Log-MAP 算法，最大迭代次数为 8 次。LDPC 码采用了 BP 算法，最大迭代次数为 50 次。

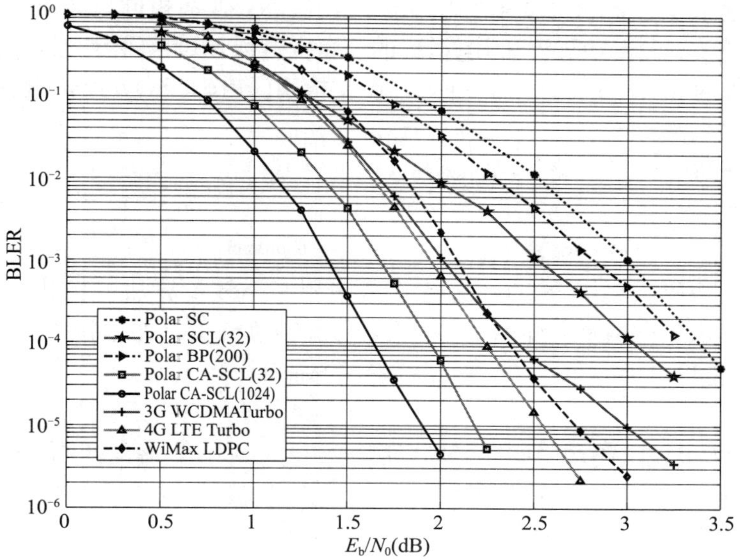

图 5.39　极化码与 3G WCDMA/4G LTE Turbo 码、WiMAX LDPC 码性能比较

对于极化码而言，SC 算法性能最差，迭代 200 次的 BP 算法性能略好，列表规模 32 的 SCL 算法性能更好。但在 BLER$=10^{-4}$，这些算法性能仍然有 0.5dB 以上的性能差距。

如果采用 CRC-Polar 级联编码方案，当 $L=32$ 时，CA-SCL 算法要显著优于 Turbo 码及 LDPC 码，会获得 0.25～0.3dB 的编码增益。并且，随着列表规模的增长，CA-SCL 算法还有进一步的性能增长。例如 $L=1024$，极化码相对于 4G LTE Turbo 码有 0.7dB 以上的增益。

并且从图 5.39 中可知，高信噪比条件下，Turbo 码、LDPC 码都有错误平台，而极化码由于编码结构的优势，不存在错误平台。

图 5.40 给出了 5G 的 3 种候选编码 Turbo 码、LDPC 码与极化码在 AWGN 信道下的误块率(BLER)性能比较。其中，3 种编码的信息位长度 $K=400$，码率范围 $R=1/5\sim8/9$，Turbo 码采用 4G LTE 标准配置[5.88]，LDPC 码采用 Qualcomm 公司的 5G 编码提案[5.90]，极化码采用 5G 标准配置[5.89]。由图可见，低码率条件下，$R=1/5\sim1/2$，极化码与 Turbo/LDPC 码具有类似或稍好的性能，而在高码率条件下，$R=2/3\sim8/9$，相对于后两种码，极化码具有显著的编码增益。

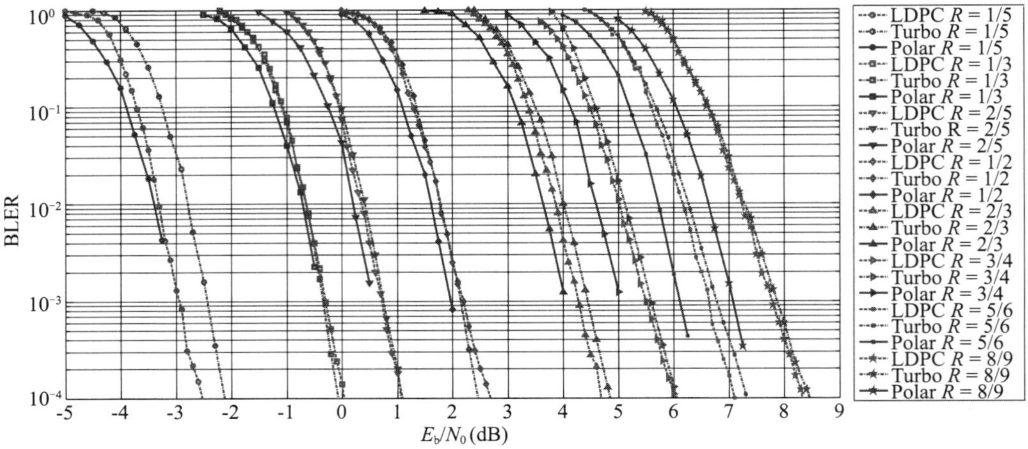

图 5.40　5G 的 3 种候选编码 Turbo 码、LDPC 码与极化码的性能比较($K=400$)

文献[5.57]指出，在相同的码长、码率参数配置下，达到相同的误码率性能，极化码的 SCL 算法的复杂度是 Turbo 码的 BCJR 算法的 1/10～1/5，并且没有错误平台现象，是 LDPC 码的标准 BP 算法的 1/5～1/3。由此可见，对于中、短码长，极化码具有性能与复杂度的双重优势。

作为信道容量可达的新型编码，极化码的优势集中体现在 3 个方面。

(1) 高可靠性

极化码可以严格证明没有错误平台，这一点是极化码相比于 Turbo/LDPC 码最重要的性能优势。同时，在中、短码长(100～2000 比特)下，采用 CA-SCL 算法的极化码性能要显著优于 Turbo/LDPC 码。由于这两个方面的优势，极化码能够达到更低的差错概率，非常适合于高可靠、低时延的通信传输需求。

(2) 高效性

已有研究表明，极化编码调制的性能可以超过 Turbo/LDPC 编码调制的性能。针对极化编码调制的联合优化，可以在高信噪比条件下逼近信道容量极限，极大提升频谱效率，非常适合于高频谱效率传输需求。

(3) 低复杂度

极化码的代表性译码算法，如 SC、SCL/SCS、BP 算法，都可以用低复杂度方式实现。如果能够在译码性能与算法复杂度之间优化设计，将获得复杂度与可靠性的双重增益，具有重要的工程实用价值。

IEEE 通信学会发布的极化码最佳读物(Best Readings)[5.97]精选了极化码领域的 50 篇重要文献，笔者有三篇论文[5.57,5.72,5.98]入选。另外，有兴趣了解极化码研究全貌的读者可以查阅笔者撰写的专著[5.99]。

5.9 因子图与信息处理

20 世纪 90 年代以来，信道编码理论的发展经历了 3 个重大突破。第一个重大突破是 Turbo 码的发明。自从 1993 年 ICC 国际会议上 C. Berrou[5.15]等人展示了 Turbo 码的优异性能以来，激起了理论界、工业界的极大兴趣。Turbo 码被迅速应用到各种通信系统中，如深空通信、3G/4G 移动通信等。第二个重大突破是以 D. J. C. MacKay 等人对于 Gallager 提出的低密度校验(LDPC)码[5.21]的再发现为标志[5.22]，编码理论界掀起了构造逼近 Shannon 限好码的热潮，一时间并行级联卷积码(PCCC)、并行级联分组码(PCBC)、串行级联卷积码(SCCC)、串行级联分组码(SCBC)、Turbo 乘积码(TPC)、LDPC 码、重复累积码(RA)等如雨后春笋般不断涌现。第三个重大突破是 E. Arıkan 发明的极化(Polar)码[5.53]，第一次从理论上证明，可以采用构造性编码，达到香农信道容量。以 Turbo 码、LDPC 码与 Polar 码为代表的高性能信道编码，大都具有优异的纠错性能，人们意识到必须用统一的工具理解这些表面上各不相同的编码。

利用图论工具分析信道编码的先驱是 Tanner[5.23]，他引入了 Tanner 图描述 LDPC 码和 Gallager 译码算法，在 Tanner 的原始论文中，所有的变量都是编码符号，是可见的；Wiberg 等人[5.78]将 Tanner 图进一步推广，引入了“隐”状态变量，描述广义 LDPC 码及译码算法，并且其应用范围不仅限于编码领域；Kschischang 等人进一步推广了这些图模型，提出因子图(Factor Graph)概念[5.80]与和积算法。

本节主要介绍因子图的基本概念，以及在因子图上信息处理的基本方法，包括 Turbo 处理与 Polar 处理。

5.9.1 因子图

本节主要介绍因子图的基本概念，所处理的函数是多变量函数。设 $x_1, x_2, \cdots, x_n$ 是变量集合，其中元素 x_i 属于某个符号集(通常是有限的)A_i。令 $g(x_1, x_2, \cdots, x_n)$是这些变量的实值函数，即该函数的定义域为 $S=A_1 \cdot A_2 \cdot \cdots \cdot A_n$，值域为 R。函数$g(x_1, x_2, \cdots, x_n)$的定义域 S 称为变量集导出的配置空间，并且 S 的每个元素都是一个特定的配置。函数 $g(x_1, x_2, \cdots, x_n)$的值域可以是任意的半环，但不失一般性，我们在开始讨论时首先假设 R 为实数集。

假设已定义了 R 上的加法，则对于每个函数 $g(x_1, x_2, \cdots, x_n)$，都有 n 个边缘函数 $g_i(x_i)$。对于每个 $a \in A_i$，$g_i(a)$可以通过在 $x_i=a$ 的配置上累加 $g(x_1, x_2, \cdots, x_n)$得到。

这种加法运算是因子图上和积算法的核心，为了更简洁地表述，引入标记：补和运算(not-sum)。补和运算的意义是在进行累加时，不是用累加相应的变量来表示运算，而是用不需要累加的变量来表示。例如，h 是三变量 x_1, x_2, x_3 的函数，则“x_2 的补和”运算表示为 $\sum_{\sim\{x_2\}} h(x_1, x_2, x_3) := \sum_{x_1 \in A_1} \sum_{x_3 \in A_3} h(x_1, x_2, x_3)$。采用这种标记，得到 $g_i(x_i) := \sum_{\sim\{x_i\}} g(x_1, x_2, \cdots, x_n)$，也就是说，$g(x_1, x_2, \cdots, x_n)$的第 i 个边缘函数是对 x_i 的补和。

对于因子图的研究兴趣在于推导有效计算边缘函数的步骤，可以利用两个特性：①根据全局函数结构，采用分配率简化求和；②重复利用计算的中间结果(部分和)。这一过程可以用因子图方便表述。

假设 $g(x_1, x_2, \cdots, x_n)$分解为几个局部函数的乘积，每个子函数的变量集是$\{x_1, x_2, \cdots, x_n\}$的子集，即

$$g(x_1,x_2,\cdots,x_n)=\prod_{j\in J}f_j(X_j) \tag{5.9.1}$$

式中，J 是离散指标集；X_j 是$\{x_1,x_2,\cdots,x_n\}$的子集；$f_j(X_j)$是以 X_j 中元素为自变量的函数。

定义 5.9 因子图是表述式(5.9.1)给出的分解结构的二分图。因子图有两类节点，每个变量 x_i 对应一个变量节点，而每个本地函数 f_j 对应一个因子节点，当且仅当变量 x_i 是 f_j 的自变量时，它们之间有边连接。

这样因子图是数学关系——变量属于函数的标准二分图表示。

简单因子图示例：令 $g(x_1,x_2,x_3,x_4,x_5)$为五变量函数，假设 g 可以表示为 5 个因子的乘积，即

$$g(x_1,x_2,x_3,x_4,x_5)=f_A(x_1)f_B(x_2)f_C(x_1,x_2,x_3)f_D(x_3,x_4)f_E(x_3,x_5) \tag{5.9.2}$$

则 $J=\{A,B,C,D,E\}$，$X_A=\{x_1\}$，$X_B=\{x_2\}$，$X_C=\{x_1,x_2,x_3\}$，$X_D=\{x_3,x_4\}$，$X_E=\{x_3,x_5\}$。式(5.9.2)对应的因子图如图 5.41 所示。

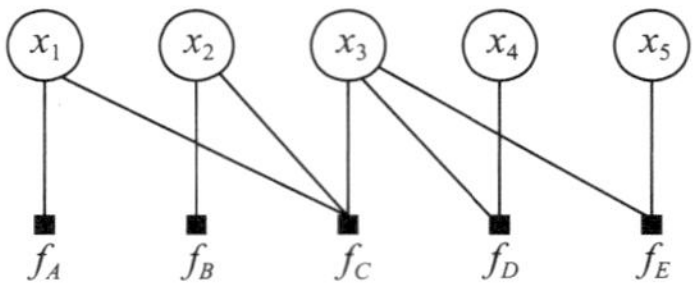

图 5.41 乘积 $f_A(x_1)f_B(x_2)f_C(x_1,x_2,x_3)f_D(x_3,x_4)f_E(x_3,x_5)$对应的因子图

许多情况下(例如，$g(x_1,\cdots,x_5)$表示联合概率函数)，需要计算边缘函数 $g_i(x_i)$。利用式(5.9.2)和分配率，可以得到每一个边缘函数。

示例中的 $g_1(x_1)$可以表示为

$$g_1(x_1)=f_A(x_1)\left(\sum_{x_2}f_B(x_2)\left(\sum_{x_3}f_C(x_1,x_2,x_3)\cdot\left(\sum_{x_4}f_D(x_3,x_4)\right)\left(\sum_{x_5}f_E(x_3,x_5)\right)\right)\right) \tag{5.9.3}$$

或采用补和标记表示为

$$g_1(x_1)=f_A(x_1)\times\sum_{\sim\{x_1\}}\left(f_B(x_2)f_C(x_1,x_2,x_3)\times\left(\sum_{\sim\{x_3\}}f_D(x_3,x_4)\right)\times\left(\sum_{\sim\{x_3\}}f_E(x_3,x_5)\right)\right) \tag{5.9.4}$$

同样，可得

$$g_3(x_3)=\left(\sum_{\sim\{x_1\}}f_A(x_1)f_B(x_2)f_C(x_1,x_2,x_3)\right)\times\left(\sum_{\sim\{x_3\}}f_D(x_3,x_4)\right)\times\left(\sum_{\sim\{x_3\}}f_E(x_3,x_5)\right) \tag{5.9.5}$$

如图 5.42(a)、(b)所示，分别以 x_1 和 x_3 为根节点重画图 5.41 的因子图。由于式(5.9.2)中的全局函数经过仔细选择，因此因子图可以表示为树结构。若因子图是无环的，则因子图不仅表征了全局函数的分解结构，而且表征了边缘函数与全局函数的计算关系。

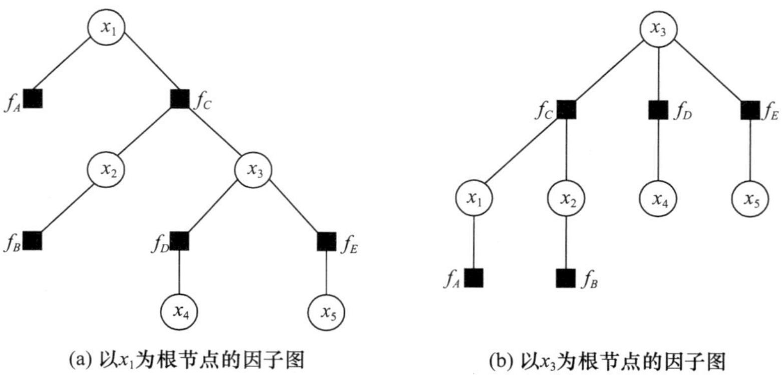

图 5.42 因子图分解示例

5.9.2 和积算法

1. 单节点和积算法

消息传递算法又称为“单节点和积算法”，因为它计算以 x_i 为根节点的无环因子图的边缘函数 $g_i(x_i)$。为了更好地理解算法，可以想象在因子图的每个顶点放置一个处理器，因子图的每一条边表示处理器之间的通信链路，处理器之间传递的消息是边缘函数的正确描述。计算从叶节点开始。每个变量节点发送平凡的恒等函数消息给它的父节点，每个因子节点发送函数的描述给它的父节点。每个节点等待它所有的子节点发送消息，然后再计算消息发送给父节点。如果发送消息是参数化函数，则结果消息是参数化乘积函数，但不一定就是字面意义上的消息相乘。同样，函数求和运算也不一定就是字面意义上的消息求和。

整个计算在根节点 x_i 终止，此时 x_i 接收到所有消息，边缘函数 $g_i(x_i)$ 就是这些消息的乘积。需要指出，通过边$\{x, f\}$的消息，或者从变量 x 到因子 f，或者反之，是与此边相联系的变量 x 的函数。这意味着，在每个因子节点，求和总是对与消息通过的边相联系的变量进行的。同样，在变量节点处，所有消息都是该变量的函数，因此是这些消息的任意乘积。

在单节点和积算法中，通过一条边的消息可以解释如下：如果 $e=\{x, f\}$ 表示树的一条边，x 是变量节点，f 是因子节点，则通过边 e 的消息只是本地函数乘积对 x 的求和运算。

2. 高效计算的和积算法

许多时候，需要计算多个边缘函数 $g_i(x_i)$。计算过程可以是分别对每个边缘函数进行单节点和积算法，但这样做的效率不高，因为重复进行了许多中间运算。有效方法是将单节点和积算法对应的各种因子图重合在一起，同时计算所有边缘函数。没有特定的节点作为根节点，并且相邻节点之间没有固定的父/子节点关系。相反地，每个节点 v 的相邻节点 w 都可以看作 v 的父节点。从 v 发送到 w 的消息按照单 i 和积算法计算，w 可看作 v 的父节点，而所有 v 的其他相邻节点就是子节点。

与单节点和积算法类似，消息在叶节点初始化。每个节点 v 保持空状态，直到除一条边外的所有消息都已到达。一旦这些消息到达后，v 就可以计算结果消息，向与剩余边联系的相邻节点发送（暂时看作父节点）。令该节点为 w，当向 w 发送消息后，v 返回空状态，等待 w 返回的消息。一旦接收到该消息，节点可以计算并且向除 w 外的相邻节点发送消息，此时这些相邻节点可看作是父节点。在变量节点 x_i，所有到达消息的乘积是边缘函数 $g_i(x_i)$，与单节点和积算法类似。

节点 v 沿边 e 发送的消息是 v 的本地函数的乘积（或者是单位函数，如果 v 是变量节点），而节点 v 除去边 e 收到的所有消息都是对边 e 联系的变量的乘积。令 $\mu_{x \to f}(x)$表示和积算法中从节点 x 到节点 f 的消息，$\mu_{f \to x}(x)$表示从节点 f 到节点 x 的消息，并且令 $n(v)$表示因子图上节点 v 的相邻节点集，如图 5.43 所示，和积算法中的消息计算公式如下：

变量到本地函数的消息传递为

$$\mu_{x \to f}(x) = \prod_{h \in n(x) \setminus \{f\}} \mu_{h \to x}(x) \tag{5.9.6}$$

本地函数到变量的消息传递为

$$\mu_{f \to x}(x) = \sum_{\sim \{x\}} \left(f(X) \prod_{y \in n(f) \setminus \{x\}} \mu_{y \to f}(y) \right) \tag{5.9.7}$$

式中，$X=n(f)$是函数的变量数目。

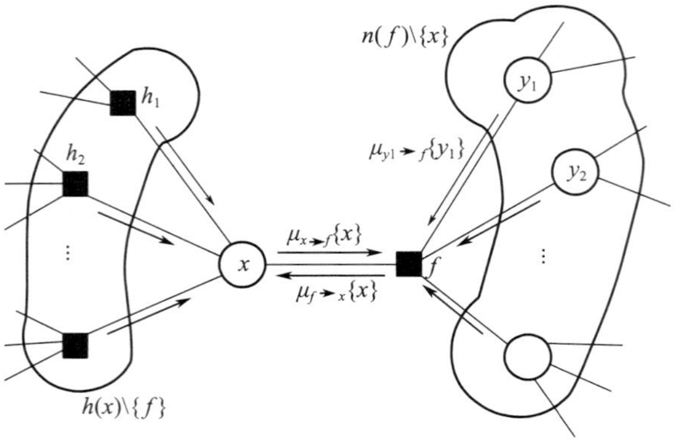

图 5.43 因子图分割与和积算法的更新规律

变量 x 的更新规则非常简单，因为不存在本地函数，对 x 的乘积函数进行 x 求和实际上就是相乘。另外，在本地函数节点处的更新规则涉及非平凡的函数相乘，然后运用求和运算。

和积算法是各种译码算法的抽象，它不仅可以涵盖几乎所有的信道译码算法，如 Viterbi、BCJR、SOVA、BP、MS、SC、SCL、SCS 算法，而且还可以统一表示人工智能、信号处理、网络理论中的一大批算法。通过因子图与和积算法这一桥梁，使我们站在更高的层面上看待信道编码、信号处理、自动控制、人工智能、神经网络、图论规划等领域的相关问题，原来表面各不相同的算法之间具有深刻的内在联系。

5.9.3 Turbo 信息处理

利用因子图模型，可以将迭代处理方法扩展到各种通信领域，包括信道均衡、多用户检测、信源信道联合编码、空时处理、同步等，远远超出了原始的信道编码领域。

图 5.44 给出了 Turbo 迭代处理的原理框图，发送端包括一个或多个 Turbo 码或 LDPC 码编码器，经过交织后，映射到多进制星座，也可以进一步映射到多载波、多天线或多用户传输系统。经过信道传输后，在接收端，可以将整个系统表征为复合因子图，如图 5.45 所示。其中包括一个多载波、多天线或多用户传输构成的系统因子图，以及一个或多个编码因子图。

这样，Turbo 处理就是在系统因子图上进行软消息的计算与传递。其中，系统因子图与编码因子图之间的消息传递，称为大迭代或外迭代，而在各自因子图内部的迭代成为小迭代或内迭代。

一次外迭代，系统因子图采用 SISO 检测算法，实现软解调与软判决检测等功能，将计算得到的软信息传递给一个或多个编码因子图。而在编码因子图上，分别采用 SISO 译码算法，计算外信息，再反馈到接收机前端。经过两个因子图之间消息的多次迭代传递，最终再进行判决。

Turbo 迭代处理能够充分利用信道接收信息，符合经典信息论中的信息不增性原理，是一种最佳接收机结构。由于 Turbo 迭代处理具有显著的性能优势，已经被 4G/5G 移动通信系统普遍使用，成为高性能接收机的标准方案。

5.9.4 Polar 信息处理

自从极化码发明以来，大量的理论分析表明，信道极化不仅存在于编码系统中，也是各种通信系统普遍存在的现象，如 MIMO 系统、多址接入(MAC)、中继(Relay)系统。通常可以把基于

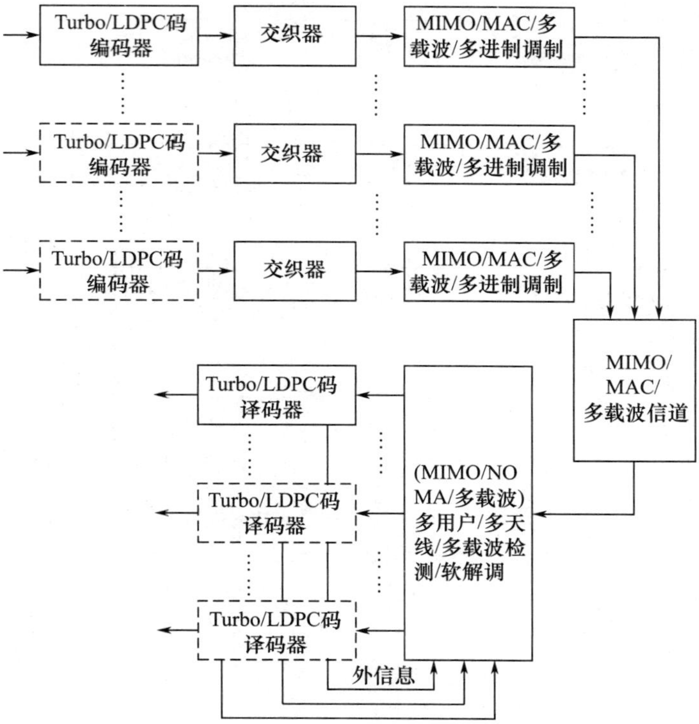

图 5.44　Turbo 迭代处理的原理框图

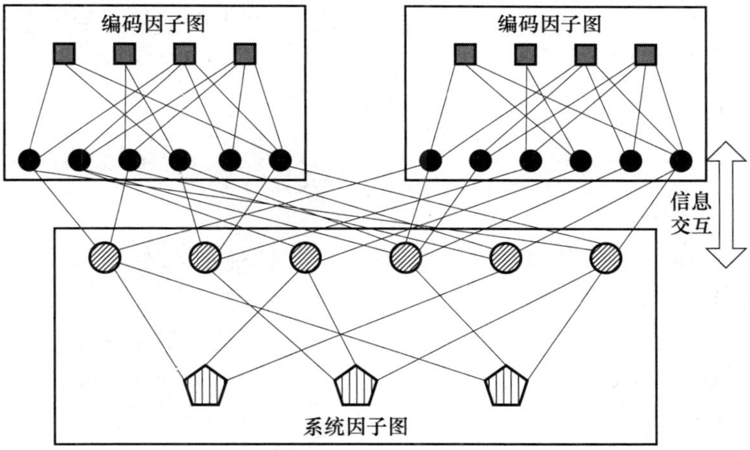

图 5.45　复合因子图示例

信道极化的通信系统称为 Polar 信息处理系统，图 5.46 给出了系统框架。由图可知，Polar 信息处理系统的发射机基于信道极化观点，对 MIMO/MAC/Relay 等传输信道进行分解，并与多个极化码编码器进行映射匹配。在接收端，可以将 MIMO/MAC/Relay 检测算法与多个极化码译码器构成串行抵消(SC)结构的整体接收机。

在理论性能上，Polar 信息处理系统能够逼近相应的信道容量，具有同等或者更好的渐近性能；在实用化方面，Polar 信息处理系统由于采用了不需要迭代处理的类似串行抵消(SC)结构的接收机，能够获得复杂度与性能的双重优势。

笔者在文献[5.84,5.85]中提出了极化码的非正交多址(Polar Coded NOMA)与极化码 MI-

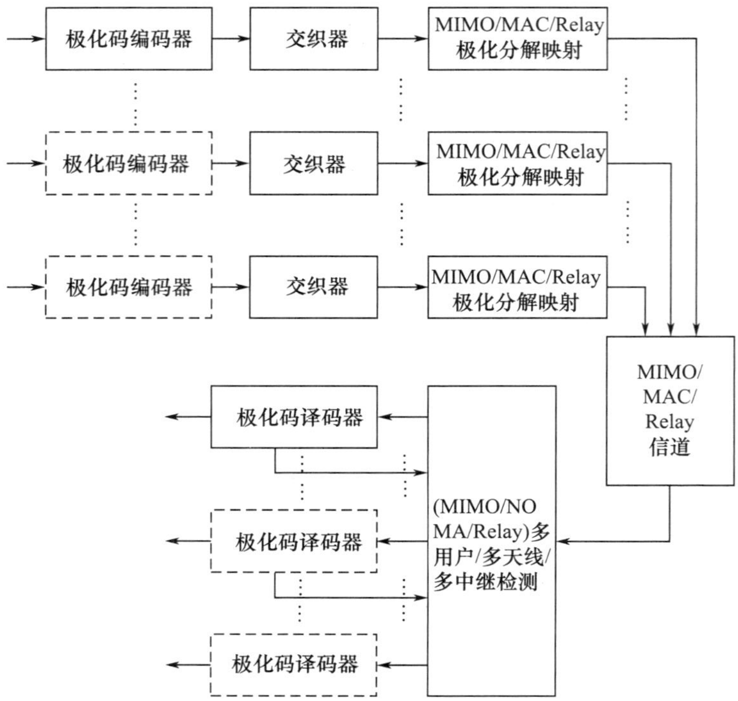

图 5.46　Polar 信息处理系统框架

MO(Polar Coded MIMO)系统。与同等条件下的 Turbo 码系统相比,这些极化码系统具有显著的性能增益。极化码的设计完美体现了联合渐近等分割(JAEP)的信息论思想,可以看作是通信系统整体优化的"大道"与"太极"。Polar 信息处理系统暗合了中国道家"大道至简、太极混一"的系统论思想,将成为未来通信系统优化的新方向。

5.10　ARQ 与 HARQ 简介

随着社会的信息化,移动通信中数据业务迅速增长,特别是分组数据业务的增长更迅速。在欧洲 GSM 体系基础上,引入了通用分组无线服务 GPRS(General Packet Ratio Service)。在北美 IS-95 体系基础上,引入了 CDMA2000-1X 的分组数据业务节点和 HDR。3G 中引入了各类不同速率的分组业务,如 WCDMA 中采用的高速下行分组数据接入 HSDPA 系统。在 4G/5G 中,分组数据业务成为主要的业务形态,正向宽带高速进一步发展。

1. 分组数据业务的特点

将数据进行分组打包传送,这一点对分组数据业务是共同的,至于包长及分组结构,各类分组则有所不同,已有 X.25、帧中继、ATM 和 IP 等不同类型。

分组数据业务的 QoS 与话音业务的不同在于:

① 误码要求高于话音的 1×10^{-3},要求达到 1×10^{-6} 以上;

② 时延与实时性,除要求实时性数据外的大部分数据业务是非实时业务,对时延要求不严。

2. ARQ 的引入

自动请求重传(Automatic Repeat Request,ARQ)是一类实现高可靠性传输的检错重传技术,它无须复杂的纠错设备,实现相对简单。

顾名思义,ARQ 在接收端收到数据包后首先检验该数据包是否正确,再进行如下判断:如果正确，向发送端反馈一个成功应答 ACK（Acknowledgement）信号，发送端收到 ACK 后可继续发送下一个数据包信号；如果不正确，则向发送端反馈一个失败应答 NACK（Negative ACK）信号，发送端收到 NACK 后重传原传送的数据包，并一直进行下去，直至发送端收到 ACK 信号为止。

可见，上述过程的传输可靠性只与接收端的错误检验能力有关。如果能选择恰当的检验手段，即可实现高可靠性的传输。实现 ARQ 需要提供反馈信道，故仅适合于双工信道，而且实现 ARQ 需要较大的时延。这两点是实现 ARQ 的优点，但也是缺点。综合分析 ARQ 的优缺点，将它引入到移动分组业务通信中不仅是可行的，而且是比较合适的，因为：

① 移动分组数据业务不仅满足双工通信的要求，而且大部分分组数据业务都没有实时性的要求；

② ARQ 简单、可靠性高，正好满足分组数据通信业务的要求。

5.10.1 ARQ的分类

根据重传机制的不同，一般可以将 ARQ 分为 3 种类型。

1. 停止等待 SW(Stop-and-Wait)型

在 SW 中，发送端每发送一个码字或数据包，就处于停止等待状态，只有当发送端收到接收端反馈的 ACK 或 NACK 信号后，发送端才跳出等待状态：

- 若收到 ACK，表示传输成功，则转入对下一个码字或数据包的传输；
- 若收到 NACK，表示传输失败，则下一个传输周期将重新传送原码字或数据包。

SW 的操作过程如图 5.47 所示。

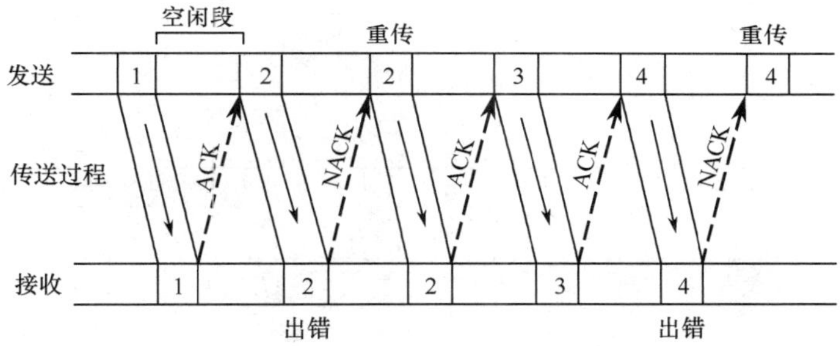

图 5.47 SW 的操作过程

SW 的简单间歇(空闲)传输方式效率较低，但是最简单，时延也较短。它主要用于 20 世纪 70 年代以前的分组交换网中，如 IBM 的二进制同步通信系统 BISYNC。

2. 回溯 GBN(Go-Back-*N*)型

GBN 将简单间歇传输方式改为连续传输方式。在 GBN 中，发送端连续不断地发送码字或数据包，假设在信道往返时延内传送的码字或数据包总数为 N 个，则发送端将在发送第 $N+i$ 个码字或数据包前接收到对第 i 个码字或数据包的反馈信号。

- 若收到的反馈信号是 ACK，表明第 i 个码字或数据包传输成功，则发送端可以连续发送下一个码字或数据包。
- 若收到的反馈信号是 NACK，表明第 i 个码字或数据包传输失败，则发送端必须重新传送从第 i 个码字或数据包起的 N 个码字或数据包，即第 i 个、第 $i+1$ 个……，直至第 $i+N-1$ 个为止。

GBN 的操作过程如图 5.48 所示。

GBN 虽然消除了间歇的空闲时间，实现了码字或数据包的连续传输，但由于在每次重传的

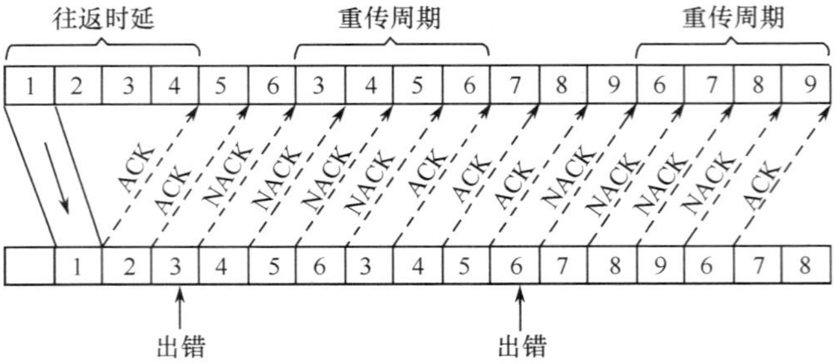

图 5.48 GBN 的操作过程

N 个码字或数据包中，有许多码字或数据包已经传输成功，但在 GBN 中仍需重传这些重传码字或数据包，显然会降低传输效率。

在实际的分组传输体制中，X. 25 协议中正式采用了 GBN 方式，它显然比 SW 方式效率高，但是实现起来由于要等待反馈信号，因此在发送端需要存储那些尚未得到应答的码字或数据包，因此 GBN 发送端必须有存储器，要比 SW 复杂一些。

3. 选择重传 SR(Selective-Repeat)型

为了进一步改进 GBN 的效率，只重传那些发生错误的码字或数据包就构成了选择重传 SR，它的效率是三者中最高的。

SR 的操作过程如图 5. 49 所示。从图中可以看出，由于发送端要保存未得到 ACK 的码字或数据包，而接收端也要对成功接收的码字或数据包暂存，以便重传成功时对码字或数据包进行正确排序，所以发、收两端都要相当数量的存储器，故 SR 对硬件要求是三者中最高的，而且其控制逻辑也是最复杂的。

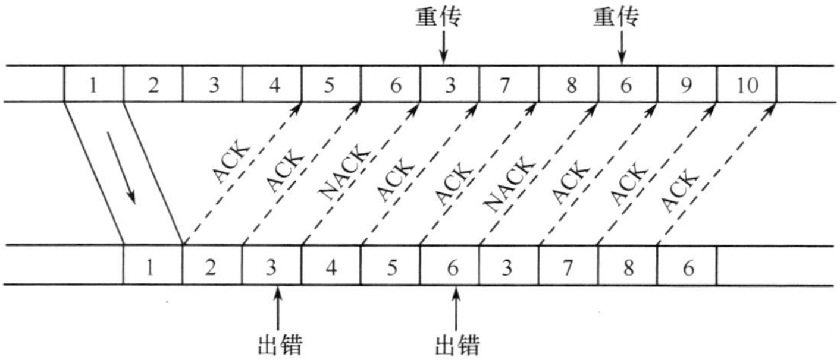

图 5. 49 SR 的操作过程

自动请求重传(ARQ)与前向差错控制(FEC)的主要性能比较结果见表 5. 1。

表 5. 1 ARQ 与 FEC 的主要性能比较

	可靠性	有效性	实时性	流量	复杂度	反馈信道
ARQ	高	低	无	不定	低	需要
FEC	较高	较高	有	恒定	高	不需要

5. 10. 2 HARQ 基本原理

由上面 ARQ 与 FEC 的比较发现：ARQ 虽具有高可靠性、低复杂度的特点，但是有效性低，且时延大；FEC 虽然有效性高，但是可靠性要比 ARQ 低一些，且复杂度也要高一些；若要进一步提高其可靠性，如采用 Turbo 码，则其译码复杂度将进一步加大到难以实现的程度。若将上述两者结合起来，优势互补，就产生了混合型 ARQ 即 HARQ。HARQ 一般可分为下列两类。

1. 基于校验位的第一类 HARQ

它不论信道状态如何，每次都发送同样纠错能力的完整码字。显然，校验部分在信道状态较好时对带宽是一种浪费，因为这时不需要传送校验位，然而在信道状态差时，也许已有校验位又显不够，因此它对信道适应性不好。在第一类 HARQ 中，检错有两种途径。

① 先在信息位后面附加 CRC 校验位，再进行纠错编码，而检错主要靠 CRC 校验位完成。它可提供很高的可靠性，但系统有效性较低。

② 直接对信息位进行编码，检错功能由纠错编码来完成，即由纠错码同时完成检错、纠错双重功能。它的有效性较高，但可靠性较前一种低。

2. 第二类 HARQ

它是根据信道状态改变传输内容，而且只有当信道状态不大好时才会提供校验部分，因此从某种意义上讲，它对信道具有一定的自适应性。在需要发送校验部分时，首先尝试发送纠错能力较低的码字；若错误超出其纠错能力，则重传时发送新的校验信息，在接收端将该校验信息与先前接收的部分合成具有更强纠错能力的码字。由于重传的仅是增加的校验信息，因而每次重传的内容均不相同。

在具体实现以上两类 HARQ 时，一般采用多进制 HARQ，而且所采用的纠错码大部分都是线性分组码，如 Hamming 码、BCH 码、RS 码，但也有卷积码、乘积码、级联码和 Turbo 码。

5.11 GSM 系统的信道编码

在 GSM 系统中，移动信道按其功能可以划分为两大类型：业务信道（TCH）和控制信道（CCH），前者用于传送话音与数据业务，后者则用于传送信令和同步等辅助信息。

1. 业务信道

GSM 中的业务信道可分为两大类。

① 话音业务信道，包括全速率话音业务信道（TCH/FS）和半速率话音业务信道（TCH/HS）。

② 数据信道，包括 9.6kbps 全速率数据业务信道（TCH/F9.6）；4.8kbps 全速率数据业务信道（TCH/F4.8）；4.8kbps 半速率数据业务信道（TCH/H4.8）；<2.4kbps 全速率数据业务信道（TCH/F2.4）；<2.4kbps 半速率数据业务信道（TCH/H2.4）。

2. 控制信道

GSM 系统的控制信道可分为三大类。

① 广播信道，包括频率纠错信道（FCCH）、同步信道（SCH）、广播控制信道（BCCH）。

② 公共控制信道，包括寻呼信道（PCH）、随机接入信道（RACH）、准予接入信道（AGCH）。

③ 专用控制信道，包括独立专用控制信道（SDCCH）、慢速相关信道（SACCH）、快速相关信道（FACCH）。

5.11.1 GSM 的信道编码方案

在 GSM 中，不同类型信道采用不同类型的信道编码方案，见表 5.2。

表 5.2 GSM 的信道编码方案

信道和传输类型		外编码(分组码)		内编码(卷积码)		重排与交织
		编码类型	信息位+校验位+尾比特	编码类型	每码块中比特数	交织度
TCH	TCH/FS	截短循环码(53,50,2)	182+3+478+0+0	卷积码(1/2)	456	8
	1类				378	
	2类				78	
	TCH/F9.6		4×60+0+4	凿孔卷积码(1/2)	244/456	19
	TCH/F4.8		60+0+16	卷积码(1/3)	228	19
	TCH/H4.8		4×60+0+4	凿孔卷积码(1/2)	456	19
	TCH/F2.4		72+0+4	卷积码(1/6)	456	8
	TCH/H2.4		72+0+4	卷积码(1/3)	228	19
CCH	FACCH/SACCH	Fire码	184+40+4	卷积码(1/2)	456	8
	SDCCH/BCCH		184+40+4		456	4
	AGCH/PCH	截短循环码	8+6+4		36	1
	RACH/SCH		25+10+4		78	1

GSM 中典型信道编译码方案的原理性框图如图 5.50 所示。

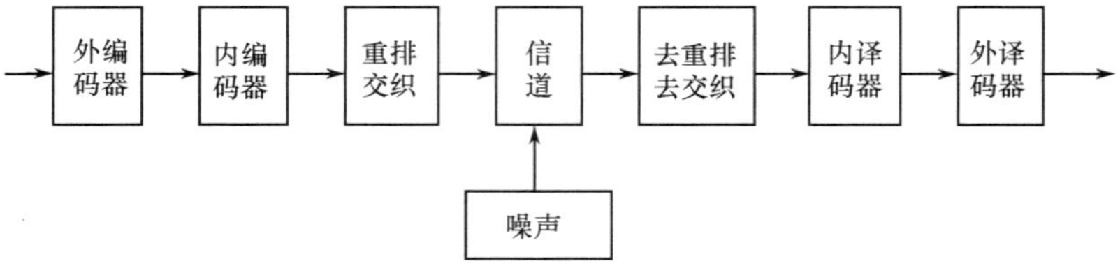

图 5.50 GSM 中典型信道编译码方案的原理性框图

由图 5.50 可见,GSM 中典型信道编译码方案包含以下 3 步:用分组码进行外编码;用卷积码进行内编码;采用重排和交织技术,以改造突发信道。

5.11.2 全速率话音业务信道(TCH/FS)的信道编码

话音编码是逐帧进行的,全速率话音为 13kbps,一个话音帧为 20ms,因此一个话音帧中含有 20ms×13000bps=260bit。若一帧中数据序列可以表示为

$$d=[d(0),d(1),d(2),\cdots,d(181),d(182),\cdots,d(259)] \tag{5.11.1}$$

其中,前 182 比特(0~181)称为一级比特,它们对传输误差最敏感,即一级比特中若产生差错,将会严重影响话音质量,应受纠错保护。这 182 比特中的前 50 比特是重中之重,它们不仅受内码纠错保护,还受外码检错的双重保护。180 比特以后的 78 比特称为二级比特,不参与检、纠错编码,而仅参与交织编码。

全速率话音编码与交织流程图如图 5.51 所示。

1. 外编码(分组循环码)

对 260 比特话音帧中前 50 比特(称为一级比特 A 类)进行(53,50,2)截短循环码编码,其生成多项式为

$$g(x)=1+x+x^3 \tag{5.11.2}$$

并由它求得 3 位奇偶校验比特:$p(0)$、$p(1)$和 $p(2)$。(53,50,2)截短循环码构成的外编码器结构如图 5.52 所示。

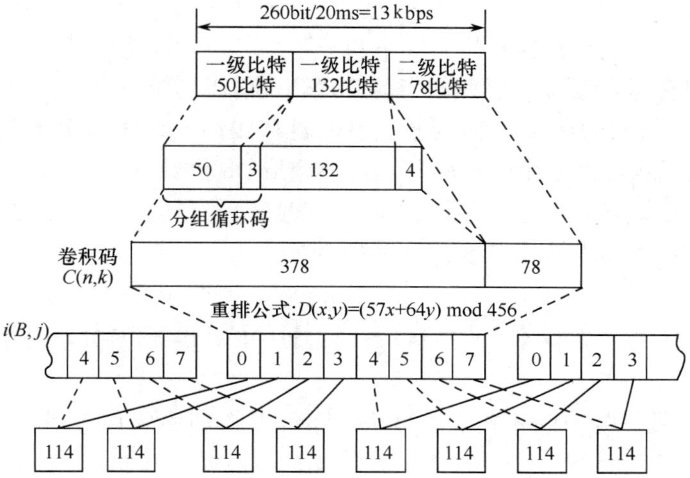

图 5.51　全速率话音编码与交织流程图

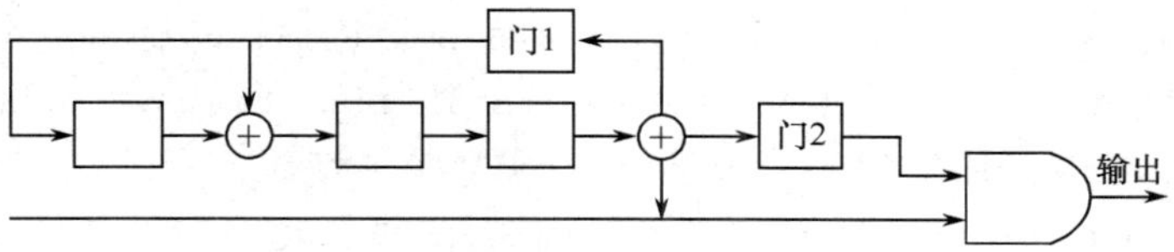

图 5.52　外编码器结构

输出的码多项式为

$$d(0)x^{52}+d(1)x^{51}+\cdots+d(49)x^{3}+p(0)x^{2}+p(1)x+p(2) \tag{5.11.3}$$

2. 内编码(卷积码)

对 260 比特话音帧中前 182 比特另加 3 比特校验位、4 比特尾比特，共计 189 比特进行(2,1,4)卷积编码，其卷积码的生成多项式为

$$\begin{aligned} g^{1}(x)&=1+x^{3}+x^{4} \\ g^{2}(x)&=1+x+x^{3}+x^{4} \end{aligned} \tag{5.11.4}$$

这种卷积码的编码器结构如图 5.53 所示。由图可知，卷积码的编码器输入为 189 比特(＝50＋3＋132＋8)，经上述(2,1,4)卷积编码后，输出为 2×189＝378 比特。再加上二级比特 78 比特，共计为 378＋78＝456 比特，这时 20ms 话音帧由 260 比特增至 456 比特，其码速率也由 13kbps 增加至 456bit/20ms＝22.8kbps。

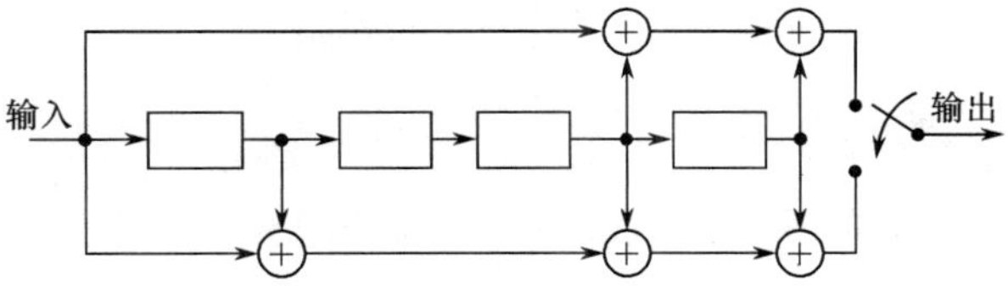

图 5.53　(2,1,4)卷积码的编码器结构

3. 重排与交织

首先将每个话音帧 456 比特分成 8 个子块，每个子块 57 比特，然后再按照下列重排公式进行重排

$$D(x,y)=(57x+64y) \bmod 456 \tag{5.11.5}$$

式中，$x=0,1,2,\cdots,7$，表示子块数的序号；$y=0,1,2,\cdots,57$，表示每个子块中的比特序号。重排后，进行 TDMA 帧(114 比特)交织，规则如下：将每个 20ms 话音帧分为 8 个子块，每个子块 57 比特；然后前一个话音帧的后 4 个子块与当前话音帧中前 4 个子块进行交织，而后一个话音帧的前 4 个子块与当前话音帧的后 4 个子块进行交织，这样由话音帧间交织实现交织后的每个 TDMA 帧(114 比特)。显然，上述交织是在 20ms 话音帧的 8 个数据块基础上进行的，因此交织深度为 8，而且交织是在 20ms 话音帧间进行的，称它为帧间数据块交织。上述交织前，先进行了具有一定随机性的重排，因此交织也具有一定的随机性。

5.12 IS-95 系统中的信道编码

IS-95 系统中涉及信道编码方面有 3 部分：检错 CRC、前向纠错码(FEC)和交织编码，下面分别予以介绍。

5.12.1 检错 CRC

首先介绍 IS-95 系统中的信道分类。下行(前向)信道包括：导频信道，不需要信道编码与交织；同步信道(1.2kbps)，需要信道编码；寻呼信道(2.4kbps，4.8kbps，9.6kbps)，需要信道编码；业务信道(1.2kbps，2.4kbps，4.8kbps，9.6kbps)，需要信道编码。

在下行信道中，CRC 分为 3 类：同步信道采用 30 比特 CRC，记为 CRC_{30}，其生成多项式为

$$g_{30}(x)=1+x+x^2+x^6+x^7+x^8+x^{11}+x^{12}+x^{13}+x^{15}+x^{20}+x^{21}+x^{29}+x^{30} \quad (5.12.1)$$

与其对应的 CRC 编码器结构如图 5.54 所示。

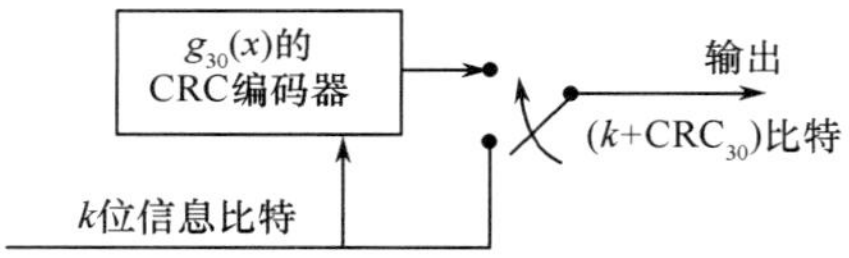

图 5.54 同步信道 CRC 编码器结构

寻呼与业务信道，其 CRC 分为两类。

① 9.6kbps 的 CRC_{12}，即 12 比特 CRC，其生成多项式为

$$g_{12}(x)=1+x+x^4+x^8+x^9+x^{10}+x^{11}+x^{12} \quad (5.12.2)$$

② 4.8kbps 的 CRC_8，即 8 比特 CRC，其生成多项式为

$$g_8(x)=1+x+x^3+x^4+x^7+x^8 \quad (5.12.3)$$

这两类的 CRC 编码器结构与同步信道相同，不再赘述。

5.12.2 前向纠错码(FEC)

在 IS-95 系统中，下行为同步码分，上行为异步码分，上行要求比下行具有更强的纠错能力。

1. 下行(前向)信道中纠错码

下行的同步、寻呼和业务三类信道均采用同一类型的(2,1,8)卷积码，码率为 1/2，约束长度 $K=m+1=8+1=9$。(2,1,8)卷积码的生成多项式为

$$\begin{aligned} g^1&=(753)_8=(111101011)\Leftrightarrow g^1(x)=1+x+x^2+x^3+x^5+x^7+x^8 \\ g^2&=(561)_8=(101110001)\Leftrightarrow g^2(x)=1+x^2+x^3+x^4+x^8 \end{aligned} \quad (5.12.4)$$

其编码器结构如图 5.55 所示。

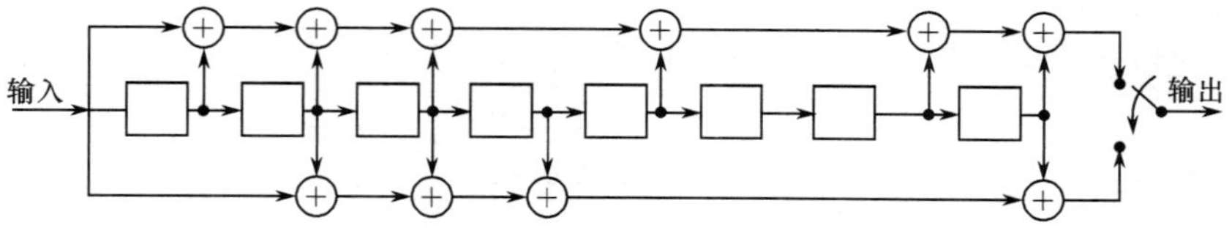

图 5.55 (2,1,8)卷积码的编码器结构

2. 上行(反向)信道中的纠错码

上行有接入和业务两类信道，它们均采用比下行纠错能力更强的同一类型的(3,1,8)卷积码，码率为 1/3，约束长度为 $K=m+1=9$。

(3,1,8)卷积码的生成多项式为

$$
\begin{aligned}
g^1&=(557)_8=(101101111)\Leftrightarrow g^1(x)=1+x^2+x^3+x^5+x^6+x^7+x^8\\
g^2&=(663)_8=(110110011)\Leftrightarrow g^2(x)=1+x+x^3+x^4+x^7+x^8\\
g^3&=(711)_8=(111001001)\Leftrightarrow g^3(x)=1+x+x^2+x^5+x^8
\end{aligned} \tag{5.12.5}
$$

其编码器结构如图 5.56 所示。

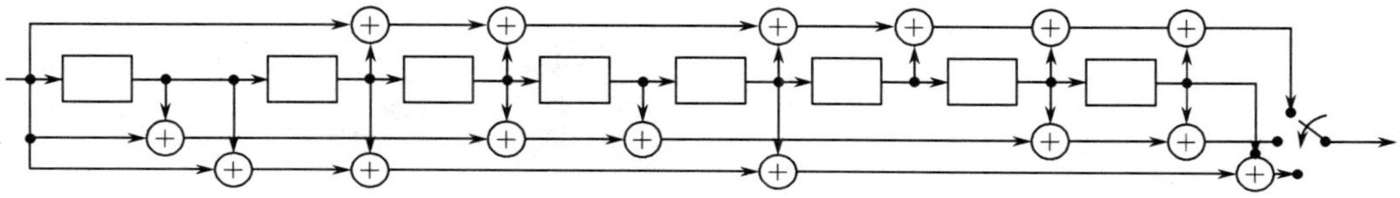

图 5.56 (3,1,8)卷积码的编码器

5.12.3 交织编码

IS-95 系统中是采用分组(块)交织方式。具体实现时，上行(反向)与下行(前向)有所区别，而且不同类型业务也有所区别。在 IS-95 系统中，业务分为 4 种类型。

- 9.6kbps 称为全速率，其帧长 192 位(20ms)＝信息码元 172 位＋CRC 12 位＋尾比特 8 位。
- 4.8kbps 称为半速率，其帧长 96 位(20ms)＝信息码元 80 位＋CRC 12 位＋尾比特 8 位。
- 2.4kbps 称为 1/4 速率，其帧长 48 位(20ms)＝信息码元 40 位＋尾比特 8 位。
- 1.2kbps 称为 1/8 速率，其帧长 24 位(20ms)＝信息码元 16 位＋尾比特 8 位。

为了交织矩阵的归一性，IS-95 系统中的所有数据速率的重复规律应按表 5.3 进行。

表 5.3 不同数据速率的重复规律

数据速率(kbps)	重复次数/符号	连续发生次数/符号
9.6	0	1
4.8	1	2
2.4	3	4
1.2	7	8

将重复后的编码符号输入块交织器，由于发送占空比不同，因此在发送以前除了第一次，其余重复部分将全部被删除不再发送。

1. 下行(前向)信道中的信道交织

下行信道共有 4 类：导频信道、同步信道、寻呼信道和不同类型的业务信道，除导频信道外，其他信道都采用了信道交织。交织器的分组(块)的周期，除同步信道为 26.66ms 外，其他信道的周期均按话音周期 20ms。下面仅介绍业务信道。

业务信道交织器在业务信道中的位置如图 5.57 所示。

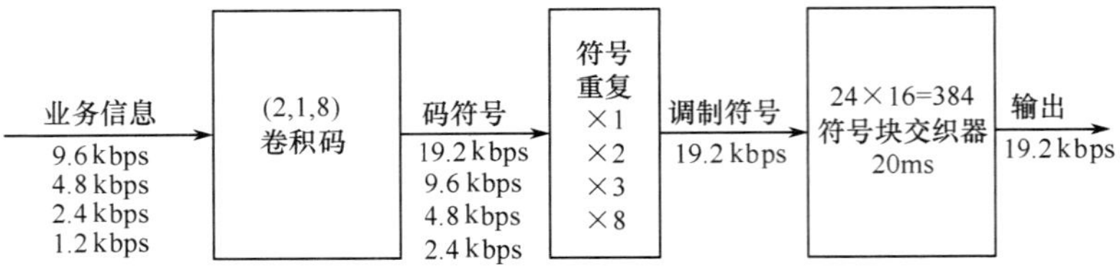

图 5.57　业务信道交织器在业务信道中的位置

4 种业务信道交织器的结构是一样的，都采用同样大小的符号块交织器。所不同的是，半速率、1/4 速率与 1/8 速率输入数据采用重复方式填满与全速率 19.2kbps 一样的符号数 384 位。所以，这里仅介绍全速率情况下的信道交织。

业务全速率交织变换可以直观地用图 5.58 表示。

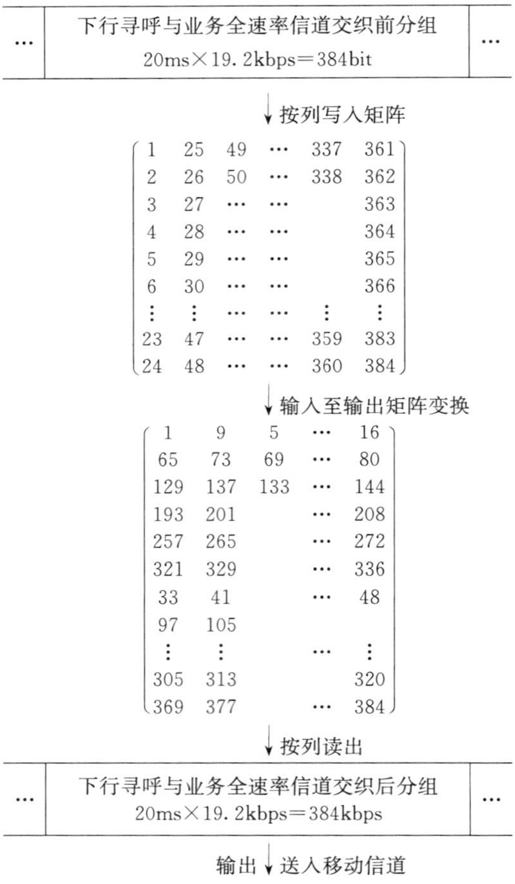

图 5.58　业务全速率交织变换

全速率信道交织算法可以描述如下。

① 将 384 分组块按列写入，每列 24 行，一共构成 16 列，组成 16×24=384 的输入矩阵。

② 输入、输出两矩阵间的元素序号变换遵从以下规则：输出矩阵元素的序号是根据输入矩阵元素的符号先自上而下，再自左而右，逐列逐行进行变换的。

③ 求出输出交织矩阵后，仍按列读出全部交织矩阵中的元素并送入信道中传输。

④ 在接收端进行与图 5.58 相反过程的去交织变换。

上述变换决定于两个因素：一是相应输入矩阵元素序号的二进制反转(倒置)；二是根据反转变换值，再从一个 6 列 64 行矩阵中选取对应列的 6 个元素序号值。

2. 上行(反向)信道中的信道交织

上行信道包含接入信道与业务信道两类。接入信道交织器位于接入信道中的位置如图 5.59所示。

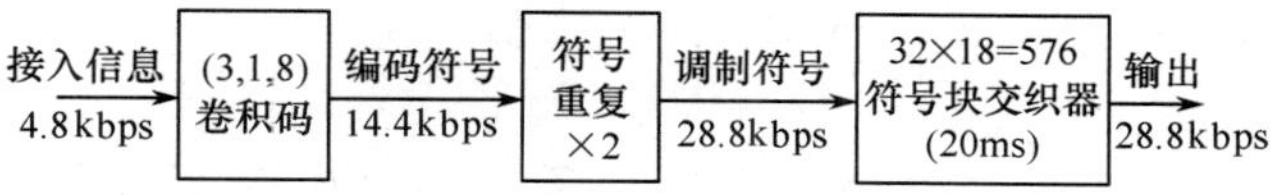

图 5.59　上行接入信道中交织器的位置

业务信道交织器位于业务信道中的位置如图 5.60 所示。

图 5.60　上行业务信道中交织器的位置

由图 5.59 和图 5.60 可见，不管是接入信道还是 4 种业务信道，其交织器结构是一样的，不同的是符号重复部分。交织变换可用图 5.61 表示。

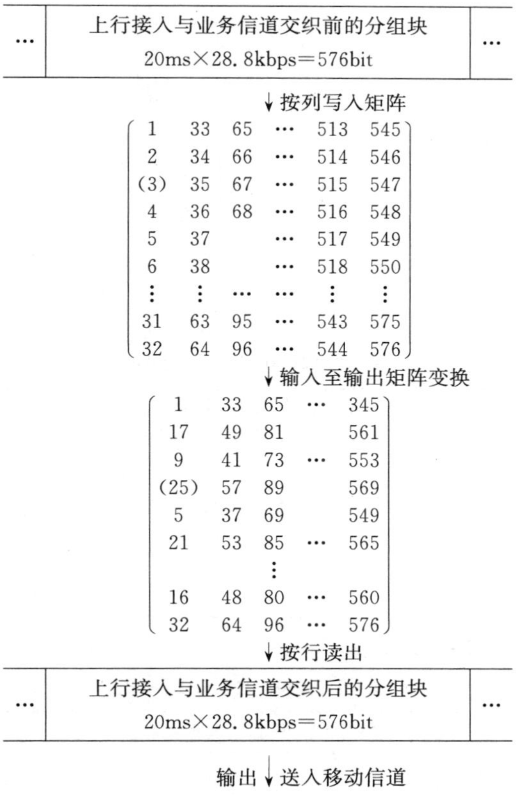

图 5.61　上行接入与业务信道交织变换

交织算法可以描述如下:将 576 符号分组(块)按列写入,每列 32 行,共 18 列,即 18×32=576 的输入矩阵,输入至输出矩阵相应元素序号变换如下:首先输出矩阵第一行元素序号取输入矩阵第一行相应元素序号不动,作为起始参考信号;输出矩阵从第二行起,行序号需要重排列,其规律是按输入矩阵中从第一列第一行开始自上而下,将逐个元素序号的二进制反转(倒置)码号再加上 1 作为重新排列后的新行序号,并写入对应输入矩阵该序号的全部列元素序号。下一行依次类推,直至完成全部 32 行的行序及其相应行元素(各列)序号的变换。二进制反转(倒置)变换是以 $2^5=32$(共计 32 行)的二进制变换为依据的。

5.13 CDMA2000 系统的信道编码

CDMA2000 涉及信道编码方面也有 3 部分:检错 CRC、前向纠错码(FEC)和交织编码。

5.13.1 检错 CRC

检错 CRC 主要用于帧质量指示符号,一般情况下,数据帧都包含帧质量指示符,即 CRC,它是由一帧中的信息位(除保留位、尾比特及 CRC 本身外)计算求得的。CDMA2000 所采用的 CRC 生成多项式如下:

16 比特 CRC

$$g_{16}(x)=1+x+x^2+x^5+x^6+x^{11}+x^{14}+x^{15}+x^{16} \tag{5.13.1}$$

12 比特 CRC

$$g_{12}(x)=1+x+x^4+x^8+x^9+x^{10}+x^{11}+x^{12} \tag{5.13.2}$$

10 比特 CRC

$$g_{10}(x)=1+x^3+x^4+x^6+x^7+x^8+x^9+x^{10} \tag{5.13.3}$$

8 比特 CRC

$$g_8(x)=1+x+x^3+x^4+x^7+x^8 \tag{5.13.4}$$

6 比特 CRC

$$\begin{aligned} g^1(x)&=1+x+x^2+x^5+x^6 \\ g^2(x)&=1+x+x^2+x^6 \end{aligned} \tag{5.13.5}$$

5.13.2 前向纠错码(FEC)

1. 下行(前向)信道中的 FEC(见表 5.4)

表 5.4 CDMA2000 下行信道中的 FEC

扩频速率 SR(载波数)	无线配置 RC	最大数据率(kbps)	FEC 速率	FEC 类型
1.2288Mbps(单载波)兼容 IS-95	1 2	9.614.4	1/21/2	卷积码
1.2288Mbps(单载波)CDMA2000-1X	3 4 5	153.6305.2230.4	1/4 1/2 1/4	卷积码或 Turbo 码

2. 上行(反向)信道中的 FEC(见表 5.5)

表 5.5 CDMA2000 上行信道中的 FEC

扩频速率 SR	无线配置 RC	最大数据率(kbps)	FEC 速率	FEC 类型
1.2288Mbps(单载波)兼容 IS-95	1 2	9.6 14.4	1/2 1/2	卷积码

续表

扩频速率 SR	无线配置 RC	最大数据率(kbps)	FEC 速率	FEC 类型
1.2288Mbps(单载波)CDMA2000-1X	3	153.6 (305.2)	1/4 (1/2)	卷积码/Turbo 码
	4	230.4	1/4	

3. 单载波扩频的各类下行(前向)信道中对 FEC 的要求(见表 5.6)

表 5.6 单载波扩频的各类下行(前向)信道中对 FEC 的要求

信道类型	FEC 类型	FEC 速率 R
同步信道	卷积码	1/2
寻呼信道	卷积码	1/2
广播信道	卷积码	1/4 或 1/2
快速寻呼信道	无	—
公共功率控制信道	无	—
公共指配信道	卷积码	1/4 或 1/2
前向公共控制信道	卷积码	1/4 或 1/2
前向专用控制信道	卷积码	1/4(RC3 或 RC5) 1/2(RC4)
前向基本信道	卷积码	1/2(RC1、RC2 或 RC4) 1/4(RC3 或 RC5)
前向补充码分信道(IS-95)	卷积码	1/2(RC1、RC2)
前向补充信道(CDMA2000-1X)	卷积码或 Turbo 码($N \geqslant 360$)	1/2(RC4) 1/4(RC3 或 RC5)

注:RC 为无线配置,见表 5.4。

4. 单载波扩频的各类上行(反向)信道中对 FEC 的要求(见表 5.7)

表 5.7 单载波扩频的各类上行(反向)信道中对 FEC 的要求

信道类型	FEC 类型	FEC 速率
接入信道	卷积码	1/3
增强型接入信道	卷积码	1/4
反向公共控制信道	卷积码	1/4
反向专用控制信道	卷积码	1/4
反向基本信道	卷积码	1/3(RC1) 1/2(RC2) 1/4(RC3 或 RC4)
反向补充信道(仅与 IS-95 兼容)	卷积码	1/3(RC1) 1/2(RC2)
反向补充信道(CDMA2000-1X)	卷积码或 Turbo 码($N \geqslant 360$)	1/4(RC3,$N \leqslant 6120$) 1/2(RC3,$N=6120$) 1/4(RC4)

5. CDMA2000 中使用的卷积码

CDMA2000 中使用的卷积码有 3 种类型:(2,1,8)、(3,1,8)、(4,1,8),前两种在 IS-95 中已经讨论过,不再赘述,这里仅介绍(4,1,8)卷积码,其码率为 1/4,约束长度 $K=m+1=8+1=9$ 位。

(4,1,8)卷积码的生成多项式为

$$
\begin{aligned}
g^1&=(765)_8=(111110101)\Leftrightarrow g^1(x)=1+x+x^2+x^3+x^4+x^6+x^8\\
g^2&=(671)_8=(110111001)\Leftrightarrow g^2(x)=1+x+x^3+x^4+x^5+x^8\\
g^3&=(513)_8=(101001011)\Leftrightarrow g^3(x)=1+x^2+x^5+x^7+x^8\\
g^4&=(473)_8=(100111011)\Leftrightarrow g^4(x)=1+x^3+x^4+x^5+x^7+x^8
\end{aligned}
\tag{5.13.6}
$$

其编码器结构如图 5.62 所示。

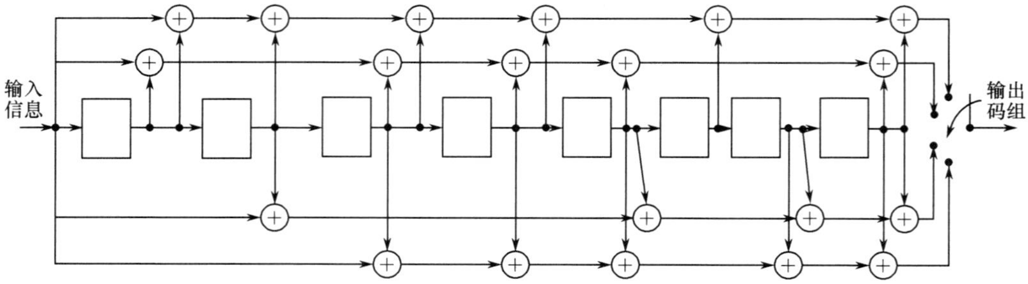

图 5.62 (4,1,8)卷积码的编码器结构

6. CDMA2000 中使用的 Turbo 码

CDMA2000 中使用的 Turbo 码的编码器结构如图 5.63 所示。

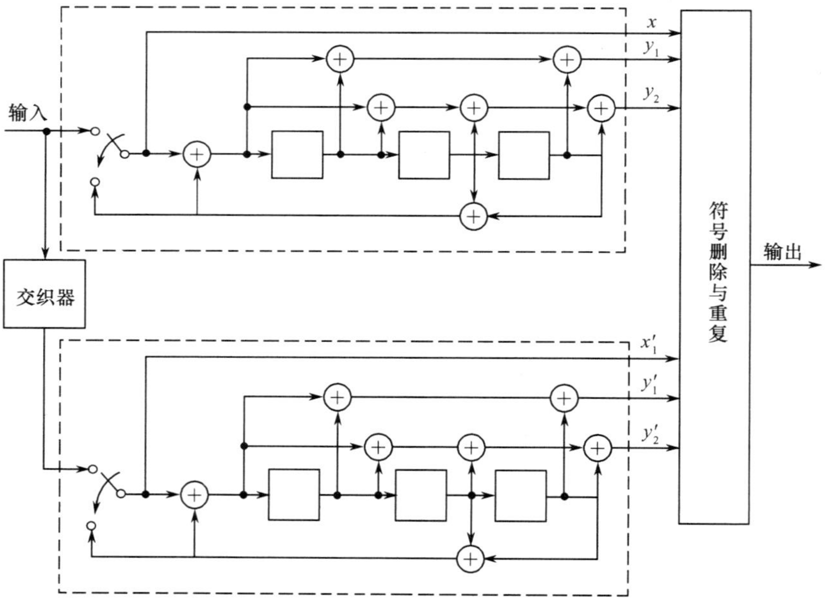

图 5.63 CDMA2000 中使用的 Turbo 码的编码器结构

其传递函数为

$$G(x)=\left[1,\ \frac{g^1(x)}{g^3(x)},\ \frac{g^2(x)}{g^3(x)}\right] \tag{5.13.7}$$

式中

$$
\begin{aligned}
g^1(x)&=1+x+x^3\\
g^2(x)&=1+x+x^2+x^3\\
g^3(x)&=1+x^2+x^3
\end{aligned}
\tag{5.13.8}
$$

5.13.3 交织编码

1. 下行(前向)链路中的信道交织

在下行链路中,除导频信道、前向公共功率控制信道(F-CPCCH)外,前向同步信道(F-SYNCH)、前向寻呼信道(F-PCH)、前向广播信道(F-BCCH)、前向公共指配信道(F-CACH)、前向公共控制信道(F-CCH)和前向业务信道的数据流都要在卷积编码、符号重复及删除之后经过交织编码。

交织是按分组块进行的,每 N 个信息位分为一个分组交织块。在三载波($3\times1.2288=3.6864$Mbps)方式下,需要将一个分组 N 位一分为三,每个子块为 $N/3$。

在单载波(1.2288Mbps)方式下,F-SYNCH、F-PCH 和前向业务信道(RC1 和 RC2),即与 IS-95 系统相兼容的信道,在 IS-95 系统中已比较详细地介绍了其交织器,这里引用一个简单的公式加以总结

$$A_i=2^m(i\bmod j)+\mathrm{BRO}_m(\lfloor i/j\rfloor) \tag{5.13.9}$$

式中,A_i 表示被读出的符号地址,$i=0\sim N-1$;$\lfloor x\rfloor$表示取不大于 x 的最大整数值;$\mathrm{BRO}_m(y)$表示 y 的 m 位比特反转(倒置)值,如 $\mathrm{BRO}_3(6)=3$。对于 CDMA 2000-1X 中的 RC3 和 RC5:

当 i 为偶数时,有

$$A_i=2^m(i/2\bmod j)+\mathrm{BRO}_m\left(\left\lfloor\frac{i}{2j}\right\rfloor\right) \tag{5.13.10}$$

当 i 为奇数时,有

$$A_i=2^m\left\{\left(N-\frac{i+1}{2}\right)\bmod j\right\}+\mathrm{BRO}_m\left\{\left\lfloor N-\frac{i+1}{2}\right\rfloor\right\} \tag{5.13.11}$$

上述公式中的参数 m 和 j 由表 5.8 给出。

表 5.8 交织参数表

交织器长度 N	m	j	交织器长度 N	m	j
48	4	3	288	5	9
96	5	3	576	5	18
192	6	3	1152	6	18
384	6	6	2304	6	36
768	6	12	4608	7	36
1536	6	24	9216	7	72
3072	6	48	18432	8	72
6144	7	48	36864	8	144
12288	7	96	128	7	1
144	4	9			

2. 上行(反向)链路中的信道交织

在反向链路中,除导频信道外,反向接入信道(RACH)、反向增强接入信道(R-EACH)、反向公共控制信道(R-CCCH)和反向业务信道的数据流都要经过交织编码。配置为 RC1、RC2 的反向业务信道是与 IS-95 兼容的,因此其算法也与 IS-95 相同,是按照分组长 $N=18\times32=576$ 位矩阵块进行交织的。

对于 RACH、R-EACH、R-CCCH 及业务配置 RC3、RC4 和多载波 RC5、RC6,交织算法也与 RC1 和 RC2 的算法相同。

3. CDMA2000 中的交织器

在 CDMA2000 中，交织器起了非常重要的作用，交织器在编码时既可改变码重分布，又可以随机化编码过程和以短的简单成员码并行级联成长码。

CDMA2000 中 Turbo 码交织器的基本结构如图 5.64 所示。

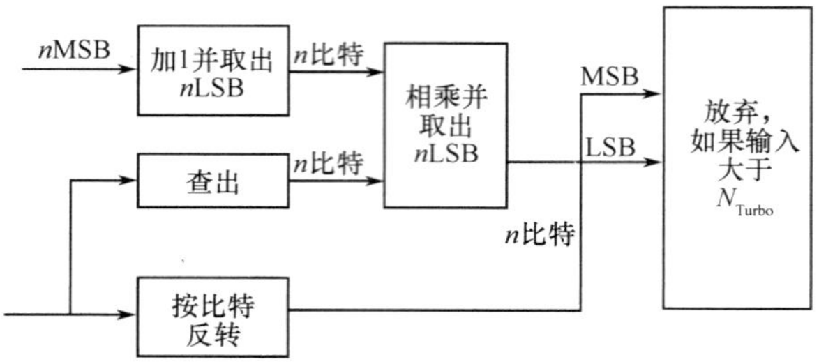

图 5.64　Turbo 码交织器的基本结构

由图 5.64 可以看出，交织器就是对输入的数据分组帧顺序写入，再按一定变换规律将整帧数据读出。这里决定交织规律的主要有下列 4 点：确定交织器参量 n；根据交织参量 n 可将被交织数据划分为高 n 位和低 n 位；将被交织数据进行二进制反转（倒置）变换；按一定规律将反转后数据的高、低 n 位互换。

5.14　WCDMA 系统的信道编码

在 3G 中，为了保证来自上（高）层的信息数据能在移动信道上可靠地传输，需要将它们编码/复用后映射至物理信道的无线链路上发送。反之，要将从物理信道接收到的数据进行译码/去复用再送至上（高）层。在实际使用中，还可进一步将信道编码/复用分为非压缩和压缩两种模式。但是为了突出编码实质，这个问题将不予讨论。

5.14.1　信道编码/复用流程

物理层收到上（高）层数据以后，对数据进行一系列的处理后，将其映射至物理信道。物理信道又可分为上、下链路，它们的基带处理过程大致相同，但也有一些不同之处，下面将分别予以介绍。

对应于每个传输时间间隔（TTI），数据以传输块（分组）形式进行处理，3G 中 TTI 允许的取值间隔是 10ms、20ms、40ms、80ms 等，而对每个传输块需要进行下列主要基带处理步骤：①对每个传输块加 CRC 检验比特；②传输块级联和码块分段；③信道编码；④无线帧均衡；⑤速率匹配；⑥插入不连续传输（DTX）指示比特；⑦交织（分两步进行）；⑧无线帧分段；⑨传输信道的复用；⑩物理信道分割；⑪物理信道的映射。

图 5.65 分别给出上、下行链路的编码/复用流程。以下各步骤中，仅介绍 CRC 校验、信道编码与信道交织这 3 个与信道编码密切相关的部分。

5.14.2　WCDMA 中的信道检错、纠错编码

1. 检错码

信道编码中的检错功能是通过在传输块上加上循环冗余校验位 CRC 来实现的。在 WCDMA 中，CRC 长度即所含比特数目为 24、16、12、8、0 比特，每个传输信道使用多长的 CRC 是由上（高）层信令给出的。

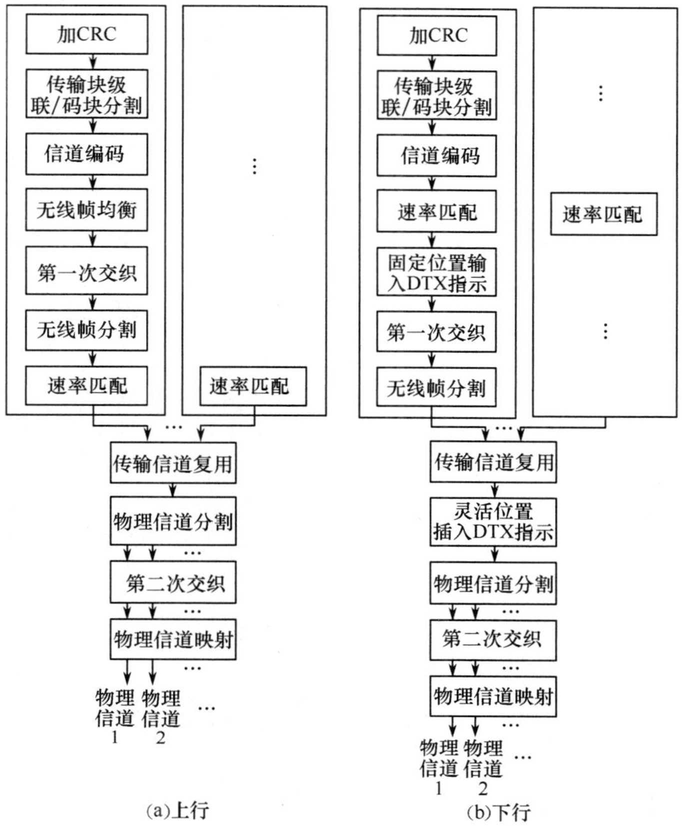

图 5.65　上、下行链路的编码/复用流程

长度为 24、16、12、8 比特 CRC 生成多项式为

$$\begin{cases} g_{24}(x)=1+x+x^5+x^6+x^{23}+x^{24} \\ g_{16}(x)=1+x^5+x^{12}+x^{16} \\ g_{12}(x)=1+x+x^2+x^3+x^{11}+x^{12} \\ g_8(x)=1+x+x^3+x^4+x^7+x^8 \end{cases} \tag{5.14.1}$$

2. 纠错码

在 WCDMA 中，使用两种类型的信道纠错编码：卷积码，主要用于实时业务；Turbo 码，主要用于非实时业务。

WCDMA 中各类信道所使用的信道编码大致分类见表 5.9。表中 BCH 为广播信道；PCH 为寻呼信道；RACH 为随机接入信道；CPCH 为公共分组信道；DCH 为专用传输信道；DSCH 为下行共享信道；FACH 为前向接入信道。

3. 卷积码

在 WCDMA 中，采用(2,1,8)与(3,1,8)两类卷积码，它们的结构与 IS-95 和 CDMA2000 中的相同，不再赘述。

4. Turbo 码

Turbo 码的基本原理已经介绍过，这里仅介绍 WCDMA 中采用的 Turbo 码的编码和交织方式，而译码方式留给制造厂家自定。WCDMA 中的 Turbo 编码方案采用 8 状态并行级联码，它的生成函数为

表 5.9　WCDMA 各类信道采用的信道编码

传输信道类型	编码方案	码率
BCH	卷积编码	1/2
PCH		
RACH		
CPCH		1/3、1/2
DCH	Turbo 码	1/3
DSCH		
FACH	不编码	

$$G(x)=\left[1,\frac{g^2(x)}{g^1(x)}\right] \tag{5.14.2}$$

式中

$$\begin{cases}g^1(x)=1+x^2+x^3\\g^2(x)=1+x+x^3\end{cases} \tag{5.14.3}$$

8 状态并行级联 Turbo 码编码器的结构如图 5.66 所示。

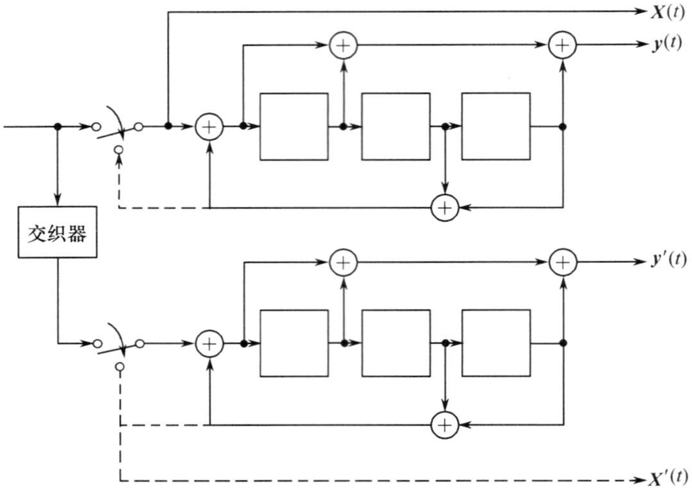

图 5.66　WCDMA 中 8 状态并行级联 Turbo 码编码器的结构

当输入数据流为

$$\boldsymbol{X}(t)=(X(0),X(1),X(2),\cdots,X(k),\cdots) \tag{5.14.4}$$

Turbo 码对应输出：由于编码速率为 1/3，即每输入 1 比特，在输出端应输出 3 比特，即输出序列应为

$$\boldsymbol{y}(t)=(X(0),y(0),y'(0),X(1),y(1),y'(1),\cdots) \tag{5.14.5}$$

且当每个需编码的码块数据流结束时，要继续输入 3 个值为“0”的尾比特。

图 5.67 中的虚线仅用于尾比特的输出，这时上述 3 个“0”的尾比特，输出为 3×4=12 个输出尾比特，其输出为（设从第 k 位开始）

$$\begin{aligned}\boldsymbol{y}'(t)=[&\cdots X(k+1),y(k+1),X(k+2),y(k+2),X(k+3),y(k+3),\\&y'(k+1),X'(k+1),y'(k+2),X'(k+2),y'(k+3),X'(k+3)]\end{aligned} \tag{5.14.6}$$

在 WCDMA 的 Turbo 码中，采用的交织器是由母交织生成与删减两部分构成，且主要取决于母交织的生成方式。母交织器实质上是一类可变的块交织器，而块交织矩阵的大小主要取决于矩阵的行 R 和列 C 的乘积。首先，由输入数据比特长度 K 按一定规则确定交织矩阵的行数 $R=5,10,20$ 三类中的一种；其次，再由数据长度 K、行数 R，按给定的规律确定列数 C；当 R 和 C 确定后，可以将数据写入 $R\times C$ 的矩阵；根据不同的数据长度 K 进行不同规律的行间交织；再进行行内交织，并完成整个相应的矩阵块交织。

删减的处理过程为：将经交织以后的矩阵块逐列读出；在读出的同时，注意与比特对应的初始位置，如果该比特对应的是交织过程中插入的信息位，则删除掉，以保证输入、输出的比特数完全一致，这时被删除的比特数为：$R\times C-K$。

5.14.3 WCDMA 中不同业务数据的编码/复用过程

下面给出 WCDMA 中两种比较典型业务类型的数据编码/复用过程。

1. 8kbps 话音业务(有随路信令、发送时间间隔为 10ms)

首先给出 8kbps 话音业务的编码参数,见表 5.10。

表 5.10 8kbps 话音业务编码参数

参数	参数值
数据信息比特速率	8kbps
专用物理数据信道比特速率	60kbps
专用物理控制信道比特速率	15kbps
每个时隙各域比特数:Pilot/TFCI/TPC	6/2/2
码重复率:DTCH/DCCH	49%/50%
传输块大小:DTCH/DCCH	80/96
传输块集合大小:DTCH/DCCH	80/96
传输时间间隔:DTCH/DCCH	10ms/40ms
卷积码码率:DTCH/DCCH	1/3 / 1/3
静态速率匹配参数:DTCH/DCCH	1.0 / 1.0
CRC 校验码长度:DTCH/DCCH	16 比特/16 比特
无线帧中传输信道的位置	固定

8kbps 话音业务的编码过程如图 5.67 所示。

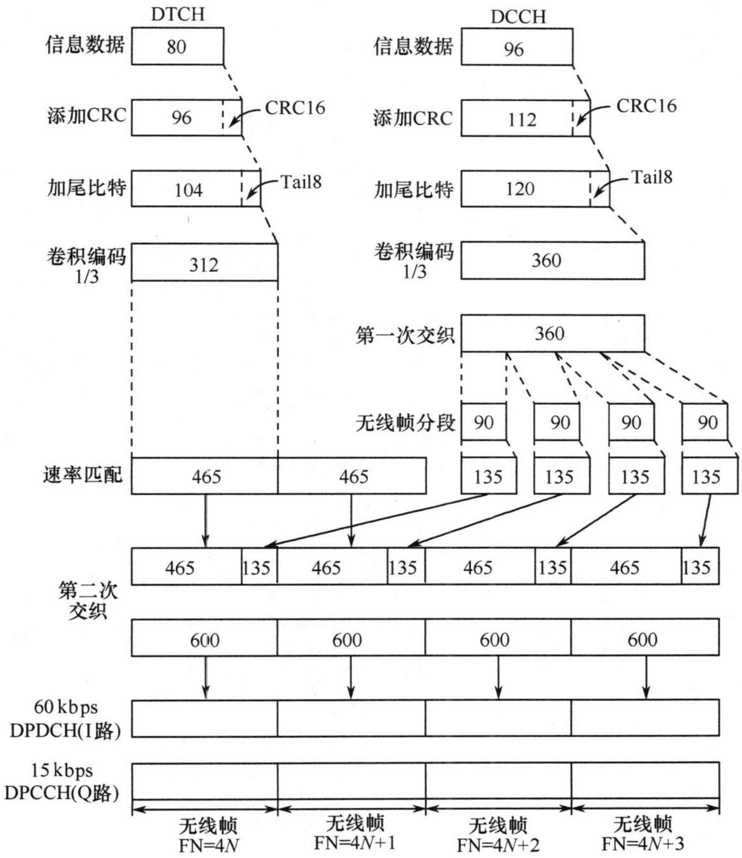

图 5.67 8kbps 话音业务的编码过程

2. 下行 384kbps 业务的复用和编码

下行 384kbps 复用和编码参数见表 5.11。

表 5.11　下行 384kbps 业务复用与编码参数

参数	DTCH	DCCH
传输信道数目	2	1
传输块大小	3840	100
传输块集合大小	3840	100
传输时间间隔	10ms	40ms
纠错码类型	Turbo 码	卷积码
纠错码码率	1/3	1/3
CRC 校验码长度	16 比特	12 比特
无线帧中传输信道位置	固定	固定

下行 384kbps 业务的复用和编码过程如图 5.68 所示。

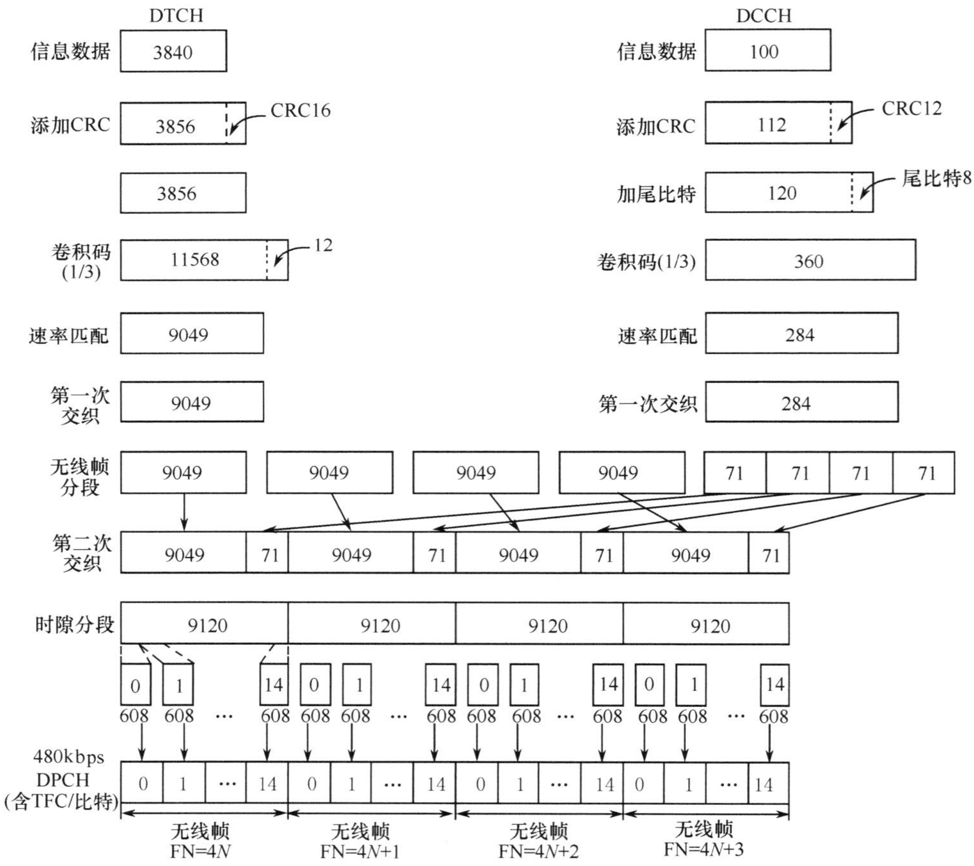

图 5.68　下行 384kbps 业务复用和编码过程

5.15 LTE 系统的信道编码

LTE 系统的信道编码与 WCDMA 基本兼容，也采用 CRC 进行检错，Turbo 码主要用于业务信道前向纠错，咬尾卷积码主要用于信令信道编码。

5.15.1 信道编码类型

LTE 系统的传输信道包括：上/下行共享信道（UL/DL-SCH）、寻呼信道（PCH）、多播信道（MCH）及广播信道（BCH）。它们采用的信道编码方式见表 5.12。

LTE 系统中的控制信息包括：下行控制信息（DCI）、上行控制信息（UCI）、控制格式标记（CFI）、HARQ 标记（HI）这 4 种信息，它们采用的编码方式见表 5.13。

表 5.12 LTE 系统中的信道编码方式

传输信道	编码方式	编码码率
UL-SCH	Turbo 码	1/3
DL-SCH		
PCH		
MCH		
BCH	咬尾卷积码	1/3

表 5.13 LTE 控制信息的编码方式

控制信息	编码方式	编码码率
DCI	咬尾卷积码	1/3
CFI	分组码	1/16
HI	重复码	1/3
UCI	分组码	可变码率
	咬尾卷积码	1/3

5.15.2 信道编码/复用流程

LTE 系统的下行传输信道编码/复用流程如图 5.69 所示，可以针对 1 个或多个传输块进行处理。整个流程包括 5 个步骤。

① 对输入的传输块进行 CRC 编码与级联。

② 将编码后序列进行分割，得到一个或多个编码块，然后对每个编码块分别进行 CRC 编码并级联。

③ 针对不同的信道类型采用特定的信道编码。如果是业务信道，则进行 Turbo 编码；如果是控制信道，则进行咬尾卷积编码。

④ 将编码后的比特序列进行速率适配，获得合适的输出序列。

⑤ 将多个编码块进行级联，完成复用流程。

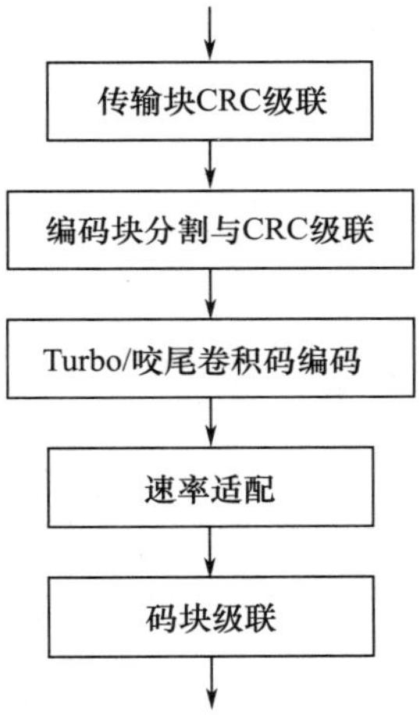

图 5.69 LTE 系统的下行传输信道编码/复用流程

LTE 系统的上行传输信道编码/复用流程如图 5.70 所示，其基本流程与下行传输信道类似。

但需要注意的是，上行信道的传输块数据可以与 CQI/PMI 信令进行复用，最后再与编码后的 RI 信令、ACK 信令一起完成整个序列的信道交织。

5.15.3 前向纠错码(FEC)

LTE 系统中主要的前向纠错码为咬尾卷积码与 Turbo 码，前者用于信令编码，后者用于数据编码。

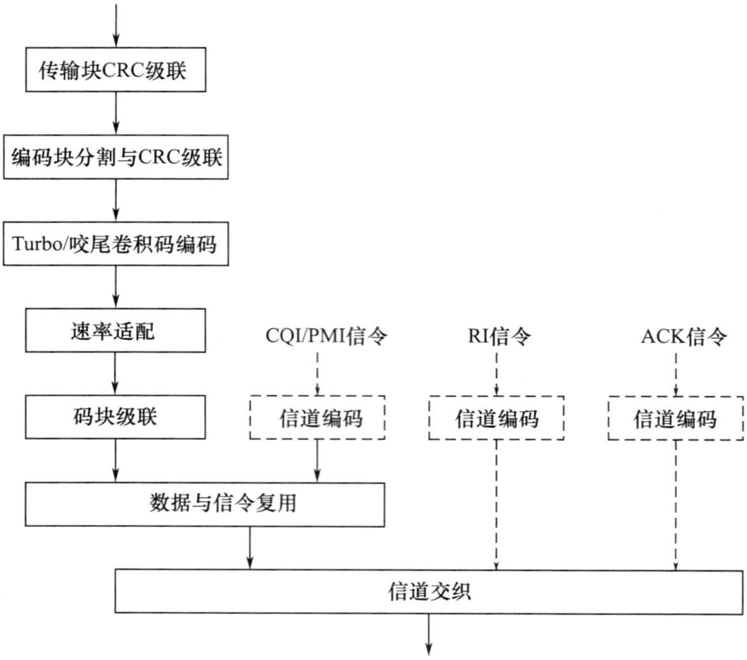

图 5.70　LTE 系统的下行传输信道编码/复用流程

1. 咬尾卷积码

LTE 系统中采用了(3,1,6)咬尾卷积码，其编码器结构如图 5.71 所示，相应的生成多项式为

$$
\begin{cases}
g_0(x)=1+x^2+x^3+x^5+x^6 \\
g_1(x)=1+x+x^2+x^3+x^6 \\
g_2(x)=1+x+x^2+x^4+x^6
\end{cases}
\tag{5.15.1}
$$

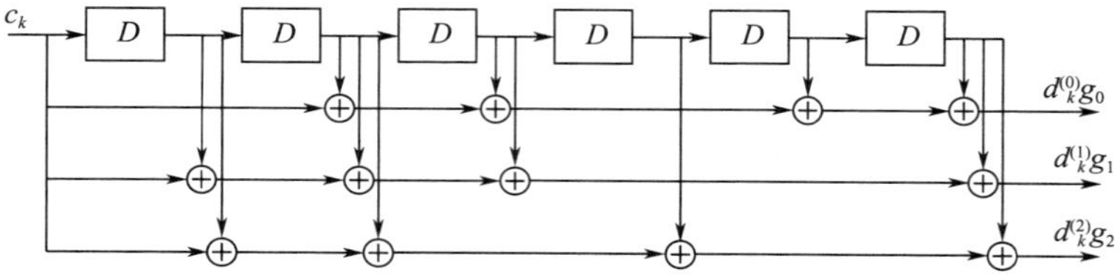

图 5.71　咬尾卷积码的编码器结构

为了保证咬尾特性，即移位寄存器的初始状态与终止状态相同，编码器的 6 个移位寄存器应当用输入数据的末尾 6 个比特作为初值。

2. Turbo 码

LTE 系统中的 Turbo 码的分量码与 WCDMA/CDMA2000 一致，也是(2,1,3)RSC 卷积码，生成函数为

$$
G(x)=\left[1,\frac{g^2(x)}{g^1(x)}\right] \tag{5.15.2}
$$

式中

$$\begin{cases} g^1(x)=1+x^2+x^3 \\ g^2(x)=1+x+x^3 \end{cases} \tag{5.15.3}$$

但为了支持高速并行译码，LTE 系统中的 Turbo 码的内交织器有变化，采用了 QPP 交织器。假设输入 Turbo 码内交织器的比特序列为 $c_0, c_1, \cdots, c_{K-1}$，其中 K 是序列长度，经过交织的输出序列表示为 $c'_0, c'_1, \cdots, c'_{K-1}$。则输入、输出比特序号满足

$$c'_i = c_{\Pi(i)}, i=0,1,\cdots,K-1 \tag{5.15.4}$$

其中，输出比特序号 i 与输入比特序号 $\Pi(i)$ 满足如下的二次函数关系

$$\Pi(i) = (f_1 \cdot i + f_2 \cdot i^2) \bmod K \tag{5.15.5}$$

其中，参数 f_1 与 f_2 依赖于数据块长度 K，具体定义参见文献[5.88]。

5.16 5G NR 系统的信道编码

5G NR 在信道编码标准化方面有重大变革，主要体现在两个方面。

(1) 业务信道编码用 LDPC 码代替 Turbo 码

这一替代的主要目的是为了支持超高速数据传输。3G/4G 所采用的 Turbo 码虽然也具有优异的纠错能力，但毕竟受卷积码 Trellis 结构的限制，译码延时较大，数据吞吐率不高，难以满足 5G 高达 10～20Gbps 的数据吞吐率要求。而 LDPC 码的 Tanner 图结构经过精心优化，支持高度并行译码，能够满足 5G 高吞吐率译码需求。

(2) 控制信道编码用极化码代替咬尾卷积码

这一替代的主要目的是为了支持信令高可靠传输。4G LTE 采用的咬尾卷积码受限于码字结构，纠错能力有限，在短码条件下，难以满足 5G 高可靠信令传输的需求。而 CRC-Polar 码在中短码长下，与 Turbo/LDPC 码相比，具有显著的性能增益，当然其性能更远好于咬尾卷积码。因此，为了支持 BLER$=10^{-5}$的超高可靠性信令传输，5G 采用了极化码作为控制信道编码方案。

5.16.1 5G 信道编码标准化

信道编码历来是移动通信标准的核心技术，是各国争夺的战略制高点。从 2G 到 4G 移动通信系统，信道编码技术都掌握的国外厂商手中，中国厂商只能受制于人，需缴纳高昂的专利费用。

为了满足未来移动互联网业务流量增长 1000 倍的需求，采用新型的信道编码技术，提高频谱利用率，逼近仙农信道容量成为 5G 移动通信标准化的主流观点。信道编码技术在 5G 时代的变革，为中国带来了新的历史机遇。其中，极化码、Turbo 码和 LDPC 码成为 5G 信道编码标准的三大候选技术。

在 2016—2018 年召开的 3GPP RAN1 85～91 次标准化会议上，各参与单位提出了共计 346 项极化码技术提案，这些提案发起单位包括华为、中兴、大唐、展讯、爱立信、Nokia、NTT Docomo 及高通等全球主流设备厂商。

众多提案以作者在文献[5.71]提出的 CRC-Polar 级联码作为编码结构，以 CA－SCL 算法作为译码算法，采用作者在文献[5.64]提出的凿孔算法作为速率适配方案展开进一步的实用化研究。其中，极化码标准化的主要推动者——华为公司在其代表性提案[5.91]中，以 CRC 辅助 SCL 译码及 QUP 凿孔方案作为极化码编译码算法的基础框架。

在美国 2016 年 11 月 17 日召开的 3GPP RAN1 87 会议上，关于 5G 短码的技术方案讨论，LDPC(低密度校验码)/TBCC(咬尾卷积码)方案、Turbo2.0 编码方案及极化码方案展开了激烈争夺。最终，由于极化码具有低复杂度编译码与卓越纠错性能的双重优势，在残酷竞争中突破重围，成为 5G 标准控制信道编码的入选方案。

在 2018 年 3GPP 标准化组织正式发布的第一版 5G 信道编码标准[5.89]中，采用了文献[5.71]提出的 CRC-Polar 级联码、文献[5.64]提出的极化码凿孔技术。

这次 5G 编码标准的技术突破，是极化码基础理论与应用技术研究相互促进的成果，标志着极化码从理论迈向应用。我们欣喜地看到，作者的研究工作为 5G 极化码的标准化提供了理论基础，助力华为等中国企业在 5G 信道编码标准方面取得了历史突破，打破了国外厂商在信道编码领域的技术垄断。

5.16.2 信道编码类型

5G NR 系统的传输信道包括：上/下行共享信道(UL/DL-SCH)、寻呼信道(PCH)及广播信道(BCH)。它们采用的信道编码方式见表 5.14。

5G NR 系统中的控制信息包括下行控制信息(DCI)与上行控制信息(UCI)两种信息，它们采用的编码方式见表 5.15。

表 5.14 5G NR 系统中的信道编码方式

传输信道	编码方式
UL-SCH	LDPC 码
DL-SCH	
PCH	
BCH	极化码

表 5.15 5G NR 系统中控制信息的编码方式

控制信息	编码方式
DCI	极化码
UCI	分组码
	极化码

5.16.3 控制信道编码

5G NR 系统选择极化码作为控制信道的差错编码。具体而言，对于下行链路，PDCCH 信道的下行控制信息 DCI 与 PBCH 信道都采用极化码编码；对于上行链路，PUCCH 与 PUSCH 信道的上行控制信息 UCI 都采用极化码编码。

具体的编码流程如图 5.72 所示，包括 6 个步骤。首先进行 CRC 编码，然后经过信息比特交织，进行子信道映射后，送入极化码编码器，编码器输出的码字先进行子块交织，再进行速率适配，最后进行信道交织，得到编码码字。

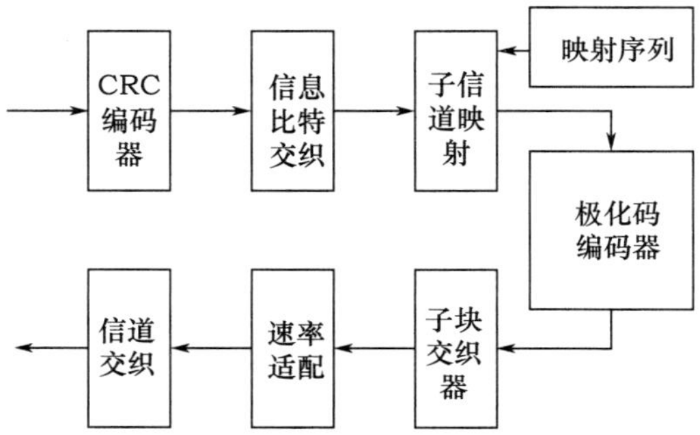

图 5.72 5G NR 控制信道的编码流程

1. CRC 编码器

5G 标准所采用的 CRC 有 3 种，其生成多项式为

$$\begin{cases} g_6(x)=x^6+x^4+1 \\ g_{11}(x)=x^{11}+x^{10}+x^9+x^5+1 \\ g_{24}(x)=x^{24}+x^{23}+x^{21}+x^{20}+x^{17}+x^{15}+x^{13}+x^{12}+x^8+x^4+x^2+x+1 \end{cases} \tag{5.16.1}$$

式中，生成多项式 $g_{24}(x)$用于 PBCH 信道与 PDCCH 信道，而 $g_6(x)$与 $g_{11}(x)$用于 UCI 编码。当 $g_{24}(x)$应用于 DCI 编码时，产生的 CRC 比特中的最后 16 位，需要用 16 比特的无线网络临时识别码(RNTI)进行扰码。

2. 交织器

5G NR 的极化码编码有 3 种交织器：信息比特交织、子块交织与信道交织。下面简述各自的基本功能。

① 信息比特交织主要对 CRC 编码的数据比特进行置乱。这种交织只对下行 PBCH 信道或 PDCCH 信道的 DCI 有效，而上行链路不采用。信息比特交织的设计思想是，将 CRC 校验比特分布到整个信息比特块中，每个校验比特与其约束信息比特相邻，从而方便 SCL 译码算法提前终止，降低广播信道或 DCI 盲检的算法复杂度。

② 子块交织是将 N 比特码块分割为 32 个子块，每块长度为 $B=N/32$ 比特，根据 5G NR 协议定义的映射表，得到置乱比特序列$\{c_j\}$。

③ 信道交织的目的是对抗多普勒效应引起的时变衰落，并且用于提高比特交织编码调制(BIPCM)的系统性能。这种交织主要应用于 PUCCH 与 PUSCH 的 UCI，而下行链路不采用。5G NR 中采用了三角形交织结构，既保证了数据读写的高并行度，又具有较好的灵活性。

3. 子信道映射

5G NR 中的极化码采用了与信道条件无关的子信道映射方案，标准中给出了最大长度为 $N=1024$个子信道的可靠性排序表。给定信息长度 K，可以从排序表中选择可靠性排序高的 K 个子信道承载信息比特。并且为了实现方便，子信道映射满足嵌套性，即高码率的信息比特集合包含低码率相应的子信道集合。

4. 极化码编码器

5G NR 的极化码采用了简化编码方式[5.89]，即

$$x_1^N=u_1^N\,\boldsymbol{F}^{\otimes n} \tag{5.16.2}$$

式中，对于下行信道，$n=5\sim9$；对于上行信道，$n\leqslant10$。其编码过程直接进行 Hadamard 变换，不必再进行比特反序操作。依据定理 5.4，这两种编码形式是等价的。式(5.16.2)的编码过程更简单，但在译码端需要调整接收信号的顺序。

5. 速率适配

5G NR 中的速率适配有 3 种模式：凿孔、缩短与重复，下面简述 3 种模式的适用条件。

① 如果最终码长不大于编码码长，即 $M\leqslant N$，并且编码码率 $R\leqslant7/16$，即低码率条件下，则采用凿孔方式，删除子块交织后序列$\{c_j\}$的开头 $U=N-M$ 个比特，即只传送序号为 $e_i=c_{j+U}$，$i=0,1,\cdots,M$ 的比特。由于 5G NR 编码不进行比特反序操作，这种凿孔方式本质上就是 QUP 速率适配算法。

② 如果 $M\leqslant N$ 且编码码率 $R>7/16$，即高码率条件，则采用缩短方式，子块交织后序列$\{c_j\}$

的末尾 $U=N-M$ 个比特不发送，只传送序号为 $e_i=c_j, i=0,1,\cdots,M$ 的比特。同样，这种凿孔方式等价于 RQUS 速率适配算法。

③ 如果 $M>N$，则采用重复方式，即子块交织后序列 $\{c_j\}$ 的开头 $U=N-M$ 个比特重复发送两次，即传送序号为 $e_i=c_{j\bmod N}, i=0,1,\cdots,M$ 的比特。

5.16.4 业务信道编码

5G NR 系统选择 LDPC 码作为业务信道的差错编码[5.89]。具体而言，DL/UL-SCH 信道及 PCH 信道都采用 LDPC 码编码。

1. 基本设计思想

5G NR 系统中的 LDPC 码是一种结构化编码，由基础图（原模图）与导出图构成，其核心设计思想概述如下。

（1）双对角原模图

5G NR 系统的 LDPC 码采用了原模图结构，既关注纠错性能的优化，又充分考虑了高吞吐率译码需求。其核心校验比特采用双对角结构约束，这种方式实质上是重复累加 RA 码，其编码结构简单，便于硬件实现，并且能够提升译码性能。

（2）准循环导出图

通过 Z 次复制与边重排，即原模图的自举，得到完整的 Tanner 图。为了便于硬件实现，边重排采用了循环平移重排。5G NR 系统的 LDPC 码的最大自举因子为 $Z_{\max}=384$。与循环码类似，是在整个码集合上满足循环移位不变性。导出图满足针对自举比特向量进行循环移位操作的不变性，由于只是码字子向量而非整个码字满足循环移位不变性，因此我们称为准循环结构。

2. 基础图结构

5G NR 系统的 LDPC 码采用系统码编码方式，包括两个基础图：BG1 与 BG2。假设基础图对应的信息块长为 k_b，校验块长为 n_b，自举因子为 Z，则最终信息码长为 $K=Zk_b$，编码码长为 $N=Zn_b$。

选择两个基础图的原因是充分考虑了吞吐率与码率约束，优选折中的结果。给定编码码长，基础图的规模越小，则自举因子越大，可以实现更高的译码并行度，相应地，可以降低译码时延并提高吞吐率。但另一方面，为了达到较高的编码码率，即频谱效率，基础图又不能太小。通过 DE 算法分析发现，小规模的基础图与信道容量的差距较小，但可以达到的编码码率较低。

因此，综合考虑上述两种因素，5G NR 系统采用了两种码率适配的基础图。其中，BG1 主要用于较大的块长（$500\leqslant K\leqslant 8448$）与较高的码率（$1/3\leqslant R\leqslant 8/9$），而 BG2 主要用于较小的块长（$40\leqslant K\leqslant 2560$）与较低的码率（$1/5\leqslant R\leqslant 2/3$）。

BG1 的信息块长范围为 $19\leqslant k_b\leqslant 22$，最大自举因子为 $Z_{\max}=384$。BG2 的信息块长范围为 $6\leqslant k_b\leqslant 10$，最大自举因子为 $Z_{\max}=256$。一般情况下，增大基础图的信息块长范围，将扩大所支持的码率与码长范围，但在 5G 标准中，并未采用这一设计思想。

5G NR 系统的 LDPC 码的基础图结构如图 5.73 所示，包括 $\boldsymbol{A}$、$\boldsymbol{B}$、$\boldsymbol{D}$、$\boldsymbol{I}$、$\boldsymbol{O}$ 5 个子矩阵。两种基础图对应的各子矩阵配置见表 5.16。其中，$\boldsymbol{O}$ 是全零子矩阵，$\boldsymbol{I}$ 是单位阵。

由图可知，基础图的列分为 3 部分：信息比特列、核心校验比特列与扩展校验比特列，基础图的行分为 2 部分：核心校验行与扩展校验行。整个基础图可以看作两个子图的级联，其中子矩阵 $\boldsymbol{A}$ 与 $\boldsymbol{D}$ 构成核心图，子矩阵 $\boldsymbol{B}$ 与 $\boldsymbol{I}$ 构成扩展图。

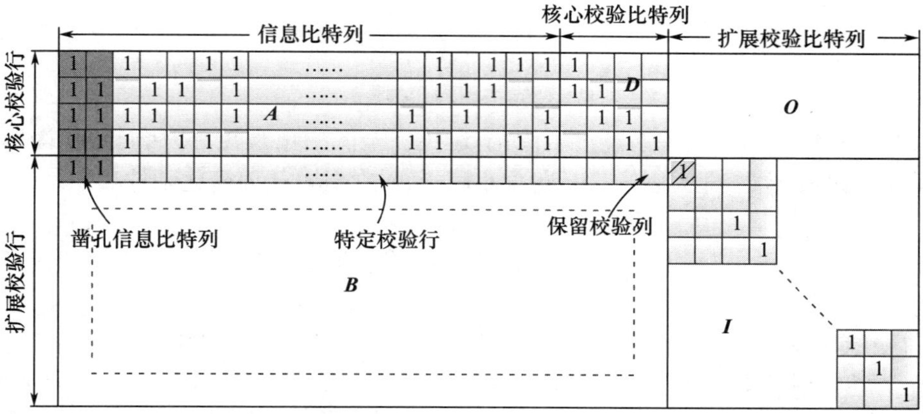

图 5.73　5G NR 系统的 LDPC 码的基础图结构

表 5.16　5G NR 系统的 LDPC 码的基础图对应的各子矩阵配置

子块矩阵	BG1(46×68)	BG2(42×52)
A	4×22	4×10
B	42×26	38×14
D	4×4	4×4
I	42×42	38×38
O	4×42	4×38

(1) 核心图设计

核心图包括子矩阵 ***D*** 与 ***A***。其中 ***D*** 是双对角矩阵,约束了整个基础图的一部分核心校验比特列与行。在信息比特列的左侧,BG1 基础图对应两列凿孔信息比特列,通过删减这些列,可以调整信息块长度。如果基础图的规模很小,并且校验数目很小,在这样的强约束条件下,很难通过优化接近容量极限。因此,5G NR 的基础图设计中,有意增大了凿孔信息比特列的重量,提高这些变量节点的度分布,对于改善译码性能非常有效,同时又不改变编码码率。但需要注意的是,在扩展子矩阵 ***I*** 的左上角,只有一个校验比特,与两个凿孔变量节点连边度数很低,因此在任何码率下,这个校验比特需要保留,不能被凿孔或缩短。

在子矩阵 ***A*** 去掉左边两列的部分,对应的列重都是低重分布。在 BG1 中,所有列重都为 3,在 BG2 中,包含一些重量为 2 的列。这样的设计,能够兼顾编码的扩展性与灵活性,同时保持高可靠性。

(2) 扩展图设计

扩展图包括子矩阵 ***B*** 与 ***I***。扩展图的设计主要应用于 HARQ 重传译码。扩展校验行从上到下,分别对应 HARQ 重传时码率从高到低的变化。当初传时,只用核心图编码,当重传次数较少时,主要用扩展校验行的上半部分编码,而随着重传次数的增加,用到的扩展校验行数目增加,码率逐步降低。

为了实现高吞吐率译码,需要满足各个子图充分独立的要求。因此,扩展校验行在上半部分是近似正交的,而到下半部分则完全正交。这样的设计能够保证硬件译码器吞吐率满足 5G NR 系统的高速率要求。

3. 导出图设计

对导出图而言,基础图中的 1 都被 $Z\times Z$ 的循环移位矩阵替代,而 0 都被 $Z\times Z$ 的全零矩阵

替代。自举因子表示为

$$Z=A2^{j} \tag{5.16.3}$$

式中，$A=\{2,3,5,7,9,11,13,15\}$，j 是整数；$2\leqslant Z\leqslant 384$。

在导出图设计中，边排列关系经过了优化，避免在全图中出现短环，从而恶化译码性能。并且，自举重排满足嵌套性，即大因子自举包含小因子自举结构，从而简化硬件实现。

本章小结

数字通信中关于编码和编码波形的开拓性工作是 Shannon[5.1-5.3]、汉明[5.4]等完成的。几十年来，众多学者在发展编码理论和译码算法上做了大量有意义的工作。从纠错编码发展的历程来看，逼近 Shannon 限是学术研究追求的核心目标之一。从 20 世纪 50 年代发明汉明码以来，几乎每十年就取得一个重大进展。20 世纪 60～70 年代，BCH[5.4~5.6]码的发明和译码算法[5.8]的研究极大推动了代数编码的发展，同时 Viterbi[5.9]译码算法的发明使纠错编码成为通信系统的基本单元，推动了纠错编码的实际应用。Forney[5.13]提出的级联码是第一种可以逼近 Shannon 限的纠错编码，激发了对于渐近好码设计的探求。20 世纪 80 年代，Ungerboeck[5.12]提出的 TCM 编码调制技术推动了带限信道编码调制理论的丰富和发展，奠定了现代有线接入网物理层技术的基础。20 世纪 90 年代，在信道编译码领域，一个新的主要进展就是带交织的并行、串行级联码结构和采用 MAP 算法进行迭代译码。Turbo 码的发明[5.14,5.15]掀起了逼近 Shannon 限研究的热潮。20 世纪 90 年代末，通过对 Gallager[5.21]发明的 LDPC 码(1962 年)的再发现[5.22]，人们可以在更高层次上统一认识这些渐近好码的性能。21 世纪前 10 年，随着 Polar 码的发明[5.53]及空间耦合码的提出[5.52]，经过半个多世纪的探求，纠错编码终于达到了创始人提出的理论极限。这是一个伟大历程的结束，也是下一个征程的开始。

本章主要讲述 3 部分。第一部分是对信道编码基本概念与基本类型作了介绍，包含信道编码基本概念、线性分组码、卷积码、Viterbi 译码、级联码、交织码及 ARQ 与 HARQ 等。第二部分重点介绍现代高性能信道编码理论，包括 Turbo 码、LDPC 码、Polar 码，这部分属于提高性内容。第三部分重点介绍了现有移动通信系统中已采用的各类信道编码，包含 2G GSM、IS-95 中采用的主要信道编码，3G WCDMA、CDMA2000 中所采用的信道编码，4G LTE 系统采用的信道编码及 5G NR 系统采用的信道编码。

参考文献

[5.1] C. E. Shannon. A Mathematical Theory of Communication. Bell System Technology Journal, Vol. 27, pp. 379-423, July 1948.

[5.2] C. E. Shannon. A Mathematical Theory of Communication. Bell System Technology Journal, Vol. 27, pp. 623-656, July 1948.

[5.3] C. E. Shannon. Communication in the Presence of Noise. Proc. IRE, Vol. 37, pp. 10-21, Jan. 1949.

[5.4] R. W. Hamming. Error Detecting and Error Correcting Codes. Bell System Technology Journal, Vol. 29, pp. 147-160, Apr. 1950.

[5.5] R. C. Bose, D. K. Ray-Chaudhuri. On a Class of Error Correcting Binary Group Codes. Inform, Control, Vol. 3, pp. 68-79, Mar. 1960.

[5.6] A. Hocquenghem. Codes Correcteurs d'Erreurs. Chiffres, Vol. 2, pp. 147-156, 1959.

[5.7] I. S. Reed, G. Solomon. Polynomial Codes Over Certain Finite Fields. SIAM J., Vol. 8, pp. 300-304, June 1960.

[5.8] E. R. Berlekamp. Algebraic Coding Theory. New York: McGraw-Hill, 1968.

[5.9] A. J. Viterbi. Error Bounds for Convolutional Codes and an Asymptotically Optimum Decoding Algorithm. IEEE Trans. Inform. Theory, Vol. IT-13, pp. 260-269, Apr. 1965.

[5.10] H. H. Ma, J. K. Wolf. On Tail-Biting Convolutional Codes. IEEE Trans. Commun., Vol. 34, No. 2, pp. 104-

111, Feb. 1986.

[5.11] J. Hagenauer. Rate-Compatiable Punctured Convolutional Codes (RCPC Codes) and Their Applications. IEEE Trans. Commun., Vol. 36, No. 4, pp. 389-400, Apr. 1988.

[5.12] G. Ungerboeck. Channel Coding with Multilevel/Phase Signals. IEEE Trans. Inform. Theory, Vol. IT-28, pp. 55-67, Jan. 1982.

[5.13] G. D. Forney Jr. Concatenated Codes. MIT Press, Cambridge, MA.

[5.14] C. Berrou, A. Glavieux, P. Thitimajshima. Near Shannon Limit Error-Correcting Coding and Decdoing: Turbo Codes. Proc. IEEE Int. Conf. Commun., pp. 1064-1070, Geneva, Switzerland, May 1993.

[5.15] C. Berrou, A. Glavieux. Near Optimum Error-Correcting Coding and Decoding: Turbo Codes. IEEE Trans. Commun., Vol. 44, pp. 1261-1271, 1996.

[5.16] L. R. Bahl, J. Cocke, F. Jelinek and J. Raviv. Optimal decoding of linear codes for minimizing symbol error rate. IEEE Trans. Inform. Theory, Vol. IT-20, pp. 284-287, Mar. 1974.

[5.17] J. Hagenauer, P. Hoeher. A Viterbi algorithm with soft-decision outputs and its applications. Proc. IEEE Int. Conf. Commun., pp. 1680-1686, Geneva, Switzerland. May 1993.

[5.18] S. ten Brink. Convergence behavior of iteratively decoded parallel concatenated codes. IEEE Trans. Commun., Vol. 49, No. 10, pp. 1727-1737, 2001.

[5.19] S. Benedetto, G. Montorsi. Unveiling Turbo Codes: some results on parallel concatenated coding schemes. IEEE Trans. Info. Theory, Vol. 42, No. 2, pp. 409-428, Mar. 1996.

[5.20] D. Divsalar, F. Pollara. Multiple turbo codes for deep-space communications. JPL TDA Prog. Rep., pp. 71-78, May 1995.

[5.21] R. Gallager. Low-Density Parity-Check Codes. IRE Trans. Info. Theory, Vol. 7, pp. 21-28, Jan. 1962.

[5.22] D. J. C. MacKay. Good codes based on very sparse matrices. IEEE Trans. Inform. Theory, Vol. 45, pp. 399-431, Mar. 1999.

[5.23] R. M. Tanner. A recursive approach to low complexity codes. IEEE Trans. Inform. Theory, Vol. IT-27, pp. 533-547, Sept. 1981.

[5.24] J. Zhang, M. P. C. Fossorier. Shuffled iterative decoding. IEEE Trans. Commun., Vol. 53, No. 2, pp. 209-213, Feb. 2005.

[5.25] J. Zhang, Y. Wang, M. P. C. Fossorier. Iterative decoding with replicas. IEEE Trans. Info. Theory, Vol. 53, No. 5, pp. 1644-1663, May 2007.

[5.26] T. J. Richardson, R. L. Urbanke. The capacity of low-density parity-check codes under message-passing decoding. IEEE Trans. Inform. Theory, Vol. 47, No. 2, pp. 599-618, Feb. 2001.

[5.27] T. J. Richardson, M. A. Shokrollahi and R. L. Urbanke. Design of capacity-approaching irregular low-density parity-check codes. IEEE Trans. Inform. Theory, Vol. 47, No. 2, pp. 619-637, Feb. 2001.

[5.28] S. Y. Chung, G. D. Forney, T. J. Richardson and R. L. Urbanke. On the design of low-density parity-check codes within 0.0045 dB of the Shannon limit. IEEE Commun. Letters, Vol. 5, No. 2, pp. 58-60, Feb. 2001.

[5.29] S. Y. Chung, T. J. Richardson and R. L. Urbanke. Analysis of sum-product decoding of lowdensity parity-check codes using a Gaussian approximation. IEEE Trans. Inform. Theory, Vol. 47, No. 2, pp. 657-670, Feb. 2001.

[5.30] J. Campello, D. S. Modha. Extended bit-filling and LDPC code design. in Proc. IEEE Global Telecommun. Conf., Vol. 2, (San Antonio, TX), pp. 985-989, Nov. 25-29, 2001.

[5.31] X. Y. Hu, E. Eleftheriou and D. M. Arnold. Regular and irregular progressive edge-growth Tanner graphs. IEEE Trans. Inf. Theory, Vol. 51, pp. 386-398, Jan. 2005.

[5.32] T. J. Richardson and R. L. Urbanke. Efficient encoding of low-density parity check codes. IEEE Trans. Commun., Vol. 47, pp. 808-821, Feb. 2001.

[5.33] Y. Kou, S. Lin and M. P. C. Fossorier. Low-density parity-check codes based on finite geometries: a redis-

covery and new results. IEEE Trans. Inf. Theory, Vol. 47, pp. 2711-2736, Nov. 2001.
[5. 34] D. J. C. MacKay and M. Davey. Evaluation of Gallager codes for short block length and high rate applications. [Online]. Available: wol. ra. phy. cam. ac. uk/mackay/.
[5. 35] B. Vasic, E. M. Kurtas and A. V. Kuznetsov. LDPC codes based on mutually orthogonal Latin rectangles and their application in perpendicular magnetic recording. IEEE Trans. Magnetics, Vol. 38, pp. 2346-2348, Sept. 2002.
[5. 36] B. Vasic, E. M. Kurtas and A. V. Kuznetsov. Kirkman systems and their application in perpendicular magnetic recording. in IEEE Trans. Magnetics, Vol. 38, pp. 1705-1710, July 2002.
[5. 37] B. Ammar, B. Honary, Y. Kou, J. Xu and S. Lin. Construction of low-density parity-check codes based on balanced incomplete block designs. IEEE Trans. Inf. Theory, Vol. 50, pp. 1257-1269, June 2004.
[5. 38] J. Lu and J. M. F. Moura. Turbo design for LDPC codes with large girth. in Proc. IEEE Signal Process. Wireless Commun. Workshop (Rome, Italy), July 15-18, 2003.
[5. 39] M. Fossorier. Quasi-cyclic low-density parity-check codes from circulant permutation matrices. IEEE Trans. Inf. Theory, Vol. 50, No. 8, pp. 1788-1793, Aug. 2004.
[5. 40] T. Richardson and R. Urbanke. The renaissance of Gallager's lowdensity parity-check codes. IEEE Commun. Mag., Vol. 41, No. 8, pp. 126-131, Aug. 2003.
[5. 41] T. Richardson and R. Urbanke. Multi-edge type LDPC codes. presented at the Workshop honoring Prof. Bob McEliece on his 60th birthday, California Institute of Technology, Pasadena, CA, USA, May 2002. [Online]. Available: http://citeseerx. ist. psu. edu/viewdoc/summary? doi=10. 1. 1. 106. 7310.
[5. 42] J. Thorpe. Low-density parity-check (LDPC) codes constructed from protographs. in Proc. IPN Progr. Rep., pp. 1-7, Aug. 2003.
[5. 43] D. Divsalar, S. Dolinar, C. Jones, and K. Andrews. Capacity approaching protograph codes. IEEE J. Sel. Areas Commun., Vol. 27, No. 6, pp. 876-888, Aug. 2009.
[5. 44] G. Liva and M. Chiani. Protograph LDPC codes design based on EXIT analysis. in Proc. IEEE GLOBECOM, pp. 3250-3254, Nov. 2007.
[5. 45] M. C. Davey and D. J. C. MacKay. Low density parity check codes over GF(q). IEEE Commun. Lett., Vol. 2, pp. 165-167, June 1998.
[5. 46] M. Lentmaier and K. S. Zigangirov. On generalized low-density parity-check codes based on hamming component codes. IEEE Commun. Lett., Vol. 3, pp. 248-250, Aug. 1999.
[5. 47] G. Liva and W. E. Ryan. Short low-error-floor Tanner codes with Hamming nodes. in Proc. IEEE Military Commun. Conf., pp. 208-213, Oct. 17-20, 2005.
[5. 48] J. F. Cheng and R. J. McEliece. Some high-rate near capacity codecs for the Gaussian channel. in Proc. 34th Allerton Conf. on Communications, Control and Computing, Oct. 1996.
[5. 49] A. J. Felström and K. S. Zigangirov. Time-varying periodic convolutional codes with low-density parity-check matrix. IEEE Trans. Inf. Theory, Vol. 45, No. 6, pp. 2181-2190, Sep. 1999.
[5. 50] M. G. Luby. LT codes. in Proc. 43rd Annual IEEE Symp. Foundations Comput. Sci., pp. 271-280, Nov. 16-19, 2002.
[5. 51] M. A. Shokrollahi. Raptor codes. IEEE Trans. Inf. Theory, Vol. 52, pp. 2551-2567, June 2006.
[5. 52] S. Kudekar, T. J. Richardson and R. L. Urbanke. Threshold saturation via spatial coupling: Why convolutional LDPC ensembles perform so well over the BEC. IEEE Trans. Inform. Theory, Vol. 57, No. 2, pp. 803-834, 2011.
[5. 53] E. Arıkan. Channel polarization: a method for constructing capacity-achieving codes for symmetric binary-input memoryless channels. IEEE Trans. Inf. Theory, Vol. 55, No. 7, pp. 3051-3073, Jul. 2009.
[5. 54] E. Arıkan. Systematic Polar Coding. IEEE Commun. Lett., Vol. 15, No. 8, pp. 860-862, Aug. 2011.
[5. 55] E. Arıkan and E. Telatar. On the rate of channel polarization. IEEE International Symposium on Informa-

tion Theory, pp. 1493-1495, 2009.

[5.56] S. B. Korada, E. Sasoglu and R. Urbanke. Polar Codes: Characterization of Exponent, Bounds, and Constructions. IEEE Transactions on Information Theory, Vol. 56, No. 12, pp. 6253-6264, 2010.

[5.57] K. Niu, K. Chen, J. R. Lin, Q. T. Zhang. Polar Codes: Primary Concepts and Practical Decoding Algorithms. IEEE Communications Magazine, Vol. 52, No. 7, pp. 192-203, July 2014.

[5.58] R. Mori and T. Tanaka. Performance of polar codes with the construction using density evolution. IEEE Commun. Lett., Vol. 13, No. 7, pp. 519-521, July 2009.

[5.59] I. Tal and A. Vardy. How to construct polar codes. IEEE Transactions on Information Theory, Vol. 59, No. 10, pp. 6562-6582, 2013.

[5.60] P. Trifonov. Efficient design and decoding of polar codes. IEEE Trans. Commun., Vol. 60, No. 11, pp. 3221-3227, Nov. 2012.

[5.61] C. Schürch. A partial order for the synthesized channels of a polar code. IEEE International Symposium on Information Theory (ISIT), pp. 220-224, 2016.

[5.62] G. N. He, J. C. Belfiore, et al. β-expansion: A Theoretical Framework for Fast and Recursive Construction of Polar Codes. IEEE GLOBECOM, pp. 1-6, 2017.

[5.63] J. C. Dai, K. Niu, et al. Does Gaussian Approximation Work Well for the Long-Length Polar Code Construction? IEEE Access, Vol. 5, pp. 7950-7963, 2017.

[5.64] K. Niu, K. Chen, J. R. Lin. Beyond turbo codes: Rate-compatible punctured polar codes. 2013 IEEE International Conference on Communications (ICC), June 2013.

[5.65] K. Niu, J. C. Dai, et al. Rate-Compatible Punctured Polar Codes: Optimal Construction Based on Polar Spectra. https://arxiv.org/pdf/1612.01352.

[5.66] R. Wang and R. Liu. A novel puncturing scheme for polar codes. IEEE Communications Letters, Vol. 18, No. 12, pp. 2081-2084, Dec. 2014.

[5.67] N. Hussami, S. B. Korada and R. Urbanke. Performance of polar codes for channel and source coding. IEEE Int. Symp. Inform. Theory (ISIT), pp. 1488-1492, July 2009.

[5.68] I. Tal, A. Vardy. List decoding of polar codes. IEEE Int. Symp. Inform. Theory (ISIT), pp. 1-5, 2011.

[5.69] K. Chen, K. Niu and J. Lin. List successive cancellation decoding of polar codes. Electronics Letters, Vol. 48, No. 9, pp. 500-552, Apr. 2012.

[5.70] K. Niu and K. Chen. Stack decoding of polar codes. Electronics Letters, Vol. 48, No. 12, pp. 695-696, 2012.

[5.71] K. Niu and K. Chen. CRC-aided decoding of polar codes. IEEE Commun. Lett., Vol. 16, No. 10, pp. 1668-1671, Oct. 2012.

[5.72] K. Chen, K. Niu and J. R. Lin. Improved successive cancellation decoding of polar codes. IEEE Trans. on Communications, Vol. 61, No. 8, pp. 3100-3107, Aug. 2013.

[5.73] B. Li, H. Shen and D. Tse. An Adaptive Successive Cancellation List Decoder for Polar Codes with Cyclic Redundancy Check. IEEE Commun. Lett., Vol. 16, No. 12, pp. 2044-2047, 2012.

[5.74] K. Niu, K. Chen and J. Lin. Low-Complexity Sphere Decoding of Polar Codes Based on Optimum Path Metric. IEEE Communications Letters, Vol. 18, No. 2, pp. 332-335, Feb. 2014.

[5.75] C. Leroux, A. J. Raymond, et. al. A Semi-Parallel Successive-Cancellation Decoder for Polar Codes. IEEE Trans. on Signal Process., Vol. 61, No. 2, pp. 289-299, Jan. 2013.

[5.76] C. Zhang and K. Parhi. Low-Latency Sequential and Overlapped Architectures for Successive Cancellation Polar Decoder. IEEE Trans. on Signal Process., Vol. 61, No. 10, pp. 2429-2441, 2013.

[5.77] K. Chen, K. Niu and J. R. Lin. An efficient design of bit-interleaved polar coded modulation. in IEEE Personal Indoor and Mobile Radio Communications (PIMRC), London, UK, Sept. 2013.

[5.78] N. Wiberg. Codes and decoding on general graphs. Ph. D. dissertation, Linkoping Univ., Linkoping, Sweden, 1996.

[5.79] N. Wiberg, H. A. Loeliger and R. Kotter. Codes and iterative decoding on general graphs. Eur. Trans. Telecomm., Vol. 6, pp. 513-525, Sept./Oct. 1995.
[5.80] F. R. Kschischang, B. J. Frey and H. L. Loeliger. Factor graphs and the sum-product algorithm. IEEE Trans. Inform. Theory, Vol. 47, No. 2, pp. 498-519, Feb. 2001.
[5.81] F. R. Kschischang and B. J. Frey. Iterative decoding of compound codes by probability propagation in graphical models. IEEE J. Select. Areas Commun., Vol. 16, pp. 219-230, Feb. 1998.
[5.82] S. M. Aji and R. J. McEliece. The generalized distributive law. IEEE Trans. Inform. Theory, Vol. 46, pp. 325-343, Mar. 2000.
[5.83] G. D. Forney Jr. Codes on graphs: Normal realizations. IEEE Trans. Inform. Theory, Vol. 47, pp. 520-548, Feb. 2001.
[5.84] J. C. Dai, K. Niu, et al. Polar-Coded Non-Orthogonal Multiple Access. IEEE Transactions on Signal Processing, Vol. 66, No. 5, pp. 1374-1389, 2018.
[5.85] J. C. Dai, K. Niu, et al. Polar-Coded MIMO Systems. IEEE Transactions on Vehicular Technology, Vol. 67, No. 7, pp. 6170-6184, 2018.
[5.86] 3GPP TS 25.212 V3.3.0. Multiplexing and Channel Coding (FDD), 2000.6.
[5.87] 3GPP2 C.S0002-A-1. Physical Layer Standard for CDMA2000 Spread Spectrum Systems, 2000.9.
[5.88] 3GPP TS 36.212, Va.4.0. Multiplexing and Channel Coding (FDD), 2011.6.
[5.89] 3rd Generation Partnership Project (3GPP). Multiplexing and channel coding. 3GPP 38.212 V.15.1.0, 2018.
[5.90] Qualcomm. LDPC Rate Compatible Design Overview. 3GPP TSG R1-1610137, Lisbon, Portugal, Oct. 2016.
[5.91] Huawei, HiSilicon. Polar codes-encoding and decoding[S/OL]. 3GPP TSG-RAN WG1 #85, R1-164039, 2016.
[5.92] J. G. Proakis 著. 张力军译. 数字通信(第四版). 北京:电子工业出版社,2003.
[5.93] 吴伟陵. 信息处理与编码. 北京:人民邮电出版社,2003.
[5.94] J. Pearl. Probabilistic Reasoning in Intelligent Systems. 2nd ed. San Francisco, CA: Kaufmann, 1988.
[5.95] S. Lin and D. J. Costello Jr. Error Control Coding: Fundamentals and Applications. Prentice-Hall, Englewood Cliffs, NJ, 1983.
[5.96] B. J. Frey. Graphical Models for Machine Learning and Digital Communication. Cambridge, MA: MIT Press, 1998.
[5.97] Best readings in polar coding, IEEE, 2019.
[5.98] D. K. Zhou, K. Niu and C. Dong. Universal Construction for Polar Coded Modulation. IEEE Access, Vol. 6, pp. 57518-57525, Oct. 2018.
[5.99] 牛凯. 极化码:原理与应用. 北京:科学出版社,2021.

习　题

5.1　在移动通信中,信道编码的主要功能有哪些?试举出几种最典型的信道编码类型并阐述其主要功能。

5.2　已知某汉明码的监督矩阵为 $\boldsymbol{H}=\begin{pmatrix}1&1&1&0&1&0&0\\0&1&1&1&0&1&0\\1&1&0&1&0&0&1\end{pmatrix}$,试求其生成矩阵 $\boldsymbol{G}=$?当输入序列 $u=$ 110101101010,求编码器的输出序列 c。

5.3　一个(7,3)线性分组码的生成矩阵为 $\boldsymbol{G}=\begin{pmatrix}0&1&0&1&1&1&0\\0&1&1&0&0&1&1\\1&0&0&0&1&1&1\end{pmatrix}$,试:①构造一个等价的系统生成矩阵 $\boldsymbol{G}'$;②求其监督矩阵 $\boldsymbol{H}$。

5.4　卷积码是无记忆编码还是有记忆编码?决定它的主要参数有哪些?描述它有几类方法?它们之中哪

种方法多用于编码？哪种方法多用于译码？

5.5　若一个(3,1,2)卷积码的生成多项式分别为：$g^1(x)=g^2(x)=1+x+x^2$，$g^3(x)=1+x^2$，试：①画出该卷积码编码器的结构图；②画出码树结构图；③画出格状结构图；④画出状态结构图。

5.6　为什么在移动通信中经常采用级联码？它有什么主要特点？在经常采用的串行级联码中，内码 $c_1=(n_1,k_1)$ 和外码 $c_2=(n_2,k_2)$ 各采用什么类型码？

5.7　在移动通信中为什么要采用交织编码？交织编码的主要特点是什么？它的主要缺点是什么？如何改进？

5.8　Turbo 码有哪些主要优缺点？它为什么能取得非常优良的性能？将它用于移动通信，适合于哪些业务？又不适合于哪些业务？为什么？

5.9　为什么说 TCM 码是一类高效率信道编码？在 TCM 码中的两类距离的含义是什么？它有哪些主要优点？

5.10　在 GSM 中全速率话音的信道编码有什么特色？又如何实现？

5.11　在 IS-95 中，下行业务信道采用(2,1,8)卷积码，已知其生成式(序列)为 $g^1=(753)_8$，$g^2=(561)_8$。试：①给出相应生成多项式 $g^1(x)=$？ $g^2(x)=$？ ②按上述生成多项式画出编码器的结构图。

5.12　在 IS-95 中，上行业务信道采用(3,1,8)卷积码，已知其生成式(序列)为 $g^1=(558)_8$，$g^2=(663)_8$，$g^3=(711)_8$。试：①给出相应生成多项式 $g^1(x)=$？ $g^2(x)=$？ $g^3(x)=$？ ②按上述生成多项式画出编码器的结构图。

5.13　在 CDMA2000 中，使用(2,1,8)、(3,1,8)和(4,1,8)三类卷积码，其中(4,1,8)卷积码的生成式(序列)为：$g^1=(765)_8$，$g^2=(671)_8$，$g^3=(513)_8$，$g^4=(473)_8$。试：①给出相应生成多项式 $g^1(x)=$？ $g^2(x)=$？ $g^3(x)=$？ $g^4(x)=$？ ②按上述生成多项式画出编码器的结构图。

5.14　在 WCDMA 中，主要使用(2,1,8)和(3,1,8)两类卷积码，它们的生成式(序列)分别为：$g_1^1=(561)_8$，$g_1^2=(753)_8$ 和 $g_2^1=(663)_8$，$g_2^2=(711)_8$。试：①给出相应生成多项式 $g_1^1(x)=$？ $g_1^2(x)=$？ $g_2^1(x)=$？ $g_2^2(x)=$？ ②按上述生成多项式画出编码器的结构图。

第 6 章　调制理论

从本章开始讨论传输的可靠性问题，首先讨论调制理论。无线通信系统中所采用的调制方式多种多样，从信号空间观点来看，调制实质上是从信道编码后的汉明空间到调制后的欧式空间的映射或变换。这种映射可以是一维的，也可以是多维的，既可以采用线性变换方式，也可以采用非线性变换方式。本章首先引入移动通信系统的抽象物理模型，然后从最基本的调制方式开始讨论，主要侧重各种调制方式接收性能。同时结合各类无线通信系统，介绍实际应用的调制方式的基本原理和结构。

6.1　移动通信系统的物理模型

第 2 章已较详细分析过移动信道，本章将针对传输的可靠性问题将移动信道与移动通信系统结合起来分析。在移动通信中，假设信道满足线性时变特性，则根据不同环境条件，可以给出下列各种类型的移动信道与相应的移动通信系统的物理模型，如图 6.1 所示。

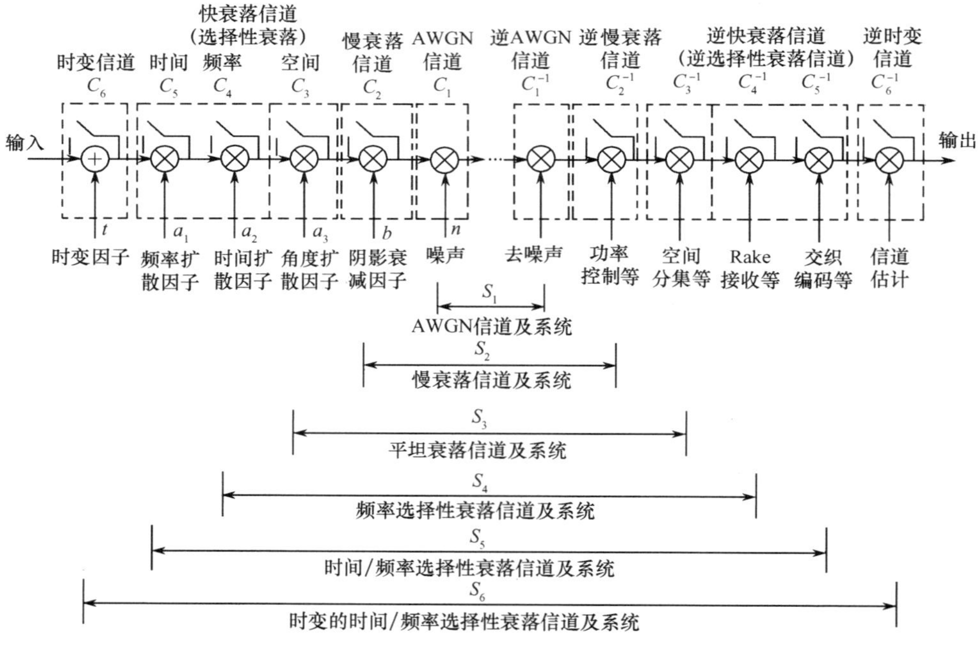

图 6.1　各种类型的移动信道与移动通信系统的物理模型

图 6.1 中，$S_i(i=1,2,3,4,5,6)$表示不同类型信道及相应的移动通信系统，按照通信系统的可靠性准则，要求

$$E[e(S_i)]=E[e(C_i,C_i^{-1})]\leqslant P_e(\text{平均误比特率，一般称为误比特率}) \tag{6.1.1}$$

式中，$e(\cdot)$表示误差函数；C_i 表示在不同环境条件下的客观信道特性；C_i^{-1} 表示对不同的 C_i 对应的逆变换，它是人为设计的与 C_i 统计匹配的信道处理技术，一般情况下可表示为

$$C_i^{-1}=T_i^{-1}\cdot R_i^{-1} \tag{6.1.2}$$

式中，T_i^{-1} 为特定要求下发送端对 C_i 的信号设计，如调制、编码、发送分集、扩频、预均衡及空时编码等。而 R_i^{-1} 则为与 T_i^{-1} 相对应的接收端的信号处理，如解调、译码、分集接收、解扩与 Rake 接收、自适应均衡及空时译码等，且 T_i^{-1} 和 R_i^{-1} 均可为 1，即系统中仅在发送端或仅在接收端进行逆变换信号处理。

6.1.1 理想加性白色高斯(AWGN)信道 C_1

移动通信中研究 AWGN 信道 C_1 的目的首先是由于它是最基本、最典型的恒参信道，是研究各类信道的基础。

实际的移动信道是具有时变特性的衰落信道，提高这类信道的抗干扰性能主要有两类方法：一类是适应信道，另一类是改造信道，即将信道改造为 AWGN 信道，这时研究 AWGN 信道将更具有实际的现实意义。

在 AWGN 信道中，典型的抗干扰措施是采用先进的调制与解调技术，以及采用性能优良的信道编译码技术，前者是本章研究的重点，后者是下一章的研究内容。

6.1.2 慢衰落信道 C_2

慢衰落信道是移动信道区别于有线信道的最基本特征之一，也是进一步研究各类快衰落信道的基础。慢衰落信道在有些文献资料中称为中尺度或大尺度传播特性，或称为阴影衰落信道。

克服慢衰落的典型方法有：

① 对电路交换型业务，特别是话音业务采用功率控制技术；

② 对于分组交换型业务，特别是数据业务采用自适应速率控制更合适。这些自适应技术将在第 13 章进一步讨论。

6.1.3 快衰落信道 C_3、C_4、C_5 与 C_6

在一些文献中称它们为小尺度传播特性，快衰落是移动信道最主要的特色，又可划分为下列 3 类。

① 由于传播中天线的角度扩散引起的空间选择性衰落。其最有效的解决方法是空间分集和其他空域处理方法。

② 由于多径传播带来的时延功率谱的扩散而引起的频率选择性衰落，它在宽带移动通信中尤为突出。其最有效的解决方法有自适应均衡、正交频分复用（OFDM）及 CDMA 系统中的 Rake 接收等。

③ 由于用户高速移动导致的频率扩散即多普勒频移而引入的时间选择性衰落，它在高速移动通信中尤为突出。其最有效的解决方法是采用信道交织编码技术，即将由于时间选择性衰落带来的大突发性差错信道改造成为近似性独立差错的 AWGN 信道。

上述 3 种类型的快衰落信道可分别记为C_3、C_4 和C_5。若将时变因子单独予以考虑，则可以构成时变信道C_6。但是实际的衰落信道特别是各类快衰落信道与时变特性是密不可分的，仅有慢衰落的时变特性可以单独予以考虑。

上述移动信道物理模型在实际问题中往往可以分为下列 4 个常用信道模型。

① AWGN 信道模型：这类信道服从正态（高斯）分布，是恒参信道中最典型的一类信道，也是无线移动信道等变参信道的努力方向和改造目标。

② 慢衰落信道：这类信道服从对数正态分布，它是研究无线移动信道的基础。

③ 平坦 Rayleigh 衰落信道：这类信道遵从 Rayleigh 或 Rice 分布，是最典型的宽带无线和慢速移动的信道模型。在快衰落中，仅仅考虑了空间选择性衰落。

④ 选择性衰落信道可分为两类：频率选择性衰落信道，是典型的宽带无线和慢速移动信道；时间选择性衰落信道，是典型的宽带无线和快速移动信道。

6.1.4 传输可靠性与抗衰落、抗干扰性能

下面给出移动通信系统传输可靠性及抗衰落、抗干扰性能的总体分析思路。无线传输主要取决于下列因素。

（1）传播损耗

它是从宏观角度考虑的损耗，又称为大尺度传播特性。传播损耗随着距离的 2～5.5 次方迅速衰减，即正比于 $d^{-5.5\sim-2}$。克服它的唯一方法是增大设备能力，如增加发射功率、提高发送与接收天线增益等。

（2）慢衰落

它是由阴影效应引起的，又称为中尺度传播特性，慢衰落若按 90%的出现概率考虑，其深度大约为 10dB。对于 IS-95 系统，其特性可参见图 6.2，图中 20dB（－10.24dB～＋10.24dB）就是抗慢衰落的潜在增益。

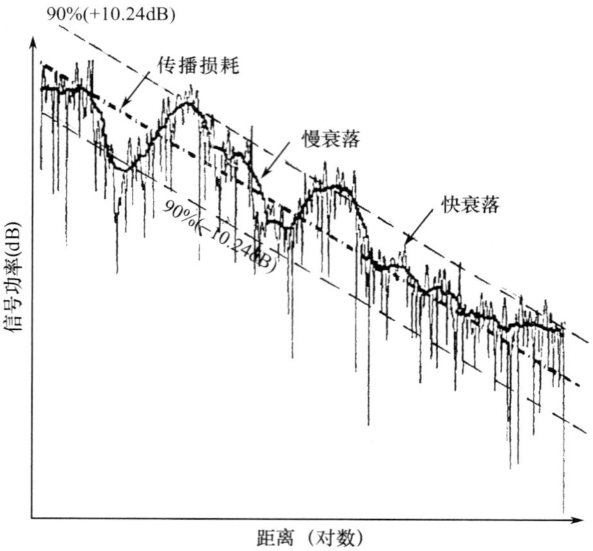

图 6.2　IS-95 系统的慢衰落特性

（3）快衰落

它是由传输中角度域、时域和频域扩散而引起的空间、频率与时间选择性衰落，又称为小尺度传播特性。

① 空间选择性衰落：是由系统及传输中角度扩散而引起的，通常又称为平坦 Rayleigh 衰落。

② 频率选择性衰落：是由传播中多径产生的时延功率谱即时域的扩散而引入的。

③ 时间选择性衰落：是由移动终端快速运动形成的多普勒频移即频域扩散而引入的。

以上 3 类快衰落及其抵抗措施与性能的改善而带来的抗衰落潜在增益和抗白噪声干扰的潜在增益可以用图 6.3 表示。

分析以上图形，可以很清楚地看出，移动信道是一类极其恶劣的信道，必须采用多种抗衰落、

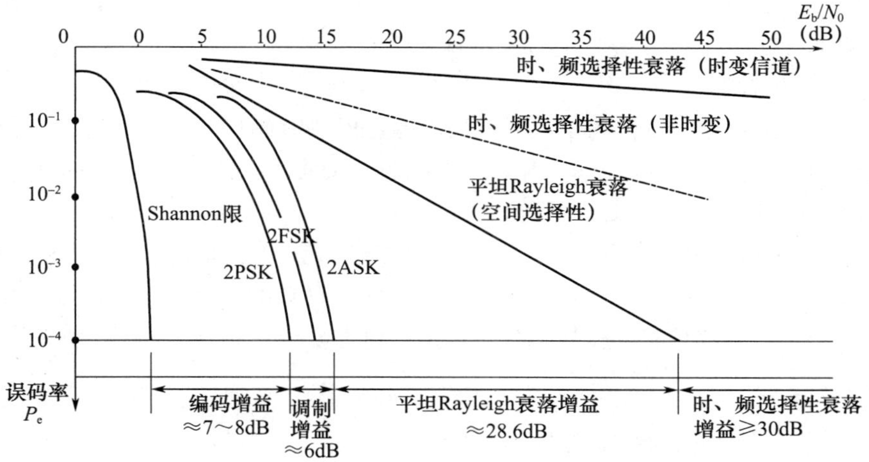

图 6.3　移动通信中各类快衰落及白噪声的潜在增益

抗干扰手段才能保证可靠通信，从总体上来看：

① 对付大尺度传播特性引入的衰耗仅能靠增大设备能力的方式。

② 对付中尺度传播特性的慢衰落，一般可采用链路自适应方式。对于电路交换型业务，适宜于采用功率控制技术；而对于分组交换型业务，则适宜于链路的速率自适应技术。其潜在抗慢衰落能力（增益）约为 20dB。

③ 对付小尺度传播特性的快衰落，对于克服平坦 Rayleigh（空间选择性）衰落，当 $P_e=10^{-4}$ 时，约有 28.6dB 的潜在增益；若进一步考虑频率与时间选择性衰落，当 $P_e=10^{-4}$ 时，有大于 30dB 的潜在增益。

④ 对于 AWGN 信道，其调制增益约为 6dB；其编码潜在增益，当 $P_e=10^{-4}$ 时，约为 7～8dB。

上述分析对于慢时变信道，必须依据准确的信道估计技术，否则将带来一定程度的性能恶化。

6.2　调制/解调的基本功能与要求

6.2.1　调制/解调的基本功能

1. 载荷信息、频谱搬移

它是调制的最基本功能，是将待传送的基带信号通过载波调制，并将其载荷搬移至适应不同信道特性的射频频段上进行传输。这一过程一般分为两步：首先将含有信息的基带信号利用标准的中频载波如 70MHz 调制载荷至中频频段；再通过混频，将中频信号搬移至所需射频频段。上述两步也可以合并为一步，即直接进行射频调制，进入射频信道。

2. 抗干扰特性

它是调制最主要的特性，主要研究不同调制方式的抗干扰特性与比较，以选择在不同条件下的最佳调制方式。

调制方式的抗干扰特性可采用误比特率 P_b（或误码率 P_s）公式来表示。在工程上一般常采用归一化信噪比 E_b/N_0 与 P_b 之间的关系图来表示。

3. 频谱有效性

它是调制的另一个主要功能，主要体现在通信系统的有效性和数量指标方面。频谱有效性可采用单位频带单位时间所传送的信息量，即 bps/Hz 来度量。提高频谱有效性主要依靠高效率的多进制调制(如 MPSK、MQAM 等)来实现。

4. 调制信号的峰平比

峰平比是指已调信号的峰值功率与平均功率的比值，特别对于 CDMA 的多个码分信道叠加时，它将直接影响高功放器件的线性度和动态范围等工程实现性能。另外，工程上还希望实现调制/解调器件简单可靠，体积小，造价低等。

综上所述，在移动通信中对调制方式的选择主要有 3 条：首先是可靠性，即抗干扰性能，选择具有低误比特率的调制方式，其功率谱密度集中于主瓣内；其次是有效性，这主要体现在选取频谱有效的调制方式上，特别是多进制调制；第三是工程上易于实现，这主要体现在恒包络与峰平比的性能上。

6.2.2 数字式调制/解调的分类

数字式调制是将数字基带信号通过正弦载波相乘调制成带通型信号。其基本原理是用数字基带信号 0 与 1 去控制正弦载波中的一个参量。若控制载波的幅度，称为振幅键控(ASK)；若控制载波的频率，称为频率键控(FSK)；若控制载波的相位，称为相位键控(PSK)；若联合控制载波的幅度与相位，称为幅度相位调制，又称为正交幅度调制(QAM)。

若将上述由 0 与 1 组成的基带二进制信号调制进一步推广至多进制信号，将产生相应的 MASK、MFSK、MPSK 和 MQAM 调制。

在实际的移相键控方式中，为了克服在接收端产生的相位模糊度，往往将绝对移相改为相对移相 DPSK 及 DQPSK。另外，为了降低已调信号的峰平比，又引入了偏移 QPSK(OQPSK)、π/4-DQPSK、正交复四相相移键控(OCQPSK)及混合相移键控(HPSK)等。

在二进制基带信号调制中，为了彻底消除由于相位跃变带来的峰平比增加和频带扩展，又引入了有记忆的非线性连续相位调制(CPM)、最小频移键控(MSK)、GMSK(高斯型 MSK)及平滑调频(TFM)等。

上述调制中仅有 CPM、MSK、GMSK 和 TFM 属于有记忆的非线性调制，其余调制均属于无记忆的线性调制。

上述调制中最基本的调制为 2ASK、2FSK、BPSK(2PSK)，后面将进行重点分析。移动通信中最常用的调制方式有两大类。

① 1986 年以前，由于线性高功放未取得突破性的进展，移动通信中调制技术青睐于恒包络调制的 MSK 和 GMSK。比如，GSM 系统采用的就是 GMSK 调制，但是它实现较复杂，且频谱效率较低。

② 1986 年以后，由于实用化的线性高功放已取得了突破性的进展，人们又重新对简单易行的 BPSK 和 QPSK 予以重视，并在它们的基础上改善了峰平比、提高了频谱利用率，如 OQPSK、CQPSK 和 HPSK。

在 CDMA 中，由于有专门的导频信道或者导频符号传送，因此 CDMA 中不采用相对移相的 DPSK 和 DQPSK 等。

6.2.3 基本调制方法原理及性能简要分析

2ASK、2FSK、BPSK 和 2DPSK 调制原理波形如图 6.4 所示。

下面给出两种等效的二进制信号调制性能分析方法。

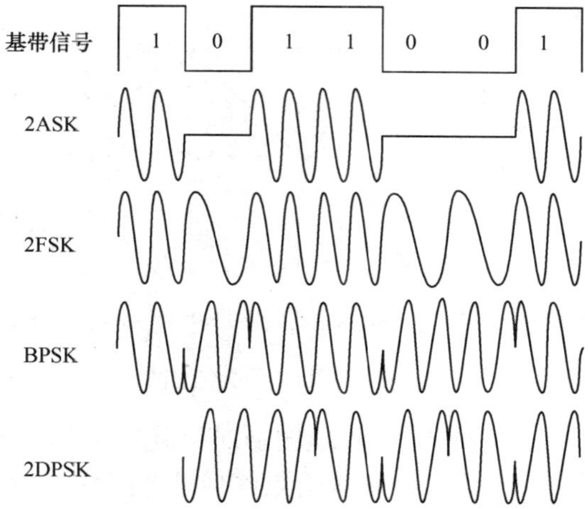

图 6.4　2ASK、2FSK、BPSK 和 2DPSK 调制原理波形

1. 欧式空间距离法

将二进制已调信号表达为二维欧式空间的距离，显然距离越大，抗干扰性就越强。

(1) 2ASK

当基带信号为“0”时，不发送载波，记为 $A_0=0\text{V}$；当基带信号为“1”时，发送归一化载波，记为 $A_1=1\text{V}$。则 2ASK 信号空间图可用图 6.5 表示。

(2) 2FSK

当基带信号为“0”时，发送归一化幅度的 f_0 载波，记为 f_0；当基带信号为“1”时，发送归一化幅度的 f_1 载波，记为 f_1。则 2FSK 信号空间图可用图 6.6 表示(为了使 f_0、f_1 互不干扰，f_0、f_1 应互相正交)。

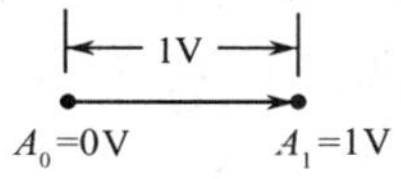

图 6.5　2ASK 信号空间图

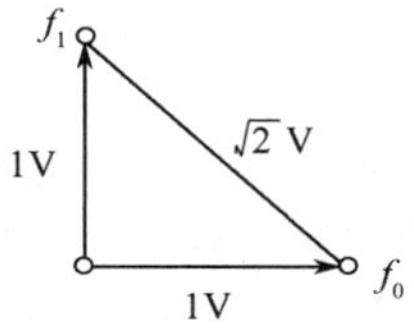

图 6.6　2FSK 信号空间图

(3) BPSK

当基带信号为“0”时，发送归一化幅度相位 $\varphi_0=0$ 载波，记为 φ_0；当基带信号为“1”时，发送归一化幅度相位 $\varphi_1=\pi$ 载波，记为 φ_1。则 BPSK 信号空间图可用图 6.7 表示。

图 6.7(a)是标准 BPSK 星座图，两个信号点位于横轴上，都是实信号。而图 6.7(b)给出的是 5G NR 标准采用的 BPSK 星座图[6.8]，比特 $b(i)$ 到信号 $d(i)$ 的映射关系为

$$d(i)=\frac{1}{\sqrt{2}}[(1-2b(i))+\mathrm{j}(1-2b(i))] \tag{6.2.1}$$

明显可以看到，相对标准 BPSK 星座图，5G NR 中的 BPSK 星座图逆时针旋转 90°，得到的是 I/III 象限的复信号。图 6.7(c)给出的是 5G NR 标准采用的 π/2-BPSK 星座，比特 $b(i)$ 到信号 $d(i)$ 的映射关系为

$$d(i)=\frac{\mathrm{e}^{\mathrm{j}\frac{\pi}{2}(i \bmod 2)}}{\sqrt{2}}[(1-2b(i))+\mathrm{j}(1-2b(i))] \tag{6.2.2}$$

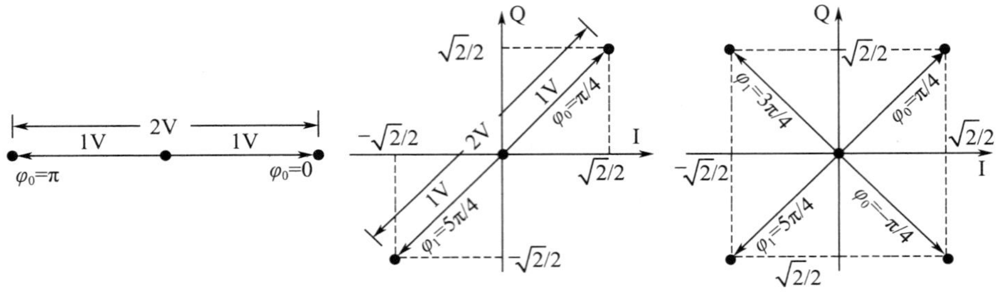

(a) 标准BPSK星座图　(b) BPSK星座图(5G NR)　(c) π/2-BPSK星座图(5G NR)

图 6.7　BPSK 信号空间图

这种调制方式，在相邻两个比特周期，星座图逆时针旋转 90°，BPSK 信号或者在Ⅰ/Ⅲ象限取值，或者在Ⅱ/Ⅳ象限取值。π/2-BPSK 能够有效降低信号波形的峰平比。

由于 $2\mathrm{V}>\sqrt{2}\,\mathrm{V}>1\mathrm{V}$，可知 BPSK 的抗干扰性能最佳，2FSK 次之，2ASK 性能最差。

2. 误码性能的解析表达式

若 3 类调制方式均采用理想的相干解调方式，其误比特率公式如下所示。

（1）2ASK

$$P_{\mathrm{b}}=\frac{1}{2}\mathrm{erfc}\left(\sqrt{\frac{E_{\mathrm{b}}}{4N_0}}\right)=Q\left(\sqrt{\frac{E_{\mathrm{b}}}{2N_0}}\right) \tag{6.2.3}$$

（2）2FSK

$$P_{\mathrm{b}}=\frac{1}{2}\mathrm{erfc}\left(\sqrt{\frac{E_{\mathrm{b}}}{2N_0}}\right)=Q\left(\sqrt{\frac{E_{\mathrm{b}}}{N_0}}\right) \tag{6.2.4}$$

（3）BPSK

$$P_{\mathrm{b}}=\frac{1}{2}\mathrm{erfc}\left(\sqrt{\frac{E_{\mathrm{b}}}{N_0}}\right)=Q\left(\sqrt{\frac{2E_{\mathrm{b}}}{N_0}}\right) \tag{6.2.5}$$

若将式(6.2.3)、式(6.2.4)和式(6.2.5)画成图形，误码性能的图形表达式如图 6.8 所示。

由上述 3 类分析方式可得出下列结论：在 3 种基本调制方式中，BPSK 抗干扰性能最佳。所以在移动通信中也不例外，其调制方式均以 BPSK 为基础。

6.3　MSK/GMSK 调制

6.3.1　为什么采用 GMSK 调制

前面已介绍过在 1986 年线性高功放未取得突破性进展以前，移动通信中的调制是以恒包络调制技术为主体的。

MSK 调制是一种恒包络调制，这是因为 MSK 是属于二进制连续相位移频键控（CPFSK）的一种特殊情况，它不存在相位跃变点，因此在限带系统中，能保持恒包络特性。

恒包络调制有以下优点：极低的旁瓣能量；可使用高效率的 C 类高功率放大器；容易恢复用于相干解调的载波；已调信号峰平比低。

MSK 是 CPFSK 满足移频系数 $h=0.5$ 时的特例：当 $h=0.5$ 时，满足在码元交替点相位连续的条件，是移频键控为保证良好的误码性能所允许的最小调制指数；且此时波形的相关系数为 0，待传送的两个信号是正交的。

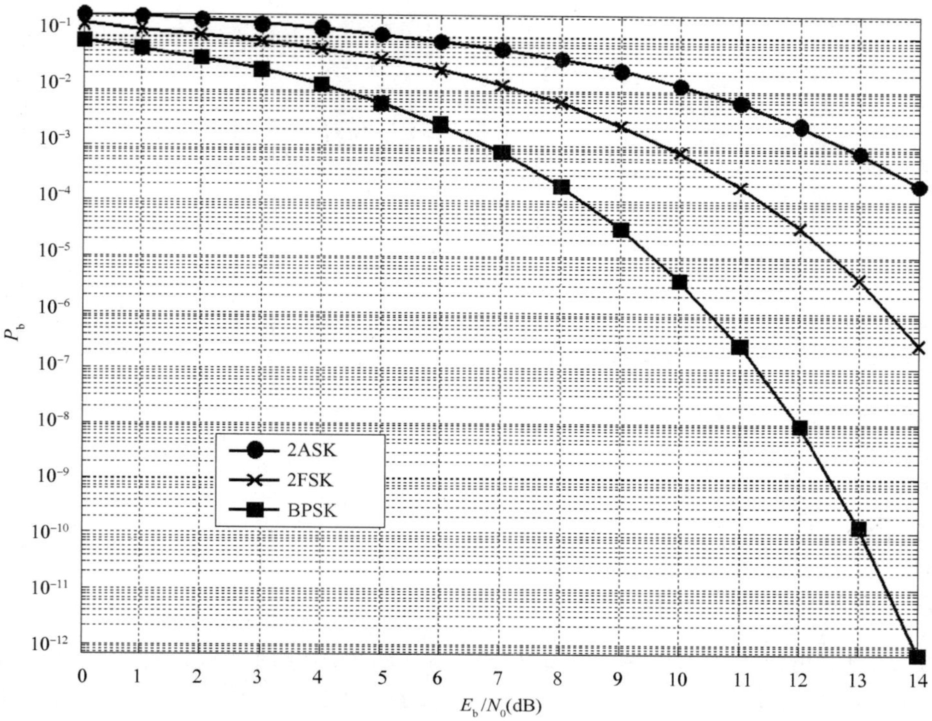

图 6.8 不同二进制调制方式 P_b 与 E_b/N_0 关系曲线

GMSK 是 MSK 的进一步优化方案。在数字移动通信中，当采用较高的传输速率时，要寻求更为紧凑的功率谱、更高的频谱利用效率，因此要求对 MSK 进一步优化。GMSK 属于 MSK 简单的优化方案，它只需在 MSK 调制前附加一个高斯型前置低通滤波器，以进一步抑制高频分量，防止过量的瞬时频率偏移及满足相干检测的需求。

6.3.2 MSK 信号形式

一个二进制移频键控信号中的第 k 个码元的波形可表示为

$$X(t)=A\cos[\omega_0 t+\varphi_k(t)],kT\leqslant t\leqslant(k+1)T \tag{6.3.1}$$

式中，附加相位为 $\varphi_k(t)$，且 $\dfrac{\mathrm{d}\varphi_k(t)}{\mathrm{d}t}=a_k\omega_\mathrm{d}$，$\omega_\mathrm{d}$ 为频差，而

$$a_k=\pm 1 \tag{6.3.2}$$

瞬时频率为

$$\omega=\omega_0+a_k\omega_\mathrm{d}=\omega_0\pm\omega_\mathrm{d} \tag{6.3.3}$$

当载波频移量最小时（频差最小），这时调制指数为频差 $\omega_2-\omega_1$ 与数据速率 ω_b 之比，即

$$h=\frac{\omega_2-\omega_1}{\omega_\mathrm{b}} \tag{6.3.4}$$

而将 $\omega_2=\omega_0+\omega_\mathrm{d}$，$\omega_1=\omega_0-\omega_\mathrm{d}$ 代入上式，求得

$$h=\frac{\omega_0+\omega_\mathrm{d}-\omega_0+\omega_\mathrm{d}}{\omega_\mathrm{b}}=\frac{2\omega_\mathrm{d}}{\omega_\mathrm{b}} \tag{6.3.5}$$

MSK 是 CPFSK 当 $h=0.5$ 时的特例，将其代入上式可得

$$h=\frac{2\omega_{\mathrm{d}}}{\omega_{\mathrm{b}}}=0.5=\frac{1}{2}\text{，有 }\omega_{\mathrm{b}}=4\omega_{\mathrm{d}} \tag{6.3.6}$$

而

$$\frac{\mathrm{d}\varphi_k(t)}{\mathrm{d}t}=a_k\omega_{\mathrm{d}}=a_k\times\frac{\omega_{\mathrm{b}}}{4}=a_k\times\frac{2\pi f_{\mathrm{b}}}{4}=a_k\ \frac{\pi}{2T_k} \tag{6.3.7}$$

$$\varphi_k(t)=\int\frac{\mathrm{d}\varphi_k(t)}{\mathrm{d}t}\mathrm{d}t=a_k\times\frac{\pi t}{2T_k}+\varphi_k\quad(\varphi_k\text{ 是积分常数}) \tag{6.3.8}$$

将上式代入式(6.3.1)，可得

$$X(t)=A\cos\left[\omega_0 t+a_k\times\frac{\pi t}{2T_k}+\varphi_k\right] \tag{6.3.9}$$

将其展开后，可得

$$X(t)=A\cos\left(a_k\times\frac{\pi t}{2T_k}+\varphi_k\right)\cos\omega_0 t-A\sin\left(a_k\times\frac{\pi t}{2T_k}+\varphi_k\right)\sin\omega_0 t \tag{6.3.10}$$

式(6.3.9)和式(6.3.10)为 MSK 的基本表达式。

6.3.3 MSK 调制器结构

由式(6.3.10)可以直接给出一种产生 MSK 调制信号的原理结构，如图 6.9 所示。图中主要实现步骤如下：输入为二元码 $a_k=\pm1$，经预编码(差分编码)后得 $b_k=a_k\oplus a_{k-1}$，再经串/并变换后变成两路并行双极性不归零码，且相互间错开一个 T_{b} 波形，分别为 $b_{\mathrm{I}}(t)$和 $b_{\mathrm{Q}}(t)$，符号宽度为 $2T_{\mathrm{b}}$。$b_{\mathrm{I}}(t)$和 $b_{\mathrm{Q}}(t)$分别乘以 $\cos\left(\frac{\pi t}{2T_{\mathrm{b}}}\right)$和 $\sin\left(\frac{\pi t}{2T_{\mathrm{b}}}\right)$，再乘以载波分量 $\cos\omega_0 t$ 与 $\sin\omega_0 t$，上、下两路信号相加，即求得 MSK 信号 $X(t)$。即

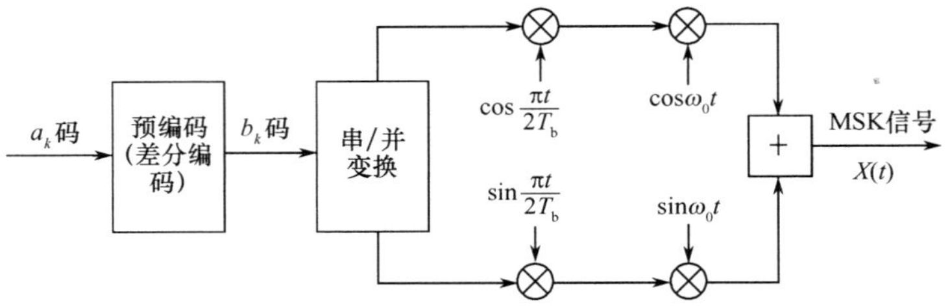

图 6.9　MSK 调制器的原理结构

$$X(t)=b_{\mathrm{I}}(t)\cos\left(\frac{\pi t}{2T_{\mathrm{b}}}\right)\cos\omega_0 t+b_{\mathrm{Q}}(t)\sin\left(\frac{\pi t}{2T_{\mathrm{b}}}\right)\sin\omega_0 t \tag{6.3.11}$$

再经三角变换可得

$$X(t)=\cos\left[\omega_0 t-b_{\mathrm{I}}(t)b_{\mathrm{Q}}(t)\frac{\pi t}{2T_{\mathrm{b}}}+\varphi(t)\right] \tag{6.3.12}$$

式中，当 $b_{\mathrm{I}}(t)=1$ 时，$\varphi(t)=0$；当 $b_{\mathrm{I}}(t)=-1$ 时，$\varphi(t)=\pi$。

这时，上式可写成

$$X(t)=\cos\left\{\omega_0 t+[b_{\mathrm{I}}(t)\oplus b_{\mathrm{Q}}(t)]\frac{\pi t}{2T_{\mathrm{b}}}+\varphi(t)\right\}=\cos\left[\omega_0 t+a(t)\frac{\pi t}{2T_{\mathrm{b}}}+\varphi(t)\right] \tag{6.3.13}$$

显然，上式也是 MSK 的一种等效信号表示式。

6.3.4 MSK 信号的特点

MSK 已调信号幅度是恒定的，在一个码元周期内，信号应包含 1/4 载波周期的整数倍。码元转换时，相位是连续无突变的。信号频偏严格地等于$\pm 1/4T_b$，相应调制指数为 $h=(\omega_2-\omega_1)/\omega_b=(f_2-f_1)/T_b=0.5$。以载波相位为基准的信号相位在一个码元周期内准确地线性变化$\pm\pi/2$。

6.3.5 MSK 解调器结构

实际解调器往往需要解决载波恢复时的相位模糊问题，因此在编码器中采用差分编码的预编码是必要的，同时在接收端必须在正交相干解调器输出端附加一个差分译码器。

MSK 解调器的原理结构如图 6.10 所示。图中，$X(t)=b_I(t)\cos\left(\frac{\pi t}{2T_b}\right)\cos\omega_0 t+b_Q(t)\sin\left(\frac{\pi t}{2T_b}\right)\sin\omega_0 t$。定时时钟速率为$\frac{1}{2T_b}$，需要一个专门的同步电路来提取，如平方环、科斯塔斯环、判决反馈环、逆调制环等。

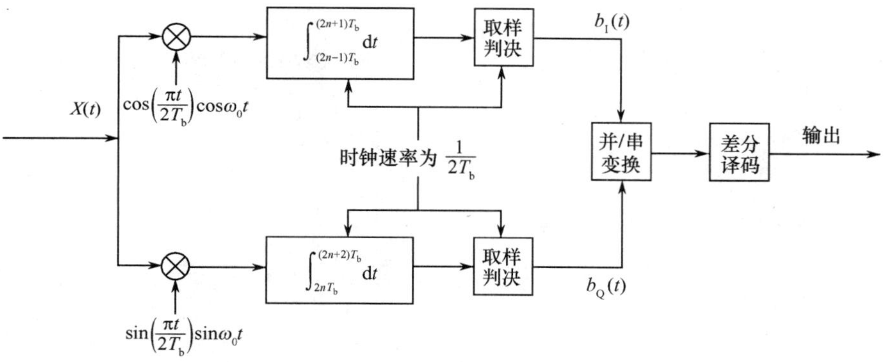

图 6.10 MSK 解调器的原理结构

6.3.6 MSK 与 GMSK 信号的功率谱密度

以上 3 类调制方式的基础是 BPSK，即 QPSK 和 MSK 均是由 BPSK 演变形成的，下面首先给出求它们的功率谱密度的基本思路。

首先，给出 3 类调制信号的表达式。

BPSK

$$X(t)=A\cos[\omega_0 t+\varphi_k(t)] \tag{6.3.14}$$

当比特信号 $b(t)=0$ 时，$\varphi(t)=0$；$b(t)=1$ 时，$\varphi(t)=\pi$，这时上式可改变为

$$X(t)=Ab(t)\cos\omega_0 t \tag{6.3.15}$$

QPSK

$$X(t)=\frac{A}{\sqrt{2}}[b_I(t)\cos\omega_0 t+b_Q(t)\sin\omega_0 t] \tag{6.3.16}$$

MSK：将上述 QPSK 的 $b_I(t)$与 $b_Q(t)$波形由矩形脉冲变为

$$b_{\mathrm{I}}(t) \to b_{\mathrm{I}}(t)\cos\left(\frac{\pi t}{2T_{\mathrm{b}}}\right), b_{\mathrm{Q}}(t) \to b_{\mathrm{Q}}(t)\sin\left(\frac{\pi t}{2T_{\mathrm{b}}}\right) \tag{6.3.17}$$

即

$$X(t)=\frac{A}{\sqrt{2}}\left[b_{\mathrm{I}}(t)\cos\frac{\pi t}{2T_{\mathrm{b}}}\cos\omega_0 t+b_{\mathrm{Q}}(t)\sin\frac{\pi t}{2T_{\mathrm{b}}}\sin\omega_0 t\right] \tag{6.3.18}$$

其次，给出上述 3 类时域表达式的对应频域表达式，这由傅里叶变换来完成，即

$$S(f)=\int_{-\frac{T_{\mathrm{b}}}{2}}^{\frac{T_{\mathrm{b}}}{2}} X(t)\mathrm{e}^{-\mathrm{j}\omega t}\,\mathrm{d}t \tag{6.3.19}$$

最后，由 3 类不同信号谱函数求出 3 类不同的功率谱密度函数，即由公式

$$G(f)=\frac{1}{T_{\mathrm{b}}}|S(f)|^2 \tag{6.3.20}$$

求得 3 类调制信号的功率谱密度分别为

$$G_{\mathrm{BPSK}}(f)=\frac{E_{\mathrm{b}}}{2}T_{\mathrm{b}}\left[\frac{\sin\pi fT_{\mathrm{b}}}{\pi fT_{\mathrm{b}}}\right]^2 \quad (其中信号幅度 A=\sqrt{\frac{E_{\mathrm{b}}}{2}}) \tag{6.3.21}$$

$$G_{\mathrm{QPSK}}(f)=E_{\mathrm{b}}T_{\mathrm{b}}\left[\frac{\sin\pi fT_{\mathrm{b}}}{\pi fT_{\mathrm{b}}}\right]^2 \quad (其中信号幅度 A=\sqrt{2E_{\mathrm{b}}}) \tag{6.3.22}$$

$$G_{\mathrm{MSK}}(f)=\frac{8}{\pi^2}E_{\mathrm{b}}T_{\mathrm{b}}\left[\frac{\sin\pi fT_{\mathrm{b}}}{\pi fT_{\mathrm{b}}}\right]^2 \tag{6.3.23}$$

BPSK、QPSK、MSK、GMSK 的功率谱密度如图 6.11 所示。

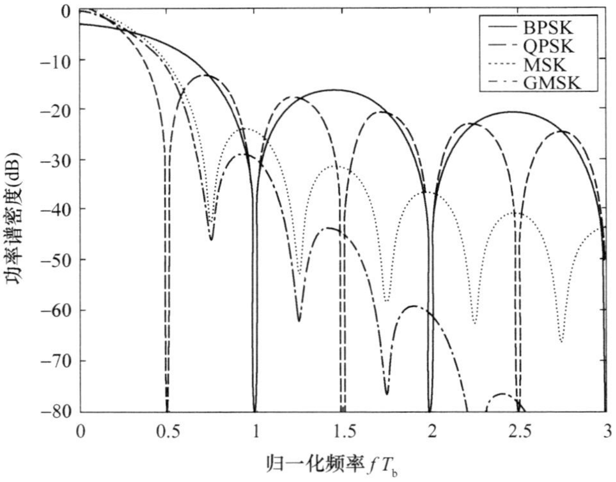

图 6.11　BPSK、QPSK、MSK、GMSK 的功率谱密度

由图 6.11 可见，MSK、GMSK 的频谱效率介于 BPSK 与 QPSK 之间，即比 BPSK 好，但不如 QPSK，因为 QPSK 第一零点在归一化频率 $fT_{\mathrm{b}}=0.5$ 处，而 BPSK 的第一零点在 $fT_{\mathrm{b}}=1$ 处，MSK 与 GMSK 的第一零点在 $fT_{\mathrm{b}}=0.75$ 处。从抗干扰性即功率效率看，GMSK 最好，MSK 次之，QPSK 与 BPSK 性能最差。

GMSK 信号的功率谱密度 $G(f)$ 如图 6.12 所示。其中，B 为高斯滤波器的 3dB 带宽；T_{b} 为比特周期。

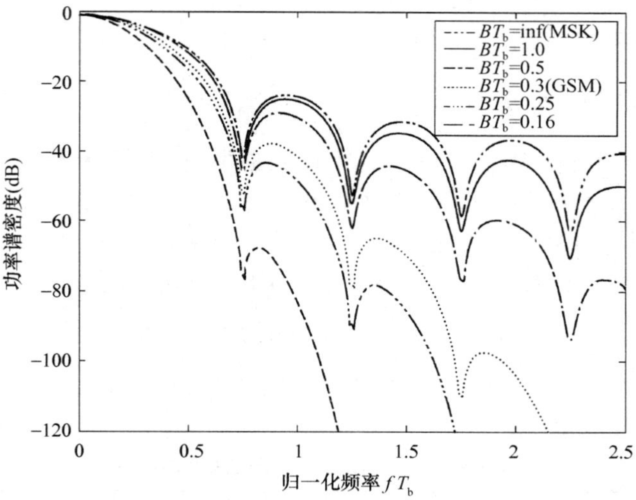

图 6.12　GMSK 信号的功率谱密度

6.3.7　MSK 与 GMSK 的误比特率公式

对于 AWGN 信道，接收端采用相干解调时，有

$$P_b=\frac{1}{2}\text{erfc}\left[\sqrt{\frac{2\gamma E_b}{N_0}}\right]=Q\left[\sqrt{\frac{2\gamma E_b}{N_0}}\right] \tag{6.3.24}$$

式中，系数 $\gamma=\begin{cases}0.68\text{，对 GMSK，}BT_b=0.25\\0.85\text{，对 MSK，}BT_b=\infty\end{cases}$。

6.3.8　GMSK 调制的小结

GMSK 抗干扰性能接近于最优的 BPSK，$P_b=\frac{1}{2}\text{erfc}\left[\sqrt{\frac{2\gamma E_b}{N_0}}\right]=Q\left[\sqrt{\frac{0.68\times 2E_b}{N_0}}\right]$，频谱效率比 BPSK 好(就归一化频率而言)。

BPSK：归一化频率 $fT_b=1$(对于第一个零点，即带宽)。

GMSK：归一化频率 $fT_b=0.75$(对于第一个零点，即带宽)。

GMSK 是恒定包络调制，这是因为它属于连续相位调制，不存在相位跃变点，而 BPSK、QPSK 由于存在明显的相位跃变点，所以不属于恒定包络调制，工程实现上 GMSK 对高功率放大器要求低(线性度)，功放效率高。综上所述，GMSK 是一类性能最优秀的二进制调制方式。

6.4　π/4-DQPSK 调制

调制方式的选择对于数字移动通信系统是非常重要的。北美的 IS-54 TDMA 标准、日本的 PDC、PHS 标准均采用了 π/4-DQPSK 作为调制方式。π/4-DQPSK 调制是一种正交差分移相键控调制，它的最大相位跳变值介于 OQPSK 和 QPSK 之间。对于 QPSK 而言，最大相位跳变值为 180°，而 OQPSK 调制的最大相位跳变值为 90°，π/4-DQPSK 调制则为 ±135°。π/4-DQPSK 调制是前两种调制方式的折中，一方面，它保持了信号包络基本不变的特性，降低了对于射频器件的工艺要求；另一方面，它可以采用非相干检测，从而大大简化了接收机的结构。但采用差分检测方法，其性能比相干 QPSK 有较大的损失，因此利用 π/4-DQPSK 的有记忆调制特性，也可以采用 Viterbi 算法的检测方法。

6.4.1 π/4-DQPSK 差分检测

π/4-DQPSK 的调制过程为：假设输入信号流经过串/并变换得到两路数据流 $m_{\mathrm{I},k}$ 和 $m_{\mathrm{Q},k}$，根据表 6.1 给出的相位偏移映射关系，可得 k 时刻的相位偏移值 φ_k，从而得到当前时刻的相位值 θ_k。这样由 $k-1$ 时刻的同相分量和正交分量信号 I_{k-1}、Q_{k-1} 及 k 时刻的相位 θ_k，就可得到当前时刻的同相分量和正交分量 I_k、Q_k。π/4-DQPSK 的调制方式可表示为

$$\begin{cases} I_k = \cos\theta_k = I_{k-1}\cos\varphi_k - Q_{k-1}\sin\varphi_k \\ Q_k = \sin\theta_k = I_{k-1}\sin\varphi_k + Q_{k-1}\cos\varphi_k \end{cases} \tag{6.4.1}$$

式中，$\theta_k = \theta_{k-1} + \varphi_k$，$I_0 = 1$，$Q_0 = 0$。

表 6.1 π/4-DQPSK 信号相位偏移映射关系

信息比特 $m_{\mathrm{I},k}$ 和 $m_{\mathrm{Q},k}$	相位偏移 φ_k	信息比特 $m_{\mathrm{I},k}$ 和 $m_{\mathrm{Q},k}$	相位偏移 φ_k
11	$\pi/4$	00	$-3\pi/4$
01	$3\pi/4$	10	$-\pi/4$

π/4-DQPSK 调制的星座图如图 6.13 所示。由图可知，相邻时刻的信号点之间的相位跳变不超过 3π/4，且某个时刻的信号点只能在 4 个信号点构成的子集中选择，这样 π/4-DQPSK 星座图实际上表示了信号点的状态转移。

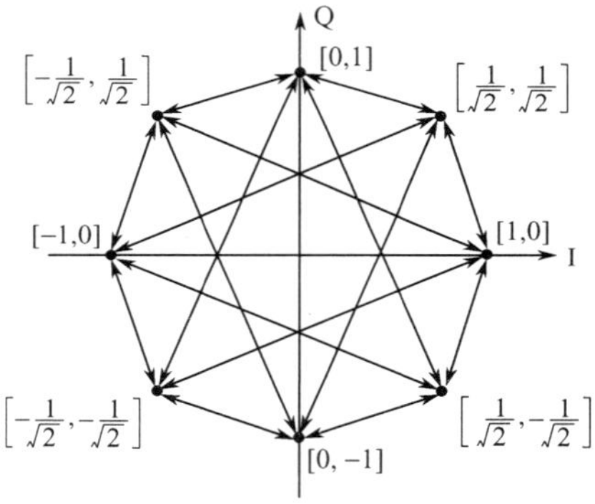

图 6.13 π/4-DQPSK 调制的星座图

π/4-DQPSK 信号通过 AWGN 信道后得到的接收信号为

$$\begin{cases} u_k = I_k + p_k \\ v_k = Q_k + q_k \end{cases} \tag{6.4.2}$$

式中，p_k、q_k 是服从 $N(0,\sigma^2)$ 的白噪声序列；σ^2 是噪声方差。

π/4-DQPSK 调制的差分检测可表示为

$$\begin{cases} x_k = u_k u_{k-1} + v_k v_{k-1} \\ y_k = v_k u_{k-1} - u_k v_{k-1} \end{cases} \tag{6.4.3}$$

其判决准则为

$$\begin{cases} \hat{m}_{\mathrm{I},k} = 1, x_k > 0 \quad 或 \quad \hat{m}_{\mathrm{I},k} = 0, x_k < 0 \\ \hat{m}_{\mathrm{Q},k} = 1, y_k > 0 \quad 或 \quad \hat{m}_{\mathrm{Q},k} = 0, y_k < 0 \end{cases} \tag{6.4.4}$$

6.4.2 π/4-DQPSK Viterbi 检测

如前所述,π/4-DQPSK 采用了差分编码,可以等价看作将相邻的两个输入比特先进行 Gray 编码,然后进行正交调制的过程,因此可以将它看作记忆长度为 2 的卷积编码器。由此,根据 π/4-DQPSK 调制的星座图,可得具有 4 个状态、16 个转移分支的 Trellis 图,如图 6.14 所示,可以采用 Viterbi 译码算法进行检测。

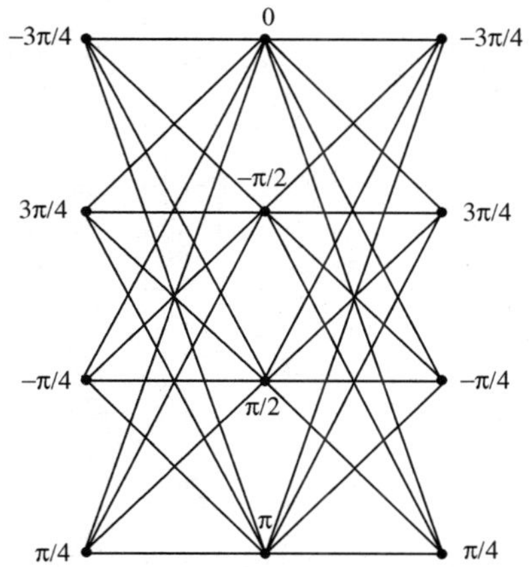

图 6.14 π/4-DQPSK 的 Trellis 图

令其状态集合为 $\Omega_1=\{\pm 3\pi/4,\pm\pi/4\}$ 或 $\Omega_2=\{0,\pm\pi/2,\pi\}$,转移分支集合为 $\Xi_1=\left\{\left(-\frac{1}{\sqrt{2}},-\frac{1}{\sqrt{2}}\right),\left(-\frac{1}{\sqrt{2}},\frac{1}{\sqrt{2}}\right),\left(\frac{1}{\sqrt{2}},-\frac{1}{\sqrt{2}}\right),\left(\frac{1}{\sqrt{2}},\frac{1}{\sqrt{2}}\right)\right\}$ 或 $\Xi_2=\{(0,1),(1,0),(-1,0),(0,-1)\}$。这样 k 时刻的状态 $S_k\in\Omega_1$ 或 Ω_2,分支 $(I_k,Q_k)\in\Xi_1$ 或 Ξ_2。则 Viterbi 算法中的 ACS(加比选)运算公式为

$$M(S_{k+1})=\max_{S_k}\{M(S_k)+M((u_k,v_k),(I_k,Q_k))\} \tag{6.4.5}$$

式中,$M(\cdot)$表示相关度量计算。

π/4-DQPSK 调制采用差分检测,只利用了相邻符号之间的相关性,而 Viterbi 检测利用了整个接收序列的信息,因此其性能应优于差分检测。

根据图 6.14,容易得到 π/4-DQPSK 调制的状态转移函数为

$$T(X,Y)=\frac{YX^2(2+YX^2+Y^2(-2+3X^2-X^4))}{1-Y(1+X^2)-Y^2+Y^3(1-X^2)} \tag{6.4.6}$$

式中,X、Y 的指数分别表示信息比特和编码比特的权重。由文献[6.11]可得,采用 Viterbi 检测的误比特率一致界为

$$P_b<\frac{1}{b}\operatorname{erfc}(\sqrt{2d_{\text{free}}RE_b/N_0})\,e^{d_{\text{free}}RE_b/N_0}\left.\frac{\partial T(X,Y)}{\partial X}\right|_{\substack{Y=e^{-RE_b/N_0}\\ X=1}} \tag{6.4.7}$$

式中,自由距 $d_{\text{free}}=1$,码率 $R=1$,$b=2$,$\operatorname{erfc}(\cdot)$是误差补函数。

在 AWGN 信道条件下,我们比较了差分检测和 Viterbi 检测的性能,如图 6.15 所示,其中 Viterbi 算法的译码深度为 32;QPSK 相干检测是根据公式 $P_b=\frac{1}{2}\operatorname{erfc}\left(\sqrt{\frac{E_b}{N_0}}\right)$得到的;一致界利用式(6.4.7)得到。

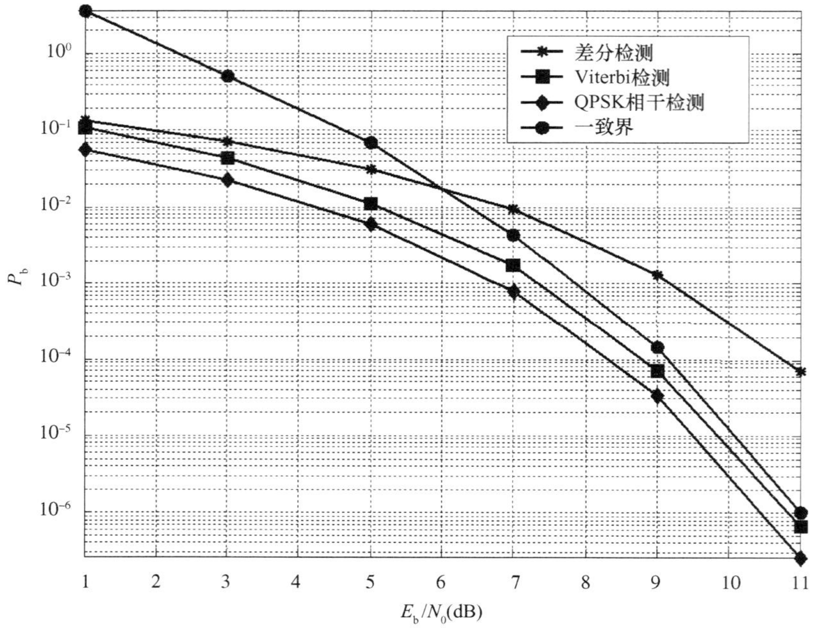

图 6.15　π/4-DQPSK 信号各种检测方法性能的比较

由图 6.15 可知，在误比特率为 10^{-3} 处，π/4-DQPSK 采用差分检测与 QPSK 采用相干检测相比，信噪比相差约 2.5dB，而采用 Viterbi 检测，则仅相差 0.5dB，因此 Viterbi 检测比差分检测可以获得 2dB 的增益。可见，在略微增加复杂度的条件下，采用 Viterbi 检测可以提高 π/4-DQPSK 调制系统的接收性能。一致界与 Viterbi 检测的仿真性能比较吻合，在高信噪比条件下，两条曲线趋于一致。

6.5　3π/8-8PSK 调制

在 GPRS 系统的增强性技术 EDGE 中，存在两种调制方式：一是 GMSK 调制，与 GSM/GPRS 系统的调制方式相同；二是为了提高数据传输速率，采用 3π/8 相位旋转的 8PSK 调制技术。下面首先介绍 8PSK 调制。

6.5.1　8PSK 调制

对于一般的 MPSK，调制信号 $m(t)$ 可以表示为

$$m(t)=A_0\cos(2\pi f_0 t+\varphi(t)) \tag{6.5.1}$$

式中，A_0 和 f_0 是载波信号的幅度与频率，相位信号为

$$\varphi(t)=\sum_k \phi_k\delta(t-kT) \tag{6.5.2}$$

式中，T 是符号周期；ϕ_k 是第 k 个调制符号，可以取 M 个值，$\phi_k=\theta_0+2m\pi/M, m\in[0,M-1]$，$\theta_0$ 是相位偏移量；$\delta(t)$ 是冲激函数。在上述方案中，每个符号承载 $n=\log_2 M$ 个信息比特。

将上式代入式(6.5.1)，可得

$$m(t)=A_0\cos\left[2\pi f_0 t+\sum_k \phi_k\delta(t-kT)\right]$$

$$= A_0 \sum_k [\cos(\phi_k)\cos(2\pi f_0 t) - \sin(\phi_k)\sin(2\pi f_0 t)]\delta(t - kT)$$

$$= \sum_k [I_k \cos(2\pi f_0 t) - Q_k \sin(2\pi f_0 t)]\delta(t - kT) \quad (6.5.3)$$

式中，$I_k = \cos(\phi_k)$和$Q_k = \sin(\phi_k)$是信号的同相分量与正交分量。

已调信号送入成型滤波器，最后得到基带发送信号为

$$s(t) = m(t) * g(t) = \sum_k [I_k \cos(2\pi f_0 t) - Q_k \sin(2\pi f_0 t)]g(t - kT) \quad (6.5.4)$$

为了提高传输的可靠性，通常多进制调制符号所携带的比特信息均采用 Gray 映射，图 6.16 给出了 8PSK 调制符号和比特映射之间的关系。由于采用了 Gray 映射，相邻符号所携带的信息只相差一个比特。

图 6.17 给出了 8PSK 所有符号之间的转移关系，称为矢量图。

6.5.2 3π/8-8PSK 调制

由图 6.17 可知，传统的 8PSK 调制在符号边界处最大的相位跳变为±π，这样造成信号包络起伏非常大。由于 8PSK 调制是线性调制，为了尽可能减小信号畸变，对于射频功放的要求就非常苛刻。因此在 EDGE 系统中，采用了修正的 8PSK 调制，即 3π/8 相位旋转的 8PSK 调制。通过相位旋转的修正，矢量图轨迹就不再过原点，减小了信号包络的起伏变化，从而减小了功放非线性导致的信号畸变。

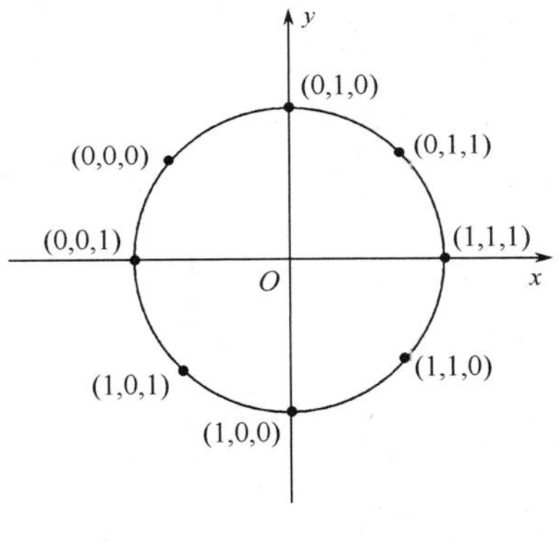

图 6.16 8PSK 调制符号和比特映射之间的关系

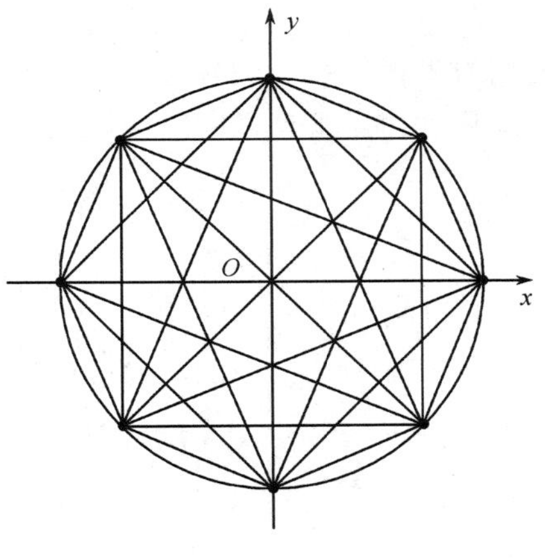

图 6.17 8PSK 的矢量图

为了避免±π 相位跳变，可以在每个符号周期将星座旋转 3π/8，如图 6.18 所示。

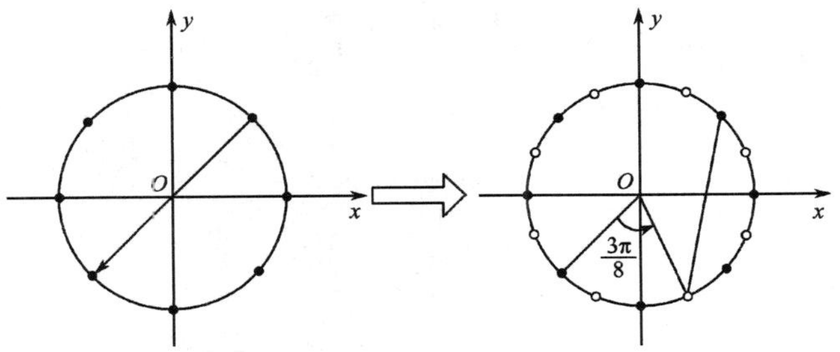

图 6.18 3π/8 相位旋转的示意图

图 6.19 给出了整个旋转星座的矢量图。由图可知，星座图上增加了 8 个信号点，连续两个符号之间的最大相位差为 $7\pi/8$。

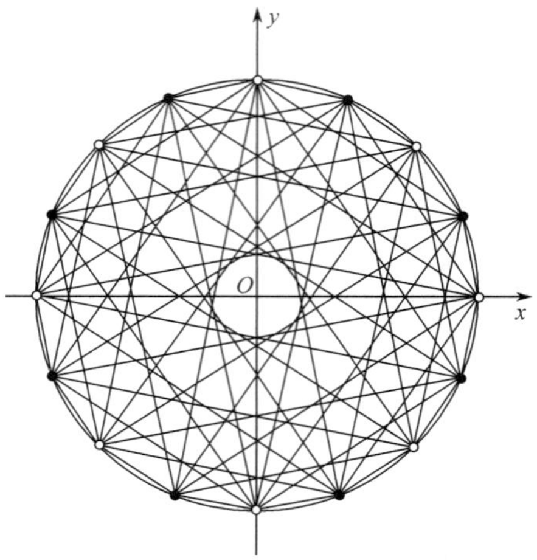

图 6.19　3π/8-8PSK 的矢量图

为了进一步减少带外辐射干扰，降低旁瓣信号的功率，EDGE 系统对已调制的 8PSK 信号采用了高斯滤波。其滤波器的冲激响应为

$$g(t) = \frac{1}{\sqrt{2\pi}} \int_t^{\infty} e^{-\frac{s^2}{2}} ds \tag{6.5.5}$$

经过高斯滤波后的信号瞬时功率有一些波动。图 6.20 和图 6.21 给出了滤波后信号的功率谱和矢量图。由图可见，经过高斯滤波，8PSK 的信号频谱更集中。

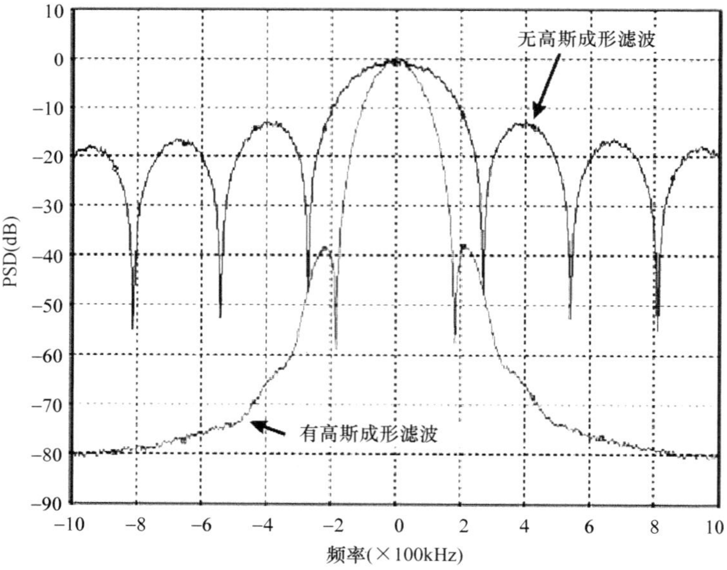

图 6.20　8PSK 调制的功率谱

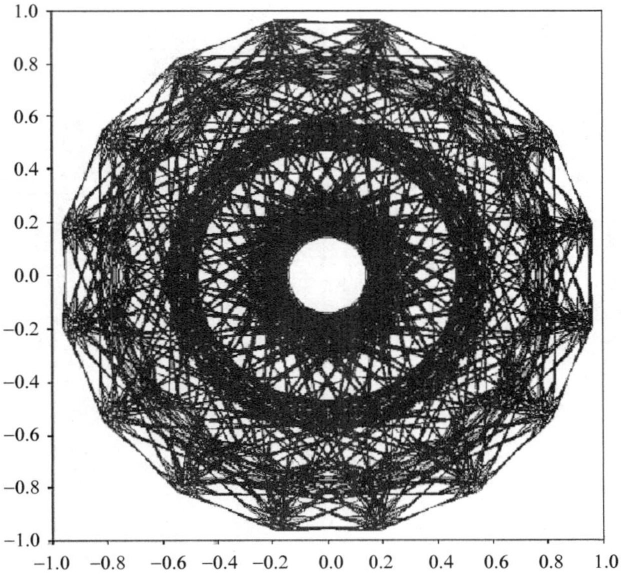

图 6.21 经过高斯滤波的 3π/8-8PSK 的矢量图

6.6 用于 CDMA 的调制方式

GSM 系统采用了性能优良的 GMSK 调制方式，它在二进制信号调制中几乎具有最优综合性能，但是其频谱效率不如 QPSK。为了进一步提高有效性，即频谱效率，以便提供给更多的用户，在 CDMA 系统中，利用扩频与调制即两次调制的巧妙组合，力图实现在抗干扰性即误比特率达到最优的 BPSK 性能，在频谱有效性上达到两倍 BPSK 即 QPSK 性能。同时在工程实现上，采用使高功放的峰平比降至最低的各种 BPSK 和 QPSK 的改进方式。

CDMA 扩频系统中的调制与解调和一般非扩频系统中的调制与解调方式大同小异。不同之处在于，扩频系统要进行两次调制和两次解调，一般首先是进行扩频码调制，再进行载波调制，解调时则先进行载波解调，再进行扩频码解调。

本节将简要分析直扩系统(DS-SS)中的几种适用调制方案，包括 IS-95 及 IMT-2000 规范中的 WCDMA、CDMA2000 广泛使用的 BPSK 和 QPSK。在 IS-95 进行非相干检测中，采用平衡四相的改进型——偏移相移键控(OQPSK)。在 CDMA2000 与 WCDMA 中，广泛采用正交复四相移键控(OCQPSK)和混合相移键控(HPSK)。以上各类改进型都是在最基本的 BPSK 和 QPSK 基础上发展的，所以本节的分析以 BPSK 和 QPSK 为基础。

为了对各类相移键控的扩频调制方式的性能进行比较，首先需要寻找一个可比的基准参考点。一般常用的基准参考点有两类：一是以信道的输入码率为基准；二是以信源输出码率为基准。这两类基准参考点对于二进制是等效的，但对于多进制(如四相)是不等效的。本节以信道的输入码率为基准进行分析。

6.6.1 直扩系统(DS-SS)中 BPSK 调制

DS-SS 中 BPSK 调制器、解调器的基本结构如图 6.22 所示。

调制器输入的基带信号为 $U(t)$，其功率为

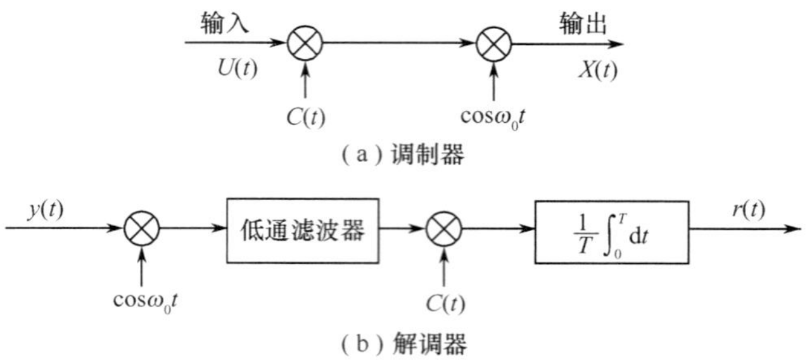

图 6.22　DS-SS 中 BPSK 调制器、解调器的基本结构

$$P_0 = \frac{1}{T}\int_0^T U^2(t)\mathrm{d}t \tag{6.6.1}$$

式中，T 为基带信号周期。

扩频序列的波形为 $C(t)$，其功率为

$$P_s = \frac{1}{T}\int_0^T C^2(t)\mathrm{d}t \tag{6.6.2}$$

式中，扩频码 $C(t)$ 的速率为 $1/T_c$，且 $P_s = T/T_c$，其中 T_c 为扩频码片的周期。

在发送端由图 6.22(a)可求得归一化功率的信道输入为

$$X(t) = U(t)C(t)\cos\omega_0 t \tag{6.6.3}$$

接收端接收到的信号为

$$y(t) = X(t) + n(t) = U(t)C(t)\cos\omega_0 t + n(t) \tag{6.6.4}$$

经过低通滤波器后的(带宽为 $1/T_c$)输出为

$$f(t) = \frac{1}{2}U(t)C(t) + \frac{1}{2}n(t) \tag{6.6.5}$$

其中，噪声的方差为

$$D[n(t)] = \frac{N_0}{T_c} \tag{6.6.6}$$

解调器输出为

$$r(t) = \frac{1}{2}P_s U(t) + n'(t) = r'(t) + n'(t) \tag{6.6.7}$$

其中，噪声功率为

$$D[n'(t)] = \frac{1}{4}P_s D[n(t)] = \frac{P_s N_0}{4T_c} \tag{6.6.8}$$

这时输出的信噪比为

$$\mathrm{SNR_{BPSK}} = \frac{\text{输出信号功率}}{\text{输出噪声功率}} = \frac{\frac{1}{T}\int_0^T [r'(t)]^2\mathrm{d}t}{D[n'(t)]} = \frac{\frac{1}{T}\int_0^T \left[\frac{1}{2}P_s U(t)\right]^2\mathrm{d}t}{P_s N_0/4T_c} = \frac{\frac{P_s^2}{4}P_0}{P_s N_0/4T_c}$$

$$= \frac{P_s T_c P_0}{N_0} = \frac{\frac{T}{T_c}T_c P_0}{N_0} = \frac{TP_0}{N_0} = \frac{E_b}{N_0} \tag{6.6.9}$$

BPSK 扩频解调后的误比特率为

$$P_b = \frac{1}{2}\mathrm{erfc}\left(\sqrt{\frac{E_b}{N_0}}\right) = Q\left(\sqrt{\frac{2E_b}{N_0}}\right) \tag{6.6.10}$$

因此在理想扩频、解扩条件下，直扩（DS-SS）的 BPSK 与未经直扩的 BPSK 的误码性能是一样的。

6.6.2 直扩系统(DS-SS)中 QPSK 调制

DS-SS 中 QPSK 调制器、解调器的结构如图 6.23 所示。

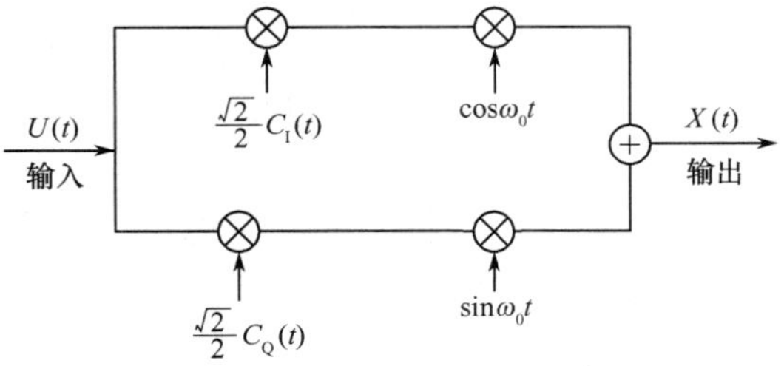

（a）调制器

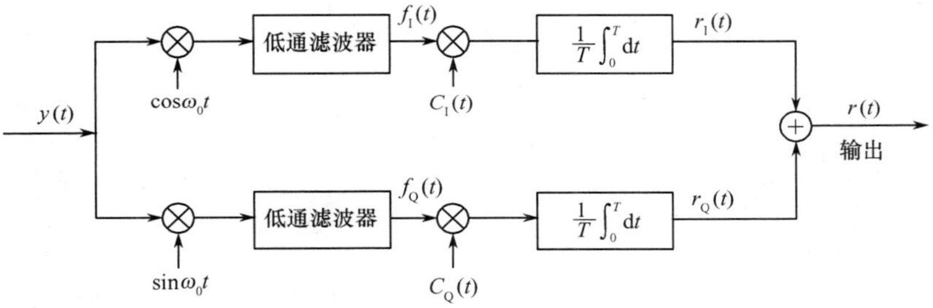

（b）解调器

图 6.23　DS-SS 中 QPSK 调制器、解调器的结构

在发送端，由图 6.23(a)可求得归一化功率的信道输入为

$$X(t) = \frac{\sqrt{2}}{2}U(t)[C_I(t)\cos\omega_0 t + C_Q(t)\ \sin\omega_0 t] \tag{6.6.11}$$

在接收端，解调器输入（信道输出）信号为

$$y(t) = X(t) + n(t) = \frac{\sqrt{2}}{2}U(t)[C_I(t)\cos\omega_0 t + C_Q(t)\sin\omega_0 t] + n(t) \tag{6.6.12}$$

经过低通滤波器后的输出信号为

$$\begin{cases} f_I(t) = \dfrac{1}{2\sqrt{2}}U(t)C_I(t) + \dfrac{1}{2}n_I \\ f_Q(t) = \dfrac{1}{2\sqrt{2}}U(t)C_Q(t) + \dfrac{1}{2}n_Q \end{cases} \tag{6.6.13}$$

其中，$D[n_I] = D[n_Q] = \frac{N_0}{T_c}$。再经解调积分器，输出信号为

$$r(t) = \frac{\sqrt{2}}{2}P_s U(t) + n_I' + n_Q' \tag{6.6.14}$$

其中，$D[n'_I]=D[n'_Q]=\frac{P_s}{4}D[n_I]=\frac{P_s}{4}\times\frac{N_0}{T_c}=\frac{P_sN_0}{4T_c}$。最后输出信噪比为

$$\begin{aligned}
\mathrm{SNR_{QPSK}} &= \frac{\text{输出信号功率}}{\text{输出噪声功率}} = \frac{\frac{1}{T}\int_0^T\left[\frac{\sqrt{2}}{2}P_sU(t)\right]^2\mathrm{d}t}{D[n_I]+D[n_Q]} \\
&= \frac{\frac{P_s^2}{2}\times\frac{1}{T}\int_0^T U^2(t)\,\mathrm{d}t}{2\times\frac{P_sN_0}{4T_c}} = \frac{\frac{1}{2}\times\frac{T}{T_c}\times P_0}{\frac{N_0}{2T_c}} = \frac{TP_0}{N_0} = \frac{E_b}{N_0}
\end{aligned} \tag{6.6.15}$$

QPSK 解调后的误比特率为

$$P_b=\frac{1}{2}\mathrm{erfc}\left(\sqrt{\frac{E_b}{N_0}}\right)=Q\left(\sqrt{\frac{2E_b}{N_0}}\right) \tag{6.6.16}$$

DS-SS 中 QPSK 与未扩频 QPSK 的误码性能是一样的，并等于 BPSK 的误比特率。

6.6.3 直扩系统(DS-SS)中 CQPSK 调制

DS-SS 中 CQPSK 调制器、解调器的结构如图 6.24 所示。

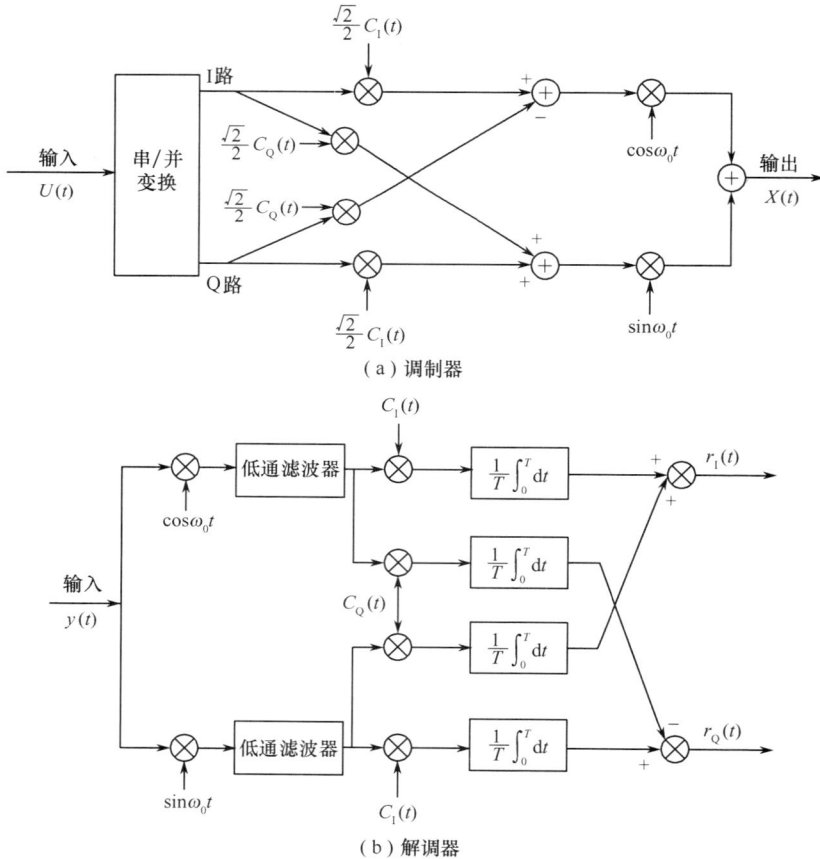

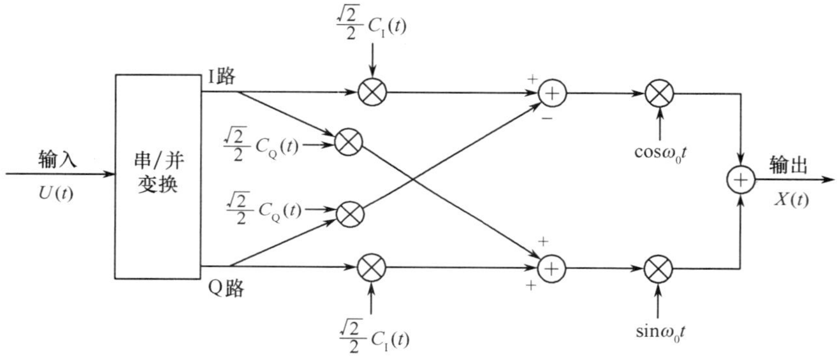

图 6.24　DS-SS 中的 CQPSK 调制器、解调器的结构

在发送端，由图 6.24(a)可求得归一化功率的信道输入为

$$X(t)=\frac{\sqrt{2}}{2}\{[U_{\mathrm{I}}(t)C_{\mathrm{I}}(t)-U_{\mathrm{Q}}(t)C_{\mathrm{Q}}(t)]\cos\omega_0 t+[U_{\mathrm{I}}(t)C_{\mathrm{Q}}(t)+U_{\mathrm{Q}}(t)C_{\mathrm{I}}(t)]\sin\omega_0 t\} \tag{6.6.17}$$

在接收端，解调器输入信号为

$$Y(t)=\frac{\sqrt{2}}{2}\{[U_{\mathrm{I}}(t)C_{\mathrm{I}}(t)-U_{\mathrm{Q}}(t)C_{\mathrm{Q}}(t)]\cos\omega_0 t+[U_{\mathrm{I}}(t)C_{\mathrm{Q}}(t)+U_{\mathrm{Q}}(t)C_{\mathrm{I}}(t)]\sin\omega_0 t\}+n(t) \tag{6.6.18}$$

经过低通滤波器后，输出信号为

$$\begin{cases} f_{\mathrm{I}}(t)=\dfrac{1}{2\sqrt{2}}[U_{\mathrm{I}}(t)C_{\mathrm{I}}(t)-U_{\mathrm{Q}}(t)C_{\mathrm{Q}}(t)]+\dfrac{1}{2}n_{\mathrm{I}} \\ f_{\mathrm{Q}}(t)=\dfrac{1}{2\sqrt{2}}[U_{\mathrm{Q}}(t)C_{\mathrm{I}}(t)+U_{\mathrm{I}}(t)C_{\mathrm{Q}}(t)]+\dfrac{1}{2}n_{\mathrm{Q}} \end{cases} \tag{6.6.19}$$

其中，$D(n_{\mathrm{I}})=D(n_{\mathrm{Q}})=\dfrac{N_0}{T_{\mathrm{c}}}$。

经解调器输出的信号为

$$r_{\mathrm{I}}(t)=\frac{\sqrt{2}}{2}P_{\mathrm{s}}U_{\mathrm{I}}(t)+n_{\mathrm{I}}'$$

$$r_{\mathrm{Q}}(t)=\frac{\sqrt{2}}{2}P_{\mathrm{s}}U_{\mathrm{Q}}(t)+n_{\mathrm{Q}}' \tag{6.6.20}$$

其中，$D(n_{\mathrm{I}}')=D(n_{\mathrm{Q}}')=\dfrac{P_{\mathrm{s}}}{4}D(n_{\mathrm{I}})=\dfrac{P_{\mathrm{s}}N_0}{4T_{\mathrm{c}}}$。

最后输出的信噪比为

$$\begin{aligned} \mathrm{SNR_{QPSK}} &= \frac{\text{输出信号功率}}{\text{输出噪声功率}} = \frac{\dfrac{1}{T}\displaystyle\int_0^T\left[\frac{\sqrt{2}}{2}P_{\mathrm{s}}U_{\mathrm{I}}(t)\right]^2\mathrm{d}t+\dfrac{1}{T}\displaystyle\int_0^T\left[\frac{\sqrt{2}}{2}P_{\mathrm{s}}U_{\mathrm{Q}}(t)\right]^2\mathrm{d}t}{D[n_{\mathrm{I}}']+D[n_{\mathrm{Q}}']} \\ &= \frac{\dfrac{P_{\mathrm{s}}^2}{2}\times\left[\dfrac{1}{T}\displaystyle\int_0^T U_{\mathrm{I}}^2(t)\mathrm{d}t+\dfrac{1}{T}\displaystyle\int_0^T U_{\mathrm{Q}}^2(t)\mathrm{d}t\right]}{2\times\dfrac{P_{\mathrm{s}}N_0}{4T_{\mathrm{c}}}} = \frac{P_{\mathrm{s}}\times P_0 T_{\mathrm{c}}}{N_0} \\ &= \frac{\dfrac{T}{T_{\mathrm{c}}}\times P_0 T_{\mathrm{c}}}{N_0} = \frac{P_0 N}{N_0} = \frac{E_{\mathrm{b}}}{N_0} \end{aligned} \tag{6.6.21}$$

CQPSK 解调后的误比特率为

$$P_{\mathrm{b}}=\frac{1}{2}\mathrm{erfc}\left(\sqrt{\frac{E_{\mathrm{b}}}{N_0}}\right)=Q\left(\sqrt{\frac{2E_{\mathrm{b}}}{N_0}}\right) \tag{6.6.22}$$

DS-SS 中 CQPSK 与未扩频 CQPSK 的误码性能一样，并等于 BPSK 的误比特率。

根据上述分析，可得如下结论：理想的扩频、解扩的第一次调制，不影响第二次调制、解调性能。扩频系统与未扩频系统的常规调制、解调(第二次调制与解调)具有相同的理论性能。

本节的分析是以最基本的调制方式 BPSK 为参考基准的。BPSK 为二进制调制，其信道输出的波特率与信道输入的比特率是一致的。

对于 DS-SS 中的 QPSK，将信源输出的基带信号分为同相 I 路与正交 Q 路分别进行 BPSK 调制，然后相加送入信道。若二者发送的信息波特率、信号发送功率、噪声功率、谱密度完全相同，其平均误比特率是相同的。

对于 DS-SS 中的 CQPSK，它属于正交四相调制。实现时，发送端首先将信源输出的基带信号分为 I、Q 正交的两路，然后分别对每路进行复四相调制。这就是说，CQPSK 相当于 I、Q 两路独立的四相调制，其中每路都具有一般 QPSK 的性能，因此频谱效率比 QPSK 高一倍。

6.6.4 控制峰平比——OQPSK 与 CQPSK 调制

前面分析了 BPSK、QPSK、CQPSK 的误码性能和频谱效率，下面将着重分析在工程实现时，特别是在高功率放大时需要解决的峰平比问题，它在 CDMA 的多码信道中尤为突出。下面将简要介绍 OQPSK 和 CQPSK 调制技术。

1. OQPSK

它是基于 QPSK 的一类改进型。为了克服 QPSK 中过 0 点的相位跃变特性，以及由此带来的幅度起伏不恒定和频带的展宽（通过限带系统后）等一系列问题。若将 QPSK 中并行的 I、Q 两路码元错开时间（如半个码元），称这类 QPSK 为偏移 QPSK 或 OQPSK。通过 I、Q 路码元错开半个码元调制之后的波形，其载波相位跃变由 180°降至 90°，避免了过 0 点，从而大大降低了峰平比和频带的展宽。

下面通过一个具体的例子说明某个带宽波形序列的 I 路、Q 路波形，以及经载波调制以后的相位变化情况。

若给定基带信号序列为：

$$1\ -1\ -1\ \ 1\ \ 1\ \ 1\ \ 1\ -1\ -1\ \ 1\ \ 1\ -1$$

对应的 QPSK 与 OQPSK 发送信号波形如图 6.25 所示。图中，I 信道为 $U(t)$ 的奇数数据码元，Q 信道为 $U(t)$ 的偶数数据码元，而 OQPSK 的 Q 信道与 I 信道错开（延时）半个码元。

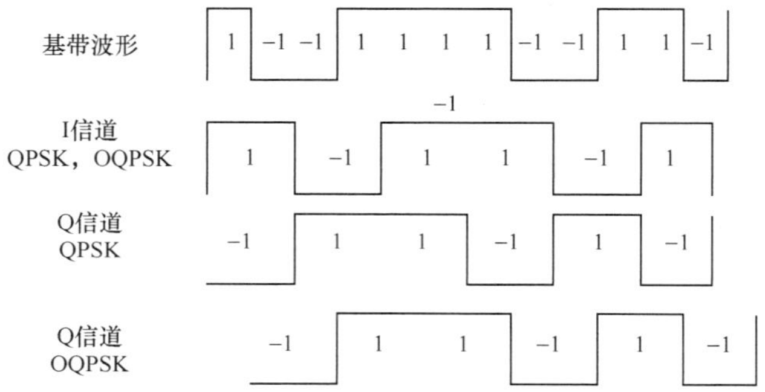

图 6.25 QPSK、OQPSK 发送信号波形

QPSK、OQPSK 载波相位的变化公式为

$$\left\{\varphi_{ij}=\left[\operatorname{atan}\left(\frac{Q_j(t)}{I_i(t)}\right)\right]\right\}=\left\{\frac{\pi}{4},\frac{3}{4}\pi,-\frac{\pi}{4},-\frac{3\pi}{4}\right\} \tag{6.6.23}$$

QPSK 数据码元对的对应相位变化如图 6.26 所示，OQPSK 数据码元对的对应相位变化如图 6.27 所示。

QPSK 数据码元对的相位变化由图 6.25 和图 6.26 可求得：

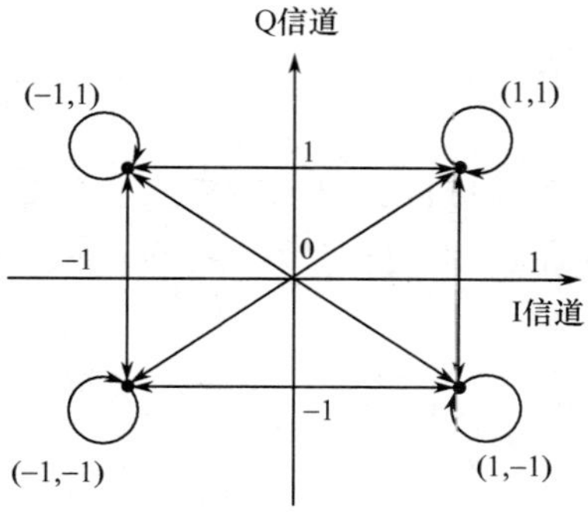

图 6.26　QPSK 数据码元对的对应相位变化图

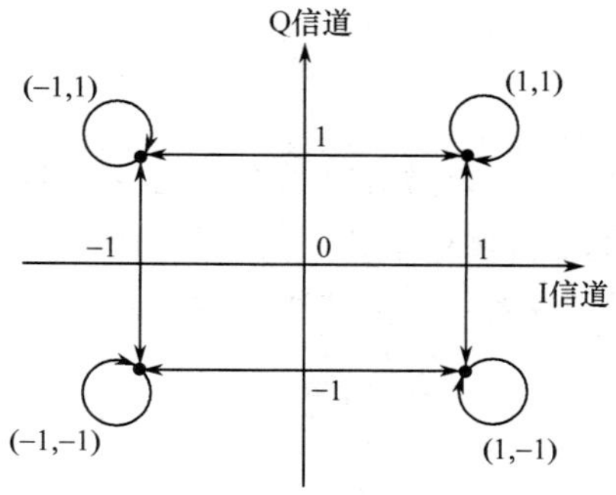

图 6.27　OQPSK 数据码元对的对应相位变化图

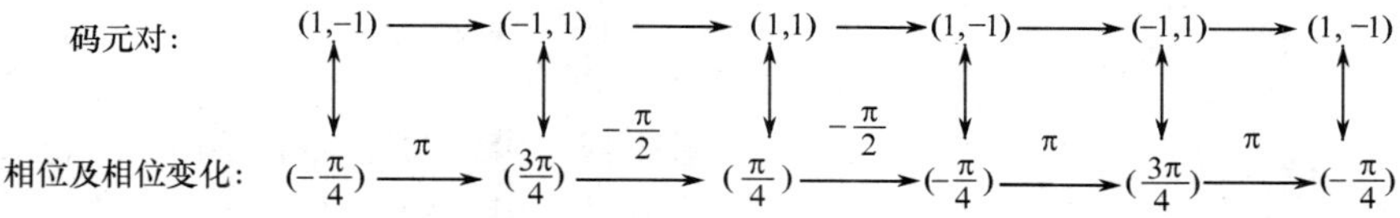

可见，在 QPSK 中存在过 0 点的 180°的跃变。

OQPSK 数据码元对的相位变化由图 6.27 可求得：

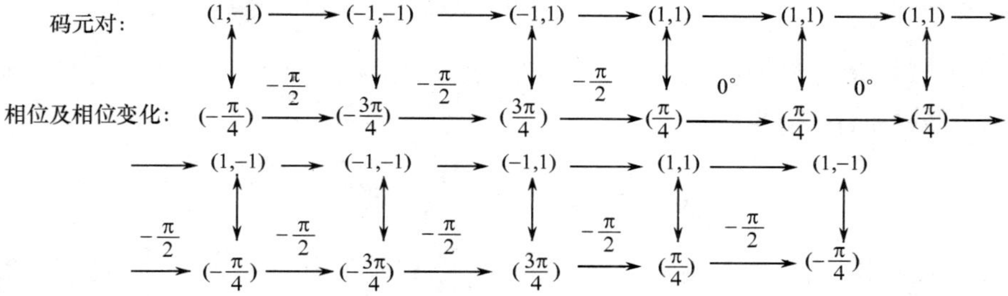

可见，在 OQPSK 中，仅存在小于$\pm\frac{\pi}{2}=90^\circ$ 的相位跃变，而不存在过 0 点跃变。

按照上述 OQPSK 错开$\frac{\pi}{2}$(半个码元)的原理，显然也可以不错开$\frac{\pi}{2}$而错开$\frac{\pi}{4}$或$\frac{\pi}{8}$等，错开$\frac{\pi}{4}$称为$\frac{\pi}{4}$-QPSK，6.4 节已经介绍过。

2. CQPSK

在 CDMA2000 及 WCDMA 的扩频调制中，广泛采用 CQPSK 及其进一步组合改进的混合相移键控(Hybrid Phase Shift Keying，HPSK)，HPSK 的结构如图 6.28 所示。

表 6.2 给出用于单码信道的各类扩频调制性能参数。

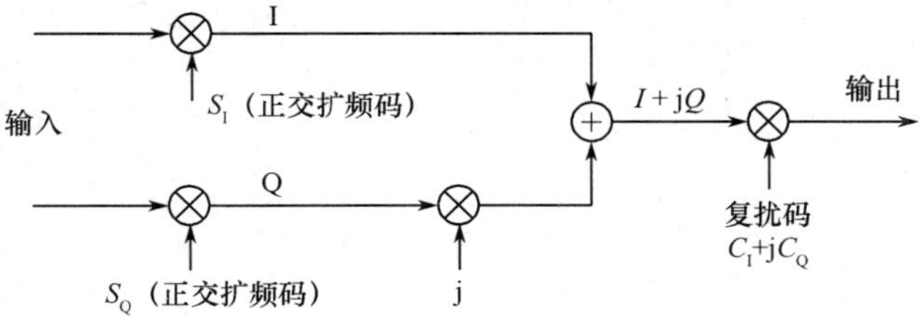

图 6.28　HPSK 的结构

表 6.2　不同调制方式性能比较表

调制方式	数据速率	包络变化
QPSK	X	5.6dB
OQPSK	X	5.1dB
CQPSK、HPSK	$2X$	4.1dB

注：表 6.2 对应单码信道，对于多码信道，其优点随着信道数增加将更为突出。

6.7 MQAM 调制

为了提高频谱效率，在 LTE、WiMAX、802.11n、5G NR 等宽带无线通信系统中广泛采用了正交幅度调制（MQAM）。这些高阶调制技术与信道编码结合，构成自适应编码调制（AMC）方案，成为 3G 和 4G 移动通信的关键技术。

6.7.1 信号模型

对于一般的 MQAM，调制信号可以表示为

$$\begin{aligned} s_m(t) &= \mathrm{Re}[(A_{m\mathrm{I}}+\mathrm{j}A_{m\mathrm{Q}})g(t)\mathrm{e}^{\mathrm{j}2\pi f_0 t}](m=1,2,\cdots,M,0\leqslant t\leqslant T) \\ &= \mathrm{Re}[A_m \mathrm{e}^{\mathrm{j}\theta_m} g(t)\mathrm{e}^{\mathrm{j}2\pi f_0 t}] \\ &= A_{m\mathrm{I}}g(t)\cos 2\pi f_0 t - A_{m\mathrm{Q}}g(t)\sin 2\pi f_0 t \end{aligned} \tag{6.7.1}$$

式中，$A_{m\mathrm{I}}$ 和 $A_{m\mathrm{Q}}$ 为 I、Q 两路的信号幅度；$g(t)$ 为基带成形滤波器的冲激响应；M 表示调制星座图中的信号点数目，每个符号携带的信息比特为 $n=\log_2 M$。MQAM 信号的幅度和相位满足

$$\begin{cases} A_m = \sqrt{A_{m\mathrm{I}}^2 + A_{m\mathrm{Q}}^2} \\ \theta_m = \arctan \dfrac{A_{m\mathrm{Q}}}{A_{m\mathrm{I}}} \end{cases} \tag{6.7.2}$$

通常 MQAM 的信号取为矩形星座，令 E_s 与 E_b 分别表示符号能量与比特能量，则矩形 MQAM 星座的最小欧氏距离为

$$d_{\min} = \sqrt{2E_\mathrm{s}} = \sqrt{\frac{6E_\mathrm{b}\log_2 M}{M-1}} \tag{6.7.3}$$

移动通信中常用的 QAM 调制阶数为 $M=4,16,64,256$，其中 4QAM 与 QPSK 等价。由于 QAM 是多进制调制，因此需要设计比特到符号映射的最佳方案，图 6.29、图 6.30 给出了 HSPA/LTE 与 WiMAX 标准中 16QAM 与 64QAM 的映射关系，图 6.31 给出了 5G NR 标准中 256QAM 的映射关系，其中 c 是坐标归一化因子。

由图可知，尽管各类体制的映射方案有所不同，但都满足 Gray 映射条件，即相邻信号点间不同的比特数目为 1，从而有效提高了抗干扰能力。

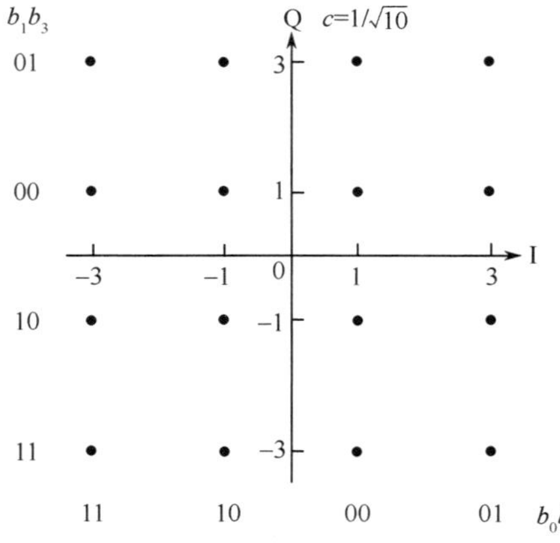

(a) HSPA/LTE 星座映射

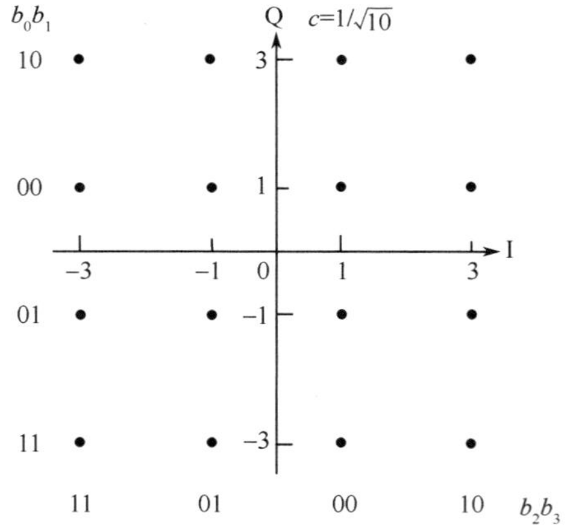

(b) WiMax 星座映射

图 6.29 16QAM 映射关系

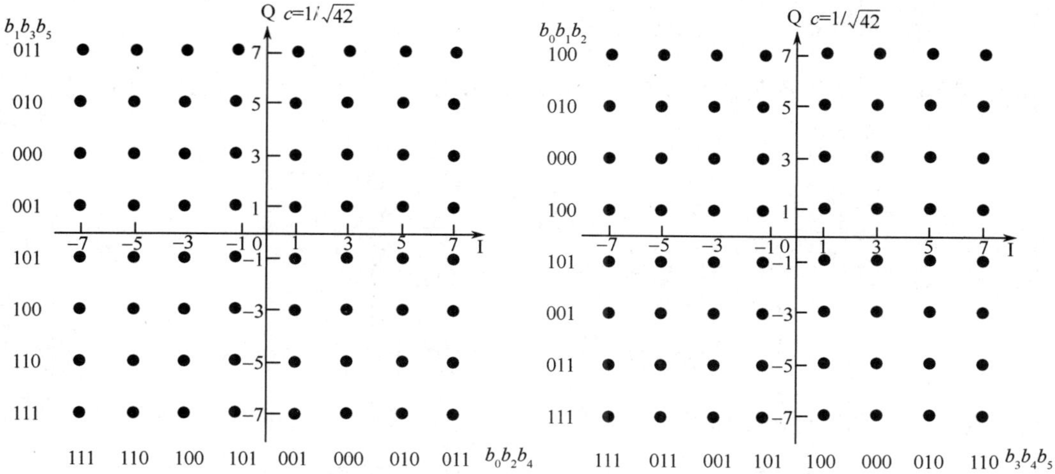

(a) HSPA/LTE 星座映射

(b) WiMax 星座映射

图 6.30　64QAM 映射关系

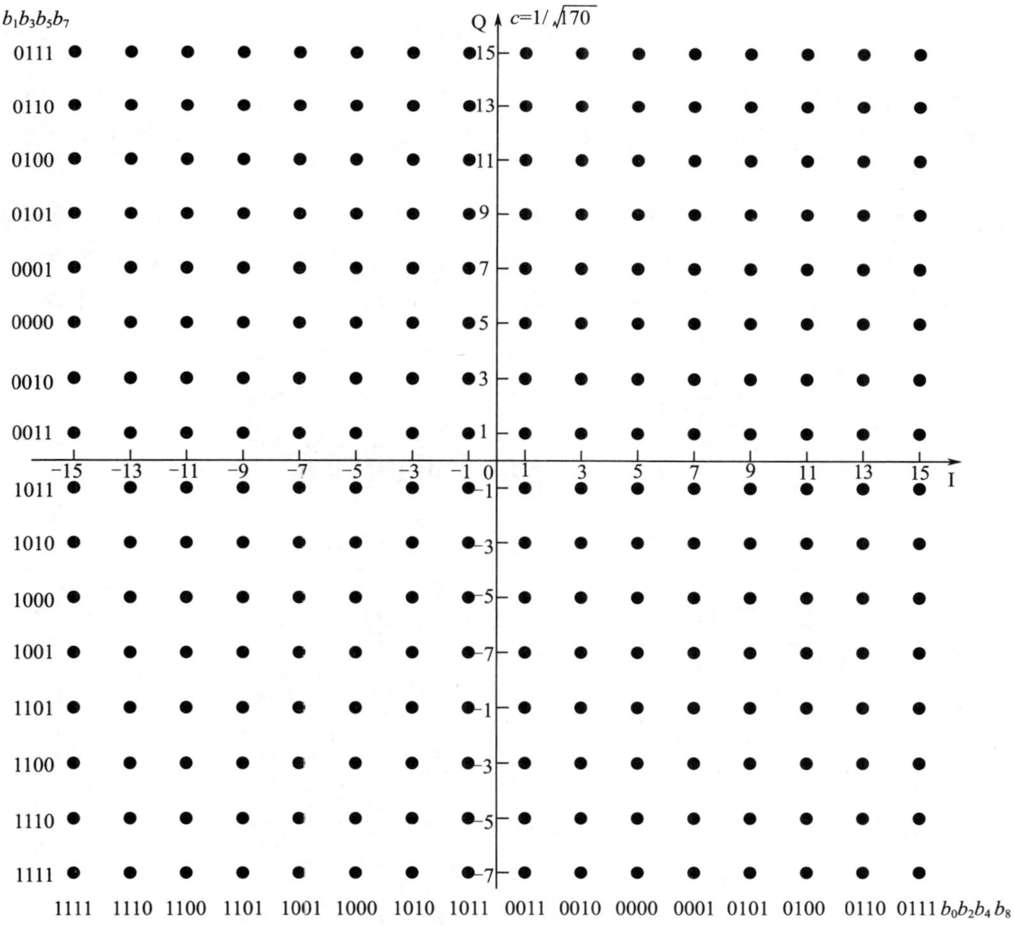

图 6.31　256QAM 映射关系(5G NR)

6.7.2 差错性能

MQAM 调制可以等效为两路$\sqrt{M}$进制的 PAM 分别调制与合并，因此其误符号率可表示为

$$P_s=1-\left\{1-2\left(1-\frac{1}{\sqrt{M}}\right)Q\left[\sqrt{\frac{3\log_2 M}{M-1}\cdot\frac{E_b}{N_0}}\right]\right\}^2 \tag{6.7.4}$$

如果只考虑相邻信号点之间的误差，则可得近似误符号率为

$$P_s\approx 4\left(1-\frac{1}{\sqrt{M}}\right)Q\left[\sqrt{\frac{3\log_2 M}{M-1}\cdot\frac{E_b}{N_0}}\right]=4\left(1-\frac{1}{\sqrt{M}}\right)Q\left(\frac{d_{\min}^2}{2N_0}\right) \tag{6.7.5}$$

当采用 Gray 映射，且比特信噪比较大时，MQAM 的误比特率可近似表示为

$$P_b\approx\frac{4}{\log_2 M}\left(1-\frac{1}{\sqrt{M}}\right)Q\left[\sqrt{\frac{3\log_2 M}{M-1}\cdot\frac{E_b}{N_0}}\right] \tag{6.7.6}$$

为了便于分析，误比特率也经常采用下述近似公式

$$P_b\leqslant\frac{1}{5}\exp\left(-\frac{1.5}{M-1}\cdot\frac{\bar{E}_s}{N_0}\right)=\frac{1}{5}\exp\left(-\frac{1.5\log_2 M}{M-1}\cdot\frac{E_b}{N_0}\right) \tag{6.7.7}$$

对于 $M\geqslant 4$，平均符号信噪比在 0～30dB 范围内，上式得到的结果与式(6.7.6)相差不到 1dB。但由于上式容易求逆，因此在调制编码模式(MCS)选择、分组调度与功率分配中得到了广泛应用。

MQAM 的误符号率和误比特率性能如图 6.32 和图 6.33 所示。由图可知，相同差错性能条件下，16QAM 与 4QAM 相比，需要 2dB 信噪比余量，而 64QAM 需要 4dB 以上的余量。另外可看出，由式(6.7.7)得到的误比特率上界与精确值非常近，能够以很小的误差估计 MQAM 误比特率性能。

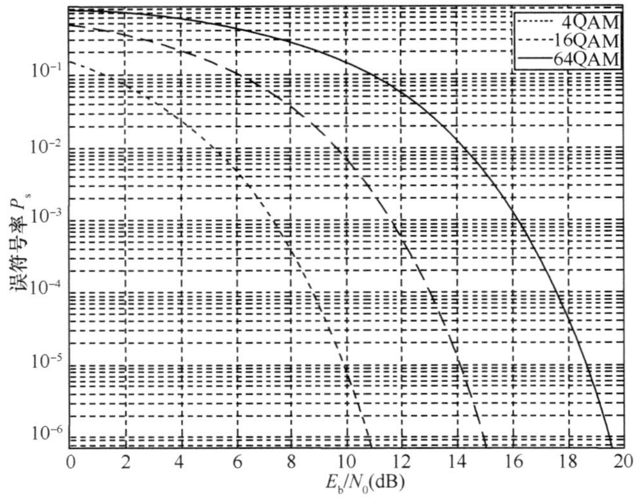

图 6.32 MQAM 误符号率性能

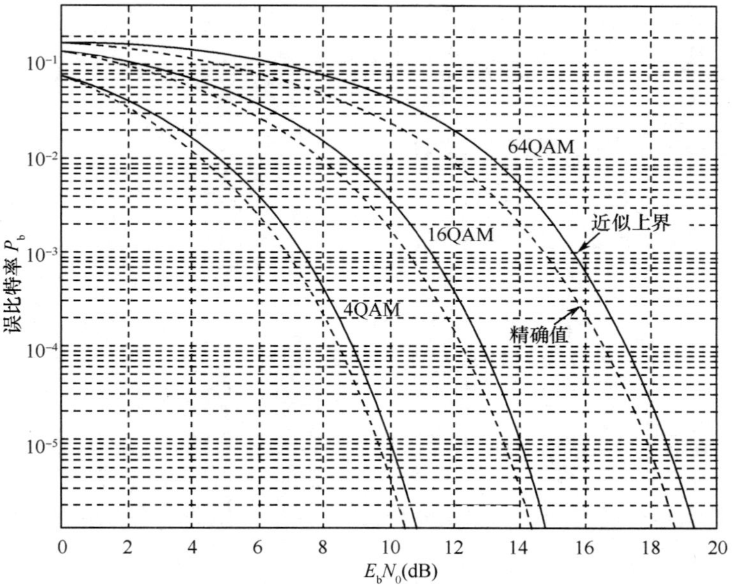

图 6.33　MQAM 误比特率性能

6.8　编码调制的潜在能力与最大增益

信道编码与调制是提高系统抗干扰能力的最有效手段，那么 AWGN 信道中，信道编码与调制在理论上到底有多大的潜力？在工程上可获得多少编码增益？这是理论与实际上都关心的重要问题，直接涉及人们是否值得花费如此大的精力来研究和实现信道编码与调制。

以香农公式为依据，公式应用的前提与条件（适用范围）是：平稳、遍历、无记忆信道；限时（T）、限频（f）、限功率（P）的白色（指功率谱）、高斯（指分布规律）信道。

在 AWGN 信道中，连续信源的信道容量可以大大减化为有限个样点值容量之和，即

$$C \overset{(\text{无记忆})}{=} \sum_{i=1}^{N} C_i \overset{\text{平稳}}{=} NC_i = 2FT \times \frac{1}{2}\log_2\left(1+\frac{P}{\sigma^2}\right) \overset{(\text{当}T=1)}{=} F\log_2\left(1+\frac{P}{N_0F}\right) = F\log_2\left(1+\frac{E_s}{N_0}\right) \tag{6.8.1}$$

式中，F 为占用的频带，即频宽；P 为样点的信号功率；N_0 为噪声功率谱密度，即单位带宽噪声功率；E_s 为每个样点的信号能量，$E_s = T \cdot P = P/F$。

为了便于从图形上直观表达，引入频谱效率 η，得

$$0 \leqslant \eta \leqslant \frac{C}{F} \tag{6.8.2}$$

且

$$\frac{E_s}{N_0} = \eta \cdot \frac{E_b}{N_0} \tag{6.8.3}$$

由式（6.8.2）与式（6.8.3）可见：η 表示单位带宽信道容量的下限，η 也可表示在每个采样间隔内所传送的信息比特数。

将式(6.8.2)、式(6.8.3)代入式(6.8.1),得

$$\eta \leqslant \frac{C}{F} = \log\left(1 + \eta \frac{E_b}{N_0}\right) \tag{6.8.4}$$

并可求得 $2^\eta \leqslant \left(1 + \eta \frac{E_b}{N_0}\right)$,则 $2^\eta - 1 \leqslant \eta \frac{E_b}{N_0}$,得

$$\frac{E_b}{N_0} \geqslant \frac{2^\eta - 1}{\eta} \tag{6.8.5}$$

则

$$\left.\frac{E_b}{N_0}\right|_{\min} = \frac{2^\eta - 1}{\eta} \tag{6.8.6}$$

若以 $\left.\frac{E_b}{N_0}\right|_{\min}$ 为横轴,η 为纵轴,可画出两者之间的关系曲线,它是香农公式的另一种图形表达方式,即 $\left.\frac{E_b}{N_0}\right|_{\min}$ 时满足 E_b/N_0 与 η 之间的关系曲线,也可以看作信道的有效性(η)与可靠性 $\frac{E_b}{N_0}$ 之间的平衡曲线。

如图 6.34 和图 6.35 所示,分别表示 Shannon 信道容量与多进制调制性能的关系及与二进制调制性能的关系。两个图中分别有两条曲线:一是表达 Shannon 信道容量的理想界曲线①;二是表达未编码等概率的 MPSK、MQAM 调制信号通过无记忆 AWGN 信道并经相干检测后的容量界限曲线②。

$$\eta \leqslant \log_2 M - \frac{1}{M}\sum_{i=0}^{M-1} E\left\{\log_2 \sum_{j=0}^{M-1} \exp\left[\frac{|a^i + n - a^j|^2 - |n|^2}{N_0}\right]\right\} \tag{6.8.7}$$

式中,M 为信号进制数;a^i、a^j 为信道中的信号;n 为高斯分布噪声,且 $n \sim N\left(0, \frac{N_0}{2}\right)$;$E(\cdot)$表示数学期望。

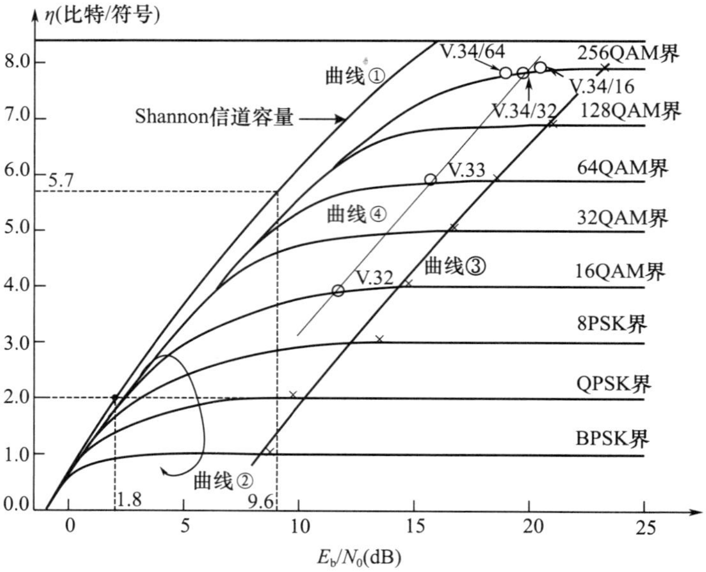

图 6.34　E_b/N_0 与 η 之间的关系曲线

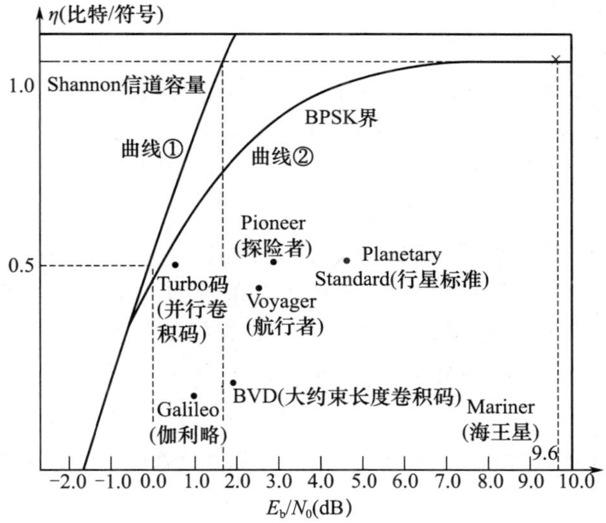

图 6.35　实际编码标准与 Shannon 信道容量的比较

MPSK 与 MQAM 未编码的调制信号的性能界限值是表示 MPSK 与 MQAM 达到理想频谱效率 η 时对应的 E_b/N_0 值，在图中用"×"表示。曲线①表示当达到香农信道容量时通信系统的有效性(用纵坐标 η 表示)与可靠性(用横坐标 E_b/N_0 表示)的理想平衡界线。曲线②表示未编码等概率的 MPSK、MQAM 调制信号通过无记忆 AWGN 信道后，接收端采用理想的相干解调所达到的容量界限，即有效性(η)与可靠性(E_b/N_0)的理想平衡界线。信道编码的任务就是填补两组曲线之间的真空，缩小两组曲线之间的差距。即在曲线②的基础上采用不同形式的信道编译码，缩小与曲线①之间的差距，差距越小的信道编译码，其性能就越优良。理想的最优信道编译码可以使曲线②完全逼近曲线①。

对曲线表示的理想平衡界线可以从有效性和可靠性两个方面来解释。

首先，Shannon 信道容量可以解释为在给定所需$\left.\frac{E_b}{N_0}\right|_{min}$，在差错概率任意小的条件下所获得的特定频谱效率。比如，传送 $\eta=1$ 比特/符号时，那么存在一种编码方式使 $E_b/N_0=1.6$dB 时可以实现可靠的传输；相反，任何编码方式无论如何复杂，也不可能在 $E_b/N_0<1.6$dB 条件下传送 1 比特/符号。所以曲线①的 Shannon 信道容量是理论上的有效性和可靠性的理想平衡界线。对于这两条理想平衡界线，还可以从以下两个不同角度来理解。

若以横坐标为参考点，即以$\left.\frac{E_b}{N_0}\right|_{min}$为参考点，通过图中的两条曲线可以寻找曲线在纵坐标上的差距。即以保证达到的可靠性为前提寻找两条曲线在有效性方面的差距。

例如，考虑一个采用相干检测的 QPSK 系统，若不采用信道编码，当频谱效率 $\eta=2$ 比特/符号时，从曲线②中 QPSK 曲线可求得此时 $E_b/N_0=9.6$dB；但是若采用理想的信道编码，当它达到 Shannon 信道容量时，由曲线①可求得这时 $\eta=5.7$ 比特/符号。可见，在这种情况下，它可以获得的最大频谱效率增益为 $\Delta\eta=\eta_2-\eta_1=5.7-2=3.7$ 比特/符号。

若以纵坐标为参考点，可求相应横坐标上的差距，即以应满足的有效性 η 为前提，可寻找两条曲线在可靠性方面的差距。

仍以上述采用相干检测的 QPSK 系统为例。若不采用信道编码，当 $\eta=2$ 比特/符号时，由曲线②可求得 $E_b/N_0=9.6$dB；但是采用理想的信道编码，当它达到 Shannon 信道容量时，只需

要 E_b/N_0=1.8dB。可见,在这种情况下,它可获得最大可靠性方面的增益(编码增益)为 $\Delta E_b/N_0$=9.6dB−1.8dB=7.8dB。

由图 6.34 和图 6.35 中两条曲线可以看出:有效性 η 与可靠性 E_b/N_0 是成反比的。图中两条曲线在同一个 η 下,横坐标上的差距就对应着信道编码的潜力和编码增益,采用不同的编码方式,其增益是不一样的。能够完全消除两条曲线在横坐标上的差距的编码称为理论上最优的信道编码。

由图 6.34 可见,图中不同多进制未编码性能界限值是用"×"表示的,若将它们从低至高(4、8、…、128、256 进制)用一条线连接起来,不难发现这条线即曲线③几乎与 Shannon 信道容量完全平行。这就是说,对于不同多进制未编码时的性能界限值与相应频谱效率 η 的理想 Shannon 信道容量之间的相对差距几乎是一样的,大约都是 5.8dB,这表明不同进制条件下的编码潜力与增益差不多都是 5.8dB。

由上述分析可知,在通信系统中,无论是二进制还是多进制,采用信道编码是值得的,其理论潜力(增益)大约为 5.8dB。

另外,图 6.35 中标出的"·"是美国航天与卫星采用的主要代表性二进制信道编码及其性能。图 6.34 中标出的"○"及曲线④表示 ITU-T 于 1986 年以来相继通过的多进制(TCM)联合编码标准 V.32、V.33、V.34 等及其性能。

本章小结

调制是对抗白噪声的基本技术手段,也是现代无线通信系统的核心处理单元。本章介绍了无线通信系统中常用的调制方式,包括 GSM/GPRS/EDGE 系统中采用的 MSK/GMSK、3π/8-8PSK 调制,以及 IS-54 和 PHS 系统中采用的 π/4-DQPSK 调制,也介绍了 CDMA 标准如 IS-95/CDMA2000/WCDMA 系统中采用的各种调制方式,最后简要说明了 LTE、WiMAX、5G NR 等宽带移动通信系统中采用的高阶调制方式,如 MQAM 调制等。

参考文献

[6.1] A. Furuskär et. al. EDGE: Enhanced Data Rates for GSM and TDMA/136 Evolution. IEEE Personal Communications, pp. 56-66, June 1999.

[6.2] S. Chennakeshu et. Al. Differential Detection of π/4-Shifted-DQPSK for Digital Cellular Radio. IEEE Trans. on Vehicular Technology, Vol. VT-42, No. 1, pp. 46-57, Feb. 1993.

[6.3] 3GPP TS 25.213, V4.0.0. Spreading and Modulation, 2001.3.

[6.4] 3GPP TS 45.004, V5.1.1. Modulation, 2003.9.

[6.5] 3GPP2 C.S0002-A-1. Physical Layer Standard for CDMA2000 Spread Spectrum Systems, 2000.9.

[6.6] IEEE Std 802.11b. Part 11: Wireless LAN Medium Access Control (MAC) and Physical Layer (PHY) specifications: Higher-Speed Physical Layer Extension in the 2.4GHz Band. 1999.9.

[6.7] 3GPP TS 36.211, V11.0.0. Physical channels and modulation, 2012.9.

[6.8] 3GPP TS38.211, V15.3.0. Physical channels and modulation, 2018.9.

[6.9] T. S. Rappaport. Wireless Communications Principles and Practice. Prentice-Hall, Inc., 1996.

[6.10] S. G. Wilson. Digital Modulation and Coding. Prentice Hall, Inc. 1996.

[6.11] A. Burr. Modulation and Coding for Wireless Communications. Prentice Hall, Inc. 2001.

[6.12] J. G. Proakis 著. 张力军等译. 数字通信(第四版). 北京:电子工业出版社,2003.

[6.13] 周炯槃等. 通信原理(下). 北京:北京邮电大学出版社,2002.

[6.14] 吴伟陵. 信息处理与编码(修订本). 北京:人民邮电出版社,2003.

[6.15] 吴伟陵．移动通信中的关键技术．北京:北京邮电大学出版社,2000.

习　　题

6.1　在移动通信中,经常采用哪些抗干扰与抗衰落技术?

6.2　调制、解调的主要功能是什么? 对于二进制信号,什么调制方式的抗干扰性最强? 为什么?

6.3　在 GSM 中为什么要采用 GMSK 调制? GMSK 属于什么类型调制? 它的主要优缺点有哪些?

6.4　为什么在大多数 CDMA 中采用复四相调制? 它有什么主要优缺点?

6.5　OQPSK 与 QPSK 比较,存在哪些优点?

6.6　用 MATLAB 绘制 $\pi/4$-DQPSK 调制的功率谱密度。

6.7　用 MATLAB 绘制 $3\pi/8$-8PSK 调制及采用高斯滤波的功率谱密度。

6.8　求 MFSK 信号的功率密度谱,该信号波形为 $s_n(t)=\sin\dfrac{2\pi nt}{T}(n=1,2,\cdots,M,0\leqslant t\leqslant T)$,假设对所有 n,概率 $p_n=1/M$,试画出功率密度谱。

6.9　随机过程 $v(t)$定义如下:$v(t)=X\cos 2\pi f_c t-Y\sin 2\pi f_c t$,式中 X 和 Y 是随机变量。试证明:当且仅当 $E(X)=E(Y)=0$、$E(X^2)=E(Y^2)$及 $E(XY)=0$ 时,$v(t)$为广义平稳随机过程。

6.10　设 $x(t)$是一个广义平稳随机过程,令 $\hat{x}(t)$表示 $x(t)$的希尔伯特变换,$x(t)$的自相关函数为 $\phi_{xx}(\tau)=E[x(t)x(t+\tau)]$,谱密度函数为 $\Phi_{xx}(f)$,试证明 $\phi_{\hat{x}\hat{x}}(\tau)=\phi_{xx}(\tau)$,$\phi_{\hat{x}\hat{x}}(\tau)=-\hat{\phi}_{xx}(\tau)$和 $\Phi_{\hat{x}\hat{x}}(f)=\Phi_{xx}(f)$。

第7章 分集与均衡

本章讨论和介绍抗平坦 Rayleigh 衰落(空间选择性衰落)和抗频率选择性衰落(多径引起的)的典型抗衰落技术。为了对抗这些衰落,传统方法是采用分集接收、Rake 接收和均衡技术。分集接收技术是传统的抗空间选择性衰落的方法,Rake 技术是经典的抗多径衰落、提高接收信噪比的手段,均衡技术是另一种抗多径衰落的常用技术。在 2G 中,这些经典技术得到了广泛应用。

7.1 分集技术的基本原理

分集技术是一项典型的抗衰落技术,它可以大大提高多径衰落信道下的传输可靠性。其中空间分集技术早已成功应用于模拟的短波通信与模拟移动通信系统,对于数字式移动通信,特别是 2G 移动通信,分集技术有了更加广泛的应用。在 GSM 系统的上行链路基站端,广泛采用二重空间分集接收。在 IS-95 系统中,除上行采用二重空间分集接收外,上、下行链路均采用隐分集形式的 Rake 接收,另外在小区软切换中也利用 Rake 接收的宏分集。本节将主要讨论分集的基本概念、分类及分集合并、分集发送技术。

7.1.1 基本概念与分类

在前述章节中已指出移动信道中存在着传播损耗、慢衰落和各类快衰落,本节主要讨论对传输可靠性影响较大的各类快衰落。值得注意的是,这里的“快”是针对不同的参量而言的,即空间、频率与时间,分别对应的是空间选择性衰落、频率选择性衰落和时间选择性衰落。第 2 章已比较详细分析了它们的成因与描述,本节将介绍对抗这些衰落的各种技术措施,分集技术就是其中最有效的方法之一。

1. 分集技术的基本概念

移动通信中由于传播的开放性,使信道的传输条件比较恶劣,发送出的已调制信号经过恶劣的移动信道在接收端会产生严重的衰落,使接收的信号质量严重下降。

分集技术是抗衰落的最有效方法之一。它是利用接收信号在结构上和统计特性的不同特点加以区分的并按一定规律和原则进行集合与合并处理来实现抗衰落的。

分集的必要条件是在接收端必须能够接收到承载同一信息且在统计上相互独立(或近似独立)的若干个不同的样值信号,这若干个不同的样值信号的获得可以通过不同的方式,如空间、频率、时间等。分集主要是指如何有效地区分可接收的含同一信息内容但统计上独立的不同样值信号。

分集技术的充分条件是如何将可获得含有同一信息内容但是统计上独立的不同样值加以有效且可靠的利用,主要是指分集中的集合与合并的方式,最常用的有选择式合并(SC)、等增益合并(EGC)和最大比值合并(MRC)等。

分集技术的初始阶段是研究如何将客观存在的分散在多条路径统计上独立的不同样值信号能量加以充分利用,即有效收集的主要措施。分集技术发展到今天,主要是将被动变为主动,从被动利用客观存在的统计独立的不同样值信号到主动利用信号设计与信号处理技术来有效区分统计独立的样值信号,如扩频信号的 Rake 接收、空时编码等。

2. 分集技术的分类

按“分”划分,即按照接收信号样值的结构与统计特性,可分为空间、频率、时间三大基本类型;按“集”划分,即按集合、合并方式划分,可分为选择式合并、等增益合并与最大比值合并;若按合并的位置划分,可分为射频合并、中频合并与基带合并,而最常用的为基带合并;分集还可以划分为接收端分集、发送端分集及发/收联合分集,即多入/多出(MIMO)系统;分集从另一个角度也可以划分为显分集与隐分集。一般称采用多套设备来实现分集为传统的显分集,空间分集是典型的显分集;称采用一套设备而利用信号设计与处理来实现的分集为隐分集。

显然,显分集存在设备增益,而隐分集不存在设备增益。要注意的是设备增益是用多套设备的性能换取的,它与分集的抗衰落性能不是一类概念,应加以区分。

7.1.2 典型的分集与合并技术

1. 空间分集

空间分集是利用不同接收地点(空间)位置的不同,利用不同地点接收到信号在统计上的不相关性,即衰落性质上的不一样,实现抗衰落的性能。

空间分集的典型结构为:发送端为一副天线,接收端则具有 L 副天线,如图 7.1 所示。

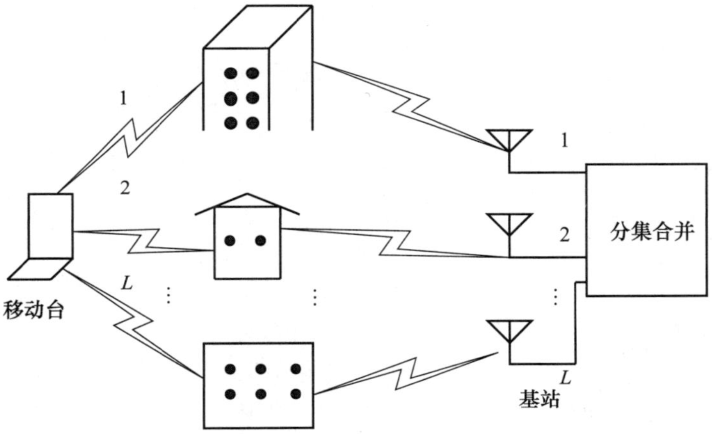

图 7.1 空间分集示意图

基站接收端天线之间的距离要满足基本上不相关的要求才能达到分集的效果,根据第 2 章的分析,接收端的分集天线间的距离 d 一定要大于信号的相干区间 ΔR,即

$$d \geqslant \Delta R \geqslant \frac{\lambda}{\phi} \tag{7.1.1}$$

式中,λ 为波长;ϕ 为天线扩展角,例如城市中扩展角一般取 $\phi \approx 20°$,则有

$$d \geqslant \frac{360°}{20°} \times \frac{1}{2\pi} \times \lambda = \frac{9}{\pi}\lambda = 2.86\lambda \tag{7.1.2}$$

在空间分集中,分集天线数 L 越大,分集效果越好,但是分集与不分集差异很大,属于质变;而分集增益正比于分集的天线数量,一般当 L 较大时($L=4$),增益改善不再明显,且随着 L 的增大而逐步减小,这属于量变。然而 L 的增大意味着设备复杂性增大,所以工程上要在性能与复杂性之间进行折中,一般取 $L=2\sim4$ 即可。

空间分集还有两类变化形式。

（1）极化分集

极化分集是利用单副天线水平与垂直极化方向上的正交性能来实现分集功能的，即利用极化的正交性实现衰落的不相关性。极化分集的优点是结构紧凑、节省空间，缺点是在移动时变信道中，极化正交性很难保证，且发送端功率要分配至正交极化馈源上将产生 3dB 损失，因此性能较空间分集差。

（2）角度分集

角度分集利用传输环境的复杂性，调整天线不同角度的馈源，实现在单副天线上不同角度到达信号样值的统计上的不相关性来实现等效空间分集的效果。其优点同样是结构紧凑、节省空间，缺点是实现工艺要求较高，且性能比空间分集差。

在空间分集中，由于在接收端采用了 L 副天线，若它们尺寸、形状、增益相同，那么空间分集除可以获得抗衰落的分集增益外，还可以获得由于设备能力的增加而获得的设备增益，如二重空间分集的两套设备，可获得 3dB 设备增益。

2. 频率分集

频率分集利用位于不同频段的信号经衰落信道后在统计上的不相关特性，即不同频段衰落统计特性上的差异，来实现抗衰落（频率选择性）的功能。实现时，可以将待发送的信息分别调制在频率不相关的载波上发射。所谓频率不相关的载波是指当不同的载波之间的间隔 Δf 大于第 2 章分析中所指出的频率相干区间 ΔF，即

$$\Delta f \geqslant \Delta F \approx \frac{1}{\tau_{\max}} \tag{7.1.3}$$

式中，$\tau_{\max}$ 为接收信号的时延功率谱扩散值。

例如，城市中若使用 800～900MHz 频段（指 2G 中的 IS-95 与 GSM），典型的时延功率谱扩散值约为 $5\mu s$，这时有

$$\Delta f \geqslant \Delta F \approx \frac{1}{\tau_{\max}} = \frac{1}{5\mu s} = 200\text{kHz} \tag{7.1.4}$$

即要求对于 2G 实现频率分集的载波间隔应大于 200kHz。

频率分集与空间分集相比较，其优点是在接收端可以减少接收天线及相应设备的数量，缺点是要占用更多的频带资源，所以一般又称它为带内（频带内）分集，并且在发送端有可能需要采用多个发射机。

3. 时间分集

时间分集利用一个随机衰落信号，当采样点的时间间隔足够大时，两个样点间的衰落是统计上互不相关的，即利用时间上衰落统计特性上的差异来实现抗时间选择性衰落的功能。

具体实现时，是将待发送信息每隔一定的时间间隔发射，只要这一时间间隔 Δt 大于第 2 章分析中所指出的时间相干区间 ΔT，即

$$\Delta t \geqslant \Delta T \approx \frac{1}{B} \tag{7.1.5}$$

式中，B 为移动用户高速移动时所产生的多普勒频移从而产生的频移扩散区间。可见，时间分集对处于静止或准静止步行状态的移动用户几乎是无用的。

时间分集与空间分集相比较，优点是减少了接收天线及相应设备的数目，缺点是占用时隙资源，增大了开销，降低了传输效率。

在分集接收中，在接收端可以从 L 个统计不相关而承载相同信息的支路获得样值信号，再通过不同形式的选择与合并技术来获得尽可能大的分量增益和抗衰落性能。

如果从接收端合并所处的位置上看，合并可以在检测以前的射频或中频上进行，也可以在检测以后即基带上进行合并，实际上常采用基带合并。

如果从合并所采用准则和方式来考虑，合并可分为最大比值合并（MRC）、等增益合并（EGC）和选择式合并（SC），下面将予以分别介绍。

4. 最大比值合并（MRC）

在接收端由 L 个统计不相关的分集支路，经过相位校正，并按适当的可变增益加权再相加后送入检测器进行相干检测。最大比值合并的原理图如图 7.2 所示。

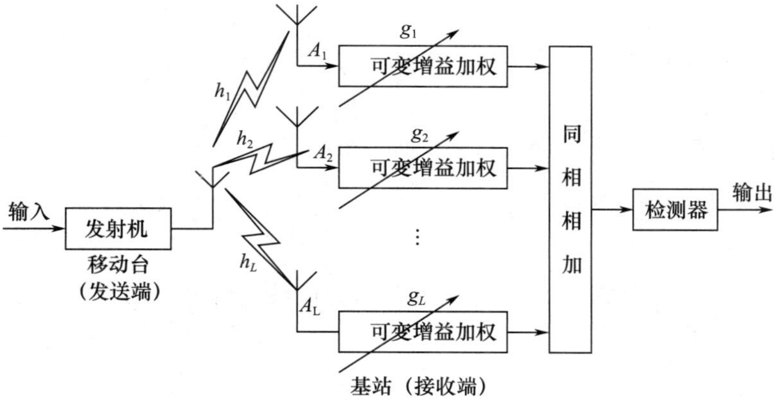

图 7.2　最大比值合并的原理图

假设发送 BPSK 信号 $x=\pm a$，能量为 $E\,|x|^2=E_s$，发送天线到第 l 个接收天线的信道衰落系数为 h_l，则相应的接收信号表示为

$$y_l=h_l x+z_l \tag{7.1.6}$$

式中，信道衰落系数 $h_l\sim N(0,1)$ 是复高斯随机变量；$z_l\sim N(0,2\sigma^2=N_0)$ 是第 l 个接收天线叠加的复高斯噪声，σ^2 是 I/Q 路的噪声功率；N_0 是白噪声单边功率谱密度。

这样，接收信号可以表示为向量模型

$$\boldsymbol{y}=\boldsymbol{h}x+\boldsymbol{z} \tag{7.1.7}$$

式中，$\boldsymbol{y}=(y_1,y_2,\cdots,y_L)^{\mathrm{T}}$；$\boldsymbol{h}=(h_1,h_2,\cdots,h_L)^{\mathrm{T}}$ 是单发多收（SIMO）信道响应向量；$\boldsymbol{z}=(z_1,z_2,\cdots,z_L)^{\mathrm{T}}$；$()^{\mathrm{T}}$ 表示行向量转置。

假设第 l 个接收天线的加权系数为 g_l，完全已知信道响应，则合并信号 $\tilde{y}$ 可以表示为

$$\tilde{y}=\boldsymbol{g}^{\mathrm{T}}\boldsymbol{y}=\boldsymbol{g}^{\mathrm{T}}\boldsymbol{h}x+\boldsymbol{g}^{\mathrm{T}}\boldsymbol{z}=\sum_{i=1}^{L}g_l(h_l x+z_l) \tag{7.1.8}$$

由此，接收合并的信噪比为

$$\mathrm{SNR}=\frac{\left|\sum\limits_{l=1}^{L}g_l h_l\right|^2 E\,|x|^2}{\sum\limits_{l=1}^{L}|g_l|^2 E\,|z_l|^2}=\frac{\left|\sum\limits_{l=1}^{L}g_l h_l\right|^2}{\sum\limits_{l=1}^{L}|g_l|^2}\frac{E_s}{N_0} \tag{7.1.9}$$

式中，$\frac{E_s}{N_0}$ 是符号信噪比，也是单副接收天线的信噪比。由上述公式可知，为了让接收信噪比最大，需要优化接收天线的加权系数。

利用柯西-施瓦兹不等式 $\left|\sum\limits_{l=1}^{L}g_l h_l\right|^2\leqslant\sum\limits_{l=1}^{L}|g_l|^2\sum\limits_{i=1}^{L}|h_l|^2$，可以证明当加权系数满足 $g_l=$

h_l^* 时，分集合并后的信噪比达到最大值，即

$$\mathrm{SNR} \leqslant \sum_{l=1}^{L} |h_l|^2 \frac{E_s}{N_0} = \|\boldsymbol{h}\|^2 \frac{E_s}{N_0} \tag{7.1.10}$$

此时加权向量 $\boldsymbol{g}=\boldsymbol{h}^*$。如果把分集合并看作是空间信号滤波，则最佳的加权向量 $\boldsymbol{g}$ 实质上是对 SIMO 信道响应向量 $\boldsymbol{h}$ 的匹配滤波(MF)，可以让输出信噪比最大。

考虑能量归一化，合并后的输出信号为

$$\frac{\boldsymbol{h}^{\mathrm{H}}}{\|\boldsymbol{h}\|}\boldsymbol{y}=\frac{\boldsymbol{h}^{\mathrm{H}}\boldsymbol{h}}{\|\boldsymbol{h}\|}x+\frac{\boldsymbol{h}^{\mathrm{H}}}{\|\boldsymbol{h}\|}\boldsymbol{z}=\|\boldsymbol{h}\|x+\frac{\boldsymbol{h}^{\mathrm{H}}}{\|\boldsymbol{h}\|}\boldsymbol{z} \tag{7.1.11}$$

式中，$()^{\mathrm{H}}$ 表示向量共轭转置，即 Hamilton 算子。可见，信道增益越大的分集支路对合并后的信号贡献也就越大，因此这种合并方式得名为最大比值合并(MRC)。

这样，已知信道响应条件下的误比特率(BER)表示为

$$P(x\to\hat{x}\,|\,\boldsymbol{h})=Q\left(\sqrt{2\,\|\boldsymbol{h}\|^2\frac{E_s}{N_0}}\right)=Q(\sqrt{2\mathrm{SNR_M}}) \tag{7.1.12}$$

式中，$Q(x)=\frac{1}{\sqrt{2\pi}}\int_x^{+\infty}\mathrm{e}^{-t^2/2}\mathrm{d}t$ 是标准正态分布的拖尾函数。可见，MRC 的输出信噪比 $\mathrm{SNR_M}$ 直接决定了分集合并的差错概率。

进一步，可以把 $\mathrm{SNR_M}$ 改写为两项乘积，表示为

$$\mathrm{SNR_M}=\|\boldsymbol{h}\|^2\frac{E_s}{N_0}=L\frac{E_s}{N_0}\cdot\frac{1}{L}\|\boldsymbol{h}\|^2=G_P G_D \tag{7.1.13}$$

式中，第一项 $G_P=L\frac{E_s}{N_0}$ 是功率增益(Power Gain)，也称为阵列增益(Array Gain)；第二项 $G_D=\frac{1}{L}\|\boldsymbol{h}\|^2$ 反映了分集增益(Diversity Gain)。

功率增益表明接收信号功率随着天线数目的增加而线性增长，天线数目加倍，则产生 3dB 的功率增益。不过需要注意的是，由于接收功率不可能超过发射功率，因此功率增益也会饱和。

进一步对信道衰落系数取数学期望，可得平均误比特率为

$$P_b=E_{\boldsymbol{h}}(P(x\to\hat{x}\,|\,\boldsymbol{h}))\approx C(G_P)\frac{1}{(E_s/N_0)^L} \tag{7.1.14}$$

式中，功率增益主要影响平均误比特率公式中的常数 $C(G_P)$，而分集增益影响信噪比的衰减指数。在式(7.1.14)两端取对数，得

$$\log P_b=\log C(G_P)-L\log(E_s/N_0) \tag{7.1.15}$$

可见，在对数坐标系中，平均误比特率为直线，功率增益决定直线的截距，而分集增益决定直线的斜率。

如果所有支路的衰落完全相关，此时 MRC 只有功率增益而没有分集增益。另一方面，如果所有支路的衰落完全独立，随着支路数目的增长，依据大数定律，第二项增益趋于 1，即 $\lim\limits_{L\to\infty}G_D=\lim\limits_{L\to\infty}\frac{1}{L}E\,\|\boldsymbol{h}\|^2=1$。但是功率增益依然存在，此时 MRC 信噪比相对增益为

$$K_M=\lim_{L\to\infty}\frac{\mathrm{SNR_M}}{E_s/N_0}=L \tag{7.1.16}$$

可见，相对合并增益与分集支路数 L 成正比。

5. 等增益合并(EGC)

若在上述最大比值合并中,取$\forall l, g_l=1$,即为等增益合并。

等增益合并后的平均输出信噪比为

$$\overline{\text{SNR}_\text{E}}=\overline{\text{SNR}}\left[1+(N-1)\frac{\pi}{4}\right] \tag{7.1.17}$$

等增益合并的增益为

$$K_\text{E}=\frac{\overline{\text{SNR}_\text{E}}}{\overline{\text{SNR}}}=1+(N-1)\frac{\pi}{4} \tag{7.1.18}$$

显然,当L(分集支路数)较大时,$K_\text{E}\approx K_\text{M}$,即两者相差不多,约1dB。等增益合并实现比较简单。

6. 选择式合并

选择式合并的原理图如图7.3所示。接收端是从$l=1,2,\cdots,L$的L个分集支路的接收机R_l中利用选择电路选择其中具有最大基带信噪比$\overline{\text{SNR}_l}=\overline{\text{SNR}_\text{max}}$的某一路基带信号作为输出的。

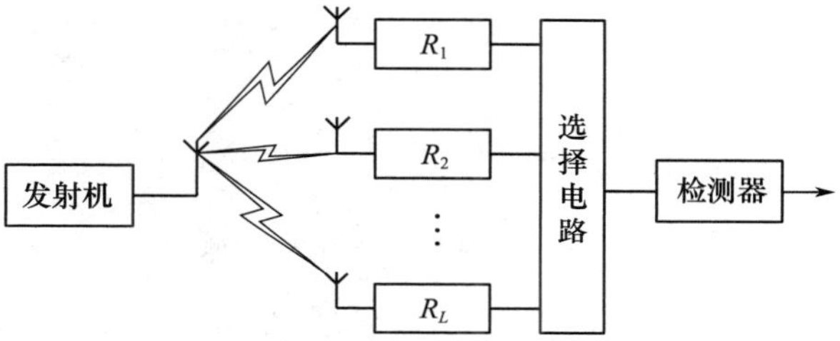

图7.3　选择式合并的原理图

选择式合并的平均输出信噪比为

$$\overline{\text{SNR}_\text{S}}=\overline{\text{SNR}_\text{max}}\sum_{l=1}^{L}\frac{1}{l} \tag{7.1.19}$$

选择式合并的合并增益为

$$K_\text{S}=\frac{\overline{\text{SNR}_\text{S}}}{\overline{\text{SNR}_\text{max}}}=\sum_{l=1}^{L}\frac{1}{l} \tag{7.1.20}$$

7. 3种主要合并方式性能比较

图7.4给出3种合并方式平均信噪比的改善程度。其中,性能最好的为曲线a,即最大比值合并,性能次之的为曲线b,即等增益合并,性能最差的为曲线c,即选择式合并。

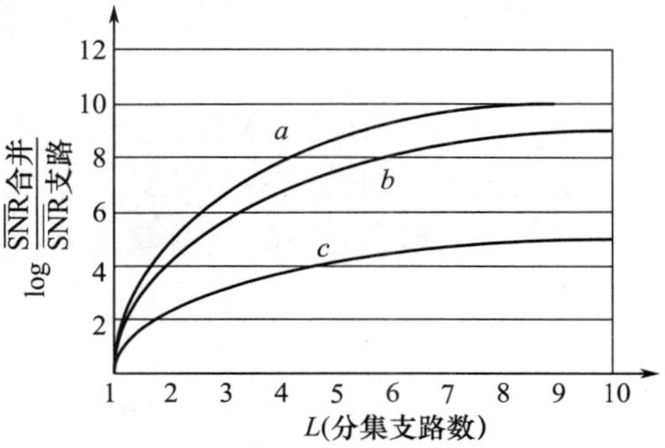

图7.4　3种主要合并方式平均信噪比的改善程度

7.1.3 发送分集技术

基于通信系统的收发对偶性，有多天线接收分集(Receive Diversity)技术，当然也可以有多天线发送分集技术(Transmit Diversity)。前者为单发多收(SIMO)系统，而后者为多发单收(MISO)系统。类比于 3 种分集合并方式，发送分集也有 3 种，分别是最大比值发送(MRT)、等增益发送(EGT)与选择式发送(ST)。

1. 最大比值发送(MRT)

最大比值发送(MRT)的原理图如图 7.5 所示，发送端的一路信号经过 L 个天线支路的可变增益加权，发送到单副接收天线进行相干检测。

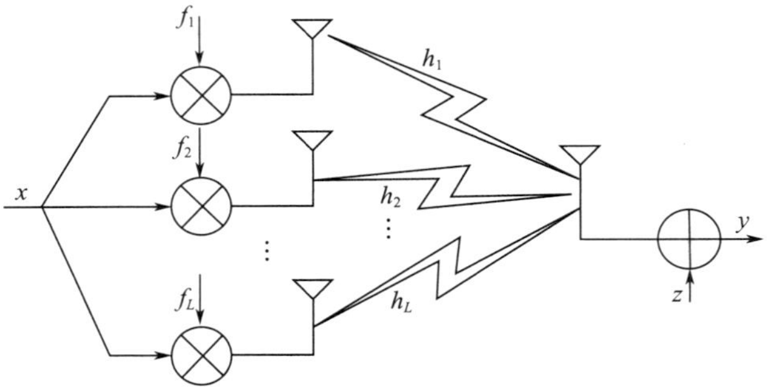

图 7.5 最大比值发送(MRT)的原理图

假设发送 BPSK 信号 $x=\pm a$，能量为 $E|x|^2=E_s$，加权系数为 f_l，到接收天线的信道衰落系数为 h_l，则相应的接收信号表示为

$$y=\sum_{l=1}^{L}h_l f_l x+z=\boldsymbol{h}^{\mathrm{T}}\boldsymbol{f}x+z \tag{7.1.21}$$

式中，$z\sim N(0,N_0)$是接收天线叠加的复高斯噪声；$\boldsymbol{f}=(f_1,f_2,\cdots,f_L)^{\mathrm{T}}$ 是天线加权向量。

同样，利用柯西-施瓦兹不等式可以证明，当加权系数满足 $f_l=h_l^*/\|\boldsymbol{h}\|$，或 $\boldsymbol{f}=\boldsymbol{h}^*/\|\boldsymbol{h}\|$，此时接收信噪比最大，即

$$\mathrm{SNR}\leqslant\sum_{l=1}^{L}|h_l|^2\frac{E_s}{N_0}=\|\boldsymbol{h}\|^2\frac{E_s}{N_0} \tag{7.1.22}$$

对比 MRC 的输出信噪比式(7.1.10)与 MRT 的输出信噪比式(7.1.22)，不难看出，两种分集方式能够获得相同的信噪比，由此，也可以推断两者能够达到相同的功率增益与分集增益。

2. 等增益发送(EGT)

等增益发送(EGT)的原理图如图 7.6 所示。与 MRT 相比，EGT 主要的区别在于相同的信号不经过加权调整，直接通过每副天线发送，因此节省了天线增益调整单元，但也会带来分集增益的损失。EGT 与 EGC 也完全类似，实现比较简单，当分集支路数较大时，$K_E\approx K_M$，即相比于 MRT 损失约 1dB 的分集增益。

3. 选择式发送(ST)

选择式发送(ST)的原理图如图 7.7 所示。与 SC 类似，也需要一个选择电路，挑选信道条件最好的支路发送信号。与 MRT、EGT 相比，ST 的分集增益有较大损失。

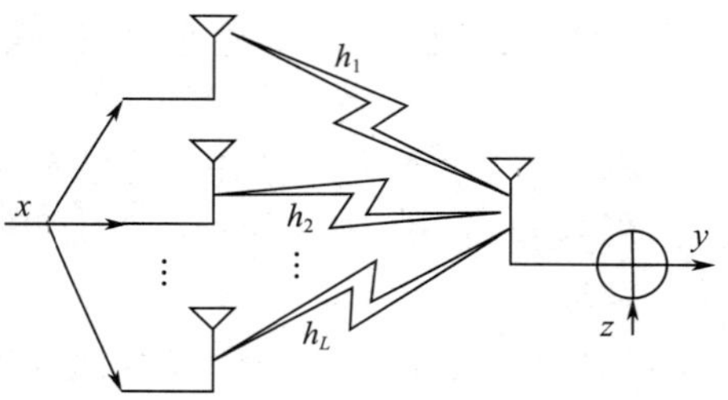

图 7.6　等增益发送(EGT)的原理图

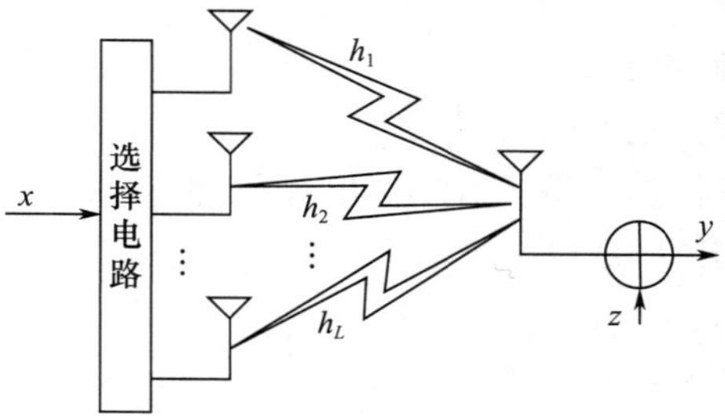

图 7.7　选择式发送(ST)的原理图

7.2　Rake 接收与多径分集

Rake 接收不同于传统的空间、频率与时间分集技术，它是一种典型的利用信号统计与信号处理技术将分集的作用隐含在被传输的信号之中的技术，因此又称为隐分集或带内分集。

7.2.1　Rake 接收的基本原理

移动通信传播中多径引起了接收信号时延功率谱的扩散，其中最典型的有两类：连续型时延功率谱，它一般出现在繁华的市区，由密集建筑物反射而形成，如图 7.8 所示；离散型时延功率谱，它一般出现在非繁华市区，非密集型建筑群区，如图 7.9 所示。

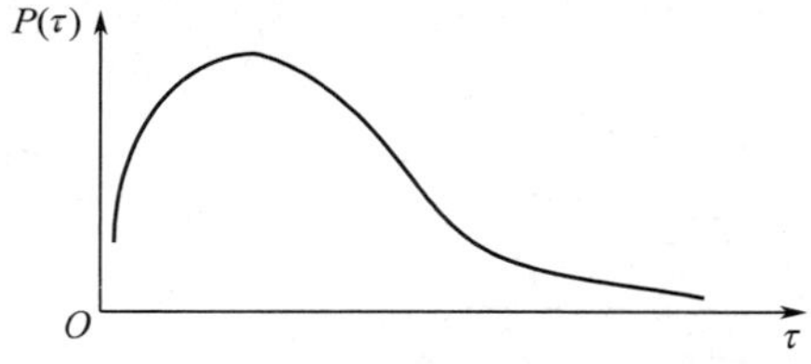

图 7.8　连续型时延功率谱

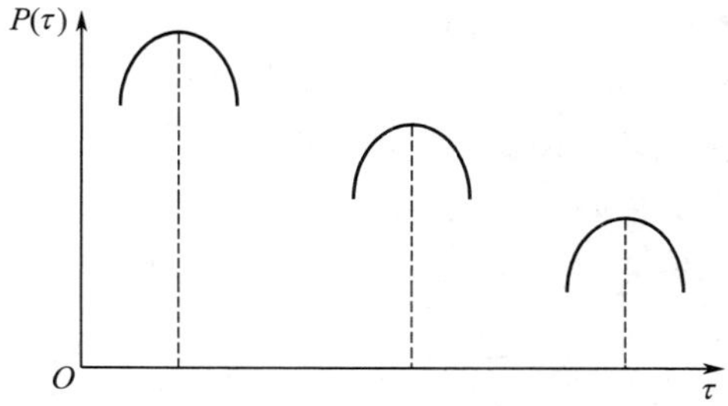

图 7.9　离散型时延功率谱

接收端的多径传播信号可以用图 7.10 表示(假设有 3 条主要传播路径)。若采用扩频信号设计与 Rake 接收的信号处理后，3 条路径信号矢量图可改变成如图 7.11 所示形式。

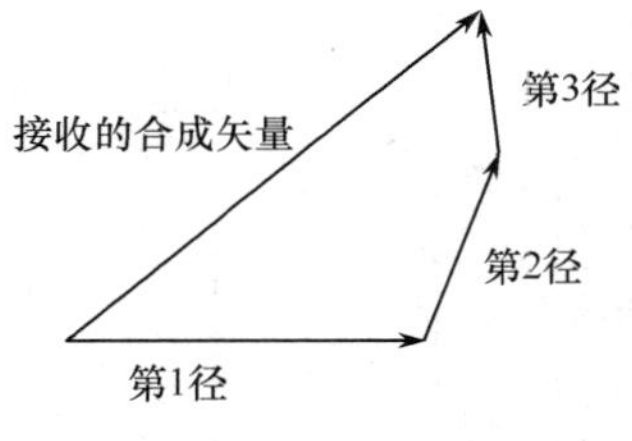

图 7.10　多径传播信号的矢量图

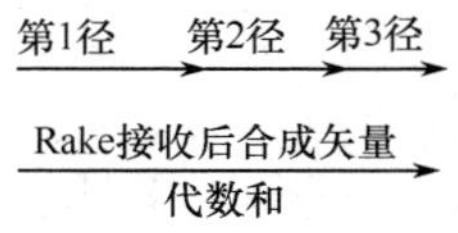

图 7.11　利用 Rake 接收(相干检测)后的合成矢量图

Rake 接收就是设法将上述被扩散的信号能量充分利用起来，其主要手段是扩频信号设计与 Rake 接收的信号处理。在实际的移动通信中，由于用户的随机移动性，接收到的多径分量的数量、大小(幅度)、时延(到达时间不同)、相位均为随机变量，因此合成后的合成矢量也为一个随机变量。但是如果能利用扩频信号设计将各条路径信号加以分离，再利用 Rake 接收将被分离的各条路径信号相位校准、幅度加权，并将矢量和变成代数和，从而加以充分利用。当然，这一分离、处理和利用的设想，特别是对于连续型时延功率谱，受分辨率即扩频增益和 Rake 接收信号处理方式及能力所限。

根据宽带扩频信号的相关理论，设计适当扩频比的扩频信号（主要决定分离多径的分辨率）和相应的 Rake 接收的信号处理方式就能将被扩散的信号能量分离、处理、合并，并加以有效利用。

上述时延功率谱的利用效率主要决定于实际信道多径时延展宽的程度及多径分离的能力，而多径分离的能力则主要取决于扩频增益与扩频带宽。

对于 IS-95 系统，在城市繁华地区，其多径时延约为 $\Delta\tau \approx 5\mu s$，而 IS-95 的扩频信号带宽为 1.25MHz，由式(7.1.4)求出频率分集的载波间隔应大于 200kHz，这样对于 IS-95 的 CDMA，在理论上可提供$\frac{1.25\text{MHz}}{200\text{kHz}} \approx 6$(重)隐分集的可能。但是由于多径时延扩展是随机的，实际上有利用价值的不超过 3～4 重分集效果。

从理论上看，Rake 接收的多径分集应属于频率分集，但是从现象上看，它是利用多径时延进行的分集。实际上，第 2 章已指出正是由于时延扩散才引入了频率选择性衰落，它们之间是一对因果关系，正因为这样，有人认为称它为多径分集更为恰当。

7.2.2 IS-95 中 Rake 接收机的工程实现

Rake 接收的实现方法有多种方案，这里结合 IS-95 系统介绍 Rake 接收的实现原理。在 IS-95中，下行(前向)链路是同步码分的，而上行(反向)则是异步码分的，因此上、下行 Rake 接收有所不同，即下行 Rake 接收为相干检测，而上行 Rake 接收为非相干检测。这里以上行基站中非相干检测 Rake 接收为重点加以介绍。

1. IS-95 中基站 Rake 接收的实现方案

IS-95 中上行基站 Rake 接收机总体框图如图 7.12 所示。

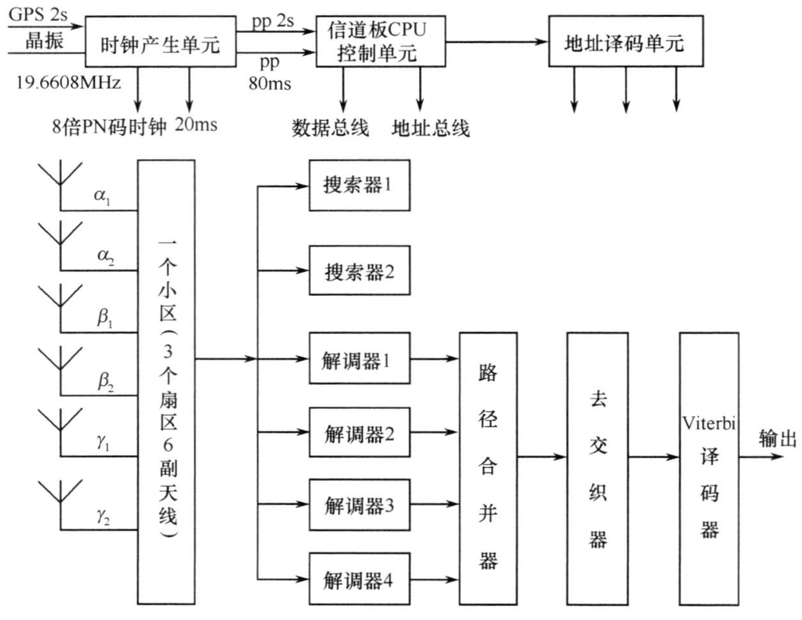

图 7.12 IS-95 中上行基站 Rake 接收机总体框图

IS-95 中每个蜂窝小区分为 3 个扇区，每个扇区有 1 副发射天线、两副接收天线（采用二重空间分集），因此每个小区含有 6 副接收天线：α_1、α_2、β_1、β_2、γ_1、γ_2。

图 7.12 中的时钟产生单元是利用基站 GPS 收到标准偶秒（2s）信号和本地晶振（19.6608MHz）产生 Rake 接收所需要的各类定时时钟信号。

信道板 CPU 控制单元：控制并协调发送、接收各单元的操作，搜索器的搜索结果也将送入 CPU 进行选择、判断，并将搜索到的 4 个最强路径的相位信息分别送至 4 个解调器中解调。

地址译码单元：产生各个模块所需的伪码地址信号。

搜索器：搜索接收信号的伪码（PN 码）相位，其作用是在 3 个扇区 6 个接收信号源中搜索其中 4 个最强路径进行数据解调，每个搜索器实际包含多个并行搜索单元。

解调器：IS-95 中每个基站含有 4 个解调器，即 Rake 接收机的 4 个指峰（Finger）。它用于对已搜索到的 4 个最强路径进行数据解调，并将解调结果输出送入路径合并器进行合并，即进行分集合并，再进行去交织和 Viterbi 译码。此外，每个解调器内还有一个子单元用于跟踪回路对路径相位进行解调。

IS-95 上行基站 Rake 接收机的核心部件——解调器的结构如图 7.13 所示。

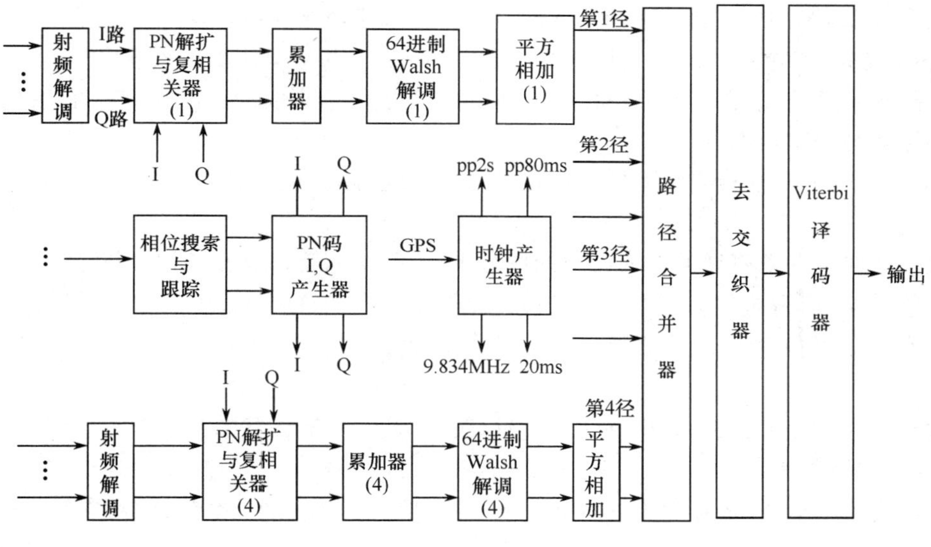

图 7.13　解调器的结构

从每个蜂窝小区 6 副天线 α_1、α_2、β_1、β_2、γ_1、γ_2 中接收到的射频信号经过射频解调降至基带信号，分为同相 I 和正交 Q 两路送入搜索器中的 PN 码解扩与复相关器进行搜索，并将搜索结果送入信道板 CPU 控制单元，CPU 选择其中 4 个解调器。

这 4 条最强路径进入解调器中的 PN 码解扩与复相关器，这里采用复相关运算可以消除 I、Q 间相关差所引入的相关性对性能的影响。在上行基站 Rake 接收机中，采用的是非相干解调与平方相加处理。另外，由于 IS-95 中上行采用 OQPSK 调制，这时解调时 I、Q 两路数据间要延迟 $T_c/2$。

复相关过程原理图如图 7.14 所示。

64 进制 Walsh 解调器：在 IS-95 中，这部分的具体实现是采用 Hadamard 变换（FHT）来完成的。从原理上讲，64 进制 Walsh 解调就是将 64 个数据与 64 阶 Walsh 符号分别进行相关运算，可以采用 FHT 来完成，即将这种相关过程用类似于快速傅里叶变换（FFT）的蝶形

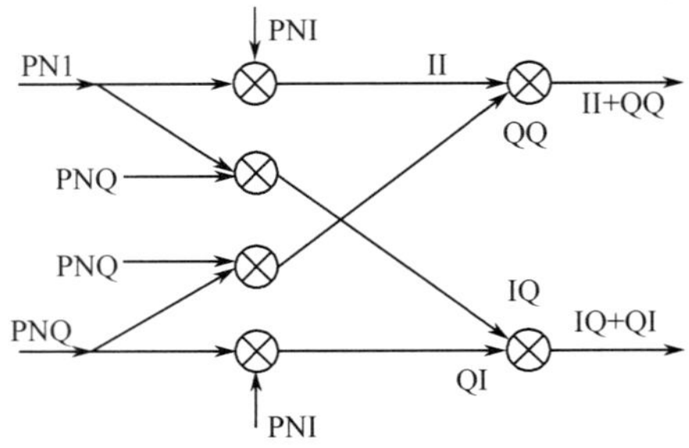

图 7.14　复相关过程原理图

快速算法来实现。Hadamard 变换与傅里叶变换相比，Hadamard 变换是实数变换而且仅取 +1 与 −1，因此相乘运算均可用加减运算来代替，这一特点可以使得运算速度加快、硬件大为简化。

平方相加：从 64 进制 Walsh 解调即每个支路 FHT 运算后输出至每个支路平方相加电路，完成 I^2+Q^2 平方相加运算后，再将 4 个支路平方相加的输出送至路径合并器。

路径合并器：将 4 个支路的解调器的输出结果送入路径合并器，即将 4 个分集路径的信号能量相加，再生成软判决信号，其过程即为分集合并。

系统同步是系统正常工作的基础，CDMA 同步决定了能否实现正确解调。在 IS-95 中，系统同步分为搜索与跟踪两部分。

Rake 接收机中搜索器的作用是基站对移动台发送的信号进行搜索，以寻找 4 个最强路径用于数据解调。

基站首先对移动台发送的接入信道的信号进行搜索、捕获，成功之后获得接入信息并与移动台建立通信链路，然后对移动台的业务信道进行搜索并进入解调状态。在解调的同时，搜索器仍能继续搜索其他可能存在的最强路径。每个解调器的跟踪回路则对解调器的伪码相位进行微调。

搜索可分为初始搜索、解调中搜索和更软切换搜索 3 种工作状态。

(1) 初始搜索

基站搜索接入信道，以便与发起呼叫的移动台建立通信链路。将移动台发送一个接入信息(或基站接收)的过程称为一次接入尝试，而每次接入尝试又由若干个逐步增加的接入试探组成。每个试探构成一个接入信道时隙，而每个时隙又由初始帧与信息帧两部分构成，初始帧为全零帧，它会有 96 个 0(4.8kbps)。移动台发送初始帧是为了便于基站进行同步，它可省去 FHT 单元而直接对解扩后的数据累加，其原因是对全 0，FHT 的 0 相关输出最大。

同样，移动台发送业务信道时，开始几帧也是初始帧，这样也可以简化结构。同时，在初始搜索中由于尚未开始解调，可以在 CPU 控制下将解调器用于搜索器，以加快搜索速度。

接入信道搜索过程与结构可以用下列原理性图形表示，如图 7.15 所示。

(2) 解调中的搜索

开始解调以后，搜索器继续搜索，以寻求其他可能存在的最强路径，但是移动台发送的信息不再是全 0。此时基站在搜索时要进行完整的基带非相干解调处理，这是正常方式下的搜索。

(3) 更软切换搜索

当移动台发起切换请求时，两个搜索器必须搜索源扇区的信号和切换目标扇区的信号，直至切换完成。

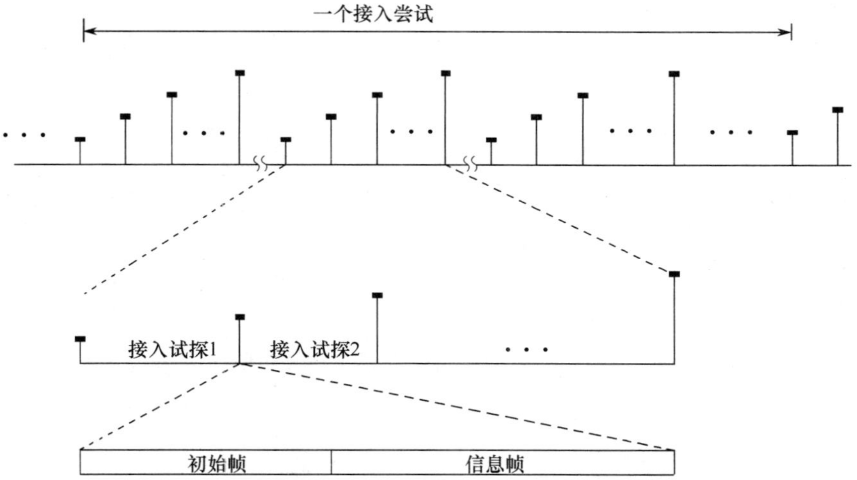

图 7.15　接入信道搜索过程与结构

2. IS-95 中移动台 Rake 接收

上面介绍的是基站 Rake 接收，它属于上行(反向)链路，上行链路是“多点对一点”的通信链路，基站用它接收多个用户信号。由于在 IS-95 中上行属于异步码分，因此采用非相干检测。但是对于多径信号的搜索与跟踪仍然是必须解决的先决条件。

移动台 Rake 接收则属于下行(前向)链路，它是“一点对多点”通信链路，多个用户利用它接收来自同一基站的信号。在下行信道中，基站专门设置了导频信道且给予较大的功率分配，它可供给移动台搜索、跟踪，相干解调提供参考信号。

移动台 Rake 接收与基站 Rake 接收的基本原理是一样的，只是在下行中移动台可利用基站发送的导频进行同步码分、相干检测。这说明每个用户信号都可以锁定在导频信号上进行相干检测，而路径时延只需通过导频序列来搜索即可实现。

7.2.3　WCDMA 中 Rake 接收机原理

与 IS-95 相比，WCDMA 的信号带宽为 5MHz，远大于信道相关带宽，因此可分辨路径更多。一般采用上行 8 径/下行 6 径 Rake 接收机结构，通过频率分集方法，将分散在各个路径中的独立信号相干合并，从而提高接收端的信干噪比(SINR)。

Rake 接收机的原理结构如图 7.16 所示，一般由 4 部分构成，包括多个指峰(Finger)接收机、多径搜索/配置单元、信道估计/权重计算单元及信号合并单元。多径搜索单元搜索最强的多径信号，并配置指峰接收机的时延补偿单元，然后各个指峰信号分别解扩，同时信道估计单元对每一径提取信道估计信息作为权重，与指峰接收机的输出信号进行最大比值合并，得到 Rake 接收机的输出信号。

单用户条件下，Rake 接收机等效于多径匹配滤波器组，因此渐近趋于最佳接收性能。但 WCDMA 是多用户系统，每个指峰接收机的输出信号包含 4 部分：当前径有用信号、多径造成的本用户 ISI 干扰信号、其他用户的 MAI 干扰信号及加性噪声。对于 WCDMA 的下行信道，由于多径时延扩展很大，每径能量相对很小，并且此时多用户 OVSF 码无法保证正交，因此每一径都会受到 MAI 强干扰。此时采用传统 Rake 接收机无法有效抑制多址干扰。

广义 Rake(G-Rake)是一种结构简单的接收机[7.12]，其基本结构与 Rake 类似，主要差别在于多径配置与权重计算。G-Rake 将每个指峰的 MAI 信号建模为有色高斯噪声，通过统计平均，得

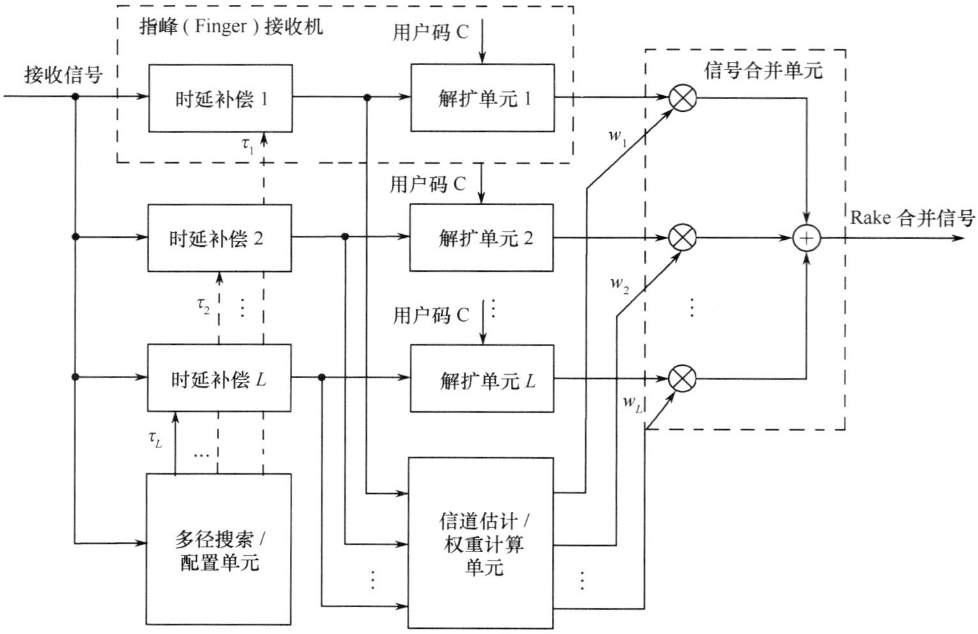

图 7.16　Rake 接收机的原理结构(包括 G-Rake)

到干扰信号的相关矩阵,然后基于最大似然准则计算权重向量,对指峰输出信号进行加权。另外,G-Rake 不再按照每径信号强弱从大到小配置多径,而是以最大化合并信号的 SNR 为准则配置多径,其多径窗一般为 $2L$,大于传统 Rake 接收机,并且在最强径之间往往配置多径接收机。这样做可以等效为信道逆滤波,从而有效抵消本小区的多址干扰。

G-Rake 的性能如图 7.17 所示。仿真条件为 WCDMA 单小区 24 个用户,扩频因子 SF=128,4 径码片延迟信道,各径相对幅度(dB)为{0,−1.5,−3,−4.5},相对相位为{0,60°,120°,180°}。Rake 接收机配置为 4 径,对应时延{0,1,2,3}码片。G-Rake 有 3 种配置:①与 Rake 接收机相同配置;②4 径,对应时延{−1,0,1,2}码片;③5 径,对应时延{−1,0,1,2,3}码片。

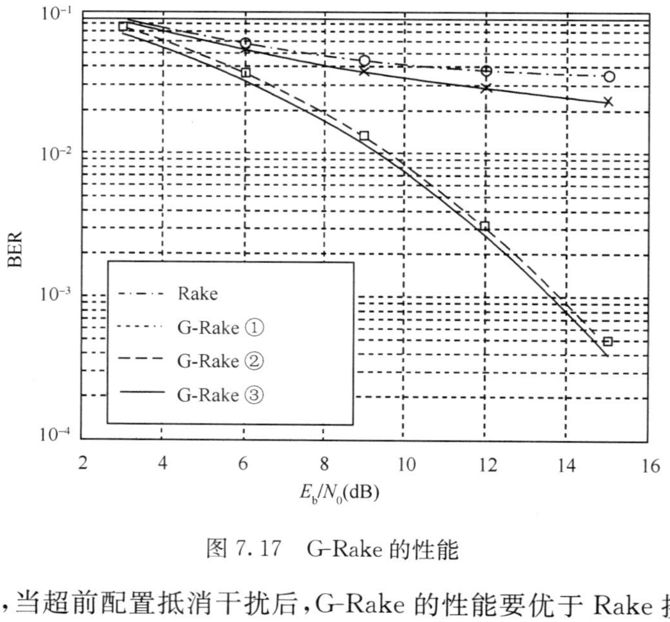

图 7.17　G-Rake 的性能

由图 7.17 可知,当超前配置抵消干扰后,G-Rake 的性能要优于 Rake 接收机约两个量级。

按照文献[7.12]论述，根据信道扩散程度，与传统 Rake 接收机相比，多增加一些指峰接收机及权重与多径配置算法，G-Rake 可以获得 1～3.5dB 的增益，对 WCDMA 而言，可以折算为系统容量提高 1 倍。可见，G-Rake 实现复杂度很低，并能够抑制多址干扰，非常适合于移动终端。

7.3 均衡技术

均衡是改造限带信道传递特性的一种有效手段，它起源于固定式有线传输网络中的频域均衡滤波器。均衡技术目前有两个基本途径。

① 时域均衡，它主要从时域响应考虑，使包含均衡器在内的整个系统冲激响应满足理想的无码间干扰条件。目前广泛采用横向滤波器实现，根据信道特性变化而自适应调整。在时延扩展几十个符号条件下，时域均衡实现比频域方便，性能较好。特别是在时变衰落信道中，自适应时域均衡得到了普遍应用。

② 频域均衡(FDE)，它主要从频域角度来满足无失真传输条件。早期用于固定式有线传输网络中，通过设计模拟滤波器校正信道畸变，由于模拟电路的非理想特性，限制了频域均衡的性能。近年来，由于 B3G 和 4G 的数据传输速率很高，时延扩展达几百个样值，直接应用时域均衡，复杂度太高，收敛性能很差，而通过应用 FFT/IFFT 变换，频域均衡的复杂度较低，因此重新得到人们重视。本节简要介绍单载波频域均衡(SC-FDE)的基本原理。

定义系统信号持续时间为 T_s，衰落信道的最大多径时延为 τ_{max}，最大多普勒频偏为 f_d，或者信道相干时间 $T_d=1/f_d$。时域均衡器需要测量信道冲激响应，因此要求信道变化时长必须远小于最大多径时延，即

$$\tau_{max} \ll \frac{1}{f_d} \text{或} \tau_{max} f_d \ll 1 \tag{7.3.1}$$

若信号持续时间小于时延扩展，即

$$T_s < \tau_{max} \tag{7.3.2}$$

接收信号中出现符号间干扰(ISI)，这时就需要使用自适应均衡器来减轻或消除 ISI。

GSM 系统的符号速率较高，一般满足 $T_s<\tau_{max}$ 的条件，所以必须使用自适应均衡器。北美的 IS-54、IS-136 等数字式蜂窝系统也满足这一条件，也需要采用自适应均衡器。

当 $T_s \gg \tau_{max}$ 时，接收机不必使用自适应均衡器，因为时延扩展对信号的影响可以忽略不计。例如 OFDM 系统，每个符号持续时间 $T_s \gg \tau_{max}$，因此不必采用自适应均衡技术。又如 WCDMA 系统采用扩频码区分用户，每个用户的比特信号持续时间 $T_s \gg \tau_{max}$，因此 WCDMA 系统一般不采用自适应均衡技术。但在 HSPA 系统中，由于采用了高阶调制，扩频因子较小，信号持续时间稍大于 τ_{max}，因此采用码片级均衡可以提高系统性能。

实际移动通信中对自适应均衡实现的基本要求是：快速的收敛特性，好的跟踪信道时变特性的能力，低的实现复杂度和低的运算量。

7.3.1 时域均衡器的分类

时域均衡器从原理上可以划分为线性与非线性两大类型，而每种类型均可分为几种结构，每种结构的实现又可根据特定的性能准则采用若干种自适应调整滤波器参数的算法。图 7.18 根据时域自适应均衡的类型、结构、算法给出分类。

1. 线性均衡器

线性均衡器的结构相对比较简单，主要实现方式为横向滤波器，后面将专门介绍，另外还有格形滤波器。

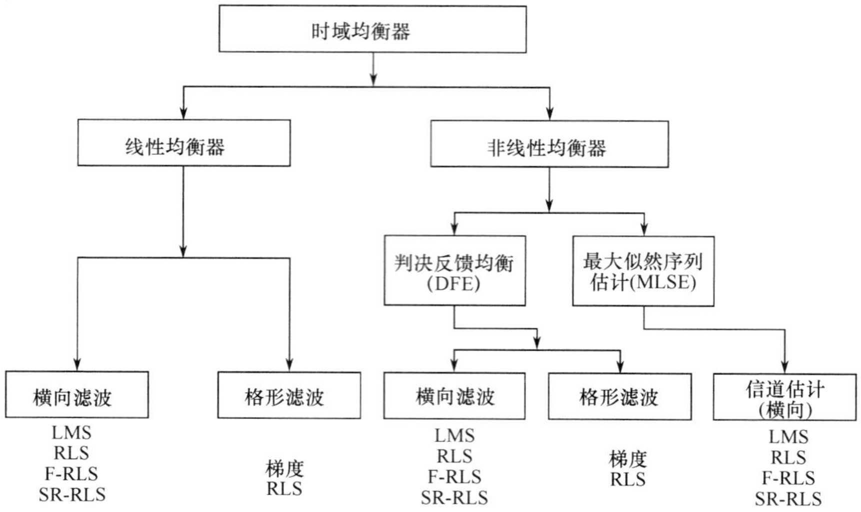

图 7.18　时域均衡器的分类

线性均衡器只能用于信道畸变不十分严重的情形，在移动通信的多径衰落信道中，信道的频率响应往往会出现凹点（频率选择性衰落引起的），这时线性均衡器往往无法很好工作。为了补偿信道畸变，凹点区域必须有较大的增益，显然这将显著提高信号的加性噪声，因此在移动通信的多径衰落信道中通常尽量避免使用线性均衡器。

然而线性均衡器是时域均衡器的基础，特别是其横向滤波器实现方式，因此有必要在后面进一步介绍。

2. 非线性均衡器

在最小序列误差概率准则下，最大似然序列判决（MLSD）是最优的，但是其实现的计算复杂度是随着多径干扰符号长度 L 呈指数增长的。即若消息的符号数为 M，ISI 的符号长度为 L，则其实现复杂度正比于 M^{L+1}，因此它仅适用于 ISI 长度 L 很小的情况。GSM 中一般 $L=4$，满足这个条件，所以在 GSM 中广泛使用 MLSD 均衡器，而北美的 IS-54 和 IS-136，其 $L=3$，所以也使用 MLSD 均衡器。

非线性均衡器的另一大类型是采用判决反馈均衡（DFE）。它由前馈滤波器和反馈滤波器两部分组成，其原理后面将进一步介绍。DFE 的计算复杂度是前馈滤波器和反馈滤波器的抽头数目的线性函数，而滤波器的抽头数目（以 $T/2$ 间隔）大约是 ISI 所覆盖符号长度 L 的一倍。DFE 也可用于 GSM 中，其实现复杂度要比 MLSD 简单，而性能下降并不很明显。

7.3.2　横向滤波器

1. 横向滤波器的结构及原理

横向滤波器是时域均衡器的主要实现方式。它由多级抽头延迟线、可变增益加权系数乘法器及相加器共同组成。横向滤波器的结构如图 7.19 所示。

输入信号 $x(t)$ 经过 $2N$ 级延迟线，每级的群时延为 $T_s=1/2f_H$，其中 f_H 为传送系统的奈奎斯特采样频率，即信号 $x(t)$ 的最高频率。

在每级延迟线的输出端都相应引出信号 $x(t-nT_s)$，并分别经过可变增益加权系数 $w_k(k=0,\pm1,\cdots,\pm N)$ 相乘以后，送入求和电路进行代数相加，形成总的输出信号 $y(t)$。其中滤波器抽头共有 $2N+1$ 个，加权系数 w_k 可变、可调且能取正负值，并对中心抽头系数 w_0 归一化。

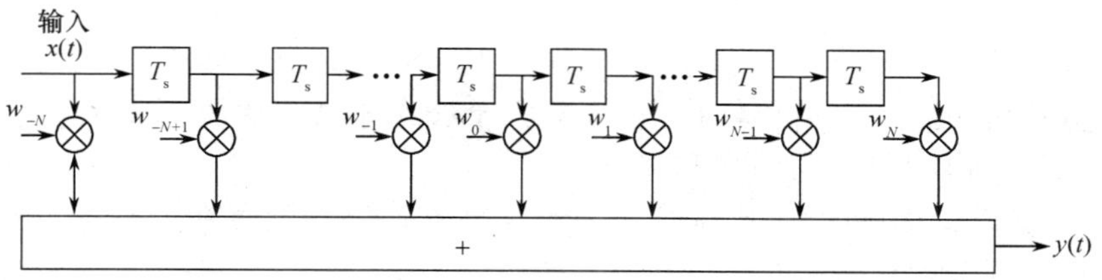

图 7.19　横向滤波器的结构

若横向滤波器的冲激响应为 $g(t)$，则

$$g(t)=\sum_{k=-N}^{N}w_k\delta(t-kT_s) \tag{7.3.3}$$

这时，输出响应就成为

$$y(t)=\int_0^t x(\tau)g_t(t-\tau)\mathrm{d}\tau \tag{7.3.4}$$

或

$$y(t)=x(t)*g(t)=\sum_{k=-N}^{N}w_k x(t-kT_s) \tag{7.3.5}$$

可见，横向滤波器的接入将使系统的输出波形 $y(t)$成为 $2N+1$ 个经过不同时延的均衡器的输入波形 $x(t)$的加权和。对于一个实际响应波形 $x(t)$，只要适当选择抽头增益系数 w_k，就可以使输出波形在各个奈奎斯特采样点($k=0$ 处除外)趋于零。

当 $t=nT_s$ 时，有

$$y(nT_s)=\sum_{k=-N}^{N}w_k x[(n-k)T_s] \tag{7.3.6}$$

或简写成

$$y_n=\sum_{k=-N}^{N}w_k x_{n-k} \tag{7.3.7}$$

上述公式中的 x_{n-k} 表示以 n 为中心的前后 k 个符号($k=0,\pm1,\pm2,\cdots,\pm N$)在采样时刻 $t=nT_s$时对第 n 个符号所造成的 ISI。这样，横向滤波器的作用就是要调节抽头增益系数 w_k(不含 w_0)使得以 n 为中心的前后$\pm N$ 符号在采样时刻 $t=nT_s$ 的样值趋于零，即消除它们对第 n 个符号的干扰。所以横向滤波器可以控制并消除$\pm N$ 个符号内的 ISI，并将横向滤波器达到这一状态的特性称为“收敛”特性。显然，横向滤波器抽头越多，即 N 越大，控制范围也就越大，均衡的效果也就越好。但是 N 越大、抽头越多，调整也就越困难，工程上应在性能与实现复杂性上进行合理的折中。

2. 均衡器的调节准则

在上述均衡器取有限抽头($\pm N$)的情况下，均衡器输出将达不到理想的无 ISI 状态，必然还存在剩余失真，且 N 越小失真越大。那么均衡器的抽头增益应按照什么样的原则来调节才是最佳的呢？又如何来实现呢？前一个问题称为调节准则的选取，后一个问题称为调节算法的选定。这里首先讨论调节准则的选取问题。最常用的两个准则为峰值失真准则和均方误差(MSE)准则。

① 峰值失真准则：它可以简单地定义为在均衡器输出端最坏情况下的 ISI 值，寻求这个性能指标下的最小化为峰值失真准则。即可定义为

$$D=\frac{1}{y_0}\sum_{\substack{n=-K\\n\neq 0}}^{K}|y_n| \tag{7.3.8}$$

上式表示均衡器输出的波形 y_n 中，除 y_0 外所有 y_n 都会由于波形失真引起 ISI。为了反映峰值失真的大小，D 表示所有 ISI 绝对值之和与 y_0 之比。

② 均方误差(MSE)准则：该准则综合考虑了均衡器输出端既存在 ISI 也存在加性噪声，并以最小均方误差准则来计算横向滤波器的抽头系数。

设均衡器的输入序列为$\{x_n\}$，输出序列为$\{y_n\}$，且

$$x_n=x(nT_s),\ y_n=y(nT_s) \tag{7.3.9}$$

则有

$$y_n=\sum_{k=-N}^{N}w_k x_{n-k} \tag{7.3.10}$$

若均衡器希望的理想输出为 $\hat{y}_n$，并定义其误差与均方误差分别为

$$e_n=\hat{y}_n-y_n \tag{7.3.11}$$

$$J=E[e_n^2] \tag{7.3.12}$$

求均方误差的最小值，即

$$\frac{\partial J}{\partial w_k}=2E\left[e_n\frac{\partial e_n}{\partial w_k}\right]=0 \qquad (k=0,\pm1,\pm2,\cdots,\pm N) \tag{7.3.13}$$

$$=-2E\left[e_n\frac{\partial y_n}{\partial w_k}\right]=-2E[e_n x_{n-k}]=-2R_{ex}(k) \tag{7.3.14}$$

所以

$$\frac{\partial J}{\partial w_k}=0\ \text{等效于}\ R_{ex}(k)=0 \qquad (k=0,\pm1,\pm2,\cdots,\pm N) \tag{7.3.15}$$

上式指出，选择 $2N+1$ 个最佳的滤波器抽头系数 $w_k(k=0,\pm1,\pm2,\cdots,\pm N)$，使输出误差序列$\{e_n\}$与输入信号序列$\{x_n\}$之间的互相关函数为 0，即 e_n 与 x_n 正交时，均衡器误差最小，这一结果又称为正交性原理。

7.3.3 均衡器的算法

均衡器可以根据不同调节准则选择算法，常见算法有迫零(ZF)算法、最小均方(LMS)算法、递归最小二乘(RLS)算法等，下面分别予以简介。

1. ZF 算法

考虑加性噪声情况，横向滤波器的输出信号可以表示为

$$y_n=\sum_{k=-N}^{N}w_k x_{n-k}+z_n \tag{7.3.16}$$

上述公式可以改写为如下的矩阵向量形式

$$\begin{bmatrix} y_{-N}\\ \vdots\\ y_{-1}\\ y_0\\ y_1\\ \vdots\\ y_N \end{bmatrix}=\begin{bmatrix} x_0 & x_{-1} & x_{-2} & \cdots & \cdots & x_{-2N+1} & x_{-2N}\\ x_1 & x_0 & x_{-1} & x_{-2} & \cdots & \cdots & x_{-2N+1}\\ x_2 & x_1 & x_0 & x_{-1} & \ddots & \ddots & \vdots\\ \vdots & x_2 & x_1 & x_0 & \ddots & \ddots & \vdots\\ \vdots & \ddots & \ddots & \ddots & \ddots & \ddots & x_{-2}\\ x_{2N-1} & \ddots & \ddots & \ddots & \ddots & \ddots & x_{-1}\\ x_{2N} & x_{2N-1} & \cdots & \cdots & x_2 & x_1 & x_0 \end{bmatrix}\begin{bmatrix} w_{-N}\\ \vdots\\ w_{-1}\\ w_0\\ w_1\\ \vdots\\ w_N \end{bmatrix}+\begin{bmatrix} z_{-N}\\ \vdots\\ z_{-1}\\ z_0\\ z_1\\ \vdots\\ z_N \end{bmatrix} \tag{7.3.17}$$

进一步简写为

$$\boldsymbol{y}=\boldsymbol{X}\boldsymbol{w}+\boldsymbol{z} \tag{7.3.18}$$

根据峰值失真准则要求，接收信号向量满足 $\boldsymbol{y}=(0,\cdots,0,y_0,0,\cdots,0)$，即只允许最佳采样时刻有值输出，而其他时刻样值为 0。由此，可以将数据矩阵 $\boldsymbol{X}$ 的广义逆$\boldsymbol{X}^{+}=(\boldsymbol{X}^{\mathrm{H}}\boldsymbol{X})^{-1}\boldsymbol{X}^{\mathrm{H}}$ 左乘式(7.3.18)两端，得到如下的滤波器权重向量估计

$$\hat{\boldsymbol{w}}=\boldsymbol{X}^{+}\boldsymbol{y} \tag{7.3.19}$$

这就是信号处理中著名的迫零(Zero Force，ZF)算法，即为了满足峰值失真准则，强制输出信号在$[-N,N]$观察区间的非最佳采样时刻取值为零。ZF 算法一般用于有线电话信道的线性均衡中，也在多天线与多用户检测中得到了广泛应用。ZF 算法虽然能够抑制 ISI，但往往放大了噪声功率，会恶化接收信噪比。

2. LMS 算法

在均衡器中往往要求具有最小的均方误差，即最小的 MSE 值。目前常采用一种引入随机梯度的迭代算法来实现，并称它为 LMS 算法。它可表示为

$$\boldsymbol{w}_{k+1}=\boldsymbol{w}_k+\eta\boldsymbol{e}_k\boldsymbol{x}_k^* \tag{7.3.20}$$

式中，$\boldsymbol{w}_k$ 是第 k 次迭代的均衡器系数矢量($k=0,\pm1,\cdots,\pm N$)；$\boldsymbol{x}_k^*$ 是第 k 次迭代时保存在均衡器内的信号采样矢量，而 * 表示复数共轭值；η 为调节的步长；$\boldsymbol{e}_k=\hat{\boldsymbol{y}}_k-\boldsymbol{y}_k$ 为误差信号(第 k 次迭代时)。

LMS 算法的可调节参量仅有一个步长因子 η：η 控制了均衡器的收敛速度和 LMS 算法的稳定性能，在机器学习算法中，这个步长因子称为学习率。

为了保证算法的稳定性，一般要求

$$0<\eta<2/\lambda_{\max} \tag{7.3.21}$$

而 $\lambda_{\max}$为信号相关矩阵的最大特征值。当 η 取值靠近上限值时，收敛速度较快，然而在稳态时会导致均衡系数有较大的波动，而且这些波动会产生一类自噪声，且随 η 的增大而增长。因此 η 的选择，应在较快的收敛速度与较小的自噪声之间折中。

由于正定矩阵的最大特征值小于该矩阵的所有特征值总和，而且矩阵的特征值的总和等于它的迹，因此有

$$\lambda_{\max}<\sum_{k=-K}^{K}\lambda_k=\mathrm{Tr}(\boldsymbol{R}_{xx})=(2K+1)\boldsymbol{R}_{xx}=(2K+1)(x_0+N_0) \tag{7.3.22}$$

式中，$\mathrm{Tr}(\cdot)$表示矩阵的迹函数；$\boldsymbol{R}_{xx}$ 表示均衡器输入信号 $x(t)$的协方差，为$(2K+1)\times(2K+1)$维的协方差；x_0+N_0 为均衡器的输入信号加噪声的功率。

3. 递归最小平方(RLS)算法

由于 LMS 算法仅能调节、控制步长因子 η，因此收敛速度比较慢。如果采用递归最小平方(RLS)准则，就可以得到较快收敛速度的调整均衡器参数的算法。RLS 算法的设计准则是指数加权平方误差累积的最小化，即

$$\varepsilon=\sum_{n=0}^{k}C^{k-n}\left|\boldsymbol{y}_n-\boldsymbol{w}_k^{\mathrm{T}}\boldsymbol{x}_n^*\right|^2 \tag{7.3.23}$$

其中，均衡器系数可以表示为

$$\boldsymbol{w}_{k+1}=\boldsymbol{w}_k+\rho_k\boldsymbol{x}_n^*\boldsymbol{e}_k \tag{7.3.24}$$

而 $\hat{\boldsymbol{y}}_n$ 是 $\boldsymbol{y}_n$ 的估值；$\boldsymbol{w}_k^{\mathrm{T}}$ 为 $\boldsymbol{w}_k$ 的转置；$\boldsymbol{x}_n^*$ 为 $\boldsymbol{x}_n$ 的复共轭；$\boldsymbol{e}_k$ 为误差信号，定义为

$$e_k = y_n - \hat{y}_n \tag{7.3.25}$$

$$\rho_k = \frac{1}{C}\left[\boldsymbol{P}_{k-1} - \frac{\boldsymbol{P}_{k-1}\boldsymbol{x}_k^* \boldsymbol{x}_k^{\mathrm{T}}\boldsymbol{P}_{k-1}}{C+\boldsymbol{x}_k^{\mathrm{T}}\boldsymbol{P}_{k-1}\boldsymbol{x}_k^{\mathrm{T}}}\right] \tag{7.3.26}$$

式中，指数加权因子 C 在(0,1)范围内选择，它提供了在最佳均衡器系数的估计过程中对过去数据的遗忘程度。$\boldsymbol{P}_k$ 是一个 $N\times N$ 的方阵，是数据自相关矩阵的倒数

$$\boldsymbol{R}_k = \sum_{n=0}^{k} C^{k-n}\boldsymbol{x}_n^* \boldsymbol{x}^{\mathrm{T}} \tag{7.3.27}$$

图 7.20 给出 $N=11$ 和 ISI 较小情况下 LMS 和 RLS 算法收敛性能的比较。通常 LMS 的收敛速度比 RLS 慢，但 RLS 算法的鲁棒性比 LMS 差。

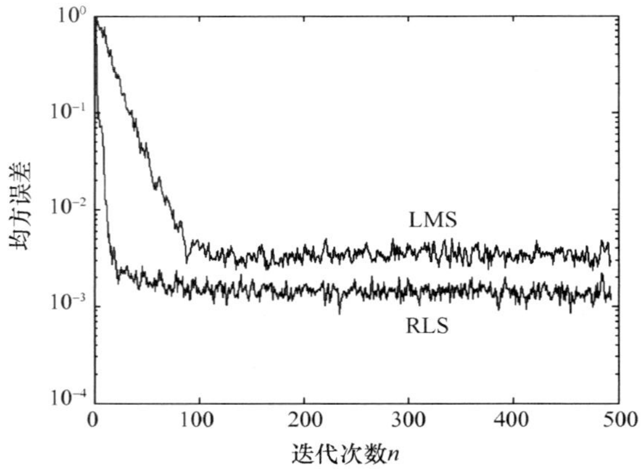

图 7.20　LMS 和 RLS 算法收敛性能的比较

7.3.4　判决反馈均衡器(DFE)

为了进一步提高抑制 ISI 的性能，可以采用判决反馈均衡器(DFE)。迫零判决反馈均衡器(ZF-DFE)的原理结构如图 7.21 所示。信道传递函数为 $H(z)$，DFE 由两个线性滤波器组成：一个是前馈滤波器 $F(z)$，对接收噪声进行白化，保证每个判决符号 x_i 只受到以前符号($j<i$)的干扰；另一个是反馈滤波器 $F(z)H(z)-1$。

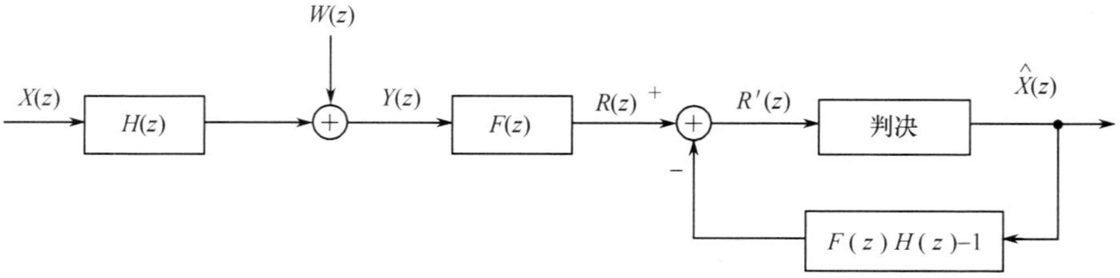

图 7.21　迫零判决反馈均衡器(ZF-DFE)的原理结构

假设以前所有符号都正确判决(称为理想 DFE)，即 $\hat{x}_i = x_i$ 或 $\hat{X}(z)=X(z)$，则可以通过反馈滤波器消除这些符号造成的码间干扰 $\sum_{j<i} h_j x_{i-j}$，即干扰抵消后的信号可以表示为

$$R'(z) = R(z) - (F(z)H(z)-1)\hat{X}(z) \tag{7.3.28}$$

由于

$$R(z) = H(z)F(z)X(z) + W(z)F(z) \tag{7.3.29}$$

将上式代入式(7.3.28),可得

$$R'(z)=X(z)+W(z)F(z) \tag{7.3.30}$$

由此可见,理想 DFE 条件下,ISI 可以被完全抵消,输出信号中只含有有用信号和加性白噪声。此时输出信噪比为

$$\mathrm{SNR}_{\mathrm{ZF\text{-}DFE}}=\frac{S_x}{S_w} \tag{7.3.31}$$

式中,S_x 和 S_w 是输入符号和噪声的平均能量。而对于迫零线性均衡器(ZF-LE),图 7.21 中的反馈部分不存在,并且 $F(z)=1/H(z)$,对应信噪比为

$$\mathrm{SNR}_{\mathrm{ZF\text{-}LE}}=\frac{S_x}{S_w\int_{-\infty}^{\infty}\frac{1}{|H(f)|^2}\mathrm{d}f} \tag{7.3.32}$$

可见,由于迫零均衡放大了噪声,ZF-LE 的信噪比性能要差于 ZF-DFE。但上述结论的前提理想 DFE 并不符合实际,判决总会出错,此时反馈部分会引入误差,造成错误传播现象,从而导致性能下降,尤其是低信噪比条件下,其性能甚至比线性均衡更差。

7.3.5 Tomlinson-Harashima 预编码(THP)

理论上,DFE 具有更好的抑制 ISI 性能,但由于存在差错传播现象,限制了 DFE 的应用。如果发送端能够获得信道信息,为了克服差错传播,可以采用对偶 DFE 结构,将反馈滤波器置于发射机,而前馈滤波器置于接收机。但直接前置反馈滤波器,发送信号减去 ISI 后,动态范围更大,会增大信号的发送功率。

Tomlinson[7.13] 和 Harashima[7.14] 提出采用发送端预编码,可以保证信号功率不变,并能够抵消 ISI,现在简称 THP 技术,其原理结构如图 7.22 所示。

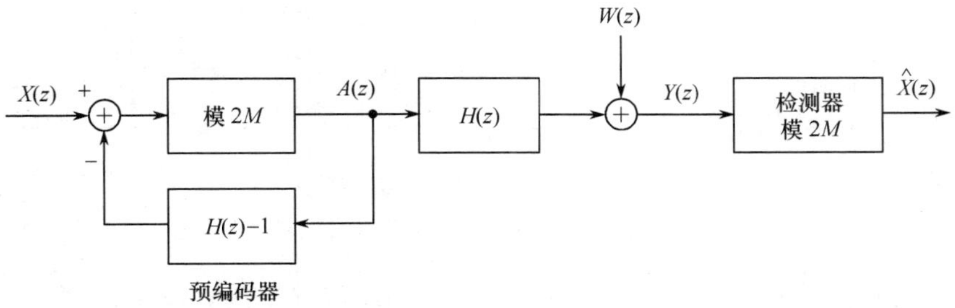

图 7.22 Tomlinson-Harashima 预编码原理结构

假设信号星座为矩形 QAM,取值为$\{\pm1,\pm3,\cdots,\pm(M-1)\}$。若发射符号减去 ISI 后,差值落在$(-M,M)$之外,则可以通过从差值中减去 $2M$ 的整数倍而使其缩减到原信号动态范围中。如图 7.22 所示,预编码器的输出表示为

$$A(z)=X(z)-[H(z)-1]A(z)+2MB(z) \tag{7.3.33}$$

式中,$B(z)$对应整数调整函数的 Z 变换。因此发送信号为

$$A(z)=\frac{X(z)+2MB(z)}{H(z)} \tag{7.3.34}$$

则接收信号可以表示为

$$Y(z)=A(z)+W(z)=[X(z)+2MB(z)]+W(z) \tag{7.3.35}$$

可见,接收信号不含有 ISI,通过模 $2M$ 译码,能够恢复发送信号。因此,THP 在发送端实现

了预编码器和 DFE 前馈滤波器,消除了 ISI,同时由于发送信号已知,因此不存在差错传播现象。理论上可以证明,在高信噪比条件下,理想 DFE 与 THP 性能等价。但 THP 的应用也具有一定约束,要求发送端完全已知信道信息,一般需要通过反馈信道,由接收机向发射机传送信道响应信息,信道信息估计与反馈的误差都会导致 THP 性能下降。

7.3.6 频域均衡

宽带移动通信的数据传输速率往往高达 100Mbps～1Gbps,如果仍然采用时域均衡,则抽头数目 M 可达到几百个,算法复杂度为 $O(M^2)$,并且收敛性和稳定性很差。为了提高系统性能,可以采用两种方案:OFDM 与 SC-FDE,这两种方案都采用了 FFT/IFFT 变换,算法复杂度降低为 $O(M\log_2 M)$。OFDM 采用频域发送数据方式,将高速数据流转换为多路低速数据流,由正交子载波承载,在接收端分别对每个子信道进行估计与补偿。第 10 章将详细讨论 OFDM 技术。

SC-FDE 采用时域发送数据方式,其系统结构如图 7.23 所示。编码调制后的高速数据流经过串/并变换,每个符号块插入循环前缀后再进行并/串变换,补零过采样滤波后,进行 D/A 转换得到模拟基带信号,接着进行上变频和放大等模拟前端处理,从而无线信道。在接收端,首先进行低噪放大、带通滤波和下变频等模拟前端处理,然后送入 A/D 转换为数字信号,滤波后的信号进行串/并变换,接着送入 FFT 单元,将时域信号变换为频域信号,通过 FDE 频域均衡,再送入 IFFT 单元,重新变换为时域信号,再进行检测、解调与译码,最后获得输出信号。

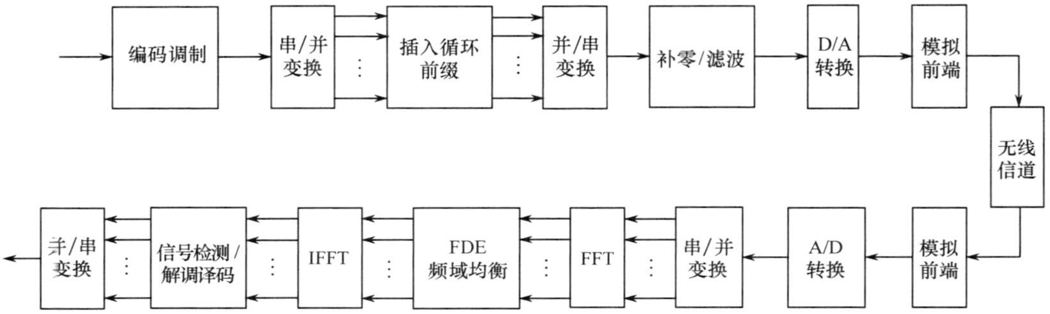

图 7.23 SC-FDE 系统结构

OFDM 与 SC-FDE 的技术共同点总结如下。

① 两种系统都采用了 FFT/IFFT 变换单元,只不过位置不同。OFDM 系统中,IFFT 位于发送端,FFT 位于接收端;而 SC-FDE 系统中,FFT/IFFT 都位于接收端,其信道补偿都是在频域进行的。

② 为了消除数据块间干扰(IBI),两种系统都引入了循环前缀(CP),将数据块与信道的线性卷积截断为循环卷积,从而便于独立处理每个数据块,简化了均衡算法结构。

与 OFDM 相比,SC-FDE 具有如下技术优势。

① OFDM 信号由多个独立调制的正弦波叠加生成,当 FFT 点数很多时,其峰平比非常高,信号动态范围很大,从而对模拟前端尤其是功放的线性度要求苛刻,而单载波系统的 PAPR 较小,只随调制星座的信号点动态范围变化。因此,单载波系统对于功放线性度要求较低,非常适合于硬件成本受限的移动终端采用。LTE 系统上行链路采用了 SC-FDMA 多址接入方式,首要因素就是基于峰平比考虑的。

② OFDM 系统对收发频率偏差和多普勒效应造成的 ICI 非常敏感,因此频偏补偿和同步算法是 OFDM 系统的关键模块。而单载波系统对于频偏不敏感,能够容忍较大频偏,更适合于高

速运动场合，其频率同步算法也较简单。

③ OFDM 系统检测在频域进行，每个子载波单独信道补偿后再解调数据，因此低信噪比的子载波限制了未编码 OFDM 的系统性能。而 SC-FDE 系统检测在时域进行，信号经过频域均衡，变换为时域再解调。这样即使有一些子载波的 SNR 很低，但 IFFT 变换对恶劣信道进行了平均，减弱了深衰落的影响，相当于获得了频率分集增益，从而提高了系统性能。

图 7.24 给出了 SC-FDE 和 OFDM 系统采用 ML 与 MMSE 检测的性能比较，信道为 3 径等功率分布的 Rayleigh 信道，FFT 点数为 128，CP 等于最大多径时延，采用理想信道估计。如图所示，采用 ML 与 MMSE 检测对于 OFDM 系统性能类似，说明采用频域信道补偿已经逼近 ML 性能。但由于 OFDM 系统性能受限于低信噪比子载波，而 SC-FDE 由于能够获得频率分集增益，因此其性能更好。

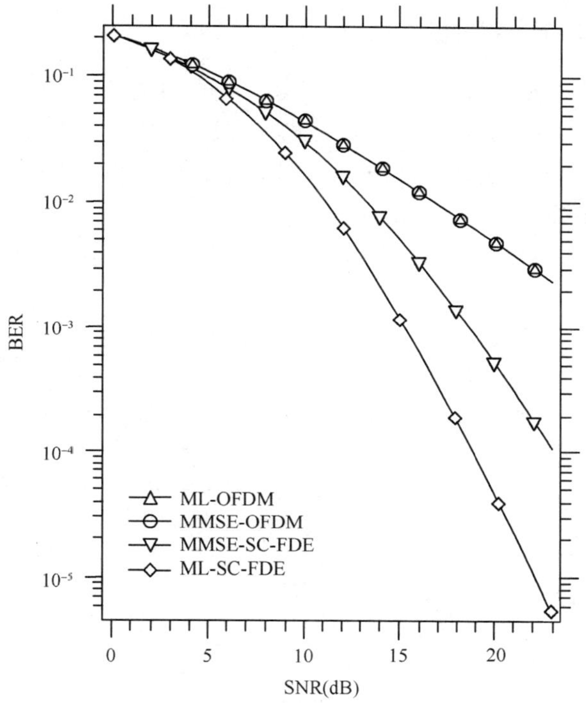

图 7.24　OFDM 和 SC-FDE 系统采用 ML 与 MMSE 检测的性能比较

为了提高系统性能，OFDM 系统必须采用信道编码，即 COFDM。理论上，频域补偿与信道编码组合，OFDM 性能可以达到最优。而 SC-FDE 系统只进行频域均衡，即使与信道编码组合，也只是次优方案。因此有编码条件下，SC-FDE 的性能往往要差于 COFDM，为了提高单载波性能，需要采用更复杂的均衡算法，如 DFE 均衡器，其结构如图 7.25 所示。

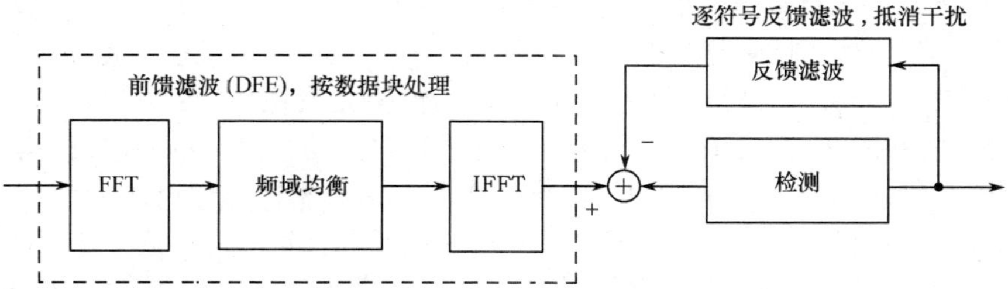

图 7.25　DFE 均衡器的结构

目前,SC-FDE 得到了学术界越来越多的关注,主要研究热点包括:SC-FDE 与 MIMO 技术结合,探求空间与频率联合分集;非线性频域均衡技术,如 DFE 或 THP 与 FDE 的组合优化。这些技术在 4G 中得到了更广泛的应用。

7.4 增强技术与应用

分集与均衡是 2G 和 3G 基本的接收技术。这些经典技术主要针对点到点链路进行优化设计,没有充分考虑对干扰信号的抑制。一般情况下,接收机对于系统内干扰并非完全未知,利用某些系统先验或特征信息,可以有效抑制干扰,提高接收性能。本节主要介绍 GSM/EDGE 系统的单天线干扰抵消(SAIC)技术[7.17]与 WCDMA 系统的增强性技术。

7.4.1 GSM/EDGE 增强接收技术

GSM 系统中影响系统容量的主要因素是共道(同频)干扰(CCI)。传统接收机将 CCI 看作高斯噪声,没有考虑干扰的特征信息(如调制模式和训练序列等),如果充分利用干扰信息,则能够进一步增强系统性能。单天线干扰抵消(SAIC)就是这样一类增强性技术,它的算法复杂度较低,适合于单天线移动终端。

SAIC 技术包括两类:联合检测/解调(JD)与盲干扰抵消(BIC)。其结构分别如图 7.26 和图 7.27所示。

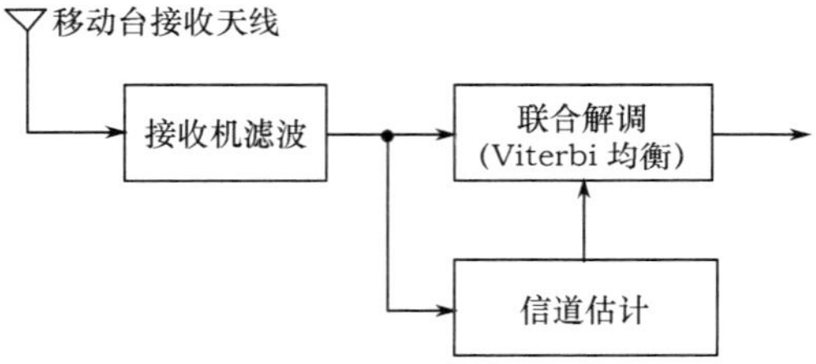

图 7.26 联合检测/解调(JD)结构

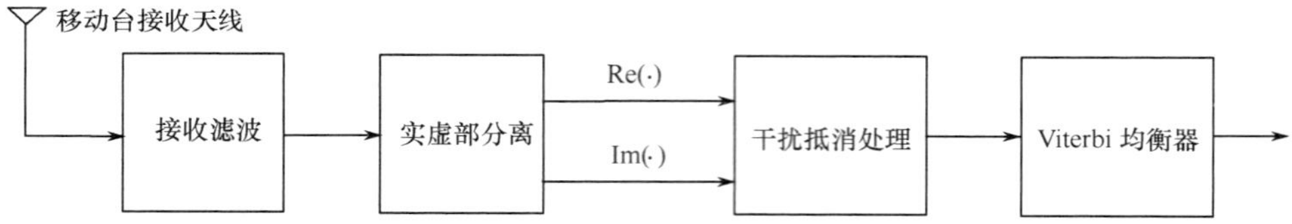

图 7.27 盲干扰抵消(BIC)结构

JD 的基本原理是同时检测信号与同频干扰。接收机首先提取干扰和信号的训练序列,进行联合信道估计,然后送入联合解调器中,在信号和干扰的复合 Trellis 上进行 Viterbi 均衡,同时检测两类信号。JD 方法本质上是联合最大似然检测算法,能够获得最优性能,但其复杂度较高。

与之相比,BIC 技术不需要对干扰进行信道估计,只是利用了干扰的一些信号特征,例如 GMSK 信号恒包络或 I/Q 两路承载相同数据。基于这些先验信息,可以部分抵消干扰信号,然后再进行 Viterbi 均衡。与 JD 相比,BIC 复杂度较低,但系统性能有所损失。

图 7.28 给出了典型城区(TU)信道下,针对全速率话音业务,存在一个话音用户和一个干扰用户的 BIC 性能。可见,信号与干扰完全同步,可以获得最大的性能增益,而干扰与信号存在时延,则增益会下降。典型情况(时延 96 个符号)有可能损失一半增益。因此 GSM/EDGE 网络同

步，对于采用 SAIC 技术，提高系统性能非常重要。

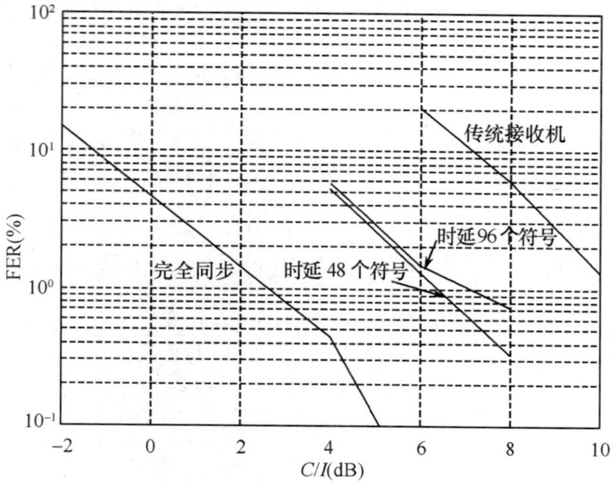

图 7.28　BIC 的差错性能

图 7.29 比较了采用不同技术的话音业务系统容量[7.17]。由图可知，采用单天线干扰抵消技术，可以将采用 EFR 声码器的 GSM 容量提升 3～4 倍，具有极大的应用前景。

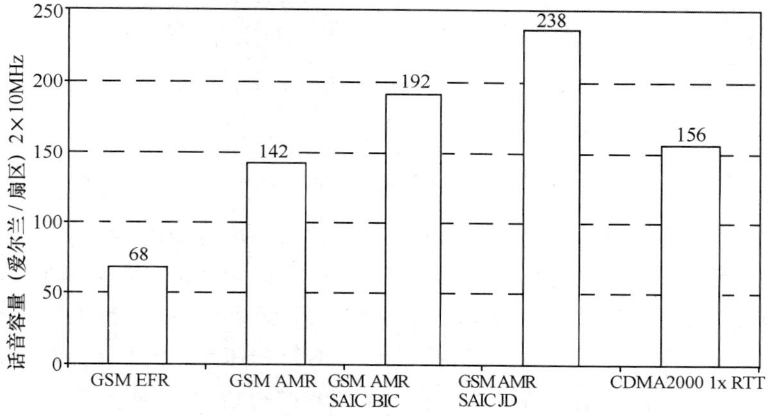

图 7.29　采用不同技术的话音业务系统容量

7.4.2　WCDMA 增强接收技术

与 GSM 系统类似，WCDMA 系统也存在多小区共道干扰（CCI）。尽管本小区下行信号之间保持近似正交，但相邻小区是异步关系，因此主要干扰是小区间 MAI。每个用户的接收信号可以表示为 3 部分，即

$$\underbrace{\boldsymbol{r}}_{\text{接收信号}} = \underbrace{\boldsymbol{H}_0^{\mathrm{H}}\boldsymbol{d}_0}_{\text{有用信号}} + \underbrace{\sum_{j=1}^{N}\boldsymbol{H}_j^{\mathrm{H}}\boldsymbol{d}_j}_{\substack{\text{共道干扰}\\\text{有色噪声}}} + \underbrace{\boldsymbol{n}}_{\text{白噪声}} \tag{7.4.1}$$

假设有 N 个基站的同频干扰，$\boldsymbol{H}_0$ 是有用信号对应的信道矩阵，$\boldsymbol{H}_j$ 是第 j 个基站干扰的信道矩阵，可以利用导频序列获得信道响应估计。传统 Rake 接收机只将共道干扰作为白噪声处理，因此限制了接收性能。

随着 WCDMA 标准向 HSPA 演进，为了满足高速数据业务的 QoS 要求，可以将 CCI 建模

为有色噪声，采用码片级均衡技术[7.13]，从而有效提高接收 SNR。例如采用线性均衡器，长度为 20 个码片，2 倍过采样，40 个抽头，抽头更新采用 LMMSE 算法，均衡器输出信号为

$$y(k)=\boldsymbol{W}^{\mathrm{T}}\boldsymbol{r}=\boldsymbol{H}_0^*\ (\boldsymbol{C}_{rr}^{-1})^{\mathrm{T}}\boldsymbol{r}=\boldsymbol{H}_0^*\left[\left(\boldsymbol{H}_0\ \boldsymbol{H}_0^{\mathrm{H}}+\sum_{j=1}^{N}P_j\ \boldsymbol{H}_j\ \boldsymbol{H}_j^{\mathrm{H}}+\sigma_n^2\boldsymbol{I}\right)^{-1}\right]^{\mathrm{T}}\boldsymbol{r} \tag{7.4.2}$$

式中，P_j 是第 j 个基站的干扰功率，σ_n^2 是白噪声功率，$\boldsymbol{C}_{rr}$ 实际上是接收信号协方差矩阵，可以通过统计平均得到。图 7.30 给出了码片级均衡与理想信道估计的 Rake 接收机性能比较[7.13]。系统配置为 8 个 WCDMA 码道，1 个用户 SF=4，2 个用户 SF=8，5 个用户 SF=16，5 径衰落信道。由图可知，码片级均衡由于抑制了多址干扰，因此其性能好于传统 Rake 接收机。

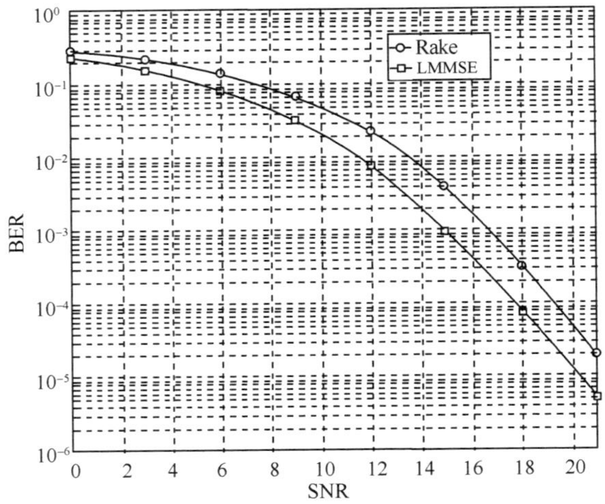

图 7.30　码片级均衡与理想信道估计的 Rake 接收机性能比较

另一种抑制共道干扰的技术是 G-Rake，前面已介绍了其基本原理。文献[7.14]证明，G-Rake与 LMMSE 码片级均衡性能等价。这些技术都可以与天线分集接收组合，通过抑制小区间 MAI，进一步提升系统性能。图 7.31 给出了 HSDPA 系统下行 HS-DSCH 信道(15 个 OVSF 码，SF=16)采用 Rake、G-Rake 与天线分集技术的平均数据速率，小区半径为 1km。由图可知，与 Rake 接收相比，无论小区中心还是边缘，增强性技术都可以将数据速率提高 1.5～2 倍以上。在此基础上，如果引入多用户技术(第 8 章介绍)，如干扰抵消，系统性能还能得到进一步提升。

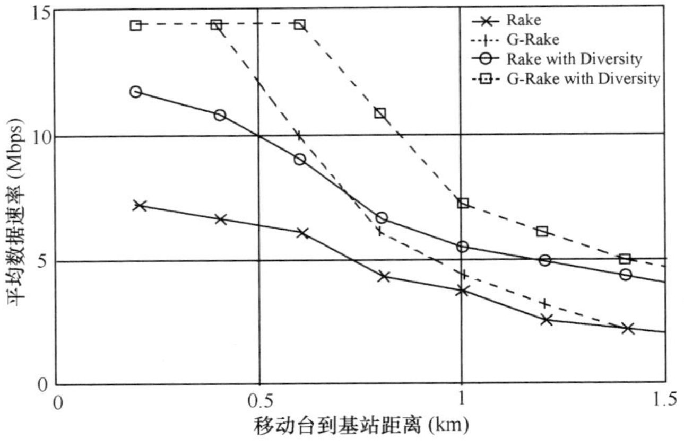

图 7.31　各种接收技术性能比较

本章小结

本章首先介绍了对抗信道衰落的 3 种传统技术：分集接收、Rake 接收和均衡技术，并简要介绍了单载波频域均衡的基本原理与技术优势，最后对 2G 和 3G 中的增强性接收技术与应用进行了介绍。

分集接收是非常有效的抗空间衰落手段。Price[7.1~7.2]对多径衰落信道特征和在这些信道上实现可靠数字通信所必需的信号和接收机设计进行了开拓性研究。在天线分集的经典性文献[7.3]中，Brennan 对最大比值合并、等增益合并和选择式合并有深刻和富有洞察力的论述，一直是分集接收理论的奠基性著作。

发送与接收分集技术也可以推广到 MIMO 场景，Lo 在文献[7.4]中提出了 MRT/MRC 联合分集方式，Love 等人在文献[7.5]中提出了 EGT/MRC 或 EGT/EGC 的分集方式，Thoen 等人在文献[7.6]中提出了 ST/MRC 分集方式。感兴趣的读者可以查阅原文，不再赘述。

Price 和 Green[7.7]最早提出 Rake 接收的基本原理，指出利用多径分集可以改善多径衰落信道下的接收性能，Turin[7.8]对 Rake 接收机的理论性能进行了深刻和精彩的论述，这篇文献是指导 Rake 接收机理论设计的经典文献。

Lucky[7.9~7.10]首先研究了数字通信系统中的自适应均衡，他的算法基于峰值失真准则，并提出了迫零算法。他的成果是一项里程碑式的重大成就，在其成果发表 5 年内，促进了高速调制解调器的迅速发展。与此同时，Widrow[7.11~7.12]设计了 LMS 算法。在自适应滤波理论的经典著作[7.21]中，Haykin 对 LMS 算法、RLS 算法及其各种变种进行了详细讨论和总结。Tomlinson 和 Harashima[7.13~7.14]提出了预编码技术，为对抗码间干扰开创了一条新路。文献[7.18，7.19]是两篇精彩翔实的综述，对 SC-FDE 技术的基本原理进行了细致深刻的总结，特别是与 OFDM 技术的对比，富有启发性。分集与均衡技术已成为移动通信系统不可或缺的基本单元，也是新的信号处理与检测技术的研究基础。

参考文献

[7.1] R. Price. The Detection of Signals Perturbed by Scatter and Noise. IRE Trans. Inform. Theory, Vol. PGIT-4, pp. 163-170, Sept. 1954.

[7.2] R. Price. Optimum Detection of Random Signals in Noise, with Application to Scatter-Multipath Communication. IRE Trans. Inform. Theory, Vol. IT-2, pp. 125-135, Dec. 1956.

[7.3] D. G. Brennan. Linear diversity combining techniques. Proc. IRE, Vol. 47, pp. 1075-1102, 1959.

[7.4] T. K. Y. Lo. Maximum Ratio Transmission. IEEE Trans. on Commun., Vol. 47, No. 10, pp. 1458-1461, Oct. 1999.

[7.5] D. J. Love and R. Heath. Equal Gain Transmission in Multiple-Input Multiple-Output Wireless Systems. IEEE Trans. on Commun., Vol. 51, No. 7, pp. 1102-1110, July 2003.

[7.6] S. Thoen, L. V. Perre, et. al. Performance Analysis of Combined Transmit-SC/Receive-MRC. IEEE Trans. on Commun., Vol. 49, No. 1, pp. 5-8, Jan. 2001.

[7.7] R. Price and P. E. Jr. Green. A Communication Technique for Multipath Channels. Proc. IRE, Vol. 46, pp. 555-570, Mar. 1958.

[7.8] G. L. Turin. Introduction to Spread-Spectrum Antimultipath Techniques and their Application to Urban Digital Radio. Proceedings IEEE, Vol. 68, No. 3, pp. 328-353, Mar. 1980.

[7.9] R. W. Lucky. Automatic Equalization for Digital Communications. Bell System Technology J., Vol. 44, pp. 547-588, Apr. 1965.

[7.10] R. W. Lucky. Techniques for Adaptive Equalization of Digital Communication. Bell System Technology J., Vol. 45, pp. 255-286, 1966.

[7.11] B. Widrow. Adaptive Filter, I: Fundamentals. Stanford ElectronicsLaboratory, Stanford University, Stanford, CA, Tech Report No. 6764-6, Dec. 1966.

[7.12] B. Widrow, R. E. Kalman and N. DeClaris. Adaptive Filters. in Aspects of Network and System Theory. Holt, Rinehart and Winston, New York.

[7.13] M. Tomlinson. New automic equalizeremploying modulo arithmetic. Electronics Letters, Vol. 7, pp. 138-139, 1971.

[7.14] H. Harashima and H. Miyakawa. Matched-transmission technique for channels with intersymbol interference. IEEE Trans. Commun., Vol. 20, No. 4, pp. 774-780, 1972.

[7.15] G. Bottomley, T. Ottosson and Y. P. Eric Wang. A Generalized Rake Receiver for Interference Suppression. IEEE Journal on Selected Areas in Communications, Vol. 18, No. 8, pp. 1536-1545, Aug. 2000.

[7.16] B. Mouhouche. Chip-level MMSE equalization in the forward link of UMTS-FDD: alow complexity approach. VTC 2003-Fall, pp. 1015-1019, Oct. 2003.

[7.17] H. H. Mahram. On the Equivalence of Linear MMSE Chip-Level Equalizer and Generalized Rake. IEEE Communications Letters, Vol. 8, No. 1, pp. 7-8, Jan. 2004.

[7.18] D. Falconer, et. al. Frequency Domain Equalization for Single-Carrier Broadband Wireless Systems. IEEE Communications Magazine, pp. 58-66, Apr. 2002.

[7.19] F. Pancaldi, et. al. Single-Carrier Frequency Domain Equalization. IEEE Signal Processing Magazine, pp. 37-56, Sept. 2008.

[7.20] M. Austin. SAIC and Synchronized Networks for Increased GSM Capacity. 3G America, Sept. 2003.

[7.21] S. Haykin. Adaptive Filter Theory. Prentice Hall, 1996.

习　　题

7.1　如图 7.32 所示为具有高斯白噪声的等效离散时间信道。

(1) 假定使用一个线性均衡器对信道进行均衡，试求三抽头均衡器的抽头系数 c_{-1}、c_0 和 c_1。为简化计算，令 AWGN 为 0。

(2) (1)中线性均衡器的抽头系数由下列算法递推确定：$\boldsymbol{C}_{k+1}=\boldsymbol{C}_k-\Delta\,\boldsymbol{G}_k$，$\boldsymbol{C}_k=(c_{-1k},c_{0k},c_{1k})^{\mathrm{T}}$，其中$\boldsymbol{G}_k=\boldsymbol{\Gamma}\boldsymbol{C}_k-\boldsymbol{\xi}$是梯度向量，Δ 是步长，试求 Δ 的范围，以保证递推算法收敛。为简化计算，令 AWGN 为 0。

(3) 一个判决反馈均衡器具有两个前馈抽头和一个反馈抽头，试求这些抽头的权值。为简化计算，令 AWGN 为 0。

7.2　图 7.33 为一个自适应 FIR 滤波器，系统 $C(z)$ 由如下系统函数表征：$C(z)=\dfrac{1}{1-0.9z^{-1}}$，试求使均方误差最小的自适应横向 FIR 滤波器 $B(z)=b_0+b_1z^{-1}$ 的最佳系数。加性噪声为白的，且方差为 $\sigma_w^2=0.1$。

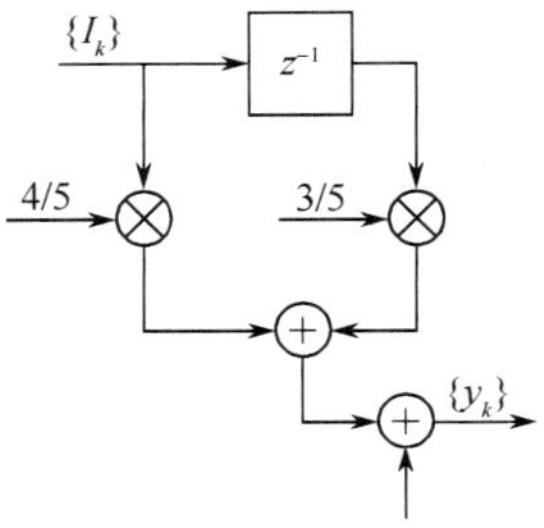

图 7.32　习题 7.1 图

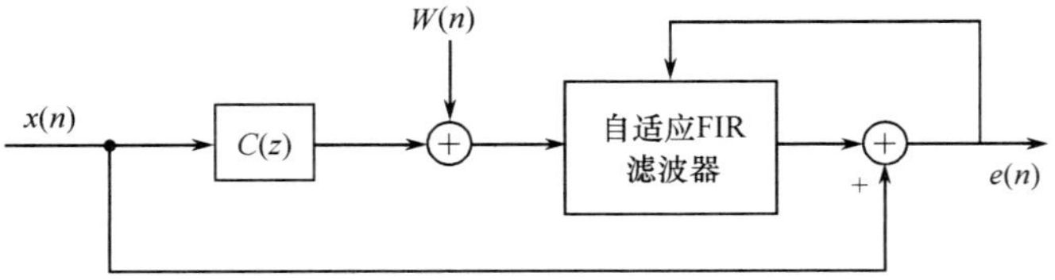

图 7.33　习题 7.2 图

7.3　一个 $N\times N$ 相关矩阵 $\boldsymbol{\Gamma}$ 具有特征值 $\lambda_1>\lambda_2>\cdots>\lambda_N>0$ 及相关联的特征向量 $\boldsymbol{v}_1,\boldsymbol{v}_2,\cdots,\boldsymbol{v}_N$，该矩阵可以表示为 $\boldsymbol{\Gamma}=\sum_{i=1}^{N}\lambda_i\,\boldsymbol{v}_i\,\boldsymbol{v}_i^{\mathrm{H}}$。

(1) 如果 $\boldsymbol{\Gamma}=\boldsymbol{\Gamma}^{1/2}\boldsymbol{\Gamma}^{1/2}$，其中 $\boldsymbol{\Gamma}^{1/2}$ 为 $\boldsymbol{\Gamma}$ 的平方根，试证明 $\boldsymbol{\Gamma}^{1/2}$ 可以表示为 $\boldsymbol{\Gamma}^{1/2}=\sum_{i=1}^{N}\sqrt{\lambda_i}\,\boldsymbol{v}_i\,\boldsymbol{v}_i^{\mathrm{H}}$。

(2) 利用该表达式，确定计算 $\boldsymbol{\Gamma}^{1/2}$ 的步骤。

7.4　论述天线收分集技术的分类和各种分集技术的异同。

7.5　论述 Rake 接收机的分集原理，画出 Rake 接收机的原理框图并与 G-Rake 接收机对比，用 MATLAB 编程比较两种接收机的性能差异。

7.6　比较 SC-FDE 和 OFDM 的技术相同点与差别。

7.7　$X_1, X_2, \cdots, X_N$ 是一组 N 个统计独立且同分布的实高斯随机变量，其原点矩为 $E(X_i)=m$ 和 $\mathrm{var}(X_i)=\sigma^2$。

(1) 定义 $U=\sum_{n=1}^{N} X_n$，试求 U 的信噪比，其定义为 $(\mathrm{SNR})_U=\dfrac{[E(U)]^2}{2\sigma_U^2}$，其中 $2\sigma_U^2$ 为 U 的方差。

(2) 定义 $V=\sum_{n=1}^{N} X_n^2$，试求 V 的信噪比，其定义为 $(\mathrm{SNR})_V=\dfrac{[E(V)]^2}{2\sigma_V^2}$，其中 $2\sigma_V^2$ 为 V 的方差。

(3) 试在同一图上绘出 $(\mathrm{SNR})_U$ 和 $(\mathrm{SNR})_V$ 与 m^2/σ^2 的关系曲线，并从图形上比较 $(\mathrm{SNR})_U$ 和 $(\mathrm{SNR})_V$。

(4) 针对多信道各信号的相干检测和合并与平方律检测和合并的比较，试说明(3)中的结论有什么意义。

7.8　参考 Kalman 滤波器和 RLS 算法的结构，对比这两者之间的相同点。

7.9　用 MATLAB 编程实现 DFE 反馈均衡器，并与 THP 技术对比其性能。

7.10　比较 G-Rake 与码片级均衡器的技术特征，并用 MATLAB 编程，对比并分析仿真结果。

第 8 章　多用户检测技术

前面介绍了 2G 为了对抗频率选择性衰落所采用的传统技术，如 IS-95 中的 Rake 接收技术及 GSM 中的自适应均衡技术。本章介绍的多用户检测技术，是根据信息论中的最优联合检测理论提出的一类有效的抗多址干扰技术。在 2G/3G 时代，尽管多用户检测理论上已日趋成熟，但是由于实现很复杂，因此并未实用化。随着技术的进步，5G NR 系统的非正交多址接入技术，普遍采用多用户检测技术提升系统性能，在 5G/6G 中，多用户检测技术进入实际应用将指日可待。本章侧重于从物理概念上介绍多用户检测的基本概念和核心算法。

8.1　多用户检测的基本原理

码分多址蜂窝移动通信系统的主要干扰类型包括加性高斯白噪声、多径干扰和多址干扰（MAI）。当小区/扇区中同时通信的用户数较多时，以上 3 类干扰中，多址干扰是最主要的干扰，其次是多径干扰，而加性高斯白噪声干扰影响最小。

传统的 CDMA 系统检测观点认为，大量叠加在一起的干扰用户信号可以看作是多个独立随机变量的累积，因此只要用户数目充分多，根据中心极限定理，多址干扰基本服从高斯分布。因此，经典检测算法将多径干扰与多址干扰的伪随机码信号看作等效白噪声的无用信息来处理，这是一种消极处理的方法。

然而实际上，不论是多径干扰还是多址干扰，其本质上并不是纯粹无用的白噪声，而是有强烈结构性的伪随机序列信号，而且各用户间与各条路径间的相关函数都是已知的。因此从理论上看，完全有可能利用这些伪随机序列的已知结构信息和统计信息，如相关性，来进一步消除这些干扰所带来的负面影响，以达到提高系统性能的目的。

多用户检测的主要优点：它是消除或减弱 CDMA 中多址干扰的有效手段，也是消除或减弱 CDMA 中多径干扰的有效手段，并且能够消除或减弱 CDMA 中的远近效应，简化 CDMA 中的功率控制，降低功率控制的精度要求，弥补 CDMA 中由于正交扩频码互相关性不理想所带来的一系列消极影响，改善 CDMA 的系统性能，提高系统容量，扩大小区覆盖范围。

多用户检测的主要缺点：大大增加 CDMA 系统的设备复杂度，增加 CDMA 系统的处理时延，特别是对于采用自适应算法及对于扩频码较长的系统更是如此。多用户检测一般需要知道很多附加信息，比如所有用户的扩频码，衰落信道的幅度、相位、延时等主要统计参量，这对于时变信道，需要不停地对每个用户信道进行实时估计才能实现，一般而言是非常困难的，而且参量估计的精度将直接影响多用户检测器的性能好坏。

自从 1986 年美国学者 Verdú 提出最优多用户检测算法以来[8.15]，多用户检测理论迅速成为通信理论界研究的一个热点。

8.2　最优多用户检测技术

本节将介绍最优多用户检测的基本概念和原理，包括同步最优多用户检测、异步最优多用户检测等。为了描述方便，只限于讨论多用户 AWGN 信道的情形。

8.2.1 同步最优多用户检测

一个具有 K 个用户的同步 CDMA 系统，在白噪声信道中的接收信号模型可以表示为

$$y(t)=\sum_{k=1}^{K}A_k b_k s_k(t)+n(t),t\in[0,T] \tag{8.2.1}$$

式中，T 表示一个数据符号的周期；$s_k(t)$表示第 k 个用户的扩频序列波形。假设该序列具有归一化能量

$$\| s_k \|^2=\int_0^T |s_k(t)|^2\mathrm{d}t=1 \tag{8.2.2}$$

A_k 表示第 k 个用户的接收信号幅度，A_k^2 表示接收信号功率。$b_k\in\{-1,+1\}$表示第 k 个用户发送的比特信息。$n(t)$是均值为 0、方差为 σ^2 的白高斯随机过程。

进一步定义两个扩频序列之间的相关系数为

$$\rho_{ij}=\int_0^T s_i(t)s_j(t)\mathrm{d}t \tag{8.2.3}$$

注意，此处的相关系数是周期互相关函数。

同步多用户检测器包括 K 个匹配滤波器构成的滤波器组及联合检测算法。每个匹配滤波器采样输出的信号为

$$\begin{cases} y_1=\int_0^T y(t)s_1(t)\mathrm{d}t \\ \vdots \\ y_K=\int_0^T y(t)s_K(t)\mathrm{d}t \end{cases} \tag{8.2.4}$$

由此，将式(8.2.1)代入可得第 k 个滤波器输出的采样信号为

$$y_k=A_k b_k+\sum_{j\neq k}A_j b_j \rho_{jk}+n_k \tag{8.2.5}$$

式中，$n_k=\int_0^T n(t)s_k(t)\mathrm{d}t$ 是高斯随机变量。

采用矩阵表示形式，上式可以表示为

$$\boldsymbol{y}=\boldsymbol{RAb}+\boldsymbol{n} \tag{8.2.6}$$

式中，$\boldsymbol{R}$ 是归一化的互相关系数矩阵；$\boldsymbol{y}=(y_1,y_2,\cdots,y_K)^{\mathrm{T}}$；$\boldsymbol{b}=(b_1,b_2,\cdots,b_K)^{\mathrm{T}}$；$\boldsymbol{A}=\begin{bmatrix} A_1 & 0 & \cdots & 0 \\ 0 & A_2 & \cdots & 0 \\ \vdots & \vdots & \ddots & \vdots \\ 0 & 0 & \cdots & A_K \end{bmatrix}$；$\boldsymbol{n}=(n_1,n_2,\cdots,n_K)^{\mathrm{T}}$ 是高斯噪声向量，它的均值为 0，协方差矩阵为

$$E(\boldsymbol{nn}^{\mathrm{T}})=\sigma^2\boldsymbol{R} \tag{8.2.7}$$

式(8.2.6)给出的是同步 CDMA 系统的离散信号模型。

多用户检测的目的是联合检测解调发送比特向量 $\boldsymbol{b}$，使联合似然概率 $P(\boldsymbol{y}|\boldsymbol{b},\boldsymbol{A})$最大，这相当于要求满足如下的联合最优检测准则

$$\hat{\boldsymbol{b}}=\arg\max_{\boldsymbol{b}}\exp\left(-\frac{1}{2\sigma^2}\int_0^T\left[y(t)-\sum_{k=1}^{K}b_k A_k s_k(t)\right]^2\mathrm{d}t\right) \tag{8.2.8}$$

上述准则可以等价为

$$\Omega(\boldsymbol{b}) = 2\int_0^T\left[\sum_{k=1}^{K} b_k A_k s_k(t)\right]y(t)\mathrm{d}t - \int_0^T\left[\sum_{k=1}^{K} b_k A_k s_k(t)\right]^2\mathrm{d}t = 2\boldsymbol{b}^{\mathrm{T}}\boldsymbol{A}\boldsymbol{y} - \boldsymbol{b}^{\mathrm{T}}\boldsymbol{A}^{\mathrm{T}}\boldsymbol{R}\boldsymbol{A}\boldsymbol{b} \tag{8.2.9}$$

上述准则是一个组合优化问题，需要穷举所有信号组合，才能进行最优判决。我们常用译出一个发送比特所需要的运算量来衡量算法的复杂性。对于$\boldsymbol{b}^{\mathrm{T}}\boldsymbol{A}^{\mathrm{T}}\boldsymbol{R}\boldsymbol{A}\boldsymbol{b}$，可以事先计算不占用运算量，由于发送信号向量 $\boldsymbol{b}$ 有 2^K 种组合，因此译出一个比特所需要的运算量为 $O(2^K/K)$，这是一个指数复杂度的算法。Verdú 已经证明这种问题的复杂性是 NP 问题，不存在多项式复杂度的求解方法。

8.2.2 异步最优多用户检测

异步 CDMA 系统是更为常见的通信系统。在目前商用化的 CDMA 系统中，如 IS-95、CDMA2000-1X 及 WCDMA 系统中，上行链路都是典型的异步 CDMA 系统。上行链路的各个用户信息是异步到达基站接收端的，即各用户之间存在相对时延，如图 8.1 所示。

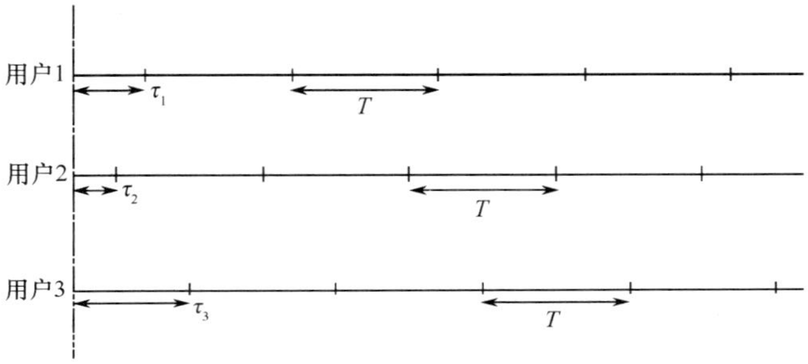

图 8.1　三个用户的异步时序关系

不失一般性，假设每个用户发送 $2M+1$ 比特的信息，则异步 CDMA 系统的接收信号可以表示为

$$y(t) = \sum_{k=1}^{K}\sum_{i=-M}^{M} A_k b_k(i) s_k(t - iT - \tau_k) + n(t), t \in [0, T] \tag{8.2.10}$$

由上式可知，同步 CDMA 系统实际上是其特例，即所有用户时延都相等，$\tau_1 = \tau_2 = \cdots = \tau_K$。另一种特例是所有用户的接收信号幅度都相等，且扩频序列也相同的情况，即满足下述两个条件：

$$A_1 = A_2 = \cdots = A_K = A \tag{8.2.11}$$

$$s_1(t) = s_2(t) = \cdots = s_K(t) = s(t) \tag{8.2.12}$$

令用户时延满足 $\tau_k = \dfrac{(k-1)T}{K}$的条件，则在这种特定情况下，式(8.2.10)变为

$$y(t) = \sum_{k=1}^{K}\sum_{i=-M}^{M} A b_k(i) s\left[t - iT - \frac{(k-1)T}{K}\right] + n(t) = \sum_j A b(j) s\left(t - \frac{jT}{K}\right) + n(t) \tag{8.2.13}$$

这种信号模型实际上是标准的白噪声信道中单用户码间干扰信号模型。由于符号周期为 T，因此每个比特受到 $2K-2$ 个相邻比特的干扰。我们可以采用图 8.2 的例子来说明这种码间干扰的情况。由图可知，每个符号与前面的 3 个符号及后面的 3 个符号有部分重叠，它可以等效

为 4 个无码间干扰用户的异步 CDMA 系统。每个用户采用相同的扩频序列，而时延为 $\tau_1=0$，$\tau_2=T/4$，$\tau_3=T/2$，$\tau_4=3T/4$。每个用户承载原始数据流中的 4 比特，则每个用户的数据速率为原始速率的 1/4。由此可见，本质上异步多用户 CDMA 系统可以等效为单用户码间干扰系统，因此，许多抗单用户码间干扰的检测算法都可以等价应用于异步多用户检测中。

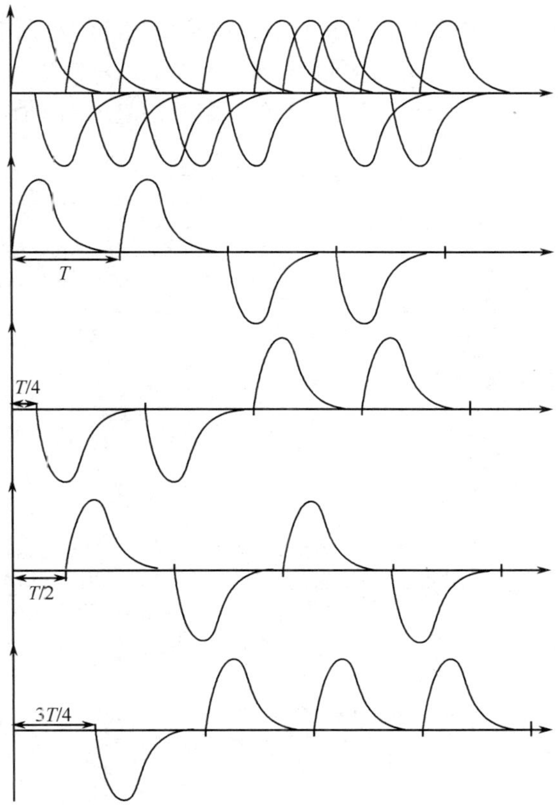

图 8.2　异步 CDMA 等效为码间干扰的示例

在实际系统中，由于多径效应的存在，不管是同步 CDMA 还是异步 CDMA，此时每个用户本身的数据流就含有多径时延引入的码间干扰，这样典型的多径多用户系统中的多址干扰、多径干扰都可以统一等效为单用户数据流中的码间干扰。

从另一方面来看，也可以将异步 CDMA 的信号模型式(8.2.10)看作同步 CDMA 的信号模型式(8.2.1)的特例。如果把式(8.2.1)中的每个数据比特 $b_k(i)$，$k=1,2,\cdots,K$，$i=-M,\cdots,M$ 都看作$[-MT,MT+2T]$时间段内来自同步 CDMA 用户的数据，则等价的同步 CDMA 用户数为$(2M+1)K$。这种等效观点在分析异步 CDMA 系统时非常方便。

为了分析异步 CDMA 系统，我们需要定义新的相关系数，即采用非周期相关函数。如图 8.3所示，序列之间的相关系数依赖于相对时延。

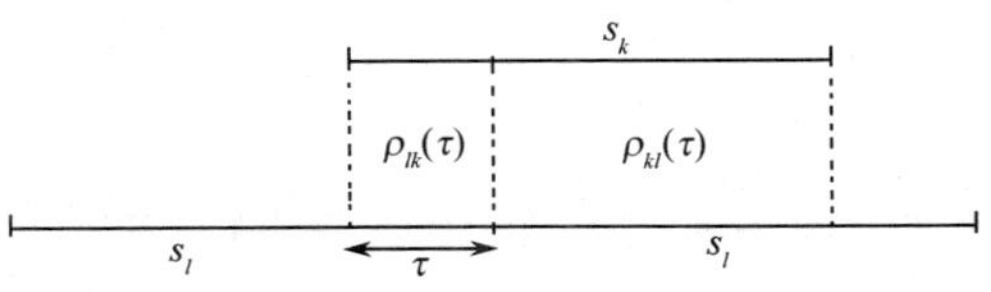

图 8.3　异步 CDMA 系统中相关系数的示意

图 8.3 中，当 $k<l$ 时，相关系数定义为

$$\rho_{kl}(\tau)=\int_{\tau}^{T}s_k(t)s_l(t-\tau)\mathrm{d}t \tag{8.2.14}$$

$$\rho_{lk}(\tau)=\int_{0}^{\tau}s_k(t)s_l(t+T-\tau)\mathrm{d}t \tag{8.2.15}$$

式中，$\tau\in[0,T]$。$\rho_{kl}(\cdot)$定义中的左下标表示相关运算中超前的序列波形。

下面推导异步 CDMA 系统的离散等价信号模型，为了表示简单，不妨设 K 个用户的时延从小到大排列，即 $\tau_1\leqslant\tau_2\leqslant\cdots\leqslant\tau_K$，则第 k 个匹配滤波器 i 时刻输出的信号可以表示为

$$\begin{aligned}y_k(i)=A_kb_k(i)+&\underbrace{\sum_{j<k}A_jb_j(i+1)\rho_{kj}+\sum_{j<k}A_jb_j(i)\rho_{jk}}_{\tau_j\leqslant\tau_k}+\\&\underbrace{\sum_{j>k}A_jb_j(i)\rho_{kj}+\sum_{j>k}A_jb_j(i-1)\rho_{jk}}_{\tau_j\geqslant\tau_k}+n_k(i)\end{aligned} \tag{8.2.16}$$

上式按照相对时延将多址干扰分为 4 部分，其中

$$n_k(i)=\int_{\tau_k+iT}^{\tau_k+(i+1)T}n(t)s(t-iT-\tau_k)\mathrm{d}t \tag{8.2.17}$$

上式对应的矩阵表示为

$$\boldsymbol{y}(i)=\boldsymbol{R}^{\mathrm{T}}(1)\boldsymbol{Ab}(i+1)+\boldsymbol{R}(0)\boldsymbol{Ab}(i)+\boldsymbol{R}(1)\boldsymbol{Ab}(i-1)+\boldsymbol{n}(i) \tag{8.2.18}$$

式中，0 均值高斯随机过程 $\boldsymbol{n}(i)$的相关矩阵为

$$E[\boldsymbol{n}(i)\boldsymbol{n}^{\mathrm{T}}(i)]=\begin{cases}\sigma^2\boldsymbol{R}^{\mathrm{T}}(1) & j=i+1\\ \sigma^2\boldsymbol{R}(0) & j=i\\ \sigma^2\boldsymbol{R}(1) & j=i-1\\ \boldsymbol{0} & \text{其他}\end{cases} \tag{8.2.19}$$

相关矩阵 $\boldsymbol{R}(0)$和 $\boldsymbol{R}(1)$定义为

$$R_{jk}(0)=\begin{cases}1, & j=k\\ \rho_{jk}, & j<k\\ \rho_{kj}, & j>k\end{cases} \tag{8.2.20}$$

$$R_{jk}(1)=\begin{cases}0, & j\geqslant k\\ \rho_{kj}, & j<k\end{cases} \tag{8.2.21}$$

例如，对于 3 用户情况，两个相关矩阵可以表示为 $\boldsymbol{R}(0)=\begin{bmatrix}1 & \rho_{12} & \rho_{13}\\ \rho_{12} & 1 & \rho_{23}\\ \rho_{13} & \rho_{23} & 1\end{bmatrix}$和 $\boldsymbol{R}(1)=\begin{bmatrix}0 & \rho_{21} & \rho_{31}\\ 0 & 0 & \rho_{32}\\ 0 & 0 & 0\end{bmatrix}$。

值得注意的是，上述离散模型只在扩频序列持续时间为 T 的情况下成立。如果序列持续时间大于 T，则信号模型需要进一步包括 $\boldsymbol{R}(2),\cdots,\boldsymbol{R}(L)$等互相关矩阵，其中 L 是码间干扰的符号长度。

同样，异步 CDMA 检测的目标也是最大化似然概率，即

$$P[y(t),t\in(-MT,(M+2)T)\mid \boldsymbol{b}]\propto \exp\left[-\frac{1}{2\sigma^2}\int_{-MT}^{(M+2)T}(y(t)-S_t(\boldsymbol{b}))^2\mathrm{d}t\right] \tag{8.2.22}$$

式中，$K(2K+1)$维比特向量 $\boldsymbol{b}$ 的分量为 $b_{k+iK}=b_k(i)$，$k=1,2,\cdots,K$，$i=-M,\cdots,M$，$S_t(\boldsymbol{b})=\sum\limits_{k=1}^{K}\sum\limits_{i=-M}^{M}A_kb_k(i)s_k(t-iT-\tau_k)$ 。

令 $\boldsymbol{A}=\mathrm{diag}(A_1,A_2,\cdots,A_K)$，$K(2M+1)\times K(2M+1)$维矩阵$\boldsymbol{A}_M=\begin{bmatrix}\boldsymbol{A} & \cdots & 0\\ \vdots & \ddots & \vdots\\ 0 & \cdots & \boldsymbol{A}\end{bmatrix}$，$K(2M+1)\times K(2M+1)$维的相关矩阵 $\boldsymbol{R}$ 可以表示为

$$\boldsymbol{R}=\begin{bmatrix}\boldsymbol{R}(0) & \boldsymbol{R}^{\mathrm{T}}(1) & \boldsymbol{0} & \cdots & \boldsymbol{0} & \boldsymbol{0}\\ \boldsymbol{R}(1) & \boldsymbol{R}(0) & \boldsymbol{R}^{\mathrm{T}}(1) & \cdots & \boldsymbol{0} & \boldsymbol{0}\\ \boldsymbol{0} & \boldsymbol{R}(1) & \boldsymbol{R}(0) & \cdots & \boldsymbol{0} & \boldsymbol{0}\\ \vdots & \vdots & \vdots & \ddots & \vdots & \vdots\\ \boldsymbol{0} & \boldsymbol{0} & \boldsymbol{0} & \cdots & \boldsymbol{R}(1) & \boldsymbol{R}(0)\end{bmatrix} \tag{8.2.23}$$

进一步，令 $\boldsymbol{H}=\boldsymbol{A}_M^{\mathrm{T}}\boldsymbol{R}\boldsymbol{A}_M$，则联合优化准则可以化简为

$$\Omega(\boldsymbol{b})=2\int S_t(\boldsymbol{b})y(t)\mathrm{d}t-\int S_t^2(\boldsymbol{b})\mathrm{d}t=2\boldsymbol{b}^{\mathrm{T}}\boldsymbol{A}_M\boldsymbol{y}-\boldsymbol{b}^{\mathrm{T}}\boldsymbol{H}\boldsymbol{b} \tag{8.2.24}$$

类似于同步 CDMA 检测的复杂度，上述联合优化准则的计算复杂度是 $O(2^{K(2M+1)})$，由于实际系统的数据帧长较大，因此这种指数复杂度是无法实现的。我们需要进一步分析矩阵 $\boldsymbol{H}$ 的结构，从而能够降低运算量。

首先分析 3 用户情况的矩阵结构，如下式所示：

$$\boldsymbol{H}=\left[\begin{array}{ccc|ccc|ccc|ccc}
A_1^2 & A_1A_2\rho_{12} & A_1A_3\rho_{13} & 0 & 0 & 0 & & & & & & 0\\
A_2A_1\rho_{12} & A_2^2 & A_2A_3\rho_{23} & A_2A_1\rho_{21} & 0 & 0 & & & & & & \\
A_3A_1\rho_{13} & A_3A_2\rho_{23} & A_3^2 & A_3A_1\rho_{31} & A_3A_2\rho_{32} & 0 & & & & & & \\
\hline
0 & A_1A_2\rho_{21} & A_1A_3\rho_{31} & A_1^2 & A_1A_2\rho_{12} & A_1A_3\rho_{13} & & & & & & \\
0 & 0 & A_2A_3\rho_{32} & A_2A_1\rho_{12} & A_2^2 & A_2A_3\rho_{23} & \ddots & & & & & \\
0 & 0 & 0 & A_3A_1\rho_{13} & A_3A_2\rho_{23} & A_3^2 & \ddots & \ddots & & & & \\
\hline
 & & & & \ddots & \ddots & \ddots & \ddots & A_1A_3\rho_{13} & 0 & 0 & 0\\
 & & & & & \ddots & \ddots & A_2^2 & A_2A_3\rho_{23} & A_2A_1\rho_{21} & 0 & 0\\
 & & & & & & A_3A_1\rho_{13} & A_3A_2\rho_{23} & A_3^2 & A_3A_1\rho_{31} & A_3A_2\rho_{32} & 0\\
\hline
 & & & & & & 0 & A_2A_1\rho_{21} & A_3A_1\rho_{31} & A_1^2 & A_1A_2\rho_{12} & A_1A_3\rho_{13}\\
 & & & & & & 0 & 0 & A_3A_2\rho_{32} & A_2A_1\rho_{12} & A_2^2 & A_2A_3\rho_{23}\\
0 & & & & & & 0 & 0 & 0 & A_3A_1\rho_{13} & A_3A_2\rho_{23} & A_3^2
\end{array}\right] \tag{8.2.25}$$

由此可知，对于一般的 K 用户的 $\boldsymbol{H}$ 矩阵应是带状对称矩阵，只在$(2K-1)$条对角线上有值。

引入记号 $\kappa(j)\in\{1,2,\cdots,K\}$表示 j 模 K 的余数，即存在整数 i，满足 $j=\kappa(j)+iK$。对于该矩阵的元素，可以归纳如下性质：

① $h_{j,j}=A_{\kappa(j)}^2$；

② $h_{k+iK,n+iK}=h_{k,n}$；

③ $h_{j,l}=0$，如果$|j-l|\geqslant K$；

④ $h_{i,j}=h_{j,i}$；

⑤ $h_{j-n,j}=A_{\kappa(j-n)}A_{\kappa(j)}\rho_{\kappa(j-n),\kappa(j)}$，$n=1,2,\cdots,K-1$。

对于 K 用户异步 CDMA 系统，需要简化 $\Omega(\boldsymbol{b})=2\boldsymbol{b}^{\mathrm{T}}\boldsymbol{A}_M\boldsymbol{y}-\boldsymbol{b}^{\mathrm{T}}\boldsymbol{H}\boldsymbol{b}$。首先将第一部分简化为

$$\boldsymbol{b}^{\mathrm{T}}\boldsymbol{A}_M\boldsymbol{y}=\sum_{j=1-MK}^{(M+1)K}A_{\kappa(j)}b_jy_j \tag{8.2.26}$$

利用 $\boldsymbol{H}$ 的结构特点可以将第二部分简化为

$$\begin{aligned}\boldsymbol{b}^{\mathrm{T}}\boldsymbol{H}\boldsymbol{b}&=\sum_{j=1-MK}^{(M+1)K}\sum_{l=1-MK}^{(M+1)K}b_jb_lh_{j,l}=\sum_{j=1-MK}^{(M+1)K}b_j\left[A_{\kappa(j)}^2b_j+2\sum_{l=j-K+1}^{j-1}h_{l,j}\right]\\&=\sum_{j=1-MK}^{(M+1)K}b_j\left[A_{\kappa(j)}^2b_j+2\sum_{n=1}^{K-1}b_{j-n}h_{j-n,j}\right]\\&=\sum_{j=1-MK}^{(M+1)K}A_{\kappa(j)}b_j\left[A_{\kappa(j)}b_j+2\sum_{l=j-K+1}^{j-1}b_{j-n}A_{\kappa(j-n)}\rho_{\kappa(j-n),\kappa(j)}\right]\end{aligned} \tag{8.2.27}$$

由上述两式，可知联合优化度量 $\Omega(\boldsymbol{b})$实际上是$(2M+1)K$ 项和式，每一项依赖于 $\boldsymbol{b}$ 向量的 K 个分量，并且相邻的两项有 $K-1$ 个分量是相同的。因此可以把联合优化度量表示为

$$\Omega(\boldsymbol{b})=\sum_{j=1-MK}^{(M+1)K}\lambda_j(\boldsymbol{x}_j,b_j) \tag{8.2.28}$$

其中

$$\lambda_j(\boldsymbol{x},u)=A_{\kappa(j)}u\left[2y_j-uA_{\kappa(j)}-2\sum_{n=1}^{K-1}x(n)A_{\kappa(j-n)}\rho_{\kappa(j-n),\kappa(j)}\right] \tag{8.2.29}$$

式中，$\boldsymbol{x}_j$ 可以看作含有 $K-1$ 个移位寄存器的状态，即

$$\begin{aligned}\boldsymbol{x}_{j+1}^{\mathrm{T}}&=[x_{j+1}(1),x_{j+1}(2),\cdots,x_{j+1}(K-1)]\\&=[x_j(2),\cdots,x_j(K-1),b_j]=f(\boldsymbol{x}_j,b_j)\end{aligned} \tag{8.2.30}$$

初始状态从$\boldsymbol{x}_{1-MK}^{\mathrm{T}}=(0,0,\cdots,0)$开始。

上述度量计算是通用的检测度量，在 BPSK 调制的特例下，度量计算可以进一步简化为

$$\tilde{\lambda}_j(\boldsymbol{x},u)=A_{\kappa(j)}u\left[y_j-\sum_{n=1}^{K-1}x(n)A_{\kappa(j-n)}\rho_{\kappa(j-n),\kappa(j)}\right] \tag{8.2.31}$$

根据上述论述，度量计算可以采用 Trellis 图表示。图 8.4 给出了 $K=3$ 时异步 CDMA 对应的 Trellis 示意图。

用 $J_j(\cdot)$和 $J_{j+1}(\cdot)$表示 j 和 $j+1$ 时刻的状态度量，则 $j+1$ 时刻的$\boldsymbol{x}_{j+1}$状态对应的度量可以计算如下：

$$\begin{aligned}J_{j+1}(\boldsymbol{x}_{j+1})=\max\{&\tilde{\lambda}_j(0,x_{j+1}(1),\cdots,x_{j+1}(K-2),x_{j+1}(K-1))+J_j(0,x_{j+1}(1),\cdots,x_{j+1}(K-2)),\\&\tilde{\lambda}_j(1,x_{j+1}(1),\cdots,x_{j+1}(K-2),x_{j+1}(K-1))+J_j(1,x_{j+1}(1),\cdots,x_{j+1}(K-2))\}\end{aligned} \tag{8.2.32}$$

因此在每个状态，Viterbi 算法需要进行如下计算：

① 计算分支度量 $\tilde{\lambda}_j(\boldsymbol{x},0)$和 $\tilde{\lambda}_j(\boldsymbol{x},1)$；

② 两个分支度量分别累加求和；

③ 两个度量进行比较，选择最大值。

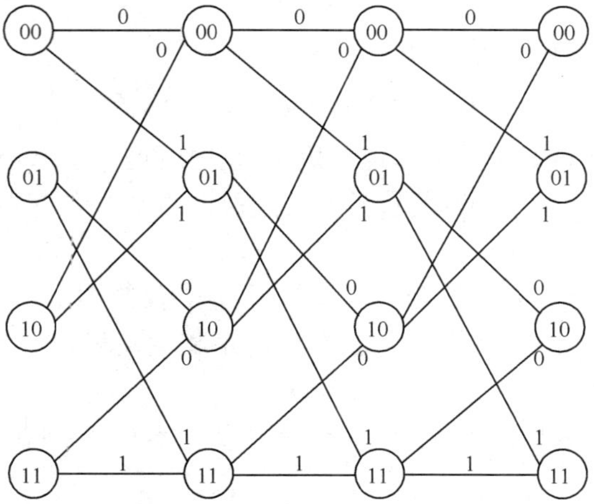

图 8.4 $K=3$ 时的异步 CDMA 对应的 Trellis 图

这是 Viterbi 算法中典型的累加-比较-选择(ACS)运算。在计算分支度量 $\tilde{\lambda}_j(\boldsymbol{x},u)$ 时，$\sum_{n=1}^{K-1}x(n)A_{\kappa(j-n)}\rho_{\kappa(j-n),\kappa(j)}$ 可以事先计算，实际的运算与 K 和 M 无关。这样在 Trellis 图上每计算一拍，需要涉及 2^{K-1} 个状态，总共需要计算 2^K 个分支度量。因此采用 Viterbi 算法进行异步 CDMA 检测，单个比特的计算复杂度为 $O(2^K)$。由式(8.2.24)可知，为了检测单个比特所需要的运算量为 $O\left(\frac{2^{K(2M+1)}}{K(2M+1)}\right)$，通过简化，采用 Viterbi 算法来进行迭代计算度量，检测单个比特的运算量降低为 $O(2^K)$，这是一种非常富有创见的设计思想，尽管运算量仍然是指数复杂度，但与原来相比，计算复杂度大大降低了。

8.3 线性多用户检测技术

8.2 节我们回顾了 Verdú 的开创性工作，介绍了最优多用户检测的基本理论。对于实际的 CDMA 系统而言，最优多用户检测过于复杂。因此过去近 20 年的时间，众多学者在寻求次优多用户检测算法方面开展了广泛研究。目前可实用化的次优检测算法大体可以分为两类：线性多用户检测器及干扰抵消检测器。线性多用户检测器对匹配滤波器组的输出进行线性变换，产生新的输出向量进行判决，可以获得更好的性能。而干扰抵消检测器对干扰信号进行估计和重建，然后从接收信号中消除干扰的影响，从而可以提高检测性能。本节讨论线性多用户检测技术，下一节讨论干扰抵消检测技术。线性多用户检测器主要包含解相关检测器、最小均方误差(MMSE)检测器及多项式展开(PE)检测器。

8.3.1 解相关检测器

对于多用户 CDMA 接收信号模型

$$\boldsymbol{y}=\boldsymbol{R}\boldsymbol{A}\boldsymbol{b}+\boldsymbol{n} \tag{8.3.1}$$

发送信号向量的检测可以看作求解线性方程组。由此令变换矩阵 $\boldsymbol{T}_{\text{dec}}=\boldsymbol{R}^{-1}$，左乘上式两端，得

$$\hat{\boldsymbol{b}}_{\text{dec}}=\boldsymbol{R}^{-1}\boldsymbol{y}=\boldsymbol{A}\boldsymbol{b}+\boldsymbol{R}^{-1}\boldsymbol{n}=\boldsymbol{A}\boldsymbol{b}+\boldsymbol{z} \tag{8.3.2}$$

则每个用户的判决比特为

$$\hat{b}_k = \text{sgn}[(\boldsymbol{R}^{-1}\boldsymbol{y})_k] \tag{8.3.3}$$

线性变换后的噪声向量 $\boldsymbol{z}$ 的相关矩阵为

$$E(\boldsymbol{z}\boldsymbol{z}^{\mathrm{T}}) = \boldsymbol{R}^{-1}E(\boldsymbol{n}\boldsymbol{n}^{\mathrm{T}})\boldsymbol{R}^{-1} = \sigma^2\boldsymbol{R}^{-1} \tag{8.3.4}$$

可见，解相关检测器可以完全消除多址干扰，但是同时增大了高斯噪声功率，即完全抑制多址干扰的性能是以提高加性噪声功率为代价的。这种检测器结构非常类似于单用户码间干扰信道中的迫零均衡。

Lupas 和 Verdú[8.8~8.9]广泛研究了解相关检测算法，总结出如下重要性质。

① 在大多数情况下，与传统单用户检测器相比，解相关检测器可以获得检测性能、系统容量的极大改善。

② 解相关检测不需要进行接收信号的幅度估计。一般而言，需要进行幅度估计的检测器性能对于估计误差非常敏感。

③ 与最大似然检测相比，解相关检测器的计算复杂度大大降低。单个比特的计算复杂度为 $O(K)$，即与用户数成正比。

④ 解相关检测等价于接收机未知所有用户的信号能量情况下的最大似然检测，换言之，它给出了发送比特向量和接收信号幅度矩阵的联合最大似然估计。

⑤ 解相关检测的误比特率与接收信号能量无关，这一特性简化了理论性能分析，更重要的是表明解相关检测器具有非常好的抗远近效应的能力。

⑥ Lupas 证明，解相关检测器具有渐近最优的抗远近效应能力。

⑦ 判决时延非常小，只要将矩阵$\boldsymbol{R}^{-1}$的第 k 行与滤波器组的输出向量相乘，就可得到第 k 个用户的比特判决信息。

由于线性解相关检测具有诸多优点，特别是它的实用价值，得到学术界的普遍重视。它的主要缺陷在于放大了白噪声样值。另外一个重要缺陷在于，解相关检测器中的矩阵求逆很难实时计算。对于同步 CDMA 系统，相关矩阵的维数为 $K\times K$，矩阵求逆还比较简单，但对于异步 CDMA 系统，相关矩阵的维数为 $K(2M+1)\times K(2M+1)$，当数据帧长 M 较大时，进行矩阵求逆非常困难。如果采用一些次优方法，如截断窗解相关检测，或将高维矩阵分解为多个低维矩阵进行求逆处理，对于实用化更有效。目前在次优的解相关检测算法方面，学者们进行了不懈的努力。

但无论哪一种次优的解相关检测，所需计算量仍然非常大。因此为了降低复杂度，解相关检测往往要求所有用户使用短码扩频，即每个用户的比特信息使用相同的扩频序列，这样所有比特信息间对应的扩频序列相关系数保持不变，因此可以极大降低矩阵求逆的重复计算要求。但是当新增加一个用户时，重新进行矩阵求逆运算是不可避免的。

8.3.2 MMSE 检测器

最小均方误差(MMSE)检测器是考虑背景噪声和接收信号功率的线性检测器。这种检测器的目标是最小化均方误差代价函数，即最小化发送比特向量和匹配滤波器组输出向量之间的均方误差

$$\arg\min_{\boldsymbol{T}} E[|\boldsymbol{b}-\boldsymbol{T}\boldsymbol{y}|^2] \tag{8.3.5}$$

将式(8.3.1)代入上式，求梯度可得到线性变换矩阵为

$$\boldsymbol{T}_{\text{MMSE}} = (\boldsymbol{R}+\sigma^2\boldsymbol{A}^{-2})^{-1} \tag{8.3.6}$$

由此可得 MMSE 判决向量为

$$\hat{\boldsymbol{b}}_{\text{MMSE}}=(\boldsymbol{R}+\sigma^2 \boldsymbol{A}^{-2})^{-1}\boldsymbol{y} \tag{8.3.7}$$

则每个用户的判决比特为

$$\hat{b}_k=\text{sgn}[((\boldsymbol{R}+\sigma^2 \boldsymbol{A}^{-2})^{-1}\boldsymbol{y})_k] \tag{8.3.8}$$

对比式(8.3.7)和式(8.3.2)可知，MMSE 实际上是解相关检测器的修正。MMSE 检测器的基本思路是在抑制干扰和提高噪声功率之间取得折中，从而大为改善解相关检测器所带来的增大高斯噪声功率的副作用。其目标是让输出的均方误差最小化，因此当噪声比较大时，可通过增大一定的残余多址干扰的代价来降低噪声。这种 MMSE 检测器完全等价于对抗 ISI 的 MMSE 均衡器。

由于考虑了白噪声的影响，与解相关检测器相比，MMSE 检测器一般可以获得更好的误比特性能。当背景噪声趋于 0 时，MMSE 检测器收敛于解相关检测器。

MMSE 检测器的主要缺陷在于它需要估计接收信号的幅度，对估计误差比较敏感。另外，它的性能依赖于干扰用户的功率。因此与解相关检测器相比，MMSE 检测器的抗远近效应能力有所损失。

上述两种线性多用户检测器都要涉及矩阵求逆，一般矩阵求逆有较高复杂度，其复杂度大约为 $O(K^3)$。为了简化运算，工程上常采用迭代法求解，可以采用比较少的迭代次数近似逼近理想线性检测器的性能。

8.3.3 多项式展开(PE)检测器

如前面的分析，上述线性多用户检测器仅适用于短扩频码，Moshavi[8.12]提出了将线性变换矩阵 $\boldsymbol{T}$ 用多项式展开(PE)来表达，这种多项式展开的多用户检测器具有一个重要的特点：不仅适用于短扩频码，而且也适用于长扩频码，其实质没有变化，它既可以是解相关检测器，也可以是 MMSE 检测器。

多项式展开检测器的变换矩阵为

$$\boldsymbol{T}_{\text{PE}} = \sum_{i=0}^{N_s} w_i \boldsymbol{R}^i \tag{8.3.9}$$

由此可得 PE 检测器的判决向量为

$$\hat{\boldsymbol{b}}_{\text{PE}} = \sum_{i=0}^{N_s} w_i \boldsymbol{R}^i \boldsymbol{y} \tag{8.3.10}$$

则每个用户的判决比特为

$$\hat{b}_k = \text{sgn}\left[\left(\sum_{i=0}^{N_s} w_i \boldsymbol{R}^i \boldsymbol{y}\right)_k\right] \tag{8.3.11}$$

式中，N_s 表示矩阵多项式展开的阶数，给定矩阵 $\boldsymbol{R}$ 和阶数 N_s，可以按照一定的检测准则，优化系数 $w_i, i=0,1,\cdots,N_s$。图 8.5 给出了 $N_s=2$ 的 PE 检测器结构。

根据 Cayley-Hamilton 矩阵分解定理可知，对于有限的数据帧长，PE 检测器可以精确逼近解相关检测器或 MMSE 检测器。当数据帧长较大时，需要非常高阶的 PE 检测器才能逼近解相关检测器或 MMSE 检测器。但通过优化多项式系数，能够以非常低阶的多项式逼近线性变换矩阵。即采用合适的系数向量，可得

$$f(\boldsymbol{R}) = \sum_{i=0}^{N_s} w_i \boldsymbol{R}^i \approx \boldsymbol{R}^{-1} \tag{8.3.12}$$

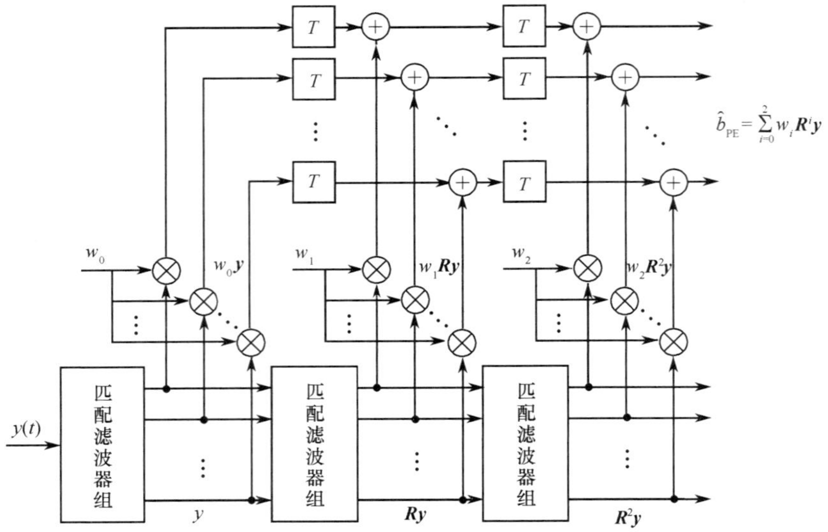

图 8.5　2 阶 PE 检测器结构

或

$$f(\boldsymbol{R})=\sum_{i=0}^{N_s}w_i\boldsymbol{R}^i\approx(\boldsymbol{R}+\sigma^2\boldsymbol{A}^{-2})^{-1} \tag{8.3.13}$$

PE 检测器有一些非常好的特性，总结如下。

① PE 检测器可以近似解相关检测器或 MMSE 检测器，因此它具有这两种检测器的优点。

② PE 检测器的实现复杂度较低。在近似解相关检测器或 MMSE 检测器时，既不需要事先计算相关矩阵 $\boldsymbol{R}$，也不需要求解逆矩阵$\boldsymbol{R}^{-1}$。所有运算都可以实时计算，对于硬件设计而言，非常方便。

③ 当 PE 检测器近似解相关检测器时，不需要估计接收信号的幅度（或相位），因此其性能非常稳定。

④ PE 检测器既可以应用于短扩频码，也可以应用于长扩频码。

⑤ 通过权重系数的预先优化，PE 检测器可以适用于多种实际系统。这样在快速时变信道中，就可以降低对于权重系数调整的跟踪速度要求。

⑥ PE 检测器具有非常简单和规整的结构。每一阶的检测器结构与传统的单用户检测器完全相同。单个比特的计算复杂度为 $O(K(N_s+1))$，与阶数和用户数成比例。这种结构非常类似于 8.4 节所提到的并行干扰抵消检测器结构。

8.3.4　基于训练序列的自适应多用户检测器

在多用户检测中，采用自适应方法的主要原因是由于在多径时变信道下，那些原本确知的干扰用户扩频码参量变成了时变参量，因此只能依靠自适应方法获取这些时变参量。根据是否需要传送训练序列，自适应检测可以分为非盲型和盲型两类，前者需要传送训练序列，后者则不需要。基于训练序列的自适应检测器也可以分为解相关与 MMSE 两大类型，下面予以简介。

1. 单用户自适应 MMSE 检测器

单用户自适应 MMSE 检测器的原理框图如图 8.6 所示。

该检测器针对每个用户 k 的接收机采用一个横向滤波器，而滤波器抽头系数在每个比特接

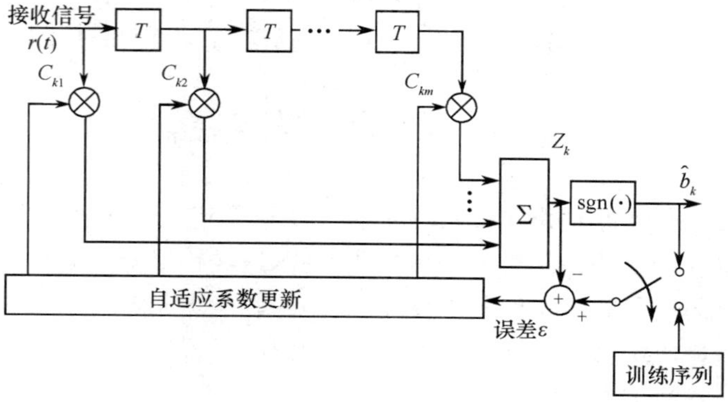

图 8.6　单用户自适应 MMSE 检测器的原理框图

收后可根据自适应算法自动更新。滤波器抽头系数的个数 m 一般要大于扩频增益 N，以保证获得足够的统计信息，但是 N 也不能过大，过大会导致收敛速度变慢。

这类检测器的主要优点是不需要其他用户扩频码的知识，也不要求本用户扩频序列准确同步；主要缺点为需要训练序列，特别是对快时变多径信道要不断发送训练序列。

2. 多用户自适应 MMSE 检测器

多用户自适应 MMSE 检测器的原理框图如图 8.7 所示。

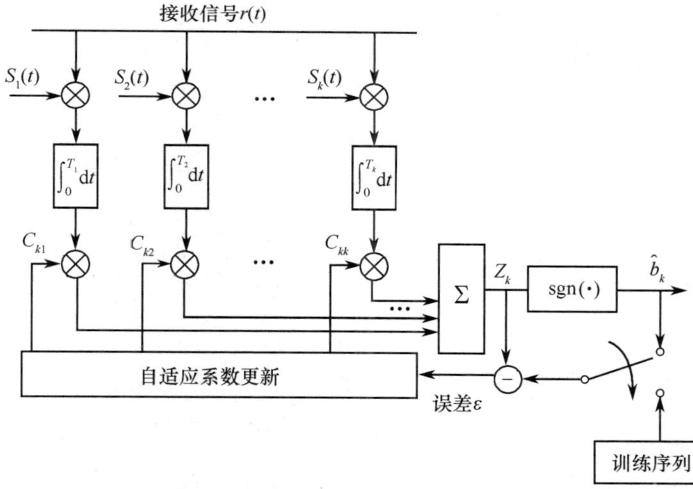

图 8.7　多用户自适应 MMSE 检测器的原理框图

多用户自适应 MMSE 检测器不仅需要训练序列，还进一步要求已知其他用户的扩频序列信息 $S_k(t)$。由于滤波器抽头系数只有 k 个，故收敛速度较快。它的主要缺点是除要求已知其他用户的扩频序列外，也要不断传送训练序列。

8.3.5　盲自适应多用户检测器

对于快时变信道，由于需要频繁发送训练序列，从而大大降低了系统的有效性和可靠性。因此，人们开始直接从业务信号本身提取信道状态信息的自适应检测技术，称为盲自适应检测。但是盲算法的最大问题是其收敛速度能否跟得上信道时变衰落的变化速度。由于盲自适应多用户检测器既不需要训练序列，也不需要其他用户的扩频码信息，所需要的信息几乎与传统的检测器相同,因此它本质上是一种单用户抗多径自适应检测器。盲算法的收敛速度慢是通病,特别对于快速时变信道,这是一个致命的弱点。但对于慢时变信道,它仍是很有吸引力的算法。

8.4 干扰抵消检测器

干扰抵消检测器的基本原理是在接收端分别估计和重建各个干扰信号,然后从接收信号中减去某些或全部的多址干扰估计。为了提高检测性能,这类检测器常采用多级级联结构。

干扰抵消检测器与抗码间干扰的判决反馈均衡器有类似的结构。在判决反馈均衡器中,前面判决的符号反馈到接收端,以便消除后边符号中的码间干扰。因此,大多数这类检测器都可以称为判决反馈多用户检测器。

用于重建 MAI 的比特信息可以是硬判决信息,也可以是软判决信息。软判决方法实际上就是比特信息和幅度信息的联合估计,很容易实现。硬判决方法反馈的是非线性方法,为了准确重构多址干扰,需要可靠估计接收信号的幅度。如果信号幅度估计准确,一般而言,硬判决干扰抵消检测器的性能要优于软判决干扰抵消检测器的性能。干扰抵消检测器包含串行干扰抵消(SIC)检测器、并行干扰抵消(PIC)检测器及迫零判决反馈(ZF-DF)检测器,下面分别予以介绍。

8.4.1 串行干扰抵消(SIC)检测器

串行干扰抵消检测器的原理框图如图 8.8 所示[8.13]。

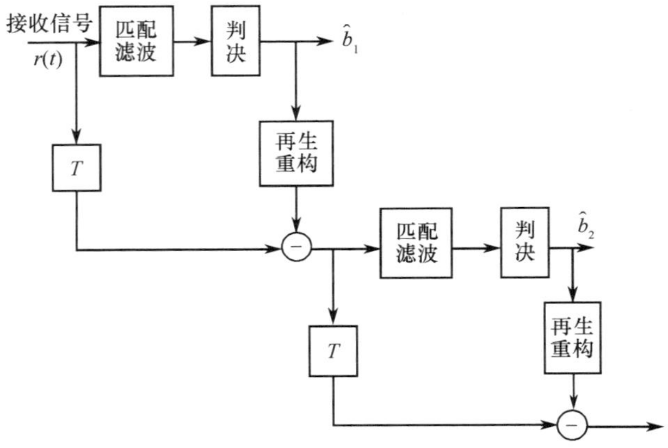

图 8.8　串行干扰抵消检测器的原理框图

图 8.8 中,$\hat{b}_1$ 为未经抵消的判决结果,$\hat{b}_2$ 为经过一次抵消后的判决结果。串行干扰抵消法是消除多址干扰最简单、最直观的方法之一,首先根据接收到的各用户信号功率按强弱大小排队。每次仅检测一个用户,且首先解调出的是最强功率的用户,再从总的接收信号中减去最强用户重构的最强用户干扰,然后重建和抵消次强干扰,依次类推下去。串行干扰抵消检测器的性能在很大程度上取决于用户接收信号的功率分布,如果用户接收信号的功率分布差别较大,则性能提高就明显。串行干扰抵消检测器的一个重要缺陷是其检测性能取决于初始数据估计的可靠性。如果初始比特判决出错,则即使时延、幅度及相位信息估计正确,也会导致由这个比特引入的干扰功率增加 4 倍(因为判决比特符号改变,导致幅度变化 2 倍,从而功率将变化 4 倍)。

在串行干扰抵消检测器中,由于每解调一个用户便会引入一定的处理时延,当用户较多时,时延将积累到系统难以忍受的地步。因此在串行干扰抵消方案中,每个分组的用户不宜取太多,一般仅取 4 个用户即可。串行干扰抵消检测器运用范围广,它既可用于同步 CDMA,也可用于异步 CDMA。

8.4.2 并行干扰抵消(PIC)检测器

并行干扰抵消检测器估计所有的干扰信号,并且对每个用户并行抵消所有干扰信号。PIC 检测器可以由多级干扰抵消检测器构成,其中一级的结构如图 8.9 所示。

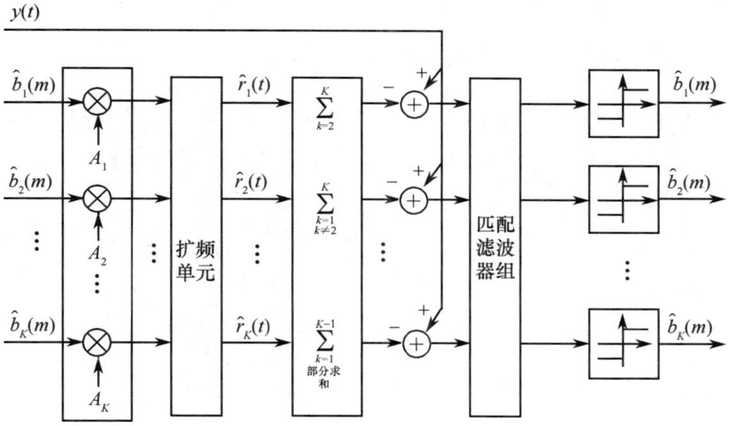

图 8.9 一级干扰抵消检测器的结构

由图 8.9 可知,第 m 级的经过匹配滤波器组得到的比特估计向量首先进行估计的幅度信息相乘,然后重新扩频,生成重建的每个用户信号 $\hat{r}_k(t)$。部分求和单元对所有 K 路输入信号中的 $K-1$ 路求和,这样生成了所有用户的 MAI 估计信号。假设幅度和时延估计是理想的,则接收信号减去 MAI 估计信号后得到的第 k 个用户的信号为

$$y(t)-\sum_{\substack{i=1\\i\neq k}}^{K}\hat{r}_i(t)=b_kA_ks_k(t-\tau_k)+n(t)+\sum_{\substack{i=1\\i\neq k}}^{K}(b_i-\hat{b}_i)A_is_i(t-\tau_i) \tag{8.4.1}$$

如图 8.9 所示,上式产生的判决估计信号送入下一级干扰抵消检测器,以便产生更加可靠的数据估计信息。根据上述描述,可得 $m+1$ 级 PIC 检测器的向量信号模型为

$$\hat{\boldsymbol{b}}_{\text{PIC}}(m+1)=\boldsymbol{y}-(\boldsymbol{R}-\boldsymbol{I})\boldsymbol{A}\hat{\boldsymbol{b}}_{\text{PIC}}(m)=\boldsymbol{RA}(\boldsymbol{b}-\hat{\boldsymbol{b}}_{\text{PIC}}(m))+\boldsymbol{A}\hat{\boldsymbol{b}}_{\text{PIC}}(m)+\boldsymbol{n} \tag{8.4.2}$$

为了提高多用户干扰抵消能力,往往需要进行多级检测,一般实际应用时只需取 $m=2\sim3$ 即可。PIC 检测器有多种改进,可以进一步提高其性能。

(1) 使用解相关检测器作为 PIC 检测器的第一级

与 SIC 检测器类似,PIC 检测器的性能也非常依赖于第一级检测的可靠性。如前所述,如果 SIC 检测器的初始数据估计错误,将导致干扰功率增大 4 倍。而在 PIC 检测器中,这种由于估计错误导致的干扰功率增大将极其恶劣,甚至导致检测性能比传统单用户检测器性能还差。因此,使用解相关检测器作为 PIC 检测器的第一级将极大提高检测的可靠性。

(2) 利用同级已检测出的比特提高其他比特的检测可靠性

在这种改进中,总利用最近的比特信息进行判决,而不像传统的 PIC 检测器只能利用前一级信息进行判决。这种改进型可以看作是多级判决反馈检测器。

(3) 线性组合 PIC 不同级的软判决信息

与传统的软判决 PIC 检测器相比,这种简单修正的检测器可以获得很大的性能增益。其原

因在于不同级输出的软判决信号之间存在很大的噪声相关性，如果进行线性组合，则可以利用相关性进行噪声抵消。

(4) 每一级只抵消部分 MAI，增大下一级的多址干扰

在这种改进中，MAI 的估计信息在进行干扰抵消之前，首先乘以一个比例因子，因此增大了下一级的多址干扰。这种方法的设计思想主要是考虑到 PIC 检测器初始级的判决与后面几级的判断相比，很不可靠，因此不如将多址干扰保留到后面几级进行抵消，从而提高判决的可靠性。与传统的 PIC 检测器相比，这种方法可以获得非常大的性能改善。

8.4.3 迫零判决反馈(ZF-DF)检测器

迫零判决反馈(ZF-DF)检测器又称为迫零解相关检测器。它需要进行两步操作：首先进行线性处理，然后进行 SIC 检测。线性处理是部分解相关运算(不会增大噪声)，然后按照信号能量从大到小的顺序，采用 SIC 进行干扰抵消。

对于相关矩阵 $\boldsymbol{R}$，应用 Cholesky 分解，可得 $\boldsymbol{R}=\boldsymbol{F}^{\mathrm{T}}\boldsymbol{F}$，其中 $\boldsymbol{F}$ 是下三角矩阵。将矩阵$(\boldsymbol{F}^{\mathrm{T}})^{-1}$左乘匹配滤波器组输出的信号向量，可得白噪声信号模型为

$$\boldsymbol{y}_w=\boldsymbol{FAb}+\boldsymbol{z}_w \tag{8.4.3}$$

式中，噪声向量$\boldsymbol{z}_w$ 的相关矩阵为$E(\boldsymbol{z}_w\boldsymbol{z}_w^{\mathrm{T}})=\sigma^2\boldsymbol{I}$。因此，上述矩阵可以看作白化滤波矩阵，它与 ISI 信道的白化滤波非常类似。

由于矩阵 $\boldsymbol{F}$ 是下三角矩阵，上式中的比特信息是部分解相关的。因此，第一个用户不含有 MAI，而第二个用户只含有第一个用户的 MAI，以此类推，第 k 个用户含有 $1,2,\cdots,k-1$ 个用户的 MAI。

ZF-DF 检测器采用 SIC 进行干扰抵消。第一个用户的软输出信息完全没有多址干扰，可用于重建和抵消它所造成的多址干扰，经过抵消后，第二个用户也不含有多址干扰，也可以重建和抵消它所造成的多址干扰。这个过程递推进行，每次迭代得到一个比特判决信息，用于重建和抵消它所造成的多址干扰。

在进行白化滤波之前，匹配滤波器组的输出向量需要根据信号能量大小进行排序，从而保证干扰抵消是按照信号强度从大到小进行的。ZF-DF 检测器的结构如图 8.10 所示。

在同步 CDMA 情况下，假设矩阵 $\boldsymbol{F}$ 和信号幅度都是理想估计，则第 k 个用户的判决信息为

$$\hat{b}_k=\operatorname{sgn}\left(y_{w,k}-\sum_{i=1}^{k-1}F_{ki}A_i\hat{b}_i\right) \tag{8.4.4}$$

式中，F_{ki}是矩阵 $\boldsymbol{F}$ 的第(k,i)个元素。

假设过去所有的判决都是正确的，则 ZF-DF 检测器可以抵消所有的 MAI，并最大化信噪比。它类似于 ZF-DF 均衡器对抗码间干扰的作用。ZF-DF 检测器实现的主要困难在于矩阵的 Cholesky 分解和求解白化滤波器$(\boldsymbol{F}^{\mathrm{T}})^{-1}$(矩阵求逆)，可以采用类似于解相关检测和 MMSE 检测的方法进行矩阵运算的简化。

ZF-DF 检测器和其他非线性检测器类似，一个主要缺陷是需要估计信号幅度。如果信号幅度估计比解相关检测更可靠，则 ZF-DF 检测器的性能优于解相关检测器，反之，则比解相关检测器性能还差。

总之，所有基于判决反馈的检测器都存在误差扩散问题，即若前级检测的可靠性比较差，将导致后面的检测性能越来越差。为了解决误差扩散，可以采用只反馈可靠性高的用户信息的部分判决反馈法，或者用检测输出的信号干扰比加权各判决反馈信息。

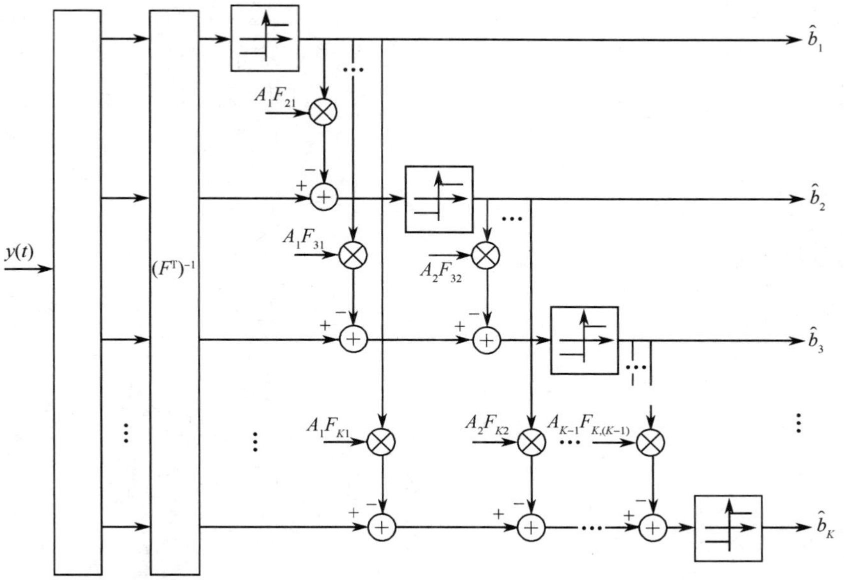

图 8.10　ZF-DF 检测器的结构

8.5　NOMA 系统的多用户检测

第 3 章介绍了主流的非正交多址接入(NOMA)技术，包括功率域 NOMA 与编码域 NOMA。一般而言，由于 NOMA 系统中各用户信号互不正交，存在相互干扰，因此无法采用简单的单用户检测算法，必须采用多用户检测算法，付出一定的复杂度，换取系统容量的提升。

NOMA 系统中的多用户检测算法主要分为两类。第一类是串行干扰抵消(SIC)算法，该算法主要用于功率域 NOMA 系统，但由于功率域非正交在实用化过程中困难较多，因此 SIC 算法在实际中使用范围也相应受限。第二类是迭代消息传递(MPA)算法，该算法主要应用于 SCMA、PDMA 等编码域 NOMA 系统，由于编码域 NOMA 系统具有较为成熟的信号调制技术，因此成为 5G 标准化过程中的主流 NOMA 方案。

8.5.1　干扰抵消多用户检测

考虑具有单个基站和 V 个用户的 NOMA 上行系统，基站与每个用户都配置单天线，如图 8.11所示。将 V 个用户的发送符号映射到 F 个相互正交的资源块上，其中 $V>F$。符号叠加方式可以采用矩阵进行描述，也可以用因子图(Factor Graph)形象表示。

对于第 v 个用户，其输入到信道编码器的原始数据块$\boldsymbol{u}_v$ 包含 K_v 比特。经过交织器后，N 比特长度的编码块表示为 $\boldsymbol{c}_v$。第 v 个用户的码率定义为 $R_v=K_v/N$，系统总体码率定义为 $R=\frac{1}{V}\sum_{v=1}^{V}R_v$ 。因此，在每帧传输的数据块中，系统总传输信息比特数为 $K=\sum_{v=1}^{V}K_v=NVR$ 。

通过信号映射器，第 v 个用户的编码块 $\boldsymbol{c}_v$ 中每 J 个比特形成向量

$$\boldsymbol{b}_v=(c_{v,(\tau-1)J+1},c_{v,(\tau-1)J+2},\cdots,c_{v,\tau J})=(b_{v,1},b_{v,2},\cdots,b_{v,J}) \tag{8.5.1}$$

式中，$\tau=1,2,\cdots,N/J$ 表示各帧数据中的时隙序号，J 表示调制阶数。接着，每个向量$\boldsymbol{b}_v$ 将被映射为一个 F 维的 NOMA 码字$\boldsymbol{x}_v=(x_{v,1},x_{v,2},\cdots,x_{v,F})$ 。

对于 SCMA，各用户$\boldsymbol{x}_v$ 中的非零元素数量一致(度分布均匀)且远小于 F，因此$\boldsymbol{x}_v$ 是一个稀疏向量。对于 PDMA，这种稀疏性约束不再存在，各用户$\boldsymbol{x}_v$ 中的非零元素数量可能不一致。

相应地，定义第 v 个用户的映射函数为 $g_v:\mathbb{B}^J\mapsto X_v$，其中 $X_v\subset\mathbf{C}^F$ 表示第 v 个用户的码本且 $|X_v|=M,J=\log M$。所有 V 个用户的码本形成了码本集合$\{X_v\}$。

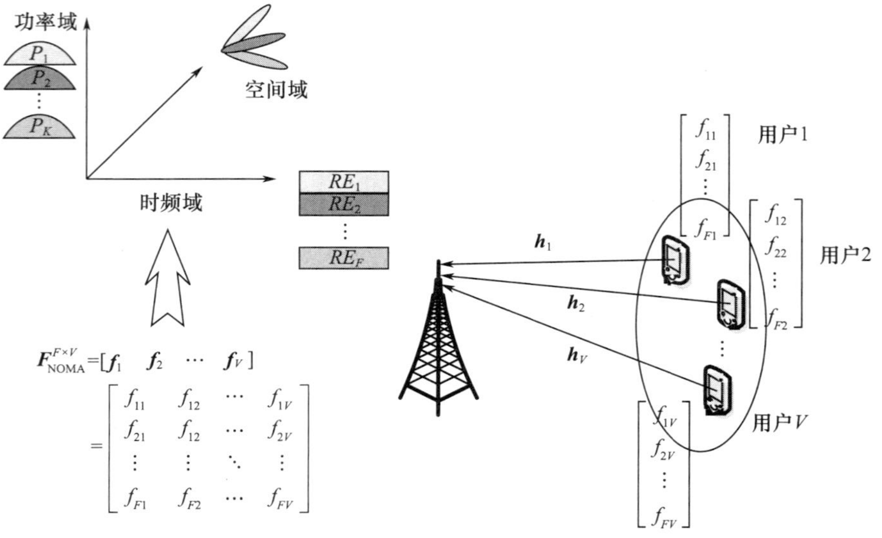

图 8.11 上行 PDMA 应用场景

假设每个用户到基站的信道衰落相互独立，且叠加高斯白噪声，则基站接收信号模型表示为

$$\boldsymbol{y}=\boldsymbol{H}\boldsymbol{x}+\boldsymbol{z}=\sum_{v=1}^{V}\text{diag}(\boldsymbol{h}_v)\,\boldsymbol{x}_v+\boldsymbol{z} \tag{8.5.2}$$

式中，$\boldsymbol{y}\in\mathbf{C}^{F\times 1}$是接收信号向量；$\boldsymbol{x}=(\boldsymbol{x}_1^{\text{T}},\boldsymbol{x}_2^{\text{T}},\cdots,\boldsymbol{x}_V^{\text{T}})^{\text{T}}$ 是所有用户发送码本向量的级联，$\boldsymbol{x}_v$ 是第 v 个用户选择的码本向量；$\boldsymbol{H}=\text{diag}(\text{diag}(\boldsymbol{h}_1),\text{diag}(\boldsymbol{h}_2),\cdots,\text{diag}(\boldsymbol{h}_V))$是等效信道响应矩阵；$\boldsymbol{z}$ 是 AWGN 噪声向量，服从复高斯分布 $\boldsymbol{z}\sim\mathcal{CN}(0,N_0\,\boldsymbol{I}_N)$。

如图 8.11 所示，每个用户从多用户码本矩阵中随机选择一个图样。例如，分配$\boldsymbol{f}_1$ 向量给用户 1，分配$\boldsymbol{f}_2$ 向量给用户 2，……，分配$\boldsymbol{f}_V$ 向量给用户 V，这意味着所有用户的码字$\{\boldsymbol{x}_v\}$重叠复用在 F 个共享的正交资源块上，如 OFDMA 正交子载波。因此，NOMA 系统可以实现过载传输，保障了 5G 中的大连接需求。定义系统过载率(System Overloading Factor，SOF)为 $\vartheta=V/F$。

利用远近效应，NOMA 系统可以采用串行抵消(SIC)检测器进行多用户检测，其结构如图 8.12所示。为了获得较好的检测性能，SIC 检测顺序需要优化。一般按照接收信号强度，从强到弱依次检测每个用户的数据，并进行干扰重建与抵消。但是由于 SIC 检测存在错误传播现象，往往限制了检测性能的进一步改善，还需要与译码器组合，才能提高用户数据的检测可靠性。

8.5.2 消息传递多用户检测

为了描述 MPA 算法，首先需要引入多用户因子图的概念，以因子图结构来描述用户数据的叠加关系，然后描述因子图上的消息传递过程。

1. 多用户因子图

NOMA 信号传输结构可由一个 $F\times V$ 的二进制叠加矩阵 $\boldsymbol{F}$ 来表示，相应的因子图可以表示为 $G(V,F)$，包含 V 个变量节点(Variable Nodes，VN)表示用户，$\boldsymbol{F}$ 个功能节点(Function

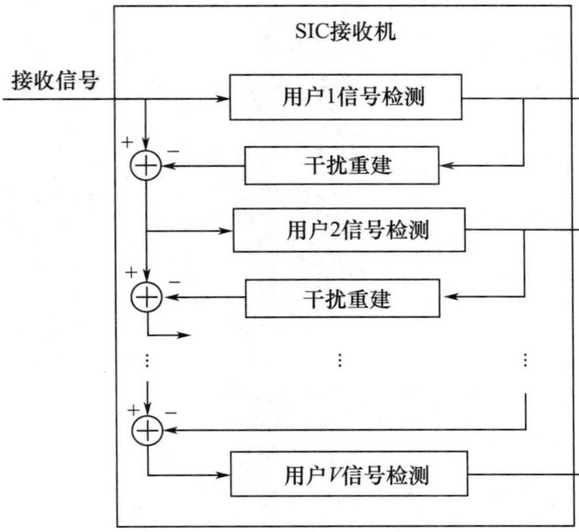

图 8.12　串行抵消(SIC)检测器的结构

Nodes,FN)表示正交资源块(RE)。当且仅当$\boldsymbol{F}_{f,v}=1$时,第 v 个用户可以占用第 f 个 RE,即第 v 个用户的码字$\boldsymbol{x}_v$ 中第 f 个元素为非零值。同时,$\boldsymbol{F}_{f,v}=1$ 也表示因子图上第 v 个 VN 与第 f 个 FN 是相互连接的。因子图上与第 f 个 FN 相连接的 VN 集合定义为 $V_f=\{v|\boldsymbol{F}_{f,v}=1\}$,$d_f=|V_f|$表示第 f 个 FN 的度。类似地,与第 v 个 VN 相连接的 FN 集合定义为 $F_v=\{f|\boldsymbol{F}_{f,v}=1\}$,$q_v=|F_v|$表示第 v 个 VN 的度。

【例 8.1】　$V=6$ 用户的一个 SCMA 系统,RE 数量 $F=4$,系统过载率 SOF 为 $\vartheta=150\%$,其对应的叠加矩阵 $\boldsymbol{F}$ 为

$$\boldsymbol{F}_{\text{SCMA}}^{4\times 6}=\begin{bmatrix}0&1&1&0&1&0\\1&0&1&0&0&1\\0&1&0&1&0&1\\1&0&0&1&1&0\end{bmatrix}\tag{8.5.3}$$

其中 VN 度均为 $q_v=2$,FN 度均为 $d_f=3$。

图 8.13 给出了相应的因子图结构,由图可知,变量节点与功能节点度分布都相同。

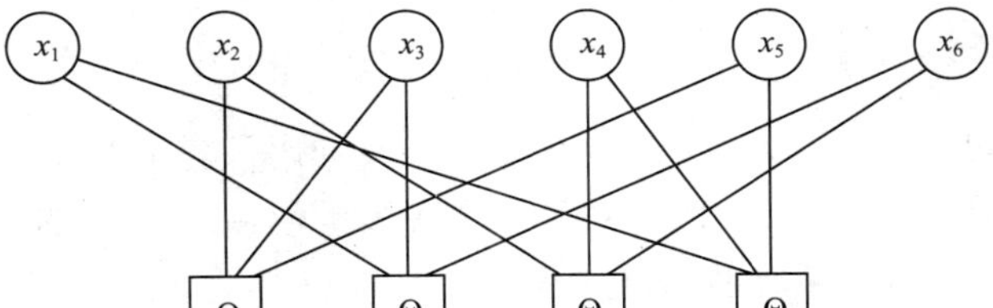

图 8.13　(6,4)SCMA 因子图示例

【例 8.2】　$V=6$ 用户的一个 PDMA 系统,RE 数量 $F=3$,系统过载率 SOF 为 $\vartheta=200\%$,其对应的叠加矩阵 $\boldsymbol{F}$ 为

$$\boldsymbol{F}_{\text{PDMA}}^{3\times 6}=\begin{bmatrix}1&1&1&0&1&0\\1&1&0&1&0&1\\1&0&1&1&0&0\end{bmatrix}\tag{8.5.4}$$

其中 FN 度分布为$(d_1,d_2,d_3)=(4,4,3)$，而 VN 度分布为$(q_1,q_2,q_3,q_4,q_5,q_6)=(3,2,2,2,1,1)$。

图 8.14 给出了相应的因子图结构。对比图 8.13 可知，PDMA 因子图的 FN 度与 VN 度各不相同，而 SCMA 因子图的 FN 度与 VN 度都相同，这是 PDMA 与 SCMA 的显著不同点。

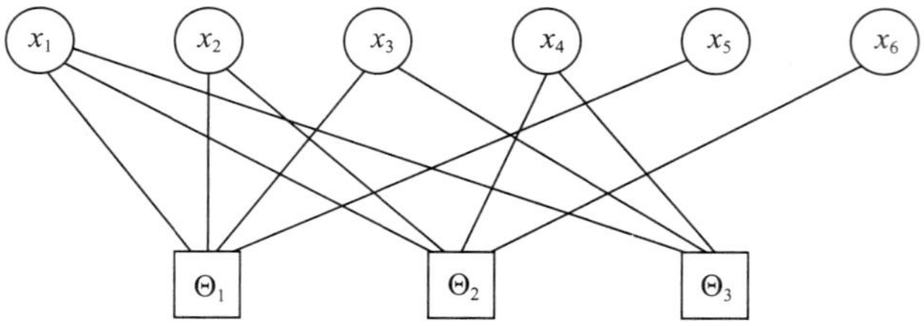

图 8.14 (6,3)PDMA 因子图示例

2. MPA 算法

给定接收信号 $\boldsymbol{y}$ 及各用户的信道增益 $\boldsymbol{h}=(\boldsymbol{h}_1,\boldsymbol{h}_2,\cdots,\boldsymbol{h}_V)$，MPA 检测器送出比特对数似然比(LLR)信息至各用户的信道译码器。这种 LLR 信息表示为

$$\Lambda(b_{v,j})=\ln\frac{P(b_{v,j}=0\mid \boldsymbol{y},\boldsymbol{h})}{P(b_{v,j}=1\mid \boldsymbol{y},\boldsymbol{h})} \tag{8.5.5}$$

根据贝叶斯原理，上式可改写为

$$\Lambda(b_{v,j})=\ln\frac{P(\boldsymbol{y}\mid b_{v,j}=0,\boldsymbol{h})}{P(\boldsymbol{y}\mid b_{v,j}=1,\boldsymbol{h})}+\ln\frac{P(b_{v,j}=0\mid \boldsymbol{h})}{P(b_{v,j}=1\mid \boldsymbol{h})}=\Lambda_{\mathrm{e}}(b_{v,j})+\Lambda_{\mathrm{a}}(b_{v,j}) \tag{8.5.6}$$

式中，$b_{v,j}$ 为$\boldsymbol{b}_v$ 中的第 j 个元素；$\Lambda_{\mathrm{e}}(b_{v,j})$为 MPA 检测器提供的外信息；$\Lambda_{\mathrm{a}}(b_{v,j})$为输入 MPA 检测器的先验信息。初始时，$\Lambda_{\mathrm{a}}(b_{v,j})=0$。

理论上，可通过遍历搜索所有可能的用户信号组合，计算相应的对数似然概率，得到$\Lambda_{\mathrm{e}}(b_{v,j})$的精确值。但此过程具有指数复杂度 $O(M^V)$，无法实用化。然而，利用因子图的系数结构特性，通过 MPA 算法，可以较低复杂度获得近似解。

令 $V_f\backslash v$ 表示集合 V_f 除去 v，$F_v\backslash f$ 表示 F_v 除去 f。定义如下与第 i 轮 MPA 迭代相关的参数。

① $\Xi(\boldsymbol{x}_v)$：第 v 个用户的码字$\boldsymbol{x}_v\in X_v$ 所对应的对数先验概率，需要根据先验比特似然比信息 $\Lambda_{\mathrm{a}}(b_{v,j})$经如下公式计算得出

$$\Xi(\boldsymbol{x}_v)=\sum_{j=1}^{J}\left[(1-\boldsymbol{x}_v^{(j)})\Lambda_{\mathrm{a}}(b_{v,j})-\ln(1+\mathrm{e}^{\Lambda_{\mathrm{a}}(b_{v,j})})\right] \tag{8.5.7}$$

② $\Gamma_{v\to f}^{(i)}(\boldsymbol{x}_v)$：表示从第 v 个 VN 传递到第 f 个 FN 的码字$\boldsymbol{x}_v$ 相应的对数似然概率。

③ $\Gamma_{f\to v}^{(i)}(\boldsymbol{x}_v)$：表示从第 f 个 FN 传递到第 v 个 VN 的码字$\boldsymbol{x}_v$ 相应的对数似然概率。

由此，MPA 多用户检测算法流程描述如下。

Stage1. 初始化过程

① 令 $i=1$，设置 MPA 算法的最大迭代次数为 $\Omega_{\max}$。

② 计算对数域条件似然概率

$$\Theta_f(\boldsymbol{x})=-\frac{1}{N_0}\left\| y_f-\sum_{v\in V_f}h_{v,f}x_{v,f}\right\|^2 \tag{8.5.8}$$

式中，$\boldsymbol{x}=\{\boldsymbol{x}_v\},v\in V_f$。

③ 对任意 v 及 $f\in F_v$，初始化 $\Gamma_{v\to f}^{(0)}(\boldsymbol{x}_v)=\Xi(\boldsymbol{x}_v)$。

Stage2. 迭代消息传递

① FN 消息更新：对任意 $1\leqslant f\leqslant F$ 即 $v\in V_f$，计算

$$\Gamma_{f\to v}^{(i)}(\boldsymbol{x}_v)=\max_{x_u:u\in V_f\backslash v}{}^{*}\left\{\Theta_f(\boldsymbol{x})+\sum_{u\in V_f\backslash v}\Gamma_{u\to f}^{(i-1)}(\boldsymbol{x}_u)\right\} \tag{8.5.9}$$

式中，$\max^{*}\{a_1,\cdots,a_n\}=\ln\left(\sum_{l=1}^{n}\mathrm{e}^{a_l}\right)$。接着，对每一个 $\Gamma_{f\to v}^{(i)}(\boldsymbol{x}_v)$ 执行如下归一化操作：

$$\Gamma_{f\to v}^{(i)}(\boldsymbol{x}_v)=\Gamma_{f\to v}^{(i)}(\boldsymbol{x}_v)-\max_{\boldsymbol{x}_v\in X_v}{}^{*}\{\Gamma_{f\to v}^{(i)}(\boldsymbol{x}_v)\} \tag{8.5.10}$$

② VN 消息更新：对任意 $1\leqslant v\leqslant V$ 及 $f\in F_v$，计算

$$\Gamma_{v\to f}^{(i)}(\boldsymbol{x}_v)=\Xi(x_v)+\sum_{l\in F_v\backslash f}\Gamma_{l\to v}^{(i)}(\boldsymbol{x}_v) \tag{8.5.11}$$

接着，对每一个 $\Gamma_{v\to f}^{(i)}(\boldsymbol{x}_v)$ 执行如下归一化操作：

$$\Gamma_{v\to f}^{(i)}(\boldsymbol{x}_v)=\Gamma_{v\to f}^{(i)}(\boldsymbol{x}_v)-\max_{\boldsymbol{x}_v\in X_v}{}^{*}\{\Gamma_{v\to f}^{(i)}(\boldsymbol{x}_v)\} \tag{8.5.12}$$

③ 更新 $i=i+1$；若 $i>\Omega_{\max}$，转到 Stage3；否则，转到 Stage2。

Stage3. 外信息输出

在完成 Stage2 的迭代消息传递后，多用户检测器的外信息输出为

$$\Lambda_{\mathrm{e}}(b_{v,j})=\max_{\boldsymbol{x}_v:\boldsymbol{x}_v^{(j)}=0}{}^{*}\{\Gamma_v(\boldsymbol{x}_v)\}-\max_{\boldsymbol{x}_v:\boldsymbol{x}_v^{(j)}=1}{}^{*}\{\Gamma_v(\boldsymbol{x}_v)\}-\Lambda_{\mathrm{a}}(b_{v,j})$$

式中，$\Gamma_v(\boldsymbol{x}_v)$ 是比特对数似然概率，表示为

$$\Gamma_v(\boldsymbol{x}_v)=\sum_{l\in F_v}\Gamma_{l\to v}^{(\Omega_{\max})}(\boldsymbol{x}_v)+\Xi(\boldsymbol{x}_v) \tag{8.5.13}$$

在上述标准 MPA 算法中，复杂度主要取决于 FN 的更新过程。假设 FN 度为 d_f，则 FN 更新计算复杂度为 $O(M^{d_f})$。由于码本具有稀疏性，即 $d_f\ll V$，因此 MPA 算法的复杂度远低于最大后验概率穷搜的复杂度 $O(M^V)$。

8.5.3 译码辅助多用户检测

采用信道编码的 NOMA 系统结构如图 8.15 所示。在发送端，每个用户的数据分别进行信道编码、交织、星座调制与多用户码本映射，然后送入多址接入信道。在接收端，接收信号首先在多用户因子图上进行软入软出检测，产生每一路用户数据的软信息，然后送入软解调单元，得到比特似然比信息，最后送入各个用户的信道译码器进行纠错。

这种框架下，多用户检测器与信道译码器可以构成消息传递的联合因子图。消息传递调度机制分为两种：并行传递与串行传递。

对于 Turbo/LDPC 编码 NOMA 结构（TC/LC-NOMA），一般采用并行传递，多用户检测器执行 MPA 算法，并行输出所有用户的 LLR 信息 $\Lambda_{\mathrm{e}}(b_{v,j})$，送入每个用户的信道译码器，经过 Log-MAP/BP 译码迭代，产生比特先验信息 $\Lambda_{\mathrm{a}}(b_{v,j})$ 后，反馈回多用户检测器，上述处理称为一次外迭代或大迭代。经过多次迭代，在多用户检测器与信道译码器之间传递外信息 $\Lambda_{\mathrm{e}}(b_{v,j})$ 与先验信息 $\Lambda_{\mathrm{a}}(b_{v,j})$，可以有效提升系统的可靠性与吞吐率。

另一种是串行传递，主要应用于 Polar 编码 NOMA（PC-NOMA）结构。多用户检测算法按照一定的顺序输出某个用户的软信息，经过软解调，得到外信息 $\Lambda_{\mathrm{e}}(b_{v,j})$，然后解交织与极化译码后，将判决结果 $\hat{b}_{v,j}$ 反馈到多用户检测单元，进行干扰抵消后，再对下一个用户继续进行检测、解调与译码。串行检测中，用户检测顺序是影响 PC-NOMA 性能的关键配置。PC-NOMA 系统

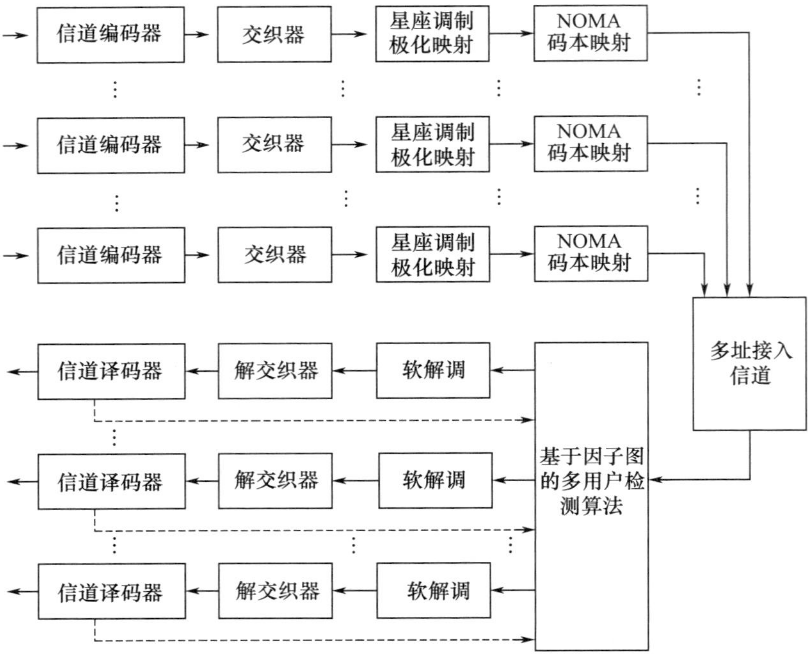

图 8.15　信道编码的 NOMA 系统结构

将 NOMA 的多用户码本映射过程看作是广义的极化变换，采用极化编码调制进行充分匹配，从而获得系统的整体优化。这种方法称为极化信息处理[8.21,8.22]，由于采用串行抵消结构，避免了迭代处理，进一步降低了处理时延，这是满足 5G/6G 低时延短码传输要求的重要候选技术。

为了考察不同编码方式的 NOMA 系统性能，我们仿真了 PC-SCMA、PC-PDMA、TC-SCMA 与 TC-PDMA 系统的性能。每个用户的极化码或 Turbo 码长 $N=1024$，所有用户的平均码率 $R=1/2$。极化码采用 CA-SCL 译码算法，Turbo 码采用 Log-MAP 译码算法。

SCMA 与 PDMA 码本矩阵定义为

$$\boldsymbol{F}_{\text{SCMA}}^{4\times 6}=\begin{bmatrix}0 & 1 & 1 & 0 & 1 & 0\\1 & 0 & 1 & 0 & 0 & 1\\0 & 1 & 0 & 1 & 0 & 1\\1 & 0 & 0 & 1 & 1 & 0\end{bmatrix} \tag{8.5.14}$$

$$\boldsymbol{F}_{\text{PDMA}}^{2\times 3}=\begin{bmatrix}1 & 1 & 0\\1 & 0 & 1\end{bmatrix},\quad \boldsymbol{F}_{\text{PDMA}}^{3\times 6}=\begin{bmatrix}1 & 1 & 1 & 0 & 1 & 0\\1 & 1 & 0 & 1 & 0 & 1\\1 & 0 & 1 & 1 & 0 & 0\end{bmatrix} \tag{8.5.15}$$

$$\boldsymbol{F}_{\text{PDMA}}^{4\times 6}=\begin{bmatrix}1 & 1 & 1 & 1 & 0 & 0\\1 & 1 & 1 & 0 & 1 & 0\\1 & 1 & 0 & 1 & 0 & 1\\1 & 0 & 0 & 0 & 1 & 1\end{bmatrix} \tag{8.5.16}$$

$$F_{\mathrm{PDMA}}^{4\times12}=\begin{bmatrix}1&0&1&1&1&0&0&0&1&0&0&0\\0&1&1&0&0&1&1&0&0&1&0&0\\1&1&0&1&0&1&0&1&0&0&1&0\\1&1&0&0&1&0&1&1&0&0&0&1\end{bmatrix}\tag{8.5.17}$$

其中，SCMA 码本对应的负载为 150%，PDMA 码本相应的负载分别为 150%、200%、300%。

图 8.16 给出了 ITU UMA-NLOS 信道下，过载率为 300%，外迭代 3 次与无外迭代的接收机性能对比。由图可知，采用外迭代能显著增强系统的可靠性。主要是因为当内迭代收敛时，外迭代的 Turbo 译码器输出的外信息更加准确，能进一步提高接收机的性能，并且达到一定迭代次数时性能基本收敛。

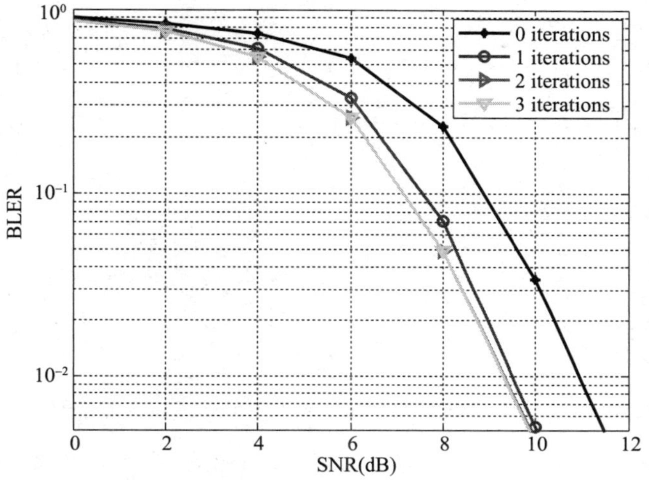

图 8.16　不同外迭代次数下的系统性能

图 8.17 给出了不同过载率条件下 PDMA 与 LTE OMA 的性能对比。在 BLER=1%的目标 SNR 点上，PDMA 相对于正交方式有 2～3dB 的性能增益；针对 150%、200%和 300%的过载率，PDMA 相对于 OMA 可以提供 50%、100%和 200%的吞吐率。

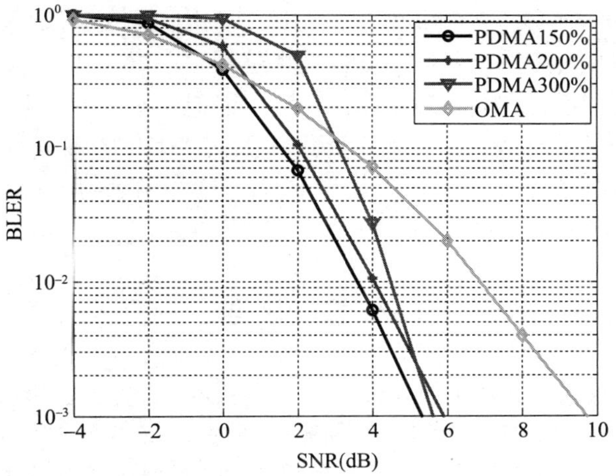

图 8.17　在不同过载率条件下 PDMA 和 LTE OMA 的性能对比

图 8.18 给出了 AWGN 信道下 4 种配置的 BLER 性能比较。由图可知，无论是采用 PDMA 还是 SCMA 码本，极化编码系统都比 Turbo 编码系统有显著的性能增益。例如，采用 3×6 PDMA码本，当 BLER=10^{-4} 时，PC-PDMA 相比于 TC-PDMA 可以获得 3dB 的性能增益。并且，TC-SCMA 或 TC-PDMA 都出现了明显的错误平台现象，而 PC-SCMA 或 PC-PDMA 都没有这一现象。

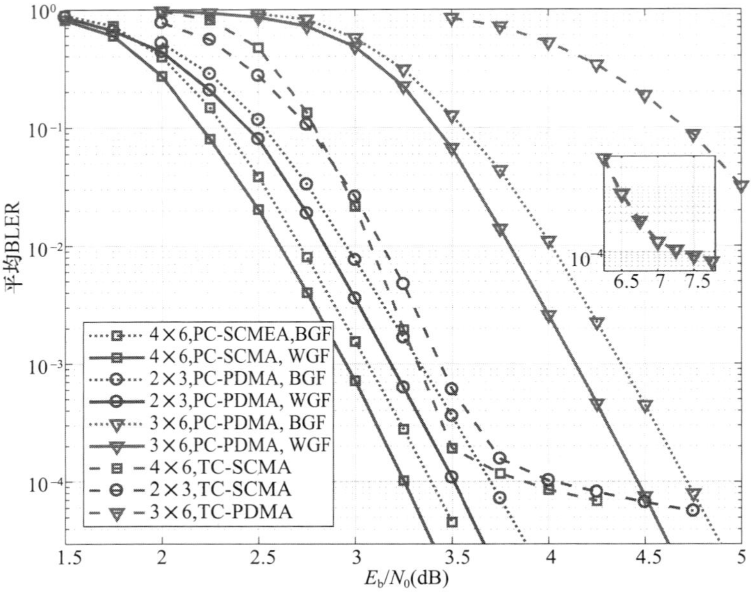

图 8.18 AWGN 信道下 4 种配置的 BLER 性能比较

在串行检测中，用户检测顺序对于系统性能有直接影响。如前所述，传统观点认为，SIC 检测的最优检测顺序是按照信号强度从大到小进行，称为强者优先准则（Best-Goes-First，BGF），即首先检测信号最强的用户，然后检测次强用户，以此类推。但依据文献[8.23]的分析，BGF 只是不考虑信道编码、单独进行多用户检测时的最优顺序。

对于 PC-NOMA 系统，考虑到用户/信号/编码三级极化，则 BGF 并不是最优检测顺序，相反的顺序即基于最差优先准则（Worst-Goes-First，WGF），性能反而更好。对于 WGF 顺序，首先检测最差用户信号，进行解调与译码，然后检测第二差用户并进行解调与译码，以此类推。表面上看，这样的检测不符合多用户从强到弱的检测过程。但 PC-NOMA 是整体极化，最差用户的极化码有更多冻结位辅助译码，从系统优化观点来看，这样的检测顺序才是最佳的。

进一步可以观察到，PC-SCMA/PDMA 采用 BGF 与 WGF 两种多用户检测顺序也存在性能差异。在不同码本与负载条件下，WGF 都优于 BFG。这一结果符合前述分析，WGF 更匹配整体极化结构，因此相比 BGF，能够进一步提升系统性能。

本章小结

前面介绍了最优多用户检测器、线性检测器和干扰抵消检测器。除上述几类检测器外，还有下列几类非线性检测器，包括序列检测器、分组检测器及基于神经网络的检测器等。这些非线性检测器，大都采用非线性的方法逼近最大似然函数，其性能都比较好。但是由于其实现复杂性比较高、收敛速度慢并缺少有效的理论分析手段与方法，其研究与应用前景都不如线性检测器和干扰抵消检测器。

目前多用户检测已发展到突破单纯克服多址干扰的专一优化格式，而逐步走向与其他各类技术组合起来实现联合优化，引起人们广泛的注意与重视。这些联合优化技术主要包含：空、时二维信号处理技术、多用户检测与信道编码的结合、多用户检测器与多载波技术相结合。基于消息传递的迭代多用户检测也是一个重要的研究方向，针对 CDMA 系统的 Turbo 码多用户检测，学者们提出了多种检测手段[8.1～8.2,8.6～8.7,8.10～8.11]，针对 NOMA 系统的 MPA 检测，也提出了多种方案[8.16～8.22]。这些算法的实现复杂度较低，大部分在 $O(K^2)\sim O(K^3)$，而其性能却能逼近最大似然检测，因此具有较高的实用价值，是未来 5G/6G 的重要技术。

参 考 文 献

[8.1] P. D. Alexander, M. C. Reed, et al. Iterative multiuser interference reduction: Turbo CDMA. IEEE Trans. Commun., Vol. 47, No. 7, pp. 1008-1014, July 1999.

[8.2] A. A. Alrustamani, A. D. Damnjanovic and B. R. Vojcic. Turbo greedy multiuser detection. IEEE J. Select. Areas Commun. Vol. 19, No. 8, pp. 1638-1645, Aug. 2001.

[8.3] J. Boutros and G. Caire. Iterative multiuser joint decoding: unified framework and asymptotic analysis. IEEE Trans. Inform. Theory, Vol. 48 No. 7, pp. 1772-1793, July 2002.

[8.4] D. Divsalar, M. Simon and D. Raphaeli. Improved parallel interference cancellation for CDMA. IEEE Trans. Commun., Vol. 46, pp. 258-268, Feb. 1998.

[8.5] A. Duel-Hallen, J. Holtzman and Z. Zvonar. Multiuser detection for CDMA systems. IEEE Person. Commun., Vol. 2, No. 2, pp. 46-58, Apr. 1995.

[8.6] H. El Gamal and E. Geraniotis. Iterative multiuser detection for coded CDMA signals in AWGN and fading channels. IEEE J. Select. Areas Commun., Vol. 18, No. 1, pp. 30-41, Jan. 2000.

[8.7] B. Lu and X. Wang. Iterativereceivers for multiuser space-time coding systems. IEEE J. Select. Areas Commun., Vol. 18, No. 11, pp. 2322-2335, Nov. 2000.

[8.8] R. Lupas and S. Verdú. Linear multiuser detectors for synchronous code-division multiple-access channels. IEEE Trans. Inform. Theory, Vol. 35, pp. 123-136, Jan. 1989.

[8.9] R. Lupas and S. Verdú. Near-far resistance of multiuser detectors in asynchronous channels. IEEE Trans. Commun., Vol. 38, pp. 496-508, Apr. 1990.

[8.10] M. Moher. An iterative multiuser decoder for near-capacity communications. IEEE Trans. Commun. Vol. 46, No. 7, pp. 870-880, July 1998.

[8.11] M. Moher and P. Guinand. An iterative algorithm for asynchronous coded multiuser detection. IEEE Commun. Letters, Vol. 2, No. 8, pp. 229-231, Aug. 1998.

[8.12] S. Moshavi. Multi-User Detection for DS-CDMA Communications. IEEE Communications Magazine, Vol. 34, pp. 124-136, Oct. 1996.

[8.13] M. K. Varanasi and B. Aazhang. Multistage detection in asynchronous code-division multiple-access communications. IEEE Trans. Commun., Vol. 38, pp. 509-519, Apr. 1990.

[8.14] S. Verdú. Multiuser Detection. Cambridge, U. K., Cambridge University Press, 1998.

[8.15] S. Verdú. Minimum Probability of Error for Asynchronous Gaussian Multiple-Access Channels. IEEE Trans. Inform. Theory, Vol. IT-32, pp. 85-96, Jan. 1986.

[8.16] 任斌．面向 5G 的图样分割非正交多址接入(PDMA)关键技术研究．北京邮电大学博士论文，2017.

[8.17] 戴金晟．基于广义极化变换的多流信号传输理论与方案研究．北京邮电大学博士论文，2019.

[8.18] Z. Ding, X. Lei, G. K. Karagiannidis, et al. A survey on non-orthogonal multiple access for 5G networks: Research challenges and future trends. IEEE Journal of Selected Areas in Communications, Vol. 35, No. 10, pp. 2181-2195, 2017.

[8.19] H. Nikopour, H. Baligh. Sparse Code Multiple Access. IEEE International Symposium on Personal Indoor & Mobile Radio Communications. pp. 332-336, 2013.

[8.20] S. Chen, B. Ren, Q. Gao, et al. Pattern Division Multiple Access (PDMA) A Novel Non-orthogonal Multi-

ple Access for 5G Radio Networks. IEEE Transactions on Vehicular Technology, Vol. 66, No. 4, pp. 3185-3196, 2017.
[8.21] 牛凯．太极混一——极化码原理及 5G 应用．中兴通讯技术, 25(1): 19-28, 2019.
[8.22] 牛凯, 戴金晟, 朴瑨楠．面向 6G 的极化码与极化信息处理．通信学报, 41(5): 9-17, 2020.
[8.23] J C. Dai, K. Niu, et al. Polar-Coded Non-Orthogonal Multiple Access. IEEE Transactions on Signal Processing, Vol. 66, No. 5, pp. 1374-1389, 2018.

习　　题

8.1　一个同步 CDMA 系统有 K 个用户，扩频码长为 N。

(1) 证明互相关系数的平方和满足下列下界关系：

$$\sum_{i=1}^{K}\sum_{j=1}^{K}\rho_{ij}^2 \geqslant \frac{K^2}{N}$$

(2) 假设互相关的绝对值满足 $|\rho_{\max}| \leqslant \frac{1}{\sqrt{N}}$，则推导该同步 CDMA 系统用户数目的上界。

8.2　定义扩频序列波形 $s_1(t)$ 和 $s_2(t)$ 的均方互相关为 $\frac{1}{T}\int_0^T(\rho_{12}^2(\tau)+\rho_{21}^2(\tau))\mathrm{d}\tau$，求下列两种情况下的均方互相关函数。

(1) $s_1(t)=s_2(t)=\frac{1}{\sqrt{T}}$。

(2) $s_1(t)$ 和 $s_2(t)$ 的波形如图 8.19 所示。

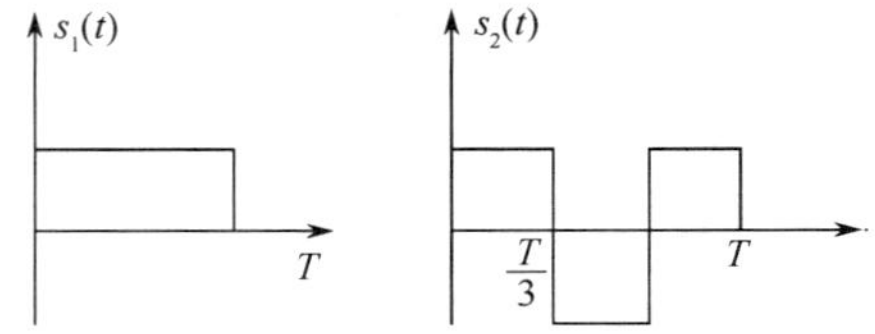

图 8.19　扩频序列波形

8.3　给出多径条件下同步 CDMA 系统的信号模型的详细公式。

8.4　给出多径条件下异步 CDMA 系统的信号模型的详细公式。

8.5　令 $\hat{\boldsymbol{b}}$ 表示最大化度量 $\Omega(\boldsymbol{b})=2\,\boldsymbol{b}^{\mathrm{T}}\boldsymbol{A}\boldsymbol{y}-\boldsymbol{b}^{\mathrm{T}}\boldsymbol{H}\boldsymbol{b}$ 的向量集合 $\{-1,+1\}^K$，证明：

$$\hat{b}_k = \operatorname{sgn}\left(y_k - \sum_{j\neq k}\hat{b}_j A_j \rho_{jk}\right)$$

8.6　令 $\hat{b}_1\in\{-1,+1\}$ 和 $\hat{b}_2\in\{-1,+1\}$ 表示最大化度量函数 $A_1y_1b_1+A_2y_2b_2-A_1A_2\rho b_1b_2$，证明 $\hat{b}_1$ 和 $\hat{b}_2$ 满足：

(1) 如果 $\min\{A_1|y_1|, A_2|y_2|\}\geqslant A_1A_2|\rho|$，则 $\hat{b}_1=\operatorname{sgn}(y_1)$，$\hat{b}_2=\operatorname{sgn}(y_2)$，否则 $\hat{b}_1=\operatorname{sgn}(A_1y_1-\operatorname{sgn}(\rho)A_2y_2)$，$\hat{b}_2=\operatorname{sgn}(A_2y_2-\operatorname{sgn}(\rho)A_1y_1)$。

(2) $\hat{b}_1=\operatorname{sgn}\left(A_1y_1+\frac{1}{2}|A_2y_2-A_1A_2\rho|-\frac{1}{2}|A_2y_2+A_1A_2\rho|\right)$，$\hat{b}_2=\operatorname{sgn}\left(A_2y_2+\frac{1}{2}|A_1y_1-A_1A_2\rho|-\frac{1}{2}|A_1y_1+A_1A_2\rho|\right)$。

8.7　假设 $(z_1,z_2,\cdots,z_K)$ 表示由序列 $(s_1,s_2,\cdots,s_K)$ 经过 Gram-Schmidt 正交化过程得到的序列，即 $\begin{cases} z_1 = s_1 \\ \vdots \\ z_K = s_K - \sum\limits_{j=1}^{K-1}\frac{\langle s_K, z_j\rangle}{\|z_j\|^2}z_j \end{cases}$，证明：$z_K$ 是第 K 个用户的解相关变换。

8.8　假设归一化互相关矩阵 $\boldsymbol{R}$ 可逆，令 $\boldsymbol{M}=\boldsymbol{R}-\boldsymbol{I}$，则该矩阵是对角线元素为 0 的对称矩阵。定义矩阵的谱半径为模值最大的矩阵特征值。

(1) 证明矩阵 $\boldsymbol{M}$ 的特征值严格大于 -1。

(2) 给出一个谱半径大于 2 的互相关矩阵 $\boldsymbol{R}$ 的例子。

(3) 若 $\boldsymbol{R}$ 的谱半径严格小于 2，则 $\lim\limits_{n\to\infty}\boldsymbol{M}^n=0$。

(4) 根据(3)的假设，验证：$\boldsymbol{R}^{-1}=\boldsymbol{I}-\boldsymbol{M}+\boldsymbol{M}^2-\boldsymbol{M}^3+\boldsymbol{M}^4-\boldsymbol{M}^5+\cdots$。

8.9　(1)假设 $\lambda_{\max}$ 表示互相关矩阵 $\boldsymbol{R}$ 的最大特征值，且 $0<\alpha<\dfrac{1}{\lambda_{\max}}$，证明：$\boldsymbol{R}^{-1}=\alpha\sum\limits_{j=0}^{\infty}(\boldsymbol{I}-\alpha\boldsymbol{R})^j$。

(2) 假设矩阵 $\boldsymbol{R}^{-1}$ 由上式前两项近似，求解 α 值，使误差矩阵的迹最小。

8.10　考虑 3 用户等功率同步 CDMA 系统。

(1) 求解相关矩阵 $\boldsymbol{R}$，满足 $\dfrac{\left|\left[\left(\boldsymbol{R}+\dfrac{\sigma^2}{A^2}\boldsymbol{I}\right)^{-1}\boldsymbol{R}\right]_{13}\right|}{\left[\left(\boldsymbol{R}+\dfrac{\sigma^2}{A^2}\boldsymbol{I}\right)^{-1}\boldsymbol{R}\right]_{11}}>|\rho_{13}|$，此公式表明，与单用户匹配滤波器相比，用户 1 的 MMSE 变换实际上增大了特定用户造成的干扰。

(2) 根据(1)求出的相关矩阵，验证：

$$\frac{\left[\left(\boldsymbol{R}+\dfrac{\sigma^2}{A^2}\boldsymbol{I}\right)^{-1}\boldsymbol{R}\right]_{12}^2}{\left[\left(\boldsymbol{R}+\dfrac{\sigma^2}{A^2}\boldsymbol{I}\right)^{-1}\boldsymbol{R}\right]_{11}^2}+\frac{\left[\left(\boldsymbol{R}+\dfrac{\sigma^2}{A^2}\boldsymbol{I}\right)^{-1}\boldsymbol{R}\right]_{13}^2}{\left[\left(\boldsymbol{R}+\dfrac{\sigma^2}{A^2}\boldsymbol{I}\right)^{-1}\boldsymbol{R}\right]_{11}^2}<\rho_{12}^2+\rho_{13}^2$$

第 9 章　多载波传输技术

多媒体和计算机通信在现代信息社会中起着不可忽视的重要作用，数据业务的快速发展要求无线通信技术支持越来越高的数据速率。本章将主要介绍无线通信中传送高速率、宽频带的多媒体业务的关键技术——多载波传输技术，包括正交频分复用(OFDM)技术和非正交多载波技术。

随着数据速率的不断提高，高速数据通信系统的性能不仅仅受噪声限制，更主要的影响来自无线信道时延扩展特性导致的码间干扰。这种码间干扰主要是由于发射机和接收机之间存在多条时延不同的无线传播路径造成的。多径效应造成接收机收到的信号是多个时延、幅度和相位各不相同的发送信号的叠加，从而导致错误发生。

一般而言，只要时延扩展远远小于发送符号的周期，则码间干扰造成的影响几乎可以忽略。换言之，系统的通信能力实际上受制于信道的传播特性。对于高速数据业务，发送符号的周期可以与时延扩展相比拟，甚至小于时延扩展，此时将引入严重的码间干扰，导致系统性能的急剧下降。

为了实现高速数据业务，必须采取措施对抗码间干扰。信道均衡是经典的抗码间干扰技术，第 7 章已经介绍了均衡技术的基本内容。在许多移动通信系统中都采用均衡技术来消除码间干扰。

但是如果数据速率非常高，采用单载波传输数据，往往要设计几十甚至上百个抽头的均衡器，这简直是硬件设计的噩梦。既要对抗码间干扰，又要采用低复杂度且高效的手段传输高速业务数据，我们可以选择另一种关键技术——OFDM。与单载波均衡抵消码间干扰的思路不同，OFDM 采用一组正交子载波多路并行传输业务数据。因此，系统的总吞吐率是所有并行子通道数据吞吐率之和，这样每个子信道的吞吐率只是传统单载波系统吞吐率的几十分之一。由此 OFDM 系统既可以维持发送符号周期远远大于多径时延，又能够支持高速的数据业务，并且不需要复杂的信道均衡。

20 世纪 90 年代以来，由于 OFDM 具有一系列的优点，被广泛应用于以下众多宽带数据通信系统中，如数字音频广播(DAB)、数字视频广播(DVB)及 HDTV 地面传输等，还有高速数字用户线(HDSL，1.6Mbps)、非对称数字用户线(ADSL，6Mbps)及甚高速数字用户线(VDSL，100Mbps)等用户数据接入系统。在无线通信系统中的应用包括：无线局域网标准 WLAN[9.26]——IEEE802.11a/b/g/n，WMAN[9.27]标准——802.16d/e/m，3GPP 标准化组织推出的 LTE 标准及 3GPP2 推出的 UMB 标准。未来的 5G/6G 移动通信，有可能采用新一代的非正交多载波传输。

本章首先详细介绍 OFDM 技术的基本原理，然后讨论 OFDM 技术中的信道估计技术和同步技术，阐述 OFDM 抑制峰平比(PAPR)技术的设计思想，最后简述非正交多载波传输的基本原理。

9.1　OFDM 基本原理

OFDM 的基本原理是将高速的数据流分解为多路并行的低速数据流，在多个载波上同时进行传输。对于低速并行的子载波而言，由于符号周期展宽，多径效应造成的时延扩展相对变小。当每个 OFDM 符号中插入一定的保护时间后，码间干扰几乎就可以忽略。

在 OFDM 系统设计中，有几个关键参数需要考虑，如子载波的数目、保护时间、符号周期、载波间隔、每个载波的调制方式及前向纠错编码的选择。这些参数的选择要依据系统的应用与传播环境要求，如有效系统带宽、所支持的业务速率、能够容忍的多径时延及多普勒频移等。一些要求是相互矛盾的。例如为了容忍较高的时延扩展，则子载波数目需要增多，但这将使得系统对于多普勒效应更加敏感，反之亦然。

9.1.1 OFDM 信号的生成

一个 OFDM 符号由一组承载了 PSK 或 QAM 调制信号的子载波叠加构成，其通带信号可以表示为

$$s(t)=\mathrm{Re}\left\{\sum_{i=-\frac{N}{2}}^{\frac{N}{2}-1} d_{i+\frac{N}{2}}\exp\left[\mathrm{j}2\pi\left(f_{\mathrm{c}}-\frac{i+0.5}{T}\right)t\right]\right\},\quad t\in[0,T] \tag{9.1.1}$$

式中，d_i 表示第 i 路的基带复数据信号；N 是子载波数目；T 表示符号周期；f_{c} 是载波中心频率。

理论分析中，采用基带表示更方便。OFDM 信号的基带形式为

$$x(t)=\sum_{i=-\frac{N}{2}}^{\frac{N}{2}-1} d_{i+\frac{N}{2}}\exp\left(\mathrm{j}2\pi\frac{i}{T}t\right)=\boldsymbol{d}\boldsymbol{w}^{\mathrm{T}},\quad t\in[0,T] \tag{9.1.2}$$

式中，$\boldsymbol{d}=(d_0,d_1,\cdots,d_{N-1})$表示并行发送信号向量；$\boldsymbol{w}=[\mathrm{e}^{-\mathrm{j}\frac{\pi N}{T}t},\mathrm{e}^{-\mathrm{j}\frac{\pi(N-2)}{T}t},\cdots,\mathrm{e}^{\mathrm{j}\frac{\pi(N-2)}{T}t}]$表示子载波调制向量，它是标准正交向量，即满足关系 $\boldsymbol{w}\boldsymbol{w}^{\mathrm{H}}=1$。上式中信号的实部与虚部分别对应同相分量和正交分量。

由于子载波的正交特性，可以采用一路子载波信号进行解调，从而提取出这一路的数据。例如，对第 k 路子载波进行解调，得

$$\begin{aligned}\int_{\tau}^{\tau+T}\exp\left(-\mathrm{j}2\pi\frac{k}{T}t\right)\left[\sum_{i=-\frac{N}{2}}^{\frac{N}{2}-1} d_{i+\frac{N}{2}}\exp\left(\mathrm{j}2\pi\frac{i}{T}t\right)\right]\mathrm{d}t &= \sum_{i=-\frac{N}{2}}^{\frac{N}{2}-1} d_{i+\frac{N}{2}}\int_{\tau}^{\tau+T}\exp\left(\mathrm{j}2\pi\frac{i-k}{T}t\right)\mathrm{d}t\\ &= \sum_{i=-\frac{N}{2}}^{\frac{N}{2}-1} d_{i+\frac{N}{2}}\int_{0}^{T}\exp\left(\mathrm{j}2\pi\frac{i-k}{T}t\right)\mathrm{d}t = d_{k+\frac{N}{2}}T\end{aligned} \tag{9.1.3}$$

上述积分利用了复正弦信号的周期积分特性。

图 9.1 给出了子载波数目 $N=4$ 时，承载的数据为 $\boldsymbol{d}=(1,1,1,1)$，4 个载波独立的波形和叠加后的信号，即对应的 OFDM 符号时域波形。由图可知，虽然 4 个子载波的幅度范围恒为$[-1,1]$，叠加之后的 OFDM 符号的幅度范围却变化很大，这也就是 OFDM 系统具有的高峰率比现象。

根据前面的论述可知，由于 OFDM 子载波之间满足正交性，因此可以采用离散傅里叶变换(DFT)表示信号。直接进行 IDFT/DFT 变换，算法复杂度为 $O(N^2)$，计算量非常大，但如果采用 IFFT/FFT 来实现，则算法复杂度降低为 $O(N/2\log_2(N))$（基 2 算法），极大降低了 OFDM 系统的实现难度。

假设每个子载波发送的是矩形信号，即信号波形限制在$[0,T]$范围内，则每个子载波的信号

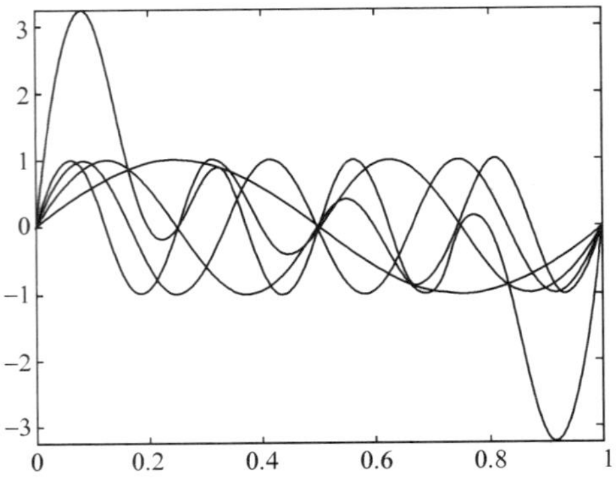

图 9.1　4 个子载波的 OFDM 符号时域波形示例

频谱为抽样函数。假设数据向量为全 1 向量，则单个子载波的频谱和由 9 个子载波构成的 OFDM 符号的频谱如图 9.2 所示。由这一示例可知，OFDM 系统满足 Nyquist 无码间干扰准则。但此时的符号成形不像通常的系统，不是在时域进行脉冲成形，而是在频域实现的。因此，根据时频对偶关系，通常系统中的码间干扰(ISI)变成了 OFDM 系统中的子载波间干扰(ICI)。为了消除 ICI，要求 OFDM 系统在频域采样点无失真。

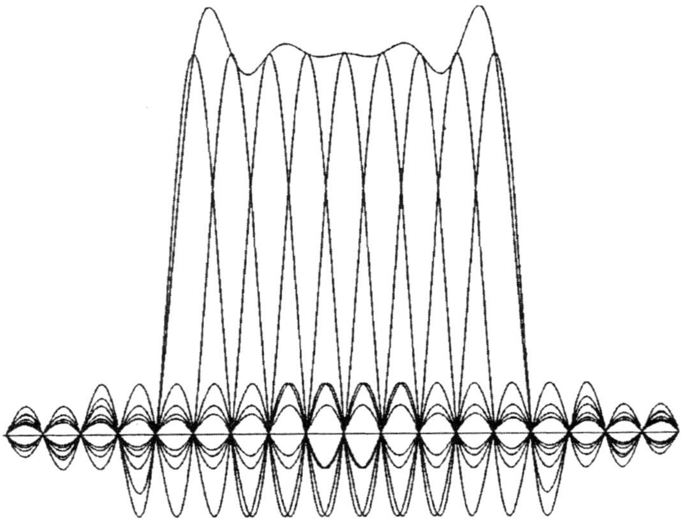

图 9.2　OFDM 符号的频谱

9.1.2　保护时间和循环前缀

为了描述 OFDM 信号模型，首先引入多径衰落信道

$$h(t)=\sum_{l=1}^{L}[h_{\mathrm{I}}^{l}(t)+\mathrm{j}h_{\mathrm{Q}}^{l}(t)]\delta(t-\tau_l)=\sum_{l=1}^{L}A_l(t)\mathrm{e}^{\mathrm{j}\theta_l(t)}\delta(t-\tau_l) \tag{9.1.4}$$

式中，τ_l 表示多径时延；L 表示多径数目。则 OFDM 接收机收到的信号为

$$r(t)=x(t)*h(t)+n(t)=\sum_{l=1}^{L}\sum_{i=-\frac{N}{2}}^{\frac{N}{2}-1}d_{i+\frac{N}{2}}A_l(t)\exp\mathrm{j}\left[2\pi\frac{i}{T}(t-\tau_l)+\theta_l(t)\right]+n(t) \tag{9.1.5}$$

式中，$n(t)$是均值为0、方差为σ^2的白高斯随机过程。

如果对第k路子载波进行解调，可得

$$
\begin{aligned}
y(t) &= \int_0^T \exp\left(-\mathrm{j}2\pi\frac{k}{T}t\right)r(t)\mathrm{d}t \\
&= \int_0^T \exp\left(-\mathrm{j}2\pi\frac{k}{T}t\right)\sum_{l=1}^{L}\sum_{i=-\frac{N}{2}}^{\frac{N}{2}-1} d_{i+\frac{N}{2}}A_l(t)\exp\mathrm{j}\left[2\pi\frac{i}{T}(t-\tau_l)+\theta_l(t)\right]\mathrm{d}t + z(t) \\
&= \sum_{l=1}^{L}\sum_{i=-\frac{N}{2}}^{\frac{N}{2}-1} d_{i+\frac{N}{2}}\int_0^T \exp\left(-\mathrm{j}2\pi\frac{k}{T}t\right)A_l(t)\exp\mathrm{j}\left[2\pi\frac{i}{T}(t-\tau_l)+\theta_l(t)\right]\mathrm{d}t + z(t) \\
&= d_{k+\frac{N}{2}}\sum_{l=1}^{L}H_l(t) + \sum_{\substack{i=-\frac{N}{2}\\ i\neq k}}^{\frac{N}{2}-1} d_{i+\frac{N}{2}}H_l^i(t) + z(t)
\end{aligned}
\tag{9.1.6}
$$

式中，$z(t)=\int_0^T \exp\left(-\mathrm{j}2\pi\frac{k}{T}t\right)n(t)\mathrm{d}t$；$H_l(t)=\int_0^T A_l(t)\exp\mathrm{j}\left[\theta_l(t)-2\pi\frac{i}{T}\tau_l\right]\mathrm{d}t$；$H_l^i(t)=\int_0^T A_l(t)\exp\mathrm{j}\left[2\pi\frac{(i-k)}{T}(t-\tau_l)+\theta_l(t)\right]\mathrm{d}t$。

第k个子载波的解调信号中包括有用信号、噪声信号及码间干扰。其中，输出噪声的方差为

$$
\begin{aligned}
E[z(t)z^*(s)] &= E\left[\int_0^T\int_0^T \exp\left(-\mathrm{j}2\pi\frac{k}{T}t\right)\exp\left[\mathrm{j}2\pi\frac{k}{T}(s)\right]n(t)n^*(s)\mathrm{d}t\mathrm{d}s\right] \\
&= \int_0^T\int_0^T \exp\left[\mathrm{j}2\pi\frac{k(s-t)}{T}\right]E[n(t)n^*(s)]\mathrm{d}t\mathrm{d}s = \sigma^2\delta(t-s)
\end{aligned}
\tag{9.1.7}
$$

由于多径效应造成的码间干扰为

$$
I(t) = \sum_{\substack{i=-\frac{N}{2}\\ i\neq k}}^{\frac{N}{2}-1} d_{i+\frac{N}{2}}H_l^i(t) \tag{9.1.8}
$$

为了消除码间干扰，需要在OFDM的每个符号中插入保护时间。只要保护时间大于多径时延扩展，则一个符号的多径分量不会干扰相邻符号。保护时间内可以完全不发送信号。但此时由于多径效应的影响，子载波可能不能保持相互正交，从而引入了子载波间干扰（ICI）。这种效应如图9.3所示。

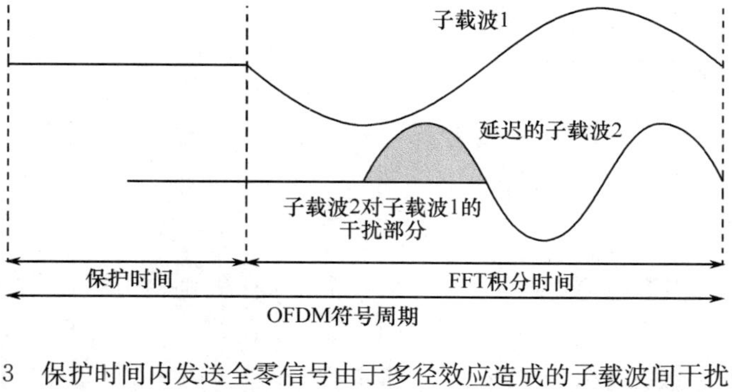

图9.3　保护时间内发送全零信号由于多径效应造成的子载波间干扰（ICI）

如图9.3所示，当OFDM接收机解调子载波1的信号时，会引入子载波2对它的干扰，同理亦然。这主要是由于在FFT积分时间内两个子载波的周期不再是整倍数，从而不能保证正交性。

为了减小 ICI,OFDM 符号可以在保护时间内发送循环扩展信号,称为循环前缀(CP),如图 9.4所示。循环前缀是将 OFDM 符号尾部的信号搬移到头部构成的,这样可以保证有时延的 OFDM 信号在 FFT 积分周期内总是具有整倍数周期。因此只要多径延时小于保护时间,就不会造成载波间干扰。

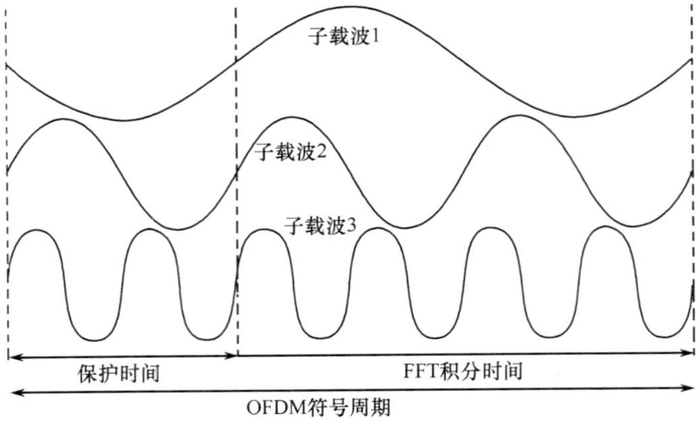

图 9.4　OFDM 符号的循环前缀

图 9.5 给出了多径效应影响 OFDM 的示意图。假设 OFDM 信号经过两径衰落信道,采用 BPSK 调制。图中的保护时间大于多径时延,因此第二条径的相位跳变点正好位于保护时间内,接收机收到的是满足正交性的多载波信号,不会造成性能损失。如果保护时间小于多径时延,则相位跳变点位于积分时间内,则多载波信号不再保持正交性,从而会引入子载波干扰。

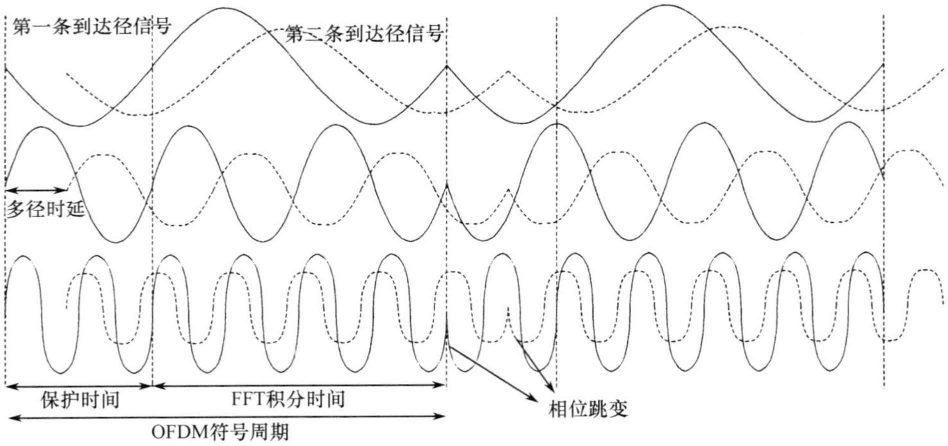

图 9.5　多径效应影响 OFDM 的示意图

9.1.3　加窗技术

前面已经介绍了 OFDM 符号的生成、采用循环前缀消除码间干扰。观察图 9.5 中的 OFDM 信号,可以看到在符号边界有尖锐的相位跳变由此可知 OFDM 的带外衰减是比较慢的。图 9.6 给出了子载波个数为 16、64、256 时未加窗的 OFDM 功率谱。由图可知,随着子载波数目增大,OFDM 信号的带外衰减也增加了。但即使是 256 个子载波情况下,在 3dB 带宽的 4 倍处,带外衰减也不过−40dB。

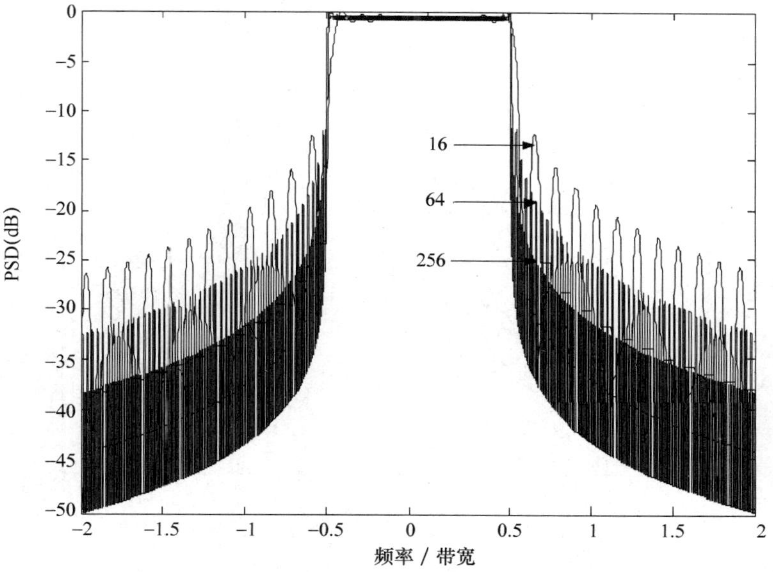

图 9.6　未加窗的 OFDM 功率谱

为了使 OFDM 信号的带外衰减更快，可以采用对单个 OFDM 符号加窗的办法。OFDM 的窗函数可以使信号的幅度在符号边界更平滑地过渡到 0。常用的是升余弦滚降窗函数，定义为

$$w(t)=\begin{cases}\dfrac{1}{2}\left[1+\cos\dfrac{(t-\beta T_s)\pi}{\beta T_s}\right], & 0\leqslant t\leqslant \beta T_s\\ 1.0, & \beta T_s\leqslant t\leqslant T_s\\ \dfrac{1}{2}\left[1+\cos\dfrac{(t-T_s)\pi}{\beta T_s}\right], & T_s\leqslant t\leqslant (1+\beta)T_s\end{cases} \tag{9.1.9}$$

式中，β 为滚降因子；T_s 表示 OFDM 符号周期，由于前后相邻的 OFDM 符号有一部分重叠，因此它比实际的符号持续时间要短。加窗后的 OFDM 信号时序结构如图 9.7 所示，T_G 为保护时间。

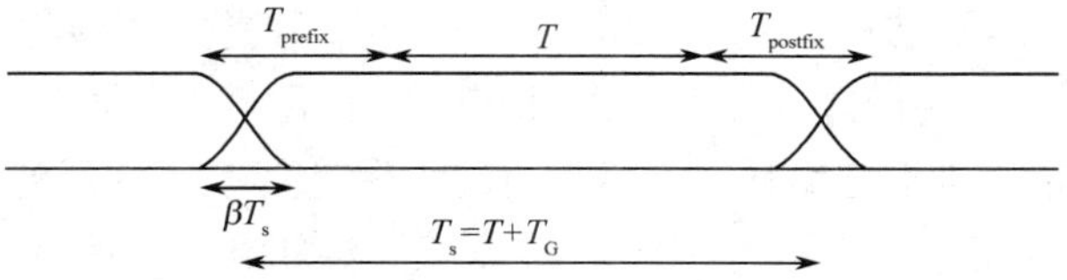

图 9.7　加窗后的 OFDM 信号时序结构

OFDM 加窗的处理过程如下：首先 N_c 个 QAM 符号添 0 得到 N 个符号进行 IFFT 运算，然后将 IFFT 输出的尾部的 T_{prefix} 个样值插入 OFDM 符号的头部，将 OFDM 符号头部的 $T_{postfix}$ 个样值插入 OFDM 符号的尾部。最后乘以升余弦滚降窗函数，与前一个 OFDM 符号 βT_s 区域内的样值叠加，形成最终的信号形式。

图 9.8 给出了 64 个子载波，采用不同滚降因子的归一化 OFDM 功率谱。由图可知，当 $\beta=0.025$ 时，已经能够很好地改善带外衰减。

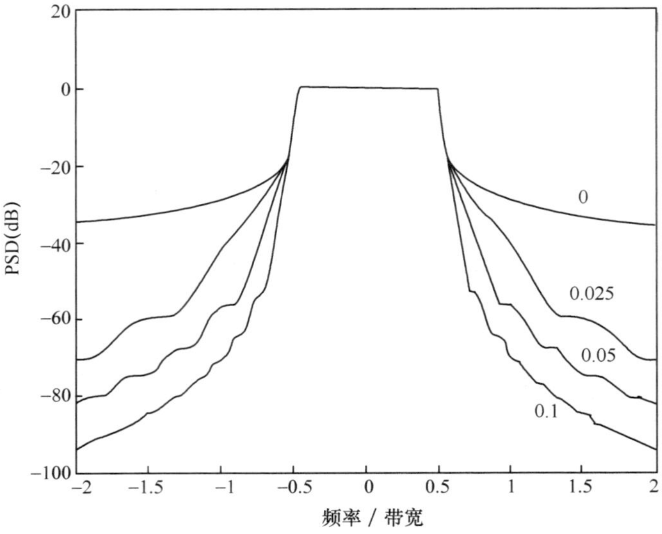

图 9.8　采用不同滚降因子的归一化 OFDM 功率谱

增大滚降因子，虽然能够使带外衰减更快，但降低了 OFDM 系统对于多径时延的容忍能力。如图 9.9 所示，在两径信道中，虽然相对时延小于保护时间，但由于加窗造成阴影部分幅度的变换，从而引入了码间干扰（ISI）和子载波间干扰（ICI）。因此在实际系统设计中，应当选择较小的滚降因子。

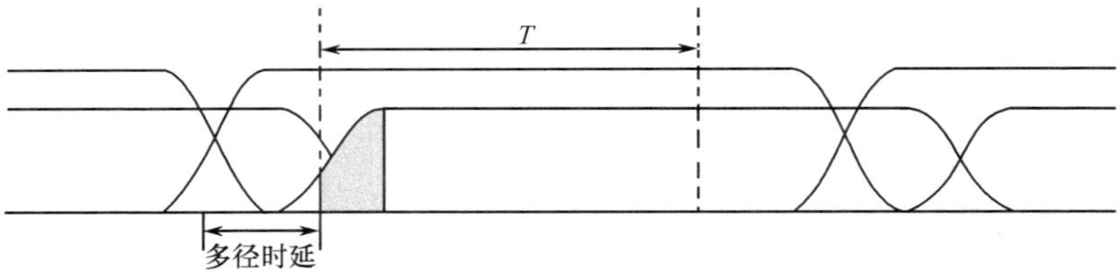

图 9.9　两径信道中，不适当的加窗导致 OFDM 符号引入了 ISI 和 ICI

9.1.4　OFDM 系统设计

完整的 OFDM 收发信机结构如图 9.10 所示。上半部分是发送链路，下半部分是接收链路。中心部分的 IFFT 单元用于基带调制发射处理，FFT 单元用于基带解调接收处理。在发送链路中，二进制输入数据首先经过信道编码和交织变换，然后进行 QAM 星座调制，插入导频，串/并（S/P）变换后，经过 IFFT 处理，接着并/串（P/S）变换，添加循环前缀和窗函数，最后经过 D/A 转换，上变频送入天馈单元。在接收链路中，天馈单元接收到的信号先进行下变频，送入 A/D 转换单元，首先完成时域与频域的同步，得到正确的符号同步时序，进行频偏校正，然后去除循环前缀，串/并变换后，经过 FFT 处理，再经并/串变换，提取出导频信号，进行信道估计和补偿，接着进行 QAM 解调、解交织，最后送入信道译码器，得到二进制输出数据。

OFDM 系统设计中，需要折中考虑各种系统要求，这些需求常常是相互矛盾的。通常需要重点考虑 3 个主要的系统要求：系统带宽 W、业务数据速率 R 及多径时延扩展（包括时延扩展的均方根 $\tau_{\rm rms}$ 和最大值 $\tau_{\max}$）。按照这 3 个系统要求，设计步骤可以分为 3 步。

首先确定保护时间 $T_{\rm G}$。多径时延扩展直接决定了保护时间的大小。作为重要的设计准则，

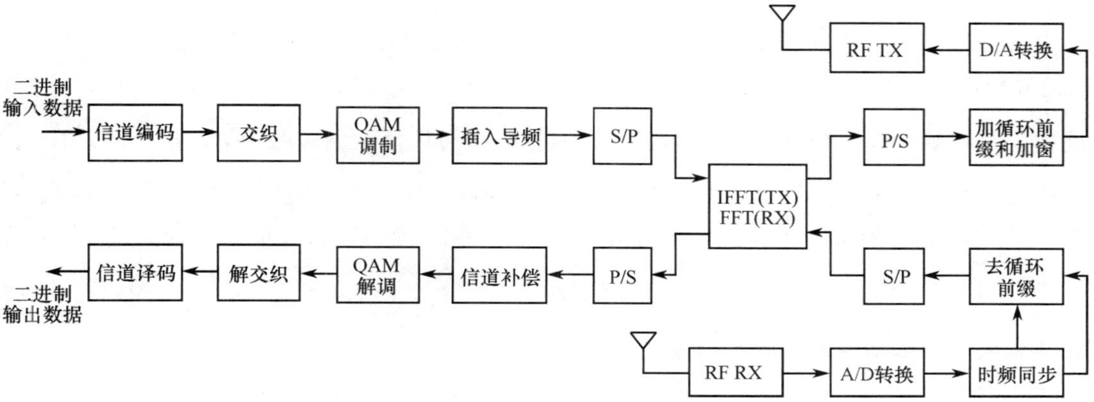

图 9.10　OFDM 收发信机的结构

保护时间应至少是多径时延扩展均方根的 2～4 倍，即 $T_G \geqslant (2\sim4)\tau_{rms}$。保护时间的取值依赖于系统的信道编码和调制类型。高阶调制（如 64QAM）比低阶调制（如 QPSK）对于 ICI 和 ISI 的干扰更加敏感，而纠错编码的能力越强，越能降低这种对干扰的敏感特性。

一旦保护时间确定，则 OFDM 的符号周期 $T_s = T + T_G$ 就可以确定，其中 T 表示 IFFT 积分时间，其倒数就是相邻载波间隔，即 $\Delta f = 1/T$。为了尽可能减小由于保护时间造成的信噪比损失，一般要求符号周期要远大于保护时间。但是，符号持续时间并不是越大越好。因为符号周期越长，则意味着系统需要更多的子载波数目，相邻载波间隔更小，增加了收发信机的实现复杂度，并且系统对于相位噪声和频率偏移更加敏感，还增大了信号的峰平比（PAPR）。在实际系统设计中，OFDM 符号周期至少是保护时间的 5 倍，这意味着由于引入了冗余时间，信噪比会损失 1dB 左右。

确定了符号周期和保护时间后，就需要在 3dB 系统带宽范围内，决定子载波的数目。一种方法是直接计算，即 $N = \left\lfloor \frac{W}{\Delta f} \right\rfloor$。另一种方法是，子载波数目可以根据总数据比特速率除以每个子载波承载的比特速率得到。子载波的比特速率与调制类型、编码码率和符号速率都有关系。

下面举例说明 OFDM 系统的参数设计与选取。假设系统设定的 3 个参数要求为：总数据比特速率为 $R = 20\text{Mbps}$，可以容忍的多径时延扩展为 $\tau_{rms} = 200\text{ns}$，系统信号带宽为 $W \leqslant 15\text{MHz}$。按照前面的描述，分 3 步进行系统设计。

多径时延扩展 $\tau_{rms} = 200\text{ns}$ 表明保护时间 $T_G = 800\text{ns}$ 是一个合适的选择。OFDM 的符号周期确定为 6 倍的保护时间，即 $T_s = 6T_G = 4.8\mu\text{s}$，就可以使信噪比损失小于 1dB，此时相邻载波间隔为 $\Delta f = \frac{1}{T_s - T_G} = \frac{1}{4\mu\text{s}} = 250\text{kHz}$。为了确定子载波的数目，需要确定系统要求的数据比特速率和 OFDM 的符号速率的比值。为了支持 20Mbps 的数据比特速率，每个 OFDM 符号必须承载 96 比特信息（$RT_s = 20\text{Mbps} \times 4.8\mu\text{s} = 96\text{bit}$）。为了实现这个要求，有几种设计选择。一种方法是采用 16QAM 调制和码率为 1/2 的信道编码，这样可得到每载波每符号 2 比特的承载能力。在这种情况下，为了承载 96 比特信息，需要 48 个子载波。另一种方法是采用 QPSK 调制和码率为 3/4 的信道编码，可得到每载波每符号 1.5 比特的承载能力。在这种情况下，为了承载 96 比特信息，需要 64 个子载波。但是 64 个子载波占用的带宽为 $64 \times 250\text{kHz} = 16\text{MHz} > W = 15\text{MHz}$，由此可知子载波数目必须小于 60，即 $N \leqslant \left\lfloor \frac{15\text{MHz}}{250\text{KHz}} \right\rfloor = 60$。因此第一种方法满足所有要求，并且如果采用 64 点基 4 的 IFFT/FFT 结构，则可以插入 16 个 0 实现信号过采样，满足频谱抗混叠要求。

系统设计中的一个额外要求是要满足在一个符号周期（T_s）内和 FFT/IFFT 处理时间内（T）的样值都是整数。例如在上述例子中，为了保证子载波间的正交性，要求在 FFT/IFFT 处理时间内都是精确的 64 个样值。选择 16MHz 的采样率可以满足这一要求，即 $\frac{64}{4\mu s}=16\text{MHz}$。但该采样率不能在 4.8$\mu$s 的符号周期内得到整数个样值（16MHz×4.8μs=76.8）。唯一的解决办法是对某一参数略微放松要求，从而满足整数约束。例如，令每个符号的采样值为 78，则采样率为 $\frac{78}{4.8\mu s}=16.25\text{MHz}$，则此时 FFT/IFFT 的处理时间为 $\frac{64}{16.25\text{MHz}}=3.9385\mu s$。这样保护时间和相邻载波间隔都略微大于原来的方案。

9.2 OFDM 中的信道估计

移动信道根据传播环境的变化而变化，具有高度动态特性和随机变化特征。多径传播、用户运动、散射体的随机动态分布造成了无线信号在频率、时间和角度的扩展。如第 2 章所述，这些空、时、频的动态选择性信道变化，会严重影响接收信号的质量。尤其对于 OFDM 宽带移动通信系统而言，信道选择性变化导致接收信号的严重畸变，急剧恶化了系统性能。因此采用信道估计算法，进行对空、时、频信道响应估计和跟踪，补偿信道衰落的影响，对于 OFDM 系统非常重要，是宽带移动通信系统的关键技术之一。

9.2.1 信道估计模型

通常，信道估计算法可分为盲算法和非盲算法两类。盲算法基于信道的统计特性，并且需要大量的接收数据才能够获得好的性能，往往在快衰落信道中收敛性会急剧恶化，系统性能很差。因此，尽管盲算法能够减少信噪比和带宽开销，但并不适合在移动通信系统中使用。OFDM 宽带移动通信系统主要采用非盲算法。

非盲算法又可以划分为两大类：数据辅助模式和判决指导模式。数据辅助模式下，一个 OFDM 符号的整体或部分用于发送训练数据，接收机可以利用训练数据进行信道响应估计。但这样做增加了系统开销，降低了频谱效率。而在判决指导模式下，类似于判决反馈均衡，使用前一个 OFDM 符号的信道估计对当前 OFDM 符号进行解调与检测。该方法可以降低系统开销，提高频谱效率。但是，当 OFDM 符号之间信道状态剧烈变化时，这种方式会导致信道估计质量下降，恶化系统性能，因此需要周期性地发送训练数据，采用信道编码与交织可以进一步提升判决指导模式的性能。

令 $x[n,m]$ 表示第 n 个 OFDM 符号的第 m 个样值，$X[n,k]$ 表示第 n 个符号的第 k 个子载波，N 表示 FFT 点数，N_{CP} 表示循环前缀的样值长度，$W_N=e^{-j\frac{2\pi}{N}}$。则 OFDM 时域信号可以表示为

$$x[n,m]=\text{IFFT}\{X[n,k]\}=\sum_{k=0}^{N-1}X[n,k]W_N^{-mk},\ -N_{CP}\leqslant m\leqslant N-1 \tag{9.2.1}$$

信道时域冲激响应（CIR）可以表示为

$$h(t,\tau)=\sum_{l=0}^{L-1}\alpha_l(t)\delta(\tau-\tau_l) \tag{9.2.2}$$

式中，L 为多径数目；$\alpha_l(t)$ 为第 l 径的复信道增益；τ_l 为相应时延。令 $h[n,l]=h(nT_{sym},lt_s)$，T_{sym}

为包括 CP 的 OFDM 符号周期；t_s 为采样间隔。则对应的信道频域响应(CFR)可以表示为

$$H[n,k]=H(nT_{\text{sym}},k\Delta f)=\sum_{l=0}^{L-1}h[n,l]W_N^{kl} \tag{9.2.3}$$

上述关系利用了时频对偶性，因此 CFR 与 CIR 可以采用矩阵形式表示为

$$\boldsymbol{H}=\boldsymbol{F}\boldsymbol{h} \tag{9.2.4}$$

式中，$\boldsymbol{H}$ 是 CFR 向量；$\boldsymbol{h}$ 是 CIR 向量；$\boldsymbol{F}$ 是 DFT 变换矩阵。

假设最大多径数目 $L\leqslant N_{\text{CP}}$，利用式(9.2.1)和式(9.2.2)可得到 OFDM 接收信号为

$$y[n,m]=\sum_{l=0}^{L-1}x[n,m-l]h^m[n,l]+w[n,m] \tag{9.2.5}$$

式中，$h^m[n,l]$是一个 OFDM 符号第 m 样值对应的时变 CIR；$w[n,m]$表示 AWGN 信道噪声样值，均值为 0，方差为 σ_w^2。将式(9.2.1)代入上式，可得接收信号为

$$y[n,m]=\sum_{l=0}^{L-1}\sum_{k=0}^{N-1}X[n,k]h^m[n,l]W_N^{-(m-l)k}+w[n,m] \tag{9.2.6}$$

当循环前缀长度大于最大多径时延时，采用矩阵向量形式表示，得

$$\boldsymbol{y}=\underline{\boldsymbol{H}}\underline{\boldsymbol{F}}\boldsymbol{X}+\boldsymbol{w} \tag{9.2.7}$$

式中，扩展信道矩阵 $\underline{\boldsymbol{H}}$ 表示为

$$\underline{\boldsymbol{H}}=$$

$$\left[\begin{array}{c|c}
\begin{matrix}
h^{-2N_{\text{CP}}}[n,0] & & & \\
h^{-2N_{\text{CP}}+1}[n,1] & h^{-2N_{\text{CP}}+1}[n,0] & & \\
\vdots & \vdots & & \\
h^{-N_{\text{CP}}+1}[n,L-2] & h^{-N_{\text{CP}}+1}[n,L-3] & \cdots\ h^{-N_{\text{CP}}+1}[n,0] & \\
h^{N_{\text{CP}}}[n,L-1] & h^{N_{\text{CP}}}[n,L-2] & \cdots\ h^{N_{\text{CP}}}[n,1] & h^{N_{\text{CP}}}[n,0] \\
\ddots & \ddots & \ddots & \ddots
\end{matrix}
&
\mathbf{0}\quad
\begin{matrix}
h^{-2N_{\text{CP}}}[n,L-1] & h^{-2N_{\text{CP}}}[n,L-2] & \cdots & h^{-2N_{\text{CP}}}[n,2] & h^{-2N_{\text{CP}}}[n,1] \\
 & h^{-2N_{\text{CP}}+1}[n,L-1] & h^{-2N_{\text{CP}}+1}[n,L-2] & \cdots & h^{-2N_{\text{CP}}+1}[n,2] \\
 & \vdots & \vdots & \cdots & \vdots \\
 & \vdots & \vdots & \cdots & h^{-N_{\text{CP}}+1}[n,L-1]
\end{matrix}
\\ \hline
\mathbf{0}
&
\begin{matrix}
h^0[n,L-1] & h^0[n,L-2] & \cdots & h^0[n,1] & h^0[n,0] & & & \\
 & h^1[n,L-1] & h^1[n,L-2] & \cdots & h^1[n,1] & h^1[n,0] & & \mathbf{0} \\
 & & \ddots & & \ddots & & \ddots & \\
\mathbf{0} & & & \ddots & & \ddots & & \ddots \\
 & & & h^{N-2}[n,L-1] & h^{N-2}[n,L-2] & \cdots & h^{N-2}[n,1] & h^{N-2}[n,0] \\
\text{循环矩阵} & & & & h^{N-1}[n,L-1] & h^{N-1}[n,L-2] & \cdots\ h^{N-1}[n,1] & h^{N-1}[n,0]
\end{matrix}
\end{array}\right]$$

$$=\begin{bmatrix}\boldsymbol{A} & \boldsymbol{B}\\ \mathbf{0} & \boldsymbol{\Xi}\end{bmatrix} \tag{9.2.8}$$

而 DFT 扩展矩阵表示为

$$\underline{\boldsymbol{F}}=\left[\begin{array}{cccc}
W_N^0 & W_N^{-N_{\text{CP}}} & \cdots & W_N^{-N_{\text{CP}}(N-1)} \\
\vdots & \vdots & \ddots & \vdots \\
W_N^0 & W_N^{-(N-1)} & \cdots & W_N^{-(N-1)^2} \\ \hline
W_N^0 & W_N^0 & \cdots & W_N^0 \\
W_N^0 & W_N^{-1} & \cdots & W_N^{-(N-1)} \\
\vdots & \vdots & \ddots & \vdots \\
W_N^0 & W_N^{-(N-1)} & \cdots & W_N^{-(N-1)^2}
\end{array}\right]=\begin{bmatrix}\boldsymbol{C}\\ \boldsymbol{F}^{\text{H}}\end{bmatrix} \tag{9.2.9}$$

发送数据向量表示为

$$\boldsymbol{X}=\{X[n,0],X[n,1],\cdots,X[n,N-1]\}^{\mathrm{T}} \tag{9.2.10}$$

考察扩展信道矩阵的结构，当 $L\leqslant N_{\mathrm{CP}}$ 时，可以分解为 4 个子矩阵，并且对于慢变信道，可以假设信道响应 $h^{m}[n,l]$ 在一个 OFDM 符号周期内保持不变，即与采样时间无关，此时，矩阵 $\boldsymbol{\Xi}$ 为循环矩阵。OFDM 时域信号与 CIR 的线性卷积可以简化为循环卷积。在接收端进行 DFT 变换，得到频域信号为

$$\boldsymbol{Y}=\boldsymbol{F}\boldsymbol{\Xi}\boldsymbol{F}^{\mathrm{H}}\boldsymbol{X}+\boldsymbol{W}=\boldsymbol{\Psi}\boldsymbol{X}+\boldsymbol{W} \tag{9.2.11}$$

由于 $\boldsymbol{\Xi}$ 为循环矩阵，因此 $\boldsymbol{\Psi}=\boldsymbol{F}\boldsymbol{\Xi}\boldsymbol{F}^{\mathrm{H}}$ 为对角矩阵，$H[n,k]=\Psi[k,k]$。上述公式可以变换为

$$\boldsymbol{Y}=\mathrm{diag}(\boldsymbol{X})\boldsymbol{H}+\boldsymbol{W} \tag{9.2.12}$$

或等价公式

$$Y[n,k]=H[n,k]X[n,k]+W[n,k] \tag{9.2.13}$$

信道估计的中心任务就是求解式(9.2.11)或式(9.2.12)中的方程组，对频域信道响应进行估计，从而补偿信道衰落的影响。当 CP 足够大，慢变信道条件下，$\boldsymbol{\Xi}$ 为循环矩阵，可以进行对角化，将时域卷积转化为频域相乘运算，从而简化了信道均衡结构，此时上述方程组可解。但如果 CP 不够长，或信道快速变化，则 $\boldsymbol{\Xi}$ 不再满足循环条件，从而无法对角化，而对应的方程组也是欠定的，即方程数目小于未知数数目，接收端信号含有 ICI，造成系统性能的下降。

一般情况下，信道估计的性能与导频图样、估计算法和数据检测算法都有关系，下面详细论述它们的基本原理。

9.2.2 导频图样

所谓导频图样，是在发送端 OFDM 符号某些固定位置插入一些已知的数据符号和序列，在接收端利用这些导频符号和导频序列按照某些算法进行信道估计。OFDM 系统中，常用的导频图样可以分为两类：训练符号与导频子载波，如图 9.11 所示。对于训练符号，往往占用整个 OFDM 符号，与数据符号时分复用发送；而导频子载波，只占用某些子载波，与数据符号时频二维复用。

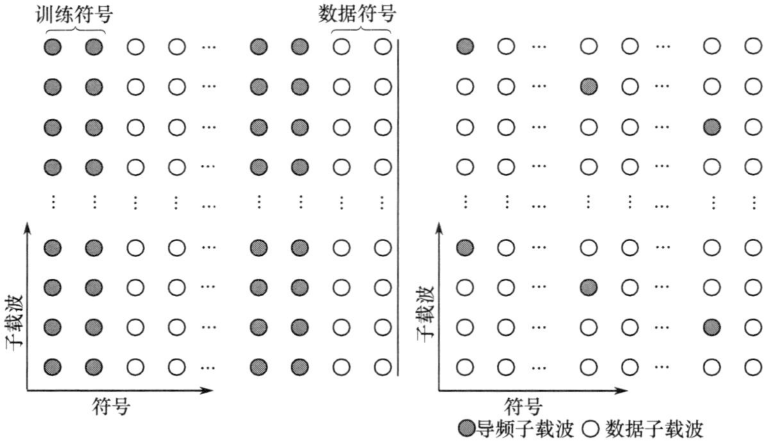

图 9.11　导频分配典型图样

导频的插入需要满足二维 Nyquist 采样定理，设时域导频插入间隔为 D_{t}（单位：OFDM 符号），频域导频插入间隔为 D_{p}（单位：子载波），则必须满足

$$\begin{cases} D_{\mathrm{p}} \leqslant \dfrac{1}{\tau_{\max} \Delta f} \\ D_{\mathrm{t}} \leqslant \dfrac{1}{2 f_{\mathrm{d}} T_{\mathrm{sym}}} \end{cases} \tag{9.2.14}$$

式中，$\tau_{\max}$是最大多径时延；f_{d} 是最大多普勒频移；Δf 为子载波频率间隔；T_{sym}为 OFDM 符号周期。

导频序列的功率和时频域位置的优化是影响信道估计的重要因素，一般遵循如下原则。

① 理论分析证明，当总功率一定的条件下，导频与数据等功率分配，所获得的信道估计 MSE 性能较好。

② 导频子载波数目不小于 CIR 长度，在系统信号有效分布的时频范围内，最好在频域等间隔分配导频，并且在时域上进行交错配置，从而获得频率分集增益。如图 9.11(b)所示。

③ 除均方误差(MSE)准则外，其他系统指标如峰平比(PAPR)，也是导频设计需要考虑的重要指标。为了降低峰平比，一般要求导频具有恒包络性能，即具有 CAZAC 特性的序列(如 Zadoff-Chu 序列)。

LTE、WiMAX 等宽带移动通信系统就是按照这些设计原则进行导频图样分配的。

9.2.3 数据辅助算法

数据辅助算法主要包括 LS 估计、LMMSE 算法与变换域算法等，通常 LS 估计可作为其他算法的初始值，是信道估计的基础。并且，由于导频子载波只占用部分频率资源，因此需要采用插值或滤波算法，对数据子载波上的信道响应进行估计。

1. LS 估计算法

LS 估计算法包括频域和时域两种版本。针对式(9.2.13)的信号模型，基于频域 LS 算法得到的信道响应估计为

$$\hat{H}_{\mathrm{LS}}[n,k]=\frac{Y[n,k]}{X[n,k]}=H[n,k]+\frac{W[n,k]}{X[n,k]} \tag{9.2.15}$$

采用矩阵形式为

$$\hat{\boldsymbol{H}}_{\mathrm{LS}}=\operatorname{diag}(\boldsymbol{X})^{-1}\boldsymbol{Y}+\operatorname{diag}(\boldsymbol{X})^{-1}\boldsymbol{W} \tag{9.2.16}$$

LS 估计的均方误差为

$$\mathrm{MSE}_{\mathrm{LS}}=\frac{K}{E_{\mathrm{H}}\cdot \mathrm{SNR}} \tag{9.2.17}$$

式中，$E_{\mathrm{H}}=E\{H[n,k]\}$。

若已知 CIR$\boldsymbol{h}$ 的长度，则接收信号模型变换为

$$\boldsymbol{Y}=\operatorname{diag}(\boldsymbol{X})\boldsymbol{F}\boldsymbol{h}+\boldsymbol{W} \tag{9.2.18}$$

因此可得时域版本的 LS 估计为

$$\hat{\boldsymbol{h}}_{\mathrm{LS-T}}=(\boldsymbol{F}^{\mathrm{H}}\operatorname{diag}(\boldsymbol{X})^{\mathrm{H}}\operatorname{diag}(\boldsymbol{X})\boldsymbol{F})^{-1}\boldsymbol{F}^{\mathrm{H}}\operatorname{diag}(\boldsymbol{X})^{\mathrm{H}}\boldsymbol{Y} \tag{9.2.19}$$

如果未知 CIR 抽头数目或长度，则上述时域 LS 估计的性能与频域版本性能相同；反之，如果已知信道响应只有 L 个多径，则可以缩减 $\boldsymbol{F}$ 矩阵的维数，从而降低信道估计误差，并提高性能。但时域 LS 估计的算法复杂度相对较高。

当信道噪声并非 AWGN，则可以采用最大似然信道估计，即

$$\hat{\boldsymbol{h}}_{\mathrm{ML}}=(\boldsymbol{F}_{N_{\mathrm{p}}}^{\mathrm{H}}\operatorname{diag}(\boldsymbol{X})^{\mathrm{H}}\operatorname{diag}(\boldsymbol{X})\boldsymbol{F}_{N_{\mathrm{p}}})^{-1}\boldsymbol{F}_{N_{\mathrm{p}}}^{\mathrm{H}}\operatorname{diag}(\boldsymbol{X})^{\mathrm{H}}\boldsymbol{Y} \tag{9.2.20}$$

式中，$\boldsymbol{F}_{N_{\mathrm{p}}}$ 为从 DFT 矩阵 $\boldsymbol{F}$ 中取出的 $N_{\mathrm{p}}\times L$ 的子矩阵，N_{p} 表示导频子载波数目。

2. 插值方法

利用 LS 估计得到导频子载波的信道响应后，利用时频信道的相关性，可以采用插值方法得到整个信道的时频响应。插值顺序可以是先频域后时域插值，也可以先时域后频域插值，或者同时进行二维时频插值。插值方法包括常数插值、线性插值与多项式插值。

常数插值基于训练符号模式，主要用于 DVB、WLAN 等系统中，相邻两个训练符号之间的信道响应与前一个训练符号得到的 LS 估计相同。因此，离训练符号越近，信道估计越可靠，对于视频业务而言，则可以把关键数据紧邻训练符号分配，从而提高系统性能。常数插值的复杂度很低，但在时变信道中会造成错误平台，无法对信道进行自适应。

在导频子载波模式中，更常用的是分段线性插值方法，可以证明频域插值 $\mathrm{MSE}_{\mathrm{FI}}$ 与时域插值 $\mathrm{MSE}_{\mathrm{TI}}$ 的均方误差分别为

$$\begin{aligned}\mathrm{MSE}_{\mathrm{FI}}=&\frac{1}{3}(5+\zeta)(1+\zeta)R_{\mathrm{f}}[0]+\frac{1}{3}(2+\zeta^{2})\sigma_{w}^{2}-\\&4\zeta\sum_{l=0}^{D_{\mathrm{p}}-1}(1-\zeta l)\mathrm{Re}\{R_{\mathrm{f}}[l]\}+\frac{1}{3}(1-\zeta^{2})\mathrm{Re}\{R_{\mathrm{f}}[D_{\mathrm{p}}]\}\end{aligned} \tag{9.2.21}$$

$$\begin{aligned}\mathrm{MSE}_{\mathrm{TI}}=&\frac{1}{3}(5+\xi)(1+\xi)R_{\mathrm{t}}[0]+\frac{1}{3}(2+\xi^{2})\sigma_{w}^{2}-\\&4\xi\sum_{l=0}^{D_{\mathrm{t}}-1}(1-\xi l)\mathrm{Re}\{R_{\mathrm{t}}[l]\}+\frac{1}{3}(1-\xi^{2})\mathrm{Re}\{R_{\mathrm{t}}[D_{\mathrm{t}}]\}\end{aligned} \tag{9.2.22}$$

式中，$R_{\mathrm{f}}[l]$是 CFR 相关函数；$R_{\mathrm{t}}[l]$是 CIR 相关函数；$1/\zeta=D_{\mathrm{p}}$ 是导频频域间隔，$1/\xi=D_{\mathrm{t}}$ 是导频时域间隔。

由上述两式可知，为了降低 MSE，采用线性插值需要满足如下条件：

- 增加插入导频的数量；
- 减小加性噪声功率，或等效地提高信噪比；
- 信道响应 CIR 或 CFR 强相关。

本质上，线性插值是以增大导频开销来提高估计性能的。而采用多项式插值，则有可能减少导频开销，并且降低估计噪声方差。多项式插值可以分为固定插值与自适应插值两种方案。对于慢变信道，由于高阶多项式插值的振荡效应，采用固定插值可能恶化估计性能，因此自适应多项式插值的性能更好。最常用的高阶多项式插值方法包括样条插值(如贝齐尔曲线)、高斯插值、多项式拟合，2D 插值也可以应用。所有这些插值方法可以等效为不同的低通滤波。

3. 变换域算法

如前所述，信道频域响应 CFR 往往具有高度的相关性。如果采用正交变换，将 CFR 变换到其他变换域，则对应的变换域响应具有稀疏性，只有少数重要分量取值较大，而其他分量很小(可以置为 0)，从而有效降低估计噪声。这就是变换域算法的主要思想。

变换域算法本质上是一种正交函数插值算法，等价于理想低通滤波。由于利用了更多的导频子载波，因此其性能比普通插值算法的 MSE 更好。正交变换可以有很多种类，如 DFT、哈达玛变换、DCT、KLT 或 2D DFT 等。

基于 DFT 的变换域算法有两种：一种是先进行 IDFT 变换，然后与加权矩阵相乘，再进行 DFT 得到频域响应；另一种是先对 CFR 进行 DFT 变换，加权相乘后，再进行 IDFT 变换得到频

域响应。

第一种算法的估计公式为

$$\hat{\boldsymbol{H}}_{\mathrm{FT1}}=\sqrt{N/N_{\mathrm{p}}}\,\boldsymbol{F}\boldsymbol{D}_{\mathrm{FT}}\boldsymbol{F}_{\mathrm{p}}^{\mathrm{H}}\,\hat{\boldsymbol{H}}_{\mathrm{LS}} \tag{9.2.23}$$

式中，$\boldsymbol{F}_{\mathrm{p}}$ 是从 DFT 矩阵 $\boldsymbol{F}$ 中取出导频对应的 N_{p} 个行向量构成的子矩阵。加权矩阵$\boldsymbol{D}_{\mathrm{FT}}$可以表示为

$$\boldsymbol{D}_{\mathrm{FT1}}=\begin{bmatrix}\boldsymbol{D}_L & \boldsymbol{0}_{(L\times N-L)}\\ \boldsymbol{0}_{(N-L\times L)} & \boldsymbol{0}_{(N-L\times N-L)}\end{bmatrix} \tag{9.2.24}$$

式中，$\boldsymbol{D}_L$ 矩阵中的元素与 CFR 相关函数有关，如果未知相关函数，则可以取为单位矩阵$\boldsymbol{I}_L$，这样可以进一步简化算法。

第二种算法的估计公式为

$$\hat{\boldsymbol{H}}_{\mathrm{FT2}}=\sqrt{N/N_{\mathrm{p}}}\,\boldsymbol{F}^{\mathrm{H}}\,\boldsymbol{D}_{\mathrm{FT2}}\boldsymbol{F}_{\mathrm{p}}\,\hat{\boldsymbol{H}}_{\mathrm{LS}} \tag{9.2.25}$$

式中，矩阵$\boldsymbol{D}_{\mathrm{FT2}}$是矩阵$\boldsymbol{D}_{\mathrm{FT1}}$的循环移位。

当变换域多径信号的重要分量都被正确估计时，两种 DFT 变换估计算法的性能相同。但第一种方法的重要分量集中于时域响应的前端 L 个样值，后面都可以置为 0，而第二种方法的重要分量位于变换域响应的两端，中间部分置为 0，因此要对 3 个区域（左、右、中）进行辨识，对噪声更敏感。基于正交变换的信道估计算法也可以采用，但由于 DFT 变换是 OFDM 系统的基本单元，因此从性能和复杂度折中考虑，DFT 变换是合适选择。总之，由于 DFT 变换估计基于所有的子载波，利用 CFR 相关性进行插值估计，因此其性能要好于 LS 估计，所获得的均方误差更低。

4. LMMSE 算法

AWGN 信道中，LMMSE 信道估计具有最小的 MSE 性能，因此在 OFDM 系统中得到了广泛应用。LMMSE 算法由于利用了接收信噪比（SNR）和其他信道统计特性，因此其性能好于其他算法。LMMSE 算法具有平滑、插值、外推的算法结构，因此非常适合于导频子载波模式的 OFDM 系统。但 LMMSE 算法的复杂度非常高，需要简化，才能够工程应用。

通常，LMMSE 估计可以表示为

$$\hat{\boldsymbol{H}}_{\mathrm{LMMSE}}=\boldsymbol{R}_{HH_{\mathrm{p}}}(\boldsymbol{R}_{H_{\mathrm{p}}H_{\mathrm{p}}}+\sigma_w^2\,(\mathrm{diag}(\boldsymbol{X})\,\mathrm{diag}\,(\boldsymbol{X})^{\mathrm{H}})^{-1})^{-1}\hat{\boldsymbol{H}}_{\mathrm{LS}} \tag{9.2.26}$$

式中，H_{p} 为导频子载波的 CFR；$\boldsymbol{R}_{HH_{\mathrm{p}}}$表示导频子载波与所有子载波的互相关矩阵；$\boldsymbol{R}_{H_{\mathrm{p}}H_{\mathrm{p}}}$表示导频子载波的自相关矩阵。可知，LMMSE 算法使用了 SNR 和子载波之间相关矩阵等信道统计特性。上述算法复杂度为 $O(N^3)$，难以实用化，需要进一步简化。首先可以利用信号统计平均代替瞬时能量分布，即

$$E\{(\mathrm{diag}(\boldsymbol{X})\,\mathrm{diag}\,(\boldsymbol{X})^{\mathrm{H}})^{-1}\}=\frac{\beta}{\mathrm{SNR}}\boldsymbol{I}_{N_{\mathrm{p}}} \tag{9.2.27}$$

式中，$\beta=E\{|X_k|^2\}E\{1/|X_k|^2\}$，代入式(9.2.26)可得

$$\hat{\boldsymbol{H}}_{\mathrm{LMMSE}}=\boldsymbol{R}_{HH_{\mathrm{p}}}\left(\boldsymbol{R}_{H_{\mathrm{p}}H_{\mathrm{p}}}+\frac{\beta}{\mathrm{SNR}}\boldsymbol{I}_{N_{\mathrm{p}}}\right)^{-1}\hat{\boldsymbol{H}}_{\mathrm{LS}} \tag{9.2.28}$$

虽然上述公式已经简化，但仍然需要根据 SNR 和信道功率延时谱（PDP）进行更新，因此算法复杂度也为 $O(N^3)$，只不过在慢变信道中，可以降低更新计算频率。

为了进一步降低 LMMSE 算法的复杂度，可以对两个相关矩阵$\boldsymbol{R}_{H_{\mathrm{p}}H_{\mathrm{p}}}$和$\boldsymbol{R}_{HH_{\mathrm{p}}}$进行 SVD 分解。由于 CFR 相关矩阵是慢变函数，因此 SVD 的计算复杂度可以降低。但子载波越多，SVD

的计算量越大。为了消除 SVD 分解，可以采用低秩近似方法降低 LMMSE 算法的计算复杂度，但此时 SVD 仍然需要计算。

因此更实用化的方法是子空间跟踪，在此场景下，自适应滤波需要计算高维 SVD 分解，但子空间跟踪只需要跟踪 r 个主奇异值和对应的奇异向量。对于 OFDM 系统而言，多径信道的数目远小于子载波数目和导频数目，因此可以应用子空间跟踪算法。此时算法复杂度降低为 $O(Nr)$。另外，也可以采用 NLMS 或 RLS 算法进行 LMMSE 系数跟踪。

LMMSE 算法可以推广到二维情况，但算法复杂度更高。由于时频信道相关函数可以独立分解，因此可以用两个级联的 LMMSE 滤波（等效于 2D-MMSE 滤波），进一步可以采用低秩近似和子空间跟踪降低计算复杂度。

5. 算法性能比较

图 9.12 给出了 5 径指数延时谱 Rayleigh 信道采用 QPSK 调制，导频间隔 $D_p=4$，4 种信道估计算法的 MSE 性能比较。

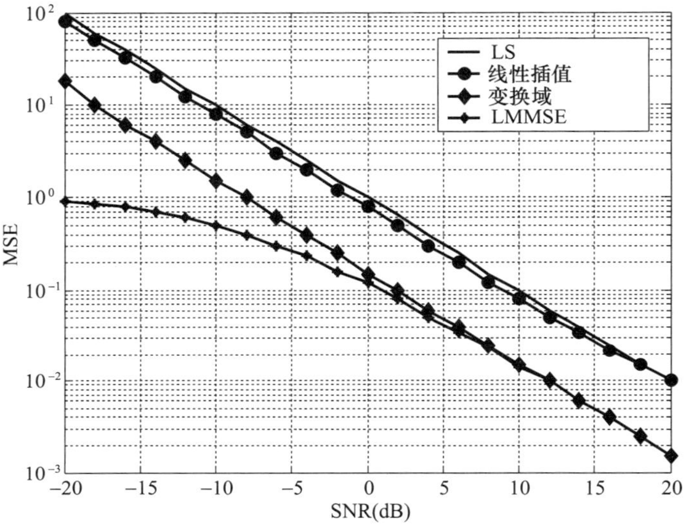

图 9.12　信道估计算法的 MSE 性能比较

由图 9.12 可知，LS 估计与线性插值的算法性能类似，MSE 随信噪比的增加而线性下降。而变换域算法由于利用了 CFR 的相关性，因此性能比 LS 估计好一个量级，也随着 SNR 增加线性下降。而 LMMSE 估计的性能最好，尤其是在低信噪比条件下，最多比 LS 估计好两个量级，但在高信噪比区域，趋近于变换域算法的性能。但从计算复杂度角度分析，LS 估计的复杂度最低，线性插值算法次之，变换域算法更高，而 LMMSE 算法的复杂度最高。

LMMSE 算法可以作为统一的理论框架，各种信道估计算法都可以作为这一框架的变种[9.29]。LMMSE 算法的高性能主要源于其利用了信道统计特性与 SNR 信息，如果 SNR 估计有误差，信道变化剧烈，则 LMMSE 算法的敏感性较高。另一方面，如果其他算法能够利用信道统计特性和 SNR 信息，则估计性能也能够进一步提高。因此从算法复杂度和估计性能折中考虑，变换域算法具有较好的工程实用价值。

9.2.4　判决指导算法

判决指导算法（DDCE）是另一大类 OFDM 信道估计算法，其结构如图 9.13 所示。为了降低导频开销，OFDM 符号中周期性插入较少的训练序列（可以大于 Nyquist 采样间隔）。接收机的工作分为两个阶段:估计阶段与跟踪阶段。在估计阶段,接收机对训练序列进行估计,获得初始的信道响应;在跟踪阶段,利用初始响应进行 OFDM 相干检测、解交织与信道译码,获得信号软估计,通过信号重构,送入信道估计算法,对数据子载波的信道响应进行估计与跟踪,并通过迭代方法进一步校正检测译码的性能。

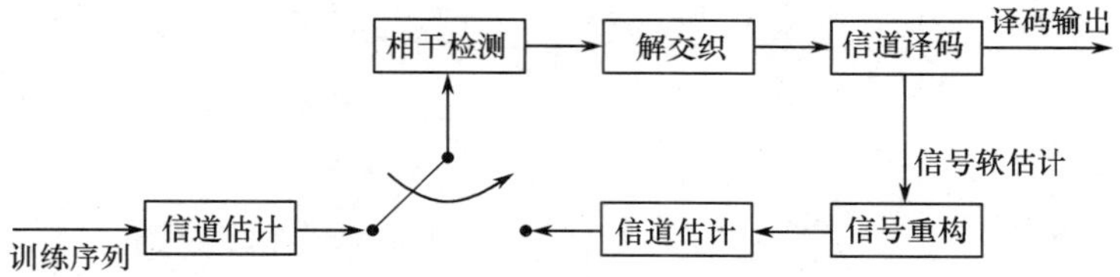

图 9.13　DDCE 算法结构

由于引入了交织与信道编码(例如,采用 Turbo 码、LDPC 码等),可以极大提高信号软估计的可靠性,从而有效减少导频开销。DDCE 算法中的信道估计可以采用前述介绍的各种数据辅助算法,只需要将这些算法扩展为包含软估计信息的版本。但由于采用迭代结构,因此 DDCE 算法的复杂度较高。

9.2.5　MIMO-OFDM 信道估计

MIMO-OFDM 是 4G 移动通信的核心技术,其原理结构如图 9.14 所示。在 MIMO-OFDM 系统框架下,信道估计是更具有挑战性的任务。如前所述,信道估计归结为求解线性方程组问题,假设有 N_t 个发射天线,N_r 个接收天线,则第 j 个接收天线的信号表示为

$$\boldsymbol{Y}_j = \sum_{i=1}^{N_t} \mathrm{diag}\,(\boldsymbol{X})_i \boldsymbol{H}_{ji} + \boldsymbol{W}_j, j = 1,2,\cdots,N_r \tag{9.2.29}$$

前面介绍的各种信道估计算法都可以推广到 MIMO-OFDM 场景下,但针对不同的 MIMO 方案,如 STBC、SM 或 Precoding,需要进行相应修正和扩充。

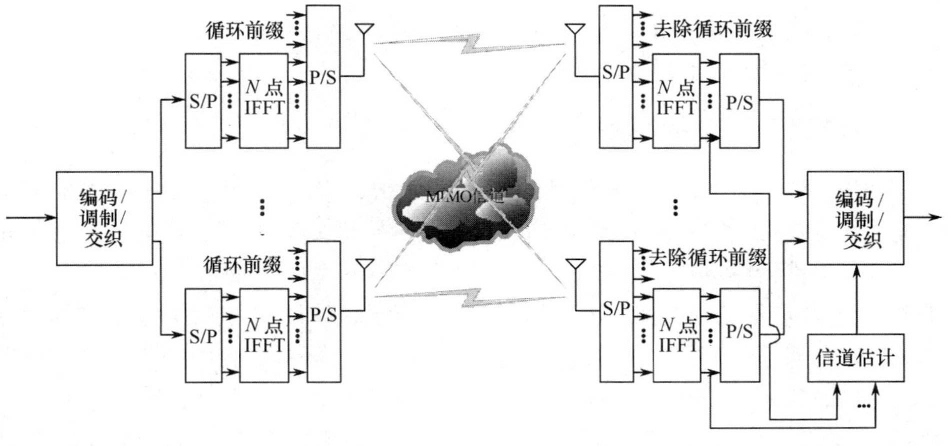

图 9.14　MIMO-OFDM 原理结构

在 MIMO-OFDM 场景下,导频图样不仅需要满足 Nyquist 采样定理,而且要求各个天线的导频互不干扰,因此频域导频间隔 D_p 需要满足式(9.2.30)。图 9.15 给出了 MIMO-OFDM 的导频图样示例。但这种空频复用的导频分配方式开销较大,也有学者提出采用码分复用方式,以进一步提高频谱效率。

$$N_t \leqslant D_p \leqslant N/L \tag{9.2.30}$$

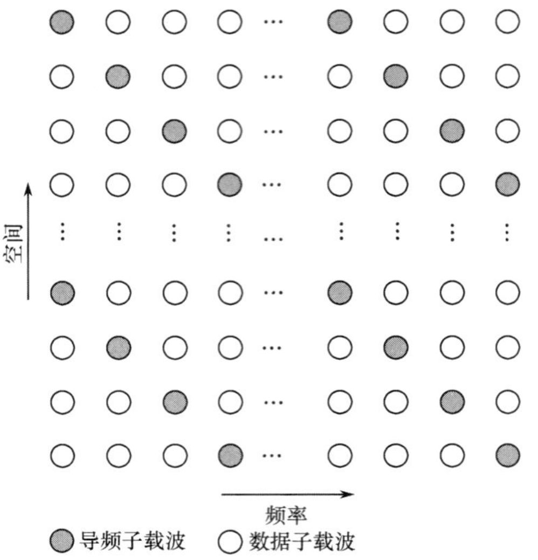

图 9.15　MIMO-OFDM 的导频图样

总之,信道估计是 MIMO-OFDM 系统的关键模块,高效导频图样的设计,存在 ICI 干扰条件下的信道估计,根据空、时、频信道相关特性设计低复杂度的数据辅助算法和 DDCE 算法及抑制系统外窄带干扰的信道估计算法都是目前学术界研究的前沿方向。

9.3　OFDM 中的同步技术

在接收机正常工作以前,OFDM 系统至少要完成两类同步任务。一是时域同步,要求 OFDM 系统确定符号边界,并且提取出最佳的采样时钟,从而减小 ICI 和 ISI 造成的影响。二是频域同步,要求系统估计和校正接收信号的载波偏移。本节讨论时域、频域同步误差造成的影响,并介绍符号同步和载波同步的基本方法。

9.3.1　频域同步误差的影响

载波频域同步误差造成接收信号在频域的偏移。如果频域同步误差是载波间隔 Δf 的整数倍,则接收到的承载 QAM 信号的子载波频谱将平移 n 个载波位置。子载波之间还是相互正交的,但 OFDM 信号的频谱结构错位,从而导致误码率 $P_b=0.5$ 的严重错误。

如果频域同步误差不是载波间隔的整数倍,则一个子载波的信号能量将分散到相邻的两个载波中,导致子载波丧失了正交性,引入了 ICI,也会造成系统性能的下降。图 9.16 给出了 OFDM 信号的频谱,以及接收机采样频率存在偏移而导致载波间产生干扰的情况。

在 OFDM 系统中,只有发送和接收的子载波完全一致,才能保证载波间的正交性,从而可以正确接收信号。任何频率偏移必然导致 ICI。实际系统中,由于本地时钟源(如晶体振荡器)不能精确地产生载波频率,总要附着一些随机相位调制信号,结果使接收机产生的频率不可能与发送端的频率完全一致。对于单载波系统,相位噪声和频率偏移只是导致信噪比损失,而不会引入干扰。但对于多载波系统,却会造成 ICI,因此 OFDM 系统对于载波偏移比单载波系统要敏感,必须采取措施消除频率偏移。

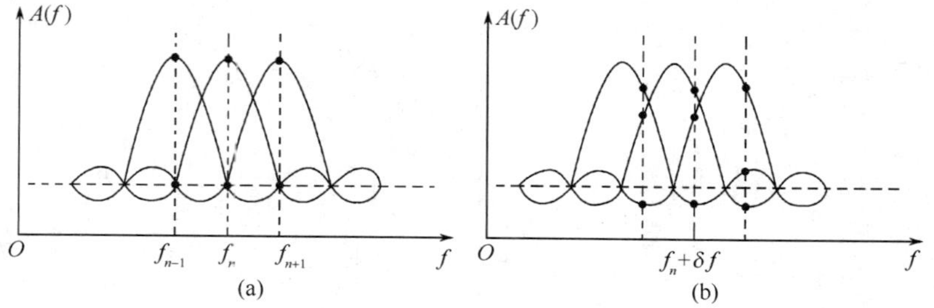

图 9.16　频域同步误差造成 OFDM 系统产生载波间干扰

9.3.2　时域同步误差的影响

与频域同步误差不同，时域同步误差不会引起 ICI。但时域同步误差将导致 FFT 处理窗包含连续的两个 OFDM 符号，从而引入 OFDM 符号间干扰(ISI)。并且即使 FFT 处理窗的位置略有偏移，也会导致 OFDM 信号频域的偏移，从而造成信噪比损失，BER 性能下降。

如果在 OFDM 的接收采样数据流中，FFT 处理窗位置偏移，则根据傅里叶变换的时域平移特性

$$\begin{cases} f(t) \leftrightarrow F(\omega) \\ f(t-\tau) \leftrightarrow \mathrm{e}^{-\mathrm{j}\omega\tau} F(\omega) \end{cases} \tag{9.3.1}$$

可知，OFDM 信号的频谱引入了相位偏移。时域偏移误差 τ 在相邻子载波间引入的相位误差为 $2\pi\Delta f\tau/T_s$。如果时域偏移误差是采样时间间隔 T_s 的整数倍，即 $\tau=mT_s$，则对应的相位偏移为 $2\pi m/N$，其中 N 是 FFT 数据处理的长度。这种相位误差对 OFDM 系统性能有显著影响。在时域扩散信道中，时域同步误差造成的相位误差与信道频域传递函数叠加在一起，严重影响系统正常工作。如果采用差分编码和检测，可以减小这种不利因素。

如果时域同步误差较大，FFT 处理窗已超出了当前 OFDM 符号的数据区域和保护时间区域，包括相邻的 OFDM 符号，则引入码间干扰，严重恶化了系统性能。图 9.17 给出了 FFT 处理窗的位置与 OFDM 符号时序的相对关系。

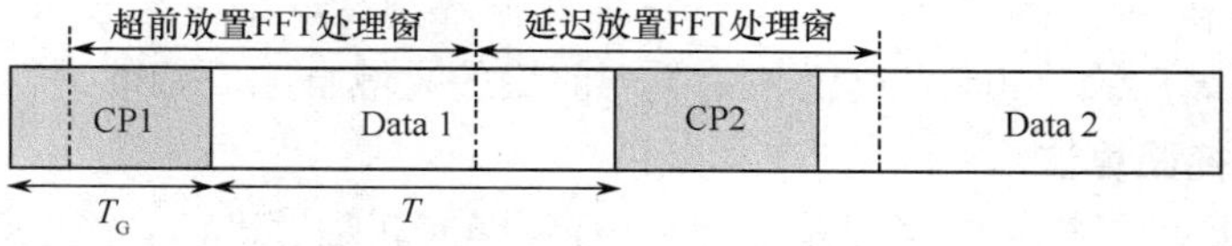

图 9.17　FFT 处理窗的位置与 OFDM 符号时序的相对关系

由图 9.17 可知，一个 OFDM 符号由保护时间和有效数据采样构成，保护时间在前，有效数据在后。如果 FFT 处理窗延迟放置，则 FFT 积分处理包含当前符号的样值与下一个符号的样值。而如果 FFT 处理窗超前放置，则 FFT 积分处理包含当前符号的数据部分和保护时间部分。后者不会引入码间干扰，而前者却可能严重影响系统性能。

时域同步误差对 OFDM 系统性能的影响如图 9.18 所示。图中采用的是 512 个子载波的 OFDM 系统，在白噪声信道下仿真，子载波调制方式为差分 QPSK(DQPSK)。由图 9.18(a)可知，不用信道均衡，超前放置 FFT 处理窗最多达 6 个样值，几乎不影响系统性能，但如果延迟放置 FFT 处理窗，如图中的实心图标所示，由于存在码间干扰，将会严重影响系统性能。对于较小的时域同步误差，如果增加一个短循环后缀，可以减轻 ISI 的影响。如图 9.18(b)所示，系统采用了 10 个样值的循环后缀，就可以容忍更大的同步误差。

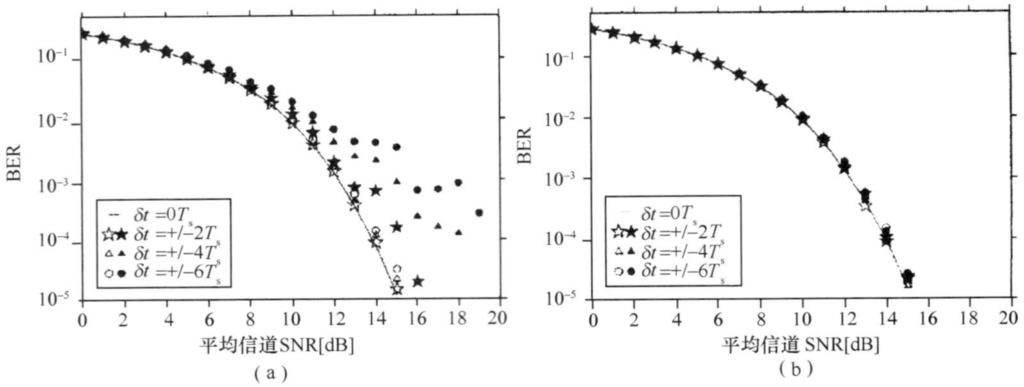

图 9.18 时域同步误差对 OFDM 系统性能的影响

9.3.3 OFDM 同步算法分类

一般而言,OFDM 系统的时频同步处理分为捕获和跟踪两个阶段。在捕获阶段,系统使用比较复杂的同步算法,对较长时段的同步信息进行处理,获得初步的系统同步。在跟踪阶段,可以采用比较简单的同步算法,对于小尺度的变化进行校正。在同步过程的开始阶段,频域同步误差和时域同步误差都是未知的,因此同步算法必须具有充分的鲁棒性,能够适应误差的变化。

1. OFDM 数据帧和符号的粗同步算法

OFDM 数据帧和符号的粗同步一般依赖于发送数据流中额外的冗余信息来实现。Claßen 和 Meyr[9.6,9.7] 提出至少在 3 个 OFDM 符号插入 1 个帧同步脉冲的方法实现符号和数据帧同步。Brüninghaus[9.3] 提出插入参考符号,通过频域方法检测帧边界。

2. OFDM 符号的精细同步算法

OFDM 符号的跟踪算法一般是基于时域或频域的相关运算。Warner[9.22] 和 Bingham[9.2] 利用接收信号中的同步导频信号与已知同步序列进行频域相关运算来实现符号跟踪。而 de Couasnon[9.8] 利用循环前缀的冗余性,对数据样值和循环前缀样值进行积分来跟踪符号。Sandell[9.20] 等人和 van de Beek[9.1] 等人建议利用循环前缀的时域自相关特性进行精细同步。

3. OFDM 频域捕获算法

频域捕获算法提供了初始频率误差估计,只有频率捕获足够准确,才能够支持后续的频率跟踪。一般情况下,初始的频率偏移估计必须小于一半的载波间隔。Claßen 和 Meyr[9.6,9.7] 提出在同步子载波上采用二进制伪随机(PN)序列或所谓的 CAZAC 训练序列完成频域捕获。该算法实际上是在频域搜索训练序列,可以通过将接收符号与训练序列在频域相关来实现。

4. OFDM 频域跟踪算法

当频率误差小于载波间隔的一半时,才能进行频率跟踪。Moose[9.16] 建议利用重复发送的 OFDM 符号子载波间的相位差进行频率跟踪。而 Claßen 和 Meyr 则将频域同步子载波嵌入数据符号中,这样就可以测试相邻 OFDM 符号的相位偏移。而 Daffara[9.9]、Sandell[9.20] 和 van de Beek[9.1] 等人利用接收信号和循环前缀之间的自相关函数的相位偏移进行频率跟踪。

9.3.4 常用 OFDM 同步算法

由前所述,根据实现手段的不同,常用的 OFDM 同步算法主要分为两类:利用循环前缀或插入专门的训练序列来进行同步。

由于 OFDM 符号中含有循环前缀，因此每个符号的前 T_G 个样值实际上是最后 T_G 个样值的拷贝。利用这种信号结构的冗余特性可以实现图 9.19 所示的时频同步结构。

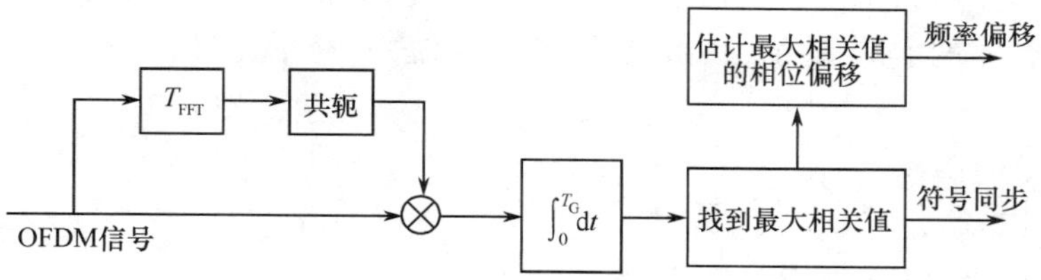

图 9.19 采用循环前缀实现 OFDM 时频的同步

如图 9.19 所示，接收信号的前端信号经过 T_{FFT}时延，与后端信号进行 T_G 时间的相关运算，可以表示为

$$R(t) = \int_0^{T_G} y(t-\tau)y^*(t-\tau-T_{FFT})\mathrm{d}\tau \tag{9.3.2}$$

则 OFDM 符号边界的估计为

$$t = \arg\max_t R(t) \tag{9.3.3}$$

一旦得到符号同步后，相关器的输出也可以用于频率偏移校正。相关器的输出相位等于相距 T_{FFT}时间的数据采样之间的相位偏移。因此频率偏移的估计为

$$\hat{f} = \frac{R(\hat{t})}{2\pi T_{FFT}} \tag{9.3.4}$$

基于循环前缀的同步技术，其估计精度与同步时间相互制约。如果要获得较高的估计精度，则需要耗费很长的同步时间。因此在没有特定训练序列的盲搜索环境中或者系统跟踪条件下比较适用。而对于分组传输，同步精度要求比较高，同步时间尽可能短。为了完成这种条件下的同步，一般采用发送特殊的 OFDM 训练序列，此时整个 OFDM 接收信号都可以用于同步处理。图 9.20给出了采用训练序列的 OFDM 同步算法结构。

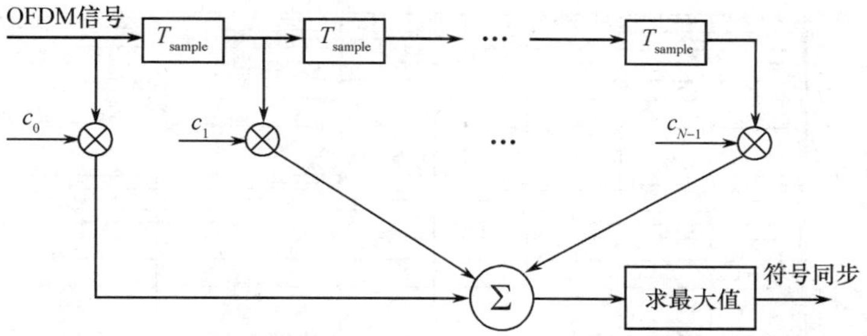

图 9.20 采用训练序列的 OFDM 同步算法结构

图 9.20 中，T_{sample}表示 OFDM 采样时间间隔，匹配滤波器系数 c_i，$i=0,2,\cdots,N-1$ 是训练序列的复共轭序列。在匹配滤波器输出的相关峰值处，可以同时进行符号同步和频率偏移校正。注意，上述的匹配滤波器操作是在接收信号进行 FFT 变换之前进行的，因此这一同步技术与 DS-CDMA 接收机中的同步非常类似。

9.4 峰平比(PAPR)抑制

OFDM 系统的主要缺点之一就是峰值功率和平均值功率的比值较高。如前所述，由于

OFDM 信号复合包络是多个子载波信号的叠加，根据中心极限理论，其线性组合可以近似看作是均值为零的高斯分布，当子载波个数 $N=64$ 时就认为符合上述规律，这将导致信号的包络剧烈变化。当子载波个数很大时，这种剧烈的发射功率变化对射频放大器的设计提出了很高的要求，阻碍 OFDM 技术的实际应用。因此在 OFDM 系统中，峰平比（PAPR）的分析和抑制就变得尤为重要。

9.4.1 概述

OFDM 信号的峰平比（PAPR）定义为

$$\mathrm{PAPR}=\frac{\max\limits_{0\leqslant t<NT_{\mathrm{sym}}}|x(t)|^2}{1/NT_{\mathrm{sym}}\cdot\int_0^{NT_{\mathrm{sym}}}|x(t)|^2\mathrm{d}t}\tag{9.4.1}$$

若考虑 $x(t)$信号的 Nm 个离散抽样值，其中 m 是过采样因子，则 OFDM 时域样值用一组向量表示为 $\boldsymbol{x}=[x_0,x_1,\cdots,x_{Nm-1}]^{\mathrm{T}}$。一般地，采样率 $m=4$，可得峰平比足够精确的结果。基于时域离散抽样值定义的 PAPR 可以表示为

$$\mathrm{PAPR}=\frac{\max\limits_{0\leqslant k\leqslant Nm-1}|x_k|^2}{E[|x_k|^2]}\tag{9.4.2}$$

对 OFDM 系统而言，峰平比主要取决于子载波的个数，随着子载波个数的增加而增加，而对所采用的调制方式并不敏感。为了刻画 OFDM 峰平比性能，经常采用互补累积分布函数（CCDF）表示 PAPR 的概率分布。

图 9.21 给出了子载波个数分别为 64、128、256 和 512 条件下的 CCDF。其中横坐标表示 PAPR 门限值，纵坐标表示 OFDM 符号的峰平比超过给定门限值的概率。由图可知，对于相同的 PAPR 门限值（如 10dB），当子载波个数为 64 时，有大概 0.6%的 OFDM 符号峰平比超过 10dB，而当子载波个数为 128、256 和 512 时，概率分别为 1.5%、3%和 6%。随着子载波个数增多，超过固定 PAPR 门限值的 OFDM 符号出现的概率就越大，OFDM 数据分组的峰平比过高现象越明显。

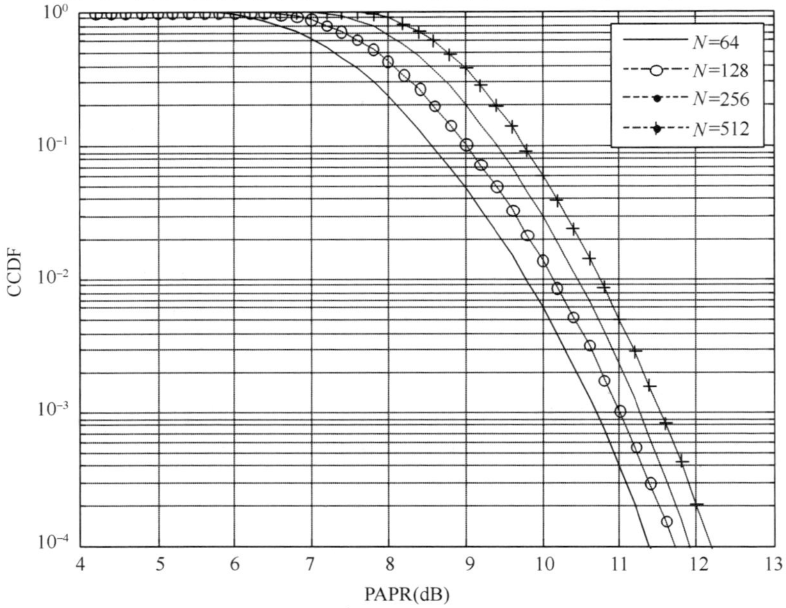

图 9.21 不同子载波个数的 CCDF

9.4.2 PAPR抑制算法

目前,降低OFDM信号PAPR的方法有很多,大体可以分成三大类[9.30]:信号预畸变技术、编码类技术和概率类技术,如图9.22所示。

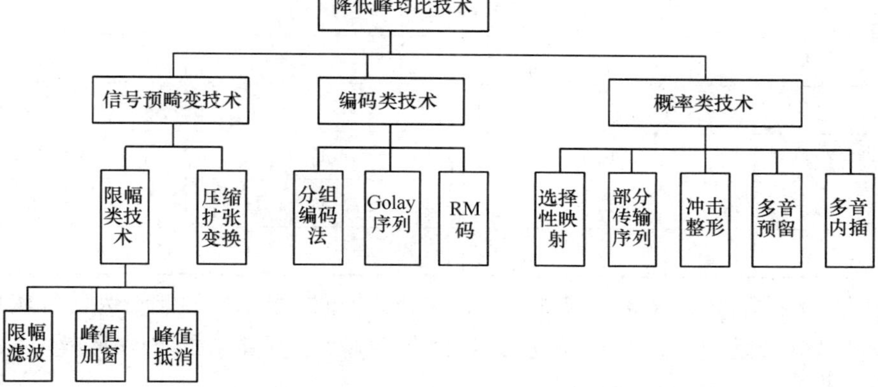

图9.22 PAPR抑制技术分类

1. 信号预畸变技术

信号预畸变技术包括限幅类技术和压缩扩张变换,下面概要介绍其基本原理。

(1) 限幅技术(Clipping)

限幅是最简单的方法,它直接在OFDM信号幅度峰值或附近采用非线性操作来降低信号的PAPR,能适用于任何数目子载波构成的系统。限幅相当于对原始信号加矩形窗,如果OFDM信号幅值小于预定门限,该矩形窗函数的幅值就为1,否则幅值小于1。限幅会不可避免地产生信号畸变,由于信号失真引入自干扰,从而造成系统性能下降。其次,限幅还会因为信号的非线性畸变导致带外频谱的辐射,或称为频谱泄漏(带外辐射功率增大)。虽然带外频谱的辐射可以通过应用非矩形窗函数来解决(如Gaussian、Kaiser和Hamming窗等),但效果都不是很明显。

(2) 压缩扩张变换(Companding)

压缩扩张变换借鉴了PCM A律对数压扩的原理,实现简单,计算复杂度不随子载波数目增加而增加。压缩扩张变换主要是对小幅值信号的功率进行放大,而保持大幅值信号的功率不变,以增大整个系统的平均功率为代价来达到降低PAPR的目的,因而其弊端在于:①系统的平均发射功率要增大;②符号的功率值更接近高功率放大器的非线性变化区域,进一步造成了信号的失真。

2. 编码类技术

编码类技术主要是对原始数据进行冗余编码,选择PAPR较小的码组作为OFDM符号发送,从而避免了信号峰值。下面的例子说明了通过编码降低OFDM符号PAPR的思想。

表9.1所示是一个OFDM符号所有可能数据分组的PAPR。从该表可以看出,有4个分组的PAPR为6.0dB,其他4个分组的PAPR为3.7dB。很显然,可以通过避免传输那些PAPR高的序列来达到降低PAPR的目的。如对原始数据进行分组编码,将3bit的数据码字映射成4bit的码字,使得允许传送的序列不包括那些产生高PAPR的序列,这样做得到的信号的PAPR就只有2.3dB,与不采用分组编码相比可以降低3.7dB。

表 9.1　4 个子载波、BPSK 调制 OFDM 信号所有可能数据分组的 PAPR

数据分组	PAPR(dB)	数据分组	PAPR(dB)
[1,1,1,1]	6.0	[−1,1,1,1]	2.3
[1,1,1,−1]	2.3	[−1,1,1,−1]	3.7
[1,1,−1,1]	2.3	[−1,1,−1,1]	6.0
[1,1,−1,−1]	3.7	[−1,1,−1,−1]	2.3
[1,−1,1,1]	2.3	[−1,−1,1,1]	3.7
[1,−1,1,−1]	6.0	[−1,−1,1,−1]	2.3
[1,−1,−1,1]	3.7	[−1,−1,−1,1]	2.3
[1,−1,−1,−1]	2.3	[−1,−1,−1,−1]	6.0

采用编码技术抑制 PAPR 是以增加系统带宽，降低每发送比特的能量为代价实现的。但是在编码效率和 PAPR 之间存在折中问题，即编码效率越高，所要求的 PAPR 就要相应增加，而 PAPR 降低，相应的编码效率就要越低。

应用编码方法降低 PAPR 的优点是系统相对简单、稳定，降低 PAPR 的效果好。但是，它的缺点也非常明显：①编码调制方式受限，比如，分组编码只适用于 PSK 的调制方式，而不适用于基于 QAM 调制方式的 OFDM 系统；②子载波个数受限，随着子载波个数的增加，计算复杂度增大，系统的吞吐量严重下降，带宽的利用率显著降低；③数据有效速率减小，这是因为大部分的编码方法都要引入一定的冗余信息。

3. 概率类技术

概率类技术不是着眼于降低信号幅度的最大值，而是降低峰值出现的概率。一般而言，该类技术会带来信息冗余，缺点是计算复杂度太大，要进行多次 IFFT 运算，并且需要可靠传送边信息。概率类技术又可以分为 5 类，下面简要介绍。

(1) 相位优化

OFDM 系统中出现较大峰值功率信号的原因在于多个连续的子载波信号以某一种对称的相位(包括同相位或是固定相位跳变等)的叠加。如果利用多个序列表示同一组信息打破这种相位对称性，则在给定 PAPR 门限值的条件下，从中选择一组 PAPR 最小的用于数据传输，那么就会显著减小大峰值功率信号出现的概率。

相位优化法就是利用不同的加扰相位序列来对 OFDM 符号进行加权处理以改变其统计特性，主要包括选择性映射(Selected Mapping，SLM)、部分传输序列(Partial Transmit Sequences，PTS)等。

选择性映射的基本思想是：对传输相同信息的 M 个统计独立(独立同分布)的 OFDM 符号，选择其中具有最小 PAPR 的符号传输。M 个统计独立的 OFDM 符号是对 M 个长度为 N 的随机序列进行优化加权而得到的，然后运用迭代方法求得最优解。

部分传输序列的主要思路是：首先将输入的数据符号划分为若干个子组，每个子组的长度仍为 N，然后对每个子组进行系数最优化的求解，最后再合并这些子组，从而达到降低整个系统 PAPR 的目的。图 9.23 是 PTS 的原理框图。

PAPR 减小的程度有赖于子组的数目 M 及所允许的相位因子数目。另一个有可能影响 PTS 中 PAPR 减小的因素是子组的划分，即将子载波分成多个离散的子组的方法。

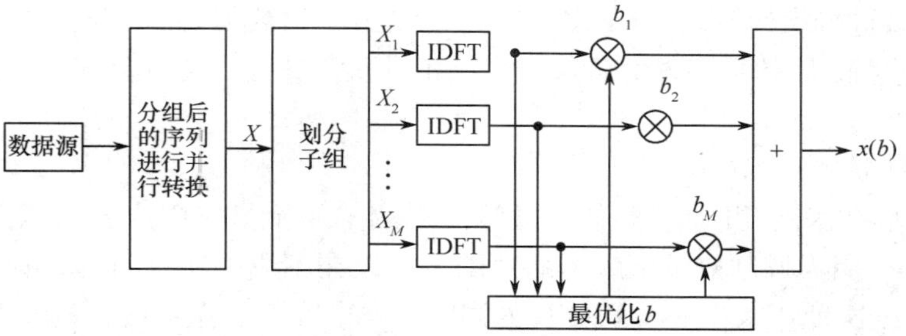

图 9.23 PTS的原理框图

(2) 交织技术(Interleaving)

交织技术的原理和选择性映射类似。选择性映射中通过使用随机相位序列来降低多载波信号的PAPR,在交织技术中,通过使用一组交织器来达到相同的效果,交织器的作用是用来对长度为 N 的信号序列进行重排。假设信号序列 $\boldsymbol{X}=[X_0,X_1,\cdots,X_{N-1}]^{\mathrm{T}}$,经过交织器后,序列变为 $\boldsymbol{X}=[X_{\pi(0)},X_{\pi(1)},\cdots,X_{\pi(N-1)}]^{\mathrm{T}}$。此处 $\{n\}\leftrightarrow\{\pi(n)\}$ 为一对一的映射,$\pi(n)\in\{0,1,\cdots,N-1\}$。

交织技术通过使用 K 个交织器,由同一个OFDM信号可以生成 K 个序列,其中包括一个原始信号和 $K-1$ 个重排信号,这些序列分别经过 K 个IDFT后选取PAPR最小的序列进行传输。为了能恢复出原始信号,接收端需要根据附加信息来确定使用的是哪个交织器,因此需要的附加比特数为 $\lfloor\log_2 K\rfloor$。在发送端和接收端都存储 $\{\pi(n)\}$ 的重排信息,这样交织与反交织能够很容易实现。同样,PAPR的减小程度取决于交织器的个数 $K-1$ 和交织器的设计。

(3) 冲激整形(Pulse Shaping,PS)

通过恰当选择OFDM中各个子载波的时域冲激波形,可以有效降低PAPR,其效果比前两种方法要好。这种方法选取一组合适的冲激波形 $P_m(t)$ 使最大PAPR降低,从而改善信号的PAPR分布。在发送端,首先将输入数据进行基带调制,调制的符号速率为 $1/T_s$;再将基带调制后的数据串/并变换成 N(子载波个数)路并行的数据流,每个支路分别由一冲激波形进行成形并在其对应的子载波上传送。

冲激整形非常灵活,适用于任何子载波个数、任意调制方式的多载波系统。同时,该方法的实现复杂度相对于其他方法来说比较低,接收端的解码也很简单,只需将收到的数据乘以发送端中成形矩阵的逆矩阵,即可恢复出原始数据。

(4) 多音加法

多音加法包括多音预留(Tone Reservation,TR)和多音内插(Tone Injection,TI)两种方法。它们都是基于为原始信号增加一个独立的时域数据块信号以减小PAPR的思想。这个时域信号在发射机上很容易计算,在接收机上也很容易去掉。

TR是将某些不用承载数据的子载波提取出来,取而代之以能够降低整个系统PAPR的信号,它通过某种方式改变噪声频谱,使得噪声集中分布在SNR较低的高频区。OFDM系统中,由于调度算法仅对那些具有良好信噪比的子载波进行,通常一些信噪比较差的子载波不携带数据。通过预编码技术改变限幅噪声分布,使其只出现在这些不用的子载波上。因此只要系统中有保留不用的子载波,这种技术就可以应用在各种类型的多载波系统上。

TI把降低PAPR的信号也作为信息符号参与IFFT运算,其基本思想是扩展QAM星座,使同一个数据对应星座上的多个点,恰当地选择表示数据的星座点,可以极大降低信号的

PAPR。在接收端进行模运算，可以从多点映射恢复出原始数据，而不需要边带信息的传送，提高了频谱效率。然而，原始星座外的备选信号点相对而言具有更大的能量，所以会造成一定的能量损失。

（5）动态星座扩展技术（ACE）

动态星座扩展技术同 TI 原理类似。通过动态调整原始星座中边界信号点的位置，达到降低 PAPR 的目的。因为调制信号星座图的外围点可以在不影响其他符号误码率的前提下动态调整其坐标。所以这种技术在减小 PAPR 的同时也略微降低了系统的误码率，并且信号的码率不会降低，不需要额外的附加信息。但是这种技术的缺点是需要增加信号的发送功率，并且在调制阶数较大的星座图中，这种技术的优越性不显著。

9.4.3 算法性能比较

选择抑制 PAPR 方法需要考虑很多因素，包括 PAPR 降低能力、发送信号功率增加、误码率增加、码率降低、计算复杂度增大等，没有一种算法是完美无缺的，每种算法都有各自的优缺点，下面综合比较这些算法的性能。

（1）PAPR 的降低能力

很明显，这是选择算法首要考虑的因素，但是需要注意有些方法带来了负面效果。比如，限幅技术能够很容易降低时域信号幅值，但是同样带来了带内失真和带外信号扩散的负面效果；选择性映射能达到很好的 PAPR 减小效果，但是计算复杂度很高。

（2）发送信号功率的增加

一些降低 PAPR 技术需要增大发送信号的发送功率。比如，TR 发送端的部分功率被用作传送 PRC 峰值降低的子载波；TI 使用一组等效的星座点来代替原始星座图上的一个点，这些等效点需要的发送功率大于原始星座图信号点的功率，所以增大了发送端功率。如果保持发送端功率不变，则某些信号的功率低于要求的正常功率，可能会带来误码率的增加。

（3）接收端误码率的增加

这也是需要重点考虑的因素，并且与功率增加有着密切的联系。在一些技术的运用中，如果发送端功率等于或者低于要求的正常功率，则会带来误码率的增加。例如，运用动态星座扩展技术（ACE），如果发送信号的功率固定不变，将会导致误码率的增大。其他一些技术，如 SLM、PTS 或者交织，如果附加信息丢失，同样会导致整个数据块的译码错误。

（4）码率的降低

一些技术的使用要求降低码率，如分组码，有 1/4 的比特信息用来降低 PAPR；SLM、PTS 和交织也需要传输附加信息用于接收端准确恢复原始信号。这些技术要采用合适的信道编码，否则接收到的附加信息可能出错，因此信道编码的采用使得传输效率进一步降低。

（5）计算复杂度

计算复杂度也是选择合适算法需要考虑的问题。例如，PTS 和 SLM 为了能找到合适的降低 PAPR 的随机相位序列，需要多次的迭代运算；对于交织来说，交织器越多，PAPR 的减少程度就越大。一般说来，PAPR 降低技术越好，其计算复杂度也就相应越高。

（6）其他因素

有许多降低 PAPR 的技术没有考虑发送端其他部件可能的影响，如发送滤波器、D/A 转换器和功率放大器等。所以在实际选择过程中，需要根据软硬件结构仔细研究一种技术的性能和代价，权衡它们之间的相对优劣。

表 9.2 总结了本节提到的几种技术的优缺点。

表 9.2 OFDM 中 PAPR 抑制技术比较

算法类型	失真	功率增加	码率降低	发射机(Tx)和接收机(Rx)的要求
削峰滤波	No	No	No	Tx:幅度削波滤波 Rx:无
编码	Yes	No	Yes	Tx:编码或表格搜索 Rx:解码或表格搜索
部分传输序列	Yes	No	Yes	Tx:M IDFT,W^{M-1}复向量求和 Rx:辅助信息的提取,PTS 逆操作
选择性映射	Yes	No	Yes	Tx:U IDFT Rx:辅助信息的提取,SLM 逆操作
交织	Yes	No	Yes	Tx:K IDFT,$(K-1)$交织 Rx:辅助信息的提取,解交织
TR	Yes	Yes	Yes	Tx:IDFT,找到合适的 PRC Rx:忽略不承载数据的子载波
TI	Yes	Yes	No	Tx:IDFT,搜寻功率峰值点,修正的子载波 Rx:Modulo D 操作
动态星座扩展	Yes	Yes	No	Tx:IDFT,映射到“阴影区域” Rx:无

9.5 非正交多载波传输

在移动通信中应用 OFDM 技术,人们发现其存在 CP 开销大、带外干扰大、同步复杂、峰平比高等诸多局限。为了满足 5G 移动通信的传输需求,欧盟 FP7 框架下的 5GNOW 项目提出了多种新型的非正交多载波方案[9.31]。其中代表性的方案有 3 种:滤波器组多载波(Filter Bank Multicarrier,FBMC)[9.32]、通用滤波多载波(Universal Filtered Multicarrier,UFMC)[9.33]、广义频分复用(Generalized Frequency Division Multiplexing,GFDM)[9.34]。这 3 种多载波技术的基本设计思想都是放松 OFDM 载波正交的要求,从而改善传输性能。

9.5.1 FBMC

FBMC 与 OFDM 总体结构类似,也是将频谱划分为多个正交子载波,但增加了滤波器组成形,从而抑制带外干扰。尽管子载波间不再正交,但可以舍弃循环前缀(CP),增加了信号处理的灵活性,避免 OFDM 的一些缺点。

FBMC 系统的基本结构如图 9.24 所示。发送端数据首先经过 OQAM 调制,然后经 IFFT 变换,通过多相滤波器(PPN)处理,产生发送信号。对应地,接收端先经过多相滤波,再进行 FFT 变换,然后经过 OQAM 解调,得到接收信号。IFFT 与 PPN 统称为综合滤波器组 SFB (Synthesis Filter Bank),PPN 与 FFT 统称为分析滤波器组 AFB(Analysis Filter Bank)。

1. FBMC 的信号模型

FBMC 的基带等效发送信号为

$$x(t)=\sum_{q=-\infty}^{+\infty}\sum_{p=0}^{N-1}d_{p,q}g_{p,q}(t) \tag{9.5.1}$$

式中,N 表示子载波个数;$d_{p,q}$是第 q 个 FBMC 符号第 p 个子载波上发送的实数据符号;$g_{p,q}(t)$表示相应时频格点位置的子载波基信号,可以通过下面的时频变换得到

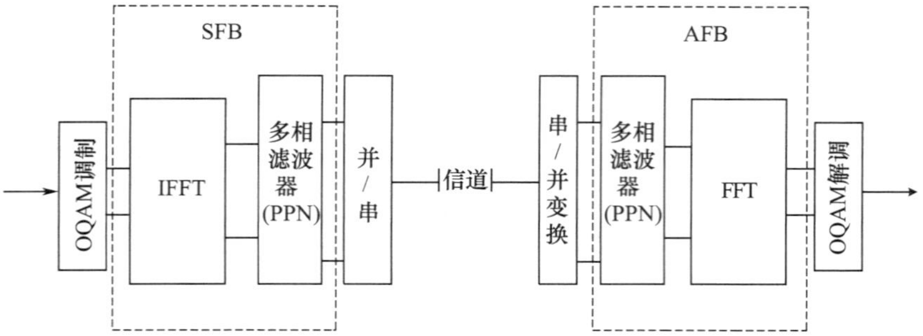

图 9.24　FBMC 系统的基本结构

$$g_{p,q}(t)=\mathrm{e}^{\mathrm{j}\frac{\pi}{2}(p+q)}\mathrm{e}^{\mathrm{j}2\pi p\nu_0 t}g(t-q\tau_0) \tag{9.5.2}$$

式中，ν_0 表示子载波间隔；τ_0 表示相邻符号的时间偏移。$g_{p,q}(t)$就构成了 FBMC 的滤波器组信号。FBMC 中的 ν_0、τ_0 这两个参数与 OFDM 的符号周期 T 及子载波间隔 F 之间的关系为 $T=2\tau_0=1/F=1/\nu_0$。

由于 FBMC 的基带信号在实数域严格正交，即满足$\langle g_{p,q},g_{p_0,q_0}\rangle=\delta_{p,p_0}\delta_{q,q_0}$。在理想信道条件下，时频格点坐标为$(p_0,q_0)$的输出信号可表示为

$$\hat{d}_{p_0,q_0}=\langle x(t),g_{p_0,q_0}\rangle^R=\sum_{q=-\infty}^{+\infty}\sum_{p=0}^{N-1}d_{p,q}\langle g_{p,q},g_{p_0,q_0}\rangle^R \tag{9.5.3}$$

式中，$\langle g_{p,q},g_{p_0,q_0}\rangle^R$ 表示计算 $g_{p,q}$和 g_{p_0,q_0} 的内积并取实部。由此可得

$$\hat{d}_{p_0,q_0}=\sum_{q=-\infty}^{+\infty}\sum_{p=0}^{N-1}d_{p,q}\delta_{p,p_0}\delta_{q,q_0}=d_{p_0,q_0} \tag{9.5.4}$$

2. 原型滤波器

在 FBMC 系统中，0 号子载波对应的滤波器称为原型滤波器，其余子载波对应的滤波器都是它通过频率移位得到的。FBMC 系统中，通过增加滤波器冲激响应持续时间(往往超过符号周期 T)，从而改善 FBMC 带外衰减特性。原型滤波器设计的关键是存在符号重叠情况下，保证数据传输时不产生符号间干扰，即满足 Nyquist 无码间干扰准则。

给定原型滤波器 $h(t)$的传递函数为 $H(f)$，引入重叠因子 K，表示原型滤波器冲激响应持续时间与多载波符号周期 T 的比值。通常情况下，K 为整数。按照最佳传输准则，将全局滤波器分为发送端的 Half-Nyquist 滤波器及接收端的 Half-Nyquist 滤波器两部分，这样 H_k 为滤波器权重系数，满足对称性 $H_k=H_{-k}$，$k=1,2,\cdots,K-1$。

当 $K=2,3,4$ 时，原型滤波器的频率响应抽头系数见表 9.3。

表 9.3　原型滤波器频率响应抽头系数

K	H_0	H_1	H_2	H_3	σ^2(dB)
2	1	$\sqrt{2}/2$	—	—	−35
3	1	0.911438	0.411438	—	−44
4	1	0.971960	$\sqrt{2}/2$	0.235147	−65

基于表 9.3，原型滤波器的频率响应表示为

$$H(f)=\sum_{k=-(K-1)}^{K-1}H_k\frac{\sin\left(\pi\left(f-\frac{k}{MK}\right)MK\right)}{MK\sin\left(\pi\left(f-\frac{k}{MK}\right)\right)} \tag{9.5.5}$$

式中，M 是 FBMC 中滤波器数目。相应的时域冲激响应为

$$h(t) = 1 + 2\sum_{k=1}^{K-1} H_k \cos\left(2\pi \frac{kt}{KT}\right) \tag{9.5.6}$$

当重叠因子 $K=4$ 时，原型滤波器的频率响应如图 9.25 所示。

由图可见，重叠因子 $K=4$ 时，原型滤波器具有很好的时频聚焦特性，带外衰减 65dB 以上，具有良好的频率选择性。

3. OQAM 调制

基于重叠因子 $K=4$、原型滤波器得到的滤波器组频率响应如图 9.26 所示，可见相邻子载波间存在干扰。

这种干扰是相邻子载波频率响应重叠造成的，涉及 $K-1$ 个权重系数 H_k，也可以看作是一种干扰滤波器，其频率系数定义为 G_k，与原型滤波器系数 H_k 满足

$$G_k = H_k H_{K-k} \tag{9.5.7}$$

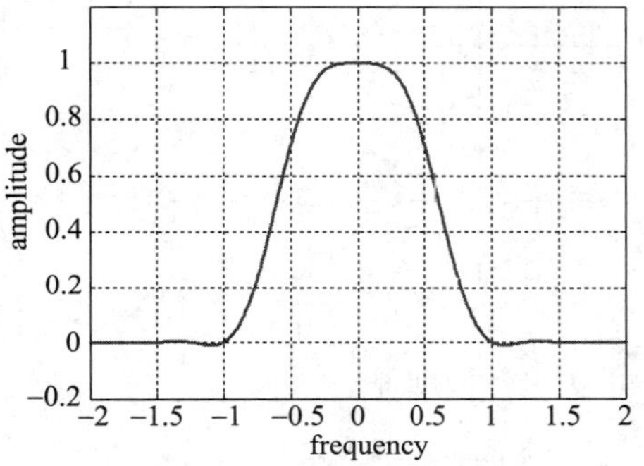

图 9.25　重叠因子 $K=4$ 时原型滤波器的频域响应

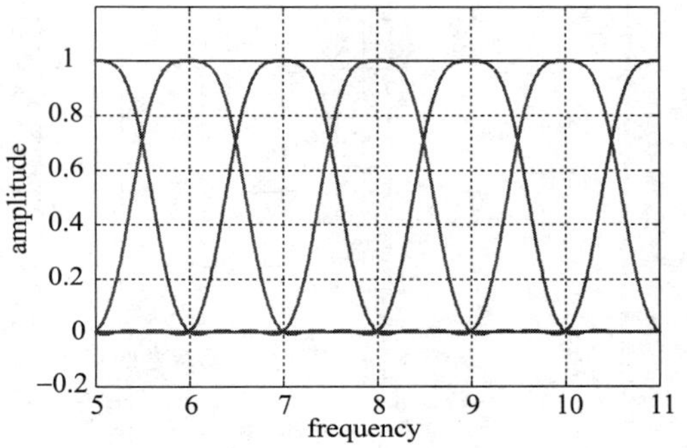

图 9.26　滤波器组频率响应

以 $K=4$ 为例，有 $G_1=G_3=0.2285$，$G_2=0.5$，干扰滤波器的频率响应为

$$G(f) = \sum_{k=1}^{3} G_k \frac{\sin\left(\pi\left(f-\frac{k}{MK}\right)MK\right)}{MK\sin\left(\pi\left(f-\frac{k}{MK}\right)\right)} \tag{9.5.8}$$

相应的干扰冲激响应为

$$g(t) = \left[G_2 + 2G_1\cos\left(2\pi\frac{t}{KT}\right)\right]e^{j2\pi\frac{t}{2T}} \tag{9.5.9}$$

上述干扰响应的第一项为纯实数，而第二项 $e^{j\frac{\pi t}{T}}$ 当 t 为 $T/2$ 的偶数倍时为纯实数，为 $T/2$ 的奇数倍时为纯虚数。因此，如果将符号速率加倍，符号周期将减半，则干扰的时域响应会以 $T/2$ 的周期实虚交替产生。

可见，不相邻的子载波间几乎没有干扰，但是相邻子载波仍存在干扰。如果在奇数或偶数子载波承载 QAM 信号，固然可以消除干扰，但是这种方式下频谱效率会减半，显然是不可取的。因此，FBMC 系统采用了 OQAM（Offset QAM）的调制方式，这样保证与 OFDM 相同的频谱效率。

OQAM 调制的原理框图如图 9.27 所示。在发送端，将复数信号的 I/Q 路分离，Q 路相对于 I 路延迟半个符号周期，即 $T/2$。因此当 I 路存在干扰时在 Q 路发送符号，反之亦然，从而消除了干扰。

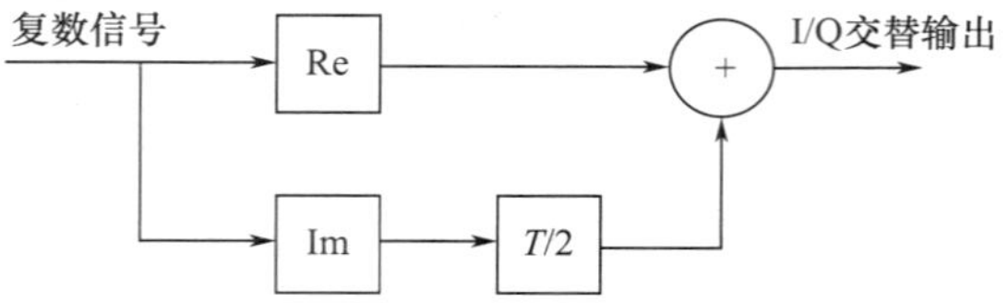

图 9.27　OQAM 调制的原理框图

OFDM 与 FBMC 调制信号到子载波的映射如图 9.28 所示。其中，QAM 复信号直接映射到 OFDM 的子载波。而 OQAM 信号的 I/Q 两路在 FBMC 的子载波上交错映射，I 路符号映射到奇数列格点的奇数行和偶数列格点的偶数行，Q 路符号映射到奇数列格点的偶数行和偶数列格点的奇数行。

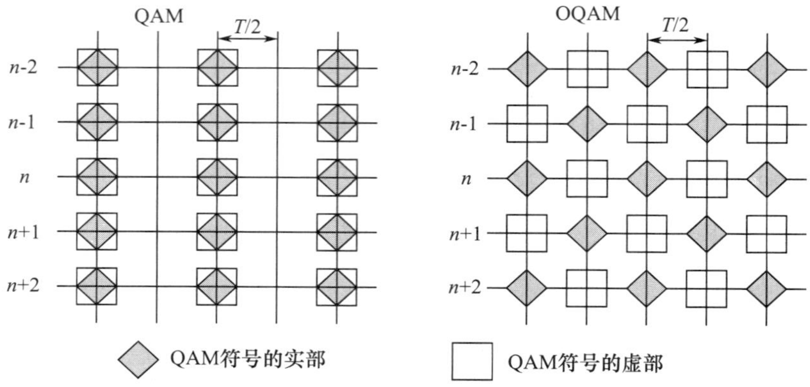

图 9.28　OFDM 与 FBMC 系统调制信号到子载波的映射

4. 多相滤波

令发送符号为 $d_{p,q}=d_{p,q}^{\mathrm{I}}+\mathrm{j}d_{p,q}^{\mathrm{Q}}$，则 FBMC 的发送信号可以进一步展开为

$$x(t)=\sum_{q=-\infty}^{+\infty}\sum_{p=0}^{N-1}\mathrm{e}^{\mathrm{j}\frac{\pi}{2}(p+2q)}\mathrm{e}^{\mathrm{j}2\pi p\nu_0 t}\left[d_{p,q}^{\mathrm{I}}g(t-2q\tau_0)+\mathrm{j}d_{p,q}^{\mathrm{Q}}g(t-2q\tau_0-\tau_0)\right]\tag{9.5.10}$$

式中，$\tau_0=T/2$。

利用多相滤波器结构，可以简化 FBMC 的发送框架，如图 9.29 所示。发送信号首先经过 IFFT 变换，然后送入多相滤波器。由于滤波器结构的对称性，可以极大降低处理复杂度。

5. FBMC 系统的优缺点

(1) FBMC 系统的技术优势

① 提高频谱效率。与 OFDM 相比，FBMC 的子载波旁瓣衰减很快，子载波间干扰很小，因此没有必要插入循环前缀或者保护间隔，从而节省带宽，提高了频谱效率。

② 增加灵活性。由于子载波间不再需要正交，FBMC 可以灵活控制每个子载波的带宽和重叠程度。一方面提高了信号处理的灵活性，便于抑制相邻子载波干扰，同时进一步提高了频谱效率。

③ 降低同步要求。由于 FBMC 的子载波不再需要严格同步，因此 FBMC 系统可以放松时频同步要求，从而降低了接收机同步算法的处理复杂度。

(2) FBMC 系统的技术局限性

① 增加信号处理复杂度。FBMC 的原型滤波器往往采用很长的冲激响应，虽然能够减少带外频谱泄漏，提高频谱效率，但是会增加收发信号处理的复杂度。

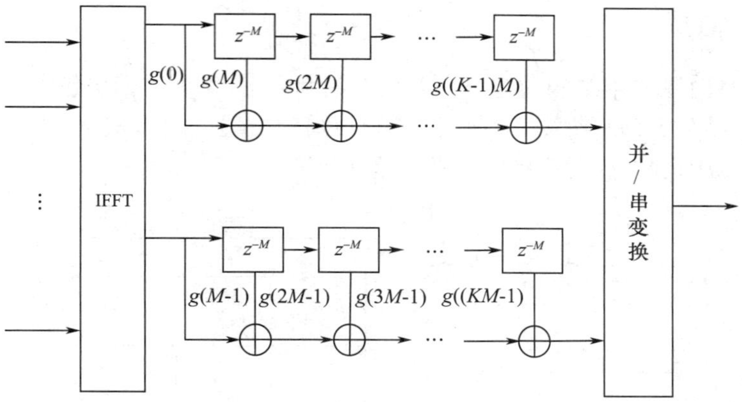

图 9.29　基于 IFFT 和 PPN 结构的 FBMC 发送框架

② 增加信号检测复杂度。由于去除 CP，多径信道下 FBMC 信号将存在 ISI/ICI，接收端需要采用复杂的均衡算法以消除干扰。并且 FBMC 与其他信号处理技术(如 MIMO)进行组合，会进一步增加信号检测算法的复杂度。

9.5.2　UFMC

OFDM 信号的一个主要问题是带外衰减慢，一旦时偏/频偏较大，就可能引入严重的 ISI/ICI。为此人们考虑了两种改善 OFDM 带外特性的方案，一种是 FBMC，另一种是 F-OFDM(Filtered-OFDM)。前者采用滤波器组，对每个子载波都进行滤波，虽然能够有效抑制带外衰减，但滤波器持续时间长，实现复杂度较高，并带来其他信号处理问题。而后者采用单个宽带滤波器，对整个频谱进行滤波，为了获得显著的带外衰减效果，往往要设计高阶滤波器，也增加了实现难度。

由此可见，FBMC 与 F-OFDM 是两个极端，有各自的技术问题。为了兼顾两种方案的优势，文献[9.33]提出了通用滤波多载波(UFMC)方案。它的基本思想是，将相邻的多个子载波信号分为一组，称为子带。设计一个统一的滤波器，对子带信号进行滤波。如果每个子带只包含一个子载波，UFMC 退化为 FBMC；反之，如果子带包含全带宽，则 UFMC 退化为 F-OFDM。可见，UFMC 是介于 FBMC 与 F-OFDM 之间的一种折中方案。

图 9.30 给出了 LTE 单个 RB(带宽 180kHz)配置，采用 OFDM 与 UFMC 的信号频谱。由图可见，OFDM 带外衰减很慢，在带外 300kHz 附近，大约只衰减 25dB，而 UFDM 带外衰减能够达到 60dB。显然，UFMC 的带外衰减性能要显著优于 OFDM。

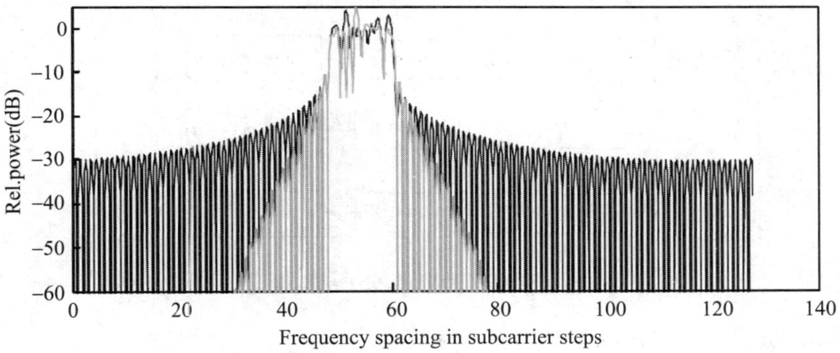

图 9.30　单个 RB 上 OFDM 与 UFMC 的信号频谱

9.5.3 GFDM

GFDM 是一种时频二维结构的非正交多载波调制方案，每个数据块包含 K 个频域子载波和 M 个时域子符号，乘积 KM 是常数，而 K 和 M 可以灵活配置。图 9.31 给出了 OFDM 与 GFDM 的时频资源结构，从中可以清晰地看到两者的差异。

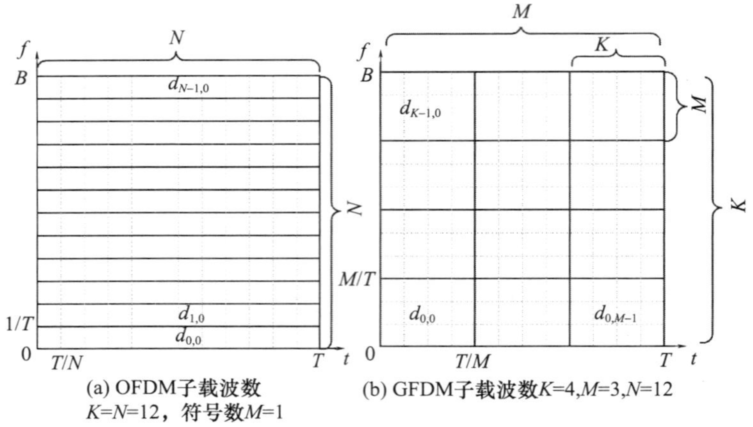

图 9.31 OFDM 与 GFDM 的时频资源结构

1. 信号模型

发送端的符号序列 $\boldsymbol{d}$ 是包含 N 个符号的数据块，分解为 M 个子块，每个子块包含 K 个子载波，即 $\boldsymbol{d}=(\boldsymbol{d}_0^{\mathrm{T}},\cdots,\boldsymbol{d}_{M-1}^{\mathrm{T}})^{\mathrm{T}}$，其中，$\boldsymbol{d}_m=(d_{0,m},\cdots,d_{K-1,m})^{\mathrm{T}}$，因此 $N=KM$。$d_{k,m}$ 表示第 k 个子载波第 m 个子块上传输的数据符号。

图 9.32 给出了 GFDM 的发送结构框图，其中成形滤波器的冲激响应为

$$g_{k,m}[n]=g[(n-mK)\bmod N]\cdot\exp\left(-\mathrm{j}2\pi\frac{k}{K}n\right) \tag{9.5.11}$$

式中，$n=0,1,\cdots,N-1$。每个滤波器 $g_{k,m}[n]$ 都是原型滤波器经过时频域循环移位的结果。

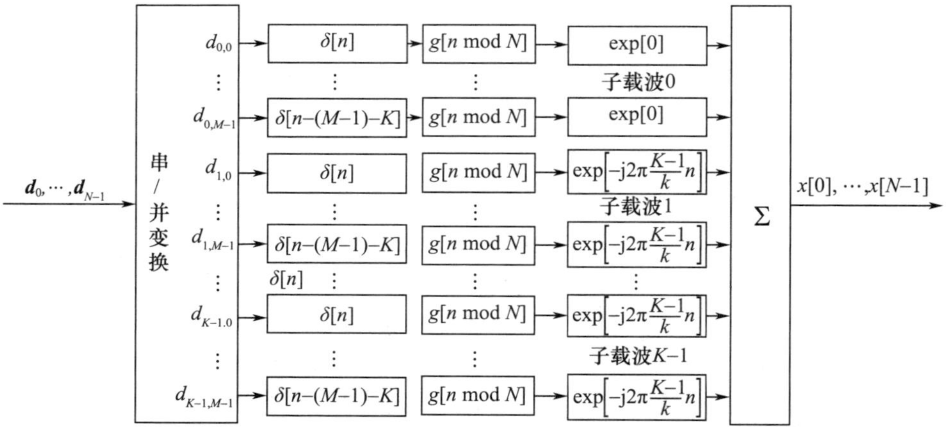

图 9.32 GFDM 的发送结构框图

根据图 9.32 所示结构，GFDM 发送符号表示为

$$x[n]=\sum_{k=0}^{K-1}\sum_{m=0}^{M-1}g_{k,m}[n]d_{k,m}\qquad n=0,1,\cdots,N-1 \tag{9.5.12}$$

采用矩阵形式可以表示为

$$\boldsymbol{x}=\boldsymbol{A}\boldsymbol{d} \tag{9.5.13}$$

式中，$\boldsymbol{A}$ 是一个 $KM\times KM$ 维的滤波矩阵，其元素 $g_{k,m}[n]$ 组成为

$$\boldsymbol{A}=(g_{0,0},\cdots,g_{K-1,0},g_{0,1},\cdots,g_{K-1,M-1}) \tag{9.5.14}$$

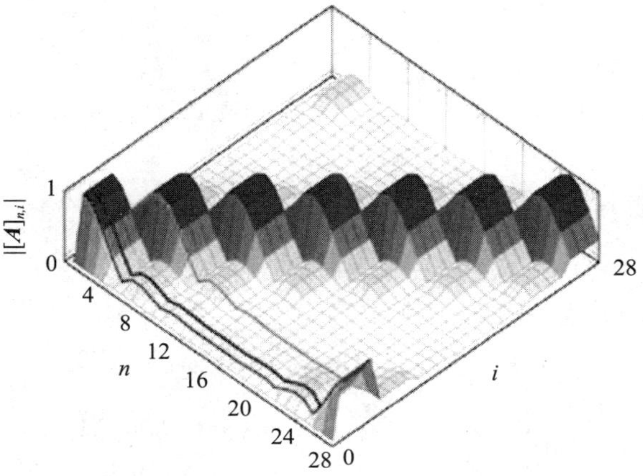

图 9.33　GFDM 滤波矩阵的三维结构示意（$N=28,K=4,M=7$，RC 滤波器 $\alpha=0.4$）

为了更直观地理解滤波矩阵 $\boldsymbol{A}$ 的结构，图 9.33 给出了其三维结构示意，可以清楚地看出在时频域上循环移位的规律。产生 GFDM 波形信号 $\boldsymbol{x}$ 之后，只需加上长度为 N_{CP} 的循环前缀，得到 $\tilde{\boldsymbol{x}}$ 即可发送。在多径衰落信道中，循环前缀的长度应大于多径时延，以保证一个符号的多径分量不会干扰相邻符号。

2. 原型滤波器的设计

如前所述，GFDM 的每个符号的成形滤波器都是由同一个原型滤波器经过时频域循环移位得到，因此该原型滤波器的特性直接影响 GFDM 的系统性能。一般要求原型滤波器满足 Nyquist 无码间干扰准则。常用的原型滤波器有 RC、RRC、1st Xia、4th Xia 等。表 9.4 列出了各个滤波器的频域响应表达式。

表 9.4　原型滤波器的频域响应表达式

滤波器	频率响应表达式
RC	$G_{\text{RC}}[f]=\frac{1}{2}\left[1+\cos\left(\pi\text{lin}_\alpha\left(\frac{f}{M}\right)\right)\right]$
RRC	$G_{\text{RRC}}[f]=\sqrt{G_{\text{RC}}[f]}$
1st Xia	$G_{\text{Xia}}[f]=\frac{1}{2}[1+\text{e}^{-\text{j}\pi\text{lin}_\alpha\left(\frac{f}{M}\right)\text{sgn}(f)}]$
4th Xia	$G_{\text{Xia4}}[f]=\frac{1}{2}[1+\text{e}^{-\text{j}\pi p_4\left(\text{lin}_\alpha\left(\frac{f}{M}\right)\right)\text{sgn}(f)}]$

其中，α 是滤波器的滚降因子，$\text{lin}_\alpha(x)=\min\{1,\max\{0,(\alpha-1)/2\alpha+|x|/\alpha\}\}$ 是一个线性函数，取值范围为(0,1)，用于描述滤波器的滚降区域。4th Xia 滤波器中的函数 $p_4(x)=x^4(35-84x+70x^2-20x^3)$，是一个有理多项式。在实际应用中，常常选择滚降因子 $0\leqslant\alpha\leqslant0.2$ 的 RC 滤波器或 4th Xia 滤波器。

3. 接收链路

GFDM 的接收链路的总体流程描述如下。

在接收端，经过时频同步，得到信号$\tilde{\boldsymbol{y}}_s$，之后移除循环前缀(CP)，整个接收信号表示为

$$\boldsymbol{y}=\boldsymbol{HAd}+\boldsymbol{w} \tag{9.5.15}$$

经过频域信道均衡后，接收信号表示为

$$\boldsymbol{z}=\boldsymbol{Ad}+\bar{\boldsymbol{w}} \tag{9.5.16}$$

对信号 $\boldsymbol{z}$ 进行检测，得到符号序列的估计为

$$\hat{\boldsymbol{d}}=\boldsymbol{Bz} \tag{9.5.17}$$

式中，$\boldsymbol{B}$ 代表接收矩阵，大小为 $KM\times KM$。常用的接收算法有 3 种，分别是匹配滤波检测(MF)、迫零接收(ZF)及最小均方误差检测(MMSE)。

MF 接收机的接收矩阵为

$$\boldsymbol{B}_{\mathrm{MF}}=\boldsymbol{A}^{\mathrm{H}} \tag{9.5.18}$$

即接收矩阵是滤波矩阵的共轭转置，将上式代入式(9.5.17)，可得

$$\hat{\boldsymbol{d}}=\boldsymbol{B}_{\mathrm{MF}}\boldsymbol{z}=\boldsymbol{A}^{\mathrm{H}}(\boldsymbol{Ad}+\bar{\boldsymbol{w}})=\boldsymbol{A}^{\mathrm{H}}\boldsymbol{Ad}+\boldsymbol{A}^{\mathrm{H}}\bar{\boldsymbol{w}} \tag{9.5.19}$$

式中，$\hat{\boldsymbol{d}}$ 是长度为 N 的接收符号序列。一般来说，$\boldsymbol{A}^{\mathrm{H}}\boldsymbol{A}\neq\boldsymbol{I}$，因此 MF 接收机造成接收信号间存在干扰，影响系统性能。但 MF 接收机的优点是不会放大噪声功率。

ZF 接收机的接收矩阵为

$$\boldsymbol{B}_{\mathrm{ZF}}=\boldsymbol{A}^{-1} \tag{9.5.20}$$

即接收矩阵是滤波矩阵的逆矩阵。由于$\boldsymbol{A}^{-1}\boldsymbol{A}=\boldsymbol{I}$，因此 ZF 接收机可以完全消除系统自干扰，但会放大噪声功率，这意味着在信噪比较低时，ZF 接收机的性能会严重下降。

MMSE 接收机的接收矩阵为

$$\boldsymbol{B}_{\mathrm{MMSE}}=(\boldsymbol{R}_{\mathrm{w}}^{2}+\boldsymbol{A}^{\mathrm{H}}\ \boldsymbol{H}^{\mathrm{H}}\boldsymbol{HA})^{-1}\boldsymbol{A}^{\mathrm{H}}\ \boldsymbol{H}^{\mathrm{H}} \tag{9.5.21}$$

式中，$\boldsymbol{R}_{\mathrm{w}}^{2}$ 表示噪声的协方差矩阵。MMSE 接收机在抑制自干扰与放大噪声功率之间进行有效折中，因此其性能要明显优于 MF 与 ZF 接收机，但同时 MMSE 接收机的实现复杂度也比 MF 和 ZF 接收机要高得多。

4. GFDM 的技术优势

(1) 提高频谱效率

GFDM 的每一个数据块，只需要添加一个 CP，而不像 OFDM 对每个符号都添加 CP，因此 GFDM 的频谱利用率较高。

(2) 降低带外泄漏

在 GFDM 中，为使频谱旁瓣衰减较快，带外功率泄漏较小，需对子载波进行滤波。各子载波上的成形滤波器均由同一个原型滤波器通过时频域循环移位得到。好的原型滤波器将有效提高 GFDM 的接收性能，减小带外功率泄漏。

(3) 增加灵活性

GFDM 最大的优势在于其灵活性，可以有效利用分段频谱，针对不同应用场景的传输时延、带宽约束，设计不同的时频结构来满足要求。因此，GFDM 非常适合应用于认知无线电(CR)系统中。

(4) 易于系统优化

尽管 GFDM 对子载波的滤波操作会导致子载波间干扰，但只要在接收端进行干扰消除即可。而且 GFDM 比较容易与 MIMO 相结合，基本保留了 OFDM 系统的主要优点，实现复杂度

稍有增加。

表 9.5 总结了 3 种非正交多载波调制 FBMC、UFMC 与 GFDM 的技术特点，特别是 GFDM，兼具系统性能与实现复杂度的双重优势，是未来 5G/6G 移动通信重要的波形传输技术。

表 9.5　非正交多载波调制方案比较

方案	关键技术	优点	缺点
FBMC	滤波器组多载波	① 各子载波间的重叠程度可灵活控制 ② 在发送数据较短时，时频效率较高 ③ 对时频同步的要求较低	① 子载波间干扰较大 ② 滤波器长度大，实现复杂度高
UFMC	基于子带的滤波	① 滤波器的长度短，实现复杂度低 ② 时频效率较高 ③ 子载波间干扰较小	对时间同步的要求较高
GFDM	时频二维调制	① PAPR 较低 ② 可利用分散的频谱资源 ③ 带外辐射低	接收机较复杂

本 章 小 结

多通道并行传输通常用在时变信道上以克服信道衰落造成的影响。多载波数字通信系统方面的文献和专著非常多，将 DFT 应用于多载波系统的调制与解调最早是由 Weinstein 和 Ebert[9.23]提出的。近年来，多载波数字传输在各种类型信道中的应用方兴未艾，如窄带（4kHz）拨号网络、64kHz 基群电话频带、数字用户线路、蜂窝无线系统、无线局域网系统和音/视频广播系统等。文献[9.10，9.13，9.17]对多载波调制系统进行了系统论述，有兴趣的读者可以参考这些文献进行深入了解。文献[9.29]对 OFDM 系统中的信道估计进行了详细论述，文献[9.30]对 OFDM 峰均比抑制技术有细致深入的总结与分析。

当前，OFDM 系统的三大难题：信道估计、时频同步和控制峰均比均得到了不同程度的解决，4G 系统包括 LTE、WiMAX 等都建立在以 OFDM 为核心技术的基础之上。为了突破 OFDM 的固有局限，人们探索了各种非正交多载波技术，包括 FBMC、UFMC 及 GFDM。这些新型技术有望在 5G/6G 移动通信中得到广泛应用。

参 考 文 献

[9.1] J. J. van de Beek, M. Sandell and P. O. Börjesson. ML estimation of time and frequency offsets in OFDM systems. IEEE Trans. Signal Processing, Vol. 45, pp. 1800-1805, July 1997.

[9.2] J. Bingham. Method and apparatus for correcting for clock and carrier frequency offset, and phase jitter in multicarrier modems. U. S. Patent 5206886, Apr. 27, 1993.

[9.3] K. Brüninghaus and H. Rohling. Verfahren zur Rahmensynchronization in einem OFDM-System. in 3. OFDM Fachgespräch in Braunschweig, 1998.

[9.4] J. K. Cavers. An analysis of Pilot symbol assisted modulation for Rayleigh fading channels. IEEE Trans. Veh. Tech., Vol. 40, No. 4, pp. 686-693, Nov. 1991.

[9.5] L. J. Jr. Cimini. Analysis and Simulation of a Digital Mobile Channel Using Orthogonal Frequency Division Multiplexing. IEEE Trans. Commun., Vol. COM-33, No. 7, pp. 665-675, July 1985.

[9.6] F. Claßen and H. Meyr. Synchronization algorithms for an OFDM system for mobile communications. in Codierung für Quelle, Kanal und Übertragung. Berlin: VDE-Verlag, Vol. 130, ITG Fachbericht, pp. 105-113, 1994.

[9.7] F. Claßen and H. Meyr. Frequency synchronization algorithms for ofdm systems suitable for communication

over frequency selective fading channels. in Proc. IEEE Veh. Technol. Conf. ,pp. 1655-1659,1994.
[9. 8] R. M. T. de Couasnon and J. Rault. OFDM for digital TV broadcasting. Signal Processing,Vol. 39,pp. 1-32, 1994.
[9. 9] F. Daffara and O. Adami. A new frequency detector for orthogonal multicarrier transmission techniques. in Proc. IEEE 45th Veh. Technol. Conf. ,Chicago,IL,pp. 804-809,July 15-28,1995.
[9. 10] L. Hanzo,W. Webb and T. Keller. Single-and Multi-Carrier Quadrature Amplitude Modulation. Chichester: Wiley/IEEE Press,1999.
[9. 11] S. Hara and R. Prasad. Overview of multicarrier CDMA. IEEE Communications Magazine,Vol. 35,No. 12, pp. 126-133,Dec. 1997.
[9. 12] P. Hoher,S. Kaiser and P. Robertson. Two-dimensional pilot-symbol-aided channel estimation by Wiener filtering. in Proceedings IEEE International Conference on Acoustics,Speech and Signal Processing (ICASSP'97),Munich,Germany,pp. 1845-1848,Apr. 1997.
[9. 13] T. Keller and L. Hanzo. Adaptive Multicarrier Modulation:A Convenient Framework for Time-Frequency Processing in Wireless Communications. Proc. IEEE,Vol. 88,No. 5,pp. 611-640,May 2000.
[9. 14] T. Keller,L. Piazzo and L. Hanzo. Orthogonal Frequency Division Multiplex Synchronization Techniques for Frequency-Selective Fading Channels. IEEE J. Select. Area Commun. , Vol. 19, No. 6, pp. 999-1008, June 2001.
[9. 15] I. Koffman. Broadband Wireless Access Solutions Based on OFDM Access in IEEE 802. 16. IEEE Communications Magazine,Vol. 40,No. pp. 96-103,Apr. 2002.
[9. 16] P. H. Moose. A technique for orthogonal frequency division multiplexing frequency offset correction. IEEE Trans. Commun. ,Vol. 42,pp. 2908-2914,Oct. 1994.
[9. 17] R. van Nee and R. Prasad. OFDM Wireless Multimedia Communications. Artech House, Boston London,2000.
[9. 18] A. Peled and A. Ruiz. Frequency domain data transmission using reduced computational complexity algorithms. Proc. ICASSAP,pp. 964-967,1980.
[9. 19] T. Pollet,M. van Bladel and M. Moeneclaey. BER sensitivity of OFDM systems to carrier frequency offset and Wiener phase noise. IEEE Trans. Commun. ,Vol. 43,No. 2/3/4,pp. 191-193,Feb/Mar/Apr 1995.
[9. 20] M. Sandell,J. J. van de Beek and P. O. Börjesson. Timing and frequency synchronisation in OFDM systems using the cyclic prefix. in Proc. Int. Symp. Synchronisation,Essen,Germany,pp. 16-19,Dec. 14-15,1995.
[9. 21] L. Tomba and W. A. Krzymien. Effect of carrier phase noise and frequency offset on the performance of multicarrier CDMA systems. in Proceedings IEEE International Conference on Communications (ICC'96),pp. 1513-1517,Dallas,USA,June 1996.
[9. 22] W. D. Warner and C. Leung. OFDM/FM frame synchronization for mobile radio data communication. IEEE Trans. Vehic. Technol. ,Vol. 42,No. 3,pp. 302-313,Aug. 1993.
[9. 23] S. B. Weinstein and P. M. Ebert. Data Transmission by Frequency Division Multiplexing Using the Discrete Fourier Transform. IEEE Trans. Commun. ,Vol. COM-19,pp. 628-634,Oct. 1971.
[9. 24] L. L. Yang and L. Hanzo. Multicarrier DS-CDMA:A Multiple Access Scheme for Ubiquitous Broadband Wireless Communications. IEEE Communications Magazine,Vol. 41,No. 10,pp. 116-124,Oct. 2003.
[9. 25] W. Y. Zou and Y. Wu. COFDM:an Overview. IEEE trans. on Broadcasting,Vol. 41,No. 1,Mar. 1995.
[9. 26] IEEE Std 802. 11a. Part 11:Wireless LAN Medium Access Control (MAC) and Physical Layer (PHY) Specifications:High-speed Physical Layer in the 5GHz Band. Sept. 1999.
[9. 27] IEEE 802. 16a-01/01r1. Air Interface for Fixed Broadband Wireless Access Systems. Part A:Systems between 2-11GHz. July 2001.
[9. 28] 吴俊．多载波 CDMA 中的关键技术研究．北京邮电大学博士学位论文,2000.
[9. 29] M. K. Ozdemir and H. Arslan. Channel estimation for wireless OFDM systems. IEEE Communications

Surveys & Tutorials, Vol. 9, No. 2, pp. 18-48, 2nd Quarter, 2007.

[9.30] Seung-Hee Han, Jae-Hong Lee. An overview of peak-to-average power ratio reduction techniques for multicarrier transmission. IEEE Wireless Communications. Apr. 2005.

[9.31] G. Wunder, P. Jung, M. Kasparick, et al. 5GNOW: non-orthogonal, asynchronous waveforms for future mobile applications. IEEE Communications Magazine, Vol. 52, No. 2, pp. 97-105, Feb. 2014.

[9.32] B. Farhang-Boroujeny. OFDM Versus Filter Bank Multicarrier. IEEE Signal Processing Magazine, Vol. 28, No. 3, pp. 92-112, 2011.

[9.33] V. Vakilian, T. Wild, F. Schaich, S. ten Brink, J. F. Frigon. Universal-filtered multi-carrier technique for wireless systems beyond LTE. IEEE Globecom Workshops (GC Wkshps), pp. 223-228, Dec. 2013.

[9.34] N. Michailow, M. Matthé, I. S. Gaspar, A. N. Caldevilla, L. L. Mendes, A. Festag, G. Fettweis. Generalized Frequency Division Multiplexing for 5th Generation Cellular Networks. IEEE Transactions on Communications, Vol. 62, No. 9, pp. 3045-3061, 2014.

习　　题

9.1　令 $x(n)$ 是长度为 N 的有限持续时间信号，并令 $X(k)$ 为 $x(n)$ 的 N 点 DFT，假设填补 L 个零点到 $x(n)$ 上，再计算 $(N+L)$ 点的 DFT，即 $X'(k)$。试问 $X(0)$ 和 $X'(0)$ 之间有什么关系？若把 $|X(k)|$ 和 $|X'(k)|$ 画到一张图上，试说明这两个图形之间的关系。

9.2　试证明序列 $\{X_k, 0\leqslant k\leqslant N-1\}$ 的 IDFT 可以通过把序列 $\{X_k\}$ 经过 N 个线性离散时间滤波器组来计算。滤波器的系统函数为 $H_n(z)=\dfrac{1}{1-\mathrm{e}^{\mathrm{j}\frac{2\pi n}{N_z-1}}}$，在 $n=N$ 时对滤波器输出抽样。

9.3　简述 OFDM 系统抗多径衰落的措施。

9.4　简述 OFDM 系统的同步算法分类和算法结构。

9.5　利用 MATLAB 计算并绘制子载波个数 $N=16, 64, 256$ 下的功率谱密度函数，并绘制 $N=64$、采用升余弦滚降窗 $\beta=0.001, 0.01, 0.1$ 时的功率谱密度函数。

9.6　建立 MC-CDMA 系统的信号模型，并用 MATLAB 编程测试子载波个数 $N=64$、采用 Walsh 扩频序列，扩频增益因子 $P=64$，用户数为 $K=32$，采用 MRC 合并和 MMSE 合并，信道采用三径衰落信道的 BER 性能。（提示：参考文献[9.11]的接收机结构。）

9.7　建立 MC-DS-CDMA 系统的信号模型，画出这种方案的接收机结构。

9.8　建立 MT-CDMA 系统的信号模型，并用 MATLAB 编程测试子载波个数 $N=64$、采用 Walsh 扩频序列，扩频增益因子 $P=64$，用户数为 $K=32$，采用 Rake 接收和 MRC 合并，信道采用三径衰落信道的 BER 性能。（提示：参考文献[9.11]的接收机结构。）

9.9　假设系统要求的总业务速率为 $R=54\text{Mbps}$，可以容忍的多径时延为 $\tau_{\text{rms}}=500\text{ns}$，系统信号带宽为 $W\leqslant 48\text{MHz}$，按照 9.2 节描述的 OFDM 系统设计方法，确定 OFDM 符号周期、保护时间、子载波个数及纠错编码码率等基本的系统参数。

9.10　OFDM 的信道估计通常采用均方误差准则进行估计，也称为维纳滤波器。定义均方误差 $J_{n,i}=E(|\varepsilon_{n,i}|^2)=E(|H_{n,i}-\hat{H}_{n,i}|^2)$，为了使均方误差最小，试利用正交性原理，推导满足条件的方程：$E[(H_{n,i}-\hat{H}_{n,i})\breve{H}^*_{n'',i''}]=0,\ \forall\{n'',i''\}\in\Gamma_{n,i}$，并由此推导 Wiener-Hopf 方程 $E\{H_{n,i}\breve{H}^*_{n'',i''}\}=\sum\limits_{\{n',i'\}\in\Gamma_{n,i}}\omega_{n',i',n,i}E\{\breve{H}_{n',i'}\breve{H}^*_{n'',i''}\},\ \forall\{n'',i''\}\in\Gamma_{n,i}$。

第 10 章　MIMO 空时处理技术

空时处理始终是通信理论界的一个活跃领域。在早期研究中，学者们主要注重空间信号传播特性和信号处理，对空间处理的信息论本质探讨不多。20 世纪 90 年代中期，由于移动通信爆炸式发展，对无线链路传输速率提出了越来越高的要求，传统的时域、频域信号设计很难满足这些需求。工业界的实际需求推动了理论界的深入探索。

多天线分集接收是抗衰落的传统技术手段，但对于多天线发送分集，长久以来学术界并没有统一认识。Foschini 和 Gans 的工作[10.11]及 Telatar 的工作[10.29]是对多天线信息论研究的开创性文献。根据香农信息论，空间维数的引入为信号设计增加了额外的自由度，原本在低维空间中比较困难的优化问题，在高维空间中有可能迎刃而解，从而获得更好的系统性能。这一革命性的工作引发了近年来对于空时处理和 MIMO（多个天线发送、多个天线接收）系统持续不断的研究热潮①。

纵观 MIMO 技术的发展，可以将空时编码的研究分为三大方向：空间复用、空间分集与空时预编码技术，如图 10.1 所示。

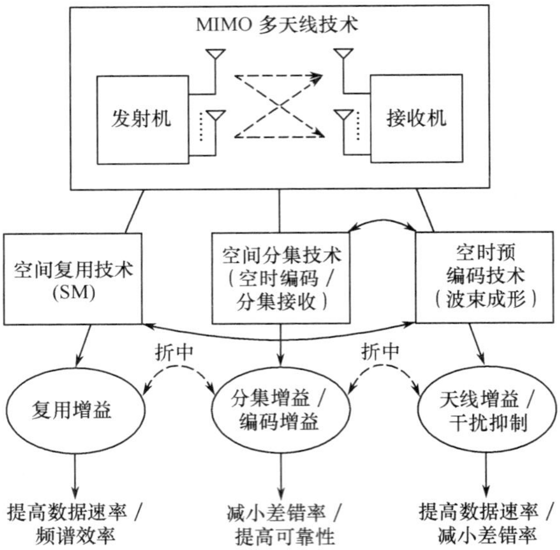

图 10.1　移动通信中的 MIMO 技术分类

空间复用技术以 Bell 实验室著名的 V-BLAST 系统为典型代表，主要获得复用增益，提高数据速率和频谱效率。V-BLAST 现场实验证明了 MIMO 系统的卓越性能，引发了后继的种种改进型研究。

空间分集技术以空时分组码（STBC）和空时格码（STTC）为代表，主要获得分集增益和编码增益，降低误码率，提高传输可靠性。自从 Alamouti[10.1]提出两天线正交空时码以来，立即引起了研究者的注意。Tarokh 等人将其推广到多天线情形，由于正交发分集技术的编译码算法简

---

① 截至 2020 年 4 月，IEEE Xplore® 数据库已经收录的 MIMO 学术论文超过 64313 篇。

单，且能获得分集增益，已经在 3G 移动通信系统中得到广泛应用。

另一个重要的研究分支是空时格码。这一分支的研究目的是将信道编码和多天线系统进行联合优化，在天线数目较少的条件下就可以获得相当大的编码增益。STTC 的提出是将信道编码与信息处理联合优化的典型范例。

空时预编码技术以波束成形和有限反馈技术为代表，主要获得天线增益，抑制共道干扰(CCI)，从而提高数据速率，降低差错率。智能天线是波束成形技术的典型代表，已经在 TD-SCDMA 系统中得到应用。有限反馈技术能够灵活地与前两种技术结合，基于接收端反馈的量化信道响应信息，通过预编码码本选择，提高系统容量，简化接收机结构，抑制小区间干扰。有限反馈技术已经广泛应用于 LTE、WiMAX 等 3G 系统中。

这三类 MIMO 技术在提高频谱效率、降低传输差错率方面各有侧重。空间复用技术与分集技术的综合优化，能够在复用增益与分集增益/编码增益之间达到最优折中[10.32]，空间分集技术与空时预编码技术的联合优化，能够在天线增益与分集增益/编码增益之间获得折中。目前，MIMO 技术已经进一步推广到多用户广播、接入与中继系统及分布式 MIMO 系统，各种多用户 MIMO 方案成为学术界研究的重点。

10.1 多天线信息论简介

多天线分集接收是抗衰落的传统技术手段，但对于多天线发送分集，长久以来学术界并没有统一认识。Telatar 首先得到了高斯信道下多天线发送系统的信道容量和差错指数函数。他假定各个通道之间的衰落是相互独立的。几乎同时，Foschini 和 Gans 得到了在准静态衰落信道条件下的截止信道容量(Outage Capacity)。此处的准静态是指信道衰落在一个长周期内保持不变，而周期之间的衰落相互独立，也称这种信道为块衰落信道(Block Fading)。

Foschini 和 Gans 的工作及 Telatar 的工作是多天线信息论研究的开创性文献。在这些著作中，他们指出：在一定条件下，采用多个天线发送、多个天线接收(MIMO)系统可以成倍提高系统容量，信道容量的增长与天线数目成线性关系。

10.1.1 MIMO 系统信号模型

假设点到点 MIMO 系统，具有 n_T 个发送天线，n_R 个接收天线。下面考虑采用空时编码的离散时间复基带线性系统模型，其系统结构如图 10.2 所示。假设每个符号周期系统发送的信号为 $n_T\times 1$ 维列向量 $\boldsymbol{x}$，其中第 i 个分量 x_i 表示从 i 个天线发送的信号。由信息理论可知，对于高斯信道，最优的输入信号分布也为高斯分布。因此假设发送信号向量的每个分量都是服从 0 均值独立同分布(i. i. d.)的高斯随机变量。发送信号协方差矩阵可以表示为

$$\boldsymbol{R}_{xx}=E(\boldsymbol{x}\boldsymbol{x}^{\mathrm{H}}) \tag{10.1.1}$$

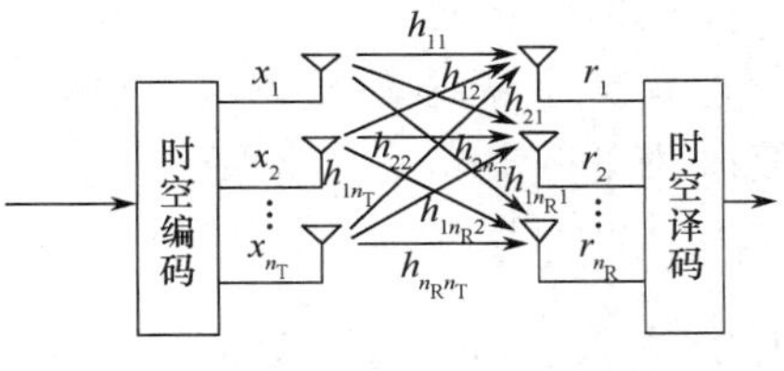

图 10.2 MIMO 系统结构

式中，$E(\cdot)$表示数学期望，H 表示向量的共轭转置。假设系统发射总功率为 P，则可以表示为

$$\mathrm{Tr}(\boldsymbol{R}_{xx})=P \tag{10.1.2}$$

式中，$\mathrm{Tr}(\cdot)$表示矩阵的迹。

通常，接收机未知信道响应，因此可以假设每个天线的发送功率相同，为 P/n_T。则发送信号

的协方差矩阵可以表示为

$$\boldsymbol{R}_{xx}=\frac{P}{n_{\mathrm{T}}}\boldsymbol{I}_{n_{\mathrm{T}}} \tag{10.1.3}$$

式中，$\boldsymbol{I}_{n_{\mathrm{T}}}$ 表示 $n_{\mathrm{T}}\times n_{\mathrm{R}}$ 维单位矩阵。为了简化表示，假设发送信号的带宽足够窄，则系统信道响应为平坦衰落。

信道响应矩阵可以表示为 $n_{\mathrm{R}}\times n_{\mathrm{T}}$ 维的复矩阵 $\boldsymbol{H}$，矩阵中的每个元素 h_{ij} 表示从第 j 个发送天线到第 i 个接收天线的信道响应系数。为了达到归一化的目的，假设每个接收天线的接收信号功率等于所有发送天线的信号总功率。也就是说，忽略大尺度衰落、阴影衰落和天线增益造成的信号放大或衰减。由此可得信道响应矩阵的归一化约束为

$$\sum_{j=1}^{n_{\mathrm{T}}}|h_{ij}|^2=n_{\mathrm{T}}\qquad i=1,2,\cdots,n_{\mathrm{R}} \tag{10.1.4}$$

上式对于固定衰落系数或随机衰落均成立，若信道衰落是随机变化的，则上式左端需要取数学期望。

接收机的噪声向量可以表示为 $n_{\mathrm{R}}\times 1$ 维列向量 $\boldsymbol{n}$。该向量的分量都是 0 均值独立同分布高斯随机变量，实部与虚部相互独立，且具有相同的方差。则接收噪声向量的协方差矩阵表示为

$$\boldsymbol{R}_{nn}=E(\boldsymbol{n}\boldsymbol{n}^{\mathrm{H}})=\sigma^2\boldsymbol{I}_{n_{\mathrm{R}}} \tag{10.1.5}$$

接收信号也可以表示为 $n_{\mathrm{R}}\times 1$ 维列向量 $\boldsymbol{r}$，每个分量表示一个接收天线收到的信号。由于每个天线的接收功率等于所有天线的发送总功率，因此可以定义系统信噪比为总发送功率与每个天线的噪声功率之比，它独立于发送天线数目 n_{T}，可以表示为

$$\mathrm{SNR}=\frac{P}{\sigma^2} \tag{10.1.6}$$

因此接收向量可以表示为

$$\boldsymbol{r}=\boldsymbol{H}\boldsymbol{x}+\boldsymbol{n} \tag{10.1.7}$$

由此可得，接收信号的协方差矩阵为

$$\boldsymbol{R}_{rr}=E(\boldsymbol{r}\boldsymbol{r}^{\mathrm{H}})=\boldsymbol{H}\boldsymbol{R}_{xx}\boldsymbol{H}^{\mathrm{H}}+\boldsymbol{R}_{nn}=\frac{P}{n_{\mathrm{T}}}\boldsymbol{H}\boldsymbol{H}^{\mathrm{H}}+\sigma^2\boldsymbol{I}_{n_{\mathrm{R}}} \tag{10.1.8}$$

10.1.2 MIMO 系统的信道容量推导

根据信息论表述，系统信道容量可以定义为在差错概率任意小的条件下，系统获得的最大数据速率。通常，假设接收机未知信道响应矩阵，而接收机却可以精确估计信道衰落。对信道响应矩阵 $\boldsymbol{H}$ 进行奇异分解，可得

$$\boldsymbol{H}=\boldsymbol{U}\boldsymbol{D}\boldsymbol{V}^{\mathrm{H}} \tag{10.1.9}$$

式中，$\boldsymbol{D}$ 是 $n_{\mathrm{R}}\times n_{\mathrm{T}}$ 维非负对角矩阵；$\boldsymbol{U}$ 和 $\boldsymbol{V}$ 分别是 $n_{\mathrm{R}}\times n_{\mathrm{R}}$ 和 $n_{\mathrm{T}}\times n_{\mathrm{T}}$ 维的酉矩阵。这两个矩阵满足条件 $\boldsymbol{U}\boldsymbol{U}^{\mathrm{H}}=\boldsymbol{I}_{n_{\mathrm{R}}}$ 和 $\boldsymbol{V}\boldsymbol{V}^{\mathrm{H}}=\boldsymbol{I}_{n_{\mathrm{T}}}$。对角矩阵 $\boldsymbol{D}$ 的元素是矩阵 $\boldsymbol{H}\boldsymbol{H}^{\mathrm{H}}$ 的特征值的非负平方根。定义矩阵 $\boldsymbol{H}\boldsymbol{H}^{\mathrm{H}}$ 的特征值为 λ，即满足

$$\boldsymbol{H}\boldsymbol{H}^{\mathrm{H}}\boldsymbol{y}=\lambda\boldsymbol{y} \tag{10.1.10}$$

式中，$n_{\mathrm{R}}\times 1$ 维向量 $\boldsymbol{y}$ 是特征向量。

上述特征值的非负平方根也称为矩阵 $\boldsymbol{H}$ 的奇异值。并且矩阵 $\boldsymbol{U}$ 的每一列是矩阵 $\boldsymbol{H}\boldsymbol{H}^{\mathrm{H}}$ 的特征向量，而矩阵 $\boldsymbol{V}$ 的每一列也是矩阵 $\boldsymbol{H}^{\mathrm{H}}\boldsymbol{H}$ 的特征向量。将式(10.1.9)代入式(10.1.7)，

可得

$$\boldsymbol{r}=\boldsymbol{UDV}^{\mathrm{H}}\boldsymbol{x}+\boldsymbol{n} \tag{10.1.11}$$

引入如下的矩阵变换

$$\begin{cases}\boldsymbol{r}'=\boldsymbol{U}^{\mathrm{H}}\boldsymbol{r}\\ \boldsymbol{x}'=\boldsymbol{V}^{\mathrm{H}}\boldsymbol{x}\\ \boldsymbol{n}'=\boldsymbol{U}^{\mathrm{H}}\boldsymbol{n}\end{cases} \tag{10.1.12}$$

可以将上式化简为

$$\boldsymbol{r}'=\boldsymbol{Dx}'+\boldsymbol{n}' \tag{10.1.13}$$

矩阵 $\boldsymbol{HH}^{\mathrm{H}}$ 的非零特征值的数目等于矩阵 $\boldsymbol{H}$ 的秩 r。对于 $n_{\mathrm{R}}\times n_{\mathrm{T}}$ 维矩阵 $\boldsymbol{H}$,它的秩满足不等式:$r\leqslant\min(n_{\mathrm{R}},n_{\mathrm{T}})$。令矩阵 $\boldsymbol{H}$ 的奇异值为$\sqrt{\lambda_i}\,(i=1,2,\cdots,r)$,代入上式得

$$\begin{cases}r'_i=\sqrt{\lambda_i}x'_i+n'_i, & i=1,2,\cdots,r\\ r'_i=n'_i, & i=r+1,r+2,\cdots,n_{\mathrm{R}}\end{cases} \tag{10.1.14}$$

由上式可知,接收信号分量 $r'_i\,(i=r+1,r+2,\cdots,n_{\mathrm{R}})$并不依赖于发送信号,即信道增益为0。而只有 r 个信号分量$r'_i\,(i=1,2,\cdots,r)$与发送信号有关。则上述 MIMO 系统可以看作 r 个独立的并行子信道的叠加,每个子信道的增益为 $\boldsymbol{H}$ 矩阵的一个奇异值。由式(10.1.12)可知,对于信号向量 $\boldsymbol{r}'$、$\boldsymbol{x}'$及 $\boldsymbol{n}'$,可得它们的协方差矩阵与迹为

$$\begin{cases}\boldsymbol{R}_{r'r'}=\boldsymbol{U}^{\mathrm{H}}\boldsymbol{R}_{rr}\boldsymbol{U}\\ \boldsymbol{R}_{x'x'}=\boldsymbol{V}^{\mathrm{H}}\boldsymbol{R}_{xx}\boldsymbol{V}\\ \boldsymbol{R}_{n'n'}=\boldsymbol{U}^{\mathrm{H}}\boldsymbol{R}_{nn}\boldsymbol{U}\end{cases} \tag{10.1.15}$$

$$\begin{cases}\mathrm{Tr}(\boldsymbol{R}_{r'r'})=\mathrm{Tr}(\boldsymbol{R}_{rr})\\ \mathrm{Tr}(\boldsymbol{R}_{x'x'})=\mathrm{Tr}(\boldsymbol{R}_{xx})\\ \mathrm{Tr}(\boldsymbol{R}_{n'n'})=\mathrm{Tr}(\boldsymbol{R}_{nn})\end{cases} \tag{10.1.16}$$

可见,矩阵变换前后信号向量的功率相同。

如前所述,假设每个天线的发送功率为 P/n_{T},利用香农信道容量公式,可得 MIMO 系统的信道容量为

$$C=W\sum_{i=1}^{r}\log_2\left(1+\frac{\lambda_i P}{n_{\mathrm{T}}\sigma^2}\right) \tag{10.1.17}$$

式中,W 是每个子信道的带宽;$\sqrt{\lambda_i}$是信道矩阵 $\boldsymbol{H}$ 的奇异值。进一步,信道容量可写为

$$C=W\log_2\prod_{i=1}^{r}\left(1+\frac{\lambda_i P}{n_{\mathrm{T}}\sigma^2}\right) \tag{10.1.18}$$

由此可见,MIMO 信道容量与信道响应矩阵有关。令 $m=\min(n_{\mathrm{R}},n_{\mathrm{T}})$,则根据式(10.1.10),可得特征值与特征向量的关系式为

$$(\lambda\boldsymbol{I}_m-\boldsymbol{Q})\boldsymbol{y}=\boldsymbol{0} \tag{10.1.19}$$

式中,$\boldsymbol{Q}$ 是 Gram 矩阵,定义为

$$\boldsymbol{Q}=\begin{cases}\boldsymbol{H}\boldsymbol{H}^{\mathrm{H}}, & n_{\mathrm{R}}<n_{\mathrm{T}}\\ \boldsymbol{H}^{\mathrm{H}}\boldsymbol{H}, & n_{\mathrm{R}}\geqslant n_{\mathrm{T}}\end{cases} \tag{10.1.20}$$

因此，当且仅当 $\lambda\boldsymbol{I}_m-\boldsymbol{Q}$ 是奇异矩阵时，λ 是 $\boldsymbol{Q}$ 矩阵的特征值。因此，$\lambda\boldsymbol{I}_m-\boldsymbol{Q}$ 的行列式必为零，即

$$|\lambda\boldsymbol{I}_m-\boldsymbol{Q}|=0 \tag{10.1.21}$$

求解上述方程组，就可得信道矩阵的奇异值。

上述行列式也是 $\boldsymbol{Q}$ 矩阵的特征多项式 $p(\lambda)=|\lambda\boldsymbol{I}_m-\boldsymbol{Q}|$，该多项式的阶数为 m，由于特征多项式有 m 个根（包括重根），因此多项式可以表示为

$$p(\lambda)=\prod_{i=1}^{m}(\lambda-\lambda_i) \tag{10.1.22}$$

式中，λ_i 是特征多项式的根，也是信道响应矩阵的奇异值。由此可得

$$\prod_{i=1}^{m}(\lambda-\lambda_i)=|\lambda\boldsymbol{I}_m-\boldsymbol{Q}| \tag{10.1.23}$$

将 $\lambda=-\dfrac{n_{\mathrm{T}}\sigma^2}{P}$ 代入上式，可得

$$\prod_{i=1}^{m}\left(1+\frac{\lambda_i P}{n_{\mathrm{T}}\sigma^2}\right)=\left|\boldsymbol{I}_{n_{\mathrm{R}}}+\frac{P}{n_{\mathrm{T}}\sigma^2}\boldsymbol{Q}\right| \tag{10.1.24}$$

因此，式（10.1.18）的 MIMO 信道容量公式可以表示为

$$C=W\log_2\left|\boldsymbol{I}_{n_{\mathrm{R}}}+\frac{P}{n_{\mathrm{T}}\sigma^2}\boldsymbol{H}\boldsymbol{H}^{\mathrm{H}}\right| \tag{10.1.25}$$

下面再介绍另一种 MIMO 信道容量的推导方法。通常，MIMO 信道容量可以表述为如下通用表达式

$$C=W\log_2\frac{|\boldsymbol{R}_{xx}|\cdot|\boldsymbol{R}_{rr}|}{|\boldsymbol{R}_{uu}|} \tag{10.1.26}$$

式中，向量 $\boldsymbol{u}=(\boldsymbol{x},\boldsymbol{r})^{\mathrm{T}}$，则该向量的协方差矩阵可以表示为

$$\boldsymbol{R}_{uu}=E(\boldsymbol{u}\boldsymbol{u}^{\mathrm{H}})=E\left[\begin{pmatrix}\boldsymbol{x}\\ \boldsymbol{r}\end{pmatrix}(\boldsymbol{x}^{\mathrm{H}}\ \boldsymbol{r}^{\mathrm{H}})\right]=\begin{bmatrix}E(\boldsymbol{x}\boldsymbol{x}^{\mathrm{H}}) & E(\boldsymbol{x}\boldsymbol{r}^{\mathrm{H}})\\ E(\boldsymbol{r}\boldsymbol{x}^{\mathrm{H}}) & E(\boldsymbol{r}\boldsymbol{r}^{\mathrm{H}})\end{bmatrix} \tag{10.1.27}$$

定义向量 $\boldsymbol{x}$ 与 $\boldsymbol{r}$ 的协方差矩阵为

$$\boldsymbol{R}_{xr}=E(\boldsymbol{x}\boldsymbol{r}^{\mathrm{H}}) \tag{10.1.28}$$

将式（10.1.7）代入，利用式（10.1.3），且依据 $\boldsymbol{x}$ 与 $\boldsymbol{n}$ 相互独立的假设可得

$$\boldsymbol{R}_{xr}=E[\boldsymbol{x}(\boldsymbol{x}^{\mathrm{H}}\boldsymbol{H}^{\mathrm{H}}+\boldsymbol{n}^{\mathrm{H}})]=\frac{P}{n_{\mathrm{T}}}\boldsymbol{H}^{\mathrm{H}} \tag{10.1.29}$$

通常对于分块矩阵，有如下的行列式计算定理

$$\begin{vmatrix}\boldsymbol{A} & \boldsymbol{C}\\ \boldsymbol{B} & \boldsymbol{D}\end{vmatrix}=|\boldsymbol{A}|\cdot|\boldsymbol{D}-\boldsymbol{C}\boldsymbol{A}^{-1}\boldsymbol{B}| \tag{10.1.30}$$

应用上式及式（10.1.3）、式（10.1.5），对于复合向量 $\boldsymbol{u}$ 的协方差矩阵的行列式可以推导如下

$$|\boldsymbol{R}_{uu}|=\left|\begin{bmatrix}\boldsymbol{R}_{xx} & \boldsymbol{R}_{xr}\\ \boldsymbol{R}_{xr}^{\mathrm{H}} & \boldsymbol{R}_{rr}\end{bmatrix}\right|=\begin{vmatrix}\frac{P}{n_{\mathrm{T}}}\boldsymbol{I}_{n_{\mathrm{T}}} & \frac{P}{n_{\mathrm{T}}}\boldsymbol{H}^{\mathrm{H}}\\ \frac{P}{n_{\mathrm{T}}}\boldsymbol{H} & \frac{P}{n_{\mathrm{T}}}\boldsymbol{H}\boldsymbol{H}^{\mathrm{H}}+\sigma^2\boldsymbol{I}_{n_{\mathrm{R}}}\end{vmatrix}$$
$$=\left|\frac{P}{n_{\mathrm{T}}}\boldsymbol{I}_{n_{\mathrm{T}}}\right|\cdot\left|\frac{P}{n_{\mathrm{T}}}\boldsymbol{H}\boldsymbol{H}^{\mathrm{H}}+\sigma^2\boldsymbol{I}_{n_{\mathrm{R}}}-\frac{P}{n_{\mathrm{T}}}\boldsymbol{H}^{\mathrm{H}}\cdot\frac{n_{\mathrm{T}}}{P}\boldsymbol{I}_{n_{\mathrm{T}}}\cdot\frac{P}{n_{\mathrm{T}}}\boldsymbol{H}\right|$$
$$=\left|\frac{P}{n_{\mathrm{T}}}\boldsymbol{I}_{n_{\mathrm{T}}}\right|\cdot\left|\sigma^2\boldsymbol{I}_{n_{\mathrm{R}}}\right| \tag{10.1.31}$$

将上式与式(10.1.3)、式(10.1.5)代入式(10.1.26)，可得到 MIMO 信道容量公式为

$$C=W\log_2\frac{\left|\frac{P}{n_{\mathrm{T}}}\boldsymbol{H}\boldsymbol{H}^{\mathrm{H}}+\sigma^2\boldsymbol{I}_{n_{\mathrm{R}}}\right|}{\left|\sigma^2\boldsymbol{I}_{n_{\mathrm{R}}}\right|}=W\log_2\left|\boldsymbol{I}_{n_{\mathrm{R}}}+\frac{P}{n_{\mathrm{T}}\sigma^2}\boldsymbol{H}\boldsymbol{H}^{\mathrm{H}}\right| \tag{10.1.32}$$

10.1.3 随机信道响应的 MIMO 系统容量

前面没有明确定义信道响应系数的统计特性。在实际系统中，信道响应矩阵常常是随机矩阵。通常，矩阵的每个系数服从 Rayleigh 分布或 Rice 分布。我们主要讨论的信道类型有：

① 信道响应矩阵 $\boldsymbol{H}$ 是随机矩阵，在每个符号周期 T 内保持不变，而符号之间随机变化，这种信道称为快衰落信道；

② 信道响应矩阵 $\boldsymbol{H}$ 是随机矩阵，在固定数目的符号周期内保持不变，且持续时间远小于整个发送时间，这种信道称为块衰落信道；

③ 信道响应矩阵 $\boldsymbol{H}$ 是随机矩阵，且在整个发送时间都保持不变，这种信道称为慢衰落或准静态衰落信道。

我们主要分析这 3 种信道下的 MIMO 系统容量。首先考察单发单收快(块)衰落系统。此时信道响应服从自由度为 2 的 χ_2^2 分布，可以表述为 $y=\chi_2^2=z_1^2+z_2^2$，其中 z_1 和 z_2 都是 0 均值独立高斯随机变量，方差都为 1/2。对于这种单发单收系统，信道容量可表示为

$$C=E\left[W\log_2\left(1+\chi_2^2\frac{P}{\sigma^2}\right)\right] \tag{10.1.33}$$

其中，数学期望是对随机变量 χ_2^2 进行的。

如前所述，对于 MIMO 快衰落信道，采用奇异值分解方法得到的系统容量为

$$C=E\left[W\log_2\left|\boldsymbol{I}_r+\frac{P}{n_{\mathrm{T}}\sigma^2}\boldsymbol{Q}\right|\right] \tag{10.1.34}$$

其中，Gram 矩阵 $\boldsymbol{Q}$(见式(10.1.20))服从 Wishart 分布。

对于快衰落信道，由于信道响应是遍历随机过程，因此可以对随机矩阵 $\boldsymbol{H}$ 取数学期望。

当天线数目较多时，式(10.1.34)给出的 MIMO 信道容量难以计算，可以利用拉盖尔(Laguerre)多项式展开得

$$C=W\int_0^{\infty}\log_2\left(1+\frac{P}{n_{\mathrm{T}}\sigma^2}\lambda\right)\sum_{k=0}^{m-1}\frac{k!}{(k+n+m)!}\left[L_k^{n-m}(\lambda)\right]^2\lambda^{n-m}\mathrm{e}^{-\lambda}\mathrm{d}\lambda \tag{10.1.35}$$

式中，$m=\min(n_{\mathrm{T}},n_{\mathrm{R}})$，$n=\max(n_{\mathrm{T}},n_{\mathrm{R}})$，$L_k^{n-m}(x)$表示 k 阶拉盖尔多项式，定义为

$$L_k^{n-m}(x)=\frac{1}{k!}\mathrm{e}^x x^{m-n}\frac{\mathrm{d}^k}{\mathrm{d}x^k}\left(\mathrm{e}^{-x}x^{n-m+k}\right) \tag{10.1.36}$$

若引入新记号 $\tau=\frac{n}{m}$，增加 m 和 n 而保持 τ 不变，则用 m 归一化的信道容量可以表述为

$$\lim_{n\to\infty}\frac{C}{m}=\frac{W}{2\pi}\int_{v_1}^{v_2}\log_2\left(1+\frac{Pm}{n_{\mathrm{T}}\sigma^2}v\right)\sqrt{\left(\frac{v_2}{v}-1\right)\left(1-\frac{v_1}{v}\right)}\,\mathrm{d}v \tag{10.1.37}$$

式中，$v_1=(\sqrt{\tau}-1)^2$，$v_2=(\sqrt{\tau}+1)^2$。

接着，考察准静态衰落信道的 MIMO 系统容量。在准静态衰落信道响应条件下，整个发送时间只有一个信道响应矩阵，因此这种信道是非遍历随机过程。严格意义上的香农信道容量为0。但如果引入截止(Outage)概率，表征系统能够达到某个容量的概率，则仍然可以刻画这种信道的系统容量。由此，对于准静态衰落信道，需要引入截止容量概念。

给定系统发送容量 R，则系统的截止容量可以定义为

$$P_{\text{outage}}(R)=P\left\{W\log_2\left|\boldsymbol{I}_r+\frac{P}{n_{\mathrm{T}}\sigma^2}\boldsymbol{Q}\right|<R\right\} \tag{10.1.38}$$

这就是 Foschini 等人引入的截止容量概念。在高信噪比条件下，截止容量概率与误帧率相同。

在准静态衰落信道下，可以通过 Monte Carlo 方法进行仿真，以求得信道容量。图 10.3 给出了信噪比 $E_b/N_0=15$dB 条件下，不同天线数目对应的信道容量累积分布函数(CCDF)。图 10.4给出了 $n_{\mathrm{T}}=n_{\mathrm{R}}=8$ 条件下，不同信噪比对应的 MIMO 信道容量。

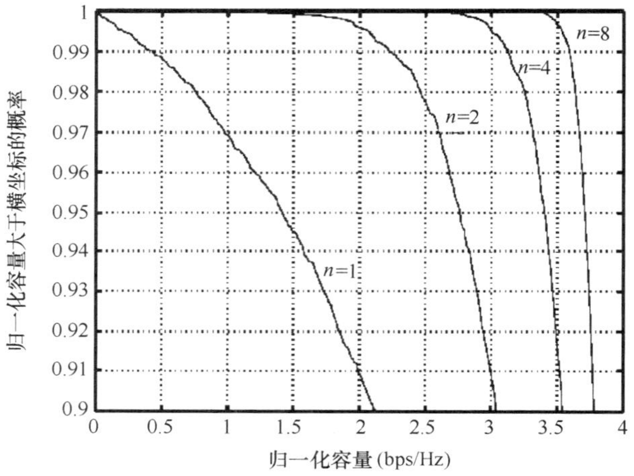

图 10.3　$E_b/N_0=15$dB 时准静态信道的信道容量累积分布函数

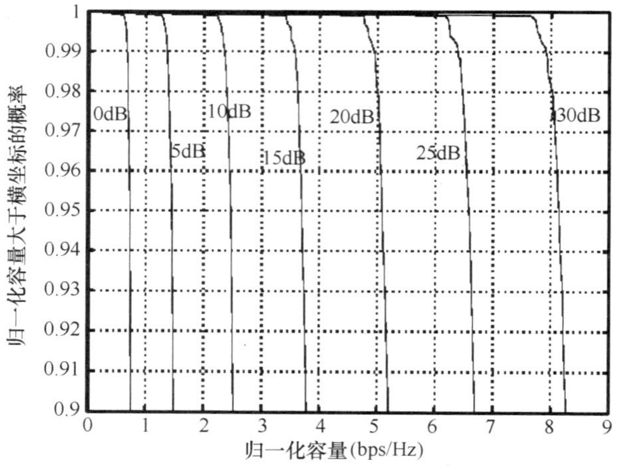

图 10.4　$n_{\mathrm{T}}=n_{\mathrm{R}}=8$ 时不同信噪比对应的 MIMO 信道容量

10.2 空时块码(STBC)

前面介绍了 MIMO 系统信息论的一些基础知识,本节开始介绍一类高性能的空时编码方法——空时块码(Space-Time Block Code)。STBC 编码最先是由 Alamouti 引入的,采用了简单的两天线发分集编码的方式。这种 STBC 编码最大的优势在于,采用简单的最大似然译码准则,可以获得完全的天线增益。Tarokh 进一步将两天线 STBC 编码推广到多天线形式[10.27],提出了通用的正交设计准则。

Alamouti 首先提出的两天线空时块码结构非常简单,并且具有高效的译码算法,能够获得全部发分集增益。下面介绍 Alamouti 空时块码的编码和译码算法。

1. Alamouti STBC 编码

在这种编码方案中,每组 m 比特信息首先调制为 $M=2^m$ 进制符号。然后编码器选取连续的两个符号,根据下述变换将其映射为发送信号矩阵

$$\boldsymbol{X}=\begin{bmatrix} x_1 & -x_2^* \\ x_2 & x_1^* \end{bmatrix} \tag{10.2.1}$$

天线 1 发送信号矩阵的第一行,而天线 2 发送信号矩阵的第二行。Alamouti STBC 编码器结构如图 10.5 所示。

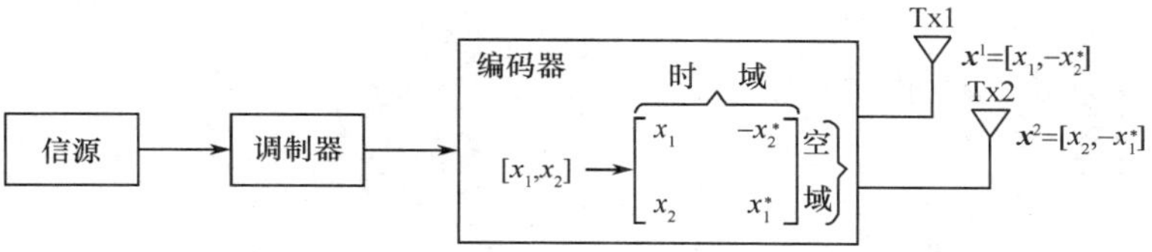

图 10.5 Alamouti STBC 编码器结构

由图 10.5 可知,Alamouti 空时块编码是在空域和时域上进行编码的。令天线 1 和天线 2 的发送信号向量分别为

$$\boldsymbol{x}^1=[x_1,-x_2^*],\boldsymbol{x}^2=[x_2,x_1^*] \tag{10.2.2}$$

这种空时块编码的关键思想在于两个天线发送的信号向量相互正交,即

$$\boldsymbol{x}^1\cdot(\boldsymbol{x}^2)^{\mathrm{H}}=x_1x_2^*-x_2^*x_1=0 \tag{10.2.3}$$

相应地,编码矩阵具有如下性质

$$\boldsymbol{X}\cdot\boldsymbol{X}^{\mathrm{H}}=\begin{bmatrix} |x_1|^2+|x_2|^2 & 0 \\ 0 & |x_1|^2+|x_2|^2 \end{bmatrix}=(|x_1|^2+|x_2|^2)\boldsymbol{I}_2 \tag{10.2.4}$$

式中,$\boldsymbol{I}_2$ 是 2×2 维的单位矩阵。

假设接收机采用单天线接收。天线 1 和天线 2 的块衰落信道响应系数为

$$h_1=|h_1|\mathrm{e}^{\mathrm{j}\theta_1},h_2=|h_2|\mathrm{e}^{\mathrm{j}\theta_2} \tag{10.2.5}$$

在接收端,相邻两个符号周期接收到的信号可以表示为

$$\begin{cases} r_1=h_1x_1+h_2x_2+n_1 \\ r_2=-h_1x_2^*+h_2x_1^*+n_2 \end{cases} \tag{10.2.6}$$

式中,n_1 和 n_2 表示第一个符号和第二个符号的加性白高斯噪声样值。这种 2 发 1 收的 STBC 译

码器结构如图 10.6 所示。

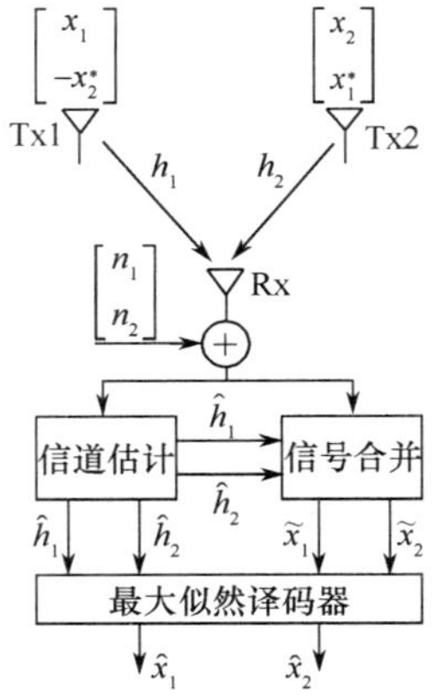

图 10.6　2 发 1 收的 STBC 译码器结构

2. STBC 编码的最大似然译码(MLD)算法

假设接收机可以获得理想信道估计，则最大似然译码算法要求在信号星座图上最小化如下的欧氏距离度量

$$d^2(r_1,h_1\hat{x}_1+h_2\hat{x}_2)+d^2(r_2,-h_1\hat{x}_2^*+h_2\hat{x}_1^*)=|r_1-h_1\hat{x}_1-h_2\hat{x}_2|^2+|r_2+h_1\hat{x}_2^*-h_2\hat{x}_1^*|^2 \tag{10.2.7}$$

式中，$\hat{x}_1$、$\hat{x}_2$ 都是星座图上的信号点。

将上式展开可得

$$\begin{aligned}
&|r_1-h_1\hat{x}_1-h_2\hat{x}_2|^2+|r_2+h_1\hat{x}_2^*-h_2\hat{x}_1^*|^2\\
=&|r_1|^2+|h_1\hat{x}_1+h_2\hat{x}_2|^2-r_1(h_1^*\hat{x}_1^*+h_2^*\hat{x}_2^*)-r_1^*(h_1\hat{x}_1+h_2\hat{x}_2)+\\
&|r_2|^2+|h_1\hat{x}_2^*-h_2\hat{x}_1^*|^2+r_2(h_1^*\hat{x}_2-h_2^*\hat{x}_1)+r_2^*(h_1\hat{x}_2^*-h_2\hat{x}_1^*)\\
=&|r_1|^2+|h_1|^2|\hat{x}_1|^2+|h_2|^2|\hat{x}_2|^2-r_1(h_1^*\hat{x}_1^*+h_2^*\hat{x}_2^*)-r_1^*(h_1\hat{x}_1+h_2\hat{x}_2)+\\
&|r_2|^2+|h_1|^2|\hat{x}_2|^2+|h_2|^2|\hat{x}_1|^2+r_2(h_1^*\hat{x}_2-h_2^*\hat{x}_1)+r_2^*(h_1\hat{x}_2^*-h_2\hat{x}_1^*)\\
=&|r_1|^2+|r_2|^2+(|h_1|^2+|h_2|^2)(|\hat{x}_1|^2+|\hat{x}_2|^2)+\\
&|h_1|^2|r_1|^2+|h_2|^2|r_2|^2+h_1^*r_1h_2^*r_2+h_1r_1^*h_2r_2^*-\hat{x}_1(r_1^*h_1+h_2^*\hat{x}_2^*)-\\
&\hat{x}_1^*(r_1h_1^*+r_2^*h_2)+|\hat{x}_1|^2+|h_2|^2|r_1|^2+|h_1|^2|r_2|^2-h_2^*r_1h_1^*r_2-\\
&h_2r_1^*h_1r_2^*-\hat{x}_2(r_1^*h_2-r_2h_1^*)-\hat{x}_2^*(r_1h_2^*-r_2^*h_1)+|\hat{x}_2|^2-\\
&|h_1|^2|r_1|^2-|h_2|^2|r_2|^2-|\hat{x}_1|^2-|h_2|^2|r_1|^2-|h_1|^2|r_2|^2-|\hat{x}_2|^2\\
=&(1-|h_1|^2-|h_2|^2)(|r_1|^2+|r_2|^2)+(|h_1|^2+|h_2|^2-1)(|\hat{x}_1|^2+|\hat{x}_2|^2)+\\
&|h_1^*r_1+h_2r_2^*-\hat{x}_1|^2+|h_2^*r_1-h_1r_2^*-\hat{x}_2|^2
\end{aligned} \tag{10.2.8}$$

由于上式中第一项是公共项，与信号点无关，可以忽略，这样可得最大似然译码判决准则为

$$(\hat{x}_1,\hat{x}_2)=\arg\min_{(\hat{x}_1,\hat{x}_2)\in C}(|h_1|^2+|h_2|^2-1)(|\hat{x}_1|^2+|\hat{x}_2|^2)+d^2(\tilde{x}_1,\hat{x}_1)+d^2(\tilde{x}_2,\hat{x}_2) \tag{10.2.9}$$

式中，C 表示调制符号对的组合；$\tilde{x}_1$、$\tilde{x}_2$ 是判决统计量，表示为

$$\begin{cases}\tilde{x}_1=h_1^* r_1+h_2 r_1^* \\ \tilde{x}_2=h_2^* r_1-h_1 r_2^*\end{cases} \tag{10.2.10}$$

将式(10.2.6)代入，可进一步化简为

$$\begin{cases}\tilde{x}_1=(|h_1|^2+|h_1|^2)x_1+h_1^* n_1+h_2 n_2^* \\ \tilde{x}_2=(|h_1|^2+|h_1|^2)x_2-h_1 n_2^*-h_2^* n_1\end{cases} \tag{10.2.11}$$

由此可知，给定信道响应，则两个判决统计量分别只是各自发送信号的函数。则最大似然译码判决准则可以分解为独立的两个准则

$$\begin{cases}\hat{x}_1=\arg\min\limits_{\hat{x}_1\in S}(|h_1|^2+|h_2|^2-1)|\hat{x}_1|^2+d^2(\tilde{x}_1,\hat{x}_1) \\ \hat{x}_2=\arg\min\limits_{\hat{x}_2\in S}(|h_1|^2+|h_2|^2-1)|\hat{x}_2|^2+d^2(\tilde{x}_2,\hat{x}_2)\end{cases} \tag{10.2.12}$$

当采用 MPSK 调制方式时，所有的信号点$(|h_1|^2+|h_2|^2-1)|\hat{x}_i|^2(i=1,2)$是常量，因此最大似然判决准则可以进一步简化为

$$\begin{cases}\hat{x}_1=\arg\min\limits_{\hat{x}_1\in S} d^2(\tilde{x}_1,\hat{x}_1)=\arg\min\limits_{\hat{x}_1\in S}|h_1^* r_1+h_2 r_2^*-\hat{x}_1|^2 \\ \hat{x}_2=\arg\min\limits_{\hat{x}_2\in S} d^2(\tilde{x}_2,\hat{x}_2)=\arg\min\limits_{\hat{x}_2\in S}|h_2^* r_1-h_1 r_2^*-\hat{x}_2|^2\end{cases} \tag{10.2.13}$$

上述 MLD 算法可以推广到多个接收天线的情况。令第 j 个接收天线相邻连续两个符号周期的信号为

$$\begin{cases}r_1^j=h_{j,1}x_1+h_{j,2}x_2+n_1^j \\ r_2^j=-h_{j,1}x_2^*+h_{j,2}x_1^*+n_2^j\end{cases} \tag{10.2.14}$$

式中，$h_{j,i}(i=1,2,\cdots,n_{\mathrm{R}};j=1,2)$是从发送天线 i 到接收天线 j 的信道响应系数；n_1^j、n_2^j 分别表示相邻两时刻的加性噪声样值。

将式(10.2.10)进一步推广，可得这种情况下的判决统计量为

$$\begin{cases}\tilde{x}_1=\sum\limits_{j=1}^{n_{\mathrm{R}}}h_{j,1}^* r_1^j+h_{j,2}(r_2^j)^* \\ \tilde{x}_2=\sum\limits_{j=1}^{n_{\mathrm{R}}}h_{j,2}^* r_1^j-h_{j,1}(r_2^j)^*\end{cases} \tag{10.2.15}$$

同样，可得独立的两个最大似然判决准则为

$$\begin{cases}\tilde{x}_1=\arg\min\limits_{\hat{x}_1\in S}\left[\left(\sum\limits_{j=1}^{n_{\mathrm{R}}}(|h_{j,1}|^2+|h_{j,2}|^2)-1\right)|\hat{x}_1|^2+d^2(\tilde{x}_1,\hat{x}_1)\right] \\ \tilde{x}_2=\arg\min\limits_{\hat{x}_2\in S}\left[\left(\sum\limits_{j=1}^{n_{\mathrm{R}}}(|h_{j,1}|^2+|h_{j,2}|^2)-1\right)|\hat{x}_2|^2+d^2(\tilde{x}_2,\hat{x}_2)\right]\end{cases} \tag{10.2.16}$$

对于 MPSK 星座，MLD 算法也可以进一步简化为式(10.2.13)的形式。图 10.7 给出了几种 Alamouti STBC 编码方案在准静态衰落信道下的系统性能。仿真中，接收机采用理想信道估

计，调制方式是相干 BPSK 调制。

由图 10.7 可知，2 发 1 收 Alamouti STBC 编码的分集增益与 1 发 2 收最大比值合并分集系统的分集增益相同，但信噪比损失 3dB。这主要是由于在 Alamouti STBC 编码系统中，每个天线的发送功率是 1 发 2 收分集接收系统的发送功率的一半造成的。如果将每个天线的发送功率提高一倍，则两者的系统性能相同。同理，对于 2 发 2 收 Alamouti STBC 编码系统和 1 发 4 收系统也有同样的结果。一般情况下，2 发 n_R 收 Alamouti STBC 编码系统获得的分集增益与 1 发 $2n_R$ 收分集系统所获得的分集增益相同。

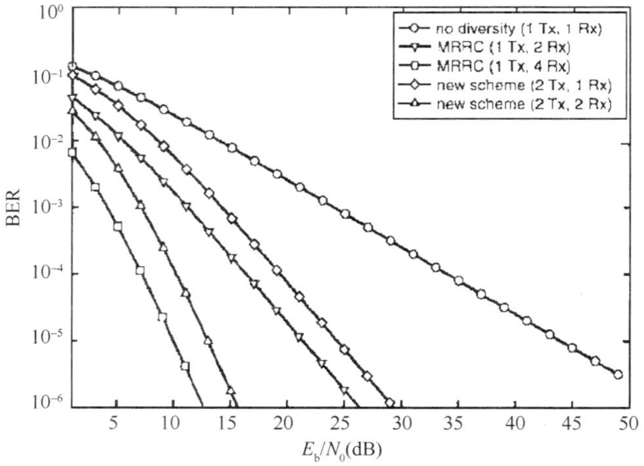

图 10.7　几种 Alamouti STBC 编码在准静态衰落信道下的系统性能

如前所述，采用非常简单的最大似然译码算法，Alamouti STBC 编码就可以获得完全的分集增益。编码设计的关键在于保证两天线发送信号序列之间的正交性。因此，Tarokh 将正交设计思想推广到多个发送天线，提出了一般的正交空时块码设计方法[10.27]。这些 STBC 编码可以获得完全的分集增益，并且只需要利用线性信号处理进行简单的最大似然译码。

10.3　分层空时码(LST)

分层空时码(Layer Space-Time Code，LST)最早是 Bell 实验室的 Foschini 等人提出的[10.10]。他们最初提出的对角化分层空时码可以达到 MIMO 信道容量的下界。分层空时码的最大优点在于允许采用一维的处理方法对多维空间信号进行处理，因此极大降低了译码复杂度。一般情况下，分层空时码的接收机复杂度与数据速率成线性关系。本节讨论现有的几种分层空时码的基本结构，然后重点介绍 V-BLAST 的几种译码算法。

10.3.1　分层空时码的分类与结构

分层空时码实际上描述了空时多维信号发送的结构，它可以和信道编码进行级联。最简单的未编码分层空时码就是著名的 V-BLAST，即垂直结构的分层空时码(VLST)，其结构如图 10.8 所示，比较简单。信息比特序列 $\boldsymbol{c}$ 首先经过串/并(S/P)变换，得到并行的 n_T 个子码流，每个码流可以看作一层信息，然后分别进行 M 进制调制，得到调制符号 $x_t^i(i=1,2,\cdots,n_T)$，最后发送到相应的天线上。

如果与编码器结合，可得各种结构的分层空时码。图 10.9 和图 10.10 给出了两种水平分层空时码(HLST)的结构。

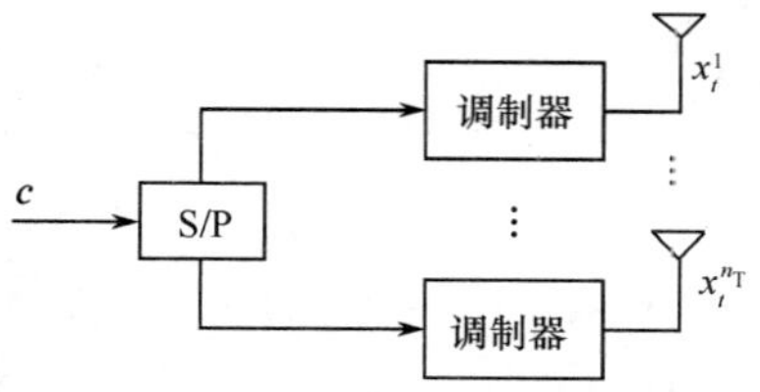

图 10.8 VLST 的结构

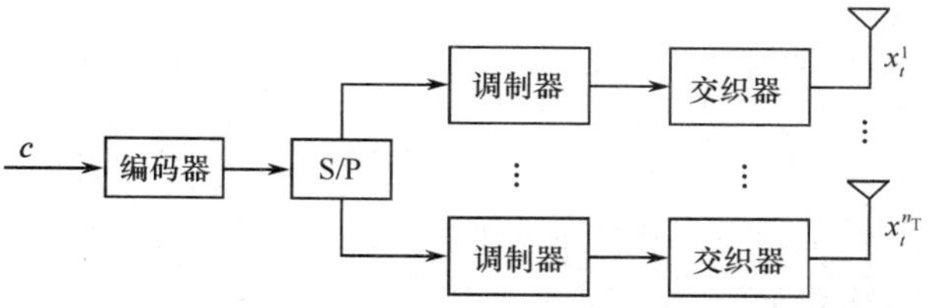

图 10.9 HLST 的一种结构

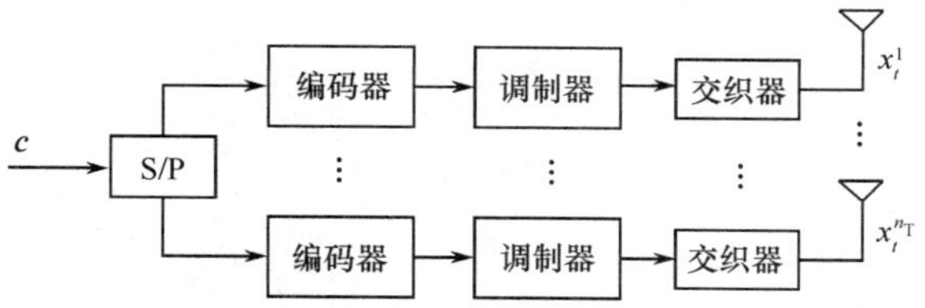

图 10.10 HLST 的另一种结构

HLST 的两种结构都要经过编码、调制与交织处理，所不同的是编码器和串/并变换的位置略有差别，它们的编码矩阵都可以表示为

$$\boldsymbol{X}=\begin{bmatrix} x_1^1 & x_2^1 & \cdots & x_t^1 & \cdots \\ x_1^2 & x_2^2 & \cdots & x_t^2 & \cdots \\ \vdots & \vdots & \ddots & \vdots & \vdots \\ x_1^{n_T} & x_2^{n_T} & \cdots & x_t^{n_T} & \cdots \end{bmatrix} \tag{10.3.1}$$

前述的 HLST 只利用了时域上的交织作用，如果采用空时二维交织，可以获得更好的性能。这就是图 10.11 所示的对角化分层空时码(DLST)和螺旋分层空时码(TLST)结构。

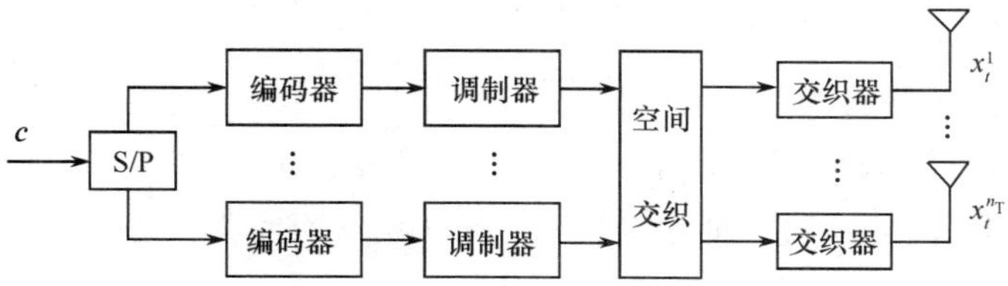

图 10.11 DLST 和 TLST 的结构

在 DLST 结构中，每一层的编码调制符号流沿着发送天线进行对角线分布，对角化分层空时码因此得名。也就是说，从天线 1 到天线 n_T，发送的符号之间进行了空时二维交织处理。以 $n_T=4$ 为例，这种处理可以分为两步。第一步，各层数据之间要引入相对时延，对应的符号矩阵为

$$\begin{bmatrix} x_1^1 & x_2^1 & x_3^1 & x_4^1 & x_5^1 & x_6^1 & x_7^1 & x_8^1 & \cdots \\ 0 & x_1^2 & x_2^2 & x_3^2 & x_4^2 & x_5^2 & x_6^2 & x_7^2 & \cdots \\ 0 & 0 & x_1^3 & x_2^3 & x_3^3 & x_4^3 & x_5^3 & x_6^3 & \cdots \\ 0 & 0 & 0 & x_1^4 & x_2^4 & x_3^4 & x_4^4 & x_5^4 & \cdots \end{bmatrix} \tag{10.3.2}$$

第二步，每个天线沿对角线发送符号，因此符号矩阵为

$$\begin{bmatrix} x_1^1 & x_1^2 & x_1^3 & x_1^4 & x_5^1 & x_5^2 & x_5^3 & x_5^4 & \cdots \\ 0 & x_2^1 & x_2^2 & x_2^3 & x_2^4 & x_6^1 & x_6^2 & x_6^3 & \cdots \\ 0 & 0 & x_3^1 & x_3^2 & x_3^3 & x_3^4 & x_7^1 & x_7^2 & \cdots \\ 0 & 0 & 0 & x_4^1 & x_4^2 & x_4^3 & x_4^4 & x_8^1 & \cdots \end{bmatrix} \tag{10.3.3}$$

由于 DLST 引入了空间交织，因此其性能要比 VLST 和 HLST 更好。但观察 DLST 的编码矩阵结构可知，由于在矩阵的左下方引入了一些 0，导致码率或频谱效率小于 1，有一定损失。为了消除这种损失，可以采用螺旋分层空时码(TLST)结构。以 $n_{\mathrm{T}}=4$ 为例，这种处理对应的符号矩阵为

$$\begin{bmatrix} x_1^1 & x_2^1 & x_3^1 & x_4^1 & x_5^1 & x_6^1 & x_7^1 & x_8^1 & \cdots \\ x_1^2 & x_2^2 & x_3^2 & x_4^2 & x_5^2 & x_6^2 & x_7^2 & x_8^2 & \cdots \\ x_1^3 & x_2^3 & x_3^3 & x_4^3 & x_5^3 & x_6^3 & x_7^3 & x_8^3 & \cdots \\ x_1^4 & x_2^4 & x_3^4 & x_4^4 & x_5^4 & x_6^4 & x_7^4 & x_8^4 & \cdots \end{bmatrix} \rightarrow \begin{bmatrix} x_1^1 & x_2^4 & x_3^3 & x_4^2 & x_5^1 & x_6^4 & x_7^3 & x_8^2 & \cdots \\ x_1^2 & x_2^1 & x_3^4 & x_4^3 & x_5^2 & x_6^1 & x_7^4 & x_8^3 & \cdots \\ x_1^3 & x_2^2 & x_3^1 & x_4^4 & x_5^3 & x_6^2 & x_7^1 & x_8^4 & \cdots \\ x_1^4 & x_2^3 & x_3^2 & x_4^1 & x_5^4 & x_6^3 & x_7^2 & x_8^1 & \cdots \end{bmatrix} \tag{10.3.4}$$

由编码结构可知，TLST 的每一列实际上是原始符号矩阵的循环移位。通过循环操作，引入了空间交织，并且数据速率没有损失。

10.3.2 VLST 的接收——迫零算法

分层空时码的译码有多种算法，最优算法当然是 MLD 算法。但 MLD 算法具有指数级复杂度，无法实用化，因此学者们提出了各种简化算法。其中，常用的算法包括迫零(ZF)算法、QR 分解算法及 MMSE 算法。下面介绍 ZF 算法。

在准静态衰落信道下，接收机 t 时刻收到的信号向量可以表示为

$$\boldsymbol{r}_t=\boldsymbol{H}\boldsymbol{x}_t+\boldsymbol{n}_t \tag{10.3.5}$$

式中，$\boldsymbol{r}_t$ 表示 $n_{\mathrm{R}}\times 1$ 维的接收信号向量；$\boldsymbol{H}$ 是 $n_{\mathrm{R}}\times n_{\mathrm{T}}$ 维信道响应矩阵；$\boldsymbol{x}_t$ 是 $n_{\mathrm{T}}\times 1$ 维的发送信号向量；$\boldsymbol{n}_t$ 是 $n_{\mathrm{R}}\times 1$ 维的 AWGN 噪声向量，其每个分量都是均值为 0、方差为 σ^2 的相互独立的正态分布随机变量。

接收信号向量是所有发送天线信号的叠加，因此每个接收天线收到的都是有用信号与干扰信号的混叠。式(10.3.5)给出的信号模型与同步 CDMA 系统中的多用户检测模型的数学本质是一致的。因此，可以采用类似于多用户检测中的迫零算法进行天线间的干扰抵消，从而进行信号检测。ZF 算法的目的是首先检测某一层的发送信号，然后从其他层中抵消这一层信号造成的干扰，逐次迭代，最后完成整个信号的检测。ZF 算法中，进行信号干扰抵消的顺序对于系统性能有重要影响。引入整数序数集合

$$S=\{s_1,s_2,\cdots,s_{n_{\mathrm{T}}}\} \tag{10.3.6}$$

表示自然序数$\{1,2,\cdots,n_{\mathrm{T}}\}$的某种排列。

ZF 算法可以描述为如下的迭代过程。

初始化：$i=1$

$$\boldsymbol{G}_1=\boldsymbol{H}^{+} \tag{10.3.7}$$

迭代过程：

$$s_i = \arg\min_{j \notin \{s_1, s_2, \cdots, s_{i-1}\}} \| (\boldsymbol{G}_i)_j \|^2 \tag{10.3.8}$$

$$\boldsymbol{w}_{s_i} = (\boldsymbol{G}_i)_{s_i} \tag{10.3.9}$$

$$y_{s_i} = \boldsymbol{w}_{s_i}^{\mathrm{T}} \boldsymbol{r}_i \tag{10.3.10}$$

$$\hat{x}_{s_i} = Q(y_{s_i}) \tag{10.3.11}$$

$$\boldsymbol{r}_{i+1} = \boldsymbol{r}_i - \widetilde{x}_{s_i} (\boldsymbol{H})_{s_i} \tag{10.3.12}$$

$$\boldsymbol{G}_{i+1} = \boldsymbol{H}_{\overline{s_i}}^{+} \tag{10.3.13}$$

$$i = i + 1$$

式中，$\boldsymbol{H}^+$ 表示 Moore-Penrose 广义逆矩阵，$\boldsymbol{H}_{\overline{s_i}}^{+}$ 表示令 $s_1, s_2, \cdots, s_i$ 列为 0 得到的广义逆矩阵；$(\boldsymbol{G}_i)_j$ 表示矩阵$\boldsymbol{G}_i$ 的第 j 行；$Q(\cdot)$函数表示根据星座图对检测信号进行硬判决解调。上述算法中，式(10.3.8)给出了干扰抵消的顺序。

上述算法中的干扰抵消顺序是根据每次迭代的广义逆矩阵接收列向量信号能量来排序的，这种排序是一种本地最优化方法。

图 10.12 给出了准静态衰落信道、QPSK 调制情况下，2 发 2 收、2 发 4 收和 2 发 8 收系统采用 ZF 算法检测的 BER 性能。由图可知，随着接收天线数目的增加，分集增益越来越大，系统性能得到了极大改善。

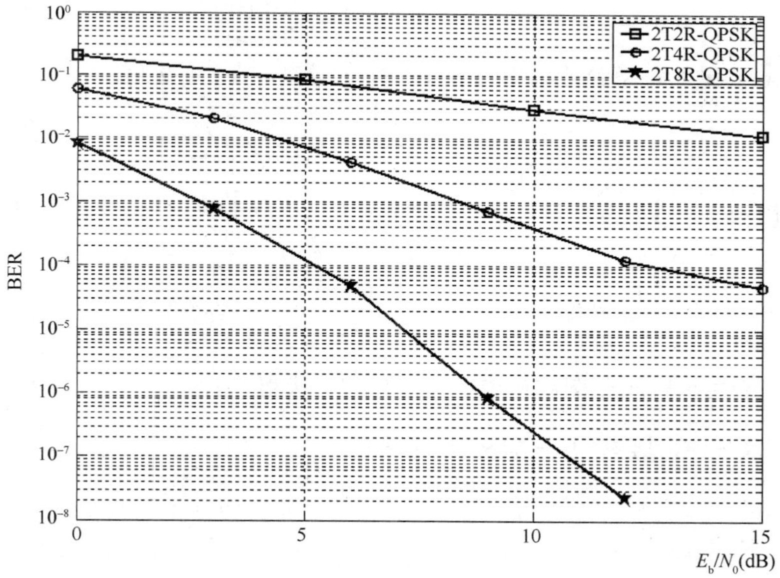

图 10.12　不同接收天线数目采用 ZF 算法的性能比较

10.3.3　VLST 的接收——QR 分解算法

VLST 也可采用 QR 分解算法进行干扰抵消。当信道响应矩阵 $\boldsymbol{H}$ 满足 $n_{\mathrm{R}} \geqslant n_{\mathrm{T}}$ 时，则矩阵可以进行 QR 分解，得

$$\boldsymbol{H} = \boldsymbol{U}_{\mathrm{R}} \boldsymbol{R} \tag{10.3.14}$$

式中，$\boldsymbol{U}_{\mathrm{R}}$是 $n_{\mathrm{R}}\times n_{\mathrm{T}}$ 维酉矩阵；而 $\boldsymbol{R}$ 是 $n_{\mathrm{T}}\times n_{\mathrm{T}}$ 维的上三角矩阵，可以表示为

$$\boldsymbol{R}=\begin{bmatrix} R_{11} & R_{12} & \cdots & R_{1,n_{\mathrm{T}}} \\ 0 & R_{22} & \cdots & R_{2,n_{\mathrm{T}}} \\ 0 & 0 & \cdots & R_{3,n_{\mathrm{T}}} \\ \vdots & \vdots & \ddots & \vdots \\ 0 & 0 & \cdots & R_{n_{\mathrm{T}},n_{\mathrm{T}}} \end{bmatrix} \tag{10.3.15}$$

式(10.3.5)左乘$\boldsymbol{U}_{\mathrm{R}}^{\mathrm{T}}$可得接收向量为

$$\boldsymbol{y}_t=\boldsymbol{U}_{\mathrm{R}}^{\mathrm{T}}\boldsymbol{r}_t=\boldsymbol{U}_{\mathrm{R}}^{\mathrm{T}}\boldsymbol{H}\boldsymbol{x}_t+\boldsymbol{U}_{\mathrm{R}}^{\mathrm{T}}\boldsymbol{n}_t \tag{10.3.16}$$

将式(10.3.17)代入可得

$$\boldsymbol{y}_t=\boldsymbol{R}\boldsymbol{x}_t+\boldsymbol{v}_t \tag{10.3.17}$$

式中，$\boldsymbol{v}_t=\boldsymbol{U}_{\mathrm{R}}^{\mathrm{T}}\boldsymbol{n}_t$ 表示白噪声向量经过正交变换后的噪声向量。上述表达式可以展开为

$$\begin{bmatrix} y_t^1 \\ y_t^2 \\ y_t^3 \\ \vdots \\ y_t^{n_{\mathrm{T}}} \end{bmatrix}=\begin{bmatrix} R_{11} & R_{12} & \cdots & R_{1,n_{\mathrm{T}}} \\ 0 & R_{22} & \cdots & R_{2,n_{\mathrm{T}}} \\ 0 & 0 & \cdots & R_{3,n_{\mathrm{T}}} \\ \vdots & \vdots & \ddots & \vdots \\ 0 & 0 & \cdots & R_{n_{\mathrm{T}},n_{\mathrm{T}}} \end{bmatrix}\begin{bmatrix} x_t^1 \\ x_t^2 \\ x_t^3 \\ \vdots \\ x_t^{n_{\mathrm{T}}} \end{bmatrix}+\begin{bmatrix} v_t^1 \\ v_t^2 \\ v_t^3 \\ \vdots \\ v_t^{n_{\mathrm{T}}} \end{bmatrix} \tag{10.3.18}$$

由上式可知，接收向量的每个分量都可以表示为

$$y_t^i=\sum_{j=i}^{n_{\mathrm{T}}}R_{ij}x_t^j+v_t^i \qquad i=1,2,\cdots,n_{\mathrm{T}} \tag{10.3.19}$$

根据系数矩阵的上三角特性，可以采用迭代方法从下到上逐次解出各个发送信号分量为

$$\hat{x}_t^i=Q\left(\frac{y_t^i-\sum\limits_{j=i+1}^{n_{\mathrm{T}}}R_{ij}\hat{x}_t^j}{R_{ii}}\right) \qquad i=1,2,\cdots,n_{\mathrm{T}} \tag{10.3.20}$$

式中，$Q(\cdot)$函数表示根据星座图对检测信号进行硬判决解调。

10.3.4 VLST 的接收——MMSE 算法

另一种常用的 VLST 检测算法是 MMSE 算法，即最小均方误差算法。该算法的目标函数是最小化发送信号向量$\boldsymbol{x}_t$ 与接收信号向量线性组合$\boldsymbol{W}^{\mathrm{H}}\boldsymbol{r}_t$ 之间的均方误差，即

$$\arg\min_{\boldsymbol{W}}E[\|\boldsymbol{x}_t-\boldsymbol{W}^{\mathrm{H}}\boldsymbol{r}_t\|^2] \tag{10.3.21}$$

式中，$\boldsymbol{W}$ 是 $n_{\mathrm{R}}\times n_{\mathrm{T}}$ 维的线性组合系数矩阵。由于上述目标函数是凸函数，因此可以求其梯度得到最优解。

$$\begin{aligned}\nabla_{\boldsymbol{W}}E[\|\boldsymbol{x}_t-\boldsymbol{W}^{\mathrm{H}}\boldsymbol{r}_t\|^2]&=\nabla_{\boldsymbol{W}}E[(\boldsymbol{x}_t-\boldsymbol{W}^{\mathrm{H}}\boldsymbol{r}_t)^{\mathrm{H}}(\boldsymbol{x}_t-\boldsymbol{W}^{\mathrm{H}}\boldsymbol{r}_t)]\\&=-E[\boldsymbol{r}_t^{\mathrm{H}}(\boldsymbol{x}_t-\boldsymbol{W}^{\mathrm{H}}\boldsymbol{r}_t)]-E[(\boldsymbol{x}_t-\boldsymbol{W}^{\mathrm{H}}\boldsymbol{r}_t)^{\mathrm{H}}\boldsymbol{r}_t]\\&=2E(\boldsymbol{r}_t^{\mathrm{H}}\boldsymbol{W}^{\mathrm{H}}\boldsymbol{r}_t)-2E(\boldsymbol{r}_t^{\mathrm{H}}\boldsymbol{x}_t)\end{aligned} \tag{10.3.22}$$

代入式(10.3.5)

$$=2E[(\boldsymbol{H}\boldsymbol{x}_t+\boldsymbol{n}_t)^{\mathrm{H}}\boldsymbol{W}^{\mathrm{H}}(\boldsymbol{H}\boldsymbol{x}_t+\boldsymbol{n}_t)]-2E[(\boldsymbol{H}\boldsymbol{x}_t+\boldsymbol{n}_t)^{\mathrm{H}}\boldsymbol{x}_t]$$

$$=2\boldsymbol{H}^{\mathrm{H}}\boldsymbol{H}\boldsymbol{W}^{\mathrm{H}}E(\boldsymbol{x}_t\boldsymbol{x}_t^{\mathrm{H}})+2\boldsymbol{W}^{\mathrm{H}}E(\boldsymbol{n}_t\boldsymbol{n}_t^{\mathrm{H}})-2\boldsymbol{H}^{\mathrm{H}}E(\boldsymbol{x}_t\boldsymbol{x}_t^{\mathrm{H}})$$

$$=2(\boldsymbol{H}^{\mathrm{H}}\boldsymbol{H}+\sigma^2\boldsymbol{I}_{n_{\mathrm{T}}})\boldsymbol{W}^{\mathrm{H}}-2\boldsymbol{H}^{\mathrm{H}}=0 \tag{10.3.23}$$

由此可得 MMSE 算法的系数矩阵为

$$\boldsymbol{W}^{\mathrm{H}}=(\boldsymbol{H}^{\mathrm{H}}\boldsymbol{H}+\sigma^2\boldsymbol{I}_{n_{\mathrm{T}}})^{-1}\boldsymbol{H}^{\mathrm{H}} \tag{10.3.24}$$

在上式推导过程中,利用了关系式 $E(\boldsymbol{x}_t\boldsymbol{x}_t^{\mathrm{H}})=\boldsymbol{I}_{n_{\mathrm{T}}}$,$E(\boldsymbol{n}_t\boldsymbol{n}_t^{\mathrm{H}})=\sigma^2\boldsymbol{I}_{n_{\mathrm{T}}}$ 及 $E(\boldsymbol{x}_t\boldsymbol{n}_t^{\mathrm{H}})=\boldsymbol{0}$。

MMSE 检测与干扰抵消组合可得到类似于 ZF 算法的迭代结构,具体的算法流程如下。

初始化:$i=n_{\mathrm{T}}$

$$\boldsymbol{r}_t^{n_{\mathrm{T}}}=\boldsymbol{r}_t \tag{10.3.25}$$

当 $i\geqslant 1$ 时,进行如下的迭代操作:

$$\boldsymbol{W}^{\mathrm{H}}=(\boldsymbol{H}^{\mathrm{H}}\boldsymbol{H}+\sigma^2\boldsymbol{I}_{n_{\mathrm{T}}})^{-1}\boldsymbol{H}^{\mathrm{H}} \tag{10.3.26}$$

$$y_t^i=\boldsymbol{W}_i^{\mathrm{H}}\boldsymbol{r}^i \tag{10.3.27}$$

$$\hat{x}_i^t=Q(y_i^t) \tag{10.3.28}$$

$$\boldsymbol{r}^{i-1}=\boldsymbol{r}^i-\hat{x}_t^i\boldsymbol{h}_i \tag{10.3.29}$$

$$\boldsymbol{H}=\boldsymbol{H}_{\mathrm{d}}^{i-1}=\begin{bmatrix} h_{11} & h_{12} & \cdots & h_{1,i-1} \\ h_{21} & h_{22} & \cdots & h_{2,i-1} \\ \vdots & \vdots & \ddots & \vdots \\ h_{n_{\mathrm{R}},1} & h_{n_{\mathrm{R}},2} & \cdots & h_{n_{\mathrm{R}},i-1} \end{bmatrix}$$

$$i=i-1 \tag{10.3.30}$$

图 10.13 给出了 $n_{\mathrm{T}}=n_{\mathrm{R}}=4$ 条件下,未编码的 V-BALST 采用 QR 分解、MMSE 算法和 MMSE 迭代干扰抵消(排序和不排序)算法的性能。由图可知,当采用排序和干扰抵消的 MMSE 算法时,系统性能最好。

10.4 空时格码(STTC)

空时块码能够获得分集增益,但不能提供编码增益。分层空时码能够极大地提高系统的频谱效率,但通常不能获得完全的分集增益。Tarokh、Seshadri 和 Calderbank[10.26] 首次提出将信道编码、调制及收发分集联合优化的思想,构造了空时格码(STTC)。STTC 既可以获得完全的分集增益,又能获得非常大的编码增益,同时还能提高系统的频谱效率。

本节介绍 STTC 编码器的结构、设计和优化准则,并通过仿真评估 STTC 的性能。

10.4.1 STTC 信号模型

假设空时编码系统发射端有 n_{T} 个天线,接收端有 n_{R} 个天线。在 t 时刻,送入 STTC 编码器的二进制信息比特流为

$$\boldsymbol{c}_t=(c_t^1,c_t^2,\cdots,c_t^m) \tag{10.4.1}$$

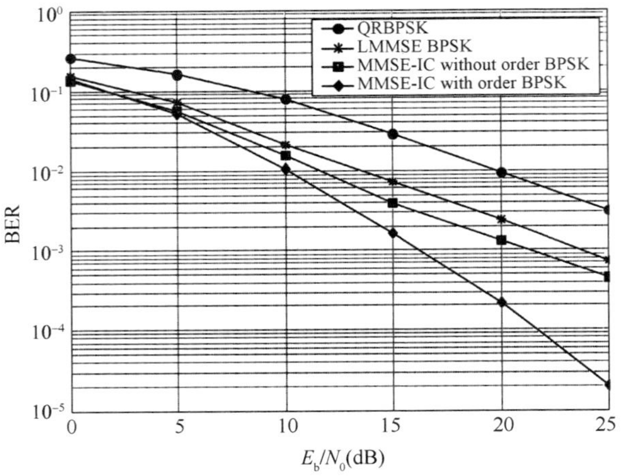

图 10.13　几种 V-BALST 检测算法的性能比较

STTC 编码器将 m 个信息比特编码为 pn_T 个编码比特，送入 $M=2^m$ 进制的线性调制器，经过串/并变换后，成为 pn_T 维的符号向量（对于 Smart-Greedy 码和 Smart-Robust 码，$p>1$，通常假设 $p=1$）

$$\boldsymbol{x}_t=(x_t^1,x_t^2,\cdots,x_t^{n_T})^T \tag{10.4.2}$$

这并行的 n_T 个输出同时送入对应的天线单元，就完成了 STTC 的编码工作。这样整个 STTC 编码器的码率为 $R=m/pn_T$。

令 t 时刻第 i 个天线的发送符号为 $\sqrt{E_s}x_t^i$，其中 x_t^i 是归一化的调制信号，E_s 表示信号能量。如前所述，在 t 时刻符号序列 $\sqrt{E_s}x_t^1,\cdots,\sqrt{E_s}x_t^{n_T}$ 是同时发送的。在接收端，每个天线上接收到的信号是 n_T 个发送天线收到独立信道衰落后的线性叠加信号。令 r_t^j 表示接收端第 j 个天线第 t 时刻收到的信号，则该信号可以表示为

$$r_t^j=\sum_{i=1}^{n_T}\alpha_{ji}^t\sqrt{E_s}x_t^i+n_t^j \qquad j=1,2,\cdots,n_R,t=1,2,\cdots,N_f \tag{10.4.3}$$

式中，N_f 是数据帧长；$n_j(k)$ 是复白高斯随机序列，均值为 0，其实部与虚部的方差为 $\mathrm{Var}[\mathrm{Re}(n_t^i)]=\mathrm{Var}[\mathrm{Im}(n_t^i)]=N_0/2$。信道衰落系数 α_{ij} 表示 t 时刻，从发送天线 i 到接收天线 j 的路径增益，$i=1,2,\cdots,n_T$，$j=1,2,\cdots,n_R$。假设信道衰落为准静态衰落，则信道响应为高斯随机过程，均值为 0，方差为 1，在一帧中衰落系数保持不变。

令 t 时刻接收信号向量为

$$\boldsymbol{r}_t=(r_t^1,r_t^2,\cdots,r_t^{n_R})^T \tag{10.4.4}$$

噪声向量为

$$\boldsymbol{n}_t=(n_t^1,n_t^1,\cdots,r_t^{n_R})^T \tag{10.4.5}$$

信道响应矩阵为

$$\boldsymbol{H}_t=\begin{bmatrix}\alpha_{1,1}^t & \alpha_{1,2}^t & \cdots & \alpha_{1,n_T}^t\\ \alpha_{2,1}^t & \alpha_{2,1}^t & \cdots & \alpha_{2,n_T}^t\\ \vdots & \vdots & \ddots & \vdots\\ \alpha_{n_R,1}^t & \alpha_{n_R,2}^t & \cdots & \alpha_{n_R,n_T}^t\end{bmatrix} \tag{10.4.6}$$

则 t 时刻系统的向量表示形式为

$$\boldsymbol{r}_t=\boldsymbol{H}_t\boldsymbol{x}_t+\boldsymbol{n}_t \tag{10.4.7}$$

则信道响应矩阵的统计特性满足 $E(\boldsymbol{H}_t)=\boldsymbol{0}$，$E(\boldsymbol{H}_t\boldsymbol{H}_t^{\mathrm{H}})=\boldsymbol{I}_{n_{\mathrm{T}}}$，$\boldsymbol{I}_{n_{\mathrm{T}}}$ 表示 n_{T} 阶单位矩阵，H 表示共轭转置。噪声向量的统计特性满足 $E(\boldsymbol{n}_t)=\boldsymbol{0}$，$E(\boldsymbol{n}_t\boldsymbol{n}_t^{\mathrm{H}})=N_0\boldsymbol{I}_{n_{\mathrm{T}}}$。

如果去掉时间下标，则接收信号的总体向量形式为

$$\boldsymbol{R}=\sqrt{E_{\mathrm{s}}}\boldsymbol{HX}+\boldsymbol{N} \tag{10.4.8}$$

式中，$n_{\mathrm{R}}\times N_{\mathrm{f}}$ 维接收信号矩阵 $\boldsymbol{R}=(\boldsymbol{r}_1,\boldsymbol{r}_2,\cdots,\boldsymbol{r}_{N_{\mathrm{f}}})$ 表示一帧的接收数据，$n_{\mathrm{T}}\times N_{\mathrm{f}}$ 维发送信号矩阵 $\boldsymbol{X}=(\boldsymbol{x}_1,\boldsymbol{x}_2,\cdots,\boldsymbol{x}_{N_{\mathrm{f}}})$ 表示一帧的发送数据，$n_{\mathrm{R}}\times(n_{\mathrm{T}}N_{\mathrm{f}})$ 维信道响应矩阵 $\boldsymbol{H}=(\boldsymbol{H}_1,\boldsymbol{H}_2,\cdots,\boldsymbol{H}_{N_{\mathrm{f}}})$ 表示一帧时间内的信道响应，$n_{\mathrm{R}}\times N_{\mathrm{f}}$ 维噪声矩阵 $\boldsymbol{N}=(\boldsymbol{n}_1,\boldsymbol{n}_2,\cdots,n_{N_{\mathrm{f}}})$。

10.4.2 STTC 编码器结构

STTC 编码器实际上是定义在有限域上的卷积编码器。对于 n_{T} 个发送天线，采用 MPSK 调制的 STTC 编码器结构如图 10.14 所示。

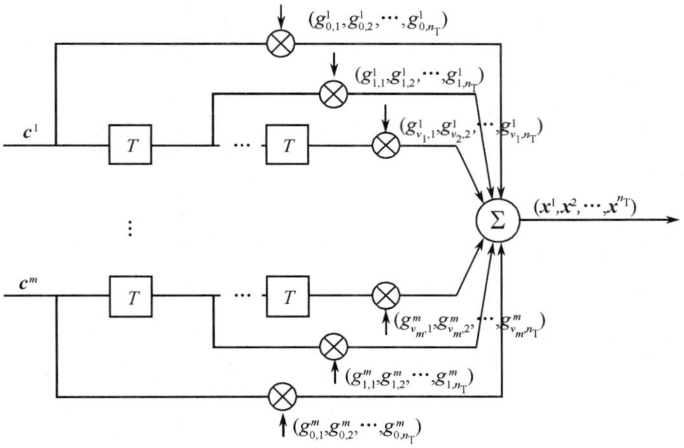

图 10.14 采用 MPSK 调制的 STTC 编码器的一般结构

编码器输入的信息比特流 $\boldsymbol{c}$ 可以表示为

$$\boldsymbol{c}=(\boldsymbol{c}_0,\boldsymbol{c}_1,\cdots,\boldsymbol{c}_t,\cdots) \tag{10.4.9}$$

式中，$\boldsymbol{c}_t$ 表示 t 时刻的 $m=\log_2 M$ 比特向量，即

$$\boldsymbol{c}_t=(c_t^1,c_t^2,\cdots,c_t^m) \tag{10.4.10}$$

编码器将输入比特流映射为 MPSK 调制符号流，可以表示为

$$\boldsymbol{x}=(\boldsymbol{x}_0,\boldsymbol{x}_1,\cdots,\boldsymbol{x}_t,\cdots) \tag{10.4.11}$$

式中，$\boldsymbol{x}_t$ 表示 $\boldsymbol{t}$ 时刻的符号向量，即

$$\boldsymbol{x}_t=(x_t^1,x_t^2,\cdots,x_t^{n_{\mathrm{T}}})^{\mathrm{T}} \tag{10.4.12}$$

如图 10.14 所示，STTC 编码器由移位寄存器、模 M 乘法器和加法器等构成。m 个比特流 $\boldsymbol{c}^1,\boldsymbol{c}^2,\cdots,\boldsymbol{c}^m$ 送入编码器的一组 m 个移位寄存器中，第 k 个输入比特流 $\boldsymbol{c}^k=(c_0^k,c_1^k,\cdots,c_t^k,\cdots)(k=1,2,\cdots,m)$ 送入第 k 个移位寄存器中，然后与相应的编码器抽头系数相乘，所有乘法器对应的结果模 M 求和，得到编码器的输出符号流 $\boldsymbol{x}=(\boldsymbol{x}^1,\boldsymbol{x}^2,\cdots,\boldsymbol{x}^{n_{\mathrm{T}}})$。$m$ 组抽头系数可以表示为

$$
\begin{aligned}
\boldsymbol{g}^1 &= [(g_{0,1}^1, g_{0,2}^1, \cdots, g_{0,n_T}^1), (g_{1,1}^1, g_{1,2}^1, \cdots, g_{1,n_T}^1), \cdots, (g_{v_1,1}^1, g_{v_1,2}^1, \cdots, g_{v_1,n_T}^1)] \\
\boldsymbol{g}^2 &= [(g_{0,1}^2, g_{0,2}^2, \cdots, g_{0,n_T}^2), (g_{1,1}^2, g_{1,2}^2, \cdots, g_{1,n_T}^2), \cdots, (g_{v_2,1}^2, g_{v_2,2}^2, \cdots, g_{v_2,n_T}^2)] \\
&\vdots \\
\boldsymbol{g}^m &= [(g_{0,1}^m, g_{0,2}^m, \cdots, g_{0,n_T}^m), (g_{1,1}^m, g_{1,2}^m, \cdots, g_{1,n_T}^m), \cdots, (g_{v_m,1}^m, g_{v_m,2}^m, \cdots, g_{v_m,n_T}^m)]
\end{aligned}
\tag{10.4.13}
$$

式中，抽头系数 $g_{j,i}^k \in \{0,1,\cdots,M-1\}$，$k=1,2,\cdots,m$，$j=1,2,\cdots,v_k$，$i=1,2,\cdots,n_T$，$v_k$ 是第 k 个编码分支的记忆长度。

由此 t 时刻第 i 个天线编码器的输出符号 x_t^i 可以表示为

$$
x_t^i = \sum_{k=1}^{m} \sum_{j=0}^{v_k} g_{j,i}^k c_{t-j}^k \bmod M \qquad i = 1,2,\cdots,n_T \tag{10.4.14}
$$

编码器中移位寄存器的总数则为

$$
v = \sum_{k=1}^{m} v_k \tag{10.4.15}
$$

则 STTC 编码器对应的 Trellis 状态数为 2^v。

上述的抽头系数组合实际上就是卷积编码器的生成多项式系数。通常 STTC 编码器可以用生成多项式描述，即

$$
G_i^k(D) = \sum_{j=0}^{v_k} g_{j,i}^k D^j = g_{0,i}^k + g_{1,i}^k D + \cdots + g_{v_k,i}^k D^{v_k} \bmod M \qquad k = 1,2,\cdots,m; i = 1,2,\cdots,n_T \tag{10.4.16}
$$

则 STTC 编码器对应的多项式生成矩阵可以表示为

$$
\boldsymbol{G}(D) = \begin{bmatrix} G_1^1(D) & G_2^1(D) & \cdots & G_{n_T}^1(D) \\ G_1^2(D) & G_2^2(D) & \cdots & G_{n_T}^2(D) \\ \vdots & \vdots & \ddots & \vdots \\ G_1^m(D) & G_2^m(D) & \cdots & G_{n_T}^m(D) \end{bmatrix} \tag{10.4.17}
$$

10.4.3 STTC 编码设计准则

下面分析 STTC 的系统性能。定义 $n \times n$ 维的 Hermitian 矩阵 $\boldsymbol{A} \in \mathbf{C}^{n \times n}$，如果 $\forall \boldsymbol{u} \in \mathbf{C}^n$，如果满足 $\boldsymbol{u}\boldsymbol{A}\boldsymbol{u}^{\mathrm{H}} \geqslant 0$，则称矩阵是非负定的。一个 $n \times n$ 维的矩阵 $\boldsymbol{V} \in \mathbf{C}^{n \times n}$，如果满足 $\boldsymbol{V}\boldsymbol{V}^{\mathrm{H}} = \boldsymbol{I}$，则称为酉矩阵。一个 $n \times N$ 维的矩阵 $\boldsymbol{B} \in \mathbf{C}^{n \times N}$，如果满足 $\boldsymbol{B}\boldsymbol{B}^{\mathrm{H}} = \boldsymbol{A}$，则称它为矩阵 $\boldsymbol{A}$ 的平方根。

假设发送端的编码调制符号矩阵为

$$
\boldsymbol{X} = \begin{bmatrix} x_1^1 & x_2^1 & \cdots & x_{N_f}^1 \\ x_1^2 & x_2^2 & \cdots & x_{N_f}^2 \\ \vdots & \vdots & \ddots & \vdots \\ x_1^{n_T} & x_2^{n_T} & \cdots & x_{N_f}^{n_T} \end{bmatrix} \tag{10.4.18}
$$

而接收端经过译码判决后的符号矩阵为

$$\hat{\boldsymbol{X}}=\begin{bmatrix} \hat{x}_1^1 & \hat{x}_2^1 & \cdots & \hat{x}_{N_f}^1 \\ \hat{x}_1^2 & \hat{x}_2^2 & \cdots & \hat{x}_{N_f}^2 \\ \vdots & \vdots & \ddots & \vdots \\ \hat{x}_1^{n_T} & \hat{x}_2^{n_T} & \cdots & \hat{x}_{N_f}^{n_T} \end{bmatrix} \tag{10.4.19}$$

采用最大似然译码准则，即

$$\arg\max_{\hat{\boldsymbol{X}}}(\|\boldsymbol{R}-\sqrt{E_s}\boldsymbol{HX}\|_F^2 \geqslant \|\boldsymbol{R}-\sqrt{E_s}\boldsymbol{H\hat{X}}\|_F^2) \tag{10.4.20}$$

式中，$\|\boldsymbol{U}_{m\times n}\|_F$ 表示矩阵 $\boldsymbol{U}$ 的 Frobenius 范数，即 $\|\boldsymbol{U}\|_F=\sqrt{\sum_{i=1}^{m}\sum_{j=1}^{n}|u_{ij}|^2}$ 。定义修正的平方欧氏距离 $d^2(\boldsymbol{X},\hat{\boldsymbol{X}})$ 为

$$d^2(\boldsymbol{X},\hat{\boldsymbol{X}}) = \|\boldsymbol{H}\cdot(\boldsymbol{X}-\hat{\boldsymbol{X}})\|_F^2 = \sum_{t=1}^{N_f}\sum_{j=1}^{n_R}\left|\sum_{i=1}^{n_T}\alpha_{ji}^t(x_t^i-\hat{x}_t^i)\right|^2 \tag{10.4.21}$$

则给定信道响应矩阵条件下的最大似然译码错误概率为

$$P(\boldsymbol{X},\hat{\boldsymbol{X}}|\boldsymbol{H})=\frac{1}{2}\mathrm{erfc}\left[\sqrt{\frac{E_s}{4N_0}d^2(\boldsymbol{X},\hat{\boldsymbol{X}})}\right]\leqslant\frac{1}{2}\exp\left[-\frac{E_s}{4N_0}d^2(\boldsymbol{X},\hat{\boldsymbol{X}})\right] \tag{10.4.22}$$

式中，$\mathrm{erfc}(x)=\frac{2}{\sqrt{\pi}}\int_x^{\infty}\mathrm{e}^{-t^2}\mathrm{d}t$ 是误差补函数。

定义成对差错概率 $P(\boldsymbol{X},\hat{\boldsymbol{X}})$ 表示发送编码矩阵为 $\boldsymbol{X}$、判决为 $\hat{\boldsymbol{X}}$ 的错误概率。下面讨论 STTC 在准静态衰落信道和快衰落信道条件下的设计准则。

1. 准静态衰落信道条件下 STTC 设计准则

在准静态衰落信道条件下，信道响应矩阵与时间无关，即 $\alpha_{ji}^t=\alpha_{ji}$，$i=1,2,\cdots,n_T$，$j=1,2,\cdots,n_R$。

修正平方欧氏距离 $d^2(\boldsymbol{X},\hat{\boldsymbol{X}})$实际上是一个二次型，可以展开为

$$d^2(\boldsymbol{X},\hat{\boldsymbol{X}}) = \sum_{j=1}^{n_R}\boldsymbol{h}_j\boldsymbol{A}(\boldsymbol{X},\hat{\boldsymbol{X}})\boldsymbol{h}_j^H \tag{10.4.23}$$

式中，$\boldsymbol{h}_j=(\alpha_{j1},\alpha_{j2},\cdots,\alpha_{j,n_T})$；$n_T\times n_T$ 维矩阵 $\boldsymbol{A}(\boldsymbol{X},\hat{\boldsymbol{X}})$的每个元素为 $A_{pq}=\sum_{t=1}^{N_f}[(x_t^i)_p-(\hat{x}_t^i)_p]\cdot[(x_t^i)_q-(\hat{x}_t^i)_q]^*$，称为符号距离矩阵。定义符号序列差矩阵 $\boldsymbol{B}(\boldsymbol{X},\hat{\boldsymbol{X}})$为

$$\boldsymbol{B}(\boldsymbol{X},\hat{\boldsymbol{X}})=\boldsymbol{X}-\hat{\boldsymbol{X}}=\begin{bmatrix} x_1^1-\hat{x}_1^1 & x_2^1-\hat{x}_2^1 & \cdots & x_{N_f}^1-\hat{x}_{N_f}^1 \\ x_1^2-\hat{x}_1^2 & x_2^2-\hat{x}_2^2 & \cdots & x_{N_f}^2-\hat{x}_{N_f}^2 \\ \vdots & \vdots & \ddots & \vdots \\ x_1^{n_T}-\hat{x}_1^{n_T} & x_2^{n_T}-\hat{x}_2^{n_T} & \cdots & x_{N_f}^{n_T}-\hat{x}_{N_f}^{n_T} \end{bmatrix} \tag{10.4.24}$$

显然，符号差矩阵 $\boldsymbol{B}(\boldsymbol{X},\hat{\boldsymbol{X}})$是矩阵 $\boldsymbol{A}(\boldsymbol{X},\hat{\boldsymbol{X}})$的平方根，这样，矩阵 $\boldsymbol{A}(\boldsymbol{X},\hat{\boldsymbol{X}})$具有非负特征值。

Rician 信道条件下，成对差错概率 $P(\boldsymbol{X},\hat{\boldsymbol{X}})$为[10.26]

$$P(\boldsymbol{X},\hat{\boldsymbol{X}}) \leqslant \prod_{j=1}^{n_{\mathrm{R}}}\left[\prod_{i=1}^{n_{\mathrm{T}}} \frac{1}{1+\dfrac{E_{\mathrm{s}}}{4N_0}\lambda_i}\exp\left(-\frac{K^{ji}+\dfrac{E_{\mathrm{s}}}{4N_0}\lambda_i}{1+\dfrac{E_{\mathrm{s}}}{4N_0}\lambda_i}\right)\right] \tag{10.4.25}$$

如果 $K^{ji}=0$，即在 Rayleigh 衰落信道下，则上式变为

$$P(\boldsymbol{X},\hat{\boldsymbol{X}}) \leqslant \left(\prod_{i=1}^{n_{\mathrm{T}}} \frac{1}{1+\dfrac{E_{\mathrm{s}}}{4N_0}\lambda_i}\right)^{n_{\mathrm{R}}} \tag{10.4.26}$$

令 $r=\mathrm{Rank}[\boldsymbol{A}(\boldsymbol{X},\hat{\boldsymbol{X}})]$表示矩阵的秩，则矩阵 $\boldsymbol{A}(\boldsymbol{X},\hat{\boldsymbol{X}})$有 r 个特征值为 0，$n-r$ 个特征值非 0，令 $\lambda_1,\lambda_2,\cdots,\lambda_r$ 表示矩阵 $\boldsymbol{A}(\boldsymbol{X},\hat{\boldsymbol{X}})$的非零特征值。在高信噪比条件下，式(10.4.26)可以表示为

$$P(\boldsymbol{X},\hat{\boldsymbol{X}}) \leqslant \left(\prod_{i=1}^{r}\lambda_i\right)^{-n_{\mathrm{R}}}\left(\frac{E_{\mathrm{s}}}{4N_0}\right)^{-m_{\mathrm{R}}} \tag{10.4.27}$$

由上式可知，STTC 编码的收发分集增益为 rn_{R}，与信噪比成负指数关系，而在相同分集增益条件下，与未编码系统相比，STTC 的编码增益为 $\left(\prod_{i=1}^{r}\lambda_i\right)^{1/r}$。因此，STTC 编码的性能主要由分集增益和编码增益决定，从而可得到准静态衰落信道条件下 STTC 的设计准则。

(1) 秩准则

为了得到最大的分集增益 $n_{\mathrm{T}}n_{\mathrm{R}}$，对于任意的编码矩阵对$(\boldsymbol{X},\hat{\boldsymbol{X}})$，符号序列差矩阵 $\boldsymbol{B}(\boldsymbol{X},\hat{\boldsymbol{X}})$必须满秩。如果 $\boldsymbol{B}(\boldsymbol{X},\hat{\boldsymbol{X}})$的秩为 r，则 STTC 编码获得的分集增益为 rn_{R}。

(2) 行列式准则

当 STTC 编码可得到分集增益 $n_{\mathrm{T}}n_{\mathrm{R}}$ 时，则 $\prod_{i=1}^{n_{\mathrm{T}}}\lambda_i$ 就是矩阵 $\boldsymbol{A}(\boldsymbol{X},\hat{\boldsymbol{X}})$的行列式。因此在满秩条件下，设计最优码应当使最小的行列式$|\boldsymbol{A}(\boldsymbol{X},\hat{\boldsymbol{X}})|$最大化。如果矩阵不满秩，则应使最小特征值乘积最大化。

2. 快衰落信道条件下 STTC 设计准则

上述分析可以直接推广到快衰落信道，其 STTC 的设计准则为[10.26]如下：

(1) 距离准则

为了得到最大的分集增益 ωn_{R}，对于任意的编码向量对$(\boldsymbol{x}_t,\hat{\boldsymbol{x}}_t)$，$t=1,2,\cdots,N_{\mathrm{f}}$，必须至少有 ω 个满足$\boldsymbol{x}_t\neq\hat{\boldsymbol{x}}_t$。

(2) 乘积准则

为了获得最大的编码增益，STTC 编码序列中，最小的乘积 $\prod_{t\in\Omega(\boldsymbol{x},\hat{\boldsymbol{x}})}|\boldsymbol{x}_t-\hat{\boldsymbol{x}}_t|^2$ 必须最大化。

10.4.4 STTC 编码的性能

图 10.15 和图 10.16 给出了 4～64 个状态的 STTC 码[10.26]在准静态衰落信道条件下的 FER～SNR 性能曲线。仿真条件为所有数据帧长为 $N_{\mathrm{f}}=130$ 个符号，信道响应每帧变化一次，采用 Viterbi 算法译码。由图可知，所有这些状态的 STTC 都能获得完全的分集增益，而最小行列式的值决定了 STTC 的编码增益。

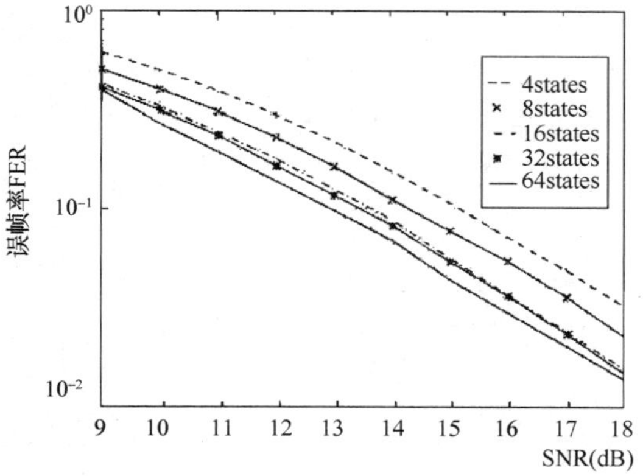

图 10.15　2 发 1 收条件下各种状态的 STTC 性能

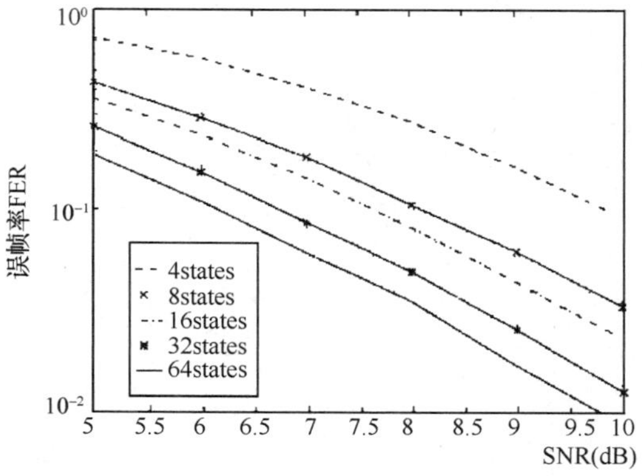

图 10.16　2 发 2 收条件下各种状态的 STTC 性能

10.5　空时预编码

空时预编码技术利用接收端反馈的信道统计/量化信息，在发送端通过预编码方式，对每个天线功率进行最优分配，抑制天线与小区间干扰，提高系统容量。图 10.17 给出了 4×2 Rayleigh 信道条件下，发送端有信道状态信息（CSIT）与没有相应信息的遍历容量比较。相关信道采用秩为 1 的发送信号协方差矩阵。由图可知，在高信噪比区域，例如 SNR＝15dB，采用空时预编码，能够获得 2bps/Hz 的容量增益；即使在低信噪比区域，发送端有 CSIT，也能够双倍提升信道容量。因此采用空时预编码技术，在发送端利用 CSIT，对于提高系统容量非常显著。

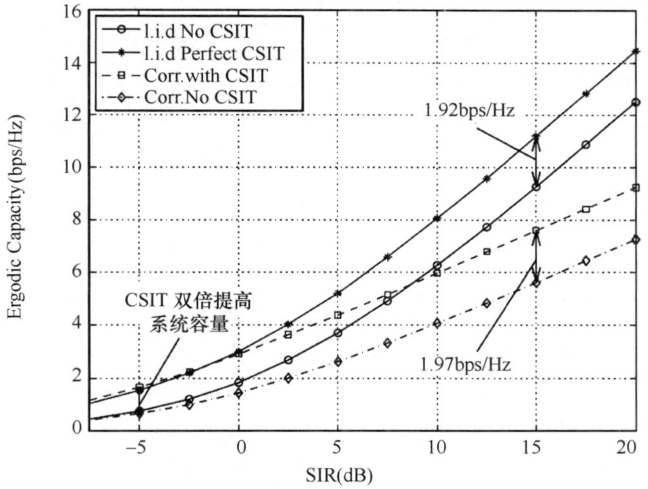

图 10.17　预编码技术提升信道容量

空时预编码可以灵活地与空间复用、空间分集技术组合，在 3G/4G 移动通信系统中得到了广泛应用。本节主要介绍线性空时预编码、非线性空时预编码技术，并概要介绍多用户 MIMO 预编码的基本原理。

10.5.1　线性空时预编码

线性空时预编码的广义系统结构如图 10.18 所示。发送端编码调制后的数据与线性预编码

矩阵 $\boldsymbol{F}$ 相乘，送入 MIMO 移动信道，接收到的 MIMO 信号与线性检测矩阵 $\boldsymbol{G}$ 相乘，然后送入译码、解调单元。在接收端，线性检测单元获得信道估计信息，通过反馈信道向发送端传输信道统计/量化信息，然后发送端进行波束成形或码本选择，对预编码矩阵进行配置。线性预编码技术可以与空时编码进行灵活组合，如图中虚框所示。线性空时预编码包括波束成形与有限反馈两种典型技术，下面分别介绍。

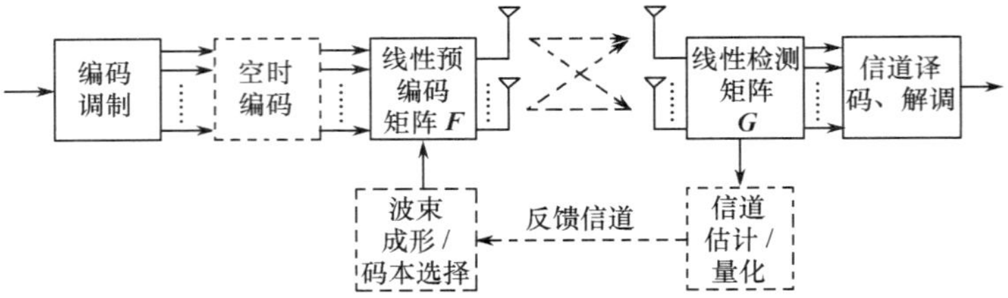

图 10.18　线性空时预编码的广义系统结构

1. 波束成形

根据图 10.18 的系统结构，假设发送端有 n_{T} 个天线，接收端有 n_{R} 个天线，在平坦衰落信道中单载波 MIMO 预编码系统模型可以表示为

$$\hat{\boldsymbol{x}}=\boldsymbol{GHFx}+\boldsymbol{Gw} \tag{10.5.1}$$

式中，$\boldsymbol{x}$ 是 $m\times1$ 维的发送信号向量，$\hat{\boldsymbol{x}}$ 是对应的接收信号向量；$\boldsymbol{F}$ 是 $n_{\mathrm{T}}\times m$ 维预编码矩阵；$\boldsymbol{G}$ 是 $m\times n_{\mathrm{R}}$ 维线性检测矩阵；$\boldsymbol{H}$ 是 $n_{\mathrm{R}}\times n_{\mathrm{T}}$ 维信道响应矩阵；$\boldsymbol{w}$ 是 $n_{\mathrm{R}}\times1$ 维的白噪声向量。信号与噪声向量满足

$$E(\boldsymbol{xx}^{\mathrm{H}})=\boldsymbol{I},E(\boldsymbol{ww}^{\mathrm{H}})=\boldsymbol{R}_{ww},E(\boldsymbol{xw}^{\mathrm{H}})=\boldsymbol{0} \tag{10.5.2}$$

可见，预编码矩阵 $\boldsymbol{F}$ 引入了 $n_{\mathrm{T}}-m$ 维的空间冗余。为了简化分析，假设 $m=\mathrm{rank}(\boldsymbol{H})$。

线性波束成形的优化设计问题可以归结为最小化加权均方误差，此时基于线性预编码和检测器，可以将信道响应矩阵等效分解为并行的特征子信道。选择不同的加权系数，可得到各种优化准则。其中，广义加权 MMSE 准则可以作为统一的设计框架，下面逐一介绍各种优化准则。

(1) 广义加权 MMSE 准则

广义加权 MMSE 准则[10.34]通过联合优化 $\boldsymbol{F}$ 和 $\boldsymbol{G}$ 矩阵，最小化加权符号估计误差。首先定义误差向量

$$\boldsymbol{e}=\boldsymbol{x}-\hat{\boldsymbol{x}}=\boldsymbol{x}-(\boldsymbol{GHFx}+\boldsymbol{Gw}) \tag{10.5.3}$$

误差向量的 MSE 矩阵(协方差矩阵)定义为

$$\begin{aligned}\mathrm{MSE}&=E(\boldsymbol{ee}^{\mathrm{H}})\\&=E[(\boldsymbol{x}-\boldsymbol{GHFx}-\boldsymbol{Gw})(\boldsymbol{x}-\boldsymbol{GHFx}-\boldsymbol{Gw})^{\mathrm{H}}]\\&=(\boldsymbol{GHF}-\boldsymbol{I})(\boldsymbol{GHF}-\boldsymbol{I})^{\mathrm{H}}+\boldsymbol{GR}_{ww}\boldsymbol{G}^{\mathrm{H}}\end{aligned} \tag{10.5.4}$$

定义 $m\times m$ 维的对角正定加权矩阵 $\boldsymbol{W}_e=\mathrm{diag}(w_{e1},w_{e2},\cdots,w_{em})$，则广义加权 MMSE 准则对应的最优化问题为

$$\begin{gathered}\min_{\boldsymbol{G},\boldsymbol{F}}E(\|\boldsymbol{W}_e^{1/2}\boldsymbol{e}\|^2)\\ \mathrm{s.t.}\ \mathrm{Tr}(\boldsymbol{FF}^{\mathrm{H}})\leqslant P\end{gathered} \tag{10.5.5}$$

式中，P 是发送总功率，数学期望对 $\boldsymbol{x}$ 和 $\boldsymbol{w}$ 进行。由于上述代价函数可以变换为

$$E(\|\boldsymbol{W}_e^{1/2}\boldsymbol{e}\|^2)=E[\mathrm{Tr}(\boldsymbol{W}_e^{1/2}\boldsymbol{ee}^{\mathrm{H}}\boldsymbol{W}_e^{\mathrm{H}1/2})]$$

$$=\mathrm{Tr}[\boldsymbol{W}_e^{1/2}E(\boldsymbol{ee}^{\mathrm{H}})\boldsymbol{W}_e^{\mathrm{H}1/2}]=\mathrm{Tr}[\boldsymbol{W}_eE(\boldsymbol{ee}^{\mathrm{H}})] \quad (10.5.6)$$

式(10.5.5)是凸优化问题，满足 KKT 条件，利用 Lagrange 对偶方法将原问题转化为

$$L(\mu,\boldsymbol{G},\boldsymbol{F})=\mathrm{Tr}[\boldsymbol{W}_e(\boldsymbol{GHF}-\boldsymbol{I})(\boldsymbol{GHF}-\boldsymbol{I})^{\mathrm{H}}+\boldsymbol{W}_e\boldsymbol{GR}_{ww}\boldsymbol{G}^{\mathrm{H}}]+\mu[\mathrm{Tr}(\boldsymbol{FF}^{\mathrm{H}})-P] \quad (10.5.7)$$

因此可以根据下列条件求最优解

$$\begin{cases}\nabla_{\boldsymbol{G}}L(\mu,\boldsymbol{G},\boldsymbol{F})=0\\ \nabla_{\boldsymbol{F}}L(\mu,\boldsymbol{G},\boldsymbol{F})=0\\ \mu\geqslant 0,\mathrm{Tr}(\boldsymbol{FF}^{\mathrm{H}})-P\leqslant 0\\ \mu[\mathrm{Tr}(\boldsymbol{FF}^{\mathrm{H}})-P]=0\end{cases} \quad (10.5.8)$$

将式(10.5.7)代入上式可得

$$\begin{cases}\boldsymbol{HF}=\boldsymbol{HFF}^{\mathrm{H}}\boldsymbol{H}^{\mathrm{H}}\boldsymbol{G}^{\mathrm{H}}+\boldsymbol{R}_{ww}\boldsymbol{G}^{\mathrm{H}}\\ \boldsymbol{W}_e\boldsymbol{GH}=\boldsymbol{F}^{\mathrm{H}}\boldsymbol{H}^{\mathrm{H}}\boldsymbol{G}^{\mathrm{H}}\boldsymbol{W}_e\boldsymbol{GH}+\mu\boldsymbol{F}^{\mathrm{H}}\end{cases} \quad (10.5.9)$$

为了求解上述方程，定义下列矩阵的特征分解

$$\boldsymbol{H}^{\mathrm{H}}\boldsymbol{R}_{ww}^{-1}\boldsymbol{H}=(\boldsymbol{V}\bar{\boldsymbol{V}})\begin{bmatrix}\boldsymbol{\Lambda} & 0\\ 0 & \bar{\boldsymbol{\Lambda}}\end{bmatrix}(\boldsymbol{V}\bar{\boldsymbol{V}})^{\mathrm{H}} \quad (10.5.10)$$

式中，$\boldsymbol{\Lambda}=\mathrm{diag}(\lambda_1,\lambda_2,\cdots,\lambda_m)$是对角矩阵，其元素是按照从大到小排列的特征值；$\boldsymbol{V}$ 是 $\boldsymbol{\Lambda}$ 对应的 $n_{\mathrm{T}}\times m$ 维正交子矩阵；$\bar{\boldsymbol{\Lambda}}$ 是零特征值子矩阵；$\bar{\boldsymbol{V}}$ 是 $\bar{\boldsymbol{\Lambda}}$ 对应的 $n_{\mathrm{T}}\times(n_{\mathrm{T}}-m)$维正交子矩阵。

下述定理给出了最优的线性预编码矩阵和检测矩阵。

定理 10.1 最优 $\boldsymbol{F}$ 和 $\boldsymbol{G}$ 矩阵由下列方程得到

$$\boldsymbol{F}=\boldsymbol{V\Phi}_{\mathrm{f}} \quad (10.5.11)$$

$$\boldsymbol{G}=\boldsymbol{\Phi}_gV^{\mathrm{H}}\boldsymbol{H}^{\mathrm{H}}\boldsymbol{R}_{ww}^{-1} \quad (10.5.12)$$

式中，$\boldsymbol{\Phi}_f$和$\boldsymbol{\Phi}_g$是含有非负元素的 $m\times m$ 维对角矩阵，定义为

$$\boldsymbol{\Phi}_f=(\mu^{-1/2}\boldsymbol{\Lambda}^{-1/2}\boldsymbol{W}_e^{1/2}-\boldsymbol{\Lambda}^{-1})_+^{1/2} \quad (10.5.13)$$

$$\boldsymbol{\Phi}_g=(\mu^{1/2}\boldsymbol{\Lambda}^{-1/2}\boldsymbol{W}_e^{-1/2}-\mu\boldsymbol{\Lambda}^{-1}\boldsymbol{W}_e^{-1})_+^{1/2}\boldsymbol{\Lambda}^{-1/2} \quad (10.5.14)$$

式中，$(\cdot)_+=\max(\cdot,0)$，即对角矩阵中的元素为非负值，上述定理证明参见文献[10.34]。

假设系统有 m 个子信道用于发送数据，则由式(10.5.13)和总功率约束可得

$$\begin{cases}\mu^{-1/2}\lambda_i^{-1/2}w_{ei}^{1/2}-\lambda_i^{-1}\geqslant 0,i=1,2,\cdots,m\\ \mathrm{Tr}(\boldsymbol{\Phi}_f^2)=\mu^{-1/2}\sum\limits_{i=1}^{m}(\lambda_i^{-1/2}w_{ei}^{1/2})-\sum\limits_{i=1}^{m}\lambda_i^{-1}=P\end{cases} \quad (10.5.15)$$

因此可得拉氏乘子满足下列关系

$$\begin{cases}\mu^{1/2}=\dfrac{\sum\limits_{i=1}^{m}\lambda_i^{-1/2}w_{ei}^{1/2}}{P+\sum\limits_{i=1}^{m}\lambda_i^{-1}}\\ \mu\leqslant\lambda_iw_{ei}\end{cases} \quad (10.5.16)$$

因此可以通过迭代方式，计算矩阵 $\boldsymbol{\Phi}_f$和$\boldsymbol{\Phi}_g$。

文献[10.34]证明，满足定理 10.1 的最优矩阵可得

$$\boldsymbol{F}\boldsymbol{H}\boldsymbol{G}=\boldsymbol{V}\boldsymbol{\Phi}_f\boldsymbol{H}\boldsymbol{\Phi}_g\boldsymbol{V}^{\mathrm{H}}\boldsymbol{H}^{\mathrm{H}}\boldsymbol{R}_{ww}^{-1}=\boldsymbol{\Phi}_g\boldsymbol{\Lambda}\boldsymbol{\Phi}_f \tag{10.5.17}$$

上式表明，最优预编码/检测矩阵可以将信道矩阵分解为特征子信道，如图 10.19 所示。

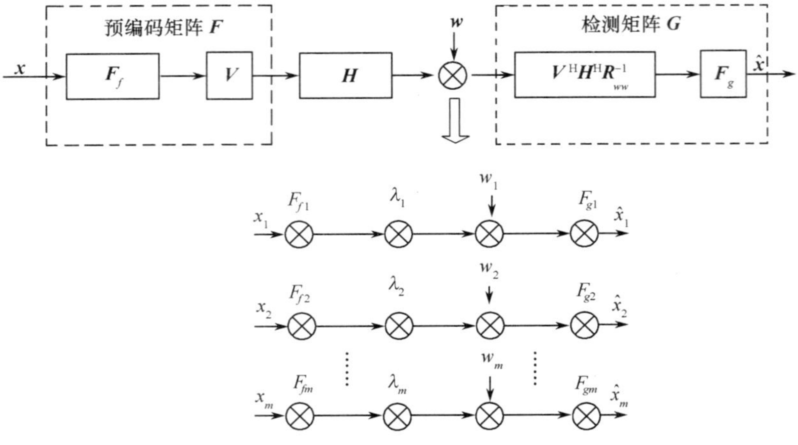

图 10.19　最优线性预编码矩阵的分解结构

广义加权 MMSE 准则是一个最优预编码设计框架，选择不同的加权矩阵$\boldsymbol{W}_e$，则可得到各种优化准则和对应的预编码矩阵。

（2）最大容量准则

该准则的主要目的是通过预编码，在功率受限条件下最大化 MIMO 信道容量。对应的加权矩阵和预编码矩阵分别为

$$\begin{cases}\boldsymbol{\Phi}_f=(\mu^{-1/2}\boldsymbol{I}-\boldsymbol{\Lambda}^{-1})_+^{1/2}\\ \boldsymbol{W}_e=\boldsymbol{\Lambda}\end{cases} \tag{10.5.18}$$

而 $\boldsymbol{\Phi}_g$ 可以是任意满秩的对角矩阵。

（3）MMSE 准则

如果加权矩阵$\boldsymbol{W}_e=\boldsymbol{I}$，则对应普通的 MMSE 准则，此时对应的预编码矩阵为

$$\begin{cases}\boldsymbol{F}=\boldsymbol{V}\boldsymbol{\Phi}_f\\ \boldsymbol{\Phi}_f=(\mu^{-1/2}\boldsymbol{\Lambda}^{-1/2}-\boldsymbol{\Lambda}^{-1})_+^{1/2}\\ \mu^{1/2}=\dfrac{m}{P+\sum\limits_{i=1}^{m}\lambda_i^{-1}}\\ \boldsymbol{G}=\boldsymbol{F}^{\mathrm{H}}\boldsymbol{H}^{\mathrm{H}}(\boldsymbol{H}\boldsymbol{F}\boldsymbol{F}^{\mathrm{H}}\boldsymbol{H}^{\mathrm{H}}+\boldsymbol{R}_{ww})^{-1}\end{cases} \tag{10.5.19}$$

其他一些准则，如最大 SNR 准则、保证 QoS 准则等，这些准则下的预编码设计都可以统一采用凸优化理论进行，不再赘述。

2. 有限反馈

前面的讨论都是假设发射机可以获得理想的 CSIT，但在实际系统中，发送端获得全部的 CSIT 很困难。尤其是在时变衰落信道中，发射机的信道信息需要根据信道状态的变化而更新。反馈信道的开销随着收发天线数目和信道多径时延扩展的乘积线性增长，因此精确反馈全部的信道响应是不现实的。针对反馈信道容量受限的情况，采用反馈信道统计信息或者酉预编码码本方法是合适的选择。

通常，CSIT 包括信道响应均值向量和协方差矩阵。当 MIMO 信道为块衰落或慢变信道时，

接收端可以反馈信道响应均值向量，发送端根据信道均值信息对协方差矩阵进行优化，从而提高 MIMO 信道容量。而当信道为快衰落信道，则接收端无法快速反馈信道均值信息，此时只能假设信道均值为 0，但由于信道为遍历随机过程，因此可以反馈协方差矩阵。很多学者提出采用量化协方差矩阵码本，对发送端信号协方差矩阵优化，以提高系统容量。

基于 CSIT 的有限反馈方案比较适合于快衰落信道。但当信道相干时间较大，CSIT 慢变时，则直接对信道信息量化会损失系统容量。发射机难以根据系统性能，在 CSIT 量化精度和反馈开销之间达到最佳折中。因此，人们提出采用鲁棒性更强的量化码本预编码方案，而非直接对信道信息量化。

在基于码本的预编码方案中，码本集合可以根据一定的信道模型和优化准则实现离线训练，不依赖于当前的信道状态。当接收端进行信道估计时，将 CSIT 估计与码本进行匹配搜索，按照一定的距离度量，获得最优码本序号，然后通过反馈信道发送码本序号。发送端基于接收到的码本索引，进行预编码发送。这种方式不直接对信道响应均值量化，因此具有较好的鲁棒性，在 B3G 和 4G 移动通信系统中得到了广泛应用。

上述预编码方案的关键在于码本构造方法，为了保证发送天线的等功率约束，通常采用酉预编码码本。从码本结构看，可以分为码本向量和码本矩阵两种。前者主要应用于 MISO 场景，即空时编码与预编码组合，包括智能天线、波束成形等，而后者主要应用于 MIMO 场景，即空间复用与预编码组合。

对于预编码向量，典型的码本构造方法包括矢量量化（VQ）和 Grassman 线封装[10.36～10.37]。矢量量化方法首先定义与容量损失或 SNR 损失有关的代价函数，然后采用迭代算法最小化代价函数，多次迭代得到近似全局最优的码本。而 Grassman 线封装方法将码本搜索问题转化为高维球体中有限数目的码本向量间最小夹角最大化问题。这个问题称为 Grassman 线封装问题，已有一些成熟的理论结果，Love 首先发现了该问题与码本构造的关系。上述两种方法构造的都是固定码本，如果需要考虑信道时变特性，还可以采用随机矢量量化（RVQ）方法。此时，对于发送的每个数据块，都需要采用 VQ 方法，构造预编码码本。

对于预编码矩阵，则前述的 VQ 方法仍然适用，而 Grassman 线封装方法变换为 Grassman 流形封装方法。随机矢量量化（RVQ）方法也能够推广到预编码矩阵场合下。

10.5.2 非线性空时预编码

通常非线性空时预编码（THP）具有比线性空时预编码更好的性能，在高信噪比区域能够趋近 MIMO 信道容量。根据第 7 章的论述，ISI 信道中，DFE 均衡与 THP 预编码具有对偶性，同样 MIMO-DFE 与 MIMO-THP 也具有对偶性。图 10.20 给出了 MIMO-DFE 的结构。为了简化，假设收发天线数目相等，都为 n，前向滤波矩阵 $\boldsymbol{F}$ 对各个天线数据流进行白化，而反馈链路中的矩阵 $\boldsymbol{B}=\boldsymbol{FH}$ 必须是下三角矩阵。并且通过选择合适的 $\boldsymbol{F}$ 矩阵，满足矩阵 $\boldsymbol{B}$ 主对角线元素为 1，因此反馈矩阵 $\boldsymbol{B}-\boldsymbol{I}$ 可以抵消所有天线间的符号干扰。

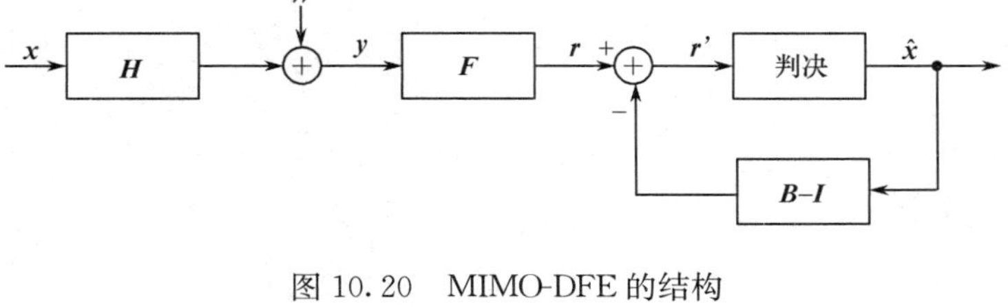

图 10.20　MIMO-DFE 的结构

MIMO-DFE 结构可以有效消除多天线间的符号干扰，从而提高系统性能。但与 ISI 信道中的 DFE 均衡器类似，上述结构也存在差错传播现象。如果发送端已知 CSIT，则可以将接收机反馈部分移到发射机，构成预编码结构，但这种平移会导致发射信号功率提高。因此与第 7 章介绍的 THP 原理类似，需要采用非线性操作，保持信号功率不变，从而得到图 10.21 所示的 MIMO-THP 预编码结构[10.35]。

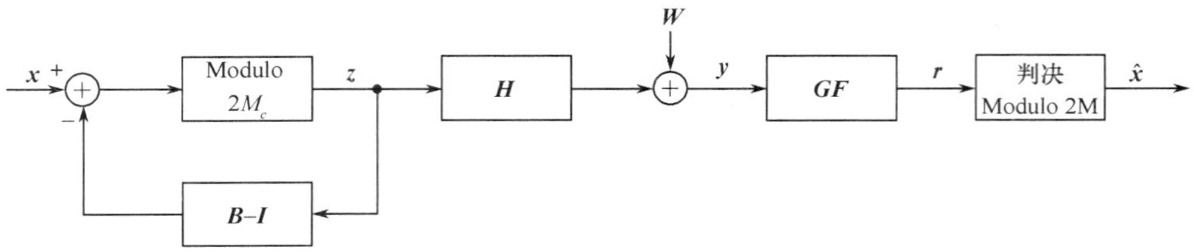

图 10.21　MIMO-THP 预编码结构

设 $\lambda_i(i=1,2,\cdots,n)$是对信道矩阵 $\boldsymbol{H}$ 进行 SVD 分解后的奇异值，理论分析表明，当信噪比 SNR 充分大时，MIMO 信道容量与 THP 信道容量渐近相等，即满足

$$C_{\text{THP}}=\lim_{\rho\to\infty}\log\left(\prod_{i=1}^{n}\rho\lambda_i\right)=C_{\text{SVD}} \tag{10.5.20}$$

图 10.22 给出了 4×4 MIMO 不同预编码算法的误符号率性能。MIMO-THP 性能好于线性预编码、SVD 分解和基于 V-BLAST 的 MIMO-DFE。

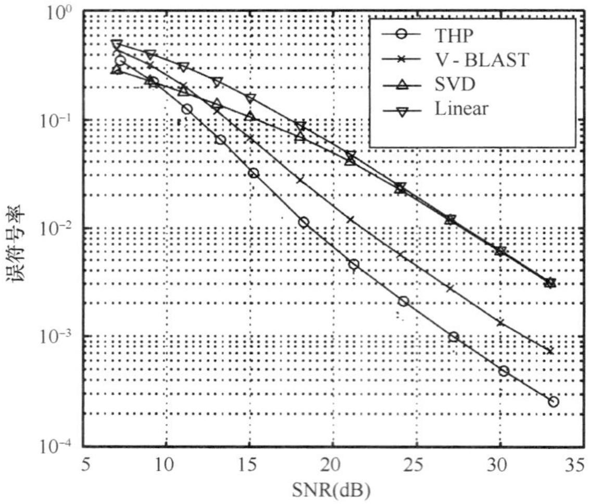

图 10.22　不同预编码算法的性能比较

10.5.3　多用户 MIMO 预编码

MIMO 技术在移动通信中的应用取得了极大成功，推动人们开展多用户 MIMO(MU-MIMO)的研究。相对单用户(SU-MIMO)而言，MU-MIMO 能够利用空、时、频与用户四维进行信号优化与设计，除前面提到的分集/复用/编码/天线增益外，还能够获得多用户分集增益。相对而言，上行多用户 MIMO 实现较简单，通过 SU-MIMO 和资源调度结合，就能够获得系统性能的提升。而下行 MU-MIMO，从信息论观点看，发送信号的优化更具有挑战性，必须将理论上最佳的预干扰抵消技术——脏纸编码(Dirty Paper Coding，DPC)、隐含的用户调度和功率分配算法结合，才能够逼近 MU-MIMO-BC 的容量界[10.33]。

与 SU-MIMO 相比，MU-MIMO 有下列技术优势。

① 由于上行可以采用多用户复用方案，因此上行 MU-MIMO 的多址容量域随着基站天线数目线性增长，可以获得直接增益。

② MU-MIMO 对于信道矩阵不满秩不敏感，通过多用户调度，天线相关性、信道不满秩造成的容量损失可以忽略。虽然信道相关性影响单个用户的分集性能，但由于存在多用户分集，因此不会影响整个系统的容量域。另外，SU-MIMO 系统中如果存在 LOS 分量，会造成空间复用方案的系统性能急剧下降，但对于 MU-MIMO 而言，不存在这种局限。

③ 基站端多天线、移动台单天线的 MU-MIMO 方案，就可以获得空间复用增益，这样可以极大简化移动台的硬件设计和开发成本。

为了获得上述性能增益，MU-MIMO 也需要付出一定代价。主要的代价包括：

① MU-MIMO 需要在发送端获得所有用户的信道响应信息，即 CSIT，而对于 SU-MIMO 而言，CSIT 并不是必需的，反馈信道信息增加了上行信道的开销；

② MU-MIMO 需要进行跨层优化，将物理层的空时处理技术与 MAC 层的多用户调度与功率分配联合优化，才能够获得系统容量增益，这样做增加了系统实现的复杂度。

图 10.23 给出了下行 MU-MIMO 的示意场景，基站有 N 个天线，小区中有 K 个用户，每个用户装配 $M_k(k=1,2,\cdots,K)$ 个天线。第 k 个用户的接收信号可以表示为

$$\boldsymbol{y}_k=\boldsymbol{H}_k\boldsymbol{x}+\boldsymbol{w}_k \qquad k=1,2,\cdots,K \tag{10.5.21}$$

式中，$\boldsymbol{H}_k\in\mathbf{C}^{M_k\times N}$表示下行 MIMO 信道响应，发送信号 $\boldsymbol{x}=\sum_k\boldsymbol{x}_k$，表示被基站调度的用户发送信号的叠加，噪声协方差矩阵为 $E(\boldsymbol{w}_k\boldsymbol{w}_k^{\mathrm{H}})=\boldsymbol{I}$。

定义用户 k 发送信号的协方差矩阵为$\boldsymbol{Q}_k=E(\boldsymbol{x}_k\boldsymbol{x}_k^{\mathrm{H}})$，则基站分配给用户 k 的功率为 $P_k=\mathrm{Tr}(\boldsymbol{Q}_k)$，并且功率分配需要满足总功率受限约束 $\sum_k P_k\leqslant P$。

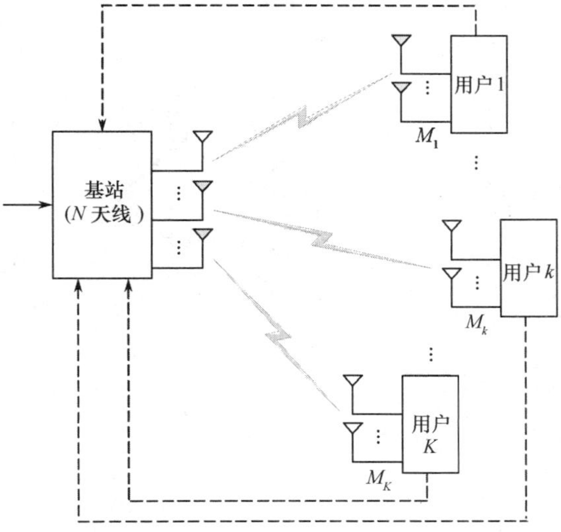

图 10.23　下行 MU-MIMO 的示意场景

因此，在基站端已知 CSIT 条件下，MIMO-BC 的信道容量为

$$C_{\mathrm{BC}}=\bigcup_{\substack{P_1,\cdots,P_K\\ \mathrm{s.t.}\sum_k P_k=P}}\left\{(R_1,\cdots,R_K)\in\Re^{+K},R_i\leqslant\log_2\frac{\left|\boldsymbol{I}+\boldsymbol{H}_i\left(\sum\limits_{j\geqslant i}\boldsymbol{Q}_j\right)\boldsymbol{H}_i^{\mathrm{H}}\right|}{\left|\boldsymbol{I}+\boldsymbol{H}_i\left(\sum\limits_{j>i}\boldsymbol{Q}_j\right)\boldsymbol{H}_i^{\mathrm{H}}\right|}\right\} \tag{10.5.22}$$

值得指出的是，上述容量域需要穷举所有的用户顺序才能达到。

为了分析方便，假设块衰落信道和同构网络，即所有用户配置 M 个天线，信噪比相同，固定基站天线数目 N 和发射功率 P，则采用 DPC 的 MIMO-BC 渐近比例和容量 R^{DPC} 满足

$$\lim_{K\to\infty}\frac{E(R^{\text{DPC}})}{N\log_2\log_2(KM)}=1 \tag{10.5.23}$$

上述结果表明，当基站端获得全部 CSIT 时，系统容量与基站天线数目 N 成正比，并且通过仔细选择发送用户集合，可以额外获得多用户分集增益 $\log_2\log_2 KM$。

10.6 大规模 MIMO

大规模 MIMO（Massive MIMO 或 Large-scale MIMO，M-MIMO）最早由 Marzetta 提出[10.52]，是最近十年来空时信号处理领域最热门的研究方向之一。M-MIMO 已经应用于 5G NR系统，是提升系统频谱效率的关键技术。本节简要介绍 M-MIMO 的基本原理与算法。

10.6.1 应用场景

对空间维度和用户维度的充分探索与利用，是最近二十年来 MIMO 技术发展的主要驱动力。配置 2/4/8 个天线的 MIMO 在 3G/4G 中得到了普遍应用，系统容量提升了 2～4 倍。为了进一步提高系统容量，根据式(10.5.23)的结论，可以增加用户数目、终端天线数目与基站天线数目。但由于移动终端体积的限制，难以布设更多的天线。由此，在基站端大幅度增加天线数目成为唯一有效的方法。

图 10.24 给出的就是单小区多用户 M-MIMO 场景。在 M-MIMO 系统中，终端一般假定为单天线配置，主要靠基站端天线数目与用户数目的增加来提高系统容量。

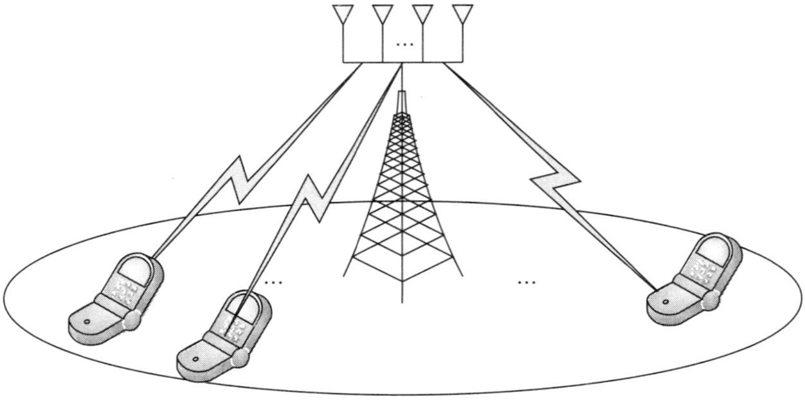

图 10.24 单小区多用户 M-MIMO 场景

基站端到底配置多少天线，才能称得上是 M-MIMO 呢？这个问题，可以从理论与工程两个角度来看待[10.53]。理论上，天线数目可以趋于无穷大，即 $N\to+\infty$，至少要达到 $N>1000$，即满足大数定律要求。而工程上，受限于基站体积与天线尺寸，一般如果天线数目大于 100，即 $N>100$，就称为 M-MIMO 系统。

M-MIMO 还可以进一步扩展到多小区多用户场景，如图 10.25 所示。多个小区同频组网，在小区边缘存在干扰。基于小区间干扰协调(ICIC)技术，通过大规模天线阵列的波束成形，形成非常窄的天线波束，从而抑制邻小区干扰。在多小区多用户场景下，M-MIMO 的主要问题是

导频污染(Pilot Contamination)。

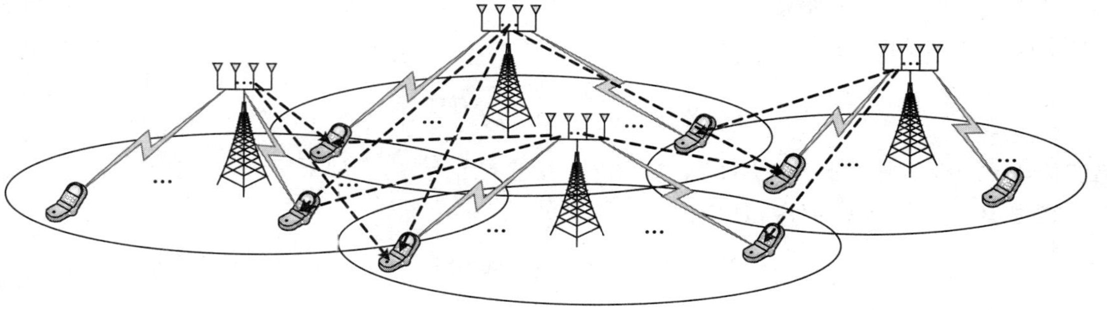

图 10.25　多小区多用户 M-MIMO 场景

除上述集中式 M-MIMO 配置外,也可以采用分布式 M-MIMO,也就是说,天线阵列分散在整个小区,而不必集中布置在单个基站上。

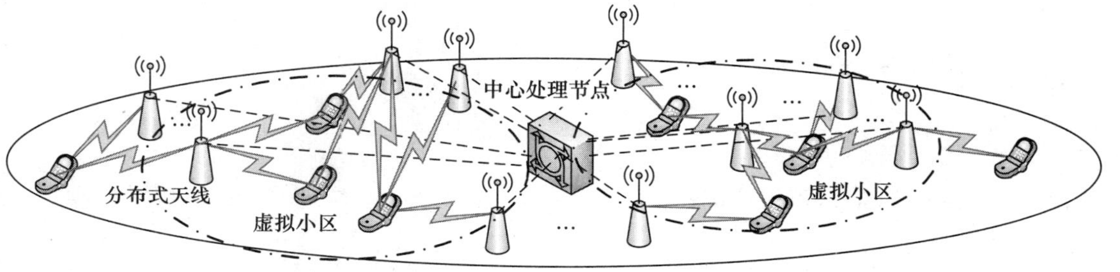

图 10.26　C-RAN/无定形小区(Cell Free)分布式 M-MIMO 场景

从集中式 MIMO 到分布式 MIMO 的技术演进,一般分为两种方案:①协作式小区 MIMO;②无定形小区 MIMO,基本思想是打破严格的小区边界约束,逐步消除蜂窝小区的概念。对于第一种方案,文献[10.50]提出的 Network MIMO、文献[10.51]提出的协作多点传输(CoMP)等都是典型代表。通过小区间协作,这些方案能够充分利用邻小区的空间资源,消除或减弱小区边缘干扰,提高系统吞吐率。上述方案属于技术演进,对现有蜂窝网络有较好的结构继承。而第二种方案,是彻底打破小区边界,代表性方案包括中国移动提出的云接入网 C-RAN[10.55,10.56]、无定形小区[10.57,10.58]等。

图 10.26 给出了 C-RAN/无定形小区(Cell-Free)分布式 M-MIMO 场景。多个射频拉远模块(RRH)动态协作,以用户为中心,构成虚拟小区并提供服务。所有 RRH 的射频信号都连接到中心处理节点,利用数据中心超强的计算能力,完成基带信号处理。

10.6.2　信道容量

下面讨论天线数目充分多时 M-MIMO 系统的信道容量。首先分析单用户大规模 MIMO(SU-M-MIMO)的容量,然后进一步分析多用户大规模 MIMO(MU-M-MIMO)的容量。

1. SU-M-MIMO 容量分析

首先假设发送端和接收端分别装配 n_T 与 n_R 个天线,对应的信道响应矩阵为 $\boldsymbol{H}\in\mathbf{C}^{n_T\times n_R}$,接收信号向量 $y\in\mathbf{C}^{n_R\times 1}$ 可以表示为

$$y=\sqrt{P}\boldsymbol{Hx}+\boldsymbol{z} \tag{10.6.1}$$

式中,$\boldsymbol{x}\in\mathbf{C}^{n_T\times 1}$ 是发送信号向量,满足能量归一化 $E(\|\boldsymbol{x}\|^2)=1$;$\boldsymbol{z}\in\mathbf{C}^{n_R\times 1}$ 是均值为 0 的复高斯

加性噪声向量，协方差矩阵为 $E(\boldsymbol{z}\boldsymbol{z}^{\mathrm{H}})=\sigma^2\boldsymbol{I}_{n_{\mathrm{R}}}$；$P$ 是发送信号功率。

假设发送信号服从独立同分布(i. i. d.)的高斯分布，且接收机获得理想的信道状态信息(CSIT)，此时 MIMO 信道容量(bps/Hz)为

$$C=\log_2\left|\boldsymbol{I}_{n_{\mathrm{R}}}+\frac{P}{n_{\mathrm{T}}\sigma^2}\boldsymbol{H}\boldsymbol{H}^{\mathrm{H}}\right| \tag{10.6.2}$$

给定信道 Gram 矩阵的迹 $\mathrm{Tr}(\boldsymbol{H}\boldsymbol{H}^{\mathrm{H}})$，关于信道容量的上下界，有如下定理。

定理 10.2 MIMO 信道容量的上、下界满足

$$\log_2\left[1+\frac{P}{n_{\mathrm{T}}\sigma^2}\mathrm{Tr}(\boldsymbol{H}\boldsymbol{H}^{\mathrm{H}})\right]\leqslant C\leqslant\min(n_{\mathrm{T}},n_{\mathrm{R}})\log_2\left[1+\frac{P}{n_{\mathrm{T}}\sigma^2}\cdot\frac{\mathrm{Tr}(\boldsymbol{H}\boldsymbol{H}^{\mathrm{H}})}{\min(n_{\mathrm{T}},n_{\mathrm{R}})}\right]$$

证明 基于奇异值(SVD)分解，信道响应矩阵表示为 $\boldsymbol{H}=\boldsymbol{U}\boldsymbol{D}\boldsymbol{V}^{\mathrm{H}}$，其中，$\boldsymbol{U}\in\mathbf{C}^{n_{\mathrm{R}}\times n_{\mathrm{R}}}$、$\boldsymbol{V}\in\mathbf{C}^{n_{\mathrm{T}}\times n_{\mathrm{T}}}$ 分别是左、右酉矩阵，$\boldsymbol{D}\in\mathbf{R}^{n_{\mathrm{R}}\times n_{\mathrm{T}}}$ 是对角矩阵，其对角线元素为奇异值 $\{v_1,v_2,\cdots,v_{\min(n_{\mathrm{T}},n_{\mathrm{R}})}\}$。由 10.1.2 节分析可知，信道容量可以表示为

$$C=\sum_{l=1}^{\min(n_{\mathrm{T}},n_{\mathrm{R}})}\log_2\left(1+\frac{P}{n_{\mathrm{T}}\sigma^2}v_l^2\right) \tag{10.6.3}$$

由于 Gram 矩阵的特征值与迹满足

$$\sum_{l=1}^{\min(n_{\mathrm{T}},n_{\mathrm{R}})}v_l^2=\mathrm{Tr}(\boldsymbol{H}\boldsymbol{H}^{\mathrm{H}}) \tag{10.6.4}$$

因此，利用 Jensen 不等式，可得信道容量的下界

$$C\geqslant\log_2\left(1+\frac{P}{n_{\mathrm{T}}\sigma^2}\sum_{l=1}^{\min(n_{\mathrm{T}},n_{\mathrm{R}})}v_l^2\right)=\log_2\left[1+\frac{P}{n_{\mathrm{T}}\sigma^2}\mathrm{Tr}(\boldsymbol{H}\boldsymbol{H}^{\mathrm{H}})\right] \tag{10.6.5}$$

这种情况对应于除一个奇异值非零外，其他奇异值都为 0，属于最差信道条件，也就是 LOS 传播。

另外，利用对数函数的凹凸性可知，当所有特征值都相等时，即 $v_l^2=\dfrac{\mathrm{Tr}(\boldsymbol{H}\boldsymbol{H}^{\mathrm{H}})}{\min(n_{\mathrm{T}},n_{\mathrm{R}})}$，$\forall\, l$，信道容量达到上界，此时所有天线对的信道都是独立同分布的。

假设信道响应矩阵中的衰落系数能量归一化，则信道 Gram 矩阵的迹近似满足 $\mathrm{Tr}(\boldsymbol{H}\boldsymbol{H}^{\mathrm{H}})\approx n_{\mathrm{T}}n_{\mathrm{R}}$，此时 MIMO 信道容量的上、下界简化为

$$\log_2\left(1+\frac{Pn_{\mathrm{R}}}{\sigma^2}\right)\leqslant C\leqslant\min(n_{\mathrm{T}},n_{\mathrm{R}})\log_2\left[1+\frac{P}{\sigma^2}\cdot\frac{\max(n_{\mathrm{T}},n_{\mathrm{R}})}{n_{\mathrm{T}}}\right] \tag{10.6.6}$$

下面讨论发送端或接收端天线数目趋于无穷大的极限情况。

(1) 接收端天线数目固定，而发送端天线数目趋于无穷大，即

$$n_{\mathrm{T}}\gg n_{\mathrm{R}} \text{ 且 } n_{\mathrm{T}}\to\infty$$

这种情况下，信道响应矩阵的行向量相互渐近正交，基于 Wishart 矩阵条件数的渐近分析[10.60]，相应的 Gram 矩阵可以表示为

$$\frac{\boldsymbol{H}\boldsymbol{H}^{\mathrm{H}}}{n_{\mathrm{T}}}\approx\boldsymbol{I}_{n_{\mathrm{R}}} \tag{10.6.7}$$

此时，式(10.6.2)的信道容量可以近似为

$$C\approx n_{\mathrm{R}}\log_2\left(1+\frac{P}{\sigma^2}\right) \tag{10.6.8}$$

可见，这种情况的 MIMO 信道容量达到定理 10.2 的容量上界。

(2) 发送端天线数目固定，而接收端天线数目趋于无穷大，即

$$n_R \gg n_T \text{ 且 } n_R \to \infty$$

此时，采用类似(1)的推导，信道响应矩阵的列向量相互渐近正交，可得

$$\frac{\boldsymbol{H}^H \boldsymbol{H}}{n_R} \approx \boldsymbol{I}_{n_T} \tag{10.6.9}$$

由此，利用行列式等式 $|\boldsymbol{I}+\boldsymbol{A}\boldsymbol{A}^H|=|\boldsymbol{I}+\boldsymbol{A}^H\boldsymbol{A}|$，式(10.6.2)的信道容量可以近似为

$$C=\log_2\left|\boldsymbol{I}_{n_T}+\frac{P}{n_T\sigma^2}\boldsymbol{H}^H\boldsymbol{H}\right|=n_T\log_2\left(1+\frac{n_R P}{n_T\sigma^2}\right) \tag{10.6.10}$$

可见，也达到了定理 10.2 的信道容量上界。

上述两种渐近条件的信道容量分析表明，随着发送端或接收端天线数目趋于充分大，MIMO 信道响应矩阵的行或列向量趋于正交，信道条件得到了极大改善，天线间的相互干扰趋于 0，MIMO 信道成为独立的并行高斯信道，从而达到了容量上界。由此可见，增加天线数目，采用大规模 MIMO 配置，是改善信道传播条件、提高系统容量的有效手段。

特别地，当天线数目充分大时，信道 Gram 矩阵趋于对角化，即

$$\frac{\boldsymbol{H}\boldsymbol{H}^H}{n_T} \approx \boldsymbol{I}_{n_R} \text{ 或 } \frac{\boldsymbol{H}^H\boldsymbol{H}}{n_R} \approx \boldsymbol{I}_{n_T} \tag{10.6.11}$$

称这种现象为信道硬化(Channel Hardening)。信道硬化现象不仅是随机矩阵的理论特征，而且也被大量的天线传播测试所验证[10.52]。

2. MU-M-MIMO 容量分析

下面考虑多用户情况。假设有 L 个小区，每个小区有一个 N 天线配置的基站，服务 K 个单天线配置的用户。假设第 l 个小区的第 k 个用户到第 i 个基站的第 n 个天线的信道衰落信息为 $h_{i,k,l,n}$，它含有小尺度衰落与大尺度损耗，表示为

$$h_{i,k,l,n}=g_{i,k,l,n}\sqrt{d_{i,k,l}} \tag{10.6.12}$$

式中，$g_{i,k,l,n}$ 是小尺度衰落，对于不同用户、不同天线各不相同；而 $d_{i,k,l}$ 表示大尺度损耗，对于同一基站的不同天线是相同的。由此可得第 l 个小区到第 i 个基站全部 K 个用户的信道响应矩阵为

$$\boldsymbol{H}_{i,l}=\begin{pmatrix} h_{i,1,l,1} & \cdots & h_{i,K,l,1} \\ \vdots & \ddots & \vdots \\ h_{i,1,l,N} & \cdots & h_{i,K,l,N} \end{pmatrix}=\boldsymbol{G}_{i,l}\boldsymbol{D}_{i,l}^{1/2} \tag{10.6.13}$$

式中

$$\boldsymbol{G}_{i,l}=\begin{pmatrix} g_{i,1,l,1} & \cdots & g_{i,K,l,1} \\ \vdots & \ddots & \vdots \\ g_{i,1,l,N} & \cdots & g_{i,K,l,N} \end{pmatrix} \tag{10.6.14}$$

表示小尺度衰落的信道响应矩阵。

$$\boldsymbol{D}_{i,l}^{1/2}=\begin{pmatrix} d_{i,1,l} & & \\ & \ddots & \\ & & d_{i,K,l} \end{pmatrix} \tag{10.6.15}$$

表示大尺度损耗矩阵。

下面考虑单小区($L=1$)多用户 M-MIMO 情况，分上行与下行两种情况讨论。假设基站装配 N 个天线，共有 K 个用户，每个用户装配单天线，为简化描述，忽略小区与基站的下标。

(1) 上行 MU-M-MIMO

对于上行传输而言，基站接收信号向量$\boldsymbol{y}_u \in \mathbf{C}^{N\times 1}$表示为

$$\boldsymbol{y}_u = \sqrt{P}\boldsymbol{H}\boldsymbol{x}_u + \boldsymbol{z}_u \tag{10.6.16}$$

式中，$\boldsymbol{H} \in \mathbf{C}^{N\times K}$是式(10.6.13)去掉小区与基站下标的信道响应矩阵；$\boldsymbol{x}_u = (x_u^1, x_u^2, \cdots, x_u^K)^{\mathrm{T}}$ 是发送信号向量，满足能量归一化 $E(\|\boldsymbol{x}_u^k\|^2)=1$；$\boldsymbol{z}_u$ 是噪声向量。假设所有用户都用相同功率 P 发送信号。

基于 Wishart 矩阵条件数的渐近分析[10.60]，当基站天线数目 N 趋于无穷大时，可得

$$\boldsymbol{H}^{\mathrm{H}}\boldsymbol{H} = \boldsymbol{D}^{1/2}\boldsymbol{G}^{\mathrm{H}}\boldsymbol{G}\boldsymbol{D}^{1/2} \approx N\boldsymbol{D}^{1/2}\boldsymbol{I}_K\boldsymbol{D}^{1/2} = N\boldsymbol{D} \tag{10.6.17}$$

代入式(10.6.2)，得到上行 MU-M-MIMO 的系统容量

$$C = \log_2\left|\boldsymbol{I}_N + \frac{P}{\sigma^2}\boldsymbol{H}\boldsymbol{H}^{\mathrm{H}}\right| \approx \log_2\left|\boldsymbol{I}_N + \frac{P}{\sigma^2}N\boldsymbol{D}\right| = \sum_{k=1}^{K}\log_2\left(1+\frac{P}{\sigma^2}Nd_k\right) \tag{10.6.18}$$

由此可见，当基站天线数目充分大时，可以充分改善各用户的小尺度衰落，每个用户的链路速率只与路径损耗有关。在基站端，对接收信号向量采用简单的匹配滤波(MF)，信号模型可以改写为

$$\boldsymbol{H}^{\mathrm{H}}\boldsymbol{y}_u = \sqrt{P}\boldsymbol{H}^{\mathrm{H}}\boldsymbol{H}\boldsymbol{x}_u + \boldsymbol{H}^{\mathrm{H}}\boldsymbol{z}_u \approx N\sqrt{P}\boldsymbol{D}\boldsymbol{x}_u + \boldsymbol{H}^{\mathrm{H}}\boldsymbol{z}_u \tag{10.6.19}$$

由于 $\boldsymbol{D}$ 是对角矩阵，上述公式实际上分解为 K 个相互独立的并行信道，第 k 个信道的信噪比为

$$\mathrm{SNR}_k = \frac{N^2Pd_k^2E(\|\boldsymbol{x}_u^k\|^2)}{\sigma^2Nd_k} = \frac{NPd_k}{\sigma^2} \tag{10.6.20}$$

对比式(10.6.18)与式(10.6.20)可知，采用 MF 滤波接收，当基站天线数目充分大时，已经能够达到容量上界。

(2) 下行 MU-M-MIMO

假设采用 TDD 双工方式，信道响应满足互易性，此时下行 MU-M-MIMO 是上行系统的对偶模型，则 K 个用户的接收信号向量$\boldsymbol{y}_d \in \mathbf{C}^{K\times 1}$表示为

$$\boldsymbol{y}_d = \sqrt{P}\boldsymbol{H}^{\mathrm{T}}\boldsymbol{x}_d + \boldsymbol{z}_d \tag{10.6.21}$$

式中，$\boldsymbol{H}^{\mathrm{T}} \in \mathbf{C}^{K\times N}$ 是对偶信道响应矩阵；$\boldsymbol{x}_d \in \mathbf{C}^{N\times 1}$ 是基站发送信号向量，满足能量归一化 $E(\|\boldsymbol{x}_d\|^2)=1$；$\boldsymbol{z}_d$ 是高斯噪声向量，均值为 $E(\boldsymbol{z}_d)=0$，协方差矩阵为 $\boldsymbol{\Sigma}=E(\boldsymbol{z}_d\boldsymbol{z}_d^{\mathrm{H}})=\mathrm{diag}(\sigma_1^2, \sigma_2^2, \cdots, \sigma_K^2)$，元素 σ_k^2 是第 k 个用户的加性噪声功率；P 是基站发送总功率。

在 TDD 模式下，利用每个用户发送的上行导频，基站可以获得所有用户的 CSIT。根据这些信息，基站通过用户功率分配，能够最大化系统容量。假设用户功率分配矩阵为 $\boldsymbol{P}=\mathrm{diag}(p_1, p_2, \cdots, p_K)$，满足归一化条件 $\sum_{k=1}^{K}p_k=1$ 。

当基站天线数目趋于无穷大时，利用式(10.6.17)，下行 MU-M-MIMO 的系统容量推导如下

$$\begin{aligned} C &= \max_{\boldsymbol{P}}\log_2\left|\boldsymbol{I}_N + \frac{P}{N}\boldsymbol{H}\boldsymbol{P}\boldsymbol{H}^{\mathrm{H}}\boldsymbol{\Sigma}^{-1}\right| = \max_{\boldsymbol{P}}\log_2\left|\boldsymbol{I}_K + \frac{P}{N}\boldsymbol{H}^{\mathrm{H}}\boldsymbol{H}\boldsymbol{P}\boldsymbol{\Sigma}^{-1}\right| \\ &\approx \max_{\boldsymbol{P}}\log_2\left|\boldsymbol{I}_K + P\boldsymbol{D}\boldsymbol{P}\boldsymbol{\Sigma}^{-1}\right| = \max_{\boldsymbol{P}}\sum_{k=1}^{K}\log_2\left(1+\frac{P}{\sigma_k^2}d_kp_k\right) \end{aligned} \tag{10.6.22}$$

由此可见，为了最大化下行 MU-M-MIMO 容量，需要对用户功率进行优化分配。

假设采用匹配滤波(MF)的预编码器，则发送信号向量表示为

$$\boldsymbol{x}_d = \frac{1}{N}\boldsymbol{H}^* \boldsymbol{D}^{-1/2}\boldsymbol{P}^{1/2}\boldsymbol{s}_d \tag{10.6.23}$$

式中，$\boldsymbol{s}_d \in \mathbf{C}^{K\times 1}$是 K 个用户的信息数据向量。这样，接收信号向量表示为

$$\boldsymbol{y}_d = \frac{\sqrt{P}}{N}\boldsymbol{H}^{\mathrm{T}}\boldsymbol{H}^* \boldsymbol{D}^{-1/2}\boldsymbol{P}^{1/2}\boldsymbol{s}_{\mathrm{d}} + \boldsymbol{z}_{\mathrm{d}} \approx \sqrt{P}\boldsymbol{D}^{1/2}\boldsymbol{P}^{1/2}\boldsymbol{s}_d + \boldsymbol{z}_d \tag{10.6.24}$$

可见，经过 MF 预编码，接收信号完全分解为互不干扰的 K 个并行链路，并且能够得到下行 MU-M-MIMO的容量。

通过上述讨论可以发现，当基站天线数目充分大时，采用简单的 MF 滤波或预编码，就能够完全消除用户之间的相互干扰，达到上行或下行 MU-M-MIMO 的容量上界，显示了 M-MIMO 巨大的性能优势。

10.6.3 导频污染

为了逼近信道容量极限，M-MIMO 系统要求发射机与接收机获得 CSIT，通常都需要插入正交导频，获得信道响应估计。假设符号周期为 T_{s}，下行导频持续时间为 τ_{d}，上行导频持续时间为 τ_{u}，则需要满足如下条件

$$\begin{cases} \tau_{\mathrm{d}} \geqslant NT_{\mathrm{s}} \\ \tau_{\mathrm{u}} \geqslant KT_{\mathrm{s}} \\ \tau_{\mathrm{d}} + \tau_{\mathrm{u}} \geqslant (N+K)T_{\mathrm{s}} \end{cases} \tag{10.6.25}$$

显然，当基站天线数目与小区用户数目充分大时，导频开销超过了系统配置，这样的方案不具有实用性。因此，为了减小导频开销，M-MIMO 通常采用非正交导频。

但在多小区 M-MIMO 场景中，采用非正交导频，必然引入干扰，这就是所谓的导频污染(Pilot Contamination)现象[10.52]。本质上，导频污染涉及低互相关序列设计问题，需要满足 Welch 下界，参见 3.8 节的理论分析。导频污染会限制检测信干噪比(SINR)的改善，从而限制多小区 M-MIMO 系统容量的提升。

为了消除或减弱导频污染，一般可以采用 4 类方法。

(1) 基于协议设计的方法

这类方法设计传输协议，例如将导频序列进行时间移位，采用频率复用或缩减单个小区中服务用户数目来减弱非正交导频造成的干扰。在特定场景中，这种方法可以提升系统容量。但一般场景下，提升某些小区的容量是以缩减其他小区用户数为代价的，总的系统容量并没有改善。

(2) 预编码方法

这种方法在基站端采用预编码，减小服务用户导频对相邻小区的干扰。采用分布式单小区预编码，通过优化本小区用户信号及对所有相邻小区干扰的和均方误差，获得比传统单小区 ZF 预编码更好的性能。如果考虑多小区协作，采用导频污染预编码(PCP)方法，在付出一定交互开销前提下，能够进一步改善系统性能。

(3) 基于 AoA 的方法

这类方法的基本思想是利用不同用户到达角(AoA)的差异，区分用户信道响应。虽然相邻小区的用户导频相同或非正交，但 AoA 不同，从而在空间特征上近似正交，这样可以有效抑制导频污染，显著提升系统容量。

(4) 盲方法

这种方法基于子空间分解思想，假设不同用户的信道响应向量相互正交，采用特征分解(EVD)方法，分离各个用户的信道响应。另外，也可以采用 Hermitian 预编码方法，只需要知道服务用户的信道响应，而不需要知道相邻小区的信道响应，也可以降低导频污染的影响。

10.6.4 预编码

预编码主要针对 M-MIMO 系统的下行发送，如 10.5 节所述，对于通常的 MIMO 系统，线性与非线性预编码都可以采用。与线性预编码相比，非线性预编码方法，如脏纸编码(DPC)、矢量抖动(VP)或格辅助(LA)预编码等具有更好的性能，但实现复杂度更高。另一方面，根据 10.6.2 节的分析，可以看到，采用简单的线性预编码器，如 MF 或 ZF，当天线数目充分多时，也能够逼近容量极限。因此，线性预编码技术对 M-MIMO 系统更具有实用意义。

1. 基本预编码

基本预编码主要包括匹配滤波(MF)与迫零(ZF)两种方法。对于匹配滤波预编码，基站发送信号表示为

$$\boldsymbol{x}_d^{\mathrm{MF}}=\frac{1}{\sqrt{\alpha}}(\boldsymbol{H}^{\mathrm{T}})^{\mathrm{H}}\boldsymbol{s}_d=\frac{1}{\sqrt{\alpha}}\boldsymbol{H}^*\boldsymbol{s}_d \tag{10.6.26}$$

式中，α 是功率归一化因子。不同的归一化方法对预编码性能影响有差异。向量归一化对 ZF 预编码更好，而矩阵归一化对 MF 预编码更好。

如果采用 ZF 预编码，则基站发送信号可以表示为

$$\boldsymbol{x}_d^{\mathrm{ZF}}=\frac{1}{\sqrt{\alpha}}(\boldsymbol{H}^{\mathrm{T}})^{+}\boldsymbol{s}_d=\frac{1}{\sqrt{\alpha}}\boldsymbol{H}^*(\boldsymbol{H}^{\mathrm{T}}\boldsymbol{H}^*)^{-1}\boldsymbol{s}_d \tag{10.6.27}$$

式中，$()^{+}$ 表示矩阵的广义逆。

另一种 ZF 预编码的变形称为正则迫零预编码(RZF)，在广义逆矩阵的对角线添加了校正项，基站发送信号表示为

$$\boldsymbol{x}_d^{\mathrm{RZF}}=\frac{1}{\sqrt{\alpha}}\boldsymbol{H}^*(\boldsymbol{H}^{\mathrm{T}}\boldsymbol{H}^*+\delta\boldsymbol{I}_K)^{-1}\boldsymbol{s}_d \tag{10.6.28}$$

式中，$\delta>0$ 是正则因子，可以根据设计要求进行优化。当 $\delta\to 0$，RZF 预编码退化为 ZF 预编码；而当 $\delta\to\infty$，RZF 预编码退化为 MF 预编码。本质上，RZF 预编码是类似于 MMSE 预编码的方案。

当基站天线数目远大于小区用户数目且趋于无穷大，即 $N\gg K$，$N\to\infty$ 时，文献[10.61]对比了 MF 与 ZF 预编码的系统容量下界与计算复杂度。在低频谱效率区域，MF 预编码优于 ZF 预编码，而在高频谱效率区域，ZF 预编码更好。并且，达到最高频谱效率时，ZF 预编码比 MF 预编码的复杂度更低。这主要是因为在峰值频谱效率条件下，ZF 预编码选择了更少的用户数，因此降低了计算复杂度。

2. 多小区预编码

线性预编码方法也可以推广到多小区 M-MIMO 场景，具体而言，可以分为 3 种情况：①单小区处理；②协作波束成形；③网络 MIMO 多小区处理。

对于单小区处理而言，基站只能够获得本小区的信道信息，没有相邻小区的 CSIT。这种情况可以避免小区间交互信息，但无法抑制小区间干扰。网络 MIMO，也就是 C-RAN 结构，所有小区共享全部的 CSIT，理论上能够达到最优性能，但小区间交互的 CSIT 开销也最大。而协作

波束成形，是介于前两者之间的处理方法，能够在系统可达速率与开销之间获得更好的折中。

10.6.5 检测算法

M-MIMO 检测主要应用于上行，迄今为止，人们提出了众多检测算法[10.64]，既包括经典检测方案，也包括近似计算、本地搜索、消息传递、稀疏检测及机器学习等方法。下面分别介绍。

1. 经典检测

给定 M-MIMO 的基本接收信号模型 $\boldsymbol{y}=\boldsymbol{Hx}+\boldsymbol{z}$，最大似然检测可以表示为

$$\hat{\boldsymbol{x}}_{\mathrm{ML}}=\underset{\boldsymbol{x}}{\arg\min}\|\boldsymbol{y}-\boldsymbol{Hx}\|^2 \tag{10.6.29}$$

ML 检测是理论最优检测，却是指数级复杂度算法，无法应用于规模稍大的 MIMO 系统，作为替代，M-MIMO 系统中，可以采用球译码(SD)算法。但其复杂度约为 $O(K^{3.5})$，当天线数目非常大时，复杂度仍然很高。

经典线性检测算法包括 MF、ZF 与 MMSE，其检测信号分别表示为

$$\begin{cases}\hat{\boldsymbol{x}}_{\mathrm{MF}}=Q(\boldsymbol{H}^{\mathrm{H}}\boldsymbol{y})\\ \hat{\boldsymbol{x}}_{\mathrm{ZF}}=Q((\boldsymbol{H}^{\mathrm{H}}\boldsymbol{H})^{-1}\boldsymbol{H}^{\mathrm{H}}\boldsymbol{y})\\ \hat{\boldsymbol{x}}_{\mathrm{MMSE}}=Q\left(\left(\boldsymbol{H}^{\mathrm{H}}\boldsymbol{H}+\dfrac{K}{\mathrm{SNR}}\boldsymbol{I}_K\right)^{-1}\boldsymbol{H}^{\mathrm{H}}\boldsymbol{y}\right)\end{cases} \tag{10.6.30}$$

式中，$Q(\cdot)$是信号判决函数。

当天线数目远大于用户数目 $N\gg K$ 时，MF 检测才能够获得较好性能，其他情况下，ZF 或 MMSE 检测性能更优。但由于涉及矩阵求逆，M-MIMO 系统中，直接应用 ZF/MMSE 检测，复杂度为 $O(K^3)$，仍然较高。

2. 近似计算

这类方法主要应用近似计算的思想，简化 ZF/MMSE 检测中的 Gram 矩阵 $\boldsymbol{Q}=\boldsymbol{H}^{\mathrm{H}}\boldsymbol{H}$ 求逆。如前所述，随着天线数目增加，矩阵$\boldsymbol{H}^{\mathrm{H}}\boldsymbol{H}$ 出现对角化趋势，即信道硬化现象。利用这一效应，可以采用多种方法近似求逆，列举如下。

(1) 纽曼级数展开

纽曼级数(Neumann Series)是常用的矩阵级数展开方法，可以缩减求逆计算复杂度。令 $\boldsymbol{Q}=\boldsymbol{H}^{\mathrm{H}}\boldsymbol{H}=\boldsymbol{\Lambda}+\boldsymbol{E}$，其中 $\boldsymbol{\Lambda}$ 是 Gram 矩阵的主对角子矩阵，$\boldsymbol{E}$ 是非对角子矩阵。因此，Gram 逆矩阵的纽曼级数展开式为

$$\boldsymbol{Q}^{-1}=\sum_{n=0}^{\infty}(-\boldsymbol{\Lambda}^{-1}\boldsymbol{E})^n\boldsymbol{\Lambda}^{-1} \tag{10.6.31}$$

当$\lim\limits_{n\to\infty}(-\boldsymbol{\Lambda}^{-1}\boldsymbol{E})^n=0$，纽曼级数展开式收敛于 Gram 逆矩阵。具体实现时，迭代次数一般取 $n\leqslant 2$，复杂度为 $O(K^2)$，远低于直接求逆的复杂度 $O(K^3)$。

(2) 牛顿迭代算法

这种方法也是一种矩阵近似求逆算法，其迭代公式为

$$\boldsymbol{X}_n^{-1}=\boldsymbol{X}_{n-1}^{-1}(2\boldsymbol{I}-\boldsymbol{Q}\boldsymbol{X}_{n-1}^{-1}) \tag{10.6.32}$$

其复杂度与纽曼级数展开类似，为 $O(K^2)$。

(3) 雅可比(Jacobi)算法

这是一种简单迭代对角化算法，其递推公式为

$$\hat{\boldsymbol{x}}^{(n)}=\boldsymbol{\Lambda}^{-1}(\hat{\boldsymbol{x}}_{\mathrm{MF}}+(\boldsymbol{\Lambda}-\boldsymbol{E})\hat{\boldsymbol{x}}^{(n-1)}) \tag{10.6.33}$$

初始条件为$\hat{\boldsymbol{x}}^{(0)}=\boldsymbol{\Lambda}^{-1}\hat{\boldsymbol{x}}_{\text{MF}}$。雅可比算法的复杂度也为$O(K^2)$，但具体运算量要低于纽曼级数展开，性能也更有优势。

(4) Richardson 算法

这种方法的基本思想是直接对信道响应矩阵$\boldsymbol{H}$进行向量与乘积运算，其迭代公式为

$$\hat{\boldsymbol{x}}^{(n+1)}=\hat{\boldsymbol{x}}^{(n)}+\omega(\boldsymbol{y}-\boldsymbol{H}\hat{\boldsymbol{x}}^{(n)}) \tag{10.6.34}$$

式中，ω是松弛参数。这一算法的复杂度也为$O(K^2)$，特定配置下甚至可以缩减到$O(K)$。

(5) 共轭梯度算法

这是另外一种有效求解线性方程组的迭代算法，其递推公式为

$$\hat{\boldsymbol{x}}^{(n+1)}=\hat{\boldsymbol{x}}^{(n)}+\alpha^{(n)}(\boldsymbol{p}^{(n)}) \tag{10.6.35}$$

式中，$\boldsymbol{p}^{(r)}$是相对于矩阵$\boldsymbol{E}$的共轭向量，即$(\boldsymbol{p}^{(n)})^{\text{H}}\boldsymbol{E}\boldsymbol{p}^{(j)}=0(n\neq j)$。

共轭梯度算法能够获得比纽曼级数展开更好的检测性能，并且复杂度更低。

3. 本地搜索

本地搜索的基本思想是从一个初始估计向量出发，按照一定规则，搜索其邻域向量，多次迭代后，停止搜索获得估计。本地搜索主要包括两类方法：①似然上升搜索(Likelihood Asennt Search，LAS)；②反应禁闭搜索(Reactive Tabu Search，RTS)。

LAS 需要以 ZF/MMSE 检测结果作为初始值，每次迭代通过调整单个用户的信号估计，使得检测似然概率增大。但这种方法可能陷入局部最优，导致检测性能下降。RTS 也需要从某个初始值开始搜索，由于禁闭约束剔除了一些已经搜索过的邻域值，因此可以避免循环搜索。并且这种算法增加了额外约束，能够避免迭代提前终止，陷于局部最优。RTS 比 LAS 具有更好的性能与更低的复杂度，但总体而言，这两种方法的复杂度很高，不具有实用意义。

4. 消息传递

消息传递算法(Message Passing Algorithm，MPA)也称为 BP(Belief Propagation)算法，它是将 M-MIMO 信道结构看作全连接的因子图，通过计算软信息并在因子图上传递，得到 MIMO 检测结果。

假设发送信号$x_i\in S$采用M进制调制，M-MIMO 标量形式的接收信号模型可以表示为

$$y_j=\sum_{i=1}^{K}h_{ji}x_i+z_i=h_{jk}x_k+\sum_{i=1,i\neq k}^{K}h_{ji}x_i+z_i \tag{10.6.36}$$

可见，每个天线节点都受所有用户发送信号的影响。由此相应的因子图如图 10.27 所示，由N个天线节点与K个用户节点构成二分图。需要注意的是，这个因子图是密集连接的，每个用户节点都连接到所有天线节点，反之亦然。

给定信道响应矩阵，在加性噪声信道中，天线节点对应的似然函数为

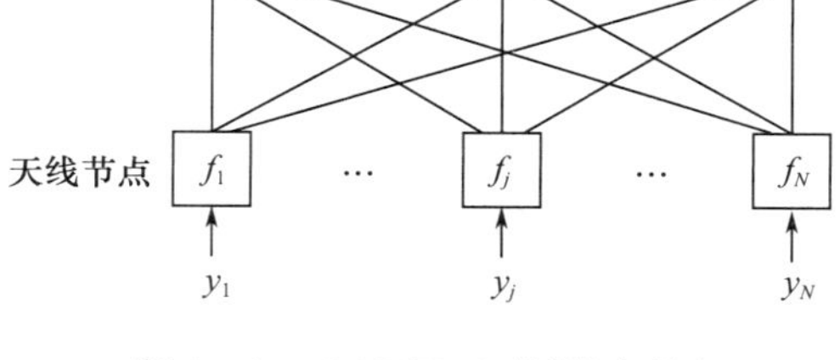

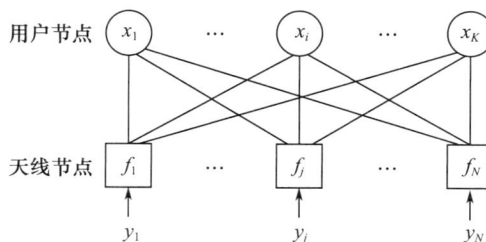

图 10.27 M-MIMO 检测因子图

$$f_j(y_j|\boldsymbol{x}) = \frac{1}{\pi\sigma^2}\exp\left\{-\frac{\left|y_j - \sum_{i=1}^{K} h_{ji}x_i\right|^2}{\sigma^2}\right\} \tag{10.6.37}$$

假设第 t 次迭代，从用户节点 x_i 到天线节点 f_j 传递的消息为 $m_{x_i \to f_j}^t(x_i)$，而反向传递的消息为 $m_{f_j \to x_i}^t(x_i)$。

（1）标准 MPA

基于第 7 章的和积算法(MPA)原理，用户节点与天线节点之间消息传递迭代公式为

$$\begin{cases} m_{x_i \to f_j}^t(x_i) = \prod\limits_{j' \neq j} m_{f_{j'} \to x_i}^{t-1}(x_i) \\ m_{f_j \to x_i}^t(x_i) = \sum\limits_{\boldsymbol{x} \backslash x_i} f_j(y_j|\boldsymbol{x}) \prod\limits_{i' \neq i} m_{x_{i'} \to f_j}^t(x_{i'}) \end{cases} \tag{10.6.38}$$

式中，由于天线节点到用户节点的消息 $m_{f_j \to x_i}^t(x_i)$ 计算涉及穷举所有的信号组合，其复杂度为 $O(M^K N)$，因此当用户数增大时，标准 MPA 算法无法实用化。

（2）高斯近似 MPA

为了降低标准 MPA 算法的复杂度，可以把 x_i 近似为高斯随机变量，称为 GAMP 算法。此时天线节点与用户节点之间传递的消息都服从复高斯分布，迭代公式为

$$\begin{cases} m_{x_i \to f_j}^t(x_i) = N_{\mathrm{C}}(x_i; \zeta_{x_i \to f_j}^{t-1}, \gamma_{x_i \to f_j}^{t-1}) \\ m_{f_j \to x_i}^t(x_i) = N_{\mathrm{C}}(h_{ji}x_i; \alpha_{f_j \to x_i}^t, v_{f_j \to x_i}^t) \end{cases} \tag{10.6.39}$$

天线节点到用户节点传递消息的均值与方差迭代公式为

$$\begin{cases} \alpha_{f_j \to x_i}^t = y_j - \sum\limits_{i' \neq i} h_{ji'} E(x_{x_{i'} \to f_j}^t) \\ v_{f_j \to x_i}^t = \sigma^2 + \sum\limits_{i' \neq i} |h_{ji'}|^2 \mathrm{Var}(x_{x_{i'} \to f_j}^t) \end{cases} \tag{10.6.40}$$

用户节点到天线节点传递消息的均值与方差迭代公式为

$$\begin{cases} \gamma_{x_i \to f_j}^{t-1} = \left(\sum\limits_{j' \neq j} \frac{|h_{j'i}|^2}{v_{f_{j'} \to x_i}^{t-1}}\right)^{-1} \\ \zeta_{x_i \to f_j}^{t-1} = \gamma_{x_i \to f_j}^{t-1} \sum\limits_{j' \neq j} \frac{h_{j'i}^* \alpha_{f_{j'} \to x_i}^{t-1}}{v_{f_{j'} \to x_i}^{t-1}} \end{cases} \tag{10.6.41}$$

并且，用户节点信号的均值与方差估计公式为

$$\begin{cases} E(x_{x_{i'} \to f_j}^t) = \sum\limits_{\beta_s \in S} \beta_s m_{x_{i'} \to f_j}^t (x_i = \beta_s) \\ \mathrm{Var}(x_{x_{i'} \to f_j}^t) = \sum\limits_{\beta_s \in S} |\beta_s|^2 m_{x_{i'} \to f_j}^t (x_i = \beta_s) - E^2(x_{x_{i'} \to f_j}^t) \end{cases} \tag{10.6.42}$$

利用 GAMP 算法，用户节点与天线节点之间只要传递均值与方差，复杂度降低为 $O(MKN)$，非常适合在 M-MIMO 系统中使用。

GAMP 算法的复杂度还可以进一步降低，文献[10.65]讨论了各种降低 GMPA 算法复杂度的方法，包括一阶近似、中心极限近似、期望传播(EP)近似等。这些方法能够达到复杂度与性能的更好折中，具有重要的实用价值。

5. 稀疏检测

当 M-MIMO 系统维度充分大时，某些收发天线对的信道衰落系数趋于 0，呈现出稀疏特性。利用这一特性，可以采用压缩感知(CS)方法进行信号检测。具体内容参见文献[10.64]，不再赘述。

6. 机器学习

采用机器学习或神经网络进行 M-MIMO 检测，也是一类有重要实用价值的算法。神经网络能够以较低的复杂度，达到接近最优的检测性能，第 12 章将详细讨论，不再赘述。

10.7 MIMO 技术在宽带移动通信系统中的应用

第 7 章介绍了空间接收分集，它是克服平坦衰落最为有效的手段。但是在移动通信的下行(前向)链路中，由于移动台，特别是手机严重受到体积的限制，另外在电池容量和价格方面也将受到限制，不允许手机实现二重空间分集。同时由于通信是双向的，这将会带来通信的上、下行性能上的不平衡。为了解决这一不平衡。人们很自然就想起了发送分集。

根据线性系统互易原理，在一个线性系统中，分集的位置是可以互易的，即它可根据实际需要，放在接收端，称为分集接收，也可以放在发送端，称为发送分集(分集发送)。

严格来说，实际的移动通信系统包含复杂时变移动信道，并不完全遵从线性规律，充其量只能算是近似的线性时变系统。因此在这个复杂系统中，互易原理只能认为近似成立，其性能要打一定折扣，从这个意义上讲发送分集性能不如接收分集性能。

为了进一步改善发送分集的性能，发送分集应从被动走向主动，即根据信道的衰落时变特性，调整不同发送天线的功率，以实现更好的发送分集效果，这样发送分集将从开环形式走向性能更好的闭环形式。

10.7.1 发送分集分类

根据是否需要提供信道状态信息，是否需要在发送端与接收端之间建立反馈回路，可以将发送分集分为开环与闭环两大类型。

开环发送分集不需要提供任何信道状态信息，因此也不需要建立收、发之间的反馈回路，其原理结构如图 10.28 所示。

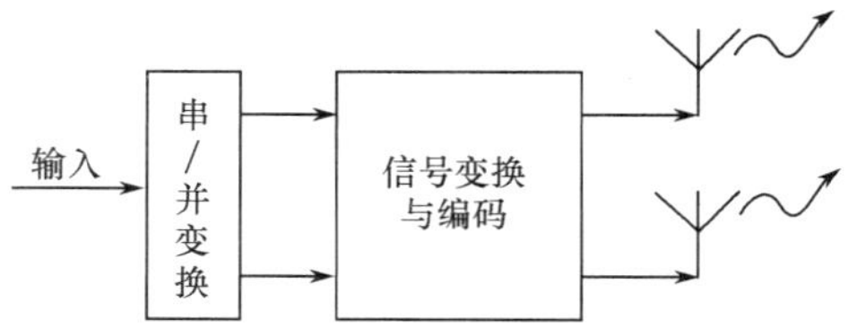

图 10.28 开环发送分集的原理结构

根据不同的信号变换或编码方式，可以构成不同形式的发送分集方案。现有的发送分集有空时发送分集(Space-Time Transmit Diversity，STTD)[10.46]、正交发送分集(Orthogonal Transmit Diversity，OTD)[10.47]、空时扩展(Space-Time Spreading，STS)发送分集[10.47]、时间切换发送分集(Time-Switch Transmit Diversity，TSTD)[10.46]、延时发送分集(Delay Transmit Diversity，DTD)[10.47]等。

闭环发送分集需要在发送端与接收端之间建立反馈回路，并利用这一反馈回路传送信道状态信息。通常是基站在下行链路的传送信号中周期性地加入训练序列，移动台根据接收的训练序列信号检测出下行链路的信道状态信息，然后通过反馈回路将下行信道状态信息反馈至基站，基站根据信道状态的反馈信息调节相应发射天线信息的加权增益系数，以实现闭环发送分集。

闭环发送分集的原理结构如图 10.29 所示。

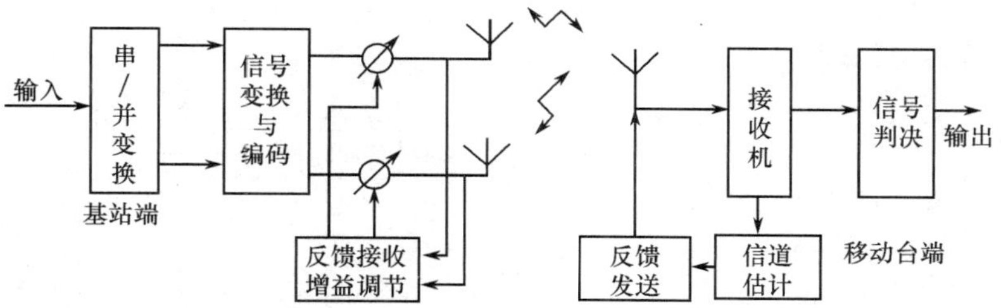

图 10.29　闭环发送分集的原理结构

比较典型的闭环发送分集有选择式发送分集(STD)与发送自适应阵列(Transmit Adaptive Array，TXAA)等。

10.7.2　发送分集在 WCDMA 系统中的应用

WCDMA 建议定义了两种开环发送分集(时间切换发送分集(TSTD)和空时发送分集(STTD))和两种闭环发送分集，闭环发送分集的差异在于两种反馈模式的参数不同。

1. 空时发送分集(STTD)

在 WCDMA 系统中，除同步信道外，几乎所有的下行信道均可采用空时发送分集(STTD)。下面以下行专用物理信道(DPCH)的空时发送分集为例，说明其发送端的编码过程。如图 10.30所示。其中 STTD 编码方法如图 10.31 所示。

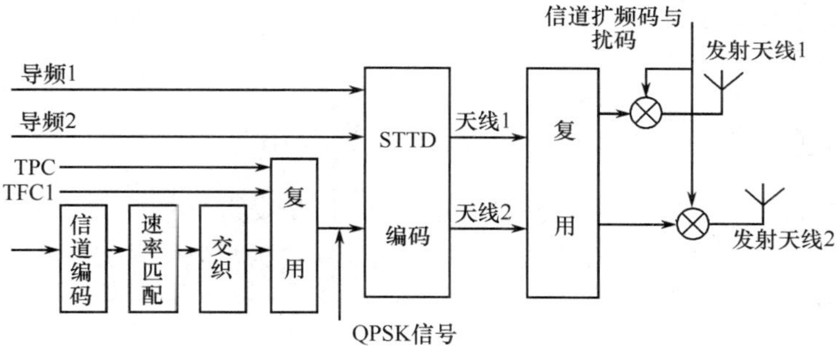

图 10.30　WCDMA 系统 DPCH 的 STTD 编码原理

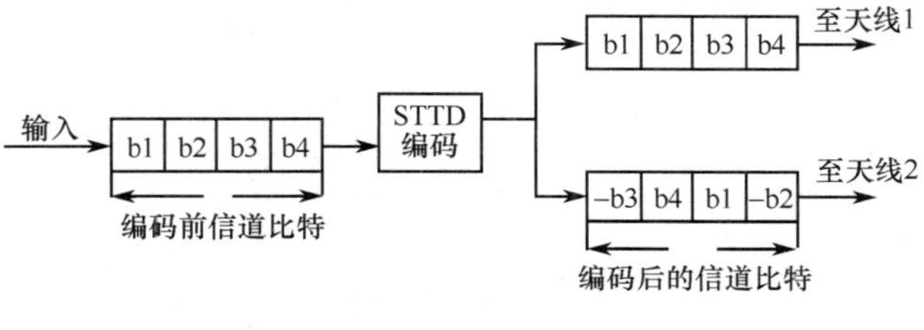

图 10.31　STTD 编码方法

2. 时间切换发送分集(TSTD)

在 WCDMA 系统中，同步信道采用 TSTD，根据时隙号的奇、偶，两个天线轮流交替发送主同步码(PSC)和辅同步码(SSC)。TSTD方式可以提高用户端正确同步的概率并缩短同步搜索的时间，它的主要特点是可以很简单地实现与最大比值合并(MRC)性能相当的效果。

3. 闭环发送分集

前面已指出闭环发送分集需要借助反馈回路传送下行信道状态信息，因此它要比开环实现复杂，但是性能比开环要好。闭环发送分集主要用于DPCH信道。下面以DPCH信道的闭环发送分集为例，其实现原理如图10.32所示。

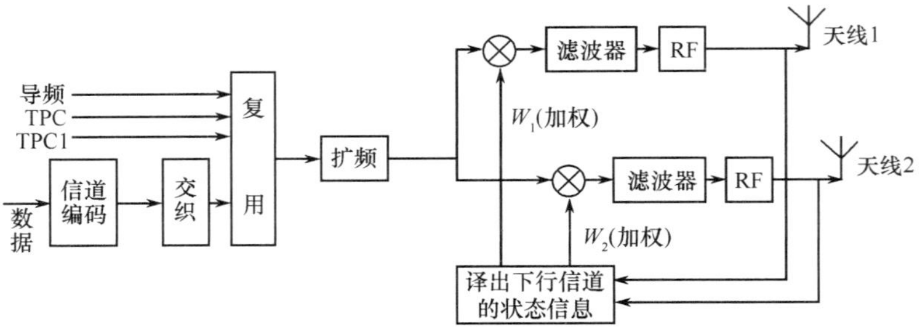

图10.32　DPCH信道的闭环发送分集实现原理

WCDMA系统的DPCH信道闭环发送分集分为两类模式，它们的参数见表10.1。表中，N_{FBD}表示每个时隙的反馈信息比特数；N_w是一个或几个时隙中的反馈指令长度；N_{po}是幅度比特数；N_{ph}是相位比特数。

表10.1　两类闭环发送分集的反馈模式参数

反馈模式	N_{FBD}	N_W	更新速率	反馈比特速率	N_{po}	N_{ph}	星座图旋转
1	1	1	1500Hz	1500bit/s	0	1	π/2
2	1	4	1500Hz	1500bit/s	1	3	N/A

模式1和模式2的最大区别在于：模式1的反馈加权因子W_1和W_2既包含相位调整信息，也包含幅度调整信息。

10.7.3　发送分集在CDMA2000系统中的应用

CDMA2000标准中也定义了两种开环发送分集(正交发送分集(OTD)和空时扩展发送分集(STS))和两类闭环发送分集(选择式发送分集(STD)和发送自适应阵列(TXAA))。

1. 正交发送分集(OTD)

正交发送分集(OTD)的原理如图10.33所示。

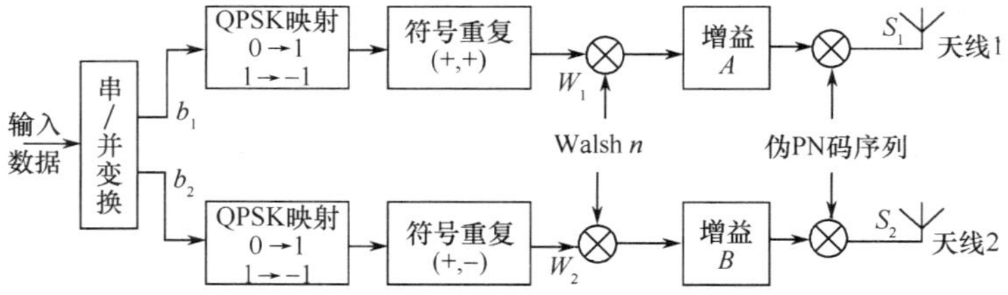

图10.33　CDMA2000中正交发送分集(OTD)的原理

输入数据(交织后)经串/并变换后，按奇偶顺序分离为两路b_1与b_2，分别经QPSK映射后再进行符号重复，其中一路重复规律为(+，+)，另一路重复规律为(+，−)，然后两路符号分别乘以Walsh码和增益系数，再由伪随机码(PN)序列进行复扩频，分别送入两个天线发送。两个天线间隔大于 10 个波长，以保证空间不相关。

OTD 最关键部分是利用 Walsh 函数的正交性来实现正交分集，即两个天线分别使用不同的 Walsh 码。它与单天线相比，由于符号重复，Walsh 码长度加倍，即 $W_1=(W,W)$，$W_2=(W,-W)$。因此 Walsh 码长度是扩频比的 2 倍，虽然在每个传送天线上的数据速率降低了一半，但是总的传输速率保持不变。这样做的另一个好处是 Walsh 码总数也增加了一倍，系统可容纳的用户数也保持不变。

在 OTD 发送分集中，一个天线采用公共导频，而另一个天线则采用发送分集导频。

2. 空时扩展发送分集(STS)

空时扩展发送分集(STS)是另外一种形式的发送分集，它是 Alamouti 空时块码的一种实现方式。其实现原理如图 10.34 所示。

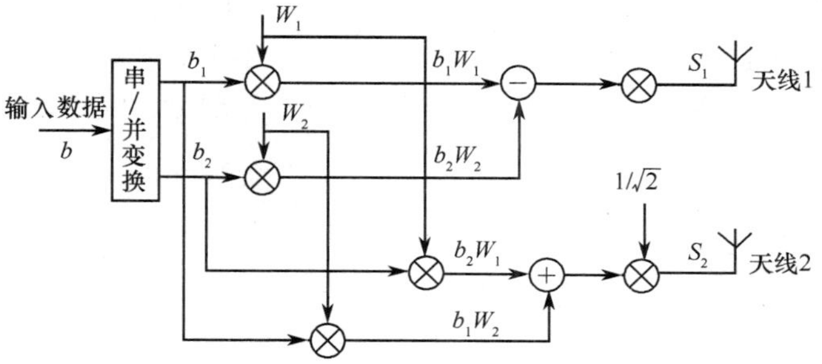

图 10.34 CDMA2000 中空时扩展发送分集(STS)的实现原理

图 10.34 中，输入数据 b 按奇偶分为并行两组 b_1 与 b_2，分别乘以 Walsh 函数 W_1 和 W_2，复乘后乘以归一化系数 $1/\sqrt{2}$。两路发送信号分别为

$$S_1=\frac{b_1W_1-b_2W_2}{\sqrt{2}} \tag{10.7.1}$$

$$S_2=\frac{b_2W_1-b_1W_2}{\sqrt{2}} \tag{10.7.2}$$

3. 选择式发送分集(STD)

选择式发送分集(STD)是开环的时间切换发送分集(TSTD)的进一步扩展。移动台从基站的每个天线发送的公共导频信号中估计出接收到的各发射天线信号能量(或信噪比)，并通过一个反馈回路将上述信道状态信息反馈给基站，再由基站根据反馈信息选择能给移动台最大接收能量(或信噪比)的发送天线。选择式发送分集在闭环发送分集中的结构最为简单，但性能也是最差的。

4. 发送自适应阵列(TXAA)

发送自适应阵列(TXAA)的原理如图 10.35 所示。

基站接收移动台反馈送来的信道状态信息，再调整相应发送天线的增益，且两个天线除增益不一致外，采用相同的扩频码(Walsh 码)。两个天线发送同一信号的目的是为了抗衰落，提高传输可靠性。

10.7.4 MIMO 技术在 LTE 系统中的应用

LTE 系统中的 MIMO 技术包括 3 种：发分集、波束成形与空间复用[10.48]。这些技术主要针对 SU-MIMO，下面概要介绍其基本原理。

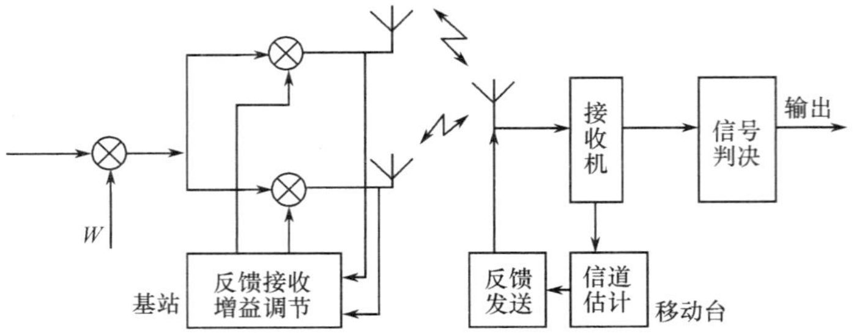

图 10.35　CDMA2000 中发送自适应阵列(TXAA)的原理

1. 发分集技术

LTE 中的发分集技术主要包括空频分组码(SFBC)和频率切换发分集(FSTD)两种技术。SFBC 与 STBC 的原理相同，都是基于 Alamouti 编码。由于 LTE 系统一个子帧的 OFDM 符号往往是奇数，直接在时域应用 STBC 不方便，因此 LTE 系统中针对 2×2 MIMO 采用了频域 STBC 方案，称为 SFBC 编码。其编码矩阵为

$$\begin{bmatrix} y^{(0)}(1) & y^{(0)}(2) \\ y^{(1)}(1) & y^{(1)}(2) \end{bmatrix} = \begin{bmatrix} x_1 & x_2 \\ -x_2^* & x_1^* \end{bmatrix} \tag{10.7.3}$$

式中，$y^{(p)}(k)$表示第 p 个天线端口第 k 个子载波发送的数据符号。

由于更高阶的 MIMO 配置(4×4)不存在码率为 1 的复正交空时码，因此 LTE 系统中将 SFBC 与 FSTD 组合，应用于 4 天线发送。FSTD 编码在不同天线的子载波上发送数据符号。例如，4 天线 FSTD 的编码矩阵为

$$\begin{bmatrix} y^{(0)}(1) & y^{(0)}(2) & y^{(0)}(3) & y^{(0)}(4) \\ y^{(1)}(1) & y^{(1)}(2) & y^{(1)}(3) & y^{(1)}(4) \\ y^{(2)}(1) & y^{(2)}(2) & y^{(2)}(3) & y^{(2)}(4) \\ y^{(3)}(1) & y^{(3)}(2) & y^{(3)}(3) & y^{(3)}(4) \end{bmatrix} = \begin{bmatrix} x_1 & 0 & 0 & 0 \\ 0 & x_2 & 0 & 0 \\ 0 & 0 & x_3 & 0 \\ 0 & 0 & 0 & x_4 \end{bmatrix} \tag{10.7.4}$$

对于 4 天线配置，LTE 系统采用两个 2×2 SFBC/FSTD 组合进行编码，其编码矩阵为

$$\begin{bmatrix} y^{(0)}(1) & y^{(0)}(2) & y^{(0)}(3) & y^{(0)}(4) \\ y^{(1)}(1) & y^{(1)}(2) & y^{(1)}(3) & y^{(1)}(4) \\ y^{(2)}(1) & y^{(2)}(2) & y^{(2)}(3) & y^{(2)}(4) \\ y^{(3)}(1) & y^{(3)}(2) & y^{(3)}(3) & y^{(3)}(4) \end{bmatrix} = \begin{bmatrix} x_1 & x_2 & 0 & 0 \\ 0 & 0 & x_3 & x_4 \\ -x_2^* & x_1^* & 0 & 0 \\ 0 & 0 & -x_4^* & x_3^* \end{bmatrix} \tag{10.7.5}$$

2. 波束成形技术

LTE 系统的 PDSCH 信道可以采用波束成形技术，主要包括两种方式。

(1) 闭环 Rank1 预编码

Rank1 预编码既可以看作空间复用方案，也可以作为波束成形方案。在此模式下，UE 向 eNodeB 发送信道信息，表征用于波束成形操作的合适预编码方案。

(2) 基于 UE 专用 RS 进行波束赋形

在此模式下，UE 不反馈与预编码有关的信息，eNodeB 需要利用上行信道信息(如 DoA)进

行波束成形。

采用波束成形技术，可以将 eNodeB 的发射功率集中于特定角度范围，从而减少小区间干扰，扩大小区覆盖范围。波束成形技术具有如下属性：

- 波束成形可以方便地基于密集天线阵列（天线间距半波长）实现。不同天线阵元的信号加权后，能够在 UE 端实现相干叠加，提高接收信噪比。
- eNodeB 负责对波束方向进行准确调整，UE 并不反馈信息来表示波束的方向和权重。
- 除使用 UE 专用参考信号作为相位参考外，UE 并不关心自己接收的是定向波束还是全向信号，对 UE 而言，阵列天线相当于一个天线端口。

3. 空间复用技术

LTE 系统中的空间复用技术包括预编码与 CDD 两类。不同天线的数据流定义为 Layer，发送层的数目称为 Rank，由 MAC 层映射独立编码的传输编码块称为码字。对于 Rank 大于 1 的配置，可以发送两个码字。通常，码字数目不大于层数，层数不大于天线端口数目。Layer、Rank 和码字的映射关系见表 10.2。

表 10.2　LTE 系统中空间复用参数的映射关系

	码字 1	码字 2
Rank1	Layer1	
Rank2	Layer2	Layer2
Rank3	Layer1	Layer2 和 3
Rank4	Layer1 和 2	Layer3 和 4

在 LTE 空间复用方案中，一个码字可以映射到所有层，也可以不同码字分别映射到不同层。在多码字映射中，可以采用干扰抵消技术（MMSE-SIC）来提高系统性能。

（1）预编码模式

LTE 系统的 PDSCH 信道可以采用基于码本的预编码技术，以提高系统容量。LTE 码本为酉矩阵生成的码本，具有如下性质。

- 恒模性

LTE 码本只由相位旋转元素构成，幅度恒定，这样可以保证每个天线连接的功放负载平衡。唯一例外是预编码矩阵采用单位矩阵，虽然一个天线对应的层被截断，但每一层仍然会连接到一个天线，以恒定功率发送，因此，跨层的功率保持不变，仍然满足恒模性。

- 嵌入性

所谓嵌入性是指不同秩码本的分配方法，保证低秩码本是高秩码本的子集。基于嵌入性的码本设计可以简化不同秩条件下的 CQI 计算，从而减少了 UE 反馈信息的计算量。例如，若 Rank3 传输，码本由预编码器 $\boldsymbol{W}$ 的第 1、2 和 3 列向量构成，则 Rank2 传输时，码本由 $\boldsymbol{W}$ 的第 1 和 2 列或第 1 和 3 列构成。

- 简易性

所谓简易性是指码本计算中尽量减少复乘运算。例如，两天线码本的元素完全由 QPSK 符号集构成，不需要任何复乘操作，因为所有的码本相乘只涉及 ± 1 和 $\pm \mathrm{j}$。而 4 天线码本的某些元素含有 $\sqrt{2}$，需要进行幅度调整。

LTE 两天线码本由 2×2 单位矩阵及两个 DFT 矩阵构成，即

$$\begin{bmatrix} 1 & 0 \\ 0 & 1 \end{bmatrix},\begin{bmatrix} 1 & 1 \\ 1 & -1 \end{bmatrix},\begin{bmatrix} 1 & 1 \\ \mathrm{j} & -\mathrm{j} \end{bmatrix} \tag{10.7.6}$$

其中,矩阵的列向量对应发送数据层。而对于 4 天线码本,采用 Householder 变换实现,其构造公式如下所示,对应的码本如表 10.3 所示。

$$\boldsymbol{W}_{\mathrm{H}}=\boldsymbol{I}-2\boldsymbol{u}\boldsymbol{u}^{\mathrm{H}}/\boldsymbol{u}^{\mathrm{H}}\boldsymbol{u} \tag{10.7.7}$$

基于输入的 $\boldsymbol{u}$ 向量,可以生成不同的酉矩阵,不同层对应的码本取自酉矩阵列向量对应的子矩阵。这种码本结构简化了 CQI 计算,并且减少了反馈信令开销。因为对于 Rank1 码本,最优码向量一定是 $\boldsymbol{W}_{\mathrm{H}}$ 矩阵的第 1 个列向量,因此 UE 只需要反馈矩阵序号,而不需要反馈矩阵中的向量序号,从而减小了信令开销。

表 10.3 LTE 系统 4 天线预编码码本

码本序号	输入向量 $\boldsymbol{u}_n$	天线层数 Rank			
		1	2	3	4
0	$\boldsymbol{u}_0=[1\quad -1\quad -1\quad -1]^{\mathrm{T}}$	$W_0^{\{1\}}$	$W_0^{\{14\}}/\sqrt{2}$	$W_0^{\{124\}}/\sqrt{3}$	$W_0^{\{1234\}}/2$
1	$\boldsymbol{u}_1=[1\quad -\mathrm{j}\quad 1\quad \mathrm{j}]^{\mathrm{T}}$	$W_1^{\{1\}}$	$W_1^{\{12\}}/\sqrt{2}$	$W_1^{\{123\}}/\sqrt{3}$	$W_1^{\{1234\}}/2$
2	$\boldsymbol{u}_2=[1\quad 1\quad -1\quad 1]^{\mathrm{T}}$	$W_2^{\{1\}}$	$W_2^{\{12\}}/\sqrt{2}$	$W_2^{\{123\}}/\sqrt{3}$	$W_2^{\{3214\}}/2$
3	$\boldsymbol{u}_3=[1\quad \mathrm{j}\quad 1\quad -\mathrm{j}]^{\mathrm{T}}$	$W_3^{\{1\}}$	$W_3^{\{12\}}/\sqrt{2}$	$W_3^{\{123\}}/\sqrt{3}$	$W_3^{\{3214\}}/2$
4	$\boldsymbol{u}_4=[1\quad (-1-\mathrm{j})/\sqrt{2}\quad -\mathrm{j}\quad (1-\mathrm{j})/\sqrt{2}]^{\mathrm{T}}$	$W_4^{\{1\}}$	$W_4^{\{14\}}/\sqrt{2}$	$W_4^{\{124\}}/\sqrt{3}$	$W_4^{\{1234\}}/2$
5	$\boldsymbol{u}_5=[1\quad (1-\mathrm{j})/\sqrt{2}\quad \mathrm{j}\quad (-1-\mathrm{j})/\sqrt{2}]^{\mathrm{T}}$	$W_5^{\{1\}}$	$W_5^{\{14\}}/\sqrt{2}$	$W_5^{\{124\}}/\sqrt{3}$	$W_5^{\{1234\}}/2$
6	$\boldsymbol{u}_6=[1\quad (1+\mathrm{j})/\sqrt{2}\quad -\mathrm{j}\quad (-1+\mathrm{j})/\sqrt{2}]^{\mathrm{T}}$	$W_6^{\{1\}}$	$W_6^{\{13\}}/\sqrt{2}$	$W_6^{\{134\}}/\sqrt{3}$	$W_6^{\{1324\}}/2$
7	$\boldsymbol{u}_7=[1\quad (-1+\mathrm{j})/\sqrt{2}\quad \mathrm{j}\quad (1+\mathrm{j})/\sqrt{2}]^{\mathrm{T}}$	$W_7^{\{1\}}$	$W_7^{\{13\}}/\sqrt{2}$	$W_7^{\{134\}}/\sqrt{3}$	$W_7^{\{1324\}}/2$
8	$\boldsymbol{u}_8=[1\quad -1\quad 1\quad 1]^{\mathrm{T}}$	$W_8^{\{1\}}$	$W_8^{\{12\}}/\sqrt{2}$	$W_8^{\{124\}}/\sqrt{3}$	$W_8^{\{1234\}}/2$
9	$\boldsymbol{u}_9=[1\quad -\mathrm{j}\quad -1\quad -\mathrm{j}]^{\mathrm{T}}$	$W_9^{\{1\}}$	$W_9^{\{14\}}/\sqrt{2}$	$W_9^{\{134\}}/\sqrt{3}$	$W_9^{\{1234\}}/2$
10	$\boldsymbol{u}_{10}=[1\quad 1\quad 1\quad -1]^{\mathrm{T}}$	$W_{10}^{\{1\}}$	$W_{10}^{\{13\}}/\sqrt{2}$	$W_{10}^{\{123\}}/\sqrt{3}$	$W_{10}^{\{1324\}}/2$
11	$\boldsymbol{u}_{11}=[1\quad \mathrm{j}\quad -1\quad \mathrm{j}]^{\mathrm{T}}$	$W_{11}^{\{1\}}$	$W_{11}^{\{13\}}/\sqrt{2}$	$W_{11}^{\{134\}}/\sqrt{3}$	$W_{11}^{\{1324\}}/2$
12	$\boldsymbol{u}_{12}=[1\quad -1\quad -1\quad 1]^{\mathrm{T}}$	$W_{12}^{\{1\}}$	$W_{12}^{\{12\}}/\sqrt{2}$	$W_{12}^{\{123\}}/\sqrt{3}$	$W_{12}^{\{1234\}}/2$
13	$\boldsymbol{u}_{13}=[1\quad -1\quad 1\quad -1]^{\mathrm{T}}$	$W_{13}^{\{1\}}$	$W_{13}^{\{13\}}/\sqrt{2}$	$W_{13}^{\{123\}}/\sqrt{3}$	$W_{13}^{\{1324\}}/2$
14	$\boldsymbol{u}_{14}=[1\quad 1\quad -1\quad -1]^{\mathrm{T}}$	$W_{14}^{\{1\}}$	$W_{14}^{\{13\}}/\sqrt{2}$	$W_{14}^{\{123\}}/\sqrt{3}$	$W_{14}^{\{3214\}}/2$
15	$\boldsymbol{u}_{15}=[1\quad 1\quad 1\quad 1]^{\mathrm{T}}$	$W_{15}^{\{1\}}$	$W_{15}^{\{12\}}/\sqrt{2}$	$W_{15}^{\{123\}}/\sqrt{3}$	$W_{15}^{\{1234\}}/2$

(2) CDD 模式

在开环空间复用场景下,UE 只反馈信道有效层数(Rank),不反馈合适的预编码矩阵。此时如果 Rank 大于 1,则 LTE 使用循环延迟分集(CDD)。CDD 在多个天线上相同的子载波单元发送相同的 OFDM 符号,但每个天线有不同的时延。由于发送时延是在添加 CP 前引入的,因此具有循环移位特性,因此命名为 CDD。

图 10.36 给出了 CDD 结构原理。根据傅里叶变换性质,时延等价于相移,因此固定时延对应的不同子载波相移随着子载波频率线性增长,每个子载波都有不同的波束向量。在空间传播时,不同子载波经历不同的空间路径,理论上 CDD 可以提高频率分集增益。尽管 CDD 不是最佳的预编码方式(不匹配信道特征向量),但可以保证将衰落限制在单个子载波上,而不会影响整个传输块。当 UE 高速运动、反馈速度受限、信道信息不可靠时,采用 CDD 模式特别有效。

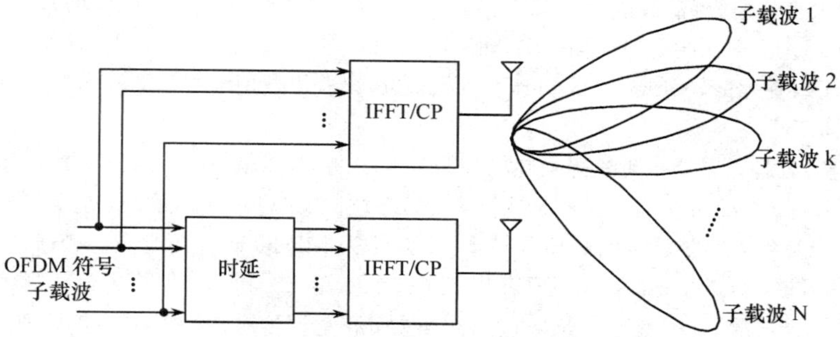

图 10.36　CDD 结构原理

本 章 小 结

从技术特征看，可以把多天线技术划分为空间复用、空间分集和空时预编码技术三大类，人们从检测算法、获取 CSIT 的位置、天线配置及能够获取的性能增益等方面进行了广泛深入的研究，提出了多种 MIMO 技术方案。图 10.37 给出了近年来学术界提出的多种代表方案，文献[10.38]扼要分析了各种方案的特点，感兴趣的读者可以查阅相关的参考文献，了解各个方案的技术细节。

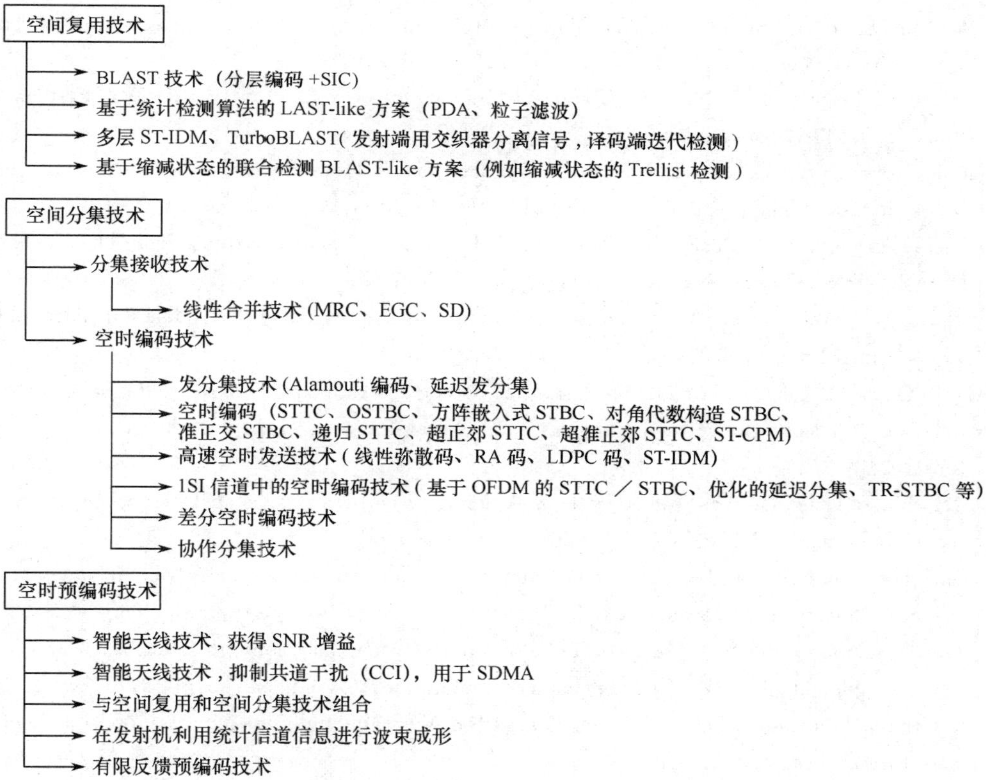

图 10.37　多天线技术总结

第 9 章介绍的 OFDM 技术能将频率选择性衰落信道转化为多个平坦衰落信道，MIMO 与 OFDM 结合，能够发挥两种技术的优点，是 4G/5G 移动通信技术的必然选择，MIMO-OFDM 技术已经在 LTE 与 5G NR 系统中得到了广泛应用。

另外，学术界也在积极探讨新的接近最大似然检测的迭代空时检测算法，可参阅文献[10.7，10.17，10.19]。

MIMO 系统既可以获得分集增益，又能够提高频谱效率，即复用增益，如何进行分集增益和复用增益的折中，Zheng 和 Tse 证明，理论上存在两者的最佳折中，而以前的编码方案几乎都达不到理论界限[10.32]。因此 Hassibi 和 Holcwarld 提出了线性弥散码(Linear Dispersion Code)，可以获得复用增益和编码增益的最佳折中，有兴趣的读者请参阅文献[10.15]。

目前 MIMO 空时处理还是通信理论界最热门的研究领域之一，文献[10.6]对近年来 MIMO 空时处理的进展进行了非常系统和深入的总结，不失为一篇深入浅出的综述。文献[10.38]总结了主流 MIMO 技术的特点，尤其是文章所引用的参考文献兼具全面和典型特点，可以作为 MIMO 研究的起点。IEEE Journal on Selected Areas in Communications 和 Proceedings of IEEE 出版了多期专刊。专刊[10.39~10.41]专门探讨了 MIMO 系统和应用的理论成果，专刊[10.42~10.45]集中论述了 MIMO 技术在宽带移动通信系统中应用的各种理论和技术问题。文献[10.53,10.58,10.59,10.62,10.63,10.64]对大规模 MIMO 进行了全面归纳与总结。如果需要进一步了解空时编码的理论，也可以参阅文献[10.30,10.49]。

参考文献

[10.1] S. M. Alamouti. A simple transmit diversity technique for wirelesscommunications. IEEE Journal Select. Area Commun. ,Vol. 16,No. 8,pp. 1451-1458,Oct. 1998.

[10.2] S. Baro,G. Bauch and A. Hansmann. Improved codes for space-time trellis-coded modulation. IEEE Commun. Letters,Vol. 4,No. 1,pp. 20-22,Jan. 2000.

[10.3] A. Benjebbour, H. Murata and S. Yoshida. Performance of iterative successive detection algorithm with space-time transmission. VTC2001,Spring,Vol. 2,pp. 1287-1291,May 2001.

[10.4] W. J. Choi,R. Negi and J. M. Cioffi. Combined ML and DFE decoding for the V-BLAST system. ICC2000, Vol. 3,pp. 1243-1248,June 2000.

[10.5] R. T. Derryberry,S. D. Gray,D. M. Ionescu,G. Mandyam,B. Raghothaman. Transmit diversity in 3G CDMA systems. IEEE Communications Magazine,Vol. 40,No. 4,pp. 68-75,Apr. 2002.

[10.6] S. N. Diggavi,N. Al-Dhahir,A. Stamoulis and A. R. Calderbank. Great Expectations:The Value of Spatial Diversity in Wireless Networks. Proceedings of IEEE,Vol. 92,No. 2,pp. 219-270,Feb. 2004.

[10.7] B. Dong, X. Wang and A. Doucet. A New Class of Soft MIMO Demodulation Algorithms. IEEE Trans. Signal Proc. ,Vol. 51,No. 11,pp. 2752-2763,Nov. 2003.

[10.8] H. El Gamal,G. Caire and M. O. Damen. Lattice Coding and Decoding Achieve the Optimal Diversity-Multiplexing Tradeoff of MIMO Channels. IEEE Trans. Inform. Theory, Vol. 50, No. 6, pp. 968-985, June 2004.

[10.9] M. P. Fitz,J. Grimm and S. Siwamogsatham. A new view of performance analysis techniques in correlated Rayleigh fading. WCNC 1999,Vol. 1,pp. 139-144,Sept. 1999.

[10.10] G. J. Foschini. Layered space-time architecture for wireless communication in a fading environment when using multi-element antennas. Bell Labs Technical Journal,pp. 41-59,Autumn,1996.

[10.11] G. J. Foschini,Jr. and M. J. Gans. On limits of wireless communication in a fading environment when using multiple antennas. Wireless Personal Communication,Vol. 6,No. 2,pp. 41-59,Autumn,1996.

[10.12] J. Grimm. Transmitter Diversity Code Design for Achieving Full Diversity on Rayleigh Fading Channels. Ph. D. thesis,Purdue University,Dec. 1998.

[10.13] J. C. Guey,M. P. Fitz et. al. Signal design for transmitter diversity wireless communication systems over Rayleigh fading channels. IEEE Trans. Commun. ,Vol. 47,No. 4,pp. 527-537,Apr. 1999.

[10.14] R. Hammons and H. El Gamal. On the theory of space-time codes for PSK modulation. IEEE Transactions on Information Theory,Vol. 46,No. 2,pp. 524-542,Mar. 2000.

[10.15] B. Hassibi and B. M. Hochwald. High-Rate Codes That Are Linear in Space and Time. IEEE Trans. Inform. Theory,Vol. 48,No. 7,pp. 1804-1824,July 2002.

[10.16] B. M. Hochwald and T. L. Marzetta. Unitary space-time modulation for multiple-antenna communications in Rayleigh flat fading. IEEE Trans. Inform. Theory, Vol. 46, No. 2, pp. 543-564, Mar. 2000.

[10.17] B. M. Hochwald and S. T. Brink. Achieving Near-Capacity on a Multiple-Antenna Channel. IEEE Trans. Commun., Vol. 51, No. 3, pp. 389-399, Mar. 2003.

[10.18] T. H. Liew and L. Hanzo. Space-Time Codes and Concatenated Channel Codes for Wireless Communications. Proceedings of the IEEE, Vol. 90, No. 2, pp. 187-219, Feb. 2002.

[10.19] S. Liu and Z. Tian. Near-Optimum Soft Decision Equalization for Frequency Selective MIMO Channels. IEEE Trans. Signal Proc., Vol. 52, No. 3, pp. 721-733, Mar. 2004.

[10.20] Y. Liu, M. P. Fitz and O. Y. Takeshita. A rank criterion for QAM space-time codes. IEEE Trans. Inform. Theory, Vol. 48, No. 12, pp. 3062-3079, Dec. 2002.

[10.21] B. Lu, X. Wang and K. R. Narayanan. LDPC-Based Space-Time Coded OFDM Systems Over Correlated Fading Channels: Performance Analysis and Receiver Design. IEEE Trans. Commun., Vol. 50, No. 1, pp. 74-88, Jan. 2002.

[10.22] A. E. Naguib, V. Tarokh, N. Seshadri and A. R. Calderbank. A space-time coding modem for high-data-rate wireless communications. IEEE Journal on Selected Areas in Commun., Vol. 16, No. 8, pp. 1459-1477, Oct. 1998.

[10.23] A. E. Naguib, N. Scshadri and A. R. Calderbank. Increasing data rate over wireless channels. IEEE Signal Processing magazine, pp. 77-92, May 2000.

[10.24] A. J. Paulraj and B. C. Ng. Space-time modems for wireless personal communications. IEEE Personal Commun., Vol. 5, No. 1, pp. 36-48, Feb. 1998.

[10.25] S. Siwamogsatham and M. P. Fitz. Robust space-time coding for correlated Rayleigh fading channels. in Proceedings of 38th Annual Allerton Conference on Communications, Control and Computing, Monticello, IL, Oct. 2000.

[10.26] V. Tarokh, N. Seshadri, and A. R. Calderbank. Space-time codes for high data rate wireless communication: performance criterion and code construction. IEEE Trans. Inform. Theory, Vol. 44, No. 2, pp. 744-765, Mar. 1998.

[10.27] V. Tarokh, H. Jafarkhani and A. R. Calderbank. Space-time block codes from orthogonal designs. IEEE Trans. Inform. Theory, Vol. 45, No. 5, pp. 1456-1467, July 1999.

[10.28] V. Tarokh, A. Naguib, N. Seshadri and A. R. Calderbank. Space-time codes for high data rate wireless communication: performance criteria in the presence of channel estimation errors, mobility, and multiple paths. IEEE Trans. Commun., Vol. 4, No. 2, pp. 199-206, Feb. 1999.

[10.29] I. E. Telatar. Capacity of multi-antenna Gaussian channels. European Trans. Telecomm., Vol. 10, No. 6, pp. 585-595, Nov.-Dec. 1999.

[10.30] B. Vucetic and J. Yuan. Space-Time Coding. John Wiley&Sons, 2003.

[10.31] Q. Yan and R. S. Blum. Optimum space-time convolutional codes. WCNC2000, Vol. 3, pp. 1351-1355, Sept. 2000.

[10.32] L. Zheng and D. N. C. Tse. Diversity and Multiplexing: A Fundamental Tradeoff in Multiple-Antenna Channels. IEEE Trans. Inform. Theory, Vol. 49, No. 5, pp. 1073-1096, May 2003.

[10.33] D. Gesbert et. al. Shifting the MIMO Paradigm. IEEE Signal Processing Magazine, pp. 36-46, Sept. 2007.

[10.34] H. Sampath, P. Stoica and A. Paulraj. Generalized linear precoder and decoder design for MIMO channels using the weighted MMSE criterion. IEEE Trans. Commun., Vol. 49, No. 12, pp. 2198-2206, Dec. 2001.

[10.35] C. Windpassinger, R. F. H. Fischer, T. Vencel and J. B. Huber. Precoding in multiantenna and multiuser communications. IEEE Trans. On Wireless Communications, Vol. 3. No. 4, pp. 1305-1316, 2004.

[10.36] D. J. Love et. al. What is the value of limited feedback for MIMO channels? IEEE Communications Magazine, pp. 54-59, Oct. 2004.

[10. 37] D. J. Love et. al. An overview of limited feedback in wireless communication systems. IEEE J. Select. Area Commun. , Vol. JSAC-26, No. 8, pp. 1341-1365, Oct. 2008.

[10. 38] J. Mietzner et. al. Multiple-Antenna Techniques for Wireless Communications—A Comprehensive Literature Survey. IEEE Communications Surveys and Tutorials, Vol. 11, No. 2, pp. 87-105, 2nd Quarter 2009.

[10. 39] Special issue on MIMO Systems and Applications: Part I. IEEE J. Select. Area Commun. , Vol. JSAC-21, No. 3, Apr. 2003.

[10. 40] Special issue onMIMO Systems and Applications: Part II. IEEE J. Select. Area Commun. , Vol. JSAC-21, No. 5, June. 2003.

[10. 41] Special issue on MIMO wireless communications. IEEE Trans. On Signal Processing, Vol. 51, No. 11, Nov. 2003.

[10. 42] Special Issueon 4G Wireless Systems. IEEE J. Select. Area Commun. , Vol. JSAC-24, No. 3, Mar. 2006.

[10. 43] Special Issueon Optimization of MIMO Transceivers for Realistic Communication Networks: Challenges and Opportunities. IEEE J. Select. Area Commun. , Vol. JSAC-25, No. 7, Sept. 2007.

[10. 44] Special Issueon Exploiting limited feedback in tomorrow's wireless communication networks. IEEE J. Select. Area Commun. , Vol. JSAC-26, No. 8, Oct. 2008.

[10. 45] Special Issue on Gigabit Wireless. Proceedings of IEEE, Vol. 92, No. 2, Feb. 2004.

[10. 46] 3GPP TS 25. 211 V4. 0. 0. Physical Channels and Mapping of Transport Channels onto Physical Channels (FDD), 2001. 3.

[10. 47] 3GPP2 C. S0002-A-1. Physical Layer Standard for CDMA2000 Spread Spectrum Systems, 2000. 9.

[10. 48] 3GPP TS 36. 211 V8. 6. 0. Evolved Universal Terrestrial Radio Access (E-UTRA), Physical channels and modulation. .

[10. 49] E. Biglieri, R. Calderbank, A. Constantinides, A. Goldsmith, A. Paulraj, H. V. Poor. MIMO Wireless Communication. Cambridge University Press, 2007.

[10. 50] S. Venkatesan, A. Lozano and R. Valenzuela. Network MIMO: Overcoming intercell interference in indoor wireless systems. in Proc. Conf. Rec. 41st Asilomar Conf. Signals, Syst. Comput. , pp. 83-87, Nov. 2007.

[10. 51] R. Irmer, H. Droste, P. Marsch, M. Grieger, G. Fettweis, S. Brueck, H. -P. Mayer, L. Thiele and V. Jungnickel. Coordinated multipoint: Concepts, performance, and field trial results. IEEE Commun. Mag. , Vol. 49, No. 2, pp. 102-111, Feb. 2011.

[10. 52] T. L. Marzetta. Noncooperative cellular wireless with unlimited numbers of base station antennas. IEEE Trans. Wireless Commun. , Vol. 9, No. 11, pp. 3590-3600, Nov. 2010.

[10. 53] F. Rusek, D. Persson, et al. Scaling Up MIMO. IEEE Signal Processing Magazine, pp. 40-61, Jan. 2013.

[10. 54] E. Bjornson, E. G. Larsson and T. L. Marzetta. Massive MIMO: Ten Myths and One Critical Question. IEEE Communications Magazine, Vol. 54, No. 2, pp. 114-123, 2016.

[10. 55] C-RAN the road towards green ran. China Mobile Research Institute, Beijing, China, Oct. 2011, Tech. Rep.

[10. 56] A. Checko, H. L. Christiansen, et al. Cloud RAN for Mobile Networks—A Technology Overview. IEEE Communication Surveys and Tutorials, Vol. 17, No. 1, pp. 405-426, 2015.

[10. 57] H. Q. Ngo, A. Ashikhmin, H. Yang and E. G. Larsson. Cell-Free Massive MIMO Versus Small Cells. IEEE Trans. on Wireless Commun. , Vol. 16, No. 3, pp. 1834-1850, Mar. 2017.

[10. 58] J. Zhang, S. Chen, et al. Cell-Free Massive MIMO: A New Next-Generation Paradigm. IEEE Access, Vol. 7, pp. 99878-99888, 2019.

[10. 59] L. Lu, G. Y. Li, et al. An Overview of Massive MIMO: Benefits and Challenges. IEEE Journal of Selected Topics in Signal Processing, Vol. 8, No. 5, pp. 742-758, Oct. 2014.

[10. 60] M. Matthaiou, M. R. MacKay, P. J. Smith and J. A. Nossek. On the condition number distribution of complexWishart matrices. IEEE Trans. Commun. , Vol. 58, No. 6, pp. 1705-1717, Jun. 2010.

[10.61] H. Yang and T. L. Marzetta. Performance of conjugate and zero-forcing beamforming in large-scale antenna systems. IEEE J. Sel. Areas Commun. ,Vol. 31,No. 2,pp. 172-179,Feb. 2013.

[10.62] N. Fatema,G. Hua,et al. Massive MIMO Linear Precoding: A Survey. IEEE Systems Journal,Vol. 12, No. 4,pp. 3920-3931,2018.

[10.63] M. Wang,F. Gao S. Jin and H. Lin. An Overview of Enhanced Massive MIMO with Array Signal Processing Techniques. IEEE Journal of Selected Topics in Signal Processing,Vol. 13,No. 5,pp. 886-901, Sept. 2019.

[10.64] M. A. Albreem,M. Juntti,S. Shahabuddin. Massive MIMO Detection Techniques: A Survey. IEEE Communications Surveys & Tutorials,Vol. 21,No. 4,pp. 3109-3132,2019.

[10.65] S. Wu,L. Kuang,Z. Ni,J. Lu,D. Huang and Q. Guo. Low-complexity iterative detection for large-scale multiuser MIMO-OFDM systems using approximate message passing. IEEE J. Sel. Topics Signal Process. ,Vol. 8,No. 5,pp. 902-915,Oct. 2014.

习　题

10.1　采用 Monte Carlo 仿真方法,用 MATLAB 计算 $E_b/N_0=15$dB 时,$n_T=n_R=2,4,6,8$ 条件下的信道容量累积分布函数(CCDF)。

10.2　采用 Monte Carlo 仿真方法,用 MATLAB 计算 $n_T=n_R=4,8$ 条件下不同信噪比时的信道容量累积分布函数(CCDF)。

10.3　用 MATLAB 编程实现 $n_T=2,n_R=1,2,3,4$ 条件下的 Alamouti 空时块码(STBC),并测试其在准静态衰落信道下的 BER 性能。

10.4　用 MATLAB 编程实现 $n_T=2,n_R=2,4,8$ 条件下的 VLST 系统,采用 ZF 算法,算法可以参考式(10.3.7)~式(10.3.13),信道条件为准静态衰落信道,比较排序和不排序两种算法的系统性能差异。

10.5　用 MATLAB 编程实现 $n_T=2,n_R=2,4,8$ 条件下的 VLST 系统,采用 MMSE 算法,算法可以参考式(10.3.28)~式(10.3.33),信道条件为准静态衰落信道,测试系统 BER 性能。

10.6　通信系统采用 2 天线分集和二进制正交 FSK 调制。在这两个天线上的接收信号为 $r_1(t)=a_1s(t)+n_1(t)$,$r_2(t)=a_2s(t)+n_2(t)$,其中 a_1 和 a_2 是统计独立同分布(i. i. d.)的 Rayleigh 随机变量。$n_1(t)$和 $n_2(t)$是统计独立的零均值白高斯随机过程,其功率谱密度为 $N_0/2$。这两个信号被解调、平方,然后在检测之前被合并求和。

(1) 画出整个接收机的功能框图,包括解调器、合并器和检测器。

(2) 推导检测器的 BER 曲线,并与没有分集的情况相比较。

10.7　用 MATLAB 编程实现基于 MMSE 准则的线性预编码方案,并与 V-BLAST 系统性能进行比较。

10.8　试比较和分析 SU-MIMO 和 MU-MIMO 各自的技术优劣。

10.9　参考 3GPP 协议 TS 25.211 的规定,用 MATLAB 仿真 STTD 的系统性能。

10.10　参考 3GPP2 协议 C. S0002-A-1 的规定,用 MATLAB 仿真 OTD 和 STS 的系统性能。

第 11 章　链路自适应技术

前面 3 章介绍了现代移动通信系统中的信号处理技术，包括多用户检测、多载波传输技术和 MIMO 空时处理技术。由于无线信道是时变信道，除采用前面这些高级信号检测技术对抗信道衰落外，其实还可以采用各种自适应的手段适应信道的变化。这些自适应技术包括物理层和链路层自适应技术。物理层自适应技术多种多样，包括自适应编码、调制、HARQ、功率与速率分配或控制等。链路层自适应技术包括 ARQ 技术、拥塞控制技术等。归根到底，无线链路自适应技术的目的都是追求无线资源的最优配置。理论上，无线资源的最优配置都可以归结为注水定理的各种变形。

本章首先介绍传统的功率控制原理及其在 2G 和 3G 中的应用，然后从理论上对无线资源的最优配置进行简单总结，接着介绍速率自适应技术及其在 2.5G 和 3G 中的应用，最后简要介绍 OFDM 系统中的链路自适应技术。

11.1　引　　言

11.1.1　自适应传输的必要性

在移动通信系统中，传播环境和信道特性是非常复杂的，本章主要讨论其中的两个主要特点：慢时变性与传播环境的差异性。

1. 慢时变性

移动信道的慢时变性可分为两个层次，一个是慢阴影衰落，另一个是慢平坦衰落。

(1) 慢阴影衰落

关于慢可以有不同的定义和理解，传统的理解比如以一天为基准，或以一月/一年为基准，但是此处的慢是指电磁波在传播过程中受到大型建筑物和相应障碍物阻挡造成的“阴影”效应而引起的衰落现象，称为慢阴影衰落。

慢阴影衰落的统计特性服从对数正态分布模型。若每个消息符号的信噪比 SNR$=r$，则其概率密度函数为

$$f(r,\mu_r,\sigma_r)=\frac{\xi}{\sqrt{2\pi}\sigma_r r}\exp\left[-\frac{(10\log_{10}r-\mu_r)^2}{2\sigma_r^2}\right]\qquad (r>0)\tag{11.1.1}$$

式中，$\xi=10/\ln 10$；μ_r(dB)、σ_r(dB)分别为 $10\log_{10}r$ 的均值和方差。

(2) 慢平坦衰落

这类信道形成机理与慢衰落信道不一样，它主要是指由于传播中的多径，即由于收、发天线的角度扩散，引入多径传输形成的空间选择性衰落，然而在时域、频域上是平坦的，特别是在时域上是慢变化的。

若多径传播模型中无直达路径，则在接收端收到的信号衰落幅度 α 服从 Rayleigh 分布，即

$$f(\alpha)=\frac{\alpha}{\sigma^2}\exp\left(-\frac{\alpha^2}{2\sigma^2}\right),\qquad \alpha\geqslant 0\tag{11.1.2}$$

式中，σ^2 为 α 的方差（时间平均）。

在多径传播模型中，若存在一个主要直达路径，则信号衰落幅度 α 遵从 Rician 分布，即

$$f(\alpha)=\frac{\alpha}{\sigma^2}\exp\left[-\frac{(\alpha^2+A^2)}{2\sigma^2}\right]\mathrm{I}_0\left(\frac{A\alpha}{\sigma^2}\right) \tag{11.1.3}$$

式中，$A\geqslant 0$，$\alpha\geqslant 0$，A 为直达路径信号峰值；$\mathrm{I}_0(\cdot)$是 0 阶第一类修正贝塞尔函数。

2. 传播环境的差异性

在蜂窝移动通信中，每个小区的用户由于所在位置及其与基站的间距不同、传播环境不同，它们的传输条件和质量是存在差异的。这类差异主要体现在如下两个方面。

（1）上行（反向）链路的“远近”效应

在上行链路中，由于小区内用户的随机移动，使各用户的移动台与基站间的距离不相同。若小区内各用户的发射功率相同，则到达基站后信号强度不一样，离基站近的用户比离基站远的用户的信号强，这样在基站接收端将产生以强压弱的现象，同时通信系统中的非线性将进一步加强这一过程，这就是所谓的“远近”效应。

（2）下行（前向）链路的“角”效应

在下行链路中，当用户移动台位于小区边缘交界处时，它接收到所属基站的信号比较弱，但同时还会受到邻近小区基站信号的较强干扰，特别是在六角形拐角边缘地区尤为严重，故称为“角”效应。

在移动通信中，为了克服信道的慢时变特性及由于用户位置与环境变化而引入的信道变化，可以采用功率控制、速率自适应、编码与调制方式的自适应及上层自适应等措施，这些技术总称为链路自适应技术。

在移动通信中，目前已应用的链路自适应技术有 2G（IS-95）和 3G 中采用的功率控制技术，应用于 2.5G 系统 GPRS 与 EDGE 中的速率自适应，以及 CDMA2000-1X EV-DO（HDR）中的调制编码-速率联合自适应、HSDPA 系统的调制编码-速率-功率自适应技术，另外在 LTE、WiMAX 等基于 OFDM 的移动通信系统中也广泛采用了链路自适应技术。

11.1.2 克服慢时变与传输信道差异性的主要措施

最有效的措施是采用自适应传输技术，但是它必须具备两个附加条件：一是准确的信道估计，以掌握信道状态信息；二是具有反馈信道，及时传送信道状态信息。

根据不同类型的业务需求，自适应传输技术可以分为两大类型：适应于电路交换型业务，特别是话音业务的功率自适应的功率控制技术；适应于分组交换型业务，特别是数据业务的速率自适应技术。

图 11.1 给出了自适应传输的物理模型，主要包含以下 4 部分：①发射机，含自适应编码与调制、自适应功率控制，以及分配与调度算法；②时变信道，含信道时变增益因子 $g(t)$ 和加性白色高斯（AWGN）噪声 $n(t)$；③接收机，含解调与译码及信道估计；④反馈信道。

11.2 功率控制原理

11.2.1 引入功率控制的必要性

引入功率控制的目的主要有：克服“阴影”效应带来的慢衰落；克服由于多径传播、空间选择性衰落而引入的慢平坦衰落，它也可以称为窄带多径干扰；克服上行链路中的“远近”效应；克服

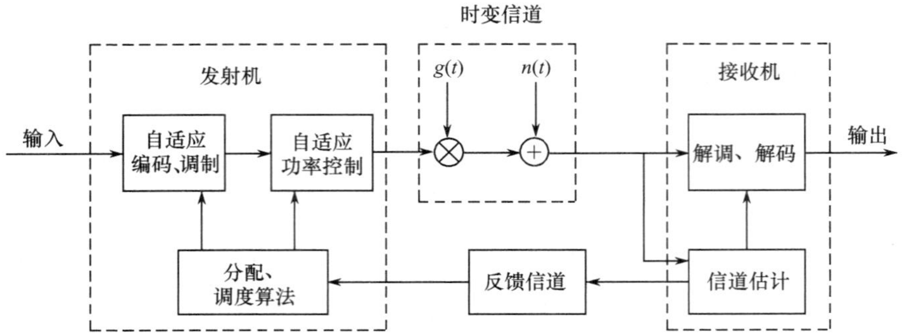

图 11.1　自适应传输的物理模型

下行链路中的"角"效应。

对于 CDMA 这样的干扰受限系统，功率控制可减少一系列干扰，这意味着在同一小区内可容纳的用户数增多，即小区容量增大。对于 CDMA 系统，由于在同一小区中所有用户工作在同一时隙、同一频段，用户的区分依赖于地址码的互相关特性，然而由于实际使用的扩频码互相关特性不理想，不能实现用户之间的理想隔离，结果造成多址干扰(MAI)。(MAI)是 CDMA 系统中最主要的干扰，功率控制也是克服 MAI 的有效方法。

11.2.2　功率控制准则

所谓功率控制，是指在移动通信系统中根据信道变化情况及接收到的信号电平通过反馈信道，按照一定准则控制，调节发射信号电平。而功率控制准则是指以功率控制为基本依据，从原理上看，可以大致分为功率平衡准则、信噪比平衡准则、混合平衡准则及误码率平衡准则。

1. 功率平衡准则

功率平衡是指在接收端，对各用户收到的信号功率应相等。对于上行链路，功率平衡的目的是使各用户(移动台)到达基站的信号功率相等；对于下行链路，则是要求各用户(移动台)接收到基站的信号功率相等。

2. 信噪比(SIR)平衡准则

SIR 平衡是指接收到的信噪比应相等。对于上行链路，SIR 平衡的目标是使基站接收到的各个用户(移动台)的 SIR 应相等；对于下行链路，SIR 平衡的目标是使各个用户(移动台)接收到的基站信号的 SIR 应相等。

对于单小区蜂窝系统中的上行链路，当各个用户(移动台)到达基站的信号功率相等时，它所对应的 SIR 也应相等。因此在单小区蜂窝系统中，上行链路功率平衡准则与 SIR 平衡准则是完全等效的。

但是对单小区蜂窝系统的下行链路及多小区蜂窝系统中，功率平衡准则与 SIR 平衡准则具有不同的含义，这是由于下行链路将受到多个小区的干扰影响。

3. 混合平衡准则

功率平衡准则的功率控制方法易于实现，但是其性能不如基于 SIR 平衡的功率控制。基于 SIR 平衡的功率控制也存在局限性，若某个用户(移动台)到达基站的 SIR 过低，需增大其发射功率以使 SIR 达到平衡，但是这也相应增加了对其他用户(移动台)的干扰，它必然导致其他用户也要增大其发射功率。如此不断循环，将形成正反馈并导致系统崩溃。

为了克服 SIR 的正反馈而带来的系统不稳定性，人们又提出了将功率平衡与 SIR 平衡相结合的混合平衡准则。

4. 误码率(BER)平衡准则

对于数字与数据通信系统,往往采用误码率(BER)作为质量标准,所以也有人提出以 BER 平衡作为功率控制准则,但是具体实现存在下列困难:BER 与 SIR 或信号功率之间不存在简单的线性对应关系,且与信道性质有关,所以很难建立具体的分析模型。BER 一般是指平均误码率,它需在一段时间内求平均值。因此以它为标准存在一定时延,这段时延与求 BER 平均值的时间段是相互矛盾的,平均时间长,时延大,迟后执行功率控制的时间也就长,从而影响功率控制的准确度。

在移动通信的实际功率控制系统中,如 IS-95 与 IMT-2000 中都采用 SIR 平衡准则,但是 SIR 的目标函数即参考阈值则是由系统的误帧率(FER)决定的。

11.2.3 功率控制的分类与方法

移动通信中的功率控制一般可以按照上、下行链路来分类,若从功率控制的方法看,可以分为开环、闭环和外环控制。

1. 上行(反向)功率控制

在移动通信中,上行(反向)功率控制是指控制用户(移动台)的发射频率,使得基站接收到的小区内所有用户(移动台)发射至基站的信号功率或 SIR 基本相等,它可克服“阴影”效应。上行(反向)功率控制的好处有:

① 上行(反向)功率控制使各用户之间的相互干扰最小,可以克服“远近”效应,并使多用户干扰减小;

② 对于干扰受限的 CDMA 系统,由于干扰的减小,可同时容纳的用户数增多,系统上行容量将达到最大;

③ 上行(反向)功率控制可使每个用户(移动台)发射功率最合理,因此可达到节省用户(移动台)设备能量,延长移动台电池使用寿命的目的。

2. 下行(前向)功率控制

下行(前向)功率控制与上行(反向)功率控制有很大的不同,其主要区别有:

① 上行链路是多个用户(移动台)对一个基站,而下行链路正好相反,是一个基站对多个用户(移动台);

② 下行链路中干扰主要来自相邻基站,而不是本小区内的移动用户。

下行链路中的功率控制实质上是根据接收不同用户(移动台)导频信号的强弱,对基站发射机功率的再分配,即为自适应(慢变化)功率分配。

下行(前向)功率控制是根据信道慢变化自适应地分配各业务信道的功率份额,使小区中所有用户(移动台)收到的导频信号功率或 SIR 基本相等。

在下行链路中,条件最差的用户是位于小区边缘的用户(不考虑软切换时)和阴影区的用户,它们接收基站导频信号电平一般是最低的。当低于一定接收门限时,反馈给基站,为基站对不同信道的功率分配提供依据。

下行(前向)功率控制可优化下行链路的功率分配方案,控制下行链路的 SIR,提高下行链路的小区容量,改善用户通信质量。

3. 开环功率控制

用户移动台(或基站)根据下行(或上行)链路接收到的信号强度或者 SIR,对信道的衰落情况进行实时估计。若用户移动台(或基站)接收到的信号强度或者 SIR 很强,表明用户与基站距离很近,或者存在一个很好的传播路径,这时用户移动台(或基站)可以降低它的发射功率,相反就应增大其发射功率。

开环功率控制的主要优点是简单易行,不需要在用户与基站之间交换信道状态及控制信息,因而开销小且控制速度快,所以对付由于"阴影"效应引起的慢衰落很有效。这是由于开环功率控制建立在上、下行信道具有对称性的基础上,能根据下行接收信号强度或 SIR 直接控制上行发射信号的功率。对于慢衰落,其"阴影"效应对于上、下行链路具有位置上的对称性。

但是对于由于空间选择性衰落即多径传播引起的慢平坦衰落,不具备上、下行对称性,因此开环功率控制抗这类衰落的性能很差,这是它的主要缺点。

对于频率双向双工(FDD)系统,其上、下行频段间隔大于信号相干带宽,如 IS-95 的上、下行频段相差 45MHz,然而在 800MHz 频段上的相关带宽仅为 200kHz 左右,显然上、下行链路由于慢平坦衰落是不相干的。在这种情况下,根据用户接收到的下行信号 SIR 即衰落状况来控制用户发送信号功率,显然效果很差,所以充其量开环功率控制仅能起到一个粗略的控制作用,精确控制必须依靠有反馈环路的闭环控制。

但是对于时分双工(TDD)系统,由于其上、下行链路处于同一频段的不同时隙,只要上、下行时隙间隔不太大,这时信道衰落基本上可以认为是对称的,开环功率控制可以提高控制精度。

4. 闭环功率控制

为了克服开环功率控制精度不高的缺点,比如对于移动台,利用下行接收控制上行发送,存在衰落的不对称性、误差很大、精度不高等缺点。因此可以利用上行基站接收并通过一个反馈闭合回路送至移动台,控制移动台上行发送(反馈回路传输时延很小,可忽略),显然就可实现精确的功率控制。

在闭路功率控制中,比如在基站,可以根据它所收到的用户移动台上行链路中信号的强弱或 SIR 状况,产生功率控制命令。基站将功率控制指令通过反馈信道回送至用户移动台,并控制用户移动台的上行发射功率,以保证在同一小区内各用户发射的信号到达基站时具有相同的信号强度或 SIR,以实现精确功率控制。

闭环功率控制的主要优点是精确度高,但是也存在如下主要缺点:闭环功率控制比开环功率控制要复杂得多,且开销大。闭环功率控制若用于小区间硬切换,由于边缘地区信号电平的波动性,易于产生"乒乓"式控制,引起稳定性下降、控制时延增大等问题。为了改善硬切换的闭环功率控制性能,可以采用软切换,以及有过渡区的硬切换、模糊功率控制、自适应功率控制等方式。

11.3 功率控制在移动通信系统中的应用

11.3.1 IS-95 中的功率控制

IS-95 中采用的功率控制方案,按方向可分为上行(反向)和下行(前向)功率控制;若按在功率控制过程中基站和移动台是否同时参与,又可分为开环(不同时参与)与闭环(同时参与)两类。

在 IS-95 中,下行(前向)链路优于上行(反向)链路,这是由于下行采用同步码分体制,而上行采用的是异步码分体制。IS-95 中下行(前向)链路的功率控制是非重点,它可以采用较简单的慢速闭环功率控制方案。下行(前向)链路的功率控制实质上是对下行功率的最优分配。

在 IS-95 中,由于上行采用的是异步码分体制,其性能比同步码分差,所以在功率控制方面要求高。上行(反向)链路的功率控制方案由初控、精控与外环控制 3 个基本部分组成。

① 初控:由移动台完成开环入网功率控制,以实现初控功能。

② 精控:由移动台与基站之间相互配合共同完成闭环功率修正的精控功能,采用精控是

由于 IS-95 是 CDMA/FDD 体制，其上、下行频段相差 45MHz，远远大于 800MHz 频段上的相干带宽 200kHz，因此上、下行链路衰落是不相关的，仅仅采用单向开环不能实现精确功率控制功能。

③ 外环控制：在一定误帧率质量指标下，利用外环传送闭环精控中的门限值。

下行（前向）链路总功率与各信道之间功率分配如下：导频信道约占 20%，同步信道约占 3%，寻呼信道占 6%，剩下来的功率分配给各业务信道。为了克服下行（前向）链路的“角”效应，基站必须控制分配给每个不同用户的发射功率，以实现不同时段内最优的下行功率分配。

具体实现是由用户移动台各自检测来自基站的信号强度或 SIR，并将它与一个用误帧率控制的门限电平相比较，以决定是发送增加还是减少功率请求的指令，该指令反馈至基站，再由基站决策下行链路各信道的功率分配方案。

除按照一定周期接收的误帧控制门限值外，若移动台所接收的坏帧数超过某一定阈值，它也会自动向基站反馈汇报，经基站判断后决定是否增、减对移动台的发射功率。

1. 开环功率控制算法

确切地说，开环功率控制主要是完成入网信道的功率初控，用户移动台入网尝试都要通过多次入网探测，每次根据额定开环功率步长±0.5dB 增加发射功率，一直到用户移动台接收到基站发送认可消息探测序列才结束发送。

开环功率控制有两个主要功能：一是调整移动台初始接入时的发射功率；二是补偿和弥补由于路径慢时变包含“阴影”与“远近”效应引入的损耗。

开环功率控制主要由移动台完成，为了补偿上行传播中的“阴影”效应和“远近”效应，开环需要有较大的动态范围，大约为±32dB。

2. 闭环功率控制算法与调节步骤

闭环功率控制对开环功率控制提供一个快速精确校正以实现系统功率自适应。闭环功率控制的核心思路为：接收端提取信道估计信息并进行判断，给出功率控制指令，通过反馈信道传送功率控制指令至发送端，发送端执行并调整发送功率。

对于闭环功率控制，IS-95 中仅定义了以下两点：①控制比特的含义，“0”表示增加功率，“1”表示减少功率；②控制比特速率为 1bit/1.25ms＝800bps，其中 1.25ms＝20ms（话音帧长）/16（功率控制组数），闭环功率控制范围小于开环动态范围，为±24dB。

IS-95 中采用的是由高通（Qualcomm）公司提出的闭环功率控制方案，其原理图如图 11.2 所示。

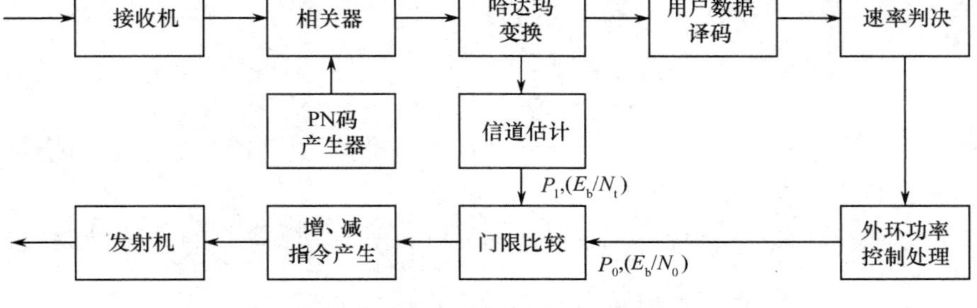

图 11.2　Qualcomm 公司提出的功率控制方案原理图

基站接收并测量移动台发射功率 P 或信干比（S/I），一般在伪码解扩和快速哈达玛变换以后进行，且按一个功率控制组 1.25ms 进行平均，具体是对每个接收到的 Walsh 符号进行功率测量，取 64 个解调值中的最大值，然后将每个功率控制组中 6 个 Walsh 符号的最大值相加并取平均。

哈达玛变换器的另一端送至用户数据译码，产生用户数据与译码差错度量值，速率判定是根据用户数据与译码差错确定移动台的发送数据的速率。根据判定的帧速率和由外环功率控制处理器计算预定的接收功率 P_0 或 E_b/N_0。

比较 P_0 或 E_b/N_0：若 P_1（或 E_b/N_t）$>P_0$（或 E_b/N_0），发送减小功率指令"1"；若 P_1（或 E_b/N_t）$<P_0$（或 E_b/N_0），发送增加功率指令"0"。

再将功率调整指令插入经过扰码后的前向业务数据中，发送到用户移动台，用户移动台接收到下行（前向）业务数据后从中提取功率调整指令，再根据调整指令调整用户移动台的发射功率。上行（反向）功率控制比特，传输中要产生两个功率控制组的时延。

上行（反向）功率控制比特传输的原理示意图如图 11.3 所示。

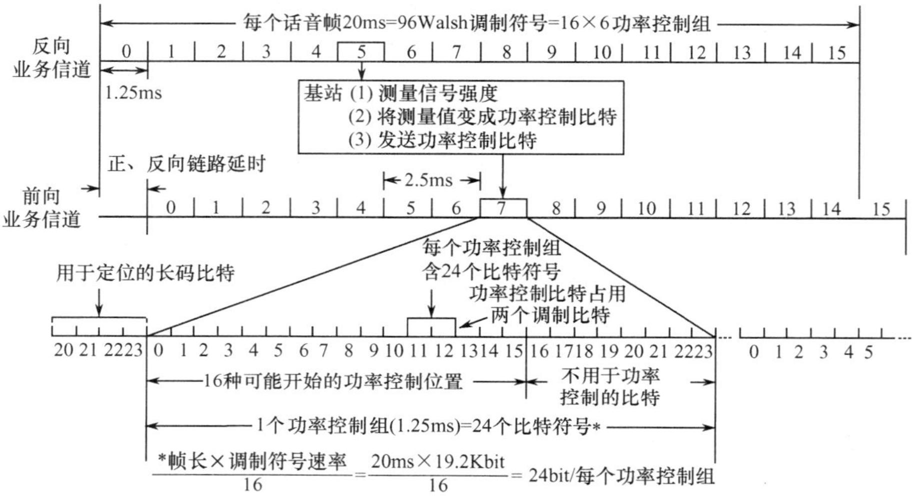

图 11.3 上行（反向）功率控制比特传输的原理示意图

图 11.3 中，假设基站通过上行（反向）链路业务信道中第 5 个功率控制组测得用户移动台的信号强度，并将测量值变成功率控制比特，插入在相应的前向业务信道中，其速率为 800bps。

在传输处理过程中，若计入传输与处理时延，功率控制比特要滞后 2.5ms 以上。功率控制比特的插入位置有 16 种可能的选择，其中每个位置对应一个功率控制组 1.25ms 中的 24 个调制比特（0～23）中的前 16 位（0～15）中的某一个开始位置。由图 11.3 得对应关系如下

20 位	21 位	22 位	23 位
(2^0)	(2^1)	(2^2)	(2^3)
1	1	0	1

将二进制数表示转换为十进制数：$(1101)_2 \Rightarrow (11)_{10}$。它表示功率控制比特起始位置为下一个功率控制组中的第 11 比特，占用 2 个比特。

由于每个功率控制比特要替换掉下行（前向）业务信道中已扰码的两位已调信号，其中有一半使原信息比特产生差错，故功率控制引入误码率为 $\frac{1}{2\times 800}=6.25\times 10^{-4}$。

11.3.2 CDMA2000 中的功率控制

CDMA2000 与 IS-95 完全兼容，所以其功率控制技术绝大部分与 IS-95 一致，本节主要讨论

两者之间的不同之处。

CDMA2000-1X 中的业务按其无线配置(Radio Configuration,RC)可以划分为 5 类。其中,上、下行 RC1 与 RC2 分别兼容 IS-95A/B;下行 RC3、RC4、RC5,上行 RC3、RC4,则为 CDMA2000-1X 新开设的业务。

CDMA2000-1X 中,上、下行 RC1 与 RC2 由于和 IS-95 相互兼容,所以功率控制方案基本上一致。与 IS-95 不同的是,CDMA2000 中的 800bps 的快速功率控制不仅可用于上行(反向)链路,也可用于下行(前向)链路,这样上、下行两个方向上的功率控制速率都可以达到快速的 800bps。

当上行(反向)链路采用门控发射技术时,上、下行功率控制速率均可减少到 400bps 和 200bps,而且上行(反向)功率控制子信道还可以分成两条独立的控制流,其速率可以分别为 400bps 或者一条 600bps、另一条 200bps,这样在不同切换配置中,下行(前向)信道可以有各自独立的功率控制。

在 CDMA2000 中与 IS-95 兼容的无线配置为 RC1、RC2,这种配置的基站通过检测用户移动台发送的连续 6 个 Walsh 函数来估计平均功率 P_1,或者 E_b/N_t 值。若是 RC3、RC4,这时基站则根据反向导频信道 R-PICH 来估计 P_1 或者 E_b/N_t。

CDMA2000 的信道结构比 IS-95 复杂得多,CDMA2000 中的功率控制可分为两大类型:公用信道上的功率控制和专用信道上的功率控制。前者又可分为下行(前向)公用信道上的功率控制和上行(反向)公用信道上的功率控制。后者也可以分为下行(前向)专用信道上的功率控制和上行(反向)专用信道上的功率控制。各类功率控制的过程都很复杂,读者可参考具体协议进行学习。

在 CDMA2000 中,上行(反向)链路的功率控制是由下行(前向)链路中基本信道或专用信道所包含的下行(前向)功率子信道执行的,下行(前向)链路的功率控制则是由上行(反向)导频信道所包含的上行(反向)功率控制子信道执行的。

下面给出 CDMA2000 下行(前向)链路功率控制中上行(反向)导频信道(R-PICH)功率控制子信道结构及其对应的功率控制组(PCG)结构。如图 11.4 所示,其中导频信号可供上行相干解调,功率控制比特可供闭环精控以控制基站发射功率。

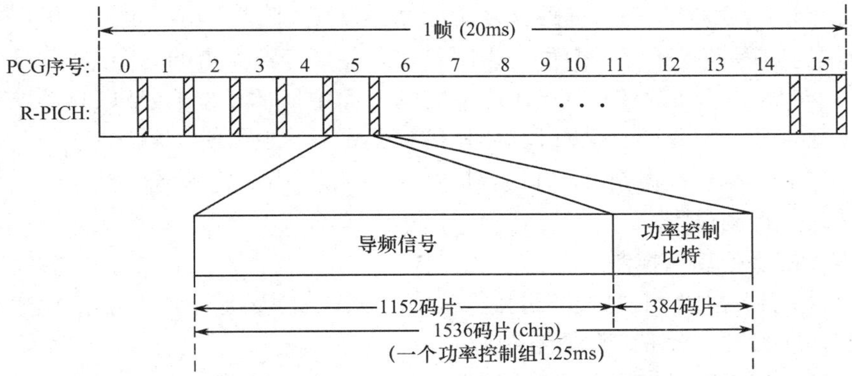

图 11.4　上行(反向)导频信道(R-PICH)功率控制子信道结构及其 PCG 结构

CDMA2000 可以采用门控发送技术,其速率分为 1、1/2、1/4 这 3 种类型,对应的功率控制速率分别为 800bps、400bps 和 200bps。图 11.5 给出了 3 种门控速率条件下下行(前向)与上行(反向)功率控制子信道之间的定时关系。其中 F 为前向(下行),R 为反向(上行),PCSUCH 为功率控制子信道,PICH 为导频信道,20ms 为一帧。

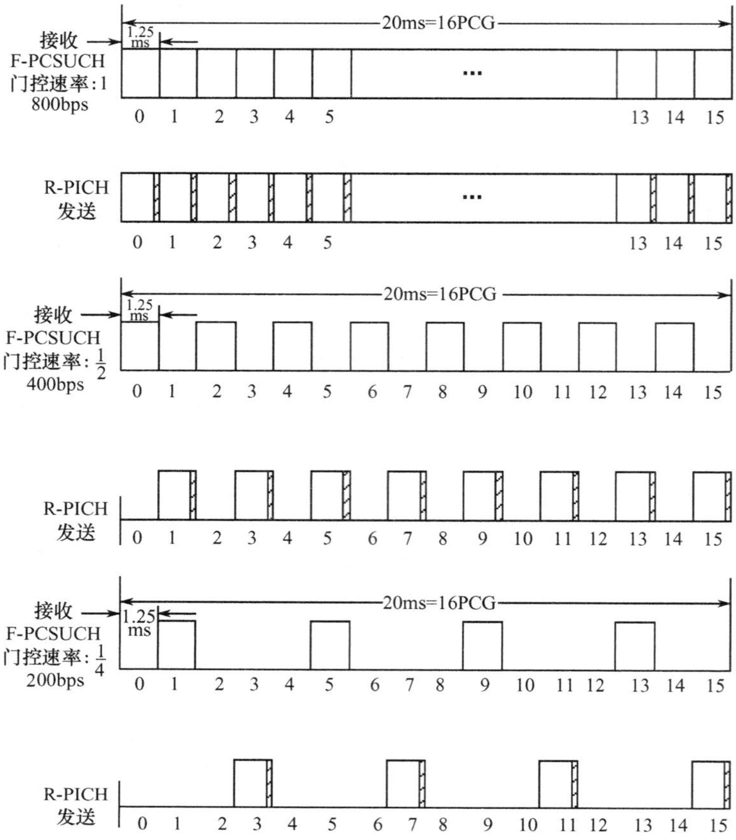

图 11.5 F/R-PCSUCH 之间的定时关系

11.3.3 WCDMA 中的功率控制

宽带码分多址 WCDMA 仍属于码分多址 CDMA 系列,因此 WCDMA 中的功率控制的基本原理、基本方法与前面 IS-95 中介绍的大同小异,本节主要介绍两者的不同点。

WCDMA 与 IS-95 及 CDMA2000 在功率控制方面主要的不同有:WCDMA 功率控制方式包含非压缩模式与压缩模式两种类型,其中压缩模式前面未讨论过,WCDMA 中功率控制速率由 CDMA2000 的 800bps 提高至 1500bps,其抗平坦衰落能力显著提高。WCDMA 中,高层网络更多地参与了功率控制过程。

1. WCDMA 的上行功率控制

WCDMA 上行链路中仅有物理随机接入信道(PRACH)及上行公共分组信道(CPCH)采用开环功率控制,其余信道采用闭环功率控制。

上行闭环功率控制同时控制一个专用物理控制信道(DPCCH)和与其相关的若干个专用物理数据信道(DPDCHs)。

WCDMA 中上行 DPCCH/DPDCHs 功率控制从原理上来看,也采用开环、闭环和外环的 3 环控制方式,其原理图如图 11.6 所示。

WCDMA 中 DPCCH/DPDCHs 具体实现的功率控制方式包含两种类型:非压缩模式和压缩模式。

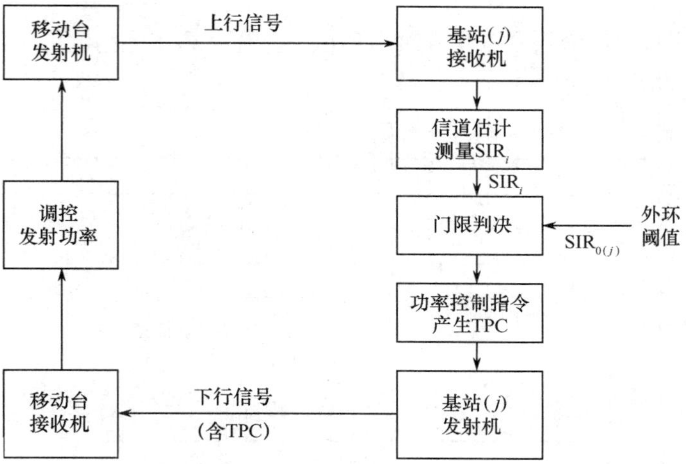

图 11.6　WCDMA 上行功率控制原理图

(1) DPCCH/DPDCHs 非压缩模式下的功率控制

上行发射功率的初始值是由开环功率控制估计决定的。闭环功率控制的最大发射功率值调节步长及功率控制采用什么类型算法是由高层网络设定的。闭环控制过程原理图如图 11.6 所示，上行闭环功率控制通过调节移动台发送功率，使得基站在 Rake 接收机合并估计的信道载干比 SIR_i（i 表示不同时段）保持在不同基站的目标信噪比 $SIR_0(j)$（j 表示基站）之上，上层的外环决定每个小区（j）独立调节目标 $SIR_0(j)$。

小区每隔一段时隙周期 0.667ms，可以根据以下原则产生一组功率控制指令 TPC，并通过下行链路传送至移动台：

当 $SIR_i < SIR_0(j)$ 时，TPC＝1；

当 $SIR_i > SIR_0(j)$ 时，TPC＝0。

移动台收到 TPC 指令后，调节其上行专用物理信道 DPCH（含 DPCCH 和 DPDCHs）的功率变化步长 Δ_{TPC}(dB)，如果 TPC＝1 则增大，TPC＝0 则减少，而步长 Δ_{TPC}(dB) 大小是由高层网络决定的。

用户移动台在一个时隙 0.667ms 中会接收到一条或多条 TPC 指令，当用户不处于软切换处，移动台在一个时隙中只会接收一条 TPC 指令；当用户处于软切换区且在更软切换或接收机分集情况下，移动台在一个时隙 0.667ms 中会接收到多条相同的 TPC 指令（来自同一小区指令）。

当用户处于软切换区的不同小区交界区域时，移动台在一个时隙 0.667ms 中会接收到来自不同小区并不相同的 TPC 指令，如果在一个时隙 0.667ms 中收到多条 TPC 指令，用户移动台可以将多条 TPC 指令合并成一条 TPC-CMD 指令。TPC-CMD 算法包含两种类型，采用哪种类型是由用户的特征参数决定的，并且由网络设置。关于两类算法，可以参见 WCDMA 技术规范，此处不再赘述。

(2) DPCCH/DPDCHs 压缩模式下的功率控制

在 WCDMA 中，为了在功率控制和切换时获得更准确的信道状态信息，特别是对不同的频点需要进行实时的信道测量。实现实时信道测量主要有两种手段：一种是采用双接收机方案，即信息通信与信道测量各采用一套接收机，这太复杂且不经济；另一种方案就是采用时隙化的压缩模式，即在传送信息的某一段时隙将信息位时间上压缩、功率上扩展，以空出一时段供对其他频点进行测量使用。

上行链路帧结构的压缩模式如图 11.7 所示。其中，TFCI 为传输格式组合指示，FBI 为反馈比特信息，TPC 为功率控制指令。

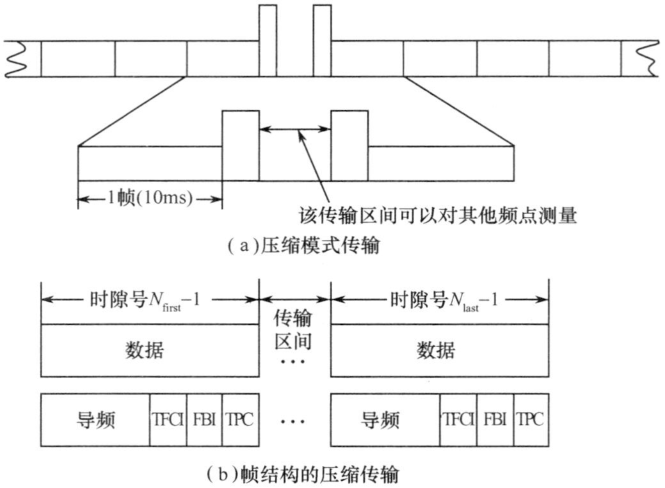

图 11.7　上行链路帧结构的压缩模式

在压缩模式中，为了保证压缩后的质量（EBR、FBR 等），需要增大压缩时隙的功率，且功率增大数量与传输时间压缩减少量相对应。何时需要进行数据帧的压缩取决于网络。

在压缩模式传输中，可能在几个时隙内停止发送 TPC 指令，所以在压缩模式下功率控制的目标是在经过一段发射间隔后，尽可能恢复 SIR，使其接近目标 SIR。在下行压缩模式中，由于压缩期间不发送 TPC 指令，发射间隔中就不存在功率控制，所以上行 DPCCH/DPDCHs 的发射功率在发射间隔中保持不变。

当上、下行压缩模式同时发生时，上行 DPCCH/DPDCHs 发射在发射间隔中产生中断。

在每个发射间隔之后，压缩模式下的功率控制算法有两种可能，采用哪种算法由高层信令通知。第一种算法，步长不变，且在压缩模式中仍然采用通常的发射功率控制。第二种算法在每个发射间隔后的一个或多个时隙（称为恢复周期）中仍采用通常功率控制算法，但采用恢复功率控制步长 Δ_{RP-TPC} 而不是 Δ_{TPC}，Δ_{RP-TPC} 取为 3dB 与 $2\Delta_{TPC}$ 之间的较小值，一旦恢复周期后，就执行以 Δ_{TPC} 为步长的通常功率控制算法。

2. WCDMA 中的下行功率控制

下行主/辅公共物理信道（P/S CCPCH）不进行功率控制，它们功率的慢变化是由网络设定的，因此下行功率控制与上行一样主要是针对 DPCCH/DPDCHs。它们功率控制原理与上行一样，采用开环、闭环、外环 3 环控制，其原理如图 11.8 所示。

WCDMA 下行 DPCCH/DPDCHs 具体功率控制方式与上行一样，分为非压缩模式与压缩模式两类。其具体功率控制过程类似于上行，这里不再赘述。

下行功率控制一般采用快速闭环功率控制与慢速功率控制交替进行，决定两者之间的主要参量是功率控制搜控速率 $R_{搜控}$ 与慢功率控制周期即上行链路发射挂起时间 T_{RINT}，它们都是通过网络高层信令来设置的。

站址选择分集发射功率控制（SSDT）是一种在软切换下可以选择的宏分集方法。用户从激活集合中选择一个区作为“基本小区”，其他小区均为“非基本小区”，SSDT 首要目标是在下行链路中从最好的小区中发射信号，以减少软切换时多路发射引入的干扰，其次是在没有网络干预情

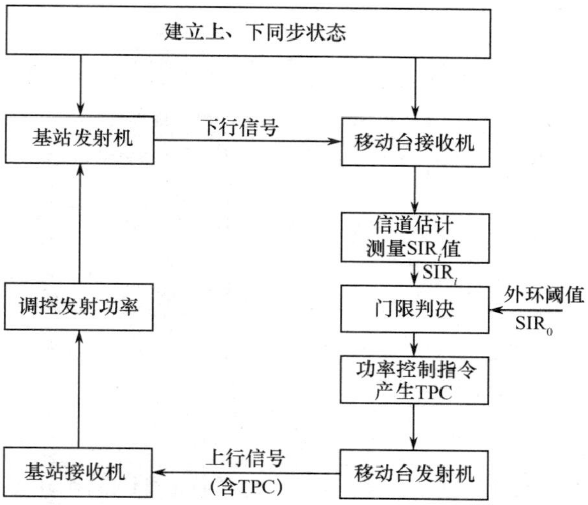

图 11.8　WCDMA 下行功率控制原理图

况下实现快速站址选择，以保证软切换的优点。SSDT 进一步的说明可参见 WCDMA 技术规范。

11.4　无线资源的最优分配

现代移动通信系统的无线资源多种多样，主要可以分为 4 大类型。

① 能量资源：包括信号的功率、能量。在蜂窝网系统中，上、下行的最优分配准则不同，上行要满足系统链路间相互干扰最小，又能正常工作的分配准则；而下行要满足基站发射总功率最小和链路间相互干扰最小的分配准则。在 Ad Hoc 网络中，由于所有通信节点都是由电池供电，因此更重要的是要求网络的总功率最小。

② 时间资源：包括业务时隙、业务帧、接入时隙、导频符号\导频信道、保护时间间隔、各种承载业务适配容器、业务传输模式及扩频码字等。时间资源分配的主要目的是根据信道状态，进行信源数据和冗余数据的比例调整，从而最大限度地保证信源数据的可靠传输。严格来讲，扩频码是时频二维资源，为了方便描述，将其归于时间资源。

③ 频率资源：包括信号带宽、保护频段、子载波信号速率与调制模式、跳频码字等。频率资源与时间资源对偶，主要目的也是在保证系统传输的可靠性前提下，尽可能提高系统传输的有效性。

④ 空间资源：包括天线的极化方向、天线角度、天线数目及通信基站和终端的拓扑结构与空间位置。利用空间资源的目的与前面类似，但目前对于空间资源的认识和利用还很不深入，空间资源的利用还有很多潜力可以挖掘，有可能极大提高通信系统的性能。

本节从注水定理出发，主要讨论 3 种典型的无线资源分配情况，包括多载波信道下的最优功率分配、多天线信道下的最优功率分配及多用户分集。

11.4.1　注水定理

下面介绍信息论中经典的注水定理[11.10]。对于叠加性、高斯白噪声限频信道，令高斯噪声的功率谱为 $N(f)$，则噪声总功率为 $\int_0^F N(f)\mathrm{d}f=\sigma^2$，其中 F 是信道带宽。又令输入信号功率谱

为 $G(f)$,信号总功率受限,即为 $\int_0^F G(f)\mathrm{d}f \leqslant S$ 。

将总的信道带宽 F 分割为许多小频段 Δf,假设每个频段的信道容量为 ΔC,按照香农信道容量公式,则有

$$\Delta C=\Delta f\log\left[1+\frac{G(f)}{N(f)}\right] \tag{11.4.1}$$

则总信道容量为

$$C=\max_{G(f)}\int_0^F \log\left[1+\frac{G(f)}{N(f)}\right]\mathrm{d}f \tag{11.4.2}$$

且需要满足信号总功率约束条件

$$\int_0^F G(f)\mathrm{d}f \leqslant S \tag{11.4.3}$$

采用拉格朗日乘子法求解上述条件极值问题,为了便于计算,约束条件取等号,这样有

$$\frac{\partial}{\partial G(f)}\left\{\int_0^F \log\left[1+\frac{G(f)}{N(f)}\right]\mathrm{d}f-\lambda\int_0^F G(f)\mathrm{d}f\right\}=0 \tag{11.4.4}$$

交换偏微分与积分顺序,上式结果为

$$\frac{1}{1+\dfrac{G(f)}{N(f)}}\times\frac{1}{N(f)}-\lambda=0 \tag{11.4.5}$$

从而可得

$$G(f)+N(f)=\frac{1}{\lambda}=K(\text{常数}) \tag{11.4.6}$$

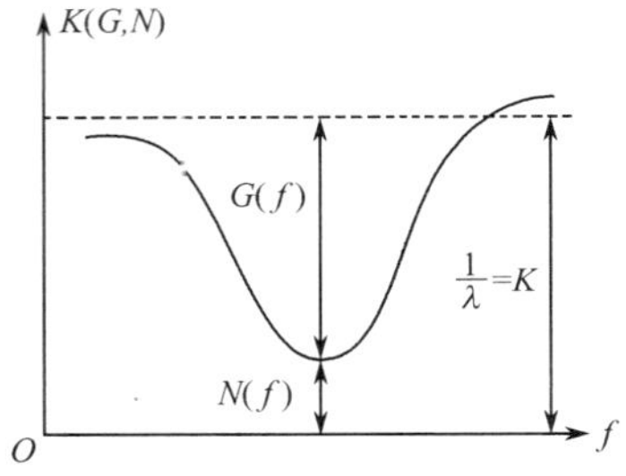

图 11.9 注水定理示意图

信号功率谱与噪声功率谱之和为常数条件时,才能达到总信道容量最大要求。如图 11.9 所示。

将式(11.4.6)代入约束条件可得

$$\int_0^F G(f)\mathrm{d}f=\int_0^F [K-N(f)]\mathrm{d}f=KF-\int_0^F N(f)\mathrm{d}f=S \tag{11.4.7}$$

所以

$$K=\frac{S+\sigma^2}{F} \tag{11.4.8}$$

将上式代入式(11.4.6),可得

$$G(f)=\frac{S+\sigma^2}{F}-N(f) \tag{11.4.9}$$

根据上述公式,需要分两种情况讨论总信道容量的解。

(1) 若 $G(f)>0$,即 $\frac{S+\sigma^2}{F}\geqslant N(f)$,则有

$$C=\int_0^F \log\left[1+\frac{G(f)}{N(f)}\right]\mathrm{d}f=\int_0^F \log\left[1+\frac{\dfrac{S+\sigma^2}{F}-N(f)}{N(f)}\right]\mathrm{d}f=\int_0^F \log\frac{S+\sigma^2}{FN(f)}\mathrm{d}f \tag{11.4.10}$$

(2) 若 $G(f)<0$，即 $\frac{S+\sigma^2}{F}<N(f)$，则必须将这部分频段剔除。

通常，采用数值解法可以求得可用频段

$$F_1=\left\{\Delta f \mid N(f)\leqslant\frac{S+\sigma_1^2}{m(F_1)}\right\} \tag{11.4.11}$$

式中，$\sigma_1^2=\int_{F_1}N(f)\mathrm{d}f$，而 $m(F_1)$ 是 F_1 集合的勒贝格测度。这是由于当 $N(f)$ 不是单调函数时，F_1 可能不是一个连续区间。这样总信道容量为

$$C=\int_{F_1}\log\frac{S+\sigma^2}{m(F_1)N(f)}\mathrm{d}f \tag{11.4.12}$$

根据上述分析，可以看到注水定理的物理意义，实际上所有无线资源最优分配都可以归结为注水定理。

11.4.2 多载波信道下的最优功率分配

假设系统有 K 个子载波，每个子信道都是加性高斯信道，第 k 个信道的信号功率为 s_k，噪声功率为 σ_k^2，对应的子信道容量为 $C_k=\frac{1}{2}\log\left(1+\frac{s_k}{\sigma_k^2}\right)$。则总信道容量为

$$C=\sum_{k=1}^{K}C_k=\sum_{k=1}^{K}\frac{1}{2}\log\left(1+\frac{s_k}{\sigma_k^2}\right) \tag{11.4.13}$$

并且满足总信号功率受限条件

$$\sum_{k=1}^{K}s_k\leqslant S \tag{11.4.14}$$

上述问题就是如何在各个子信道上分配功率，使信道总容量达到最大。这仍然是一个条件极值问题，采用拉格朗日乘子法可得

$$s_k=\frac{1}{2\lambda}-\sigma^2 \tag{11.4.15}$$

这实际上是上述注水定理的离散化表达，也是多载波信道中最优功率分配的方法。

11.4.3 多天线信道下的最优功率分配

下面考虑 MIMO 系统中发射机已知信道响应信息条件下，在各个天线上分配功率的问题。该问题实际上也是注水定理的应用。令功率约束条件为

$$\sum_{i=1}^{n_{\mathrm{T}}}P_i=P \tag{11.4.16}$$

式中，P_i 是第 i 个天线的发射功率；P 是系统发射的总功率。根据第 10 章多天线信息论的推导可知，归一化的 MIMO 信道容量公式为

$$C/W=\sum_{i=1}^{n_{\mathrm{T}}}\log_2\left(1+\frac{P_i\lambda_i}{\sigma^2}\right) \tag{11.4.17}$$

式中，λ_i 是第 i 个信道响应矩阵的特征值；σ^2 是白噪声方差。采用拉格朗日乘子法，引入下述函数

$$\Omega=\sum_{i=1}^{n_{\mathrm{T}}}\log_2\left(1+\frac{P_i\lambda_i}{\sigma^2}\right)-\rho\sum_{i=1}^{n_{\mathrm{T}}}P_i \tag{11.4.18}$$

对上式取偏微分可得

$$\frac{\partial \Omega}{\partial P_i}=\frac{\frac{\lambda_i}{\sigma^2}}{1+\frac{P_i\lambda_i}{\sigma^2}}-\rho=0 \tag{11.4.19}$$

由此可得

$$P_i=\mu-\frac{\sigma^2}{\lambda_i} \tag{11.4.20}$$

式中，μ 是常数。

我们再次看到，多天线系统中，只有当功率分配满足注水定理时，才能达到信道容量。

11.4.4 多用户分集

在多用户蜂窝系统中，同样也存在类似的注水定理。为了简化分析，只考虑所有用户在同一个小区的情况，即邻小区干扰可以忽略不计。在上述前提下，下面分析上行信道容量[11.3]。

基站接收信号可以表示为

$$r=\sum_{i=0}^{K-1}\alpha_i x_i+n \tag{11.4.21}$$

式中，K 是小区中的用户数目；α_i 和 x_i 分别是第 i 个用户的信道响应系数和发送信息。假设信源 x_i 是 0 均值、单位功率、相互独立的随机过程；噪声 n 是 0 均值高斯随机变量，方差为 N_0。如果 α_i 是常数，则上述信道为高斯多用户信道，其容量为

$$\forall S\subset\{0,1,\cdots,K-1\},\sum_{i\in S}R_i<\frac{1}{2}\log\left(1+\sum_{i\in S}\gamma_i\right) \tag{11.4.22}$$

式中，R_i 和 $\gamma_i=\frac{\alpha_i^2}{N_0}$ 表示第 i 个用户的信息速率和接收信噪比。在衰落环境中，α_i 和 γ_i 都是随机变量，在平坦衰落信道下，可以假设 α_i 服从 Rayleigh 分布，由此可知 γ_i 服从指数分布，即

$$f(\gamma_i)=\frac{1}{\gamma_{si}}\exp\left(-\frac{\gamma_i}{\gamma_{si}}\right),\gamma_{si}>0 \tag{11.4.23}$$

式中，γ_{si} 是第 i 个用户的平均接收信噪比，由于各用户上行链路有不同的传播损耗，因此平均接收信噪比一般也不相同。

为了补偿衰落和路径损耗，需要通过基站和移动台之间的反馈链路调整用户发射功率。也就是说，需要用户根据功率控制算法 $\mu_i(\boldsymbol{\gamma})$ 调整发射功率，其中 $\boldsymbol{\gamma}=(\gamma_0,\gamma_1,\cdots,\gamma_{K-1})$，表示基站接收到的所有用户的瞬时功率集合。令第 i 个用户的接收目标信噪比为 γ_{si}，则理想功率控制算法为 $\mu_i(\boldsymbol{\gamma})=\frac{\gamma_{si}}{\gamma_i}$。Rayleigh 衰落信道下功率控制的均值为

$$E[\mu_i(\boldsymbol{\gamma})]=\int_0^{\infty}\frac{\gamma_{si}}{\gamma_i}f(\gamma_i)\mathrm{d}\gamma_i\rightarrow\infty \tag{11.4.24}$$

上述积分趋于无穷大。对于实际系统而言，这意味着如果信噪比低于某个截止门限，则输出功率必须是固定值。不考虑这一影响，此时系统总容量为

$$C_G=\frac{1}{2}\log\left(1+\sum_{i=0}^{K-1}\gamma_{si}\right) \tag{11.4.25}$$

它是所有用户链路容量之和。对于没有功率控制的系统而言，则总容量为

$$C_{\mathrm{NPC}}=\frac{1}{2}E_{\gamma}\left[\log\left(1+\sum_{i=0}^{K-1}\gamma_{si}\right)\right] \tag{11.4.26}$$

它是对所有功率分布的平均。

由 Jensen 不等式可得，$C_{\mathrm{NPC}}\leqslant C_{\mathrm{G}}$。假设 $\forall i,\gamma_{si}=\gamma_s$，即所有用户的平均接收功率都相等，并且各用户的衰落相互独立，则当用户数 $K\to\infty$ 时，可知 $C_{\mathrm{NPC}}\to C_{\mathrm{G}}$。上述结论有些不同寻常，因为它意味着通过控制平均接收功率即可接近理想功率控制下的信道容量，换言之，采用理想功率控制并不能产生大的系统性能改善。

如前所述，衰落信道下采用理想功率控制的一个缺陷是平均功率可能趋于无穷大。为了消除这一问题，采用如下的一组归一化约束条件

$$\iint\cdots\int\mu_i(\boldsymbol{\gamma})f(\boldsymbol{\gamma})\mathrm{d}\boldsymbol{\gamma}=1, i=0,1,\cdots,K-1 \tag{11.4.27}$$

在此约束下和 $\mu_i(\boldsymbol{\gamma})\geqslant 0$ 条件下的信道容量为

$$C_{\mathrm{PC}}=\frac{1}{2}\iint\cdots\int\log\left[1+\sum_{i=0}^{K-1}\mu_i(\boldsymbol{\gamma})\gamma_i\right]f(\boldsymbol{\gamma})\mathrm{d}\boldsymbol{\gamma} \tag{11.4.28}$$

利用拉格朗日乘子法，可以构造如下函数

$$H=\frac{1}{2}\iint\cdots\int\log\left[1+\sum_{i=0}^{K-1}\mu_i(\boldsymbol{\gamma})\gamma_i\right]f(\boldsymbol{\gamma})\mathrm{d}\boldsymbol{\gamma}-\frac{1}{2}\iint\cdots\int\sum_{i=0}^{K-1}\lambda_i\mu_i(\boldsymbol{\gamma})f(\boldsymbol{\gamma})\mathrm{d}\boldsymbol{\gamma} \tag{11.4.29}$$

对上式求偏微分，交换求导与积分的顺序可得

$$\frac{\partial H}{\partial\mu_i(\boldsymbol{\gamma})}=\frac{\gamma_i}{1+\sum_{j=0}^{K-1}\mu_j(\boldsymbol{\gamma})\gamma_j}-\lambda_i=0 \tag{11.4.30}$$

因此得到了约束功率的一组不等式

$$1+\sum_{j=0}^{K-1}\mu_j(\boldsymbol{\gamma})\gamma_j\geqslant\frac{\gamma_i}{\lambda_i} \tag{11.4.31}$$

当 $\mu_i(\boldsymbol{\gamma})>0$ 时，上式等号成立。由此，假设 $\mu_i(\boldsymbol{\gamma})\neq 0\Rightarrow\forall j\neq i,\mu_j(\boldsymbol{\gamma})=0$，从而可得

$$\gamma_i\geqslant\left(\frac{\lambda_i}{\lambda_j}\right)\gamma_j,\ \forall j\neq i \tag{11.4.32}$$

为了解释上述关系式，假设所有用户有相同的平均接收功率，根据对称性可知，所有 λ_i 因子也必须相等。换言之，在任何给定时刻，唯有功率最强的用户才允许发送信号，其他用户保持静默，直到有新的用户信号变成最强。

上述解释与信道衰落的分布无关，因此可得如下的功率控制算法

$$\mu_j(\boldsymbol{\gamma})=\begin{cases}\dfrac{1}{\lambda_i}-\dfrac{1}{\gamma_i},\gamma_i>\lambda_i,\gamma_i>\dfrac{\lambda_i}{\lambda_j}\gamma_j,j\neq i\\ 0,\quad\text{其他}\end{cases} \tag{11.4.33}$$

这一算法可以描述为：当一个用户的信道条件好时，就给它分配更多的功率，而其信道条件差时，就少分配功率，这就是多用户分集的思想。这种方法与传统的功率控制思路完全相反。

上述功率分配的准则定义了一种新的多址接入方式。它通过测试接收信号的瞬时功率来分配信号功率，在给定时刻，只有一个信号最强的用户接入系统，从这一点来看，它更类似于 TDMA 体制。如果实际信道变化太快或者用户数目太多，这种功率分配算法的实现是非常困难的。

另一方面，如果信道变化太慢，则强信号用户可能长时间占用信道，造成其他用户业务时延太大。因此实际应用中，需要考虑平均接入时间和衰落相干时间、用户数目的关系。对于话音业务，由于信道接入时间不确定，这种功率分配方法不适合。但对于突发性数据业务，可以这一方法进行功率分配。

对于无线通信系统的下行信道的功率分配，也有类似结论。由于推导比较复杂，不再赘述，有兴趣的读者可以参考文献[11.5]。11.5 节要介绍的 CDMA2000-1X EV-DO 中的比例公平调度算法其实就隐含了多用户分集的思想。

11.5　速率自适应

无论是功率自适应还是速率自适应，均属于链路自适应，且它们都是实现链路自适应的一种主要手段，其目的都是为了优化在链路中传送业务的容量(数量)与质量。速率自适应比较适合于分组交换型业务，追求的目标是系统的吞吐量最大化。

速率自适应实现的基本原理如图 11.10 所示。由图可见，速率自适应系统一般包括 5 部分。

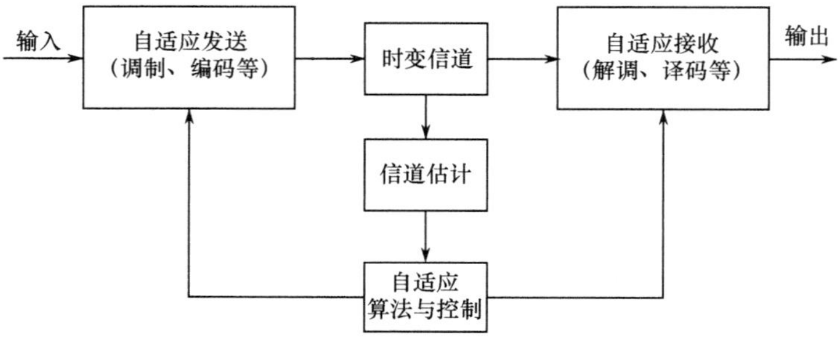

图 11.10　速率自适应实现的基本原理

(1) 自适应发送

它是速率自适应的执行机构(发送端)，从原理上看，它可包含时域、频域、空域自适应，不过一般主要是指时域自适应。时域自适应的主要技术包括自适应调制与解调、自适应信道编码与译码，有时还会有自适应信源编码与译码、自适应均衡等。

(2) 自适应接收

它是接收端的自适应执行机构，是自适应发送与时变信道的联合逆运算，同样含有时域、频域、空域。但是最常用的仍是时域自适应接收，特别是自适应解调与自适应译码。

(3) 时变信道

移动信道是一个时变信道，但是其时变特性大致可以分为快时变与慢时变。而自适应技术主要针对慢时变，其中功率自适应的频率在 1kHz 左右，如 IS-95、CDMA2000 为 800Hz 而 WCDMA 为 1.5kHz。

(4) 信道估计

信道估计是时变信道自适应的核心关键技术之一，其准确性决定了自适应的特性。它也是自适应技术的基础。

(5) 自适应算法与控制

它是根据信道估计形成的控制指令和如何执行的调度算法。

11.5.1 速率自适应在 2G/2.5G 中的应用

在移动通信系统中，自适应概念及其应用是从简单变量自适应一步一步发展到多变量联合自适应的。最早的速率自适应是在 IS-95 中采用的信源速率自适应，它根据不同的语音动态范围和信道噪声，将语音分为 4 种速率。

在 GPRS 及 EDGE 系统中，也都应用了简单的链路自适应技术。在 GPRS 中定义了 4 种不同的编码方案：CS-1、CS-2、CS-3 和 CS-4，其具体参数见表 11.1。

表 11.1 GPRS 中 4 种不同的编码方案的具体参数

编码方案	码率	数据速率(kbps)	(8 时隙)总数据速率(kbps)
CS-1	1/2	9.05	72.4
CS-2	≈2/3	12.4	107.2
CS-3	≈3/4	15.6	124.8
CS-4	1	21.4	171.2

在实际传输时，GPRS 系统根据信道状况和业务需求动态选择编码类型。这里的链路自适应仅依靠信道编码的码率变化来实现，即信道状态最不好时，采用 1/2 码率，这时数据速率最低为 9.05kbps(单时隙)，即使占用全部的 8 个时隙，最高的数据速率也仅为 72.4kbps。若信道状态最好，则可采用 1 码率，不需要采用信道编码，其单个时隙的数据速率可提高至 21.4kbps，8 个时隙的总数据速率可达 171.2kbps。

EDGE 不同于 GPRS，在链路自适应中不仅编码方式可以选择，而且调制方式还采用了移相 8PSK 调制。EDGE 系统周期性地对下行链路进行测量并及时报告(反馈)给基站，根据链路的信道状态，从两种调制方式和几种编码方式组成的 9 种传输模式中(见表 11.2)，选择最为适合的一种模式。

表 11.2 EDGE 的 9 种传输模式

传输模式	M_1	M_2	M_3	M_4	M_5	M_6	M_7	M_8	M_9
调制方式	GMSK	GMSK	GMSK	GMSK	8PSK	8PSK	8PSK	8PSK	8PSK
码率	0.53	0.66	0.8	1.0	0.37	0.49	0.76	0.92	1.0

EDGE 中也采用了类似于 HSDPA 中的 HARQ 技术，即递增冗余型 ARQ，它在传输中逐步增加冗余度，直至译码正确时为止，这样可提高传输效率并降低传输时延。

采用上述链路自适应与 HARQ 技术后，EDGE 的最高数据速率可以从 GPRS 的 171kbps 增至 473kbps。

11.5.2 速率自适应的典型实例——HDR

1997 年 8 月，高通公司(Qualcomm)正式向 CDMA 发展组织 CDG 提出高速数据速率 HDR(High Data Rate)的概念。2000 年 3 月，3GPP2 成立 HDR 工作组并进行标准化工作，同年 10 月，CDMA2000-1X EV-DO 标准获得通过。所以在 3GPP2 发布的相关标准中，HDR 被称为 CDMA2000-1X EV-DO，其中 EV 表示“Evolution”，即改进型，含义为性能改善且后向兼容，而 DO(Data Only)后改为 Data Optimized。

CDMA2000-1X EV-DO 与 IS-95/ CDMA2000-1X 具有相同的射频特性和链路预算，但具有独立的 1.25MHz 的载波频段。

提出 CDMA2000-1X EV-DO 的主要原因在于数据业务与话音业务的很多方面差异很大。

话音业务属于电路交换型业务，它要求实时性强，对时延和抖动较敏感，但是可容忍一定的差错，所以误码率要求不高，传输时上、下行基本上对称，且 QoS 等级相对单一，在数量上主要追求目标是 Erlang 容量最大化。数据业务属于分组交换型业务，具有突发的特征，一般不要求实时性，对时延和抖动要求不高，但是对差错较敏感，即要求误码率较低，传输时上、下行可以不对称，且 QoS 等级较多，在数量上主要追求的目标是系统的吞吐量最大。

若将两类业务放在同一个载波上传送，互相影响较大，且需要很复杂的控制机制来协调，难度较大。若将两类业务分开，分别放在同一波段不同载波上传送，且对两者采用不同的传输和控制策略及方法，则可大大简化系统设备和结构，简化资源控制，且两类业务均可得到很好的服务质量和最大的数量。

CDMA2000-1X EV-DO 应用很灵活，它可对仅有数据业务的用户单独组网，且基于 IP 网络结构，也可以借助已有的 IS-95/CDMA2000-1X 移动系统联合组网，同时提供话音高速分组数据业务。对于能同时支持 CDMA2000-1X/1X EV-DO 的双模终端，CDMA2000-1X EV-DO 技术还提供在两个系统间的切换机制。

CDMA2000-1X EV-DO 的主要技术特点包括以下几个方面。

1. 下行(前向)链路

在带宽 1.25MHz 的专用载波上，数据速率最高可达 2.4Mbps。在下行(前向)链路采用一种区别于 IS-95/CDMA2000-1X 中话音软切换方式的快速最佳服务扇区选择技术和动态自适应速率控制技术，并由所有属于相同最佳服务扇区的数据用户以时分复用的方式共享下行数据业务信道。

移动台快速、低时延地反馈当前下行(前向)链路可以支持的最高数据速率，取决于移动台的信道状态，其最高速率为 800 次/s，它反映了对信道衰落时变特性的最快反应能力。

基站根据接收反馈数据速率的状况，自适应地采用不同的编码和调制方式，比如不同形式、不同码率的编码和不同形式调制方式。基站根据移动台对下行信道的估计和反馈给基站的信息，采用时分方式动态调度分组数据传送，即每个时隙仅向一个信道状态最好的、在最佳服务扇区内的移动用户发送一组最大数据速率的分组数据，以使下行(前向)链路吞吐量最大化。

2. 上行(反向)链路

CDMA2000-1X EV-DO 主要是为了改善数据业务的下行(前向)链路，提高下行吞吐量，以适应于数据业务下载量远大于上载量的客观需求。因此，上行在系统中不是重点，只要满足于一般数据传送时不对称信道中对上行的基本要求即可。在本系统中，上行(反向)最高数据速率可达 153.6kbps。

3. CDMA2000-1X EV-DO 的链路自适应基本原理

下行(前向)链路的自适应速率控制的实现可分为 3 步。

第一步，首先对不同时段 T_j(针对慢衰落、平坦衰落而言)选择最佳服务扇区，即移动台接收来自其附近各扇区发送的广播信号，并测量和比较其信干比 C/I，移动台选取具有最大信干比 $(C/I)_{\max}$的扇区作为最佳服务扇区。其次，在时段 T_j 的最佳服务扇区内，对每个不同用户(共 $i=1,2,\cdots,n$ 个)选择在不同时隙 t_k。它是针对快衰落测量并预测最佳数据速率，在逻辑上可分为两步而实际上是实时同步进行的。第一步对最佳服务扇区内每个用户测出不同时隙 t_k 最适合的数据速率。其过程如图 11.11 所示。

第二步，在最佳服务扇区内每个用户均同时进行上述操作(假设共有 n 个用户)，如图 11.12 所示。

对 n 个用户在 $t_1 \sim t_7$ 时间段内分别测得最佳数据速率，见表 11.3。

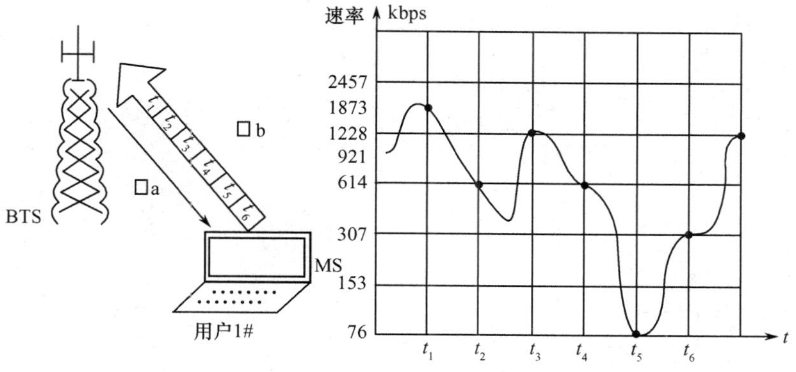

t值	t_1	t_2	t_3	t_4	t_5	t_6	t_7
速率(kbps)	1873	614	1228	614	76	307	1228

图 11.11　某个用户(移动台)进行的信道测量—预测—反馈过程

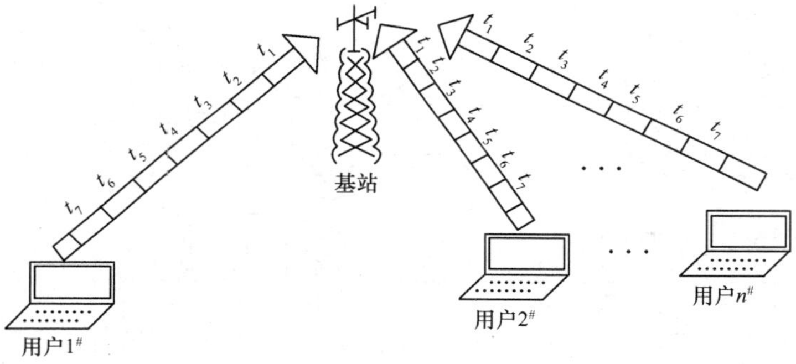

图 11.12　最佳服务扇区内每个用户对信道的测量—预测—反馈过程

表 11.3　最佳服务扇区内每个用户不同时隙测得的最佳数据速率

	t_1	t_2	t_3	t_4	t_5	t_6	t_7
用户 1#	1873	614	1228	614	76	307	1228
用户 2#	307	614	921	1873	614	307	2457
…				…			
用户 n#	614	1228	614	307	921	153	76
n 个用户中最大值	1873	1228	1228	1873	921	307	2457

第三步,确定在时段 T_j 内最佳服务扇区向扇区内各用户发送分组信息,如图 11.13 所示。

CDMA2000-1X-EV-DO 系统的下行(前向)信道由 4 部分组成:导频信道、介质接入控制(MAC)信道、控制信道和业务信道。另外,MAC 信道有两个子信道,即反向激活(RA)信道和反向功率控制信道。

下行(前向)链路时分帧结构如图 11.14 所示。

前面给出了在最佳服务扇区内应对其扇区内不同用户在不同时段发送的分组数据。这些不同时段向不同用户发送的数据是通过位于基站的调度执行机构,挑选不同的编码与调制的最佳

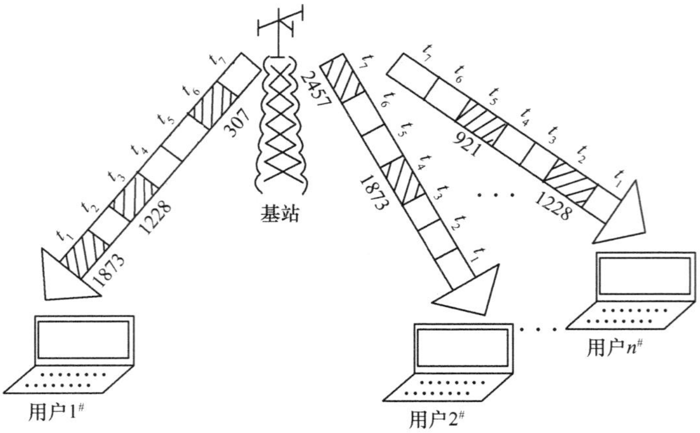

图 11.13　最佳服务扇区内对其用户发送分组数据

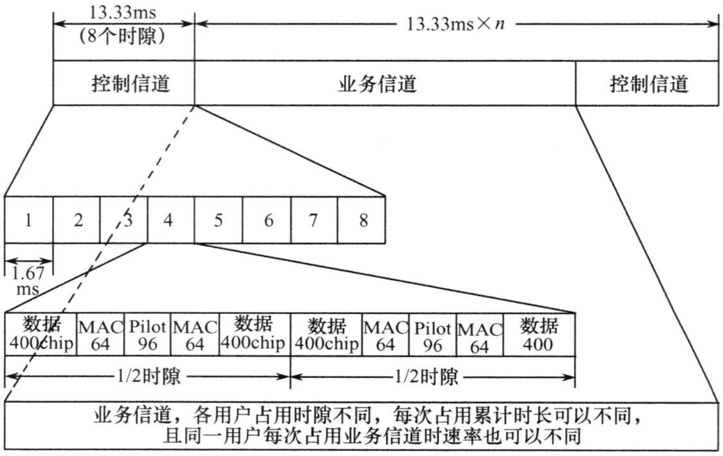

图 11.14　下行(前向)链路时分帧结构

组合来实现的。表 11.4 给出下行(前向)链路自适应可变速率和相应的编码与调制参数。

表 11.4　自适应可变速率和相应的编码与调制参数

数据速率(kbps)	每个编码分组比特数	每个编码分组占用时隙	编码速率(Turbo 码)	调制模型
38.4	1024	16	1/5	QPSK
76.8	1024	8	1/5	QPSK
153.6	1024	4	1/5	QPSK
307.2	1024	2	1/5	QPSK
614.4	1024	1	1/3	QPSK
307.2	2048	4	1/3	QPSK
614.4	2048	2	1/3	QPSK
1228.8	2048	1	1/3	QPSK
921.6	3072	2	1/3	8PSK
1843.2	3072	1	1/3	8PSK
1228.8	4096	2	1/3	16QAM
2457.6	4096	1	1/3	16QAM

11.5.3 WCDMA 中增强型技术——高速下行分组接入 HSDPA

对应于 3GPP2 的 CDMA2000-1X EV-DO，WCDMA 也推出了类似的增强型技术 HSDPA，不过它是在 3G 5MHz 的带宽内实现的，其下行最高数据速率可达 8～10Mbps。

HSDPA 在 WCDMA 中增加了一个高速下行共享信道 HS-DSCH，它与原来 WCDMA 中的下行共享信道 DSCH 相比有如下技术特点，见表 11.5。

表 11.5 DSCH 与 HS-DSCH 比较

	可变扩频因子	快速功率控制	自适应编码调制	多扩频码操作	快速混合 ARQ
DSCH	√	√	×	√	×
HS-DSCH	×	×	√	√	√

由表可见，可变扩频因子与快速功率控制在 HSDPA 中已不再采用，取而代之的是自适应编码调制和快速混合 ARQ。

高速下行共享信道 HS-DSCH 用来传送高速分组数据业务，为了支持该信道的正常工作，又引入了高速共享控制信道 HS-SCCH，用它承载下行控制信息，且每个用户最多有 4 个 HS-SCCH。HS-SCCH 承载的下行信息包含对时间有严格要求的信息（如扩频码和调制方式），以及对时间要求不严格的信息（如冗余信息、第 n 次重新指示信息等）。另外，还有两个反向信道，一个负责传送信道质量指示信息，另一个负责传送 CRC 校验结果指示信息 ACK/NACK。HSDPA 的物理层结构如图 11.15 所示。

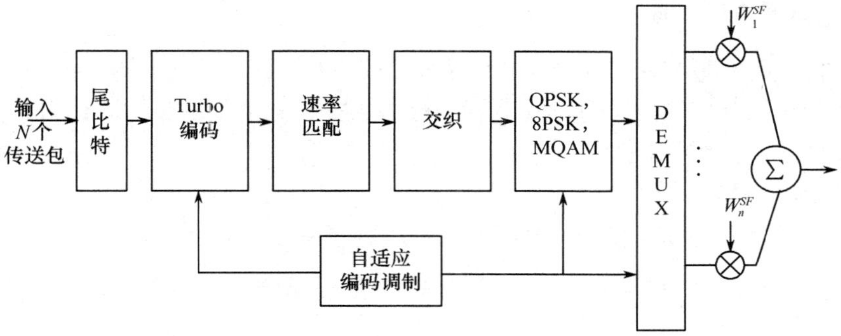

图 11.15 HSDPA 的物理层结构

由图 11.15 可见，其编码和调制方式是在自适应编码与调制控制下动态选择的。在 3GPP 协议中规定，用户终端周期性地测量导频信息，而将所测得的实时信道质量（C/I）经由上行信息信道传送至 Node-B，Node-B 根据实时 C/I 值计算出合适的编码与调制方案，通过自适应编码和调制动态控制系统的编码与调制组合的最佳方式，使系统达到最大吞吐量。

HSDPA 的基本原则是根据信道的当前状况选择最合适的编码和调制方式，以达到最大化系统吞吐量。表 11.6给出用户支持 15 个扩频码（用户可支持扩频码数目为 5、10、15）时的最大吞吐量。

表 11.6 采用 15 个扩频码时的最大吞吐量

	编码速率	调制方式	最大数据吞吐量 Mbps
1	1/4	QPSK	1.8
2	1/2	QPSK	3.6
3	3/4	QPSK	5.3
4	1/2	16QAM	7.2
5	3/4	16QAM	10.7

频谱资源与码资源对于移动通信系统是非常珍贵的，链路自适应技术在 HSDPA 的应用大大提高了频谱与扩频码的利用效率。

在频谱利用效率方面，当信噪比较低时，通过自适应采用纠错能力强的编码与调制组合及混合 ARQ 以提高其抗干扰能力，采用 HARQ 可以进一步提高频谱利用效率；当信噪比较高时，可采用高阶调制和冗余较少的编码以进一步提高传输效率及频谱利用效率。

对码资源利用率，通过采用高阶调制和冗余较少的编码可以提高每个传输符号所承载的信息比特数，这也就提高了扩频码的承载数据量，达到提高码资源利用率的目的。

为了配合物理层的自适应链路传输的动态编码与调制组合及混合 ARQ 的实现，在网络层新增加了一个实体(MAC-HS)，位于网络的 MAC 层和 HS-DSCH 中的控制层，负责自适应调制、编码调度及 HARQ 的实现。该实体可以降低处理时延，提高处理效率。

11.6　OFDM 链路自适应

LTE、WiMAX 等宽带 OFDM 系统，所经历的信道为频率选择性衰落信道。接收端进行信道测量与反馈，发送端能够获得每个子载波的信道响应信息或 SNR 估计，从而能够利用这些信道状态信息，对每个子载波进行调制模式选择、对信道编码进行码率调整、对子载波发射功率进行自适应分配，同时结合 HARQ 技术，进一步对链路吞吐率进行精细调整。因此与单载波相比，OFDM 系统具有更多的自由度，能够根据信道响应，灵活选择调制模式、编码码率、比特与功率分配，并进行 HARQ 处理，从而显著提高链路频谱效率。下面首先介绍自适应调制原理，然后简介 HARQ，最后简述 OFDM 的比特与功率分配算法。

11.6.1　自适应调制

自适应调制本质上是在保持误比特率(BER)恒定的前提下，通过调整发射功率，选择调制模式；或者等价地，通过选择调制阶数，适应信噪比的动态变化。下面首先讨论自适应调制的理论模型，然后介绍自适应调制的工程应用。

1. 自适应调制模型

假设信号带宽为 B，衰落信道下的信噪比为 γ，概率密度函数为 $f(\gamma)$，发射功率为 $P(\gamma)$，接收瞬时信噪比为 $\gamma P(\gamma)/\bar{P}$，则服从平均功率约束 $\bar{P}$ 的衰落信道的信道容量表示为

$$\frac{C}{B}=\max_{P(\gamma):\int P(\gamma)f(\gamma)\mathrm{d}\gamma=\bar{P}}\int_0^{\infty}\log_2\left[1+\frac{\gamma P(\gamma)}{\bar{P}}\right]f(\gamma)\mathrm{d}\gamma \tag{11.6.1}$$

应用注水定理求得上述问题的最优解为

$$\frac{P(\gamma)}{\bar{P}}=\begin{cases}\dfrac{1}{\gamma_0}-\dfrac{1}{\gamma},\gamma\geqslant\gamma_0\\ 0,\ \gamma<\gamma_0\end{cases} \tag{11.6.2}$$

式中，γ_0 是信噪比截止门限，将式(11.6.2)代入式(11.6.1)，可得信道容量为

$$\frac{C}{B}=\int_{\gamma_0}^{\infty}\log_2\left(\frac{\gamma}{\gamma_0}\right)f(\gamma)\mathrm{d}\gamma \tag{11.6.3}$$

第 6 章给出了 MQAM 调制的 BER 上界

$$P_{\mathrm{b}}(\gamma)\leqslant\frac{1}{5}\exp\left[-\frac{1.5\gamma}{M-1}\frac{P(\gamma)}{\bar{P}}\right] \tag{11.6.4}$$

因此自适应调制的目标是根据信噪比调整 M 和发射功率 $P(\gamma)$，服从平均功率约束 $\bar{P}$ 和瞬时 BER 约束 $P_{\mathrm{b}}(\gamma)=P_{\mathrm{b}}$，即维持目标 BER 不变。将上式变换得到星座规模与发射功率的关系

式为

$$M(\gamma)=1-\frac{1.5\gamma}{\ln(5P_{\mathrm{b}})}\frac{P(\gamma)}{\overline{P}}=1+\gamma Q\frac{P(\gamma)}{\overline{P}} \tag{11.6.5}$$

式中，Q 为调制因子，为

$$Q=-\frac{1.5\gamma}{\ln(5P_{\mathrm{b}})}<1 \tag{11.6.6}$$

因此自适应调制归结为下列数学优化问题

$$\frac{R}{B}=\max_{P(\gamma)}E[\log_2 M(\gamma)]=\max_{P(\gamma):\int P(\gamma)f(\gamma)\mathrm{d}\gamma=\overline{P}}\int\log_2\left[1+\frac{\gamma QP(\gamma)}{\overline{P}}\right]f(\gamma)\mathrm{d}\gamma \tag{11.6.7}$$

上述问题的最优解也是注水解，表示为

$$\frac{QP(\gamma)}{\overline{P}}=\begin{cases}\frac{1}{\gamma_Q}-\frac{1}{\gamma}, \gamma\geqslant\gamma_Q\\ 0,\ \gamma<\gamma_Q\end{cases} \tag{11.6.8}$$

式中，$\gamma_Q=\gamma_0/Q$。将式(11.6.8)代入式(11.6.7)，可得平均频谱效率为

$$\frac{R}{B}=\int_{\gamma_Q}^{\infty}\log_2\left(\frac{\gamma}{\gamma_Q}\right)f(\gamma)\mathrm{d}\gamma \tag{11.6.9}$$

比较式(11.6.9)和式(11.6.3)可知，基于 MQAM 进行功率注水比一般的功率注水有容量损失，主要取决于调制因子 Q，这也就是衰落信道条件下，采用信道编码所能获得的最大编码增益。

2. 自适应调制的实现

根据前面的讨论，自适应调制能够对信道状态进行适配，而进一步与信道编码结合。由于调制阶数和编码码率都可以选择，因此可以更精细地适配信道状态，并且可以获得编码增益，逼近信道容量。

OFDM 系统中，在 BER 性能保持近似不变的条件下，根据不同的 MCS 模式，将信噪比划分为多个区间。发射端根据反馈的 SNR 测量值，判断其位于哪个信噪比区间，然后选择最优的调制方案。

例如，WiMAX 系统不同 MCS 模式的吞吐率与信噪比性能曲线如图 11.16 所示。其中调制模式为 QPSK/16QAM/64QAM，信道编码采用 Turbo 码，码率范围{1/2,2/3,3/4}。归一化频谱效率为

$$\eta=\frac{R}{B}=(1-\mathrm{BER})R_{\mathrm{c}}\log_2 M(\mathrm{bps/Hz}) \tag{11.6.10}$$

式中，R_{c} 是信道编码码率。

总之，自适应调制需要有效控制 3 个关键参数：发射功率、调制阶数/星座规模及信道编码码率，因此需要采用合理策略对这些参数进行调整。工程实现中，往往需要在各种信道条件下，通过大量仿真，确定合理的精细调整算法。

11.6.2 HARQ

如第 5 章所述，HARQ 分为两种：Type I 和 Type II。Type I HARQ 每次重传相同编码，接收端采用 Chase 合并方式，能够有效获得时间分集增益，但降低了传输效率。而 Type II HARQ 具有自适应特性，根据信道状态，递增发送码字的冗余度，以增大正确译码概率，因此也称为增量冗余(IR)HARQ。

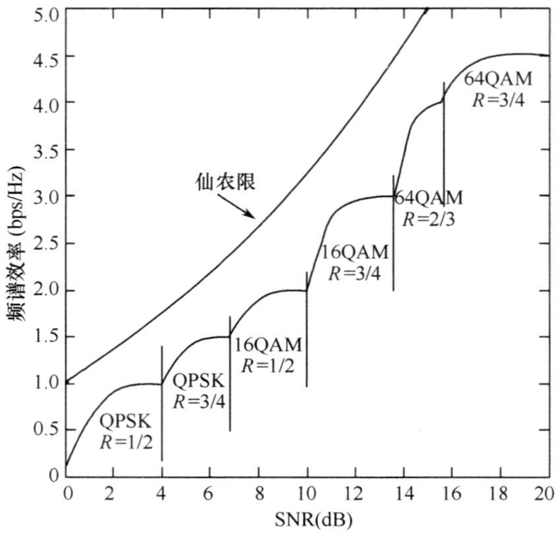

图 11.16　WiMAX 系统中吞吐率与信噪比性能曲线

为了进一步提高 HARQ 的传输效率，宽带移动通信系统往往将 N 信道 SW-ARQ 与 FEC 组合，即采用多个并行的 HARQ。当一个 HARQ 信道正在等待 ACK 反馈时，其他信道可以同时传输其他数据。

HARQ 机制能够进一步细化频谱效率的调整精度，因此与自适应调制组合，可以获得更精细的速率调整。

11.6.3　比特与功率分配

理论上，对 OFDM 系统直接进行功率注水，能够最大化信道容量。但由于实际系统都是离散多载波形态，因此需要采用离散功率分配方案。通常，OFDM 系统采用比特分配算法，根据子载波信道状态自适应分配每个子载波的比特数目；采用功率分配算法，自适应调整发射功率。但比特与功率分配具有紧密相关性，因此 OFDM 系统中，往往进行两者的联合分配，这称为自适应负载算法。

假设 OFDM 系统信号带宽为 B，划分为 $n=1,2,\cdots,N$ 个子载波，因此每个子载波带宽为 $\Delta f=B/N$。p_n^k 表示第 k 个 OFDM 符号第 n 个子载波的发射功率，对应的信道衰落系数为 h_n^k，则第 k 个 OFDM 符号的功率分配向量为 $\boldsymbol{p}^k=(p_1^k,p_2^k,\cdots,p_N^k)$。令每个子载波的噪声功率为 σ^2，则单个载波信噪比(SNR)为

$$v_n^k=\frac{p_n^k\cdot(h_n^k)^2}{\sigma^2} \tag{11.6.11}$$

则每个子载波的信道容量为

$$r_n^k=\Delta f\log_2(1+v_n^k) \tag{11.6.12}$$

给定系统总功率 $P_{\max}$ 约束下，最优功率分配可以表述为

$$\max_{\boldsymbol{p}^k}\Delta f\sum_n\log_2\left[1+\frac{p_n^k\cdot(h_n^k)^2}{\sigma^2}\right] \tag{11.6.13}$$

约束条件为

$$\sum_n p_n^k\leqslant P_{\max} \tag{11.6.14}$$

上述问题也可以采用注水方法求解，最优子载波发射功率为

$$p_{n,\mathrm{opt}}^k = \max\left\{\frac{1}{N}\left[\sum_i \frac{\sigma^2}{(h_i^k)^2} + P_{\max}\right] - \frac{\sigma^2}{(h_n^k)^2}, 0\right\} \tag{11.6.15}$$

上述注水方案表明，子载波信道状态越好，则分配功率越多；反之，如果信道条件很差，则不分配功率，相当于放弃这个子载波。为了充分利用信道带宽，需要进行迭代功率注水，对所有子载波分配功率。但迭代功率注水的代价较高，最差情况下的计算复杂度为 $O(N^2)$。

令 $R(\mathrm{SNR}, P_b)$ 表示给定 SNR 和 BER 对应的比特速率，式(11.6.5)就是 MAQM 调制的典型示例。假设 OFDM 系统只有 L 种调制模式，则对应 $L+1$ 个功率分配等级。因此，式(11.6.13)的最优功率分配问题转化为最大比特速率问题，即

$$\max_{p^k} \sum_n R\left[\frac{p_n^k \cdot (h_n^k)^2}{\sigma^2}, P_b\right] \tag{11.6.16}$$

约束条件仍为最大功率约束。上述最优化问题属于整数规划，是 NP 完全问题，最优解需要在 $(L+1)^N$ 个功率分配向量中穷举。

为了降低算法复杂度，Hughes-Hartogs 提出了迭代分配算法，其原理非常简单。给定发射总功率 $P_{\max}$ 和子载波信道响应向量，预先计算发射功率矩阵 $\boldsymbol{P}^k = [p_{l,n}^k]_{(L+1)\times N}$，其中 $p_{l,n}^k$ 表示子载波 n 分配 l 个比特所需要的发射功率，则算法步骤总结如下。

(1) 计算增量功率矩阵，其矩阵元素为 $\Delta p_{l,n}^k = p_{l,n}^k - p_{l-1,n}^k$。

(2) 令 $P_{\mathrm{tot}} = 0$。

(3) While $P_{\mathrm{tot}} \leqslant P_{\max}$ do

搜索增量功率矩阵的第 1 行，找到最小的功率增量 $\Delta p_{1,n}^k$；

If ($\Delta p_{1,n}^k$ 是最小值) then

    对第 n 个子载波多分配 1 比特，

        增加已分配功率 $P_{\mathrm{tot}} = P_{\mathrm{tot}} + \Delta p_{1,n}^k$，

        更新增量矩阵的第 n 列 $\Delta p_{i,n}^k = \Delta p_{i+1,n}^k$。

  End

End

Hughes-Hartogs 算法每次只增加需求最小的子载波功率，直到所有功率全部分配。等价地，该算法也可以应用于给定速率约束条件下最小化发射功率的最优功率分配问题。此时算法迭代到满足目标速率即可终止。该算法原理简单，但需要多次迭代，算法复杂度较高，因此有多位学者提出了 OFDM 系统的比特和功率分配的改进算法，不再赘述。

本章小结

本章介绍了链路自适应技术的各种类型，其中重点介绍了功率控制原理及其在 2G/3G 中的应用、速率自适应原理及其在 3G 中的应用，最后简单介绍 OFDM 链路自适应技术。链路自适应技术的理论基础都是基于信息论中的注水定理。

自适应技术的工程实现的目标之一就是在合理代价的前提下，尽可能逼近理论最优，从而最大限度地挖掘系统潜力，提高系统性能。根据无线通信网络的结构特点可知，自适应技术其实包括 3 个层次：业务信源的自适应、无线链路的自适应和用户运动行为的自适应。链路自适应技术的研究现在已经越来越深入，许多理论已成功应用到实际系统中。

参考文献

[11.1] G. Carneiro, J. Ruela and M. Ricardo. Cross-Layer Design In 4G Wireless Terminals. IEEE Wireless Communications, Vol. 11, No. 4, pp. 7-13, Apr. 2004.

[11.2] T. M. Cover and J. Thomas. Elements of Information Theory. Wiley & Sons, 1991.

[11.3] R. Knopp and P. A. Humblet. Information capacity and power control in single-cell multiuser communications. ICC95 Seattle, Gateway to Globalization, Vol. 1, pp. 331-335, June 1995.

[11.4] T. S. Rappaport. Wireless Communications Principles and Practice. Prentice-Hall, Inc., 1996.

[11.5] D. N. Tse. Optimal Power Allocation over Parallel Gaussian Broadcast Channels. ISIT 1997, Ulm, Germany, pp. 27, June 1997.

[11.6] 3GPP TS 25.214 V4.0.0. PhysicalLayer Procedure(FDD), 2001.3.

[11.7] 3GPP TS 25.848 V4.0.0. Physical Layer Aspects of UTRA High Speed Downlink Packet Access, 2001.3.

[11.8] 3GPP2 C.S0002-A-1. Physical Layer Standard for CDMA2000 Spread Spectrum Systems, 2000.9.

[11.9] 3GPP2 C.S0024. CDMA2000 High Rate Packet Data Air Interface Specification, 2000.9.

[11.10] 吴伟陵. 信息处理与编码. 北京：人民邮电出版社，2003.

[11.11] 周炯槃. 信息论基础. 北京：人民邮电出版社，1983.

习　　题

11.1　试论述移动信道的慢衰落特性和分类，通常有哪些措施可以克服慢衰落？

11.2　试论述功率控制的各种准则，并详细描述经典的功率控制过程：开环、外环及内环控制，并区分它们的差异。

11.3　论述 CDMA2000 与 IS-95 系统中功率控制的差别。

11.4　论述 WCDMA 系统中功率控制与 CDMA2000 系统中功率控制的差别。

11.5　在总功率受限条件下，详细推导多载波最优功率分配的解。

11.6　在总功率受限条件下，详细推导多天线最优功率分配的解。

11.7　在用户数为 $K=2,4,8,16$ 条件下，求理想功率控制下的信道容量 C_G、没有功率控制的平均容量 C_{NPC} 及采用多用户分集分配功率的系统容量 C_{PC}，并用 MATLAB 绘图。

11.8　试论述 CDMA2000-1X EV-DO 系统的自适应速率控制算法的具体流程。

11.9　试论述 HSDPA 系统为了支持高速数据业务采用的编码与调制方式。

11.10　论述 OFDM 系统中的比特与功率分配算法的原理，并编程实现 Hughes-Hartogs 算法。

第 12 章　移动通信中的智能信号处理

以机器学习(Machine Learning,ML)、深度学习(Deep Learning,DL)为代表的人工智能技术近年来获得了突飞猛进的发展,在机器视觉、机器翻译、语音识别、人脸识别等领域取得了巨大成功。深度学习为无线信号处理提供了新的研究思路,基于神经网络(Neural Network,NN)的智能信号处理研究正处于快速发展中。本章首先介绍机器学习与深度学习的基本原理,然后构建基于深度学习的移动通信系统模型,接着分别介绍基于神经网络的信道估计与预测方法,基于深度学习的信号检测方法及基于神经网络的信道编译码算法。

12.1　深度学习原理

人工智能(AI)是一个非常广泛的研究领域,涵盖 6 个子领域:①计算机视觉,包括模式识别、图像处理等技术;②自然语言处理(NLP),包括语音识别与合成、人机对话等技术;③认知与推理,包含各种物理和社会常识推理;④机器人学,包括机械、控制、设计、运动规划、任务规划等;⑤博弈与伦理,包括多智能体(Agents)的交互、对抗与合作,机器人与社会融合等;⑥机器学习,包括各种基于统计的建模、分析工具和计算方法。这些子领域的研究正在交叉发展,统一的智能科学正在建立过程中。

由此可见,机器学习是人工智能的一个子领域,深度学习属于机器学习的一个分支。本节首先简述机器学习与深度学习的基本概念,然后分别介绍主流模型与方法,包括卷积神经网络(CNN)、循环神经网络(RNN)、对抗生成网络(GAN)及深度强化学习(DRL)等。

12.1.1　机器学习与深度学习的分类

何谓"机器学习",人工智能学界尚未有统一的定义。著名的美国计算机科学家、机器学习研究者,卡内基梅隆大学的 Tom Mitchell 教授给出了经典定义[12.1]:对于某类任务 T 和性能度量 P,如果一个计算机程序在 T 上以 P 衡量的性能随着经验 ε 而自我完善,那么称这个计算机程序从经验 ε 中学习。

在 Goodfellow、Bengio 与 Courville 的权威著作 *Deep Learning* 中,对机器学习定义为[12.2]:机器学习本质上属于应用统计学,更多地关注如何用计算机统计地估计复杂函数,不太关注为这些函数提供置信区间。该定义强调了计算能力的作用,而传统的统计概念,如置信区间则不再强调。

所谓深度学习,通常是指采用多层神经网络模型,通过大量数据训练,获得高性能估计与判别的机器学习方法。机器学习/深度学习通常可分为 3 类:监督学习、半监督学习及无监督学习。另外,作为另一大类学习方法,强化学习(RL)或深度强化学习(DRL)也可应用于半监督与无监督学习,下面简述各类方法的基本特点。

1. 监督学习(Supervised Learning)

监督学习是基于标记数据的一种学习方法。这一类学习方法需要对输出数据进行标记,通过迭代训练的模型参数,使得模型输出逐步逼近标记结果,最终得到高性能的预测结果。在这一类方法中,代表性的机器学习方法有:决策树(Decision Tree)、朴素贝叶斯分类(Naive Bayes

Classification)、最小二乘回归(Least Squares Regression)、逻辑回归(Logistic Regression)支撑向量机(Support Vector Machines,SVM)等。对于深度学习而言,监督学习包括深度神经网络(DNN)、卷积神经网络(CNN)、循环神经网络(RNN)等神经网络模型。如果将多种算法组合,构建一个分类器,将各个算法的预测加权作为最终输出结果,则称为集成学习。

2. 半监督学习(Semi-supervised Learning)

半监督学习是指基于部分标记的数据集的一种学习方法。通常,深度强化学习(DRL)与对抗生成网络(GAN)可以作为半监督学习的典型方法。

3. 无监督学习(Unsupervised Learning)

无监督学习一般指基于无标记数据集的学习方法。由于没有数据标记,模型只能够学习数据的内蕴表示或重要特征,从而发现输入数据的未知关系或结构。这类机器学习方法包括聚类、降维(如主成分分析(PCA)、奇异值分解(SVD)、独立成分分析(ICA)等)及生成技术等。对于深度学习而言,自动编码器(AE)、受限玻耳兹曼机(RBM)及 GAN 都可用于数据聚类或降维,并且 RNN 或 RL 也可以用于无监督学习。

4. 深度强化学习(Deep Reinforcement Learning)

深度强化学习是一类应用于未知环境的交互式学习方法。当输入数据时,模型做出预测,经过环境反馈,得到局部的奖励/代价,基于反馈,模型执行下一步动作。DRL 属于半监督或无监督学习,这类方法无法得到全局的代价函数,而是通过与环境的交互,动态调整代价函数。因此,这类学习方法与监督学习截然不同,代价函数无法进行离线式的全局优化,只能通过在线方式,基于模型以前的动作进行动态优化。

机器学习与深度学习的主要差别在于样本特征的提取。对于传统的机器学习方法,样本特征是先验定义的统计特征,通过各种算法进行提取,如 SIFT(Scale Invariant Feature Transform)、HOG(Histogram Oriented Gradient),或者通过统计学习获得,如 SVM、PCA、ICA、LDA(Linear Decrement Analysis)等。

而对于深度学习,样本特征是通过自动学习获取的,并且是分级分层表示的。因此,与传统的机器学习方法相比,深度学习不依赖于统计模型假设,具有更强的数据适应性。这一点是两类方法的本质区别。

12.1.2 深度神经网络(DNN)

1. 神经元结构

神经网络(NN)是基于现代神经科学原理构建的计算模型,其组成单元是执行非线性计算的人工神经元(Neuron)。图 12.1 给出了神经元的基本结构。

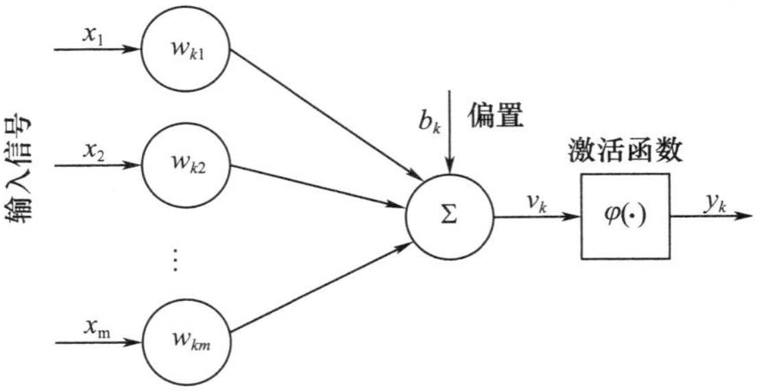

图 12.1 神经元的基本结构

图 12.1 中，$x_1, x_2, \cdots, x_m$ 是神经元的输入信号；$w_{k1}, w_{k2}, \cdots, w_{km}$ 是权重系数；b_k 是偏置系数；v_k 是输入信号的线性组合；$\varphi(\cdot)$是非线性激活函数；y_k 是输出信号。输入信号经过线性加权与非线性映射后，得到的输出信号可以表示为

$$y_k = \varphi(v_k + b_k) = \varphi\left(\sum_{j=1}^{m} w_{kj} x_j + b_k\right) \tag{12.1.1}$$

在神经元模型中，激活函数模拟了大脑神经细胞的非线性响应，是最关键的操作。表 12.1 给出了代表性的激活函数类型及相应的优缺点。

表 12.1 激活函数类型及相应的优缺点

名称	函数形式	优点	缺点
Sigmoid	$\sigma(x) = \dfrac{1}{1+\mathrm{e}^{-x}}$	将输入的实数压缩到[0,1]区间，适合输出为概率的情况	(1)当输出接近 0 或 1 时会饱和，导致梯度趋于0，即梯度消失，几乎没有信号传递到下一层； (2)输出不是零对称，导致梯度下降权重系数更新时出现 Z 字形抖动
tanh	$\tanh(x) = \dfrac{\mathrm{e}^{x} - \mathrm{e}^{-x}}{\mathrm{e}^{x} + \mathrm{e}^{-x}} = 2\sigma(2x) - 1$	将输入的实数压缩到[−1,1]区间，解决了 Sigmoid 输出不对称的问题	仍然存在饱和问题，为防止饱和，主流方法是在激活函数前加入批归一化，保证每一层输入都具有小均值、零中心的分布
ReLU(Rectified Linear Unit)	$\max(0,x)$	(1)相较于 Sigmoid 和 tanh 函数，ReLU 对于随机梯度下降的收敛有巨大的加速作用； (2)Sigmoid 和 tanh 函数在求导时含有指数运算，而 ReLU 求导几乎不存在任何计算量	ReLU 单元比较脆弱，输入为负值，存在失效可能且不可逆，会导致数据多样化的丢失。通过合理设置学习率，会降低神经元失效的概率
Leaky ReLU	$\max(\varepsilon x, x)$，ε 是很小的负梯度值，如 0.01	Leaky ReLU 的优势是负轴信息不会全部丢失，解决了 ReLU 神经元失效的问题	改进方法是 PReLU，即把 ε 当作神经元的一个参数，通过梯度下降求解
Softmax	$\sigma(z)_j = \dfrac{\mathrm{e}^{z_j}}{\sum_{k=1}^{K} \mathrm{e}^{z_k}}$	Softmax 用于多分类神经网络输出，目的是增强大信号	当类别数 $K=2$ 时，Softmax 退化为 Sigmoid，因此也具有梯度饱和与非零对称问题
Maxout	$\max(\boldsymbol{w}_1^{\mathrm{T}}\boldsymbol{x}+b_1, \boldsymbol{w}_2^{\mathrm{T}}\boldsymbol{x}+b_2)$	Maxout 是对 ReLU 和 Leaky ReLU 的一般化归纳，Maxout 具有 ReLU 的优点，如计算简单，不会饱和，同时又没有 ReLU 容易失效的缺点	Maxout 会倍增每个神经元的参数，导致整体参数数量激增
ELU(Exponential Linear Unit)	$\begin{cases} x & x \geqslant 0 \\ \alpha(\mathrm{e}^{x}-1) & x < 0 \end{cases}$	类似于 ReLU/Leaky ReLU，允许 DCNN 模型更快速与准确地收敛	

好的激活函数，可以将数据特征映射到新的特征空间，从而更有利于算法训练，加速模型收敛。选择合适的激活函数，能够提高模型的鲁棒性，增强非线性表达能力，缓解梯度消失问题。

2. DNN 模型

深度神经网络通常由多个神经元感知层构成，也称为多层感知机(MLP)，其结构如图 12.2 所示，包括一个输入层、一个或多个隐含层及一个输出层。其中每个隐含层含有一个或多个神经元。

由图 12.2 可知，假设输入信号向量为 $\boldsymbol{x}$，包含 L 个隐含层，第 l 个隐含层的权重矩阵为$\boldsymbol{W}^l$，

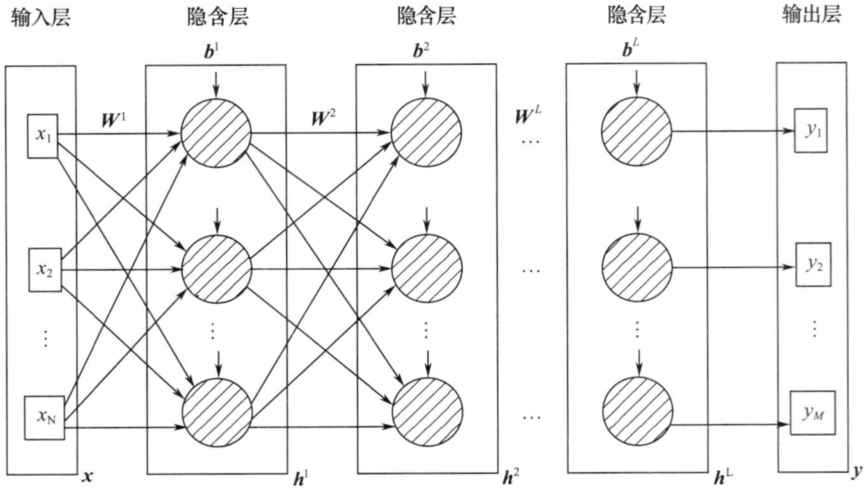

图 12.2　DNN 模型

偏置向量为$\boldsymbol{b}^l$，产生的输出信号为$\boldsymbol{h}^l$，最终的输出信号向量为 $\boldsymbol{y}$。则 DNN 可以表示为非线性激活函数的复合映射，即

$$\boldsymbol{y} = f(\boldsymbol{x}) = \varphi(\boldsymbol{W}^L \cdots \varphi(\boldsymbol{W}^2 \varphi(\boldsymbol{W}^1 \boldsymbol{x} + \boldsymbol{b}^1) + \boldsymbol{b}^2) \cdots + \boldsymbol{b}^L) \tag{12.1.2}$$

由此可见，权重矩阵$\boldsymbol{W}^l$ 与偏置向量$\boldsymbol{b}^l$ 构成了 DNN 网络的参数集合 θ，即 $\theta=\{\boldsymbol{W}^l, \boldsymbol{b}^l\}$。由此，我们可以把 DNN 模型表示为 $\boldsymbol{y}=\mathcal{F}(\theta,\boldsymbol{x})$。

通常，用损失函数或代价函数(Loss Function)评估 DNN 模型的预测值 $\hat{\boldsymbol{y}}=f(\boldsymbol{x})$与真实值 $\boldsymbol{y}$ 的差异，其定义为

$$L(\boldsymbol{y}, f(\boldsymbol{x})) = \sum_{j=1}^{M} l(y_j, \hat{y}_j) \tag{12.1.3}$$

根据问题与模型的不同，常用的损失函数主要有如下几种。

(1) 0-1 损失函数

对于二分类问题，可以用 0-1 损失函数评价模型，其定义为

$$l(\hat{y}_j, y_j) = \begin{cases} 1, \hat{y}_j \neq y_j \\ 0, \hat{y}_j = y_j \end{cases} \tag{12.1.4}$$

该损失函数实际上是二分类示性函数。由于该函数非凸且非光滑，很难直接进行优化，因此很少在实际场景中应用。

(2) Hinge 损失函数

Hinge 损失函数定义为

$$l(\hat{y}_j, y_j) = \max(0, 1 - y_j \hat{y}_j) \tag{12.1.5}$$

该损失函数表示，如果分类正确，损失为 0，否则损失为 $1-y_j\hat{y}_j$，SVM 常用这种损失函数。它的健壮性相对较高，对异常点、噪声不敏感，但没有清晰的概率解释。

(3) 均方误差损失函数

均方误差(MSE)损失函数常用于回归问题，其定义为

$$l(\hat{y}_j, y_j) = \| y_j - \hat{y}_j \|^2 \tag{12.1.6}$$

MSE 损失函数对异常数据十分敏感，若某个样本的预测值和真实值相差很大，则该损失函

数的值也会很大。另外，当采用 Sigmoid 作为激活函数时，在某些样本取值区间，MSE 损失函数的导数很小，会导致参数更新缓慢的问题。

(4) 绝对误差损失函数

绝对误差损失函数定义为

$$l(\hat{y}_j, y_j) = |y_j - \hat{y}_j| \tag{12.1.7}$$

该损失函数可以缓解 MSE 损失函数对异常值敏感的问题，但在 $y_j = y_j^*$ 无法求导数。

(5) 交叉熵损失函数

交叉熵损失函数定义为

$$l(\hat{y}_j, y_j) = -\hat{y}_j \log y_j - (1 - \hat{y}_j)\log(1 - y_j) \tag{12.1.8}$$

交叉熵损失函数本质上是一种对数似然函数，可用于二分类和多分类任务。由于它是 0-1 损失函数的凸上界，且处处光滑可导，因此可以十分方便地用梯度下降法来进行优化。当使用 Sigmoid 作为激活函数时，常用交叉熵损失函数，因为它可以完美解决 MSE 损失函数权重更新过慢的问题，具有大误差更新快、小误差权重更新慢的良好性质。

(6) Huber 损失函数

Huber 损失函数综合考虑了可导性和对异常点的鲁棒性，其形式为

$$l(\hat{y}_j, y_j) = \begin{cases} \| \hat{y}_j - y_j \|^2, \| \hat{y}_j - y_j \| \leqslant \tau \\ 2\tau \| \hat{y}_j - y_j \| - \tau^2, \| \hat{y}_j - y_j \| > \tau \end{cases} \tag{12.1.9}$$

3. 随机梯度下降(SGD)算法

随机梯度下降算法是 DNN 模型常用的参数训练算法，其基本思想是：每次迭代时，基于独立数据样本计算损失函数相对于参数的梯度，通过参数集合的逐步调整，最终收敛到稳定的最优解。算法 12.1 给出了 SDG 算法的基本流程。

算法 12.1　随机梯度下降(SDG)算法

输入：损失函数 $L(\boldsymbol{y}, f(\boldsymbol{x}))$，学习率 η，输入数据样本集合 $\boldsymbol{x} \in X$，输出真值集合 $y \in Y$，DNN 模型 $\mathcal{F}(\theta, \boldsymbol{x})$

输出：最小化损失函数的最优参数集合 θ

While$(L(\boldsymbol{y}, f(\boldsymbol{x})) > \varepsilon)$

　　从样本集合 X 与 Y 中随机抽采样本对 $\{\boldsymbol{x}, \boldsymbol{y}\}$；

　　For 每个批次(epoch)的样本 $\{\boldsymbol{x}_i, \boldsymbol{y}_i\}$ do

　　　　$\hat{\boldsymbol{y}}_i = \mathcal{F}(\theta, \boldsymbol{x}_i)$；

$$\theta = \theta - \eta \frac{1}{N} \sum_{i=1}^{N} \frac{\partial L(\boldsymbol{y}_i, f(\boldsymbol{x}_i))}{\partial \theta}$$

End

在上述算法中，ε 是给定的收敛阈值，$\nabla_\theta(L(\boldsymbol{y}_i, f(\boldsymbol{x}_i))) = \frac{\partial L(\boldsymbol{y}_i, f(\boldsymbol{x}_i))}{\partial \theta}$ 表示损失函数对 DNN 模型参数的梯度，具体而言，需要对权重矩阵 $\boldsymbol{W}^l$ 与偏置向量 $\boldsymbol{b}^l$ 分别求梯度。

学习率 η，也就是迭代步长，是影响 SGD 算法收敛性的重要因素。步长太大，会导致算法发散，无法收敛到稳定值；步长太小，会增加训练的时间与计算量，并且很容易导致算法陷入局部次优解。

一般而言，随着训练量的增加，学习率应逐步减小，也就是变步长迭代。通常有 3 种缩减学习率的方法：常数缩减、比例缩减及指数缩减。所谓常数缩减，就是在迭代一定次数后，将学习率

从一个原固定值减少为另一个小的固定值。比例缩减类似，不再赘述。而指数缩减，是指学习率按照下述公式调整

$$\eta_t = \eta_0 \beta^{t/c} \tag{12.1.10}$$

式中，η_t 是第 t 步迭代的学习率；η_0 是初始学习率；c 是常数；$\beta \in (0,1)$ 是衰减因子，通常取值为 $\beta = 0.1$，即每次迭代都十倍衰减。

4. 反向传播(BP)算法

DNN 网络含有多个隐含层，在 SGD 算法中，每一个隐含层的参数需要逐层优化。由于 DNN 模型 $\mathcal{F}(\theta,\boldsymbol{x})$ 是参数集合 θ 的多元复合映射，因此，首先需要从第一层开始，通过前向递推，算出每一层相应的损失函数，然后依据梯度链式法则，从输出层开始，逐层反向递推，求解每一个隐含层的梯度，这也就是著名的反向传播(BP)算法。

【例 12.1】 下面分析一个简单示例。假设含有两个隐含层($L=2$)的 DNN 模型，则映射函数可以表示为

$$\boldsymbol{y} = f(\boldsymbol{x}) = \varphi(\boldsymbol{W}^2 \varphi(\boldsymbol{W}^1 \boldsymbol{x} + \boldsymbol{b}^1) + \boldsymbol{b}^2) \tag{12.1.11}$$

根据链式法则，两层的权重矩阵的梯度运算如下式所示，可见，第 1 层的梯度需要通过两层递推得到。

$$\begin{cases} \dfrac{\partial \boldsymbol{y}}{\partial \boldsymbol{W}^2} = \dfrac{\partial f(\boldsymbol{x})}{\partial \boldsymbol{W}^2} = \dfrac{\partial \varphi(\boldsymbol{W}^2 \boldsymbol{h}^2 + \boldsymbol{b}^2)}{\partial \boldsymbol{W}^2} \\ \dfrac{\partial \boldsymbol{y}}{\partial \boldsymbol{W}^1} = \dfrac{\partial \boldsymbol{y}}{\partial \boldsymbol{h}^2} \dfrac{\partial \boldsymbol{h}^2}{\partial \boldsymbol{W}^1} = \dfrac{\partial \varphi(\boldsymbol{W}^2 \boldsymbol{h}^2 + \boldsymbol{b}^2)}{\partial \boldsymbol{h}^2} \dfrac{\partial \varphi(W^1 \boldsymbol{x} + \boldsymbol{b}^1)}{\partial \boldsymbol{W}^1} \end{cases} \tag{12.1.12}$$

由此可见，DNN 模型的参数梯度都经过多层递推计算，一般意义上的反向传播算法流程如算法 12.2所示。

算法 12.2 反向传播(BP)算法

输入：给定 L 层 DNN 模型 $\mathcal{F}(\{\boldsymbol{W}^l, b^l\}, \boldsymbol{x})$，损失函数 $L(\boldsymbol{y}, f(\boldsymbol{x}))$，第 l 层映射函数为 $\boldsymbol{h}_l = \varphi_l(\boldsymbol{W}^l \boldsymbol{h}_{l-1} + \boldsymbol{b}^l)$

首先计算第 l 层的输出梯度 $\nabla = \dfrac{\partial L(\boldsymbol{h}^l, \hat{\boldsymbol{h}}^l)}{\partial \boldsymbol{h}^l}$

For(l:$L \rightarrow 0$)do

计算当前层的参数梯度

$$\frac{\partial L(\boldsymbol{h}^l, \hat{\boldsymbol{h}}^l)}{\partial \boldsymbol{W}^l} = \frac{\partial L(\boldsymbol{h}^l, \hat{\boldsymbol{h}}^l)}{\partial \boldsymbol{h}^l} \frac{\partial \boldsymbol{h}^l}{\partial \boldsymbol{W}^l} = \nabla \cdot \frac{\partial \varphi_l(\boldsymbol{W}^l \boldsymbol{h}_{l-1} + \boldsymbol{b}^l)}{\partial \boldsymbol{W}^l}$$

$$\frac{\partial L(\boldsymbol{h}^l, \hat{\boldsymbol{h}}^l)}{\partial \boldsymbol{b}^l} = \frac{\partial L(\boldsymbol{h}^l, \hat{\boldsymbol{h}}^l)}{\partial \boldsymbol{h}^l} \frac{\partial \boldsymbol{h}^l}{\partial \boldsymbol{b}^l} = \nabla \cdot \frac{\partial \varphi_l(\boldsymbol{W}^l \boldsymbol{h}_{l-1} + \boldsymbol{b}^l)}{\partial \boldsymbol{b}^l}$$

使用这两个梯度，调用算法 12.1，更新当前层的权重矩阵与偏置向量；

更新梯度传递到下一层：$\nabla \leftarrow \dfrac{\partial L(\boldsymbol{h}^l, \hat{\boldsymbol{h}}^l)}{\partial \boldsymbol{h}^l} \dfrac{\partial \boldsymbol{h}^l}{\partial \boldsymbol{h}^{l-1}} = \nabla \cdot \dfrac{\partial \boldsymbol{h}^l}{\partial \boldsymbol{h}^{l-1}}$

End

注意：上述 BP 算法中，每一层的损失函数需要通过前向递推的方法预先算好。对于输出层，损失函数为 $L(\boldsymbol{y}, \hat{\boldsymbol{y}}) = L(\boldsymbol{h}^L, \hat{\boldsymbol{h}}^L)$，而对于第一层，损失函数为 $L(\boldsymbol{h}^1, \hat{\boldsymbol{h}}^1)$。

5. 过拟合与正则化

对于深度学习或机器学习模型而言，通常包括训练与测试两个阶段。在训练阶段，通过输入

的大量样本，优化参数集合，提取数据特征，从而减小训练误差。而在测试阶段，将未知数据样本输入已经训练好的模型，希望模型具有较好的预测或分类能力，即所谓的泛化能力。

对于 DNN 模型，通常不仅要求它对训练数据集有很好的拟合（训练误差小），同时也希望它可以对未知数据集（测试集）有很好的拟合结果（泛化能力强），所产生的测试误差被称为泛化误差。度量泛化能力的好坏，最直观的表现就是模型的欠拟合（Underfitting）和过拟合（Overfitting）。过拟合和欠拟合是用于描述模型在训练过程中的两种状态。

所谓欠拟合，是指模型在训练集上就表现很差，误差很大，没有学习到数据背后的规律。欠拟合大多发生在模型训练的开始阶段，随着训练次数增加会逐渐消失。如果仍然存在欠拟合，通过增加网络层数或者每一层的规模（神经元数目），就可以很好解决欠拟合问题。

所谓过拟合，是指训练误差和测试误差之间的差距太大。换句话说，就是训练样本太少，而模型参数太多、复杂度高于实际问题，此时模型在训练集上表现很好，而在测试集上却表现很差。由于模型提取了训练集的非关键特征，不适用于测试集，没有理解数据背后的规律，从而导致泛化能力差。

正则化（Normalization）是解决过拟合的常用方法。它的基本思想是通过扩展损失函数，引入约束条件，降低 DNN 模型的复杂度，提高其泛化能力。常用的正则化方法有 L1、L2 范数及 Dropout 等，下面分别介绍。

（1）L2 正则化

这种正则化引入了参数的 L2 范数，定义为

$$\Omega(\theta) = \frac{1}{2}\|\theta\|_2^2 \tag{12.1.13}$$

此时，扩展损失函数为

$$\widetilde{L}(\boldsymbol{y},\mathcal{F}(\theta,\boldsymbol{x})) = L(\boldsymbol{y},\mathcal{F}(\theta,\boldsymbol{x})) + \lambda\frac{1}{2}\|\theta\|_2^2 \tag{12.1.14}$$

式中，λ 为加权因子，其典型取值为 $\lambda=0.0004$，较小的 λ 可以加速训练收敛速度。

（2）L1 正则化

L1 正则化是关于参数的 L1 范数，定义为

$$\Omega(\theta) = \|\theta\|_1 = \sum_i |\theta_i| \tag{12.1.15}$$

同样，此时的损失函数为

$$\widetilde{L}(\boldsymbol{y},\mathcal{F}(\theta,\boldsymbol{x})) = L(\boldsymbol{y},\mathcal{F}(\theta,\boldsymbol{x})) + \lambda\|\theta\|_1 \tag{12.1.16}$$

通常，当数据先验分布是 Laplace 分布时，正则化项为 L1 范数；而当先验分布是高斯分布时，正则化项为 L2 范数。通过 L2 正则化，能够减少原损失函数中的某些不必要的特征，从而降低整个模型的复杂度，弱化过拟合问题。与 L2 正则化相比，L1 正则化更容易使原损失函数中的一些特征直接消除，换句话说，就是更容易变稀疏，这样也会防止过拟合现象。

（3）Dropout 正则化

Dropout 正则化是另一种有效缓解过拟合发生的方法，可在一定程度上达到正则化效果。Dropout 正则化的基本思想是以概率方式训练 DNN 模型参数，在每个训练批次中，只随机挑选一半的神经元参数训练，而让另一半的隐含层节点取值为 0。此时，第 l 层的映射函数可以表示为

$$\boldsymbol{h}_l = \varphi_l((\boldsymbol{W}^l\boldsymbol{h}_{l-1} + \boldsymbol{b}^l)\odot\boldsymbol{a}) \tag{12.1.17}$$

式中，$\odot$是 Hadamard 积；向量 $\boldsymbol{a}$ 是掩码向量，其元素定义为

$$a_i = \begin{cases} 1, P(a_i \mid \boldsymbol{h}_{l-1}) = 1/2 \\ 0, P(a_i \mid \boldsymbol{h}_{l-1}) = 1/2 \end{cases} \tag{12.1.18}$$

因此，第 l 层的神经元只有一半被激活，可以输出有效值。

这种方式可以减少隐含层之间的相互作用，让某个神经元的激活值以一定的概率停止工作。采用 Dropout 正则化训练的模型，会减少对于某些局部数据特征的依赖，从而使模型泛化能力更强，防止过拟合现象。与其他标准的正则化方法（L1/L2 正则化）相比，其计算效率更高，并且也可以与其他形式的正则化组合使用，进一步提高计算效率。

Dropout 正则化的优势总结如下：

① 计算简便，复杂度低。在训练过程中，只需要产生 N 个 0-1 分布的随机向量与隐含层节点相乘，样本更新只需 $O(N)$的计算复杂度。

② 适用性很广，可以应用于所有类型的神经网络模型训练。Dropout 正则化不依赖于模型结构、数据分布及训练过程，而 L1/L2 正则化对于模型结构或数据分布的限制更严格。

当然，Dropout 正则化实际上减小了模型的有效容量，为了抵消这种影响，需要增大模型规模。因此，虽然 Dropout 正则化能够降低测试误差，但这是以更大的模型规模与更多的迭代训练次数为代价换取的。对于非常大的数据集，正则化带来的泛化误差难以显著缩减。在这些情况下，使用 Dropout 正则化和更大模型的计算代价可能超过正则化带来的好处。

6. DNN 模型训练的改进技术

经过多年研究，DNN 模型的训练已经有多种改进技术，一方面可以加速训练收敛速度，另一方面，可以进一步优化性能。下面列出代表性的一些训练技术。

（1）数据预处理

数据预处理主要是对输入网络的样本进行各种操作，以得到更适于训练的样本集合。常用的数据预处理方法有：样本比例缩放、均值归零、随机裁剪样本、基于横/纵坐标范围对样本进行极性翻转（Flipping）、抖动图像样本的像素颜色、基于 PCA/ICA 算法处理样本、对样本进行白化等。

（2）网络初始化

网络初始化主要指权重矩阵与偏置向量的初始化。早期的 DNN 模型，主要采用随机初始化方法。但对于高维度的复杂 DNN 模型，随机初始化会导致收敛速度慢，甚至发散的后果。因此有效的初始化方法，对于提高网络分类准确率非常关键。LeCun[12.3] 与 Bengio[12.4] 提出的比例权重初始化方法是一种简单有效的方法。假设第 l 层的神经元数目为 n_l，则所有神经元权重都初始化为 $w_l = \dfrac{1}{\sqrt{n_l}}$。另一种常用方法是何恺明等人提出的高斯初始化，即所有神经元权重都初始化为均值为 0、方差为$\dfrac{2}{n_l}$的高斯随机变量，即 $w_l \sim N\left(0, \dfrac{2}{n_l}\right)$。

（3）批归一化

批归一化的基本思想是将 DNN 模型某一层的输入样本进行线性变换，得到均值为 0、方差为 1 的归一化样本。这种方法能够白化输入样本，降低数据之间的相关性，从而加速网络收敛。批归一化算法具体流程如下所示。

算法 12.3　批归一化（BN）

输入：训练中的一批数据 $X = \{x_1, x_2, \cdots, x_m\}$

输出：$\{y_i = BN_{\gamma,\beta}(x_i)\}$

$$\mu_X \leftarrow \frac{1}{m}\sum_{i=1}^{m} x_i, \sigma_X^2 \leftarrow \frac{1}{m}\sum_{i=1}^{m} (x_i - \mu_X)^2$$

$$\hat{x}_i \leftarrow \frac{x_i - \mu_X}{\sqrt{\sigma_X^2 + \varepsilon}}$$

$$y_i = \gamma \hat{x}_i + \beta = BN_{\gamma,\beta}(x_i)$$

(4) 加速卷积

DNN 网络特别是 CNN 网络中，需要用到大量的卷积操作，为了降低运算量，可以采用快速算法。文献[12.6]提出的快速卷积算法，能够将乘法数量降低到传统算法的 40%以上。

(5) 改进激活函数

如前所述，激活函数对于 DNN 模型性能有显著影响，学者们提出了众多的激活函数形式。其中，ReLU 或 ELU 是具有良好性质的激活函数，能够有效避免梯度饱和、负值失效等问题，能够加速 DNN/CNN 模型的训练速度，提高识别准确率。

(6) 降采样或池化

所谓降采样(Sub-sampling)或池化(Pooling)，是指通过数据抽取的方法，压缩输出数据的维度。常用的降采样方法包括平均值池化或最大值池化。通过池化操作，能够将一层神经元提取的特征进行有效融合，既降低了数据维度，又提高了训练的收敛速度。

(7) 正则化方法

如前所述，正则化方法包括 L1、L2 正则化，也包括 Dropout 正则化。采用这些方法，能够降低模型的复杂度或减小数据间的相关性，从而加速收敛。

(8) 梯度下降优化算法

梯度下降算法的优化是提高收敛速度的关键。通常的随机梯度下降(SGD)算法是 DNN 模型的基本训练方法，在此基础上，有多种改进算法，通过对梯度更新、学习率等梯度下降的多个操作与参量的优化，加速算法收敛速度。文献[12.7]对各种梯度下降优化算法进行了全面总结，感兴趣的读者可以参阅。目前最有代表性的优化算法是自适应矩估计(Adaptive Moment Estimation, Adam)算法[12.8]，其流程如下所示。

算法 12.4　自适应矩估计(Adam)

输入：步长因子 α，矩估计指数衰减因子 $\beta_1,\beta_2 \in [0,1)$，损失函数 $L(\theta)$，θ_0 初始参数向量

初始化：一阶矩向量 $m_0 \leftarrow 0$，二阶矩向量 $v_0 \leftarrow 0$，$t \leftarrow 0$

While θ_t 没有收敛 do

$$t \leftarrow t+1$$

$$m_t \leftarrow \beta_1 m_{t-1} + (1-\beta_1)\nabla_\theta L_t(\theta_{t-1})$$

$$v_t \leftarrow \beta_2 v_{t-1} + (1-\beta_2)\left|\nabla_\theta L_t(\theta_{t-1})\right|^2$$

$$\hat{m}_t \leftarrow \frac{m_t}{1-\beta_1^t}, \hat{v}_t \leftarrow \frac{v_t}{1-\beta_2^t}$$

$$\theta_t \leftarrow \theta_{t-1} - \alpha \frac{\hat{m}_t}{\sqrt{\hat{v}_t} + \varepsilon}$$

End while

Return θ_t

在 Adam 算法中，步长因子通常取值为 $\alpha=0.001$，矩估计因子取值为 $\beta_1=0.9$，$\beta_1=0.999$，$\varepsilon=10^{-8}$，β_1^t 与 β_2^t 表示 t 次幂。与其他学习算法相比，Adam 算法能够加速模型的训练速度，并且显著提升准确率，因此得到了普遍使用。

12.1.3 卷积神经网络(CNN)

卷积神经网络是一种典型的 DNN 模型,1988 年由 Fukushima 提出[12.9],但由于多层神经网络结构极其复杂,难以训练,收敛困难,并没有得到广泛普及。20 世纪 90 年代,LeCun 等人[12.10]应用梯度下降算法训练 CNN,并成功应用于手写数字识别,证明了 CNN 的有效性。此后,CNN 得到了广泛深入的研究。

与一般的 DNN 相比,CNN 具有以下方面的优势。

- CNN 结构符合人类视觉原理,其多通道结构便于便捷学习与提取二维或三维图像/视频的表层/深层特征。
- CNN 采用的最大池化操作,能够有效吸收图像中的形状变化,适应图像轮廓变化。
- 由于采用了卷积核,CNN 的隐含层之间连边数目远小于全连接的 DNN,是一种稀疏结构,因此大幅度减少了需要训练的权重系数。
- CNN 采用梯度下降算法,能够有效克服梯度消失问题,算法稳定性较好。

1. CNN 基本结构

CNN 通常包括两部分:特征提取器与分类器。其中,特征提取器由多个卷积层、池化层构成,而分类器由一个或多个全连接层构成。

图 12.3 给出了 CNN 基本结构示例,其中输入层组成了 48×48 的二维结构,而卷积层与池化层的输出节点都组织为二维平面,称为特征图,表征了输入图像的特征。通常,接近输入层提取的是像素级别的浅层特征,而接近输出层的是图像的深层特征。图中的第一个特征图是 6 通道 44×44 的卷积层,执行卷积运算与非线性激活函数映射;第二个特征图是 6 通道 22×22 的池化层,采用最大值池化操作,对图像特征进行压缩与融合。而分类器由全连接层构成,主要实现分类功能,一般采用 Softmax 激活函数,输出各个类别的判别概率。

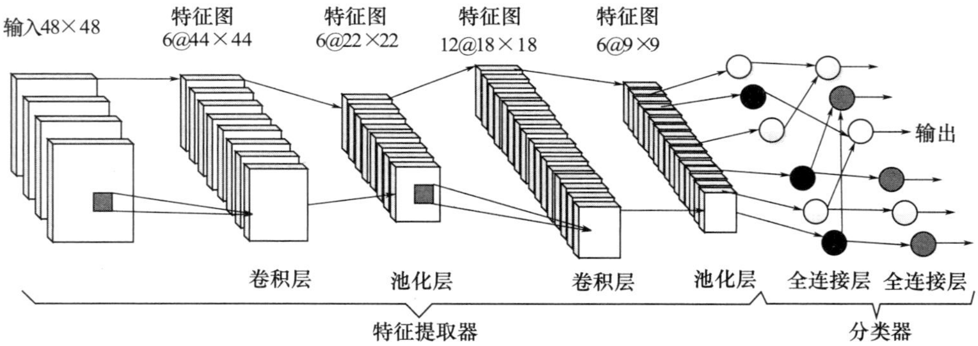

图 12.3 CNN 基本结构示例

卷积层的基本操作就是执行二维卷积运算,图 12.4 给出了一个计算示例。如图 12.4 所示,输入数据阵列表示为 $\begin{bmatrix} a & b & c & d \\ e & f & g & h \\ i & j & k & l \end{bmatrix}$,而卷积核为 $\begin{bmatrix} w & x \\ y & z \end{bmatrix}$。将卷积核沿着数据阵列在上、下、左、右平移,就可得到 6 种二维卷积的计算结果。

通常假设二维图像 I 为输入,卷积核为 W,则二维卷积可以表示为

$$S(i,j) = (I * W)(i,j) = \sum_m \sum_n \sum_k \sum_l I(m,n)W(i-ms-k, j-nt-l) \tag{12.1.19}$$

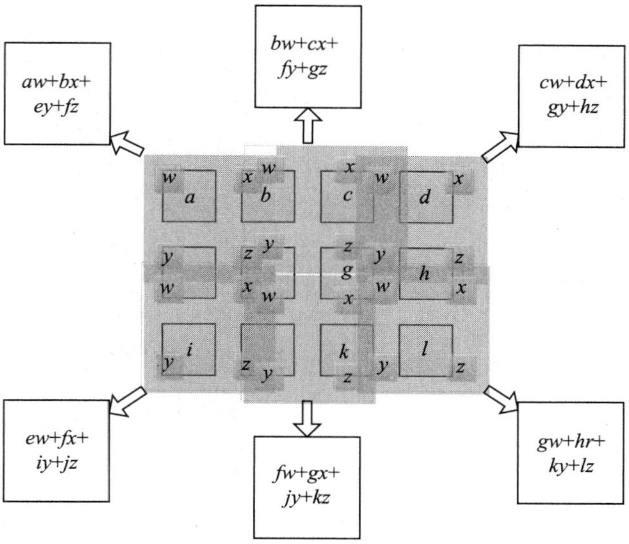

图 12.4　二维卷积示例

式中，s、t 表示二维卷积步长，即行与列的采样平移间隔，通常假设 $s=t$。

由于卷积满足交换性，也可以表示为

$$S(i,j)=(W*I)(i,j)=\sum_{m}\sum_{n}\sum_{k}\sum_{l}I(i-ms-k,j-nt-l)W(m,n) \quad (12.1.20)$$

在神经网络运算中，最常应用的运算是二维相关，即

$$S(i,j)=(W*I)(i,j)=\sum_{m}\sum_{n}\sum_{k}\sum_{l}I(i+ms+k,j+nt+l)W(m,n) \quad (12.1.21)$$

对比式(12.1.20)与式(12.1.21)可知，两种运算形式基本一致，只在坐标翻转上有一些差别。图 12.4 中的运算结果实际上就是 $s=t=1$ 的二维相关。许多深度学习开源算法库中，将相关也称为卷积。因此我们不再区分这二者的区别，统一称为卷积。

CNN 的每一个卷积层都由二维卷积运算与非线性激活函数两种操作构成。前一层多个特征图的输出信号与当前层的卷积核进行二维卷积运算，然后送入非线性激活函数(如 Sigmoid、tanh、Softmax、ReLU 等)，得到最终的输出。因此，第 l 个卷积层的输出信号可以表示为

$$h_j^l=\varphi\left(\sum_{i\in M_j}h_i^{l-1}*w_{ij}^l+b_j^l\right) \quad (12.1.22)$$

式中，h_j^l 表示第 l 个卷积层第 j 个神经元的输出信号；h_i^{l-1} 表示第 $l-1$ 个卷积层第 i 个神经元的输出信号，作为当前层的输入；w_{ij}^l 表示当前层的权重系数；b_j^l 表示偏置量；M_j 表示来自前一层不同特征图的信号集合。通常，也把特征图称为 CNN 的通道。需要指出的是，当输入与输出特征图存在维度差别时，卷积运算一般都会填充 0，补齐到相同维度。池化层的基本操作就是对卷积层输出的数据进行维度压缩，提取重要的图像特征。由此，如果采用最大池化，第 l 个池化层的输出信号可以表示为

$$h_{ij}^l=\max_{i,j\in\Omega_p}(x_{ij}^{l-1}) \quad (12.1.23)$$

而采用平均池化，则第 l 个池化层的输出信号可以表示为

$$h_{ij}^l=\frac{1}{|\Omega_p|}\sum_{i,j\in\Omega_p}x_{ij}^{l-1} \quad (12.1.24)$$

式中，集合 Ω_p 表示特征图中的节点子集，$|\Omega_p|$ 为集合元素数目。

2. CNN 复杂度评估

CNN 的时间复杂度主要由卷积核的乘加操作决定，假设第 l 层的输入通道维度为 C_{l-1}，输出通道维度为 C_l，卷积核维度为 F_l，则当前层的乘法操作数为

$$N_l = (F_l \times F_l \times C_{l-1}) \times C_l \tag{12.1.25}$$

如果考虑乘加操作，则当前层的计算量为

$$N_l = (F_l \times (F_l + 1) \times C_{l-1}) \times C_l \tag{12.1.26}$$

假设有 L 个卷积层，则总计算量为

$$N_{\text{total}} = \sum_{l=1}^{L} N_l = \sum_{l=1}^{L} (F_l \times (F_l + 1) \times C_{l-1}) \times C_l = O(LF^2C^2) \tag{12.1.27}$$

式中，$F=\max(F_l)$，$C=\max(C_l)$。由此可见，CNN 的计算复杂度是由层数、最大卷积核维度、最大通道维度决定的。

相应地，每一层的存储量可以表示为

$$M_l = (C_{l-1} \times C_{l-1} \times C_l) \tag{12.1.28}$$

3. CNN 典型模型

经典的 CNN 模型包括早期的代表模型 LeNet[12.10]、AlexNet[12.11]、VGG Net[12.12]、NiN[12.13]，以及更高级的模型 GoogLeNet[12.14]、ResNet[12.15]、DenseNet[12.16] 和 FractalNet[12.17] 等。这些模型的共同特点是以卷积与池化作为基本结构，但在网络结构、拓扑形态上各有特点，下面简述各种模型的结构与特点。

(1) LeNet 网络

LeNet 网络最早是由 LeCun 提出的，应用于手写数字识别，是深度学习网络第一个成功的应用，其结构如图 12.5 所示。

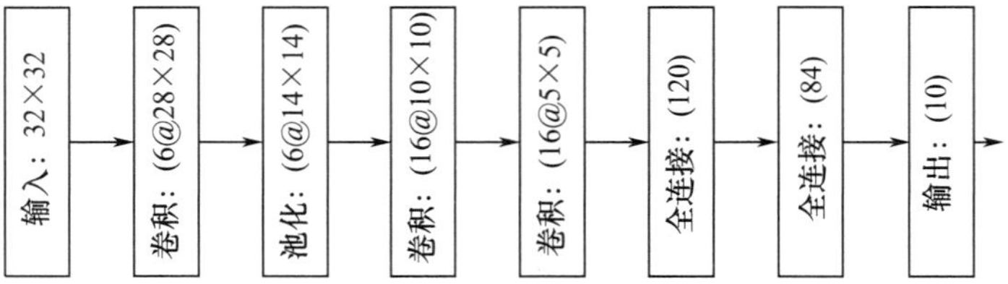

图 12.5　LetNet 网络结构

LeNet 网络由两个卷积层、两个池化层、两个全连接层及一个输出层构成，它的权重系数总量为 43 1 万，乘加操作(MAC)数目为 230 万。

(2) AlexNet 网络

2012 年，在 ImageNet 图像识别大赛(ILSVRC)上，Alex Krizhevesky 等人设计了 AlexNet 网络。该网络超越了传统机器学习与计算机视觉方法，是深度学习应用的重大突破。

AlexNet 网络结构如图 12.6 所示，包括 5 个卷积层与 2 个全连接层，输出层采用 Softmax 映射。这种网络采用本地响应归一化(Local Response Normalization，LRN)与 Dropout 正则化两种新技术进行训练。

对于第一个卷积层，输入样本为 224×224×3，卷积核维度为 11×11，输出信号维度为 55×55×96，因此，第一层有 55×55×96＝290400 个神经元，每个神经元有 11×11×3＋1＝364 个权重系数。这样第一层总参数量为 290400×364＝105705600。整个模型的参数总量为 6100 万，MAC 操作数为 7 亿 2400 万。

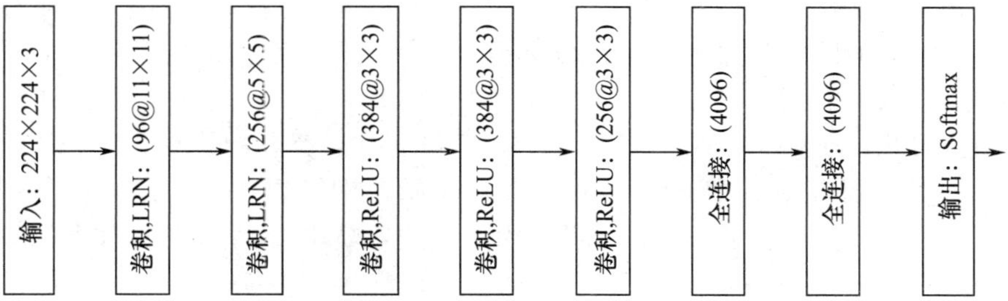

图 12.6　AlexNet 网络结构

(3) NiN 网络

NiN 网络与以前网络的主要差别在于引入了两个新概念。一是引入了多层感知卷积，用 1×1滤波增加了模型额外的非线性，这样有助于提升网络深度；二是用全局平均池化(GAP)代替全连接层，这样可以有效降低网络参数规模。

(4) VGGNet 网络

Visual Geometry Group (VGG)是 2014 年 ILSVRC 竞赛的亚军。VGGNet 网络采用多组相同结构，包括两个相同的卷积层(含有 ReLU)，级联一个最大池化层，最后级联 3 个全连接层，输出层含有 Softmax 用于分类。

VGGNet 网络最重要的发现是网络深度决定了识别准确率，因此后续的各种变种都在持续增加卷积层数目。例如，VGG-11 含有 8 个卷积层，VGG-16 含有 13 个卷积层。其中最复杂的 VGG-19，含有 1.38 亿个权重系数及 155 亿次 MAC 操作。

(5) GoogLeNet 网络

Google 公司 Christian Szegedy 等人开发的 GoogLeNet 网络赢得了 2014 年 ILSVRC 竞赛的冠军。这种网络模型引入了起始层(Inception Layer)的概念，如图 12.7 所示。

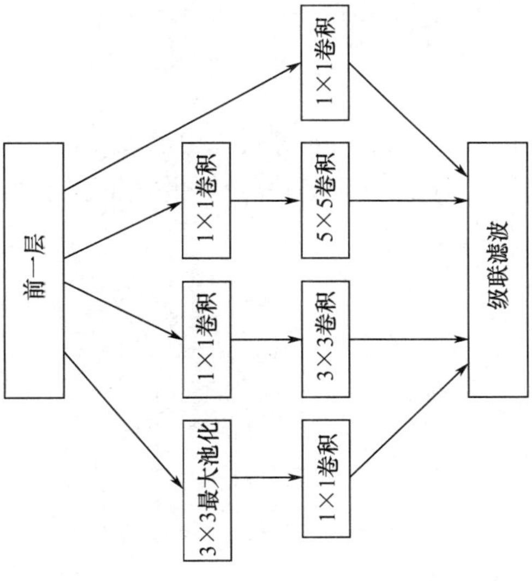

图 12.7　GoogLeNet 网络中的起始层结构

起始层将前一层的输出分别送入多个不同维度的卷积核，这样可以提取特征图中的稀疏相关图样。由于引入了 1×1 卷积核，通过两级堆叠结构，可以大幅度降低起始层的维度。GoogLeNet 网络共有 22 层，远大于 AlexNet 网络与 VGGNet 网络，但由于采用了起始层结构，降低了信号维度，它的模型参数却远小于后两者。GoogLeNet 网络的参数规模为 700 万，而 AlexNet 与 VGG-19 的网络参数规模却分别为 6100 万与 1 亿 3800 万。

(6) ResNet 网络

何恺明等人提出的 ResNet 网络赢得了 2015 年 ILSVRC 竞赛的冠军。人们认识到，提高图像识别准确率的关键因素在于增加 CNN 的深度。但随着网络层数的快速增长，梯度消失问题越来越突出。为了解决这一问题，ResNet 网络引入了残差模块，其基本结构如图 12.8 所示。

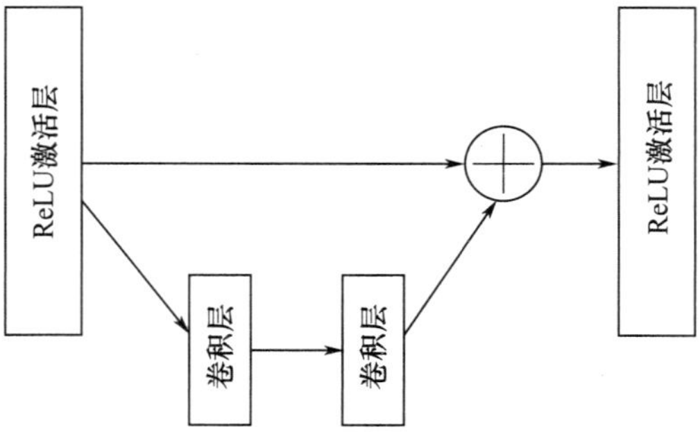

图 12.8 ResNet 网络的残差模块

如图 12.8 所示，前一层的输出信号 h_{l-1} 分为两路，一路直通，另一路经过卷积、非线性激活、批归一化等操作，然后叠加得到当前层的输出 h_l，可以表示为

$$h_l = \mathcal{F}(h_{l-1}) + h_{l-1} \tag{12.1.29}$$

ResNet 网络中包括多个残差模块，这样的结构能够有效减缓梯度消失问题，因此可以支持深度巨大的网络。ResNet 网络有不同深度配置的模型，例如 34、50、101、152 甚至 1202 层。最常用的是 ResNet-50 模型，它含有 49 个卷积层及 1 个全连接层，权重参数规模为 2550 万。

也有学者将 GoogLeNet 网络中的起始层结构与 ResNet 网络中的残差模块进行组合，得到更复杂的模型，称为 PolyNet 网络[12.18,12.19]。

(7) DenseNet

DenseNet 网络是 2017 年由 Gao Huang 等人提出的 CNN 模型。它的突出特点是，每一层的输出信号都连接到后继的所有层，构成密集块结构，并由此得名"DenseNet"。图 12.9 给出了千层密集块结构示例。

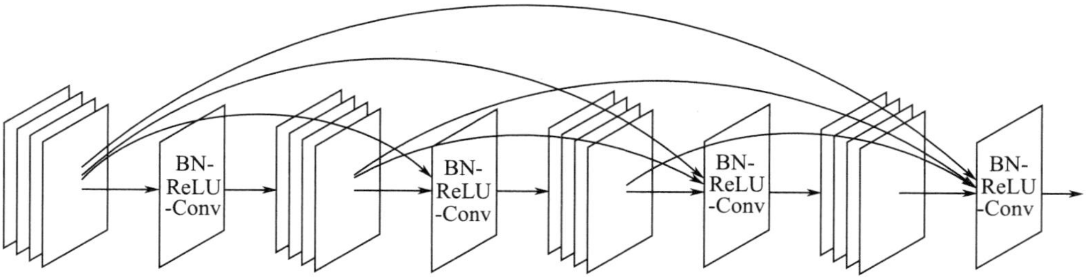

图 12.9 4 层密集块结构示例(扩展系数 $k=3$)

如图 12.9 所示，每一层的输出都连接到后继的三层中，这样每一个密集块把 4 路输入信号级联，然后分别进行批归一化、ReLU、3×3 的卷积操作。由于密集块复用了很多层的特征图，因此可以极大地降低网络参数规模，同时获得网络分类性能的显著提升。

(8) 各种模型比较

各种代表性 CNN 模型的性能参数见表 12.2。表中，Top-5 错误率是指识别图像不在概率最大的前 5 类的错误率。比较这 5 种典型 CNN 网络可以看到，总的趋势是随着卷积层数目越来越多，即深度增加，错误率逐步降低，其中 ResNet 的错误率最低，并且其总权重规模与 MAC 数目也达到了较好折中。而 VGGNet 网络规模与复杂度较高，GoogLeNet 次之。总体而言，CNN 网络规模庞大，需要用强有力的 GPU 实现大数据量的训练和部署。

表 12.2 各种代表性 CNN 模型的性能参数

条目	LeNet	AlexNet	VGG-16	GoogLeNet	ResNet-50
Top-5 错误率	N/A	16.4%	7.4%	6.7%	5.3%
输入维度	28×28	227×227	224×224	224×224	224×224
卷积层数目(个)	2	5	16	21	50
卷积核维度	5	3,5,11	3	1,3,5,7	1,3,7
特征图数目(个)	1,6	3～256	3～512	3～1024	3～1024
卷积步长	1	1,4	1	1,2	1,2
卷积层权重规模(个)	2.6×10^4	2.3×10^6	1.47×10^7	6×10^6	2.35×10^7
卷积层 MAC 数目(个)	1.9×10^6	6.66×10^8	1.53×10^{10}	1.43×10^9	3.86×10^9
全连接层数	2	3	3	1	1
全连接层权重规模(个)	4.06×10^5	5.86×10^7	1.24×10^8	1×10^6	1×10^6
全连接层 MAC 数目(个)	4.05×10^5	5.86×10^7	1.24×10^8	1×10^6	1×10^6
总权重规模(个)	4.31×10^5	6.1×10^7	1.38×10^8	7×10^6	2.55×10^7
总 MAC 数目(个)	2.3×10^6	7.24×10^8	1.55×10^{10}	1.43×10^9	3.9×10^9

4. 自动编码器

自动编码器(Auto Encoder，AE)是 CNN 网络在无监督学习中的典型模型，由 Yoshua Bengio 等人引入[12.20]，包括编码器与译码器两部分，其基本结构如图 12.10 所示。AE 的主要目的是通过无监督学习，提取与表示数据样本特征，实现数据维度压缩和样本融合。

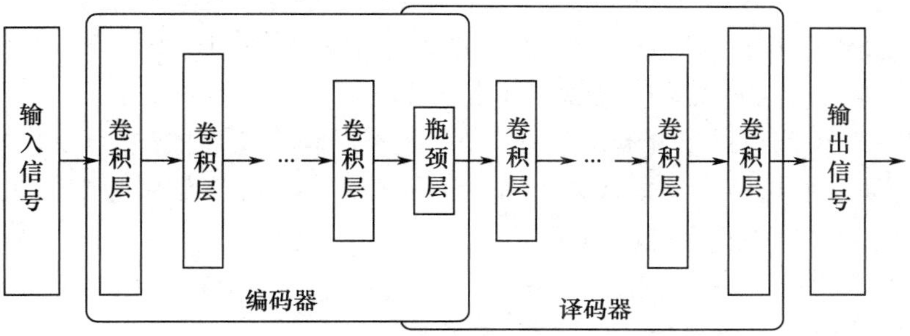

图 12.10 自动编码器的基本结构

如图 12.10 所示，编码器从输入样本中提取特征，经过多层网络的维度缩减与数据压缩，直到在瓶颈层提取出低维深层特征。而译码器是逆过程，由瓶颈层开始，逐层生成数据特征，直到最终恢复数据。

假设编码器映射 ϕ 与译码器映射 φ 分别定义为

$$\begin{cases}\phi: X\rightarrow \mathcal{F}\\ \varphi: \mathcal{F}\rightarrow X\end{cases} \tag{12.1.30}$$

给定损失函数 $L(X,\phi,\varphi)$，则最佳的编译码映射应满足如下优化模型

$$\{\phi,\varphi\}=\underset{\phi,\varphi}{\operatorname{argmin}}L(X,\phi,\varphi) \tag{12.1.31}$$

当含有多个隐含层时，AE 的训练也会面临梯度消失问题。为了解决这一问题，人们提出了多种改进模型。其中最具代表性的是变分自动编码器(VAE)[12.21]，它通过最大化与数据点关联的变分下界进行训练，基于潜在向量空间生成图像。

5. 胶囊网络

CNN 网络能够有效提取图像特征，得到图像中的各种对象。例如，对于人脸图像，CNN 网络虽然能够提取鼻子、眼睛、眉毛、嘴等对象，但难以保留这些对象之间的空间位置关系，因此难以识别畸变的人脸图像。为了克服这个问题，Geoffrey Hinton 等人提出了胶囊网络(CapsNet)。图 12.11 给出了胶囊网络的基本结构。

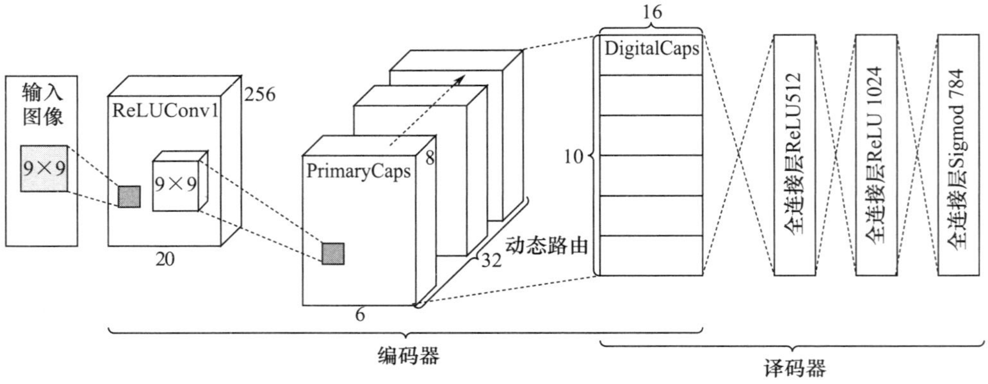

图 12.11　胶囊网络的基本结构

如图 12.11 所示，CapsNet 网络由编码器与译码器构成。编码器包括 3 层：卷积层、主胶囊层(PrimaryCaps)与数字胶囊层(DigitalCaps)。第一层含有 256 个 9×9 的卷积核与 ReLU 激活函数，将输入图像的像素转化为 256 个特征图。主胶囊层本质上仍然是卷积层，但它执行多维卷积，是一种张量运算。这一层含有 32 个卷积胶囊，每个胶囊含有 8 个 9×9 卷积核，卷积步长为 2。整个主胶囊层有 32×6×6 个胶囊输出，每个输出含有一个 8 维向量。在 6×6 个节点格中，每个胶囊与其他胶囊之间共享权重系数。数字胶囊层的每个类别含有一个 16 维胶囊。译码器包含 3 个全连接层，采用 ReLU 与 Sigmoid 激活函数。

胶囊网络与 CNN 网络最重要的区别在于，主胶囊层与数字胶囊层之间是动态路由。前一层的信号依据特征参数与后一层的胶囊相连，而不像 CNN 网络，仅是依赖损失函数训练的系数。由于数字胶囊含有前一层胶囊特征的特征图加权和，这种路由方法能够表征图像中对象重叠的特征，因此便于图像对象的分割与检测，在手写体数字识别中有良好表现。但对于大规模的图像识别，胶囊网络仍然比较复杂，还需要进一步研究。

12.1.4　循环神经网络(RNN)

循环神经网络(Recurrent Neural Network，RNN)是一类处理序列数据的神经网络，它充分利用时间序列的记忆性进行建模，在自然语言处理(NLP)领域，特别是机器翻译、语音识别等方面有广泛应用。

1. RNN 网络的基本结构

RNN 网络的基本结构如图 12.12 所示。其中，图 12.12(a)是 RNN 网络的压缩表示，输入

序列 $\boldsymbol{x}=(\cdots,\boldsymbol{x}_{t-1},\boldsymbol{x}_t,\boldsymbol{x}_{t+1},\cdots)$送入网络，网络在输入序列与前一时刻状态驱动下，经过非线性激活函数 φ 映射得到下一时刻的状态，因此网络记忆了状态序列 $\boldsymbol{h}=(\cdots,\boldsymbol{h}_{t-1},\boldsymbol{h}_t,\boldsymbol{h}_{t+1},\cdots)$。将压缩表示的 RNN 网络在时间上展开，可得到更细致的结构，如图 12.12(b)所示，其中状态节点就是 RNN 网络的隐含层。典型的 RNN 网络会增加额外的架构特性，如图所示，状态信息 $\boldsymbol{h}$ 经过非线性激活映射 ϕ，得到输出的预测序列 $\boldsymbol{y}$。

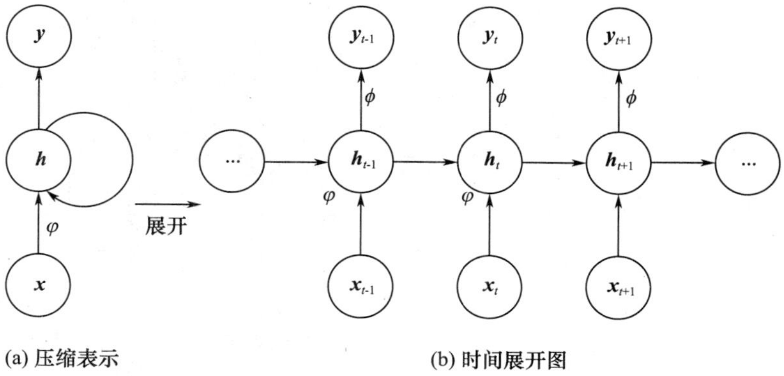

图 12.12　RNN 网络的基本结构

假设 RNN 网络的隐含层参数为$\boldsymbol{\theta}_h=\{\boldsymbol{W},\boldsymbol{U},\boldsymbol{b}\}$，其中 $\boldsymbol{W}$、$\boldsymbol{U}$ 是权重矩阵，$\boldsymbol{b}$ 是偏置向量；输出层参数为$\boldsymbol{\theta}_o=\{\boldsymbol{V},\boldsymbol{c}\}$，其中 $\boldsymbol{V}$ 权重矩阵，$\boldsymbol{c}$ 是偏置向量。则 RNN 网络的递推方程可以表示为

$$\begin{cases}\boldsymbol{h}_t=\varphi(\boldsymbol{W}\boldsymbol{x}_t+\boldsymbol{U}\boldsymbol{h}_{t-1}+\boldsymbol{b})\\ \boldsymbol{y}_t=\phi(\boldsymbol{V}\boldsymbol{h}_t+\boldsymbol{c})\end{cases}\tag{12.1.32}$$

注意：RNN 网络实质上是相同网络单元在时域上的多次复制，因此复用了权重及偏置向量。

RNN 网络的主要问题是随着隐含层数量增加，会导致梯度消失。为了解决这个问题，可以采取两种措施。①在应用反向传播训练网络时，要对梯度进行限幅，按比例调整梯度大小，但这是一种经验方法，难以普遍应用。②改进 RNN 网络的结构，其中代表性的模型就是 LSTM 网络。

2. 长短期记忆(LSTM)网络

长短期记忆网络(Long Short Term Memory, LSTM)最早由 Schmidhuber 等人提出[12.24,12.25]，如图 12.13 所示，其基本思想是在隐含层中引入 3 个门控信号：输入门信号($\boldsymbol{i}_t$)、遗忘门信号($\boldsymbol{f}_t$)、输出门信号($\boldsymbol{o}_t$)。由此，LSTM 网络递推公式表示为

$$\begin{cases}\boldsymbol{f}_t=\sigma(\boldsymbol{W}_{\mathrm{f}}[\boldsymbol{h}_{t-1},\boldsymbol{x}_t]+\boldsymbol{b}_{\mathrm{f}})\\ \boldsymbol{i}_t=\sigma(\boldsymbol{W}_{\mathrm{i}}[\boldsymbol{h}_{t-1},\boldsymbol{x}_t]+\boldsymbol{b}_{\mathrm{i}})\\ \tilde{\boldsymbol{c}}_t=\tanh(\boldsymbol{W}_{\mathrm{c}}[\boldsymbol{h}_{t-1},\boldsymbol{x}_t]+\boldsymbol{b}_{\mathrm{c}})\\ \boldsymbol{c}_t=\boldsymbol{f}_t\boldsymbol{c}_{t-1}+\boldsymbol{i}_t\tilde{\boldsymbol{c}}_t\\ \boldsymbol{o}_t=\boldsymbol{\sigma}(\boldsymbol{W}_{\mathrm{o}}[\boldsymbol{h}_{t-1},\boldsymbol{x}_t]+\boldsymbol{b}_{\mathrm{o}})\\ \boldsymbol{h}_t=\boldsymbol{o}_t\tanh(\boldsymbol{c}_t)\end{cases}\tag{12.1.33}$$

式中，$\sigma(\cdot)$是 Sigmoid 函数；$\boldsymbol{W}_{\mathrm{f}}$、$\boldsymbol{b}_{\mathrm{f}}$ 是遗忘门权重矩阵与偏置向量；$\boldsymbol{W}_{\mathrm{i}}$、$\boldsymbol{b}_{\mathrm{i}}$ 是输入门权重矩阵与偏置向量；$\boldsymbol{W}_{\mathrm{o}}$、$\boldsymbol{b}_{\mathrm{o}}$ 是输出门权重矩阵与偏置向量；$[\boldsymbol{h}_{t-1},\boldsymbol{x}_t]$表示输入向量与状态向量的级联。

LSTM 网络中，水平上支路信号$\boldsymbol{c}_t$是长时记忆状态信号，对时间序列中的长期相关性特征进行提取，而水平下支路的状态信号$\boldsymbol{h}_t$ 是短时记忆信号，在$\boldsymbol{h}_{t-1}$与$\boldsymbol{h}_t$ 之间构成了一个自循环结构。

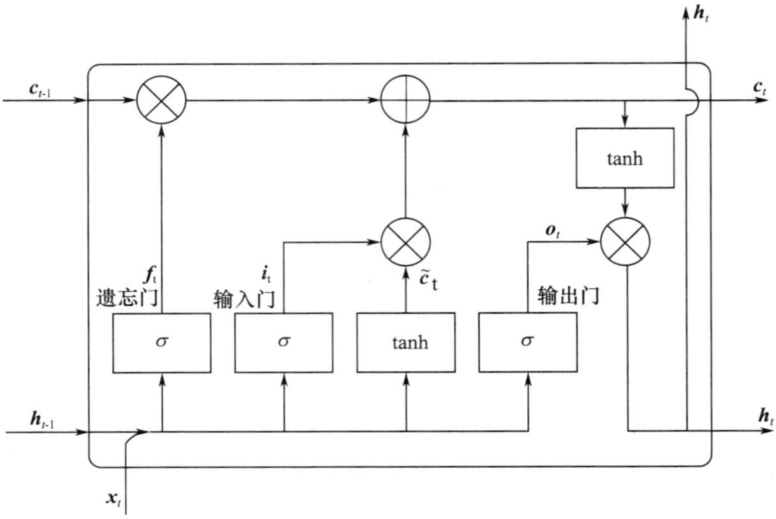

图 12.13　LSTM 网络结构

这个自循环结构的权重是根据上下文动态调整的，并不固定，因此累积的时间尺度可以随着输入序列的记忆性而变化，从而在动态场景下具有良好的适应能力。由于 LSTM 网络引入了门控信号，它比简单的 RNN 网络更易于学习长期依赖特征，在手写识别、语音识别、机器翻译等应用领域取得了重大成功。

3. 门控循环单元

为了简化 LSTM 网络中的 3 种门控信号，人们提出了简化的网络模型，称为门控循环单元(GRU)[12.26]，其结构如图 12.14 所示。

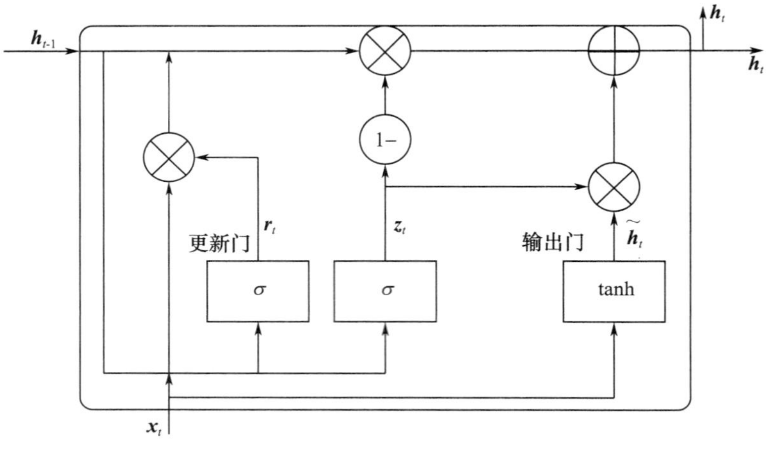

图 12.14　GRU 的结构

GRU 将 LSTM 网络中的输入门与遗忘门合并为更新门，并且将长短程状态信号进行了合并，因此其结构比 LSTM 网络更简单，复杂度较小。GRU 的递推公式如下

$$\begin{cases} \boldsymbol{z}_t = \sigma(\boldsymbol{W}_z[\boldsymbol{h}_{t-1}, \boldsymbol{x}_t]) \\ \boldsymbol{r}_t = \sigma(\boldsymbol{W}_r[\boldsymbol{h}_{t-1}, \boldsymbol{x}_t]) \\ \tilde{\boldsymbol{h}}_t = \tanh(\boldsymbol{W}[\boldsymbol{r}_t \boldsymbol{h}_{t-1}, \boldsymbol{x}_t]) \\ \boldsymbol{h}_t = (1 - \boldsymbol{z}_t)\boldsymbol{h}_{t-1} + \boldsymbol{z}_t \tilde{\boldsymbol{h}}_t \end{cases} \tag{12.1.34}$$

GRU 与 LSTM 网络各有优缺点。从结构来看，LSTM 网络更复杂，而 GRU 更简单，因此它的训练更容易，计算效率更高。但从性能来看，大多数情况下，LSTM 网络的预测性能更好，但也有一些情况，GRU 会具有更好的性能。因此，这两种模型各有优势，需要根据实际任务进行优选。

4. 注意力机制

注意力(Attention)机制是 RNN 网络应用中非常重要的概念，可以理解为从大量时间序列信息中有选择地提取少量重要信息，并聚焦到这些重要信息上，忽略大多不重要的信息的过程。在 RNN 网络中，聚焦的过程体现在权重系数的计算上，权重越大，越聚焦于对应的输出值，即权重代表了信息的重要性，而输出值表示对应的信息。

注意力机制在自然语言处理有广泛应用，例如自动产生图像内容的文本描述，又如将语音自动翻译为文本等。

5. 序列到序列模型

类似于自动编码器(AE)，RNN 网络也可以应用于编码-解码结构，即序列到序列(Seq2Seq)模型。图 12.15 给出了序列到序列模型的基本结构。

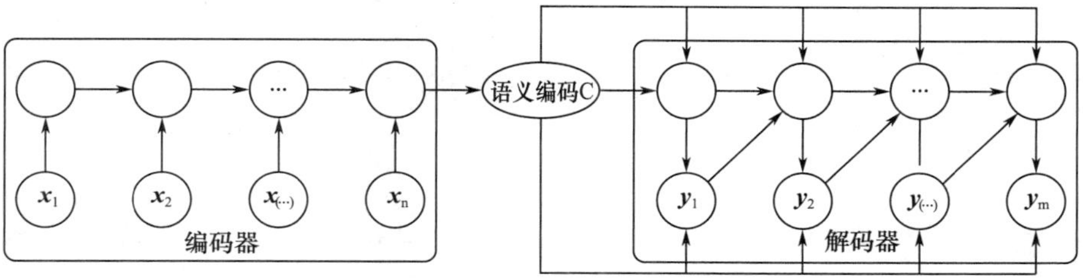

图 12.15　序列到序列模型的基本结构

如图 12.15 所示，序列到序列模型由编码器与译码器构成，编码器采用各种 RNN 网络(LSTM/GRU 等)从输入序列($\boldsymbol{x}_1,\boldsymbol{x}_2,\cdots,\boldsymbol{x}_n$)中提取压缩到语义特征，得到输出的语义编码 C。然后以语义编码 C 作为初始状态，仍然采用 RNN 网络，解码生成输出序列($\boldsymbol{y}_1,\boldsymbol{y}_2,\cdots,\boldsymbol{y}_m$)。

需要注意的是，序列到序列模型不要求输入序列与输出序列长度相同，语义编码 C 长度也可变，这样能够灵活适应信源序列的长度变化。语义序列 C 与输出序列可以通过注意力机制进行关联，从而进一步提高机器翻译、语音识别的准确率。

12.1.5　生成对抗网络(GAN)

长久以来，机器学习领域的模型生成技术主要研究基于条件概率密度函数产生数据样本的方法。通常，生成模型根据观察值与目标值的联合概率密度，产生数据样本。但是，这种基于概率分布的生成模型一直没有取得大的进展。主要原因在于，基于观察值/目标值的联合概率分布难以精确建模与解析刻画。生成对抗网络(GAN)也属于生成模型技术，2014 年由 Goodfellow 等人提出。GAN 网络通过博弈方法，提供了联合最大似然估计的替代方案，被 Yann LeCun 评价为“深度学习领域过去十年提出的最好概念”。

1. GAN 网络结构

图 12.16 给出了 GAN 网络的基本结构。GAN 网络属于无监督学习，包括生成器与鉴别器，通过生成器与签别器之间的零和博弈，实现整体性能提升。

在每次迭代训练中，隐藏随机变量(对于很多应用，例如图像生成，大多数采用高斯噪声序列)输入生成器(G)，产生模拟的数据样本。这些数据样本与真实信源产生的样本一起送入鉴别

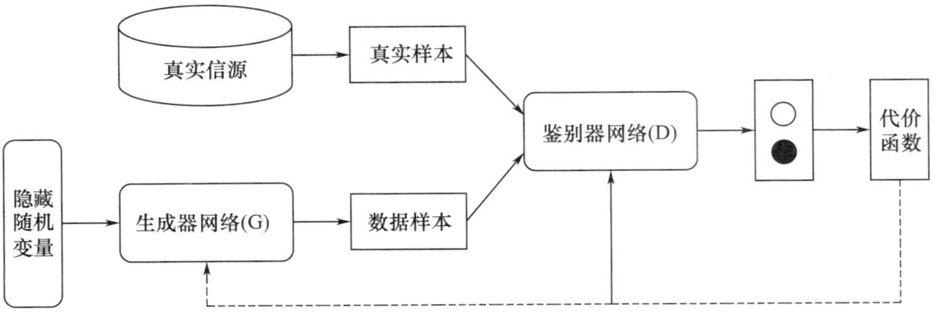

图 12.16 GAN 的基本结构

器(D),进行判别对比,基于判别的损失函数,反馈到生成器与鉴别器,调整相应的网络参数。上述过程需要反复迭代训练,直到生成器产生逼近真实的数据样本。

2. 理论解释

一般情况下,生成器的主要目的学习与建模真实数据的概率分布 $p_{\text{data}}(x)$,通常采用的是最大似然原理,调整参数 θ,趋近真实数据分布。给定独立同分布的训练样本序列 $\boldsymbol{x}=(x_1,x_2,\cdots,x_n)$,则相应的似然概率表示为 $P(\boldsymbol{x}|\theta)=\prod_{i=1}^{n}p(x_i|\theta)$。因此,一般生成器的优化模型表示为

$$\underset{\theta}{\operatorname{argmax}}\prod_{i=1}^{n}p(x_i|\theta) \tag{12.1.35}$$

在上述优化模型中,需要假设似然概率 $P(\boldsymbol{x}|\theta)$ 具有显式表达式,但是在信源统计特征高度复杂的情况下,给出似然概率的确定表达式非常困难,或者即使有表达式,由于维度太高、计算复杂,也难以使用。

GAN 网络提出了新的观点解决这一困难,它仍然遵循最大似然估计原理,但并不需要给出似然概率的显式表达式。生成器通过连续可微的变换,将隐含随机变量的先验概率分布 p_z 从隐含空间 $\mathcal{Z}$ 映射到真实数据空间 $\mathcal{X}$,去欺骗鉴别器。而鉴别器则需要分辨数据样本是来自真实信源还是生成器。GAN 网络避免直接给出似然概率的显式表达式,在鉴别器的判决指导下,通过生成器产生仿真样本,隐式地逼近真实数据分布。这样做,就绕开了复杂高维的似然概率估计问题,突破了最大似然方法的瓶颈。

由此,GAN 网络可以看作鉴别器与生成器构成的二元最小最大博弈,其优化模型表示为

$$\min_G \max_D V(G,D)=\min_G \max_D \mathbb{E}_{x\sim p_{\text{data}}}[\log D(x)]+\mathbb{E}_{z\sim p_z}[\log(1-D(G(z)))] \tag{12.1.36}$$

式中,代价函数 $V(G,D)$ 本质上是二元交叉熵函数,通常用于二分类问题。

生成器将随机变量 z 从隐含空间 $\mathcal{Z}$ 映射到真实数据空间 $\mathcal{X}$ 的样本 x,而鉴别器识别输入数据 x 是真实数据还是生成器产生的假样本。我们可以从博弈观点来解释 GAN 网络的代价函数。对于鉴别器而言,假如样本 x 来自真实数据,则最大化相应的对数似然概率 $\log D(x)$;而如果样本 x 来自生成器,则鉴别器应当最小化其对数似然概率,也就是最大化代价函数的第二项 $\log(1-D(G(z)))$。同时,对于生成器而言,为了欺骗鉴别器,当送入鉴别器样本 x 时,它希望能最大化鉴别器的输出似然概率。这样,生成器与鉴别器是二元非合作博弈,生成器希望最小化代价函数,而鉴别器希望最大化代价函数,因此构成了优化模型的最小最大博弈关系。

定理 12.1:当生成器与鉴别器经过充分博弈达到纳什均衡点,此时生成器输出样本的分布与真实样本分布相等,即 $p_{\text{data}}(x)=p_g(x)$,且鉴别器的判别概率为 1/2。

证明:首先给定生成器,代价函数 $V(G,D)$ 可以表示为

$$\begin{aligned} V(G,D) &= \int_x p_{\text{data}}(x)\log(D(x))\mathrm{d}x + \int_z p_z(z)\log(1-D(g(z)))\mathrm{d}x \\ &= \int_x p_{\text{data}}(x)\log(D(x)) + p_g(x)\log(1-D(x))\mathrm{d}x \end{aligned} \tag{12.1.37}$$

对上式求偏导,可得

$$\frac{\partial V(G,D)}{\partial D} = \int_x \frac{p_{\text{data}}(x)}{D(x)} - \frac{p_g(x)}{1-D(x)}\mathrm{d}x = 0 \tag{12.1.38}$$

整理可得,最优的鉴别器分布满足

$$D^*(x) = \frac{p_{\text{data}}(x)}{p_g(x)+p_{\text{data}}(x)} \tag{12.1.39}$$

将式(12.1.39)代入代价函数,可得

$$\begin{aligned} C(G) &= \max_D V(G,D) \\ &= \mathbb{E}_{x\sim p_{\text{data}}}[\log D^*(x)] + \mathbb{E}_{x\sim p_g}[\log(1-D^*(x))] \\ &= \int_x p_{\text{data}}(x)\log\frac{p_{\text{data}}(x)}{p_g(x)+p_{\text{data}}(x)}\mathrm{d}x + \int_x p_g(x)\log\frac{p_g(x)}{p_g(x)+p_{\text{data}}(x)}\mathrm{d}x \end{aligned} \tag{12.1.40}$$

上式可以进一步改写为

$$\begin{aligned} C(G) &= \int_x p_{\text{data}}(x)\log\frac{p_{\text{data}}(x)}{(p_g(x)+p_{\text{data}}(x))/2}\mathrm{d}x + \int_x p_g(x)\log\frac{p_g(x)}{(p_g(x)+p_{\text{data}}(x))/2}\mathrm{d}x - \log 4 \\ &= \mathrm{KL}(p_{\text{data}} \| (p_g+p_{\text{data}})/2) + \mathrm{KL}(p_g \| (p_g+p_{\text{data}})/2) - \log 4 \end{aligned} \tag{12.1.41}$$

式中,$\mathrm{KL}(\cdot \| \cdot)$表示 Kullback-Leibler 散度。

式(12.1.41)还能够进一步简化为 Jensen-Shannon 散度(JSD),即

$$C(G) = 2\mathrm{JSD}(p_{\text{data}} \| p_g) - \log 4 \tag{12.1.42}$$

对于任意非负的概率分布($P,Q\geqslant 0$),都有 $\mathrm{JSD}(P\|Q)\geqslant 0$,并且当且仅当 $p_{\text{data}}(x)=p_g(x)$ 才能达到最小值 0。因此,我们得到了代价函数的全局最小值 $\min C(G)=\min\limits_G\max\limits_D V(G,D)=-\log 4$。此时,$D^*(x)=1/2$。

基于上述理论分析,对于 GAN 网络的优化过程,可以得到两点结论。

① 给定最优的鉴别器,GAN 网络实质上是调整生成器,优化二元假设检验的似然比。

真实数据分布与生成样本分布比表示为

$$D_r(x) = \frac{p_{\text{data}}(x)}{p_g(x)} = \frac{p(x|y=1)}{p(x|y=0)} = \frac{p(y=1|x)}{p(y=0|x)} = \frac{D^*(x)}{1-D^*(x)} \tag{12.1.43}$$

式中,$y=0,1$ 分别表示生成样本或真实数据的鉴别器判别值。$\dfrac{p(y=1|x)}{p(y=0|x)}$实际上是给定输入样本条件下鉴别器判别值的似然比。由此可见,GAN 网络绕开了复杂似然概率的计算,通过优化似然比,使得生成器产生逼近真实数据的样本。

② GAN 网络的训练过程可以解释为测量生成样本分布与真实数据分布之间的差异,通过学习过程,逐渐缩小这一差异。需要强调的是,鉴别器不需要显式计算这个差别,而是通过数据驱动的方式,隐式比较与测量两者之间的差别,并进行判决。

3. GAN 网络改进模型

尽管 GAN 网络具有坚实的理论基础与技术先进性,但在实际应用中,人们发现原始 GAN

网络的训练收敛性与识别性能还存在很多局限。因此,提出了多种改进模型,主要的改进思路包括两个方面。

(1) 代价函数的扩展与增强

在标准 GAN 网络中,采用 JSD($p_{\text{data}} \| p_g$)作为代价函数,训练生成样本分布 $p_g(x)$逼近真实数据分布 $p_{\text{data}}(x)$。人们已经发现了很多其他的距离或散度函数,可以替代 JSD 散度,作为 GAN 网络的代价函数,进一步提高模型识别性能。其中,比较有代表性的散度函数,包括 f-divergence 度量、最小二乘(LS)度量、积分概率度量(IPM)、Wasserstein 距离、均值特征匹配、最大均值差异(MMD)、Fisher 信息度量等。限于篇幅,不再赘述,感兴趣的读者可以参阅文献[12.30]。

(2) 网络结构的改进与优化

生成器与鉴别器的网络结构是影响 GAN 网络训练稳定性和识别能力的重要因素。其中最重要的结构改进是深度卷积 GAN(DCGAN)模型[12.31],它的生成器与鉴别器都采用了修正的 CNN 网络。

与标准的 CNN 网络不同,DCGAN 中的 CNN 网络进行了 5 个方面的修正:①取消了标准 CNN 网络中的池化层,对于生成器,用反卷积(Fractional-Strided Convolution)操作替代,即从低分辨率映射到高分辨率,扩大图像尺寸;对于鉴别器,则采用跨步卷积(Strided Convolution)操作替代,即进行卷积时对图像下采样。②生成器与鉴别器都采用批归一化。③去掉标准 CNN 网络中的全连接层。④生成器的输出层激活函数采用 tanh,而其他所有层都采用 ReLU。⑤鉴别器的所有层激活函数都采用 LeakyReLU。

由于采用了上述修正 CNN 结构,DCGAN 训练的稳定性得到了大幅度提升,成为后续模型的基本框架。在此基础上,人们提出了组合多个生成器/鉴别器对的 GAN 结构,包括 StackedGAN、GoGAN、BEGAN 等。另外,如果生成器和鉴别器都以某些额外信息 v 为条件,例如类标签或来自其他模态的数据,则可以将 GAN 网络扩展到条件模型,即 v 作为附加输入层,进入鉴别器和发生器进行调节。这样的网络称为条件生成对抗网络 C-GAN[12.32]。

4. 典型应用

GAN 网络主要属于无监督或半监督学习,可以极大节省标记工作量,在图像视频处理、语音文本处理及医学影像处理等领域有广泛应用。下面列举两个典型示例。

图 12.17 给出了基于 Pix2Pix 模型[12.34]生成的建筑物图像。其中,图 12.17(a)为建筑物轮廓图,图 12.17(b)为真实建筑物图,图 12.17(c)为根据从轮廓图到目标图的映射关系,Pix2Pix 模型生成的建筑物图像。

Pix2Pix 模型采用 CGAN,模型输入不再是纯噪声向量。生成器采用自动编码器结构,训练过程中的输入是建筑物轮廓图,经过多次卷积和反卷积操作后,生成建筑物图像。可以看到,生成的样本具有建筑物的各种细节,非常逼真。

另一个示例是采用 StyleGAN 模型[12.35]产生各种风格的高清人脸图像(1024×1024 像素),如图 12.18 所示。此模型可以分离人脸的各种属性(包括性别、轮廓、姿势、身份等),实现风格迁移,并在此基础上叠加随机变化(如雀斑、头发)。图中,第一行与第一列均为真实图像,其中图像 A 为待叠加风格图,图像 B 提供风格属性,其余的人脸图像均为生成图。生成图分为 3 组,分别为在 A 图上叠加不同尺度的 B 风格属性的生成图,包括“粗风格”(性别、头部轮廓)、“代表性风格”(额头、五官)及“精细风格”(头发、肤色)。

GAN 网络也可以应用于语音增强,或者乐曲生成。在医学领域,GAN 网络可以应用于医学影像的降噪、肿瘤病变区域分割等。在娱乐产业中,GAN 网络可以应用于视频流中人脸替

(a) 轮廓图　　(b) 真实图　　(c) 生成图

图 12.17　基于 Pix2Pix 模型产生的建筑物图像

图 12.18　基于 StyleGAN 模型产生的人脸图

换、语音替换，甚至创造虚拟人物。总而言之，GAN 网络的应用方兴未艾，需要研究者进一步探索。

5. 优势与劣势

如前所述，GAN 网络最突出的优势就是它不需要明确定义或假设生成模型的样本概率分布，因此就可以避免高维概率分布函数的复杂计算。与使用明确概率分布假设的其他生成模型相比，GAN 网络主要有 3 个方面的优势。

(1) 快速并行产生样本数据

当真实数据有强相关性/记忆性时，它对应的生成样本分布 $p_g(x)$ 是高维条件概率密度函数，一般的生成模型方法必须依赖于大量的历史数据，串行生成样本，因此速度很慢、效率很低。而 GAN 网络的生成器是一个简单的前馈网络，它可以一次性将隐含数据从隐含空间 Z 映射到真实空间 $\mathcal{X}$。因此，GAN 网络生成器可以并行产生样本，极大提高了数据生成的速度与效率。

(2) 精确逼近最大似然估计

12.1.3 节描述的变分自动编码器(VAE)也是一种生成模型，但这种方法只是最大化似然函数的变分下界，而不是最大化似然函数本身。VAE 方法仍然需要假设数据的先验与后验分布，如果假设与真实分布不匹配，则可能导致最大化变分下界并不能得到最大似然概率估计，也就是说 VAE 模型产生了偏差。与之相反，GAN 网络并不需要近似似然函数的下界，也不需要任何模型假设。它通过生成器与鉴别器之间的博弈，获得纳什均衡解，逼近真实数据的分布，巧妙地绕开了求解最大似然估计的计算障碍。

(3) 样本生成细节逼真

经验证明，GAN 网络可以比其他生成模型产生更逼真、更准确的生成样本细节。例如，在 VAE 模型中，通常把真实数据建模为条件高斯分布，此时优化对数似然函数 $\log p_g(x|z)$ 等价于最小化欧氏距离 $\|x-\text{Decoder}(z)\|^2$。因此，这种方法可以看作通过回归拟合逼近真实数据的均值，但可能导致图像的高频特征或细节部分难以逼真重现。

而对于 GAN 网络，由于鉴别器需要通过细节来区分真实数据与生成样本，因此，生成器更倾向于生成含有高频特征的样本，对应真实图像的细节部分，从而欺骗鉴别器。从这个意义上来看，GAN 网络更容易获取图像的高频特征，因此在细节生成上更逼真。

另一方面，GAN 网络在训练过程中具有高度的不稳定性，存在收敛困难。具体而言，GAN 网络主要存在两个方面的问题。

(1) 收敛不稳定问题

如前所述，GAN 网络的训练实质上是通过生成器与鉴别器的梯度下降算法，求解最小最大博弈的均衡解。但是，这种博弈实际上存在悖论，例如，当梯度下降算法减小鉴别器的代价函数时，反而会增大生成器的代价函数，反之亦然。因此，用梯度下降算法训练 GAN 网络时，收敛常常会失败，而且很容易不稳定。

(2) 模态坍塌问题

真实数据往往具有高度复杂性与多模态特征。在 GAN 网络中，生成器的核心目标是欺骗鉴别器，而不是表示真实数据的多模态特征。这样导致的后果是 GAN 网络只能产生单一模态样本，无法表征真实数据的多模态特征。这就是所谓的模态坍塌问题。由于这一限制，GAN 网络的应用具有局限性，扩展应用范围还需要进一步研究。

12.1.6 深度强化学习(DRL)

以上主要介绍了监督学习与无监督学习中的深度学习技术，包括 DNN、CNN、RNN、

LSTM、GAN、AE 等模型，这些技术主要应用于模型预测、分类、编码、译码、数据生成等领域。而深度强化学习(DRL)是一种交互式学习，以通用形式将深度学习的感知能力与强化学习的决策能力相结合，采用端对端的学习方式实现从原始输入到输出的直接控制。

1. DRL 基本概念

下面首先在概念上比较深度学习(DL)与强化学习(RL)的差异性。

深度学习的基本思想是通过多层网络结构和非线性变换，充分提采样本的浅层特征，生成或表示数据的抽象易区分的深层特征，因此 DL 侧重于学习对事物的感知和表达。而强化学习的基本思想是最大化智能体(Agent)从环境中获得的累计奖励值，从而学习到完成任务目标的最优策略，因此 RL 更加侧重于学习解决问题的策略，是对事物动态演变过程与控制策略的学习。

2016 年，谷歌的人工智能研究团队 DeepMind 将 DL 的感知能力与 RL 的决策能力进行创新性结合，形成了人工智能领域新的研究热点，即深度强化学习(Deep Reinforcement Learning，DRL)[12.37]。

图 12.19 给出了深度强化学习的原理框架。其学习过程是一个循环迭代过程，包括 3 个步骤。

① 每个时刻，Agent 与环境交互得到一个高维度的观察样本，并利用深度学习方法感知观察样本，提取抽象的深层特征，转换为状态特征表示。

② Agent 基于预期回报来评价各动作的价值函数，并通过某种策略将当前状态映射为相应的动作。

③ 下一时刻，环境对此动作做出反应，Agent 得到下一个观察样本。上述 3 个步骤通过不断循环，最终得到实现任务目标的最优策略。

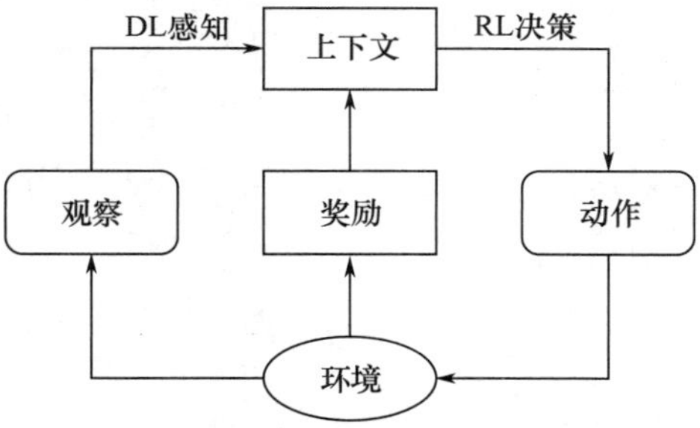

图 12.19 深度强化学习的原理框架

2. Q-Learning 与 DQN 原理

DRL 的基础是强化学习，其中核心方法是 Q-Learning(Q 学习)。下面首先介绍 Q 学习的基本原理。

针对外部环境的决策问题，可以用马尔可夫决策过程(MDP)来建模，常用五元组(S,A,P,R,γ)表示。其中，S 为所有环境状态集合，$s_t \in S$ 表示 Agent 在 t 时刻所处状态；A 表示 Agent 可执行动作的集合，$a_t \in A$ 表示 Agent 在 t 时刻执行的动作；R 为奖励函数集合，$r_t(s_t,a_t):S\times A\to R$ 表示 Agent 在状态 s_t 执行动作 a_t 得到的即时奖励值；$P(s_{t+1}|s_t,a_t):S\times A\times S\to[0,1]$表示状态转移概率分布函数，即 Agent 在状态 s_t 执行动作 a_t 转移到下一状态 s_{t+1} 的概率；$\gamma\in[0,1]$是奖励折扣因子。

Q 学习是针对 MDP 过程发现最优动作策略的一种无模型强化学习方法，其过程可以描述如下：在时刻 t，Agent 处于状态集合 S 中的某个状态 s_t，从动作集合 A 选择一个动作 a_t。这种选择需要遵循某种策略 $\pi(a_t|s_t)$，这种策略实质上是 Agent 从状态 s_t 到动作 a_t 的映射。当 Agent

执行这一策略后，会得到奖励回报 r_t，并根据环境动态变化，转移到下一时刻的状态 s_{t+1}。由此可见，只要知道 MDP 过程的状态及每个状态转移的可能动作，Q 学习就能够迭代运行，直到 Agent达到终止状态或重新启动。

假设迭代终止时刻为 T，则 t 时刻的累积奖励可表示为

$$R_t = \sum_{k=0}^{T} \gamma^k r_{t+k} \tag{12.1.44}$$

这个奖励表示从 t 时刻开始到终止时刻 Agent 获得的即时奖励累加和。在 Q 学习过程中，Agent的目标就是最大化从每一状态出发到终止状态的长期累积奖励的数学期望。

Q 学习最重要的概念是两个值函数：状态值函数 $v_\pi(s)$ 与状态动作值函数 $Q_\pi(s,a)$，它们用于预测从当前状态出发，到终止状态的平均奖励回报。具体而言，状态值函数 $v_\pi(s)=E[R_t|s_t=s]$ 表示遵循策略 π，从状态 s 出发的期望回报。状态动作值函数 $Q_\pi(s,a)=E[R_t|s_t=s,a_t=a]$ 表示遵循策略 π，从状态 s 出发执行动作 a，得到的期望累积奖励。这两个值函数可以通过 Bellman 方程进行迭代计算。

令 s' 表示下一时刻的转移状态，a' 表示从 s 状态转移到 s' 状态执行的动作，则状态值函数的 Bellman 方程为

$$v_\pi(s) = \sum_a \pi(a|s) \sum_{s',r} p(s',r|s,a)[r+\gamma v_\pi(s')] \tag{12.1.45}$$

最优状态值对应于最佳策略，可以表示为 $v_*(s) = \max_\pi v_\pi(s)$，它满足 Bellman 最优性方程

$$v_*(s) = \sum_a \pi(a|s) \sum_{s',r} p(s',r|s,a)[r+\gamma v_*(s')] \tag{12.1.46}$$

状态动作值函数的 Bellman 方程为

$$Q_\pi(s,a) = \sum_{s',r} p(s',r|s,a)[r+\gamma \max_{a'} Q_\pi(s',a')] \tag{12.1.47}$$

给定状态 s 与动作 a 最佳策略对应的最优状态动作值可以表示为 $Q_*(s,a) = \max_\pi Q_\pi(s,a)$，它满足 Bellman 最优性方程

$$Q_*(s,a) = \sum_{s',r} P(s',r|s,a)[r+\gamma \max_{a'} Q_*(s',a')] \tag{12.1.48}$$

这两组值函数的 Bellman 迭代方程与最优性方程，是强化学习的核心方程。

通常可以用动态规划算法求解 Bellman 方程，通过不断迭代，使状态动作值函数最终收敛，得到最优策略。但是动态规划算法要求完全已知的环境模型，现实中很难做到。只有一些严格定义的模型，可以采用动态规划严格求解，例如第 5 章介绍的卷积码 Viterbi 译码算法，本质上就是动态规划算法。尤其是当状态空间较大时，动态规划算法的计算复杂度非常高，难以严格求解。

为了克服这一问题，可以采用线性函数近似表示值函数，但性能会有损失。更好的方法应当用深度神经网络等非线性函数近似表示值函数。然而将 DL 与 RL 简单组合，可能会导致算法不稳定的问题，这一直阻碍 DRL 的发展与应用。

Mnih 等人[12.38]将 CNN 网络与 Q 学习算法相结合，提出了深度 Q 网络（Deep Q-Network，DQN）模型。该模型用于处理基于视觉感知的控制任务，是 DRL 领域的开创性工作。

DQN 网络的设计思想是采用 CNN 网络替代 Q 学习中的状态表，CNN 网络的输入是状态与动作，输出是最优的状态与状态动作值函数。例如，在文献[12.38]中，DQN 模型采用距离当前时刻最近的 4 幅预处理图像作为输入，经过 3 个卷积层和 2 个全连接层的非线性变换，最终在

输出层产生每个动作的值函数。图 12.20 描述了 DQN 的训练流程。为缓解非线性网络表示值函数时的不稳定问题，DQN 对传统 Q 学习算法做了 3 个方面的改进。

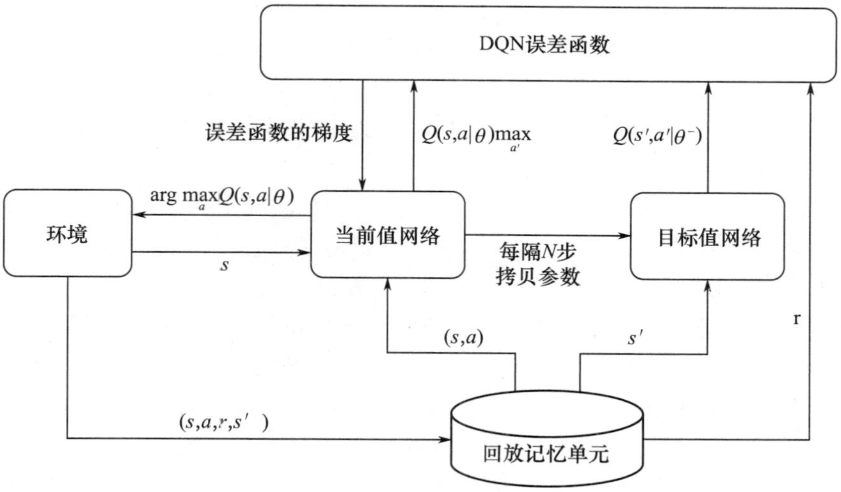

图 12.20　DQN 的训练流程

① 在训练过程中，DQN 使用经验回放机制（Experience Replay），在线处理状态转移样本 $e_t=(s_t,a_t,r_t,s_{t+1})$。在每个时刻 t，将 Agent 与环境交互的样本存储到回放记忆单元 $D=\{e_1,\cdots,e_t\}$ 中。在训练过程中，每次从 D 中随机抽取小批量样本，使用 SGD 算法更新网络参数 θ。通常，CNN 网络的训练要求样本之间相互独立。这种随机采样点方式，能够极大降低样本之间的相关性，从而提升算法的稳定性。

② DQN 模型中使用了两个 CNN 网络近似值函数，一个网络表示当前值函数，另一个表示目标值函数。如图 12.20 所示，$Q(s,a|\theta)$表示当前值网络的输出，而 $Q(s',a'|\theta^-)$表示目标值网络的输出。我们用 $Q^-=r+\gamma\max_{a'}Q(s',a'|\theta^-)$ 近似表示目标 Q 值。

③ 当前值网络的参数 θ 在训练中实时更新，经过 N 步迭代后，将当前值网络的参数复制给目标值网络。网络参数更新的代价函数为当前值与目标值之间的均方误差，定义为

$$L(\theta)=E[(Q^- - Q(s,a|\theta))^2] \tag{12.1.49}$$

对参数 θ 求偏导，得到如下梯度

$$\nabla_\theta L(\theta)=E[(Q^- - Q(s,a|\theta))\nabla_\theta Q(s,a|\theta)] \tag{12.1.50}$$

因为引入目标值网络，在 N 步时间内，目标 Q 值保持不变，保证了 Q 值和梯度值都处于合理的范围内，因此降低了当前 Q 值与目标 Q 值之间的相关性，提升了算法的稳定性。

3. DRL 应用

在 DRL 发展的早期阶段，DQN 模型主要应用于 Atari 2600 平台中的各类 2D 视频游戏[12.38]。研究人员从算法和模型两个方面对 DQN 进行了改进，使得 Agent 在 Atari 2600 游戏中的平均得分提高了 300%，并在模型中加入记忆和推理模块，成功地将 DRL 应用场景拓宽到 3D 场景下的复杂任务中。AlphaGo 围棋算法结合深度神经网络和蒙特卡洛树搜索[12.37]，成功击败了围棋世界冠军李世石与柯洁。

此外，DRL 在机器人控制、计算机视觉、自然语言处理和医疗等领域的应用有很多成功案例[12.36]。各类 DRL 方法的成功主要得益于大幅度提升的计算能力和训练数据量. 本质上，这些 DRL 算法还不具备如人类般的自主思考、推理与学习能力，未来还需要进一步深入研究。

12.1.7 迁移学习

迁移学习(Transfer Learning)也是机器学习领域中的一种常见技术。它的基本思想是针对某一任务,使用大数据量训练神经网络模型,获得网络参数。然后将这个模型不经过训练,直接用于另一个相似任务的测试,或者以原网络参数为初始值,重新训练适用于新任务的参数。对于新任务而言,由于借鉴了原网络的参数,因此不必要从头开始训练,可以大幅度减少训练开销甚至直接去掉训练过程。

给定数据域 $\mathcal{D}=\{\mathcal{X},P(X)\}$ 与学习任务 $\mathcal{T}=\{\mathcal{Y},f(\cdot)\}$,其中 $\mathcal{X}$ 表示特征空间,$P(X)$ 表示数据概率分布,$\mathcal{Y}$ 表示标签空间,$f(\cdot)$ 表示目标预测函数,从概率观点看,可以写为 $f(x)=P(y|x)$。由此,文献[12.40]给出了迁移学习的如下定义。

定义 12.1(迁移学习): 分别给定源数据域 $\mathcal{D}_S$ 及学习任务 $\mathcal{T}_S$,目标数据域 $\mathcal{D}_T$ 及学习任务 $\mathcal{T}_T$。一般地,数据域与学习任务满足:$\mathcal{D}_S\neq\mathcal{D}_T$ 或 $\mathcal{T}_S\neq\mathcal{T}_T$。迁移学习是一种学习方法,使用模型在源数据域 $\mathcal{D}_S$ 及学习任务 $\mathcal{T}_S$ 中获取的知识,提升模型在目标数据域 $\mathcal{D}_T$ 上的预测函数 $f_T(\cdot)$ 的学习能力。

在上述定义中,对于数据域 $\mathcal{D}=\{\mathcal{X},P(X)\}$,由条件 $\mathcal{D}_S\neq\mathcal{D}_T$ 可知,或者源与目的数据空间不同,即 $\mathcal{X}_S\neq\mathcal{X}_T$,或者相应的概率分布不同,即 $\mathcal{P}_S(X)\neq\mathcal{P}_T(X)$。同样,对于学习任务 $\mathcal{T}=\{\mathcal{Y},f(\cdot)\}$,由条件 $\mathcal{T}_S\neq\mathcal{T}_T$ 可知,或者源与目的标签空间不同,即 $\mathcal{Y}_S\neq\mathcal{Y}_T$,或者相应的预测函数不同,即 $P(Y_S|X_S)\neq P(Y_T|X_T)$。并且,当源与目标数据域的特征空间存在显式或隐含的关联关系,我们称源与目标数据域相关。特别地,如果 $\mathcal{D}_S=\mathcal{D}_T$ 并且 $\mathcal{T}_S=\mathcal{T}_T$,则迁移学习退化为传统的机器学习。

1. 迁移学习场景分类

基于上述分析,我们可以得到迁移学习的场景分类,如表 12.3 所示。

表 12.3 迁移学习场景分类

学习种类		源与目标数据域	源与目标任务
传统机器学习		相同	相同
迁移学习场景	归纳迁移学习	相同	不同但相关
	无监督迁移学习	不同但相关	不同但相关
	推理迁移学习	不同但相关	相同

由表 12.3 可知,迁移学习场景包括 3 类:归纳迁移学习、推理迁移学习及无监督迁移学习。

(1) 归纳迁移学习

归纳迁移学习的目标任务不同于源任务,无论目标数据域与源数据域是否相同。这种情况下,要求使用目标数据域的一些标记数据导出目标预测函数 $f_T(\cdot)$。根据源数据域是否有标记数据,还可以进一步细分为两个子类:①源数据域有大量标记数据,此时归纳迁移学习类似于多任务学习,只不过前者的目标是利用来自源任务的知识提高目标任务的性能,而后者的目标是同时学习源与目标任务;②源数据域没有标记数据,此时归纳迁移学习类似于自学习(Self-taught Learning)。

(2) 推理迁移学习

推理迁移学习的源任务与目标任务相同,而源数据域与目标数据域不同。这种情况下,目标数据域没有标记数据,而源数据域有大量标记数据。这类迁移学习也可以细分为两个子类:①源数据域与目标数据域的特征空间不同,即 $\mathcal{X}_S\neq\mathcal{X}_T$;②源数据域与目标数据域的特征空间相同,但数据样本的概率分布不同,即 $P_S(X)\neq P_T(X)$。

（3）无监督迁移学习

无监督迁移学习类似于归纳迁移学习，目标任务与源任务不同，但具有相干性。但是这种迁移学习侧重于解决目标数据域中的无监督学习任务，如聚类、降维或分布估计。这时，源数据域与目标数据域中都没有标记数据。

2. 迁移学习方法

上述3类迁移学习场景的具体迁移方法可以总结为4种，见表12.4。

表12.4 迁移学习方法

迁移学习方法	方法描述
示例迁移	将源数据域中的样本加权调整用于目标数据域
特征表示迁移	找到好的特征表示缩小源数据域与目标数据域的差别，减小分类与回归模型之间的错误
参数迁移	发现源数据域与目标数据域模型共享的参数或先验信息，便于进行迁移学习
相关知识迁移	建立源数据域与目标数据域的相关知识映射，由于两个域具有相关性，因此每个域的样本独立性假设可以放松

① 示例迁移方法，假设源数据域的一些样本可以在目标数据域学习中通过加权调整（Reweighting）而复用。例如，样本二次加权或重点采样都属于这一类方法。

② 特征表示迁移方法，其基本思想是在目标数据域中学习一种好的特征表示。这种情况下，跨域迁移到知识通过学习提取为特征表示。由于采用了迁移而来的新特征表示，目标学习任务的性能会有显著改善。

③ 参数迁移方法，假设源数据域与目标数据域模型共享某些参数或超参数的先验分布，迁移知识被编码为共享的参数或先验信息。这样，通过发现共享参数或先验信息，可以跨任务迁移知识。

④ 相关知识迁移方法，主要适用于源数据域与目标数据域有关联情况下的迁移学习。这种方法可以提取源数据域与目标数据域的相似性知识，从源数据域迁移到目标数据域。

上述4类方法在3种迁移学习场景中的适用性见表12.5。

表12.5 迁移方法在迁移学习场景中的应用

	归纳迁移学习	推理迁移学习	无监督迁移学习
示例迁移	√	√	
特征表示迁移	√	√	√
参数迁移	√		
相关知识迁移	√		

如表12.5所示，归纳迁移学习场景中，这4类迁移方法都适用；推理迁移学习场景中，只有示例迁移与特征表示迁移方法适用；而无监督迁移学习场景中，只有特征表示迁移方法适用。具体的应用细节不再赘述，读者可参见文献[12.40，12.41]。

在实际应用中，如果目标数据域缺少标记样本，迁移学习非常有用。目前Github上已经有很多针对不同数据集的预训练神经网络模型，包括VGG、ResNet、Inception Net等，有兴趣的读者可以访问相关链接。

12.1.8 深度学习总结

1. 深度学习的开源资源

深度学习有很多开源框架与标准开发工具（SDK），表12.6列举了一些重要的资源，供读者参考。

表 12.6 主流的深度学习框架与开发工具

类型	名称	说明
框架	Tensorflow	谷歌基于 DistBelief 进行研发的第二代人工智能学习系统，它是一个开源软件库，使用数据流图进行数值计算
	Torch	以 lua 作为编程语言，支持主流的机器学习算法，提供类似 MATLAB 的环境
	PyTorch	PyTorch 是一个基于 Torch 的 Python 开源机器学习库，用于自然语言处理等应用程序
	Caffe	全称为 Convolutional Architecture for Fast Feature Embedding，由伯克利大学 AI 研究所开发，是一个以表达、速度和模块化为重心的深度学习框架
	Theano	由蒙特利尔大学 MILA 实验室开发，以 Python 编写的 CPU/GPU 符号表达式深度学习编译器
	KERAS	基于 Theano 深度学习库
	Lasagne	是一个基于 Theano，用于建立和训练神经网络的轻量级库
	DL4J(Deep Learning4J)	一套基于 Java 语言的神经网络工具包，可以构建、定型和部署神经网络
	Chainer	基于 GPU 的神经网络框架
	CNTK(Microsoft)	微软研究院开发的深度学习工具包
	MXNet	是一个旨在提高效率和灵活性的深度学习框架
SDK	cuDNN	
	TensorRT	
	DeepStreamSDK	
	cuBLAS	
	cuSPARSE	
	NCCL	

其中，PyTorch 是学术界最流行的开源框架，Tensorflow 是工业界最广泛使用的框架。文献[12.42]列出了深度学习的很多标准数据集，包括图像分类、文本分类、语言模型、图像标题、机器翻译、问题解答、语音识别、文档摘要、情感分析等，不再赘述。

2. 深度学习历史回顾

迄今为止，深度学习伴随着人工智能(AI)的发展，经历了 3 次研究浪潮。第一次是 20 世纪 40—60 年代，以 1956 年 8 月在美国召开的达特茅斯会议为标志，宣告了人工智能的诞生，深度学习的雏形在控制论(Cybernetics)中孕育。其中，McCulloch 与 Pitts 提出的神经元模型[12.43]，Rosenblatt 提出的第一个感知机模型[12.44]，Widrow 与 Hoff 等人提出的自适应线性模型及随机梯度下降(SGD)训练算法[12.45]，都是这一时期的代表性成果。时至今日，SGD 算法仍然是深度学习的主要训练算法。但线性模型存在很多局限，特别是著名的 AI 学者 Minsky 批评线性模型无法学习异或(XOR)函数[12.46]，导致了神经网络热潮的第一次大衰退。

第二次浪潮表现为 1980—1995 年的联结主义方法。在认知科学背景下，人们笃信将大量简单计算单元连接在一起可以实现智能行为，由此引入了分布式表示的关键概念，成为今天 DNN、CNN 等深度网络提取与分解数据样本特征的基本思想。第二个重要成就是 Rumelhart[12.47]、LeCun[12.10]等人提出的反向传播算法，能够训练具有一两个隐含层的神经网络模型。反向传播算法仍然是深度学习模型最重要的训练方法。另外，Hochreiter 与 Schmidhuber 引入了 LSTM 网络[12.25]，解决了序列建模难题，也是非常重要的进展。

在此期间，机器学习的其他领域也取得了快速进步。其中的代表技术包括核方法中的支撑向量机(SVM),Pearl[12.48]与 Jordan 等人[12.49]建立的图模型方法,包括贝叶斯网络(有向图)与马尔可夫随机场(无向图)。特别是贝叶斯网络上的置信传播(Belief Propagation,BP)算法框架,被引入信道编码领域,成为 Turbo/LDPC 码译码算法的统一框架。这是通信与 AI 两大领域交叉融合的一个典型事例。

20 世纪 90 年代中期,人工智能创业公司开始寻求投资,但当时的技术储备难以满足不切实际的目标,特别是日本第五代计算机研发的失败,导致了神经网络热潮的第二次衰退,并一直持续到 2006 年。

第三次浪潮开始于 2006 年,以深度学习之名复兴多层神经网络。Geoffrey Hinton 提出的深度信念网络(Deep Belief Network)[12.50],采用了逐层预训练策略,第一次解决了多层神经网络训练收敛困难的问题,并被迅速应用到其他各种网络模型中。特别是 2012 年的 ImageNet 图像识别大赛,基于多层神经网络的 AlexNet,超越了传统机器学习与计算机视觉方法,标志着深度学习应用的重大突破。

另一代表性成果是 2016 年,DeepMind 团队引入深度强化学习,首先开发了 AlphaGo、AlphaZero 等系列围棋算法,成功击败围棋世界冠军,进一步开发了 AlphaStar 人工智能算法,在没有任何游戏限制的情况下,排名超越 99.8%的活跃玩家,达到星际争霸 2 的人类顶级水平。

实际上,第三次浪潮的算法基础理论,包括反向传播与强化学习都来自第二次浪潮。只不过当时既缺乏海量数据样本,又缺乏计算机处理能力。但关键是人们没有在思想上认识到深度学习的突破就在眼前。在探寻人类智能奥秘的征途中,深度学习走在人工智能科学发展的前沿,我们期待新的重大突破。

3. 深度学习的优势

回顾最近 15 年的研究进展,可以把深度学习的优势归纳为 3 个方面。

(1) 非线性机制契合神经科学原理

神经科学为深度学习带来了重要的设计灵感。一个典型示例就是现代卷积神经网络,受哺乳动物视觉系统的结构启发,引入了处理图片的多层网络架构。进一步,大多数神经网络模型都包含 Sigmoid、ReLU 等类型的激活函数,这样的非线性单元直接借鉴了大脑神经元的处理机制。但人类对大脑工作机制仍然处在探索初期,因此深度学习与大脑只存在一定相似性,并非越接近真实神经网络。归根到底,非线性机制为神经网络提供了更大的优化空间,是深度学习取得成功的重要保证。

(2) 数据驱动革新信息处理方法论

传统的信息处理方法大多是模型驱动的,即假设数据概率分布,建立信号优化模型,设计求解算法。对于行为简单的系统或有明确关联的场景,这种方法能够获得令人满意的优化效果。但对于复杂信源、高度不确定场景,先验的模型难以完全匹配实际情况,往往导致性能偏差。深度学习采用数据驱动的处理方法,带来了复杂信息处理的革命。例如,DNN、CNN 等多层神经网络模型,从大量样本中逐层抽象,感知高维数据特征;GAN 网络通过生成器与鉴别器的博弈,提取数据样本中的高层特征;深度强化学习基于数据训练,优化 Agent 在动态环境的行为策略。由此可见,数据驱动是深度学习的方法论创新,符合科学研究“第四范式”的精髓。

(3) 多样性方法扩展智能技术应用

目前,人工智能的主要处理对象包括文本、语音与视频等媒体内容识别与转换,以及机器人与自动控制策略。深度学习为自然语言处理、计算机视觉、自动控制等智能应用提供了多样化、系统化的方法体系。得益于众多 AI 研究人员的共同努力,在多国科研战略与工业界投资驱动下,深度学习呈现出应用牵引研究的发展趋势。各种新模型、新结构与新方法层出不穷,在机器翻译、语音识别、计算机视觉、即时策略等领域取得了令人瞩目的成就。

4. 深度学习的局限

当然，深度学习还存在一些局限，我们把学术界达成共识的主要问题列举如下。

（1）复杂非线性模型缺乏成熟理论解释

基于多层神经网络的深度学习方法在文本、语音与图像识别领域取得了巨大成功，标志着人工智能技术取得了重大突破。但深度学习的理论解释存在两大问题，即"黑箱"问题与"相关性"问题。

所谓"黑箱"问题，是指现有深度学习模型都是基于半经验构建的，对于神经网络层数与神经元的非线性结构，难以给出理论解释。并且，由于缺乏明确的理论指导，神经网络成为一个"黑箱"，其结构的优化高度依赖研究人员的经验与技巧。本质上，神经网络是针对典型信源——文本、语音与图像，从数据样本中提取与辨识特征信息，学习信源中蕴含的知识结构，从而获得智能的方法。

这个过程中最关键的问题是如何度量深度学习获取的信息。认识论指出，信息可以划分为语法、语义与语用 3 个层次。香农创立的经典信息论主要以概率论为工具，对语法信息进行建模与分析，在通信领域中获得了巨大成功。但人工智能系统，不仅依赖于语法信息，更倚重语义与语用信息，其解释与优化必须突破经典信息论的限制，在广义信息论框架下，建立融合语法与语义的广义信息测度方法。

所谓"相关性"问题，是指现有深度学习模型通过海量数据训练，找到隐藏的数据间关联规律。这种相关性分析通常能够从海量无结构数据中发现相互影响的因素，但在特定条件下，则可能给出片面结论。例如一个著名的反例：用神经网络建模农场的公鸡打鸣与太阳升起之间的关系，必然发现二者密切关联，但实际上这是两个独立事件。正如图灵奖得主 Judea Pear 指出的"深度学习所取得的所有令人印象深刻的成就都只是曲线拟合"。

这种相关性拟合，在测试条件比较理想时，能够获得较好性能，但如果测试环境非理想或突变，则可能发生无征兆的系统振荡甚至崩溃，也就是健壮性较差。在迁移学习与对抗学习中，这种问题尤为严重。为了克服上述问题，Judea Pear 指出必须用"因果性"分析代替"相关性"分析，深入信源本身，对语义信息的获取、变换、解析等行为进行定量度量，从而构建基于因果性推理的智能框架。

由此可见，广义信息论是人工智能的基础理论，引入融合语法及语义的广义信息测度方法，构建广义信息获取与变换的优化框架，对于夯实深度学习的理论基础极其重要。

（2）大数据量训练耗费巨量计算资源

深度学习的网络规模正在迅速增长，可能是人类有史以来最复杂的研究对象。为了获得满意的性能，深度学习需要海量的标记数据及强大的计算能力。数据标记是一项费时费力的工作，尤其是在高度动态与复杂场景下，海量数据处理已经接近处理极限。而 GPU 的强大计算能力虽然还能暂时满足现有深度学习模型的需求，但能耗超高、存储量巨大，计算效率的潜力迟早会被挖掘殆尽。

对比人脑的学习，少量样本、极低能耗、快速响应的特点与深度学习迥然不同。由此可见，深度学习本质上还是一种信号处理技术，只借鉴了一些大脑神经元工作机制，与真正的人脑学习相差甚远。深度学习还需要进一步探究人脑学习的本质，再掀起一次研究方法的革新。

（3）高度定制欠缺稳定性与泛化能力

现代深度学习模型都是高度定制化的，大多需要针对确定性任务进行海量数据训练，提升稳定性与泛化能力，是深度学习亟待解决的基础问题。已有研究表明，在图像识别任务中，训练非常充分的神经网络，只要改变一两个关键像素，则识别准确率会大幅下降 50%以上。这说明对抗样本或环境变化的深度学习方法需要进一步加强。

另外，迁移学习的理论与方法还不够完备。已有网络模型只能在有明确相关性的数据域或学习任务之间迁移，远远达不到通用学习的目标。与之相反，人脑可以在完全不同的学习任务之间无缝切换，甚至发现不同领域之间隐秘的关联，这也是人脑创造力的体现。由此可见，迁移学习理论还需要进一步发展，启发式通用性的学习方法是未来重要的研究方向。

12.2 基于深度学习的通信架构

移动通信需要在动态时变的无线信道中进行高度复杂的信号传输与处理。传统的无线通信系统设计方法，是将复杂的信号处理任务分解为多个模块，分别进行信号的发送与接收处理。这种设计思想符合经典信息论的分离定理，即通过单独优化各个信号处理单元，就能够实现通信系统的整体优化。但分离定理成立的前提，是要求信源与信道的统计特性满足无记忆或广义平稳遍历，而在移动通信中，由于业务与信道的动态时变，这一前提并不成立，因此，分离优化不能保证系统性能整体最优。

更好的方法，显然是基于联合优化观点，对移动通信系统进行整体设计。但长期以来，联合优化只是停留在理念阶段，一方面，由于移动通信行为的高度复杂性，难以建立联合优化的概率模型；另一方面，即使建立优化模型，联合最大似然检测的算法复杂度也难以承受。

深度学习为移动通信的整体优化提供了一种新的解决手段，数据驱动方法可以规避复杂建模问题，用离线的大数据训练近似在线的 ML 检测，从而达到性能与复杂度之间的较好折中。具体而言，深度学习在移动通信中的应用可以划分为两类方法：①通用移植法；②专用定制法。

所谓通用移植法，是指将移动通信的信号处理问题看作一类通用的学习任务，直接应用深度学习理论与方法，设计相应的处理方案。对于简单的移动通信系统，这种方法具有通用性，能够适应系统的同步误差、时变衰落等非理想因素，具有一定优势。但对于复杂通信系统，简单移植深度学习模型未必能取得满意效果。

由此，人们引入了专用定制法，即针对移动信号处理的特定问题，设计专门化的神经网络模型。这种方法为信号处理算法提供了新的研究思路，在信道估计、信号检测等领域具有较高的应用价值。

下面首先介绍通用移植法在端到端通信系统设计中的应用，然后分别介绍专用定制法在信道估计、信号检测与信道编译码中的应用。

12.2.1 基于自动编码器的通信架构

O'Shea 等人[12.50,12.51]与 Dorner 等人[12.53]最早提出了基于自动编码器的端到端通信系统架构，如图 12.21 所示。

这种方法把端到端通信看作是一个信号识别任务，采用自动编码器-译码器框架，对由发射机、信道与接收机构成的移动通信系统进行抽象建模。

输入信号 $s\in\{1,2,\cdots,M\}$经过比特到向量的映射，编码为 m 维单 1 向量$\mathbf{1}_s=(0,\cdots 0,1,0,\cdots,0)\in R^M$，其中，第 s 个位置为 1，其余位置为 0。然后，这个向量送入多层神经网络，经过实数到复数的转换，再经过归一化操作，得到发送信号向量 $\boldsymbol{x}\in\mathbf{C}^n$。经过噪声层与衰落信道层，得到接收信号向量 $\boldsymbol{y}\in\mathbf{C}^n$。在接收端，首先将复信号转换为实信号，再经过多层神经网络处理，输

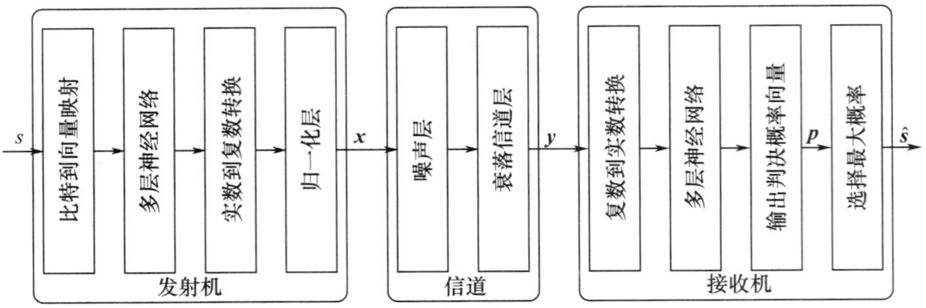

图 12.21　基于自动编码器的端到端通信系统结构

出判决概率向量 $\boldsymbol{p}\in(0,1)^m$，最后选择概率最大的信号输出，得到判决估计 $\hat{s}$。

假设其中$\boldsymbol{\theta}_{\mathrm{T}}$ 与$\boldsymbol{\theta}_{\mathrm{R}}$ 分别是发射机、接收机网络的参数，给定发射机映射 $f_{\boldsymbol{\theta}_{\mathrm{T}}}^{\mathrm{T}}:M\rightarrow\mathbf{C}^n$，接收机映射 $f_{\boldsymbol{\theta}_{\mathrm{R}}}^{\mathrm{R}}:\mathbf{C}^n\rightarrow\left\{\boldsymbol{p}\in(0,1)^m:\sum_{i=1}^{m}p_i=1\right\}$，则自动编码器的代价函数可以用交叉熵表示，即

$$L(\boldsymbol{\theta}_{\mathrm{T}},\boldsymbol{\theta}_{\mathrm{R}})=-\sum_{i=1}^{S}\frac{1}{S}\log\left(f_{\boldsymbol{\theta}_{\mathrm{R}}}^{\mathrm{R}}\left(f_{\boldsymbol{\theta}_{\mathrm{T}}}^{\mathrm{T}}(\mathbf{1}_s^{(i)}),\boldsymbol{z}^{(i)}\right)_{m^{(i)}}\right) \tag{12.2.1}$$

式中，$m^{(i)}$ 表示第 i 个训练样本；S 表示训练样本总数；$\boldsymbol{z}^{(i)}\boldsymbol{z}$ 表示叠加的噪声与衰落样本。

整个系统的神经网络层主要采用 ReLU 激活函数，发射机、接收机的最后一层采用 Softmax 激活函数，采用反向传播的 SGD 算法训练网络参数。由于信道的随机特性，叠加了噪声得到的数据样本都是相互独立的，因此神经网络不会发生过拟合，这一点是通信系统训练不同于一般学习的主要差别。

由于衰落信道模型与实际信道存在差异，离线训练的自动编码器可能不匹配真实的无线传输信道特征。为了解决这一问题，基于迁移学习思想，可以采用如图 12.22 所示的两阶段训练过程。第一阶段训练，采用随机信道模型产生数据样本，训练初始的自动编码器与译码器，作为发射机与接收机。而在第二阶段，从发射机发送大量的已知信号序列，经过真实信道产生接收样本，用于在线训练接收机。由于自动译码器是在第一阶段训练的基础上，通过继续训练，适应真实信道与随机信道模型的差异，因此称为精细调整(AE)。通过这样的两步训练，系统可靠性得到了进一步提升。

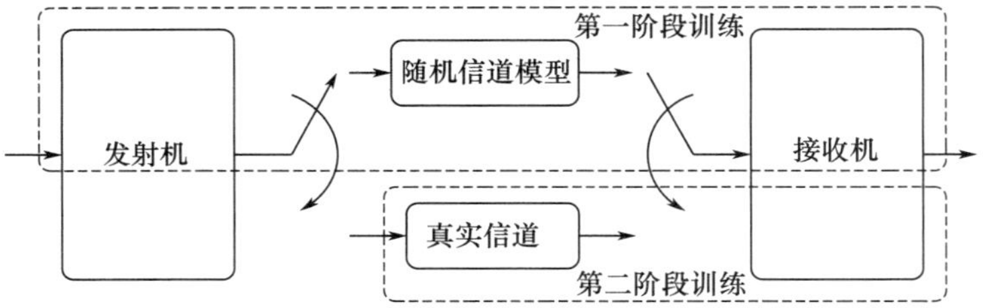

图 12.22　两阶段训练过程

图 12.23 给出了采用自动编码器实现无线通信的误块率(BLER)性能。调制方式采用 DQPSK，虚线是 AWGN 信道下的理论性能曲线。GR DQPSK 是基于 GNU Radio 软件无线电平台在无线信道中实测的性能曲线。Autoencoder 与 Finetuned Autoencoder 是采用自动编码器的性能曲线。由图可知，自动编码器训练的结果与实测性能曲线非常吻合，如果采用精细调整，可以进一步提高系统性能。

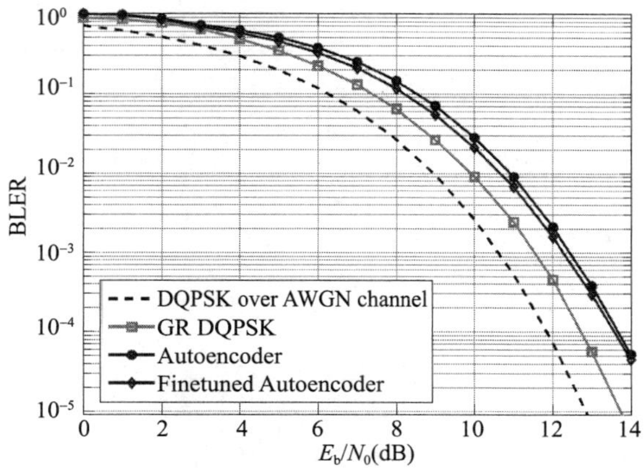

图 12.23 自动编码器无线通信性能

12.2.2 基于强化学习的通信架构

上述两阶段训练自动编码器方案，存在两个问题：①精细调整阶段，只能对接收机训练，无法进一步优化发射机，导致系统性能受限；②自动编码器需要联合训练发射机与接收机，训练样本大，算法收敛慢。为了解决这些问题，文献[12.54]提出了基于强化学习的通信架构，它的基本思想是将联合训练分解为接收机与发射机的单独训练，首先采用监督学习方法训练接收机，然后采用强化学习方法训练发射机。图 12.24 与图 12.25 分别给出了接收机与发射机的训练过程示意。

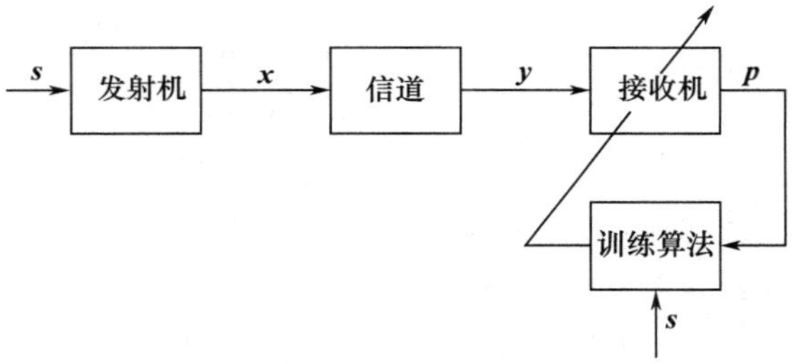

图 12.24 基于监督学习的接收机训练

由图 12.24 可知，接收机以发送样本序列 $\boldsymbol{s}$ 为参考，采用 SGD 算法单独训练接收网络参数 $\boldsymbol{\theta}_{\mathrm{R}}$。其相应的代价函数为

$$L(\boldsymbol{\theta}_{\mathrm{R}})=-\sum_{i=1}^{S}\frac{1}{S}\log\left(f_{\boldsymbol{\theta}_{\mathrm{R}}}^{\mathrm{R}}\left(\boldsymbol{y}^{(i)}\right)_{m^{(i)}}\right) \tag{12.2.2}$$

对于发射机的训练，采用强化学习方法，将消息集合 M 作为状态空间，发送信号集合 $\mathbf{C}^n$ 作为动作空间。随机策略映射 $\pi_\psi(\cdot\mid\boldsymbol{x})$表征发送信号到信道的映射，通过调整这一策略优化发射机结构。当计算出接收端损失 $L(\boldsymbol{\theta}_{\mathrm{R}})$后，发送端的整体损失函数为 $J(\boldsymbol{s},L(\boldsymbol{\theta}_{\mathrm{R}}),\boldsymbol{x}_p)$，相应的训练梯度表示为

$$\nabla_{\boldsymbol{\theta}_{\mathrm{T}},\psi}J(\boldsymbol{s},L(\boldsymbol{\theta}_{\mathrm{R}}),\boldsymbol{x}_p)=\frac{1}{B}\sum_{i=1}^{B}L^{(i)}(\boldsymbol{\theta}_{\mathrm{R}})\nabla_{\boldsymbol{\theta}_{\mathrm{T}},\psi}\log\left(\pi_\psi\left(\boldsymbol{x}_p^{(i)}\mid f_{\boldsymbol{\theta}_{\mathrm{T}}}^{\mathrm{T}}\left(\boldsymbol{s}^{(i)}\right)\right)\right) \tag{12.2.3}$$

式中，B 表示发射机的训练样本总数。

由于发射机与接收机分别训练，这种监督学习/强化学习混合方法的训练复杂度要远小于联合训练，并且系统性能与自动编码器相当，没有明显损失，因此能够达到性能与复杂度更好的折中。

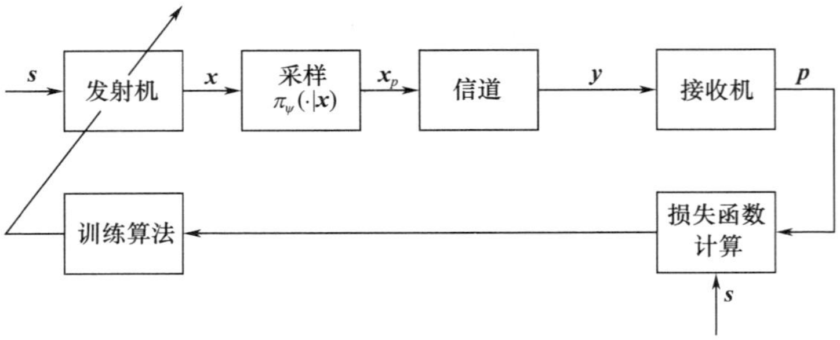

图 12.25 基于强化学习的发射机训练

12.2.3 基于条件生成对抗网络(CGAN)的通信架构

为了获得良好的接收性能，基于自动编码器或强化学习的移动通信架构，需要假设信道状态(CSI)信息完全已知，如果信道变化过于剧烈，则系统性能会显著下降。为了克服这个问题，文献[12.55]提出了基于条件生成对抗网络(CGAN)的通信架构。其基本思想是将 CSI 信息 $\boldsymbol{h}$ 作为条件，训练生成器，模拟真实信道响应，作为接收机的信道状态信息。

令 $D(\boldsymbol{y}|\boldsymbol{h})$表示鉴别器在给定 CSI 条件下的输出，$G(\boldsymbol{z}|\boldsymbol{h})$表示生成器在给定 CSI 条件下的输出，则 CGAN 网络的优化模型表示为

$$\min_G \max_D V(G,D) = \min_G \max_D E_{\boldsymbol{y}\sim p(\boldsymbol{y}|\boldsymbol{h})}[\log D(\boldsymbol{y}|\boldsymbol{h})] + E_{\boldsymbol{z}\sim p(\boldsymbol{z}|\boldsymbol{h})}[\log(1-D(G(\boldsymbol{z}|\boldsymbol{h})))] \tag{12.2.4}$$

CGAN 的实际训练包括接收机、发射机的单独训练，以及整个网络训练，分别如图 12.26、图 12.27与图 12.28 所示。

如图 12.26 所示，接收机训练与一般的监督学习类似。发送信号中插入导频，经过信道后，得到导频信号$\boldsymbol{y}_\mathrm{p}$，作为 CSI 信息样本。将接收信号 $\boldsymbol{y}$ 与导频信号$\boldsymbol{y}_\mathrm{p}$ 作为输入，训练接收网络，计算损失函数，采用 SGD 算法，调整与优化网络参数。

图 12.27 给出了发射机训练过程。当完成接收机训练、固定网络参数后，基于代价函数，采用 SGD 算法调整发射机参数。

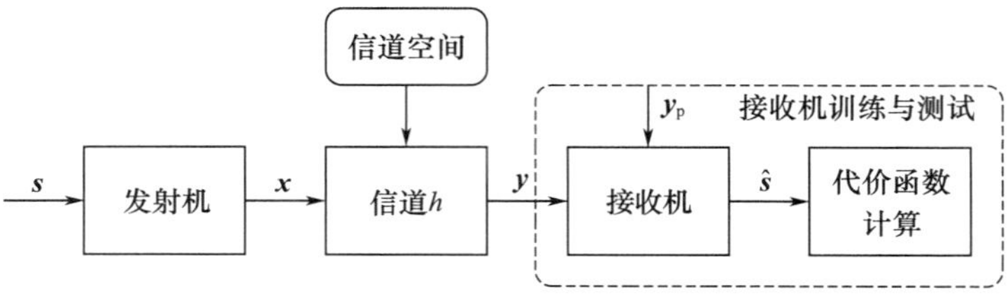

图 12.26 基于 CGAN 的接收机训练

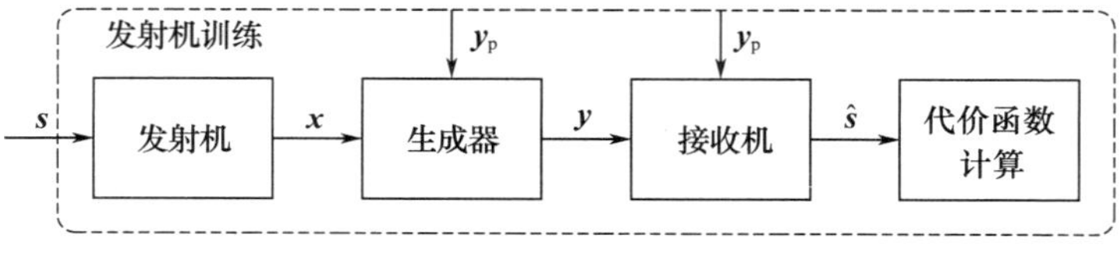

图 12.27 基于 CGAN 的发射机训练

当完成接收机与发射机训练后，就可以进行 CGAN 的整体训练，如图 12.28 所示。导频信号$\boldsymbol{y}_{\mathrm{p}}$送入生成器，作为条件输入，产生模拟接收信号 $\boldsymbol{z}$，并与另一路真实接收信号 $\boldsymbol{y}$ 一起送入鉴别器，得到代价函数，进一步反向调整生成器与鉴别器。

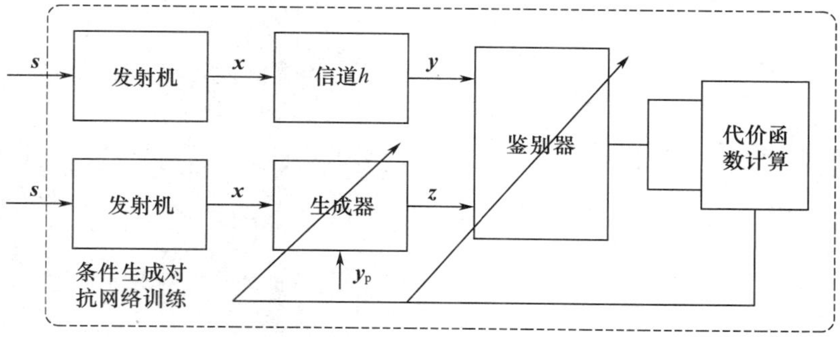

图 12.28　CGAN 的整体训练

图 12.29 给出了 Rayleigh 衰落信道下，QPSK 调制，采用 CGAN 网络检测与传统检测的性能对比。由图可知，理想信道估计下的相干检测，两种方法的性能一致，而采用信道估计条件下，采用端到端(E2E)的 CGAN 网络检测，也能够与联合估计与解调方法达到类似的性能。

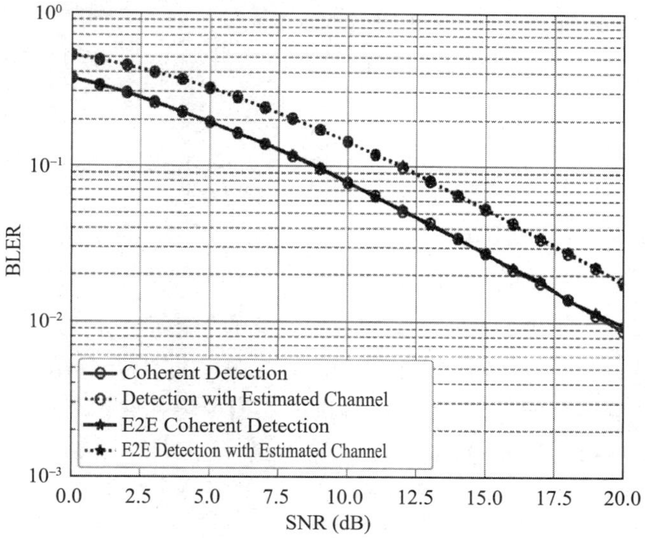

图 12.29　检测性能比较

12.3　智能信道估计与预测

将信道响应类比为图像向量，因此可以采用 DNN/CNN 模型进行信道估计，进一步考虑信道响应的时间相关性，可以采用 RNN 网络进行信道预测。由于神经网络模型经过大量的离线训练，因此大幅度节省导频数量，甚至实现全盲估计，这是应用深度学习方法的一个重要优点。基于深度学习的信道估计与预测方法，都属于专用定制法，需要针对信号模型的结构，结合信号处理特点，设计深度学习网络模型。

12.3.1 OFDM系统中基于多层感知机(MLP)的信道估计

给定一个 OFDM 系统，假设 $X_m(k)$表示第 m 个 OFDM 符号第 k 个子载波的频域调制信号，则经过 IFFT 变换，得到时域发送信号为

$$x_m(n) = \frac{1}{\sqrt{N}}\sum_{k=0}^{N-1} X_m(k)\mathrm{e}^{\mathrm{j}2\pi nk/N} \quad n = 0,1,\cdots,N-1 \tag{12.3.1}$$

式中，N 是子载波数目；n 是时域样值序号。插入循环前缀(CP)后，得到完整的时域信号为

$$x_f(n) = \begin{cases} x_m(N+n), & n = -N_G,\cdots,1 \\ x_m(n), & n = 0,1,\cdots,N-1 \end{cases} \tag{12.3.2}$$

式中，N_G 是循环前缀长度。

OFDM 时域波形信号经过多径衰落信道，叠加噪声后，得到接收信号，表示为

$$y_f(n) = x_f(n) * h_m(n) + w_m(n) \tag{12.3.3}$$

式中，$w_m(n)$是白噪声样值；多径信道响应 $h_m(n)$可以表示为

$$h_m(n) = \sum_{l=0}^{L-1} \alpha_l \delta(n-\tau_l) \tag{12.3.4}$$

式中，α_l 是第 l 条径的复信道响应；τ_l 是相应的时延。

当去除 CP 后，得到一个 OFDM 符号的接收波形信号 $y_m(n)$，经过 FFT 变换，得到频域接收信号，表示为

$$Y_m(k) = \frac{1}{N}\sum_{n=0}^{N-1} y_m(n)\mathrm{e}^{-\mathrm{j}2\pi kn/N} \quad k = 0,1,\cdots,N-1 \tag{12.3.5}$$

由此，可以直接用频域表示信号模型为

$$Y_m(k) = X_m(k)H_m(k) + W_m(k) \tag{12.3.6}$$

式中，$H_m(k)$表示第 m 个 OFDM 符号第 k 个子载波上的频域信道响应。

文献[12.56]提出了用于 OFDM 信道估计的多层感知机模型，其结构如图 12.30 所示，包括输入层、输出层与多个全连接的隐含层。其中，输入层需要将接收信号 $Y_m(k)$进行实、虚部分离，分别把实部 $\mathrm{Re}[Y_m(k)]$与虚部 $\mathrm{Im}[Y_m(k)]$送入输入层，作为训练样本。

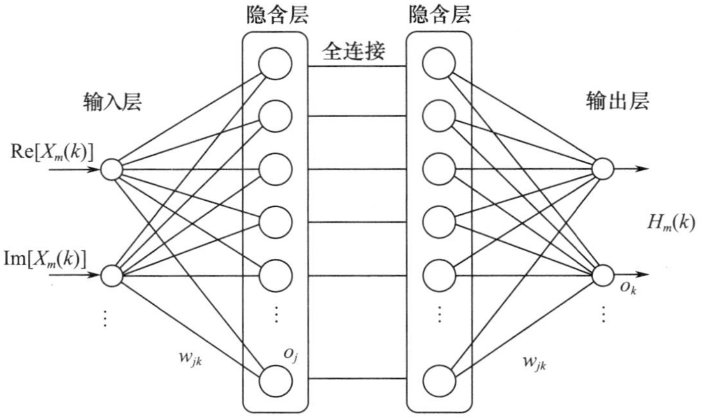

图 12.30 用于 OFDM 信道估计的 MLP 网络

令 U_i 表示隐含层的第 i 个输入数据，则第 j 个节点输出信号为

$$o_j = \sigma\left(\sum_{i=1}^{d} U_i w_{ij}\right) = \frac{1}{1+\exp\left[-\sum_{i=1}^{d} U_i w_{ij}\right]} \tag{12.3.7}$$

式中，激活函数 $\sigma(\cdot)$是 Sigmoid 函数；w_{ij}是权重系数；d 是输入单元数目。

同样，第 k 个输出节点的信号表示为

$$o_k = \sigma\left(\sum_{j=1}^{n_{\rm H}} o_j w_{jk}\right) = \frac{1}{1+\exp\left[-\sum_{k=1}^{n_{\rm H}} o_j w_{jk}\right]} \tag{12.3.8}$$

式中，$n_{\rm H}$ 是输出单元数目。

如果只考虑一个隐含层，则输入与输出信号之间的关系式为

$$o_k = \sigma\left(\sum_{j=1}^{n_{\rm H}} w_{jk}\sigma\left(\sum_{i=1}^{d} Y_i w_{ij}\right)\right) \tag{12.3.9}$$

训练过程的代价函数采用输出信号与真实频域响应之间的均方误差(MSE)，即

$$J(w) = \frac{1}{2}\sum_{k=1}^{c}(H_k - o_k)^2 \tag{12.3.10}$$

式中，H_k 是第 k 个真实信道响应值；c 是总样本数。

MLP 采用反向传播的 SGD 算法进行训练，其权重系数迭代更新公式为

$$w_{ij}^{(l+1)} = w_{ij}^{(l)} - \eta\nabla_w J(w) \tag{12.3.11}$$

式中，η 是学习率。

对于输入层与输出层，代价函数的梯度分布计算如下

$$\begin{cases}\nabla_{w_{ij}} J(w_{ij}) = \left[\sum_{k=1}^{c} w_{jk}(H_k - o_k)\sigma'(o_k)\right]\sigma'(o_j)Y_i \\ \nabla_{w_{jk}} J(w_{jk}) = (H_k - o_k)\sigma'(o_k)o_j\end{cases} \tag{12.3.12}$$

图 12.31 与图 12.32 给出了神经网络、LS 及 MMSE 信道估计算法的均方误差(MSE)与 BER 性能对比。

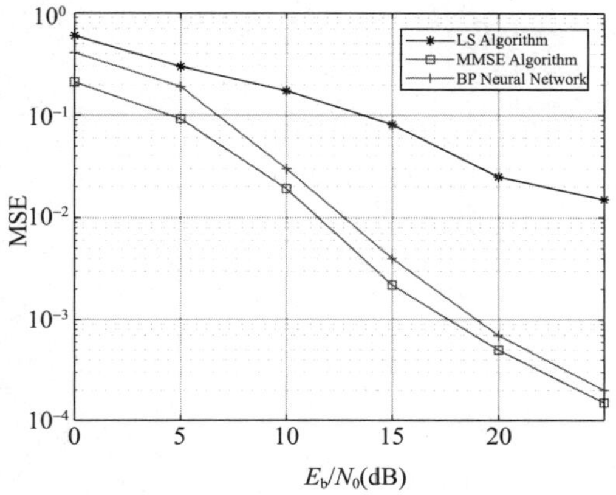

图 12.31　不同信道估计算法 MSE 性能比较

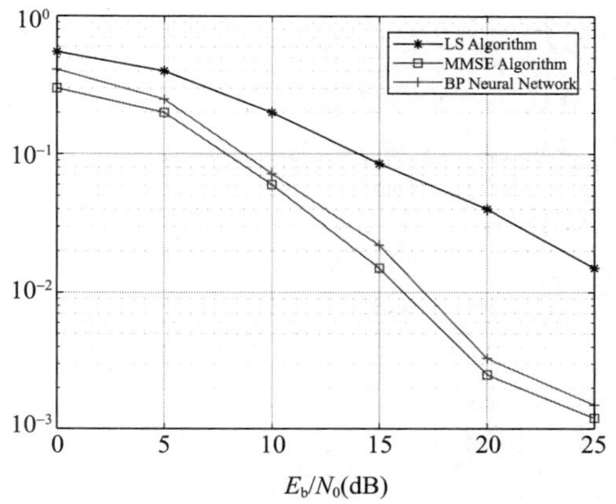

图 12.32　不同信道估计算法 BER 性能比较

其中，MLP 网络含有 1 个隐含层，10 个神经元。衰落信道是 COST207 TU 模型，子载波总数为 64，可用子载波数目为 54，调制方式 QPSK。由图可知，MLP 网络的 MSE 与 BER 趋近于 MMSE 算法，远优于 LS 信道估计算法。并且，由于 MLP 网络不需要导频，因此节省了系统开销，获得了额外的功率/带宽增益。

多层神经网络方法还可以进一步推广到 MIMO-OFDM 系统的信道估计，参见文献[12.57]。文献[12.58]还提出了基于 CNN 网络的 MMSE 信道估计方法。同等条件下，这些方法都能够获得逼近 MMSE 估计的性能，能达到更好的复杂度与性能折中。

12.3.2 基于循环神经网络的信道预测

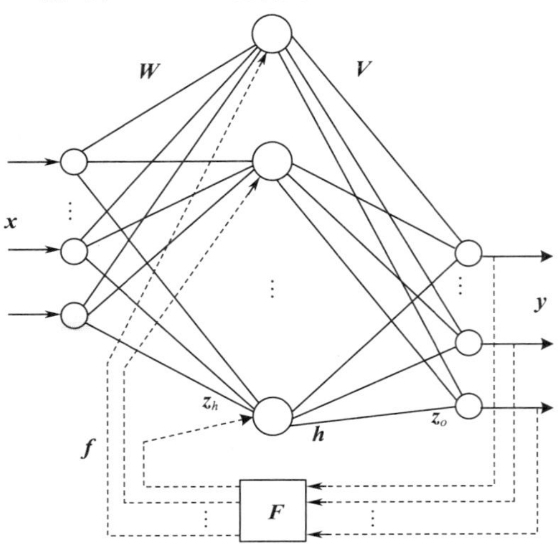

图 12.33 RNN 网络结构

由于衰落信道响应存在时域相关性，便于用循环神经网络（RNN）建模，进行信道预测。文献[12.59]提出的 RNN 网络结构如图 12.33 所示，包括输入层、隐含层与输出层，并且输出信号送入反馈单元，又送入了隐含层。

假设输入层有 N_i 个神经元，隐含层有 N_h 个神经元，输出层有 N_o 个神经元。令 $\boldsymbol{W}$ 表示输入层与隐含层之间的权重矩阵，$\boldsymbol{b}_h$ 表示偏置向量，$\boldsymbol{V}$ 表示隐含层与输出层之间的权重矩阵，$\boldsymbol{b}_y$ 表示偏置向量。假设$\boldsymbol{x}(t)$表示 t 时刻的输入信号向量，$\boldsymbol{f}(t)$表示反馈信号向量，则隐含层的输入信号可以表示为

$$\boldsymbol{z}_h(t)=\boldsymbol{W}\boldsymbol{x}(t)+\boldsymbol{f}(t)+\boldsymbol{b}_h \qquad (12.3.13)$$

式中，反馈信号 $\boldsymbol{f}(t)$实际上是前一时刻的输出信号 $\boldsymbol{y}(t)$经过矩阵变换 $\boldsymbol{F}$ 得到的，即

$$\boldsymbol{f}(t)=\boldsymbol{F}\boldsymbol{y}(t-1) \qquad (12.3.14)$$

隐含层的激活函数采用 Sigmoid 函数，则相应的输出信号为

$$\boldsymbol{h}(t)=\sigma(\boldsymbol{W}\boldsymbol{x}(t)+\boldsymbol{F}\boldsymbol{y}(t-1)+\boldsymbol{b}_h) \qquad (12.3.15)$$

经过输出层的加权与非线性变换，得到最终的输出信号向量为

$$\boldsymbol{y}(t)=\sigma(\boldsymbol{z}_o)=\sigma(\boldsymbol{V}\boldsymbol{h}(t)+\boldsymbol{b}_y) \qquad (12.3.16)$$

这个 RNN 网络的代价函数是均方误差，即 $L(\boldsymbol{W},\boldsymbol{V},\boldsymbol{b}_h,\boldsymbol{b}_y)=\|\boldsymbol{y}_0-\boldsymbol{y}\|^2$，其中$\boldsymbol{y}_0$ 是真值。由此可得输出层与隐含层的参数迭代公式如下

$$\begin{cases}\boldsymbol{W}=\boldsymbol{W}-\eta\boldsymbol{V}^{\mathrm{T}}\sigma'(\boldsymbol{z}_h)\nabla_y L\sigma'(\boldsymbol{z}_o)x^{\mathrm{T}}\\ \boldsymbol{V}=\boldsymbol{V}-\eta\nabla_y L\sigma'(\boldsymbol{z}_o)\boldsymbol{h}^{\mathrm{T}}\\ \boldsymbol{b}_h=\boldsymbol{b}_h-\eta\boldsymbol{V}^{\mathrm{T}}\sigma'(\boldsymbol{z}_{\mathrm{h}})\nabla_y L\sigma'(\boldsymbol{z}_o)\\ \boldsymbol{b}_y=\boldsymbol{b}_y-\eta\nabla_y L\sigma'(\boldsymbol{z}_o)\end{cases} \qquad (12.3.17)$$

式中，η 是学习率，$()^{\mathrm{T}}$ 表示矩阵或向量的转置。

图 12.34 给出了采用 LTE 系统配置，在 EVA300 信道下各种信道预测算法的中断概率性能比较。由于这种信道的车速达 300km/h，多普勒效应明显，因此信道存在快速时变。随机预

测或传统的 Outdated 预测性能很差，采用不同自回归 AR 模型预测，性能略有改进，但在高信噪比条件下，仍然不令人满意。而采用 RNN 网络预测，则趋近于理想预测结果，性能得到了很大提高。

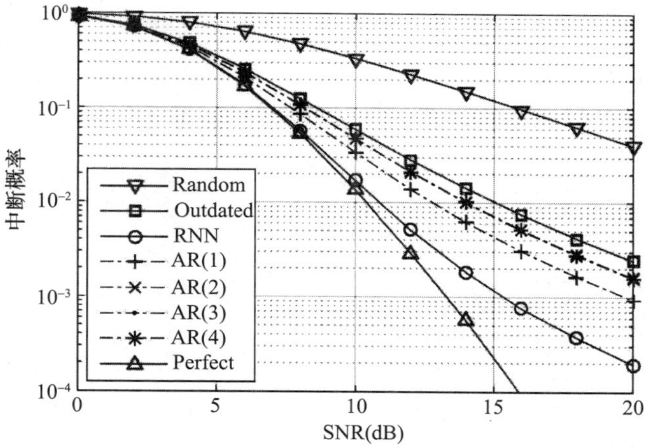

图 12.34 各种信道预测算法的中断概率性能比较

12.4 深度 MIMO 检测

MIMO 检测是现代移动通信的关键技术。传统的 MIMO 检测技术很难在检测性能与算法复杂度之间达到折中。例如，ZF 或 MMSE 检测，算法复杂度较低，但检测性能不令人满意，而球译码(SD)与迭代消息传递(AMP)算法，检测性能很好，但算法复杂度较高。采用神经网络设计 MIMO 检测算法，提供了一种新的思路。这类方法也属于专用定制法，需要根据 MIMO 信号结构，设计检测网络与训练算法。

12.4.1 信号模型

Samuel 等人提出的 DetNet(Detection Network)网络是一个代表性方法[12.60]，它能够应用于大规模 MIMO 的神经网络检测。

给定 K 个送发天线，N 个接收天线的 MIMO 系统，其中发送信号向量 $\boldsymbol{x}\in\{\pm 1\}^K$，信道响应矩阵 $\boldsymbol{H}\in\mathbf{R}^{N\times K}$，则接收信号向量 $\boldsymbol{y}\in\mathbf{R}^N$ 表示为

$$\boldsymbol{y}=\boldsymbol{H}\boldsymbol{x}+\boldsymbol{w} \tag{12.4.1}$$

式中，$\boldsymbol{w}\in\mathbf{R}^N$ 是加性高斯噪声向量，它的单个分量都是均值为 0、方差为 $N_0/2$ 的高斯随机变量。对于 DetNet 网络，不需要先验已知噪声方差，也不需要估计，相对于 MMSE 或 AMP 算法而言，这是一个优点。

将上述信号模型左乘信道响应矩阵，得到 DetNet 的信号处理模型

$$\boldsymbol{H}^{\mathrm{T}}\boldsymbol{y}=\boldsymbol{H}^{\mathrm{T}}\boldsymbol{H}\boldsymbol{x}+\boldsymbol{H}^{\mathrm{T}}\boldsymbol{w} \tag{12.4.2}$$

对于 DetNet 网络，主要有两路信号输入，即 $\boldsymbol{H}^{\mathrm{T}}\boldsymbol{y}$ 与$\boldsymbol{H}^{\mathrm{T}}\boldsymbol{H}\boldsymbol{x}$ $\boldsymbol{H}^{\mathrm{T}}\boldsymbol{y}$ 。

12.4.2 DetNet 网络结构

DetNet 网络的总体结构如图 12.35 所示，由 M 层检测网络构成，每一层的输出与输入叠加

后，再送入下一层作为输入。这种结构类似于 ResNet 网络，其每层结构如图 12.36 所示。

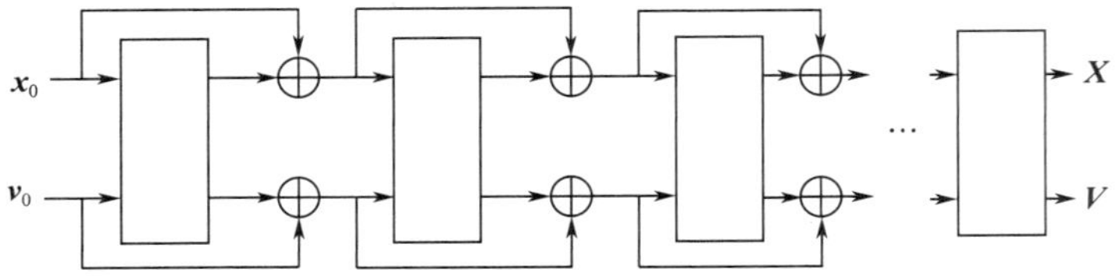

图 12.35　DetNet 网络的总体结构

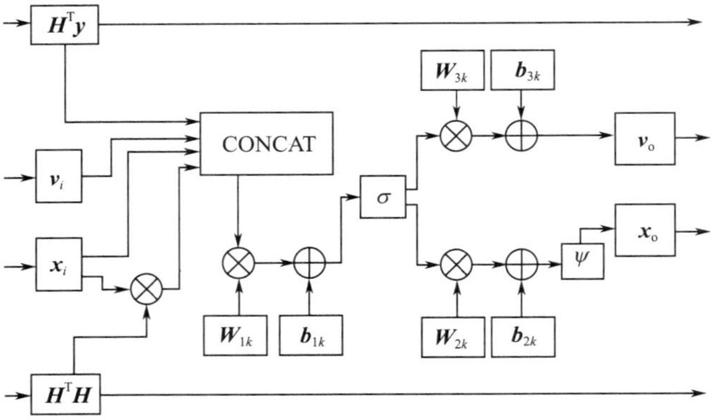

图 12.36　DetNet 网络的每层结构

类似于最大似然（ML）检测的投影梯度下降求解，DetNet 网络采用了如下的迭代计算形式

$$\hat{\boldsymbol{x}}_{k+1} = \prod\left[\hat{\boldsymbol{x}}_k - \delta_k \frac{\partial \|\boldsymbol{y} - \boldsymbol{H}\boldsymbol{x}\|^2}{\partial \boldsymbol{x}}\bigg|_{\boldsymbol{x}=\hat{\boldsymbol{x}}_k}\right] = \prod\left[\hat{\boldsymbol{x}}_k - \delta_k \boldsymbol{H}^{\mathrm{T}}\boldsymbol{y} + \delta_k \boldsymbol{H}^{\mathrm{T}}\boldsymbol{H}\boldsymbol{x}_k\right] \tag{12.4.3}$$

式中，$\hat{\boldsymbol{x}}_k$ 是第 k 次迭代估计信号；$\Pi(\cdot)$表示非线性投影算子；δ_k 是迭代步长。

上式表明，每次迭代的结果，都是$\hat{\boldsymbol{x}}_k$、$\boldsymbol{H}^{\mathrm{T}}\boldsymbol{y}$ 与$\boldsymbol{H}^{\mathrm{T}}\boldsymbol{H}\boldsymbol{x}_k$ 的线性组合然后经过非线性投影得到的。基于这一思路，可得每次迭代的具体更新公式为

$$\begin{cases} \boldsymbol{z}_k = \sigma(\boldsymbol{W}_{1k}(\boldsymbol{H}^{\mathrm{T}}\boldsymbol{y}, \hat{\boldsymbol{x}}_k, \boldsymbol{H}^{\mathrm{T}}\boldsymbol{H}\hat{\boldsymbol{x}}_k, \boldsymbol{v}_k)^{\mathrm{T}} + \boldsymbol{b}_{1k}) \\ \hat{\boldsymbol{x}}_{k+1} = \psi_{t_k}(\boldsymbol{W}_{2k}\boldsymbol{z}_k + \boldsymbol{b}_{2k}) \\ \hat{\boldsymbol{v}}_{k+1} = \boldsymbol{W}_{3k}\boldsymbol{z}_k + \boldsymbol{b}_{3k} \\ \hat{\boldsymbol{x}}_1 = \boldsymbol{0} \end{cases} \tag{12.4.4}$$

式中，$k=1,2,\cdots,M$；$\sigma(\cdot)$是 Sigmoid 函数；$\psi_t(\cdot)$是分段线性软极性函数，定义为

$$\psi_t(x) = -1 + \frac{\sigma(x+t)}{|t|} - \frac{\sigma(x-t)}{|t|} \tag{12.4.5}$$

图 12.37 给出了输出函数 $\psi_t(x)$的映射图像。由图可知，$\psi_t(\cdot)$是一个奇对称函数，且受参数 t 控制。当 t 变小时，$\psi_t(x)$趋于极性函数 $\mathrm{sgn}(x)$；而当 t 变大时，$\psi_t(x)$趋于线性函数。

令 $\boldsymbol{\theta} = \{\boldsymbol{W}_{1k}, \boldsymbol{b}_{1k}, \boldsymbol{W}_{2k}, \boldsymbol{b}_{2k}, \boldsymbol{W}_{3k}, \boldsymbol{b}_{3k}, t_k\}$，它们都是每一层的参数，分别是权重矩阵、偏置向量及控制变量。如图 12.36 所示，两路参考信号$\boldsymbol{H}^{\mathrm{T}}\boldsymbol{y}$、$\boldsymbol{H}^{\mathrm{T}}\boldsymbol{H}$ 与前一层的两路信号$\hat{\boldsymbol{x}}_k$、$\boldsymbol{v}_k$ 送入当前层，CONCAT 表示信号级联，经过加权与偏置，再进行 Sigmoid 映射，分为两个支路，一路经过加权偏置与 $\psi_{t_k}(\cdot)$映射得到输出信号$\hat{\boldsymbol{x}}_{k+1}$，另一路经过加权偏置得到下一层的参考信号$\hat{\boldsymbol{v}}_{k+1}$。最终的网络输出信号为$\hat{\boldsymbol{x}}_{\boldsymbol{\theta}}(\boldsymbol{y}, \boldsymbol{H}) = \hat{\boldsymbol{x}}_M$。

为了防止梯度消失与激活函数的饱和，DetNet 检测的代价函数定义为

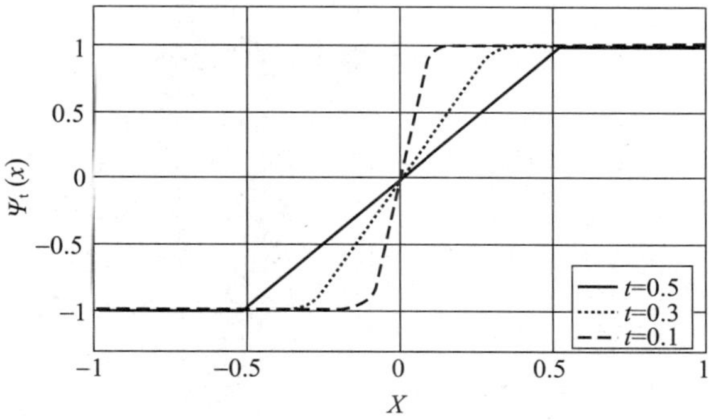

图 12.37　输出函数 $\psi_t(\cdot)$的映射图像

$$L(\boldsymbol{\theta};\boldsymbol{H},\boldsymbol{y})=\sum_{k=1}^{M}\log(k)\frac{\|\boldsymbol{x}-\hat{\boldsymbol{x}}_k\|^2}{\|\boldsymbol{x}-\tilde{\boldsymbol{x}}\|^2} \tag{12.4.6}$$

式中，$\tilde{\boldsymbol{x}}=(\boldsymbol{H}^{\mathrm{T}}\boldsymbol{H})^{-1}\boldsymbol{H}^{\mathrm{T}}\boldsymbol{y}$ 是迫零检测的结果。本质上，这个代价函数基于 ZF 检测对均方误差代价函数进行正则化。

12.4.3　检测性能

针对发送天线数目 $K=30$，接收天线数目 $N=60$ 的大规模 MIMO 固定信道（信道响应矩阵满足$[\boldsymbol{H}^{\mathrm{T}}\boldsymbol{H}]_{i,j}=0.55^{|i-j|}$ 的 Toeplitz 结构，这是一种检测性能急剧下降的病态矩阵），DetNet 与其他检测算法的性能如图 12.38 所示。

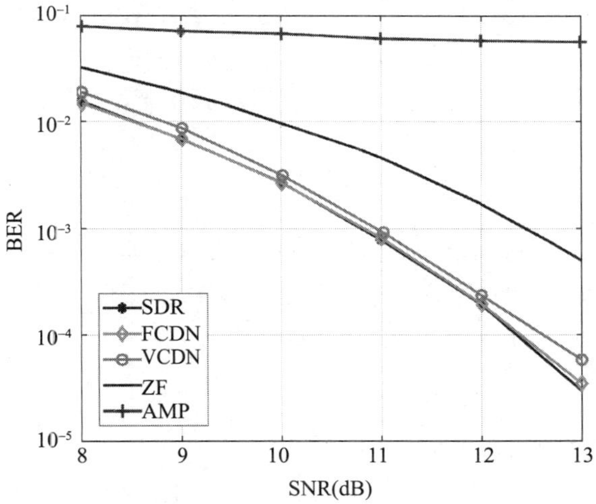

图 12.38　固定 MIMO 信道下各种检测算法的性能比较

其中，FCDN 采用 DetNet 网络，含有 $3K=90$ 层，其训练与测试都采用固定信道。VCDN 与 FCDN 网络结构一样，只不过训练采用随机生成的信道样本。AMP 算法是迭代消息传递算法。SDR 是半定松弛算法。由图可知，对于这种恶劣信道，FCDN 与 VCDN 都能够达到与 SDR 类似的性能，远好于 AMP 与 ZF 算法。

DetNet 网络检测性能还可以进一步增强，文献[12.61]通过简化输入结构、节点连接结构及改进代价函数，设计了稀疏连接的检测网络。另外，文献[12.62]研究了基于 RNN 网络的 MIMO检测算法。

12.5 深度信道译码

现代信道编码，例如卷积码、Turbo 码、LDPC 码及 Polar 码，都是定义在图模型上，采用软入软出(SISO)的迭代译码算法。基于图模型，可以设计深度学习译码架构，因此这类方法也属于专用定制法。文献[12.68]研究了基于神经网络的 Viterbi 译码，是多层神经网络译码的早期代表性工作。

12.5.1 线性分组码的神经网络译码

一般情况下，线性分组码都可以基于校验矩阵，表示为由变量节点与校验节点构成的因子图。在因子图上，采用置信传播(BP)算法进行译码。文献[12.63]提出了基于对偶图的神经网络译码结构，其基本思想是将原因子图中的边作为神经网络隐含层的节点，将因子图中的变量/校验节点作为神经网络传递的信号，并引入非线性激活函数，从而构成对偶因子图。

1. 对偶因子图上的 BP 算法

假设码长为 N，因子图有 E 条边，BP 译码迭代次数为 L。则对偶因子图的输入层向量维度为 N，包含 $2L$ 个隐含层，每个隐含层节点数目为 E。输入层的信道似然比(LLR)信息表示为

$$l_v = \log \frac{p(c_v = 1 | y_v)}{p(c_v = 0 | y_v)} \tag{12.5.1}$$

式中，$c_v \in \{0,1\}$ 是第 v 个编码比特；y_v 是相应的接收信号。

对于隐含层序号 $i=1,2,\cdots,2L$，如果是奇数隐含层，其节点输出信号表示变量节点到校验节点传递的信息，而偶数隐含层，节点输出信号表示校验节点到变量节点传递的信息。令 $e=(v,c)$ 表示因子图上变量节点 v 与校验节点 c 之间的连边，同时也表示隐含层上第 e 个节点。令 $x_{i,e}$ 表示第 i 个隐含层第 e 个节点输出的消息。这样在对偶因子图上也可以进行 BP 译码，对于奇数隐含层，节点输出消息的计算公式为

$$x_{i,e=(v,c)} = l_v + \sum_{e'=(v,c'),c'\neq c} x_{i-1,e'} \tag{12.5.2}$$

上式表征的是原因子图上变量节点的消息计算，需要去除目标边 $e=(v,c)$ 上的消息，因此这个消息是外信息。另外，$x_{0,e}=0$，即校验层在初始化时输出信息为 0。

同样，对于偶数隐含层，节点输出消息的计算公式为

$$x_{i,e=(v,c)} = 2\text{artanh}\Big(\prod_{e'=(v',c),v\neq v'} \tanh\big(\frac{x_{i-1,e'}}{2}\big)\Big) \tag{12.5.3}$$

最终，网络在输出层得到的节点消息为

$$o_v = l_v + \sum_{e'=(v,c')} x_{2L,e'} \tag{12.5.4}$$

2. 神经网络 BP 算法

在对偶因子图上，在输入层、隐含层、输出层节点连边中引入权重系数，就可以设计神经网络结构。考虑到 BP 算法本身的概率特征，输入层/隐含层采用 tanh/artanh 激活函数，输出层采用 Sigmoid 函数。由此，隐含层节点的消息计算公式可以修正为

$$\begin{cases} x_{i,e=(v,c)} = \tanh\Big(\frac{1}{2}\Big(w_{i,v}l_v + \sum_{e'=(v,c'),c'\neq c} w_{i,e,e'}x_{i-1,e'}\Big)\Big), & \lfloor i/2 \rfloor = 1 \\ x_{i,e=(v,c)} = 2\text{artanh}\Big(\prod_{e'=(v',c),v\neq v'} x_{i-1,e'}\Big), & \lfloor i/2 \rfloor = 0 \end{cases} \tag{12.5.5}$$

而输出层节点的消息计算公式为

$$o_v=\sigma\Big(w_{2L+1,v}l_v+\sum_{e'=(v,c')}w_{2L+1,v,e'}x_{2L,e'}\Big) \tag{12.5.6}$$

在 BP-NN 网络中，$\{w_{i,v},w_{i,e,e'},w_{i,v,e'}\}$ 是网络参数，需要通过反向传播的 SGD 算法进行优化。网络的代价函数为输出层信号的交叉熵，即

$$L(o,y)=-\frac{1}{N}\sum_{v=1}^{N}y_v\log(o_v)+(1-y_v)\log(1-o_v) \tag{12.5.7}$$

由于整个对偶因子图满足稀疏性与对称性，因此在训练时，可以只用全 0 码字叠加噪声作为样本，这样可以大幅度减少训练数据量。

图 12.39 给出了 BCH(15,11)码的 BP-NN 网络，它包含 5 个隐含层，其中第一个隐含层包含 tanh/artanh 两层，是压缩表示，中间两组隐含层分别对应变量层与校验层。

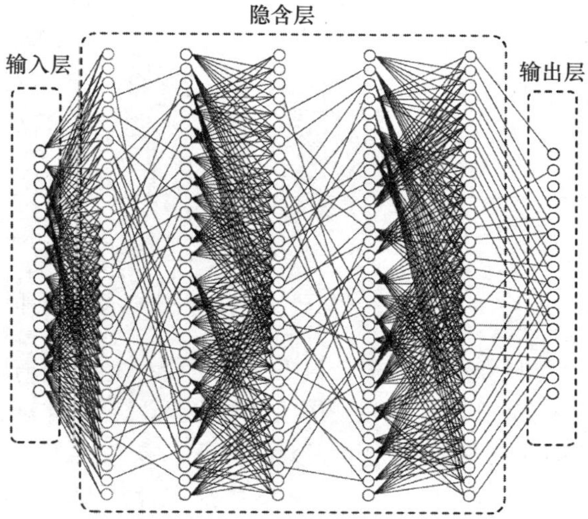

图 12.39 BCH(15,11)码的 BP-NN 网络

对于长码情况，随着迭代次数增加，上述 BP-NN 网络的参数规模很大。为了节省网络规模，复用网络参数，降低训练复杂度，可以设计基于 RNN 网络结构的 BP 译码器，如图 12.40 所示。这是一个 4 次迭代的 BP-RNN 网络。前一次迭代校验层输出的参数送入下一次迭代，整个网络构成 RNN 结构，所有迭代公用一套网络参数，可以大幅度降低网络规模与训练量。

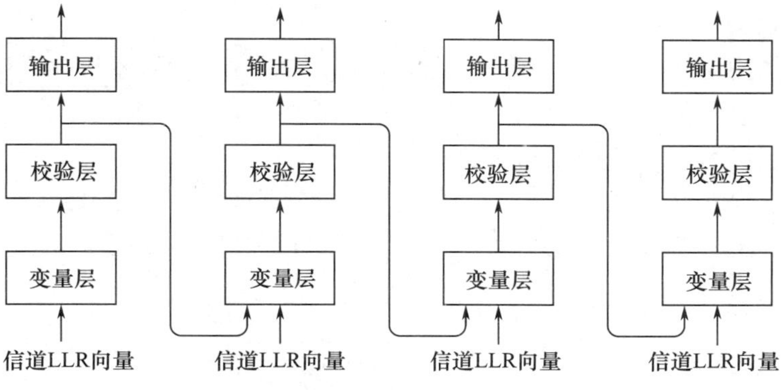

图 12.40 相应于 4 次迭代的 BP-RNN 网络

3. 译码性能

图 12.41 给出了 AWGN 信道下，BCH(63,36)码采用标准 BP 译码算法与 BP-NN 算法的译码算法性能。两种算法的迭代次数都是 5 次。

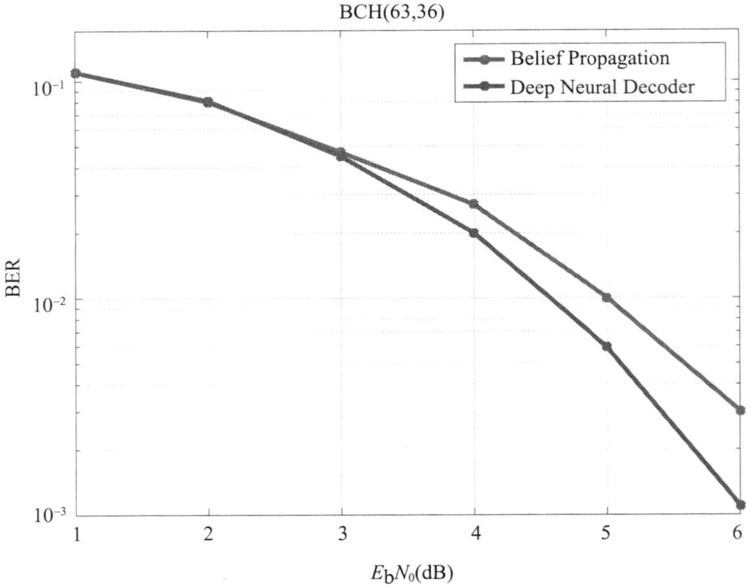

图 12.41　AWGN 信道标准 BP 算法与 BP-NN 算法性能比较

由图 12.41 可知，高信噪比条件下，BP-NN 算法比标准 BP 算法有 0.5dB 以上的编码增益。由于 BCH(63,36)码是高密度校验码，其因子图上存在短环，因此限制了标准 BP 算法的译码性能。而 BP-NN 算法，由于引入了权重系数，可以降低短环传递消息的相关性，因此提高了译码性能。一般情况下，对于 HDPC 码，采用 BP-NN 算法都有性能改善。而对于 LDPC 码，由于因子图已经是稀疏结构，因此 BP-NN 算法与标准 BP 算法性能相近，但前者可以大幅度减少迭代次数，译码复杂度可以进一步降低。

12.5.2　极化码的神经网络译码

极化码也可以采用神经网络译码，文献[12.64]最早提出了基于通用神经网络的极化码译码方案，后续研究者也针对极化码译码网络结构，提出了多种改进的神经网络译码模型[12.65～12.67]。

1. 通用模型译码

文献[12.64]提出的神经网络的极化码译码器如图 12.42 所示，发送端产生极化码的码字，叠加噪声后作为数据样本，送入全连接神经网络进行训练。这个网络包括 3 个隐含层，分别含有 128、64、32 个神经元，采用 ReLU 激活函数。

这种通用网络就属于 12.2 节提到的通用移植法，它直接将全连接网络应用于极化码译码，甚至也可以应用于任意线性分组码译码。它的代价函数有两种，分别是均方误差(MSE)

$$L_{\mathrm{MSE}} = \frac{1}{K}\sum_{i}(b_i - \hat{b}_i) \tag{12.5.8}$$

或二元交叉熵(BCE)

$$L_{\mathrm{BCE}} = -\frac{1}{K}\sum_{i}(b_i\log(\hat{b}_i) + (1-b_i)\log(1-\hat{b}_i)) \tag{12.5.9}$$

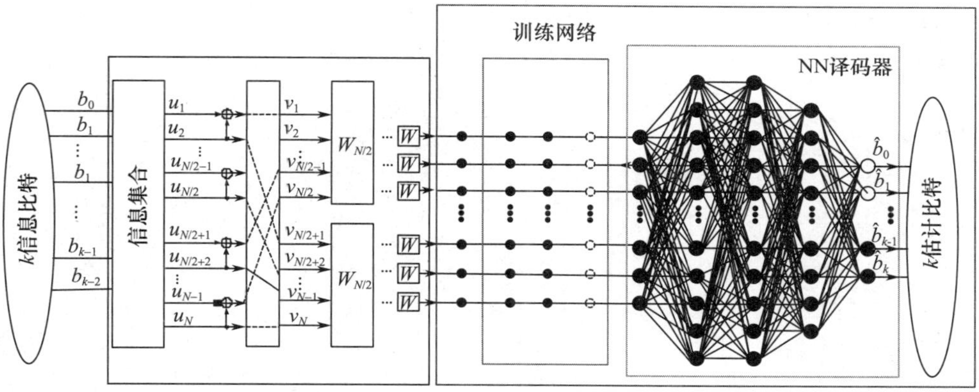

图 12.42　通用神经网络的极化码译码器

式中，K 是信息位长度；$b_i \in \{0,1\}$ 是信息比特（也是网络输出数据标签），$\hat{b}_i \in [0,1]$ 是神经网络输出的软估计值。采用反向传播的 SGD 算法，通过大量训练，可以优化网络参数。通过对短码情况的验证，说明这两种代价函数的性能类似。

图 12.43 给出了（16,8）极化码，采用通用神经网络译码的性能。其中，MAP 是最大后验译码，M_{ep} 是训练的码字数目。由图可知，当训练码字较少时，神经网络译码性能很差，随着训练样本的增加，译码性能逐渐逼近 MAP。

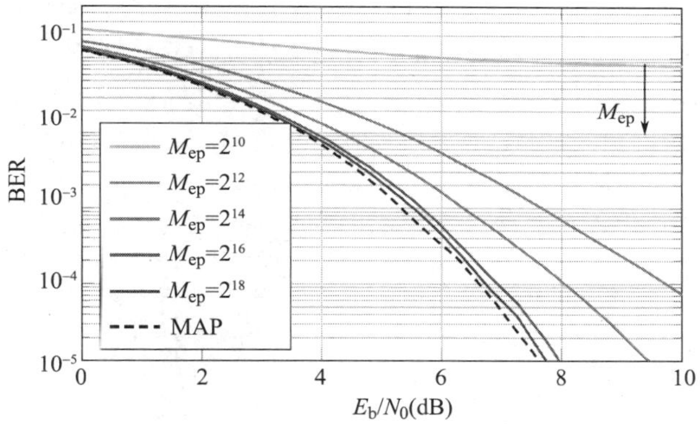

图 12.43　（16,8）极化码采用通用神经网络译码的性能

这种通用神经网络译码存在两个缺点：①神经网络采用全连接结构，不满足对称性要求，因此必须穷举所有码字作为训练样本，因此只能局限于短码译码，如（16,8）极化码，对于长码，如果只枚举部分码字，则译码性能会严重下降，文献[12.65]采用了码块分割的方法，能进一步改善译码性能，但应用仍然有限制。②网络规模大，参数多，训练算法的收敛速度慢。虽然通用神经网络译码有种种缺点，但这种方法能够适应任意编码的译码，这是其最大的优势。

2. 专用模型译码

另一种设计思路是针对极化码的译码网络结构，专门设计定制的神经网络译码模型，这类方法属于专用定制法。极化码可以用两种图模型表示，一种是用校验矩阵，将极化码表示为因子图，另一种是将极化码表示为 Trellis 结构。这两种方法都可以扩展为多层神经网络。

图 12.44 给出了基于对偶因子图的神经网络示例。其中，图 12.44(a) 表示极化码的因子图。这个图中包含 6 个变量节点，4 个校验节点，12 条边。利用对偶关系，可以将因子图中的变量节点与校验节点转换为神经网络中的边，而将因子图中的边转换为神经网络中的节点。由此，

得到了图 12.44(b)中的多层结构，包括输入层、输出层及 5 个隐含层，对应两次迭代。由于连边数目较少，这种网络具有稀疏性，网络规模较小，可以减少训练量，加快收敛。

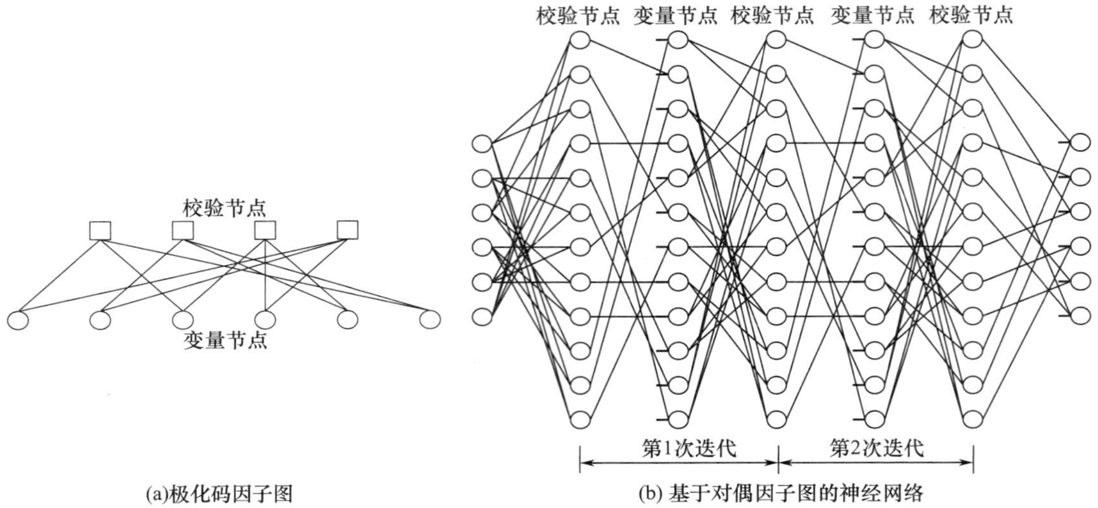

图 12.44　基于对偶因子图的神经网络

另一种结构是直接在极化码的 Trellis 上进行加权构建神经网络，如图 12.45 所示。在各次迭代之间传递消息，每一次迭代都包含极化码完整的 Trellis 结构，即含有多级隐含层，隐含层节点之间传递的消息直接加权。这种结构更加规整，并且也具有稀疏性。进一步，还可以证明，这样的结构满足对称性，因此只用全 0 码字训练即可[12.67]，这样能够大幅降低数据训练量。这种基于 Trellis 结构的多层神经网络模型适用于极化码的长码译码，具有更好的适用性。

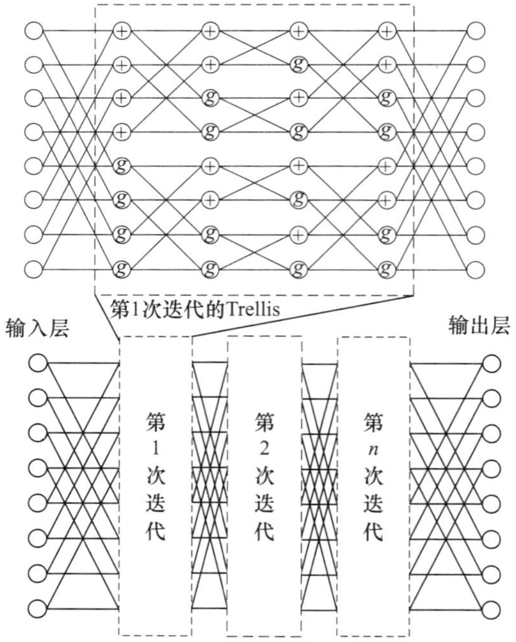

图 12.45　基于 Trellis 结构的神经网络

图 12.46 给出了(1024,512)极化码采用神经网络译码的性能。作为对比，分别列出了 SC

译码性能、3 比特与 6 比特量化 SC 译码性能。SNN 采用了基于 Trellis 加权的神经网络结构。由图可知，3 比特量化的 SNN 译码性能优于 3 比特量化 SC 译码，而 6 比特量化的 SNN 译码性能已经逼近于浮点的 SC 译码性能。

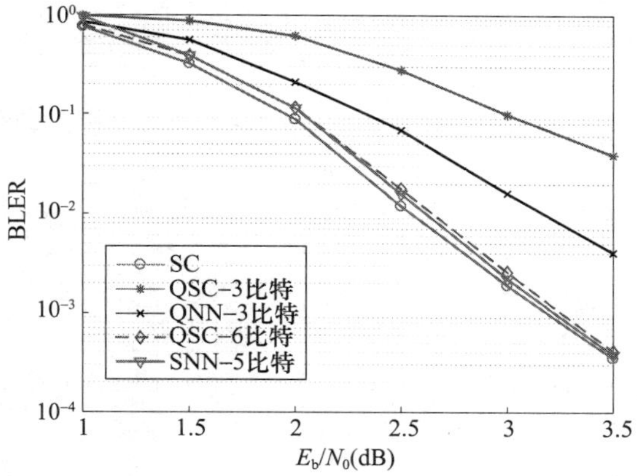

图 12.46 (1024,512)极化码采用神经网络译码的性能

本章小结

本章首先介绍深度学习的基本理论与方法，重点介绍了代表性的神经网络模型，包括卷积神经网络、循环神经网络、生成对抗网络及深度强化学习，并对深度学习的优势与局限进行分析总结。然后，详细介绍了深度学习在移动通信信号处理中的应用，包括端到端通信模型、智能信道估计与预测、深度 MIMO 检测及基于神经网络的信道编译码技术等。

智能移动信号处理是一个正在快速发展的前沿方向，属于深度学习与无线传输的交叉领域。2019 年，IEEE 通信学会发布了"机器学习在通信中的应用"最佳读物[12.69]，收录了这个领域有代表性的论文，感兴趣的读者可以查阅。

目前，学术界有两种基本研究方法：通用移植法与专用定制法。通用移植法将移动信号处理看作一般的学习任务，以通用的深度学习模型解决信号处理问题。这种方法最大的优势是信号处理具有普适性，训练的神经网络模型适用于多种通信场景。但由于忽略了通信问题背景与信号模型特征，这种方法得到的网络模型规模大、收敛慢，性能不令人满意。

专用定制法需要深入分析移动信号处理的具体问题，通过扩展传统信号检测算法结构，设计与优化神经网络模型。这种方法最大的优势是训练的网络模型规模适中，训练量小，而检测性能逼近最大似然检测，能够达到性能与复杂度更好的折中。但其劣势是不能通用，需要根据问题专门优化。

可以预见，移动通信中的智能信号处理将会进一步发展，成为未来移动通信的新兴技术。

参考文献

[12.1] T. M. Mitchell. Machine Learning. McGraw-Hill, New York, 1997.

[12.2] Ian Goodfellow, Yoshua Bengio and Aaron Courville. Deep learning. MIT press, 2016.

[12.3] Y. LeCun, L. Bottou and G. Orr. Efficient BackProp in Neural Networks: Tricks of the Trade (Orr, G. and Müller, K., eds.). Lecture Notes in Computer Science, Vol. 1524.

[12.4] Glorot Xavier and Yoshua Bengio. Understanding the difficulty of training deep feedforward neural networks. International conference on artificial intelligence and statistics, 2010.

[12.5] Kaiming He, et al. Delving deep into rectifiers: Surpassing human-level performance on imagenet classification. Proceedings of the IEEE international conference on computer vision, 2015.

[12. 6] Andrew Lavin. Fast algorithms for convolutional neural networks. arXiv preprint arXiv, ICLR 2016.

[12. 7] Sebastian Ruder. An overview of gradient descent optimization algorithms. arXiv preprint arXiv: 1609. 04747, 2016.

[12. 8] Diederik P. Kingma and Jimmy Lei Ba. Adam: a Method for Stochastic Optimization. International Conference on Learning Representations, pp. 1-13, 2015.

[12. 9] Kunihiko Fukushima. Neocognitron: A hierarchical neural network capable of visual pattern recognition. Neural networks, Vol. 1, No. 2, pp. 119-130, 1988.

[12. 10] Le Cun, Yann, et al. Gradient-based learning applied to document recognition. Proceedings of the IEEE, Vol. 86, No. 11, pp. 2278-2324, 1998.

[12. 11] A. Krizhevsky, I. Sutskever and G. E. Hinton. ImageNet classification with deep convolutional neural networks. In NIPS, pp. 1106-1114, 2012.

[12. 12] Simonyan Karen and Andrew Zisserman. deep convolutional networks for large-scale image recognition. arXiv preprint arXiv: 1409. 1556, 2014.

[12. 13] Min Lin, Qiang Chen, Shuicheng Yan. Network in network. arXiv preprint arXiv: 1312. 4400, 2013.

[12. 14] Christian Szegedy, et al. Going deeper with convolutions. Proceedings of the IEEE conference on computer vision and pattern recognition, 2015.

[12. 15] Kaiming He, et al. Deep residual learning for image recognition. Proceedings of the IEEE conference on computer vision and pattern recognition, 2016.

[12. 16] Gao Huang, et al. Densely connected convolutional networks. arXiv preprint arXiv: 1608. 06993, 2016.

[12. 17] Larsson Gustav, Michael Maire and Gregory Shakhnarovich. FractalNet: Ultra-Deep Neural Networks without Residuals. arXiv preprint arXiv: 1605. 07648, 2016.

[12. 18] Xingcheng Zhang, et al. Polynet: A pursuit of structural diversity in deep networks. arXiv preprint arXiv: 1611. 05725, 2016.

[12. 19] Md Zahangir Alom, et al. Improved Inception-Residual Convolutional Neural Network for Object Recognition. arXiv preprint arXiv: 1712. 09888, 2017.

[12. 20] Yoshua Bengio, Pascal Lamblin, Dan Popovici and Hugo Larochelle. Greedy Layer-Wise Training of Deep Network. in J. Platt et al. (Eds), Advances in Neural Information Processing Systems 19 (NIPS 2006), pp. 153-160, MIT Press, 2007.

[12. 21] Kingma, Diederik P. and Max Welling. Stochastic gradient VB and the variational auto-encoder. Second International Conference on Learning Representations, ICLR, 2014.

[12. 22] Ming Liang and Xiaolin Hu. Recurrent convolutional neural network for object recognition. Proceedings of the IEEE Conference on Computer Vision and Pattern Recognition, 2015.

[12. 23] Sabour, Sara, Nicholas Frosst and Geoffrey E. Hinton. Dynamic routing between capsules. Advances in Neural Information Processing Systems, 2017.

[12. 24] Felix A. Gers and Jürgen Schmidhuber. Recurrent nets that time and count. Neural Networks, 2000. IJCNN 2000, Proceedings of the IEEE-INNS-ENNS International Joint Conference on, Vol. 3, 2000.

[12. 25] Felix A. Gers, Nicol N. Schraudolph and Jürgen Schmidhuber. Learning precise timing with LSTM recurrent networks. Journal of machine learning research 3, pp. 115-143, 2002.

[12. 26] Junyoung Chung, et al. Empirical evaluation of gated recurrent neural networks on sequence modeling. arXiv preprint arXiv: 1412. 3555, 2014.

[12. 27] Ian Goodfellow, et al. Generative adversarial nets. Advances in neural information processing systems, 2014.

[12. 28] T. Salimans, I. Goodfellow, et al. Improved techniques for training gans. arXiv preprint arXiv: 1606. 03498, 2016.

[12. 29] Alec Radford, Luke Metz and Soumith Chintala. Unsupervised representation learning with deep convolutional generative adversarial networks. arXiv preprint arXiv: 1511. 06434, 2015.

[12. 30] Yongjun Hong, Uiwon Hwang, Jaeyoon Yoo and Sungroh Yoon. How generative adversarial networks

and their variants work: an overview. arXiv preprint arxiv: 1711. 05914, 2019.
[12. 31] Alec Radford, Luke Metz and Soumith Chintala. Unsupervised representation learning with deep convolutional generative adversarial networks. arXiv preprint arXiv: 1511. 06434, 2015.
[12. 32] Guim Perarnau, Joost van de Weijer, Bogdan Raducanu and Jose M Álvarez. Invertible conditional GANs for image editing. arXiv preprint arXiv: 1611. 06355, 2016.
[12. 33] Esteban, Cristóbal, Stephanie L, Hyland and Gunnar Rätsch. Real-valued (Medical) Time Series Generation with Recurrent Conditional GANs. arXiv preprint arXiv: 1706. 02633, 2017.
[12. 34] Phillip Isola, Jun-Yan Zhu, Tinghui Zhou and Alexei A. Efros. Image-to-image translation with conditional adversarial networks. In The IEEE Conference on Computer Vision and Pattern Recognition (CVPR), July 2017.
[12. 35] Tero Karras, Samuli Laine, Timo Aila. A Style-Based Generator Architecture for Generative Adversarial Networks. arXiv preprint arXiv: 1812. 04948, 2018.
[12. 36] Li, Yuxi. Deep reinforcement learning: An overview. arXiv preprint arXiv: 1701. 07274 2017.
[12. 37] David Silver, et al. Mastering the game of Go with deep neural networks and tree search. Nature, 529 (7587): 484-489, 2016.
[12. 38] Volodymyr Mnih, et al. Human-level control through deep reinforcement learning. Nature, 518(7540): 529-533, 2015.
[12. 39] 刘全,翟建伟,等．深度强化学习综述．计算机学报, 40(1): 1-26, 2017.
[12. 40] Sinno Jialin Pan and Qiang Yang. A survey on transfer learning. IEEE Transactions on knowledge and data engineering, Vol. 22, No. 10, pp. 1345-1359, 2010.
[12. 41] Fuzhen Zhuang, Zhiyuan Qi, et al. A Comprehensive Survey on Transfer Learning. arXiv preprint arXiv: 1911. 02685v2, 2019.
[12. 42] Md Zahangir Alom1, et al. The History Began from AlexNet: A Comprehensive Survey on Deep Learning Approaches. arXiv preprint arXiv: 1803. 01164, 2018.
[12. 43] W. McCulloch and W. Pitts. A logical calculus of ideas immanent in nervous activity. Bulletin of Mathematical Biophysics, Vol. 5, pp. 115-133, 1943.
[12. 44] F. Rosenblatt. The perceptron: A probabilistic model for information storage andorganization in the brain. Psychological Review, Vol. 65, pp. 386-408, 1958.
[12. 45] B. Widrow and M. E. Hoff. Adaptive switching circuits," In 1960 IRE WESCON Convention Record, Vol. 4, pp. 96-104, IRE, New York.
[12. 46] M. L. Minsky and S. A. Papert. Perceptrons. MIT Press, Cambridge, 1969.
[12. 47] D. E. Rumelhart, G. E. Hinton and R. J. Williams. Learning representations by back-propagating errors. Nature, Vol. 323, pp. 533-536, 1986.
[12. 48] J. Pearl. Probabilistic Reasoning in Intelligent Systems. San Francisco, CA: Morgan Kaufmann, 1988.
[12. 49] Martin J. Wainwright and Michael I. Jordan. Graphical Models, Exponential Families, and Variational Inference. Foundations and Trends in Machine Learning, Vol. 1, No. 1-2, pp. 1-305, 2008.
[12. 50] G. E. Hinton, S. Osindero and Y. The. A fast learning algorithm for deep belief nets. Neural Computation, Vol. 18, pp. 1527-1554, 2006.
[12. 51] T. J. O'Shea, K. Karra and T. C. Clancy. Learning to communicate: Channel auto-encoders, domain specific regularizers and attention. IEEE Int. Symp. Signal Process. Inf. Technol. , pp. 223-228, 2016.
[12. 52] T. J. O'Shea and J. Hoydis. An introduction to machine learning communications systems. arXiv preprint arXiv: 1702. 00832, 2017.
[12. 53] Sebastian Dorner, Sebastian Cammerer, Jakob Hoydis and Stephan ten Brink. Deep Learning Based Communication Over the Air. IEEE Journal of Selected Topics in Signal Processing, Vol. 12, No. 1, pp. 132-143, Feb. 2018.
[12. 54] Fayçal Ait Aoudia and Jakob Hoydis. End-to-End Learning of Communications Systems Without a Channel Model. 52nd Asilomar Conference on Signals, Systems and Computers, pp. 298-303, 2018.

[12.55] Hao Ye, Geoffrey Ye Li, et al. Channel Agnostic End-to-End Learning Based Communication Systems with Conditional GAN. IEEE Globecom Workshops (GC Wkshps), 2018.

[12.56] Necmi Taşpinar and M. Nuri Seyman. Back propagation neural network approach for channel estimation in OFDM system. IEEE International Conference on Wireless Communications, Networking and Information Security, pp. 265-268, 2010.

[12.57] Muhammet Nuri Seyman and Necmi Taşpinar. Channel estimation based on neural network in space time block coded MIMO-OFDM system. Digital Signal Processing, Vol. 23, pp. 275-280, 2013.

[12.58] David Neumann, Thomas Wiese and Wolfgang Utschick. Learning the MMSE Channel Estimator. IEEE Trans. on Signal Processing, Vol. 66, No. 11, pp. 2905-2917, June 2018.

[12.59] Wei Jiang and Hans D. Schotten. Neural Network-Based Fading Channel Prediction: A Comprehensive Overview. IEEE Access, Vol. 7, pp. 118112-118124, 2019.

[12.60] N. Samuel, T. Diskin and A. Wiesel. Deep MIMO detection. Proc. IEEE 18th Int. Workshop Signal Process. Adv. Wireless Commun., pp. 1-5, Sapporo, 2017.

[12.61] Guili Gao, Chao Dong, Kai Niu. Sparsely Connected Neural Network for Massive MIMO Detection. IEEE 4th International Conference on Computer and Communications (ICCC), pp. 397-402, 2018.

[12.62] Nariman Farsad and Andrea Goldsmith. Neural Network Detection of Data Sequences in Communication Systems. IEEE Trans. on Signal Processing, Vol. 66, No. 21, pp. 5663-5678, Nov. 2018.

[12.63] Eliya Nachmani, Elad Marciano, Loren Lugosch, Warren J. Gross, David Burshtein, Yair Be'ery. Deep Learning Methods for Improved Decoding of Linear Codes. IEEE Journal of Selected Topics in Signal Processing, Vol. 12, No. 1, pp. 119-131, 2018.

[12.64] Tobias Gruber, Sebastian Cammerer, Jakob Hoydis, Stephan ten Brink. On deep learning-based channel decoding. 51st Annual Conference on Information Sciences and Systems (CISS), pp. 22-24, Mar. 2017.

[12.65] Sebastian Cammerer, Tobias Gruber, Jakob Hoydis, Stephan ten Brink. Scaling Deep Learning-Based Decoding of Polar Codes via Partitioning. IEEE GLOBECOM, pp. 4-8, Dec. 2017.

[12.66] Jian Gao, Kai Niu, et al. Learning to Decode Polar Codes with Quantized LLRs Passing. IEEE PIMRC, pp. 8-11, Sept. 2019.

[12.67] Jian Gao, Kai Niu, Chao Dong. Learning to Decode Polar Codes With One-Bit Quantizer. IEEE Access, Vol. 8, pp. 27210-27217, 2020.

[12.68] Xiao-An Wang. An artificial neural net Viterbi decoder. IEEE Transactions on Communications, Vol. 44, No. 2, pp. 165-171, Feb. 1996.

[12.69] Best readings of polar coding, IEEE, 2019.

习　题

12.1 简述监督学习、半监督学习和无监督学习的特点与异同。

12.2 给定激活函数 Sigmoid、tanh 及 ReLU，推导这 3 种函数的梯度，并用 MATLAB 画图。

12.3 给定均方误差代价函数，推导权重矩阵与偏置向量的梯度表达式。

12.4 给定交叉熵代价函数，推导权重矩阵与偏置向量的梯度表达式。

12.5 用 MATLAB 编程，实现二维卷积运算。

12.6 分析 LeNet 网络的参数规模与计算复杂度。

12.7 基于 TensorFlow 开源框架，设计 ResNet-50 网络，并应用公开数据集，测试网络性能。

12.8 基于开源框架，设计基于自动编码器的端到端通信系统，并测试误码率性能。

12.9 采用开源框架，针对 OFDM 系统，基于多层感知机结构，设计信道估计算法，并测试性能。

12.10 基于开源框架，针对 30×60 的大规模 MIMO 系统，设计 DetNet 网络，并测试检测性能。